# DICCIONARIO TÉCNICO
# ILUSTRADO

EN SEIS LENGUAS:

**Español, Alemán, Inglés, Francés, Ruso é Italiano**

Bajo la cooperación de la casa editorial **R. Oldenbourg**

redactado por

**D. ALFREDO SCHLOMANN**
INGENIERO

---

TOMO XI

## SIDERURGIA

Bajo la colaboración de

*GUILLELMO VENATOR*
*y*
*Dr. COLIN ROSS*
*Ingenieros*

---

Con más de 1600 figuras y numerosas fórmulas

---

EDITOR
R. OLDENBOURG, MUNICH Y BERLIN
1911

# PRÓLOGO.

El problema, que se ha pretendido resolver con la publicación del presente tomo, ha sido formar un diccionario que ofrezca un medio lexicográfico seguro y lo más completo y extenso posible al siderúrgico, al químico, al ingeniero encargado de una explotación, á los que trabajan en los altos hornos, en las fábricas de acero, en los talleres de laminación y por último al fundidor. La considerable extensión de esta materia, que invade todas las otras ramas de la técnica, impuso la tarea colosal de coleccionar palabras de obras y revistas profesionales y sobre todo de términos tomados de la práctica. Por otra parte ha sido necesario proceder á una selección crítica y cuidadosa con objeto de que el tomo no resultase en exceso voluminoso.

El punto de vista decisivo para llevar á cabo este trabajo ha sido tener en cuenta no sólo las voces que se refieren exclusivamente á la parte técnica de la siderurgia, sino también las que corresponden á las restantes ramas de la técnica, siempre que sean de las que el siderúrgico emplea diariamente. Esto se ha podido realizar con mayor facilidad por la circunstancia de que dichas ramas de la técnica se han tratado ya extensamente en los tomos de los »Diccionarios Técnicos Ilustrados« que ya han visto la luz pública ó que aparecerán en breve. Citaremos aquí en particular el tomo I »Elementos de máquinas«, tomo II »Electrotecnia«, tomo III »Máquinas de vapor y calderas de vapor«, tomo IV »Motores de combustión« y el tomo VII »Máquinas elevadoras«. Así, pues, á quien desee profundizar en estas ramas especiales de la técnica, le recomandamos lo, haga en dichos tomos.

Dos caminos se podían seguir para clasificar la materia de este volumen: O bien ordenarla según los puntos de vista técnicos de la siderurgia ó bien según el procedimiento especial de la industria del hierro. Tras detenidas consideraciones se eligió este último camino, con el fin de facilitar al profesional una orientación rápida sobre las expresiones que se le presentan en su esfera de acción. Para evitar repeticiones, las palabras que se emplean en los distintas ramas de la técnica, se han tratado en la sección en que su aplicación es más extensa é importante. Así por ej° la química se ha incluido en el capítulo »Laboratorio de servicio«, y las generalidades referentes á los hornos en el capítulo »Altos Hornos«.

La determinación de las expresiones extranjeras correspondientes á este tomo se ha hecho casi exclusivamente en los paises respectivos por medio de un cambio de ideas personal con los colaboradores extranjeros. Con este objeto se han hecho viajes de varios meses á Inglaterra, Bélgica, Francia, Italia, España y Rusia y de esta manera se puede ofrecer la garantía completa de que en realidad no se han admitido sino las expresiones más usuales del lenguaje corriente. Dificultad muy especial ofreció á este respecto el capítulo I »Clasificación del hierro«, por no existir todavía un acuerdo unánime y provisto de autoridad respecto de las denominaciones de las distintas clases de hierro. Así por ej° la expresión »Basic pig iron« significa en Inglaterra una clase de hierro crudo completamente distinta de la que en América se entiende por ella. En vista de esto, hubo que recurrir á una breve definición en los idiomas en que falta un vocablo verdaderamente exacto para el término usual en otros paises.

La Redacción de los »Diccionarios Técnicos Ilustrados« tiene también plena conciencia, en lo referente á este tomo, de que no es posible, en la primera edición, publicar un trabajo absolutamente completo y perfecto en todos los respectos. Sin embargo, cree que puede ser acreedora al reconocimiento de que ha conseguido lo que es asequible en la actualidad, y espera que con esta obra habrá proporcionado á los siderurgistas un valioso auxiliar internacional para facilitar la comprensión y fomentar las relaciones mercantiles recíprocas.

El »Verein Deutscher Eisenhüttenleute« (Asociación de Siderúrgicos Alemanes) ha cooperado de manera muy notable en este trabajo y ha auxiliado las aspiraciones del editor en parte con la propia colaboración y en parte recurriendo á las asociaciones científicas extranjeras. La Redacción ha disfrutado en igual medida el apoyo del Extranjero. Así, la traducción francesa se ha hecho bajo los auspicios de la »Société Anonyme John Cockerill« de Seraing, cuyo Sr. director de altos hornos D. *Emilio Hiertz* puso al servicio de la empresa sus conocimientos y grande experiencia, encargándose el Sr. Ingeniero D. *Alejandro Gouvy* de Düsseldorf, con la mayor abnegación, de revisar de nuevo y completar la primera traducción. — Los Sres. *Lloyd* y *Sidney* de la »Iron and Steel Institute« se hicieron cargo de lo relativo á la parte inglesa. — En Italia, además de los Sres. *Hutin* de Portovecchio y *Sevieri* de Portoferraio, se pusieron muy en particular al servicio de la obra la »Società Alti Forni, Fonderie ed Acciaierie di Piombino« de Portovecchio y la »Società Anonima Elba« de Portoferraio. — La traducción española, que bajo la dirección del Sr. D. *Francisco Schulze* de Bilbao ha estado encomendada á varios ingenieros empleados en las fundiciones de dicha ciudad, ha sido revisada por el Sr. Profesor *Jiménez* de Madrid en lo tocante á la corrección de las expresiones castellanas. — También han tomado parte muy activa en el trabajo notables ingenieros de Rusia.

La adjunta lista de colaboradores da testimonio al público de que la Redacción ha aspirado á llevar á cabo su obra poniéndose en íntimo contacto con la clase profesional especialista.

Aprovecho esta ocasión para repetir mis más expresivos agradecimientos á todos los que me han prestado su concurso, en tan gran escala, en la ejecución de la obra. Muy particularmente doy las gracias al Sr. Director D. *Guillermo Venator* de Dresde por el sacrificio y la abnegación con que ha coadyuvado á la primera compilación del manuscrito y al Sr. Dr. *Colin Ross* por la asistencia que me ha prestado en la revisión definitiva del original y especialmente en la adquisición de las voces extranjeras por medio de prolongados viajes por los correspondientes paises.

Espero con toda seguridad que este tomo XI, cuya elaboración ha requerido casi cuatro años, hallará también acogida favorable y que con él recibirá nuevo impulso la ciencia técnica internacional.

Munich, abril de 1911.

El Autor:

**Alfredo Schlomann**

Ingeniero.

# Lista de Colaboradores y de Revisores.

## Alemania.

Ingenieur Dr. phil. Colin Roß, München.
Ingenieur W. Venator, Klotzsche-Königswald bei Dresden.

Badische Maschinenfabrik und Eisengießerei vorm. G. Sebold und Sebold & Neff, Durlach.
Gebrüder Benckiser, Eisenwerk, Pforzheim.
Benrather Maschinenfabrik Aktiengesellschaft, Benrath bei Düsseldorf.
Felix Bischoff, Werkzeuggußstahlfabrik, Duisburg.
Bismarckhütte, Filiale Berlin.
Duisburger Maschinenbau-Aktien-Gesellschaft vorm. Bechem & Keetmann, Duisburg.
Gutehoffnungshütte, Aktienverein für Bergbau und Hüttenbetrieb, Oberhausen, Rheinland.
W. C. Heraeus, Platinschmelze, Hanau.
Krefelder Stahlwerk Aktien-Gesellschaft, Krefeld.
Friedrich Krupp A.-G., Gußstahlfabrik, Essen-Ruhr.
Lothringer Hüttenverein, Aumetz-Friede, Kneutlingen (Lothringen).
Martin & Pagenstecher, G. m. b. H., Fabrik feuerfester Erzeugnisse, Mülheim a. Rh.
Rheinische Stahlwerke, Abteilung Duisburger Eisen- und Stahlwerke, Duisburg.
Union-Elektrizitäts-Gesellschaft, Abteilung für Licht- und Kraftübertragungsanlagen, Berlin.

## Inglaterra y América.

Eugen Eichel, Consulting Engineer, formerly Engineer of the General Electric Company, Schenectady, U. S. A.
Hubers & Mond, London.
Charles Jaeger, Wien.
F. Rogers, Consulting Metallurgist and Engineer, London.
Leicester P. Sidney, Secretary of the »Iron and Steel Institute«, London.

The Adams Company, Dubuque, Iowa, U. S. A.
I. Beardshaw & Son, Ltd., Baltic Steel Works, Sheffield.
Bethlehem Steel Company, South Bethlehem, Pa., U. S. A.
Fielding & Platt, Ltd., Atlas Iron Works, Gloucester.
Head, Wrightson & Co., Ltd., Teesdale Iron Works, Thornaby on Tees.
The Steel Company of Scotland, Ltd., Glasgow.
Thermit Limited, London.

## Francia y Bélgica.

Déchamps, Professeur à l'Université de Liège, Liège.
Démaret-Fresson, Professeur à l'École des Mines, Mons.
A. Greiner, Directeur général de la Société J. Cockerill, Seraing.
A. Gouvy, Ingénieur, Düsseldorf.
E. Hiertz, Ingénieur, Chef de Service à la Société J. Cockerill, Seraing.
Servais, Ingénieur, Secrétaire de l'«Association des Ingénieurs sortis de l'École des Mines de Liège», Liège.
Jules Yernoux, Ingénieur, Mons.

### Rusia.

И. Д. Аваловъ, князь, горн. инж., преподав. Политехническаго и Горнаго Инст., С.-Петербургъ.
И. А. Антиповъ, горн. инж., преподав. Технологическаго Института, лаборантъ Геологическаго комитета, С.-Петербургъ.
А. А. Байковъ, проф. Политехническаго Инст. и Высшихъ Женскихъ Курсовъ, С.-Петербургъ.
Б. И. Бокій, проф. Горнаго Инст., тов. предсѣдателя 13. отд. И. Р. Т. О., С.-Петербургъ.
Н. С. Верещагинъ, проф. Политехническаго Института, С.-Петербургъ.
А. М. Драгомировъ, инж. пут. сообщ., ст. лаборантъ въ Политехническомъ Инст., С.-Петербургъ.
М. Г. Евангуловъ, проф. Технологическаго и Горнаго Инст., С.-Петербургъ.
И. И. Ефронъ, горн. инж., преподав. Горнаго Инст., С.-Петербургъ.
И. А. Корзухинъ, горный инженеръ, С.-Петербургъ.
В. В. Кочуковъ, инженеръ-технологъ, С.-Петербургъ.
А. Н. Кузнецовъ, горн. инж., преподав. Горнаго и Политехническаго Инст., С.-Петербургъ.
А. С. Ломшаковъ, проф. Политехническаго и Технологическаго Инст., С.-Петербургъ.
Д. Н. Монастырскій, ст. лаборантъ въ Политехническомъ Инст., С.-Петербургъ.
М. А. Павловъ, проф. Политехническаго Инст., редакторъ „Извѣст. Об-ва Горн. Инж.", С.-Петербургъ.
Н. И. Подкопаевъ, горн. инж., лаборантъ въ Горномъ и Электротехническомъ Инст, С.-Петербургъ.
Р. Р. Шванъ, инж.-техн., пом. начальника кузнечн. и шинопрокатн. мастерскихъ Путиловскихъ заводовъ, С.-Петербургъ.
Акц. Общ. Бр. Белеръ и Ко., Москва.

### Italia.

Società Alti Forni, Fonderie & Acciaierie di Piombino, Portovecchio (Pisa).

| | |
|---|---|
| Hutin Edmond, Ingegnere Capo | Cocito Mario, Ingegnere |
| Bourggraff Augusto, Ingegnere | Migliorini Giorgio, Dottore |
| Comi, ,, | Vivaldi Fausto, ,, |
| Dufour Berte Donato, ,, | Comotto Adolfo, Geometra |

tutti della società anzidetta.

Società Anonima »Elba«, Portoferraio, Isola d'Elba

| | |
|---|---|
| Sevieri Vieri, Dottore | Signorini, Ingegnere |
| Barbieri, Ingegnere | Zucchi, ,, |

tutti della società anzidetta.

Berghinz Emilio, Ingegnere — Sedegliano, Codroipo (Udine)

### España.

R. Dann, Ingeniero de la Sociedad Altos Hornos de Vizcaya, Bilbao.
Profesor Luis Jiménez, Madrid.
R. Kröber, Ingeniero de la Sociedad «Orconera Iron Ore Co.», Bilbao.
J. Larrea, Ingeniero de la Sociedad Altos Hornos de Vizcaya, Bilbao.
Federico Roviralta, Ingeniero Industrial y Profesor de la Escuela de Artes y Oficios, Santander.
Francisco Sans, Ingeniero de la Sociedad Altos Hornos de Bilbao, Bilbao.
Francisco Schulze, Bilbao.
Pedro Valls, Técnico de la Sociedad »Talleres de Densti«, Aceros Moldeados, Bilbao.
Wilhelm Wakonigg, Ingeniero, Bilbao.

# ÍNDICE DE MATERIAS.

I. **Clasificación del hierro** . . . . . . . . . . . . 1
Hierro bruto ó crudo, fundición . . . . . . . . . 1
Hierro maleable . . . . . . . . . . . . . . . . . 9
Metal soldado ó forjado, hierro soldado ó forjado, hierro batido . . . . . . . . . . . . 9
Lingote de hierro . . . . . . . . . . . . . . 11
Aleación de hierro . . . . . . . . . . . . . . . . 14
Hierro comercial . . . . . . . . . . . . . . . . . 17
Semi-productos, productos bastos . . . . . . 18
Productos acabados . . . . . . . . . . . . . 18
Productos para ferrocarriles . . . . . . . . . 22
Chapa, palastro . . . . . . . . . . . . . . . 25
Alambre . . . . . . . . . . . . . . . . . . . 27

II. **Recepción y ensayo de los materiales** . . . . 30
Recepción . . . . . . . . . . . . . . . . . . . . 30
Observación exterior . . . . . . . . . . . . . . 35
Ensayo de los materiales . . . . . . . . . . . . 41

III. **Yacimientos y minerales de hierro** . . . . . 56
Conocimiento de los yacimientos . . . . . . . . 56
Clases de minerales . . . . . . . . . . . . . . 66

IV. **Preparación de los minerales de hierro** . . . 74
Apartado, separación . . . . . . . . . . . . . . 75
Lavado de los minerales . . . . . . . . . . . . 79
Calcinación de los minerales de hierro . . . . . 81
Lejiviación, lixiviación . . . . . . . . . . . . . 89
Preparación magnética . . . . . . . . . . . . . 91
Fabricación de aglomerados . . . . . . . . . . . 94

V. **Combustibles** . . . . . . . . . . . . . . . . . 98
Coquificación . . . . . . . . . . . . . . . . . . 102

VI. **Sustancias adicionales** . . . . . . . . . . . 111

VII. **Materiales refractarios** . . . . . . . . . . . 114

VIII. **Instalaciones de los talleres de siderurgia** . . 122
Disposiciones de carga y de transporte . . . . 122
Grúas . . . . . . . . . . . . . . . . . . 125
Depósitos . . . . . . . . . . . . . . . . 130
Volcadores . . . . . . . . . . . . . . . . 131
Básculas . . . . . . . . . . . . . . . . . 133
Ferrocarriles funiculares . . . . . . . . . . 135
Transporte en masa . . . . . . . . . . . . 138
Distribución de las aguas . . . . . . . . . . . 140
Extracción ó captación de agua . . . . . . 140
Elevación del agua . . . . . . . . . . . . 141
Conducción ó conducto de agua, tubería de agua . . . . . . . . . . . . . . . . 144
Depósito de agua . . . . . . . . . . . . 145
Depuración del agua . . . . . . . . . . . 146
Refrigeración (con circulación de agua) . . . 148
Edificios . . . . . . . . . . . . . . . . . . . 149
Instalaciones de calderas . . . . . . . . . . . 151
Central electrica ó de electricidad . . . . . . . 165

IX. **Laboratorio** . . . . . . . . . . . . . . . . 173
Aparatos físico-químicos . . . . . . . . . . . 178
Mechero . . . . . . . . . . . . . . . . . . . 183
Aparatos de vidrio . . . . . . . . . . . . . . 185
Aparatos para el análisis cuantitativo . . . . . 191
Aparatos ó utensilios de porcelana . . . . . . . 193
Utensilios de platino . . . . . . . . . . . . . 194
Accesorios diversos . . . . . . . . . . . . . . 196
Reactivos . . . . . . . . . . . . . . . . . . 203
Química del hierro . . . . . . . . . . . . . . 213
Marcha del análisis . . . . . . . . . . . . . 222
Toma de una muestra . . . . . . . . . . 227
Ensayo con el soplete . . . . . . . . . . 234
Peso, pesada . . . . . . . . . . . . . . 235
Disolución . . . . . . . . . . . . . . . 241
Precipitación . . . . . . . . . . . . . . 242
Filtración . . . . . . . . . . . . . . . . 243
Concentración por evaporación . . . . . . . 246
Combustión . . . . . . . . . . . . . . . 248
Fusión . . . . . . . . . . . . . . . . . 250
Disociación . . . . . . . . . . . . . . . 253
Análisis por la electricidad . . . . . . . . . . 257
Análisis técnico del gas . . . . . . . . . . . 267
Metalografía . . . . . . . . . . . . . . . . . 272
Preparación de las placas pulimentadas . . . 274
Desarrollo ó revelamiento de la estructura . . 277
El microscopio . . . . . . . . . . . . . . 278
La técnica fotográfica . . . . . . . . . . 281
Metalografía especial del hierro . . . . . . 283

X. **Alto horno** . . . . . . . . . . . . . . . . . 285
Construcción del alto horno . . . . . . . . . . 287
Partes refrigeradas del alto horno . . . . . . 296
Colada de las escorias y de la fundición . . 299
Conducto de aire caliente . . . . . . . . . 300
Etalajes . . . . . . . . . . . . . . . . . 302
Cuba . . . . . . . . . . . . . . . . . . 303
Boca, cagardero, tragante . . . . . . . . . 307

Aparatos auxiliares . . . . . . . . . . . . . . . 314
Purificación de los gases . . . . . . . . . . 315
Aparatos calentadores del aire . . . . . . . 318
Máquinas soplantes. . . . . . . . . . . . . . 325
Montacargas . . . . . . . . . . . . . . . . . 329
Funcionamiento del alto horno . . . . . . . . 332
Cargamento, carga . . . . . . . . . . . . . . 333
Sangría, colada . . . . . . . . . . . . . . . 338
Marcha del alto horno . . . . . . . . . . . . 344
Interrupciones ó perturbaciones de la marcha ó en el servicio . . . . . . . . . . . . . 353
Parada del alto horno . . . . . . . . . . . . 354
Productos accesorios del alto horno . . . . . . 355
Escoria . . . . . . . . . . . . . . . . . . . 355
Gas de alto horno . . . . . . . . . . . . . . 359
Productos accesorios no constantes ó ocasionales . . . . . . . . . . . . . . . . . . . 361

XI. **Fabricación del hierro dulce** . . . . . . . . 362
Extracción directa del hierro de su mineral, método catalán . . . . . . . . . . . . . . . . . . 362
Afino al bajo hogar . . . . . . . . . . . . . . 363
Pudelar . . . . . . . . . . . . . . . . . . . . 366
Hornos de pudelar . . . . . . . . . . . . . . 367
Partes del horno de pudelar . . . . . . . . . 367
Funcionamiento del horno de pudelar . . . . 373

XII. **Fabricación del hierro y del acero por fusion**. 381
Fabricación del acero al crisol . . . . . . . . 381
Fabricación de los crisoles . . . . . . . . . . 381
Horno para crisoles . . . . . . . . . . . . . 384
Afino neumàtico . . . . . . . . . . . . . . . . 387
Fábricas de acero de los sistemas Bessemer y Thomas . . . . . . . . . . . . . . . . . . . 387
Convertidor . . . . . . . . . . . . . . . . . 389
Servicio del convertidor . . . . . . . . . . . 395
Fabricación del acero en horno de reverbero . . 402
Construcción del horno . . . . . . . . . . . 403
Generadores, gasógenos . . . . . . . . . . . 404
Tubería de gas . . . . . . . . . . . . . . . . 406
Método de trabajo . . . . . . . . . . . . . . 409
Afino por cementación oxidante . . . . . . . . 414
Cementación, fabricación del acero cementado . 416

XIII. **Fundición de hierro y acero** . . . . . . . . 421
Moldeo . . . . . . . . . . . . . . . . . . . . 421
Carpintería de modelos . . . . . . . . . . . 422
Materiales de moldeo . . . . . . . . . . . . 425
Herramientas del moldeador . . . . . . . . . 434
Clases de moldes . . . . . . . . . . . . . . 438
Máquinas de moldear para fundiciones . . . 448
Taller de machos . . . . . . . . . . . . . . 458
Fundición . . . . . . . . . . . . . . . . . . . 463
Quebrantamiento de los lingotes . . . . . . 463
Hornos de fusión . . . . . . . . . . . . . . 465
Máquina soplante . . . . . . . . . . . . . . 469
Fundición al cubilote . . . . . . . . . . . . 473

Fundición . . . . . . . . . . . . . . . . . . . . . . 475
Grúas y vagonetas de colada. . . . . . . . . 476
Calderos de colada . . . . . . . . . . . . . 477
Colada de la fundición . . . . . . . . . . . 481
Pieza de fundición . . . . . . . . . . . . . 486
Taller de rebarbado . . . . . . . . . . . . . . 489

XIV. **Forja y trabajo con la prensa, forjado** . . . 495
Taller de forja . . . . . . . . . . . . . . . . 495
Prensas de forjar. . . . . . . . . . . . . . . 504

XV. **Laminadores** . . . . . . . . . . . . . . . . . 510
Los cilindros . . . . . . . . . . . . . . . . . 512
Engranajes . . . . . . . . . . . . . . . . . 518
Acoplamientos . . . . . . . . . . . . . . . 519
Bastidor de tren laminador . . . . . . . . 520
Tableros de laminador . . . . . . . . . . . 524
Transporte de los lingotes . . . . . . . . . . 526
Laminar. . . . . . . . . . . . . . . . . . . . . 529
Ajustamiento . . . . . . . . . . . . . . . . 533
Estirado del alambre . . . . . . . . . . . . 535
Laminación de tubos . . . . . . . . . . . . 537

XVI. **Temple del acero** . . . . . . . . . . . . . . 540
Hornos para templar . . . . . . . . . . . . . 540
Proceso del temple. . . . . . . . . . . . . . 542
Recocer . . . . . . . . . . . . . . . . . . . . 547

XVII. **Preservación del hierro** . . . . . . . . . . 550

XVIII. **Producción** . . . . . . . . . . . . . . . . 555

XIX. **Suministro, entrega** . . . . . . . . . . . . 558

**Apéndice**

Fabricación del acero al horno eléctrico. . . . . 564

**Órden alfabético con páginas y columnas donde se encuentran los términos con sus traducciones correspondientes:**

a) Español, francés, inglés, alemán é italiano en un solo órden alfabético . . . . . . . . . . . . 574
b) Ruso . . . . . . . . . . . . . . . . . . . . . 733

# I.

## Einteilung des Eisens

## Classification of Iron, Grading of Iron (A*)

## Classification du fer

## Классификація сортовъ желѣза

## Classificazione del ferro

## Clasificación del hierro

---

**Roheisen**
**Pig Iron**
**Fonte crue *ou* brute, fonte en gueuses**
**Чугунъ**
**Ferro crudo**
**Hierro bruto ó crudo, fundición** 1

Siliciumeisen (n), Ferrosilicium (n)
ferro-silicon
ferro-silicium (m)
ферросилицій (m)
ferro (m) silicio
ferro-silicio (m) 2

siliciumreiches graues Roheisen (n), hochsiliciertes Eisen (n), Schwarzeisen (n), Glanzeisen (n)
high silicon [pig] iron, pig iron rich in silicon, silvery gray
fonte (f) grise riche en silicium, fonte (f) très siliceuse *ou* à haute teneur en silicium, fonte (f) brillante
чугунъ (m), богатый кремніемъ; сильно кремнистый чугунъ; серебристый *или* сѣрый кремнистый чугунъ
ghisa (f) grigia siliciosa, ghisa (f) brillante, ghisa (f) nera
fundición (f) gris muy siliciosa, fundición (f) de fractura glaseada 3

tiefgraues Roheisen(n), dunkelgraues Roheisen (n)
dark gray pig iron
fonte (f) grise foncée, fonte (f) grise noire
тёмносѣрый чугунъ (m)
ghisa (f) grigio-nera
fundición (f) gris negra 4

gewöhnliches graues Roheisen (n), graues Roheisen (n)
gray pig iron
fonte (f) grise ordinaire, fonte (f) grise
сѣрый чугунъ (m)
ghisa (f) grigia, ghisa (f) comune
fundición (f) gris 5

*) A = americanism

1 lichtgraues Roheisen (n)
fine grained pig iron
fonte (f) grise claire

свѣтлосѣрый чугунъ (m)
ghisa (f) grigio-chiara
fundición (f) gris clara

---

2 stark halbiertes Roheisen (n)
strongly mottled pig iron
fonte (f) truitée

трёхчетвертной *или* сильно половинчатый чугунъ (m)
ghisa (f) trotata
fundición (f) atruchada

---

3 halbiertes Roheisen(n), Forelleneisen (n), Kerneisen (n)
mottled white pig iron
fonte(f) truitée blanche

половинчатый чугунъ (m)
ghisa (f) trotata bianca
fundición (f) atruchada blanca

---

4 schwach halbiertes Roheisen (n)
lightly mottled pig iron
fonte (f) demi-truitée

слабо - половинчатый чугунъ (m); третной сѣрый чугунъ
ghisa (f) semitrotata
fundición (f) semi-atruchada

---

5 grelles Roheisen (n), halbweißes Roheisen (n), Eisen (n) vom Rohgang
white cold blast pig iron
fonte (f) blanche à vent froid

стылый *или* холодный чугунъ (m); бѣлый чугунъ сырого хода
ghisa (f) bianca fredda
fundición (f) mate de marcha fria

---

6 gewöhnliches *oder* gemeines weißes Roheisen (n), Weißeisen (n), Matteisen (n), Treibeisen (n)
white pig iron
fonte (f) blanche ordinaire

бѣлый чугунъ (m); обыкновенный *или* передѣльный бѣлый чугунъ; зернистый бѣлый чугунъ
ghisa (f) bianca calda
fundición (f) blanca ordinaria

---

7 luckiges Floß (n)
porous pig iron, open grain pig
fonte (f) caverneuse

ноздреватый чугунъ (m)
ghisa (f) cavernosa
fundición (f) mate atruchada y cavernosa

---

8 kleinluckiges Eisen (n)
close grained pig iron
fonte (f) à petites cavernes

мелко-ноздреватый чугунъ (m)
ghisa (f( a piccole caverne
fundición (f) con ampollas pequeñas

---

9 großluckiges Eisen (n)
very open grained pig iron
fonte (f) caverneuse très froide, fonte (f) à grandes cavernes

крупно-ноздреватый чугунъ (m)
ghisa (f) a grandi caverne
fundición (f) con ampollas grandes

weißstrahliges Roheisen (n), strahliges Weißeisen (n), Weißstrahl (m), blumiges Floß (n)
white spiegel looking pig iron
fonte (f) blanche à structure rayonnée
бѣлый лучистый чугунъ (m)
ghisa (f) bianca a struttura raggiata *o* radiale 1
fundición (f) blanca radiada

---

hochstrahliges Roheisen (n)
highly radiated pig iron, markedly spiegel looking iron
fonte (f) blanche à texture franchement rayonnée
сильно лучистый чугунъ (m)
ghisa (f) fortemente raggiata *o* radiale 2
fundición (f) blanca muy radiada

---

Spiegeleisen (n), Spiegel (m), Spiegelfloß (n), Hartfloß (n)
specular iron, spiegel
fonte (f) spiegel, fonte (f) miroitante
зеркальный чугунъ (m); [шпигель (m)]
ghisa (f) specolare
fundición (f) spiegel, 3
fundición (f) especular

---

Grauspiegel (m), Saumspiegel (m)
gray spiegel iron
fonte (f) spiegel grise
чугунъ (m) съ каймой
ghisa (f) specolare grigia 4
fundición (f) spiegel gris ó especular gris

---

kleinspiegeliges Weißeisen (n)
white crystalline iron, platy pig iron
fonte (f) blanche à facettes
маловзеркальный чугунъ (m)
ghisa (f) bianca a faccette 5
fundición (f) spiegel ó especular con facetas pequeñas

---

Grobspiegel (m)
coarsely crystalline pig iron
fonte (f) miroitante *ou* spiegel à texture grossière
крупнозеркальный чугунъ (m)
ghisa (f) specolare grossolana 6
fundición (f) especular ó spiegel de textura gruesa

---

stark manganhaltiges Spiegeleisen (n)
high manganese spiegel, specular iron *or* spiegel containing a large amount of manganese
fonte (f) spiegel à haute teneur en manganèse
зеркальный чугунъ (m), богатый содержанiемъ марганца
ghisa (f) specolare con forte quantità di manganese 7
fundición (f) spiegel ó especular con gran proporción de manganeso

---

dichtes Roheisen (n)
compact grained pig iron
fonte (f) à texture compacte
чугунъ (m) плотнаго строенія
ghisa (f) a tenore composto *od* a struttura compatta 8
fundición (f) de textura compacta

| | |
|---|---|
| 1 Holzkohlenroheisen (n)<br>charcoal pig iron<br>fonte (f) au charbon de bois | древесно-угольный чугунъ (m); чугунъ древесно-угольной плавки<br>ghisa (f) al carbone di legna<br>fundición (f) al carbón vegetal |
| 2 Anthrazitroheisen (n)<br>anthracite pig iron<br>fonte (f) à l'anthracite | антрацитовый чугунъ (m); чугунъ, выплавленный на антрацитѣ<br>ghisa (f) all'antracite<br>fundición (f) á la antracita |
| 3 Koksroheisen (n)<br>coke pig iron<br>fonte (f) au coke | коксовый чугунъ (m); чугунъ, выплавленный на коксѣ<br>ghisa (f) al coke<br>fundición (f) al cok |
| 4 geschmolzenes Roheisen (n), flüssiges Roheisen (n) (dem Hochofen entnommen)<br>hot metal, direct metal<br>fonte (f) à l'état de fusion (provenant directement du haut-fourneau) | чугунъ (m), расплавленный въ доменной печи<br>ghisa (f) allo stato di fusione, ghisa (f) proveniente direttamente dagli alti forni<br>fundición (f) en estado de fusión (de procedencia directa del alto horno) |
| 5 heiß erblasenes Roheisen (n), mit heißem Wind erblasenes Roheisen (n)<br>hot blast pig iron<br>fonte (f) fabriquée à haute température, fonte (f) au vent chaud | чугунъ (m) горячаго хода; чугунъ, полученный при горячемъ ходѣ печи<br>ghisa (f) fabbricata ad alta temperatura, ghisa (f) a vento caldo<br>fundición (f) fabricada á alta temperatura |
| 6 kalt erblasenes Roheisen (n), mit kaltem Wind erblasenes Roheisen (n)<br>cold blast pig iron<br>fonte (f) fabriquée à basse température, fonte (f) au vent froid | чугунъ (m) холоднаго хода; чугунъ, полученный при холодномъ ходѣ печи<br>ghisa (f) fabbricata a bassa temperatura, ghisa (f) a vento freddo<br>fundición (f) fabricada á baja temperatura |
| 7 in Sandformen gegossenes Roheisen (n)<br>sand cast iron, sand cast pig<br>fonte (f) coulée en sable | чугунъ (m), отлитый въ песокъ<br>ghisa (f) colata in sabbia<br>fundición (f) colada en moldes de arena |

| | | |
|---|---|---|
| sandfreies Roheisen (n)<br>sandless pig iron<br>fonte (f) sans sable | чугунъ (m), свободный отъ песка<br>ghisa (f) senza sabbia<br>fundición (f) limpia de arena | *1* |
| gefeintes Roheisen (n)<br>refined cast iron<br>fonte (f) mazée, fonte (f) de mazéage *ou* de finage | отбѣленный чугунъ (m)<br>ghisa (f) raffinata<br>fundición (f) colada encima de la escoria | *2* |
| entphosphortes Roheisen (n), Bell-Krupp-Metall (n)<br>washed metal, Bell-Krupp metal, dephosphorized pig iron<br>fonte (f) épurée *ou* de déphosphoration, métal (m) Bell-Krupp | чугунъ (m), освобождённый отъ фосфора; дефосфориз[ир]ованный чугунъ; металлъ (m) Белля-Круппа<br>ghisa (f) depurata *o* defosforata, metallo (m) Bell-Krupp<br>fundición (f), depurada, metal (m) Bell-Krupp | *3* |
| entschwefeltes Roheisen (n)<br>desulphurized pig iron<br>fonte (f) désulfurée | чугунъ (m), освобождённый отъ сѣры; обезсѣренный чугунъ<br>ghisa (f) dissulfurata *o* desolforata<br>fundición (f) desazufrada | *4* |
| Siegerländer Roheisen (n)<br>Siegerland pig iron<br>fonte (f) de Siegen | зигенскій чугунъ (m)<br>ghisa (f) di Siegen<br>fundición (f) [procedente de la localidad] de Siegen | *5* |
| Luxemburger Roheisen (n)<br>Luxemburg pig iron<br>fonte (f) de Luxembourg | люксембургскій чугунъ (m)<br>ghisa (f) del Lussemburgo<br>fundición(f) de Luxemburgo | *6* |
| steierisches Roheisen (n)<br>Styrian pig iron<br>fonte (f) de Styrie | штирійскій чугунъ (m)<br>ghisa (f) di Stiria<br>fundición (f) de Estiria | *7* |
| schwedisches Roheisen (n)<br>Swedish pig iron<br>fonte (f) de Suède *ou* suédoise | шведскій чугунъ (m)<br>ghisa (f) di Svezia, ghisa (f) svedese<br>fundición (f) de Suecia | *8* |
| englisches Roheisen (n)<br>English pig iron<br>fonte (f) anglaise | англійскій чугунъ (m)<br>ghisa (f) inglese<br>fundición (f) inglesa | *9* |
| schottisches Roheisen (n)<br>Scotch pig iron<br>fonte (f) écossaise | шотландскій чугунъ (m)<br>ghisa (f) scozzese<br>fundición (f) escocesa | *10* |

1 Gießereiroheisen (n)
cast iron, pig iron for castings, foundry pig iron
fonte (f) de moulage

литейный чугунъ (m)
ghisa (f) da fonderia
fundición (f) para moldeo

---

2 Hämatiteisen (n), Hämatit (m)
hematite iron
fonte-hématite (m)

гематитъ (m); чугунъ (m) изъ краснаго желѣзняка
ferro (m) d'ematite
hierro-hematites (m) ó procedente de la hematites

---

3 schlackenhaltiges Roheisen (n)
cinder pig iron
fonte (f) contenant des scories, fonte (f) métisse

чугунъ (m), содержащій примѣсь шлаковъ
ghisa (f) con scorie
fundición (f) escoriosa

---

4 weiches Gießereieisen (n)
soft foundry pig iron
fonte (f) douce de moulage

мягкій литейный чугунъ (m) для машиннаго литья *или* для машинныхъ отливокъ
ghisa (f) dolce per fondere pezzi di macchine
fundición (f) dulce para moldeo de piezas de máquinas

---

5 mittelhartes Gießereieisen (n)
medium hard foundry pig iron
fonte (f) de moulage moyennement dure

литейный чугунъ (m) средней твёрдости
ghisa (f) da fonderia di media durezza
fundición (f) semi-dura para moldeo

---

6 Hartgußroheisen (n)
chill foundry pig iron
fonte (f) pour moulage en coquille

чугунъ (m) для литья съ закалкой
ghisa (f) per fusione in conchiglia
fundición (f) para moldear en coquillas

---

7 Bestmaschinengußeisen (n), Qualitätsmaschinengußeisen (n)
best foundry pig iron
fonte (f) spéciale pour pièces de machines

чугунъ (m) лучшаго качества для машиннаго литья *или* для машинныхъ отливокъ
ghisa (f) buona per pezzi di macchine
fundición (f) especial para moldeo de piezas de máquinas

---

8 zähes Gießereieisen (n)
tough foundry pig iron
fonte (f) de moulage résistante

вязкій литейный чугунъ (m)
ghisa (f) resistente da fonderia
fundición (f) tenaz para moldeo

Roheisen (n) für feuerbeständigen Guß
foundry pig iron for fire proof castings
fonte (f) de moulage pour pièces allant au feu

чугунъ (m) для огнестойкихъ отливокъ
ghisa (f) per fondere pezzi che vanno al fuoco 1
fundición (f) para moldeo de piezas refractarias

---

Roheisen (n) für säurebeständigen Guß
foundry pig iron for acid proof castings
fonte (f) de moulage pour pièces devant résister aux acides

чугунъ (m) для кислотопостоянныхъ отливокъ
ghisa (f) per fondere pezzi che devono resistere agli acidi 2
fundición (f) para piezas que deben resistir á los ácidos

---

Gußeisen (n)
cast iron
fonte (f)

чугунъ (m)
ghisa (f)
fundición (f), hierro (m) colado 3

---

Roheisenguß (m), Grauguß (m), Eisenguß (m)
cast (*or* pig) iron castings
pièce (f) de fonte, fonte (f) moulée, moulage (m) en fonte grise

чугунная отливка (f); чугунное литьё (n); сѣрый чугунъ (m)
ghisa (f), ghisa (f) grigia da fonderia 4
pieza (f) de fundición, fundición (f) de molde, fundición (f) gris para moldeo

---

Weichguß (m), Temperguß (m), Roheisen (n) für den Temperguß, Tempergußeisen (n)
malleable iron, malleable pig iron (A*), pig iron for malleable castings
fonte (f) douce de moulage, fonte (f) malléable

отливка (f), обжигаемая для придаванія ей ковкости
ghisa (f) bianca *o* dolce da fonderia 5
fundición (f) dulce para moldeo

---

Holzkohlenroheisen (n) (auf dem Herd gefrischt), Herdfrischroheisen (n), Frischereiroheisen (n), Frischfeuerroheisen (n)
charcoal hearth cast iron, pig iron for refining
fonte (f) mazée, fonte (f) de finage *ou* ayant subi un premier affinage

древесно-угольный чугунъ (m) для передѣлки въ горнахъ; передѣлочный чугунъ древесно-угольной плавки 6
ghisa (f) di primo affinaggio, ghisa (f) da affinaggio
fundición (f) de primer afino

---

* A = americanism

1 Bessemerroheisen (n)
hematite pig iron, Bessemer pig iron
fonte (f) pour le procédé Bessemer, fonte (f) Bessemer

бессемеровскій чугунъ (m)
ghisa (f) Bessemer
fundición (f) destinada al procedimiento Bessemer

---

2 Thomasroheisen (n), basisches Roheisen (n)
basic pig (pig iron with more than $1\frac{1}{2}$ % phosphorus and less than 0,5 % silicon (A*)
fonte (f) (pour le procédé) Thomas *ou* basique

томасовскій чугунъ (m)
ghisa (f) Thomas *o* basica
fundición (f) destinada al procedimiento Thomas, fundición (f) básica

---

3 Phosphorroheisen (n), Roheisen (n) mit mehr als 1 % Silicium und beliebigem Phosphorgehalt
phosphoric pig iron, basic pig iron (A*)
fonte (f) phosphoreuse, fonte (f) contenant plus de 1 % de silicium et une quantité quelconque de phosphore

чугунъ, содержащій одинъ процентъ кремнія и любое количество фосфора; чугунъ съ однопроцентнымъ содержаніемъ кремнія и любымъ содержаніемъ фосфора
ghisa (f) fosforosa, ghisa (f) contenente più dell' 1% di silicio ed una quantità arbitraria di fosforo
fundición (f) con cierta proporción de fósforo, fundición (f) con más de 1% de silicio y cualquier cantidad de fósforo

---

4 Martinroheisen (n), Stahleisen (n), Stahlroheisen (n)
open hearth pig iron
fonte (f) (pour le procédé) Martin *ou* pour acier

мартеновскій чугунъ (m); чугунъ, предназначенный для передѣла въ сталь
ferro (m) (per il processo) Martin *o* per acciaio
fundición (f) (para el procedimiento) Martin *ó* para acero

---

5 Puddelroheisen (n)
forge pig iron, pig iron for puddling
fonte (f) de puddlage

пудлинговый чугунъ (m)
ghisa (f) da pudellaggio
fundición (f) para pudelaje

---

6 Puddelspiegel (m)
specular forge pig iron
fonte (f) spiegel pour puddlage

пудлинговый высшаго сорта чугунъ (m); полузеркальный чугунъ
ghisa (f) specolare per pudellaggio
fundición (f) spiegel *ó* especular para pudelaje

---

* A = americanism

Sondergußeisen (n), [Spezialgußeisen (n)]
alloy cast iron, special cast iron
fonte (f) spéciale
специальный чугунъ (m)
ghisa (f) speciale
fundición (f) especial 1

nickelhaltiges Roheisen (n)
pig iron containing nickel
fonte (f) au nickel *ou* contenant du nickel
чугунъ (m), содержащій никкель
ghisa (f) al nickel *o* contenente nickel
fundición (f) al níquel *ó* que contiene níquel 2

**Schmiedbares Eisen**

**Malleable iron**

**Fer malléable**

**Ковкое желѣзо**

**Ferro fucinabile *o* malleabile**

**Hierro maleable** 3

**Schweißmetall, Schweißeisen, Gerbeisen. Gärbeisen**
**Wrought Iron**
**Métal soudé *ou* forgé, fer soudé *ou* forgé, fer corroyé**
**Сварочный металлъ; сварочное желѣзо**
**Metallo fucinato *o* saldato, ferro fucinato *o* saldato**
**Metal soldado *ó* forjado, hierro soldado *ó* forjado, hierro batido** 4

schweißbar (adj)
weldable (adj)
soudable (adj)
свариваемый
saldabile (agg)
soldable (adj) 5

Schweißstahl (m)
weld steel, weldable steel
acier (m) soudable
сварочная сталь (f)
acciaio (m) saldato
acero (m) batido ó soldado 6

Rohstahl (m)
raw steel
acier (m) naturel
сырая сталь (f)
acciaio (m) greggio o naturale
acero (m) bruto 7

Schweißschmiedeeisen (n), Schweißeisen (n)
weld iron
fer (m) soudant *ou* soudable
сварочное желѣзо (n)
ferro (m) saldato
hierro (m) [dulce] soldado 8

sehniges Eisen (n)
fibrous iron
fer (m) nerveux, nerf (m)
жилистое желѣзо (n)
ferro (m) fibroso
hierro (m) fibroso, nervio (m), fibra (f) 9

Grobkorneisen (n)
coarse grained iron
fer (m) à gros grain
крупнозернистое желѣзо (n)
ferro (m) a grana grossa
hierro (m) de grano grueso 10

| | | |
|---|---|---|
| 1 | Feinkorneisen (n)<br>fine grained iron<br>fer (m) à grain fin | мелкозернистое желѣзо (n)<br>ferro (m) a grana fina<br>hierro (m) de grano fino |
| 2 | Rennfeuereisen (n)<br>soft iron<br>fer (m) doux, fer (m) de finerie | сыродутное желѣзо (n); желѣзо, полученное сыродутнымъ способомъ<br>ferro (m) dolce<br>hierro (m) dulce |
| 3 | Herdfrischeisen (n)<br>bloomery *or* knobbled iron<br>fer (m) au bois (obtenu au bas-foyer) | кричное желѣзо (n)<br>ferro (m) d'affinaggio al basso fuoco<br>hierro (m) refinado á fragua baja |
| 4 | Herdfrischstahl (m)<br>charcoal hearth steel<br>acier (m) au bas-foyer, acier (m) de finerie | кричная сталь (f)<br>acciaio (m) d'affinaggio al basso fuoco<br>acero (m) refinado á fragua baja |
| 5 | Rosenstahl (m)<br>rose steel<br>acier (m) fleuri, acier (m) à la rose | самая твёрдая кричная сталь (f), обнаруживающая тёмныя пятна при изломѣ<br>acciaio (m) con frattura a rosa<br>acero (m) con mancha gris |
| 6 | Wilderstahl (m), wilder Stahl (m)<br>wild steel<br>acier (m) sauvage | дикая сталь (f)<br>acciaio (m) grezzo, ghisa (f) acciaiosa<br>acero (m) natural |
| 7 | Flammofenstahl (m)<br>steel of a reverbatory furnace<br>acier (m) au four à réverbère | сталь (f), полученная на поду отражательной печи; мартеновская сталь<br>acciaio (m) ottenuto col forno a riverbero<br>acero (m) al horno de reverbero |
| 8 | Puddeleisen (n), Puddelstahl (m)<br>puddled iron, puddled steel<br>fer (m) puddlé, acier (m) puddlé | пудлинговое желѣзо (n); пудлинговая сталь (f)<br>ferro (m) pudellato, acciaio (m) pudellato<br>hierro (m) de pudelaje, acero (m) de pudelaje |
| 9 | gärben (v), gerben (v), Stahl gärben (v)<br>piling and welding of weld steel<br>corroyer (v), corroyer (v) l'acier | раффинированіе (n) стали посредствомъ прокатки и сварки<br>fucinare (v), fucinare (v) l'acciaio<br>batir (v) ó soldar (v) el acero |

Gärbstahl (m), Gerb-
stahl (m)
wrought steel
acier (m) corroyé

сварочная сталь (f);
раффинированная
сталь, полученная
посредствомъ про-
катки и сварки 1
acciaio (m) fucinato
acero (m) batido *ó* sol-
dado

---

Edelstahl (m)
refined steel
acier (m) fin

сталь (f) лучшаго ка-
чества 2
acciaio (m) raffinato
acero (m) refinado

---

doppelt gefeinter [raffi-
nierter] Stahl (m)
double refined steel
acier (m) deux fois
raffiné

дважды раффиниро-
ванная сталь (f);
сталь двойной раф-
финировки
acciaio (m) raffinato 3
due volte
acero (m) doble-refi-
nado

---

**Flußmetall, Fluß-
eisen, Blockeisen**
**Fluid Metal**
**Fer en lingot**

**Бѣлые штыки чугуна**
**Metallo omogeneo *o*
fuso, ferro omogeneo** 4
***o* fuso *od* in lingotti**
**Lingote de hierro**

---

Flußstahl (m)
ingot steel, half hard
and hard *or* medium
and high carbon steel
acier (m) fondu, acier
(m) homogène

литая сталь (f)
acciaio (m) omogeneo,
acciaio (m) fuso 5
acero (m) homogéneo,
acero (m) fundido

---

Flußeisen (n)
ingot iron, mild steel,
soft steel, low car-
bon steel, ingot me-
tal (steel)
acier (m) doux, acier
(m) extra-doux, fer
(m) fondu, fer (m)
homogène

ковкое литое желѣзо
(n)
ferro (m) omogeneo, 6
ferro (m) fuso
acero (m) dulce, hierro
(m) fundido

---

Tiegelstahl (m), Guß-
stahl (m), Tiegel-
gußstahl (m)
crucible steel, crucible
cast steel
acier (m) au creuset,
acier (m) fondu au
creuset

тигельная сталь; ти-
гельная литая сталь
(f)
acciaio (m) al cro- 7
giuolo, acciaio (m)
fuso al crogiuolo
acero (m) al crisol

---

Bessemerstahl (m),
Bessemereisen (n),
saures Eisen (n)
acid steel, Bessemer
steel, acid Bessemer
steel
acier (m) Bessemer
(acide)

бессемеровкая сталь
(f); бессемеровское
желѣзо (n) [кислый
способъ] 8
acciaio (m) Bessemer
acero (m) Bessemer
(ácido)

| | | |
|---|---|---|
| 1 | Thomasstahl (m), Thomaseisen (n), basisches Eisen (n)<br>basic steel, mild steel<br>acier (m) Thomas (basique) | томасовская сталь (f); томасовское желѣзо (n) [основной способъ]<br>acciaio (m) Thomas, ferro (m) Thomas, ferro (m) basico<br>acero (m) Thomas (básico) |
| 2 | Martinstahl (m)<br>open hearth steel, [Martin steel]<br>acier (m) Martin | мартеновская сталь(f)<br>acciaio (m) Martin<br>acero (m) Martin |
| 3 | saurer Siemens-Martinstahl (m)<br>acid open hearth steel<br>acier (m) Siemens-Martin (par le procédé acide) | сименсъ-мартеновская сталь (f), полученная кислымъ способомъ<br>acciaio (m) Siemens-Martin (al processo acido)<br>acero (m) Siemens-Martin (ácido) |
| 4 | basischer Siemens-Martinstahl (m)<br>basic open hearth steel<br>acier (m) Siemens-Martin (par le procédé basique), acier (m) sur sole basique | сименсъ-мартеновская сталь (f), полученная основнымъ способомъ<br>acciaio (m) Siemens-Martin (al processo basico)<br>acero (m) Siemens-Martin (por el procedimiento básico) |
| 5 | Elektrostahl (m)<br>electric steel<br>acier (m) au four électrique | электросталь (f)<br>acciaio (m) elettrico *od* ottenuto elettricamente<br>acero (m) al horno eléctrico |
| 6 | schmiedbares Gußeisen (n), schmiedbarer Guß (m), Temperguß (m)<br>malleable pig iron, malleable cast iron, malleable castings<br>fonte (f) malléable | ковкій чугунъ (m)<br>ghisa (f) malleabile, ghisa (f) fucinabile<br>hierro (m) maleable, fundición (f) maleable |
| 7 | Erzstahl (m), Uchatiusstahl (m)<br>direct steel from the ore process<br>acier (m) fabriqué par l'ore-process, acier (m) Uchatius | сталь (f), полученная изъ чугуна при помощи окисленія рудой; сталь Ухатіуса<br>acciaio (m) fabbricato coll' „ore-process", acciaio (m) al minerale<br>acero (m) fabricado por el procedimiento con minerales |

| | | |
|---|---|---|
| Zementstahl (m), Blasenstahl (m)<br>blister steel, cement steel, converted steel<br>acier (m) cémenté *ou* de cémentation, acier (m) de cémentation à soufflures | цементная сталь (f); морянка (f); томлянка (f)<br>acciaio (m) cementato *o* di cementazione<br>acero (m) cementado | 1 |
| Zementgärbstahl (m) (1 mal, 2 mal gegärbt)<br>shear steel, double shear steel<br>acier (m) de cémentation corroyé (à double corroyage) | односварочная сталь (f); двусварочная сталь<br>acciaio (m) di cementazione affinato (una volta, due volte)<br>acero (m) cementado batido *ó* soldado (doble) | 2 |
| Wootzstahl (m), indischer Stahl (m)<br>indian steel, Wootz<br>acier (m) Wootz, acier (m) indien | сталь (f) Вутца; индійскій булатъ (m)<br>acciaio (m) Wootz, acciaio (m) indiano<br>acero (m) Wootz *ó* de la India | 3 |
| Damaszener Stahl (m), Damaststahl (m)<br>damask steel, damascined<br>acier (m) damassé | дамасская сталь (f); булатъ (m)<br>acciaio (m) damascato<br>acero (m) damasceno | 4 |
| Werkzeugstahl (m)<br>tool steel<br>acier (m) à outils | инструментальная сталь (f)<br>acciaio (m) da attrezzi *o* da utensili<br>acero (m) para herramientas | 5 |
| Schnelldrehstahl (m)<br>high speed tool steel<br>acier (m) pour tours à grande vitesse, acier (m) rapide | быстроръжущая сталь (f); сталь для быстрой обработки металловъ<br>acciaio (m) per torni di grande velocità<br>acero (m) para tornos de gran velocidad *ó* rápido | 6 |
| Meißelstahl (m)<br>chisel steel, chisel temper<br>acier (m) à burins | сталь (f) для зубилъ<br>acciaio (m) da scalpelli<br>acero (m) para cinceles | 7 |
| Diamantstahl (m)<br>extra hard steel, best tool steel<br>acier-diamant (m) | алмазная сталь (f)<br>acciaio (m) diamante<br>acero-diamante (m) | 8 |
| Lochstempelstahl (m)<br>steel for punches<br>acier (m) pour poinçons | сталь (f) для пу[а]нсоновъ *или* для прессовыхъ штемпелей<br>acciaio (m) per punzonatrici<br>acero (m) para punzones | 9 |

1 Döpperstahl (m)
steel for dies and stamps
acier (m) pour bouterolles et étampes
сталь (f) для штампъ
acciaio (m) per stampi
acero (m) para buterolas *ó* estampas

2 Gewindebohrstahl (m)
steel for screw taps
acier (m) pour forets
сталь (f) для свёрлъ
acciaio (m) per madreviti
acero (m) para machos de roscar

3 Federstahl (m)
spring steel
acier (m) à ressorts
пружинная сталь (f)
acciaio (m) da molle
acero (m) para resortes

4 Triebstahl (m)
pinion steel
acier (m) à pignons *ou* pour engrenages
сталь (f) для машинныхъ частей
acciaio (m) da rocchetti *od* ingranaggi
acero (m) para piñones de engranaje

5 Ankerstahl (m)
anchor steel
acier (m) à marque d'ancre
сталь (f) для якорей
acciaio (m) per àncore
acero (m) para anclas

6 Waffenstahl (m)
small arm steel
acier (m) pour armes
сталь (f) для холоднаго оружія
acciaio (m) da armi
acero (m) para armas

7 Münzstahl (m), Persanerstahl (m)
Brescian steel
acier (m) de Brescia
сырцовая сталь (f); сталь (f), изъ которой приготовляются штампы для монетъ
acciaio (m) di Brescia
acero (m) bresciano

8 Magnetstahl (m)
magnet steel
acier (m) pour aimants
сталь (f) для магнитовъ
acciaio (m) per magneti
acero (m) para imanes

9 **Eisenlegierung, [Ferrolegierung]**
**Iron Alloy**
**Alliage de fer**
**Желѣзный сплавъ**
**Lega di ferro**
**Aleación de hierro**

10 Verschmelzungskörper (m), [Legierungskörper (m)]
alloy constituent
constituant (m) d'un alliage
тѣло (m) сплава
costituente (m) della lega
metal (m) de la aleación

11 hochhaltige Verschmelzung (f), hochprozentige Legierung (f)
alloy of high percentage
alliage (m) à haute teneur
высокопроцентный *или* высокопробный сплавъ (m)
lega (f) ad alto tenore
aleación (f) rica

| | | |
|---|---|---|
| geringhaltige Verschmelzung (f), niedrigprozentige Legierung (f)<br>alloy of low percentage<br>alliage (m) à faible teneur | низкопроцентный *или* низкопробный сплавъ (m)<br>lega (f) a basso tenore<br>aleación (f) pobre | *1* |
| Eisenmangan (n), Ferromangan (n)<br>ferro-manganese<br>ferro-manganèse (m) | ферромангаНъ (m)<br>ferro (m) manganese, manganese (m)<br>ferro-manganeso (m) | *2* |
| Siliciumeisen (n), Ferrosilicium (n)<br>ferro-silicon<br>ferro-silicium (m) | ферросилицій (m); кремнистое желѣзо (n)<br>ferro (m) silicio<br>ferro-silicio (m) | *3* |
| Silicospiegel (m), Ferromangansilicium (n)<br>ferro silico-manganese<br>silicospiegel (m), ferromanganèse (m) siliceux | марганцово-кремнистое желѣзо (n); силико-шпигель (m); кремнисто-зеркальный чугунъ (m)<br>ferro (m) silicio-manganese<br>ferro-mangano-silicio (m), silico-spiegel (m) | *4* |
| Karborund (n), Siliciumkarbid (n)<br>carborundum, silicid of carbon<br>carbure (m) de silicium, carborundum (m) | карбидъ (m) кремнія; карборундъ (m)<br>carborundo (m), carburo (m) di silicio<br>carburo (m) de silicio | *5* |
| Eisenchrom (n), [Ferrochrom (n)]<br>ferro-chromium<br>ferrochrôme (m) | феррохромъ (m); хромистое желѣзо (n)<br>ferro (m) al cromo<br>ferrocromo (m) | *6* |
| Eisennickel (n), [Ferronickel (n)], Nickeleisen (n)<br>ferro-nickel<br>ferronickel (m) | феррониккель (m); никкелистое желѣзо (n)<br>ferro-nickel (m), ferro (m) al nickel<br>ferro-níquel (m), hierro (m) al níquel | *7* |
| Molybdaennickel (n)<br>nickel-molybdenum<br>alliage (m) de molybdène et nickel | молибденистый никкель (m)<br>lega (f) di molibdeno e nickel<br>molibdeno-níquel (m) | *8* |
| Eisenwolfram (n), [Ferrowolfram (n)]<br>ferro-tungsten<br>ferrotungstène (m) | ферровольфрамъ (m); ферровольфрамистое желѣзо (n)<br>ferro (m) al tunsteno<br>ferro-tungsteno (m) | *9* |
| Eisenmolybdaen (n), [Ferromolybdaen (n)], Molybdaeneisen (n)<br>ferro-molybdenum<br>ferromolybdène (m) | ферромилибденъ (m); молибденистое желѣзо (n)<br>ferro (m) al molibdeno<br>ferromolibdeno (m) | *10* |

| | | |
|---|---|---|
| 1 | Eisenvanadium (n), [Ferrovanadium (n)], Vanadiumeisen (n)<br>ferro-vanadium<br>ferrovanadium (m) | феррованадій (m); ванадіевое желѣзо (n)<br>ferro (m) al vanadio<br>ferrovanadio (m) |
| 2 | Eisentitan (n), [Ferrotitan (n)]<br>ferro-titanium<br>ferrotitane (m) | ферротитанъ (m); титанистое желѣзо (n)<br>ferro (m) al titanio<br>ferrotitanio (m) |
| 3 | Eisenmangantitan (n), [Ferromangantitan (n)]<br>ferro-manganese titaniferous<br>ferromanganèse (m) titanifère | ферромангантитанъ (m)<br>ferro (m) manganese al titanio<br>ferromangano (m) titanio |
| 4 | Eisenphosphor (n), [Ferrophosphor (n)], Phosphoreisen (n)<br>ferro-phosphorus<br>ferrophosphore (m), fer (m) phosphoreux | феррофосфоръ (m); фосфористое желѣзо (n)<br>ferro (m) al fosforo<br>ferrofósforo (m) |
| 5 | Phosphormangan (n)<br>phosphor-manganese<br>mangano-phosphore (m) | фосфористый марганецъ (m)<br>manganese (m) al fosforo<br>fósforo-manganeso (m) |
| 6 | Eisenbor (n), [Ferrobor (n)]<br>ferro-boron<br>ferrobore (m) | ферроборъ (m); бористое желѣзо (n)<br>ferroboro (m)<br>ferroboro (m) |

---

| | | |
|---|---|---|
| 7 | Sonderstahl (m), [Spezialstahl (m)]<br>alloy steel, special steel<br>acier (m) spécial | специальная сталь (f)<br>acciaio (m) speciale<br>acero (m) especial |
| 8 | Kohlenstoffstahl (m)<br>carbon-steel<br>acier (m) au carbone | углеродистая сталь (f)<br>acciaio (m) al carbonio<br>acero (m) rico en carbono |
| 9 | übersättigtes Eisen (n)<br>supersaturated iron<br>fer (m) sursaturé | пересыщенный чугунъ (m); пересыщенное желѣзо (n)<br>ferro (m) soprasaturato<br>hierro (m) sobresaturado |
| 10 | Siliciumstahl (m)<br>silicon-steel<br>acier (m) au silicium | кремнистая сталь (f)<br>acciaio (m) al silicio<br>acero (m) al silicio |
| 11 | Nickelstahl (m)<br>nickel-steel<br>acier (m) au nickel | никкелевая сталь (f)<br>acciaio (m) al nickel<br>acero (m) al níquel |
| 12 | Chromnickelstahl (m)<br>chromium-nickel-steel<br>acier (m) au chrome et nickel | хромоникк елевая сталь (f)<br>acciaio (m) al cromo e nickel<br>acero (m) al cromoníquel |

Chromstahl (m)
chromium steel
acier (m) chromé *ou* au chrome

хромистая сталь (f)
acciaio (m) al cromo 1
acero (m) al cromo

---

Manganstahl (m)
manganese steel
acier (m) au manganèse

марганцовая сталь (f)
acciaio (m) al manganese 2
acero (m) al manganeso

---

Wolframstahl (m)
tungsten steel
acier (m) au tungstène

вольфрамистая сталь (f)
acciaio (m) al tunsteno 3
acero (m) al tungsteno

---

Molybdaenstahl (m)
molybdenum steel
acier (m) au molybdène

молибденистая сталь (f)
acciaio (m) al molibdeno 4
acero (m) al molibdeno

---

Titanstahl (m)
titanium steel
acier (m) au titane

титанистая сталь (f)
acciaio (m) al titanio 5
acero (m) al titanio

---

Vanadinstahl (m)
vanadium steel
acier (m) au vanadium

ванадіевая сталь (f)
acciaio (m) al vanadio 6
acero (m) al vanadio

---

Borstahl (m)
boron steel
acier (m) au bore

бористая сталь (f)
acciaio (m) al boro 7
acero (m) al boro

---

Silberstahl (m)
silver-steel
acier (m) argenté

серебристая сталь (f)
acciaio (m) argentato 8
acero (m) con grano argentino

## Handelseisen, [Merkantileisen]

## Merchant Iron, Commercial Iron

## Fer marchand

## Продажное желѣзо

## Ferro commerciale, ferro mercantile 9

## Hierro comercial

Eisenzeug (n)
iron ware
produits (m pl) de l'industrie du fer

желѣзныя издѣлія (n pl)
prodotti (m pl) dell'industria metallurgica 10
productos (m pl) de la siderurgia

---

Eisensorte (f)
qualities of iron, grades of iron (A*)
sorte (f) de fer

сортъ (m) желѣза
qualità (f) di ferro 11
clase (f) de hierro

---

minderwertiges Eisen (n)
ungraded iron
fer (m) de qualité inférieure

недоброкачественное желѣзо (n)
ferro (m) di qualità inferiore, ferro (m) poco buono 12
hierro (m) de calidad inferior

---

* A = americanism

| | | | |
|---|---|---|---|
| 1 | **Halbzeug**<br>**Semi-manufactured *or* Half-finished Products**<br>**Demi-produit** | | **Полупродуктъ**<br>**Prodotto incompleto, prodotto non finito**<br>**Semi-productos, productos bastos** |
| 2 | Walzeisen (n)<br>rolled iron<br>fer (m) laminé | | прокатное желѣзо (n)<br>ferro (m) laminato<br>hierro (m) laminado |
| 3 | Rohbarren (m), Rohzaggel (m), Eisenzagel (m)<br>muck bar (A*), puddle bar<br>barre (f) de fer brut, ébauché (m) | | сырая болванка (f); свинка (f); штыкъ (m)<br>barra (f) di ghisa *o* greggia<br>barra (f) de fundición *ó* de hierro crudo |
| 4 | Block (m)<br>ingot<br>lingot (m) | 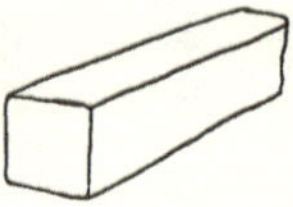 | болванка (f)<br>lingotto (m)<br>tocho (m) |
| 5 | Barren (m), Platte (f)<br>bar, plate, bloom (a large bar above 5 inches square)<br>bloom (m) | | штыкъ (m); чушка (f); свинка (f)<br>barra (f), lastra (f), piastra (f)<br>bloom (m) |
| 6 | Bramme (f)<br>slab bloom<br>brame (f) | 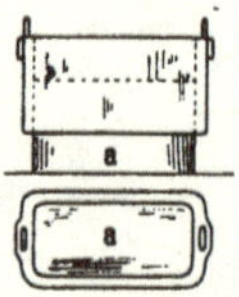<br>a | болванка (f) для прокатки листового желѣза<br>pacchetto (m)<br>empaquetado (m), paquete (m) |
| 7 | Platine (f)<br>sheet billets, [flat bars]<br>larget (m) | 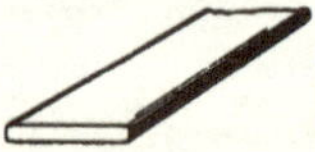 | плоская болванка (f)<br>piatto (m)<br>pletina (f) |
| 8 | Knüppel (m)<br>billet (a bar under 5 inches square<br>billette (f) | | заготовка (f); квадратная болванка (f)<br>billette (f pl)<br>paquete (m) para laminar |
| 9 | **Fertigware. Fertigeisen**<br>**Finished Iron**<br>**Produit fini** | | **Готовый продуктъ**<br>**Prodotto finito**<br>**Productos acabados** |
| 10 | Stabeisen (n), Stangeneisen (n)<br>bar iron, rounds (A*), rods (A*)<br>fer (m) en barres | 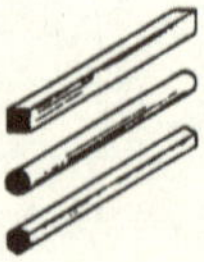 | брусковое *или* полосовое желѣзо (n)<br>ferro (m) in barre<br>hierro (m) [laminado] en barras |

* A = americanism

Grobeisen (n)
large iron bars, blooms
gros fers (m pl)

крупносортное желѣзо (n)
ferro (m) in grossi profili 1
hierro (m) gordo

---

Feineisen (n)
small iron bars, billets
petits fers (m pl)

мелкосортное желѣзо (n)
ferro (m) in piccoli profili 2
hierro (m) fino

---

Vierkanteisen (n), Quadrateisen (n)
square *or* oblong iron
fer (m) plat rectangulaire

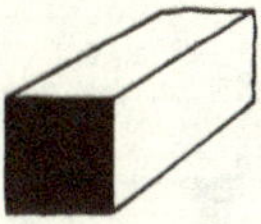

четырёхгранное желѣзо (n); квадратное желѣзо
ferro (m) piatto rettangolare 3
hierro (m) rectangular plano

---

unbearbeiteter Stab(m)
unwrought bar
barre (f) non travaillée

необработанный брусъ (m)
barra (f) non lavorata 4
barra (f) en bruto

---

Rundeisen (n)
round iron
fer (m) rond

круглое желѣзо (n)
ferro (m) tondo 5
hierro (m) redondo

---

halbrundes Eisen (n)
half round iron
fer (m) demi-rond

полукруглое желѣзо (n)
ferro (m) mezzo tondo 6
*o* semitondo
hierro (m) media caña

---

Flacheisen (n)
flat iron
fer (m) plat, fer (m) méplat

полосовое желѣзо (n)
ferro (m) piatto 7
llanta (f)

---

Bandeisen (n)
band iron, hoop iron, strip iron
[fer (m)] feuillard (m)

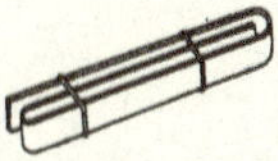

обручное *или* шинное желѣзо (n)
ferro (m) a nastro 8
fleje (m)

---

Formeisen (n). [Fassoneisen (n)]
section iren
[fer (m)] profilé (m), fer (m) en barres façonné

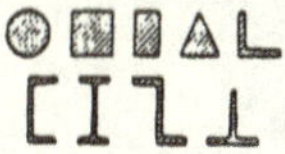

фасонное желѣзо (n)
ferro (m) profilato, ferro (m) in barre 9
sagomate
hierro (m) perfilado

---

Winkeleisen (n)
angle iron
fer (m) d'angle, [fer de cornière (f)

угловое желѣзо (n); угольникъ (m); уголокъ (m)
ferro (m) ad angolo o cantonale, ferro (m) 10
angolare
hierro (m) angular, escuadra (f)

| | | | |
|---|---|---|---|
| 1 | gleichschenkliges Winkeleisen (n)<br>equal angle, angle with equal sides<br>cornière (f) à ailes égales | 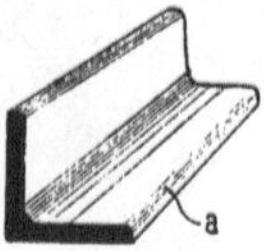 | равнобокій уголокъ (m) *или* угольникъ (m); угловое желѣзо (n) съ полками одинаковой величины<br>cantonale (m) a lati uguali<br>escuadra (f) de alas iguales |
| 2 | Schenkel (m)<br>web<br>aile (f) | a | полка (f) уголка<br>lato (m), fianco (m)<br>ala (f) |
| 3 | ungleichschenkliges Winkeleisen (n)<br>unequal angle, angle with unequal sides<br>cornière (f) à ailes inégales |  | неравнобокій уголокъ (m) *или* угольникъ (m); угловое желѣзо (n) съ полками неодинаковой величины<br>cantonale (m) a lati disuguali<br>escuadra (f) de alas desiguales |
| 4 | rundkantiges Winkeleisen (n)<br>angle with round corners<br>cornière (f) à coins arrondis |  | уголокъ (m) *или* угольникъ (m) съ закруглёнными кромками<br>cantonale (m) ad angolo tondo<br>escuadra (f) con esquinas redondeadas |
| 5 | scharfkantiges Winkeleisen (n)<br>angle with sharp corners<br>cornière (f) à arêtes vives | 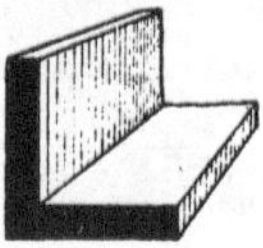 | уголокъ (m) *или* угольникъ (m) съ острыми кромками<br>cantonale (m) ad angolo vivo<br>escuadra (f) con aristas vivas |
| 6 | Z-Eisen (n)<br>Z-iron<br>fer (m) en Z |  | Z-образное *или* зетовое желѣзо (n)<br>ferro (m) a Z<br>hierro (m) en Z |
| 7 | Träger (m)<br>girder, beam<br>poutrelle (f), fer (m) à plancher | | балка (f)<br>ferro (m) per travi<br>vigueta (f) |
| 8 | T-Eisen (n), T-Träger (m)<br>T-iron<br>fer (m) T |  | тавровое желѣзо (n)<br>ferro (m) a T<br>hierro (m) [simple] T |
| 9 | H-Eisen (n), Doppel-T-Eisen (n), I-Eisen (n)<br>double T-iron, I-iron, H-iron<br>fer (m) [en] double T, poutrelle (f) |  | двутавровое желѣзо (n)<br>ferro (m) a doppio T<br>hierro (m) ó vigueta (f) doble T |
| 10 | englischer Träger (m)<br>English standard joist<br>poutrelle (f) anglaise | | англійская балка (f)<br>trave (f) inglese<br>vigueta (f) de perfil inglés |

C-Eisen (n), U-Eisen (n)
channel, U-iron
fer (m) C, fer (m) à U

швеллерное *или* корытное желѣзо (n); U-образное желѣзо 1
ferro (m) ad U
hierro (m) U

---

Quadranteisen (n), Säuleneisen (n)
quadrant iron
fer (m) à colonnes

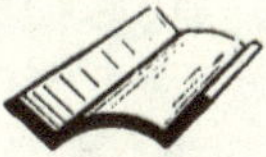

квадрантное желѣзо (n)
ferro (m) a colonne 2
barra (f) de sección en cuadrante para columnas

---

Wulsteisen (n)
bulb flats, bulb angles, bulb rails
fer (m) à boudin

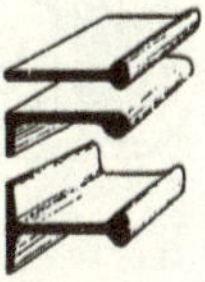

бимсовое *или* головчатое желѣзо (n)
ferro (m) a bordino
hierro (m) bulb, barra (f) con bordón 3

---

Flachwulsteisen (n)
flat bulb iron
fer (m) plat à boudin

плоскобимсовое желѣзо (n)
ferro (m) piatto a bordino 4
llanta (f) bulb ó llanta (f) con bordón

---

Winkelwulsteisen (n)
bulb angle
cornière (f) à bourrelet

угло-бимсовое желѣзо (n) 5
cantonale (m) a bordino
escuadra (f) con bordón

---

Flanschwulsteisen (n)
bulb rail
fer (m) T à bourrelet

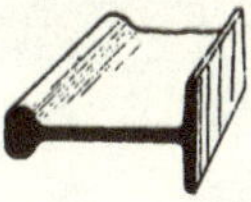

тавро-бимсовое желѣзо (n)
ferro (m) a T a bordino 6
hierro (m) T con bordón

---

Breiteisen (n)
flat billets
large-plat (m)

широкое полосовое желѣзо (n)
ferro (m) piatto largo 7
llanta (f) basta, palanquilla (f) plana

---

keilförmiges Eisen (n)
wedge shaped iron
fer (m) à biseau

клиновое желѣзо (n); колосниковое желѣзо 8
ferro (m) a cuneo
hierro (m) en cuña

---

Kreuzeisen (n)
cross iron
fer (m) en croix

желѣзо (n) крестообразнаго сѣченія 9
ferro (m) a croce
hierro (m) en cruz

| | | | |
|---|---|---|---|
| 1 | **Eisenbahnmaterial**<br>**Railway Material**<br>**Produits pour chemins de fer** | | **Желѣзнодорожный матеріалъ**<br>**Materiale per ferrovie**<br>**Productos para ferrocarriles** |
| 2 | Schiene (f)<br>rail<br>rail (m) | 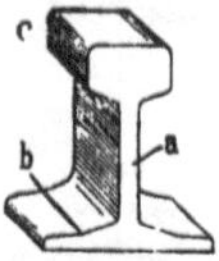 | рельсъ (m)<br>rotaia (f)<br>carril (m), rail (m) |
| 3 | Steg (m)<br>web<br>âme (f) | a | шейка (f) *или* стержень (m) рельса<br>anima (f), stelo (m) *o* gambo (m) della rotaia<br>alma (f), nervio (m) |
| 4 | Fuß (m)<br>foot, flange<br>patin (m) | b | пята (f) *или* подошва (f) рельса<br>pattino (m), piede (m)<br>patín (m), pie (m), asiento (m) |
| 5 | Kopf (m)<br>head<br>tête (f), champignon (m) | c | головка (f)<br>fungo (m), testa (f)<br>cabeza (f) |
| 6 | Vollbahnschiene (f)<br>rail for trunk lines, heavy rail<br>rail (m) de grande voie *ou* de voie normale | | рельсъ (m) [для] ширококолейныхъ дорогъ<br>rotaia (f) per ferrovia normale<br>carril (m) para vía de tipo normal *ó* vía ancha |
| 7 | Kleinbahnschiene (f)<br>rail for light railway, light rail<br>rail (m) pour voie étroite *ou* chemin de fer vicinal | | рельсъ (m) [для] узкоколейныхъ дорогъ<br>rotaia (f) per ferrovia secondaria<br>carril (m) para vía estrecha |
| 8 | Straßenbahnschiene (f)<br>tramway rail<br>rail (m) de tramway | | трамвайный рельсъ (m); рельсъ [для] городскихъ желѣзныхъ дорогъ<br>rotaia (f) da tramway<br>carril (m) de tranvía |
| 9 | Grubenschiene (f)<br>rail for mines<br>rail (m) pour mines | | рельсъ (m) [для] рудничныхъ дорогъ<br>rotaia (f) per miniera<br>carril (m) para minas |

eiserne Schwelle (f)
iron sleeper, tie (A*)
traverse (f) en fer, traverse (f) métallique

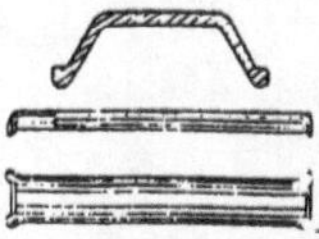

железная шпала (f) *или* поперечина (f) 1
traversa (f) di ferro
traviesa (f) de hierro

---

gepreßte Schwelle (f)
pressed sleeper
traverse (f) emboutie

штампованная шпала (f) *или* поперечина (f) 2
traversa (f) pressata
traviesa (f) embutida

---

Querschwelle (f)
cross sleeper
traverse (f)

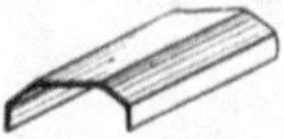

поперечина (f); шпала (f) 3
traversa (f)
traviesa (f)

---

Längsschwelle (f)
longitudinal sleeper
longrine (f)

продольный лежень (m) 4
longherina (f), longarina (f)
larguero (m)

---

Verschlußkappe (f)
joint
plaque (f) obturatrice (de traverse)

захватъ (m) *или* загибъ (m) концовъ поперечинъ 5
cappello (m) *o* cuffia (f) di guardia
placa (f) de cierre (de los extremos de la traviesa)

---

Radlenker (m)
guard rail
contre-rail (m)

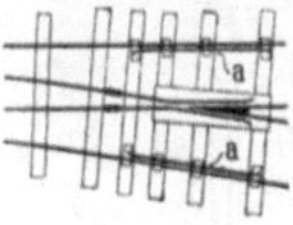

a

направляющій рельсъ (m); контръ-рельсъ 6
controrotaia (f)
contra-carril (m)

---

Kleineisenzeug (n)
small iron ware
petites pièces (f pl) en fer

поковки (fpl) 7
piccolo materiale (m) *od* accessori (m pl) d'armamento
accesorios (m pl) de hierro

---

Lasche (f), Stoßlasche (f)
fish plate
éclisse (f)

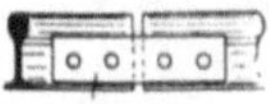

a

накладка (f) 8
stecca (f)
eclisa (f), brida (f)

---

Flachlasche (f)
flat fish plate
éclisse (f) plate

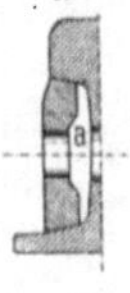

a

плоская накладка (f) 9
stecca (f) piatta, coprigiunto (m) piatto
eclisa (f) plana, brida (f) plana

---

* A = americanism

1 Winkellasche (f), Kremplasche (f)
angle fish plate, angle splice bar (A*)
éclisse (f) cornière *ou* d'équerre

угловая *или* уголковая накладка (f)
stecca (f) a corniera
brida (f) en ángulo ó en escuadra

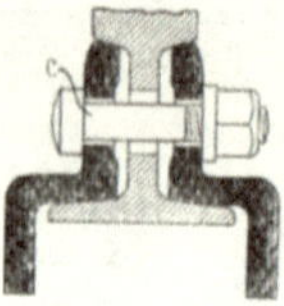

c

2 Laschenbolzen (m)
fish plate bolt
boulon (m) d'éclisse

стыковый болтъ (m)
chiavarda (f) della stecca
tornillo (m) de eclisa

3 Unterlagplatte (f)
stay plate
plaque (f) d'appui, selle (f)

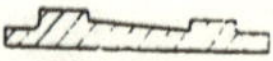

подкладка (f)
piastrina (f) d'appoggio per la base
placa (f) de asiento, silla (f)

4 Hakenplatte (f)
hook plate
selle (f) à crochet

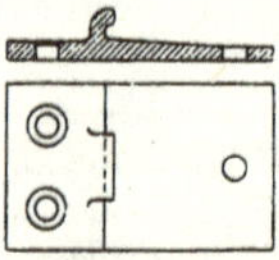

крючковатая подкладка (f); подкладка съ ребордою
piastrina (f) a gancio *o* di ritegno
silla (f) de gancho

5 Klemmplatte (f)
clamp plate
griffe (f) de serrage

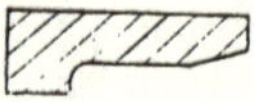

защемляющаяся пластинка (f) *или* планка (f)
piastrina (f) a rampone, piastrina (f) d'attacco
grapa (f) de sujeción

6 Hakennagel (m), Schienennagel (m)
spike, dog spike, rail spike, dog headed spike
crampon (m) (de rail)

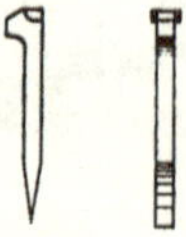

рельсовый костыль (m)
chiodo (m) *od* arpione (m) per rotaie
grapa (f), escarpia (f) [de carril]

7 Bandeisen (n), Reifeisen (n)
hoop iron, strip iron
fer (m) plat, fer (m) à bandage

бандажное желѣзо (n)
ferro (m) piatto
fleje (m), llanta (f)

8 Eisenquerschnitte (m pl) [Profile (n pl)] für Eisenbahnwagenbau
iron sections for building rolling stock
fers (pl m) profilés pour wagons de chemin de fer

профили (fpl) желѣза для вагоностроенія
profilati (m pl) per costruzione di vagoni
hierros (m pl) perfilados para vagones de ferrocarril

9 Wagenbeschlag (m)
carriage fittings
ferrures (f pl) de wagons

желѣзная оковка (f)
armatura (f) in ferro dei vagoni
ferretería (f) para coches ó vagones

* A = americanism

Wagenfeder (f)
carriage spring
ressort (m) de wagon

вагонная рессора (f)
molla (f) da vagone
muelle (m) de coches ó vagones 1

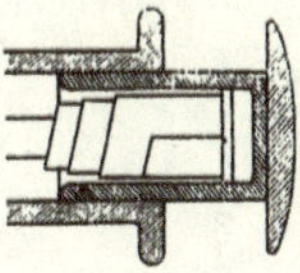

Bufferfeder (f), Spiralfeder (f)
buffer spring
ressort (m) de choc, ressort (m) de tampon

буферная рессора (f); спиральная рессора
molla (f) del respingente 2
muelle (m) de tope

Puffer (m), Buffer (m)
buffer
tampon (m) de choc

буферъ (m)
paracolpi (m), paraurti (m), respingente (m) 3
tope (m)

**Bleche**
**Sheet Metal**
**Tôle, plaque**

**Листовой металлъ**
**Lamiera** 4
**Chapa, palastro**

Walzblech (n)
rolled sheet metal
tôle (f) laminée

катанный листъ (m)
lamiera (f) laminata 5
chapa (f) laminada

Eisenblech (n)
sheet iron
tôle (f) en fer

желѣзный листъ (m); листовое желѣзо (n)
lamiera (f) di ferro 6
chapa (f) ó palastro (m) ó plancha (f) de hierro

schwaches Eisenblech (n), dünnes Eisenblech (n)
thin sheet iron
tôle (f) mince *ou* fine

тонкое листовое желѣзо (n)
lamiera (f) sottile 7
chapa (f) delgada de hierro

gehämmertes Eisenblech (n)
hammered sheet iron
tôle (f) martelée

прокованное листовое желѣзо (n)
lamiera (f) martellata 8
chapa (f) martillada

Schweißeisenblech (n)
wrought iron plate
tôle (f) en fer soudé

сварочное листовое желѣзо (n)
lamiera (f) di ferro saldato 9
chapa (f) de hierro pudelado

Flußeisenblech (n)
mild steel plate
tôle (f) en acier doux

литое листовое желѣзо (n)
lamiera (f) di ferro omogeneo 10
chapa (f) de acero dulce

Stahlblech (n)
steel plate
tôle (f) d'acier

листовая сталь (f)
lamiera (f) d'acciaio 11
chapa (f) de acero

Gußstahlblech (n)
cast steel plate
tôle (f) en acier fondu

литая листовая сталь (f)
lamiera (f) d'acciaio fuso 12
chapa (f) de acero fundido

| | | |
|---|---|---|
| 1 | Feinblech (n)<br>thin plate<br>tôle (f) mince *ou* fine | тонкое листовое желѣзо (n)<br>lamiera (f) sottile<br>chapa (f) fina |
| 2 | Schwarzblech (n)<br>black sheet iron<br>tôle (f) noire | чёрная жесть (f)<br>lamiera (f) nera<br>chapa (f) negra |
| 3 | Grobblech (n)<br>thick sheet iron<br>grosse tôle (f) | толстое листовое желѣзо (n); полукотельное желѣзо<br>lamiera (f) grossa<br>chapa (f) gruesa |
| 4 | Formblech (n)<br>profiled sheet iron<br>tôle (f) profilée | фасонное листовое желѣзо (n)<br>lamiera (f) profilata o sagomata<br>chapa (f) perfilada |
| 5 | Kesselblech (n)<br>boiler plate<br>tôle (f) de chaudière | котельное листовое желѣзо (n)<br>lamiera (f) da caldaie<br>chapa (f) para calderas |
| 6 | Bördelblech (n), Krempblech (n)<br>flanged plate<br>tôle (f) à emboutir, tôle (f) à bord tombé *ou* rabattu | листъ (m) для днища<br>lamiera (f) flangiata<br>chapa (f) para embutir, chapa (f) con borde doblado, chapa (f) rebordeada |
| 7 | Feuerblech (n)<br>fire box plate, furnace plate<br>tôle (f) de foyer (de chaudière) | листъ (m) для огневой коробки<br>lamiera (f) da focolare<br>chapa (f) de hogar (de caldera) |
| 8 | Mantelblech (n)<br>jacket sheet iron, shell plate<br>tôle (f) d'enveloppe *ou* de corps cylindrique | корпусный листъ (m); листъ для корпусовъ<br>lamiera (f) da rivestimento<br>chapa (f) para el cuerpo cilindrico ó de caldera |
| 9 | Schiffsblech (n)<br>ship plate<br>tôle (f) de navires | корабельное листовое желѣзо (n)<br>lamiera (f) per navi<br>chapa (f) para buques |
| 10 | Behälterblech (n)<br>tank sheet iron<br>tôle (f) à réservoirs | резервуарное желѣзо (n)<br>lamiera (f) per serbatoi<br>chapa (f) para depósitos |
| 11 | Riffelblech (n)<br>riffeled sheet iron, chequered plate<br>tôle (f) striée<br> | рифлёное *или* шахматное желѣзо (n)<br>lamiera (f) striata<br>chapa (f) estriada |
| 12 | Warzenblech (n)<br>sheet iron provided with projections<br>tôle (f) gaufrée | полосное рифлёное желѣзо (n); гофрированное желѣзо<br>lamiera (f) a prominenze<br>chapa (f) estampada |

Wellblech (n)
corrugated iron
tôle (f) ondulée

волнистое желѣзо (n)
lamiera (f) ondulata 1
chapa (f) ondulada

---

bogenförmiges Wellblech (n)
curved corrugated iron
tôle (f) ondulée cintrée

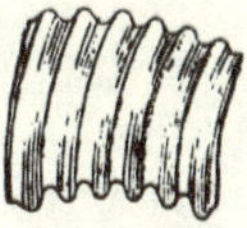

волнистое желѣзо (n) съ глубокими волнами
lamiera (f) ondulata a curva 2
chapa (f) ondulada y combada

---

gestreiftes Blech (n)
checker plate
tôle (f) rainurée

полосатое листовое желѣзо (n)
lamiera (f) striata *o* rigata 3
chapa (f) rayada

---

gelochtes Blech (n)
punched *or* perforated plate
tôle (f) perforée

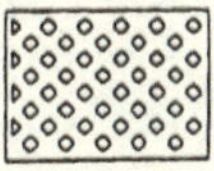

продыравленное листовое желѣзо (n) 4
lamiera (f) forata
chapa (f) perforada

---

Rohblech (n)
raw *or* unfinished sheet iron
tôle (f) brute

неотдѣланное листовое желѣзо (n)
lamiera (f) greggia 5
chapa (f) bruta

---

geputztes Blech (n)
finished sheet iron
tôle (f) nettoyée

отдѣланное листовое желѣзо (n)
lamiera (f) finita 6
chapa (f) enderezada

---

Ausschußblech (n)
sheet iron scraps
tôle (f) de rebut

бракованное желѣзо (n)
lamiera (f) di scarto 7
chapa (f) de desecho

---

Panzerplatte (f)
armour plate
plaque (f) de blindage

броневая плита (f)
piastra (f) da corazza 8
plancha (f) de blindaje

---

Stahlseite (f) der Panzerplatte
steel *or* hardened face of armour plate
face (f) aciérée de la plaque de blindage

стальная сторона (f) броневой плиты
rivestimento (m) *o* fiancata (f) d'acciaio della piastra da corazza 9
capa (f) *ó* revestimiento (m) de acero de la plancha de blindaje

---

**Draht**
**Wire**
**Fil**

**Проволока**
**Filo [di ferro]** 10
**Alambre**

Stahldraht (m)
steel wire
fil (m) d'acier

стальная проволока (f)
filo (m) d'acciaio 11
alambre (m) de acero

---

Drahteisen (n)
wire rod
fer (m) à étirer

желѣзо (n) для проволоки
ferro (m) da ridurre in filo 12
hierro (m) para estirar

| | | |
|---|---|---|
| 1 | Drahtnummer (f)<br>gauge of wire<br>numéro (m) de fil, jauge (f) du fil | номеръ (m) проволоки<br>numero (m) del filo<br>número (m) del alambre |
| 2 | Drahtsorte (f)<br>quality of wire<br>espèce (f) de fil | сортъ (m) проволоки<br>qualità (f) *o* specie (f) del filo di ferro<br>clase (f) de alambre |
| 3 | Drahtstärke (f)<br>diameter of wire<br>épaisseur (f) *ou* diamètre (m) du fil | толщина (f) проволоки<br>grossezza (f) *o* spessore (m) del filo di ferro<br>espesor (m) del alambre |
| 4 | Flachdraht (m)<br>flat wire<br>fil (m) méplat | плоская проволока (f)<br>filo (m) di ferro piatto<br>alambre (m) plano |
| 5 | dünngezogener Eisendraht (m)<br>thin drawn iron wire<br>fer (m) écroui *ou* passé à la filière, fer (m) étiré | тонкотянутая желѣзная проволока (f)<br>filo (m) di ferro sottile *o* stirato sottilmente<br>alambre (m) pasado por la hilera *ó* trefilado |
| 6 | Formdraht (m)<br>small section wire<br>fil (m) profilé | фасонная проволока (f)<br>filo (m) profilato<br>alambre (m) perfilado |
| 7 | Klavierdraht (m)<br>piano wire, flower wire<br>fil (m) pour cordes de piano, fil (m) de clavecin | фортепіанная проволока (f)<br>filo (m) per corde da pianoforte<br>alambre (m) para cuerdas de piano |
| 8 | Baueisen (n)<br>constructional *or* building iron<br>fer (m) de construction | строительное желѣзо (n); сорта (mpl) желѣза, употребляемые для построекъ<br>ferro (m) da costruzione<br>hierro (m) para construcciones |
| 9 | Zaineisen (n)<br>bar iron<br>fer (m) en barreaux fins rainurés | желѣзные прутки (mpl) для выдѣлки мелкосортныхъ издѣлій; полосовое желѣзо (n) съ зубчатой поверхностью<br>ferro (m) per barre da siepi *o* da steccati<br>hierro (m) en varillas finas ranuradas |
| 10 | Hufeisen (n)<br>horseshoe<br>fer (m) à cheval | подкова (f)<br>ferro (m) da cavallo<br>herradura (f) |

Hufstabeisen (n)
horseshoe iron
fer (m) pour ferrure de cheval

прутковое желѣзо (n) для выдѣлки подковъ
barra (f) per ferri da cavallo 1
hierro (m) para herraduras

---

Hufnageleisen (n)
nail iron for horseshoes
fer (m) pour clous à ferrer

желѣзо (n) для выдѣлки подковныхъ гвоздей
barra (f) per chiodi del ferro da cavallo 2
hierro (m) para clavos de herradura

---

Hakeneisen (n)
hook iron
fer (m) pour crochets

желѣзо (n) для выдѣлки крюковъ
ferro (m) da uncini o da ganci 3
hierro (m) para ganchos, gancho (m)

---

Alteisen (n), altes Eisen (n)
scrap iron
vieux fer (m), ferraille (f)

старое ржавое желѣзо (n)
ferrovecchio (m), ferracci (mpl) 4
hierro (m) viejo

---

Abfalleisen (n), Schrot (m)
waste iron, scrap iron
riblon (m), mitraille (f), chutes (f pl) de fer

[желѣзо (n)] -ломъ (m)
rottami (m pl) di ferro
metralla (f), hierro (m) de desecho, chatarra (f) (Vizcaya) 5

---

Feilspan (m), Feilstaub (m)
filings, file dust
limaille (f)

опилки (f pl)
limatura (f) 6
limaduras (f pl)

# II.

## Abnahme und Prüfung des Materials
## Taking over and Testing of Material
## Réception et essai des matériaux

## Пріемка и испытаніе матеріаловъ
## Collaudo e prova del materiale
## Recepción y ensayo de los materiales

|  | | |
|---|---|---|
| 1 | **Abnahme**<br>**Taking over**<br>**Réception** | **Пріемка**<br>**Collaudo, accettazione**<br>**Recepción** |
| 2 | Abnahmebeamter (m)<br>inspector<br>agent-réceptionnaire (m) | приёмщикъ (m)<br>impiegato (m) per il collaudo, collaudatore (m)<br>empleado (m) encargado de la recepción |
| 3 | Bürgschaftspflicht (f)<br>guarantee<br>garantie (f) | обязательство (n); гарантія (f)<br>garanzia (f)<br>garantía (f) |
| 4 | handelsüblich (adj)<br>customary (adj) in trade<br>suivant l'usage commercial | принято въ торговомъ дѣлѣ<br>secondo l'uso del mercato<br>en conformidad con las costumbres comerciales |
| 5 | prüfen (v), untersuchen (v)<br>to examine, to test<br>essayer (v), examiner (v) | испытать<br>esaminare (v), provare (v)<br>ensayar (v), probar (v) |
| 6 | Vornahme (f) der Probe, Prüfung (f), Probe (f)<br>testing, examination<br>prise (f) d'essai | испытаніе (n)<br>presa (f) del campione<br>efectuación (f) del ensayo |

| | | |
|---|---|---|
| Versuch (m)<br>experiment, test<br>analyse (f), expérience (f), essai (m), recherche (f) | опытъ (m)<br>analisi (f), prova (f), esperimento (m), saggio (m)<br>ensayo (m), experiencia (f), experimento (m), análisis (f) | 1 |
| Vorversuch (m)<br>preliminary experiment *or* test<br>essai (m) *ou* analyse (f) préliminaire | предварительный опытъ (m)<br>prova (f) *od* analisi (f) preliminare<br>ensayo (m) previo | 2 |
| Prüfungsverfahren (n), Prüfungsart (f)<br>testing method<br>méthode (f) d'essai, procédé (m) d'analyse | способъ (m) испытанія; методъ (m) испытанія<br>sistema (m) di prova, metodo (m) d'analisi<br>método (m) *ó* procedimiento (m) de ensayo | 3 |
| Probe (f) mit einem abgetrennten Stück<br>test with detached piece<br>essai (m) sur un échantillon *ou* morceau détaché | проба (f) надъ отрѣзаннымъ образцомъ<br>prova (f) sopra un pezzo separato<br>ensayo (m) con pieza separada | 4 |
| ungeteiltes Gebrauchsstück (n)<br>undivided piece for use<br>pièce (f) utilisable entière | цѣльный кусокъ (m), предназначенный къ употребленію<br>pezzo (m) intero<br>pieza (f) útil no dividida | 5 |
| Kaltprobe (f)<br>cold test<br>essai (m) à froid | холодная проба (f)<br>prova (f) a freddo<br>ensayo (m) en frio | 6 |
| Warmprobe (f)<br>heat test, hot test<br>essai (m) à chaud | горячая проба (f)<br>prova (f) a caldo<br>ensayo (m) en caliente | 7 |
| satzweise<br>by sets, in series<br>par série | въ нѣсколько пріёмовъ<br>per serie<br>por juegos, por series | 8 |
| Gußsatz (m)<br>set of castings<br>série (f) de pièces de fonte | отлитая партія (f); партія литого продукта<br>serie (f) di getti<br>juego (m) de piezas de fundición | 9 |
| Prüfungsvorschrift (f)<br>directions *or* rules for testing, testing conditions<br>règlement (m) d'essai | инструкція (f) для испытанія<br>regolamento (m) *o* prescrizioni (f pl) di prova<br>reglamento (m) de ensayo | 10 |

| | | |
|---|---|---|
| 1 | Gütevorschrift (f)<br>specification of quality<br>prescriptions (f pl) de qualité | техническія условія (n pl)<br>prescrizioni (fpl) *o* precetti (mpl) per la qualità<br>prescripciones (f pl) de calidad |
| 2 | Gütestufe (f)<br>degree of quality, grade (A*)<br>degré (m) *ou* échelle (f) de qualité | доброкачественность (f)<br>grado (m) *o* scala (f) di qualità<br>grado (m) *ó* escala (f) de calidad |
| 3 | Beschaffenheit (f)<br>quality<br>qualité (f), nature (f) | качество (n)<br>qualità (f), natura (f)<br>calidad (f), naturaleza (f) |
| 4 | Haltbarkeit (f)<br>durability<br>résistance (f) | прочность (f)<br>resistenza (f)<br>resistencia (f), durabilidad (f) |
| 5 | Schneidhaltigkeit (f)<br>shearing resistance<br>résistance (f) du tranchant *ou* taillant (d'un outil) | способность (f) сохранять рѣжущія свойства<br>resistenza (f) al taglio<br>resistencia (f) del corte *ó* del filo |
| 6 | Verschleißhärte (f)<br>resistance to wear<br>résistance (f) à l'usure | прочность (f) по отношенію къ изнашиванію<br>resistenza (f) allo sfregamento<br>resistencia (f) al desgaste |
| 7 | Normalangabe (f)<br>standard specification<br>spécification (f) *ou* indication (f) normale, normes (fpl) | нормы (f pl)<br>specificazione (f) normale<br>indicación (f) normal |
| 8 | Grenzwert (m)<br>limit value<br>valeur (f) limite | предѣльная величина (f); предѣльное значеніе (n)<br>valore (m) limite<br>valor (m) limite |
| 9 | Abweichung (f)<br>aberration, tolerance, divergence, deflection<br>différence (f), écart (m) | отклоненіе (n)<br>differenza (f)<br>diferencia (f) |
| 10 | zulässige Abweichung (f)<br>permissable aberration *or* tolerance<br>écart (m) toléré, tolérance (f) | допустимое отклоненіе (n)<br>differenza (f) ammessa *o* tollerata<br>diferencia (f) admisible, tolerancia (f) |

* A = americanism

**1**

Probenauswahl (f), Auswahl (f) der Proben
selection of test pieces
choix (m) des échantillons

выборъ (m) образцовъ
scelta (f) dei campioni
elección (f) de muestras ó pruebas

---

**2**

Gebrauchsstück (n)
piece for use
pièce (f) à employer *ou* utilisable

часть (f), предназначенная къ употребленію
pezzo (m) pronto
pieza (f) utilizable

---

**3**

Probestück (n), Versuchstück (n), Probe (f)
test piece
pièce (f) d'essai, échantillon (m), éprouvette (f)

образецъ (m)
pezzo (m) di prova
pieza (f) de ensayo, muestra (f)

---

**4**

Probestreifen (m)
test strip
barreau (m) plat pour les essais

пробная полоса (f)
nastro (m) *o* striscia (f) di prova
tira (f) de ensayo

---

**5**

Stoffstreifen (m)
strip of material
barreau (m) plat de métal (à essayer)

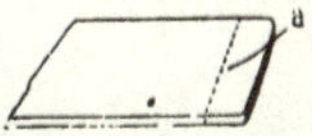


a

полоса (f) матеріала
nastro (m) *o* striscia (f) di materiale
tira (f) de material

---

**6**

Abfallende (n)
waste end, crop end
chute (f)

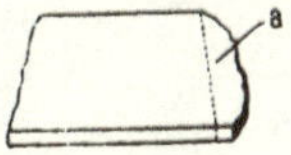


a

конецъ (m), поступающій въ отбросъ
ritaglio (m), rimasuglio (m)
extremo (m) de desperdicio, recorte (m)

---

**7**

Ersatzstück (n)
spare piece, reserve piece
pièce (f) de réserve, éprouvette (f) de réserve

запасная часть (f)
pezzo (m) di riserva
pieza (f) de repuesto

---

**8**

Herrichten (n) der Probe
preparation of test piece *or* proof
préparation (f) des éprouvettes *ou* des pièces d'essai

приготовленіе (n) образца
preparazione (f) della prova
preparación (f) de las piezas de ensayo

---

**9**

vorgeschriebene Form (f)
prescribed *or* specified shape *or* form
forme (f) prescrite

форма (f) согласно предписанію
forma (f) prescritta
forma (f) prescrita

---

**10**

Bearbeitung (f)
treatment
travail (m) (de préparation), ajustage (m)

обработка (f)
lavorazione (f)
trabajo (m) (de preparación)

---

**11**

fertig beschneiden (v)
to finish, to clip, to machine
couper (v) à dimension

обрѣзать соразмѣрно
ritagliare (v)
recortar (v)

| | | |
|---|---|---|
| 1 | Querschnitt (m)<br>cross section<br>section (f) | поперечное сѣченіе (n)<br>sezione (f)<br>corte (m) transversal |
| 2 | Scherenschnitt (m)<br>shearing line<br>section (f) obtenue par cisaillement | разрѣзъ (m), сдѣланный ножницами<br>linea (f) di taglio<br>corte (m) por cizalla |
| 3 | aushobeln (v)<br>to plane<br>dresser (v), raboter (v) | выстругать<br>piallare (v)<br>planear (v), cepillar (v) |
| 4 | aushauen (v)<br>to cut, to chip out<br>découper (v) au ciseau | выруб-ить (-ать) зубиломъ<br>tagliar (v) via<br>recortar (v) con el cincel |
| 5 | Versuchsergebnis (n), Prüfungsergebnis (n)<br>result of test *or* experiment<br>résultat (m) de l'essai | результатъ (m) испытанія<br>risultato (m) della prova<br>resultado (m) del ensayo |
| 6 | Mittelwert (m) der Versuchsergebnisse<br>average of test results<br>moyenne (f) des résultats d'essai | среднее значеніе (n) результатовъ испытанія<br>risultato (m) medio<br>valor (m) medio de los resultados de ensayo |
| 7 | die Probe verwerfen (v)<br>to reject the test<br>refuser (v) *ou* rejeter (v) l'échantillon | отказаться отъ испытанія<br>rifiutare (v) la prova<br>rehusar (v) ó desechar (v) la muestra ó prueba |
| 8 | Kennzeichen (n), Merkmal (n)<br>mark, sign, stamp<br>marque (f) | обозначеніе (n); отмѣтка (f)<br>marca (f)<br>marca (f) |
| 9 | stempeln (v)<br>to stamp, to mark<br>poinçonner (v), estampiller (v) | отмѣтить; отмѣчать<br>punzonare (v), marcare (v)<br>marcar (v), punzonar (v) |
| 10 | Fabrikzeichen (n)<br>trade mark, brand<br>marque (f) de fabrique | фабричное клеймо (n)<br>marca (f) di fabbrica<br>marca (f) de fábrica |
| 11 | Gattungsnummer (f)<br>number of kind *or* sort<br>numéro (m) d'ordre, numéro (m) de la série | сортовый номеръ (m)<br>numero (m) d'ordine<br>número (m) de clase ó de especie |
| 12 | Jahreszahl (f)<br>number of year<br>indication (f) de l'année, date (f) | годъ (m)<br>annata (f)<br>número (m) del año |

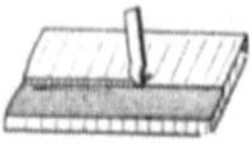

| | | |
|---|---|---|
| **Außenbesichtigung**<br>**Outer Inspection**<br>**Examen extérieur** | **Наружный осмотръ**<br>**Esame esterno**<br>**Observación exterior** | 1 |
| Beurteilung (f) nach dem Aussehen<br>examination according to appearance<br>appréciation (f) d'après l'aspect extérieur | сужденіе (n) по наружному виду<br>giudizio (m) dai dati esterni<br>apreciación (f) por la vista | 2 |
| Oberflächenreinheit (f)<br>cleanliness of surface<br>netteté (f) de la surface | чистота (f) поверхности<br>purezza (f) della superficie<br>nitidez (f) de la superficie | 3 |
| Fehlerstelle (f)<br>defective portion, defect part *or* point<br>endroit (m) défectueux | порокъ (m); изъянъ (m)<br>punto (m) difettoso<br>sitio (m) de un defecto | 4 |
| äußerer Fehler (m), sichtbarer Fehler (m)<br>visible defect<br>défaut (m) extérieur *ou* visible | наружный порокъ (m) *или* изъянъ (m)<br>difetto (m) esterno<br>defecto (m) exterior *ó* visible | 5 |
| Walzhaut (f)<br>skin due to rolling<br>couche (f) d'oxyde du laminage | плена (f)<br>crosta (f) *o* strato (m) d'ossido sul pezzo laminato<br>cascarilla (f) procedente de la laminación | 6 |
| Walzsplitter (m)<br>splinter, chip<br>paille (f) de laminage | осколокъ (m) плены<br>scaglia (f) di laminazione<br>viruta (f) de laminación | 7 |
| Walzsinter (m), Glühspan (m)<br>scale<br>croûte (f) de laminage | раковина (f)<br>fessura (f)<br>crica (f) *ó* grieta (f) de laminación | 8 |
| Vertiefung (f)<br>hollow, groove<br>creux (m) | углубленіе (n)<br>cavità (f)<br>hoyo (m) | 9 |
| einwalzen (v)<br>to roll in<br>introduire (v) par laminage | ввальцевать; вдавить при прокаткѣ<br>cilindrare (v)<br>introducir (v) por laminación | 10 |

1 wegmeißeln (v)
to chisel off
découper (v) *ou* enlever (v) au ciseau

сруб-ить (-ать) зубиломъ
scalpellare (v)
quitar (v) con el cincel

---

2 Rißfreiheit (f)
free from flaws *or* cracks
sans criques (f pl)

безъ трещинъ; отсутствіе (n) царапинъ
senza fessure (f pl), senza crepacci (m pl)
sin grietas (f pl)

---

3 Riß (m), Einriß (m)
flaw, crack
fente (f), crevasse (f), fissure (f)

трещина (f); рванина (f)
fessura (f), crepaccio (m)
grieta (f)

---

4 Querriß (m), Kantenriß (m)
cross crack, edge crack
crique (f) transversale, fissure (f) d'angle

поперечная трещина (f); трещина у кромки
fessura (f) *o* crepaccio (m) trasversale
grieta (f) transversal

---

5 Längenriß (m), Längsriß (m)
longitudinal crack
crique (f) longitudinale

продольная трещина (f)
fessura (f) *o* crepaccio (m) longitudinale
grieta (f) longitudinal

---

6 Oberflächenriß (m)
surface crack
crique (f) à la surface

трещина (f) на поверхности; поверхностная трещина
fessura (f) *o* crepaccio (m) alla superficie
grieta (f) en la superficie

---

7 laufendes Meter (n)
current metre
mètre (m) courant

погонный метръ (m)
metro (m) corrente
metro (m) lineal

---




8 Rand (m)
edge, rim
bord (m)

a

край (m)
bordo (m), orlo (m)
borde (m), canto (m)

---

9 Kante (f)
edge
arête (f)

b

кромка (f)
canto (m), spigolo (m)
arista (f)

---

10 Ecke (f)
corner
angle (m)

c

уголъ (m)
angolo (m)
ángulo( m)

---

11 Lehre (f), [Schablone (f)]
template, templet, pattern
calibre (m), gabarit (m)

шаблонъ (m); калибръ (m)
calibro (m)
plantilla (f)

Genauigkeit (f) der vereinbarten Abmessungen
exactitude of measurements agreed to, accuracy of the dimensions agreed upon *or* specified
exactitude (f) des dimensions convenues

точность (f) условленныхъ размѣровъ
precisione (f) delle dimensioni convenute 1
exactitud (f) de las dimensiones convenidas

---

vorgeschriebene Länge (f)
prescribed *or* specified length
longueur (f) prescrite

предписанная длина (f); длина согласно предписанію
lunghezza (f) prescritta 2
longitud (f) prescrita

---

genaue Länge (f)
exact length
longueur (f) exacte

точная длина (f)
lunghezza (f) esatta *o* precisa 3
longitud (f) exacta

---

Spielraum (m)
play
jeu (m), tolérance (f)

предѣлъ (m) отклоненія
giuoco (m), tolleranza (f) 4
juego (m), tolerancia (f)

---

Dickenabweichung (f)
difference in thickness
différence (f) d'épaisseur

отклоненіе (n) толщины
variazione (f) *o* differenza (f) di spessore 5
diferencia (f) *ó* tolerancia (f) en el grueso

---

vorgeschriebene Stärke (f)
specified width
épaisseur (m) prescrite

предписанная толщина (f); толщина согласно предписанію 6
spessore (m) prescritto
espesor (m) prescrito

---

Lagergröße (f)
stock size
dimensions (f pl) sur parc *ou* en magasin

размѣры (m pl), имѣющіеся на складѣ
dimensioni (f pl) sui piazzali *od* in magazzino 7
tamaño (m) corriente de almacén

---

festes *oder* fixes Maß (n)
fixed measure
mesure (f) déterminée

нормальный размѣръ (m); опредѣлённый размѣръ 8
misura (f) fissa
medida (f) fija

---

unfest (adj), unfix (adj)
unfixed (adj)
arbitraire (adj)

неточный; отличный отъ нормальнаго; неопредѣлённый 9
arbitrario (agg)
arbitrario (adj)

1 messen (v)
to measure
mesurer (v)

мѣрить; измѣр-ить (-ять)
misurare (v)
medir (v)

---

2 die Probe ausmessen (v)
to measure the test piece
mesurer (v) les dimensions de l'éprouvette

опредѣл-ить (-ять) размѣры образца; обмѣр-ить (-ять) образецъ
misurare (v) le dimensioni della provetta
medir (v) las dimensiones de la muestra

---

3 Messung (f)
measurement
mesurage (m), prise (f) de mesures, mesure (f)

измѣренie (n); обмѣръ (m)
misura (f), misurazione (f)
medición (f), medida (f)

---

4 Maß (n)
measure
mesure (f)

a, b

мѣра (f)
misura (f)
medida (f)

---

5 Meßwerkzeug (n), Meßinstrument (n)
measuring instrument
instrument (m) de mesure

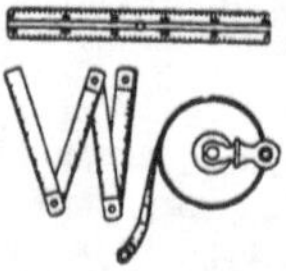

измѣрительный приборъ (m)
strumento (m) di misura
instrumento (m) de medición ó de medida

---

6 Maßstab (m)
scale, measuring rule
règle (f) divisée

масштабъ (m)
regolo (m) (con divisioni)
escala (f)

---

7 Anleg[e]maßstab (m)
bevel scale with knob
règle (f) divisée [dont l'échelle se place contre l'objet à mesurer]; (fig.): double décimètre (m)

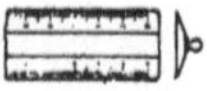

масштабная линейка (f)
doppio decimetro (m)
regla (f) graduada, doble decímetro (m)

---

8 Metermaßstab (m)
meter scale
mètre (m) pliant

масштабъ (m) въ метрахъ
scala (f) metrica
escala (f) métrica plegable

---

9 Bandmaß (n), Meßband (n)
tape measure
mètre (m) à ruban

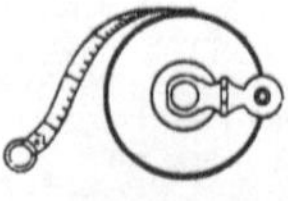

рулетка (f)
metro (m) a nastro
cinta (f) métrica

---

10 Lehre (f)
gauge
jauge (f)

калибръ (m); лерка (f)
calibro (m)
calibre (m)

gepaßt (adj), gelichtert (adj), [kalibriert (adj)]
calibrated (adj)
calibré (adj)

калиб[ри]рованный
calibrato (agg)
calibrado (adj) 1

---

Schublehre (f), Schieblehre (f)
caliper square
jauge (f) à coulisse, pied (m) à coulisse

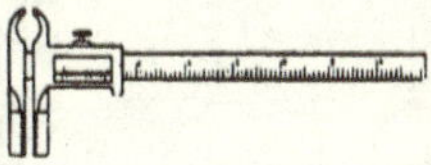

раздвижной калибръ (m); штангенциркуль (m); шубригель (m)
calibro (m) a corsoio 2
calibre (m) para medir gruesos, pies (m pl) de Rey

---

Schraublehre (f)
screw gauge, screw caliper
jauge (f) à vis, palmer (m)

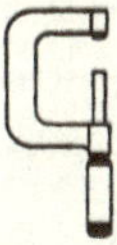

винтовой калибръ (m); винтовая лерка (f)
calibro (m) a vite 3
calibre (m) de tornillo, Palmer (m)

---

Feinstellschraube (f), [Mikrometerschraube (f)], Feinschraublehre (f)
micrometer screw gauge *or* micrometer caliper
palmer (m), jauge (f) micrométrique

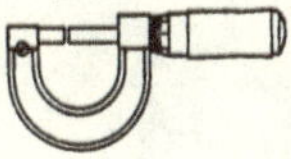

микрометрическій винтъ (m); толщиномѣръ (m) Пальмера; пальмеръ (m) 4
micrometro (m)
calibre (m) micrométrico

---

Mikrometerlehre (f)
vernier caliper
jauge (f) micrométrique

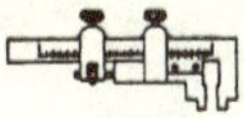

микрометрическій калибръ (m); микрометрическая лерка (f)
calibro (m) micrometrico 5
calibre (m) de precisión con graduación micrométrica

---

Stichmaß (n)
template
jauge (f) à relever les alésages, compas (m) pour alésages, gabarit (m)

остроконечный (раздвижной) нутромѣръ (m) 6
calibro (m)
calibre (m) para diámetros interiores

---

Tiefenlehre (f)
depth gauge
jauge (f) de profondeur, pied (m) de profondeur

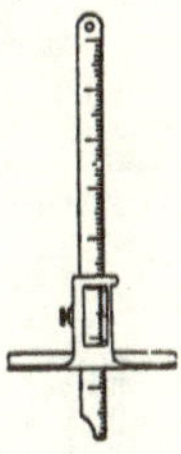

калибръ (m) для измѣренія глубины
calibro (m) di profondità 7
calibre (m) para huecos *ó* para alturas *ó* para profundidades

---

Lochlehre (f)
hole gauge
jauge (f) pour trous

дыромѣръ (m); калибръ (m) для измѣренія круглыхъ отверстій
calibro (m) per fori *o* per diametri 8
calibre (m) para agujeros

**1** Tasterlehre (f), Rachenlehre (f)
caliper gauge
calibre (m) à mâchoire, calibre-mâchoire (m)

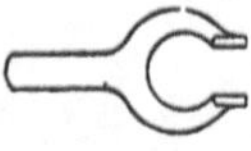

постоянный калибръ (m)
calibro (m) a mascelle
calibre (m) de compás

---

**2** Blechlehre (f)
sheet gauge
jauge (f) pour les tôles

калибръ (m) *или* калиберная дощечка (f) для измѣренія толщины листовъ
calibro (m) per lamiere
calibre (m) para chapa

---

**3** Lehre (f), [Schablone (f)]
template
gabarit (m)

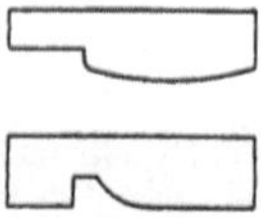

шаблонъ (m)
sagoma (f), profilo (m)
plantilla (f), modelo (m)

---

**4** Streichmaß (n)
marking gauge, carpenter's gauge
trusquin (m)

раздвижной ресмусъ (m)
tracciatore (m) a mano
bramil (m)

---

**5** Parallelreißer (m), Parallelreißstock (m)
surface gauge, scribing block
trusquin (m)

ресмусъ (m); чертилка (f)
tracciatore (m), traccia-parallele (m)
bramil (m) de mármol

---

**6** Stellwinkel (m), Schmiege (f), Schrägmaß (n)
bevel protractor
sauterelle (f), fausse équerre (f), équerre (f) pliante

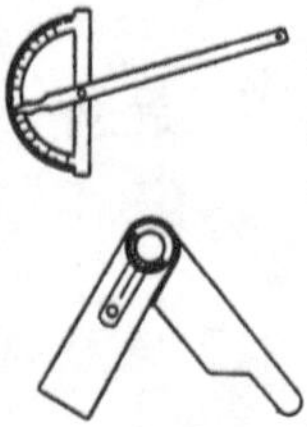

малка (f); угломѣръ (m)
squadra (f) falsa, calandrino (m)
saltarregla (f), pantómetro (m), sentanilla (f), falsa escuadra (f), escuadra (f) plegable

---

**7** Richtschiene (f)
levelling rule
règle (f) à dresser [en métal]

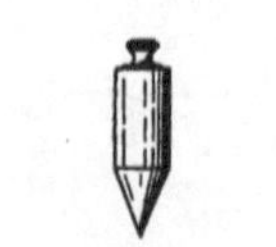

провѣрочная *или* вывѣрочная линейка (f)
regolo (m) di metallo per livellare
regla (f) de metal para enderezar

---

**8** Senklot (n), Senkblei (n)
plumb bob
fil (m) à plomb

отвѣсъ (m)
piombino (m), filo (m) a piombo
plomada (f)

---

**9** Tasterzirkel (m)
calipers (pl)
compas (m) d'épaisseur



кронциркуль (m)-толщиномѣръ (m)
compasso (m) di spessore
compás (m) de gruesos

Feinschraubzirkel (m), [Mikrometerzirkel (m)]
micrometer calipers(pl)
compas (m) d'épaisseur micrométrique

микрометрическій толщиномѣръ (m); касательный измѣритель (m) съ указателемъ
compasso (m) micrometrico
compás (m) micrométrico de gruesos con esfera
*1*

---

Außentaster (m)
outside calipers (pl)
compas (m) d'épaisseur

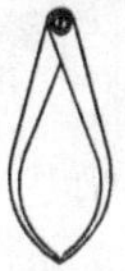

кронциркуль (m)- толщиномѣръ (m) (толстомѣръ (m))
compasso (m) di spessore
compás (m) de gruesos
*2*

---

Lochtaster (m), Innentaster (m)
inside calipers (pl)
[compas (m)] maître (m) de danse

нутромѣръ (m); кронциркуль (m) для измѣренія внутреннихъ размѣровъ
compasso (m) per fori
compás (m) de huecos
*3*

---

Zirkel (m), Spitzzirkel (m)
dividers (pl)
compas (m) diviseur, compas (m) à pointes sèches

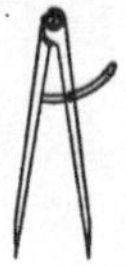

остроконечный дѣлительный циркуль (m)
compasso (m) divisore
compás (m) de puntas
*4*

---

Meßpunkt (m)
measuring point, punch mark
point (m) d'où l'on prend la mesure

исходная точка (f) при измѣреніи; точка измѣренія
punto (m) di riferimento
punto (m) donde se toma la medida
*5*

**Stoffprüfung**
**Examination of Material**
**Examen des matières**

**Испытаніе матеріаловъ**
**Prova del materiale**
**Ensayo de los materiales**
*6*

Schlag (m)
blow, shock, impact
choc (m)

ударъ (m)
urto (m)
choque (m), golpe (m)
*7*

---

Schlagbeanspruchung (f), Beanspruchung (f) auf Schlagfestigkeit
shock *or* blow stress
épreuve (f) au choc

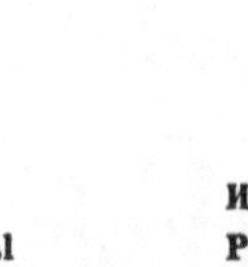

усилие (n) при ударѣ; подвергнуть удару
sollecitazione (f) d'un corpo per urto
exposición (f) de un cuerpo al choque
*8*

---

Schlagfestigkeit (f)
resistance to shock, strength under shock
résistance (f) au choc

сопротивленіе (n) удару; прочность (f) на ударъ
resistenza (f) all'urto
resistencia (f) al choque
*9*

| | | | |
|---|---|---|---|
| 1 | Schlagversuch (m), Fallversuch (m), Schlagprobe (f)<br>shock or impact test<br>essai (m) au choc | | ударная проба (f); проба на ударъ<br>prova (f) per urto<br>ensayo (m) al choque |
| 2 | Biegeprobe (f)<br>bending test<br>essai (m) de flexion *ou* de pliage | 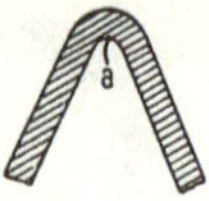 | испытаніе (n) на изгибъ *или* на сгибаніе; проба (f) гибомъ *или* загибомъ<br>prova (f) di flessione *o* di piegatura<br>ensayo (m) de flexión *ó* de doblado |
| 3 | Biegestelle (f)<br>bending point<br>endroit (m) de pliage | a | мѣсто (n) загиба<br>punto (m) di piegatura *o* di flessione<br>punto (m) de flexión |
| 4 | biegbar (adj), biegsam (adj)<br>pliable (adj), pliant (adj), flexible (adj)<br>pliable (adj) | | гибкій; сгибаемый<br>flessibile (agg), pieghevole (agg)<br>flexible (adj), plegable (adj) |
| 5 | Warmbiegeprobe (f)<br>hot bending test<br>essai (m) de pliage à chaud | | испытаніе (n) на изгибъ въ нагрѣтомъ видѣ; проба (f) на изгибъ въ нагрѣтомъ состояніи<br>prova (f) di piegatura a caldo<br>ensayo (m) de doblado en caliente |
| 6 | Kaltbiegeprobe (f)<br>cold bending test, bending test in a cold state<br>essai (m) de pliage à froid | | испытаніе (n) на изгибъ въ холодномъ видѣ; проба (f) на изгибъ въ холодномъ состояніи<br>prova (f) di piegatura a freddo<br>ensayo (m) de doblado en frío |
| 7 | Abschreckbiegeprobe (f), Härtungsbiegeprobe (f)<br>bending test in tempered (quenched) state<br>essai (m) de flexion *ou* pliage après trempe | | испытаніе (n) на изгибъ послѣ предварительнаго быстраго охлажденія; проба (f) на изгибъ послѣ предварительной закалки<br>prova (f) di piegatura dopo la tempera<br>ensayo (m) de flexión de un cuerpo templado |
| 8 | biegen (v)<br>to bend<br>plier (v), courber (v) |  | гнуть; согнуть; сгибать<br>piegare (v), curvare (v)<br>encorvar (v), doblar (v) |

| | | | |
|---|---|---|---|
| um einen Dorn biegen (v)<br>to bend round a mandrel<br>plier (v) autour d'un mandrin |  | загнуть на оправѣ<br>piegare (v) sopra un mandrino<br>curvar (v) ó doblar (v) sobre un mandril | 1 |
| Durchbiegung (f)<br>deflection<br>flèche (f) | | прогибъ (m)<br>flessione (f), freccia (f) d'incurvamento<br>flecha (f) | 2 |
| Mindestdurchbiegung (f)<br>minimum deflection<br>flèche (f) minima | | минимальный *или* наименьшій прогибъ (m)<br>flessione (f) minima<br>flecha (f) minima | 3 |
| das Nieteisen zu einer Schleife biegen (v)<br>to bend the rivet iron into a loop<br>plier (v) en boucle le fer à rivets | 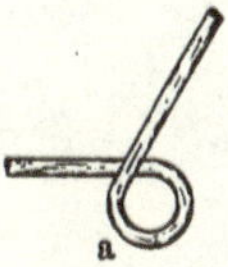<br>a | согнуть заклёпочное желѣзо въ петлю<br>piegare (v) a nodo il ferro da chiodi<br>doblar (v) el hierro de remaches hasta formar un lazo | 4 |
| Schleife (f)<br>loop<br>boucle (f) | a | петля (f)<br>nodo (m)<br>lazo (m) | 5 |
| Biegehalbmesser (m)<br>bending radius<br>rayon (m) de pliage *ou* de cintrage | 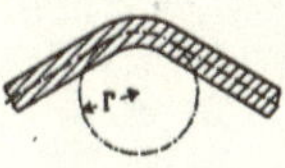<br>r | радіусъ (m) загиба<br>raggio (m) di piegatura *o* di curvatura<br>radio (m) de flexión ó de curvatura | 6 |
| Biegegröße (f)<br>bending coefficient<br>coefficient (m) de pliage | $Bg = 50\frac{s}{r}$ | величина (f) загиба<br>ampiezza (f) della piegatura<br>coeficiente (m) de la flexión ó curvatura | 7 |
| Biegepresse (f)<br>bending press<br>presse (f) à plier *ou* à cintrer *ou* à courber |  | сгибающій прессъ (m); прессъ для загиба *или* для загибанія<br>pressa (f) da piegare<br>prensa (f) para encorvar ó doblar | 8 |
| Hin- und Herbiegeprobe (f)<br>alternating bending test, test by bending in opposite directions<br>essai (m) de pliage alternatif en sens inverse | 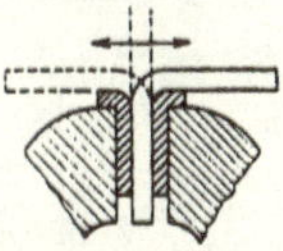 | испытаніе (n) на изгибъ попеременно въ одну и другую сторону<br>prova (f) di piegatura ripetuta in sensi opposti<br>prueba (f) por doblado [en uno y otro sentido de vaivén] | 9 |
| Biegebacken (f pl)<br>bending jaws<br>mâchoires (f pl) de pliage [*ou* de cintrage] | 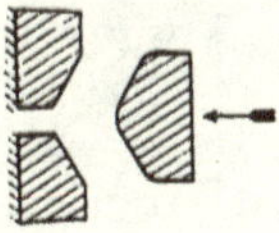 | губы (f pl) сгибающаго пресса<br>mascelle (f pl) di piegatura<br>mordazas (f pl) para doblar | 10 |

1 Schlagbiegeprobe (f)
shock *or* blow bending test
essai (m) de flexion au choc

испытаніе (n) на изгибъ посредствомъ ударовъ
prova (f) di flessione all'urto
ensayo (m) de flexión al choque

---

2 Kerbbiegeprobe (f), Kerbschlagprobe (f)
shock test on notched bar
essai (m) au choc sur éprouvette entaillée

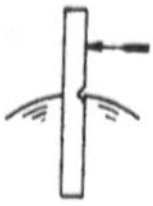

испытаніе (n) на изгибъ врубленнаго образца *или* образца со врубомъ
prova (f) di flessione su campione intaccato
ensayo (m) á la flexión sobre material entallado

---

3 Brechprobe (f), Bruchprobe (f)
breaking test
essai (m) de rupture

испытаніе (n) на изломъ; испытаніе на разрывъ
prova (f) alla frattura
ensayo (m) de rotura

---

4 Geschmeidigkeit (f)
ductility, malleability
malléabilité (f)

ковкость (f); тягучесть (f)
malleabilità (f), duttilità (f)
maleabilidad (f)

---

5 geschmeidiges Eisen (n)
ductil *or* soft iron
fer (m) malléable *ou* ductile

ковкое желѣзо (n); мягкое желѣзо
ferro (m) malleabile *o* duttile
hierro (m) maleable *ó* dúctil

---

6 brüchiges Eisen (n)
short iron
fer (m) cassant

ломкое желѣзо (n)
ferro (m) fratturabile
hierro (m) quebradizo

---

7 sprödes Eisen (n)
brittle iron
fer (m) aigre

хрупкое желѣзо (n)
ferro (m) friabile
hierro (m) duro y quebradizo

---

8 Bruchdehnung (f)
elongation
allongement (m) de rupture par unité de longueur



$$\frac{l_1 - l}{l}$$

удлиненіе (n) при разрывѣ
allungamento (m) di rottura
alargamiento (m) de rotura

---

9 Bruch (m)
fracture
cassure (f), fracture (f)

изломъ (m)
frattura (f), rottura (f)
fractura (f), rotura (f)

---

10 schiefer Bruch (m)
oblique *or* inclined fracture
cassure (f) en sifflet

косой изломъ (m)
frattura (f) o rottura (f) obliqua
rotura (f) oblicua

Bruchaussehen (n)
appearance of fracture
aspect (m) de la cassure

видъ (m) излома
aspetto (m) della frattura *o* della rottura 1
aspecto (m) de la rotura

---

Bruchfläche (f)
fracture, surface of fracture
surface (f) de la cassure, cassure (f), section (f) de rupture

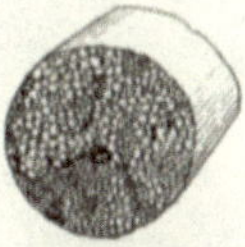

изломъ (m); поверхность (f) излома
frattura (f), superficie (f) di rottura 2
superficie (f) de la rotura

---

körnig (adj)
granular (adj)
granulé (adj)

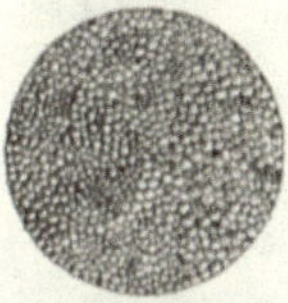

зернистый
granulare (agg) 3
granulado (adj)

---

feinkörnig (adj)
fine grained (adj)
à grain fin, finement granulé (adj)

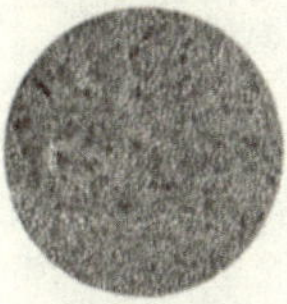

мелкозернистый
a grana fina, finamente granulato (agg) 4
de grano fino, finamente granulado (adj)

---

grobkörnig (adj)
coarse grained (adj)
à gros grain, grossièrement granulé (adj)

крупнозернистый
a grana grossa, grossamente granulato (agg) 5
de grano grueso, toscamente granulado (adj)

---

schuppig (adj)
scaly (adj), laminated (adj)
écailleux (adj), conchoidal (adj)

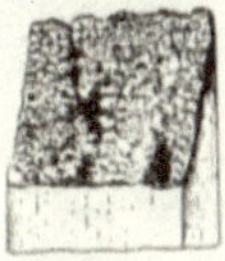

чешуйчатый
squamoso (agg) 6
escamoso (adj)

---

blätterig (adj)
wavy (adj), foliated (adj)
feuilleté (adj)

пластинчатый
lamellare (agg)
foliado (adj), en forma de hojas 7

---

Blatt (n), Schicht (f), Absonderungsfläche (f)
lamina
lamelle (f)

листъ (m); плоскость (f) отслоенія
lamina (f) 8
lámina (f), laminilla (f)

| | | | |
|---|---|---|---|
| 1 | geschichtet (adj)<br>laminated (adj)<br>stratifié (adj) |  | слоистый<br>stratificato (agg)<br>estratificado (adj) |
| 2 | sehnig (adj)<br>fibrous (adj)<br>nerveux (adj), fibreux (adj) |  | жилистый<br>nervoso (agg)<br>nervudo (adj) |
| 3 | zackig (adj)<br>serrated (adj), notched (adj)<br>dentelé (adj), hérissé (adj) | | зубчатый<br>dentato (agg)<br>dentado (adj) |
| 4 | kristallinisch (adj)<br>crystalline (adj)<br>cristallin (adj) |  | кристаллическій<br>cristallino (agg)<br>cristalino (adj) |
| 5 | strahlig (adj)<br>radiated (adj), radiolated (adj)<br>rayonnant (adj) | | лучистый<br>raggiato (agg), radiale (agg)<br>radiado (adj), con rayos |
| 6 | stengelig (adj)<br>spiky (adj)<br>à tige, ayant des rais |  | шестоватый; стержнеобразный<br>gambuto (agg), caulino (agg)<br>entallecido (adj) |
| 7 | zellig (adj)<br>cellular (adj)<br>cellulaire (adj) |  | ячеистый<br>cellulare (agg)<br>celular (adj) |
| 8 | netzförmig (adj)<br>net shaped (adj), reticulated (adj)<br>réticulaire (adj), en [forme de] réseau | 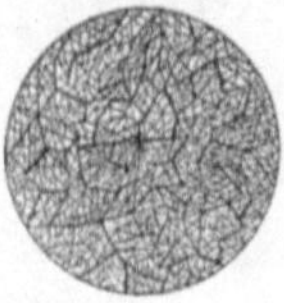 | сѣткообразный<br>reticolare (agg), a forma di rete<br>reticular (adj), en forma de redecilla |

säulenförmig (adj)
columnar (adj)
en [forme de] colonnes

колонкообразный; въ видѣ колонокъ
a forma di colonne, colonnare (agg) 1
columnario (adj), en forma de columnas

---

nadelförmig (adj)
needle shaped (adj), acicular (adj)
aciculaire (adj), aiguillé (adj), hérissé (adj) d'aiguilles

игольчатый; иглообразный
a forma d'aghi, aghiforme (agg) 2
acicular (adj), en forma de agujas

---

Kern (m) des Bruchquerschnitts
core of the fracture
noyau (m) de [la] cassure

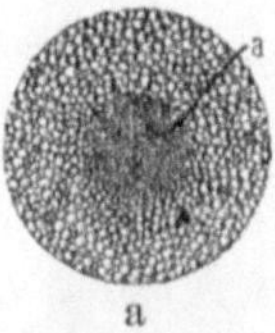


ядро (n) поперечнаго сѣченія излома
nocciolo (m) della frattura 3
núcleo (m) de la sección transversal de rotura

---

krispelig (adj)
blistered (adj)
crépelé (adj)

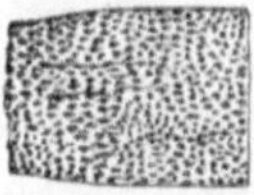

мерейный
increspato (agg) 4
erizado (adj)

---

narbig (adj)
rough (adj), scarred (adj)
balafré (adj)

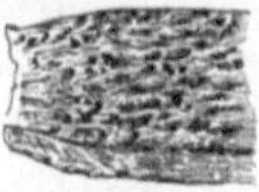

сучковатый; рубцеватый
intagliato (agg), sfregiato (agg) 5
excoriáceo (adj)

---

knitterig (adj)
crumpled (adj)
froissé (adj)

мятый
gualcito (agg) 6
arrugado (adj)

---

gefältelt (adj)
wrinkled (adj)
plissé (adj)

складкообразный; складчатый
rugoso (agg) 7
plegado (adj), rugoso (adj)

---

Fließfigur (f)
strain figures (pl)
figure (f) d'écoulement *ou* d'étirage

видъ (m) матеріала въ состояніи текучести
aspetto (m) di frattura stirata 8
cara (f) ó figura (f) de fusión

**1**
Kaltbruch (m)
cold brittleness, cold short
qualité (f) d'un fer cassant à froid

хладноломкость (f)
frattura (f) a freddo
fractura (f) en frio

---

**2**
kaltbrüchiges Eisen (n)
cold short iron
fer (m) cassant à froid

хладноломкое желѣзо (n)
ferro (m) fragile a freddo
hierro (m) quebradizo en frio

---

**3**
heißbrüchiges Eisen (n), rotbrüchiges Eisen (n)
hot brittle iron, red short iron
fer (m) cassant à chaud

теплоломкое желѣзо (n); красноломкое желѣзо
ferro (m) fragile a caldo
hierro (m) quebradizo en caliente

---

**4**
faulbrüchiges Eisen (n)
burned iron
fer (m) rouverin (à chaud et à froid)

хрупколомкое желѣзо (n)
ferro (m) fragile a caldo ed a freddo
hierro (m) muy quebradizo (en frio y en caliente)

---

**5**
Beizbrüchigkeit (f)
corroding brittleness
décapage (m) *ou* corrosion (f) rendant le fer cassant

ломкость (f) протравленнаго желѣза
fragilità (f) per corrosione
fragilidad (f) por corrosión

---

**6**
Zug (m)
pull, tension, stress
traction (f)

растяженіе (n)
trazione (f)
tracción (f)

---

**7**
auf Zug beanspruchen (v)
to put under tensile stress
solliciter (v) [un corps] par traction, faire travailler (v) [un corps] à la traction

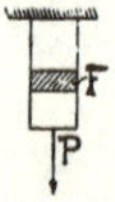


подверг-нуть (-ать) растяженію
sollecitare (v) un corpo per trazione
someter (v) [un cuerpo] á la tracción

---

**8**
Zugfestigkeit (f), Zerreißfestigkeit (f)
resistance to tensile stress, tensile strength
résistance (f) à la traction

сопротивленіе (n) растяженію *или* разрыву; прочность (f) на растяженіе *или* на разрывъ
resistenza (f) alla trazione
resistencia (f) á la tracción

---

**9**
Zugspannung (f)
intensity of tensile stress, tension
tension (f) de traction, traction (f) unitaire

$$\sigma = \frac{P}{F}$$

напряженіе (n) отъ растяженія
tensione (f), coefficiente (m) di trazione
intensidad (f) de tracción, coeficiente de tracción

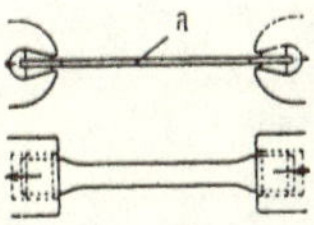

**1**
Zerreißprobe (f)
tensible test
essai (m) de rupture
испытанiе (n) *или* проба (f) на разрывъ
prova (f) di frattura, saggio (m) di trazione
ensayo (m) de rotura

**2**
zerreißen (v)
to tear, to break
se rompre (v) [par traction]
разорвать; разрывать
rompersi (v) [per trazione]
romperse (v) [por tracción], desgarrarse (v)

**3**
Probestab (m), Versuchsstab (m)
test rod, test piece *or* bar
barreau (m) d'épreuve, barreau (m) d'essai
стержень (m) *или* брусокъ (m), предназначенный для испытанiя
barretta (f) di prova
varilla (f) de ensayo, probeta (f)

a

**4**
Zerreißmaschine (f)
machine for testing tensile strength
appareil (m) pour l'essai de rupture
машина (f) для испытанiя на разрывъ
macchina (f) per la prova a rottura
aparato (m) para el ensayo de rotura

**5**
Feilhieb (m)
notch
trait (m) de lime
царапина (f) напилникомъ
segno (m) lasciato dalla lima
trazo (m) de lima, picadura (f)

**6**
absolute Festigkeit (f)
ultimate tensile strength
résistance (f) absolue
абсолютная прочность (f)
resistenza (f) assoluta
resistencia (f) absoluta

**7**
Dehnung (f)
dilatation, expansion
allongement (m)
растяженiе (n)
dilatazione (f)
dilatación (f), alargamiento (m)

**8**
Zähigkeit (f)
tenacity
ténacité (f)
тягучесть (f); вязкость (f)
tenacità (f)
tenacidad (f)

**9**
Dehn[ungs]zahl (f), [Elastizitätsmodul (m)]
modulus of elasticity, Young's modulus
module (m) d'élasticité
модуль (m) упругости
modulo (m) d'elasticità
módulo (m) de elasticidad

**10**
zähes Gefüge (n), zähe Struktur (f)
tough structure
structure (f) résistante
вязкая *или* тягучая структура (f)
struttura (f) tenace *o* resistente
estructura (f) sólida

**11**
Stützweite (f)
span
portée (f)
пролётъ (m)
portata (f)
vano (m)

| | | | |
|---|---|---|---|
| 1 | Freilage (f)<br>test piece supported at both ends<br>distance (f) entre supports | | въ незакрѣпленномъ положеніи<br>posizione (f) libera<br>posición (f) libre |
| 2 | Spannsprödigkeit (f)<br>tension brittleness<br>facilité (f) de cassure par tension, fragilité (f) de tension | | хрупкость (f) вслѣдствіе внутреннихъ напряженій<br>facilità (f) di frattura per tensione<br>facilidad (f) de rotura por tensión |
| 3 | Drehung (f), [Torsion (f)]<br>torsion, twist<br>torsion (f) | | крученіе (n); скручиваніе (n)<br>torsione (f)<br>torsión (f) |
| 4 | Drehbeanspruchung (f), Beanspruchung (f) auf Verdrehen, [Torsionsbeanspruchung (f)]<br>torsional stress, torsional loading<br>travail (m) d'un corps à la torsion, effort (m) de torsion subi par un corps | 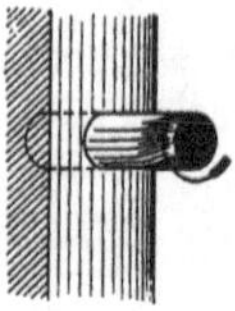 | подвергнуть крученію *или* скручиванію; нагрузка (f) отъ скручиванія *или* на скручиваніе<br>sollecitazione (f) alla torsione<br>esfuerzo (m) de torsión |
| 5 | Drehfestigkeit (f), [Torsionsfestigkeit (f)]<br>torsional strength<br>résistance (f) à la torsion | | прочность (f) на крученіе; сопротивленіе (n) скручиванію<br>resistenza (f) alla torsione<br>resistencia (f) á la torsión |
| 6 | Drehspannung (f), [Torsionsspannung (f)]<br>intensity of torsional stress<br>tension (f) de torsion | | напряженіе (n) отъ крученія *или* отъ скручиванія<br>tensione (f) di torsione<br>intensidad (f) de torsión |
| 7 | Drehversuch (m), [Torsionsversuch (m)]<br>torsion test<br>essai (m) à la torsion | | испытаніе (n) на крученіе *или* на скручиваніе<br>saggio (m) di torsione<br>ensayo (m) de torsión |
| 8 | Drehmoment (n), [Torsionsmoment (n)]<br>twisting moment, turning moment, moment of torsion<br>moment (m) de torsion | | моментъ (m) крученія; крутящій *или* скручивающій моментъ<br>momento (m) di torsione<br>momento (m) de torsión |
| 9 | Drehkraft (f), [Torsionskraft (f)]<br>torsional load, turning force<br>force (f) de torsion | | сила (f) крученія; скручивающее *или* крутящее усиліе (n)<br>forza (f) di torsione<br>fuerza (f) de torsión |

Kräftepaar (n)
couple
couple (m) [de forces]

пара (f) силъ
coppia (f) [di forze]
par (m) de fuerzas, fuerzas (f pl) apareadas 1

---

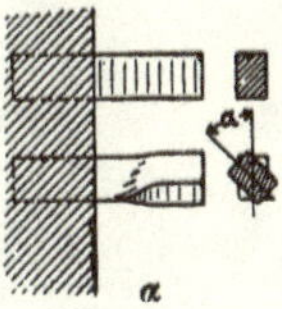

Verdrehung (f)
torsion
torsion (f)

скручиванiе (n)
torsione (f)
torsión (f) 2

---

Drehwinkel (m)
angle of torsion, torsion angle
angle (m) de torsion

уголъ (m) крученiя
angolo (m) di torsione 3
ángulo (m) de torsión

---

Winkelveränderung(f), Schiebung (f)
alteration of angle, angular slip
déformation (f) angulaire, glissement (m)

сдвигъ (m) при крученiи; скольженiе (n) при крученiи
deformazione (f) angolare 4
deformación (f) angular

---

Verdrehungselastizität (f), [Torsionselastizität (f)]
torsional elasticity
elasticité (f) de torsion

упругость (f) скручиванiя; упругость при крученiи
elasticità (f) di torsione 5
elasticidad (f) de torsión

---

Verwindeprobe (f), Verdrehprobe (f)
torsion test in which the torsion is measured by the angle of twist
essai (m) de torsion

испытанiе (n) на скручиванiе
prova (f) di torsione 6
ensayo (m) de torsión

---

verwinden (v), verdrehen (v)
to twist
tordre (v)

скру-тить (-чивать)
torcere (v) 7
torcer (v)

---

Windung (f)
turn
tour (m), pas (m)

витокъ (m)
giro (m), avvolgimento (m) 8
torcedura (f), vuelta (f)

---

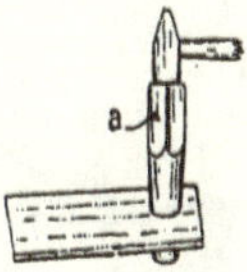


Lochprobe (f)
drift test
essai (m) de perçage *ou* de poinçonnage, essai (m) [d'un corps] au poinçonnage

испытанiе (n) *или* проба (f) на пробивку дыръ
prova (f) di foratura *o* di punzonatura 9
ensayo (m) de perforación á punzón

---

durchlochen (v)
to punch
percer (v) poinçonner (v)

проби-ть (-вать) дыры
forare (v), punzonare (v) 10
perforar (v), agujerear (v)

1 Lochstempel (m)
punch, stamp
poinçon (m)

a

пунсонъ (m); пуансонъ (m); штемпель (m)
punzone (m)
punzón (m)

---

2 Lochung (f)
perforation
poinçonnage (m)

пробивка (f) дыръ
foratura (f)
horadamiento (m)

---

3 auslochen (v)
to mortise, to punch
poinçonner (v)

проби-ть (-вать) отверстіе
punzonare (v)
agujerear (v), punzonar (v)

---

4 das Loch auftreiben (v)
opening out the hole, to emboss the hole
agrandir (v) le trou

расширить отверстіе
allargare (v) il foro
agrandar (v) el agujero

---

5 Schmiedeprobe (f)
forging test
essai (m) de forgeage, essai (m) [d'un corps] au forgeage *ou* à la forge

кузнечная проба (f); испытаніе (n) на ковкость
prova (f) di fucinazione
ensayo (m) á la forja ó de forjado

---

6 ausschmieden (v)
to forge, to hammer
étirer (v) [sous le marteau]

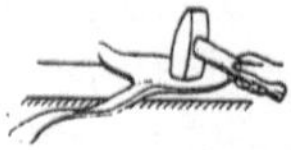

выков-ать (-ывать)
stirare (v) al maglio
estirar (v), malear (v), martillar (v)

---

7 auf 1 $^1/_2$ (eineinhalbfache) Probenbreite ausschmieden (v)
to forge out to 1 $^1/_2$ times the test width
marteler (v) l'éprouvette à 1 $^1/_2$ fois sa largeur, étirer (v) l'éprouvette sous le marteau à 1 $^1/_2$ fois sa largeur primitive

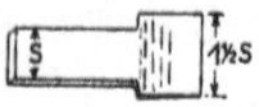


оттянуть молоткомъ до полуторной длины
stirare (v) il campione sotto il maglio ad 1 volta e $^1/_2$ la sua larghezza
estirar (v) al martillo la pieza de prueba hasta 1 $^1/_2$ veces su ancho primitivo

---

8 mit der Hammerfinne quer zur Walzrichtung schmieden (v)
to forge with the edge of the hammer across the direction of rolling
marteler (v) [le métal] avec la panne du marteau transversalement au [sens de] laminage

ковать *или* проковывать лицомъ молота поперечно къ направленію прокатки
battere (v) colla penna del martello in senso trasversale a quello della laminazione
estirar (v) el metal con la peña del martillo en sentido transversal del laminado

**1**
Ausbreit[e]probe (f)
hammering test
essai (m) d'élargissement, essai (m) [d'un corps] à l'élargissement
испытаніе (n) на раскатку
prova (f) di allargamento
ensayo (f) de la maleabilidad de un cuerpo

**2**
ausbreiten (v)
to flatten
élargir (v)
раскат-ать (-ывать)
allargare (v)
estirar (v), ensanchar (v)

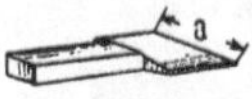


a

**3**
Ausbreitung (f)
flattening out
élargissement (m)
раскатка (f)
allargamento (m)
ensanchamiento (m)

**4**
Streckung (f)
stretching, drawing
étirage (m)
прокатка (f)
stiramento (m), distendimento (m)
laminado (m), alargamiento (m), estirado (m)

**5**
Stauchprobe (f), Schlagprobe (f)
shock crushing test, upsetting test, jumping up test
essai (m) d'écrasement à choc, essai (m) [d'un corps] au refoulement *ou* à l'écrasement
испытаніе (n) на расковку
prova (f) di appiattimento *o* di schiacciamento
prueba (f) de recalcar, prueba (f) de aplastar

**6**
stauchen (v), zusammenstauchen (v)
to upset, to jump
refouler (v), écraser (v), aplatir (v)

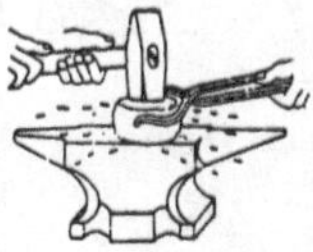

осадить, осаждать; расков-ать (-ывать)
appiattire (v), schiacciare (v)
aplastar (v)

**7**
Stauchung (f)
jumping
refoulement (m), aplatissement (m), écrasement
осадка (f); осаживаніе (n); расковка (f)
schiacciamento (m)
aplastamiento (m)

**8**
Härte (f)
hardness
dureté (f)
твёрдость (f)
durezza (f)
dureza (f)

**9**
Härtemessung (f)
measurement *or* determination of hardness
mesure (m) *ou* détermination (f) de la dureté
опредѣленіе (n) твёрдости
misura (f) della durezza
medida (f) *ó* determinación (f) de la dureza

**10**
Härtegrad (m)
degree of hardness
degré (m) de dureté
шкала (f) *или* скала (f) твёрдости
grado (m) di durezza
grado (m) de dureza

**11**
Ritzhärte (f)
scratch hardness, sclerometric hardness
résistance (f) au striage, dureté (f) sclérométrique
склерометрическая твёрдость (f)
durezza (f) sclerometrica
dureza (f) esclerométrica

1 Ritzversuch (m)
scratch test
essai (m) sclérométrique, essai (m) de pénétration par striage

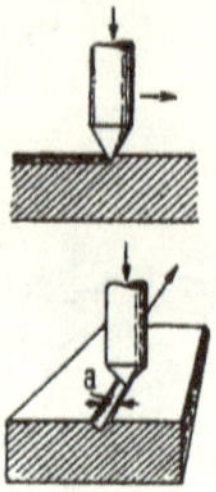


склерометрическая проба (f); проба нанесеніемъ царапинъ
prova (f) sclerometrica *o* di penetrazione per striatura
ensayo (m) de penetración por hendidura *ó* por rayado

---

2 Strichbreite (f)
width of scratch
largeur (f) de la rayure *ou* de la strie

a

ширина (f) царапины
lunghezza (f) della scanalatura *o* della stria
anchura (f) de la estria

---

3 Ritzhärteprüfer (m)
sclerometer
scléromètre (m)

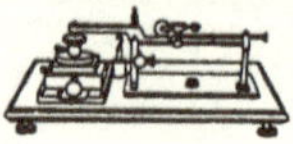

склерометръ (m)
sclerometro (m) a punta
esclerómetro (m) de rayado

---

4 Eindruckverfahren (n), Kugelhärteprobe (f)
ball test, Brinell's method
procédé (m) d'empreinte *ou* d'estampage par pression, procédé (m) Brinell

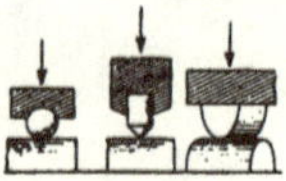

способъ (m) вдавливанія
processo (m) di stampo a pressione
procedimiento (m) del estampado

---

5 Kugelhärteprüfer (m)
ball hardness testing machine
presse (f) à bille pour l'essai de dureté

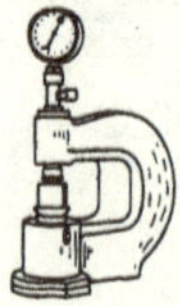

шаровой склерометръ (m)
sclerometro (m) a sfera
esclerómetro (m) de bolas

---

6 Wasserdruckprobe (f), [hydraulische Prüfung (f)]
hydraulic test
épreuve (f) hydraulique, essai (m) hydraulique

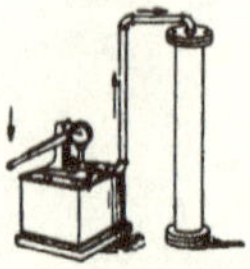

гидравлическое испытаніе (n); водяная проба (f); проба водой
prova (f) idraulica
prueba (f) hidráulica

---

7 Flüssigkeitsdruck (m)
hydraulic pressure
pression (f) hydraulique

давленіе (n) жидкости
pressione (f) idraulica
presión (f) hidráulica

---

8 Probedruck (m)
test pressure
pression (f) d'épreuve

пробное давленіе (n)
pressione (f) di prova
presión (f) de ensayo

---

9 Betriebsdruck (m)
working pressure
pression (f) normale de travail

рабочее давленіе (n)
pressione (f) di lavoro
presión (f) normal de trabajo

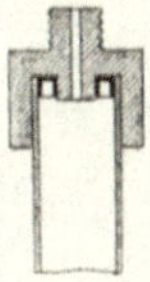

Probenverschluß (m)
test plug
fermeture (f) d'essai *ou* d'épreuve

запоръ (m) *или* затворъ (m) трубы
chiusura (f) dell'organo in prova
cierre (m) de ensayo *ó* de prueba 1

---

die Röhre während der Wasserdruckprobe abhämmern (v)
to hammer the tube during the hydraulic test
frapper (v) sur les tuyaux à l'aide du marteau pendant l'épreuve hydraulique

ударять молоткомъ по трубѣ во время гидравлическаго испытанія; обстукивать молоткомъ трубу во время водяной пробы 2
battere (v) i tubi durante la prova idraulica
martillar (v) los tubos durante la prueba hidráulica

---

Normaltabelle (f)
standard scale
table (f) normale

нормальная таблица (f) 3
tabella (f) normale
tabla (f) normal

# III.

## Eisenerzvorkommen und Eisenerze

## Occurrence and Deposit of Iron Ores; Iron Ores

## Gisement et minerais

## Мѣсторожденія желѣзной руды и желѣзныя руды

## Giacimenti e minerali di ferro

## Yacimientos y minerales de hierro

---

1 **Lagerstättenkunde**
**Theory of Deposit of Ores**
**Théorie des gisements**
**Ученіе о мѣсторожденіяхъ полезныхъ ископаемыхъ**
**Teoria sui giacimenti minerali**
**Conocimiento de los yacimientos**

2 Lagerung (f), Bildung (f), Formation (f)
formation
formation (f)
формація (f)
formazione (f)
formación (f)

3 Flöz (n)
seam, bed, vein, lode
couche (f), lit (m), filon (m), veine (f)

флецъ (m); пластъ (m)
banco (m), vena (f)
capa (f), vena (f), filón (m), veta (f)

4 Eisenerzlagerstätte (f)
deposit of iron ores
gisement (m) *ou* gite (m) de minerai de fer
мѣсторожденіе (n) желѣзной руды
giacimento (m) di minerali di ferro
[lugar de] yacimiento (m) de minerales de hierro

5 gangartige Lagerstätte (f)
gangue deposit
gisement (m), filon (m), veine (f)

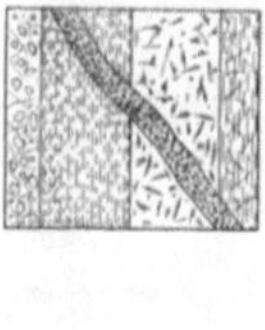

жильное мѣсторожденіе (n)
giacimento (m) a filone
criadero (m), filón (m)

geschichtete Lagerstätte (f)
stratified ore deposit, stratum
gisement (m) stratifié

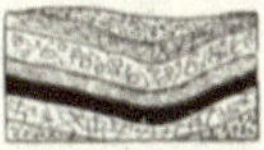

пластовое мѣсторожденіе (n)
giacimento (m) stratificato
criadero (m) en capas — 1

---

massige Lagerstätte (f), Erzstock (m)
solid ore deposit, ore stockwork, ore body
gisement (m) en amas

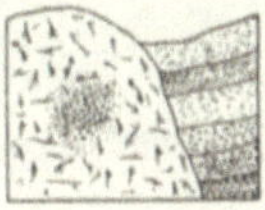

сплошное мѣсторожденіе (n); рудный штокъ (m)
giacimento (m) massiccio
criadero (m) en masa — 2

---

Trümmerlagerstätte (f)
sedimentary deposit
gisement (m) sédimentaire

разсыпное *или* обломочное мѣсторожденіе (n)
sedimento (m) di detriti
criadero (m) sedimentario — 3

---

verworfene *oder* gestörte Lagerstätte (f)
faulted *or* dislocated deposit
gite (m) disloqué

мѣсторожденіе (n) съ нарушеннымъ строеніемъ
giacimento (m) dislocato
criadero (m) irregular *ó* dislocado — 4

---

Streichen (n)
direction of strike
direction (f)

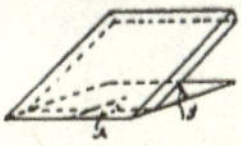

α

простираніе (n)
direzione (f) rispetto alla rosa dei venti
dirección (f), corrida (f), rumbo (m), arrumbamiento (m) — 5

---

Einfallen (n)
inclination, dip
inclinaison (f), pendage (m), plongement (m)

β

паденіе (n)
inclinazione (f) rispetto all'orizzonte
echado (m), inclinación (f), buzamiento (m), pendiente (m), manteo (m) (en México) — 6

---

Mächtigkeit (f)
thickness, width
épaisseur (m), puissance (f)

мощность (f) мѣсторожденія
potenza (f)
espesor (m), grueso (m), poder (m), potencia (f), abrigo (m) (Méx.) — 7

---

Eisenerzgrube (f)
iron ore mine
mine (f) de fer

желѣзный рудникъ (m)
miniera (f) di ferro
mina (f) de hierro — 8

---

Gewinnungsart (f)
system *or* method of working (mining)
mode (m) *ou* méthode (f) d'extraction *ou* d'exploitation

система (f) добычи
metodo (m) d'estrazione
modo (m) *ó* método de extracción *ó* de explotación — 9

1 Tiefbau (m)
deep mine *or* level workings
exploitation (f) souterraine *ou* en profondeur

подземная разработка (f) мѣсторожденія
scavo (m) sotterraneo
explotación (f) subterránea

---

2 Tagebau (m)
open workings
exploitation (f) à ciel ouvert *ou* au jour

открытая разработка (f); разработка разносомъ
scavo (m) a giorno
explotación (f) á cielo abierto

---

3 Baggerbetrieb (m)
dredge working, dredging
dragage (m)

черпаніе (n); драг[ир]ованіе (n)
lavoro (m) a draga
explotación (f) con dragas

---

4 Dampfschaufelbetrieb (m)
steam shovel excavation
dragage (m) à la pelle à vapeur

паровое землечерпаніе (n)
escavazione (f) *o* scavo (m) a vapore
explotación (f) con cavadores de vapor

---

5 Erzförderung (f)
ore raising *or* mining
extraction (f) des minerais

доставка (f) *или* поднятіе (n) рудъ на дневную поверхность
estrazione (f) dei minerali
extracción (f) de minerales

---

6 Gefüge (n) [*oder* Struktur (f)] des Eisenerzes
structure of iron ore
structure (f) des minerais de fer

структура (f) желѣзной руды
struttura (f) del minerale di ferro
estructura (f) de los minerales *ó* de las menas de hierro

---

7 faseriges Eisenerz (n)
fibrous iron ore
minerai (m) de fer fibreux

волокнистая желѣзная руда (f)
minerale (m) di ferro fibroso
mineral (m) de hierro fibroso

---

8 pulverförmiges Eisenerz (n), staubförmiges Eisenerz (n)
fine *or* small iron ore, powdery iron ore
minerai (m) de fer pulvérulent

порошкообразная желѣзная руда (f)
minerale (m) di ferro polverulento
mineral (m) de hierro pulverulento

weiches Eisenerz (n)
soft iron ore
minerai (m) de fer tendre
мягкая желѣзная руда (f)
minerale (m) di ferro tenero
mineral (m) de hierro blando 1

---

dichtes Eisenerz (n)
dense iron ore
minerai (m) de fer dense
плотная желѣзная руда (f)
minerale (m) di ferro denso
mineral (m) de hierro denso 2

---

derbes Eisenerz (n)
compact iron ore
minerai (m) de fer compact *ou* massif
сплошная *или* сливная желѣзная руда (f)
minerale (m) di ferro compatto
mineral (m) de hierro compacto 3

---

mulmiges Eisenerz (n)
friable iron ore
minerai (m) de fer friable
вывѣтрѣлая желѣзная руда (f)
minerale (m) di ferro friabile
mineral (m) de hierro friable 4

---

erdiges Eisenerz (n)
earthy iron ore
minerai (m) de fer terreux

землистая желѣзная руда (f)
minerale (m) di ferro terroso
mineral (m) de hierro terroso 5

---

lockeres, toniges Eisenerz (n)
loose, argillaceous iron ore
minerai (m) de fer argileux non compact
рыхлая, глинистая желѣзная руда (f)
minerale (m) di ferro cavernoso *od* argilloso
mineral (m) de hierro arcillosa flojo 6

---

hartes Eisenerz (n)
hard iron ore
minerai (m) de fer dur
твёрдая желѣзная руда (f)
minerale (m) di ferro duro
mineral (m) de hierro duro 7

---

sprödes Eisenerz (n)
brittle iron ore
minerai (m) de fer dur et cassant
хрупкая желѣзная руда (f)
minerale (m) di ferro fragile
mineral (m) de hierro frágil 8

---

poriges Eisenerz (n)
porous iron ore
minerai (m) de fer poreux

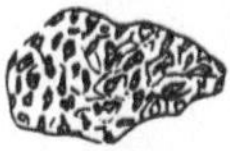

пористая желѣзная руда (f)
minerale (m) di ferro poroso
mineral (m) de hierro poroso 9

---

magnetisches Eisenerz (n)
magnetic iron ore
minerai (m) de fer magnétique
магнитная желѣзная руда (f)
minerale (m) di ferro magnetico
mineral (m) de hierro magnético 10

| | | |
|---|---|---|
| 1 | trockenes Erz (n)<br>dry ore<br>minerai (m) sec | сухая руда (f)<br>minerale (m) secco<br>mineral (m) seco |
| 2 | nasses Eisenerz (n), feuchtes Eisenerz (n)<br>wet iron ore, moist iron ore<br>minerai (m) de fer humide *ou* imprégné d'eau | мокрая желѣзная руда (f)<br>minerale (m) di ferro bagnato<br>mineral (m) de hierro húmedo |
| 3 | wasserhaltiges Eisenerz (n)<br>iron ore containing water, water bearing iron ore<br>minerai (m) de fer aquifère | желѣзная руда (f), содержащая воду; желѣзная руда съ содержаніемъ воды<br>minerale (m) di ferro con alto tenore in acqua<br>mineral (m) de hierro acuoso |
| 4 | kohlensäurehaltiges Eisenerz (n)<br>iron ore containing carbonic acid<br>minerai (m) de fer à teneur d'acide carbonique, minerai (m) de fer carbonaté | желѣзная руда (f), содержащая углекислоту; желѣзная руда съ содержаніемъ углекислоты; углекислая желѣзная руда<br>minerale (m) di ferro contenente acido carbonico<br>mineral (m) de hierro que contiene ácido carbónico, mineral (m) de hierro carbonado |
| 5 | kalkiges Eisenerz (n)<br>calcareous iron ore<br>minerai (m) de fer calcareux | известковая желѣзная руда (f)<br>minerale (m) di ferro con tenore in carbonato di calce<br>mineral (m) de hierro calcáreo |
| 6 | schwefelhaltiges Eisenerz (n)<br>sulphurous iron ore<br>minerai (m) de fer sulfureux | сѣрнистая желѣзная руда (f); желѣзная руда, содержащая сѣру; желѣзная руда съ содержаніемъ сѣры<br>minerale (m) di ferro solforoso<br>mineral (m) de hierro sulfuroso |
| 7 | phosphorhaltiges Eisenerz (n)<br>phosphatic iron ore<br>minerai (m) de fer phosphoreux | фосфористая желѣзная руда (f); желѣзная руда, содержащая фосфоръ; желѣзная руда съ содержаніемъ фосфора<br>minerale (m) di ferro fosforoso<br>mineral (m) de hierro fosforido |

| | | |
|---|---|---|
| kupferhaltiges Eisenerz (n)<br>cupriferous iron ore<br>minerai (m) de fer cuivreux | желѣзная руда (f) съ содержанiемъ мѣди; желѣзная руда, содержащая мѣдь; мѣдистая желѣзная руда<br>minerale (m) di ferro con rame<br>mineral (m) de hierro cobrizo | 1 |
| bleihaltiges Eisenerz (n)<br>iron ore containing lead, galenical iron ore<br>minerai (m) de fer plombifère | желѣзная руда (f) съ содержанiемъ свинца; желѣзная руда, содержащая свинецъ<br>minerale (m) di ferro con tenore in piombo<br>mineral (m) de hierro plomizo | 2 |
| zinkhaltiges Eisenerz (n)<br>zinciferous iron ore<br>minerai (m) de fer zincifère | желѣзная руда (f), содержащая цинкъ; желѣзная руда съ содержанiемъ цинка<br>minerale (m) di ferro con tenore in zinco<br>mineral (m) de hierro cincifero | 3 |
| arsenhaltiges Eisenerz (n)<br>arsenical iron ore<br>minerai (m) de fer arsénieux | желѣзная руда (f), содержащая мышьякъ; желѣзная руда съ содержанiемъ мышьяка; мышьяковистая желѣзная руда<br>minerale (m) di ferro arsenioso<br>mineral (m) de hierro arsenioso | 4 |
| titanhaltiges Eisenerz (n)<br>titaniferous iron ore<br>minerai (m) de fer titanifère | желѣзная руда (f) съ содержанiемъ титанiя; желѣзная руда, содержащая титанiй; титанистая желѣзная руда<br>minerale (m) di ferro titanifero<br>mineral (m) de hierro titanifero | 5 |
| nickelhaltiges Eisenerz (n)<br>nickeliferous iron ore<br>minerai (m) de fer nickelifère | желѣзная руда (f), содержащая никкель; желѣзная руда съ содержанiемъ никкеля<br>minerale (m) di ferro nickelifero<br>mineral (m) de hierro niquelifero | 6 |
| leicht schmelzbares Erz (n)<br>easily fusible iron ore<br>minerai (m) facilement fusible | легкоплавкая руда (f)<br>minerale (m) facilmente fusibile<br>mineral (m) de hierro fácilmente fusible | 7 |

1 schwer schmelzbares Erz (n)
refractory iron ore
minerai (m) difficilement fusible *ou* réfractaire
тугоплавкая руда (f)
minerale (m) difficilmente fusibile
mineral (m) de hierro dificilmente fusible

---

2 selbstschmelziges Erz (n), selbstgehendes Erz (n)
self-fusible ore, self-fluxing ore
minerai (m) de fer fusible par lui-même
самоплавкая руда (f)
minerale (m) autofusibile
mineral (m) de hierro fusible por si mismo

---

3 leicht reduzierbares Erz (n)
easily reducible ore
minerai (m) de fer facilement réductible
легко восстановимая *или* восстановляемая руда (f)
minerale (m) facilmente riduttibile
mineral (m) fácilmente reducible

---

4 leichte Reduzierbarkeit (f)
easy reduction
réductibilité (f) facile
лёгкая восстановимость (f) *или* восстановляемость (f)
riducibilità (f) facile
reducibilidad (f) fácil

---

5 schwer reduzierbares Erz (n)
difficultly reducible ore
minerai (m) difficilement réductible
трудно восстановимая *или* восстановляемая руда (f)
minerale (m) difficilmente riducibile
mena (f) dificilmente reducible

---

6 schwere Reduzierbarkeit (f)
difficult reduction
réductibilité (f) difficile
трудная восстановимость (f) *или* восстановляемость (f)
riducibilità (f) difficile
reducibilidad (f) difícil

---

7 Roherz (n)
raw ore
minerai (m) brut *ou* cru
сырая *или* необожжённая руда (f)
minerale (m) greggio
mineral (m) bruto *ó* crudo

---

8 Wände (f pl), Stückerz (n)
knockings (pl), lump ore
minerai (m) en morceaux, minerai (m) gros
кусковая руда (f)
minerale (m) a pezzi
mineral (m) grueso, mineral (m) en pedazos

---

9 Grubenklein (n)
smalls (pl), fines (pl)
fines (f pl), mince (m) de la mine, menu (m) de la mine
подрудокъ (m); рудная мелочь (f); бусъ (m); подсѣвокъ (m)
minerale (m) minuto di detrito
mineral (m) menudo

---

10 Haldenerz (n)
waste heap ore
minerai (m) de halde
руда (f) изъ отваловъ
minerale (m) della scarica
mineral (m) de vaciadero

| | | |
|---|---|---|
| Scheiderz (n)<br>screened ore<br>minerai (m) trié, minerai (m) riche *ou* de scheidage (triage) | отобранная *или* сортированная руда (f); обогащённая руда<br>minerale (m) scelto<br>mineral (m) apartado, mineral (m) deslodado | 1 |
| scheiden (v)<br>to cob, to screen<br>trier (v) | отобрать (отбирать) руду; обогатить, (обогащать) руду<br>scegliere (v), separare (v)<br>apartar (v) | 2 |
| Klauberz (n)<br>picking ore<br>minerai (m) trié au marteau *ou* à la main | руда (f) ручной разборки<br>minerale (m) spaccato<br>mineral (m) apartado á mano ó partido con la maza | 3 |
| ausklauben (v)<br>to pick<br>trier (v) au marteau *ou* à la main | разбирать *или* отбирать *или* отдѣлять (ручной работой) руду отъ пустой породы<br>spaccare (v) il minerale in pezzi<br>partir (v) con la maza y apartar, apartar (v) á mano | 4 |
| Graupe (f)<br>grains (pl)<br>minerai (m) en grains, grenailles (f pl) de criblage | орѣшникъ (m)<br>minerale (m) in pezzi piccoli<br>mineral (m) en granos, granos (m pl) de acribadura | 5 |
| Gemenge (n), Konglomerat (n)<br>conglomerate<br>conglomérat (m) | конгломератъ (m)<br>conglomerato (m)<br>conglomerado (m), pudinga (f) | 6 |
| Linsenerz (n)<br>oolitic ore<br>fer (m) oolithique *ou* en lentilles | жёлтый глинистый желѣзнякъ (m); оолитовая желѣзная руда (f)<br>ferro (m) oolitico<br>hierro (m) oolitico | 7 |
| Nierenerz (n)<br>nodular ore, kidney ore<br>minerai (m) en rognons, roussier (m) | почковидная руда (f); руда въ видѣ почекъ<br>minerale (m) reniforme<br>mineral (m) en riñones | 8 |
| Verwitterung (f)<br>weathering<br>effritement (m), désagrégation (f) (par les agents atmosphériques) | вывѣтриваніе (n)<br>disaggregazione (f) all'aria<br>desagregación (f) | 9 |

| | | |
|---|---|---|
| 1 | verwittertes Eisenerz (n)<br>weathered iron ore<br>minerai (m) de fer effrité *ou* désagrégé | вывѣтрѣлая желѣзная руда (f)<br>minerale (m) di ferro disaggregato<br>mineral (m) de hierro desagregado |
| 2 | frisches Eisenerz (n)<br>fresh iron ore<br>minerai (m) de fer frais | свѣжая желѣзная руда (f)<br>minerale (m) di ferro scavato di fresco<br>mineral (m) de hierro fresco |
| 3 | kristallinisches Eisenerz (n)<br>crystalline iron ore<br>minerai (m) de fer cristallin | кристаллическая желѣзная руда (f)<br>minerale (m) di ferro cristallino<br>mineral (f) de hierro cristalino |
| 4 | rauhes Eisenerz (n)<br>raw iron ore<br>minerai (m) de fer brut *ou* rugeux | сырая (т. е. не обожжённая и не отобранная) желѣзная руда (f)<br>minerale (m) di ferro crudo<br>mineral (m) de hierro bruto |
| 5 | durchwachsenes Eisenerz (n)<br>incrustated iron ore<br>minerai (m) de fer veiné d'autres matières | желѣзная руда (f), куски которой проникнуты другимъ минераломъ; руда, пронизывающая куски пустой породы<br>minerale (m) di ferro concresciuto<br>mineral (m) de hierro con vetas de otros minerales |
| 6 | Strich (m)<br>streak<br>trait (m)<br> | простиранiе (n)<br>tratto (m)<br>trazo (m) |
| 7 | Eisengehalt (m)<br>contents of iron<br>teneur (f) en fer | содержанiе (n) желѣза<br>tenore (m) in ferro<br>tanto (m) por ciento de hierro |
| 8 | Feuchtigkeitsgehalt (m), Nässe (f)<br>percentage of moisture<br>teneur (f) en humidité | содержанiе (n) влаги<br>tenore (m) in umidità<br>tanto (m) por ciento de humedad *ó* de agua |
| 9 | Stückgehalt (m), Geröll (n)<br>grading, proportion of lump ore<br>proportion (f) de gros | содержанiе (n) кусковой руды<br>proporzione (f) di minerale in pezzi nel giacimento *o* deposito, ciottoli (mpl)<br>tanto (m) por ciento *ó* proporción (f) *ó* contenido (m) de pedazos gruesos |

Feinerzgehalt (m)
contents of fine ore
proportion (f) de menu, teneur (f) en fines

содержаніе (n) мелкой руды
proporzione (f) di minerale minuto nel giacimento *o* deposito
tanto (m) por ciento de minerales finos 1

---

Bestimmung (f) der Stückgröße durch Absieben, Klassieren (n)
sizing *or* grading by sifting
détermination (f) de la grosseur par criblage

опредѣленіе (n) величины кусковъ грохоченіемъ
determinazione (f) della grossezza per vagliatura
determinación (f) del grueso por cribadura 2

---

Erzlieferungsvertrag (m)
contract for the supply of ore
contrat (m) de livraison de minerais

контрактъ (m) *или* письменный договоръ (m) на поставку руды
contratto (m) di fornitura di minerali
contrato (m) de entrega de minerales 3

---

Bezeichnung (f) des Erzes
classification of ore
désignation (f) du minerai

названіе (n) руды
designazione (f) del minerale
designación (f) del mineral 4

---

Herkunft (f)
origin
provenance (f)

происхожденіе (n)
provenienza (f)
origen (m), procedencia (f) 5

---

Eigenart (f) *oder* Merkmal (n) *oder* Charakter (m) des Erzes
characteristics of the ore
caractère (m) du minerai

свойства (npl) руды
caratteristica (f) del minerale
característica (f) del mineral 6

---

Grundlage (f), Basis (f)
base, basis
base (f)

основаніе (n)
base (f)
base (f) 7

---

Skala (f)
scale
échelle (f)

шкала (f); скала (f)
scala (f)
escala (f) 8

---

Abzug (m) für Mehrgehalt an Kieselsäure, Phosphor und Schwefel
deduction for excessive percentage of silicic acid, phosphorus and sulphur
déduction (f) pour excès en silice, phosphore et soufre

вычетъ (m) *или* сбавка (f) въ цѣнѣ за большее содержаніе кремневой кислоты (кремнекислоты), фосфора и сѣры
defalco (m) per tenore eccessivo in acido silicico, fosforo e solfo
deducción (f) á consecuencia de un exceso de ácido silícico, fósforo y azufre 9

| No. | Deutsch / English / Français | | Русский / Italiano / Español |
|---|---|---|---|
| 1 | **Erzarten**<br>**Classification of Minerals**<br>**Espèces de minerals** | | **Сорта руды**<br>**Specie di minerali**<br>**Clases de minerales** |
| 2 | Eisenoxydul (n)<br>ferrous oxide<br>oxyde (m) ferreux, protoxyde (m) de fer | $FeO$ | закись (f) желѣза<br>ossido (m) ferroso<br>protóxido (m) de hierro |
| 3 | Eisenoxyd (n)<br>ferric oxide<br>oxyde (m) ferrique, sesquioxyde (m) de fer | $Fe_2O_3$ | окись (f) желѣза<br>ossido (m) ferrico<br>peróxido (m) ó sesquióxido (m) de hierro anhidro |
| 4 | Roteisenstein (m)<br>red hematite<br>oxyde (m) de fer anhydre, hématite (f) rouge | | красный желѣзнякъ (m); безводная окись (f) желѣза<br>sesquiossido (m) di ferro, ematite (f) rossa<br>hematites (f) roja |
| 5 | roter Glaskopf (m)<br>hematite iron ore<br>fer (m) oligiste concrétionné, hématite (f) rouge mamelonnée |  | красная стеклянная голова (f); кровавикъ (m)<br>ematite (f) a superficie vetrosa<br>hematites (f) roja concrecionada |
| 6 | Eisenglimmer (m)<br>micaceous iron ore<br>fer (m) oligiste *ou* micacé | | желѣзная слюдка (f); желѣзистая слюдка<br>oligisto (m) micaceo<br>hierro (m) micáceo |
| 7 | Eisenglanz (m)<br>specular iron ore<br>fer (m) oligiste *ou* spéculaire | $Fe_2O_3$ | желѣзный блескъ (m)<br>ferro (m) speculare, oligisto (m)<br>hierro (m) especular |
| 8 | Hämatit (m)<br>hematite<br>hématite (f) | | гематитъ (m)<br>ematite (f)<br>hematites (f) |
| 9 | Ocker (m)<br>ochre, yellow earth<br>ocre (m) | | охра (f)<br>ematite (f) bruna<br>ocre (m), almagre (m) |
| 10 | Eisenhydroxyd (n)<br>hydroxide of iron<br>hydrate (m) de fer, peroxyde (m) de fer hydraté | $Fe_2(OH)_6$ | гидратъ (m) окиси желѣза<br>idrossido (m) di ferro o ferrico<br>peróxido (m) de hierro hidratado |
| 11 | Brauneisenstein (m), Limonit (m), wasserhaltiges Eisenoxyd (n)<br>limonite, brown iron ore, brown hematite<br>oxyde (m) de fer hydraté, limonite (f), hématite (f) brune | | бурый желѣзнякъ (m); водная окись (f) желѣза; лимонитъ (m)<br>sesquiossido (m) di ferro idrato, limonite (f)<br>hematites (f) parda, hierro (m) pardo |

Brauneisensteinknollen (m pl)
brown iron ore nodules
grumeaux (m pl) *ou* nodules (m pl) d'hématite brune
желвакообразный бурый желѣзнякъ (m)
ematite (f) bruna a noduli
granos (mpl) *ó* globulillos (mpl) de hematites parda — 1

---

Schaleneisenstein (m)
botryoidal iron ore, kidney ore
minerai (m) de fer en rognons
скорлуповатый желѣзнякъ (m)
minerale (m) di ferro in arnioni
mineral (m) de hierro en riñones — 2

---

Minette (f)
oolitic iron ore
minette (f)
желѣзнякъ (m) оолитоваго строенія
ferro (m) oolitico minuto
hierro (m) oolítico — 3

---

Rasenerz (n), Seeerz (n), Wiesenerz (n), Sumpferz (n)
limonite, bog ore, marsh ore, meadow ore
limonite (f), minerai (m) des prairies, minerai (m) des lacs
дерновая руда (f); озерная руда; луговая руда; болотная руда
limonite (f), minerale (m) di ferro d'origine idrica *o* delle paludi e dei laghi
limonita (f), hierro (m) pantanoso — 4

---

Bohnerz (n)
pisolitic iron, bean ore
minerai (m) de fer en grains
бобковая руда (f); зернистый бурый желѣзнякъ (m)
limonite (f) pisolitica *o* in grani
hierro (m) pisolítico — 5

---

oolithischer Brauneisenstein (m)
oolitic brown iron ore
fer (m) oolithique
оолитовый бурый желѣзнякъ (m)
ferro (m) oolitico
hierro (m) pardo oolítico — 6

---

Gelbeisenerz (n)
yellow iron ore
minerai (m) de fer jaune
$K_2SO_4 + 4Fe_2(SO_4)_3 + 9H_2O$
$Na_2SO_4 + 4Fe_2(SO_4)_3 + 9H_2O$
жёлтая желѣзная руда (f)
ocra (f) di ferro
mineral (m) de hierro amarillo — 7

---

Eisenoxyduloxyd (n)
ferroso-ferric-oxide
sesquioxyde (m) *ou* peroxyde (m) de fer
$Fe_3O_4$
магнитная закись-окись (f) желѣза
sesquiossido (m) *o* perossido (m) di ferro
peróxido (m) *ó* sequióxido (m) de hierro — 8

---

Magnetit (m), Magneteisenerz (n)
magnetite
fer (m) magnétique, magnétite (f)

$Fe_3O_4$
магнетитъ (m); магнитный желѣзнякъ (m)
magnetite (f)
hierro (m) magnético, magnetita (f) — 9

| No. | Deutsch / English / Français | Formel | Русскій / Italiano / Español |
|---|---|---|---|
| 1 | künstlicher Magnetit (m)<br>artificial magnetite<br>magnétite (f) artificielle | | искусственный магнетитъ (m)<br>magnetite (f) artificiale<br>magnetita (f) artificial |
| 2 | Magneteisensand (m)<br>magnetic sand<br>sable (m) magnétique | | магнитный песокъ (m) т. е. песокъ со значительнымъ содержаніемъ зёренъ магнитнаго желѣзняка<br>sabbia (f) di magnetite<br>magnetita (f) en polvo |
| 3 | Magnetkies (m)<br>magnetic pyrites<br>pyrite (f) magnétique | $Fe_n S_{n+1}$ | магнитный колчеданъ (m); пирротинъ (m)<br>pirite (f) magnetica<br>pirita (f) magnética |
| 4 | Eisenkarbonat (n)<br>carbonate of iron<br>carbonate (m) de fer, sidérose (f) | $FeCO_3$ | углежелѣзистая соль (f); сидеритъ (m)<br>carbonato (m) di ferro<br>carbonato (m) de hierro, siderosa (f) |
| 5 | Spateisenstein (m)<br>siderite, spathic iron<br>fer (m) spathique | $FeCO_3$ | шпатоватый желѣзнякъ (m)<br>ferro (m) spatico, siderite (f)<br>hierro (m) espático, siderita (f) |
| 6 | Stahlstein (m)<br>iron spar, sparry iron<br>fer (m) oxydé carbonaté | | стальная руда (f)<br>minerale (m) d'acciaio<br>mineral (m) dulce, óxido (m) de hierro carbonatado |
| 7 | Braunerz (n), Blauerz (n), reifer Eisenspat (m)<br>vivianite, brown ore<br>minerai(m) de fer brun, minerai (m) de fer bleu, vivianite (f), fer (m) spathique mûr | $Fe_3(PO_4)_2 + 8 H_2O$ | бурая желѣзная руда (f); вивіанитъ (m); синяя желѣзная руда<br>siderite (f) ossidata all'aria<br>mineral (m) de hierro pardo, mineral (m) de hierro azul, hierro (m) espático alterado |
| 8 | Toneisenstein (m)<br>clay ironstone, clay band<br>minerai (m) de fer argileux | | глинистый желѣзнякъ (m)<br>sferosiderite (f) argillosa<br>mineral (m) de hierro arcilloso |
| 9 | Rostspat (m)<br>sparry iron ore (red)<br>minerai (m) carbonaté grillé | | обожжённый желѣзный шпатъ (m)<br>minerale (m) carbonato torrefatto, siderite (f) calcinata<br>mineral (m) de hierro carbonatado calcinado |

| | | | |
|---|---|---|---|
| Kohleneisenstein (m)<br>blackband<br>minerai (m) houiller, blackband | | углистый желѣзнякъ (m)<br>sferosiderite (f) carboniosa, minerale (m) di ferro situato nei giacimenti di carbon fossile<br>hierro (m) (muy) carbonatado litoideo, blackband | 1 |
| schwefelsaures Eisenoxyd (n), Eisenoxydsulfat (n)<br>ferric sulphate<br>sulfate (m) ferrique | $Fe_2(SO_4)_3$ | сѣрнокислая окись (f) желѣза; соль (f) окиси желѣза<br>solfato (m) ferrico<br>persulfato (m) de hierro | 2 |
| schwefelsaures Eisenoxydul (n), Eisenoxydulsulfat (n)<br>ferrous sulphate, green vitriol or copperas<br>sulfate (m) ferreux | $FeSO_4$ | сѣрнокислая закись (f) желѣза<br>solfato (m) ferroso<br>sulfato (m) ferroso, vitriolo (m) verde | 3 |
| Schwefelkies (m), Eisensulfid (n)<br>ferrous sulphide<br>sulfure (m) de fer, pyrite (f) de fer | $FeS_2$ | сѣрный колчеданъ; пиритъ (m); желѣзный колчеданъ (m)<br>bisolfuro (m) di ferro, pirite (f) di ferro<br>sulfuro (m) de hierro, pirita (f) de hierro | 4 |
| eigentliches Manganerz (n)<br>proper manganese ore<br>minerai (m) de manganèse proprement dit | | собственно марганцовая руда (f)<br>minerale (m) di manganese propriamente detto<br>mineral (m) de manganeso | 5 |
| Psilomelan (m)<br>psilomelane, black iron ore<br>braunite (f), oxyde (m) manganique | $H_2MnO_4 + H_2O$ | псиломеланъ (m)<br>psilomelano (m), ossido (m) manganico<br>manganita (f) anhidra | 6 |
| Manganspat (m)<br>manganese spar, carbonate of manganese, rhodonite<br>carbonate (m) de manganèse | $MnCO_3$ | марганцовый шпатъ (m)<br>spato (m) manganico, carbonato (m) di manganese<br>carbonato (m) de manganeso | 7 |
| Waderz (n)<br>wad<br>wad (m), composé (m) de peroxyde et oxyde de manganèse hydraté | | вадъ (m)<br>wad (m)<br>wad (m), peróxido (m) y óxido de manganeso hidratado | 8 |

| | | | |
|---|---|---|---|
| 1 | Manganit (m)<br>manganite<br>manganite (f), acerdèse (f) | $Mn\,O(HO)$ | манганитъ (m)<br>manganite (f)<br>manganita (f), acerdesa (f) |
| 2 | Braunstein (m), Pyrolusit (m)<br>pyrolusite<br>pyrolusite (f), peroxyde (m) *ou* bioxyde (m) de manganèse | $Mn\,O_2$ | пиролюзитъ (m)<br>pirolusite (f), biossido (m) di manganese<br>pirolusita (f), manganeso (m) negro |
| 3 | Hausmannit (m)<br>hausmannite<br>hausmannite (f), oxyde (m) manganique | $2\,Mn\,O + Mn\,O_2$ | гаусманитъ (m)<br>ossido (m) manganico<br>óxido (m) mangánico, hausmannita (f) |
| 4 | Mangankiesel (m), Hartmangan (n), Rhodonit (m)<br>rhodonite<br>rhodonite (f), silicate (m) de manganèse | $Mn\,Si\,O_3$ | орлецъ (m); кремнекислый марганецъ (m); родонитъ (m)<br>rodonite (f)<br>rodonita (f), silicato (m) de manganeso |
| 5 | manganhaltiges Eisenerz (n)<br>manganiferous iron ore<br>minerai (m) de fer manganésé | | желѣзная руда (f), содержащая марганецъ; желѣзная руда съ содержанiемъ марганца; марганцовистая желѣзная руда<br>minerale (m) di ferro manganesifero<br>mineral (m) de hierro manganesifero |
| 6 | manganhaltiges Zinkerz (n)<br>manganiferous zinc ore<br>minerai (m) de zinc manganésé | | цинковая руда (f) съ содержанiемъ марганца; цинковая руда, содержащая марганецъ<br>minerale (m) di zinco manganesifero<br>mineral (m) de cinc manganesifero |
| 7 | manganhaltiges Silbererz (n)<br>manganiferous silver ore<br>minerai (m) d'argent manganésé | | серебряная руда (f) съ содержанiемъ марганца; серебряная руда, содержащая марганецъ<br>minerale (m) d'argento manganesifero<br>mineral (m) de plata manganesifero |
| 8 | Purpurerz (n), Kiesabbrand (m)<br>calcined pyrites, purple ore<br>résidu (m) de pyrites grillées | | пурпуровая руда (f); остатки (m pl), получающіеся при добываніи сѣрной кислоты изъ сѣрныхъ колчедановъ<br>residui (m pl) di piriti dopo la torrefazione<br>residuos (m pl) de piritas calcinadas |

Eisenoxyd (n) von der Teerfarbenerzeugung
oxide of iron from the coal tar industry
oxyde (m) de fer provenant de la fabrication des couleurs retirées du goudron

окись (f) желѣза, получаемая при производствѣ гудронныхъ красокъ
ossido (m) di ferro della fabbricazione dei colori di catrame 1
óxido (m) de hierro producido en la fabricación de los colores de alquitrán

---

Beimengung (f)
admixture
additions (f pl)

примѣсь (f)
aggiunta (f) 2
materiales (m pl) mezclados al hierro

---

Einsprengung (f)
dissemination
matières (f pl) disséminées dans la masse

вкраплина (f); включенie (n)
minerali (m pl) disseminati in una massa 3
material (m) diseminado en la masa

---

eingesprengt (adj)
disseminated (adj)
disséminé (adj)

вкраплённый
disseminato (agg) 4
diseminado (adj)

---

schädlicher Bestandteil (m)
detrimental constituent
substance (f) nuisible

вредная составная часть (f)
elemento (m) nocivo 5
elemento (m) dañoso ó nocivo

---

Nebenbestandteil (m)
secondary constituent
substance (f) secondaire

второстепенная составная часть (f)
elemento (m) ausiliare 6
elemento (m) secundario

---

Pb S

Bleiglanz (m)
galenite
galène (f), sulfure (m) de plomb

свинцовый блескъ (m); свинчакъ (m)
galena (f), solfuro (m) di piombo 7
galena (f); Perú: espejado (m); Bol.: liga (f)

---

Zn $CO_3$

Zinkspat (m)
calamine, smithsonite (A*)
smithsonite (f), zinc (m) carbonaté

цинковый шпатъ (m)
carbonato (m) di zinco 8
carbonato (m) de cinc, smithsonita (f)

---

Zn $CO_3$

Galmei (m)
calamine
calamine (f)

галмей (m)
calamina (f) 9
calamina (f)

---

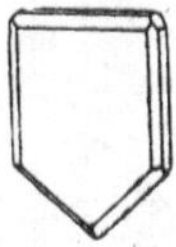

$Zn_2 SiO_4, H_2O$

Kieselzinkerz (n)
siliceous calamine *or* zinc ore
hydrosilicate (m) de zinc

кремнекислый галмей (m); каламинъ (m)
silicato (m) di zinco idrossilo 10
hidrosilicato (m) de cinc

---

* A = americanism

1 Zinkblende (f)
zincblende
blende (f), zinc (m) sulfuré

$ZnS$

цинковая обманка (f); сфалеритъ (m)
solfuro (m) di zinco, blenda (f)
blenda (f), esmanil (m), Méx: metal (m) negro

---

2 Kupferkies (m)
copper pyrites
chalcopyrite (f), pyrite (f) cuivreuse, cuivre (m) pyriteux

$Cu_2S, Fe_2S_3$

мѣдный колчеданъ (m)
calcopirite (f), pirite (f) ramosa
pirita (f) de cobre ó cobriza, cobre (m) piritoso

---

3 Eisenkies (m), Pyrit (m)
iron pyrites
pyrite (f) de fer

$FeS_2$

сѣрный колчеданъ (m); пиритъ (m)
pirite (f) di ferro
pirita (f) de hierro

---

4 Arsenkies (m), Mispickel (m)
arsenical pyrites, mispickel
pyrite (f) arsenicale, mispickel (m)

$FeAsS$

мышьяковый колчеданъ (m)
pirite (f) arsenicale
pirita (f) arsenical

---

5 Titanit (m), Sphen (m)
titanite
titanite (f)

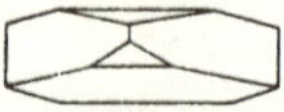

$TiO_2$

титанитъ (m)
titanite (f)
titanita (f)

---

6 Quarz (m)
quartz
quartz (m)

$SiO_2$

кварцъ (m)
quarzo (m)
cuarzo (m); Méx.: guija (f)

---

7 Hornblende (f)
hornblende
hornblende (f)

роговая обманка (f); амфиболъ (m)
orneblenda (f)
hornablenda (f)

---

8 Granat (m)
garnet
grenat (m)

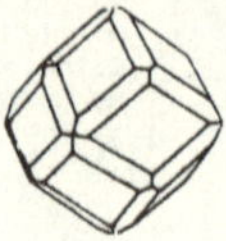

гранатъ (m); вениса (f)
granato (m)
granate (m)

Kalkspat (m)
calcspar
spath (m) calcaire

$CaCO_3$

известковый шпатъ (m) 1
spato (m) calcare
espato (m) calizo

---

Apatit (m)
apatite
apatite (f), phosphorite (f)

$Ca_3(PO_4)_2, CaCl_2$

апатитъ (m); фосфорнокислая известь (f) 2
apatite (f)
apatita (f)

# IV.

## Aufbereitung der Eisenerze

## Dressing of Iron Ores

## Préparation des minerais de fer

## Подготовка или обработка желѣзныхъ рудъ

## Preparazione *o* trattamento dei minerali di ferro

## Preparación de los minerales de hierro

---

| | | |
|---|---|---|
| 1 | Aufbereitungsanlage (f)<br>dressing plant<br>installation (f) de préparation *ou* de triage | фабрика (f) для обработки рудъ<br>impianto (m) di preparazione<br>instalación (f) de preparación |
| 2 | vorbereitendes Verfahren (n)<br>dressing process<br>opérations (f pl) préparatoires | подготовительный процессъ (m)<br>processo (m) preparatorio<br>operaciones (f pl) preparatorias |
| 3 | Trennungsvorgang (m)<br>process of separation<br>marche (f) des opérations de séparation | процессъ (m) раздѣленія<br>processo (m) di separazione<br>proceso (m) *ó* marcha (f) de la separación |
| 4 | Aufbereitungsgut (n)<br>product of dressing<br>produit (m) du triage | продуктъ (m) обработки *или* подготовки<br>prodotto (m) del trattamento<br>producto (m) de la preparación |
| 5 | verhüttbares Gut (n)<br>product ready for smelting<br>produit (m) utilisable pour la fusion | продуктъ (m), готовый для металлургической обработки<br>prodotto (m) per alto forno<br>producto (m) utilizable para la fusión |

Schlich (m), Schliech (m), [Schlieg (m)], aufbereitetes Erz (n)
concentrates, dressed ore
schlich (m), minerai (m) trié, minerai (m) concentré
шлихъ (m); обогащённая руда (f) въ мелкомъ состоянiи
schlich (m), minerale (m) preparato
eslique (m), gandinga (f) 1

hältiges Gut (n)
mineralised product
produit (m) riche en métal
рудоносный продуктъ (m); продуктъ съ содержанiемъ металловъ
prodotto (m) utile
producto (m) mineralizado 2

unhältiges Gut (n)
non-mineralised product, tailings
produit (m) stérile, stérile (m)
пустая порода (f)
prodotto (m) sterile
producto (m) estéril 3

gleichgekörnt (adj)
with grains of equal size
à grain homogène
равной *или* одинаковой крупности
equigranulare (agg)
de grano homogéneo 4

gleichschwer (adj)
of equal weight
de poids égal
равнаго *или* одинаковаго вѣса
di eguale peso
de igual peso 5

Ausbringen (n)
yield
rendement (m)
выходъ (m); полученie (n)
rendimento (m)
rendimiento (m) 6

Aufbereitungsverlust (m), Abgang (m)
loss due to dressing *or* screening
perte (f) au triage
потери (f pl) при обогащенiи
perdita (f) per trattamento
pérdida (f) en la preparación 7

**Scheidung**
**Separation**
**Triage**
**Рудоразборка**
**Separazione, scelta**
**Apartado; separación** 8

scheiden (v)
to separate, to screen
trier (v)
разбирать
separare (v), scegliere (v)
apartar (v), separar (v) 9

Handscheidung (f)
separation by hand
triage (m) à la main, scheidage (m)
ручная разборка (f)
separazione (f) a mano
apartado (m) ó separación (f) á mano 10

Scheidevorrichtung (f)
screening device
installation (f) de triage
рудоразборное устройство (n)
dispositivo (m) separatore
instalación (f) de apartado 11

1 Scheidezweck (m)
object of separation
but (m) du triage

цѣль (f) разборки
scopo (m) della separazione
objeto (m) del apartado

---

2 trockne Scheidung (f)
dry separation
triage (m) *ou* séparation (f) à sec, triage (m) sec

сухая разборка (f); сухое отдѣленіе (n)
separazione (f) a secco
apartado (m) *ó* separación (f) por via seca

---

3 Erzgemenge (n)
mixture of ores
mélange (m) de minerais

смѣсь (f) руды; рудная смѣсь
mescolanza (f) di minerali
mezcla (f) de minerales

---

4 Erzstaub (m)
ore dust, fines
poussière (f) de minerai

рудная пыль (f)
polvere (f) di minerale
polvo (m) de mineral

---

5 Gangart (f), Nebengestein (n), Ganggestein (n)
gangue
gangue (f), mort-terrain (m)

пустая порода (f)
ganga (f)
ganga (f)

---

6 Zerkleinerungsanlage (f)
crushing plant
installation (f) de broyage

дробильная установка (f)
impianto (m) per frantumare
instalación (f) de trituración

---

7 Zerkleinerung (f)
crushing, disintegration
broyage (m), concassage (m)

измельченіе (n); дробленіе (n)
triturazione (f)
trituración (f)

---

8 Grobzerkleinerung (f)
coarse grinding
broyage (m) grossier

крупное измельченіе (n) *или* дробленіе (n)
triturazione (f) grossa
quebrantamiento (m), trituración (f) grosera

---

9 Feinzerkleinerung (f)
fine grinding *or* crushing
broyage (m) fin

мелкое измельченіе (n) *или* дробленіе (n)
triturazione (f) fina *o* sottile
trituración (f) fina

---

10 zerkleinern (v)
to crush, to disintegrate
concasser (v), broyer (v)

измельч-ать (-ить); дробить
triturare (v), tritare (v)
triturar (v), desmenuzar (v), quebrantar (v), machacar (v)

Zerstückelung (f)
breaking into small pieces
casser (v) en morceaux
разбивка (f) на куски
sminuzzare (v)
quebrantamiento (m) 1

---

Zerkleinerungsmaschine (f)
grinding *or* crushing machine
concasseur (m), broyeur (m)
машина (f) *или* станокъ (m) для измельченія
macchina (f) per tritare, macinatrice (f)
quebrantadora (f), trituradora (f) 2

---

Pochwerk (n)
stamp mill
bocard (m)

толчея (f); устройство (n) для толченія
palmento (m)
bocarte (m) 3

---

Stempel (m), Pochstempel (m)
stamp
pilon (m) de bocard

пестъ (m)
stampo (m), martello (m)
mazo (m) de bocarte 4

---

Schaft (m), Stempelschaft (m)
shaft
tige (f) de [pilon de] bocard

a

стержень (m) песта
asta (f) del martello
mango (m) de bocarte 5

---

Pochschuh (m), Pocheisen (n)
beating iron, shoe
sabot (m) de bocard

b

башмакъ (m)
piede (m) del martello
zapata (f) de bocarte 6

---

Pochtrübe (f)
pulp, slime
eau boueuse (f) des bocards
толчейная муть (f); толчейный шламъ (m)
fango (m) del palmento
fangos (m pl) del bocarte 7

---

Erzwalzwerk (n)
crushing mill
concasseur (m) à cylindres

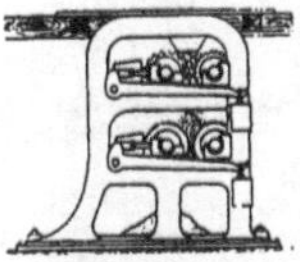

вальцовая рудодробилка (f)
mulino (m) *o* macina (f) a cilindri per minerali
molino (m) de cilindros para minerales 8

---

Walzenmühle (f)
roller mill
moulin (m) à cylindres

вальцовая мельница (f)
macina (f) a cilindri
molino (m) de cilindros 9

1 Kollergang (m)
crushing mill with vertical runners, edge mill, pug mill
broyeur (m) à meules

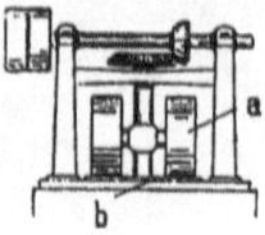


дробильная *или* рудная мельница (f) съ бѣгунами
macinatoio (m)
[molino (m)] triturador (m) de muelas

---

2 Läufer (m)
runner
meules (f pl) de broyeur

a

бѣгуны (m pl) [въ рудной мельницѣ]
macina (f), mola (f)
muelas (f pl) de triturador

---

3 Mahlbahn (f)
grinding path
plateau (m) des meules, cuvette (f)

b

дно (n) бѣгунной чаши
piano (m) di macinazione
fondo (m) de la cuba, cazuela (f)

---

4 Königswelle (f)
vertical shaft
arbre (m) de commande principal

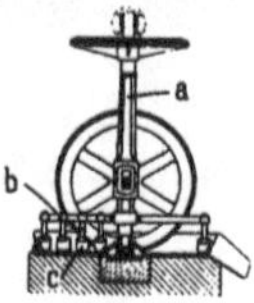


главный вертикальный валъ (m)
albero (m) di comando principale
árbol (m) de mando principal

---

a

5 Schab[e]vorrichtung (f)
scraping device, scraper
ramasseur (m)

b

скребки (m pl)
apparecchio (m) per raschiare
aparato (m) rascador

---

6 Schab[e]messer (n)
scraper knife
lame (f), grattoir (m)

c

скребной ножъ (m); скребокъ (m)
raschiatoio (m)
rasqueta (f), raspador (m)

---

7 Glockenmühle (f)
bell crusher
broyeur (m) à cloche

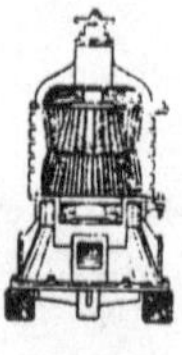

колокольчатая мельница (f)
macina (f) a campana
molino (m) de conos, molino (m) de campanas

---

8 Steinbrecher (m), Erzquetsche (f)
stone breaker
concasseur (m) à calcaire *ou* à minerais, casse-pierres (m), broyeur (m) à mâchoires

дробилка (f); рудодробилка (f)
rompipietre (m) a mascelle
quebrantadora (f), machacadora (f)

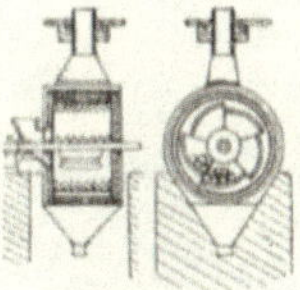

Kugelmühle (f)
ball mill
broyeur (m) à boulets
шаровая мельница (f)
macina (f) a palle
molino (m) de bolas 1

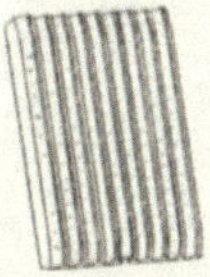

Brechbacke (f)
jaw
mâchoire (f) [de broyeur]
щека (f) [дробилки]
mascella (f)
mandíbula (f) [de quebrantadora] 2

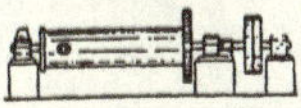

Rohrmühle (f)
tube mill
tube (m) broyeur
трубчатая дробилка (f)
mulino (m) a tubo
molino (m) de tubo 3

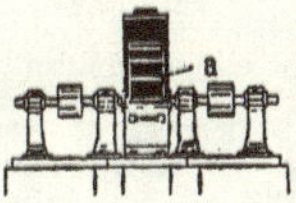

Schleudermühle (f)
disintegrator, centrifugal mill
broyeur (m) centrifuge, désintégrateur (m)
дробильный барабанъ (m); центробѣжный дезинтеграторъ (m)
macina (f) centrifuga, disintegratore (m)
molino (m) centrifugal 4

Korb (m)
basket
lanterne (f), enveloppe (f)
a
кузовъ (m)
rivestimento (m), inviluppo (m), fasciame (m)
jaula (f), cubierta (f) 5

**Waschen der Erze**

**Washing of the Ores, Ore Washing**

**Lavage des minerais**

**Обмывка или промывка рудъ**

**Lavatura *o* lavaggio dei minerali** 6

**Lavado de los minerales**

nasse Aufbereitung (f)
wet dressing
préparation (f) [par voie] humide
обработка (f) *или* подготовка (f) мокрымъ путёмъ
preparazione (f) per via umida
preparación (f) [por vía] húmeda 7

nasse Scheidung (f)
wet separation
triage (m) par voie humide
мокрое отдѣленіе (n)
separazione (f) umida
separación (f) [por vía] húmeda 8

Entfernung (f) sandiger, toniger Bestandteile
elimination of sandy, argillaceous ingredients
élimination (f) des matières sableuses *ou* argileuses
удаленіе (n) песчаныхъ и глинистыхъ частей
eliminazione (f) d'elementi sabbiosi *od* argillosi
eliminación (f) de los elementos arenosos *ó* arcillosos 9

| No. | | | |
|---|---|---|---|
| 1 | Anreicherung (f) der Erze<br>concentration *or* dressing of the ores<br>enrichissement (m) des minerais | | обогащеніе (n) рудъ<br>arricchimento (m) dei minerali<br>enriquecimiento (m) de los minerales |
| 2 | Waschverfahren (n)<br>washing process<br>procédé (m) de lavage, marche (f) du lavage | | процессъ (m) промывки; промывка (f)<br>processo (m) di lavaggio<br>proceso (m) de lavado ó de deslodamiento |
| 3 | Verwaschung (f)<br>washing<br>lavage (m) | | смывка (f); сносъ (m)<br>lavaggio (m)<br>lavado (m) |
| 4 | Aufrühren (n)<br>stirring<br>mise (f) en suspension par agitation | | взбалчиваніе (n)<br>agitazione (f), rimestamento (m)<br>agitación (f) |
| 5 | Schlämmen (n), Abschlämmen (n)<br>decanting<br>décantage (m) | | отмучиваніе (n)<br>decantazione (f)<br>decantación (f) |
| 6 | Wäsche (f), Erzwäsche (f)<br>ore washery<br>lavoir (m) à minerais, laverie (f) |  | промывальная фабрика (f)<br>lavaggio (f) di minerali<br>lavadero (m) de minerales |
| 7 | Holzgerinne (n)<br>wood trough, chute launder<br>chicane (f) en bois, chenal (m) en bois | 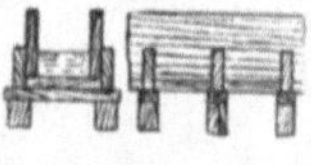 | деревянный жолобъ (m) *или* ларь (m)<br>labirinto (m) di legno<br>laberinto (m) de madera, rigola (f) |
| 8 | Gefälle (n)<br>fall<br>pente (f), inclinaison (f) | 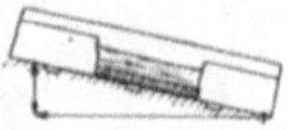 | уклонъ (m); скатъ (m)<br>caduta (f), dislivello (m)<br>caida (f), inclinación (f) |
| 9 | Trog (m)<br>vat, trough<br>cuve (f), réservoir (m) | | ковшъ (m)<br>serbatoio (m)<br>cuba (f), depósito (m) |
| 10 | sich drehende Waschtrommel (f)<br>revolving washing drum<br>tambour (m) laveur rotatif | 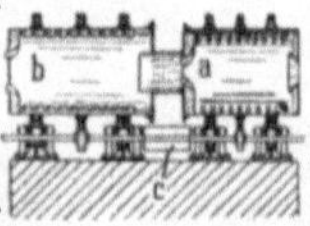 | вращающійся промывной барабанъ (m)<br>tamburo (m) per lavaggio<br>tambor (m) lavador rotatorio |
| 11 | Rauhwaschtrommel (f), Vorwaschtrommel (f)<br>preliminary washing drum<br>trommel (m) de préparation | a | барабанъ (m) для предварительной промывки<br>tamburo (m) per primo lavaggio<br>tambor (m) lavador ó trommel (m) preparatorio |

Tratschtrommel (f), Fertigwaschtrommel (f)
finishing drum
trommel (m) finisseur

b

барабанъ (m) для окончательной промывки
tamburo (m) per finire il lavaggio 1
tambor (m) lavador de acabado

---

Gefluder (n)
flume, channel, discharge, launder
rigole (f) d'écoulement (du produit lavé)

c

спускное отверстіе (n) [для воды]
canale (m) di scarico 2
reguera (f) de descarga

---

Klärteich (m)
settling tank
bassin (m) décanteur

отсадочный бассейнъ (m); освѣтлительный бассейнъ
bacino (m) di decantazione 3
estanque (m) de clarificación

**Rösten der Eisenerze**

**Calcination *or* Roasting of Iron Ores**

**Grillage des minerais de fer**

**Обжиганіе желѣзныхъ рудъ**

**Torrefazione *o* calcinazione dei minerali di ferro** 4

**Calcinación de los minerales de hierro**

physikalische und chemische Vorbereitung (f)
physical and chemical preparation
préparation (f) physique et chimique

физическая и химическая подготовка (f)
preparazione (f) meccanica e chimica 5
preparación (f) física y química

---

Auflockerung (f)
breaking, disintegration
désagrégation (f)

разрыхлѣніе (n)
disaggregazione (f) 6
disgregación (f)

---

Austreiben (n) flüchtiger Bestandteile
expelling of volatile matter
expulsion (f) des matières volatiles

выдѣленіе (n) летучихъ веществъ
espellere (v) le materie volatili 7
expulsión (f) de los elementos volátiles

---

Austreiben (n) der Kohlensäure
driving off carbonic acid
expulsion (f) de l'acide carbonique

выдѣленіе (n) углекислоты
espellere (v) l'anidride carbonica 8
expulsión (f) del ácido carbónico

---

Erhöhung (f) der Reduktionsfähigkeit
increasing the reductibility
accroissement (m) de la réductibilité

увеличеніе (n) возстановительной способности
aumento (m) della riducibilità 9
aumento (m) de la reducibilidad

1 oxydierende Röstung (f)
oxidising roasting *or* calcination
grillage (m) oxydant

окислительное *или* окисляющее обжиганіе (n)
torrefazione (f) ossidante
calcinación (f) para oxidación

---

2 Oxydationswirkung (f)
oxidising effect *or* action
action (f) oxydante

окисляющее *или* окислительное дѣйствіе (n)
azione (f) ossidante
acción (f) oxidante

---

3 Magnetisierung (f)
magnetisation
aimantation (f)

намагниченіе (n); намагничиваніе (n)
magnetizzazione (f)
imanación (f), imantación (f), magnetización (f)

---

4 Entfernung (f) des Schwefels, Entschwefelung (f)
desulphurisation
élimination (f) du soufre, desulfuration (f)

удаленіе (n) *или* выдѣленіе (n) сѣры
eliminazione (f) del solfo
eliminación (f) del azufre

---

5 schwefelige [sulfatisierende] Röstung (f)
sulphatising roasting *or* calcination
grillage (m) de sulfatation

обжиганіе (n) съ цѣлью образованія сѣрнокислыхъ солей
torrefazione (f) per eliminazione del solfo
calcinación (f) para sulfatación

---

6 Röstgut (n)
ore to be roasted *or* calcined
matière (f) à griller

обжигаемыя вещества (n pl)
materiale (m) da torrefare
materia (f) para calcinar *ó* tostar

---

7 Rösterzeugnis (n)
product of roasting, calcined product
produit (m) du grillage

продуктъ (m) обжиганія
prodotto (m) di torrefazione
producto (m) de calcinación

---

8 Röstanlage (f)
roasting *or* calcining plant *or* installation
installation (f) de grillage

обжигательная установка (f); устройство (n) для обжига
impianto (m) di torrefazione
instalación (f) de calcinación *ó* de tostión

---

9 Röstverfahren (n)
method of roasting *or* calcination
procédé (m) *ou* méthode (f) de grillage

способъ (m) обжиганія; обжигъ (m)
procedimento (m) di torrefazione
procedimiento (m) *ó* modo (m) de calcinación

| | | | |
|---|---|---|---|
| Haufenröstung (f)<br>heap roasting, roasting in heaps<br>grillage (m) en meules *ou* en tas |  | обжиганіе (n) въ кучахъ<br>torrefazione (f) in mucchi<br>calcinación (f) en montones | *1* |
| Röstbett (n)<br>roasting bed<br>lit (m) de grillage | a | подстилка (f) кучи<br>letto (m) di torrefazione<br>lecho (m) de calcinación | *2* |
| Stadelröstung (f)<br>stall roasting<br>grillage (m) en stalles |  | обжиганіе (n) въ стойлахъ<br>torrefazione (f) all'aria<br>calcinación (f) sobre área empedrada | *3* |
| Röstofen (m)<br>roasting *or* calcining furnace, calciner, kiln<br>four (m) de grillage |  | обжигательная печь (f)<br>forno (m) di torrefazione<br>horno (m) de calcinación | *4* |
| gemauerter Röstofen (m)<br>brick roasting furnace, bricked calciner, kiln<br>four (m) de grillage en maçonnerie | 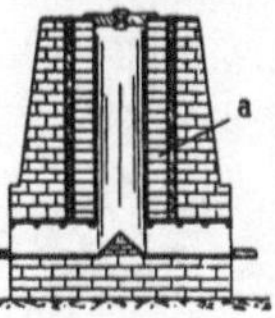 | обжигательная печь (f) съ наружной кладкой<br>forno (m) di torrefazione in muratura<br>horno (m) de calcinación de mampostería | *5* |
| Gemäuer (n)<br>brickwork<br>massif (m) de maçonnerie | a | кладка (f)<br>muratura (f)<br>mampostería (f) | *6* |
| Siegerländer Schachtofen (m)<br>Siegerland shaft furnace<br>four (m) à cuve du Siegerland | 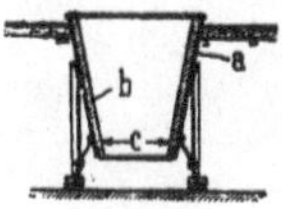 | зигенская шахтная печь (f)<br>forno (m) a tino di Siegerland<br>horno (m) de cuba (Siegerland) | *7* |
| Blechmantel (m)<br>iron shell *or* covering<br>manteau (m) en tôle, enveloppe (f) en tôle | a | желѣзная одёжда (f) *или* желѣзный кожухъ (m) [печи]<br>inviluppo (m) di lamiera<br>envuelta (f) de chapa | *8* |
| Ofenfutter (n)<br>furnace lining<br>revêtement (m) du four | b | футеровка (f) *или* выкладка (f) печи<br>rivestimento (m) [interno] del forno<br>revestimiento (m) [interior] del horno | *9* |
| Verengung (f)<br>narrowing<br>rétrécissement (m) | c | суженіе (n); пережимъ (m)<br>restringimento (m)<br>estrechamiento (m) | *10* |

1 Clevelander Röstofen (m)
Cleveland roasting furnace
four (m) de grillage du Cleveland

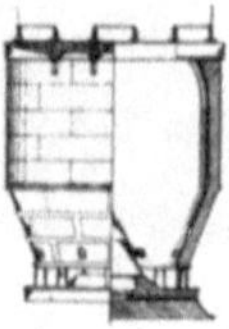

кливелендская обжигательная печь (f)
forno (m) di torrefazione di Cleveland
horno (m) de calcinación de Cleveland

---

2 Abrutschkegel (m)
charging cone
cône (m) de glissement

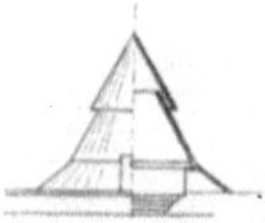

подъ (m) печи въ видѣ конуса
cono (m) di scivolamento
cono (m) central de desviación ó resbalamiento

---

3 Steinpfeiler (m)
stone pillar
pilier (m) en brique

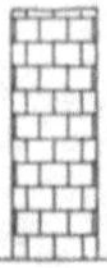

каменный столбъ (m)
pilastro (m) di pietra
pilar (m) de piedra

---

4 Gußeisensäule (f)
cast iron column
colonne (f) en fonte

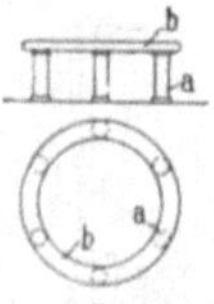

a

чугунная колонна (f)
colonna (f) di ghisa
columna (f) de fundición

---

5 Gußeisenkranz (m)
cast iron rim *or* flange
couronne (f) en fonte

b

чугунное кольцо (n)
corona (f) di ghisa
corona (f) de fundición

---

6 Ausbauchung (f)
bellying, widening
bombement (m), ventre (m)

расширеніе (n)
allargamento (m), ventre (m)
ensanche (m)

---

7 steirischer Röstofen (m)
Styrian roasting furnace
four (m) de grillage styrien

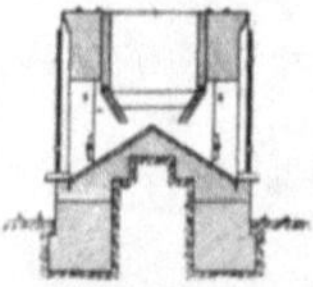

штирійская обжигательная печь (f)
forno (m) di torrefazione stiriano
horno (m) de calcinación estirio

---

8 Mauersattel (m)
wall saddle
selle (m) de mur

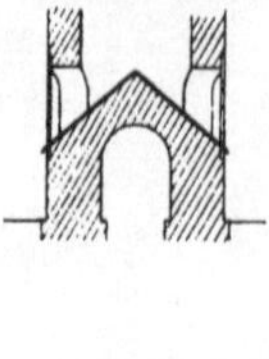

лещадь (f), покатая на двѣ стороны
sella (f) di muro
silla (f) de muro

Treppenrost (m)
step grate
grille (f) à gradins

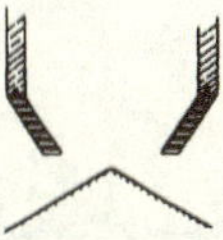

ступенчатые колосники (m pl); ступенчатая колосниковая
рѣшётка (f) 1
griglia (f) a gradini
emparrillado (m) en escalones

---

Westmanscher Gasröstofen (m)
Westman's gas fired roasting furnace
four (m) de grillage au gaz de Westman

газовая обжигательная печь (f) Вестмана
forno (m) di torrefa-
zione a gas di Westman 2
horno (m) de calcinación de gas de Westman

---

Fillaferscher Röstofen (m)
Fillafer's roasting furnace
four (m) de grillage de Fillafer

обжигательная печь (f) Филлафера
forno (m) di torrefa- 3
zione di Fillafer
horno (m) de calcinación de Fillafer

---

Witkowitzer Röstofen (m)
Witkowitz roasting furnace
four (m) à griller de Witkowitz

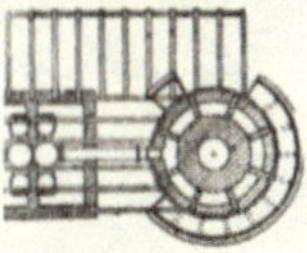

Витковицкая обжигательная печь (f); обжигательная печь завода Витко-
вицъ 4
forno (m) di torrefazione di Witkowitz
horno (m) de calcinación de Witkowitz

---

Ringofen (m) zum Brennen des Kalksteins
annular furnace for roasting limestone
four (m) annulaire à griller le calcaire

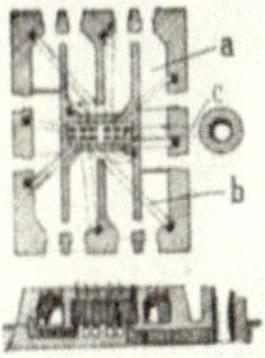


кольцевая печь (f) для обжига известняковъ
forno (m) anulare per 5
torrefare il calcare
horno (m) anular para calcinar la piedra caliza

---

Heizkammer (f)
heating chamber
chambre (f) de chauffe

a

нагрѣвательная камера (f)
camera (f) di riscalda- 6
mento
cámara (f) de calentamiento

---

Kanal (m)
channel, conduit
canal (m), carneau (m)

b

каналъ (m)
canale (m), condotto 7
(m)
canal (f), conducto (m)

---

Rauchkanal (m), Essenkanal (m)
chimney flue
canal (m) *ou* conduit (m) *ou* carneau (m) de fumée

c

дымовой каналъ (m); дымовой ходъ (m)
condotto (m) del fumo 8
conducto (m) de humo

---

Schlitz (m)
slot
fente (f)

щель (f); окно (n)
fessura (f) 9
hendidura (f)

1 Gichtbeförderung (f)
conveying *or* transport of charge
transport (m) au gueulard

доставка (f) къ колошнику
trasporto (m) alla bocca
transporte (m) al cargadero

---

2 Brücke (f), Verbindungsbrücke (f)
connecting bridge
pont (m) de communication

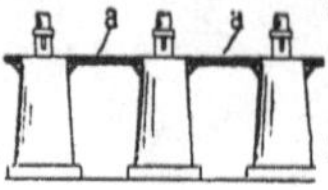


a

помостъ (m); колошниковый мостъ (m); площадка (f) у колосника
ponte (m) di comunicazione
puente (m) de comunicación

---

3 Einfüllen (n) der Erze, Aufgeben (n), Beschicken (n)
charging of ores
chargement (m) des minerais

засыпка (f) *или* загрузка (f) руды
carica (f) dei minerali
carga (f) de los minerales

---

4 Anzünden (n), Anblasen (n)
igniting
allumage (m), mise (f) à feu

зажиганіе (n)
accensione (f)
inflamación (f), encendido (m)

---

5 Erhitzen (n)
reheating
chauffage (m)

нагрѣваніе (n)
riscaldamento (m)
calentamiento (m), caldeo (m)

---

6 Brennzeit (f), Betriebszeit (f)
burning period, period of roasting
durée (f) de marche, durée (f) du grillage

время (n) горѣнія; время, потребное для обжиганія
durata (f) d'accensione
duración (f) de la calcinación

---

7 Wärmeausnutzung (f)
utilisation of heat
utilisation (f) de la chaleur

использованіе (n) *или* утилизація (f) тепла
utilizzazione (f) del calore
utilización (f) del calor

---

8 aufsteigendes Feuer (n)
rising fire
feu (m) montant

восходящее пламя (n)
fuoco (m) ascendente
fuego (m) ascendente

---

9 Rösttemperatur (f)
roasting temperature
température (f) de grillage

температура (f) обжига
temperatura (f) di torrefazione
temperatura (f) de calcinación

---

10 Glühhitze (f)
temperature *or* heat of incandescence
chaleur (f) d'incandescence

калильный жаръ (m)
calore (m) d'incandescenza
calor (m) de incandescencia

---

11 Rotglut (f)
red heat
rouge (m), chaleur (f) rouge

красное каленіе (n)
calore (m) rosso
calor (m) rojo

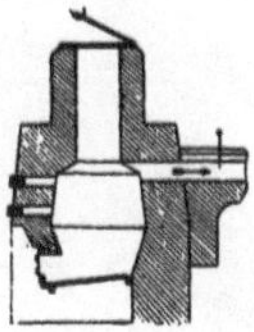

Gasfeuerung (f)
gas firing
foyer (m) au gaz

газовая топка (f)
focolare (m) a gas
hogar (m) de gas 1

---

Röstgas (n)
roasting gas, flue gas
gaz (m) de grillage, gaz (m) brulé

газообразные продукты (m pl) обжига; продукты горѣнія 2
gas (m) di torrefazione
gas (m) de calcinación

---

Gasatmosphäre (f)
gaseous atmosphere
atmosphère (f) gazeuse

газовая атмосфера (f)
atmosfera (f) gazosa 3
atmósfera (f) gaseosa

---

Luftzug (m)
air draught
tirant (m) d'air, tirage (m)

воздушная тяга (f)
tiraggio (m) 4
corriente (f) de aire

---

reichliche Luftzuführung (f)
ample supply of air
introduction (f) d'air amplement suffisante

вполнѣ достаточный подводъ (m) воздуха
introduzione (f) d'aria abbondante 5
introducción (f) de aire abundante

---

vollständige Verbrennung (f)
complete combustion
combustion (f) complète

полное горѣніе (n); совершенное сгораніе (n)
combustione (f) completa 6
combustión (f) completa

---

aufsteigender Luftstrom (m)
rising air current
courant (m) d'air montant *ou* ascendant

подымающійся кверху токъ (m) воздуха
corrente (f) d'aria ascendente 7
corriente (f) de aire ascendente

---

Luftzuführungsöffnung (f)
air inlet
ouverture (f) d'arrivée d'air, orifice (m) d'amenée d'air

отверстіе (n) для подвода воздуха
foro (m) di tiraggio 8
abertura (f) para la entrada de aire

a

---

Ziehöffnung (f)
discharging hole
ouverture (f) de défournement

a

выгребное отверстіе (n)
foro (m) per lo scarico 9
abertura (f) de descarga

---

Störöffnung (f), Schüröffnung (f)
stirring hole
orifice (m) de tisonnage, porte (f) de tisonnage

b

отверстіе (n) для разбивки настылей и спёкшихся массъ руды 10
apertura (f) di lavoro
abertura (f) para atizar

| | | |
|---|---|---|
| 1 | Schauöffnung (f)<br>inspection hole, peep hole<br>regard (m) | c<br>глядѣлка (f); очко (n) или отверстіе (n) для наблюденія; смотровое отверстіе<br>traguardo (m), spia (f)<br>orificio (m) de inspección |
| 2 | Schürstange (f)<br>poker, rabble<br>ringard (m) | <br>соколъ (m); пика (f); шуровой ломъ (m)<br>gancio (m) da fuoco<br>revolvedor (m) |
| 3 | Verstopfung (f) des Röstofens<br>clogging up *or* scaffolding of the roasting furnace<br>engorgement (m) du four de grillage | засореніе (n) обжигательной печи; образованіе (n) котла въ печи<br>ingorgo (m) del forno di torrefazione<br>obstrucción (f) del horno de calcinación |
| 4 | Losbrechen (n) des Erzes<br>breaking off the ore<br>décrochage (m) du minerai | разбивка (f) руды<br>distacco (m) del minerale<br>desprendimiento (m) del mineral |
| 5 | Ziehen (n) des Erzes<br>drawing off the ore<br>défournement (m) du minerai | выгребаніе (n) руды<br>scarico (m) del minerale<br>sacar (v) el mineral, descarga (f) del mineral |
| 6 | gezogenes Erz (n)<br>drawn ore<br>minerai (m) défourné | выгребная руда (f)<br>minerale (m) scaricato<br>mineral (m) descargado |
| 7 | Entleerung (f) des Ofens<br>emptying the furnace<br>vidange (f) du four | опоражниваніе (n) печи<br>vuotatura (f) del forno<br>vaciado (m) del horno |
| 8 | gut gelungene Röstung (f)<br>proper roasting<br>grillage (m) bien réussi *ou* propre | удачный обжигъ (m)<br>torrefazione (f) ben riuscita<br>calcinación (f) perfecta |
| 9 | mangelhafte Röstung (f)<br>defective roasting<br>grillage (m) défectueux | неудачный обжигъ (m)<br>torrefazione (f) difettosa<br>calcinación (f) defectuosa *ó* imperfecta |
| 10 | geröstetes Erz (n)<br>roasted ore, calcined ore<br>minerai (m) grillé | обожжённая руда (f)<br>minerale (m) torrefatto<br>mineral (m) calcinado *ó* tostado |
| 11 | ungeröstetes Erz (n)<br>unroasted ore, raw ore<br>minerai (m) non grillé | необожжённая руда (f)<br>minerale (m) non torrefatto<br>mineral (m) no calcinado |

unvollkommen geröstetes Erz (n)
incompletely roasted ore
minerai (m) imparfaitement grillé
необожжённая вполнѣ руда (f); недожжённая руда
minerale (m) imperfettamente torrefatto
mineral (m) imperfectamente calcinado 1

---

Röstverlust (m)
loss due to roasting
perte (f) au grillage
потеря (f) при обжиганіи
perdita (f) per torrefazione
pérdida (f) por calcinación 2

---

Röstkern (m)
roasting core
noyau (m) de grillage
ядро (n) пожога; сердцевина (f) обжигаемой массы
nucleo (m) di torrefazione
núcleo (m) de calcinación 3

---

Zerfallen (n) des Erzes
crumbling of the ore
effritement (m) du minerai
распаденіе (n) руды
scomposizione (f) dei minerali
descomposición (f) ó desmoronamiento (m) del mineral 4

---

Haltbarkeit (f)
durability
résistance (f), dureté (f)
крѣпость (f)
durata (f), stabilità (f)
durabilidad (f) 5

**Laugung, Auslaugen**
**Lixiviation, Dissolving out**
**Lixiviation, lessivage**
**Выщелачиваніе**
**Lisciviazione**
**Lixiviación, lejivación** 6

Verwittern (n), Verwitterung (f)
weathering
décomposition (f) par les agents atmosphériques, effritement (m)
вывѣтриваніе (n)
alterazione (f)
decomposición (f) por acción atmosférica 7

---

Ausfrieren (n) der Erze
freezing out the ore
préparation (f) des minerais par le froid
вымораживаніе (n) рудъ
metodo (m) di preparazione al gelo
preparación (f) de los minerales por la helada 8

---

Laugeanlage (f)
lixiviation plant, leaching plant
installation (f) de lessivage
установка (f) для выщелачиванія
impianto (m) di lisciviazione
instalación (f) de lejiviación 9

| | | | |
|---|---|---|---|
| 1 | Laugebottich (m)<br>lixiviation *or* leaching vat<br>cuve (f) à lessiver | 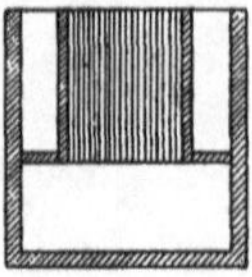 | чанъ (m) для выщелачиванія<br>tino (m) di lisciviazione<br>cuba (f) para lejivar |
| 2 | Abbrand (m)<br>waste, deads, residue, losses<br>perte (f) au feu, déchet (m) | | остатки (m pl) отъ обжиганія<br>perdita (f), calo (m)<br>merma (f) de fuego |
| 3 | Laugerückstand (m)<br>lixiviation residue, slimes<br>résidu (m) de lessivage | | остатки (m pl) отъ выщелачиванія<br>residui (m pl) di lavaggio<br>residuos (m pl) de lejiviación |
| 4 | kupferhaltige Lauge (f)<br>lye containing copper<br>lessive (f) cuprifère | | мѣдный растворъ (m)<br>liscivia (f) ramifera<br>lejia (f) cuprifera |
| 5 | entkupferte Lauge (f)<br>decuperated *or* decoppered lye<br>lessive (f) décuivrée | | растворъ (m) послѣ выдѣленія мѣди<br>liscivia (f) privata del rame<br>lejia (f) descobrada |
| 6 | Kupfervitriol (m), Kupfersulfat (n)<br>sulphate of copper, blue vitriol blue copperas, blue stone<br>sulfate (m) de cuivre, vitriol (m) | $CuSO_4 + 5\,H_2O$ | мѣдный *или* синій купоросъ (m); сѣрномѣдная соль (f); сѣрнокислая мѣдь (f)<br>solfato (m) di rame<br>sulfato (m) de cobre, vitriolo (m) azul |
| 7 | Zementkupfer (n)<br>cement copper<br>cuivre (m) dissous précipité, cuivre (m) cémenté | | цементная мѣдь (f)<br>rame (m) di cementazione<br>cobre (m) precipitado de su disolución |
| 8 | zinkhaltige Lauge (f)<br>lye containing zinc<br>lessive (f) zincifère | | цинковый растворъ (m)<br>liscivia (f) a zinco<br>lejia (f) cincifera |
| 9 | entzinkte Lauge (f)<br>lye freed from zinc<br>lessive (f) dézinguée | | растворъ (m) послѣ выдѣленія цинка<br>liscivia (f) liberata dallo zinco<br>lejia (f) libertada del cinc |
| 10 | Zinkvitriol (n), Zinksulfat (n)<br>sulphate of zinc, white vitriol, white copperas<br>sulfate (m) de zinc | $ZnSO_4 + 7\,H_2O$ | цинковый *или* бѣлый купоросъ (m); сѣрнокислый цинкъ (m); сѣрноцинковая соль (f)<br>solfato (m) di zinco<br>sulfato (m) de cinc, vitriolo (m) blanco |

säurehaltiges Abwasser (n)
waste water containing acid
eaux-vannes (f pl) acides
кислый растворъ (m) послѣ выдѣленія металловъ
acqua (f) acida satura
agua (f) de purga ácida 1

---

**Magnetische Aufbereitung**
**Magnetic Separation *or* Dressing**
**Préparation magnétique**
**Магнитное обогащенie**
**Preparazione o trattamento magnetico** 2
**Preparación magnetica**

---

Magnetismus (m)
magnetism
magnétisme (m)
магнитизмъ (m)
magnetismo (m)
magnetismo (m) 3

---

magnetisch (adj)
magnetic (adj)
magnétique (adj)
магнитный
magnetico (agg)
magnético (adj) 4

---

Magnetisierung (f)
magnetisation
aimantation (f)
намагничиванie (n); намагниченie (n)
magnetizzazione (f)
imanación (f), imantación (f), magnetización (f) 5

---

paramagnetisch (adj)
paramagnetic (adj)
paramagnétique (adj)
парамагнитный
paramagnetico (agg)
paramagnético (adj) 6

---

quermagnetisch (adj), nicht magnetisch (adj), [diamagnetisch (adj)]
diamagnetic (adj)
diamagnétique (adj)
дiамагнитный
diamagnetico (agg)
diamagnético (adj) 7

---

eisenmagnetisch (adj)
ferromagnetic (adj)
ferromagnétique (adj)
ферромагнитный
ferromagnetico (agg)
ferromagnético (adj) 8

---

magnetische Durchlässigkeit (f), [Permeabilität (f)]
magnetic permeability
perméabilité (f) magnétique
магнитная проницаемость (f)
permeabilità (f) magnetica
permeabilidad (f) magnética 9

---

magnetische Anziehungskraft (f)
magnetic attractive capacity, magnetic sensibility
pouvoir (m) d'attraction magnétique
притягательная способность (f) магнита
potere (m) d'attrazione magnetica
poder (m) de atracción magnética 10

---

Magnet (m)
magnet
aimant (m)




магнитъ (m)
magnete (m)
imán (m) 11

---

Nordpol (m)
north pole
pôle-nord (m)

N

сѣверный полюсъ (m)
polo (m) nord
polo (m) norte 12

| | | | |
|---|---|---|---|
| 1 | Südpol (m)<br>south pole<br>pôle-sud (m) | S | южный полюсъ (m)<br>polo (m) sud<br>polo (m) sur |
| 2 | Hufeisenmagnet (m)<br>horse shoe magnet<br>aimant (m) en fer à cheval |  | подковообразный магнитъ (m)<br>magnete (m) a ferro di cavallo<br>imán (m) en forma de herradura |
| 3 | Stahlmagnet (m)<br>steel magnet<br>aimant (m) d'acier | | стальной магнитъ (m)<br>magnete (m) d'acciaio<br>imán (m) de acero |
| 4 | Dauermagnet (m)<br>permanent magnet<br>aimant (m) permanent | | постоянный магнитъ (m)<br>magnete (m) permanente<br>imán (m) permanente |
| 5 | Polstärke (f)<br>strength of pole<br>intensité (f) polaire | | интенсивность (f) полюса; магнитная масса (f) полюса<br>intensità (f) polare<br>intensidad (f) polar ó de polo |
| 6 | Einheitspol (m)<br>unit of pole<br>pôle (m) ayant une unité d'intensité | | магнитный полюсъ (m), равный единицѣ<br>polo (m) unitario<br>polo (m) unitario |
| 7 | magnetische Kraftspannung (f), magnetomotorische Spannung (f)<br>magnetomotive tension *or* potential<br>tension (f) magnétomotrice | | магнитодвижущее напряженіе (n)<br>tensione (f) magnetomotrice<br>tensión (f) magnetomotriz |
| 8 | magnetischer Widerstand (m)<br>magnetic resistance<br>résistance (f) magnétique | | магнитное сопротивленіе (n)<br>resistenza (f) magnetica<br>resistencia (f) magnética |
| 9 | magnetisches Feld (n)<br>magnetic field<br>champ (m) magnétique | | магнитное поле (n)<br>campo (m) magnetico<br>campo (m) magnético |
| 10 | Kraftlinie (f)<br>line of force<br>ligne (f) de force | 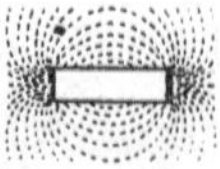 | силовая линія (f); линія силъ<br>linea (f) di forza<br>linea (f) de fuerza |
| 11 | Feldintensität (f), Feldstärke (f)<br>field intensity<br>intensité (f) de champ | $H = \frac{m}{r_2}$ | напряженіе (n) *или* интенсивность (f) магнитнаго поля<br>intensità (f) del campo<br>intensidad (f) del campo |

Elektromagnetismus (m)
electromagnetism
électromagnétisme (m)

электромагнитизмъ (m)
elettromagnetismo (m) 1
electro-magnetismo (m)

---

Elektromagnet (m)
electromagnet
électroaimant (m), électro (m)

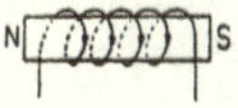


электромагнитъ (m)
elettromagnete (m) 2
electro-imán (m)

---

elektrischer Strom (m)
electric current
courant (m) électrique

электрическій токъ (m)
corrente (f) elettrica 3
corriente (m) eléctrica

---

Elektrizitätsquelle (f)
source of electricity
source (f) d'électricité

источникъ (m) электричества
sorgente (f) d'elettricità 4
manantial (m) de electricidad

---

bewegter Magnet (m)
movable magnet
aimant (m) mobile

подвижный магнитъ (m)
magnete (m) mobile 5
imán (m) móvil

---

Bewegungsrichtung (f)
direction of movement
sens (m) du mouvement

направленіе (n) движенія
senso (m) del movimento 6
sentido (m) del movimiento

---

Scheidevorrichtung (f) mit Dauermagnet
separator with permanent magnet
séparateur (m) *ou* trieur (m) à aimant permanent

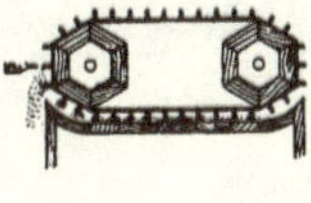

рудоотдѣлительное приспособленіе (n) съ постояннымъ магнитомъ 7
separatore (m) con magnete permanente
separador (m) con imán permanente

---

elektromagnetischer Apparat (m) von Siemens
Siemens' electromagnetic apparatus
appareil (m) électromagnétique de Siemens

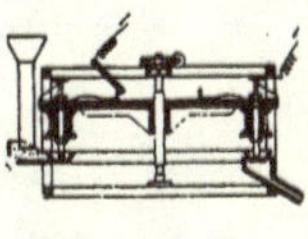

электромагнитный приборъ (m) Сименса
apparecchio (m) elettromagnetico di Siemens 8
aparato (m) electromagnético de Siemens

---

Magnettrommel (f), Trommelapparat (m)
drum apparatus
appareil (m) à tambour *ou* trommel

барабанный приборъ (m)
apparecchio (m) a tamburo 9
aparato (m) de tambor

---

Kesslerscher Apparat (m)
Kessler apparatus
appareil (m) [de] Kessler

приборъ (m) Кесслера
apparecchio (m) [di] Kessler 10
aparato (m) [de] Kessler

1 feststehender Magnet (m)
stationary magnet
aimant (m) fixe

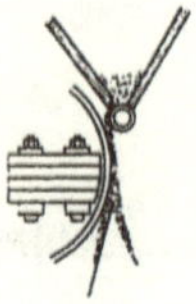

неподвижный магнитъ (m)
magnete (m) fisso
imán (m) fijo

---

2 Dreipolanordnung (f)
three-pole construction
disposition (f) tripolaire *ou* à trois pôles

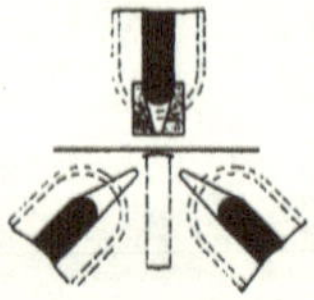

трёхполюсная конструкція (f); конструкція съ тремя полюсами
costruzione (f) tripolare
disposición (f) tripolar

---

3 Scheider (m) von Edison
Edison apparatus
appareil (m) d'Edison

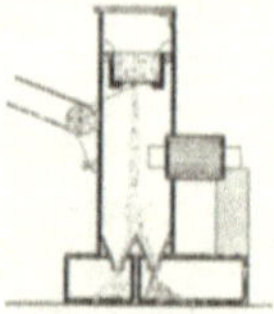

приборъ (m) Эдисона
apparecchio (m) di Edison
aparato (m) Edison

---

4 Erzscheider (m) nach Wetherill
Wetherill's ore separator
trieur (m) *ou* séparateur (m) de minerais de Wetherill

рудоотдѣлитель (m) Витериля
separatore (m) di minerali secondo Wetherill
separador (m) de minerales de Wetherill

---

5 **Formung, [Brikettierung], Ziegelung**
**Briquetting**
**Briquettage**

**Брикетированіе; связываніе мелкой руди или мелкаго угля въ куски разнообразной формы**
**Formazione di mattonelle**
**Fabricación de aglomerados**

6 Brikettierungsanlage (f)
briquetting plant
installation (f) de briquettage

брикетный заводъ (m)
impianto (m) per la fabbricazione di mattonelle
instalación (f) para la fabricación de aglomerados

---

7 Formpreßverfahren (n), Brikettierverfahren (n)
briquetting method
procédé (m) de briquettage

процессъ (m) брикетированія
processo (m) per la fabbricazione di mattonelle
proceso (m) de la fabricación de aglomerados

| | | |
|---|---|---|
| Mischapparat (m)<br>mixing apparatus, mixer<br>mélangeur (m) | приборъ (m) для смѣшиванія<br>mescolatore (m)<br>mezclador (m) | 1 |
| Glühofen (m)<br>heating stove *or* furnace<br>four (m) à recuire | калильная печь (f)<br>forno (m) di ricottura<br>horno (m) de cocer *ó* de recocer | 2 |
| sich drehender Ofen (m)<br>revolving furnace<br>four (m) rotatif *ou* tournant | вращающаяся печь (f)<br>forno (m) rotativo<br>horno (m) giratorio | 3 |
| Binden (n), Agglomerieren (n)<br>agglomerating<br>agglomération (f) | агломерація (f); связываніе (n) мелкихъ частицъ<br>agglomerazione (f)<br>aglomeración (f) | 4 |
| Bindemittel (n)<br>binding material<br>liant (m), matière (f) agglomérante | связующее вещество (n)<br>agglutinante (m)<br>liga (f), aglutinante (m) | 5 |
| toniges Bindemittel (n)<br>argillaceous binding material<br>matière (f) agglomérante argileuse | глинистое связующее вещество (n)<br>agglutinante (m) argilloso<br>material (m) aglutinante arcilloso | 6 |
| mit Dampf behandelte Hochofenschlacke (f)<br>blast furnace slag treated with steam<br>laitier (m) de haut-fourneau traité à la vapeur | доменные шлаки (mpl), обработанные паромъ<br>scoria (f) d'alto forno trattata al vapore<br>escoria (f) de alto horno tratada al vapor | 7 |
| fein gemahlener Quarz (m)<br>pulverised quartz<br>quartz (m) finement moulu *ou* broyé | кварцъ (m), измельчённый въ порошокъ; мелко измельчённый кварцъ<br>quarzo (m) finamente macinato<br>cuarzo (m) finamente pulverizado | 8 |
| Teer (m)<br>tar<br>goudron (m) | дёготь (m); смола (f)<br>catrame (m)<br>alquitrán (m) | 9 |
| Erzziegel (m), Erzpreßstein (m)<br>ore briquette<br>briquette (f) de minerai | рудный брикетъ (m)<br>mattonella (f) di minerale<br>aglomerado (m) de mineral | 10 |
| getrockneter Preßstein (m)<br>dried briquette<br>briquette (f) séchée | высушенный брикетъ (m)<br>mattonella (f) secca<br>aglomerado (m) secado | 11 |

1 gesinterter Preßstein (m)
sintered briquette
briquette (f) frittée

спекшійся брикетъ (m)
mattonella (f) sgretolata
aglomerado (m) calcinado

---

2 Ziegelform (f)
brick shape
forme (f) de brique

форма (f) кирпича
forma (f) di mattone
forma (f) de ladrillo

---

3 Würfelform (f)
cube shape
forme (f) cubique

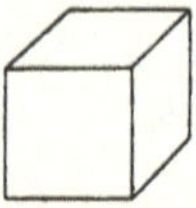

форма (f) куба; кубиковый
forma (f) di dado
forma (f) cúbica

---

4 Walzenform (f)
cylindrical shape
forme (f) cylindrique

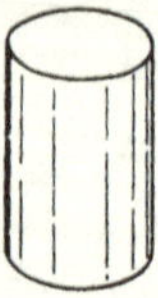

цилиндрическая форма (f); цилиндрическій
forma (f) cilindrica
forma (f) cilíndrica

---

5 Kugelform (f)
ball shape
forme (f) sphérique

форма (f) шара; шарообразный; шаровидный
forma (f) sferica
forma (f) esférica

---

6 Eiform (f)
egg shape
forme (f) ovoïde

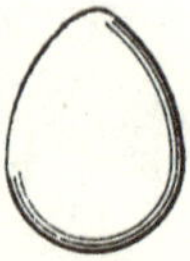

форма (f) яйца; яйцевидный
forma (f) ovoidale
forma (f) oval

---

7 Durchlässigkeit (f) für Gase
permeability to gases
perméabilité (f) aux gaz

проницаемость (f) для газовъ
permeabilità (f) ai gas
permeabilidad (f) á los gases

---

8 Widerstandfähigkeit (f) gegen Druck und Zerreibung
resistance to pressure and friction
résistance (f) à l'écrasement et au frottement

сопротивленіе (n) сжатію и раздавливанію
resistenza (f) alla pressione e triturazione
poder (m) de resistencia á la presión y al frotamiento

---

9 Porigkeit (f), [Porosität (f)]
porosity
porosité (f)

пористость (f); скважность (f)
porosità (f)
porosidad (f)

Verhalten (n) im Hochofen
behaviour in the blast furnace
manière (f) de se comporter dans le haut-fourneau

состояніе (n) въ доменной печи *или* въ домнѣ
modo (m) di comportarsi nell'alto forno 1
modo (m) de portarse en el alto horno

---

Gichtstaubverminderung (f)
reduction of furnace dust
réduction (f) de la poussière au fourneau, réduction (f) de la teneur en poussière des gaz du gueulard

уменьшеніе (n) колошниковой пыли
diminuzione (f) di polvere alla bocca del forno 2
disminución (f) del polvo de los gases del alto horno

## V.

**Brennstoffe**

**Fuels**

**Combustibles**

**Горючее; горючій матеріалъ; горючее вещество**

**Combustibili**

**Combustibles**

1 Holz (n)
wood
bois (m)

дерево (n)
legno (m)
madera (f), leña (f)

---

2 Holzkohle (f)
charcoal
charbon (m) de bois

древесный уголь (m)
carbone (m) di legna
carbón (f) vegetal

---

3 Holzkohlenlösche (f)
charcoal dust
fraisil (m) de charbon de bois

мелкій древесный уголь (m); древесноугольная пыль(f)
brace (f)
cisco (m) de carbón vegetal

---

4 Holzkohlenmeiler (m)
charcoal heap
meule (f) à charbon de bois

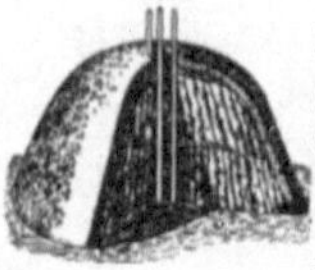

древесноугольная куча (f); костёръ (m)
carbonaia (f)
carbonera (f) ó horno (m) [para hacer carbón vegetal]

---

5 Torf (m)
peat
tourbe (f)

торфъ (m)
torba (f)
turba (f)

---

6 Braunkohle (f)
brown coal, lignite
lignite (m)

бурый уголь (m); лигнитъ (m)
lignite (f)
lignito (m)

---

7 Steinkohle (f)
pit coal
houille (f), charbon (m) de terre

каменный уголь (m)
carbone (m) fossile
hulla (f), carbón (m fósil ó de piedra, hornaguera (f)

| | | | |
|---|---|---|---|
| langflammige Kohle (f)<br>cannel coal, long flaming coal<br>charbon (m) à longue flamme |  | длиннопламенный уголь (m); уголь съ длиннымъ пламенемъ<br>carbone( m) a fiamma lunga<br>carbón (m) de llama larga | 1 |
| Fettkohle (f)<br>bituminous coal, cannel *or* gas coal<br>charbon (m) gras, houille (f) grasse | | жирный уголь (m)<br>carbone (m) grasso propriamente detto<br>hulla (f) grasa | 2 |
| Backkohle (f)<br>baking coal<br>charbon (m) collant | | жирный *или* смолистый уголь (m); спекающійся уголь<br>carbone (m) agglutinante *o* bituminoso<br>hulla (f) blanda, carbón (m) aglutinante | 3 |
| halbfette Kohle (f)<br>semi-bituminous coal<br>houille (f) demi-grasse | | полужирный уголь (m)<br>carbone (m) semigrasso<br>hulla (f) semigrasa | 4 |
| kurzflammige Kohle (f)<br>steam coal, short flaming coal, furnace coal<br>charbon (m) à courte flamme |  | короткопламенный уголь (m); уголь съ короткимъ пламенемъ<br>carbone (m) a corta fiamma<br>carbón (m) de llama corta | 5 |
| Magerkohle (f)<br>non-bituminous *or* non-baking coal<br>houille (f) maigre | | тощій уголь (m); неплавкій *или* неспекающійся уголь<br>carbone (m) magro<br>hulla (f) seca | 6 |
| Sinterkohle (f)<br>sintering coal, cherry coal<br>houille (f) maigre à longue flamme | | длиннопламенный спекающійся уголь (m)<br>carbone (m) grasso a fiamma lunga<br>hulla (f) seca de llama larga | 7 |
| backende Sinterkohle (f)<br>baking cherry coal<br>houille (f) maigre collante | | сухой спекающійся уголь (m)<br>carbone (m) agglutinante a fiamma lunga<br>hulla (f) seca aglutinante | 8 |
| sinternde Sandkohle (f)<br>sintering sand coal<br>houille (f) maigre sableuse | | сухой уголь (m)<br>carbone (m) sabbioso a fiamma lunga<br>hulla (f) seca arenosa | 9 |
| Eßkohle (f)<br>forge coal<br>charbon (m) de forge | | кузнечный уголь (m)<br>carbone (m) da fucina<br>carbón (m) de fragua | 10 |

|  | | | |
|---|---|---|---|
| 1 | Gaskohle(f), Schmiedekohle (f)<br>gas coal, smith's coal<br>houille (f) à gaz, houille (f) pour feux de forge | 82—85 % C | газовый уголь (m)<br>carbone (m) da gas<br>hulla (f) rica en gases, hulla (f) para fragua |
| 2 | Kokskohle (f)<br>coking coal<br>houille (f) à coke | 85—90 % C | коксовый уголь (m)<br>carbone (m) da coke<br>carbón (m) para cok |
| 3 | Anthrazit (m)<br>anthracite<br>anthracite (f) | 90—95 % C | антрацитъ (m)<br>antracite (f)<br>antracita (f) |
| 4 | Förderung (f)<br>coal extraction<br>extraction (f) | | выдача (f); подъёмъ (m); доставка (f); добыча (f) [на рудникахъ]<br>estrazione (f)<br>extracción (f) |
| 5 | Steinkohlengrube (f), Kohlenzeche (f)<br>coal mine, colliery<br>houillère (f), charbonnage (m), mine (f) de charbon |  | каменноугольная копь (f)<br>miniera (f) di carbone fossile, carboniera (f)<br>mina (f) de carbón, hullera (f) |
| 6 | Schachtanlage (f)<br>shaft installation *or* plant (A*)<br>installation (f) d'une fosse *ou* d'un puits | | шахта (f) *или* рудникъ (m) съ шахтой; оборудованіе (n) *или* устройство (n) шахты<br>impianto (m) di pozzo<br>instalación (f) de un pozo |
| 7 | Förderkohle (f), Rohkohle (f)<br>rough coal, coal coming from the mine, run of mine<br>houille (f) crue, toutvenant (m), charbon (m) brut |  | рядовой уголь (m)<br>carbone (m) grezzo di miniera<br>carbón (m) bruto ó tal como sale de la mina |
| 8 | Kohlengröße (f), Korngröße (f), Körnung (f)<br>size, size of coal, grading<br>grosseur (f) du grain, grosseur (f) du charbon | | величина (f) кусковъ угля<br>grossezza (f) del grano, grossezza (f) del carbone<br>grueso (m) del grano, tamaño (m) del carbón |
| 9 | Stückkohle (f), großstückige Kohle (f)<br>large coal, best coal<br>charbon (m) en morceaux, gaillettes (f pl) |  | крупный *или* кусковый *или* отборный уголь (m); уголь въ кускахъ; откатъ (m); плитнякъ (m)<br>carbone (m) in pezzi<br>carbón (m) en grandes pedazos, carbón (m) machacado grueso |

* A = americanism

Würfelkohle (f)
cobbles (pl), lump coal, lumps (pl)
gailletin (m), grélats (m pl), grélassons (m pl)

кулачникъ (m); уголь (m) въ кускахъ величиною въ кулакъ
carbone (m) a cubi
carbón (m) en pedazos de tamaño medio, carbón (m) galleta 1

---

Nußkohle (f)
nut coal, nuts (pl), chestnut coal
gailletteries (f pl), charbon (m) gailletteux, noisettes (f pl)

орѣшникъ (m); уголь (m) величиною въ орѣхъ
carbone (m) in pezzi grossi come una noce
carbón (m) del tamaño de almendra, galleta (f) menuda 2

---

Grieskohle (f), Perlkohle (f), Erbskohle (f)
pea coal
charbon (m) menu

мелкій орѣшникъ (m); сѣмячко (n)
carbonella (f)
carbón (m) menudo 3

---

Gruskohle (f), Kohlengrus (m)
slack, slack coal, small coal
charbon (m) fin, fines (f pl), charbon (m) pulvérisé

угольная мелочь (f)
carbone (m) in pezzetti
menudo (m), carbón (m) fino, carbón (m) granulado 4

---

Steinkohlenklein (n)
culm
houille (f) menue

мелкій каменный уголь (m); каменноугольная мелочь (f)
carbone (m) fossile minuto
hulla (f) menuda 5

---

Staubkohle (f)
dust coal, culm
charbon (m) poussiéreux

самый мелкій уголь (m); штыбъ (m)
carbone (m) in polvere
carbón (m) en polvo 6

---

Kohlenstaub (m)
coal dust, culm
poussière (m) de charbon

каменноугольная пыль (f)
polvere (f) di carbone
polvo (m) de carbón 7

---

Kohlenschlamm (m)
coal washings *or* slimes
boue (f) de charbon, schlamms (m pl)

угольная грязь (f); угольный шламъ (m)
fango (m) di carbone
fango (m) de carbón 8

---

Aschengehalt (m)
percentage of ashes
teneur (f) en cendres

содержаніе (n) золы
tenore (m) in cenere
tanto (m) por ciento de cenizas 9

---

Gehalt (m) an Schiefer, Gehalt (m) an Bergen
contents of slate
teneur (f) en schiste, proportion (f) de roches

содержаніе (n) сланцовъ; содержаніе пустыхъ породъ
tenore (m) in schisto
tanto (m) por ciento de esquisto 10

1 gewaschene Kohle (f), aufbereitete Kohle (f)
washed *or* dressed coal
charbon (m) lavé, charbon (m) préparé

промытый уголь (m); обогащённый уголь
carbone (m) lavato *o* preparato
carbón (m) lavado

---

2 Kohlenwäsche (f)
coal washing plant
lavoir (f) à charbon

углемойка (f); фабрика (f) для промывки угля
lavaggio (m) del carbone
lavadero (m) de carbón

---

3 Kohlenscheider (m), Sichtungsanlage (f)
separating plant
installation (f) de triage, triage (m)

обогатительная фабрика (f)
impianto (m) di separazione
instalación (f) de apartado

---

4 Vorratbehälter (m)
store tank, bin
réservoir (m), accumulateur (m)

запасная камера (f); запасной резервуаръ (m)
serbatoio (m)
recipiente (m)

---

5 Förderrinne (f)
conveyor trough
rigole (f) transporteuse, gouttière (f) à secousses

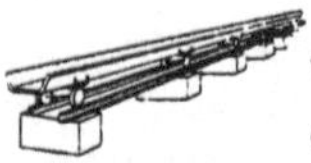

жолобъ (m) [для подачи угля], движущійся толчками
trasportatore (m) a scosse
conducto (m) de impulsión mecánica

---

6 **Verkokung**
**Coking**
**Carbonisation (de la houille)**

**Коксованіе; переугливаніе**
**Trasformazione in coke**
**Coquificación**

---

7 Kokserzeugung (f)
production of coke
fabrication (f) du coke

производство (n) *или* образованіе (n) кокса
fabbricazione (f) di coke
producción (f) de cok

---

8 Koks (m)
coke
coke (m)

коксъ (m)
coke (m)
cok (m)

---

9 Verkokungsfähigkeit (f)
coking capacity
pouvoir (m) cokéfiant

способность (f) къ коксованію; способность переугливаться
facilità (f) di trasformarsi in coke
poder (m) de coquificación

|  | |  | |
|---|---|---|---|
| Backfähigkeit (f)<br>caking capacity<br>pouvoir (m) collant | | спекаемость (f); способность (f) спекаться<br>carattere (m) agglutinante<br>poder (m) de aglutinarse | 1 |
| Gasgehalt (m)<br>contents of gas<br>teneur (f) en gaz | | содержанiе (n) газа<br>tenore (m) in gas<br>tanto (m) por ciento de gas | 2 |
| Gasausbeute (f)<br>gas yield<br>rendement (m) en gaz | | добыча (f) газа<br>rendimento (m) in gas<br>rendimiento (m) en gas | 3 |
| Koksofen (m)<br>coke oven<br>four (m) à coke |  | коксовальная *или* коксовая печь (f)<br>forno (m) a coke<br>horno (m) de cok | 4 |
| halbgeschlossener backofenförmiger Koksofen (m)<br>half closed coke oven<br>four (m) à coke demiclos |  | полузакрытая коксовальная печь (f)<br>forno (m) a coke del tipo dei forni da pane<br>horno (m) de cok semicerrado | 5 |
| Bienenkorbofen (m)<br>bee hive oven<br>four (m) à ruche | 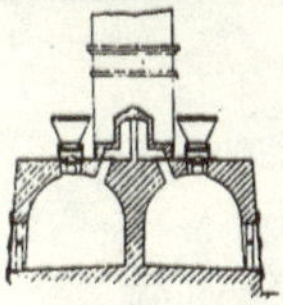 | ульевидная печь (f); ульевая печь для коксованiя<br>forno (m) ad alveare<br>horno (m) de colmena | 6 |
| geschlossener Koksofen (m)<br>closed coke oven<br>four (m) à coke clos |  | закрытая коксовальная печь (f)<br>forno (m) a coke chiuso<br>horno (m) de cok cerrado | 7 |
| Koksofen (m) für Gewinnung der Nebenerzeugnisse<br>coke oven with utilisation of bye products<br>four (m) à coke à récupération des sous-produits | 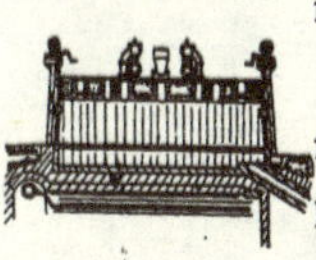 | коксовальная печь (f) съ улавливанiемъ побочныхъ продуктовъ<br>forno (m) a coke a ricupero<br>horno (m) de cok con recuperación | 8 |
| Koksofengruppe (f), Koksofenbatterie (f)<br>battery of coke ovens<br>batterie (f) de fours à coke | 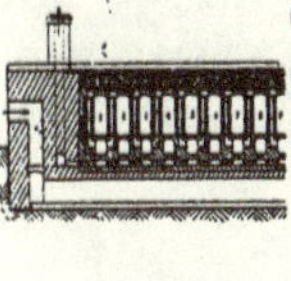 | батарея (f) коксовальныхъ печей<br>batteria (f) di forni a coke<br>batería (f) de hornos de cok | 9 |

a

b

1 Sohlenkanal (m)
bottom flue
canal (m) de la sole

подовный каналъ (m); каналъ въ поду печи
canale (m) della suola o del fondo
conducto (m) de la solera ó plaza

---

2 Heizkanal (m)
heating flue
carneau (m) de chauff[ag]e

топочный ходъ (m) *или* каналъ (m); дымоходъ (m)
canale (m) di riscaldamento
conducto (m) de caldeo

---

3 Abhitzekanal (m)
waste heat flue
conduit (m) d'évacuation des gaz chauds

каналъ (m) для отвода отходящихъ газовъ
condotto (m) dei gas caldi
conducto (m) de escape de los gases calientes

---

a a

a

4 Stirnseite (f)
front side
front (m), face (f)

лобовая передняя сторона (f)
parte (f) frontale
lado (m) frontal

---

5 Koksofentür (f)
door of coke oven
porte (f) de four à coke

дверцы (f pl) коксовальной печи
porta (f) del forno a coke
puerta (f) del horno de cok

---

6 Anfahren (n) der Kohlen
supplying the coal
amenée (f) du charbon

подвозъ (m) угля
trasporto (m) del carbone
transporte (m) de los carbones á los hornos

---

7 Nässen (n) der Kohle
wetting the coal
arrosage (m) du charbon

смачиваніе (n) угля
innaffiamento (m) del carbone
riego (m) del carbón

---

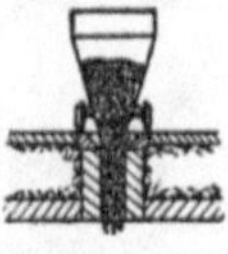

8 einfüllen (v)
to charge
remplir (v), charger (v)

загру-зить (-жать); заполн-ить (-ять)
caricare (v)
rellenar (v), cargar (v)

a

Füllöffnung (f)
charging hole
orifice (m) de chargement

засыпное отверстіе (n)
apertura (f) di caricamento
abertura (f) de carga 1

a

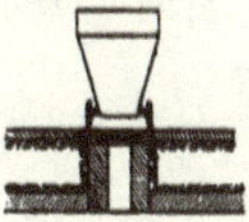

vierseitiger, trichterförmiger Wagen (m)
rectangular funnel-shaped truck
wagon (m) trémie rectangulaire

четырёхсторонняя воронкообразная вагонетка (f); четырёхугольный вагончикъ (m) воронкообразной формы
vagone (m) tramoggia rettangolare
vagón (m) tolva rectangular 2

Schieberboden (m)
sliding bottom
fond (m) à coulisse

выдвижное дно (n)
fondo (m) scorrevole
fondo (m) de corredera 3

Einstampfen (n)
stamping
tassage (m), damage (m), pilonnage (m)

утрамбовка (f)
pigiamento (m)
apisonamiento (m) 4

Kohlenstampfmaschine (f)
coal stamping machine
machine (f) à damer le charbon, pilonneuse (f)

машина (f) для утрамбовки угля
macchina (f) per pigiare il carbone
máquina (f) de apisonar el carbón 5

Stampfmaschine (f) mit elektrischem Antriebe
stamping machine driven by electric motor
pilonneuse (f) électrique

машина (f) съ электрическимъ приводомъ для утрамбовки [угля]
macchina (f) per pigiare elettrica
máquina (f) de apisonar eléctrica 6

Stampfform (f)
stamping form
moule (m) *ou* caisse (f) de pilonnage

форма (f) для утрамбовки
forma (f), stampo (m)
caja (f) *ó* molde (m) para el apisonamiento 7

Vorgang (m) beim Verkoken
process of coking
marche (f) de la carbonisation

процессъ (m) коксованія
processo (m) di formazione del coke
marcha (f) de la coquificación 8

Zersetzung (f) der Kohlenwasserstoffe
decomposition of the hydrocarbons
décomposition (f) des hydrocarbures

разложеніе (n) углеводородовъ
decomposizione (f) degli idrocarburi
descomposición (f) de los hidrocarburos 9

1 Garungsdauer (f)
carbonising period
durée (f) de la distillation

продолжительность (f) *или* періодъ (m) коксованія
durata (f) di cottura
duración (f) de la destilación

---

2 vollständig gar (adj)
burned (adj) off
parfaitement cuit (adj) *ou* distillé (adj)

вполнѣ спѣлый [коксъ (m)]
perfettamente cotto (agg)
perfectamente destilado (adj) *ó* cocido (adj)

---

3 Verkokungstemperatur (f)
temperature of coking
température (f) de carbonisation

температура (f) коксованія
temperatura (f) di riduzione in coke
temperatura (f) de coquificación

---

4 Koksausdrückmaschine (f)
coke pushing machine *or* pusher
défourneuse (f)

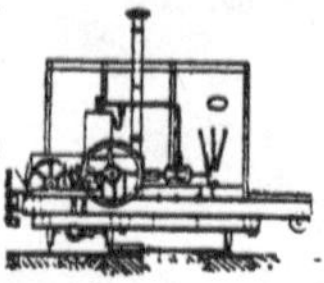

коксовыталкиватель (m); машина (f) для выгрузки *или* для выдавливанія кокса
macchina (f) per sfornare il coke
máquina (f) para descargar el cok

---

5 Entleerung (f) des Ofens
emptying of the oven
défournement (m) du four

разгрузка (f) печи
scarico (m) del forno, sfornamento (m)
descarga (f) del horno

---

6 Kokskuchen (m)
coke cake
saumon (m) de coke

скоксовавшаяся масса (f); коксовый пирогъ (m)
pane (m) di coke
masa (f) aglutinada de cok

---

7 Backen (n) des Kokses
caking of the coal, clinkering, baking of the coke
agglutination (f) du coke, cuisson (f) du coke

спеканіе (n) кокса
impasto (m) *od* agglutinamento (m) del coke
aglutinación (f) del cok

---

8 zusammengebackene Masse (f)
baked *or* caked mass
masse (f) agglutinée

спекшаяся масса (f)
massa (f) agglutinata
masa (f) aglutinada

---

9 Löschen (n) des Kokses
damping down of the coke, quenching of the coke
extinction (f) du coke

гашеніе (n) кокса
estinzione (f) del coke
extinción (f) del cok

---

10 Graphitablagerung (f)
deposit of graphit
dépôt (m) de graphite

отложеніе (n) графита
deposito (m) di grafite
depósito (m) de grafito

| | | |
|---|---|---|
| basaltartige Form (f)<br>basaltlike shape<br>forme (f) basaltique | столбчатый; базальтообразный<br>forma (f) basaltica<br>forma (f) basáltica | 1 |
| traubenartige Bildung (f)<br>grapelike formation<br>forme (f) de grappe | гроздеобразное образованіе (n)<br>formazione (f) a grappoli<br>forma (f) de racimo | 2 |
| Hochofenkoks (m)<br>blast furnace coke<br>coke (m) de haut-fourneau | коксъ (m) для доменныхъ печей<br>coke (m) d'alto forno<br>cok (m) de alto horno | 3 |
| Gießereikoks (m)<br>foundry coke<br>coke (m) de fonderie | литейный коксъ (m); коксъ для литейныхъ мастерскихъ<br>coke (m) da fonderia<br>cok (m) de fundición | 4 |
| Magerkoks (m)<br>lean coke<br>coke (m) maigre | тощій коксъ (m)<br>coke (m) magro<br>cok (m) magro ó seco | 5 |
| Eßkohlenkoks (m)<br>forge coal coke<br>coke (f) de charbon de forge | коксъ (m) изъ кузнечнаго угля<br>coke (m) di carbone di fucina<br>cok (m) de carbón de fragua | 6 |
| Schaumstück (n)<br>porous piece<br>morceau (m) poreux | губка (f)<br>pezzo (m) di schiuma<br>pedazo (m) poroso | 7 |
| schaumig (adj)<br>porous (adj)<br>poreux (adj), spongieux (adj) | губчатый<br>schiumoso (agg)<br>poroso (adj) | 8 |
| Großkoks (m)<br>large coke<br>coke (m) en morceaux | крупный *или* отборный коксъ (m)<br>coke (m) grosso<br>cok (m) en pedazos | 9 |
| Bruchkoks (m)<br>broken coke<br>déchet (m) de coke, coke (m) moyen | коксъ (m) въ обломкахъ<br>coke (m) a pezzi<br>cok (m) quebrantado | 10 |
| Siebkoks (m)<br>sifted coke<br>coke (m) criblé *ou* tamisé | грохоченный коксъ (m)<br>coke (m) vagliato<br>cok (m) cribado | 11 |
| Brechkoks (m), Knabbelkoks (m)<br>crushed coke<br>coke (m) concassé | коксовые отбросы (m pl)<br>coke (m) spezzato<br>cok (m) machacado | 12 |
| Koksklein (n)<br>coke dross<br>coke (m) menu, fraisil (m) de coke | коксовая мелочь (f); мелкій коксъ (m)<br>coke (m) minuto<br>cok (m) menudo | 13 |

| | | | |
|---|---|---|---|
| 1 | großstückig (adj)<br>in large pieces<br>en gros morceaux | | въ крупныхъ кускахъ<br>in pezzi grossi<br>en grandes pedazos |
| 2 | silberhell (adj)<br>silvery (adj)<br>clair (adj), argenté (adj) | | серебристый<br>chiaro (agg), argenteo (agg)<br>claro (adj), plateado (adj) |
| 3 | metallisch klingend (adj)<br>metallic sounding (adj)<br>rendant un son métallique | | дающій металлическій звукъ (m)<br>di suono metallico<br>de sonido metálico |
| 4 | rissig (adj)<br>cracked (adj)<br>crevassé (adj), fissuré (adj) | | въ трещинахъ<br>screpolato (agg)<br>rajado (adj), agrietado (adj) |
| 5 | Koksofengas (n)<br>coke oven gas<br>gaz (m) de four à coke | | газъ (m) коксовальныхъ печей<br>gas (m) di forno a coke<br>gas (m) de horno de cok |
| 6 | Ammoniak (n)<br>ammonia<br>gaz (m) ammoniaque | $NH_3$ | амміакъ (m)<br>ammoniaca (f)<br>amoníaco (m) |
| 7 | Ammoniakwasser (n)<br>liquid ammonia<br>eau (f) ammoniacale | $NH_4OH$ | амміачная вода (f)<br>acqua (f) ammoniacale<br>agua (f) amoniacal |
| 8 | schwefelsaures Ammoniak (n)<br>ammonium sulphate<br>sulfate (m) d'ammoniaque | $(NH_4)_2SO_4$ | сѣрнокислый аммоній (m)<br>solfato (m) d'ammonio<br>sulfato (m) de amoníaco |
| 9 | Benzol (n)<br>benzol, benzene<br>benzol (m) | $C_6H_6$ | бензолъ (m)<br>benzolo (m)<br>benzol (m) |
| 10 | Heizwertbestimmung (f) des Kokses<br>determination of calorific value<br>détermination (f) de la puissance calorifique | | опредѣленіе (n) теплотворной способности<br>determinazione (f) della potenza calorifica<br>determinación (f) de la potencia calorífica |
| 11 | Heizwert (m), kalorischer Effekt (m)<br>calorific effect<br>effet (m) calorifique | | тепловой *или* калориметрическій эффектъ (m); калорическое дѣ ствіе (n)<br>effetto (m) calorifico, effetto (m) termico<br>efecto (m) calorífico [ó calorimétrico] |

oberer Heizwert (m)
gross calorific value
puissance (f) calorifique
brute *ou* maxima

полная (калориметри-
ческая) теплопроиз-
водительность (f)
potere (m) calorifico
superiore, potere (m) 1
calorifico massimo
poder (m) calorífico
bruto, potencia (f)
calorífica bruta

---

unterer Heizwert (m)
net calorific value
puissance (f) calorifique
nette *ou* minima

рабочая теплопроиз-
водительность (f)
(за вычетомъ тепла
водяного пара въ
продуктахъ сгора-
нiя) 2
potere (m) calorifico
minimo
poder (m) calorífico
neto, potencia (f)
calorífica neta

---

den Heizwert bestim-
men (v)
to determine the calo-
rific value
déterminer (v) la puis-
sance calorifique

опредѣлить теплопро-
изводительность
*или* теплотворную
способность 3
determinare (v) il po-
tere calorifico
determinar (v) la po-
tencia calorífica

---

chemische Heizwert-
bestimmung (f)
chemical determina-
tion of the calorific
value
détermination (f) chi-
mique de la puis-
sance calorifique

опредѣленie (n) теп-
лотворной способ-
ности *или* теплопро-
изводительности
химическимъ пу-
тёмъ
determinazione (f) chi- 4
mica del potere ca-
lorifico
análisis (m) químico
para determinar la
potencia calorífica

---

den Heizwert aus der
Analyse berechnen
(v)
to calculate the calori-
fic value from the
analysis
calculer (v) la puissance
calorifique d'après
l'analyse

вычислить теплопро-
изводительность
*или* теплотворную
способность по дан-
нымъ анализа
determinare (v) il po- 5
tere calorifico in base
all'analisi
deducir (v) del análisis
la potencia calorífica

---

den Heizwert durch
einen Heizwertmesser
[kalorimetrisch] er-
mitteln (v)
to determine the calo-
rific value by the
calorimetric method
déterminer (v) la puis-
sance calorifique par
voie calorimétrique

опредѣлить теплопро-
изводительность
*или* теплотворную
способность кало-
риметрическимъ
путёмъ
determinare (v) il po- 6
tere calorifico col ca-
lorimetro
determinar (v) la po-
tencia calorífica por
medio del calorí-
metro

| | | | |
|---|---|---|---|
| 1 | **Heizwertmesser (m), [Kalorimeter (n)]**<br>**calorimeter**<br>**calorimètre (m)** | 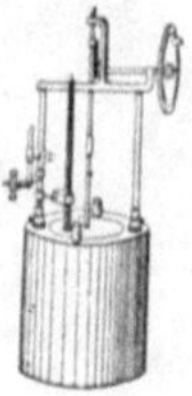 | **калориметръ (m)**<br>**calorimetro (m)**<br>**calorimetro (m)** |
| 2 | **Wärmemeßbombe (f), [kalorimetrische Bombe (f)]**<br>**calorimetric bomb**<br>**bombe (f) calorimétrique** | 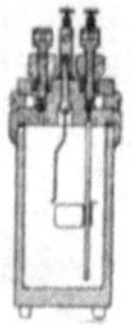 | **калориметрическая бомба (f)**<br>**bomba (f) calorimetrica**<br>**bomba (f) calorimétrica** |

# VI.

## Zuschläge — Flux — Additions

## Плавень; примѣсь при плавкахъ; флюсъ — Sostanze addizionali — Sustancias adicionales

| | | | |
|---|---|---|---|
| Flußmittel (n)<br>flux<br>fondant (m), flux (m) | | флюсъ (m); плавень (m); флюсующій матеріалъ (m)<br>fondente (m)<br>fundente (m) | 1 |
| Kalkstein (m)<br>limestone<br>calcaire (m), castine (f) | $Ca CO_3$ | известнякъ (m); углеизвестковая соль (f); плотный известнякъ<br>calcare (m)<br>[piedra] caliza (f), castina (f) | 2 |
| Dolomit (m)<br>dolomite<br>dolomite (f) | $Ca Mg (CO_3)_2$ | доломитъ (m)<br>dolomite (f)<br>dolomita (f), dolomía (f) | 3 |
| Flußspat (m)<br>fluor-spar<br>spath (m) fluor, fluorine (f) | $Ca F_2$ | плавиковый шпатъ (m); плавикъ (m)<br>spato (m) fluore<br>espato (m) fluor, fluorina (f) | 4 |
| Schillerfels (m), [Gabbro (m)]<br>gabbro, limesoda feldspar<br>gab[b]ro (m) | | габбро (m)<br>gabbro (m)<br>gabbro (m) | 5 |
| Grünsteinschiefer (m), [Diabas (m)]<br>diabase<br>diabase (f) | | діабазъ (m)<br>diabasi (f)<br>diabasa (f), amphibolita (f), onfibolita (f) | 6 |
| Granit (m)<br>granite<br>granit (m) | | гранитъ (m)<br>granito (m)<br>granito (m) | 7 |

| | | |
|---|---|---|
| 1 | Tonschiefer (m)<br>argillaceous slate, schist<br>schiste (m) argileux | глинистый сланецъ (m)<br>schisto (m) argilloso<br>esquisto (m) arcilloso |
| 2 | Ziegelsteinbrocken (m)<br>broken bricks<br>briques (m pl) concassés | кирпичный ломъ (m); ломъ кирпича<br>frammento (m) di mattoni<br>fragmento (m) de ladrillo |
| 3 | eisenhaltiger Abfall (m)<br>waste containing iron<br>déchet (m) ferrifère | отбросы (m pl), содержащіе желѣзо; желѣзосодержащіе отбросы<br>detrito (m) di ferro<br>desecho (m) ferrifero |
| 4 | Walzensinter (m)<br>mill cinder, mill scale<br>battitures (f pl) des laminoirs | окалина (f) изъ подъ валковъ<br>scaglie (f pl) dei laminatoi<br>batiduras (f pl) de los laminadores |
| 5 | Hammerschlag (m), Zunder (m)<br>hammer scale<br>battiture (f), oxydes (m pl) | изгарь (f); молотобоина (f); окалина (f)<br>scaglia (f)<br>batiduras (f pl) |
| 6 | Birnenauswurf (m), [Konverterauswurf (m)]<br>converter waste<br>projections (f pl) du convertisseur | выбросы (m pl) металла изъ реторты *или* изъ конвертора<br>proiezioni (f pl) del convertitore<br>desechos (m pl) del convertidor |
| 7 | Rennfeuerschlacke (f)<br>catalanian furnace slag, tap cinder<br>scorie (f) catalane *ou* de forge catalane *ou* de bas-foyer | сыродутные шлаки (m pl); шлаки, получаемые при выдѣлкѣ желѣза изъ рудъ при сыродутномъ производствѣ *или* въ каталонскихъ горнахъ<br>scoria (f) di basso fuoco<br>escoria (f) de horno catalán |
| 8 | Frischfeuerschlacke (f)<br>refining forge slag<br>scorie (f) de feu d'affinerie | кричные шлаки (m pl); шлаки, получаемые при кричномъ производствѣ<br>scoria (f) di forno d'affinaggio<br>escoria (f) de horno de refinar |
| 9 | Schweißofenschlacke (f)<br>reheating furnace slag, tap cinder<br>scorie (f) de réchauffage | шлаки (m pl) сварочныхъ печей<br>scoria (f) di ricottura<br>escorio (m) de horno de enalbar |

| | | |
|---|---|---|
| Puddelschlacke (f)<br>tap cinder, bulldog<br>scorie (f) de puddlage | шлаки (m pl), получаемые при пудлинговании; пудлинговые шлаки<br>scoria (f) di pudellatura<br>escoria (f) de pudelaje | 1 |
| Thomasschlacke (f)<br>Thomas slag, basic slag<br>scorie (f) Thomas | шлаки, получаемые при томасированіи; томасовскіе шлаки (m pl)<br>scoria (f) Thomas<br>escoria (f) Thomas | 2 |
| eisenreiche Schlacke (f)<br>slag rich in iron<br>scorie (f) riche en fer | шлаки (m pl), богатые содержаніемъ желѣза<br>scoria (f) ricca di ferro<br>escoria (f) rica en hierro | 3 |
| eisenarme Schlacke (f)<br>slag poor in iron<br>scorie (f) pauvre en fer | шлаки (m pl), бѣдные содержаніемъ желѣза<br>scoria (f) povera di ferro<br>escoria (f) pobre en hierro | 4 |
| eisenschüssiger Ton (m)<br>clay containing iron<br>argile (f) ferrugineuse | желѣзистая глина (f)<br>argilla (f) ferruginosa<br>arcilla (f) ferruginosa | 5 |
| sandiger Eisenstein (m)<br>sandy iron ore<br>minerai (m) de fer sablonneux | песчанистый желѣзнякъ (m); желѣзистый песчаникъ (m)<br>minerale (m) di ferro sabbioso<br>mineral (m) de hierro arenoso | 6 |
| Phosphatkreide (f)<br>phosphate chalk<br>craie (f) phosphatée | известняки (m pl), содержащіе фосфоръ<br>creta (f) fosforosa<br>creta (f) fosfatada | 7 |

# VII.

## Feuerfeste Stoffe / Огнеупорные матеріалы

## Refractory Materials / Materiali refrattari

## Matériaux réfractaires / Materiales refractarios

| | | |
|---|---|---|
| 1 | unschmelzbar (adj)<br>infusible (adj), refractory<br>infusible (adj) | неплавкій<br>infusibile (agg)<br>infusible (adj) |
| 2 | alkalische Erden (f pl)<br>alkaline earths<br>terres (f pl) alcalines | щелочныя земли (f pl)<br>terre (f pl) alcaline<br>tierras (f pl) alcalinas |
| 3 | Sandstein (m)<br>sandstone<br>grès (m), grès (m) rouge | песчаникъ (m)<br>pietra (f) arenaria<br>gres (m), piedra (f) arenisca |
| 4 | Quadersandstein (m)<br>sandstone in blocks<br>bloc (m) de grès | плитообразный песчаникъ (m)<br>pietra (f) arenaria in blocchi<br>bloque (m) de gres ó de piedra arenisca |
| 5 | Buntsandstein (m)<br>variegated sandstone<br>grès (m) bigarré | пёстрый песчаникъ (m)<br>pietra (f) arenaria screziata<br>piedra (f) arenisca bigarrada ó abbigarrada |
| 6 | Kohlensandstein (m)<br>millstone grit<br>grès (m) houiller | углистый песчаникъ (m)<br>pietra (f) arenaria dell'epoca carbonifera<br>piedra (f) arenisca de la formación hullera |
| 7 | Puddingstein (m)<br>pudding stone<br>poudingue (m) | пуддингъ (m)<br>puddinga (f)<br>almendrilla (f), piedra (f) pudding |
| 8 | Ganister (m)<br>ganister<br>ganister (m) | ганистеръ (m)<br>ganistro (m)<br>ganister (m) |

| | | | |
|---|---|---|---|
| Dinasziegel (m)<br>Dinas brick<br>brique (f) Dinas | | кирпичъ (m) динасъ; кремнистый кирпичъ<br>mattone (m) Dina<br>ladrillo (m) Dinas | 1 |
| kieselige Stampfmasse (f)<br>siliceous stamping mass<br>pisé (m) siliceux | | кремнистая масса (f) для сбивки<br>impasto (m) *o* malta (f) silicea<br>masa (f) silícea apisonada | 2 |
| kieselsäurereich (adj)<br>rich (adj) in silicic acid<br>riche (adj) en silice | | богатый кремнекислотой; богатый кремнезёмомъ<br>ricco (agg) in silice<br>rico (adj) en sílice | 3 |
| gebundene Kieselsäure (f)<br>combined silicic acid<br>silice (f) combinée | | связанная кремнекислота (f)<br>silice (f) combinata<br>sílice (f) combinada | 4 |
| gallertartige Kieselsäure (f)<br>gelatinous silicic acid<br>silice (f) gélatineuse | | студенистый кремнезёмъ (m)<br>silice (f) gelatinosa<br>sílice (f) gelatinosa | 5 |
| Stückquarz (m)<br>quartz in lumps<br>quartz (m) en morceaux | | кварцъ (m) въ кускахъ<br>pezzo (m) di quarzo<br>cuarzo (m) en pedazos | 6 |
| quarzige Körner (n pl)<br>quartzy grains (pl)<br>grains (m pl) quartzeux | | кварцевыя зёрнышки (n pl) *или* зёрна (n pl) кварца<br>anelli (m pl) di quarzo<br>granos (m pl) cuarzosos | 7 |
| den Quarz abschrecken (v)<br>to cool the quartz<br>étonner (v) le quartz | | охладить быстро кварцъ<br>granulare (v) il quarzo<br>enfriar (v) bruscamente el cuarzo | 8 |
| weißer Bauxit (m)<br>white bauxite<br>bauxite (f) blanche | | бѣлый бокситъ (m)<br>bauxite (f) bianca<br>bauxita (f) blanca | 9 |
| gelbe Abart (f)<br>yellow variety<br>variété (f) jaune | | жёлтая разновидность (f)<br>varietà (f) gialla<br>variedad (f) amarilla | 10 |
| feuerfester Ton (m)<br>fire clay<br>argile (f) réfractaire | | огнеупорная глина (f)<br>argilla (f) refrattaria<br>arcilla (f) refractaria | 11 |
| wasserhaltiges Tonerdesilikat (n)<br>hydrated silicate of alumina<br>silicate (m) d'alumine hydraté | $2\,SiO_2 \cdot Al_2O_3 \cdot 2\,H_2O$ | водный силикатъ (m) глинозёма<br>silicato (m) idrato di allumina<br>sílice (f) aluminosa hidrófera | 12 |

| No. | German / English / French | Formula | Russian / Italian / Spanish |
|---|---|---|---|
| 1 | sedimentärer Ton (m)<br>sedimentary clay<br>argile (f) sédimentaire | | осаждённая *или* отмученная глина (f)<br>argilla (f) sedimentare<br>arcilla (f) sedimentaria |
| 2 | junger Ton (m)<br>young clay *or* loam<br>argile (f) récente | | молодая глина (f)<br>argilla (f) recente<br>arcilla (f) reciente |
| 3 | grauer Ton (m)<br>gray clay *or* loam<br>argile (f) grise | | сѣрая глина (f)<br>argilla (f) grigia<br>arcilla (f) gris |
| 4 | rötlicher Ton (m)<br>reddish clay<br>argile (f) rosée | | красноватая глина (f)<br>argilla (f) rosa<br>arcilla (f) rósea |
| 5 | schiefriger Ton (m)<br>slaty clay<br>argile (f) schisteuse, argilite (m) | | сланцеватая глина (f)<br>argilla (f) schistosa<br>arcilla (f) esquitosa |
| 6 | umgewandelter Ton (m)<br>converted clay *or* loam<br>argile (f) métamorphosée | | метаморф[ир]ованная глина (f)<br>argilla (f) metamorfosata<br>arcilla (f) metamorfoseada |
| 7 | zerriebener Ton (m)<br>triturated clay, washed clay<br>argile (f) désagrégée *ou* triturée | | растёртая глина (f)<br>argilla (f) triturata<br>arcilla (f) triturada |
| 8 | gebrannter Ton (m)<br>terracotta<br>terre (f) cuite, argile (f) cuite | | обожжённая глина (f)<br>terra (f) cotta<br>arcilla (f) calcinada |
| 9 | unbrauchbarer Ton (m)<br>useless clay<br>argile (f) inutisable | | негодная глина (f)<br>argilla (f) inusabile *od* inservibile<br>arcilla (f) inútil |
| 10 | fetter Ton (m)<br>unctuous clay, fuller's earth<br>argile (f) grasse | | жирная глина (f)<br>argilla (f) grassa<br>arcilla (f) grasa |
| 11 | mager machen (v)<br>decreasing the unctuosity of clay<br>amaigrir (v) | | сдѣлать тощей<br>render (v) magro<br>secar (v) [la arcilla] |
| 12 | Schamotte (f)<br>chamot, fire brick, burned fire clay<br>chamotte (f), argile (f) réfractaire grillée | | шамотъ (m)<br>terra (f) refrattaria<br>chamota (f) |
| 13 | Porzellanerde (f), Kaolin (n'),<br>kaolin, china clay<br>kaolin (m), terre (f) à porcelaine | $2\,SiO_2 \cdot Al_2O_3 \cdot 2\,H_2O$ | каолинъ (m); фарфоровая глина (f)<br>caolina (f), terra (f) da porcellana<br>caolina (f), tierra (f) porcelana |

| Deutsch / English / Français | Formel | Русский / Italiano / Español | Nr. |
|---|---|---|---|
| Kalk (m)<br>chalk, lime<br>chaux (f) | $CaO$ | известь (f)<br>calce (f)<br>cal (f) | 1 |
| Magnesia (f)<br>magnesium oxide<br>magnésie (f) | $MgO$ | магнезія (f)<br>magnesia (f)<br>magnesia (f) | 2 |
| Kalkstein (m)<br>chalk, limestone<br>pierre (f) calcaire, castine (f) | $CaCO_3$ | известнякъ (m)<br>calcare (m)<br>piedra (f) de cal | 3 |
| Magnesit (m)<br>magnesite<br>magnésite (f) | $MgCO_3$ | магнезитъ (m)<br>magnesite (f)<br>magnesita (f) | 4 |
| Rohdolomit (m)<br>raw dolomite, basic material<br>dolomie (f) crue | $CaMg(CO_3)_2$ | сырой доломитъ (m)<br>dolomite (f) cruda<br>dolomita (f) bruta | 5 |
| Dolomitstein (m)<br>dolomite brick<br>brique (f) de dolomie | | доломитовый кирпичъ (m)<br>mattone (m) di dolomite<br>ladrillo (m) de dolomita | 6 |
| Dolomitmasse (f)<br>dolomite mass<br>mélange (m) de dolomie | | доломитовая масса (f)<br>mescolanza (f) di dolomite<br>masa (f) de dolomita | 7 |
| Dolomitmehl (n)<br>dolomite powder<br>poudre (f) de dolomie | | доломитовая мука (f); доломитовый порошокъ (m)<br>polvere (f) di dolomite<br>polvo (m) de dolomita | 8 |
| kalkiges Bindemittel (n)<br>calcareous binding material<br>ciment (m) calcaire | | известковый растворъ (m)<br>cemento (m) calcare<br>cemento (m) calcáreo, aglutinante (m) calcáreo | 9 |

---

|  |  |  |
|---|---|---|
| Kohlenstoffziegel (m)<br>carbon brick<br>brique (f) de carbone | углеродистый кирпичъ (m)<br>mattone (m) di carbone<br>ladrillo (m) de carbono | 10 |
| Vergasergraphit (m), Retortengraphit (m)<br>retort graphite<br>graphite (m) de cornue | ретортный графитъ (m)<br>carbone (m) di storta<br>grafito (m) de retorta | 11 |
| Holzkohlenasche (f)<br>charcoal ashes (pl), pearlash<br>fraisil (m) de charbon de bois | зола (f) древеснаго угля<br>cenere (f) di carbone di legna<br>ceniza (f) de carbón vegetal | 12 |
| feuerfester Mörtel (m)<br>refractory mortar<br>mortier (m) réfractaire | огнеупорный растворъ (m)<br>malta (f) refrattaria<br>mortero (m) refractario | 13 |

1 Herstellung (f) der Steine
preparation of the stones
confection (f) des briques
изготовленіе (n) кирпичей
fabbricazione (f) dei mattoni
confección (f) de los ladrillos

---

2 Dolomithalle (f), Dolomitanlage (f)
dolomite shop, dolomite plant
atelier (m) à dolomie
мастерская (f) для обработки доломита; доломитовый заводъ (m)
officina (f) per preparare la dolomite
departamento (m) de dolomita

---

3 Rohstoff (m), [Rohmaterial (n)]
raw material
matière (f) première
сырой матеріалъ (m)
materia (f) prima
primeras materias (f pl)

---

4 atmosphärischer Einfluß (m)
atmospheric influence
influence (f) atmosphérique
атмосферное вліяніе (n)
agente (m) atmosferico
influencia (f) atmosférica

---

5 die Feuchtigkeit aufsaugen (v)
to absorb the moisture
absorber (v) l'humidité
впитывать влагу
assorbire (v) l'umiditá
absorber (v) la humedad

---

6 Frosteinwirkung (f)
influence of the frost
action (f) de la gelée
вліяніе (n) мороза
azione (f) del gelo
acción (f) de la helada

---

7 plötzlicher Temperaturwechsel (m)
sudden change of temperature
variation (f) brusque de température
внезапная *или* рѣзкая перемѣна (f) температуры
cambiamento (m) improvviso di temperatura
cambio (m) repentino *ó* brusco de temperatura

---

8 Brennen (n)
burning
cuisson (f)
горѣніе (n)
cottura (f)
cochura (f), cocción (f), calcinación (f)

---

9 Totbrennen (n)
dead roasting
surcuisson (f), cuisson (f) à fond
пережечь; обжечь до спеканія
stracottura (f), cottura (f) oltrepassata
cocción (f) *ó* calcinación (f) completa

---

10 glasig werden (v)
to become vitreous
se vitrifier (v)
становиться *или* сдѣлаться стекловиднымъ
vetrificarsi (v)
vitrificarse (v), quedar (v) glaseado

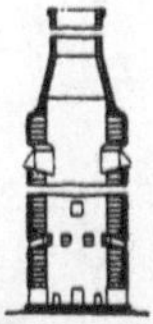

Dolomitbrennofen (m)
dolomite calcining kiln
cubilot (m) à dolomie
печь (f) для обжига доломита; доломитообжигательная печь (f)
forno (m) da dolomite
cubilote (m) para dolomita 1

Steinbrennofen (m)
kiln, oven
four (m) à cuire les briques
печь (f) для обжиганія кирпичей
forno (m) da mattoni
horno (m) para cocer ladrillos 2

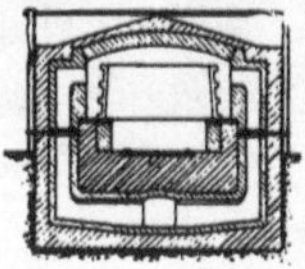

Brennofen (m) für die Birnenböden
calcining furnace for converter bottoms
four (m) à cuire les fonds de convertisseurs
печь (f) для обжиганія днищъ конверторовъ
forno (m) per cuocere i fondi dei convertitori
estufa (f) para los fondos de convertidores 3

Herstellung (f) des Teiges
preparation of the mixture
préparation (f) de la pâte
приготовленіе (n) огнеупорной массы
confezione (f) dell'impasto
preparación (f) de la pasta 4

Dolomitmischer (m)
dolomite mixer
malaxeur (m) à dolomie
мѣшалка (f) для доломита
mescolatore (m) di dolomite
mezclador (m) de dolomita 5

wagerechter Tonmischer (m)
horizontal clay mixer
malaxeur (m) à argile horizontal
горизонтальная мѣшалка (f) для доломита
mescolatore (m) d'argilla orizzontale
mezclador (m) de arcilla horizontal 6

Mischtrichter (m)
mixing cone
trémie (f) de mélange
воронка (f) мѣшалки
tramoggia (f) di mescolanza
tolva (f) de mezcla 7

anfeuchten (v)
to moisten
mouiller (v)
смочить; смачивать
inumidire (v)
mojar (v) 8

kneten (v)
to knead, to pug
pétrir (v)
мѣсить
impastare (v)
amasar (v) 9

1 Teerdestillationsanlage (f)
tar distillation plant
installations (f pl) pour la distillation du goudron

установка (f) для провариванія смолы; устройство (n) для отгона летучихъ веществъ изъ смолы
impianto (m) per la distillazione del catrame
instalación (f) para la destilación del alquitrán

---

2 Teerkocherei (f)
tar boiling plant
chauffage (m) du goudron

провариваніе (n) смолы; отгонъ (m) летучихъ веществъ изъ смолы
riscaldamento (m) del catrame
calentamiento (m) del alquitrán

---

3 Dampfkocherei (f)
steam boiling
chauffage (m) (du goudron) par la vapeur

провариваніе (n) посредствомъ пара
riscaldamento (m) del catrame a vapore
calentamiento (m) del alquitrán por vapor

---

4 Kocherei (f) mit offenem Feuer
boiling on an open fire
chauffage (m) à feu nu

кипяченіе (n) въ открытой печи; провариваніе (n) на открытомъ огнѣ
riscaldamento (m) a fuoco scoperto o libero
calentamiento (m) á fuego abierto

---

5 Pressen (n) der Ziegel
pressing of the bricks
compression (f) des briques

прессованіе (n) кирпичей; формованіе (n) кирпичей подъ прессомъ
pressatura (f) dei mattoni
prensado (m) de los ladrillos

---

6 Druckwassersteinpresse (f)
hydraulic brick press
presse (f) à briques hydraulique

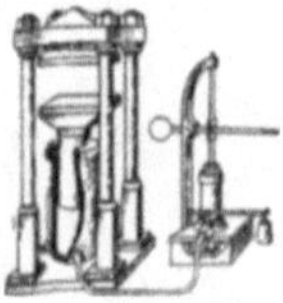

гидравлическій прессъ (m) для кирпичей
pressa (f) idraulica da mattoni
prensa (f) hidráulica de ladrillos

---

7 Niederdruck (m), Vordruck (m)
low pressure, preliminary pressure
basse pression (f), pression (f) préliminaire

низкое давленіе (n)
pressione (f) iniziale
baja presión (f), presión (f) preparatoria ó preliminar

---

8 Hochdruck (m), Hauptdruck (m)
high pressure
haute pression (f), pression (f) finale

высокое давленіе (n)
alta pressione (f), pressione (f) finale
alta presión (f), presión (f) final

| | | |
|---|---|---|
| Preßpumpe (f)<br>pressure pump<br>pompe (f) à compression | нагнетательный насосъ (m)<br>pompa (f) a [com]pressione<br>bomba (f) compresora | 1 |
| Preßkolben (m)<br>press plunger<br>piston (m) plongeur | поршень (m) -ныряло (n); плунжеръ (m)<br>stantuffo (m) di pressione<br>pistón (m) compresor | 2 |
| Preßzylinder (m)<br>compression cylinder<br>cylindre (m) de presse | цилиндръ (m) насоса<br>cilindro (m) a compressione<br>cilindro (m) compresor | 3 |
| Preßholm (m)<br>press cross beam<br>sommier (m) de presse | крестовина (f) насоса<br>sommità (f) del compressore<br>cabezal (m) del compresor | 4 |
| Preßplatte (f)<br>press plate<br>plateau (m) de compresseur, plateau (m) tournant | прессовальная плита (f)<br>placca (f) girevole<br>placa (f) del compresor | 5 |
| Unterstempel (m)<br>bottom stamp<br>piston (m) inférieur | поддонъ (m) прессы<br>stantuffo (m) inferiore<br>pistón (m) inferior | 6 |
| Formrahmen (m)<br>mould frame<br>moule (m) | форма (f)<br>cassetta (f) per la forma<br>molote (m), molde (m) | 7 |
| Akkumulator (m), Drucksammler (m)<br>accumulator, storage battery<br>accumulateur (m) | аккумуляторъ (m)<br>accumulatore (m)<br>acumulador (m) | 8 |
| Ausstoß (m)<br>discharging<br>démoulage (m) | выгрузка (f); выемка (f)<br>scarico (m)<br>expulsión (f) [de los ladrillos] | 9 |

# VIII.

## Hüttenwerkanlagen
## Metallurgical Works Plants
## Installations des usines métallurgiques
## Оборудованіе металлургическихъ заводовъ
## Impianti di officine metallurgiche
## Instalaciones de los talleres de siderurgia

---

1 **Verlade- und Beförderungsvorrichtungen**
**Loading Plants and Transporting Installations**
**Installations de chargement et de transport**
**Приспособленія для загрузки и доставки**
**Impianti di caricamento e di trasporto**
**Disposiciones de carga y de transporte**

2 Verladung (f)
loading, charging
chargement (m)
загрузка (f)
caricamento (m)
carga (f)

3 Verladerampe (f)
loading ramp *or* wharf
rampe (f) de chargement, estacade (f) de chargement

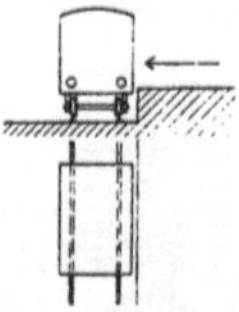

загрузочная платформа (f); погрузочная площадка (f)
rampa (f) di caricamento
rampa (f) de carga

4 Verladekai (m)
loading wharf *or* staiths
quai (m) de chargement

загрузочная *или* погрузочная набережная (f)
banchina (f) di caricamento
muelle (m) de carga

Erzladevorrichtung (f)
ore loading device
appareil (m) de chargement de minerais
приспособленie (n) для загрузки руды
caricatore (m) per minerali
aparato (m) cargador para minerales 1

---

Verfrachtung (f)
transport, conveying
transport (m)
транспортъ (m); перевозка (f)
trasporto (m)
transporte (m) 2

---

Anfahren (n) der Erze
delivery of ore
arrivage (m) des minerais
подвозъ (m) руды
arrivo (m) dei minerali
acarreo (m) de los minerales 3

---

Ausladen (n)
unloading, discharging
déchargement (m)
разгрузка (f); выгрузка (f)
scarico (m)
descarga (f) 4

---

Hüttenbahnhof (m)
mine station
gare (f) d'usine
станцiя (f) металлургическаго завода
stazione (f) metallurgica
estación (f) de taller 5

---

Verschiebebahnhof (m), [Rangierbahnhof (m)]
shunting station
gare (f) de manœuvre *ou* de triage
сортировочная станцiя (f)
stazione (f) di manovra o di smistamento
estación (f) de maniobra 6

---

Hauptgleis (n)
main track
voie (f) principale
главный путь (m)
binario (m) principale
vía (f) principal 7

---

Nebengleis (n)
shunting track, siding
voie (f) auxiliaire, embranchement (n)
запасный путь (m)
binario (m) secondario
vía (f) auxiliar 8

---

Anschlußgleis (n)
junction, connecting line
voie (f) de raccordement

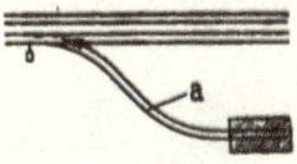

a

примыкающiй путь (m)
binario (m) di raccordo
vía (f) de enlace, vía (f) de unión ó de empalme 9

---

Vollbahn (f), vollspurige Bahn (f)
full gauge railway
voie (f) normale

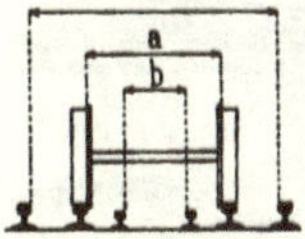

a

магистраль (f); ширококолейная дорога (f)
binario (m) a scartamento normale
vía (f) normal 10

---

Schmalspurbahn (f)
narrow gauge railway
voie (f) étroite

b

узкоколейная дорога (f)
binario (m) a scartamento ridotto
vía (f) estrecha 11

| | | | |
|---|---|---|---|
| 1 | Überführung (f)<br>bridge, viaduct<br>passage (m) supérieur *ou* au-dessus, pont (m) |  | проведенie (n) обыкновенной дороги по путепроводу надъ желѣзною дорогою<br>passaggio (m) superiore, ponte (m)<br>paso (m) superior, puente (m) |
| 2 | Unterführung (f)<br>under line bridge, underbridge<br>passage (m) sous la voie, tunnel (m) sous la voie |  | проведенie (n) обыкновенной дороги подъ путепроводомъ желѣзной дороги<br>sottovia (f), sottopassaggio<br>paso (m) inferior ó por debajo |
| 3 | Schiebebühne (f)<br>travelling platform<br>chariot (m) transbordeur | 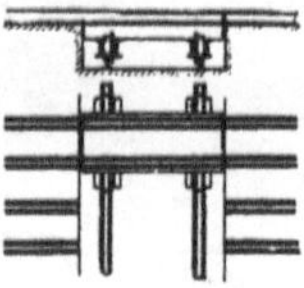 | передвижная телѣжка (f)<br>carro (m) trasbordatore<br>transbordador (m) |
| 4 | Verschiebeseilbahn (f), [Rangierseilbahn (f)]<br>shunting cable railway<br>voie (f) funiculaire de manœuvre | | сортировочная канатная дорога (f)<br>ferrovia (f) funicolare di manovra<br>vía (f) funicular de maniobra |
| 5 | Verschiebewinde (f) [Rangierwinde (f), Rangierspill (n)]<br>shunting drum<br>cabestan (m) de manœuvre *ou* de triage |  | сортировочная лебёдка (f)<br>argano (m) di manovra<br>cabrestante (m) de maniobra |
| 6 | Dampflokomotive (f)<br>steam locomotive<br>locomotive (f) à vapeur |  | паровозъ (m)<br>locomotiva (f) a vapore<br>locomotora (f) de vapor |
| 7 | elektrische Lokomotive (f)<br>electric locomotive<br>locomotive (f) électrique | 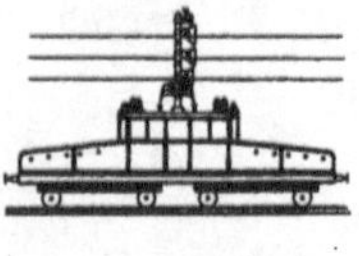 | электровозъ (m)<br>locomotiva (f) elettrica<br>locomotora (f) eléctrica |
| 8 | Benzinlokomotive (f)<br>benzine *or* petrol locomotive<br>locomotive (f) à essence |  | бензиновый локомотивъ (m); бензиновозъ (m)<br>locomotiva (f) ad essenza<br>locomotora (f) de bencina |

| | | | |
|---|---|---|---|
| Wagenpark (m)<br>rolling stock<br>parc (m) à wagons | | вагонный паркъ (m)<br>parco (m) di carri<br>parque (m) de vagones | *1* |
| offener Wagen (m)<br>open wagon *or* truck<br>wagon (m) ouvert | 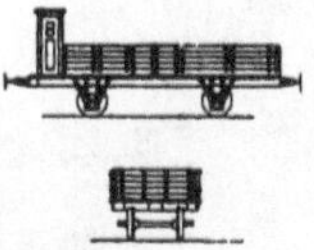 | открытый вагонъ (m)<br>carro (m) aperto<br>vagón (m) abierto | *2* |
| geschlossener Wagen (m)<br>closed wagon *or* truck<br>wagon (m) fermé |  | закрытый вагонъ (m)<br>carro (m) chiuso<br>vagón (m) cerrado | *3* |
| Tragfähigkeit (f)<br>carrying capacity, load<br>charge (f) utile | | подъёмная сила (f)<br>portata (f) massima<br>carga (f) máxima | *4* |
| Rauminhalt (m)<br>cubical contents, capacity<br>capacité (f), contenance (f), cube (m), volume (m) | | ёмкость (f)<br>capacità (f)<br>capacidad (f), cabida (f), volumen (m) | *5* |
| **Krane**<br>**Cranes**<br>**Grues** | | **Краны**<br>**Gru**<br>**Grúas** | *6* |
| Auslegerkran (m)<br>jib crane<br>grue (f) à flèche | 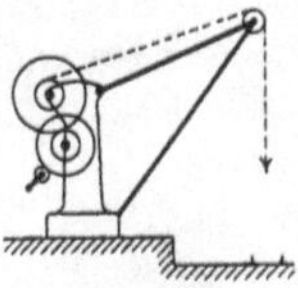 | кранъ (m) со стрѣлкой<br>gru (f) a braccio<br>grúa (f) de pescante *ó* de aguilón | *7* |
| Bockkran (m), Überladekran (m)<br>gantry crane<br>grue (f) fixe à chevalet *ou* à portique | 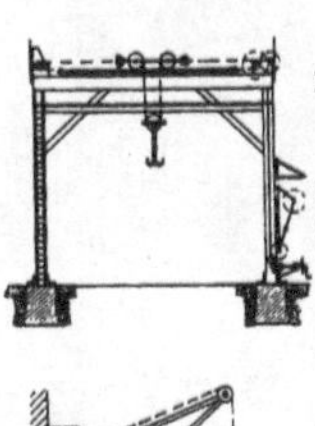 | кранъ (m) на козлахъ; перегрузочный кранъ<br>gru (f) a cavalletto<br>grúa (f) fija de caballete | *8* |
| Wandkran (m)<br>wall crane<br>grue (f) murale *ou* d'applique | 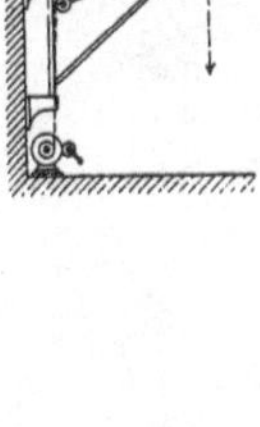 | стѣнной *или* настѣнный поворотный кранъ (m)<br>gru (f) da muro<br>grúa (f) mural *ó* de pared | *9* |

1 freistehender Kran (m)
independent *or* isolated crane
grue (f) isolée

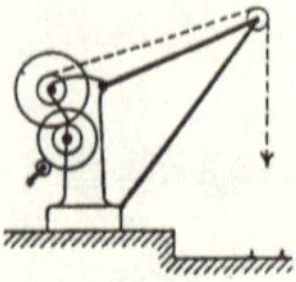

свободностоящій кранъ (m)
gru (f) indipendente
grúa (f) independiente *ó* aislada

---

2 Drehkran (m)
swing crane
grue (f) pivotante

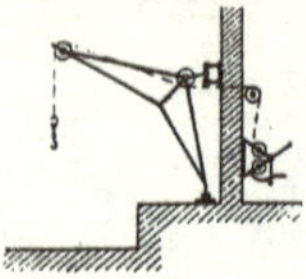

поворотный кранъ (m)
gru (f) girevole
grúa (f) giratoria

---

3 Torkran (m), [Portalkran (m)]
portal crane
grue (f) à portique

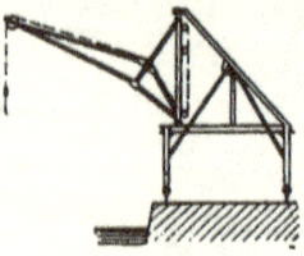

поворотный кранъ (m) на подвижныхъ козлахъ; травеллеръ (m)
gru (f) a portico
grúa-portal (m)

---

4 Brückenkran (m)
bridge crane
pont-grue (m)

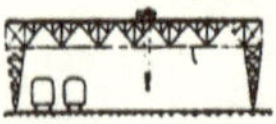

мостовой кранъ (m)
gru (f) mobile a cavalletto
puente-grúa (f) corredera

---

5 Laufkran (m)
overhead traveller, overhead travelling crane
pont-roulant (m)

подвижной мостовой кранъ (m)
gru (f) a ponte
grúa (f) móvil, [puente (m)] grúa (f) corredera

---

6 Laufkatze (f)
crab, carriage
chariot (m) [roulant] de grue

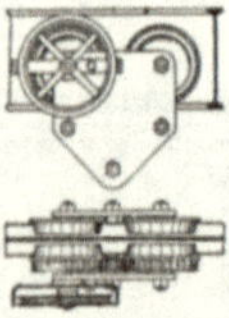

[подвижная] телѣжка (f); кошка (f)
carrello (m) mobile
carro (m) [móvil] de la grúa, gato (m) corredizo

---

7 Turmdrehkran (m)
rotary tower crane
grue (f) pivotante géante

башенный поворотный кранъ (m)
gru (f) a torre girevole
puente (m) giratorio *ó* grúa (f) giratoria de torre

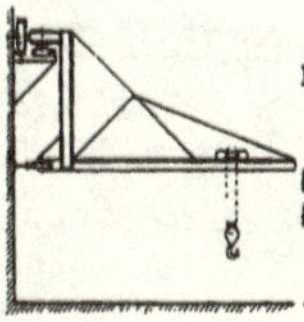

Konsolkran (m)
bracket crane
grue (f) à console

кранъ (m) на кронштейнахъ; консольный кранъ
gru (f) a mensola
grúa (f) de consola 1

---

Dampfkran (m)
steam crane
grue (f) à vapeur

паровой кранъ (m)
gru (f) a vapore
grúa (f) de vapor 2

---

feststehender Dampfkran (m)
fixed steam crane
grue (f) fixe à vapeur

неподвижный паровой кранъ (m)
gru (f) fissa a vapore
grúa (f) de vapor fija 3

---

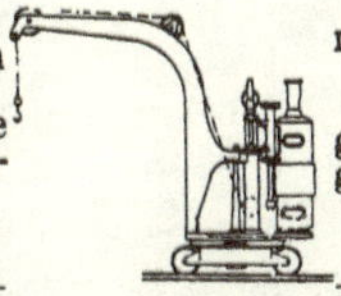

fahrbarer Dampfkran (m)
locomotive steam crane
grue (f) roulante à vapeur

подвижной *или* ходячій паровой кранъ (m)
gru (f) mobile a vapore
grúa (f) de vapor rodante ó móvil 4

---

Verladebockkran (m)
discharging crane
grue (f) chevalet de transbordement

перегрузочный кранъ (m) на козлахъ
gru (f) di trasbordo a cavalletto
grúa (f) caballete de transbordo 5

---

[fahrbarer] Dampfkran (m) zum Löschen der Schiffe
locomotive steam crane for unloading ships
grue (f) roulante à vapeur pour le déchargement des bateaux

подвижной *или* ходячій паровой кранъ (m) для разгрузки судовъ
gru (f) mobile a vapore per scarico di navi
grúa (f) de vapor móvil para descargar los buques 6

---

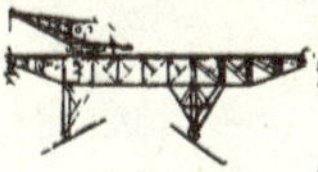

Verladeanlage (f) mit obenlaufendem Drehkran
loading plant with rotary crane above
installation (f) de chargement à grue pivotante et roulante supérieure

загрузочное устройство (n) съ ходячимъ по нёмъ краномъ
impianto (m) per trasbordo a gru girevole mobile
instalación (f) de carga con grúa giratoria móvil de vía alta 7

---

a

Führerstand (m)
driver's stand
poste (m) de conducteur

площадка (f) [для] машиниста
posto (m) del macchinista
puesto (m) del conductor 8

1 Greifkran (m)
crane with grab gear
grue (f) dragueuse, grue (f) à mâchoires *ou* à griffe *ou* à grappin

кранъ (m) съ самосхватомъ
gru (f) con scavatore automatico
grúa (f) escavadora, grúa-draga (f)

---

2 Selbstentlader (m), Selbstentleerer (m), Selbstentladegefäß (n)
self-discharger
cuiller (f) *ou* drague (f) à déchargement automatique, déchargeur (m) automatique, grappin (m)

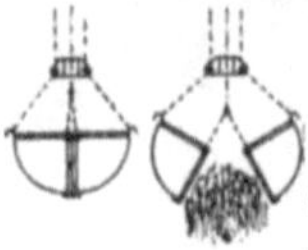

саморазгружающаяся подвѣсная койка (f); саморазгрузочный подвѣсный вагончикъ (m) *или* ящикъ (m); саморазгрузъ (m)
scaricatore (m) automatico
[coche] descargador (m) automático

---

3 Selbstentleerung (f)
automatic discharge
déchargement (m) automatique

автоматическое опоражниванiе (n); автоматическая разгрузка (f)
scaricamento (m) automatico
descarga (f) automática

---

4 Selbstentlader (m), selbstentladender Wagen (m)
self-discharging wagon
wagon (m) à déchargement automatique

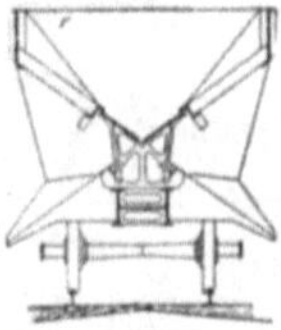

саморазгрузочный вагонъ (m); автоматически разгружающаяся вагонетка (f)
vagone (m) a scarico automatico
vagón (m) para descargamiento automático

---

5 Entladung (f) nach beiden Seiten des Gleises
discharge towards both sides of the track
déchargement (m) des deux côtés de la voie

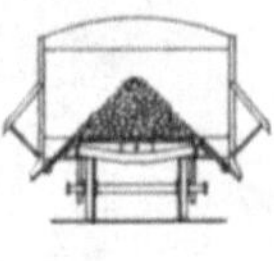

разгрузка (f) *или* выгрузка (f) пути съ обѣихъ сторонъ
scarico (m) bilaterale rispetto al binario
descarga (f) á los dos lados de la vía

---

6 Schnellentlader (m)
rapid discharger
déchargeur (m) rapide

быстроразгружающая ся подвѣсная койка (f); быстроразгружающiйся подвѣсный вагончикъ (m) *или* ящикъ (m)
scaricatore (m) rapido
descargador (m) rápido

---

7 [Selbst-] Greiferbetrieb (m)
automatic gripping action
fonctionnement (m) par cuiller (à griffes) automatique *ou* par pelle automatique

дѣйствiе (n) съ самозахватомъ
funzionamento (m) a scavo automatico
funcionamiento (m) por cuchara (de garras) automática

[Selbst-]Greifer (m), Drehschaufelbagger (m), Greifbagger (m)
automatic grab
griffe (f) automatique, cuiller (f), benne-drague (f), pelle (f) automatique, grappin (m)

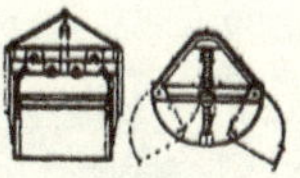

черпательная машина (f) съ поворотными ковшами *или* черпаками
mascella (f) automatica, cucchiaio (m) di scavo
cuchara (f) ó cubeta-draga (f) automática 1

---

Greiferkübel (m), zweiteiliger Kohlenkasten (m)
coal grab, grab, bucket grab
pelle (f) automatique, benne (f) de chargement automatique, benne (f) à charbon en deux compartiments, benne (f) à griffe

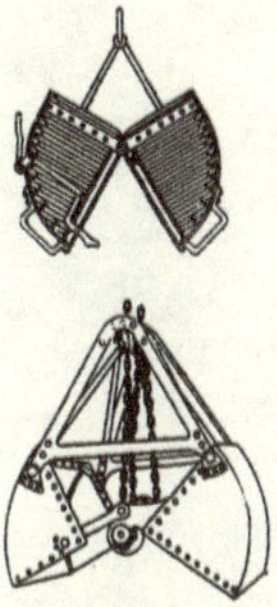

захватывающій ковшъ (m); угольный ящикъ (m) о двухъ частяхъ
draga (f), scavatore (m), secchia (f) in due pezzi
pala (f) automática [para cargar], cesta (f) de dos partes 2

---

Elevator (m)
elevator
élévateur (m)

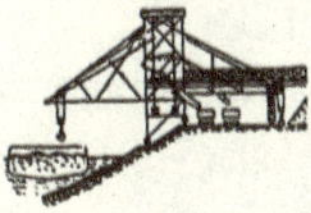

элеваторъ (m)
elevatore (m)
elevador (m) 3

---

Lagerkran (m)
stock crane
grue (f) de magasin *ou* de dépôt

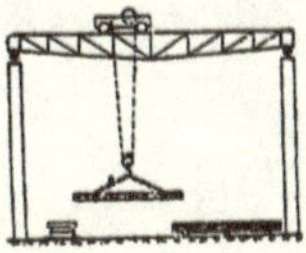

магазинный кранъ (m); кранъ для складовъ *или* для кладовыхъ
gru (f) da deposito
grúa (f) de almacén 4

---

Magnetkran (m)
magnet crane
grue (f) à aimant porteur *ou* à crochet magnétique, pont-roulant (m) magnétique

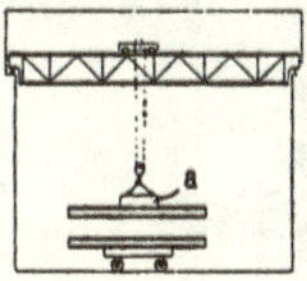


кранъ (m) съ магнитомъ
gru (f) a magnete
grúa (f) de imán 5

---

Kranmagnet (m)
crane magnet
aimant (m) de grue

a

крановой магнитъ (m); магнитъ крана
magnete (m) da gru
imán (m) de la grúa 6

| | | | |
|---|---|---|---|
| 1 | **Lagervorrichtungen**<br>**Stores**<br>**Dépots** | | **Оборудованіе складовъ**<br>**Depositi**<br>**Depósitos** |
| 2 | Stapeln (n)<br>to accumulate, to store<br>mise (f) en stock |  | складываніе (n); сваливаніе (n)<br>ammucchiamento (m)<br>apilamiento (m) |
| 3 | Erzlagerplatz (m)<br>ore storing place<br>dépôt (m) de minerais |  | рудный складъ (m)<br>deposito (m) di minerali<br>depósito (m) de minerales |
| 4 | Kokslagerplatz (m)<br>coke storing place<br>dépôt (m) de coke | | коксовый складъ (m); складъ кокса<br>deposito (m) di coke<br>depósito (m) de cok |
| 5 | Eisenlager (n)<br>iron stores<br>magasin (m) *ou* entrepôt (m) à fers | | складъ (m) желѣза; желѣзный складъ<br>magazzino (m) *o* deposito (m) di ferrami<br>almacén (m) *ó* depósito (m) de metales |
| 6 | Roheisenlager (n)<br>pig iron stores<br>magasin (m) des fontes | 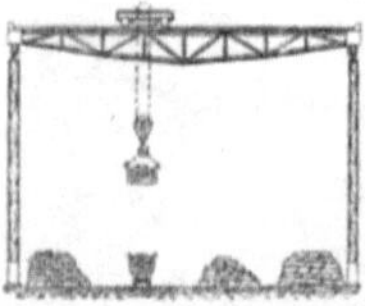 | складъ (m) чугуна; чугунный складъ<br>magazzino (m) *o* deposito (m) di ferrami<br>almacén (m) de hierro |
| 7 | Blocklager (n)<br>ingot stores<br>parc (m) à lingots |  | складъ (m) болванокъ<br>magazzino (m) di massi, deposito (m) di blocchi<br>almacén (m) de lingotes |
| 8 | Trägerlager (n)<br>girder stores<br>parc (m) à poutrelles | 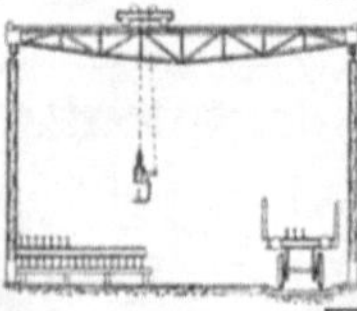 | складъ (m) балокъ<br>magazzino (m) *o* deposito (m) di travature metalliche<br>almacén (m) de vigas |
| 9 | Aufnehmen (n) *oder* Abziehen (n) vom Lager<br>taking from the stores<br>reprise (f) du magasin | | принятіе (n) со склада<br>levare (v) dal deposito, togliere (v) dal magazzino<br>recepción (f) del almacén |

Sammelrumpf (m), [Vorrat-]Tasche (f), Bunker (m)
bunker, bin
soute (f), trémie (f), accumulateur (m)

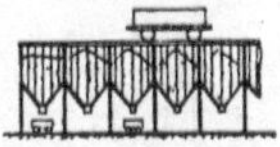

складочная яма (f)
tramoggia-collettore (f), caladeposito (m) 1
recipiente (m) de tolva, compartimiento (m)

---

Füllrumpf (m), Schüttrumpf (m). Sammeltrichter (m)
loading hopper
trémie (f) de chargement

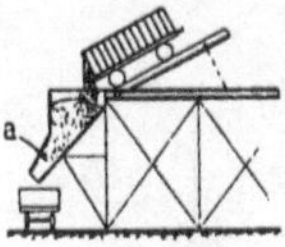

a

воронка(f) для загрузки; загрузочная воронка
tramoggia (f) di caricamento 2
tolva (f) de carga

---

Vorratbehälter (m), Erztasche (f)
storing reservoir for ore
réservoir (m), accumulateur (m)

запасная башня (f) для руды
serbatoio (m) di minerali 3
depósito (m) de minerales

---

Verschlußklappe (f)
hinged closing trap
trappe (f), obturateur (m) à charnière

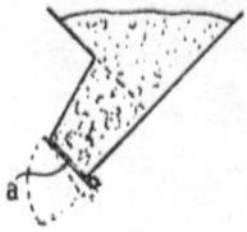

a

дверка (f); крышка (f)
botola (f) *o* falla (f) a cerniera 4
trapa (f) de bisagras *ó* de charnela

**Kipper**
**Tipping Devices**
**Culbuteurs**

**Опрокидыватели**
**Armature a bilico, rovesciatori** 5
**Volcadores**

Sturzgerüst (n)
tipping jetty *or* staiths
estacade (f) de déversement *ou* de déchargement

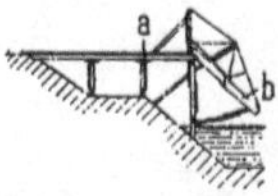

помость (m) для перегрузки сбрасываніемъ
armatura (f) del palco di gettata 6
andamio (m) para verter, vertedero (m)

---

Sturzbühne (f)
tipping stage
plate-forme (f) de déversement

a

пріёмная платформа, (f) на которую выкидываются грузы
piano (m) di rovesciamento, palco (m) di gettata 7
plataforma (f) del andamio

---

Sturzrinne (f)
chute, shoot
couloir (m) de déchargement

b

наклонный жолобъ (m) [по которому скатывается грузъ] 8
canalone (m) di gettata
plano (m) *ó* canal (f) para verter

1 Schüttrohr (n)
discharge pipe
tuyau (m) de déchargeur

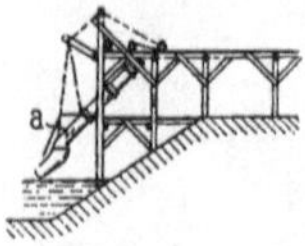

a

наклонная труба (f) для грузки въ насыпку
tubo (m) di gettata
tubo (m) de relleno

---

2 Rutsche (f)
chute, shoot
plan (m) incliné, couloir (m) incliné, glissoir (m)

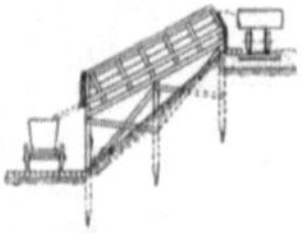

спускъ (m); наклонная плоскость (f); спускной жолобъ (m); рукавъ (m) для спуска *или* для ссыпки
piano (m) inclinato, scivolone (m)
plano (m) *ó* vertedor (m) inclinado

---

3 Kohlensturzbahn (f)
coal chute *or* shoot
voie (f) surélevée pour déchargement de charbon

путь (m) для выгрузки угля сбрасываніемъ
binario (m) di rovesciamento del carbone
plano (m) inclinado para verter el carbón

---

4 selbsttätiger Kohlenkipper (m)
automatic coal tip
basculeur (m) automatique à charbon

самодѣйствующій углеопрокидыватель (m); автоматическій углевысыпатель (m); автоматическій опрокидывающійся угольный вагонъ (m)
scaricatore (m) a bilico automatico pel carbone
báscula (f) automática para carbón

---

5 Kippbühne (f)
tipping stage
chargeur (m) *ou* déchargeur (m) à bascule

опрокидывающаяся платформа (f)
piano (m) caricatore a bilico
plataforma (f) basculante

---

6 Wagenkipper (m)
tilting *or* tipping wagon
culbuteur (m) à wagons

вагонный опрокидыватель (m); приспособленіе (n) для опрокидыванія вагоновъ
rovesciatore (m) di carri
volcador (m) de vagones

---

7 Plattformkipper (m)
tipping platform
plateforme (f) à bascule

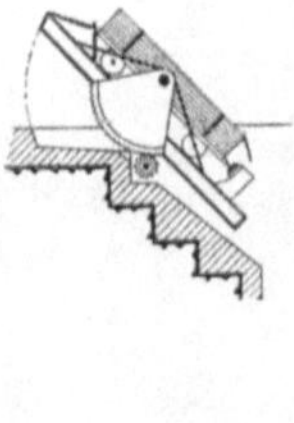

платформенный опрокидыватель (m)
piattaforma (f) a bilico
basculador (m) de plataforma

Kurvenkipper (m)
wagon tipping device
basculeur (m) courbe

опрокидыватель (m) съ криволинейнымь подъёмомъ
armatura (f) a bilico con curva
basculador (m) de curva 1

---

Kreiselwipper (m)
rotary tipper
culbuteur (m) basculant

вращающаяся люлька (f)
rovesciatore (m) girevole
volcador (m) giratorio 2

---

Wippbrücke (f), Wiege (f)
tipping bridge
pont (m) basculant

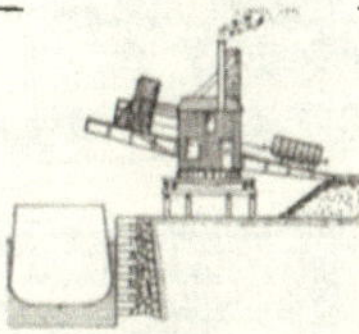

качающійся мостикъ (m); люлька (f)
ponte (m) a bilico
puente (m) de báscula 3

---

Senkbühne (f)
lowering stage
chargeur (m) descendant

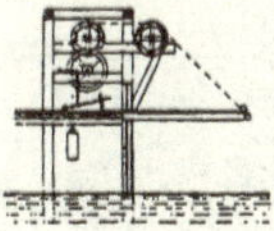

опускающаяся платформа (f)
piattaforma (f) mobile
plataforma (f) que baja y sube ó de movimiento vertical 4

**Wägevorrichtungen**
**Weighing Appliances**
**Pesage**

**Вѣсы**
**Basculle**
**Básculas** 5

Brückenwage (f)
weigh bridge
pont-bascule (m)

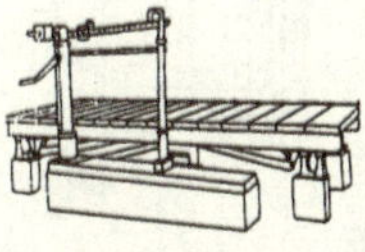

вѣсы (m pl) съ помостомъ; мостовая платформа (f); мостовые вѣсы; тереза (f)
bilancia (f) o basculla (f) a ponte
puente-báscula (m) 6

---

Brücke (f)
platform of weigh bridge
pont (m) (de la bascule)

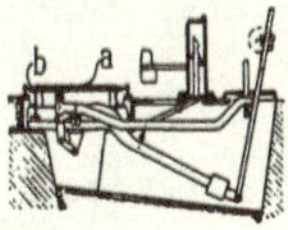


a

[вѣсовой] помостъ (m)
ponte (m) (della basculla)
puente (m) (de la báscula) 7

---

Wägeschiene (f)
weigh bridge rail
rail (m) du pont [à bascule]

b

рельсъ (m) вѣсового помоста
binario (m) del ponte
carril (m) del puente [de báscula] 8

1 Waggonwage (f), Gleiswage (f)
wagon balance, truck balance
bascule (f) à wagons

вагонные вѣсы (m pl); вагонный вѣсовый помостъ (m)
bilancia (f) per carri
báscula (f) para vagones

---

2 Zehnerwage (f), [Dezimalwage (f)]
decimal balance *or* weighing machine
bascule (f) décimale

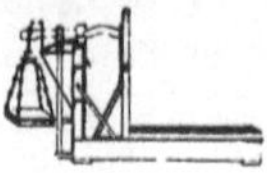

десятичные вѣсы (m pl)
bilancia (f) decimale
báscula (f) decimal

---

3 Hunderterwage (f), [Zentesimalwage (f)]
centesimal balance *or* weighing machine
bascule (f) centésimale

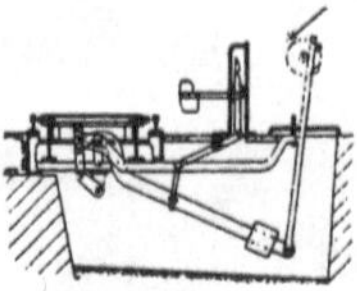

сотенные вѣсы (m pl)
bilancia (f) centesimale
báscula (f) centesimal

---

4 Wägekarte (f)
weighing machine ticket
carton (m) *ou* billet (m) indicateur du poids

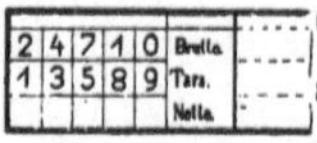


билетъ (m) автоматическихъ вѣсовъ
scontrino (m) *o* marca (f) della pesata
talón (m) del peso

---

5 Kartendruckvorrichtung (f)
ticket printing machine
imprime-cartes (m)

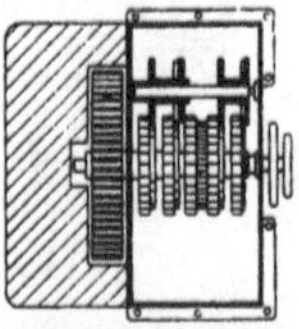

механизмъ (m) [автоматическихъ вѣсовъ]
timbrascontrino (m)
mecanismo (m) para imprimir los talones

---

6 Zählwerk (n)
counting mechanism
compteur (m)

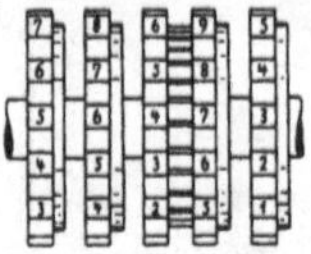

счётный механизмъ (m)
contatore (m)
contador (m), mecanismo (m) contador

---

7 Ladegewicht (n)
load, charge
tonnage (m), charge (f) utile

полезный грузъ (m)
tonnellaggio (m)
tonelaje (m)

---

8 Rohgewicht (n), [Bruttogewicht (n)]
gross weight
poids (m) brut

$$Q = G_1 + G_2$$

вѣсъ (m) брутто
peso (m) lordo
peso (m) bruto *ó* total

---

9 Reingewicht (n), [Nettogewicht (n)]
net weight
poids (m) net

$$G_1$$

вѣсъ (m) нетто
peso (m) netto
peso (m) neto

| | | | |
|---|---|---|---|
| Leergewicht (n), totes Gewicht (n), [Taragewicht (n)]<br>tare<br>tare (f), poids (m) mort | $G_2$ | вѣсъ (m) тара<br>tara (f)<br>tara (f) | 1 |
| theoretisches Gewicht (n)<br>theoretical weight<br>poids (m) théorique | | теоретическій вѣсъ (m)<br>peso (m) teorico<br>peso (m) teórico | 2 |
| rechnungsmäßig (adj)<br>according to calculation<br>obtenu par le calcul | | найти вычисленіемъ<br>ottenuto col calcolo<br>obtenido por el cálculo | 3 |
| Sollgewicht (n), [Normalgewicht (n)]<br>standard weight<br>poids (m) normal | | нормальный вѣсъ (m)<br>peso (m) normale<br>peso (m) normal | 4 |
| Durchschnittgewicht (n)<br>average weight<br>poids (m) moyen | | средній вѣсъ (m)<br>peso (m) medio<br>peso (m) medio | 5 |
| Spiel (n) der Wage<br>play of the weighing machine<br>jeu (m) *ou* mouvement (m) de la bascule | 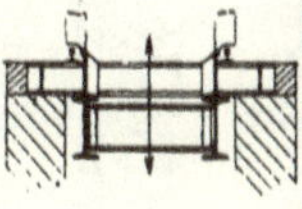 | игра (f) вѣсовъ<br>oscillazione (f) della basculla *o* bilancia<br>juego (m) *ó* movimiento (m) de la báscula | 6 |
| die Wage spielt ein<br>the weighing machine is in equilibrium<br>la bascule descend *ou* fonctionne | | вѣсы (m pl) приходятъ въ равновѣсіе<br>la bilancia segna<br>la báscula baja *ó* funciona | 7 |
| **Seilbahnen**<br>**Cableways**<br>**Transports funiculaires** | | **Канатныя дороги**<br>**Ferrovie funicolari**<br>**Ferrocarriles funiculares** | 8 |
| Drahtseilbahn (f)<br>rope railway, cable railway<br>transporteur (m) funiculaire, transporteur (m) aérien à câble métallique |  | канатная дорога (f); проволочно-канатная дорога (f)<br>ferrovia (f) funicolare aerea<br>vía (f) aérea de cable metálico | 9 |
| Kettenbahn (f)<br>chain railway<br>transporteur (m) à chaîne |  | цѣпная дорога (f)<br>trasportatore (m) a catena<br>ferrocarril (m) de cadena | 10 |
| Luftseilbahn (f), Seilhängebahn (f)<br>overhead rope railway, aerial ropeway<br>transporteur (m) aérien à câble |  | воздушная канатная дорога (f); канатно-проволочная дорога<br>trasportatore (m) aereo<br>vía (f) aérea de cable | 11 |

| | | | |
|---|---|---|---|
| 1 | Schutznetz (n)<br>safety net<br>filet (m) protecteur | | предохранительная сѣтка (f)<br>reticolato (m) *o* rete (f) di protezione<br>red (f) de protección ó protectora |
| 2 | Klemmvorrichtung (f)<br>clutch<br>appareil (m) de serrage |  | зажимной приборъ (m); зажимное устройство (n)<br>attacco (m), apparecchio (m) d'aggânciamento<br>aparato (m) de apriete |
| 3 | Mitnehmer (m)<br>catch, driver<br>entraîneur (m) | 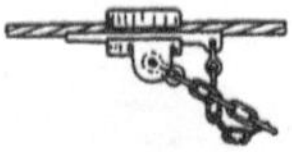 | захватъ (m) для каната; захватывающій замокъ (m)<br>attacco (m)<br>conductor (m), disposición (f) de arrastre |
| 4 | Büchsenmitnehmer (m)<br>bush catch<br>entraîneur (m) à manchon | 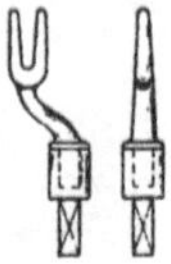 | наставной захватъ (m) со втулкой<br>attacco (m) a bossolo<br>disposición (f) de arrastre con casquillo |
| 5 | angenieteter Mitnehmer (m) aus Stahlblech<br>riveted steel plate catch<br>entraîneur (m) en tôle d'acier rivetée | 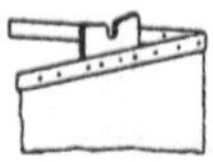 | приклёпанный захватъ (m) изъ листовой стали<br>attacco (m) chiodato in lamiera d'acciaio<br>disposición (f) de arrastre de chapa de acero remachada |
| 6 | aufsteckbarer, geschmiedeter Mitnehmer (m)<br>detachable forged catch<br>entraîneur (m) forgé amovible | 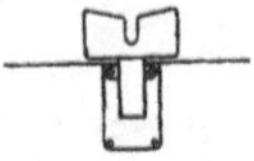 | наставной кованый захватъ (m)<br>attacco (m) fucinato<br>disposición (f) de arrastre forjada y postiza ó de quita y pon |
| 7 | Mitnehmerglied (n)<br>catch member<br>chaînon (m) d'entraîneur | | захватывающее звено (n)<br>maglia (f) d'attacco<br>argolla (f) de enganche |
| 8 | Anschlagpunkt (m)<br>stop<br>point (m) d'accrochage *ou* d'accouplement | | мѣсто (n) сцѣпки<br>punto (m) d'agganciamento<br>punto (m) de enganche |
| 9 | selbsttätiges Abschlagen (n)<br>automatic uncoupling<br>décrochage (m) automatique | | самодѣйствующее *или* автоматическое расцѣпленіе (n); автоматическая отцѣпка (f)<br>distacco (m) automatico<br>desenganche (m) automático |

selbsttätige Abschlag[e]vorrichtung (f)
automatic uncoupling device
décrocheur (m) automatique

автоматическій *или* самодѣйствующій расцѣпляющій приборъ (m)
apparecchio (m) automatico di distacco
mecanismo (m) de desenganche automático
*1*

---

Fußrolle (f)
foot roller, guide roller
galet (m) conducteur *ou* de soutien

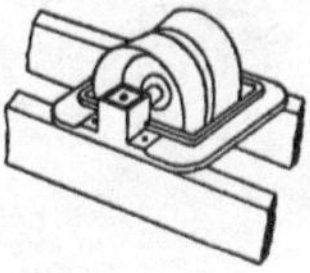

нижній роликъ (m); опорный шкивъ (m) *или* роликъ (m) *или* дискъ (m) для тягового каната
girella (f) di base
rodillo (m) conductor *ó* de apoyo
*2*

---

Spanngewicht (n)
tension weight
poids (m) tendeur

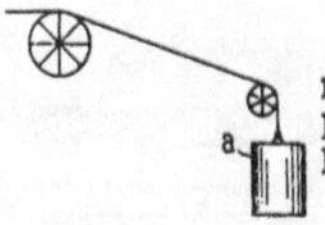


a

натяжной грузъ (m)
peso (m) tenditore
peso (m) tensor
*3*

---

liegender Antrieb (m)
horizontal drive
commande (f) horizontale

горизонтальный приводъ (m)
comando (m) orizzontale
impulsión (f) horizontal
*4*

---

stehender Antrieb (m)
vertical drive
commande (f) verticale

вертикальный приводъ (m)
comando (m) verticale
impulsión (f) vertical
*5*

---

Triebscheibe (f)
pulley, driving pulley
poulie (f) de commande *ou* motrice

приводный шкивъ (m)
puleggia (f) di comando
polea (f) motriz
*6*

---

Seilschmierer (m)
rope lubricator
appareil (m) de graissage du câble

приборъ (m) для смазки каната
ingrassatore (m) per fune
aparato (m) engrasador de cable
*7*

---

Klemmvorrichtung (f) für Verschiebebahnen
clutch for shunting railways
appareil (m) de serrage pour voies de manœuvre

зажимной приборъ (m) для сортировочныхъ путей
attacco (m) per binari di manovra
disposición (f) de apriete para vías de maniobra
*8*

---

Kettenverschleiß (m)
wear of chain
usure (f) de la chaîne

изнашиваніе (n) цѣпи
usura (f) della catena
desgaste (m) de la cadena
*9*

---

Kettenbruch (m)
fracture of chain
rupture (f) de chaîne

разрывъ (m) цѣпи
rottura (f) della catena
rotura (f) de la cadena
*10*

| | | | |
|---|---|---|---|
| 1 | **Massenbeförderung**<br>**Transport of Large Masses**<br>**Transport en masse** | | **Перемѣщеніе массовыхъ грузовъ**<br>**Trasporto in massa**<br>**Transporte en masa** |
| 2 | Erzwagen (m), Erzförderwagen (m)<br>ore wagon<br>wagonnet (m) à minerais | 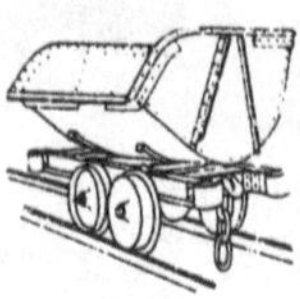 | вагонетка (f) *или* вагончикъ (m) для перевозки руды<br>carro (m) per trasporto di minerali<br>vagoneta (f) para minerales |
| 3 | Förderer (m), [Transporteur (m)]<br>transporter<br>transporteur (m) | | транспортёръ (m); передаточникъ (m)<br>trasportatore (m)<br>transportador (m) |
| 4 | Gurtförderer (m), [Gurttransporteur (m), Bandtransporteur (m)]<br>belt conveyor<br>transporteur (m) à courroie, transporteur (m) à bande | 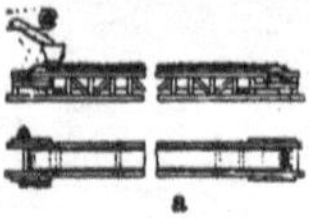<br>a | ленточный транспортёръ (m); пассъ (m)<br>trasportatore (m) a cinghia *od* a nastro<br>transportador (m) de correa *ó* cinta |
| 5 | Förderband n), [Transportband (n)]<br>conveying belt, transport band<br>bande (f) transporteuse | a | транспортная лента (f)<br>nastro (m) trasportatore<br>cinta (f) sin fin de transporte |
| 6 | Bandförderung (f)<br>belt conveyance<br>transport (m) par bande *ou* sur bande *ou* par ruban | | перемѣщеніе (n) *или* подача (f) лентою<br>trasporto (m) a nastro<br>transporte (m) por cinta |
| 7 | Muldenrolle (f)<br>trough roller<br>rouleau (m) pour courber la bande | 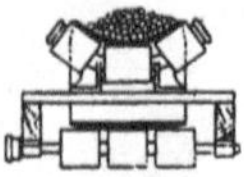 | катки (m pl), придающіе лентѣ форму лотка<br>rulli (m pl) per curvare il nastro<br>rodillo (m) para encorvar la cinta |
| 8 | Sammeltrumm (n)<br>charging end<br>bande (f) collectrice, brin (m) collecteur (de la bande) | | собирательный конецъ (m)<br>tratto (m) di nastro collettore<br>cinta (f) colectora |
| 9 | Verteilungstrumm (n)<br>discharging end<br>bande (f) distributrice, brin (m) distributeur (de la bande) | | распредѣлительный конецъ (m)<br>tratto (m) di nastro distributore<br>cinta (f) distribuidora |
| 10 | Steigband (n)<br>inclined belt<br>bande (f) de transport inclinée, ruban (m) de transport incliné | 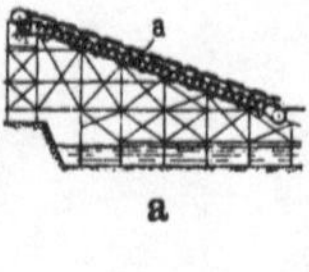<br>a | наклонно движущаяся лента (f)<br>nastro (m) inclinato<br>cinta (f) inclinada de transporte |

| | | | |
|---|---|---|---|
| Sackförderer (m),<br>[Sacktransporteur (m)]<br>sack *or* bag conveyor<br>transporteur (m) pour sacs | 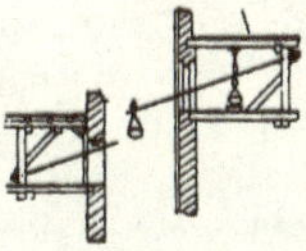 | транспортёръ (m) для мѣшковъ<br>trasportatore (m) di sacchi a nastro<br>transportador (m) de sacos | *1* |
| Kratzerförderer (m),<br>[Kratzertransporteur (m)]<br>push conveyor<br>transporteur (m) à racloirs *ou* raclettes | 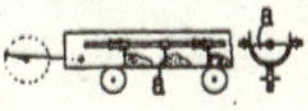 | транспортёръ (m) со скребками<br>trasportatore (m) a raschiatoio<br>transportador (m) con rascadores | *2* |
| Kratzerscheibe (f),<br>Kratzer (m)<br>scraper disc *or* plate<br>racloir (m) | a | скребокъ (m); крешеръ (m)<br>raschiatore (m)<br>disco (m) rascador | *3* |
| Kratzband (n)<br>scraping belt<br>ruban (m) à racloirs | 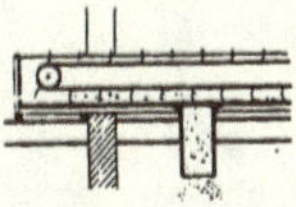 | лента (f) со скребками<br>nastro (m) a raschiatori<br>cinta (f) de rascadores | *4* |
| Förderrinne (f)<br>conveying trough (shaking)<br>gouttière (f) transporteuse *ou* de transporteur | 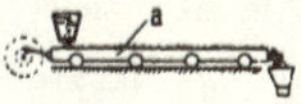 | транспортёрный жолобъ (m); податочный лотокъ (m)<br>canale (m) di trasporto, scivolone (m), canalone (m)<br>canal (f) transportadora | *5* |
| Rinnentrog (m)<br>shaking trough, jig<br>conduit (m) *ou* canal (m) *ou* gouttière (f) de transporteur | a | желобчатый лотокъ (m)<br>corpo (m) dello scivolone<br>conducto (m) *ó* canal (f) del transportador | *6* |
| Förderschnecke (f)<br>screw conveyor<br>vis (f) *ou* hélice (f) transporteuse | 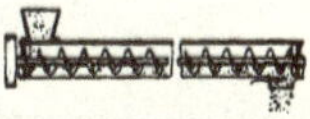 | винтовой транспортёръ (m); шнекъ (m); транспортный винтъ (m)<br>coclea (f) trasportatrice<br>tornillo (m) [*ó* sin-fin (m)] transportador | *7* |
| verstellbarer Ablader (m)<br>adjustable discharger<br>déchargeur (m) mobile |  | передвижное разгрузочное приспособленіе (n)<br>scaricatore (m) spostabile<br>descargador (m) móvil | *8* |
| Becherwerk (n), [Paternosterwerk (n)]<br>elevator, paternoster elevator<br>noria (f), élévateur (m) *ou* chaîne (f) à godets | 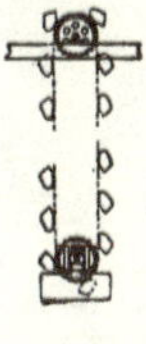 | норія (f)<br>noria (f), elevatore (m) a tazze *od* a secchi<br>noria (f), elevador (m) de cangilones | *9* |

| | | |
|---|---|---|
| 1 | **Wasserversorgung**<br>**Water Supply**<br>**Alimentation et distribution d'eau** | **Водоснабженіе**<br>**Provvista d'acqua**<br>**Distribución de las aguas** |
| 2 | Wassermenge (f)<br>quantity of water<br>quantité (f) d'eau | количество (n) воды<br>quantità (f) d'acqua<br>cantidad (f) de agua |
| 3 | stündliche Leistung (f) der Wasserversorgung<br>output of water supply per hour<br>quantité (f) d'eau par heure de la distribution d'eau | производительность (f) водоснабженія въ часъ<br>portata (f) oraria dell'impianto d'acqua<br>cantidad (f) de agua distribuida por hora |
| 4 | Wasserbedarf (m)<br>amount of water required<br>quantité (f) d'eau nécessaire | потребное количество (n) воды<br>bisogno (m) d'acqua<br>cantidad (f) necesaria de agua |
| 5 | Wasserverbrauch (m)<br>consumption of water<br>consommation (f) d'eau | расходъ (m) воды<br>consumo (m) d'acqua<br>consumo (m) de agua |
| 6 | Wassermangel (m)<br>dearth of water<br>manque (f) d'eau | недостатокъ (m) воды<br>mancanza (f) d'acqua<br>escasez (f) ó falta (f) de agua |
| 7 | **Wassergewinnung**<br>**Procuring of Water**<br>**Captage de l'eau** | **Добываніе или полученіе воды**<br>**Presa d'acqua**<br>**Extracción ó captación de agua** |

| | | | |
|---|---|---|---|
| 8 | Saugkorb (m)<br>suction basket, jet<br>crépine (f) d'aspiration | a | всасывающая сѣтка (f)<br>cuffia (f) o spugna (f) d'aspirazione, succhiarola (f)<br>alcachofa (f) ó criba (f) de aspiración |
| 9 | Siebkammer (f), Filterkammer (f)<br>straining chamber<br>chambre (f) de filtration | b | камера (f) съ сѣткой; камера для фильтрованія<br>camera (f) di decantazione<br>cámara (f) de depuración ó de filtración |
| 10 | Fischrechen (m)<br>fish grid<br>écrille (f), grille (f) à poisson | c | сѣтка (f) для задержанія рыбы<br>griglia (f) per pesci<br>rejilla (f) para peces |

Grundwassergewinnung (f)
procuring water from a subterranean source
captage (m) d'eau souterraine

добываніе (n) грунтовой *или* почвенной *или* подпочвенной воды
presa (f) d'acqua sotterranea 1
extracción (f) ó captación (f) de agua subterránea

---

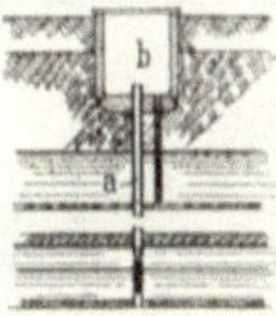


Quellfassung (f)
well shaft
captage (m) d'une source

перехватываніе (n) источника
presa (f) d'una sorgente 2
toma (f) de agua de manantial

---

Fassungsrohr (n)
well tube
tuyau (m) de la prise *ou* d'ascension d'eau

a

водозабирная труба (f)
tubo (m) di presa 3
tubo (m) de ascensión

---

Brunnenstube (f)
well chamber
chambre (f) *ou* puits (m) de la prise d'eau (de source)

b

люкъ (m) колодца
camera (f) del pozzo 4
cámara (f) de pozo

---

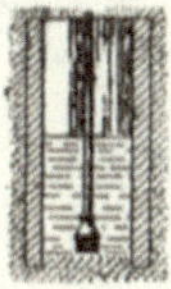

Brunnenanlage (f)
arrangement of wells
puits (m)

устройство (n) колодца; колодецъ (m); колодезь (m) 5
impianto (m) di pozzi
pozo (m)

---

Rohrbrunnen (m)
fountain
puits (m) tubulaire américain *ou* de Norton

трубчатый колодецъ (m); абессинскій колодецъ (m); нортоновскій колодецъ 6
pozzo (m) tubolare
pozo (m) tubular ó de Norton

---

Senkbrunnen (m)
sunk well
fonçage (m) tubulaire, puits (m) à enfoncement sous charge

опускной колодецъ (m)
pozzo (m)
pozo (m) de hundimiento sobre carga [fundición (f) tubular] 7

---

artesischer Brunnen (m)
artesian well
puits (m) artésien

артезіанскій колодецъ (m)
pozzo (m) artesiano 8
pozo (m) artesiano

**Wasserförderung**
**Raising of Water**
**Elevation de l'eau**

**Подача или подъёмъ воды**
**Elevazione d'acqua** 9
**Elevación del agua**

Pumpanlage (f)
pumping plant *or* station
installation (f) de pompes

насосная установка (f) *или* станція (f)
impianto (m) di pompe 10
instalación (f) de bombas

1 Handpumpe (f)
hand pump
pompe (f) à main

ручной насосъ (m)
pompa (f) a mano
bomba (f) de mano

---

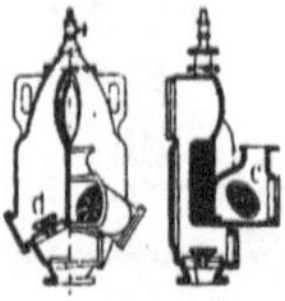

2 Pulsometer (n)
pulsometer
pulsomètre (m)

пульзометръ (m)
pulsometro (m)
pulsómetro (m)

---

3 Saugventil (n)
suction valve
soupape (f) d'aspiration

c

всасывающій клапанъ (m)
valvola (f) aspirante
válvula (f) de aspiración

---

4 Druckventil (n)
pressure valve
soupape (f) de refoulement

d

нагнетательный клапанъ (m)
valvola (f) premente
válvula (f) de presión ó de impulsión

---

5 Tiefbrunnenelevator (m)
deep well elevator, ejector
éjecteur (m) placé dans le puits

элеваторъ (m) для глубокихъ колодцевъ; эжекторъ (m)
elevatore (m) per pozzi
elevador (m) de pozo

---

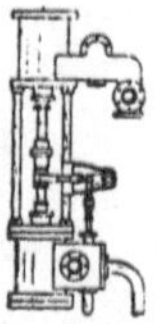

6 Dampfpumpe (f)
steam pump
pompe (f) à vapeur

паровой насосъ (m)
pompa (f) a vapore
bomba (f) de vapor

---

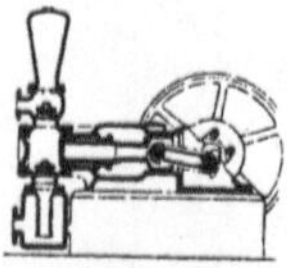

7 einfach wirkende Pumpe (f)
single acting pump
pompe (f) à simple effet

насосъ (m) простого дѣйствія
pompa (f) a semplice effetto
bomba (f) de simple efecto

---

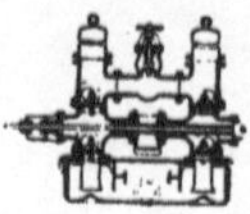

8 doppelt wirkende Pumpe (f)
double acting pump
pompe (f) à double effet

насосъ (m) двойного дѣйствія
pompa (f) a doppio effetto
bomba (f) de doble efecto

Doppelzylinderpumpe (f), [Duplexpumpe (f), Worthingtonpumpe (f)]
duplex pump, Worthington pump
pompe (f) duplex, pompe (f) Worthington

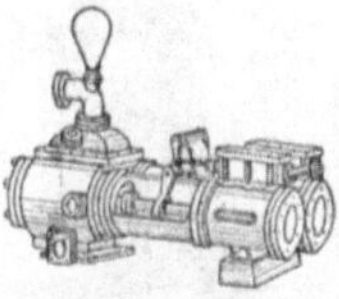

насосъ (m) дуплексъ; паровой насосъ Вортингтона
pompa (f) duplex, pompa (f) Worthington
bomba (f) duplex, bomba (f) Worthington 1

---

Verbunddampfpumpe (f)
compound steam pump
pompe (f) à vapeur compound

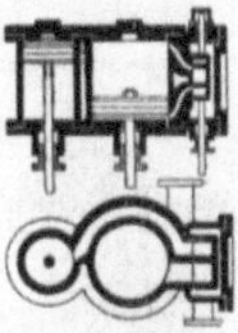

паровой насосъ (m) компаундъ
pompa (f) compound a vapore
bomba (f) de vapor compound 2

---

Wanddampfpumpe (f)
wall steam pump
pompe (f) à vapeur murale

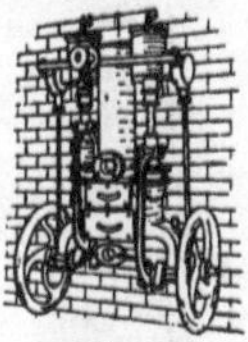

стѣнной паровой насосъ (m)
pompa (f) da muro a vapore
bomba (f) mural de vapor 3

---

freistehende Dampfpumpe (f)
isolated steam pump
pompe (f) à vapeur isolée, pompe (f) à vapeur verticale avec bâti

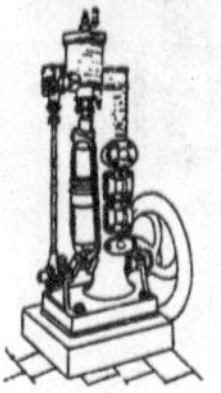

свободностоящій паровой насосъ (m)
pompa (f) a vapore isolata
bomba (f) de vapor independiente 4

---

Zwillingsdampfpumpe (f)
twin steam pump
pompe (f) à vapeur jumelle

сдвоенный паровой насосъ (m)
pompa (f) a vapore gemella
bomba (f) de vapor gemela 5

---

Drehkolbenpumpe (f), [Rotationspumpe (f)]
rotary pump
pompe (f) rotative

ротаціонный насосъ (m)
pompa (f) rotativa
bomba (f) rotatoria 6

---

Schleuderpumpe (f), [Zentrifugalpumpe (f)]
centrifugal pump
pompe (f) centrifuge

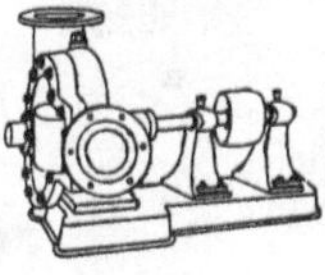

центробѣжный насосъ (m)
pompa (f) centrifuga
bomba (f) centrifuga 7

1 Umlaufpumpe (f), [Zirkulationspumpe (f)]
circulation pump
pompe (f) à circulation

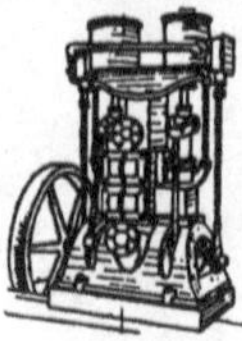

циркуляціонный насосъ (m)
pompa (f) di circolazione
bomba (f) de circulación

---

2 Dampfsauger (m), Dampfexhaustor (m)
steam exhaustor
exhausteur (m) à vapeur

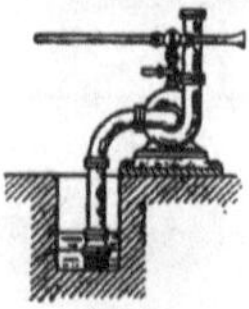

паровой эксгаусторъ (m)
aspiratore (m) a vapore
aspirador (m) de vapor

---

3 Tauchkolbenpumpe (f), Taucherkolbenpumpe (f), [Plungerpumpe (f)]
plunger pump
pompe (f) à piston plongeur

насосъ (m) съ ныряющими *или* со скальчатыми поршнями
pompa (f) a stantuffo tuffante
bomba (f) de émbolo buzo

---

4 Schachtpumpe (f)
shaft pump
pompe (f) de puits

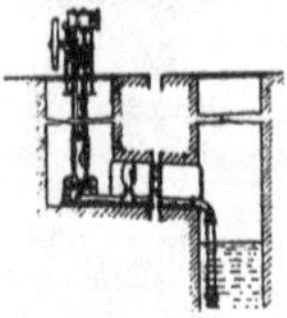

насосъ (m), устанавливаемый въ колодцѣ
pompa (f) per pozzi
bomba (f) para pozo

---

5 Pumpengestänge (n)
spars, scaffold
tiges (f pl) de pompe

штанги (f pl) насоса
asta (f) della pompa
vástagos (m pl) de la bomba

**6 Wasserleitung**
**Water Conduit**
**Conduite d'eau**

**Водопроводъ**
**Conduttura d'acqua**
**Conducción ó conducto de agua, tubería de agua**

7 Saugleitung (f)
suction conduit *or* pipes
conduite (f) d'aspiration

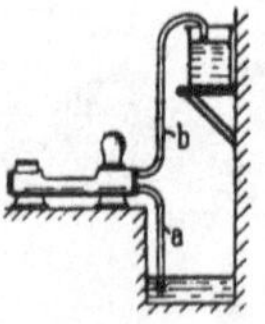


всасывающій трубопроводъ (m)
condotta (f) aspirante
tubería (f) de aspiración

a

---

8 Druckleitung (f)
delivery conduit *or* pipes
conduite (f) de refoulement

b

нагнетательный *или* напорный трубопроводъ (m)
condotta (f) premente
tubería (f) de presión ó impulsión

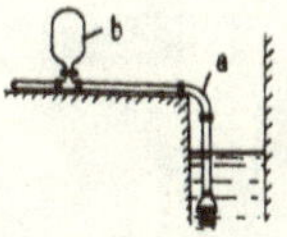

Saugrohr (n)
suction pipe
tuyau (m) d'aspiration

a

всасывающая труба(f)
tubo (m) aspirante
tubo (m) de aspiración 1

---

Saugwindkessel (m)
suction air chamber *or* vessel
chambre (f) à air de la conduite d'aspiration

b

воздушный колпакъ (m) всасыванія
camera (f) d'aria aspirante
depósito (m) de aire de la tubería de aspiración 2

---

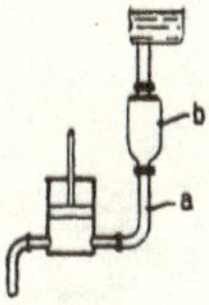

Druckrohr (n), Steigrohr (n)
delivery pipe
tuyau (m) de refoulement

a

нагнетательная труба (f)
tubo (m) premente
tubo (m) de impulsión 3

---

Druckwindkessel (m)
delivery air chamber *or* air vessel
réservoir (m) d'air de la conduite de refoulement

b

воздушный колпакъ (m) нагнетанія
camera (f) d'aria premente
depósito (m) de aire de la tubería de impulsión 4

---

Entlüftungsventil (n)
relief valve
ventouse (f) *ou* soupape (f) à air

воздушный клапанъ (m); вантузъ (m)
valvola (f) per l'aria
ventosa (f) 5

**Wasserbehälter**
**Reservoir, Tank**
**Réservoir d'eau**

**Водоёмъ; водоёмное зданіе**
**Serbatoio d'acqua, rifornitore**
**Depósito de agua** 6

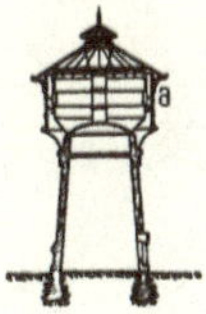

Wasserturm (m)
water tower
château (m) d'eau

водоёмная *или* водонапорная башня (f)
castello (m) d'acqua
torre (f) de agua 7

---

Hochbehälter (m)
high level tank, elevated reservoir
réservoir (m) d'eau sous pression, réservoir (m) surélevé *ou* de distribution

a

высоко поставленный напорный резервуаръ (m) *или* банъ (m)
serbatoio (m) elevato *o* posto in alto
depósito (m) elevado de agua *ó* de agua bajo presión 8

| | | | |
|---|---|---|---|
| 1 | Fallrohr (n)<br>down main, service pipe<br>tuyau (m) descendant *ou* de distribution | 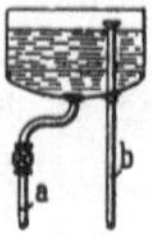<br>a | спускная труба (f)<br>tubo (m) di scarico<br>tubo (m) descendente ó de descenso |
| 2 | Überlaufrohr (n)<br>overflow pipe<br>tube (m) de trop-plein | b | сливная труба (f)<br>tubo (m) dello sfioratore *o* di troppo pieno<br>tubo (m) de desagüe |
| 3 | Wasserpfosten (m), [Hydrant (m)]<br>hydrant, water post<br>borne-fontaine (f) | | гидрантъ (m)<br>sbocco (m) d'acqua<br>hidrante (m) |
| 4 | Wassermesser (m)<br>water meter<br>compteur (m) d'eau |  | водомѣръ (m)<br>misuratore (m) *o* contatore (m) d'acqua<br>contador (m) de agua |
| 5 | **Wasserreinigung**<br>**water purification**<br>**épuration de l'eau** | | **водоочищеніе; очистка воды**<br>**depurazione dell'acqua**<br>**depuración del agua** |
| 6 | Rohwasser (n), Naturwasser (n)<br>natural water<br>eau (f) brute, eau (f) naturelle *ou* non épurée | | сырая *или* неочищенная вода (f); натуральная вода<br>acqua (f) impura, acqua (f) naturale<br>agua (f) natural |
| 7 | gereinigtes Wasser (n)<br>purified water<br>eau (f) épurée | | очищенная вода (f)<br>acqua (f) depurata<br>agua (f) depurada |
| 8 | Klärung (f) des Wassers<br>clarification of water<br>clarification (f) de l'eau | | процѣживаніе (n) воды<br>decantazione (f) *o* chiarificazione (f) dell'acqua<br>clarificación (f) del agua |
| 9 | Klärbehälter (m)<br>settling tank<br>décanteur (m), réservoir (m) de clarification | 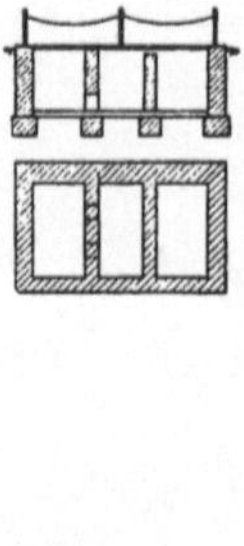 | отстойный сосудъ (m) *или* резервуаръ (m); отстойный бассейнъ (m) *или* ящикъ (m)<br>decantatore (m), serbatoio (m) di decantazione<br>decantador (m), depósito (m) de clarificación |

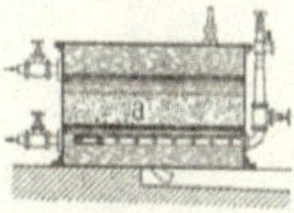

a

1
Filter (n)
filter
filtre (m)
фильтръ (m)
filtro (m)
filtro (m)

---

2
Filterschicht (f)
filter bed
couche (f) filtrante
фильтрующій слой (m)
strato (m) filtrante
capa (f) filtradora

---

3
Kiesfilter (n)
pebble filter
filtre (m) à gravier
фильтръ (m) съ гравіемъ
filtro (m) di ghiaia
filtro (m) de piedras ó de gravilla

---

4
chemische Verunreinigung (f)
chemical impurity
souillure (f) par des substances chimiques
химическое загрязненіе (n); загрязненіе воды отъ химически растворённыхъ въ ней элементовъ
impurità (f) chimica
impureza (f) química

---

5
Ausfällung (f) der Verunreinigung
precipitation of impurities
précipitation (f) des impuretés
выдѣленіе (n) *или* осажденіе (n) примѣсей
precipitazione (f) delle impurità
precipitación (f) de las impurezas

---

6
Fällmittel (n), Niederschlagmittel (n)
precipitant, precipitating agent
précipitant (m), agent (m) de précipitation
осадочное средство (n); осаждающее вещество (n)
reagente (m) precipitante
precipitante(m), agente (m) de precipitación

---

7
Niederschlag (m)
precipitate, deposit, sediment
matière (f) précipitée, précipité (m), dépôt (m)
осадокъ (m)
materia (f) eterogenea da separare, precipitato (m), deposito (m)
materia (f) separada ó precipitada, precipitado (m), depósito (m), sedimento (m)

---

8
Enthärtung (f)
softening
adoucissement (m) des eaux
смягченіе (n) воды
addolcimento (m)
endulzamiento (m) del agua

---

9
Enteisenung (f)
deironing
déferrisation (f)
выдѣленіе (n) соединеній желѣза
separare (v) il ferro
separación (f) del hierro

1 **Rückkühlung**
**Cooling with Water Circulation**
**Refroidissement (avec circulation d'eau)**
**Обратное [искусственное] охлажденіе**
**Refrigerazione (a circolazione d'acqua)**
**Refrigeración (con circulación de agua)**

2 geschlossener Kreislauf (m)
closed circulation
circulation (f) (de l'eau) en circuit fermé
полная циркуляція (f); замкнутое водообращеніе (n)
ciclo (m) chiuso
circulación (f) (del agua) en un circuito cerrado

---

3 wiederholte Benutzung (f) des Wassers
repeated use of water
emploi (m) répété des eaux (par refroidissement)
неоднократное пользованіе (n) водой; неоднократное использованіе (n) воды
uso (m) ripetuto dell'acqua
uso (m) repetido del agua

---

4 Wasserkühlanlage (f)
water cooling plant
installation (f) d'appareils réfrigérants pour les eaux
устройство (n) *или* приспособленіе (n) для охлажденія воды
impianto (m) di refrigerazione dell'acqua
instalación (f) de refrigeración del agua

---

5 Kühlteich (m)
cooling pond
bassin (m) de refroidissement

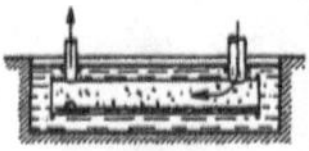

охлаждающій прудъ; бассейнъ (m) для охлажденія воды
bacino (m) di refrigerazione
estanque (m) de enfriamiento

---

6 Rieselwerk (n), Gradierwerk (n)
cooling tower
bâtiment (m) de graduation

градирня (f)
impianto (m) di refrigerazione a gradini
enfriadero (m) de gradas

---

7 Rieselkühler (m)
trickling *or* dripping cooling plant
appareil (m) refroidisseur *ou* réfrigérant (m) à ruissellement

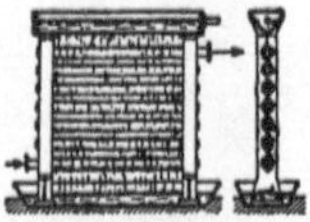

охладитель (m) съ орошеніемъ; оросительный охладитель
refrigerante (m) a corrente *od* ad irrigazione
enfriadero (m) por riego

---

8 berieseln (v)
to irrigate
ruisseler (v)

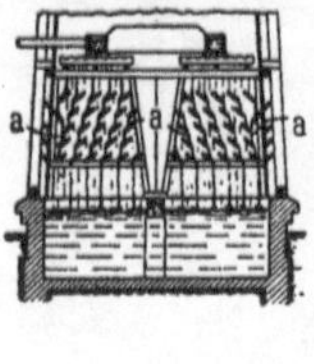


орошать
irrigare (v)
regar (v), rociar (v

Rieselfläche (f), Berieselungsfläche (f)
irrigation surface
nappe (f) de ruissellement

a

оршаемая поверхность (f)
superficie (f) d'irrigazione
superficie (f) de riego 1

---

Kühlturm (m)
cooling tower
tour (f) de réfrigération

градирня (f); охлаждающая башня (f)
torre (f) di refrigerazione
enfriadero (m) de torre 2

---

Kaminkühler (m)
chimney cooler
réfrigérant (m) à cheminée

охлаждающая башня (f)
refrigerante (m) a camino
enfriadero (m) de chimenea 3

---

**Gebäulichkeiten**
**Buildings**
**Bâtiments**

**Постройки**
**Edifizi**
**Edificios** 4

Pförtnerhaus (n), [Portierbude (f)]
porter's lodge
loge (f) de portier

дворницкая (f); сторожевая будка (f); сторожка (f)
casa (f) del portiere
portería (f) 5

---

Verwaltungsgebäude (n)
administration building, offices
bâtiment (m) d'administration

зданіе (n) правленія; [у]правленіе (n)
edifizio (m) dell'amministrazione
edificio (m) de la administración 6

---

Direktionsgebäude (n)
manager's office
bâtiment (m) *ou* bureau (m) de direction

зданіе (n) дирекціи; дирекція (f)
edifizio (m) della direzione
edificio (m) de la dirección 7

---

Kanzleigebäude (n), Bureaugebäude (n)
office buildings
bureaux (m pl)

зданіе (n) конторы; контора (f)
edifizio (m) degli uffici
oficinas (f pl) 8

---

Maschinenhaus (n)
engine house
bâtiment (m) des machines

машинное зданіе (n) *или* помѣщеніе (n)
edifizio (m) [delle] macchine
casa (f) de máquinas 9

1 Kesselhaus (n)
boiler house
bâtiment (m) des chaudières

котельное здание (n) *или* помѣщеніе (n); котельная (f); кочегарка (f)
edifizio (m) [delle] caldaie
casa (f) de calderas

---

2 mechanische Werkstätte (f)
mechanical workshop, fitting shop
atelier (m) de construction mécanique

механическая мастерская (f)
officina (f) meccanica
taller (m) de construcción mecánica

---

3 Ausbesserungswerkstatt (f), [Reparaturwerkstätte (f)]
repair shop
atelier (m) de réparation

ремонтная мастерская (f)
officina (f) [delle] riparazioni
taller (m) de reparación

---

4 Schmiede (f)
smithy, forge
forge (f)

кузница (f)
officina (f) [dei] fabbri
fragua (f), forja (f)

---

5 Unfallwache (f)
ambulance station
infirmerie (f) de service, station (f) de secours

пріёмный покой (m)
guardia (f) medica
estación (f) ó casa (f) de socorro

---

6 Waschraum (m)
lavatory
lavoir (m), lavabos (m pl)

умывальня (f)
lavatoio (m)
cuarto (m) de lavar ó de aseo

---

7 Waschvorrichtung (f)
lavatory
installation (f) de lavabos

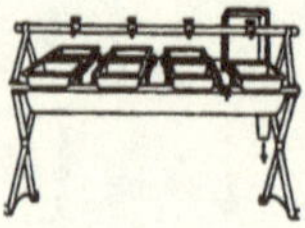

умывальникъ (m)
lavatoio (m)
lavabos (m pl)

Brausebad (n)
shower bath
douche (f)

душь (f); душъ (m)
doccia (f)
ducha (f) 1

Arbeiterwohnung (f)
workmen's dwelling *or* cottage
maison (f) *ou* habitation (f) ouvrière

квартира (f) *или* помѣщенiе (n) для рабочихъ; рабочая квартира; [заводская казарма (f)]
abitazione (f) operaia
habitación (f) ó casa (f) para obreros 2

Eisenwerk (n), Eisenverband (m), Eisenbau (m), Eisenkonstruktion (f)
iron building
construction (f) en fer, charpente (f) en fer

желѣзная конструкцiя (f)
costruzione (f) in ferro
construcción (f) de hierro 3

Holzwerk (n), Holzverband (m), Holzbau (m), Holzkonstruktion (f)
wood construction
construction (f) en bois, charpente (f) en bois

деревянная конструкцiя (f)
costruzione (f) in legno
construcción (f) de madera 4

**Kesselanlagen**
**Boiler Plants**
**Installations de chaudières**

**Котельныя установки**
**Impianti di caldaie**
**Instalaciones de calderas** 5

Feuerungsanlage (f)
firing plant, furnace installation
installation (f) de foyer

устройство (n) топки
impianto (m) di forni
instalación (f) de calderas 6

freistehende Kesselanlage (f)
open range boiler plant
installation (f) de chaudières découvertes *ou* à l'air libre

котельная установка (f), стоящая подъ открытымъ небомъ
impianto (m) scoperto di caldaie
instalación (f) de calderas al aire libre 7

überdachte Kesselanlage (f)
covered boiler plant
installation (f) de chaudières sous toit

крытая котельная установка (f); котельная установка подъ навѣсомъ
impianto (m) coperto di caldaie
instalación (f) de calderas cubierta 8

1 Dampfkessel (m)
steam boiler
générateur (m) de vapeur, chaudière (f) à vapeur

паровой котёлъ (m)
caldaia (f) a vapore
caldera (f) ó generador (m) de vapor

---

2 Hochdruckdampfkessel (m)
high pressure steam boiler
chaudière (f) *ou* générateur (m) à vapeur à haute pression

паровой котёлъ (m) высокаго давленія
caldaia (f) a vapore ad alta pressione
caldera (f) de vapor de alta presión

---

3 liegender Dampfkessel (m)
horizontal steam boiler
générateur (m) horizontal, chaudière (f) horizontale

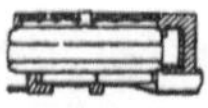

горизонтальный паровой котёлъ (m)
caldaia (f) orizzontale
caldera (f) de vapor horizontal

---

4 stehender Dampfkessel (m)
vertical steam boiler
chaudière (f) verticale, générateur (m) vertical

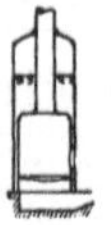

вертикальный паровой котёлъ (m)
caldaia (f) verticale
caldera (f) de vapor vertical

---

5 Mitteldruckdampfkessel (m)
medium pressure steam boiler
chaudière (f) *ou* générateur (m) à vapeur à pression moyenne

паровой котёлъ (m) средняго давленія
caldaia (f) a vapore a media pressione
caldera (f) de vapor de media presión

---

6 Niederdruckdampfkessel (m)
low pressure steam boiler
chaudière (f) *ou* générateur (m) à vapeur à basse pression

паровой котёлъ (m) низкаго давленія
caldaia (f) a vapore a bassa pressione
caldera (f) de vapor de baja presión

---

7 Kleinwasserraumkessel (m)
boiler with small water space
chaudière (f) *ou* générateur (m) à faible volume d'eau

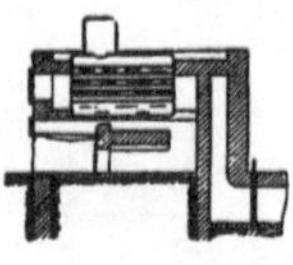

котёлъ (m) съ малымъ объёмомъ воды *или* съ малымъ водянымъ пространствомъ
caldaia (f) a piccolo volume d'acqua
caldera (f) de pequeño volumen de agua

---

8 Großwasserraumkessel (m)
boiler with large water space
chaudière (f) *ou* générateur (m) à grand volume d'eau



котёлъ (m) съ большимъ объёмомъ воды *или* съ большимъ водянымъ пространствомъ
caldaia (f) a gran volume d'acqua
caldera (f) de gran volumen de agua

Gegenstromkessel (m)
counter current boiler
générateur (m) *ou* chaudière (f) à contre-courant

котёлъ (m) съ противотокомъ; котёлъ съ взаимнопротивоположнымъ теченіемъ воды и топочныхъ газовъ
caldaia (f) a correnti contrarie
caldera (f) de corrientes invertidas
*1*

---

Gleichstromkessel (m)
concurrent boiler
chaudière (f) dans laquelle l'eau et les gaz chauds circulent dans le même sens

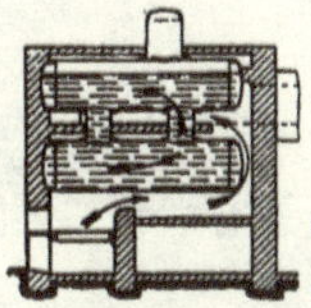

котёлъ (m) съ параллельнымъ теченіемъ; котёлъ съ теченіемъ воды и топочныхъ газовъ въ одномъ направленіи
caldaia (f) a correnti dello stesso senso
caldera (f) de corriente directa
*2*

---

Umlaufkessel (m)
circulation boiler
générateur (m) *ou* chaudière (f) à circulation

котёлъ (m) съ принудительной циркуляціей [воды]
caldaia (f) a circolazione
caldera (f) de circulación
*3*

---

Betriebkessel (m)
working boiler, plant boiler
chaudière (f) en service

рабочій котёлъ (m)
caldaia (f) in servizio
caldera (f) de servicio
*4*

---

Ersatzkessel (m), [Reservekessel (m)]
spare *or* stand by boiler
chaudière (f) de réserve

запасной котёлъ (m)
caldaia (f) di riserva
caldera (f) de reserva
*5*

---

Hilfskessel (m)
auxiliary boiler
chaudière (f) auxiliaire *ou* de secours

вспомогательный котёлъ (m)
caldaia (f) ausiliare
caldera (f) auxiliar
*6*

---

Einfachkessel (m), einfacher Walzenkessel (m)
single boiler
chaudière (f) formée d'un simple corps cylindrique

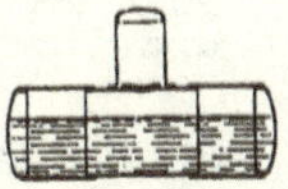

одиночный котёлъ (m)
caldaia (f) semplice
caldera (f) sencilla
*7*

---

Verbundkessel (m)
combination boiler
chaudière (f) combinée *ou* mixte

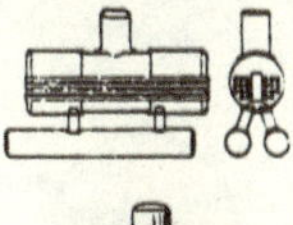

комбинированный *или* сложный *или* составной котёлъ (m)
caldaia (f) combinata
caldera (f) combinada
*8*

---

Staffelkessel (m), [Etagenkessel (m)]
multiple stage boiler
chaudière (f) étagée

этажный котёлъ (m)
caldaia (f) a piani
caldera (f) escaleriforme, caldera (f) con hervidores sobrepuestos
*9*

1 Kesselgruppe (f), Kesselbatterie (f)
battery of boilers
batterie (f) de chaudières

батарея (f) котловъ
batteria (f) di caldaie
batería (f) de calderas

---

2 Walzenkessel (m) mit Sieder, Bouilleurkessel (m)
French *or* elephant boiler
chaudière (f) à bouilleur[s]

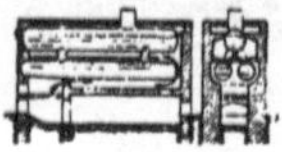

котёлъ (m) съ кипятильниками; французскій котёлъ
caldaia (f) a bollitori
caldera (f) de hervidor[es]

---

3 mehrfacher Walzenkessel (m)
multiple cylindrical boiler
chaudière (f) cylindrique multiple

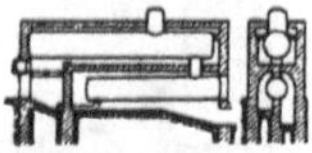

комбинированный *или* сложный *или* составной цилиндрическій котёлъ (m)
caldaia (f) cilindrica composta
caldera (f) cilíndrica múltiple

---

4 Batteriekessel (m)
battery boiler
génerateur (m) *ou* chaudière (f) à plusieurs bouilleurs

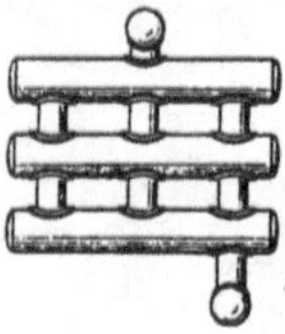

батарейный котёлъ (m)
caldaia (f) a batterie
caldera (f) de hervidores múltiples

---

5 Flammrohrkessel (m)
flue boiler
chaudière (f) *ou* générateur (m) à foyer intérieur

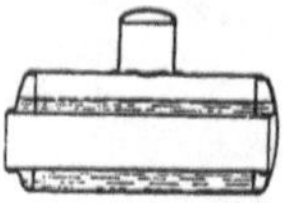

котёлъ (m) съ жаровой трубой; котёлъ съ жаровыми *или* съ пламенными трубами
caldaia (f) a focolare interno
caldera (f) de hogar[es] interior[es]

---

6 Wellrohrkessel (m)
boiler with corrugated flue tube
chaudière (f) *ou* générateur (m) à foyer intérieur ondulé

котёлъ (m) съ волнистыми жаровыми, (пламенными) трубами; котёлъ съ жаровой волнистой (пламенной) трубой
caldaia (f) a focolare ondulato
caldera (f) con hogar interior ondulado

---

7 Flammrohrkessel (m) mit Quersiederohren
flue boiler with cross tubes
chaudière (f) *ou* générateur (m) à foyer intérieur avec bouilleurs transversaux, chaudière (f) de Galloway

котёлъ (m) съ поперечными кипятильными трубками; котёлъ (m) съ галовевскими трубками; котёлъ Галовея
caldaia (f) a focolare interno con bollitori trasversali
caldera (f) de hogar interior con hervidores transversales, caldera (f) de Galloway

Rauchrohrkessel (m), Siederohrkessel (m)
boiler with fire *or* smoke tubes
chaudière (f) *ou* générateur (m) à tubes de fumée

котёлъ (m) съ дымогарными *или* съ прогарными трубками; трубчатый котёлъ
caldaia (f) a tubi di fumo
caldera (f) con tubos de humo, caldera (f) tubular 1

---

Lokomobilkessel (m)
semi-portable Cornish multitubular boiler
chaudière (f) demi-fixe

локомобильный котёлъ (m)
caldaia (f) da locomobile
caldera (f) semifija 2

---

Wasserröhrenkessel (m)
water tube boiler
chaudière (f) *ou* générateur (m) aquatubulaire *ou* à tubes d'eau

водотрубный котёлъ (m)
caldaia (f) a tubi d'acqua
caldera (f) con tubos de agua 3

---

Kohlenfeuerung (f)
coal firing
foyer (m) à charbon

топка (f) для угля
focolare (m) a carbone
hogar (m) para carbón 4

---

Holzfeuerung (f)
wood fired furnace
foyer (m) à bois

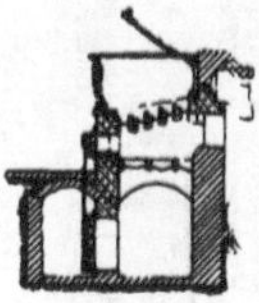

топка (f) для дровъ
focolare (m) a legna
hogar (m) para leña 5

---

Braunkohlenfeuerung (f)
lignite fired furnace
foyer (m) à lignite

топка (f) для бураго угля *или* для лигнита
focolare (m) a lignite
hogar (m) para lignito 6

---

Kohlenstaubfeuerung (f)
coal dust furnace
foyer (m) à poussière

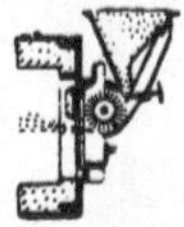

топка (f) для угольной пыли
focolare (m) a polvere di carbone
hogar (m) para carbonilla 7

---

Müllfeuerung (f)
refuse destructor furnace
foyer (m) à gadoues, foyer (m) à ordures ménagères

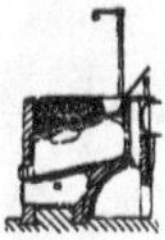

топка (f) для мусора
focolare (m) da spazzatura
hogar (m) para basuras 8

---

Teerfeuerung (f)
tar furnace
foyer (m) à goudron

топка (f) для смолы
focolare (m) a catrame
hogar (m) para alquitrán 9

---

Feuerung (f) mit Hochofengas
waste gas furnace
foyer (m) à gaz de haut-fourneaux

отопленіе (n) колошниковымъ газомъ; топка (f) газомъ доменныхъ печей
focolare (m) a gas d'alti forni
hogar (m) para gas de altos hornos 10

1 Feuerung (f) mit Petroleumrückständen
furnace for petroleum residue
foyer (m) pour résidus de la distillation du pétrole

отопленіе (n) нефтяными остатками; топка (f) мазутомъ
focolare (m) a residui di petrolio
hogar (m) para residuos de petróleo

---

2 Innenfeuerung (f)
internally fired furnace
foyer (m) intérieur

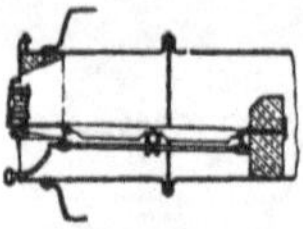

внутренняя топка (f)
focolare (m) interno
hogar (m) interior

---

3 Außenfeuerung (f)
externally fired furnace
foyer (m) extérieur

внѣшняя *или* наружная топка (f)
focolare (m) esterno
hogar (m) exterior

---

4 Vorfeuerung (f)
furnace in front of the boiler, fore hearth
foyer (m) antérieur

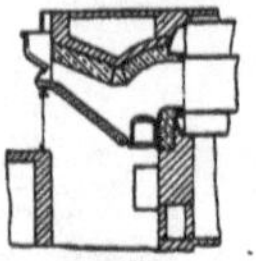

топка (f) передъ котломъ; передняя топка
focolare (m) anteriore
hogar (m) anterior

---

5 Unterfeuerung (f)
furnace under the boiler
foyer (m) inférieur

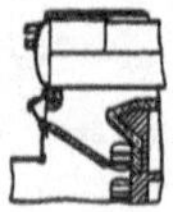

топка (f) подъ котломъ; нижняя топка;
focolare (m) inferiore
hogar (m) inferior

---

6 den Feuerraum mit feuerfesten Steinen auskleiden (v)
to line the furnace with fire bricks
revêtir (v) *ou* garnir (v) la boîte à feu de briques réfractaires

выложить (облицевать) топочное пространство огнеупорными кирпичами
rivestire (v) il focolare con mattoni refrattari
revestir (v) el hogar con ladrillos refractarios

---

7 mit der Hand beschicken (v)
to stoke by hand
charger (v) à la main *ou* manuellement

вабрасывать топливо отъ руки; загружать топку отъ руки
caricare (v) a mano
cargar (v) á mano

---

8 mechanische Rostbeschickung (f)
mechanical stoking *or* charging
chargement (m) mécanique *ou* automatique de la grille

механическая загрузка (f) *или* засыпка (f) колосниковой рѣшётки; механическій кочегаръ (m)
carica (f) meccanica del focolare
carga (f) mecánica del mparrillado

mechanische Feuerung (f)
mechanical stoker
foyer (m) mécanique

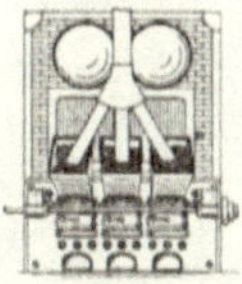

механическая топка (f); топка съ автоматической загрузкой; механическій
кочегаръ (m) 1
focolare (m) meccanico
hogar (m) automático ó de carga mecánica

---

den Rost mechanisch beschicken (v)
to stoke mechanically *or* automatically
charger (v) automatiquement *ou* mécaniquement la grille

засыпать *или* загружать колосниковую рѣшётку механическимъ путёмъ
caricare (v) il focolare 2
meccanicamente
cargar (v) el emparrillado mecánicamente ó automáticamente

---

Fülltrichter (m)
coal hopper
trémie (f) de chargement, trémie (f) à charbon

загрузочный ковшъ (m); воронка (f) для угля
imbuto (m) caricatore 3
tolva (f) de carga del carbón

---

Schüttfeuerung (f)
self-feeding furnace
foyer (m) à alimentation continue

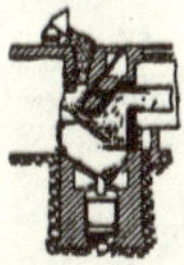

топка (f) съ непрерывной верхней засыпкой *или* загрузкой
focolare (m) a carica- 4
mento continuo
hogar (m) de alimentación continua

---

Kettenrostfeuerung (f)
chain grate stoker
foyer (m) avec grille à chaîne

топка (f) съ цѣпной колосниковой рѣшёткой
focolare(m) con griglia 5
a catena
hogar (m) con emparrillado de cadena

---

Walzenrostfeuerung (f)
furnace with cylinder grate
foyer (m) avec grille à rouleau

топка (f) съ роликовыми колосниками
focolare (m) con griglia 6
a cilindro
hogar (m) con emparrillado cilíndrico

---

Schüttelrostfeuerung (f)
furnace with movable fire bars, shaking grate
foyer (m) avec grille à secousses

топка (f) съ качающимися колосниками
focolare (m) con griglia
a scosse 7
hogar (m) con emparrillado sacudidor

1 Unterwindfeuerung (f)
forced draught furnace
foyer (m) à soufflage sous grille

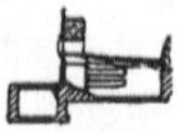

топка (f) съ нижнимъ дутъёмъ; топка съ дутьёмъ подъ рѣшётку
focolare (m) a tirata inferiore
hogar (m) con soplador por debajo del emparrillado

---

2 Dampfstrahlzerstäuber (m)
steam jet sprayer *or* atomiser
pulvérisateur (m) à jet de vapeur

пароструйный распылитель (m) *или* разбрызгиватель (m); пароструйная форсунка (f)
polverizzatore (m) a getto di vapore
pulverizador (m) de chorro de vapor

---

3 Rohrzerstäuber (m)
tubular sprayer *or* atomiser
pulvérisateur (m) à tubes concentriques, pulvérisateur-injecteur (m)

форсунка (f) съ концентрическими щелями *или* съ круглымъ выходомъ
polverizzatore (m) a tubo
pulverizador (m) tubular

---

4 Schlitzzerstäuber (m)
slot sprayer *or* atomiser
pulvérisateur (m) à fente

форсунка (f) *или* распылитель (m) *или* разбрызгиватель (m) съ плоскими щелями
polverizzatore (m) a fessura
pulverizador (m) de hendiduras

---

5 Streudüsenzerstäuber (m)
sprayer nozzle atomiser
pulvérisateur (m) à tuyère

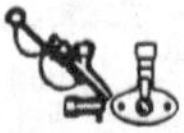

форсунка (f) съ соплами
polverizzatore (m) ad ugelli
pulverizador (m) de toberas

---

6 Schleuderzerstäuber (m), Zentrifugalzerstäuber (m)
centrifugal sprayer *or* atomiser
pulvérisateur (m) centrifuge

центробѣжная форсунка (f); центробѣжный распылитель (m) *или* разбрызгиватель (m)
polverizzatore (m) centrifugo
pulverizador (m) centrifugo

---

7 Petroleumeinspritzer (m), [Petroleuminjektor (m)]
petroleum injector
injecteur (m) à pétrole

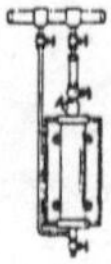

инжекторъ (m) для введенія въ котёлъ керосина; керосиновый инжекторъ
iniettore (m) di petrolio
inyector (m) de petróleo

Rundlochbrenner (m)
circular slot burner
brûleur (m) à orifice circulaire

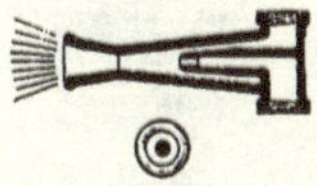

форсунка (f) (горѣлка) (f) съ метловиднымъ пламенемъ
becco (m) ad imboccatura rotonda 1
mechero (m) de orificio circular

---

Langlochbrenner (m)
long slot burner
brûleur (m) à embouchure oblongue, brûleur (m) à fente

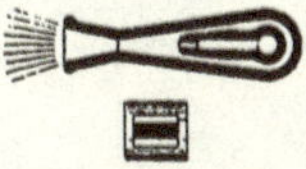

разрѣзная горѣлка (f); форсунка (f) (горѣлка) (f) съ длинными прорѣзами
becco (m) ad imboccatura oblunga 2
mechero (m) de hendidura ó de embocadura oblonga

---

Rundstrahlbrenner (m)
fan tailed burner
brûleur (m) circulaire à jet en éventail

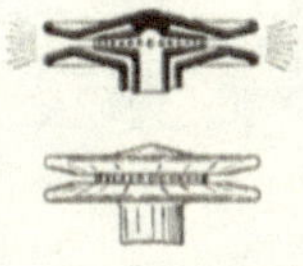

форсунка (f) (горѣлка) (f) съ пламенемъ въ видѣ вѣера; плоская тарелчатая форсунка
becco (m) circolare 3
mechero (m) circular con chorro en abanico

---

Kohlenzufuhr (f)
coal handling plant
amenée (f) du charbon

подача (f) *или* доставка (f) угля
trasporto (m) di carbone alla caldaia 4
transporte (m) del carbón á la caldera

---

Kohlenbeförderungsband (n)
belt conveyor for coal
bande (f) transporteuse [sans fin], transporteur (m) à bande [sans fin]

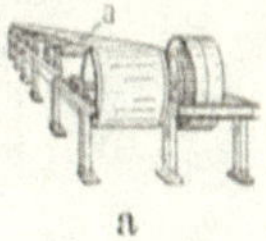

транспортная лента (f) [для угля]
cinghia (f) di trasporto per carbone 5
cinta (f) para el transporte del carbón

---

Kohlenzufuhr (f) durch Schnecke
supply of coal by means of a screw conveyor
amenée (f) du charbon par vis sans fin

подача (f) угля посредствомъ безконечнаго винта
trasporto (m) di carbone a coclea 6
transporte (m) del carbón por tornillo sin fin

---

Rost (m)
grate
grille (f)

колосниковая рѣшётка (f)
griglia (f), graticola (f) 7
emparrillado (m)

---

Rostfläche (f)
grate area
surface (f) de grille

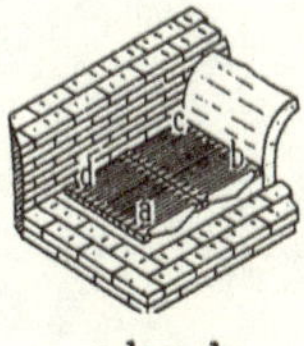
a b c d

площадь (f) колосниковой рѣшётки
superficie (f) della griglia 8
superficie (f) del emparrillado

1 gesamte Rostfläche (f)
total grate area
surface (f) totale de la grille, surface (f) de grille totale

a b c d

полная площадь (f) колосниковой рѣшётки
superficie (f) totale della griglia
superficie (f) total del emparrillado

---

2 wirksame Rostfläche (f)
useful grate area
surface (f) des vides de la grille, surface (f) active *ou* utile de la grille

g

живое сѣченіе (n) рѣшётки
superficie (f) utile della griglia
superficie (f) útil del emparrillado

---

3 Rostfuge (f), Rostspalt (m)
grate opening, airspace between the grate *or* fire bars
vide (m) *ou* lumière (f) de grille, intervalle (m) entre barreaux de grille

a

зазоръ (m) *или* щель (f) *или* просвѣтъ (m) между колосниками
vano (m) tra sbarre
hueco (m) ó intervalo (m) entre las barras del emparrillado

---

4 Ganzrost (m)
grate in one section
grille (f) à un seul panneau, grille (f) non subdivisée

цѣльная *или* простая колосниковая рѣшётка (f)
griglia (f) in una sola sbarra
emparrillado (m) de una pieza

---

5 geteilter Rost (m)
sectional grate
grille (f) à plusieurs panneaux, grille (f) subdivisée

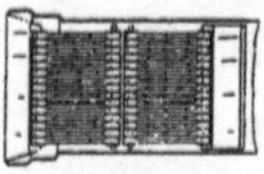

составная колосниковая рѣшётка (f)
griglia (f) di più sbarre
emparrillado (m) subdividido

---

6 Langrost (m)
long grate
grille (f) longue

продольная *или* длинная колосниковая рѣшётка (f)
griglia (f) lunga
emparrillado (m) largo

---

7 Flachrost (m), Planrost (m)
horizontal *or* flat grate
grille (f) horizontale

горизонтальная колосниковая рѣшётка (f)
griglia (f) orizzontale
emparrillado (m) horizontal

---

8 Roststab (m)
grate bar, fire bar
barreau (m) de grille

колосникъ (m)
sbarra (f) di griglia
barra (f) de emparrillado, hierro (m) de parrilla

---

9 Sparrost (m)
economical grate
grille (f) économique

экономическая колосниковая рѣшётка (f)
griglia (f) economica
emparrillado (m) económico

Siebrost (m)
sieve grate
grille-tamis (f)

ситообразная *или* рѣшетчатая колосниковая рѣшётка (f)
griglia (f) a crivello
emparrillado (m) de criba 1

---

Schrägrost (m)
inclined grate
grille (f) inclinée

наклонная колосниковая рѣшётка (f)
griglia (f) inclinata
emparrillado (m) inclinado 2

---

Rostneigung (f)
inclination of grate
inclinaison (f) de la grille

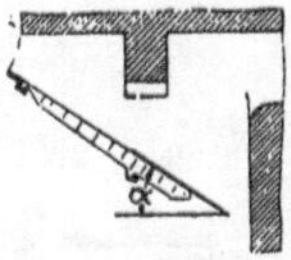

наклонъ (m) колосниковой рѣшётки
inclinazione (f) della griglia
inclinación (f) del emparrillado 3

---

Neigungswinkel (m)
angle of inclination
angle (m) d'inclinaison

*α*

уголъ (m) наклона
angolo (m) d'inclinazione
ángulo (m) de inclinación 4

---

Treppenrost (m)
stepped grate
grille (f) à gradins

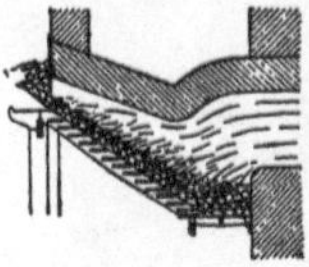

ступенчатая колосниковая рѣшётка (f)
griglia (f) a gradin
emparrillado (m) de escalones 5

---

Staffelrost (m), [Etagenrost (m)]
multistage grate
grille (f) à étages

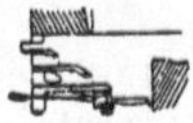

ярусная *или* этажная колосниковая рѣшётка (f)
griglia (f) a piani
emparrillado (m) de pisos 6

---

Schüttrost (m)
self-feeding *or* continuous charging grate, chute grate
grille (f) à chargement continu

колосниковая рѣшётка (f) съ непрерывной засыпкой *или* загрузкой
griglia (f) a caricamento continuo
emparrillado (m) para carga continua 7

---

Füllklappe (f)
charging door
clapet (m) de chargement

a

топочная дверца (f) загрузочной камеры
porta (f) di caricamento
puerta (f) de carga 8

---

fester Rost (m)
stationary *or* fixed grate
grille (f) fixe



неподвижная колосниковая рѣшётка (f)
griglia (f) fissa
emparrillado (m) fijo 9

1 beweglicher Rost (m)
shaking grate
grille (f) mobile, grille (f) qu'on peut mouvoir, grille (f) déplaçable

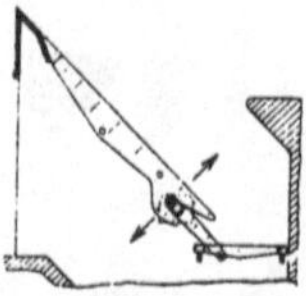

подвижная колосниковая рѣшётка (f)
griglia (f) mobile
emparrillado (m) móvil

---

2 Schlackenrost (m)
dumping grate, clinker grate
grille (f) à scories

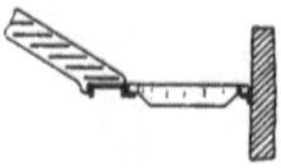

колосниковая рѣшётка (f) для шлаковъ [у ступенчатой топки]
griglia (f) per scorie
emparrillado (m) para escorias

---

3 Schieberost (m)
sliding grate
grille (f) coulissante *ou* glissante

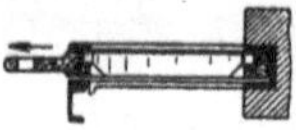

скользящая колосниковая рѣшётка (f)
griglia (f) oscillante
emparrillado (m) corredizo

---

4 Feuerbeständigkeit (f)
resistance against fire, being fire resistant, refractoriness
résistance (f) à l'action du feu

огнеупорность (f)
resistenza (f) al fuoco
resistencia (f) al fuego

---

5 Rostkühlung (f)
grate cooling
réfrigération (f) du foyer

охлажденіе (n) колосниковой рѣшётки
raffreddamento (m) della griglia
refrigeración (f) del emparrillado

---

6 Rieselrost (m)
grate with external water cooling
grille (f) à ruissellement

колосниковая рѣшётка (f), охлаждаемая водой; колосниковая рѣшётка съ водянымъ охлажденіемъ *или* съ циркуляціей воды
griglia (f) a scorrimento
emparrillado (m) con irrigación

---

7 Feuergeschränk (n), Garnitur (f)
furnace front
devanture (f) de foyer

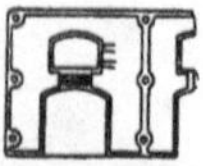

топочная рама (f); [гарнитура (f)]
fronte (f) del focolare
paramento (m) *ó* frente (m) del hogar

---

8 Schutzplatte (f)
baffle plate, protecting plate *or* shield
contre-porte (f)

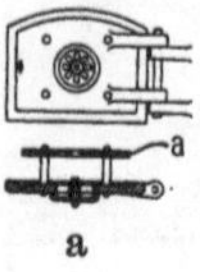


защитная плита (f); предохранительная плита
piastra (f) di protezione
contra-puerta (f)

Feuerschirm (m)
brick arch
écran (m), voûte (f) en briques

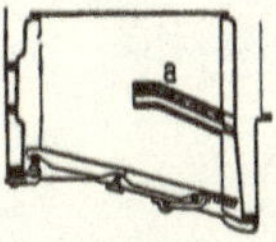


a

экранъ (m); отражательный листъ (m); отражательная плита (f)
parafuoco (m)
pantalla (f) 1

---

Schauöffnung (f)
peep hole, sight hole
regard (m)

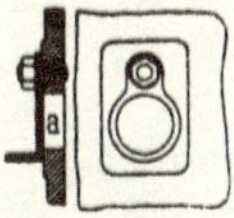


a

смотровое отверстіе (n); смотровой люкъ (m)
foro (m) di spia
mirilla (f) 2

---

Reinigungstür (f)
cleaning door, man hole
porte (f) de nettoyage

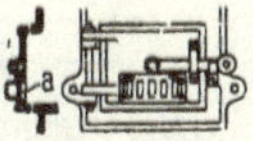


дверцы (f pl) *или* крышка (f) люка для чистки
porta (f) di pulizia
puerta (f) de limpieza 3

---

Putzöffnung (f)
cleaning hole
orifice (m) *ou* ouverture (f) de nettoyage

a

отверстіе (n) для чистки
apertura (f) di pulizia
abertura (f) de limpieza 4

---

Türverschluß (m)
door latch
fermeture (f) de porte

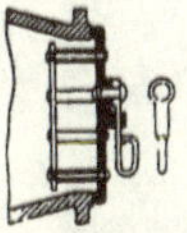

затворъ (m) дверецъ
chiusura (f) della porta
cierre (m) de la puerta 5

---

Aschenraum (n)
ash pit
cendrier (m)

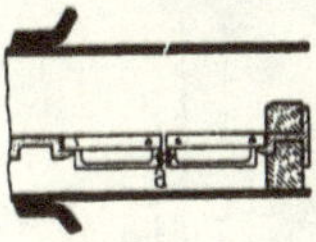


a

зольникъ (m); поддувало (n)
ceneraio (m)
cenicero (m) 6

---

Aschensack (m)
ash pocket
poche (f) à cendres, poche (f) de dépôt des cendres

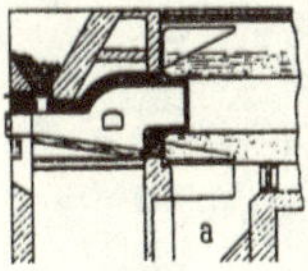


a

карманъ (m) для золы
pozzetto (m) per la cenere
hoyo (m) para las cenizas 7

---

Aschenkeller (m)
ash cellar, (ash pit)
cave (m) *ou* soute (f) aux cendres

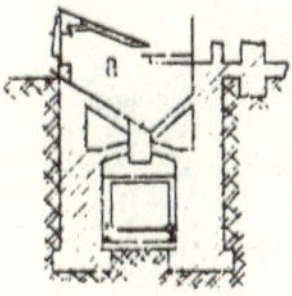


подвалъ (m) для золы
deposito (m) di cenere
cueva (f) para las cenizas 8

1 Aschenkasten (m)
ash pan
cendrier (m), bac (m) à cendres

a

зольникъ (m)
cassa (f) per la cenere
cenicero (m)

---

2 Aschenabfuhr (f)
removal of ashes
enlèvement (m) *ou* transport (m) *ou* extraction (f) des cendres

удаленіе (n) золы
trasporto (m) della cenere
extracción (f) de las cenizas

---

3 Heizer (m)
stoker, fireman
chauffeur (m)

кочегаръ (m)
fuochista (m)
fogonero (m)

---

4 Flugascheablagerung (f)
deposit of flue dust
dépôt (m) d'escarbilles

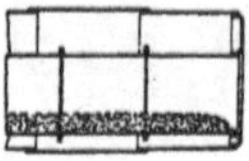

осажденіе (n) увлекаемой тягою (m) золы
deposito (m) di cenere volante
depósito (m) para pavesas encendidas

---

5 Sammelfuchs (m)
collecting flue
carneau (m) collecteur

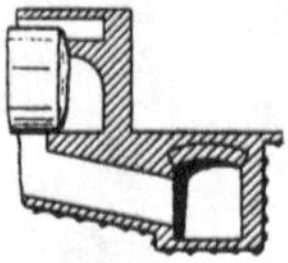

собирательный боровъ (m)
canale (m) collettore
canal (f) colectora

---

6 Schornstein (m), Kamin (m), Esse (f), Schlot (m)
chimney, chimney stack, smoke stack, funnel
cheminée (f) [d'usine]

дымовая труба (f)
camino (m), comignolo (m)
chimenea (f)

---

7 Schornsteinzug (m)
chimney draught
tirage (m) de cheminée

тяга (f) дымовой трубы
tiraggio (m) del camino
tiro (m) de la chimenea

---

8 Schornsteinlüfter (m), Schornsteinventilator (m)
chimney ventilator
ventilateur (m) de cheminée

вентиляторъ (m) *или* вертушка (f) дымовой трубы; флюгарка (f)
ventilatore (m) del camino
ventilador (m) de chimenea

den Schornstein befahren (v)
to climb up the chimney
monter (v) dans la cheminée, visiter (v) la cheminée

производить внутренній осмотръ дымовой трубы; осмотрѣть (осматривать) дымовую трубу внутри
salire (v) nel camino
subir (v) por la chimenea 1

---

Blitzableiter (m)
lightning rod *or* conductor
paratonnerre (m)

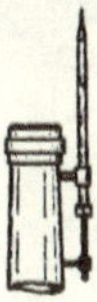

громоотводъ (m)
parafulmine (m)
pararrayos (m) 2

---

Winddruck (m)
wind pressure
pression (f) *ou* poussée (f) du vent

давленіе (n) вѣтра
pressione (f) del vento
presión (f) *ó* empuje (m) del viento 3

---

freistehender Schornstein (m)
isolated chimney
cheminée (f) indépendante

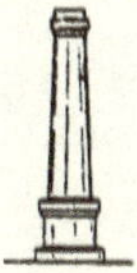

свободностоящая дымовая труба (f)
camino (m) indipendente
chimenea (f) aislada 4

---

**Elektrizitätswerk, Elektrische Zentrale**

**Electric Central Station**

**Centrale électrique**

**Электрическая [центральная] станція**

**Centrale elettrica** 5

**Central eléctrica *ó* de electricidad**

Hauptwerk (n), Primärstation (f)
primary station
station (f) primaire

первичная станція (f)
stazione (f) primaria
estación (f) primaria 6

---

Verteilungswerk (n), Verteilungszentrale (f)
distributing station
centrale (f) de distribution

распредѣлительная центральная станція (f)
stazione (f) di distribuzione
central (f) de distribución 7

---

Beleuchtungswerk (n), Beleuchtungszentrale (f)
lighting station
centrale (f) d'éclairage

освѣтительная центральная станція (f)
centrale (f) per luce
central (f) de alumbrado 8

| | | |
|---|---|---|
| 1 | Kraftwerk (n), Kraftstation (f)<br>power station<br>centrale (f) de force motrice | силовая [центральная] станція (f); силовая (f)<br>centrale (f) per forza<br>central (f) de fuerza motriz |
| 2 | Beleuchtungs- und Kraftübertragungswerk (n)<br>lighting and power station<br>installation (f) d'éclairage et de distribution d'énergie *ou* de force motrice | станція (f) для освѣщенія *или* передачи силы; освѣтительная и силовая станція<br>stazione (f) per luce e trasporto d'energia<br>estación (f) de alumbrado y distribución de fuerza |
| 3 | Gleichstromanlage (f)<br>continuous current plant<br>installation (f) à courant continu | установка (f) постояннаго тока<br>impianto (m) a corrente continua<br>instalación (f) de corriente continua |
| 4 | Wechselstromanlage(f)<br>alternating current plant<br>installation (f) à courant alternatif | установка (f) перемѣннаго тока<br>impianto (m) a corrente alternata<br>instalación (f) de corriente alterna |
| 5 | Einphasenstromanlage (f)<br>single phase current plant<br>installation (f) monophasée *ou* à courant [alternatif] monophasé | установка (f) однофазнаго тока; однофазная установка<br>impianto (m) a corrente monofasica<br>instalación (f) monofásica |
| 6 | Mehrphasenstromanlage (f)<br>multiphase current plant<br>installation (f) polyphasée *ou* à courant [alternatif] polyphasé | установка (f) многофазнаго тока; многофазная установка<br>impianto (m) a corrente polifasica<br>instalación (f) polifásica |
| 7 | Drehstromanlage (f)<br>three phase current plant<br>installation (f) triphasée *ou* à courant [alternatif] triphasé | установка (f) трёхфазнаго тока; трёхфазная установка<br>impianto (m) a corrente trifasica<br>instalación (f) [de corriente] trifásica |
| 8 | Niederspannungsanlage (f)<br>low tension plant<br>installation (f) à basse tension | установка (f) низкаго напряженія<br>impianto (m) a bassa tensione<br>instalación (f) de baja tensión |

Hochspannungsanlage (f)
high tension plant
installation (f) à haute tension

установка (f) высокаго напряженія
impianto (m) ad alta tensione
instalación (f) de alta tensión 1

---

Kraftübertragung (f)
power transmission
transport (m) d'énergie

передача (f) силы
trasporto (m) di forza
transporte (m) de energía ó de fuerza 2

---

Kraftverteilung (f)
power distribution
distribution (f) de force [motrice]

распредѣленіе (n) силы
distribuzione (f) di forza
distribución (f) de fuerza 3

---

Zweileitersystem (n)
two wire system
système (m) bifilaire, système (m) à deux fils *ou* conducteurs

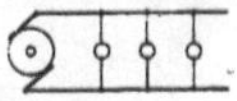

двупроводная система (f)
sistema (m) a due conduttori
sistema (m) bifilar ó de dos conductores 4

---

Mehrleitersystem (n)
multiple wire system
système (m) à plusieurs conducteurs *ou* fils

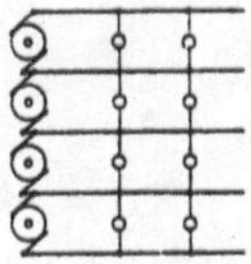

многопроводная система (f)
sistema (m) a più conduttori
sistema (m) de muchos conductores 5

---

Außenleiter (m)
outer mains
conducteur (m) extérieur

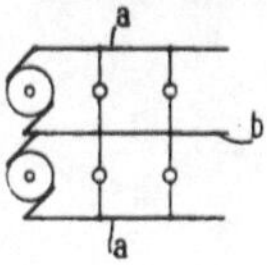


a, a

внѣшній проводъ (m)
conduttore (m) esterno
conductor (m) exterior 6

---

Mittelleiter (m), Nullleiter (m)
neutral wire, third wire, neutral
conducteur (m) *ou* fil (m) neutre *ou* du milieu, troisième conducteur (m) *ou* fil

b

средній *или* нейтральный *или* нулевой *или* уравнительный проводъ (m)
filo (m) neutro *o* di compensazione
conductor (m) neutro ó compensador 7

---

Wasserkraft (f)
water power
force (f) *ou* énergie (f) hydraulique

водяная сила (f); сила воды
forza (f) idraulica
fuerza (f) hidráulica 8

---

Leistungsfähigkeit (f) des Kraftwerkes
capacity of a central station
puissance (f) de la centrale

мощность (f) центральной станціи
potenzialità (f) della centrale
potencia (f) de la central 9

| | | | |
|---|---|---|---|
| 1 | Wahl (f) der Betriebskraft<br>selection of motive power<br>choix (m) de la force motrice | | выборъ (m) движущей *или* рабочей силы<br>scelta (f) della forza motrice<br>elección (f) de la fuerza motriz |
| 2 | Kosten (pl) der Kraft<br>cost of power<br>prix (m) de revient de la force motrice, dépenses (f pl) pour la force motrice | | стоимость (f) силы<br>spese (f pl) per la forza motrice<br>gastos (m pl) de fuerza motriz |
| 3 | Antriebmaschine (f)<br>driving engine, prime mover<br>moteur (m) | | двигатель (m)<br>motrice (f), macchina (f) di comando<br>máquina (f) motriz, motor (m) |
| 4 | Höchstbedarf (m) an Kraft<br>maximum demand for power<br>demande (f) *ou* consommation (f) maximum de force | | наибольшее потребленіе (n) силы [электрической энергіи]; наибольшій спросъ (m) на силу [электрическую энергію]<br>consumo (m) massimo di forza<br>consumo (m) máximo de fuerza |
| 5 | gleichzeitiger Höchstbedarf (m)<br>simultaneous maximum demand<br>demande (f) *ou* consommation (f) maximum et simultanée d'énergie | | наибольшее *или* максимальное одновременное потребленіе (n) тока; наибольшій одновременный спросъ (m) на силу [электрическую энергію]<br>consumo (m) massimo simultaneo<br>consumo (m) máximo y simultáneo de fuerza |
| 6 | geringster Bedarf (m)<br>minimum demand<br>demande (f) *ou* consommation (f) minimum d'énergie | | наименьшій спросъ (m) на . .<br>consumo (m) minimo<br>consumo (m) mínimo de energía |
| 7 | Leitungsplan (m)<br>map of distributing system<br>plan (m) du réseau *ou* de la canalisation électrique | 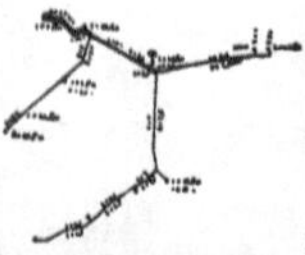 | планъ (m) сѣти *или* канализаціи<br>piano (m) delle condutture<br>plano (m) de la canalización eléctrica |
| 8 | Dynamoraum (m)<br>dynamo room, generator room<br>salle (f) des dynamos |  | помѣщеніе (n) для динамомашинъ; динамомашинное отдѣленіе (n); электромашинное отдѣленіе<br>locale (m) per le dinamo<br>sala (f) de las dinamos |

Sammlergebäude (n), Akkumulatorengebäude (n)
accumulator building, battery house
bâtiment (m) des accumulateurs

[акуумуляторное зданіе (n)]; аккумуляторное помѣщеніе (n)
fabbricato (m) per accumulatori
edificio (m) de los acumuladores 1

---

Betriebstrom (m)
working current
courant (m) de régime

рабочій токъ (m); рабочая сила (f) тока
corrente (f) di regime
corriente (f) de régimen 2

---

Stromschwankung (f)
fluctuation of current
fluctuation (f) de l'intensité du courant

колебаніе (n) силы тока
variazione (f) nella corrente
fluctuación (f) [de la intensidad] de corriente 3

---

Spannungsschwankung (f)
fluctuation of voltage
fluctuation (f) de la tension *ou* du voltage

колебаніе (n) напряженія
variazione (f) nella tensione
fluctuación (f) de la tensión 4

---

Verbrauchspannung (f)
voltage
tension (f) *ou* voltage (m) de régime

напряженіе (n) на мѣстѣ потребленія
tensione (f) al luogo di consumo
tensión (f) de régimen 5

---

Dynamomaschine (f)
dynamo-electric machine, dynamo
dynamo (f), machine (f) dynamo-électrique

динамомашина (f); динамо (f)
dinamo (f)
dinamo (f), máquina (f) dinamo-eléctrica 6

---

elektrische Maschinenanlage (f)
electric installation *or* plant
installation (f) de machine[s] électrique[s]

установка (f) электрическихъ машинъ; электрическая машинная установка; электрическая установка
impianto (m) di macchine elettriche
instalación (f) de máquinas eléctricas 7

---

unpolarisierte Maschine (f)
non polarized machine
machine (f) non polarisée

неполяризованная машина (f)
macchina (f) non polarizzata
máquina (f) no polarizada 8

---

umkehrbare Maschine (f)
reversible machine
machine (f) réversible

обратимая *или* реверсивная машина (f)
macchina (f) reversibile
máquina (f) reversible 9

1 Anlaßmaschine (f)
starting machine
machine (f) de démarrage

пусковая машина (f); машина для пуска въ ходъ
macchina (f) d'avviamento
máquina (f) de arranque

---

2 Induktionsmaschine (f)
induction machine
machine (f) d'induction

индукцiонная машина (f)
macchina (f) d'induzione
máquina (f) de inducción

---

3 Maschinensatz (m)
set *or* group of machines
groupe (m) de machines

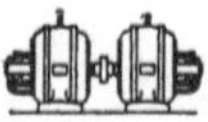

комплектъ (m) машинъ; машинный аггрегатъ (m)
gruppo (m) di macchine
grupo (m) de máquinas

---

4 Maschine (f) für Seilbetrieb
rope driven machine
machine (f) à commande par câbles

машина (f) для канатной передачи; машина для канатнаго привода; машина, работающая на канатную передачу
macchina (f) per comando a fune
máquina (f) con transmisión por cable

---

5 Maschine (f) für Riemenbetrieb
belt driven machine
machine (f) à commande par courroie

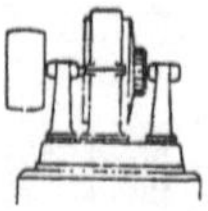

машина для привода ремнемъ; машина для ременнаго привода; машина, работающая на ременную передачу
macchina (f) per comando a cinghia
máquina (f) con transmisión por correa

---

6 unmittelbar [direkt] gekuppelte Maschine (f)
direct coupled machine
machine (f) à accouplement direct

машина (f), соединённая непосредственно
macchina (f) accoppiata direttamente
máquina (f) acoplada directamente

---

7 Dampfdynamo (f)
steam dynamo, steam driven generator (A*)
dynamo (f) à vapeur, generatrice (f) à vapeur

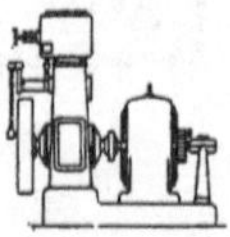

пародинамо (f)
dinamo (f) a vapore
dinamo (f) de vapor

---

8 Gasdynamo (f)
gas dynamo, gas driven generator (A*)
dynamo (f) à gaz

газодинамо (f)
dinamo (f) a gas
dinamo (f) de gas

---

* A = americanism

Turbodynamo (f)
turbo dynamo, turbo generator
turbogénératrice (f), turbodynamo (f)

турбодинамо (f); турбогенераторъ (m)
turbo-dinamo (f)
turbo-dinamo (f) 1

---

Schaltbrett (n)
switchboard
tableau (m) de distribution

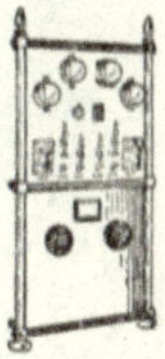

распредѣлительная доска (f)
quadro (m) di distribuzione
cuadro (m) de distribución 2

---

Stromleitung (f)
conduction of the electric current
conducteurs (m pl) du courant, canalisation (f) électrique

проводка (f) электрическаго тока
conduttura (f) di corrente
conducción (f) *ó* transmisión (f) de la corriente eléctrica 3

---

oberirdische Stromleitung (f)
aerial line, overhead line
canalisation (f) aérienne, ligne (f) aérienne

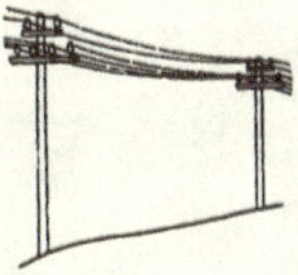

воздушная *или* надземная проводка (f) *или* линія (f) *или* канализація (f)
conduttura (f) aerea
línea (f) aérea 4

---

unterirdische Stromleitung (f)
underground line
canalisation (f) souterraine, ligne (f) souterraine

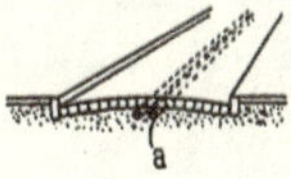

a

подземная проводка (f) *или* линія (f) *или* канализація (f)
conduttura (f) sotterranea
línea (f) subterránea 5

---

Beleuchtungsanlage (f)
lighting installation
installation (f) d'éclairage

устройство (n) освѣщенія
impianto (m) d'illuminazione
instalación (f) de alumbrado 6

---

Lichtverteilung (f)
distribution of light
distribution (f) de la lumière

распредѣленіе (n) свѣта
distribuzione (f) della luce
distribución (f) de la luz 7

---

Beleuchtungsmast (m)
standard, lamp standard
mat (m) de lanterne, candelabre (m)

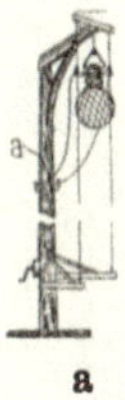

a

фонарный столбъ (m); [фонарная мачта (f)]
palo (m) per illuminazione
poste (m) de alumbrado 8

1 Bogenlampe (f)
arc lamp
lampe (f) à arc

дуговая лампа (f)
lampada (f) ad arco
lámpara (f) de arco voltáico

---

2 Glühlampe (f)
glow lamp, incandescent lamp, bulb
lampe (f) à incandescence

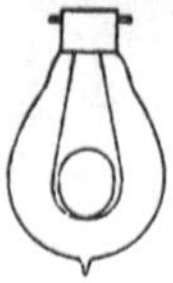

калильная лампа (f); лампочка (f) накаливанія
lampadina (f) ad incandescenza
lámpara (f) incandescente ó de incandescencia

# IX.

**Laboratorium** / **Лабораторія**
**Laboratory** / **Laboratorio**
**Laboratoire** / **Laboratorio**

öffentliches Laboratorium (n)
public laboratory
laboratoire (m) public
общественная лабораторія (f)
laboratorio (m) pubblico 1
laboratorio (m) público

Laboratoriumbetrieb (m)
laboratory working
conduite (f) du laboratoire
лабораторная работа (f); работа въ лабораторіи
esercizio (m) del laboratorio 2
servicio (m) del laboratorio

Laboratoriumvorstand (m)
chief *or* head of laboratory
chef (m) du laboratoire
завѣдующій (m) лабораторіей
capo (m) del laboratorio 3
jefe (f) del laboratorio

Hauptchemiker (m), Chefchemiker (m)
chief chemist
chimiste (m) en chef
главный химикъ (m)
chimico (m) capo 4
químico-jefe (m)

Hilfschemiker (m), Assistent (m)
assistant chemist
aide-chimiste (m)
помощникъ (m) главнаго химика; ассистентъ (m); лаборантъ (m); [изъ лицъ съ высшимъ образованіемъ] 5
chimico (m) aiuto, chimico (m) assistente
asistente (m) químico

Diplom-Chemiker (m)
certified *or* diplomed chemist
chimiste (m) diplômé
химикъ (m), имѣющій аттестатъ объ окончаніи высшаго учебнаго заведенія 6
chimico (m) diplomato
químico (m) titulado

| | | |
|---|---|---|
| 1 | Schiedschemiker (m)<br>arbitration chemist<br>chimiste (m) arbitre | химикъ (m) -экспертъ (m); химикъ-консультантъ (m)<br>chimico (m) arbitro<br>químico (m) árbitro |
| 2 | vereidigter Chemiker (m)<br>sworn chemist<br>chimiste (m) assermenté | присяжный химикъ (m)<br>chimico (m) giurato<br>químico (m) oficial [jurado] |
| 3 | Laborant (m)<br>tester<br>aide (m) de laboratoire, piston (m) | лаборантъ(m); помощникъ (m) химика [не получившій высшаго образованія]<br>aiutante (m) di laboratorio, preparatore (m)<br>ayudante (m) de laboratorio |
| 4 | Laboratoriumjunge (m), Spüljunge (m)<br>laboratory boy<br>gamin (m) de laboratoire | мальчикъ (m) при лабораторіи<br>ragazzo (m) del laboratorio<br>muchacho (m) de laboratorio |
| 5 | Laboratoriumdiener (m)<br>laboratory servant<br>garçon (m) de laboratoire | лабораторный сторожъ (m)<br>servo (m) *od* inserviente (m) del laboratorio<br>mozo (m) de laboratorio |
| 6 | Hauptlaboratorium (n)<br>chief laboratory<br>laboratoire (m) principal | главная лабораторія (f)<br>laboratorio (m) principale<br>laboratorio (m) principal |
| 7 | Betriebslaboratorium (n)<br>works laboratory<br>laboratoire (m) de fabrication | заводская лабораторія (f)<br>laboratorio (m) d'esercizio<br>laboratorio (m) de servicio |
| 8 | Raum (m) für die Probenahme<br>room for sampling<br>salle (f) des prises d'échantillon | комната (f) для взятія пробъ<br>sala (f) dei saggi *o* dei campioni<br>sala (f) para la toma de muestras |
| 9 | Vorbereitungsraum (m)<br>preparation room<br>salle (f) de préparation des échantillons | комната (f) для подготовительныхъ работъ<br>sala (f) per la preparazione dei campioni<br>sala (f) de preparación de las muestras |

Arbeitsraum (m)
working room
salle (f) d'analyse, salle (f) de travail

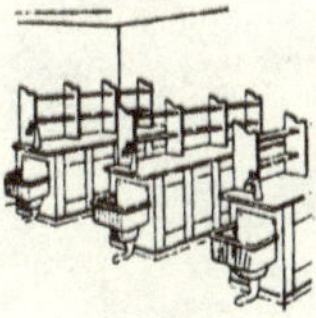

рабочее помѣщенiе (n)
sala (f) d'analisi, sala (f) di lavoro
sala (f) de trabajo 1

---

Abzug (m)
fume cupboard, stink cupboard
canal (m) d'aspiration *ou* de ventilation, hotte (f)

тяга (f); вытяжной шкафъ (m)
cappa (f) d'aspirazione 2
conducto (m) de ventilación

---

Laboratoriumtisch (m)
laboratory bench
table (f) de laboratoire

рабочiй столъ (m) въ лабораторiи 3
tavolo (m) da lavoro
mesa (f) de laboratorio

---

Ausguß (m)
sink
évier (m)

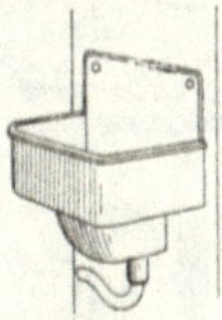

раковина (f)
acquaio (m)
vertedero (m) de las aguas 4

---

Ballon (m)
carboy
bonbonne (f), ballon (m), dame-jeanne (f)

баллонъ (m)
damigiana (f)
castaña (f), damajuana (f), garrafón (m) 5

---

Ballonfilter (n)
carboy filter
filtre (m) pour bonbonne

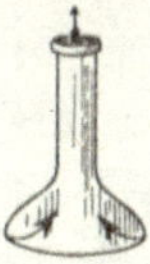

глиняный фильтръ (m)
filtro (m) da damigiana 6
filtro (m) para castaña

---

Ballonabfüller (m)
carboy filling apparatus
appareil (m) pour le remplissage des bonbonnes

приборъ (m) для заполненiя баллона
apparato (m) per riempire le damigiane 7
aparato (m) para el relleno de las castañas

1 Ballonkipper (m)
carboy tipper
bascule (f) à bonbonnes

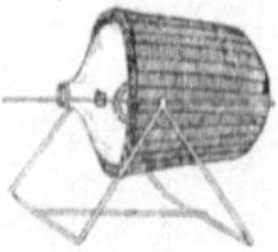

приборъ (m) для опрокидыванія баллона
apparecchio (m) per inclinare le damigiane
báscula (f) para castañas

---

2 Rührvorrichtung (f), Rührwerk (n)
stirring device, stirrer
agitateur (m)

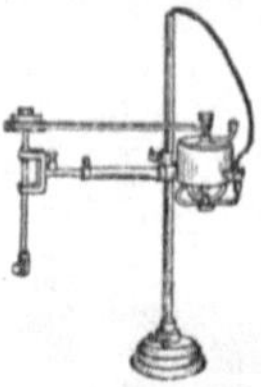

мѣшалка (f); приспособленіе (n) для перемѣшиванія
agitatore (m)
agitador (m)

---

3 Schleuder (f), Zentrifuge (f)
centrifugal apparatus
essoreuse (f)

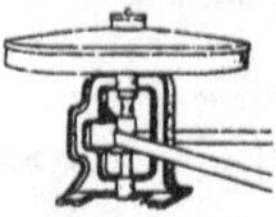

центрифуга (f)
separatore (m) centrifugo
separador (m) centrífugo

---

4 Wärmeplatte (f)
hot plate
plaque (f) de chauffage

нагрѣвательная пластина (f)
piastra (f) di riscaldamento
placa (f) de calentamiento

---

5 Wasserwärmer (m)
warm water apparatus, geyser
appareil (m) à eau chaude

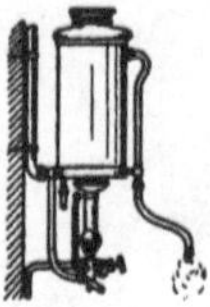

приборъ (m) *или* аппаратъ (m) для полученія тёплой воды
apparato (m) per acqua calda
aparato (m) de agua caliente

---

6 Heißwassertrichter (m)
hot water funnel
entonnoir (m) à eau chaude

воронка (f) для горячей воды
imbuto (m) per acqua calda
embudo (m) para agua caliente

---

7 Wägezimmer (n)
balance room
salle (f) de pesée *ou* des balances

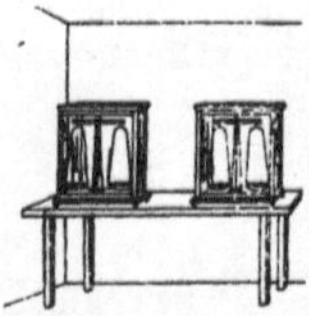

вѣсовая (f); комната (f) для взвѣшиванія
sala (f) delle bilancie
sala (f) de las balanzas

---

8 Säurenraum (m)
acid room
dépôt (m) des acides

комната (f) для работъ съ кислотами
deposito (m) degli acidi
depósito (m) de los ácidos

Schwefelwasserstoffraum (m)
sulphuretted hydrogen chamber
chambre (f) d'hydrogène sulfuré
сѣроводородная (f); комната (f) для работъ съ сѣроводородомъ
camera (f) per l'idrogeno solforato
cámara (f) para la preparación del hidrógeno sulfurado 1

---

Schwefelwasserstoffapparat (m)
apparatus for producing sulphuretted hydrogen
appareil (m) pour la préparation de l'hydrogène sulfuré

приборъ (m) для полученія сѣроводорода
apparato (m) per l'idrogeno solforato
aparato (m) para preparar el hidrógeno sulfurado 2

---

Verbrennungsraum (m)
combustion room
salle (f) de combustion

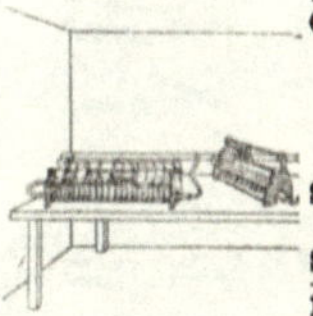

сожигательная (f); комната (f) для сожженія; комната для элементарнаго анализа
sala (f) per le combustioni
sala (f) de combustión 3

---

Raum (m) für metallographische Untersuchungen
room for metallographical researches, metallurgical room
salle (f) des recherches métallographiques
комната (f) *или* помѣщеніе (n) для металлографическихъ изслѣдованій
sala (f) per le analisi metallografiche
sala (f) para ensayos metalográficos 4

---

Steinsammlung (f), Mineraliensammlung (f)
collection of minerals
collection (f) minéralogique

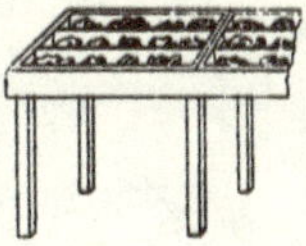

коллекція (f) минераловъ
raccolta (f) di minerali
colección (f) de minerales 5

---

Spülraum (m)
washing room
chambre (f) de lavage

комната (f) для мытья посуды
camera (f) di lavaggio
cámara (f) de lavado 6

---

Vorratraum (m)
stores, stock room (A*)
magasin (m)

складъ (m)
magazzino (m)
almacén (m) 7

---

* A = americanism

1 **Physikalisch-chemische Geräte**
**Physico-chemical Apparatus**
**Appareils physico-chimiques**
**Физико-химическіе приборы и аппараты**
**Apparati fisico-chimici**
**Aparatos físico-químicos**

2 Luftpumpe (f)
air pump
pompe (f) à air

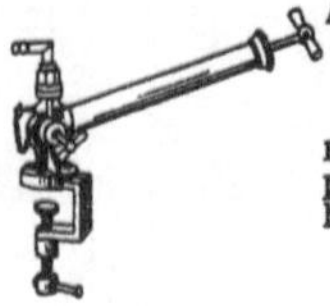

воздушный насосъ (m)
pompa (f) pneumatica
bomba (f) neumática ó de aire

---

3 Luftpumpenglocke (f), Rezipient (m)
air pump bell *or* receiver
cloche (f) de la pompe à air

колоколъ (m) воздушнаго насоса
campana (f) da pompa pneumatica
campana (f) de la bomba neumática

---

4 Luftpumpenteller (m)
air pump plate *or* disc
plateau (m) de pompe à air

подставка (f) воздушнаго насоса
piatto (m) della pompa pneumatica
plato (m) de la bomba neumática

---

5 Papinscher Topf (m)
digestor
marmite (f) de Papin, disgesteur (m)

папиновъ котёлъ (m); папиновъ сосудъ (m)
pentola (f) di Papin
digestor (m) de Papin

---

6 Dampftopf (m)
steam pot, water bath
autoclave (m)

паровой котёлъ (m)
autoclave (m)
autoclave (m)

---

7 Luftleerenmesser (m), [Vakuummeter (n)]
vacuum manometer
manomètre (m) à vide, vacuummètre (m)

вакуумметръ (m)
vacuometro (m)
vacuómetro (m)

---

8 Dampfkochkessel (m)
autoclave
chaudière (f) autoclave

котёлъ (m) для выпариванія
caldaia (f) generatrice di vapore
caldera (f) autoclave

---

9 Dampftrichter (m)
steam funnel
entonnoir (m) [pour filtrer] à tuyau de vapeur

воронка (f) для горячаго фильтрованія
imbuto (m) con tubo di vapore
embudo (m) con tubo de vapor

---

10 Dampfentwickler (m)
steam developer
chaudière (f)

парообразователь (m)
generatore (m) di vapore
generador (m) de vapor

| | | | |
|---|---|---|---|
| Überhitzer (m)<br>superheater<br>surchauffeur (m) | 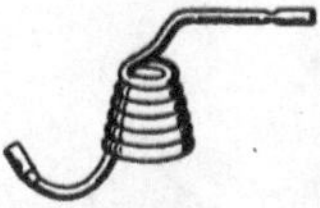 | перегрѣватель (m)<br>surriscaldatore (m)<br>recalentador (m) | 1 |
| Dampfüberhitzer (m)<br>steam superheater<br>surchauffeur (m) à vapeur |  | перегрѣватель (m) пара<br>surriscaldatore (m) di vapore<br>recalentador (m) de vapor | 2 |
| Dampfentwässerer (m)<br>steam trap<br>séparateur (m) d'eau |  | паросушитель (m)<br>essiccatore (m) di vapore<br>separador (m) de agua | 3 |
| Autoklav (m)<br>autoclave<br>autoclave (m) |  | автоклавъ (m)<br>autoclave (m)<br>autoclave (m) | 4 |
| Druckmesser (m), [Manometer (n)]<br>manometer, pressure gauge<br>manomètre (m) | 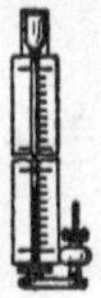 | манометръ (m)<br>manometro (m)<br>manómetro (m) | 5 |
| Auslauger(m), [Extraktionsapparat (m)]<br>extraction apparatus<br>appareil (m) d'extraction |  | экстракціонный аппаратъ (m); приборъ (m) для экстрагированія<br>apparato (m) d'estrazione<br>aparato (m) de extracción | 6 |
| Auslaughülse (f), [Extraktionshülse (f)]<br>extraction thimble<br>enveloppe (f) d'extracteur |  | экстракціонная гильза (f)<br>inviluppo (m) d'estrazione<br>envoltura (f) de aparato de extracción | 7 |
| Auslaugtrichter (m), [Extraktionstrichter (m)]<br>extraction funnel<br>entonnoir (m) d'extracteur | | экстракціонная воронка (f)<br>imbuto (m) d'estrazione<br>embudo (m) de extracción | 8 |

1 Dichtigkeitsmesser (m), [Pyknometer (n)]
picnometer, specific gravity flask
flacon (m) à densité, pyknomètre (m)

пикнометръ (m)
picnometro (m)
picnómetro (m), vaso (m) de medir las densidades

---

2 Senkwage (f), [Aräometer (n)]
hydrometer
aréomètre (m)

ареометръ (m)
areometro (m)
areómetro (m)

---

3 Senkwagendichtheitsmesser (m), [Aräo-Pyknometer (n)] nach Eichhorn
Eichhorn's hydrometer
aréo-pyknomètre (m) d'Eichhorn

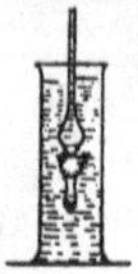

арео-пикнометръ (m) системы Эйхгорна
areo-picnometro (m) secondo Eichhorn
areo-picnómetro (m) de Eichhorn

---

4 hydrostatische Wage (f)
hydrostatic balance
balance (f) hydrostatique

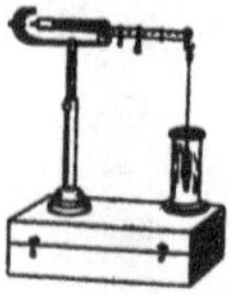

гидростатическiе вѣсы (m pl)
bilancia (f) idrostatica
balanza (f) hidrostática

---

5 Hitzemesser (m), [Pyrometer (n)]
pyrometer
pyromètre (m)

пирометръ (m)
pirometro (m)
pirómetro (m)

---

6 Heizwertmesser (m), [Kalorimeter (n)]
calorimeter
calorimètre (m)

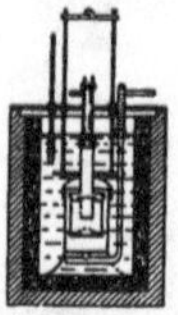

калориметръ (m)
calorimetro (m)
calorímetro (m)

---

7 Feuchtigkeitsmesser (m), [Hygrometer (n)]
hygrometer
hygromètre (m)

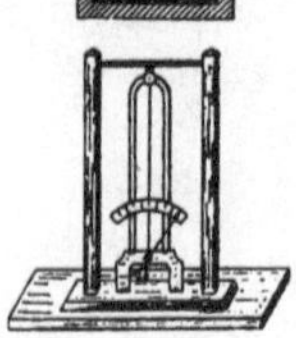

гигрометръ (m)
igrometro (m)
higrómetro (m)

---

8 Härteskala (f)
scale of hardness
échelle (f) de dureté

шкала (f) *или* скала (f) твёрдости
scala (f) delle durezze
escala (f) de dureza

Kathetometer (n)
cathetometer
cathétomètre (m)

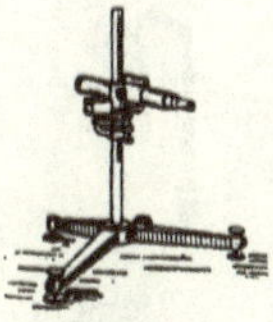

категометръ (m)
catetometro (m)
catetómetro (m) *1*

---

Nitrometer (n)
nitrometer
nitromètre (m)

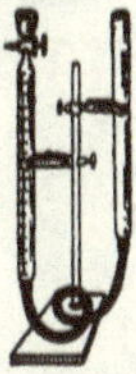

нитрометръ (m)
nitrometro (m)
nitrómetro (m) *2*

---

Kaliapparat (m)
potash bulb
appareil (m) *ou* tube (m) à potasse

кали-аппаратъ (m)
apparato (m) per potassa
recipiente (m) para solución potásica *3*

---

Eisen-Kohlenstoff-bestimmer (m)
apparatus for determination of carbon in iron
appareil (m) pour le dosage du carbone dans le fer

приборъ (m) *или* аппаратъ (m) для опредѣленія содержанія углерода въ желѣзѣ
apparecchio (m) per determinare il tenore di ferro e carbonio
aparato (m) para la determinación del carbono en el hierro *4*

---

Petroleumprober (m)
petroleum *or* kerosene-oil (A*) tester
appareil (m) pour l'essai du pétrole

приборъ (m) для испытанія керосина
verificatore (m) di petrolio
ensayador (m) de petróleo *5*

---

Äther-Extraktions-apparat (m) nach Corleis
Corleis' ether apparatus
appareil (m) à éther d'après Corleis

аппаратъ (m) для извлеченія эфиромъ [при анализѣ] системы Корлейсъ
apparato (m) per etere secondo Corleis
aparato (m) de éter de Corleis *6*

---

* A = americanism

1 Äther-Extraktions-apparat (m) nach Rothe
Rothe's ether apparatus
appareil (m) à éther d'après Rothe

приборъ (m) для извлеченія эфиромъ [при анализѣ] системы Рота
apparato (m) per etere secondo Rothe
aparato (m) de éter de Rothe

---

2 Windmesser (m), [Anemometer (n)]
anemometer
anémomètre (m)

анемометръ (m)
anemometro (m)
anemómetro (m)

---

3 Luftsauger (m), Aspirator (m)
aspirator
aspirateur (m)

аспираторъ (m)
aspiratore (m)
aspirador (m)

---

4 Kalcimeter (n)
calcimeter
calcimètre (m)

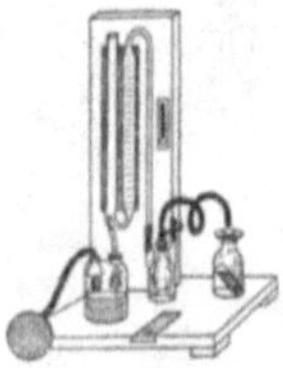

кальциметръ (m)
calcimetro (m)
calcímetro (m)

---

5 Natriumpresse (f)
sodium press
presse (f) à sodium

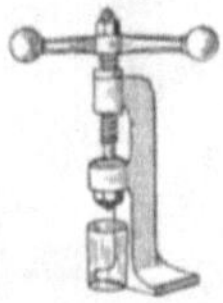

натріевый прессъ (m)
torchio (m) per sodio
prensa (f) para sodio

---

6 Wasserwage (f)
water level, spirit level, alcohol level (A*)
niveau (m) d'eau

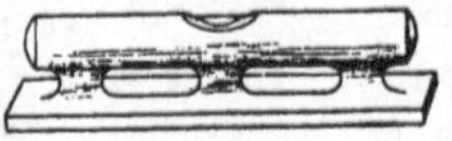

водяные вѣсы (m pl)
livella (f)
nivel (m) de agua

---

7 Magnetnadel (f)
magnetic needle
aiguille (f) aimantée

магнитная стрѣлка (f)
ago (m) magnetico
aguja (f) magnética ó imantada

---

* A = americanism

Verdunstpfanne (f), [Vakuumapparat (m)]
vacuum-apparatus
appareil (m) à faire le vide, machine (f) pneumatique

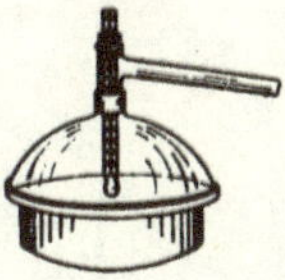

вакуумъ-аппаратъ (m)
apparato (m) per fare il vuoto
aparato (m) para hacer el vacio 1

---

Scheide- und Schüttelvorrichtung (f)
separating and shaking apparatus
séparateur (m) avec agitateur

приборъ (m) для отдѣленія и встряхиванія
apparecchio (m) separatore ed agitatore
separador (m) con agitador 2

---

**Brenner**
**Burner**
**Brûleur**

**Горѣлка**
**Becco**
**Mechero** 3

---

Bunsenbrenner (m)
Bunsen burner
brûleur (m) de Bunsen

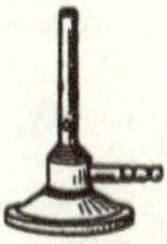

бунзеновская горѣлка (f)
becco (m) Bunsen
mechero (m) ó quemador (m) Bunsen 4

---

Azetylen-Bunsenbrenner (m)
acetylene Bunsen burner
brûleur (m) de Bunsen à l'acétylène

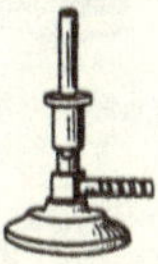

бунзеновская горѣлка (f) для ацетилена
becco (m) Bunsen per acetilene
mechero (m) de Bunsen de acetileno 5

---

Benzinbrenner (m)
benzine burner
brûleur (m) à benzine

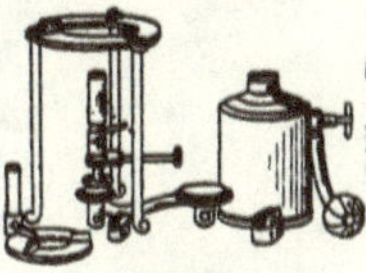

бензиновая горѣлка (f)
becco (m) per benzina
mechero (m) de bencina 6

---

Teclubrenner (m)
Teclu burner
brûleur (m) de Teclu

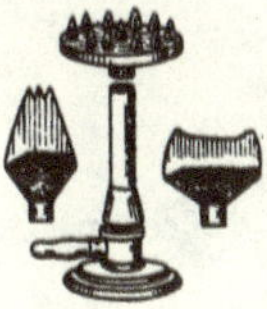

горѣлка (f) системы Теклю
becco (m) di Teclu
mechero (m) ó quemador (m) de Teclu 7

---

Ölgasbrenner (m)
oil gas burner
brûleur (m) à huile lourde

горѣлка (f) для масляного газа
becco (m) a gas d'olio
mechero (m) de gas de aceite 8

---

Hahn (m)
cock, tap
robinet (m)

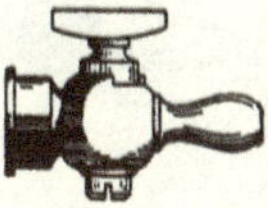

кранъ (m)
robinetto (m)
grifo (m) 9

| | | | |
|---|---|---|---|
| 1 | Schlauch (m)<br>rubber tubing<br>tuyau (m) flexible | | трубка (f); отрѣзокъ (m) трубки<br>tubo (m) flessibile<br>tubo (m) flexible, manguera (f) |
| 2 | Schlauchkupplung (f)<br>rubber union *or* coupling<br>raccord (m) de tuyau |  | присоединеніе (n) трубки [къ водопроводному крану]<br>giunto (m) per tubo flessibile<br>unión (f) *ó* acoplamiento (m) de tubos |
| 3 | Spirituslampe (f)<br>spirit lamp, alcohol lamp (A*)<br>lampe (f) à esprit de vin |  | спиртовая лампа (f)<br>lampada (f) a spirito<br>lámpara (f) de alcohol |
| 4 | Docht (m)<br>wick<br>mêche (f) | a | фитиль (m)<br>lucignolo (m)<br>mecha (f) |
| 5 | Lampenteller (m)<br>lamp plate<br>assiette (f) de lampe |  | плошка (f)<br>piattello (m) della lampada<br>plato (m) de la lámpara |
| 6 | Leuchtgassauerstofflampe (f)<br>gas oxygen lamp<br>lampe (f) à gaz d'éclairage et à oxygène | | лампа (f) для кислорода и свѣтильнаго газа<br>lampada (f) a gas illuminante *e* ad ossigeno<br>lámpara (f) de gas del alumbrado y de oxígeno |
| 7 | Magnesiumlampe (f)<br>magnesium lamp<br>lampe (f) au magnésium | | магніевая лампа (f)<br>lampada (f) al magnesio<br>lámpara (f) de magnesio |
| 8 | Magnesiumband (n)<br>magnesium ribbon<br>bande (f) de magnésium | | магніевая лента (f)<br>nastro (m) di magnesio<br>cinta (f) de magnesio |
| 9 | Gaskocher (m)<br>gas burner<br>fourneau (m) *ou* réchaud (m) à gaz |  | газовый кипятильникъ (m); газовая кухня (f)<br>fornello (m) a gas<br>hornillo (m) de gas |
| 10 | Petroleumkocher (m)<br>petroleum *or* kerosene-oil (A*) stove<br>fourneau (m) à pétrole, réchaud (m) à pétrole |  | керосинка (f); керосиновая кухня (f) *или* грѣлка (f)<br>fornello (m) a petrolio<br>hornillo (m) de petróleo |

* A = americanism

**Glasgerät**
**Glass Ware**
**Appareils en verre**

**Стеклянная посуда**
**Apparati di vetro**
**Aparatos de vidrio** 1

Reagentienflasche (f)
reagent bottle
flacon (m) à réactifs

реактивная с[т]клянка (f); с[т]клянка для реактивовъ
bottiglia (f) per reagenti 2
frasco (m) para reactivos

---

Flaschenschild (n)
label
étiquette (f)

a

этикетъ (m); этикетка (f); ярлыкъ (m); ярлычёкъ (m) 3
etichetta (f)
rótulo (m), etiqueta (f)

---

Jenaer Geräteglas (n)
Jena glass
verre (m) de Jena

Іенское стекло (n) для приборовъ
vetro (m) di Jena per apparati 4
vidrio (m) de Jena para aparatos

---

Patenttropfglas (n)
patent dropping bottle
flacon (m) compte-gouttes breveté

патентованная капельная с[т]клянка (f)
sgocciolatore (m) brevettato 5
frasco (m) cuenta-gotas patentado ó con patente

---

Kapillarfläschchen (n)
capillary bottle
petit flacon (m) capillaire

капилярная с[т]кляночка (f)
boccetta (f) capillare 6
frasco (m) capilar

---

Hartglas (n)
hard glass
verre (m) dur

закалённое стекло (n)
vetro (m) duro 7
vidrio (m) duro

---

Webersches Glas (n)
Weber's glass
verre (m) de Weber

стаканъ (m) Вебера
vetro (m) di Weber 8
vidrio (m) de Weber

---

Meßkelch (m), [Mensur (f)]
measuring glass
vase (m) gradué

мензурка (f)
bicchiere (m) graduato 9
tubo (m) graduado

---

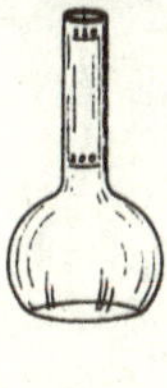

Meßkolben (m)
measuring flask
ballon (m) gradué

измѣрительная колба (f)
storta (f) di misura, matraccio (m) tarato 10
matraz (m) graduado

1 Prüfglas (n), Reagenzglas (n)
test tube
éprouvette (f), burette (f)

пробирка (f)
provino (m), provetta (f)
probeta (f), tubo (m) de ensayos

---

2 Kelch (m), Prüfkelch (m), Reagenzkelch (m)
test glass
éprouvette (f) conique, verre (m) à réactions

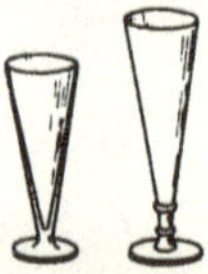

бокалъ (m), употребляемый для демонстрированія реакцій
bicchiere (m) a calice
probeta (f) cónica

---

3 Spritzflasche (f)
wash bottle
pissette (f)

промывалка (f)
spruzzetta (f)
matraz (m) de lavado

---

4 Spritzröhre (f)
tube for wash bottle
pipette (f)

трубка (f) промывалки
cannello (m) della spruzzetta
bombillo (m)

---

5 Heber (m)
syphon
syphon (m)

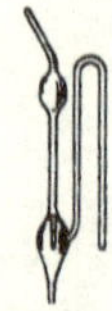

сифонъ (m)
sifone (m)
sifón (m)

---

6 Erlenmeyerkolben (m)
Erlenmeyer glass flask
ballon (m) en verre

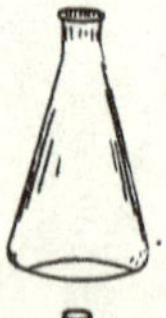

стеклянная колба (f)
matraccio (m) conico
matraz (m) de vidrio

---

7 Rundkolben (m)
round bottom flask
ballon (m) rond

круглодонная колба (f)
matraccio (m) a fondo rotondo
matraz (m) redondo

Stehkolben (m)
flat bottom flask
ballon (m) *ou* flacon (m) à fond plat

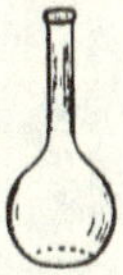

плоскодонная колба (f)
storta (f) verticale, matraccio (m) a fondo piatto *1*
matraz (m) de fondo plano

---

Kjeldahlkolben (m)
Kjeldahl flask
flacon (m) de Kjeldahl

колба (f) Кьельдаля
flacone (m) di Kjeldahl *2*
frasco (m) de Kjeldahl

---

Fraktionskolben (m)
fractional distillation flask
ballon (m) à fractionner

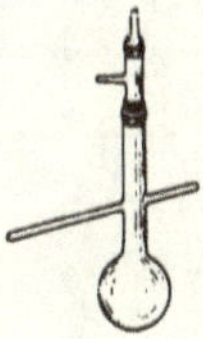

колба (f) для фракціонированія
matraccio (m) per distillazione frazionata *3*
matraz (m) de destilación fraccionada

---

Fraktionsröhre (f)
fractional distillation tube
tube (m) à fractionner

трубка (f) для фракціонированія
tubo (m) per distillazione frazionata *4*
tubo (m) para destilación fraccionada

---

Kochflasche (f)
boiling flask
flacon (m) à bouillir

сосудъ (m) для кипяченія; [фиг.:] колба (f) для кипяченія *5*
matraccio (m) resistente al fuoco
frasco (m) de cocer

---

Becherglas (n)
beaker
gobelet (m)

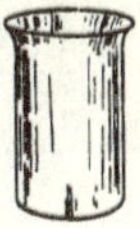

стаканъ (m), употребляемый при химическихъ работахъ *6*
bicchiere (m)
cubilete (m)

---

Hartglasbecher (m)
hard glass beaker
gobelet (m) en verre dur

стаканъ (m) изъ закалённаго стекла
bicchiere (m) di vetro infusibile *7*
copa (f) de vidrio duro

---

Glühkolben (m), Retorte (f)
retort
cornue (f)

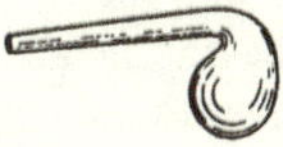

реторта (f)
storta (f) *8*
retorta (f)

1 Retortenhalter (m)
retort stand
support (m) de cornue

штативъ (m) для ретортъ
sostegno (m) per la storta
porta-retorta (m)

---

2 Tropftrichter (m)
dropping funnel
entonnoir (m) compte-gouttes

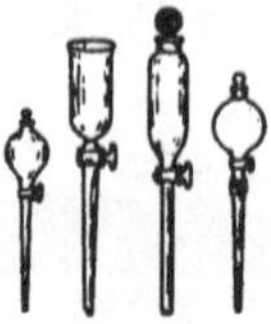

капельная воронка (f)
imbuto (m) contagoccie
embudo (m) cuentagotas

---

3 Scheidetrichter (m)
separating funnel
entonnoir (m) séparateur

дѣлительная воронка (f)
tramoggia (f) separatrice
embudo (m) separador

---

4 Druckflasche (f)
pressure bottle
flacon (m) à pression

с[т]клянка (f) для нагрѣванія подъ увеличеннымъ давленіемъ
bottiglia (f) di pressione
botella (f) de presión

---

5 Woolffsche Flasche (f)
Woolff's bottle
flacon (m) de Woolff

вульфова с[т]клянка (f)
bottiglia (f) di Woolff
frasco (m) de Woolff

---

6 Kobaltflasche (f)
cobalt glass bottle
flacon (m) en verre bleu *ou* de cobalt

сосудъ (m) изъ синяго [кобальтоваго] стекла
bottiglia (f) di cobalto
botella (f) de vidrio de cobalto

---

7 Flaschenkappe (f)
bottle cap, cap stopper
capuchon (m) de flacon

a

a

колпакъ (m) с[т]клянки
cappelletto (m) di bottiglia
sombrerete (m) de botella

| | | | |
|---|---|---|---|
| säurefester Kasten (m)<br>acid proof box<br>boite (f) à l'épreuve des acides | | кислотоупорный ящикъ (m)<br>cassetto (m) resistente agli acidi<br>caja (f) resistente á los ácidos | 1 |
| Glaskasten (m), Glaswanne (f)<br>glass box<br>boite (f) en verre | 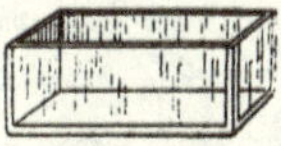 | стеклянный ящикъ (m)<br>bacinella (f) di vetro<br>caja (f) de vidrio | 2 |
| Glasglocke (f)<br>glass bell, bell jar<br>cloche (f) en verre | 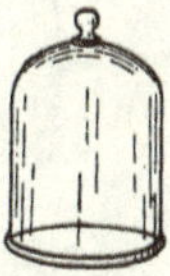 | стеклянный колпакъ (m)<br>campana (f) di vetro<br>campana (f) de vidrio | 3 |
| Glasplatte (f)<br>glass plate<br>plaque (f) en verre | | стеклянная пластинка (f)<br>lastra (f) di vetro<br>placa (f) de vidrio | 4 |
| Uranglasplatte (f)<br>uranium glass plate<br>plaque (f) en verre d'urane | | пластинка (f) изъ урановаго стекла<br>lastra (f) di vetro all'urano<br>placa (f) de vidrio de uranio | 5 |
| Deckgläschen (n)<br>glass cover<br>couvercle (m) en verre | | покровное стёклышко (n)<br>coperchio (m) di vetro<br>cobertera (f) de vidrio | 6 |
| Uhrglas (n)<br>watch glass<br>verre (m) de montre | | часовое стёклышко (n)<br>vetro (m) da orologio<br>vidrio (m) de reloj | 7 |
| Kugelröhre (f)<br>bulb tube<br>tube (m) à boules | 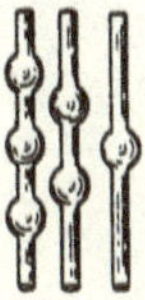 | трубка (f) съ шарообразными раздутіями<br>tubo (m) a bulbo<br>tubo (m) de bolas | 8 |
| Perlröhre (f)<br>glass bead tube<br>tube (m) à perles | | трубка (f) [дефлегматоръ (m)] съ раздутіемъ, наполненнымъ стеклянными бусами<br>tubo (m) con perle<br>tubo (m) de perlas | 9 |
| Sicherheitsröhre (f)<br>safety funnel, thistle funnel<br>tube (m) de sûreté |  | предохранительная трубка (f)<br>tubo (m) di sicurezza<br>tubo (m) de seguridad | 10 |

| | | | |
|---|---|---|---|
| 1 | Verbindungshahn (m)<br>connecting cock<br>robinet (m) de jonction |  | соединительный кранъ (m)<br>robinetto (m) di congiunzione<br>grifo (m) de unión |
| 2 | Dreiweghahn (m)<br>three way cock<br>robinet (m) à trois voies |  | трёхходовый кранъ (m)<br>robinetto (m) a tre vie<br>grifo (m) de tres vias |
| 3 | Dreiwegstück (n)<br>»T« piece<br>tube (m) à trois branches | 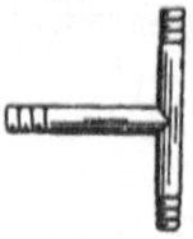 | Т-образная трубка (f)<br>tubo (m) a tre vie<br>tubo (m) en T |
| 4 | Vorstoß (m), [Allonge (f)]<br>adapter<br>allonge (m) | 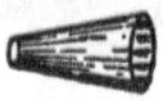 | аллонжъ (m); форштосъ (m)<br>tubo (m) d'allungamento, allunga (f)<br>tubo (m) de alargamiento, alargadera (f) |
| 5 | Glashahn (m)<br>glass cock<br>robinet (m) en verre | 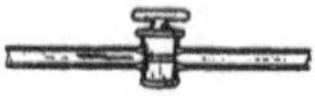 | стеклянный кранъ (m)<br>robinetto (m) di vetro<br>grifo (m) de vidrio |
| 6 | Glasröhre (f)<br>glass tube<br>tube (m) en verre |  | стеклянная трубка (f)<br>tubo (m) *o* tubetto (m) di vetro<br>tubo (m) de vidrio |
| 7 | Rührstab (m), Glasstab (m)<br>glass rod<br>baguette (m) *ou* agitateur (m) en verre | <br>a | стеклянная палочка (f) для помѣшиванія<br>bastoncino (m) *o* bacchetta (f) [di vetro] per agitare<br>varilla (f) de vidrio |
| 8 | Bürste (f)<br>brush<br>brosse (f) |  | щётка (f)<br>spazzola (f)<br>escobilla (f) |
| 9 | Röhrenwischer (m)<br>tube brush<br>brosse (f) à tubes |  | щётка (f) для прочистки трубокъ<br>spazzola (f) per tubi<br>escobilla (f) para tubos |

Blaustift (m), Farbstift (m), Fettstift (m)
blue pencil, pencil for marking glass
crayon (m) bleu, crayon (m) en couleur, crayon (m) gras

синій карандашъ (m); цвѣтной карандашъ; жирный карандашъ
matita (f) bleu, matita (f) colorata, matita (f) grassa 1
lápiz (m) azul, lápiz (m) de color

---

**Maßanalytisches Gerät**
**Volumetric Apparatus**
**Appareils pour l'analyse volumétrique**

**Приборы для объёмнаго анализа**
**Apparato per analisi quantitativa** 2
**Aparatos para el análisis cuantitativo**

Pipette (f), Stechheber (m), Stechpipette (f)
pipette
pipette (f)

пипетка (f)
pipetta (f) 3
pipeta (f)

---

Meßheber (m), Meßpipette (f)
graduated pipette
pipette (f) graduée

измѣрительная пипетка (f); градуированная пипетка
pipetta (f) di misurazione *o* tarata 4
pipeta (f) de medida

---

Kugelhahnstechheber (m), Kugelhahnpipette (f)
weighing pipette with stopcocks
pipette (f) avec robinet à boule

пипетка (f) съ шарикомъ между кранами
pipetta (f) a robinetto sferico 5
pipeta (f) con grifo esférico

---

Vollstechheber (m), Vollpipette (f)
plain pipette
pipette (f) jaugée

пипетка (f) на полное выпусканіе; пипетка съ одной мѣткой 6
pipetta (f) tarata
pipeta (f) graduada

---

selbsttätige Vollpipette (f)
automatic plain pipette
pipette (f) jaugée automatique

автоматическая пипетка (f) съ одной мѣткой; автоматическая пипетка на полное пусканіе 7
pipetta (f) tarata automatica
pipeta (f) graduada automática

---

Pipettenständer (m)
pipette stand *or* holder
étagère (f) à pipettes

этажерка (f) *или* штативъ (m) для пипетокъ
portapipette (m) 8
estante (m) para pipetas

1 Pipettenflasche (f)
pipette bottle
flacon (m) à pipette
с[т]клянка (f) съ пипеткою
bottiglia (f) a pipetta
frasco (m) con pipeta

---

2 Meßröhre (f), Bürette (f)
burette
burette (f)

бюретка (f)
buretta (f)
probeta (f)

---

3 Regulierhahn (m)
regulating cock
robinet (m) de réglage
регулировочный кранъ (m)
robinetto (m) a regolazione
grifo (m) regulador

---

4 Quetschhahn (m)
clip, Mohr's clip
pince (f)

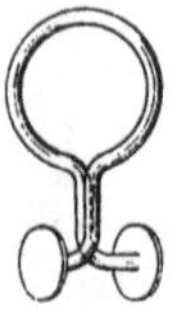

зажимъ (m) для резиновыхъ трубокъ
stringitubi (m) a morsetto
pinza (f)

---

5 Titerflüssigkeit (f)
titration solution, standard solution
solution (f) titrée
титровальный растворъ (m)
liquido (m) titolato *o* d'assaggio
liquido (m) para el análisis volumétrico

---

6 Normallösung (f)
standard solution
solution (f) normale
нормальный растворъ (m)
soluzione (f) normale
disolución (f) normal

---

7 Gehalt (m) einer Flüssigkeit, Titer (m) einer Flüssigkeit
standard strength of a solution, titration standard
titre (m) *ou* teneur (f) d'un liquide
титръ (m) жидкости
titolo (m) o composizione (f) d'un liquido
dosis (f) de un liquido

---

8 titrieren (v)
to titrate
titrer (v)
титровать
fare (v) un' analisi volumetrica con liquidi titolati, titolare (v)
dosificar (v)

---

9 Titrieren (n), Titration (f)
titration
titrage (m)
титрованіе (n)
analisi (f) volumetrica con liquidi titolati
dosificación (f)

---

10 Rücktitrieren (n)
back titration, restandardize
titrer (v) à nouveau, retitrer (v)
обратное титрованіе (n)
analisi (f) volumetrica ripetuta
rehacer (v) la dosificación

Titrierapparat (m)
titration apparatus
appareil (m) de titrage

приборъ (m) для объёмнаго анализа; титровальный аппаратъ (m)
apparato (m) per analisi volumetrica
aparato (m) de dosificación 1

**Porzellangerät**
**Porcelain Ware**
**Appareils *ou* ustensiles en porcelaine**

**Фарфоровая посуда**
**Apparecchi *od* utensili di porcellana**
**Aparatos *ó* utensilios de porcelana** 2

Teller (m) aus porigem Porzellan
plate *or* dish of porous porcelain
assiette (f) en porcelaine poreuse

тарелка (f) изъ пористаго фарфора
piatto (m) di porcellana porosa
plato (m) de porcelana porosa 3

---

Porzellantrichter (m)
porcelain funnel
entonnoir (m) en porcelaine

фарфоровая воронка (f)
imbuto (m) di porcellana
embudo (m) de porcelana 4

---

Porzellanwanne (f)
porcelain trough
cuve (f) en porcelaine

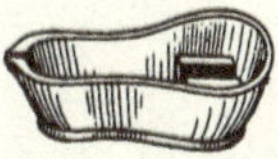

фарфоровая ванна (f); фарфоровая ванночка (f)
vasca (f) di porcellana
cuba (f) de porcelana 5

---

Kasserolle (f)
basin with handle
casserole (f)

кострюля (f)
casseruola (f)
cacerola (f) 6

---

Porzellantiegel (m)
porcelain crucible
creuset (m) en porcelaine

фарфоровый тигель (m)
crogiuolo (m) di porcellana
crisol (m) de porcelana 7

---

Porzellanröhre (f)
porcelain tube
tube (m) en porcelaine

фарфоровая трубка (f)
tubo (m) di porcellana
tubo (m) de porcelana 8

---

Porzellanring (m)
porcelain ring
anneau (m) de porcelaine

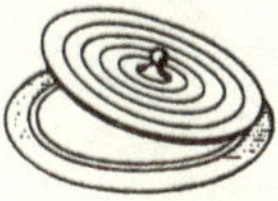

фарфоровое кольцо (n)
anello (m) di porcellana
anillo (m) de porcelana 9

1 Porzellanmaß (n)
porcelain measuring vessel
mesure (f) de porcelaine

фарфоровая мензурка (f)
misuratore (m) di porcellana
copa (f) de porcelana para medir, medida (f) de porcelana

---

2 Porzellaneinsatz (m)
desiccator disc
support (m) en porcelaine

фарфоровая вставка (f)
sopporto (m) di porcellana
soporte (m) de porcelana

---

3 Porzellanbecher (m)
porcelain beaker
gobelet (m) en porcelaine

фарфоровый стаканъ (m)
bicchiere (m) di porcellana
copa (f) ó taza (f) de porcelana

---

4 Porzellanabdampfschale (f)
porcelain *or* china evaporating basin
vase (f) d'évaporation en porcelaine

фарфоровая чашечка (f) для выпариванія
bacinella (f) d'evaporazione di porcellana
vaso (m) de porcelana para evaporar

---

5 **Platingerät**
**Platinum Ware**
**Ustensiles en platine**

**Платиновая посуда**
**Utensili di platino**
**Utensilios de platino**

6 Platinmetall (n)
platinum
platine (m)

металлическая платина (f); платиновый металлъ (m)
platino (m)
platino (m)

---

7 Platindraht (m)
platinum wire
fil (m) de platine

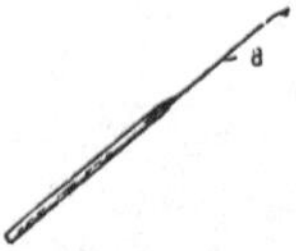


a

платиновая проволока (f)
filo (m) di platino
alambre (m) de platino

---

8 Platinnadel (f)
platinum pin
aiguille (f) de platine

платиновая игла (f)
ago (m) di platino
aguja (f) de platino

---

9 Platinblech (n)
platinum sheet
feuille (f) de platine

a

платиновая жесть (f)
lamiera (f) di platino
chapa (f) de platino

Platintiegel (m)
platinum crucible
creuset (m) en platine

платиновый тигель (m); платиновый тигелёкъ (m)
crogiuolo (m) di platino 1
crisol (m) de platino

---

Platinschale (f)
platinum basin
capsule (f) en platine

платиновая чашка (f)
capsula (f) di platino
cápsula (f) ó vasija (f) de platino 2

---

Platinmuffel (f)
platinum muffle
moufle (m) en platine

платиновый муфель (m)
muffola (f) di platino 3
mufla (f) de platino

---

Platinveraschungsschale (f)
platinum incineration dish
capsule (f) en platine pour incinérations

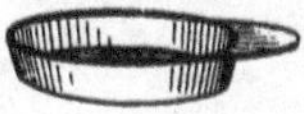

платиновая чашка (f) *или* платиновый сосудъ (m) для обзоливанія
capsula (f) di platino per incenerazione 4
cápsula (f) de platino para incineraciones

---

Platinschiffchen (n)
platinum boat
nacelle (f) en platine

платиновая лодочка (f)
navicella (f) di platino 5
navecilla (f) de platino

---

Platinkegel (m), Platinkonus (m)
platinum cone
entonnoir (m) en platine

платиновый конусъ (m)
cono (m) di platino 6
embudo (m) de platino

---

Platinlöffel (m)
platinum spoon
cuillère (f) en platine

платиновая ложечка (f)
cucchiaio (m) di platino 7
cuchara (f) de platino

---

Platinspatel (m)
platinum spatula
spatule (f) en platine

платиновый шпатель (m); платиновая лопаточка (f) 8
spatola (f) di platino
espátula (f) de platino

---

Platinmesser (n)
platinum knife
couteau (m) en platine

платиновый ножи[че]къ
coltello (m) di platino 9
cuchillo (m) de platino

1 **Übriges Gerät**
**Miscellaneous Apparatus**
**Accessoires divers**

**Прочія принадлежности**
**Accessori diversi**
**Accesorios diversos**

2 Kork (m)
cork
bouchon (m)

пробка (f)
turacciolo (m) *o* tappo (m) di sughero
tapón (m), corcho (m)

---

3 Korkplatte (f)
cork plate
plaque (f) en liége

пробковая пластина (f)
lastra (f) di sughero
placa (f) de corcho

---

4 Korkpresse (f)
cork presser
presse (f) à bouchons

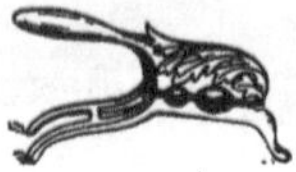

пробочный прессъ (m)
pressa (f) per tappi di sughero
prensa (f) para corchos

---

5 Korkmesser (n)
cork knife
couteau (m) à liége

пробочный ножикъ (m); ножъ (m) для нарѣзанія пробокъ
coltello (m) per tappi di sughero
cuchillo (m) para corcho

---

6 Korkzange (f)
cork pliers
pince (f) à liége

пробочные щипцы (m pl)
tenaglia (f) per tappi di sughero
tenazas (f pl) para corcho

---

7 Korkbohrer (m)
cork borer
drille (f) à bouchons

наборъ (m) пробочныхъ свёрлъ; пробочное сверло (n); сверло для провертыванія въ пробкахъ отверстій
foratappi (m)
barrena (f) para corchos

---

8 Korkbohrerschärfer (m)
cork borer sharpener
outil (m) à affûter les drilles à bouchons

точилка (f) для пробочныхъ свёрлъ
affilatoio (m) per foratappi
útil (m) para afilar las barrenas para corchos

Kautschukware (f)
caoutchouc ware
pièces (f pl) en caoutchouc
каучуковый товаръ (m)
articoli (m pl) di gomma 1
articulos (mpl) de caucho

---

Guttaperchagerät (n)
guttapercha ware
pièces (f pl) en guttapercha
гуттаперчевыя принадлежности (f pl)
strumenti (m pl) di guttaperca 2
utensilios (m pl) de gutapercha

---

Guttaperchapapier (n)
guttapercha sheet
carton (m) en guttapercha
гуттаперчевая бумага (f)
carta (f) di guttaperca 3
cartón (m) de gutapercha

---

Guttaperchaflasche (f)
guttapercha bottle
bouteille (f) en guttapercha
гуттаперчевая с[т]клянка (f)
bottiglia (f) di guttaperca 4
frasco (m) de gutapercha

---

Gummiplatte (f)
rubber plate
plaque (f) en caoutchouc
резиновая пластина (f)
lastra (f) *o* foglia (f) di gomma 5
placa (f) de goma

---

Gummistopfen (m), Gummistöpsel (m)
rubber stopper, rubber bung, india rubber cork
bouchon (m) en caoutchouc

резиновая пробка (f)
tappo (m) di gomma 6
tapón (m) de goma

---

Gummiball (m), Gummigebläse (n)
rubber ball
poire (f) en caoutchouc

резиновый шаръ (m) [съ клапаномъ для надуванія воздуха] 7
pera (f) di gomma
pera (f) de goma

---

Gummifaden (m)
rubber strip
fil (m) en caoutchouc
резиновая нить (f)
filo (m) di gomma 8
hilo (m) de goma

---

Gummifahne (f)
rubber cap, policeman, couch
plaquette (f) en caoutchouc
резиновая этикетка (f)
foglio (m) *o* piastra (f) di gomma 9
placa (f) degoma

---

Gummischlauch (m)
rubber tubing
tuyau (m) en caoutchouc
резиновая трубка (f) *или* кишка (f)
tubo (m) di gomma 10
tubo (m) de goma

---

Maske (f), Schutzmaske (f)
face guard
masque (m)
маска (f)
maschera (f) 11
máscara (f)

1 Schutzbrille (f)
goggles (pl)
lunettes (f pl) protectrices

предохранительные очки (m pl)
occhiali (m pl) di protezione
gafas (f pl) protectoras

---

2 Gummikappe (f)
rubber cap
chapeau (m) *ou* calotte (f) en caoutchouc

резиновый колпачокъ (m)
cappuccio(m)di gomma
caperuza (f) de goma

---

3 Gummifinger (m)
rubber finger stall
doigt (m) en caoutchouc

a

резиновый палецъ (m)
dito (m) *o* ditale (m) di gomma
dedil (m) de goma

---

4 Gummihandschuh (m)
rubber glove
gant (m) en caoutchouc

резиновая перчатка (f)
guanto (m) di gomma
guante (m) de goma

---

5 Gestell (n), Ständer (m), Stativ (n)
stand
support (m)

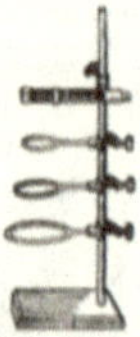

штативъ (m)
treppiede (m), sopporto (m)
soporte (m)

---

6 Ständerklemme (f)
clamp for stand
pince (f) de support

зажимъ (m) для штатива
morsetto (m) per treppiede, pinza (f)
pinzas (f pl) para soportes

---

7 Kolbenträger (m)
flask stand
support (m) de ballon

подставка (f) для колбы
sopporto (m) per storta
soporte (m) de matraz

---

8 Dreifuß (m)
tripod
trépied (m)

треножникъ (m)
treppiede (m)
trípode (m)

---

9 Drahtdreieck (n)
wire triangle
triangle (m) en fil de fer

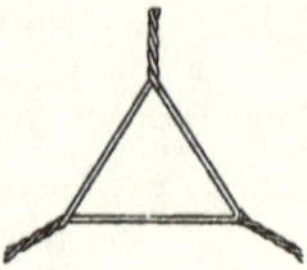

проволочный треугольникъ (m)
triangolo (m) di filo metallico
triángulo (m) de alambre

Drahtgewebe (n)
wire gauze
tissu (m) *ou* toile (f) métallique

проволочная ткань(f); проволочная сѣтка (f)
rete (f) metallica, tessuto (m) metallico 1
tela (f) metálica

---

Kupferdrahtnetz (n)
copper wire gauze
toile (f) en fil de cuivre

сѣтка (f) изъ мѣдной проволоки
rete (f) in filo di rame 2
tela (f) de alambre de cobre

---

Kupferdrahtnetzrolle (f)
roll of copper wire gauze
toile (f) en fil de cuivre enroulée

свёрнутая въ трубку сѣтка (f) изъ мѣдной проволоки
rotolo (m) di rete in 3
filo di rame
tela (f) de alambre de cobre enrollada

---

Baboschcs Siedeblech (n)
Babo's boiling sheet
tôle (f) de Babo

сѣтка (f) Бабо
rete (f) di Babo 4
chapa (f) de Babo

---

Bleiflasche (f)
lead bottle
flacon (m) en plomb

свинцовая бутыль (f)
fiala (f) di piombo 5
frasco (m) de plomo

---

Bleiröhre (f)
lead pipe
tuyau (m) en plomb

свинцовая трубка (f)
tubo (m) di piombo 6
tubo (m) de plomo

---

Bleischale (f)
lead basin *or* dish
capsule (f) en plomb

свинцовая чашака (f)
capsula (f) *o* bacinella
(f) di piombo 7
cápsula (f) *ó* vasija (f) de plomo

---

Kupferdrehspan (m)
copper turnings
tournure (f) de cuivre

мѣдныя стружки (f pl)
truciolo (m) di rame,
tornitura (f) di rame 8
virutas (f pl) de cobre

---

Eisendraht (m)
iron wire
fil (m) de fer

желѣзная проволока (f)
filo (m) di ferro 9
alambre (m) de hierro

---

Klavierdraht (m)
piano wire
fil (m) de clavecin

фортепіанная проволока (f)
filo (m) *o* corda (f) da 10
pianoforte
cuerda (f) de piano

---

Aluminiumblech (n)
aluminium sheet
feuille (f) d'aluminium

алюминіевая жесть (f); листовой алюминій (m) 11
lamiera (f) d'alluminio
chapa (f) de aluminio

---

Aluminiumdraht (m)
aluminium wire
fil (m) d'aluminium

алюминіевая проволока (f)
filo (m) d'alluminio 12
alambre (m) de aluminio

| | | |
|---|---|---|
| 1 | Aluminiumpulver (n)<br>aluminium powder<br>poudre (f) d'aluminium | алюминіевый порошокъ (m)<br>polvere (f) d'alluminio<br>polvo (m) de aluminio |
| 2 | Aluminiumfeilspan (m)<br>aluminium filings<br>limaille (f) d'aluminium | алюминіевыя опилки (f pl)<br>limatura (f) d'alluminio<br>limaduras (f pl) de aluminio |
| 3 | Quecksilbergefäß (n)<br>mercury vessel<br>récipient (m) à mercure | сосудъ (m) для ртути<br>vaso (m) per mercurio<br>recipiente (m) para mercurio |
| 4 | Quecksilberbüchse (f)<br>mercury box<br>réservoir (m) à mercure | сосудъ (m) для ртути<br>serbatoio (m) per mercurio<br>depósito (m) para mercurio |
| 5 | Quecksilberwanne (f)<br>mercury trough<br>cuve (f) à mercure | ртутная ванна (f)<br>vasca (f) di mercurio<br>cuba (f) para mercurio |
| 6 | Quecksilberzange (f)<br>mercury tongs<br>pince (f) à mercure | щипцы (m pl) для собиранія ртути<br>pinzetta (f) per tenere il mercurio<br>tenazas (f pl) para tener bajo mercurio |
| 7 | Metallschlauch (m)<br>flexible metal tube<br>tube (m) métallique flexible | металлическая трубка (f)<br>tubo (m) flessibile metallico<br>tubo (m) flexible metálico |

| | | |
|---|---|---|
| 8 | Asbest (m)<br>asbestos<br>amiante (m), asbeste (m) | азбестъ (m)<br>asbesto (m), amianto (m)<br>asbesto (m), amianto (m) |
| 9 | Asbestgewebe (n)<br>asbestos fabric<br>tissu (m) d'asbeste | азбестовая ткань (f)<br>tessuto (m) d'asbesto *o* d'amianto<br>tela (f) de asbesto |
| 10 | Asbestschnur (f)<br>asbestos cord<br>cordon (m) d'amiante *ou* d'asbeste | азбестовый шнуръ (m)<br>cordone (m) d'asbesto *o* d'amianto<br>cordón (m) de asbesto *ó* de amianto |
| 11 | Asbestpapier (n)<br>asbestos paper<br>papier (m) d'amiante, carton (m) d'asbeste | азбестовая бумага (f)<br>cartone (m) d'asbesto *o* d'amianto<br>cartón (m) de asbesto |
| 12 | Asbestwolle (f)<br>asbestos wool<br>laine (f) d'amiante | азбестовая шерсть (f)<br>lana (f) d'asbesto *o* d'amianto<br>lana (f) de asbesto |

Asbestplatte (f)
asbestos sheet
plaque (f) d'amiante

азбестовая пластина (f)
piastra (f) *o* strato (m) d'asbesto *o* d'amianto
placa (f) de asbesto 1

---

Asbestschale (f)
asbestos dish
capsule (f) d'amiante

азбестовая чашка (f)
bacinella (f) d'asbesto 2
cápsula (f) de asbesto

---

Asbestdrahtnetz (n)
asbestos wire net
toile (f) d'amiante

проволочная сѣтка (f), выложенная азбестомъ; азбестовая сѣтка
rete (f) di filo metallico ed asbesto 3
rejilla (f) de hilos de asbesto

---

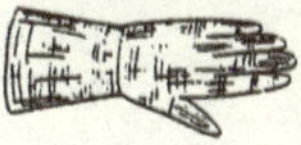

Asbesthandschuh (m)
asbestos glove
gant (m) en amiante

азбестовая перчатка (f)
guanto (m) d'amianto 4
guante (m) de asbesto

---

Palladiumasbest (m)
palladium asbestos
asbeste (m) en palladium

палладизированный азбестъ (m)
asbesto (m) *od* amianto (m) al palladio 5
asbesto (m) al paladio

---

Quarzgerät (n)
quartz ware
ustensiles (m pl) en quartz

кварцевая посуда (f) [фиг.:] кварцевый сосудъ (m)
utensili (m pl) di quarzo 6
utensilios (m pl) de cuarzo

---

Pergamentpapier (n)
parchment paper
papier (m) parcheminé

пергаментная бумага (f)
carta-pergamena (f) 7
papel (m) pergamino

---

Pergamentschlauch (m)
parchment pipe
tuyau (m) en parchemin

пергаментная трубка (f)
tubo (m) di pergamena 8
tubo (m) de pergamino

---

Hornblatt (n)
horn sheet
tablette (f) en corne

роговая пластинка (f)
spatola (f) *o* cucchiaio (m) di corno 9
tablilla (f) de asta

---

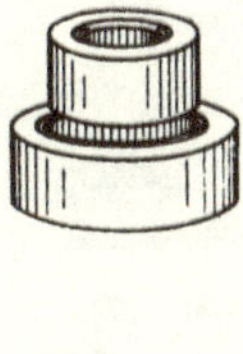

Unterlagring (m)
supporting ring
rondelle (f) de support de ballon

кольцо (n) для подкладыванія [подъ круглодонные сосуды]
anello (m) portastorte 10
anillo (m) de soporte de matraz

1 Untersatz (m) aus Hartgummi
ebonite support
soucoupe (f) en caoutchouc durci *ou* ébonite

подкладка (f) изъ роговой *или* изъ твёрдой резины;
piattello (m) di ebonite
platillo (m) de goma endurecida *ó* ebonita

---

2 Strohkranz (m)
straw ring
couronne (f) de paille

соломенное кольцо (n) [для подкладыванія подъ круглодонные сосуды]
poggiastorte (m) *od* anello (m) di paglia
corona (f) de paja

---

3 Dose (f)
box
boîte (f)

коробка (f)
scatola (f), scatolina (f)
caja (f)

---

4 Kapsel (f)
scoop
capsule (f)

капсюля (f)
capsula (f), navicella (f)
cápsula (f)

---

5 Presse (f)
press
presse (f)

прессъ (m)
pressa (f)
prensa (f)

---

6 Natriumzange (f)
sodium pliers
pince (f) à sodium

щипцы (m pl) для натрія
pinzetta (f) per sodio
tenazas (f pl) para sodio

---

7 Federzange (f), [Pinzette (f)]
forceps
pincette (f)

пинцетъ (m); щипчики (m pl)
pinzetta (f)
pinzas (f pl)

---

8 Spatel (m)
spatula
spatule (f)

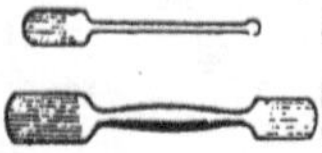

лопаточка (f); шпатель (m)
spatola (f)
espátula (f)

---

9 Löffel (m)
spoon
cuiller (f), cuillère (f)

ложка (f)
cucchiaio (m)
cuchara (f)

---

10 Putzleder (n)
chamois leather
peau (f) de chamois

замша (f) для чистки
pelle (f) per pulire
cuero (m) para limpiar

---

11 Schmirgel (m)
emery
émeri (m)

наждакъ (m)
smeriglio (m)
esmeril (m)

| | | | |
|---|---|---|---|
| Schmirgelleinen (n)<br>emery cloth<br>toile (f) d'émeri |  | наждачное полотно (n)<br>tela (f) a smeriglio *o* smerigliata<br>tela (f) esmerilada | *1* |
| Glaspapier (n)<br>glass paper<br>papier (m) de verre |  | стеклянная шкурка (f)<br>carta (f) vetrata<br>papel (m) de vidrio | *2* |
| Glaspulver (n)<br>glass powder<br>poudre (f) de verre, verre (m) pulvérisé | | стеклянный порошокъ (m)<br>polvere (f) di vetro<br>polvo (m) de vidrio | *3* |
| Sandpapier (n)<br>sand paper<br>papier (m) à sable | | песчаная бумага (f); шкурка (f)<br>carta (f) alla sabbia<br>papel (m) esmerilado | *4* |
| **Reagentien, Chemikalien**<br>**Reagents**<br>**Réactifs** | | **[Химическіе] Реактивы или реагенты**<br>**Reattivi**<br>**Reactivos** | *5* |
| destilliertes Wasser (n)<br>distilled water<br>eau (f) distillée | $H_2O$ | дестилированная вода (f)<br>acqua (f) distillata<br>agua (f) destilada | *6* |
| hygroskopisches Wasser (n)<br>hygroscopic water<br>eau (f) hygroscopique | | гигроскопическая вода (f)<br>acqua (f) igroscopica<br>agua (f) higroscópica | *7* |
| chemisch gebundenes Wasser (n), Hydratwasser (n)<br>chemically combined [water, hydrated water<br>eau (f) chimiquement combinée, eau (f) d'hydratation | | химически связанная вода (f); гидратная вода<br>acqua (f) combinata chimicamente<br>agua (f) químicamente combinada, agua (f) de hidratación | *8* |
| Säure (f)<br>acid<br>acide (m) | | кислота (f)<br>acido (m)<br>ácido (m) | *9* |
| Salzsäure (f), Chlorwasserstoffsäure (f)<br>hydrochloric acid<br>acide (m) chlorhydrique | $HCl$ | соляная кислота (f); хлористоводородная кислота<br>acido (m) cloridrico<br>ácido (m) clorhídrico | *10* |
| Salpetersäure (f)<br>nitric acid<br>acide (m) nitrique *ou* azotique | $HNO_3$ | азотная кислота (f)<br>acido (m) nitrico<br>ácido (m) nítrico | *11* |
| rauchende Salpetersäure (f)<br>fuming nitric acid<br>acide (m) nitrique fumant | | дымящая азотная кислота (f)<br>acido (m) nitrico fumante<br>ácido (m) nítrico humeante | *12* |

| | | | |
|---|---|---|---|
| 1 | gewöhnliche, käufliche, rohe Schwefelsäure (f)<br>commercial sulphuric acid<br>acide (m) sulfurique du commerce | $H_2SO_4$ | обыкновенная, продажная, неочищенная сѣрная кислота (f)<br>acido (m) solforico commerciale<br>ácido (m) sulfúrico ordinario ó del comercio |
| 2 | chemisch reine Schwefelsäure (f)<br>chemically pure sulphuric acid<br>acide (m) sulfurique chimiquement pur | | химически чистая сѣрная кислота (f)<br>acido (m) solforico chimicamente puro<br>ácido (m) sulfúrico químicamente puro |
| 3 | Königswasser (n)<br>aqua regia<br>eau (f) régale | $HNO_3 + 3HCl$ | царская водка (f)<br>acqua (f) regia<br>agua (f) regia |
| 4 | Essigsäure (f)<br>acetic acid<br>acide (f) acétique | $C_2H_4O_2$ | уксусная кислота (f)<br>acido (m) acetico<br>ácido (m) acético |
| 5 | Oxalsäure (f)<br>oxalic acid<br>acide (m) oxalique | $C_2H_2O_4$ | щавелевая кислота (f)<br>acido (m) ossalico<br>ácido (m) oxálico |
| 6 | Weinsäure (f)<br>tartaric acid<br>acide (m) tartrique | $C_4H_6O_6$ | винная кислота (f)<br>acido (m) tartarico<br>ácido (m) tartárico |
| 7 | Chromsäureanhydrid (n)<br>chromic acid<br>acide (m) chromique | $CrO_3$ | хромовая кислота (f)<br>acido (m) cromico<br>ácido (m) crómico |
| 8 | Schwefelwasserstoff (m)<br>sulphuretted hydrogen<br>hydrogène (m) sulfuré | $H_2S$ | сѣроводородъ (m); сѣрнистый водородъ (m)<br>idrogeno (m) solforato, acido (m) solfidrico<br>hidrógeno (m) sulfurado |
| 9 | Flußsäure (f)<br>hydro-fluoric acid<br>acide(m) fluorhydrique | $HFl$ | плавиковая кислота (f); фтористоводородная кислота<br>acido (m) fluoridrico<br>ácido (m) fluorhídrico |
| 10 | Base (f)<br>base, basis<br>base (f) | | основаніе (n)<br>base (f)<br>base (f) |
| 11 | Ammoniak (n)<br>ammonia<br>ammoniaque (m) | $NH_3$ | амміакъ (m)<br>ammoniaca (f)<br>amoníaco (m) |
| 12 | Ätzkali (n), [Kalihydrat (n)]<br>hydrate of potash, caustic potash<br>potasse (f) caustique | $KOH$ | гидратъ (m) окиси калія; ѣдкое кали (n)<br>potassa (f) caustica<br>potasa (f) cáustica |
| 13 | Ätzkali (n) in Stangen<br>stick caustic potash<br>potasse (f) caustique en bâtonnets | | ѣдкое кали (n) въ формѣ палочекъ<br>potassa (f) caustica in bacchette o cannelli<br>potasa (f) cáustica en barritas |

| | | | |
|---|---|---|---|
| Ätznatron (n), Natronhydrat (n)<br>caustic soda<br>soude (f) caustique | $NaOH$ | гидратъ (m) окиси натрія; ѣдкій натръ (m)<br>soda (f) caustica<br>sosa (f) cáustica | *1* |
| Kalilauge (f)<br>caustic potash solution<br>solution (f) de potasse caustique | | калійный щелокъ (m)<br>soluzione (f) di potassa caustica<br>disolución (f) de potasa cáustica | *2* |
| Natronlauge (f)<br>caustic soda solution<br>solution (f) de soude caustique | | натровый щелокъ (m)<br>soluzione (f) di soda caustica<br>disolución (f) de sosa cáustica | *3* |
| wässeriges Ammoniak (n)<br>ammonia water<br>eau (f) ammoniacale | $NH_4(OH)$ | водный растворъ (m) аммiака<br>acqua (f) ammoniacale<br>agua (f) de amoniaco *ó* amoniacal | *4* |
| Kalkwasser (n)<br>lime water<br>eau (f) *ou* lait (m) de chaux | $Ca(OH)_2$ | известковая вода (f)<br>acqua (f) di calce<br>agua (f) de cal | *5* |
| Barytwasser (n)<br>baryta water<br>eau (f) de baryte | $Ba(OH)_2$ | баритовая вода (f)<br>acqua (f) di barite<br>agua (f) de barita | *6* |
| Natronkalk (m)<br>soda lime<br>chaux (f) sodée | | натристая известь (f)<br>calce (f) sodata<br>cal (f) sódica | *7* |
| kohlensaures Kali (n), Pottasche (f), Kaliumkarbonat (n)<br>carbonate of potassium<br>carbonate (m) de potasse | $K_2CO_3$ | углекалiевая соль (f); углекислый калій (m); поташъ (m)<br>carbonato (m) potassico *o* di potassa<br>carbonato (m) potásico | *8* |
| kohlensaures Natron (n), Soda (f), Natriumkarbonat (n)<br>carbonate of sodium<br>carbonate (m) de soude | $Na_2CO_3$ | угленатрiевая соль (f); углекислый натръ (m); сода (f)<br>carbonato (m) sodico *o* di soda<br>carbonato (m) sódico | *9* |
| doppeltkohlensaures Natron (n), Natriumbikarbonat (n)<br>sodium bicarbonate<br>bicarbonate (m) de soude | $NaHCO_3$ | двууглекислый натръ (m); двуугленатрiевая соль (f); кислая угленатрiевая соль<br>bicarbonato (m) sodico *o* di soda<br>bicarbonato (m) sódico | *10* |
| schwefelsaures Kali (n), Kaliumsulfat (n)<br>sulphate of potassium<br>sulfate (m) de potasse | $K_2SO_4$ | сѣрнокалiевая соль (f); сѣрнокислый калій (m)<br>solfato (m) potassico *o* di potassa<br>sulfato (m) potásico | *11* |
| schwefelsaures Natron (n), Natriumsulfat (n)<br>sulphate of sodium<br>sulfate (m) de soude | $Na_2SO_4$ | сѣрнонатрiевая соль (f); сѣрнокислый натрій (m)<br>solfato (m) sodico *o* di soda<br>sulfato (m) sódico | *12* |

| | | | |
|---|---|---|---|
| 1 | Rhodanammonium (n)<br>sulphocyanide of ammonium<br>sulfocyanure (m) d'ammonium | $NH_4CNS$ | роданистый аммоній (m)<br>solfocianuro (m) ammonico<br>sulfocianuro (m) amónico |
| 2 | saures, schwefelsaures Kali (n)<br>bisulphate of potassium<br>sulfate (m) acide de potasse | $KHSO_4$ | кислый сѣрнокислый калій (m); кислая сѣрнокаліевая соль (f)<br>bisolfato (m) di potassa, solfato (m) acido di potassa<br>sulfato (m) ácido de potasa |
| 3 | Cyankalium (n), Kaliumcyanid (n)<br>cyanide of potassium<br>cyanure (m) de potassium | $KCN$ | ціанистый калій (m)<br>cianuro (m) di potassio<br>cianuro (m) potásico |
| 4 | chromsaures Kali (n), Kaliumchromat (n)<br>chromate of potassium<br>chromate (m) de potasse | $K_2CrO_4 + 3H_2O$ | хромовокаліевая соль (f); хромовокислый калій (m); жёлтая хромовая соль (f)<br>cromato (m) potassico<br>cromato (m) potásico |
| 5 | doppeltchromsaures Kali (n), Kaliumbichromat (n)<br>bichromate of potassium<br>bichromate (m) de potasse | $K_2Cr_2O_7$ | хромпикъ (m); двухромовокислый калій (m); двухромовокаліевая соль (f); красная хромовая соль (f)<br>bicromato (m) potassico<br>bicromato (m) potásico |
| 6 | essigsaures Kali (n), Kaliumacetat (n)<br>acetate of potassium<br>acétate (m) de potasse | $CH_3COOK$ | уксуснокислый калій (m); уксуснокаліевая соль (f)<br>acetato (m) potassico<br>acetato (m) potásico |
| 7 | essigsaures Ammoniak (n), Ammoniumacetat (n)<br>ammonium acetate<br>acétate (m) d'ammoniaque | $CH_3COONH_4$ | уксуснокислый аммоній (m); уксусноаммоніевая соль (f)<br>acetato (m) ammonico<br>acetato (m) amónico |
| 8 | kohlensaures Ammoniak (n), Ammoniumkarbonat (n)<br>carbonate of ammonium<br>carbonate (m) d'ammoniaque | $(NH_4)_2CO_3$ | углекислый аммоній (m); углеаммоніевая соль (f)<br>carbonato (m) ammonico<br>carbonato (m) amónico |
| 9 | phosphorsaures Natron (n), Natriumphosphat (n)<br>phosphate of sodium<br>phosphate (m) de soude | $Na_2HPO_4 + 12H_2O$ | фосфорнокислый натрій (m); фосфорнонатріевая соль (f)<br>fosfato (m) sodico<br>fosfato (m) sódico |

| | | | |
|---|---|---|---|
| Chlorkalium (n), Kaliumchlorid (n)<br>chloride of potassium<br>chlorure (m) de potassium | $KCl$ | хлористый калій (m)<br>cloruro (m) potassico<br>cloruro (m) potásico | *1* |
| Kochsalz (n), Natriumchlorid (n)<br>common salt<br>chlorure (m) de sodium, sel (m) commun | $NaCl$ | поваренная соль (f); хлористый натрій (m)<br>cloruro (m) di sodio, sale (m) comune *o* da cucina<br>cloruro (m) sódico | *2* |
| Natriumammoniumphosphat (n)<br>ammonium-sodium phosphate<br>phosphate (m) de soude ammoniacal | $NaOH_4HP$ | фосфорно-аммонійно-натріевая соль (f); фосфорнокислый аммоній (m) -натрій (m)<br>fosfato (m) sodico ammoniacale<br>fosfato (m) de sosa amónico | *3* |
| Fluorammonium (n)<br>ammonium fluoride<br>fluorure (m) d'ammoniaque | $NH_4F$ | фтористый аммоній (m)<br>fluoruro (m) ammonico<br>fluoruro (m) amónico | *4* |
| Schwefelammonium (n)<br>ammonium sulphide<br>sulfure (m) d'ammoniaque | $(NH_4)_2S$ | сѣрнистый аммоній (m)<br>solfuro (m) ammonico<br>sulfuro (m) amónico | *5* |
| Bariumchlorid (n), Chlorbarium (n)<br>chloride of barium<br>chlorure (m) de barium | $BaCl_2 + 2H_2O$ | хлористый барій (m)<br>cloruro (m) di bario<br>cloruro (m) bárico | *6* |
| essigsaurer Baryt (m), Bariumacetat (n),<br>acetate of barium<br>acétate (m) de baryte | $Ba(C_2H_3O_2)_2$ | уксуснобаріевая соль (f)<br>acetato (m) di bario<br>acetato (m) bárico | *7* |
| Chlorcalcium (n), Calciumchlorid (n)<br>chloride of calcium<br>chlorure (m) de calcium | $CaCl_2 + 6H_2O$ | хлористый кальцій (m)<br>cloruro (m) di calcio<br>cloruro (m) cálcico | *8* |
| wasserfreies Chlorcalcium (n)<br>chloride of calcium free of water<br>chlorure (m) de calcium anhydre | $CaCl_2$ | безводный хлористый кальцій (m)<br>cloruro (m) di calcio secco *od* anidro<br>cloruro (m) cálcico anhidro | *9* |
| Salmiak (m), Chlorammonium (n)<br>sal ammoniac, ammonium chloride<br>chlorure (m) d'ammoniaque | $NH_4Cl$ | нашатырь (m); хлористый аммоній (m)<br>cloruro (m) ammonico<br>cloruro (m) amónico, amoníaco | *10* |

| | | | |
|---|---|---|---|
| 1 | Gips (m), schwefelsaurer Kalk (m)<br>sulphate of calcium<br>sulfate (m) de chaux | $CaSO_4 + 2H_2O$ | сѣрнокислая известь (f); сѣрнокальціевая соль (f); гипсъ (m)<br>solfato (m) di calcio<br>sulfato (m) cálcico |
| 2 | Chlorkalk (m)<br>chloride of lime<br>chlorure (m) de calcium *ou* de chaux | $CaOCl_2$ | хлорная известь (f)<br>cloruro (m) di calce<br>cloruro (m) cálcico |
| 3 | schwefelsaure Magnesia (f), Bittersalz (n), Magnesiumsulfat (n)<br>sulphate of magnesium<br>sulfate (m) de magnésie | $MgSO_4 + 7H_2O$ | сѣрнокислый магній (m); сѣрномагніевая соль (f); горькая соль<br>solfato (m) di magnesia<br>sulfato (m) magnésico |
| 4 | Chlormagnesium (n), Magnesiumchlorid (n)<br>chloride of magnesium<br>chlorure (m) de magnésium | $MgCl_2 + 6H_2O$ | хлористый магній (m)<br>cloruro (m) di magnesia<br>cloruro (m) magnésico |
| 5 | Eisenchlorid (n)<br>chloride of iron<br>chlorure (m) de fer | $Fe_2Cl_6 + 3H_2O$ | хлорное желѣзо (n)<br>cloruro (m) di ferro<br>cloruro (m) férrico |
| 6 | Eisenoxydulammoniumsulfat (n)<br>ferrous ammonium sulphate<br>sulfate (m) de fer ammoniacal | $Fe(NH_4)_2(SO_4)_2 + 6H_2O$ | сѣрножелѣзистоаммоніевая соль (f); соль Мора<br>solfato (m) ferroso-ammonico, sale (m) di Mohr<br>sulfato (m) ferroso-amónico |
| 7 | gelbes Blutlaugensalz (n), Kaliumeisencyanür (n), Kaliumferrocyanat (n)<br>potassium ferrocyanide, yellow prussiate of potassium<br>ferrocyanure (m) de potassium | $K_4Fe(CN)_6 + 3H_2O$ | жёлтая (кровяная) соль (f); желѣзисто-синеродистый калій (m); синькали (n)<br>ferrocianuro (m) di potassa<br>ferrocianuro (m) potásico |
| 8 | rotes Blutlaugensalz (n), Kaliumeisencyanid (n), Kaliumferricyanat (n)<br>potassium ferricyanide, red prussiate of potassium<br>ferrocyanide (m) de potasse | $K_3Fe(CN)_6$ | красная кровяная соль (f); желѣзосинеродистый калій (m); красное синькали (n)<br>ferricianuro (m) potassico<br>ferricianuro (m) potásico |
| 9 | Zinnchlorür (n)<br>stannous chloride<br>chlorure (m) stanneux *ou* d'étain | $SnCl_2 + 2H_2O$ | хлористое олово (n)<br>cloruro (m) stannoso<br>cloruro (m) estannoso |
| 10 | Zinnchlorid (n)<br>stannic chloride<br>hypochlorure (m) d'étain *ou* stannique | $SnCl_4$ | хлорное олово (n)<br>cloruro (m) stannico<br>cloruro (m) de estaño *ó* estánnico |

| | | | |
|---|---|---|---|
| Bleizucker (m), Bleiacetat (n)<br>lead acetate<br>acétate (m) de plomb | $PbC_4H_6O_4 + 3H_2O$ | уксусносвинцовая соль (f); уксуснокислый свинецъ(m); свинцовый сахаръ (m)<br>acetato (m) di piombo<br>acetato (m) de plomo ó plúmbico | 1 |
| gekörntes Kupferoxyd (n)<br>granulated cuprous oxide<br>oxyde (m) de cuivre en grains | $CuO$ | зернёная окись (f) мѣди<br>ossido (m) di rame granulato<br>óxido (m) de cobre en granos | 2 |
| Chlorkupfer (n), Kupferchlorid (n)<br>cupric chloride<br>hypochlorure (m) de cuivre | $CuCl_2 + 2H_2O$ | хлорная мѣдь (f)<br>cloruro (m) ramico *o* di rame<br>cloruro (m) cúprico | 3 |
| Kupferchlorür (n)<br>cuprous chloride<br>chlorure (m) cuivreux *ou* de cuivre | $Cu_2Cl_2$ | хлористая (однохлористая) мѣдь (f)<br>cloruro (m) ramoso<br>cloruro (m) cuproso | 4 |
| Quecksilberoxydulnitrat (n)<br>basic nitrate of mercury<br>nitrate (m) de mercure basique | $Hg_2N_2O_6 + 2H_2O$ | азотнортутная соль (f) закиси; закисная азотнокислая ртуть (f)<br>nitrato (m) di mercurio basico<br>nitrato (m) mercúrico básico | 5 |
| Quecksilberchlorür (n)<br>mercurous chloride, calomel<br>bichlorure (m) de mercure | $Hg_2Cl_2$ | хлористая (однохлористая) ртуть (f); каломель (f)<br>cloruro (m) mercuroso, calomelano (m)<br>cloruro (m) mercurioso | 6 |
| Quecksilberchlorid (n)<br>mercuric chloride<br>chlorure (m) de mercure | $HgCl_2$ | хлорная ртуть (f); сулема (f)<br>cloruro (m) mercurico, sublimato (m) corrosivo<br>cloruro (m) mercúrico, sublimado (m) corrosivo | 7 |
| metallisches Quecksilber (n)<br>metallic mercury<br>mercure (m) métallique | $Hg$ | металлическая ртуть (f)<br>mercurio (m) metallico<br>mercurio (m) metálico | 8 |
| Quecksilberoxyd (n)<br>mercuric oxyde<br>oxyde (m) de mercure | $HgO$ | окись (f) ртути<br>ossido (m) di mercurio<br>óxido (m) mercúrico | 9 |

| | | | |
|---|---|---|---|
| 1 | salpetersaures Silberoxyd (n), Höllenstein (m), Silbernitrat (n)<br>silver nitrate<br>nitrate (m) *ou* azotate (m) d'argent, pierre (f) infernale | $Ag\,NO_3$ | азотнокислая окись (f) серебра; ляписъ (m); азотносеребряная соль (f)<br>nitrato (m) d'argento<br>nitrato (m) de plata ó argéntico, piedra (f) infernal |
| 2 | metallisches Silber (n)<br>metallic silver<br>argent (m) métallique | $Ag$ | металлическое серебро (n)<br>argento (m) metallico<br>plata (f) metálica |
| 3 | Platinchlorid (n)<br>platinic chloride<br>chlorure (m) de platine | $Pt\,Cl_4 + 5\,H_2O$ | хлорная платина (f); четырёххлористая платина<br>cloruro (m) di platino<br>cloruro (m) platínico |
| 4 | Palladiumoxydulnitrat (n)<br>nitrate of palladium<br>nitrate (m) de palladium | $Pd\,N_2\,O_6$ | азотнопалладіевая соль (f); азотнокислый палладій (m)<br>nitrato (m) di palladio<br>nitrato (m) de paladio |
| 5 | schwefligsaures Natron (n), Natriumsulfit (n)<br>sodium sulphite<br>sulfite (m) de soude | $Na_2SO_3 + 7\,H_2O$ | сѣрнисто-натріевая соль (f); сѣрнистокислый натрій (m)<br>solfito (m) di soda<br>sulfito (m) sódico |
| 6 | Natriumhyposulfit (n)<br>hyposulphite of sodium<br>hyposulfite (m) de soude | $Na\,H\,SO_2$ | сѣрноватисто-натріевая соль (f); сѣрноватисто-кислый натръ (m)<br>iposolfito (m) di soda<br>hiposulfito (m) sódico |
| 7 | Molybdaensäureanhydrid (n)<br>molybdic acid<br>acide (m) molybdique, anhydrite (m) molybdique | $Mo\,O_3$ | молибденовая кислота<br>acido (m) molibdico<br>óxido (m) de molibdeno |
| 8 | molybdaensaures Ammonium (n), Ammoniummolybdat (n)<br>ammonium molybdate<br>molybdate (m) d'ammoniaque | $(NH_4)_2\,Mo\,O_4$ | молибденовокислый аммоній (m); молибденово-аммоніевая соль (f)<br>molibdato (m) d'ammonio<br>molibdato (m) amónico |
| 9 | arsenigsaures Natron (n), Natriumarsenit (n)<br>sodium arsenite<br>arsénate (m) de soude | $Na_2\,H\,As\,O_3$ | мышьяковистокислый натрій (m); мышьяковистонатріевая соль (f)<br>arsenito (m) sodico<br>arsenito (m) sódico |
| 10 | Bleisuperoxyd (n)<br>peroxide of lead<br>peroxyde (m) de plomb, oxyde (m) puce | $Pb\,O_2$ | двуокись (f) свинца<br>perossido (m) di piombo, biossido (m) di piombo<br>anhidrido (m) plúmbico, peróxido (m) de plomo, óxido (m) pulga |

| | | | |
|---|---|---|---|
| Natriumsuperoxyd (n)<br>peroxide of sodium<br>bioxyde (m) de sodium | $Na_2O_2$ | перекись (f) натрія<br>perossido (m) di sodio, biossido (m) di sodio<br>bióxido (m) de sodio | 1 |
| Kaliumchlorat (n)<br>potassium chlorate<br>chlorate (m) de potasse | $KClO_3$ | хлорновато-каліевая соль (f); хлорноватокислый калій (m); бертолетова соль<br>clorato (m) di potassa<br>clorato (m) potásico | 2 |
| Wasserstoffsuperoxyd (n)<br>hydrogen peroxide<br>eau (f) oxygénée | $H_2O_2$ | перекись (f) водорода<br>acqua (f) ossigenata<br>agua (f) oxigenada | 3 |
| Neßlersches Reagens (n)<br>Nessler's reagent<br>réactif (m) de Nessler | | несслеровъ реактивъ (m)<br>reattivo (m) di Nessler<br>reactivo (m) de Nessler | 4 |
| Chlor (n)<br>chlorine<br>chlore (m) | Cl | хлоръ (m)<br>cloro (m)<br>cloro (m) | 5 |
| Brom (n)<br>bromine<br>brome (m) | Br | бромъ (m)<br>bromo (m)<br>bromo (m) | 6 |
| Jod (n)<br>iodine<br>iode (n) | J | іодъ (m)<br>iodio (m)<br>yodo (m) | 7 |
| Indigolösung (f)<br>indigo solution<br>solution (f) d'indigo | | растворъ (m) индиго<br>soluzione (f) d'indaco<br>disolución (f) de índigo | 8 |
| Lackmustinktur (f)<br>litmus solution<br>teinture (f) de tournesol | | настойка (f) лакмуса<br>tintura (f) di tornasole<br>tintura (f) de tornasol | 9 |
| Jodlösung (f)<br>iodine solution<br>teinture (f) d'iode | | растворъ (m) іода<br>tintura (f) d'iodio<br>tintura (f) de yodo | 10 |
| Jodkalium (n)<br>potassium iodate<br>iodure (m) de potassium | KJ | іодистый калій (m)<br>ioduro (m) di potassio<br>yoduro (m) potásico | 11 |
| Stärke (f)<br>starch<br>amidon (m) | | крахмалъ (m)<br>amido (m)<br>almidón (m) | 12 |
| Pyrogallussäure (f)<br>pyrogallic acid<br>acide (m) pyrogallique | $C_6H_6O_3$ | пирогаллолъ (m)<br>acido (m) pirogallico<br>ácido (m) pirogálico | 13 |
| Borax (m), borsaures Natron (n)<br>borax, sodium borate<br>borax (m), borate (m) de soude | $Na_2B_4O_7 + 10\,H_2O$ | бура (f); борнонатріевая соль (f)<br>borato (m) sodico, borace (m)<br>borax (m), borato (m) sódico | 14 |

| | | | |
|---|---|---|---|
| 1 | Phosphorsalz (n)<br>sodium ammonium phosphate<br>phosphate (m) de soude et d'ammoniaque hydraté | $NaNH_4HPO_4 + 8H_2O$ | фосфорная соль (f); фосфорно-аммонійно-натріевая соль<br>fosfato (m) sodico ammonico<br>fosfato (m) sódico y de amoniaco hidratado |
| 2 | Alkohol (m)<br>alcohol<br>alcool (m) | $C_2H_5OH$ | спиртъ (m); алкоголь (m)<br>alcool (m)<br>alcohol (m) |
| 3 | Äther (m), Schwefeläther (m)<br>ether<br>éther (m), éther (m) sulfurique | $(C_2H_5)_2O$ | эфиръ (m); сѣрный эфиръ<br>etere (m) solforico<br>éter (m), éter (m) sulfúrico |
| 4 | Schwefelkohlenstoff (m)<br>carbon bisulphide<br>bisulfure (m) de carbone | $CS_2$ | сѣрнистый углеродъ (m); сѣроуглеродъ (m)<br>solfuro (m) di carbonio<br>súlfuro (m) de carbono |
| 5 | Kobaltnitrat (n)<br>nitrate of cobalt<br>nitrate (m) de cobalt | $Co(NO_3)_2$ | азотнокобальтовая соль (f)<br>nitrato (m) di cobalto<br>nitrato (m) de cobalto |
| 6 | Seesand (m)<br>sea sand<br>sable (m) de mer | | морской песокъ (m)<br>sabbia (f) di mare<br>arena (f) de mar |
| 7 | Reagenzpapier (n)<br>test paper<br>papier (m) à réactif | | реактивная бумага (f)<br>carta (f) reagente *o* reattiva<br>papel (m) reactivo |
| 8 | Lackmuspapier (n)<br>litmus paper<br>papier (m) de tournesol | | лакмусовая бумага (f)<br>carta (f) di tornasole<br>papel (m) de tornasol |
| 9 | Curcumapapier (n)<br>curcuma paper<br>papier (m) de curcuma | | куркумовая бумага (f)<br>carta (f) alla curcuma<br>papel (m) de curcuma |
| 10 | Karminpapier (n)<br>carmine paper<br>papier (m) carmin | | карминовая бумага (f)<br>carta (f) al carminio<br>papel (m) rojo de girasol |
| 11 | Kongopapier (n)<br>Congo paper<br>papier (m) Congo | | конго-бумага (f)<br>carta (f) Congo<br>papel (m) Congo |
| 12 | Eiweißpapier (n)<br>albumen paper<br>papier (m) à l'albumine *ou* albuminé | | альбуминная бумага (f)<br>carta (f) all'albumina *o* albuminata<br>papel (m) de albumen |
| 13 | Phenolphtaleinpapier (n)<br>phenolphtalein paper<br>papier (m) à la phénolphtaléine | | фенолфталеиновая бумага (f)<br>carta (f) alla fenolftaleina<br>papel (m) de fenoltaleina |

|  | |  | |
|---|---|---|---|
| Ozonpapier (n)<br>ozone paper<br>papier (m) à ozone | | озоновая бумага (f)<br>carta (f) ozonoscopica<br>papel (m) de ozono | *1* |
| Stärkepapier (n)<br>starch paper<br>papier (m) à amidon | | крахмальная бумага (f)<br>carta (f) all'amido<br>papel (m) de fécula | *2* |
| Jodkaliumpapier (n)<br>potassium iodide paper<br>papier (m) à l'iodure de potassium | | іодъ-каліевая бумага (f)<br>carta (f) all'ioduro di potassio<br>papel (m) de ioduro de potasio | *3* |
| Jodkaliumstärkepapier (n)<br>potassium iodide and starch paper<br>papier (m) d'amidon à iodure de potassium | | іодъ-крахмальная бумага (f)<br>carta (f) all'amido ed ioduro di potassio<br>papel (m) de fécula de ioduro de potasio | *4* |
| **Chemie des Eisens**<br>**Chemistry of Iron**<br>**Étude chimique du fer** | | **Химическія свойства желѣза**<br>**Studio chimico del ferro**<br>**Química del hierro** | *5* |
| Element (n), Grundstoff (m)<br>element<br>élément (m) | | элементъ (m)<br>elemento (m)<br>elemento (m) | *6* |
| Metalloid (n), Nichtmetall (n)<br>metalloid<br>métalloïde (m) | | металлоидъ (m)<br>metalloide (m)<br>metaloide (m) | *7* |
| Metall (n)<br>metal<br>métal (m) | | металлъ (m)<br>metallo (m)<br>metal (m) | *8* |
| metallisches Eisen (n)<br>metallic iron<br>fer (m) métallique | Fe | металлическое желѣзо (n)<br>ferro (m) metallico<br>hierro (m) metálico | *9* |
| gediegenes Eisen (n)<br>pure iron<br>fer (m) natif *ou* vierge | | самородное желѣзо (n)<br>ferro (m) nativo *o* vergine<br>hierro (m) nativo *ó* virgen | *10* |
| chemisch reines Eisen (n)<br>chemically pure iron<br>fer (m) chimiquement pur | | химически чистое желѣзо (n)<br>ferro (m) chimicamente puro<br>hierro (m) químicamente puro | *11* |
| elektrolytisch hergestelltes Eisen (n)<br>electrolytic iron<br>fer (m) [préparé par voie] électrolytique | | желѣзо (n), полученное электролитическимъ путёмъ<br>ferro (m) elettrolitico<br>hierro (m) electrolítico | *12* |

| No. | Deutsch / English / Français | | Русский / Italiano / Español |
|---|---|---|---|
| 1 | Meteoreisen (n)<br>meteoric (cosmic) iron<br>fer (m) météorique | | метеорное желѣзо (n)<br>ferro (m) meteorico<br>hierro (m) meteórico |
| 2 | kristallisiertes Eisen (n)<br>crystallised iron<br>fer (m) cristallisé | | кристаллическое желѣзо (n)<br>ferro (m) cristallizzato<br>hierro (m) cristalizado |
| 3 | Kristallform (f)<br>crystaline state<br>forme (f) cristalline | | форма (f) кристалловъ<br>forma (f) del cristallo<br>forma (f) cristalina |
| 4 | Tannenbaumkristall (m)<br>arborescent crystals<br>cristal (m) en forme de sapin |  | ёлочный кристаллъ (m)<br>cristallo (m) aghiforme<br>cristal (m) en forma de abeto |
| 5 | Sauerstoff (m)<br>oxygen<br>oxygène (m) | O | кислородъ (m)<br>ossigeno (m)<br>oxígeno (m) |
| 6 | atmosphärischer Sauerstoff (m)<br>atmospheric oxygen<br>oxygène (m) de l'atmosphère *ou* atmosphérique | | кислородъ (m) воздуха; атмосферный кислородъ<br>ossigeno (m) atmosferico<br>oxígeno (m) de la atmósfera |
| 7 | chemisch gebundener Sauerstoff (m)<br>fixed oxygen, chemically combined oxygen<br>oxygène (m) chimiquement combiné | | химически связанный кислородъ (m)<br>ossigeno (m) combinato chimicamente<br>oxígeno (m) químicamente combinado |
| 8 | Sauerstoffverbindung (f)<br>oxygen compound<br>composé (m) oxygéné | | кислородное соединеніе (n)<br>composto (m) ossigenato<br>compuesto (m) oxigenado |
| 9 | Kohlenstoff (m)<br>carbon<br>carbone (m) | C | углеродъ (m)<br>carbonio (m)<br>carbono (m) |
| 10 | Kohlenstoffart (f)<br>variety of carbon<br>variété (f) de carbone | | разновидность (f) углерода<br>varietà (f) di carbonio<br>variedad (f) de carbono |
| 11 | Graphit (m)<br>graphite<br>graphite (m) | | графитъ (m)<br>grafite (f)<br>grafito (m) |
| 12 | Graphitausscheidung (f)<br>separation *or* segregation (A*) of graphite<br>dépôt (m) *ou* ségrégation (f) de graphite (dans le fer) | | выдѣленіе (n) графита<br>deposito (m) di grafite (nel ferro)<br>depósito (m) de grafito (en el hierro) |

* A = americanism

| | | | |
|---|---|---|---|
| Ablagerung (f)<br>deposition<br>dépôt (m) | | отложеніе (n)<br>deposito (m)<br>depósito (m) | 1 |
| graphitisch (adj)<br>graphitic (adj)<br>graphitique (adj) | | съ содержаніемъ графита; содержащій графитъ<br>grafitico (agg)<br>grafítico (adj) | 2 |
| nichtgraphitisch (adj)<br>nongraphitic (adj)<br>non graphitique (adj) | | не содержащій графита<br>non grafitico (agg)<br>no grafítico (adj) | 3 |
| graphitreich (adj)<br>rich (adj) in graphite<br>riche (adj) en graphite | | сильно графитистый; богатый графитомъ<br>ricco (agg) di grafite<br>rico (adj) en grafito | 4 |
| graphitarm (adj)<br>poor (adj) in graphite<br>pauvre (adj) en graphite | | бѣдный графитомъ<br>povero (agg) di grafite<br>pobre (adj) en grafito | 5 |
| Garschaum (m)<br>refining foam<br>bourre (f), limaille (f), graphite (m) déposé avant la solidification | | спѣль (f)<br>lustrino (m)<br>grafito (m) depositado antes de la solidificación | 6 |
| Temperkohle (f)<br>graphite<br>graphite (m) | | углеродъ (m) отжига<br>carbonio (m) di ricottura<br>carbono (m) de recocido | 7 |
| gestaltloser [*oder* amorpher] Kohlenstoff (m)<br>amorphus carbon<br>carbone (m) amorphe | | аморфный углеродъ (m)<br>carbonio (m) amorfo<br>carbono (m) amorfo | 8 |
| Härtungskohle (f)<br>hardening carbon<br>carbone (m) de trempe | | углеродъ (m) закала<br>carbonio (m) di tempera<br>carbono (m) de temple | 9 |
| Karbidkohle (f), Zementkohle (f)<br>carbide carbon, cementing carbon<br>carbone (m) de cémentation | | углеродъ (m) карбида<br>carbone (m) di cementazione<br>carbono (m) de cementación | 10 |
| Eisenkarbid (n)<br>iron carbide<br>carbure (m) de fer | | карбидъ (m) желѣза<br>carburo (m) di ferro<br>carburo (m) de hierro | 11 |
| Kohlenstoffbestimmung (f)<br>determination of carbon<br>dosage (m) du carbone | | опредѣленіе (n) углерода<br>determinazione (f) del tenore di carbonio<br>determinación (f) del tanto por ciento de carbono | 12 |
| Kohlensäure (f)<br>carbonic acid<br>acide (m) carbonique | $CO_2$ | углекислота (f)<br>acido (m) carbonico<br>ácido (m) carbónico | 13 |

| | | | |
|---|---|---|---|
| 1 | Kohlensäurebestimmer (m)<br>apparatus for the determination of carbonic acid<br>appareil (m) pour le dosage de l'acide carbonique |  | аппаратъ (m) *или* приборъ (m) для опредѣленія углекислоты<br>apparecchio (m) per determinare il tenore in acido carbonico<br>aparato (m) para determinar el tanto por ciento de ácido carbónico |
| 2 | Silicium (n)<br>silicium<br>silicium (m) | Si | кремній (m)<br>silicio (m)<br>silicio (m) |
| 3 | Kieselsäureanhydrid (n)<br>silicic acid<br>silice (f), acide (m) silicique | $Si\,O_2$ | кремнекислота (f); кремневая кислота (f)<br>acido (m) silicico<br>ácido (m) silicico |
| 4 | Phosphor (m)<br>phosphorus<br>phosphore (m) | P | фосфоръ (m)<br>fosforo (m)<br>fósforo (m) |
| 5 | Phosphorsäureanhydrid (n)<br>phosphoric anhydride<br>anhydride (m) phosphorique | $P_2\,O_5$ | фосфорный ангидридъ (m)<br>anidride (f) fosforica<br>anhidrido (m) fosfórico |
| 6 | hochphosphorhaltiges Eisen (n)<br>high phosphorous iron<br>fer (m) à haute teneur en phosphore | | чугунъ (m), богатый фосфоромъ; высокофосфористый чугунъ<br>ferro (m) con alto tenore in fosforo<br>hierro (m) con alta ó gran proporción de fósforo |
| 7 | Schwefel (m)<br>sulphur<br>soufre (m) | S | сѣра (f)<br>solfo (m), zolfo (m)<br>azufre (m) |
| 8 | Schwefelverbindung (f)<br>sulphur compound<br>composé (m) sulfuré | | сѣрнистое соединеніе (n)<br>composto (m) solforato<br>compuesto (m) de fósforo |
| 9 | schweflige Säure (f)<br>sulphurous acid<br>acide (m) sulfureux | $SO_2$ | сѣрнистая кислота (f)<br>acido (m) solforoso<br>ácido (m) sulfuroso |
| 10 | freie Schwefelsäure (f) in Abbränden<br>free sulphuric acid in purple ore<br>acide (m) sulfurique libre dans les résidus | $H_2\,SO_4$ | свободная сѣрная кислота (f) въ остаткахъ отъ отжига колчедановъ<br>acido (m) solforico libero nei residui<br>ácido (m) sulfúrico libre en los residuos |

| | | | |
|---|---|---|---|
| Schwefeltrioxyd (n), Schwefelsäureanhydrid (n)<br>sulphuric anhydride<br>anhydride (m) sulfurique | $SO_3$ | сѣрный ангидридъ (m)<br>anidride (f) solforica<br>anhidrido (m) sulfúrico | *1* |
| Mangan (n)<br>manganese<br>manganèse (m) | Mn | марганецъ (m)<br>manganese (m)<br>manganeso (m) | *2* |
| Manganoxydul (n)<br>manganous oxide, manganese oxide<br>oxyde (m) manganeux, protoxyde (m) de manganèse | $MnO$ | закись (f) марганца<br>ossido (m) di manganese<br>protóxido (m) de manganeso | *3* |
| Mangansuperoxyd (n)<br>manganese dioxide<br>peroxyde (m) de manganèse, bioxyde (m) de manganèse | $MnO_2$ | двуокись (f) марганца [неправильно: перекись (f) марганца]<br>perossido (m) di manganese, biossido (m) di manganese<br>peróxido (m) de manganeso | *4* |
| Manganoxyd (n)<br>manganic oxide<br>sesquioxyde (m) de manganèse | $Mn_2O_3$ | окись (f) марганца<br>ossido (m) manganico, sesquiossido (m) di manganese<br>sesquióxido (m) de manganeso | *5* |
| Manganoxyduloxyd (n)<br>trimanganic tetroxide<br>oxyde (m) manganoso-manganique, oxyde (m) salin | $Mn_3O_4$ | закись (f) -окись (f) марганца<br>ossido (m) manganoso *o* manganico<br>óxido (m) manganoso-mangánico | *6* |
| Kupfer (n)<br>copper<br>cuivre (m) | Cu | мѣдь (f)<br>rame (m)<br>cobre (m) | *7* |
| Kupferoxyd (n)<br>oxide of copper<br>oxyde (m) cuivrique *ou* de cuivre | $CuO$ | окись (f) мѣди<br>ossido (m) di rame<br>óxido (m) cúprico | *8* |
| Nickel (n)<br>nickel<br>nickel (m) | Ni | никкель (m)<br>nickel (m), nickelio (m)<br>níquel (m) | *9* |
| Nickeloxydul (n)<br>nickel oxide<br>protoxyde (m) de nickel | $NiO$ | закись (f) никкеля<br>ossido (m) di nickel<br>protóxido (m) de níquel | *10* |
| Kobalt (m)<br>cobalt<br>cobalt (m) | Co | кобальтъ (m)<br>cobalto (m)<br>cobalto (m) | *11* |
| Kobaltoxydul (n)<br>cobalt oxide<br>protoxyde (m) de cobalt | $CoO$ | закись (f) кобальта<br>protossido (m) di cobalto<br>protóxido (m) de cobalto | *12* |

| | | | |
|---|---|---|---|
| 1 | Chrom (n)<br>chromium<br>chrome (m) | Cr | хромъ (m)<br>cromo (m)<br>cromo (m) |
| 2 | Chromoxyd (n)<br>sesquioxide of chromium<br>sesquioxyde (m) de chrome | $Cr_2O_3$ | окись (f) хрома<br>ossido (m) di cromo<br>óxido (m) crómico |
| 3 | Wolfram (n)<br>tungsten<br>tungstène (m) | W | вольфрамъ (m)<br>tun[g]steno (m)<br>tungsteno (m) |
| 4 | Arsen (n)<br>arsenic<br>arsenic (m) | As | мышьякъ (m)<br>arsenico (m)<br>arsénico (m) |
| 5 | Arsensäureanhydrid (n), Arsenpentoxyd (n)<br>arsenic anhydride<br>anhydride (m) arsenique, acide (m) arsenique | $As_2O_5$ | мышьяковая кислота (f); ортомышьяковая кислота<br>acido (m) arsenico<br>anhidrido (m) arsénico |
| 6 | arsenige Säure (f)<br>arsenious acid<br>anhydride (m) arsénieux, acide (m) arsénieux | $As_2O_3$ | мышьяковистая кислота (f)<br>acido (m) arsenioso<br>ácido (m) arsenioso, anhidrido (m) arsenioso |
| 7 | Arsenbestimmungsapparat (m)<br>apparatus for determination of arsenic<br>appareil (m) pour la recherche de l'arsenic | | приборъ (m) для опредѣленія содержанія мышьяка<br>apparato (m) per la determinazione del contenuto d'arsenico<br>aparato (m) para la determinación del arsénico |
| 8 | Antimon (n)<br>antimony<br>antimoine (m) | Sb | сурьма (f); антимоній (m)<br>antimonio (m)<br>antimonio (m) |
| 9 | Schwefelantimon (n)<br>sulphide of antimony<br>sulfure (m) d'antimoine | | сѣрнистая сурьма (f)<br>solfuro (m) d'antimonio<br>sulfuro (m) de antimonio |
| 10 | Zinn (n)<br>tin<br>étain (m) | Sn | олово (n)<br>stagno (m)<br>estaño (m) |
| 11 | Zink (n)<br>zinc<br>zinc (m) | Zn | цинкъ (m)<br>zinco (m)<br>cinc (m) |
| 12 | Zinkoxyd (n)<br>oxyde of zinc<br>oxyde (m) de zinc, blanc (m) de zinc | ZnO | окись (f) цинка<br>ossido (m) di zinco<br>óxido (m) de cinc |

| | | | |
|---|---|---|---|
| Wismut (n)<br>bismuth<br>bismuth (m) | Bi | висмутъ (m)<br>bismuto (m)<br>bismuto (m) | *1* |
| Aluminium (n)<br>aluminium, aluminum (A*)<br>aluminium (m) | Al | алюминій (m)<br>alluminio (m)<br>aluminio (m) | *2* |
| Titan (n)<br>titanium<br>titane (m) | Ti | титанъ (m)<br>titanio (m)<br>titano (m) | *3* |
| Titandioxyd (n), Titansäureanhydrid (n)<br>titanic acid anhydride<br>anhydride (m) titanique | Ti $O_2$ | титановый ангидридъ (m); ангидридъ титановой кислоты; двуокись (f) титана<br>anidride (f) titanica<br>anhidrido (m) titánico | *4* |
| Vanadium (n), Vanadin (n)<br>vanadium<br>vanadium (m) | V | ванадій (m)<br>vanadio (m)<br>vanadio (m) | *5* |
| Blei (n)<br>lead<br>plomb (m) | Pb | свинецъ (m)<br>piombo (m)<br>plomo (m) | *6* |
| Bleioxyd (n)<br>oxide of lead, litharge massicot<br>oxyde (m) plombique *ou* de plomb | Pb O | окись (f) свинца; массикотъ (m)<br>ossido (m) di piombo<br>óxido (m) de plomo | *7* |
| Silber (n)<br>silver<br>argent (m) | Ag | серебро (n)<br>argento (m)<br>plata (f) | *8* |
| Gold (n)<br>gold<br>or (m) | Au | золото (n)<br>oro (m)<br>oro (m) | *9* |
| Osmium (n)<br>osmium<br>osmium (m) | Os | осмій (m)<br>osmio (m)<br>osmio (m) | *10* |
| Iridium (n)<br>iridium<br>iridium (m) | Ir | иридій (m)<br>iridio (m)<br>iridio (m) | *11* |
| Palladium (n)<br>palladium<br>palladium (m) | Pd | палладій (m)<br>palladio (m)<br>paladio (m) | *12* |
| Molybdaen (n)<br>molybdenum<br>molybdène (m) | Mo | молибденъ (m)<br>molibdeno (m)<br>molibdeno (m) | *13* |

* A = americanism

| No. | | Formula | |
|---|---|---|---|
| 1 | Kalk (m), Calciumoxyd (n)<br>lime, oxide of calcium<br>chaux (f), oxyde (m) de calcium | $CaO$ | известь (f); окись (f) кальція<br>calce (f), ossido (m) di calcio<br>cal (f), óxido (m) de calcio |
| 2 | kohlensaurer Kalk (m), [Calciumkarbonat (n)]<br>carbonate of lime<br>carbonate (m) de chaux | $CaCO_3$ | углекислая известь (f); углекальціевая соль (f)<br>carbonato (m) di calcio<br>carbonato (m) de cal |
| 3 | schwefelsaurer Kalk (m), [Calciumsulfat] (n), Gips (m)<br>sulphate of calcium, gypsum<br>sulfate (m) de chaux, plâtre (m); (naturel:) gypse (m) | $CaSO_4$ | сѣрнокальціевая соль (f); гипсъ (m)<br>solfato (m) di calcio, gesso (m)<br>sulfato (m) de cal, yeso (m) |
| 4 | Magnesium (n)<br>magnesium<br>magnésium (m) | $Mg$ | магній (m)<br>magnesio (m)<br>magnesio (m) |
| 5 | Magnesia (f)<br>oxide of magnesium, magnesia<br>magnésie (f), oxyde (m) de magnésium | $MgO$ | магнезія (f); окись (f) магнія<br>magnesia (f), ossido (m) di magnesio<br>magnesia (f), óxido (m) de magnesio |
| 6 | kohlensaure Magnesia (f), Magnesiumkarbonat (n)<br>carbonate of magnesia<br>carbonate (m) de magnésie, magnésie (f) carbonatée | $MgCO_3$ | углекислая магнезія (f); углемагніевая соль (f)<br>carbonato (m) di magnesio, magnesite (f)<br>carbonato (m) de magnesia |
| 7 | Tonerde (f)<br>alumina<br>alumine (f), oxyde (m) d'aluminium | $Al_2O_3$ | глинозёмъ (m)<br>ossido (m) d'alluminio, allumina (f)<br>alúmina (f) |
| 8 | Barium (n)<br>barium<br>baryum (m) | $Ba$ | барій (m)<br>bario (m)<br>bario (m) |
| 9 | Baryt (m), Bariumoxyd (n)<br>oxide of barium<br>protoxyde (m) de baryte, baryte (f) | $BaO$ | окись (f) барія<br>ossido (m) di bario<br>óxido (m) de bario, barita (f) |
| 10 | kohlensaurer Baryt (m), [Bariumkarbonat (n)]<br>carbonate of barium<br>carbonate (m) de baryum | $BaCO_3$ | углебаріевая соль (f)<br>carbonato (m) di bario<br>carbonato (m) de bario |
| 11 | schwefelsaurer Baryt (m), Schwerspat (m), [Bariumsulfat (n)<br>sulphate of barium, barytes, heavy spar<br>sulfate (m) de baryte; (naturel:) barytine (f), spath (m) pesant | $BaSO_4$ | сѣрнобаріевая соль (f); баритъ (m); тяжёлый шпатъ (m)<br>solfato (m) di bario, barite (f)<br>sulfato (m) de bario, baritina (f), espato (m) pesado |

| | | | |
|---|---|---|---|
| Strontium (n)<br>strontium<br>strontium (m) | Sr | стронцій (m)<br>stronzio (m)<br>estroncio (m) | 1 |
| Kalium (n)<br>potassium<br>potassium (m) | K | калій (m)<br>potassio (m)<br>potasio (m) | 2 |
| Natrium (n)<br>sodium<br>sodium (m) | Na | натрій (m)<br>sodio (m)<br>sodio (m) | 3 |
| Wasserstoff (m)<br>hydrogen<br>hydrogène (m) | H | водородъ (m)<br>idrogeno (m)<br>hidrógeno (m) | 4 |
| Kippscher Apparat (m)<br>Kipp's apparatus<br>appareil (m) de Kipp | | аппаратъ (m) Киппа<br>apparato (m) di Kipp<br>aparato (m) de Kipp | 5 |
| Stickstoff (m)<br>nitrogen<br>azote (m) [Az] | N<br>Az | азотъ (m)<br>azoto (m), nitrogeno (m)<br>nitrógeno (m), ázoe (m) | 6 |
| Stickstoffbestimmungsapparat (m) nach Kjeldahl<br>apparatus for the determination of nitrogen<br>appareil (m) pour le dosage de l'azote | 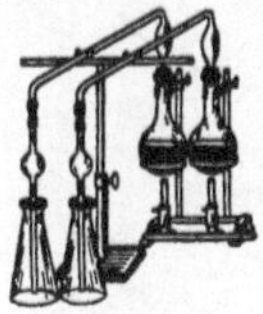 | приборъ (m) для опредѣленія азота<br>apparato (m) per la determinazione dell'azoto<br>aparato (m) para la determinación del nitrógeno | 7 |
| Chlor (n)<br>chlorine<br>chlore (m) | Cl | хлоръ (m)<br>cloro (m)<br>cloro (m) | 8 |
| Chlorentwicklungsflasche (f)<br>chlorine developing apparatus<br>appareil (m) pour la fabrication du chlore | 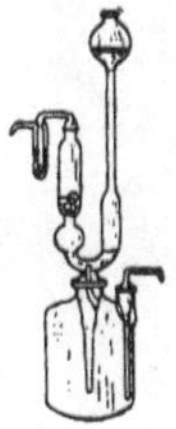 | аппаратъ (m) *или* приборъ (m) для образованія хлора<br>generatore (m) di cloro<br>aparato (m) generador de cloro | 9 |
| Chlorentwicklungskolben (m)<br>chlorine developing flask<br>ballon (m) pour la fabrication du chlore | | колба (f) для образованія хлора<br>storta (f) generatrice di cloro<br>matraz (m) para la fabricación del cloro | 10 |
| Bromierungsapparat (m)<br>bromification apparatus<br>appareil (m) à brome | | приборъ (m) для бромированія; аппаратъ (m) для насыщенія бромомъ<br>apparato (m) per bromificazione<br>aparato (m) de bromisación | 11 |

1 Bromwaschflasche (f)
bromine wash bottle
ballon (m) de lavage du brome

промывная с[т]клянка (f) для брома
bottiglia (f) di lavaggio per bromo
botella (f) para lavar el bromo

2 Flußsäureapparat (m), Flußsäurebereitungsapparat (m)
apparatus for producing hydrofluoric acid
appareil (m) pour la production de l'acide fluorhydrique

приборъ (m) для полученія фтористоводородной кислоты; аппаратъ (m) для полученія плавиковой кислоты
apparato (m) generatore di acido fluoridrico
aparato (m) para la producción de ácido fluorhídrico

**Gang der Analyse**

3 **Procedure of Analysis**

**Marche de l'analyse**

**Ходъ анализа**

**Andamento dell'analisi**

**Marcha del análisis**

4 chemische Einwirkung (f), chemische Reaktion (f)
chemical reaction
réaction (f) chimique

химическая реакція (f)
reazione (f) chimica
reacción (f) química

5 reagieren (v)
to react
réagir (v)

реагировать
reagire (v)
operar (v) una reacción, reaccionar (v)

6 Wärmetönung (f) der Reaktion
heat change due to reaction
effet (m) calorifique *ou* thermique de la réaction

тепловой эффектъ (m) химической реакціи
effetto (m) calorifico *o* termico della reazione
efecto (m) calórico *ó* térmico de la reacción

7 Reaktionswärme (f)
heat of reaction
chaleur (f) de la réaction

теплота (f) реакціи
calore (m) della reazione
calor (m) de la reacción

8 Reaktionstemperatur (f)
temperature of reaction
température (f) de la réaction

температура (f) реакціи
temperatura (f) della reazione
temperatura (f) de la reacción

9 wärmegebende Reaktion (f)
exothermal reaction
réaction (f) exothermique

экзотермическая реакція (f); реакція съ выдѣленіемъ тепла
reazione (f) esotermica
reacción (f) exotérmica

| | | |
|---|---|---|
| Verbindungswärme (f)<br>heat of combination<br>chaleur (f) de combinaison | теплота (f) соединенія<br>calore (m) di combinazione<br>calor (m) de combinación | 1 |
| wärmeverzehrende Reaktion (f)<br>endothermic reaction<br>réaction (f) endothermique | эндотермическая реакція (f); реакція съ поглощеніемъ тепла<br>reazione (f) endotermica<br>reacción (f) endotérmica | 2 |
| sich zersetzen (v)<br>to decompose<br>se décomposer (v) | разлагаться<br>decomporsi (v)<br>descomponerse (v) | 3 |
| Analysenmethode (f), analytische Methode (f)<br>method of analysis<br>méthode (f) d'analyse | методъ (m) *или* способъ (m) анализа; аналитическій методъ<br>metodo (m) d'analisi<br>método (m) de análisis | 4 |
| Analyse (f)<br>analysis<br>analyse (f) | анализъ (m)<br>analisi (f)<br>análisis (m *ó* f) | 5 |
| Gesamtanalyse (f)<br>total analysis<br>analyse (f) compléte | общій анализъ (m)<br>analisi (f) completa<br>análisis (f) completa | 6 |
| Mengenuntersuchung (f), quantitative Untersuchung (f)<br>quantitative examination<br>analyse (f) quantitative | количественное изслѣдованіе (n); количественный анализъ (m)<br>analisi (f) quantitativa<br>análisis (f) cuantitativa | 7 |
| qualitative Untersuchung (f)<br>qualitative examination<br>analyse (f) qualitative | качественное изслѣдованіе (n); качественный анализъ (m)<br>analisi (f) qualitativa<br>análisis (f) cualitativa | 8 |
| gewichtsanalytische *oder* gravimetrische Bestimmung (f)<br>gravimetric determination<br>analyse (f) gravimétrique | вѣсовой анализъ (m)<br>analisi (f) per pesata, analisi (f) gravimetrica<br>análisis (f) para la determinación de los pesos | 9 |
| maßanalytische *oder* titrimetrische Bestimmung (f)<br>volumetric determination<br>analyse (f) volumétrique | объёмное опредѣленіе (n)<br>analisi (f) volumetrica<br>análisis (f) volumétrica | 10 |

1 Heizwertuntersuchung (f)
calorimetric test
détermination (f) calorimétrique
калориметрическое изслѣдованіе (n)
determinazione (f) calorimetrica
determinación (f) calorimétrica

2 Einzelbestimmung (f), Bestimmung (f) einzelner Körper
determination of single substances
dosage (m) d'un seul corps
отдѣльное опредѣленіе (n); опредѣленіе отдѣльныхъ тѣлъ
determinazione (f) di un solo corpo
determinación (f) de un solo cuerpo

3 Prüfung (f) auf trocknem Wege
examination in dry state
analyse (f) par voie sèche
проба (f) *или* анализъ (m) сухимъ путёмъ
analisi (f) per via secca
análisis (f) por vía seca

4 Prüfung (f) auf nassem Wege
examination in dissolved state
analyse (f) par voie humide
проба (f) *или* анализъ (m) мокрымъ путёмъ
analisi (f) per via umida
análisis (f) por vía húmeda

5 Nachweis (m)
test
décèlement (m) indication (f)
доказательство (n)
determinazione (f), prova (f)
revelación (f)

6 Berechnung (f) der Analyse
calculation of the analysis
calcul (m) de l'analyse
подсчётъ (m) анализа
calcolo (m) dell'analisi
cálculo (m) del análisis

7 Atomgewichtstafel (f)
table of atomic weights
tableau (m) des poids atomiques
таблица (f) атомныхъ вѣсовъ
tabella (f) dei pesi atomici
tabla (f) de los pesos atómicos

8 Atom (n)
atom
atome (m)
атомъ (m)
atomo (m)
átomo (m)

9 Molekül (n), Atomgruppe (f)
molecule, group of atoms
molécule (f), groupe (m) d'atomes
молекула (f); группа (f) атомовъ
molecola (f), gruppo (m) di atomi
molécula (f), agrupación (f) de átomos

10 einatomiges Molekül (n)
monatomic molecule
molécule (f) monatomique
одноатомная молекула (f)
molecola (f) monatomica
molécula (f) monatómica

| | | |
|---|---|---|
| zweiatomiges Molekül (n)<br>diatomic molecule<br>molécule (f) biatomique | двухатомная молекула (f)<br>molecola (f) biatomica<br>molécula (f) biatómica | 1 |
| dreiatomiges Molekül (n)<br>triatomic molecule<br>molécule (f) triatomique | трёхатомная молекула (f)<br>molecola (f) triatomica<br>molécula (f) triatómica | 2 |
| molekulare Zusammensetzung (f)<br>moleculary composition<br>édifice (f) moléculaire, structure (f) moléculaire | молекулярный составъ (m)<br>struttura (f) *o* composizione (f) molecolare<br>estructura (f) *ó* composición (f) molecular | 3 |
| Atomgewicht (n)<br>atomic weight<br>poids (m) atomique | атомный вѣсъ (m)<br>peso (m) atomico<br>peso (m) atómico | 4 |
| Gramm-Molekül (n)<br>gram molecule<br>gramme-molécule (m) | граммъ-молекула (f); моль (m)<br>molecola-grammo (f)<br>molécula-gramo (f) | 5 |
| Molekulargewicht (n)<br>molecular weight<br>poids (m) moléculaire | молекулярный вѣсъ (m)<br>peso (m) molecolare<br>peso (m) molecular | 6 |
| Gramm-Molekülgewicht (n)<br>gram molecular weight<br>poids (m) en grammes-molécules | вѣсъ (m) граммъ-молекулы<br>peso (m) in molecole-grammi<br>peso (m) en molécula-gramos | 7 |
| Gramm-Molekülvolumen (n)<br>gram molecular volume<br>volume (m) d'un gramme-molécule | объёмъ (m) граммъ-молекулы<br>volume (m) d'una molecola-grammo<br>volumen (m) de una molécula-gramo | 8 |
| chemische Zusammensetzung (f)<br>chemical composition<br>composition (f) chimique | химическій составъ (m)<br>composizione (f) chimica<br>composición (f) química | 9 |
| chemischer Aufbau (m), [chemische Konstitution (f)]<br>chemical constitution<br>constitution (f) chimique | химическое строеніе (n)<br>costituzione (f) chimica<br>constitución (f) química | 10 |
| chemische Verwandtschaft (f) *oder* Affinität (f)<br>chemical affinity<br>affinité (f) chimique | химическое сродство (n)<br>affinità (f) chimica<br>afinidad (f) química | 11 |

1 chemische Verbindung (f)
chemical combination
combinaison (f) chimique, composé (m) chimique

химическое соединенiе (n)
combinazione (f) chimica
combinación (f) química, compuesto (m) químico

---

2 Bestandteil (m) einer Verbindung
constituent of a chemical combination
constituant (m) d'une combinaison

слагающая (f) *или* составляющая (f) соединенія
componente (m) d'una combinazione
componente (f) de una combinación

---

3 Verbindungsgleichung (f)
equation of combination, chemical combination
équation (f) d'une combinaison

уравненіе (n) соединенія
formula (f) d'una combinazione, equazione (f) chimica
ecuación (f) de una combinación, fórmula (f) química

---

4 chemisches Zeichen (n) *oder* Symbol (n)
chemical symbol
symbole (m) chimique

химическій символъ (m) *или* знакъ (m)
simbolo (m) chimico
símbolo (m) químico

---

5 Atomzahl (f)
atomic number
index (m) *ou* exposant (m) d'un atome

атомная цифра (f)
esponente (m) dell'atomo
índice (m) *ó* exponente (m) de un átomo

---

6 Verbindungsgewicht (n)
combining weight
poids (m) relatif d'un corps dans sa combinaison la plus simple

вѣсъ (m) соединенія
peso (m) di combinazione
peso (m) relativo de un cuerpo en su más simple combinación

---

7 Verbindungsvolumen (n)
combining volume
volume (m) relatif d'un gaz dans sa combinaison la plus simple

объёмъ (m) соединенія
volume (m) di combinazione
volumen (m) relativo de un gas en su más simple combinación

---

8 Zusammenstellung (f) der Analyse
writing down the analysis result
rédaction (f) des résultats de l'analyse

сопоставленіе (n) данныхъ анализа
verbale (m) sui resultati dell'analisi
redacción (f) de los resultados del análisis

---

9 Analysenbefund (m)
result of analysis
certificat (m) d'analyse

данныя (f pl) анализа
certificato (m) d'analisi
resultado (m) del análisis

---

10 Gewichtsverlust (m)
loss of weight
perte (f) en poids

потеря (f) *или* убыль (f) въ вѣсѣ
perdita (f) in peso
pérdida (f) de peso

| | | |
|---|---|---|
| verbürgter Gehalt (m)<br>guaranteed contents<br>teneur (f) garantie | гарантированное содержаніе (n)<br>tenore (m) garantito<br>tanto (m) por ciento garantizado | 1 |
| Analysen-Fehlergrenze (f)<br>limit of error of analysis<br>limite (f) d'erreurs d'analyse | предѣлъ (m) погрѣшности анализа<br>limite (m) d'errore dell'analisi<br>limite (m) de errores del análisis | 2 |
| Analysenunterschied (m)<br>difference in analysis<br>différence (f) dans les analyses | разница (f) въ анализахъ<br>differenza (f) d'analisi<br>diferencia (f) de los análisis | 3 |
| Analysenbericht (m)<br>analysis certificate<br>certificat (m) d'analyse | свидѣтельство (n) объ анализѣ<br>certificato (m) d'analisi<br>certificado (m) de análisis | 4 |
| Schiedsanalyse (f)<br>arbitration analysis<br>analyse (f) d'arbitrage | рѣшающій анализъ (m)<br>analisi (f) arbitrale<br>análisis (f) de arbitraje | 5 |
| Analysenkosten (pl)<br>cost of analysis<br>frais (m pl) d'analyse | стоимость (f) анализа<br>spese (f pl) d'analisi<br>gastos (m pl) de análisis | 6 |
| Gebühr (f)<br>fee<br>taxe (f) | вознагражденіе (n)<br>tassa (f), spettanza (f)<br>tasa (f) | 7 |
| Austausch (m) der Analysen<br>exchanging analyses<br>échange (m) des analyses | обмѣнъ (m) анализами<br>scambio (m) d'analisi<br>cambio (m) de los análisis | 8 |

| | | |
|---|---|---|
| **Probenahme**<br>**Sampling**<br>**Prise d'essai *ou* d'échantillon** | **Взятіе пробы**<br>**Presa di campione, campionatura**<br>**Toma de una muestra** | 9 |
| Probegut (n), Probestoff (m)<br>sampling material<br>prise (f) d'essai | матеріалъ (m) для пробы<br>campione (m)<br>muestra (f) | 10 |
| Durchschnittsprobe (f)<br>average sample<br>résultat (m) moyen d'essai | средняя проба (f)<br>campione (m) medio<br>muestra (f) media | 11 |

| | | | |
|---|---|---|---|
| 1 | Quartieren (n) des Probegutes<br>quartering the sample<br>réduction (f) de la prise d'essai | | взятіе (n) пробы на уменьшеніе<br>riduzione (f) del campione<br>reducción (f) ó fragmentación (f) de la muestra |
| 2 | Bohrprobe (f)<br>drill test<br>essai (m) de perçage *ou* de forage | | проба (f), полученная сверленіемъ<br>prova (f) alla trapanatura *o* di foratura<br>ensayo (m) de horadamiento |
| 3 | Bohrspan (m)<br>drillings<br>copeau (m) de perçage *ou* de forage | | стружка (f), полученная при сверленіи<br>truciolo (m) di trapanatura<br>viruta (f) de taladrado |
| 4 | Bohrmaschine (f) für Eisen und Stahl<br>drilling *or* boring (A*) machine for iron and steel<br>perceuse (f) *ou* machine (f) à forer pour fer et acier |  | сверлильный станокъ (m) для желѣза и стали<br>trapano (m) *o* perforatrice (f) per ferro ed acciaio<br>máquina (f) de taladrar para hierro y acero |
| 5 | bohren (v)<br>to drill<br>forer (v), percer (v) | | сверлить<br>forare (v), trapanare (v)<br>taladrar (v), agujerear (v) |
| 6 | von der Seite bohren (v)<br>to drill from the side<br>percer (v) *ou* forer (v) sur le côté | 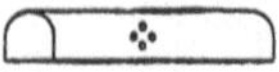 | сверлить сбоку<br>trapanare (v) di fianco<br>taladrar (v) por el costado ó por el lado |
| 7 | von oben bohren (v)<br>to drill from above<br>percer (v) par-dessus |  | сверлить сверху<br>trapanare (v) di sopra<br>taladrar (v) desde arriba |
| 8 | in der Längsrichtung bohren (v)<br>to drill lengthways<br>percer (v) *ou* forer (v) dans le sens de la longueur *ou* en long |  | сверлить въ продольномъ направленіи<br>trapanare (v) per lungo<br>taladrar (v) en sentido longitudinal ó á lo largo |
| 9 | zerreiben (v)<br>to triturate<br>broyer (v), triturer (v) | | растирать<br>macinare (v), triturare (v)<br>quebrantar (v), triturar (v) |
| 10 | Mörser (m)<br>mortar<br>mortier (m) |  | ступка (f)<br>mortaio (m)<br>mortero (m) |

* A = americanism

Achatmörser (m), Achatschale (f)
agate mortar
mortier (m) en agate

агатовая ступка (f)
mortaio (m) d'agata
mortero (m) de ágata 1

---

Diamantmörser (m)
diamant mortar
mortier (m) diamant

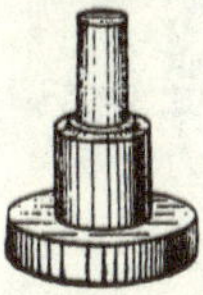

алмазная ступка (f)
mortaio (m) d'acciaio diamante 2
mortero (m) en diamante

---

Stahlmörser (m)
steel mortar
mortier (m) en acier

стальная ступка (f)
mortaio (m) d'acciaio 3
mortero (m) en acero

---

Reibschale (f)
mortar
mortier (m), cuvette (f) à broyer

ступка (f)
mortaio (m) da miscela 4
mortero (m)

---

Stößer (m), Reiber (m)
pestle
pilon (m) de mortier

пестъ (m)
pestello (m) 5
mano (f) de mortero

---

gußeiserne Reibeplatte (f)
cast iron grinding plate
plaque (f) de trituration en fonte

чугунная плита (f) для растиранія
piastra (f) di triturazione di ghisa 6
placa (f) de trituración de fundición

---

gußeiserner Reiber (m)
cast iron grinder
triturateur (m) en fonte

чугунная тёрка (f)
trituratore (m) di ghisa
triturador (m) de fundición 7

---

Zerkleinerungsplatte (f)
crushing plate
plaque (f) à triturer

пластинка (f) для измельченія
piastra (f) di triturazione 8
placa (f) de trituración

---

mechanisch betriebener Erzzerreiber (m)
mechanically driven ore grinder
triturateur (m) de minerai commandé mécaniquement

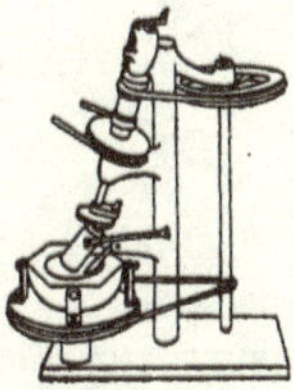

тёрка (f) съ механическимъ приводомъ [для измельченія рудъ]
trituratore (m) di minerali a comando meccanico 9
triturador (m) de minerales de mando mecánico

---

Siebung (f)
sifting
tamisage (m), triage (m)

грохоченіе (n); просѣиваніе (n)
vagliatura (f) 10
cribadura (f)

1 Trockensiebung (f)
dry sifting
tamisage (m) [à] sec

сухое грохоченіе (n) *или* просѣиваніе (n)
vagliatura (f) a secco
cribadura (f) seca

---

2 Siebvorrichtung (f)
sifting device
dispositif (m) de tamisage

приспособленіе (n) для грохоченія *или* для просѣиванія
dispositivo (m) *od* apparecchio (m) per vagliare
disposición (f) de cribadura

---

3 Sieb (n)
sieve, strainer
tamis (m)

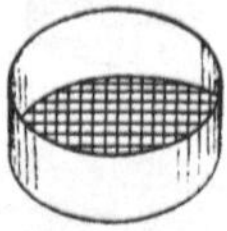

сито (n); рѣшето (n)
staccio (m), setaccio (m), tamigio (m)
tamiz (m)

---

4 Maschensieb (n)
mesh sieve
tamis (m) à mailles

сито (n); рѣшето (n)
staccio (m) a maglie
tamiz (m) de mallas

---

5 Wurfsieb (n)
sieve
claie (f), crible (m)

грохотъ (m)
crivello (m)
criba (f)

---

6 grobes Sieb (n), Grobsieb (n)
wide meshed sieve
tamis (m) grossier

крупное сито (n) *или* рѣшето (n); грохотъ (m) съ крупными отверстіями
staccio (m) grossolano *od* a maglie grosse
tamiz (m) de mallas anchas

---

7 feines Sieb (n), Feinsieb (n)
fine sieve
tamis (m) fin

мелкое сито (n) *или* рѣшето (n); грохотъ (m) съ мелкими отверстіями
staccio (m) fine *od* a maglie fini
tamiz (m) fino

---

8 Siebsatz (m)
set of sieves
série (f) de tamis

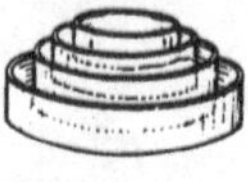

наборъ (m) ситъ *или* рѣшётъ
serie (f) di stacci
serie (f) de tamices

---

9 mechanische Siebvorrichtung (f)
mechanical strainer
appareil (m) de tamisage mécanique

механическое приспособленіе (n) для просѣиванія
stacciatura (f) meccanica
aparato (m) para el tamizado mecánico

---

10 Schüttelsieb (n), Schwingsieb (n)
shaking *or* swinging sieve
tamis (m) à secousses

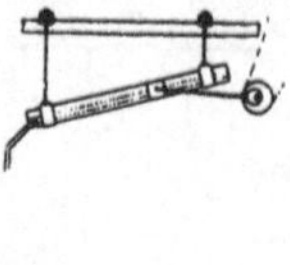

подвижное сито (n); сотрясающееся сито; сито со встряской
staccio (m) a scosse
tamiz (f) ó criba (f) de vaivén

|  | |  |  |
|---|---|---|---|
| Siebschale (f)<br>straining dish, strainer<br>tamis (m) cuvette |  | чашка (f) для просѣиванія<br>bacino (m) dello staccio<br>tamiz (m) de cubeta | 1 |
| Reifen (m)<br>hoop<br>cercle (m) (en bois) | | кольцо (n) [деревянное]<br>cerchio (m)<br>cerco (m) (de madera) | 2 |
| Korngröße (f)<br>size of grain<br>grosseur (f) du grain | | величина (f) зёренъ<br>grossezza (f) del grano<br>tamaño (m) del grano | 3 |
| Faustgröße (f)<br>fist size<br>grosseur (f) de poing | | величиною съ кулакъ<br>grossezza (f) di pugno<br>tamaño (m) de puño | 4 |
| Eigröße (f)<br>egg size<br>grosseur (f) d'œuf | | величиною съ яйцо<br>grossezza (f) d'uovo<br>tamaño (m) de huevo | 5 |
| Walnußgröße (f)<br>walnut size<br>grosseur (f) de noix | | величиною съ грецкій орѣхъ<br>grossezza (f) di noce<br>tamaño (m) de nuez | 6 |
| Haselnußgröße (f)<br>hazelnut size<br>grosseur (f) de noisette | | величиною съ орѣшекъ<br>grossezza (f) di nocciuola<br>tamaño (m) de avellana | 7 |
| Trocknung (f)<br>drying<br>séchage (m) | | сушка (f); сушеніе (n)<br>essiccazione (f), essiccamento (m)<br>secado (m) | 8 |
| getrocknete Probe (f)<br>dried sample<br>prise (f) d'essai séchée | | высушенная проба (f)<br>campione (m) essiccato<br>muestra (f) secada | 9 |
| lufttrocken (adj)<br>air dry (adj)<br>séché (adj) à l'air | | воздушносухой<br>essiccato (agg) all'aria<br>secado (adj) al aire | 10 |
| im Entfeuchter getrocknet (adj)<br>dried (adj) in the desiccator<br>séché (adj) dans le séchoir *ou* dessicateur | | высушенный въ эксикаторѣ<br>essiccato (agg) nell'essiccatore<br>secado (adj) en el secadero *ó* desecador | 11 |
| Entfeuchter (m), [Exsiccator (m)]<br>desiccator<br>dessicateur (m), séchoir (m) |  | эксикаторъ (m)<br>essiccatore (m)<br>desecador (m), secadero (m) | 12 |

1 Absaugentfeuchter (m), Absaugexsiccator (m)
vacuum desiccator
dessicateur (m) par le vide

вакуумъ-эксикаторъ (m)
essiccatore (m) a vuoto
desecador (m) por el vacio

---

2 Chlorcalciumzylinder (m), Trockenturm (m)
calcium chloride cylinder *or* tube
tube (m) à chlorure de calcium

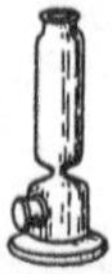

цилиндръ (m) для хлористаго кальція
cilindro (m) per cloruro di calcio
cilindro (m) para cloruro de calcio

---

3 Chlorcalciumröhre (f)
calcium chloride tube
tube (m) en U pour chlorure de calcium

трубка (f) съ хлористымъ кальціемъ
tubo (m) per cloruro di calcio
tubo (m) en U para cloruro de calcio

---

4 Trockenzylinder (m)
drying cylinder
tube (m) de séchage

сушильный цилиндръ (m)
cilindro (m) essiccatore
cilindro (m) para secar

---

5 Trockenröhre (f)
drying tube
tube (m) en U d'un appareil de séchage

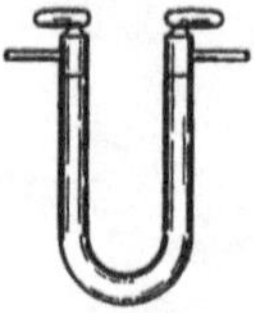

сушильная трубка (f)
tubo (m) d'essiccazione
tubo (m) en U para secar

---

6 Peligotröhre (f)
Peligot tube
tube (m) de Peligot

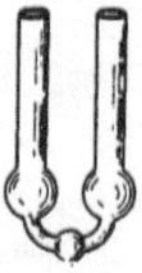

трубка (f) Пелиго
tubo (m) di Peligot
tubo (m) de Peligot

---

7 bei 100° C getrocknete Erzprobe (f)
ore dried at 100° C
minerai (m) séché à 100° C

руда (f), высушенная при 100° [ста градусахъ]
minerale (m) essiccato a 100° C
mineral (m) secado á 100° de Celsius ó á 100 cèntigrados

Trockenschrank (m), Trockenkasten (m)
drying oven
étuve (f)

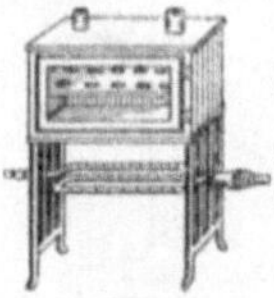

сушильный шкафъ (m)
stufa (f) d'essiccazione 1
estufa (f)

---

Absaugtrockenofen (m)
vacuum drying oven
four (m) à sécher dans le vide

вакуумъ-сушильня (f)
fornello (m) essiccatore a vuoto 2
horno (m) de secar en el vacío

---

Tiegeltrockner (m)
crucible drying apparatus
séchoir (m) à creusets

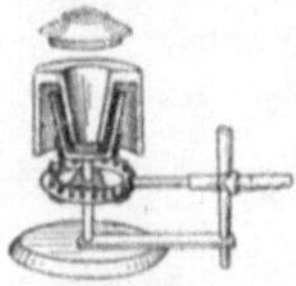

сушильникъ (m) для тиглей
essiccatoio (m) per crogiuoli 3
secadero (m) de crisoles

---

Ölbad-Trockenschrank (m)
oil bath
bain (m) d'huile

масляная баня (f)
bagno (m) d'olio 4
baño (m) de aceite

---

Luftbad (n)
air bath
bain (m) d'air

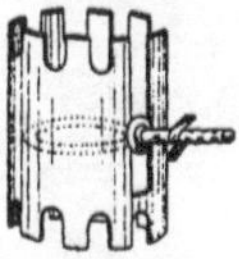

воздушная баня (f)
bagno (m) d'aria 5
baño (m) de aire

---

Trockengestell (n)
drying stand
support (m) de séchoir

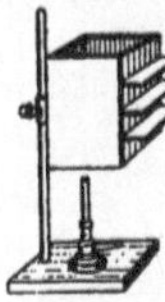

штативъ (m) для высушиванія
sopporto (m) *o* sostegno (m) per essiccatoio 6
soporte (m) de desecador

---

Trocken- und Röstapparat (m)
drying and roasting apparatus
étuve (f) à sécher et griller

приборъ (m) для сушенія и обжиганія
apparato (m) d'essiccamento e calcinazione 7
aparato (m) para secar y calcinar

1 Probeglas (n)
sample bottle
flacon (m) à échantillons

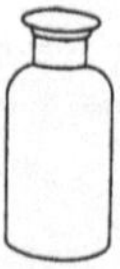

пробирка (f)
vaso (m) per campione
probeta (f)

---

2 Probeschachtel (f)
sample box
boîte (f) à échantillons

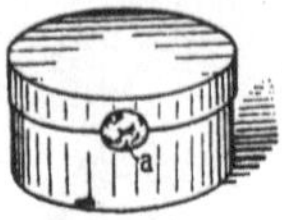


коробка (f) для храненія образцовъ
scatola (f) per campioni
caja (f) para muestras

---

3 Siegel (n)
seal
cachet (m)

a

печать (f)
sigillo (m)
sello (m)

---

4 versiegeln (v)
to seal
cacheter (v)

запечатать
sigillare (v)
sellar (v), cerrar (v) con sello

---

5 analysenfertig (adj)
ready (adj) for analysis
prêt (adj) pour l'analyse

готовый къ анализу
pronto (agg) per l'analisi
dispuesto (adj) para el análisis

6 **Lötrohrprobe**
**Blowpipe Test**
**Essai au chalumeau**

**Проба при помощи паяльной трубки**
**Analisi al cannello ferruminatorio**
**Ensayo con el soplete**

7 Ansiedescherben (m)
scorifier, fragment of a crucible for blow pipe testing
creuset (m) pour le dosage au chalumeau

шерберъ (m); сосудъ (m), въ которомъ производится шлакованіе со свинцомъ
frammenti (m pl) di crogiuolo per l'analisi al cannello
crisol (m) para el ensayo con el soplete

---

8 Lötrohr (n)
blowpipe
chalumeau (m)

паяльная трубка (f)
cannello (m) ferruminatorio
soplete (m)

Lötrohrprüfgerät-
schaft (f)
blowpipe testing outfit
appareils (m pl) pour
l'essai au chalumeau
наборъ (m) для анали-
за съ паяльной
трубкой
apparecchi (m pl) per 1
l'analisi al cannello
aparatos (mpl) para el
ensayo con el soplete

---

Lötrohrlampe (f)
blowpipe lamp
lampe (f) pour chalu-
meau
лампа (f) для паяль-
ной трубки
lampada (f) da salda- 2
tore
lámpara (f) para so-
plete

---

Kapelle (f)
cupel
coupelle (f)
капéль (f)
capsula (f), coppella (f) 3
copela (f)

---

Kohlenhalter (m)
carbon holder
pince (f) à charbon
угледержатель (m)
portacarbone (m) 4
pinza (f) para carbón

---

Kohlenbohrer (m)
carbon borer
foret (m) à charbon
сверло (n) для угля
succhiello (m) per car-
bone 5
taladro (m) para car-
bón

---

Kohlensäge (f)
carbon saw
scie (f) à charbon
пила (f) для угля
sega (f) per carbone 6
sierra (f) para carbón

---

Flammenfärbung (f)
colouring of flames
coloration (f) de la
flamme
окрашиванie (n) пла-
мени
colorazione (f) della 7
fiamma
coloración (f) de la
llama

---

Natriumflamme (f)
sodium flame
flamme (f) de sodium
пламя (n) натрiя
fiamma (f) del sodio 8
llama (f) de sodio

---

Kobaltglas (n)
cobalt glass
verre (m) de cobalt
кобальтовое [синее]
стекло (n)
vetro (m) al cobalto 9
vidrio (m) de cobalto

**Wägung, Wiegen**
**Weighing**
**Pesage, pesées**
**Взвѣшиванie, взвѣ-
шенie**
**Pesata** 10
**Peso, pesada**

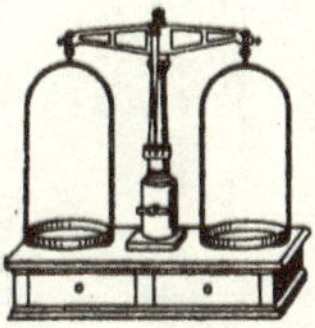

Säulenwage (f)
column balance
balance (f) à colonne
вѣсы (mpl) съ коро-
мысломъ; вѣсы съ
чашками 11
bilancia (f) a colonna
balanza (f) de columna

| | | | |
|---|---|---|---|
| *1* | Tafelwage (f)<br>common balance, druggist's scales<br>balance (f) de Roberval |  | столовые вѣсы (mpl)<br>bilancia (f) da tavolo<br>balanza (f) Roberval |
| *2* | Handwage (f)<br>hand scales<br>balance (f) à main |  | ручные вѣсы (m pl)<br>bilancia (f) a mano<br>balanza (f) de mano |
| *3* | Schnellwage (f)<br>quick balance<br>balance (f) rapide | | безменъ (m)<br>bilancia (f) rapida<br>balanza (f) rápida |
| *4* | selbsttätige Wage (f)<br>automatic balance<br>balance (f) automatique | | автоматическіе вѣсы (m pl)<br>bilancia (f) automatica<br>balanza (f) automática |
| *5* | chemische Analysenwage (f)<br>analytical balance<br>balance (f) de laboratoire | 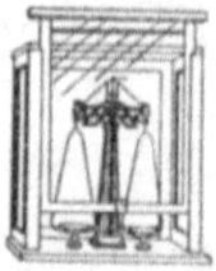 | аналитическіе вѣсы (m pl)<br>bilancia (f) per analisi chimiche<br>balanza (f) para laboratorio |
| *6* | Feinwage (f), Präzisionswage (f)<br>precision balance<br>balance (f) de précision | | точные вѣсы (m pl)<br>bilancia (f) di precisione<br>balanza (f) de precisión |
| *7* | Versuchswage (f)<br>assay balance<br>balance (f) d'essai |  | пробирные вѣсы (m pl)<br>bilancia (f) d'assaggio<br>balanza (f) de ensayo |
| *8* | Wagekasten (m)<br>balance case<br>caisse (f) de la balance | 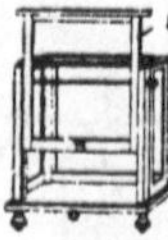 | шкапикъ (m) вѣсовъ<br>cassetta (f) *o* vetrina (f) della bilancia<br>caja (f) de la balanza |
| *9* | Schiebetür (f)<br>sliding door<br>porte-glissière (f) | a | выдвижная дверка (f)<br>porta (f) a corsoio<br>puerta (f) corrediza |

Marmorplatte (f)
marble plate
plaque (f) de marbre

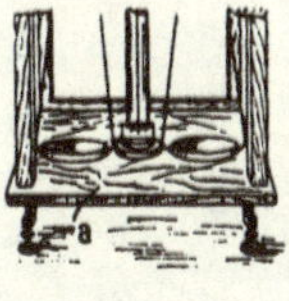


a

мраморная плита (f)
lastra (f) di marmo
placa (f) de mármol 1

---

Grundplatte (f) aus Spiegelglas
plate glass base
glace (f) du fond de la balance

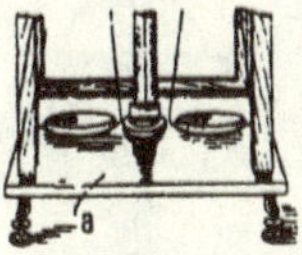


a

основаніе (n) изъ зеркальнаго стекла
lastra (f) di vetro da specchi
placa (f) inferior de cristal de la balanza 2

---

Messingsäule (f)
brass column
colonne (f) de laiton

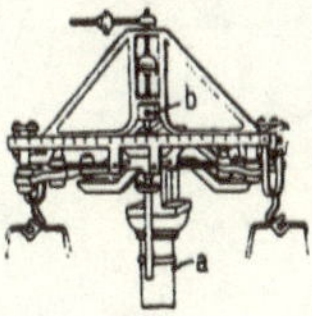


a

латунная колонна (f)
colonna (f) d'ottone
columna (f) de latón 3

---

Achse (f)
axis
axe (m)

b

ось (f)
asse (m)
eje (m) 4

---

Aufhängung (f), Gehänge (n)
hanging, suspension (A*)
suspension (f)

подвѣска (f)
sospensione (f)
suspensión (f) 5

---

Ausgleichaufhängung (f), Kompensationsaufhängung (f)
compensating hanging
suspension (f) compensée *ou* à compensation

компенсаціонная подвѣска (f)
sospensione (f) a compensazione
suspensión (f) compensada 6

---

Schneide (f)
edge
couteau (m)

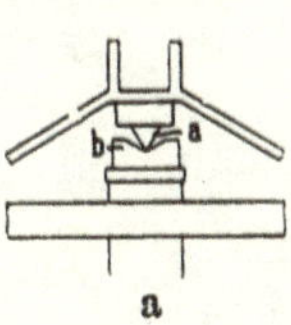


a

опорная призма (f)
coltello (m)
cuchillo (m) de balanza 7

---

Achatschneide (f)
agate edge
couteau (m) en agate

агатовая опорная призма (f)
coltello (m) d'agata
cuchillo (m) de ágata 8

---

* A = americanism

1 Karneolstein (m)
carneol
cornaline (f), sardoine (f)

сердоликъ (m)
cornalina (f)
cornalina (f)

---

2 Pfanne (f)
plane
plan (m) d'appui, entaille (f) du couteau

b

пластина (f) подставки
piano (m) d'acciaio
plano (m) de apoyo del cuchillo (con muesca)

---

3 kreisförmiger Balken (m)
circular beam
fléau (m) circulaire

круглое коромысло (n)
giogo (m) circolare
brazos (m pl) anulares

---

4 kurzarmig (adj)
short armed
à fléau court

короткоплечій
a bracci corti
de brazos cortos

---

5 langarmig (adj)
long armed
à fléau long

длинноплечій
a bracci lunghi
de brazos largos

---

6 Wagschale (f)
balance pan
plateau (m) de balance

чашка (f) вѣсовъ
piattello (m) *o* coppa (f) ogivale della bilancia
platillo (m) de balanza

---

7 [Arretierung (f)]
Feststellung (f)
arrestment
arrêt (m)

арретиръ (m)
arresto (m)
tope (m)

---

8 Kurbel (f)
crooked handle
manivelle (f)

рукоятка (f)
manovella (f)
manivela (f)

---

9 Wageeinsatz (m) für Chlorcalcium
balance desiccator
récipient (m) à chlorure de calcium

сосудъ (m) для хлористаго кальція, [который ставится въ шкапикъ вѣсовъ]
piattello (m) di bilancia per cloruro di calcio
copa (f) para cloruro de calcio

---

10 wägen (v), abwiegen (v)
to weigh
peser (v)

взвѣшивать
pesare (v)
pesar (v)

---

11 Einwage (f)
quantity weighed for analysis
peseé (f)

навѣска (f)
pesata (f)
pesada (f)

einfacher Bruchteil (m), aliquoter Teil (m)
proportional part
part (f) égale *ou* déterminée, partie (f) aliquote

нѣкоторая часть (f)
parte (f) aliquota
parte (f) alicuota 1

---

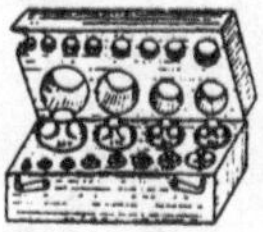

Gewichtskasten (m)
weights case
caisse (f) à poids

разновѣсъ (m)
cassetta (f) per pesi
caja (f) de pesas 2

---

Gewichte (n pl)
weights (pl)
poids (m pl)

разновѣсъ (m); разновѣски (m pl)
pesi (m pl)
pesas (f pl) 3

---

ausgleichen (v), tarieren (v)
to tare
tarer (v)

тарировать
tarare (v)
tarar (v) 4

---

Granat (m), Pyrop (m)
garnet, pyrope
pyrope (f), grenat (m) de Bohême

гранатъ (m); пиропъ (m)
granato (m)
granate (m), piropo (m) 5

---

Ausgleichschrot (m), Tarierschrot (m)
tare *or* bird shot
plomb (m) *ou* grenaille (f) à tarer

дробь (f) для тарированія
pallini (m pl) di piombo per tarare
perdigones (m pl) para tarar 6

---

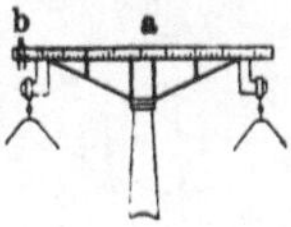


Reiterlineal (n)
divided rule for the rider
règle (f) du cavalier

рычагъ (m) для ѣздока *или* для рейтера *или* для гусара
regolo (m) del cavaliere
regla (f) con jinete 7

---



Reiter (m)
rider
cavalier (m)

ѣздокъ (m); рейтеръ (m); гусаръ (m)
cavaliere (m)
jinete (m) 8

---

Teilung (f) des Reiterlineals
notches (pl) *or* division of the rule for the rider
cran (m) de la règle du cavalier

васѣчка (f) рычага для ѣздока *или* рейтера; зарубка (f) рычага для гусара
suddivisione (f) del regolo del cavaliere
linea (f) de la regla, entalladura (f) del brazo graduado 9

---

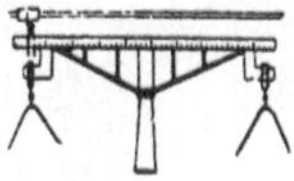

Reiterverschiebung (f)
movement of the rider
déplacement (m) du cavalier

передвиженіе (n) ѣздока *или* рейтера *или* гусара
spostamento (m) del cavaliere
desplazamiento (m) del jinete 10

**1**
Wägeschiffchen (n) aus Aluminium
aluminium weighing boat
capsule (f) de pesée en aluminium

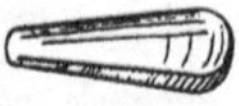

алюминiевая лодочка (f) для отвѣшиванiя
navicella (f) d'alluminio per pesare
navecilla (f) ó cápsula (f) de aluminio para pesadas

---

**2**
Wiegegläschen (n)
weighing bottle
verre (m) de pesée

стаканчикъ (m) для отвѣшиванiя
bicchiere (m) per pesare, pesafiltro (m)
frasquito (m) para pesadas

---

**3**
Wiegeröhrchen (n)
weighing tube
tube (m) de pesée

трубка (f) для отвѣшиванiя
tubetto (m) per pesare
tubo (m) de pesadas

---

**4**
Wiegestechheber (m)
weighing pipette
pipette (f) pour pesées

пипетка (f) для отвѣшиванiя
pipetta (f) per pesare
pipeta (f) de pesadas

---

**5**
Teilung (f)
division, dial
échelle (f)

шкала (f); скала (f)
scala (f)
escala (f)

---

**6**
Auslösung (f)
release
déclanchement (m)

разобщенiе (n)
liberazione (f)
suelta (f)

---

**7**
Ausschlag (m)
deflection
oscillation (f)

отклоненiе (n)
oscillazione (f)
oscilación (f)

---

**8**
Schwingungsdauer (f)
duration of oscillation
durée (f) d'oscillation

продолжительность (f) колебанiя
durata (f) d'oscillazione
duración (f) de la oscilación

---

**9**
Empfindlichkeit (f)
sensitiveness
sensibilité (f)

чувствительность (f)
sensibilità (f)
sensibilidad (f)

---

**10**
empfindlich (adj)
sensitive (adj)
sensible (adj)

чувствительный
sensibile (agg)
sensible (adj)

---

**11**
Tragkraft (f)
charging capacity
poids (m) maximum

подъёмная сила (f)
capacità (f)
capacidad (f)

---

**12**
Belastung (f)
load, charge
charge (f)

нагрузка (f)
carico (m), portata (f)
carga (f)

|  |  |  |
|---|---|---|
| Höchstbelastung (f)<br>maximum load<br>charge (f) maxima | максимальная нагрузка (f)<br>carico (m) massimo, portata (f) massima<br>carga (f) máxima | 1 |
| **Auflösung**<br>**Solution**<br>**Dissolution** | **Растворенiе**<br>**Soluzione**<br>**Disolución** | 2 |
| Löslichkeit (f)<br>solubility<br>solubilité (f) | растворимость (f)<br>solubilità (f)<br>solubilidad (f) | 3 |
| auflösen (v), lösen (v)<br>to dissolve<br>dissoudre (v) | раствор-ить (-ять)<br>sciogliere (v), disciogliere (v)<br>disolver (v) | 4 |
| aufbrausen (v)<br>to effervesce<br>bouillonner (v) | вскипать<br>produrre (v) effervescenza<br>hervir (v) | 5 |
| Lösungsmittel (n)<br>dissolvant<br>dissolvant (m) | растворитель (m)<br>solvente (m)<br>disolvente (m) | 6 |
| ausziehen (v), [extrahieren (v)]<br>to extract<br>extraire (v) | извлечь; экстрагировать<br>estrarre (v)<br>extraer (v) | 7 |
| löslich (adj)<br>soluble (adj)<br>soluble (adj) | растворимый<br>solubile (agg)<br>soluble (adj) | 8 |
| unlöslich (adj)<br>insoluble (adj)<br>insoluble (adj) | нерастворимый<br>insolubile (agg)<br>insoluble (adj) | 9 |
| klare Lösung (f)<br>clear solution<br>solution (f) claire | прозрачный растворъ (m)<br>soluzione (f) limpida o chiara<br>disolución (f) clara | 10 |
| trübe Lösung (f)<br>turbid solution<br>solution (f) trouble | мутный растворъ (m)<br>soluzione (f) torbida<br>disolución (f) turbia | 11 |
| unlöslicher Rückstand (m)<br>undissolved residue<br>résidu (m) insoluble | нерастворимый остатокъ (m)<br>residuo (m) insolubile<br>residuo (m) insoluble | 12 |
| in Säure unlöslicher Rückstand (m)<br>residue unsoluble in acid<br>résidu (m) insoluble dans l'acide | остатокъ (m), нерастворимый въ кислотѣ<br>residuo (m) insolubile nell'acido<br>residuo (m) insoluble en el ácido | 13 |

| | | |
|---|---|---|
| 1 | starke Säure (f), konzentrierte Säure (f)<br>concentrated acid<br>acide (m) concentré | концентрированная кислота (f)<br>acido (m) concentrato<br>ácido (m) concentrado |
| 2 | verdünnte Säure (f)<br>diluted acid<br>acide (m) dilué | разбавленная кислота (f)<br>acido (m) diluito<br>ácido (m) diluido |
| 3 | Base (f)<br>base<br>base (f) | основаніе (n)<br>base (f)<br>base (f) |
| 4 | neutrale Substanz (f)<br>neutral substance<br>substance (f) neutre | нейтральное вещество (n)<br>sostanza (f) neutra<br>substancia (f) neutra |
| 5 | neutralisieren (v), abstumpfen (v)<br>to neutralise<br>neutraliser (v) | нейтрализовать; усреднить<br>neutralizzare (v)<br>neutralizar (v) |
| 6 | **Fällung**<br>**Precipitation**<br>**Précipitation** | **Осажденіе**<br>**Precipitazione**<br>**Precipitación** |
| 7 | fällen (v), ausfällen (v)<br>to precipitate<br>précipiter (v) | осаждать<br>precipitare (v)<br>prècipitar (v) |
| 8 | tropfenweiser Zusatz (m)<br>addition drop by drop<br>addition (f) par gouttes | прибавленіе (n) по каплѣ<br>aggiunta (f) a goccie<br>adición (f) gota á gota |
| 9 | Überschuß (m) des Fällungsmittels<br>excess of precipitant<br>excès (m) de réactif de précipitation | избытокъ (m) осадителя *или* осадочнаго средства<br>eccesso (m) di precipitante<br>exceso (m) de precipitante |
| 10 | in der Siedehitze ausfällen (v)<br>to precipitate in boiling heat<br>précipiter (v) en ébullition | осаждать при температурѣ кипѣнія<br>precipitare (v) all'ebullizione<br>precipitar (v) en ebullición |
| 11 | mit Schwefelwasserstoff fällen (v)<br>to precipitate by means of sulphuretted hydrogen<br>précipiter (v) par l'hydrogène sulfuré | осаждать сѣроводородомъ<br>precipitare(v) coll'idrogeno solforato<br>precipitar(v) con hidrógeno sulfurado |
| 12 | Niederschlag (m)<br>precipitate<br>précipité (m) | осадокъ (m)<br>precipitato (m)<br>precipitado (m) |
| 13 | kristallinisch (adj)<br>crystalline (adj)<br>cristallin (adj) | кристаллическій<br>cristallino (agg)<br>cristalino (adj) |

1
flockig (adj)
floky (adj)
floconneux (adj)
хлопьями; хлопьевидный
fioccoso (agg)
en forma de copos

2
schleimig (adj)
slimy (adj)
gélatineux (adj)
слизистый
gelatinoso (agg)
gelatinoso (adj)

3
voluminös (adj)
voluminous (adj)
volumineux (adj)
объёмистый
voluminoso (agg)
voluminoso (adj)

4
fein verteilt (adj)
finely divided (adj)
finement divisé (adj)
мелко распредѣлённый
finamente diviso (agg)
dividido (adj) finamente

5
absitzen lassen (v), klären (v)
to decant
laisser déposer (v)
дать отсѣсть *или* отстояться; освѣтлить
lasciar depositare (v)
dejar reposar (v)

6
Klärflasche (f), Abklärflasche (f)
decanting bottle
verre (m) à clarifier

с[т]клянка (f) для отстаиванія; освѣтлительная банка (f)
bottiglia (f) di decantazione
frasco (m) de clarificación

7
Abklärgefäß (n), [Dekantiergefäß (n)]
decanting vessel
vase (m) à décanter
сосудъ (m) для декантированія; сосудъ для сливанія жидкости съ осадка
recipiente (m) di decantazione
recipiente (m) de decantación

8
abklären (v), [dekantieren (v)], abgießen (v)
to decant
décanter (v), verser (v)
декантировать; сливать
decantare (v), versare (v)
decantar (v), verter (v)

9
Kristallierungsgefäß (n)
crystallisation vessel
vase (m) à cristallisation
кристаллизаціонный сосудъ (m)
recipiente (m) di cristallizzazione, cristallizzatore (m)
vaso (m) de cristalización

10
Kristallierschale (f)
crystallising basin *or* pan
coupe (f) de cristallisation

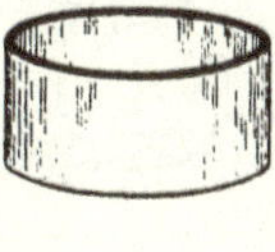

кристаллизаторъ (m)
bacinella (f) di cristallizzazione
copa (f) de cristalización

11
**Filterung**
**Filtration**
**Filtration**
**Фильтрація**
**Filtrazione**
**Filtración**

12
filterbar (adj)
possible (adj) to be filtered
filtrable (adj)
фильтрующійся
filtrabile (agg)
filtrable (adj)

1 filtern (v)
to filter
filtrer (v)

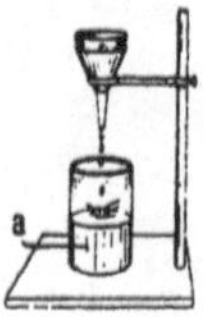

фильтровать
filtrare (v)
filtrar (v)

---

2 Filtrat (n)
filtrate
produit (m) filtré

a

фильтратъ (m)
prodotto (m) filtrato
líquido (m) filtrado

---

3 klares, helles Filtrat(n)
clear filtrate
solution (f) filtrée claire

прозрачный свѣтлый фильтратъ (m)
soluzione (f) filtrata chiara *o* limpida
disolución (f) filtrada clara

---

4 Filter (n *u.* m)
filter
filtre (m)

фильтръ (m)
filtro (m)
filtro (m)

---

5 Filterpapier (n)
filter paper
papier (m) filtrant *ou* à filtrer

фильтровальная бумага (f)
carta (f) da filtro
papel (m) de filtrar

---

6 Filterpresse (f)
filter press
filtre-presse (m), presse (f) à filtrer

фильтрпрессъ (m)
pressa (f) da filtro
prensa (f) de filtro ó para filtrar

---

7 Filterkegel (m)
filter cone
entonnoir (m) de filtre

фильтровальный конусъ (m)
cono (m) da filtro
embudo (m) para filtros

---

8 Filterhalter (m)
filter ring
support (m) de filtre

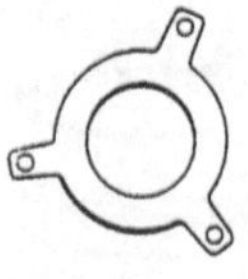

фильтродержатель (m)
portafiltro (m)
porta-filtro (m)

---

9 Filtergestell (n), Filtrierstativ (n)
funnel holder
support (m) de filtre

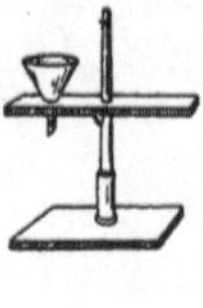

фильтровальный штативъ (m)
sostegno (m) *o* sopporto (m) del filtro
soporte (m) del filtro, porta-filtro (m)

Filterstechheber (m)
filtering pipette
pipette (f) à filtrer

фильтровальная пипетка (f)
pipetta (f) filtrante 1
pipeta (f) de filtración

---

Filterplatte (f)
filter disc
plaque (f) à filtrer

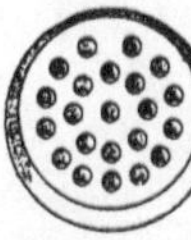

фильтровальная пластина (f)
piastra (f) filtrante 2
placa (f) de filtración

---

Filtertrichter (m)
(filter) funnel
entonnoir (m) à filtrer

фильтровальная воронка (f); воронка для фильтрованія
imbuto (m) filtrante 3
embudo (m) de filtración

---

Filtersieb (n)
funnel with perforated plate
tamis (m) à filtrer

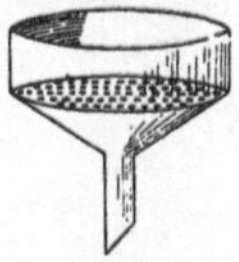

фильтровальное сито (n)
staccio (m) filtrante 4
criba (f) ó tamiz (f) de filtración

---

Filterröhre (f)
filtering tube
tube (m) à filtrer

фильтровальная трубочка (f)
tubo (m) per filtrare 5
tubo (m) de filtración

---

Filterschale (f)
filtration disc
capsule (f) à filtrer

чашка (f) для титрованія
bacinella (f) per analisi volumetrica 6
cápsula (f) de filtración

---

Saugpumpe (f)
suction pump
pompe (f) à vide

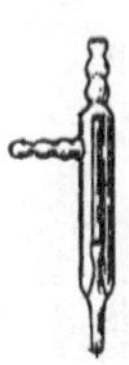

всасывающій насосъ (m)
pompa (f) aspirante 7
bomba (f) aspirante

---

Filterpumpe (f)
filter pump
pompe (f) à filtrer

насосъ (m) для фильтрованія
pompa (f) filtrante 8
bomba (f) de filtración

1 Absaugflasche (f), Filterflasche (f), Nutsche (f)
filtering flask
flacon (m) à filtrer dans le vide

с[т]клянка (f) для отсасыванія
bottiglia (f) per filtrazione forzata
frasco (m) de filtrar en el vacio

2 abnutschen (v), absaugen (v), filtern (v) im luftverdünnten Raum
to suck *or* drain off liquid, to filter by means of vacuum
filtrer (v) par aspiration

отсасывать; фильтровать въ разрѣжённомъ пространствѣ
filtrare (v) per aspirazione
filtrar (v) por aspiración

3 Goochscher Tiegel (m)
Gooch's crucible
creuset (m) de Gooch

тигель (m) Гуча
imbuto (m) di Gooch
crisol (m) de Gooch

4 Abtropfschale (f)
draining dish
passoire (f), vase (m) à égoutter, égouttoir (m)

чашка (f) для стеканія
bacinella (f) di sgocciolamento
enjugador (m)

5 Ablauftrichter (m)
condensing funnel
entonnoir (m) à trop-plein

воронка (f)
imbuto (m) di scolo, imbuto (m)
embudo (m) de desagüe

6 auswaschen (v)
to wash out
laver (v)

промыть
lavare (v), sciacquare (v)
lavar (v)

7 **Eindampfen**
**Evaporation, Concentration**
**Concentration par évaporation**

**Выпарить**
**Condensazione per evaporazione**
**Concentración por evaporación**

8 Eindampfer (m)
evaporator
appareil (m) à concentrer

приборъ (m) для выпариванія
apparato (m) per evaporare
aparato (m) de evaporación

9 zur Trockne eindampfen (v)
to evaporate to dryness
évaporer (v) à siccité

выпарить досуха
evaporare (v) *o* tirare (v) a secco
evaporar (v) al *ó* á seco

Sirupdichte (f)
syrup consistence
consistance (f) sirupeuse
консистенція (f) сиропа
consistenza (f) sciropposa
consistencia (f) de jarabe
1

---

pulvertrocken (adj)
powder dry (adj)
sec (adj) comme la poudre
сухой, какъ порохъ; совершенно сухой
secco (agg) come la polvere
seco (adj) como el polvo
2

---

abdampfen (v)
to evaporate
évaporer (v)
выпаривать
evaporare (v)
evaporar (v)
3

---

Abdampfkasserolle (f)
evaporating pan
vase (m) *ou* casserole (f) d'évaporation
выпаривательная кастрюля; кастрюля (f) для выпариванія
pentola (f) d'evaporazione
cacerola (f) de evaporación
4

---

Abdampfschale (f)
evaporating basin
capsule (f) à évaporation

выпаривательная чашка (f)
bacinella (f) d'evaporazione, capsula (f)
cápsula (f) de evaporación
5

---

Abdampfkolben (m)
evaporating flask
matras (m) à évaporation
выпаривательная колба (f)
matraccio (m) d'evaporazione
matraz (m) de evaporación
6

---

Wasserbad (n)
water bath
bain-marie (m)

водяная баня (f)
bagno (m) d'acqua, bagnomaria (m)
baño (m) de María, baño (m) de agua
7

---

Einsatz (m) in das Wasserbad für Reagenzröhren
test tube holder for water baths
support (m) à introduire dans le bainmarie
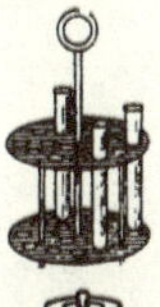
вставка (f) для водяной бани
portaprovini (m) per bagno d'acqua
soporte (m) para el baño de María
8

---

Wasserbadring (m)
water bath ring
anneau (m) de bainmarie

вставное кольцо (n) для водяной бани
anello-sopporto (m) per il bagno d'acqua
anillo (m) de baño de María
9

1 Schutztrichter (m)
protective funnel
entonnoir (m) de sûreté

предохранительная воронка (f)
imbuto (m) di sicurezza
embudo (m) de seguridad

---

2 Dampfbad (n)
steam bath
bain (m) de vapeur

паровая баня (f)
bagno (m) di vapore
baño (m) de vapor

---

3 Sandbad (n)
sand bath
bain (m) de sable

песчаная баня (f)
bagno (m) di sabbia
baño (m) de arena

---

4 Sandbadschale (f)
dish for sand bath
capsule (f) pour bain de sable

чашка (f) для песчаной бани
bacinella (f) per bagno di sabbia
cápsula (f) para baño de arena

---

5 aufnehmen (v) [mit Wasser *oder* Säure]
to dissolve
reprendre (v) avec de l'eau *ou* de l'acide

выщелочить [водою]; растворить [въ водѣ *или* кислотѣ]
riprendere (v) [con acqua *od* acido]
adicionar (v) *ó* disolver (v) con agua *ó* ácido

6 **Verbrennung**
**Combustion**
**Combustion**

**Сожженіе; элементарный анализъ**
**Combustione**
**Combustión**

7 Verbrennungsvorgang (m)
process of combustion
processus (m) de [la] combustion, marche (f) de la combustion; réactions (f pl) de [la] combustion

процессъ (m) горѣнія
processo (m) di combustione
proceso (m) *ó* marcha (f) *ó* reacciones (f pl) de la combustión

---

8 vollkommene Verbrennung (f)
perfect *or* complete combustion
combustion (f) complète

полное горѣніе (n); совершенное сгораніе (n)
combustione (f) completa
combustión (m) completa

---

9 Verbrennungsschälchen (n)
combustion boat
coupelle (f) *ou* capsule (f) de combustion

чашечка (f) для сожженія
capsula (f) di combustione
cápsula (f) de combustión

Verbrennungsröhre (f)
combustion tube
tube (m) à combustion

трубка (f) для сожженія
tubo (m) di combustione 1
tubo (m) de combustión

---

Verbrennungsofen (m)
combustion furnace
four (m) à combustion

печь (f) для сожженія *или* для элементарнаго анализа
forno (m) di combustione 2
horno (m) de combustión

---

Muffelofen (m) für Kohlenheizung
muffle furnace for coal
four (m) à moufle au charbon

муфельная печь (f) для угля
muffola (f) a carbone 3
horno (m) de mufla al carbón

---

Muffelofen (m) für Gasheizung
muffle furnace for gas
four (m) à moufle au gaz

муфельная печь (f) для газа
muffola (f) a gas 4
horno (m) de mufla para gas

---

elektrischer Muffelofen (m)
electric muffle furnace
four (m) à moufle électrique

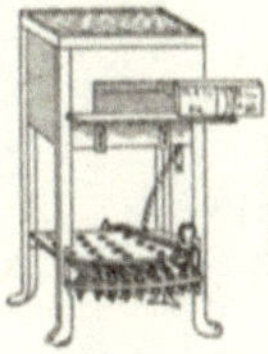

электрическая муфельная печь (f)
forno (m) elettrico a muffola 5
horno (m) de mufla eléctrico

---

Tonöfchen (n)
clay furnace
petit four (m) en terre réfractaire

маленькая глиняная печь (f)
fornello (m) di terracotta 6
hornillo (m) de arcilla

---

Tonplatte (f)
clay disc
plaque (f) en terre réfractaire

глиняная пластинка (f)
piastra (f) di terracotta 7
placa (f) refractaria

| | | |
|---|---|---|
| 1 | Einäschern (n) des Filters<br>burning the filter<br>incinération (f) du filtre | обзоливаніе (n) фильтра<br>incenerimento (m) de filtro<br>incineración (f) del filtro |
| 2 | **Schmelzen**<br>**Melting, Fusing**<br>**Fusion** | **Плавленіе; сплавленіе**<br>**Fusione**<br>**Fusión** |
| 3 | schmelzen (v)<br>to melt, to fuse<br>fondre (v) | плавить; сплавлять<br>fondere (v)<br>fundir (v) |
| 4 | Schmelzbarkeit (f)<br>fusibility, meltableness<br>fusibilité (f) | плавкость (f)<br>fusibilità (f)<br>fusibilidad (f) |
| 5 | Schmelzpunktbestimmungsapparat (m)<br>apparatus for the determination of melting points<br>appareil (m) pour la détermination du point de fusion | аппаратъ (m) *или* приборъ (m) для опредѣленія точки плавленія<br>apparato (m) per la determinazione del punto di fusione<br>aparato (m) para determinar el punto de fusión |
| 6 | schwaches Rösten (n), Glühen (n)<br>weak roasting, glowing<br>faible grillage (m) | слабый обжигъ (m)<br>debole calcinazione (f)<br>calcinación (f) ligera |
| 7 | Entweichen (n) flüchtiger Bestandteile<br>escaping of volatile compounds<br>dégagement (m) des produits volatils | выдѣленіе (n) летучихъ соединеній<br>scacciare (v) i prodotti volatili<br>escape (m) de los productos volátiles |
| 8 | Flüchtigkeit (f)<br>volatility<br>volatilité (f) | летучесть (f)<br>volatilità (f)<br>volatilidad (f) |
| 9 | reduzieren (v)<br>to reduce<br>réduire (v) | возстанавлять<br>ridurre (v)<br>reducir (v) |
| 10 | oxydieren (v)<br>to oxidise<br>oxyder (v) | окислять<br>ossidare (v)<br>oxidar (v) |
| 11 | oxydierender Zusatz (m)<br>oxidising addition<br>addition (f) oxydante | окислительная *или* окисляющая примѣсь (f)<br>aggiunta (f) ossidante<br>adición (f) oxidante |
| 12 | Zusetzen (n) von Erzen *oder* Schlacken<br>addition of ores *or* slags<br>addition (f) de minerais *ou* de scories | прибавленіе (n) руды; ошлакованіе (n)<br>aggiunta (f) di minerali *o* scorie<br>adición (f) de minerales *o* de escorias |

aufschließen (v)
to triturate
rendre (v) soluble *ou* désagreger (v) par fusion

предварительная химическая обработка (f) даннаго для анализа нерастворимаго *или* трудно растворимаго вещества, дѣлающая возможнымъ примѣнеie къ нему 1
обычныхъ аналитическихъ методовъ
disaggregare (v) per fusione
hacer (v) soluble *ó* desagregar (v) por fusión

---

Blasetisch (m)
blow pipe table
table (f) de soufflage

паяльный столъ (m)
tavolo (m) con soffieria 2
mesa (f) de soplado

---

Gebläse (n)
blower
soufflerie (f)

дутьё (n)
soffieria (f) 3
soplete (m)

---

Tretgebläse (m)
foot bellows
soufflerie (f) à pédale

дутьё (n) ножнымъ мѣхомъ
soffietto (m) a pedale 4
soplete (m) de pie

---

Blasebalg (m)
bellows
soufflet (m) de forge

воздуходувный мѣхъ (m) 5
soffietto (m)
fuelle (m)

---

Gebläselampe (f), Blaselampe (f)
blow pipe lamp
lampe (f) à chalumeau *ou* à soufflerie

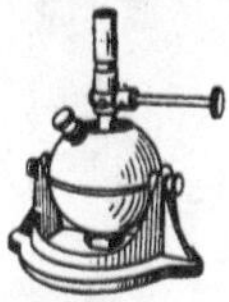

паяльная лампа (f) съ дутьёмъ
lampada (f) da saldatore 6
lámpara (f) de soplete, mechero-soplete (m)

---

Knallgasgebläse (n)
oxyhydrogen blowpipe
chalumeau (m) oxhydrique

дутьё (n) гремучимъ газомъ
fiamma (f) ossidrica di gas tonante 7
mechero (m) de gas oxhidrico

1 Daniellscher Hahn (m)
Daniell's safety cock
robinet (m) de Daniell

кранъ (m) Даніэля
robinetto (m) di Daniell
grifo (m) de Daniel

---

2 Schmelzofen (m)
smelting furnace
four (m) à fusion

плавильная печь (f)
forno (m) fusorio
horno (m) de fusión

---

3 Rößlerscher Ofen (m)
Roessler's furnace
four (m) de Roessler

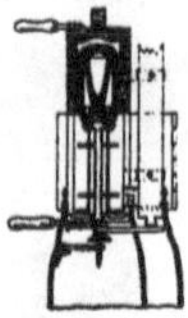

печь (f)Ресслера
forno (m) di Roessler
horno (m) de Roessler

---

4 Schmelztiegel (m)
crucible
creuset (m) de fusion

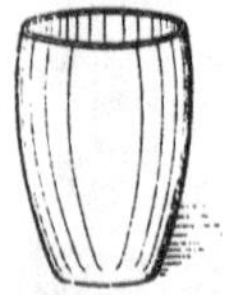

плавильный тигель (m)
crogiuolo (m) di fusione
crisol (m) para fusión

---

5 Schmelztiegelzange (f)
crucible tongs, pliers
pince (f) à creuset

щипцы (mpl) для плавильнаго тигля
pinza (f) per crogiuolo di fusione
tenazas (fpl) para crisoles

---

6 Glühring (m)
crucible triangle
anneau (m) de support pour creusets *ou* brûleurs

штативное кольцо (n) для прокаливанія
triangolo (m) per sostenere i crogiuoli
soporte (m) ó triángulo (m) para crisoles

---

7 Einschmelzglas (n)
combustion glass
verre (m) à fusion

стекло (n) для впаиванія [платины въ обыкновенное стекло]
vetro (m) fusibile
cristal (m) de fusión

---

8 Einschmelzröhre (f)
combustion tube
tube (m) à fusion

трубка (f) для запаиванія
tubo (m) di fusione
tubo (m) de fusión

---

9 Schmelzröhrchen (n)
melting tube
petit tube (m) à fusion

плавиленная трубка (f)
tubetto (m) di fusione
tubito (m) de fusión

Einsetzer (m), [Glühschiffchen (n)]
combustion boat
godet (m) *ou* nacelle (f) à fusion

вставка (f) [лодочка (f) для прокаливанія]
navicella (f) di fusione
navecilla (f) de fusión 1

---

Röhrenträger (m)
tube support
support (m) de tube

подставка (f) для трубокъ
portatubi (m)
soporte (m) para tubo 2

---

Glimmerbrille (f)
mica spectacles
lunettes (fpl) en mica

слюдяные очки (m pl)
occhiali (m pl) di mica
anteojos (m pl) de mica 3

---

**Zerfall, Dissoziation**
**Dissociation**
**Dissociation**

**Распаденіе; диссоціація**
**Dissociazione**
**Disociación** 4

Dissoziationsgrad (m)
degree of dissociation
degré (m) de dissociation

степень (f) диссоціаціи
grado (m) di dissociazione
grado (m) de disociación 5

---

Dissoziationstemperatur (f)
dissociation temperature
température (f) de dissociation

температура (f) диссоціаціи
temperatura (f) di dissociazione
temperatura (f) de disociación 6

---

Zerfallgrenze (f), Dissoziationsgrenze (f)
dissociation limit
limite (f) de dissociation

предѣлъ (m) диссоціаціи
limite (m) di dissociazione
limite (m) de disociación 7

---

Vergasung (f)
gasification (f)
gazéification (f)

газообразованіе (n)
gaseificazione (f)
gasificación (f) 8

---

vergasen (v)
to gasify
gazéifier (v)

образовать газъ; превращать въ газъ
gaseificare (v)
gasificar (v) 9

---

entgasen (v), trocken verdampfen (v)
to distill
distiller (v) à sec *ou* par voie sèche

выдѣл-ить (-ять) газъ; подверг-нуть (-ать) газъ сухой перегонкѣ
distillare (v) [a secco], trasformare (v) in gas
destilar (v) 10

---

Entgasung (f), trockne Verdampfung (f)
dry distillation
distillation (f) sèche

газовыдѣленіе (n); отгонка (f) газа; сухая перегонка (f)
distillazione (f) secca
destilación (f) seca 11

1 Entgasungserzeugnis (n), Verdampfungsprodukt (n), Destillat (n)
product of distillation *or* of distillate
produit (m) de distillation, distillé (m)
продуктъ (m) сухой перегонки; продуктъ перегонки; дестиллятъ (m)
prodotto (m) di distillazione
producto (m) de destilación

2 Vergasung (f) mit Wasserdampf
steam distillation
distillation (f) à la vapeur d'eau
перегонка (f) съ водянымъ паромъ
distillazione (f) con vapore acqueo
destilación (f) con vapor de agua

3 Vakuumdestillation (f)
vacuum distillation
distillation (f) dans le vide
перегонка (f) въ разрѣжённомъ пространствѣ
distillazione (f) nel vuoto
destilación (f) en el vacio

4 absatzweise Destillation (f), fraktionierte Destillation (f)
fractional distillation
distillation (f) fractionnée
частичная перегонка (f); фракціонированная перегонка
distillazione (f) frazionata
destilación (f) fraccionada

5 Absatz (m), Unterbrechung (f), Fraktion (f)
fraction
fraction (f)
фракція (f); частичный продуктъ (m) перегонки
frazione (f)
fracción (f)

6 stetige Destillation (f)
continous distillation
distillation (f) continue
непрерывная перегонка (f)
distillazione (f) continua
destilación (f) continua

7 destillieren (v)
to distill
distiller (v)
перегонять
distillare (v)
destilar (v)

8 Destillationsapparat (m)
distillation apparatus
appareil (m) de distillation

перегонный аппаратъ (m)
apparato (m) di distillazione
aparato (m) de destilación

9 Destillationskolben(m)
distillating flask
ballon (m) pour la distillation

перегонная колба (f)
storta (f) di distillazione
matraz (m) ó balón (m) de destilación

| | | | |
|---|---|---|---|
| Destillationsröhre (f)<br>distillating tube<br>tube (m) de distillation | 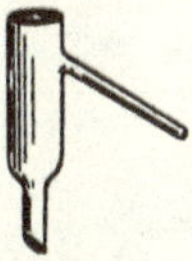 | перегонная трубка (f)<br>tubo (m) di distillazione<br>tubo (m) de destilación | *1* |
| Destillationsaufsatz (m)<br>distillation head<br>ajoute (f) pour appareil de distillation | 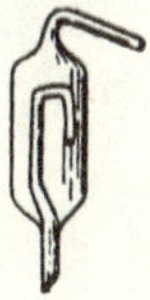 | [предохранительная] насадка (f) на перегонную колбу<br>doppio tubo (m) per apparecchio di distillazione<br>tubo (m) accesorio de destilación | *2* |
| Destillationsvorlage (f)<br>distillation receiver<br>condenseur (m) d'appareil distillatoire | | прiемникъ (m) для перегонки<br>condensatore (m)<br>condensador (m) de aparato de destilación | *3* |
| Destilliertopf (m)<br>distillation pot *or* vessel<br>vase (m) *ou* pot (m) pour la distillation | | перегонный кубъ (m)<br>pentola (f) di distillazione<br>retorta (f) de destilación | *4* |
| Destillierblase (f)<br>still<br>alambic (m) distillatoire | 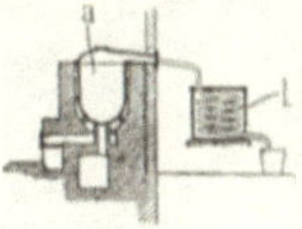<br>a | перегонный кубъ (m)<br>storta (f) di distillazione, lambicco (m)<br>retorta (f) de destilación, alambique (m) | *5* |
| Kühlschlange (f)<br>condenser coil<br>serpentin (m) refroidisseur | b | змѣевикъ (m) [холодильника]<br>serpentino (m) di raffreddamento *o* di condensazione<br>serpentín (m) de refrigeración | *6* |
| Kühler (m)<br>cooler<br>refroidisseur (m), condenseur (m), réfrigérant (m) |  | холодильникъ (m)<br>refrigeratore (m)<br>refrigerador (m) | *7* |
| Verdampfung (f)<br>evaporation<br>vaporisation (f) | | испаренiе (n)<br>vaporizzazione (f)<br>vaporización (f) | *8* |

1 verdampfen (v)
to evaporate
vaporiser (v)
испар-ить (-ять); превращать въ паръ
vaporizzare (v)
vaporizar (v)

2 verdunsten (v), verdampfen (v) bei Lufttemperatur
to evaporate
évaporer (v) (à la température de l'air ambiant)
испар-иться (-яться)
evaporare (v)
evaporar (v)

3 sich verflüchtigen (v)
to volatilise
se volatiliser (v)
улетучиться; улетучиваться
volatilizzarsi (v)
volatilizarse (v)

4 Verflüchtigung (f), Verdichtung (f), Kondensation (f)
condensation
condensation (f)
конденсація (f)
condensazione (f)
condensación (f)

5 verflüchtigen (v), verdichten (v), kondensieren (v)
to condense
condenser (v)
конденсировать; сгущать
condensare (v)
condensar (v)

6 Kondensationsröhre (f)
condensation tube
tube (m) de condensation
конденсаціонная трубка (f)
tubo (m) di condensazione
tubo (m) de condensación

7 Sublimation (f)
sublimation
sublimation (f)
возгонка (f)
sublimazione (f)
sublimación (f)

8 sublimieren (v)
to sublimate
sublimer (v)
возгонять
sublimare (v)
sublimar (v)

9 Sublimationsapparat (m)
sublimation apparatus
appareil (m) de sublimation

приборъ (m) для возгонки
apparato (m) di sublimazione
aparato (m) de sublimación

| | | | |
|---|---|---|---|
| **Elektroanalyse**<br>**Electrolytic Analysis**<br>**Analyse par l'électricité** | | **Электроанализъ; аналитическій электролизъ**<br>**Analisi per mezzo dell'elettricità**<br>**Análisis por la electricidad** | *1* |
| Volumenenergie (f)<br>volume energy<br>énergie (f volumétrique | $E = p \cdot v$ | объёмная энергія (f)<br>energia (f) di volume<br>energia (f) volumétrica | *2* |
| Spannungsgröße (f), [Intensitätsgröße (f)]<br>intensity value<br>grandeur (f) *ou* valeur (f) de l'intensité | $p = \frac{E}{v}$ | величина (f) напряженія<br>grandezza (f) dell'intensità<br>magnitud (f) de la intensidad | *3* |
| Kapazitätsgröße (f)<br>capacity value<br>grandeur (f) de la capacité | $v = \frac{E}{p}$ | величина (f) ёмкости<br>grandezza (f) della capacità<br>magnitud (f) de la capacidad | *4* |
| elektrometrische Messung (f)<br>electrometric measurement<br>mesure (f) électrométrique | | электрометрическое измѣреніе (n)<br>misurazione (f) elettrometrica<br>medida (f) electrométrica | *5* |
| chemisches Äquivalentgewicht (n)<br>chemical weight equivalent<br>équivalent (m) chimique, poids (m) équivalent chimique | | химически эквивалентный вѣсъ (m); химическій эквивалентъ (m)<br>peso (m) equivalente chimico<br>[peso (m)] equivalente (m) químico | *6* |
| chemisch gleichwertige [äquivalente] Mengen (f pl)<br>chemically equivalent quantities (pl)<br>quantités (f pl) chimiquement équivalentes | | химически эквивалентныя количества (n pl)<br>quantità (f pl) chimicamente equivalenti<br>cantidades (f pl) químicamente equivalentes | *7* |
| Ion (n)<br>ion<br>ion (m) | | іонъ (m)<br>ione (m)<br>ión (m) | *8* |
| Kathion (n)<br>kathion, cathion<br>cathion (m) | | катіонъ (m)<br>catione (m)<br>catión (m) | *9* |
| Anion (n)<br>anion<br>anion (m) | | аніонъ (m)<br>anione (m)<br>anión (m) | *10* |
| Elektrolyt (m)<br>electrolyte<br>electrolyte (m) | | электролитъ (m)<br>elettrolito (m)<br>electrolito (m) | *11* |

|  | | |
|---|---|---|
| 1 | Elektrolyse (f)<br>electrolysis<br>électrolyse (f) | электролизъ (m)<br>elettrolisi (f)<br>electrolisis (f) |
| 2 | elektrolysieren (v)<br>to elektrolyse<br>électrolyser (v), décomposer (v) par électrolyse *ou* par voie électrolytique | электролизовать<br>elettrolizzare (v), decomporre (v) per elettrolisi<br>electrolizar (v), descomponer (v) por electrolisis |
| 3 | Stromausbeute (f), elektrolytischer Wirkungsgrad (m)<br>electrolytic efficiency<br>rendement (m) électrolytique, effet (m) utile du courant | полезное дѣйствіе (n) тока; электролитическая отдача (f)<br>rendimento (m) elettrolitico<br>rendimiento (m) electrolítico |
| 4 | elektrolytische Spaltung (f) *oder* [Dissoziation (f)]<br>electrolytic dissociation<br>dissociation (f) électrolytique | электролитическая диссоціація (f)<br>dissociazione (f) elettrolitica<br>disociación (f) electrolítica |
| 5 | Molekularvolumen (n)<br>molecular volume<br>volume (m) moléculaire | молекулярный объёмъ (m)<br>volume (m) molecolare<br>volumen (m) molecular |
| 6 | Zustandsgleichung (f)<br>equation of electrolytic condition<br>équation (f) d'état | уравненіе (n) состоянія<br>equazione (f) di stato<br>ecuación (f) electrolítica |
| 7 | osmotischer Druck (m)<br>osmotic pressure<br>pression (f) osmotique | осмотическое давленіе (n)<br>pressione (f) osmotica<br>presión (f) osmótica |
| 8 | Innendruck (m)<br>internal pressure<br>pression (f) intérieure | внутреннее давленіе (n)<br>pressione (f) interna<br>presión (f) interior |
| 9 | Löslichkeitsbestimmung (f)<br>determination of solubility<br>détermination (f) de la solubilité | опредѣленіе (n) растворимости<br>determinazione (f) della solubilità<br>determinación (f) de la solubilidad |
| 10 | Löslichkeitsbeeinflussung (f)<br>influence on solubility<br>influence (f) [exercée] sur la solubilité | вліяніе (n) на растворимость<br>influenza (f) sulla solubilità<br>influencia (f) sobre la solubilidad |
| 11 | Löslichkeitsverminderung (f)<br>decrease of solubility<br>diminution (f) *ou* décroissement (m) de la solubilité | уменьшеніе (n) растворимости<br>diminuzione (f) della solubilità<br>disminución (f) de la solubilidad |

| | | |
|---|---|---|
| äquimolekulare Lösung (f)<br>equi-molecular solution<br>solution (f) équimoléculaire | эквимолекулярный растворъ (m)<br>soluzione (f) equimolecolare<br>disolución (f) equimolecular | 1 |
| gleichwertige [äquivalente] Lösung (f)<br>equivalent solution<br>solution (f) équivalente | эквивалентный растворъ (m)<br>soluzione (f) equivalente<br>disolución (f) equivalente | 2 |
| Zerfallgrad (m) [Dissoziationsgrad (m)] einer Lösung<br>degree of dissociation of a solution<br>degré (m) de dissociation d'une solution | степень (f) диссоціаціи раствора<br>grado (m) di dissociazione d'una soluzione<br>grado (m) de disociación de una disolución | 3 |
| Dichteänderung (f) [Konzentrationsänderung (f)] des Elektrolyten<br>alteration of concentration of the electrolyte<br>variation (f) *ou* changement (m) de concentration de l'électrolyte | измѣненіе (n) концентраціи электролита<br>variazione (f) *o* cambiamento (m) di concentrazione dell'elettrolito<br>variación (f) *ó* cambio (m) de concentración del electrolito | 4 |
| einwertiges Ion (n)<br>monovalent ion<br>ion (m) monovalent | одновалентный іонъ (m)<br>ione (m) monovalente<br>ión (m) monovalente | 5 |
| mehrwertiges Ion (n)<br>multivalent ion<br>ion (m) multivalent *ou* polyvalent | многовалентный іонъ (m)<br>ione (m) polivalente<br>ión (m) polivalente | 6 |
| amphoterer Elektrolyt (m)<br>amphoteric electrolyte<br>électrolyte (m) amphotère | промежуточный электролитъ (m), т. е. подобно промежуточнымъ окисламъ, реагирующій съ кислотами и основаніями<br>elettrolito (m) amfoterio<br>electrolito (m) amfoterio | 7 |
| Zwitterion (n)<br>hybrid ion<br>ion (m) neutre *ou* hybride | промежуточный іонъ (m)<br>ione (m) neutro<br>ión (m) neutro | 8 |

| | | |
|---|---|---|
| 1 | Äquivalentkonzentration (f) einer Lösung<br>equivalent concentration of a solution<br>concentration (f) [mesurée] en grammes-équivalents [par cm$^3$] d'une solution | эквивалентная концентрація (f) раствора<br>concentrazione (f) equivalente d'una soluzione<br>concentración (f) medida en gramos-equivalentes por cm$^3$ de una disolución |
| 2 | Grammäquivalent (n)<br>gramme equivalent<br>gramme-équivalent (m) | граммъ-эквивалентъ (m)<br>grammo-equivalente (m)<br>gramo-equivalente (m) |
| 3 | elektrolytische Reibung (f) der Ionen<br>electrolytic friction of the ions<br>frottement (m) électrolytique des ions | электролитическое треніе (n) іоновъ<br>attrito (m) elettrolitico degl'ioni<br>frotamiento (m) electrolítico de los iones |
| 4 | Dissoziationstheorie (f)<br>dissociation theory<br>théorie (f) de la dissociation | теорія (f) диссоціаціи<br>teoria (f) della dissociazione<br>teoría (f) de la disociación |
| 5 | Dissoziationskonstante (f), Affinitätskonstante (f)<br>coefficient of dissociation<br>constante (f) de dissociation, constante (f) d'affinité | постоянная (f) диссоціаціи; константа (f) химическаго сродства<br>costante (f) di dissociazione *o* d'affinità<br>constante (f) de disociación *ó* de afinidad |
| 6 | Grammol (n)<br>gramme molecule<br>grammol (m), gramme-molécule (m) | граммолекула (f); моль (m)<br>grammo-molecola (m)<br>gramo-molécula (m) |
| 7 | Grammion (n)<br>gramme ion<br>gramion (m), gramme-ion (m) | граммъ-іонъ (m)<br>grammo-ione (m)<br>gramión (m) |
| 8 | Konvektionsstrom (m)<br>convection current<br>courant (m) de convection | конвекціонный токъ (m)<br>corrente (f) di convezione<br>corriente (f) de convección |
| 9 | Endleitfähigkeit (f) des Elektrolyten, Grenzleitfähigkeit (f) des Elektrolyten<br>limiting conductivity of the electrolyte<br>conductance (f) limite de l'électrolyte | предѣльная проводимость (f) электролита<br>conduttanza-limite (f) dell'elettrolito<br>conductancia (f) limite del electrolito |

Leitfähigkeitsbestimmung (f)
determination of the conductivity
détermination (f) de la conductance

опредѣленіе (n) проводимости *или* электропроводности
determinazione (f) della conduttanza 1
determinación (f) de la conductancia

---

Widerstandskapazität (f) des Gefäßes
resistance capacity of the vessel
capacité (f) de résistance de la cuve *ou* du récipient

сопротивленіе (n) ёмкости сосуда
capacità (f) di resistenza del recipiente 2
capacidad (f) de resistencia del recipiente

---

Leitfähigkeitsgefäß (n)
vessel for measuring conductivity
cuve (f) *ou* récipient (m) pour la mesure de la conductance

сосудъ (m) для опредѣленія проводимости *или* электропроводности
recipiente (m) per la misura della conduttanza 3
recipiente (m) para la medida de la conductancia

---

Gefälldraht (m)
measuring wire
fil (m) de mesure, fil (m) gradué

измѣрительная проволока (f)
filo (m) di misura 4
alambre (m) de medida *ó* graduado

---

Niederschlagelektrode (f)
precipitation electrode
électrode (f) de précipitation

электродъ (m) для осадка
elettrodo (m) di precipitazione 5
electrodo (m) de precipitación

---

Schalenelektrode (f)
dished electrode
électrode (f) capsulée *ou* à capsule

электродъ (m) въ видѣ чашки
elettrodo (m) a capsula 6
electrodo (m) de cápsula

---

Netzelektrode (f)
net shaped electrode
électrode (f) réticulaire *ou* rétiforme

сѣточный электродъ (m)
elettrodo (m) reticolato
electrodo (m) retiforme 7
*ó* en forma de redecilla

---

zylindrische Mantelelektrode (f)
cylindrical shell electrode
électrode (f) [à manteau] cylindrique

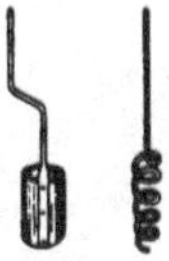

цилиндрическій электродъ (m) т. е. въ видѣ цилиндрической поверхности
elettrodo (m) a mantello cilindrico 8
electrodo (m) de envuelta cilíndrica

---

Normalelektrode (f)
standard electrode
électrode (f) normale

нормальный электродъ (m)
elettrodo (m) normale 9
electrodo (m) normal

1 Dezinormalelektrode (f)
deci-standard electrode
électrode (f) décinormale

дециномальный электродъ (m)
elettrodo (m) decinormale
electrodo (m) decinormal

2 Säureion (n)
acid ion
ion (m) acide

кислотный іонъ (m)
ione (m) acido
ión (m) ácido

3 Hydroxylion (n)
hydroxyl ion
ion (m) hydroxyle *ou* oxhydrile

гидроксильный іонъ (m)
ione (m) idrossile
ión (m) hidroxil

4 Basision (n)
basic ion
ion (m) basique

основной іонъ (m)
ione (m) basico
ión (m) básico

5 Temperaturkonstanz (f) der Lösung
constancy of temperature of a solution
constance (f) de la température de la solution

постоянство (n) температуры раствора
costanza (f) di temperatura della soluzione
constancia (f) de temperatura de la disolución

6 Zerfallwärme (f), [Dissoziationswärme (f)]
heat of dissociation
chaleur (f) de dissociation

теплота (f) диссоціаціи
calore (m) di dissociazione
calor (m) de disociación

7 isohydrische Lösungen (f pl), korrespondierende Lösungen (f pl)
isohydric solutions (pl)
solutions (f pl) isohydriques *ou* correspondantes

изогидричные растворы (m pl); соотвѣтствующіе растворы
soluzioni (f pl) isoidriche *o* corrispondenti
disoluciones (f pl) isohidricas *ó* correspondientes

8 Isohydrie (f) der Säurelösungen
isohydry of acid solutions
isohydrie (f) des solutions acides

изогидричность (f) кислотныхъ растворовъ
isoidria (f) delle soluzioni acide
isohidria (f) de las disoluciones ácidas

9 isohydrisch (adj)
isohydric (adj)
isohydrique (adj)

изогидричный
isoidrico (agg)
isohidrico (adj)

10 Dissoziationsgleichgewicht (n)
equilibrium of dissociation
équilibre (m) de dissociation

диссоціаціонное равновѣсіе (n)
equilibrio (m) di dissociazione
equilibrio (m) de disociación

| | | |
|---|---|---|
| Dissoziationsrückgang (m)<br>retrogression of dissociation<br>rétrogradation (f) *ou* recul (m) de la dissociation | обратный ходъ (m) диссоціаціи<br>retrogradazione (f) della dissociazione<br>retroceso (m) de la disociación | 1 |
| Ionenspaltung (f)<br>splitting up of ions<br>dédoublement (m) des ions | расщепленіе(n) іоновъ<br>sdoppiamento (m) degli ioni<br>desdoblamiento (m) de los iones | 2 |
| elektrolytischer Reibungswiderstand (m)<br>electrolytic frictional resistance<br>résistance (f) de frottement électrolytique | сопротивленіе (n) электролитическаго тренія<br>resistenza (f) d'attrito elettrolitica<br>resistencia (f) de frotamiento electrolítica | 3 |
| elektrische Endosmose (f)<br>electric endosmosis<br>endosmose (f) électrique, électro-endosmose (f) | электрическій эндосмосъ (m)<br>endosmosi (f) elettrica<br>endósmosis (f) eléctrica | 4 |
| suspendierte Teilchen (n pl)<br>suspended particles (pl)<br>particules (f pl) en suspension | частички (f pl) въ механически взвѣшенномъ состояніи<br>particelle (f pl) in sospensione<br>partículas (f pl) en suspensión | 5 |
| Elektrostenolyse (f)<br>electro-stenolysis<br>électrosténolyse (f), sténolyse (f) électrique | электростенолизъ (m)<br>elettrostenolisi (f)<br>electrostenolisis (f) | 6 |
| elektrolytischer Lösungsdruck (m), elektrische Lösungstension (f)<br>electrolytic solution pressure<br>tension (f) électrolytique de la solution | электролитическая упругость (f) растворенія<br>tensione (f) elettrolitica della soluzione<br>tensión (f) electrolítica de la disolución | 7 |
| Ionenverdichtung (f), [Ionenkonzentration (f)]<br>concentration of ions<br>concentration (f) des ions | концентрація (f) іоновъ<br>concentrazione (f) degli ioni<br>concentración (f) de los iones | 8 |
| zerfallen (v), spalten (v), dissoziieren (v)<br>to dissociate<br>dissocier (v) | диссоціировать<br>dissociare (v)<br>disociar (v) | 9 |
| Hydrolyse (f)<br>hydrolysis<br>hydrolyse (f), électrolyse (f) de l'eau | гидролизъ (m)<br>idrolisi (f)<br>hidrolisis (f) | 10 |

| | | |
|---|---|---|
| 1 | Ionisationswärme (f)<br>heat of ionisation<br>chaleur (f) d'ionisation | теплота (f) іонизаціи<br>calore (m) d'ionizzazione<br>calor (m) de ionización |
| 2 | Ionenbildungsgeschwindigkeit (f), Bildungsgeschwindigkeit (f) der Ionen<br>velocity of formation of ions<br>vitesse (f) de formation des ions | скорость (f) образованія іоновъ<br>velocità (f) di formazione degl'ioni<br>velocidad (f) de formación de los iones |
| 3 | Zersetzungswert (m)<br>decomposition value<br>valeur (f) de décomposition | величина (f) разложенія<br>valore (m) di decomposizione<br>valor (m) de descomposición |
| 4 | Polarisationskapazität (f)<br>polarisation capacity<br>capacité (f) de polarisation | поляризаціонная ёмкость (f); ёмкость поляризаціи<br>capacità (f) di polarizzazione<br>capacidad (f) de polarización |
| 5 | Verdichtungspolarisation (f), Konzentrationspolarisation (f)<br>concentration polarisation<br>polarisation (f) de concentration | концентраціонная поляризація (f); поляризація концентраціи<br>polarizzazione (f) di concentrazione<br>polarización (f) de concentración |
| 6 | Gaspolarisation (f)<br>gas polarisation<br>polarisation (f) d'un gaz | поляризація (f) газа<br>polarizzazione (f) d'un gas<br>polarización (f) de un gas |
| 7 | Haftstärke (f) [Haftintensität (f)] der Ionen<br>intensity of retention of the ions<br>intensité (f) de retenue des ions, tendance (f) des ions à conserver *ou* retenir la charge électrique | удерживающая сила (f) *или* цѣпкость (f) іоновъ т. е. стремленіе (n) іоновъ сохранить электрическій зарядъ<br>intensità (f) di ritenuta degl'ioni<br>intensidad (f) de retención de los iones |
| 8 | Neubildungsgeschwindigkeit (f) der Ionen<br>regeneration velocity of the ions<br>vitesse (f) de reformation *ou* de régénération des ions | скорость (f) новообразованія іоновъ<br>velocità (f) di rigenerazione degl'ioni<br>velocidad (f) de regeneración de los iones |
| 9 | Zersetzungspunkt (m)<br>point of decomposition<br>point (m) de décomposition | точка (f) разложенія<br>punto (m) di decomposizione<br>punto (m) de descomposición |

Zersetzungskurve (f)
curve of decomposition
courbe (f) de décomposition

кривая (f) разложенія
curva (f) di decomposizione 1
curva (f) de descomposición

---

elektrolytische Trennung (f)
electrolytic separation
séparation (f) électrolytique

электролитическое отдѣленіе (n)
separazione (f) elettrolitica 2
separación (f) electrolítica

---

Zersetzungspotential (n)
potential of decomposition
potentiel (m) de décomposition

потенціалъ (m) разложенія
potenziale (m) di decomposizione 3
potencial (m) de descomposición

---

Zersetzungsspannung (f)
decomposition pressure *or* voltage
tension (f) de décomposition

напряженіе (n) разложенія
tensione (f) di decomposizione 4
tensión (f) de descomposición

---

elektrochemischer Arbeitstisch (m)
electrochemical laboratory table
table (m) de travail pour les essais électro-chimiques

рабочій столъ (m) въ электрохимической лабораторіи
tavolo (m) di lavoro elettrochimico 5
mesa (f) de trabajo para los ensayos electroquímicos

---

Batterie (f)
battery
batterie (f) de piles

батарея (f)
batteria (f) 6
batería (f)

---

Batterieglas (n)
battery jar
récipient (m) en verre pour piles

батарейный сосудъ (m) *или* стаканъ (m)
vaso (m) di vetro per batterie 7
vaso (m) de vidrio de batería

---

Element (n)
cell
élément (m) de pile

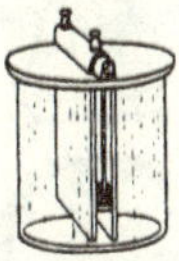

элементъ (m)
pila (f) 8
pila (f), elemento (m)

---

Klemme (f) für Elemente
terminal for cells
pince (f) *ou* borne (f) d'élément, serre-fil (m)

зажимъ (m) для элементовъ
morsetto (m) per elementi 9
borne (m) de pila

| | | | |
|---|---|---|---|
| 1 | Tonzelle (f), [Diaphragma (n)]<br>diaphragm<br>vase (m) poreux |  | глиняный пористый сосудъ (m)<br>diaframma(m) di terracotta<br>vaso (m) poroso |
| 2 | Zinkplatte (f) für Elemente<br>zinc plate for cells<br>plaque (f) d'élément en zinc | | цинковая пластинка (f) для элементовъ<br>piastra (f) di zinco per elementi<br>placa (f) de cinc para pilas |
| 3 | Zinkzylinder (m)<br>zinc cylinder<br>cylindre (m) de zinc |  | цинковый цилиндръ (m)<br>cilindro (m) di zinco<br>cilindro (m) de cinc |
| 4 | Zinkstab (m)<br>zinc rod<br>baguette (f) de zinc | | цинковая палочка (f)<br>bastoncino (m) di zinco<br>varilla (f) de cinc |
| 5 | Sammler (m), Elektrizitätsspeicher (m), Akkumulator (m)<br>accumulator, storage battery (A*)<br>accumulateur (m) | 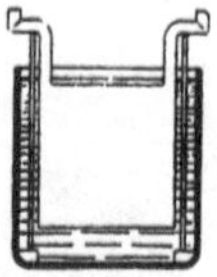 | аккумуляторъ (m)<br>accumulatore (m)<br>acumulador (m) |
| 6 | Thermosäule (f)<br>thermopile<br>pile thermoélectrique | 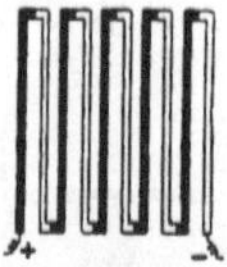 | термоэлектрическій столбъ (m); термоэлектрическая батарея (f)<br>pila (f) termoelettrica<br>pila (f) termo-eléctrica |
| 7 | elektrischer Meßapparat (m)<br>electric measuring apparatus<br>appareil (m) de mesure électrique | 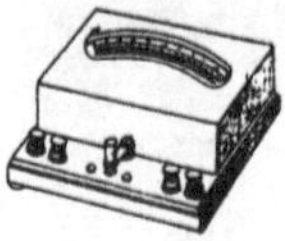 | электрическій измѣрительный приборъ (m)<br>istrumento (m) di misura elettrico<br>instrumento (m) de medida eléctrico |
| 8 | Voltameter (n)<br>voltameter<br>voltamètre (m) | 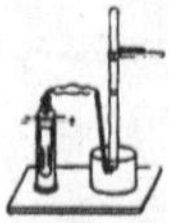 | вольтаметръ (m)<br>voltametro (m)<br>voltámetro (m) |
| 9 | Ampèremesser (m), [Ampèremeter (n)]<br>ammeter<br>ampèremètre (m) |  | амперметръ (m)<br>amperometro (m)<br>amperímetro (m) |

* A = americanism

elektrischer Widerstand (m), [Rheostat (m)]
electric resistance
résistance (f) électrique

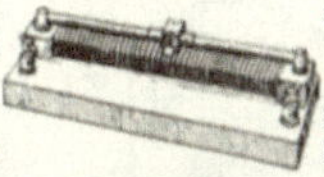

электрическое сопротивленіе (n); реостатъ (m)
resistenza (f) elettrica
resistencia (f) eléctrica 1

---

elektrischer Ofen (m)
electric furnace
four (m) électrique

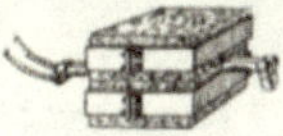

электрическая печь (f)
forno (m) elettrico
horno (m) eléctrico 2

## Gasanalyse, gasanalytische Untersuchung

## Gas Analysis

## Analyse du gaz

## Анализъ газа; аналитическое изслѣдованіе газа

## Analisi tecnica del gas 3

## Análisis técnico del gas

Gaszusammensetzung (f)
composition of the gas
composition (f) du gaz
составъ (m) газа
composizione (f) del gas
composición (f) del gas 4

---

Gasbestandteile (m pl)
constituents (pl) of the gas
constituants (m pl) du gaz
составныя части (f pl) газа
componenti (m pl) *od* elementi (m pl) del gas, parti (f pl) costitutive del gas
elementos (m pl) constitutivos del gas 5

---

verdichtetes Gas (n), [komprimiertes Gas (n)]
compressed gas
gaz (m) comprimé
сжатый газъ (m)
gas (m) compresso
gas (m) comprimido 6

---

Luft (f)
air
air (m)
воздухъ (m)
aria (f)
aire (m) 7

---

Luftfeuchtigkeit (f)
humidity of the air, hygrometric condition
humidité (f) de l'air
влажность (f) воздуха
umidità (f) dell'aria
humedad (f) del aire 8

---

Luftdruck (m), atmosphärischer Druck (m)
atmospheric pressure
pression (f) de l'air, pression (f) atmosphérique
давленіе (n) воздуха; атмосферное давленіе
pressione (f) dell'aria, pressione (f) atmosferica
presión (f) del aire, presión (f) atmosférica 9

---

gasanalytischer Apparat (m)
gas analytical apparatus
appareil (m) pour l'analyse des gaz
приборъ (m) *или* аппаратъ (m) для газоваго анализа
apparato (m) per analisi di gas
aparato (m) para el análisis del gas 10

1 Gaswaschflasche (f)
gas wash bottle
flacon (m) laveur de gaz

промывная с[т]клянка (f); сосудъ (m) для промыванія газовъ
bottiglia (f) di lavaggio per gas
frasco (m) de lavado para gas

---

2 Trockenapparat (m)
drying apparatus
appareil (m) à dessécher les gaz

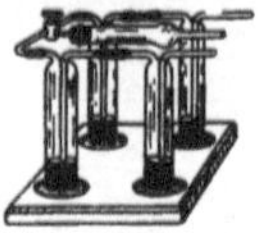

сушильный приборъ (m); приборъ для высушиванія
essiccatoio (m)
aparato (m) para secar los gases

---

3 Gasprüfer (m), Eudiometer (n)
eudiometer
eudiomètre (m)

эвдіометръ (m)
eudiometro (m)
eudiómetro (m)

---

4 Rauchgasuntersuchungsapparat (m), Orsatscher Apparat (m)
flue gas testing apparatus
appareil (m) d'analyse des gaz brûlés

анализаторъ (m) для дыма; приборъ (m) для изслѣдованія топочныхъ газовъ
analizzatore (m) del gas bruciato
aparato (m) para analizar el gas de combustión

---

5 Azotometer (n)
azotometer
azotomètre (m)

азотометръ (m)
azotometro (m)
azotómetro (m)

---

6 Gasentwicklungsapparat (m)
gas generating apparatus
gazogène (m), appareil (m) pour la production des gaz

аппаратъ (m) для производства газа
apparato (m) generatore di gas, gasogeno (m)
aparato (m) generador de gas, gasógeno (m)

---

7 Flasche (f) für Gasentwicklung, Gasentwicklungsflasche (f)
flask for developing gas, gas developing bottle
flacon (m) à *ou* pour le dégagement des gaz

с[т]клянка (f) для добыванія газа
fiala (f) per lo sviluppo del gas, bottiglia (f) generatrice di gas
botella (f) *ó* frasco (m) para la producción *ó* de generación de gas

---

8 pneumatische Wanne (f)
pneumatic trough
cuve (f) pneumatique

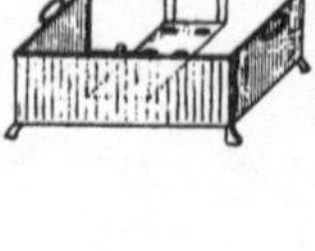

пневматическая ванна (f)
vasca (f) pneumatica
cuba (f) neumática

eine Gasprobe nehmen (v)
to take a sample of gas, to sample the gas
prendre (v) un échantillon de gaz, faire (v) une prise d'essai de gaz

взять пробу газа *или* газовую пробу
prendere (v) un campione *o* provino del gas 1
tomar (v) una muestra del gas

---

Absorptionsapparat (m) für Gase
absorption apparatus
appareil (m) d'absorption

абсорпціонный *или* поглощающій аппаратъ (m)
apparecchio (m) d'assorbimento 2
aparato (m) de absorción

---

Absorptionsflasche (f)
absorption bottle *or* flask
flacon (m) d'absorption

абсорпціонная с[т]клянка (f)
recipiente (m) d'assorbimento 3
frasco (m) de absorción

---

Gasmeßröhre (f), Gasbürette (f)
gas burette
burette (f) à gaz

газовая бюретка (f)
buretta (f) a gas 4
probeta (f) de gas

---

Buntesche Gasbürette (f), Gasmeßröhre (f) nach Bunte
Bunte's gas burette
burette (f) à gaz de Bunte

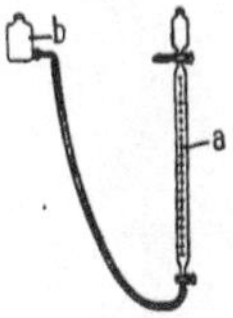

газовая бюретка (f) Бунте
buretta (f) a gas Bunte 5
probeta (f) de gas de Bunte

---

[graduiertes] Meßrohr (n)
[graduated] measuring tube, burette
tube (m) gradué, mesureur (m)

a

градуированная *или* калиб[ри]рованная измѣрительная трубка (f)
tubo (m) graduato 6
probeta (f) graduada, tubo (m) graduado

---

Niveauflasche (f)
levelling bottle
flacon (m) de niveau

b

с[т]клянка для поддержанія уровня
bottiglia (f) di livello 7
frasco (m) de nivel

1 Sperrflüssigkeit (f)
sealing liquid
liquide (m) d'arrêt

жидкость (f) для затвора
liquido (m) di chiusura
líquido (m) separador

---

2 Verteilungsröhre (f)
distributing tube
tube (m) de distribution

распредѣлительная трубка (f)
tubo (m) di distribuzione
tubo (m) de distribución

---

3 Absorptionspipette (f)
absorption pipette
pipette (f) d'absorption

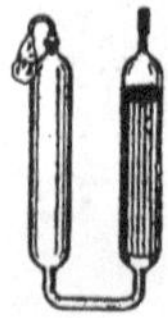

абсорпціонная *или* поглотительная пипетка (f); пипетка для поглощенія
pipetta (f) d'assorbimento
pipeta (f) de absorción

---

4 Absorptionsschlange(f)
absorption coil
serpentin (m) pour l'absorption *ou* à dessécher, tube(m) d'absorption

змѣевикъ (m) для поглощенія
serpentino (m) d'assorbimento
serpentín (m) para la absorción *ó* para secar

---

5 Absorptionsröhre (f)
absorption tube
tube (m) à dessécher

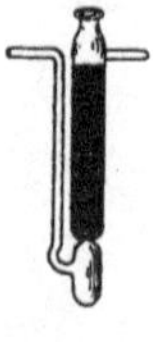

с[т]клянка (f) для поглощенія; поглотительная трубка (f)
tubo (m) d'assorbimento
tubo (m) para la absorción *ó* para secar

---

6 Gaszuführungskapillare (f)
gas inlet capillary tube
capillaire (m) d'arrivée du gas

газоподводная капилярная трубка (f)
tubo (m) capillare d'ammissione del gas
tubo (m) capilar conductor de gas

---

7 Dichtebestimmung (f)
determination of density
détermination (f) de la densité

опредѣленіе (n) плотности газа
valutazione (f) della densità
determinación (f) de la densidad

---

8 Gasdichte (f)
density of a gas
densité (f) d'un gaz

плотность (f) газа
densità (f) d'un gas
densidad (f) del gas

---

9 Gasteilungsröhre (f)
gas tee piece
tube (m) de séparation des gaz

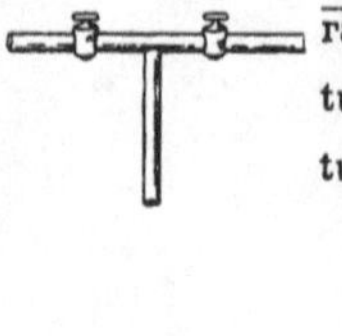

газораздѣлительная трубка (f)
tubo (m) divisore per gas, separatore (m)
tubo (m) repartidor de gas

|  | |  | |
|---|---|---|---|
| Gassammelröhre (f)<br>gas collecting tube<br>tube (m) collecteur de gaz | | газособирательная трубка (f)<br>tubo (m) collettore di gas<br>tubo (m) colector de gas | 1 |
| Gassack (m)<br>gas bag<br>sac (m) *ou* poire (f) en caoutchouc pour gaz | | мѣшокъ (m) для газа<br>sacca (f) *o* polmone (m) di gas<br>saco (m) para gas | 2 |
| Gasbehälter (m)<br>gas reservoir<br>réservoir (m) à gaz | | газособиратель (m); резервуаръ (m) для газа<br>serbatoio (m) di gas<br>recipiente (m) de gas | 3 |
| Gasometer (n u. m)<br>gasmeter, gasometer<br>gazomètre (m) | 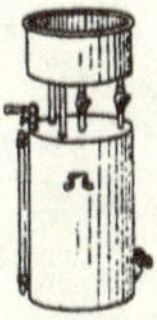 | газометръ (m)<br>gasometro (m)<br>gasómetro (m) | 4 |
| Gasdruckmesser (m)<br>manometer<br>manomètre (m) pour les gaz, appareil (m) à mesurer la pression des gaz | 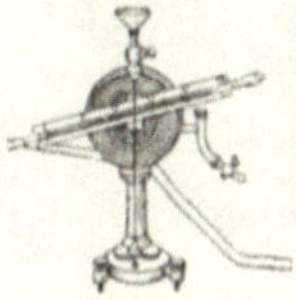 | приборъ (m) для измѣренія давленія газовъ<br>misuratore (m) di pressione per gas<br>instrumento (m) para medir la presión de los gases | 5 |
| Gaswage (f)<br>gas balance<br>balance (f) à gaz, appareil (m) à déterminer le poids spécifique | 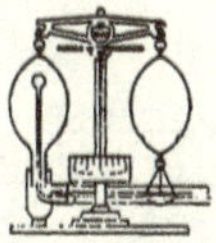 | газовые вѣсы (mpl)<br>bilancia (f) per gas<br>balanza (f) para gas | 6 |
| Gasvolumeter (n)<br>gas volumeter<br>volumètre (m) à gaz | | газовый волуметръ (m); приборъ (m) для измѣренія объёма газа<br>volumetro (m) per gas<br>volúmetro (m) para gas | 7 |
| Gasuhr (f)<br>gas meter<br>compteur (m) à gaz | 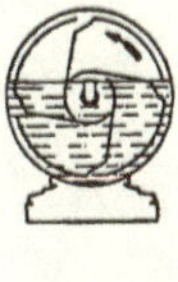 | газовые часы (mpl)<br>contatore (m) a gas<br>contador (m) de gas | 8 |

1 Gasregler (m)
gas regulator
régulateur (m) de gaz

регуляторъ (m) притока *или* давленія газа
regolatore (m) o moderatore (m) di gas
regulador (m) de gas

---

2 **Metallkunde, Metallmikroskopie**
**Metallography**
**Métallographie**

**Металлографія; металломикроскопія**
**Metallografia**
**Metalografia**

---

3 Metalluntersuchung (f), metallographische Untersuchung (f)
metallographic examination
recherche (f) métallographique

металлографическое изслѣдованіе (n)
ricerca (f) metallografica
ensayo (m) metalográfico

---

4 Allotropie (f)
allotropy
allotropie (f)

аллотропія (f)
allotropia (f)
alotropía (f)

---

5 allotrope Form (f)
allotropic form *or* modification
forme (f) allotropique

аллотропическая форма (f)
forma (f) allotropica
forma (f) alotrópica

---

6 gebundene [latente] Wärme (f)
latent heat
chaleur (f) latente

скрытая теплота (f)
calore (m) latente
calor (m) latente

---

7 polymorph (adj)
polymorphous (adj)
polymorphe (adj)

полиморфный
polimorfo (agg)
polimorfo (adj)

---

8 Abkühlungskurve (f)
cooling curve
courbe (f) de refroidissement

кривая (f) охлажденія
curva (f) di raffreddamento
curva (f) de enfriamiento

---

9 Umwandlungspunkte (m pl), Haltepunkte (m pl), kritische Punkte (m pl)
critical point
point (m) critique

$Ar_2$, $Ar_3$

температура (f) превращенія; критическая температура
punto (m) critico
punto (m) crítico

---

10 Umwandlungswärme (f)
critical heat
chaleur (f) critique

скрытая теплота (f) превращенія
calore (m) critico
calor (m) crítico

Hysterese (f), Hysteresis (f)
hysteresis (f)
hystérésis (m)

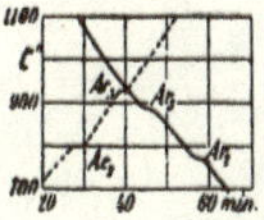


истерезисъ (m)
isteresi (f)
histéresis (m) 1

---

physikalisches Gemisch (n)
physical mixture
mélange (m) physique

физическая смѣсь (f)
miscela (f) fisica
mezcla (f) fisica 2

---

additiv (adj)
additive (adj)
additif (adj)

аддитивный
aggregativo (agg)
agregativo (adj) 3

---

Löslichkeit (f)
solubility
solubilité (f)

растворимость (f)
solubilità (f)
solubilidad 4

---

vollkommene Löslichkeit (f)
perfect solubility
solubilité (f) complète

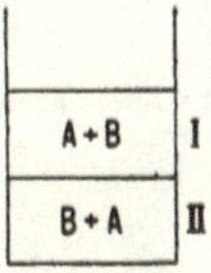


полная *или* совершенная растворимость (f)
solubilità (f) completa
solubilidad (f) completa 5

---

beschränkte Löslichkeit (f)
limited solubility
solubilité (f) limitée

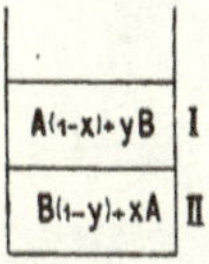


ограниченная растворимость (f)
solubilità (f) limitata
solubilidad (f) limitada 6

---

Löslichkeitskurve (f)
curve of solubility
courbe (f) de solubilité *ou* de concentration

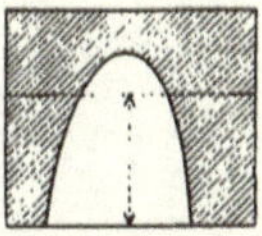

кривая (f) растворимости
curva (f) di solubilità *o* di concentrazione
curva (f) de solubilidad *ó* de concentración 7

---

Löslichkeitsfläche (f)
surface of solubility
surface (f) de solubilité

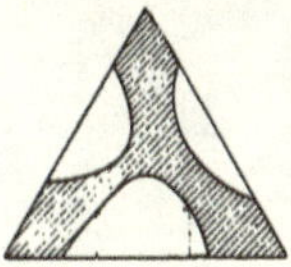

площадь (f) растворимости
superficie (f) di solubilità
superficie (f) de solubilidad 8

---

erstarrte Lösung (f)
congealed solution, solidified solution
solution (f) solidifiée

застывшій растворъ (m)
soluzione (f) solida
solución (f) sólida 9

---

feste Lösung (f)
solid solution
solution (f) cristallisée

твёрдый растворъ (m)
soluzione (f) cristallizzata
solución (f) sólida cristalizada 10

| | | | |
|---|---|---|---|
| 1 | Mischkristall (m)<br>mixed crystal<br>corps (m) cristallisé dans le mélange | | тѣло (n), кристаллизованное въ смѣси<br>corpo (m) cristallizzato nella miscela<br>cuerpo (m) cristalizado en la mezcla |
| 2 | Erstarrungsbild (n), Erstarrungsdiagramm (n)<br>diagram of solidification<br>diagramme (m) de solidification | 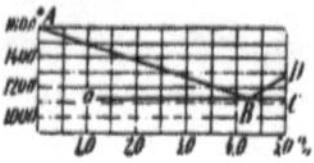 | діаграмма (f) застыванія<br>diagramma (m) dei tenori o delle proporzioni<br>diagrama (m) de las proporciones |
| 3 | Mutterlauge (f)<br>mother liquor<br>liquide-mère (m) | | маточный растворъ (m)<br>liquido-madre (m)<br>líquido-madre (m) |
| 4 | eutektische Mischung (f), Eutektikum (n)<br>eutectic mixture<br>mélange (m) eutectique | | эвтектическая смѣсь (f); эвтектика (f)<br>miscela (f) eutectica<br>mezcla (f) eûtectica |
| 5 | Phasenregel (f)<br>phase rule<br>loi (f) des phases | $F = n + 1 - \varphi$ | правило (n) фазъ<br>legge (f) delle fasi<br>ley (f) de las fases |
| 6 | Freiheit (f) [der Phasen], Veränderungsmöglichkeit (f) der Phasen<br>changeability of phases<br>possibilité (f) de modification des phases | $F$ | возможность (f) измѣненія<br>possibilità (f) di modificare le fasi<br>posibilidad (f) de modificarse las fases |
| 7 | Komponente (f)<br>component<br>constituant (m), composante (f) | $n$ | вещество (m); независимое вещество; слагаемое (n); компонента (f)<br>costituente (m), componente (m)<br>constituyente (m), componente (m) |
| 8 | Phase (f)<br>phase<br>phase (f) | $\varphi$ | фаза (f)<br>fase (f)<br>fase (f) |
| 9 | im Gleichgewicht stehen (v)<br>to be in equilibrium<br>être (v) en équilibre, coexister (v) | | находиться въ равновѣсіи<br>stare (v) in equilibrio, coesistere (v)<br>estar (v) en equilibrio |
| 10 | **Herstellung der Schliffe**<br>**Preparing the Slides**<br>**Préparation des surfaces polies** | | **Изготовленіе шлифовъ**<br>**Preparazione delle superfici levigate**<br>**Preparación de las placas pulimentadas** |
| 11 | Schliffstück (n)<br>slide<br>plaquette (f) polie |  | шлифъ (m)<br>pezzo (m) levigato<br>placa (f) pulimentada |

Schlifffläche (f)
surface of slide
surface (f) polie
a
поверхность (f) шлифа
superficie (f) levigata 1
superficie (f) pulimentada

---

Schleifriß (m)
grinding
strie (f) de la plaquette polie
b
основаніе (n) шлифа
striatura (f) del pezzo levigato 2
estría (f) de la placa pulimentada

---

mit der Feile ebnen (v)
to plane by filing
polir (v) à la lime
опиливать напилкомъ на плоскость
spianare (v) colla lima 3
pulimentar (v) con la lima

---

Grobschleifen (n)
to grind roughly
polissage (m) préparatoire *ou* grossier
предварительное шлифованіе (n); грубая шлифовка (f)
spianatura (f) colla lima grossa 4
pulimento (m) preparatorio, desbastado (m)

---

Feinschleifen (n)
to grind finely
polissage (m) fin
окончательное шлифованіе (n); тонкая шлифовка (f)
spianatura (f) colla lima fine 5
pulimento (m) acabado ó fino

---

die Probe kühlhalten (v)
to keep the sample cool
maintenir (v) l'échantillon froid
сохранять пробу холодною
tenere (v) fresco il campione 6
refrescar (v) la prueba

---

Schleifmittel (n)
grinding material
matière (f) à polir
вещество (n) для шлифовки; шлифовальный порошокъ (m)
materia (f) per levigare, smeriglio (m) 7
substancia (f) para pulimentar

---

Schmirgelpapier (n)
emery paper
papier (m) à l'émeri
наждачная бумага (f)
carta (f) smerigliata 8
papel (m) de esmeril

---

Schleifschmirgel (m)
grinding emery
émeri (m)
наждакъ (m) для шлифованія
smeriglio (m) 9
esmeril (m)

---

Schmirgelschlämmapparat (m)
apparatus for decanting emery
appareil (m) à délayer l'émeri

аппаратъ (m) для отмучиванія наждака
apparecchio (m) per lavare lo smeriglio 10
aparato (m) para lavar el esmeril

---

Holzscheibe (f)
wooden disc
disque (m) en bois
деревянный дискъ (m) *или* кругъ (m)
disco (m) di legno 11
disco (m) de madera

| | | | |
|---|---|---|---|
| 1 | mit Tuch überziehen (v)<br>to cover with cloth<br>recouvrir (v) de drap | | покрыть сукномъ<br>coprire (v) con tela<br>cubrir (v) con una tela |
| 2 | Polierrot (n), Juwelierrot (n)<br>jeweller's red, Paris red<br>rouge (m) à polir | | крокусъ (m); красный полировальный порошокъ (m)<br>rosso (m) per levigare, rosso (m) inglese<br>rojo (m) de pulimentar ó de joyeros |
| 3 | Schleifbrett (n)<br>grinding board<br>planchette (f) à polir |  | полировальная доска (f)<br>piano (m) di levigazione<br>tablilla (f) de pulimentar |
| 4 | geschliffene Glasplatte (f)<br>cut glass plate<br>plaque (f) en verre poli | a | полированная стеклянная пластина (f)<br>piastra (f) di vetro arrotato<br>placa (f) de vidrio pulimentado |
| 5 | Seifenlösung (f)<br>soap solution<br>solution (f) de savon | | растворъ (m) мыла<br>soluzione (f) di sapone<br>disolución (f) de jabón |
| 6 | polieren (v)<br>to polish<br>polir (v) | | полировать<br>levigare (v), lustrare (v)<br>pulimentar (v) |
| 7 | Poliermaschine (f)<br>motor for polishing<br>moteur (m) à polir | 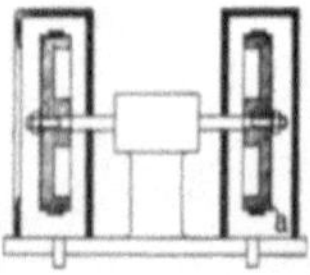 | полировальный моторъ (m)<br>motore (m) per levigare<br>motor (m) para pulimentar |
| 8 | Flanellscheibe (f)<br>flannel disc<br>disque (m) en flanelle | a | кругъ (m), покрытый фланелью<br>disco (m) di flanella o di panno<br>disco (m) de flanela |
| 9 | Tonerde (f)<br>clay, argillaceous earth<br>argile (f) | | глинозёмъ (m)<br>argilla (f)<br>arcilla (f) |
| 10 | geschlämmte Tonerde (f)<br>washed argillaceous earth *or* clay<br>argile (f) finement lavée *ou* délayée | | отмученный глинозёмъ (m)<br>argilla (f) lavata<br>arcilla (f) finamente lavada |
| 11 | Zerstäuber (m) für geschlämmte Tonerde<br>pulverisor for washed argillaceous earth *or* clay<br>pulvérisateur (m) d'argile finement lavée *ou* délayée | | пульверизаторъ (m) для отмученнаго глинозёма<br>polverizzatore (m) per argilla lavata<br>pulverizador (m) para arcilla finamente lavada |

**Entwicklung des Gefüges**
**Development of the Texture**
**Développement de la texture**

**Проявленіе строенія, структуры**
**Sviluppo della tessitura *o* struttura** 1
**Desarrollo *ó* revelamiento de la estructura**

---

Gefügebestandteil (m)
portion of the texture
constituant (m) de la texture

составная часть (f) строенія *или* структуры
costituente (m) della tessitura *o* struttura 2
constituyente (m) de la estructura

---

entwickeln (v), sichtbar machen (v)
to develop, to make visible
développer (v), faire apparaître (v)

проявить; обнаружить; сдѣлать видимымъ
sviluppare (v), rendere (v) visibile, rivelare (v) 3
desarrollar (v), hacer (v) visible

---

das Gefüge bloßlegen (v)
to expose *or* reveal the structure
faire apparaître (v) la texture

проявить строеніе; обнаружить структуру
rivelare (v) la struttura 4
dejar (v) al descubierto la estructura

---

reine Schleiffläche (f)
clean grinding surface
surface (f) polie propre

чистая поверхность (f) шлифа
superficie (f) levigata propria 5
superficie (f) de pulimento limpia

---

matte Stelle (f)
dull *or* dead spot
partie (f) mate

матовое *или* тусклое мѣсто (n)
superficie (f) appannata 6
zona (f) mate

---

erhaben polieren (v), [reliefpolieren (v)]
relief polishing
polir (v) en relief

производить рельефную полировку; полировать въ рельефъ 7
levigare (v) in rilievo
pulimentar (v) en relieve

---

Ätzprobe (f)
corroding proof
échantillon (m) obtenu par corrosion

испытаніе (n) посредствомъ протравы; проба (f) травленіемъ
campione (m) ottenuto con attacco acido 8
prueba (f) obtenida por ataque

---

Ätzen (n)
etching
attaque (f) chimique, corrosion (f)

травленіе (n)
attacco (m) acido *o* chimico, mordente (m) 9
ataque (m) quimico

1 Ätzfiguren (f pl)
etching figures
figures (f pl) de corrosion

фигуры (f pl) вытравленія
figure (f pl) di corrosione
figuras (f pl) de corrosión

---

2 ätzpolieren (v)
etching polishing
polir (v) par attaque à l'acide

производить травящую полировку
levigare (v) con attacco acido
pulimentar (v) por ataque de ácidos

---

3 Süßholzextrakt (m)
liquorice extract
extrait (m) de réglisse

экстрактъ (m) солодковаго *или* лакричнаго корня
estratto (m) di liquirizia
extracto (m) de regaliz

---

4 ätzen (v)
to etch, to bite, to attack, to corrode
attaquer (v) à l'acide

травить
attaccare (v) con acido, mordere (v)
atacar (v)

5 **Das Mikroskop**
**The Microscope**
**Le Microscope**

**Микроскопъ**
**Il Microscopio**
**El Microscopio**

6 durch das Mikroskop prüfen (v), mikroskopieren (v)
microscopical testing
observer (v) au microscope

разсмотрѣть (разсматривать) подъ микроскопомъ
osservare (v) al microscopio
observar (v) con el microscopio

---

7 Objektträger (m)
slide
porte-objet (m)

пластинка (f) для закрѣпленія на ней стёклышка съ изслѣдуемымъ объектомъ
portaoggetti (m)
porta-objeto (m)

---

8 Mikroskopierlampe (f)
microscope lamp
lampe (f) pour microscope

лампа (f) для микроскопныхъ работъ
lampada (f) da microscopio
lámpara (f) para microscopio

---

9 Lupe (f)
magnifier
loupe (f)

лупа (f); простой микроскопъ (m)
lente (f)
lente (f)

---

10 Beobachtung (f)
observation
observation (f)

наблюдение (n)
osservazione (f)
observación (f)

|  |  |  |
|---|---|---|
| Objektiv (n)<br>objective<br>objectif (m) | объективъ (m)<br>obiettivo (m)<br>objetivo (m) | *1* |
| Augenlinse (f), Okular (n)<br>eye piece<br>oculaire (m) | окуляръ (m)<br>oculare (m)<br>ocular (m) | *2* |
| Brennweite (f)<br>focal length<br>distance (f) focale | фокусное разстоянie (n)<br>distanza (f) focale<br>distancia (f) focal | *3* |
| Gesichtsfeld (n)<br>field of view<br>champ (m) de la lunette | поле (n) зрѣнiя<br>campo (m) visivo<br>campo (m) de la lente | *4* |
| Sehweite (f)<br>visual distance<br>champ (m) de vision | разстоянie (n) яснаго зрѣнiя<br>distanza (f) visiva, portata (f) di vista<br>campo (m) de visión | *5* |
| Vergrößerung (f)<br>magnification<br>grossissement (m) | увеличенie (n)<br>ingrandimento (m)<br>aumento (m) | *6* |
| Eigenvergrößerung (f)<br>real magnification<br>grossissement (m) à la distance de la vue distincte propre *ou* obtenu par l'objectif | истинное увеличенie (n) объектива<br>ingrandimento (m) reale<br>aumento (m) particular del objetivo | *7* |
| Gesamtvergrößerung (f)<br>total magnification<br>grossissement (m) total à la distance de la vue distincte | истинное увеличенie (n) микроскопа<br>ingrandimento (m) totale<br>aumento (m) total | *8* |
| förderliche Vergrößerung (f)<br>available magnification<br>grossissement (m) utile | потребное увеличенie (n)<br>ingrandimento (m) utile<br>aumento (m) útil | *9* |
| Luftbild (n)<br>image<br>image (v) virtuelle | мнимое изображенie (n)<br>immagine (f) virtuale<br>imagen (f) virtual | *10* |
| Abbildungsfehler (m)<br>image fault<br>défaut (m) dans la formation des images | искаженie (n) изображенiя<br>errore (m) nell'immagine<br>defecto (m) en la formación de las imágenes | *11* |
| aplanatisch (adj)<br>aplanatic (adj)<br>aplanétique (adj) | апланатичный<br>aplanatico (agg)<br>aplanático (adj) | *12* |
| chromatisch (adj)<br>chromatic (adj)<br>chromatique (adj) | хроматическiй<br>cromatico (agg)<br>cromático (adj) | *13* |

| | | |
|---|---|---|
| 1 | achromatisch (adj)<br>achromatic (adj)<br>achromatique (adj) | ахроматическій<br>acromatico (agg)<br>acromático (adj) |
| 2 | apochromatisch (adj)<br>apochromatic (adj)<br>apochromatique (adj) | апохроматическій<br>apocromatico (agg)<br>apocromático (adj) |
| 3 | Linsensystem (n)<br>system of lenses<br>système (m) de lentilles | система (f) линзъ<br>sistema (m) di lenti, sistema (m) lenticolare<br>sistema (m) lenticular |
| 4 | Beleuchtung (f)<br>illumination<br>éclairage (m) | освѣщеніе (n)<br>illuminazione (f)<br>alumbrado (m), iluminación (f) |
| 5 | auffallendes Licht (n)<br>impinging light<br>lumière (f) incidente | падающій свѣтъ (m)<br>luce (f) incidente<br>luz (f) incidente |
| 6 | beleuchtetes Objekt(n)<br>illuminated object<br>objet (m) éclairé | освѣщённый предметъ (m)<br>oggetto (m) illuminato<br>objeto (m) alumbrado |
| 7 | Beleuchtungsvorrichtung (f)<br>illumination apparatus, condenser<br>dispositif (m) d'éclairage | освѣтительный приборъ (m) *или* аппаратъ (m); освѣтитель (m)<br>apparecchio (m) d'illuminazione<br>disposición (f) para alumbrar |
| 8 | äußere Lichtquelle (f)<br>exterior source of light<br>source (f) de lumière extérieure | наружный источникъ (m) свѣта<br>sorgente (f) di luce esterna<br>luz (f) exterior |
| 9 | Lichtstärke (f)<br>candle power, power of the light<br>pouvoir (m) éclairant, intensité (f) lumineuse | сила (f) свѣта<br>potere (m) luminoso, intensità (f) luminosa<br>poder (m) luminoso, intensidad (f) luminosa |
| 10 | Lichtmenge (f)<br>quantity of light<br>quantité (f) de lumière | количество (n) свѣта<br>quantità (f) di luce<br>cantidad (f) de luz |
| 11 | Tageslicht (n)<br>daylight<br>lumière (f) du jour | дневной свѣтъ (m)<br>luce (f) del giorno (diffusa)<br>luz (f) natural |
| 12 | Sonnenlicht (n)<br>sunlight<br>lumière (f) du soleil | солнечный свѣтъ (m)<br>luce (f) solare<br>luz (f) solar |
| 13 | Kalklicht (n)<br>lime light<br>lumière (f) de Drummond | друммондовъ свѣтъ (m)<br>luce (f) di Drummond<br>luz (f) [de] Drummond ó de calcio |

Gasglühlicht (n)
incandescent gas light
bec (m) à gaz incandescent

газокалильный свѣтъ (m)
becco (m) a incandescenza
mechero (m) de gas incandescente 1

---

Quecksilberlampe (f)
mercury lamp
lampe (f) à mercure

ртутная лампа (f)
lampada (f) a mercurio
lámpara (f) de mercurio 2

---

Strahlengang (m)
course of rays (pl)
trajet (m) des rayons

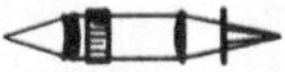

ходъ (m) лучей
direzione (f) dei raggi
dirección (f) de los rayos 3

---

Lichtbündel (n)
light bundle
faisceau (m) lumineux

пучёкъ (m) свѣтовыхъ лучей
fascio (m) luminoso
haz (m) de luz ó luminosa 4

---

Lichtfilter (n u. m)
light filter
filtre (m) à lumière

свѣтофильтръ (m)
filtro (m) luminoso
filtro (m) de luz 5

---

Blende (f)
diaphragm
écran (m)

діафрагма (f)
diaframma (m)
pantalla (f) 6

---

Objekttisch (m)
stage for the slide
porte-objet (m)

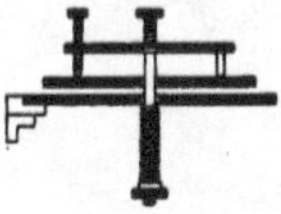

предметный столикъ (m)
tavola (f) per oggetti, portaoggetti (m)
porta-objetos (m) 7

---

Einstellung (f)
focussing
mise (f) au point

установка (f) на фокусъ
messa (f) a fuoco
graduación (f) 8

---

Mikroskopgestell (n) nach Martens
Martens microscope stand
support (m) de microscope d'après Martens

микроскопный штативъ (m) системы Мартенса
sostegno (m) da microscopio secondo Martens
soporte (m) de microscópio sistema Martens 9

**Die photographische Technik**
**The Technical Photography**
**La technique photographique**

**Техника фотографіи**
**La tecnica fotografica**
**La técnica fotográfica** 10

belichten (v)
to expose [to the light]
exposer (v) [à la lumière]

освѣщать
esporre (v) alla luce
exponer (v) [al sol, á la luz] 11

| | | |
|---|---|---|
| 1 | photographischer Apparat (m)<br>photographic apparatus<br>appareil (m) photographique | фотографическій аппаратъ (m)<br>apparato (m) fotografico<br>aparato (m) fotográfico |
| 2 | photographische Platte (f)<br>photographic plate<br>plaque (f) photographique | фотографическая пластинка (f)<br>lastra (f) fotografica<br>placa (f) fotográfica |
| 3 | Schiebekassette (f)<br>sliding box<br>châssis (m) | кассета (f)<br>cassetta (f)<br>chasis (m) |
| 4 | Negativ (n)<br>negative<br>négatif (m), épreuve (f) négative | негативъ (m)<br>negativa (f)<br>[prueba (f)] negativa |
| 5 | entwickeln (v)<br>to develop<br>développer (v) | прояв-ить (-лять)<br>sviluppare (v)<br>revelar (v) |
| 6 | Oberflächenentwicklung (f)<br>surface development<br>développement (m) de la surface (des clairs) | проявленіе (n) сильно освѣщённыхъ мѣстъ<br>sviluppo (m) della superficie<br>revelación (f) de la superficie |
| 7 | Tiefenentwicklung (f)<br>bringing out the depths<br>développement (m) en profondeur (des parties sombres) | проявленіе (n) затѣнённыхъ мѣстъ<br>sviluppo (m) in profondità<br>revelación (f) de las capas inferiores |
| 8 | Fixieren (n)<br>fixing<br>fixage (m) | закрѣпленіе (n); фиксированіе (n)<br>fissaggio (m)<br>fijación (f) |
| 9 | Positiv (n)<br>positive<br>positif (m), épreuve (f) positive | позитивъ (m)<br>positiva (f)<br>[prueba (f)] positiva |
| 10 | kopieren (v)<br>to print<br>tirer (v) une épreuve | копировать<br>copiare (v), stampare (v), tirare (v) una copia<br>tirar (v) una prueba |
| 11 | tonen (v)<br>to shade, to tone<br>virer (v), teinter (v) | окрашивать; вирировать<br>virare (v)<br>dar (v) el tono, virar (v) |

**Spezielle Metallographie des Eisens**
**Special Metallography**
**Métallographie spéciale du fer**

**Специальная металлографія желѣза**
**Metallografia speciale del ferro** 1
**Metalografía especial del hierro**

---

Kleingefüge (n)
fine texture
texture (f) fine, grain (m) fin

микроскопическое строеніе (n)
tessitura (f) o struttura (f) fine 2
estructura (f) fina, grano (m) fino

---

gekörnt (adj)
pearly (adj)
grenu (adj)

зернистый
maculato (agg), granulato (agg) 3
granulado (adj)

---

schwarze Nadeln (f pl)
black needles
aiguilles (f pl) noires

черныя иглы (f pl)
aghi (m pl) neri 4
agujas (f pl) negras

---

Ferrit (m)
ferrite
ferrite (f)

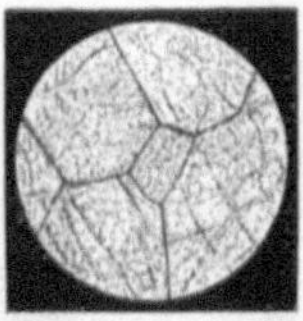

ферритъ (m)
ferrite (f) 5
ferrita (f)

---

Zementit (m)
cementite, carbide of iron
cémentite (f)

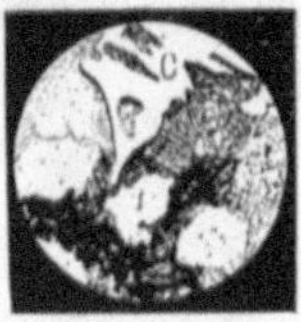

C

цементитъ (m)
cementite (f) 6
cementita (f)

---

Perlit (m)
pearlite
perlite (f)

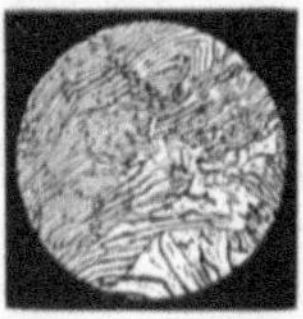

перлитъ (m)
perlite (f) 7
perlita (f)

---

Sorbit (m)
sorbite
sorbite (f)

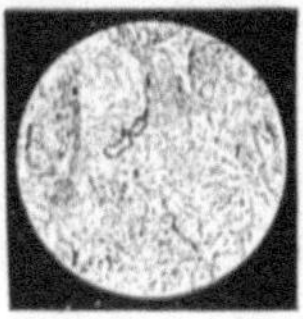

сорбитъ (m)
sorbite (f) 8
sorbita (f)

1 Hartilit (n), Austenit (n)
austenite
hartilite (f), austenite (f)

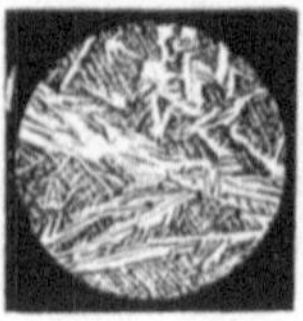

A

аустенитъ (m)
austenite (f)
hartilita (f), austenita (f)

---

2 Hartit (n), Martensit (n)
hardenite, martensite
hartite (f), martensite (f)

M

гарденитъ (m); мартенситъ (m)
hartite (f), martensite (f)
hartita (f), martensita (f)

---

3 Nebengefügebestandteil (m)
incidental constituent
partie (f) accessoire de la texture

второстепенная часть (f) строенія
costituente (m) secondario
parte (f) accesoria de la estructura

---

4 Hartperlit (m), Troostit (m)
hard pearlite, troostite
troostite (f), perlite (f) dure

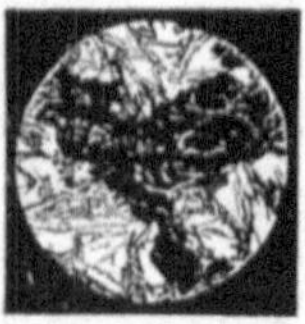

троститъ (m)
troostite (f)
troostita (f)

---

5 Temperit (m), Sorbit (m)
sorbite
tempérite (f)

сорбитъ (m)
sorbite (f)
temperita (f)

---

6 Osmondit (m)
osmondite
osmondite (f)

осмондитъ (m)
osmondite (f)
osmondita (f)

# X.

**Der Hochofen** — **Доменная печь; домна**
**Blast Furnace** — **Alto forno**
**Haut-fourneau** — **Alto horno**

---

Hochofenwerk (n), Hochofenanlage (f)
blast furnace plant
installation (f) de hauts fourneaux

чугуноплавильный заводъ; доменный заводъ (m)
impianto (m) di alti forni
establecimiento (m) ó instalación (f) de altos hornos 1

---

Holzkohlenhochofen (m)
charcoal blast furnace
haut-fourneau (m) au charbon de bois

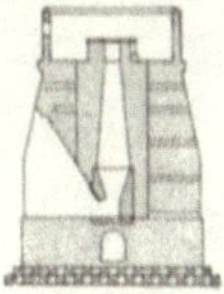

древесноугольная доменная печь (f); доменная печь, работающая на древесномъ углѣ 2
alto forno (m) a carbone di legna
alto horno (m) de carbón vegetal

---

Kokshochofen (m)
coke blast furnace
haut-fourneau (m) au coke

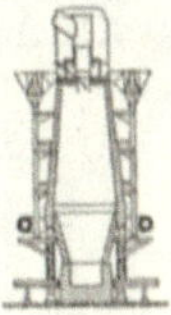

коксовая доменная печь (f); доменная печь, работающая на коксѣ 3
alto forno (m) a coke
alto horno (m) de cok

---

Anthrazithochofen (m)
anthracite blast furnace
haut-fourneau (m) à l'anthracite

антрацитовая доменная печь (f); доменная печь, работающая на антрацитѣ 4
alto forno (m) ad antracite
alto horno (m) de antracita

1 Blauofen (m), Blasofen (m), Blaseofen (m)
blast furnace, wind furnace
four (m) à soufflerie

блауофенъ (m); волчья печь (f); сыродутная печь
alto forno (m)
horno (m) con máquina soplante

---

2 Hochofen (m) mit offener Brust
blast furnace with open (m) hearth
haut-fourneau (m) à poitrine ouverte

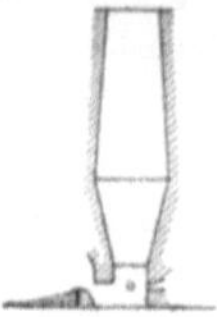

доменная печь (f) съ открытой грудью
alto forno (m) a petto aperto
alto horno (m) á pecho ó de frente abierto

---

3 Hochofen (m) mit geschlossener Brust
blast furnace with closed hearth
haut-fourneau (m) à poitrine fermée

доменная печь (f) съ закрытой грудью
alto forno (m) a petto chiuso
alto horno (m) á pecho ó de frente cerrado

---

4 Hochofen (m) mit Rauhgemäuer
blast furnace with rough brickwork
haut-fourneau (m) avec massif en maçonnerie

доменная печь (f) съ кирпичнымъ кожухомъ
alto forno (m) in muratura massiccia
alto horno (m) con macizo de mampostería

---

5 Hochofen (m) mit eingebautem Gestell
blast furnace with chamber hearth
haut-fourneau (m) enveloppé

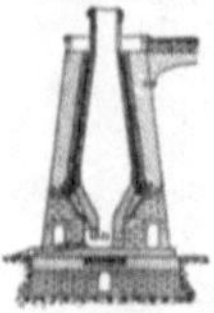

доменная печь (f) съ выложеннымъ горномъ
alto forno (m) con inviluppo *o* rivestito
alto horno (m) rodeado de pilares de ladrillo

---

6 schottischer Hochofen (m)
Scotch blast furnace
haut-fourneau (m) écossais

шотландская доменная печь (f)
alto forno (m) scozzese
alto horno (m) escocés

---

7 Hochofen (m) mit ovalem Gestell
blast furnace with oval hearth
haut-fourneau (m) à creuset ovale

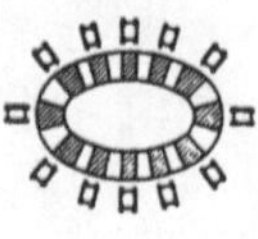

доменная печь (f) съ овальнымъ нижнимъ горномъ *или* съ овальнымъ металлопріемникомъ
alto forno (m) con crogiuolo ovale
alto horno (m) de crisol ovalado

Hochofen (m) mit Blechmantel
blast furnace with sheet iron shell
haut-fourneau (m) à enveloppe en tôle

доменная печь (f) съ желѣзнымъ кожухомъ
alto forno (m) blindato
alto horno (m) con revestimiento de chapa 1

---

a

Eisenblechmantel (m)
sheet iron shell
enveloppe (f) en tôle de fer

кожухъ (m) изъ листового желѣза
blindaggio (m)
revestimiento (m) ó blindaje (m) de chapa de hierro 2

---

freistehender Hochofen (m)
independent free *or* separate blast furnace
haut-fourneau (m) à chemise nue

свободностоящая доменная печь (f); домна (f) со свободностоящей шахтой
alto forno (m) libero
alto horno (m) sin macizo 3

**Hochofenbau, Aufbau**
**Blast Furnace Construction**
**Construction du haut-fourneau, construction**

**Устройство доменныхъ печей**
**Costruzione d'alti forni**
**Construcción del alto horno** 4

Hochofenbauart (f)
type of construction of blast furnace
genre (f) de construction de haut-fourneau

типъ (m) доменной печи
genere (m) di costruzione d'alti forni
clase (f) de construcción del alto horno 5

---

Hochofenzeichnung (f)
blast furnace drawing
plan (m) *ou* dessin (m) de haut-fourneau

чертёжъ (m) доменной печи
disegno (m) d'alto forno
dibujo (m) de alto horno 6

---

Hochofenriß (m)
blast furnace section
profil (m) de haut-fourneau

профиль (m) доменной печи
profilo (m) d'un alto forno
perfil (m) de alto horno 7

---

Grundriß (m)
plan
plan (m) en projection horizontale, coupe (f) horizontale

планъ (m)
pianta (f)
planta (f), proyección (f) horizontal 8

1 Aufriß (m)
elevation
élévation (f), coupe (f) verticale

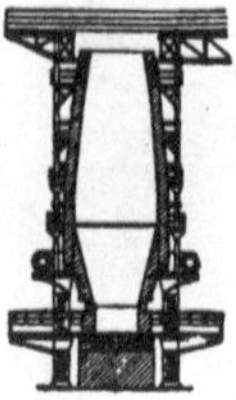

вертикальный разрѣзъ (m)
sezione (f) *o* spaccato (m) verticale
alzado (m), elevación (f)

---

2 Ofendurchmesser (m)
diameter of furnace
diamètre (m) du fourneau

діаметръ (m) печи; поперечникъ (m)
diametro (m) del forno
diámetro (m) del horno

---

3 Abmessung (f)
dimension
dimension (f)

размѣръ (m); измѣреніе (n)
dimensione (f)
dimensión (f)

---

4 Ofeninneres (n)
interior of blast furnace
intérieur (m) du haut-fourneau

внутренность (f) печи *или* рабочее пространство (n) печи
interno (m) dell'alto forno
interior (m) del alto horno

---

5 Grundmauer (f), Unterbau (m)
foundation
fondation (f)

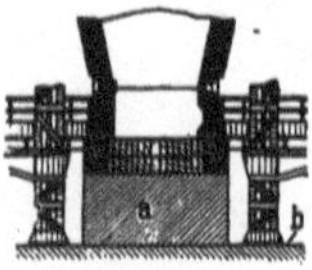

a

основаніе (n)
fondazione (f), fondamento (m)
fundación (f), cimiento (m)

---

6 Hüttensohle (f)
ground, level
sol (m) de l'usine

b

полъ (m) завода *или* уровень (m) заводского пола
suolo (m) dello stabilimento
nivel (m) del suelo de la fábrica

---

7 unzuverlässiger Baugrund (m)
unreliable building ground
terrain (m) *ou* sol (m) peu sûr

ненадёжный строительный грунтъ (m)
terreno (m) di fondazione poco sicuro
terreno (m) poco seguro

---

8 gewachsener Boden (m)
soil, natural soil
sol (m) naturel

материкъ (m); прочный грунтъ (m)
terreno (m) naturale
suelo (m) natural

---

9 sumpfiger Boden (m)
marshy soil
sol (m) marécageux

болотистый грунтъ (m)
terreno (m) palustre
suelo (m) fangoso

---

10 felsiger Boden (m)
rocky soil
sol (m) rocheux

скалистый грунтъ (m)
terreno (m) roccioso
suelo (m) de roca

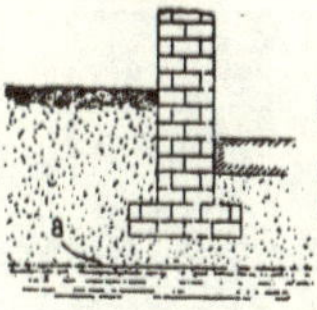

Grundwasser (n)
ground water
nappe (f) d'eau souterraine

[под]почвенная *или* грунтовая вода (f)
acqua (f) sotterranea
agua (f) subterránea 1

---

Grundwasserspiegel (m)
level of ground water
niveau (m) de la nappe souterraine

a

уровень (m) [под]почвенной *или* грунтовой воды
livello (m) idrostatico
nivel (m) del agua subterránea 2

---

Fundament (n) auf Pfahlrost
pile foundation
fondation (f) sur pilotis

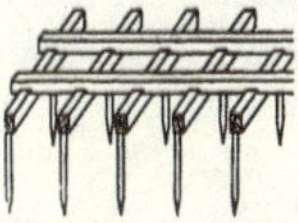

фундаментъ (m) на ростверкѣ и на сваяхъ
fondazione (f) su platea di palafitte
fundación (f) sobre pilotes 3

---

Fundament (n) aus Ziegelmauerwerk
brick foundation
fondation (f) en briques

фундаментъ (m) изъ кирпичной кладки; кирпичный фундаментъ
fondazione (f) di mattonato
fundación (f) de ladrillos 4

---

Fundament (n) aus Bruchsteinen
broken stone foundation
fondation (f) en moellons

фундаментъ (m) изъ бутовой кладки
fondazione (f) in pietrame di cava
cimiento (m) ó fundación (f) de piedra 5

---

Betonunterlage (f)
concrete base
soubassement (m) en béton

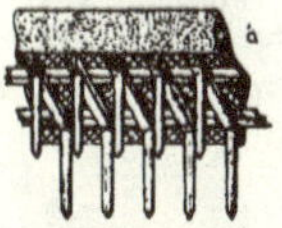

a

бетонная подстилка (f)
platea (f) o basamento (m) in calcestruzzo
base (f) de hormigón 6

---

Eisenbeton (m)
ferro concrete, reinforced concrete, concrete steel (A*)
béton (m) armé

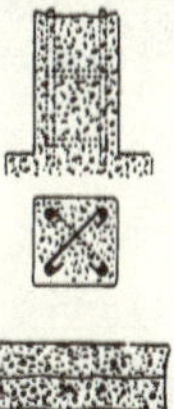

желѣзобетонъ (m)
cemento (m) armato
hormigón (m) armado 7

---

Stampfbeton (m)
stamped concrete
béton (m) damé

утрамбованный бетонъ (m)
calcestruzzo (m) battuto
hormigón (m) apisonado 8

---

* A = americanism

1 Schüttbeton (m)
heaped concrete
béton (m) coulé

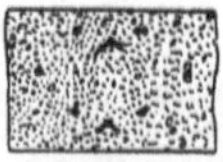

неутрамбованный *или* сыпучій бетонъ (m)
calcestruzzo (m) colato
hormigón (m) colado

---

2 Mauersockel (m), Steinsockel (m)
brick *or* stone wall
socle (m) en maçonnerie, socle (m) en pierre

цоколь (m) изъ каменной кладки
zoccolo (m) in muratura
zócalo (m) *ó* pilar (m) de mampostería

---

3 Boden (m), Bodenstein (m)
base block, hearth block
fond (m) du creuset, brique (f) du creuset

a

лещадь (f)
fondo (m) del crogiuolo
fondo (m) del crisol

---

4 Kreisform (f)
circular shape
forme (f) circulaire

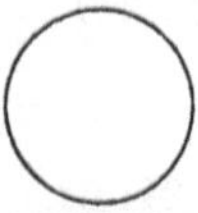

форма (f) круга; кругообразная форма
forma (f) circolare
forma (f) circular

---

5 achteckige Form (f)
octagonal shape
forme (f) octogonale *ou* à huit pans

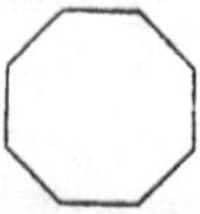

восьмиугольная форма (f)
forma (f) ottagonale
forma (f) octagonal

---

6 Kanäle (m pl) zur Bleigewinnung
channels for running lead
canaux (m pl) pour recueillir le plomb

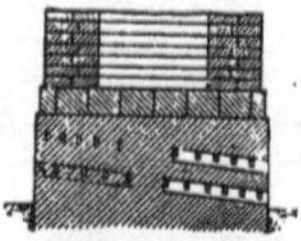

каналы (m pl) для собиранія свинца
canali (m pl) per raccogliere il piombo
canales (f pl) para recoger el plomo

---

7 Scheitel (m) des Bodens
top of the base
sommet (m) *ou* clé (f) de voûte de la sole

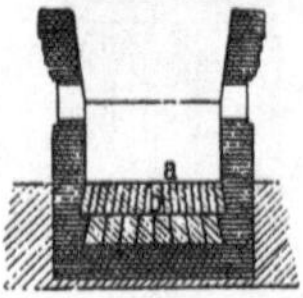

a

поверхность (f) лещади
prominenza (f) del suolo *o* del terreno
clave (f) de la plaza *ó* del fondo del crisol

---

8 scheitrechter Boden (m)
level plate
voûte (f) plate

b

плоская *или* прямолинейная арка (f); перемычка (f)
volta (f) piatta
bóveda (f) plana

---

freigelegter Boden (m)
uncovered base, exposed base
creuset (m) libre, fond (m) reposant sur poutrelles

обнажённая лещадь (f)
fondo (m) libero
fondo (m) aislado del suelo

Rüstung (f)
iron fitting of the furnace, armour (A*) of the furnace
armature (f), blindage (m)

станины (f pl) *или* стойки (f pl) доменной печи
armatura (f), blindaggio (m) 1
armazón (f)

---

Eisenplatte (f), Fußplatte (f)
iron plate, sole plate
plaque (f) en fer, sabot (m), embase (f)

чугунная плита (f); основная плита
piastra (f) di fondazione in ferro, piastra (f) di base 2
placa (f) de hierro, placa (f) de base

a

---

Ankerschraube (f)
anchor screw, Lewis bolt
boulon (m) d'ancrage

b

анкерный болтъ (m); фундаментный болтъ 3
chiavarda (f) di fondazione
perno (m) de anclaje

---

Vorrichtung (f) zum Lockern und Anziehen der Schrauben
device for loosening and tightening the nuts
appareil (m) pour serrer et dégager les boulons

приспособленіе (n) для отпуска и натягиванія болтовъ
tenditore (m), serraviti (m) 4
aparato (m) para aflojar y apretar los tornillos

---

Vorherd (m)
forehearth
avant-creuset (m)

передній горнъ (m) 5
avancrogiuolo (m)
antecrisol (m)

a

---

Herd (m)
hearth
creuset (m)

b

горнъ (m); металлопріемникъ (m); нижняя часть (f) доменнаго горна; нижній горнъ (m) 6
crogiuolo (m)
crisol (m)

---

Herdsohle (f), Ofensohle (f)
hearth level
fond (m) du creuset, sole (f) du creuset

c

подъ (m) горна; лещадь (f)
suola (f) 7
fondo (m) del crisol, plaza (f) del crisol

---

Brustöffnung (f)
hearth hole, hearth opening
ouverture (f) de la poitrine

отверстіе (n) груди
apertura (f) del petto 8
abertura (f) del frente ó delantera

a

---

* A = americanism

| | | | |
|---|---|---|---|
| 1 | Tümpelgewölbe (n)<br>tymp arch<br>voûte (f) de la tympe | | сводъ (m) темпеля<br>volta (f) del timpano<br>bóveda (f) de la timpa |
| 2 | Tümpel (m), Tümpelstein (m)<br>tymp stone<br>tympe (f) | 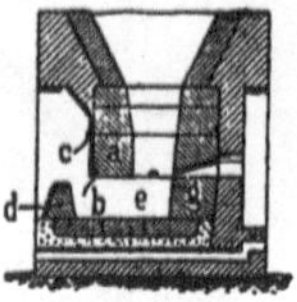<br>a | темпель (m)<br>timpano (m)<br>timpa (f) |
| 3 | Tümpeleisen (n)<br>tymp plate, tymp<br>fer (m) de tympe, tymplon (m) | b | темпельный брусъ (m)<br>ferro (m) del timpano<br>hierro (m) de timpa |
| 4 | Tümpelblech (n)<br>tymp sheet iron *or* steel (A*)<br>tôle (f) de la tympe, gendarme (m) | c | чугунная плита (f), облегающая темпель; темпельная доска (f)<br>lamiera (f) del timpano<br>chapa (f) de la timpa |
| 5 | Dammstein (m), Wallstein (m)<br>dam stone, baffle stone<br>dame (f) | d | порогъ (m); порожный камень (m)<br>pietra (f) di dama<br>dama (f) |
| 6 | Seitenstein (m)<br>side stone<br>costière (f) | e | боковой камень (m)<br>costiera (f)<br>costero (m) |
| 7 | Rückstein (m)<br>back stone<br>pierre (f) faisant vis-à-vis à la dame, rustine (f) | g | задній камень (m)<br>pietra (f) di dietro, rustico (m)<br>rustina (f), pared (f) trasera |
| 8 | falscher Dammstein (m)<br>false dam stone<br>fausse dame (f) | | ложный порогъ (m); порожный камень (m)<br>falsa dama (f)<br>falsa dama (f) |
| 9 | Wallplatte (f)<br>dam plate, baffle plate<br>plaque (f) de dame | 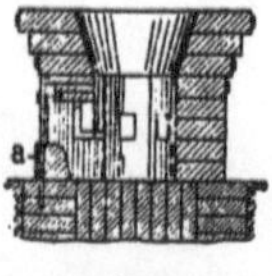<br>a | соковая доска (f)<br>piastra (f) di guardia<br>plancha (f) de dama |
| 10 | Stirnplatte (f)<br>headplate<br>plaque (f) frontale, gendarme (m) | 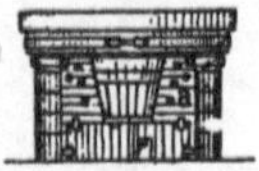<br>a | лицевая *или* лобовая плита (f)<br>piastra (f) frontale<br>placa (f) frontal |

* A = americanism

| | | | |
|---|---|---|---|
| Ausbauchung (f)<br>camber, belly<br>ventre (m), renflement (m) | | утолщенie (n)<br>ventre (m)<br>vientre (m) | *1* |
| Keilstück (n)<br>wedge piece<br>voussoir (m) | 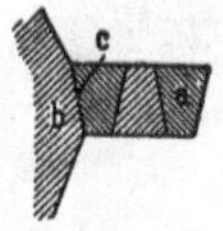<br>a | клинъ (m)<br>mattone (m) a sezione trapezoidale<br>dovela (f) | *2* |
| Widerlager (n)<br>abutment<br>contrefort (m), culée(f) | b | подпора (f); контрфорсъ (m)<br>giunto (m) d'imposta<br>estribo (m) | *3* |
| Abschrägung (f)<br>tapering, bevelling<br>[brique (f) taillée en] biseau (m) | c | скосъ (m)<br>giunto (m)<br>bisel (m) | *4* |
| Arbeitsbühne (f)<br>working platform<br>plate-forme (f) | <br>a | рабочая площадка (f)<br>piano (m) di lavoro<br>plataforma (f) | *5* |
| Eckpfeiler (m)<br>corner pillar<br>pilier (m) d'angle, pilier (m) de cœur | 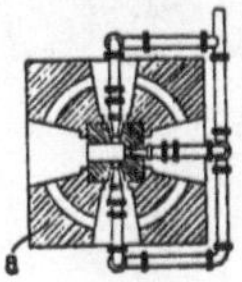<br>a | угловой устой (m)<br>pilastro (m) (d'angolo)<br>pilar (m) angular | *6* |
| Säulenfuß (m)<br>base plate<br>base (f) des colonnes | 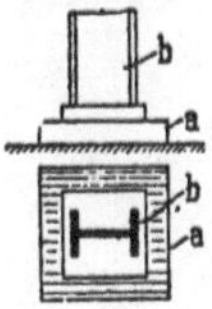<br>a | основанie (n) колоннъ *или* стоекъ<br>piede (m) *o* base (f) della colonna<br>base (f) de la columna | *7* |
| Säule (f), Ständer (m)<br>column<br>colonne (f) | b | колонна (f); стойка (f)<br>colonna (f)<br>columna (f) | *8* |
| Manteleisen (n)<br>mantle sheet iron *or* steel (A*)<br>tôle (f) d'enveloppe | 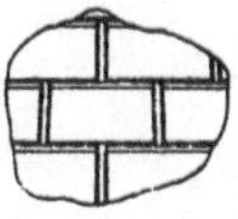 | желѣзо (n) для кожуха; желѣзный кожухъ (m)<br>lamiera (f) di rivestimento<br>chapa (f) de blindaje | *9* |

* A = americanism

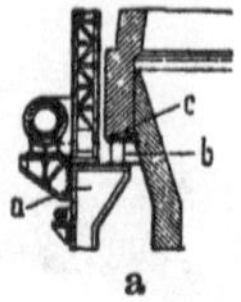


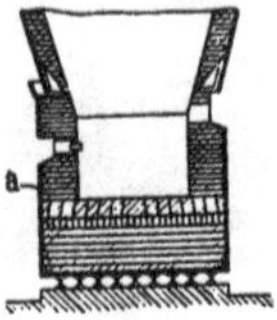


| No. | | Fig. | |
|---|---|---|---|
| 1 | Eisenträger (m)<br>iron *or* steel (A*) stanchion<br>console (f) en fer | a | желѣзная балка (f)<br>colonna (f) di ferro<br>consola (f) de hierro |
| 2 | Tragkranz (m)<br>bracket rim<br>couronne (f) (en fonte) de support, marâtre (f) | b | кольцо (n), поддерживающее шахту; опорное кольцо<br>marada (f)<br>corona (f) de soporte |
| 3 | Mantelplatte (f), Eisenkranz (m)<br>mantle bracket<br>support (m) du massif, couronne (f) de la marâtre | c | желѣзное кольцо (n) подъ шахтой<br>corona (f) della marada<br>placa (f) de soporte circular |
| 4 | Gestellmantel (m)<br>hearth jacket<br>blindage (m) du creuset | a | одёжда (f) *или* кожухъ (m) горна<br>blindaggio (m) del crogiuolo<br>blindaje (m) del crisol |
| 5 | Gußeisenkranz (m)<br>cast iron crown<br>couronne (f) en fonte | | чугунное кольцо (n)<br>corona (f) di ghisa<br>corona (f) de fundición |
| 6 | Schmiedeeisenring (m)<br>wrought iron ring<br>cercle (m) en fer forgé | | желѣзное кольцо (n); стягивающее кольцо изъ желѣза<br>cerchio (m) di ferro battuto<br>cello (m) de hierro forjado |
| 7 | Stahlreif (m)<br>steel hoop<br>cercle (m) en acier | | стальной ободъ (m)<br>cerchio (m) d'acciaio<br>cello (m) de acero |
| 8 | zum Ring gebogene T-Träger (m pl)<br>circular T-bearers<br>poutrelles (f) cintrées | | тавровыя балки (f pl), согнутыя въ кольцо; кольцо (n) изъ тавроваго желѣза<br>trave (f) a curvatura circolare<br>viguetas (f pl) T dobladas en anillo |
| 9 | gußeiserner Ring (m)<br>cast iron ring<br>anneau (m) en fonte | | чугунное кольцо (n)<br>anello (m) di ghisa<br>cello (m) de fundición |
| 10 | angegossener Zapfen (m)<br>cast-on pin<br>tenon (m) venu de fonte | | прилитая цапфа (f)<br>manico (m) di fusione<br>espiga (f) fundida en una pieza con el anillo |

* A = americanism

Eisenblechtafel (f)
sheet iron *or* steel (A*) plate
plaque (f) en tôle de fer

железный листъ (m)
lamiera (f)
placa (f) de chapa de hierro 1

---

Verschraubung (f)
screwing, bolting together
boulonnage (m)

болтовое соединенiе (n) *или* скрѣпленiе (n)
avvitatura (f)
fijación (f) por tornillos 2

---

Verbindungschraube (f)
connecting screw *or* rod
boulon (m) d'assemblage

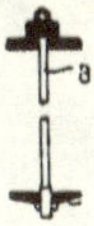


соединительный болтъ (m)
vite (f) di collegamento, bullone (m) di giunzione
tornillo (m) de unión 3

---

a

aufgenieteter Kranz (m) aus Winkeleisen
riveted angle iron rim
couronne (f) rivetée en fers cornières

приклёпанное кольцо (n) изъ угловаго желѣза
corona (f) formata da ferri d'angolo inchiodati
corona (f) de escuadras remachadas 4

---

umgelegtes Eisenband (n), Gürtel (m)
hoop, iron belt
ceinture (f) en fer plat

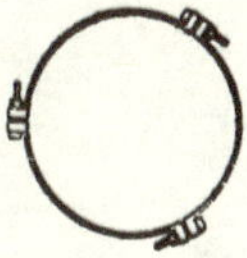

обхватывающая желѣзная лента (f); желѣзный обручъ (m)
cerchio (m), cintura (f)
cel (m) de llanta 5

---

Gestell (n)
hearth
ouvrage (m)

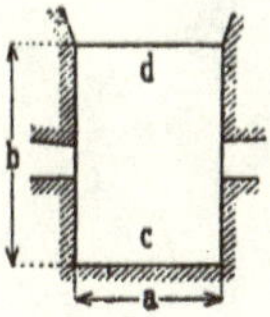


горнъ (m)
crogiuolo (m)
obra (f) del crisol 6

---

Gestellweite (f)
diameter of hearth
diamètre (m) de l'ouvrage

a

дiаметръ (m) горна
diametro (m) del crogiuolo
anchura (f) ó diámetro (m) de la obra 7

---

Gestellhöhe (f)
height of hearth
hauteur (f) de l'ouvrage

b

высота (f) горна
altezza (f) del crogiuolo
altura (f) de la obra 8

---

* A = americanism

| | | | |
|---|---|---|---|
| 1 | Untergestell (n)<br>crucible, bottom of hearth *or* crucible<br>partie (f) inférieure de l'ouvrage, creuset (m) | c | нижняя часть (f) горна; металлопріемникъ (m)<br>crogiuolo (m)<br>parte (f) inferior de l:<br>obra, crisol (m) |
| 2 | Obergestell (n)<br>top of hearth *or* crucible<br>partie (f) supérieure de l'ouvrage, ouvrage (m) | d | верхняя часть (f) горна; надфурменна:<br>часть горна<br>presura (f)<br>parte (f) superior d<br>la obra |
| 3 | **Gekühlte Teile des Hochofens**<br>**Cooled Parts of the Blast Furnace**<br>**Parties refroidies du haut-fourneau** | | **Охлаждаемыя части доменной печи**<br>**Parti raffreddate del**<br>**l'alto forno**<br>**Partes refrigeradas de alto horno** |
| 4 | Kühlvorrichtung (f)<br>cooling device<br>appareils (m pl) réfrigérants | | устройство (n) охлаж<br>денія; охладитель<br>ное устройство<br>dispositivo (m) *o* siste<br>ma (m) di raffredda<br>mento<br>aparatos (m pl) refri<br>gerantes |
| 5 | Wasserkühlung (f)<br>water cooling<br>refroidissement (m) par l'eau | | водяное охлажденіе<br>(n); охлажденіе вс<br>дою<br>raffreddamento (m) a acqua<br>refrigeración (f) por agua |
| 6 | Luftkühlung (f)<br>air cooling<br>refroidissement (m) par l'air | | воздушное охлажденіе (n); охлажден<br>воздухомъ<br>raffreddamento (m) a<br>aria<br>refrigeración (f) por ai: |
| 7 | Kühlkasten (m)<br>cooling box, cooler<br>bâche (f) de refroidissement |  | охладительная коробка (f)<br>cassa (f) di raffredd<br>mento<br>caja (f) refrigerante |
| 8 | eingesetzte Rippe (f)<br>inserted rib<br>nervure (f) rapportée | a | вставленное ребро (<br>nervatura (f) incassa<br>nervio (m) inserto |

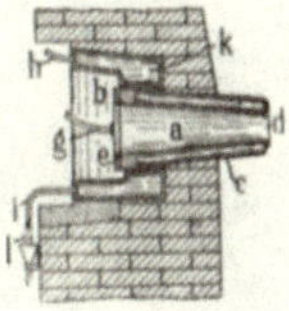

| | | | |
|---|---|---|---|
| Kühlform (f), wassergekühlte Form (f)<br>cooled tuyere *or* twyer<br>tuyère (f) refroidie par circulation d'eau | a | фурма (f) съ водянымъ охлажденіемъ; фурма, охлаждаемая водой<br>tubiera (f) *od* ugello (m) raffreddato a circolazione d'acqua<br>tobera (f) refrescada *ó* refrigerado por agua | *1* |
| gekühlter Rahmen (m)<br>water jacketed frame<br>cadre (m) refroidi | b | охлаждаемая рама (f)<br>quadro (m) raffreddato<br>marco (m) refrescado | *2* |
| Formwand (f)<br>tuyere wall<br>paroi (f) de la tuyère | c | стѣнки (f pl) фурмы<br>parete (f) dell'ugello<br>pared (f) de la tobera | *3* |
| Rüssel (m) der Form<br>tuyere nozzle<br>nez (m) de la tuyère | d | рыло (n) фурмы<br>muso (m) dell'ugello<br>morro (m) de la tobera | *4* |
| Verschlußdeckel (m)<br>closing cover<br>couvercle (m) obturateur | e | крышка (f)<br>fondo (m) dell'ugello<br>tapa (f) de cierre | *5* |
| Rohransatz (m)<br>pipe junction<br>raccord (m) de tuyau | g | патрубокъ (m)<br>tubo (m) di giunzione<br>unión (f) de tubo, manguito (m) de unión | *6* |
| Wasserzuflußrohr (n)<br>water inlet pipe<br>tuyau (m) d'arrivée d'eau | h | водопроводная труба (f); труба, подающая воду<br>tubo (m) d'entrata dell'acqua<br>tubo (m) de toma de agua | *7* |
| Wasserabflußrohr (n)<br>water outlet pipe<br>tuyau (m) d'écoulement d'eau | i | водоотводная труба (f)<br>tubo (m) d'uscita dell'acqua<br>tubo (m) de salida del agua | *8* |
| Drehschieber (m)<br>swivel damper<br>registre (m) tournant | | вращающаяся задвижка (f)<br>registro (m) girevole<br>registro (m) giratorio | *9* |
| Kühlwasser (n)<br>cooling water<br>eau (m) de refroidissement | k | охлаждающая вода (f)<br>acqua (f) di refrigerazione *o* raffreddamento<br>agua (f) de refrigeración | *10* |
| erwärmtes Wasser (n)<br>warmed water<br>eau (f) réchauffée | l | подогрѣтая *или* нагрѣтая вода (f)<br>acqua (f) scaldata<br>agua (f) calentada | *11* |

1 (Kühlwasser-)Rohrleitung (f)
piping, tubing
conduite (f) d'eau

трубопроводъ (m)
condotto (m) *o* conduttura (f) dell'acqua
conducto (m) de agua

a

2 Träger (m) des Kühlwasserrohres
bracket for the cooling water pipe
console (f) de support du tuyau d'eau de refroidissement

b

опора (f) водопровода
mensola (f) *o* sopporto (m) per il tubo dell'acqua di refrigerazione
soporte (m) del tubo de agua de refrigeración

3 Hängeeisen (n) des Zuflußrohres
support for water supply pipe
étrier (m) de suspension du tuyau d'arrivée

подвѣсная скоба (f) для водопроводной трубы
tirante (m) sospeso del tubo d'entrata
estribo (m) de suspensión del conducto de llegada

4 Berieselung (f)
irrigation
arrosage (m)

орошеніе (n)
innaffiamento (m)
riego (m)

5 Bespritzung (f)
spraying
aspersion (f)

спрыскиваніе (n)
spruzzamento (m)
aspersión (f)

6 Abflußrinne (f)
trough
rigole (f) *ou* chenal (m) d'écoulement

отводной жолобъ (m)
canale (m) *od* usciolo (m) di scolo
reguera (f) *ó* canal (f) de evacuación

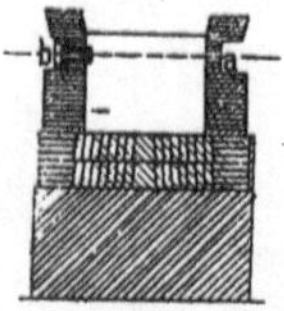

7 Ebene (f) der Windformen
tuyere level
niveau (m) des tuyères à vent

горизонтъ (m) воздушныхъ *или* духовыхъ фурмъ
livello (m) degli ugelli
nivel (m) de las toberas de aire

8 Formöffnung (f)
tuyere opening
chapelle (f)

a

глазъ (m) фурмы; фурменный глазъ
strombatura (f) *od* apertura (f) per l'ugello
arco (m) de la tobera

9 Windform (f), Blasform (f)
tuyere
tuyère (f) [à vent]

b

воздушная фурма (f); духовая фурма
ugello (m), tubiera (f)
tobera (f)

Bronzeform (f)
bronze tuyere
tuyère (f) en bronze

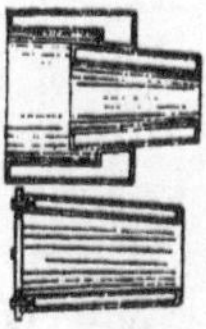

бронзовая фурма (f)
ugello (m) *o* tubiera (f) di bronzo 1
tobera (f) de bronce

---

Auge (n) der Form
opening of the tuyere
œil (m) de la tuyère

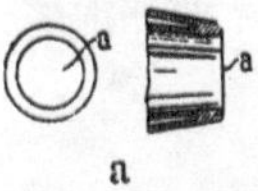


глазъ (m) *или* очко (n) фурмы; фурменный глазъ 2
apertura (f) dell'ugello
ojo (m) de la tobera

---

schlanke, kegelige Form (f)
conical tuyere
tuyère (f) conique

фурма (f), имѣющая видъ остраго усѣчённаго конуса
tubiera (f) conica, ugello (m) conico 3
tobera (f) cónica

---

kegelförmig (adj)
conical (adj)
conique (adj)

конический; конусообразный
conico (agg) 4
cónico (adj)

**Schlacken- und Eisenabstich**
**Tapping out of the Slag, Slagging**
**Coulée de la fonte et du laitier**

**Выпускъ шлаковъ и чугуна**
**Colata delle scorie e della ghisa** 5
**Colada de las escorias y de la fundición**

Schlackenloch (n)
slag hole, slag notch
trou (m) à laitier, bec (m) de passage du laitier

шлаковое отверстіе(n)
foro (m) per la scoria *o* loppa 6
escoriero (m), agujero (m) para las escorias

---

Schlackenform (f)
slag tuyere
tuyère (f) du trou de laitier, tuyère (f) à laitier

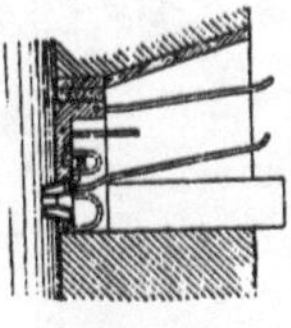

шлаковая фурма (f)
tubierina (f) per la scoria *o* loppa
tobera (f) del orificio de la escoria, tobera (f) de la escoria 7

---

Lürmannsche Schlackenform (f)
Lürmann slag tuyere
tuyère (f) à laitier Lürmann

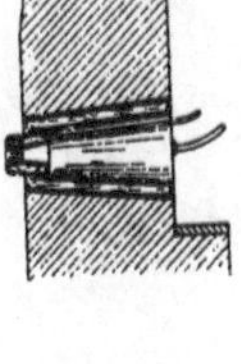

шлаковая фурма (f) Люрмана
tubierina (f) per la scoria *o* loppa Lürmann 8
tobera (f) de escoria sistema Lürmann

1 Schlackenabfluß (m)
slag discharge
rigoles (f pl) à laitier

шлаковый выпускъ (m)
canale (m) per la scoria *o* loppa
caños (m pl) de la escoria

---

2 Schlackenspur (f)
cinder notch
bec (m)

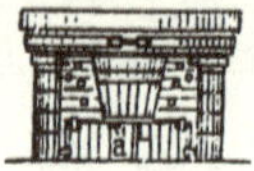

a

сосовое отверстіе (n); сосовое очко (n)
usciolo (m) per la scoria *o* loppa
agujero (m) para la escoria

---

3 Schlackentrift (f)
flow of slag
rigole (f) à laitier

шлаковый выпускъ (m)
scarico (m) della scoria *o* loppa
reguera (f) de la escoria

---

4 Stichloch (n), Stich (m), Abstichloch (n)
tap hole
trou (m) de coulée, stoupat (m)

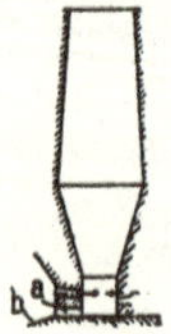

a

выпускное отверстіе (n); лётка (f)
foro (m) di colata
piquera (f), agujero (m) para la sangría

---

5 Eisenabflußrinne (f)
iron runner
rigole (f) de coulée

b

жолобъ (m) для чугуна
canale (m) di colata
canal (f) de colada

6 **Heißwindleitung**
**Hot Air Main**
**Conduite de vent chaud**

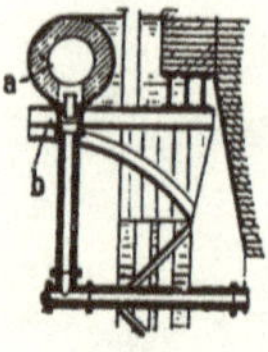

a

**Трубопроводъ для горячаго воздуха; подводъ горячаго дутья**
**Condotto d'aria calda**
**Conducto de aire caliente**

7 Traglappen (m)
bracket
console (f)

b

консоль (f); кронштейнъ (m)
mensola (f)
consola (f)

---

8 Kugellager (n)
ball bearing
coussinet (m) à billes

шариковый подшипникъ (m)
sfera (f)
cojinete (m) de bolas

---

9 Düsenstock (m), Windstock (m)
blast connection
porte-vent (m)

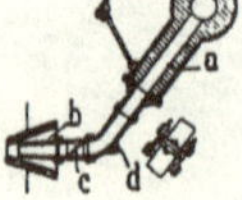


фурменный патрубокъ (m); воздухоподводящій рукавъ (m)
portavento (m)
porta-viento (m)

| | | | |
|---|---|---|---|
| Anschlußstutzen (m) (an den Windkranz)<br>blast tube<br>tubulure (f) du porte-vent | a | Фурменный патрубокъ (m); воздухоподводящій рукавъ (m)<br>gomito (m)<br>tubo (m) del portaviento | 1 |
| Düse (f), Mundstück (n)<br>nozzle<br>buse (f) | b | сопло (n)<br>ugello (m)<br>busa (f), tobera (f), boquilla (f) | 2 |
| Klappe (f)<br>flap valve<br>clapet (m) | c | клапанъ (m)<br>valvola (f)<br>válvula (f) de charnela | 3 |
| Schauöffnung (f), Schauloch (n)<br>peep hole, inspection hole<br>regard (m) | d | глядѣлка (f); отверстіе (n) для наблюденія<br>foro (m) *od* apertura (f) di spia<br>mirilla (f) | 4 |
| Glimmerplatte (f)<br>mica plate<br>plaque (f) en mica | | слюдяная пластинка (f)<br>lastrina (f) di mica<br>placa (f) de mica | 5 |
| abnehmbarer Deckel (m)<br>removable cover<br>couvercle (m) mobile | | снимающаяся крышка (f)<br>porticina (f)<br>tapa (f) de quita y pon | 6 |
| Befestigungsvorrichtung (f)<br>fixing device<br>attache (f), fixation (f) | | приспособленіе (n) для укрѣпленія<br>apparecchio (m) per chiudere<br>fijación (f) | 7 |
| Bajonettverschluß (m)<br>bayonet lock<br>fermeture (f) à baïonnette | | штыковой затворъ (m)<br>chiusura (f) a baionetta<br>cierre (m) de bayoneta | 8 |
| Bügel (m)<br>strap, stirrup<br>étrier (m), bride (f) | 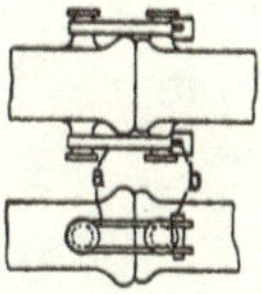<br>a | бюгель (m); серьга (f)<br>orecchione (m)<br>estribo (m), tenedor (m) | 9 |
| Keil (m)<br>wedge<br>cale (f), coin (m) | b | чека (f)<br>zeppa (f), chiavetta (f)<br>cuña (f) | 10 |
| Böckerscher Hahnverschluß (m)<br>Boecker's valve<br>robinet (m) sphérique de Boecker | 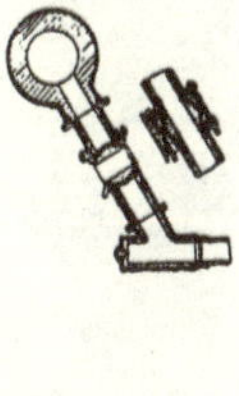 | вращающійся клапанъ (m) Бёккера; шаровой затворъ (m) Бёккера<br>valvola (f) di Boecker<br>grifo (m) esférico de Boecker | 11 |

| | | | |
|---|---|---|---|
| 1 | Kugelgelenk (n)<br>ball joint<br>joint (m) sphérique | <br>a | сферическое сочленение (n); шаровой стыкъ (m)<br>giunto (m) sferico<br>articulación (f) esférica |
| 2 | **Rast**<br>**Boshes**<br>**Étalages** | 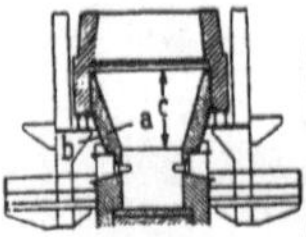 | **Заплечики**<br>**Sacca**<br>**Etalajes** |
| 3 | Rastmauerung (f)<br>bosh brickwork<br>parois (f pl) des étalages, maçonnerie (f) des étalages | a | стѣнки (fpl) заплечиковъ<br>parete (f) della sacca<br>pared (f) de los etalajes |
| 4 | Rastmantel (m)<br>shell of bosh<br>enveloppe (f) des étalages | b | кожухъ (m) заплечиковъ<br>mantello (m) della sacca<br>revestimiento (m) de los etalajes |
| 5 | Rasthöhe (f)<br>height of bosh<br>hauteur (f) des étalages | c | высота (f) заплечиковъ<br>altezza (f) della sacca<br>altura (f) de los etalajes |
| 6 | Rastformen (f pl)<br>sections of boshes<br>profils (mpl) des étalages | 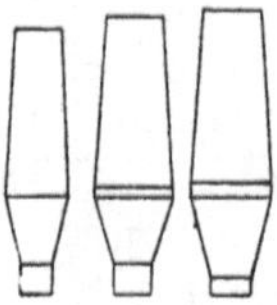 | фурмы (f pl) въ заплечикахъ; (запасныя фурмы)<br>sezioni (f pl) della sacca<br>toberas (f pl) de los etalajes |
| 7 | Raststeine (m pl)<br>bosh stones<br>briques (f pl) d'étalages | 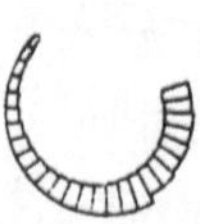 | кирпичи (m pl) заплечиковъ<br>mattoni (m pl) della sacca<br>ladrillos (m pl) de los etalajes |
| 8 | Rastwinkel (m)<br>angle of bosh<br>angle (m) des étalages | 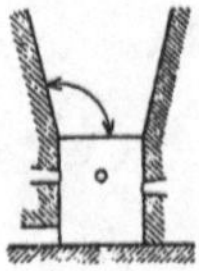 | уголъ (m) заплечиковъ; наклонъ (m) заплечиковъ<br>angolo (m) della sacca<br>ángulo (m) de los etalajes |

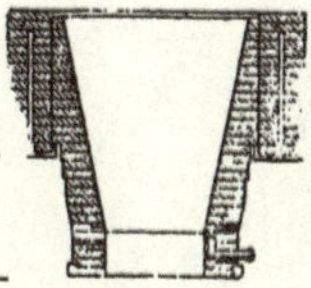

**1**
freistehende Rast (f)
free standing bosh
étalages (m) libres *ou* dégagés
свободные заплечики (m pl)
sacca (f) libera
etalajes (m pl) libres

---

**2**
mit Eisenbändern umgeben (v)
to surround with iron hoops
entourer (v) de cercles de fer
обхватить желѣзными связями
cerchiare (v) in ferro
ceñir (v) con llantas de hierro

---

**3**
Rastdruck (m)
pressure on the bosh
pression (f) des étalages
давление (n) [кладки] заплечиковъ
pressione (f) sulla sacca
presión (f) de los etalajes

---

**4**
Steinzustellung (f)
stone *or* brick work
appareillage (m) des briques
каменная *или* кирпичная кладка (f)
costruzione (f) in mattoni
construcción (f) de ladrillos

---

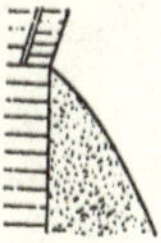

**5**
Massezustellung (f)
clay work
construction (f) en pisé réfractaire
набойка (f)
pigiata (f)
construcción (f) de masa refractaria

---

**6**
Bau (m) aus Stampfmasse
tamped *or* puddled clay
construction (f) en pisé réfractaire damé
задѣлка (f) утрамбованной массой
costruzione (f) al pestone
construcción (f) de masa refractaria apisonada

---

**7**
Kohlensack (m)
belly
ventre (m)
распаръ (m)
ventre (m)
vientre (f)

a

**8**
**Schacht, Ofenschacht**
**Shaft, Stack (A*)**
**Cuve**
**Шахта; шахта доменной печи**
**Tino**
**Cuba**

b

**9**
oberer Teil (m)
upper part
partie (f) supérieure
верхняя часть (f)
parte (f) superiore
parte (f) superior, tragante (m)

---

* A = americanism

| | | | |
|---|---|---|---|
| 1 | unterer Teil (m)<br>lower part<br>partie (f) inférieure | | нижняя часть (f)<br>parte (f) inferiore<br>parte (f) inferior |
| 2 | abgestumpfte Kegelform (f)<br>truncated cone<br>cône (m) tronqué | 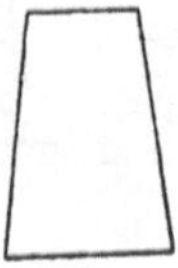 | форма (f) усѣчённаго конуса<br>tronco (m) di cono<br>forma (f) de cono truncado |
| 3 | runder Querschnitt (m)<br>circular section<br>section (f) circulaire | 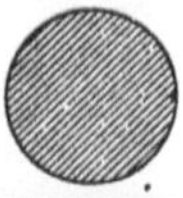 | круглое [поперечное] сѣченіе (n)<br>sezione (f) circolare<br>sección (f) circular |
| 4 | quadratischer Querschnitt (m)<br>square section<br>section (f) carrée |  | четырёхгранное [поперечное] сѣченіе (n)<br>sezione (f) quadrata<br>sección (f) cuadriforme |
| 5 | Kernschacht (m)<br>lining of shaft<br>chemise (f) réfractaire, parois (f pl) réfractaires | 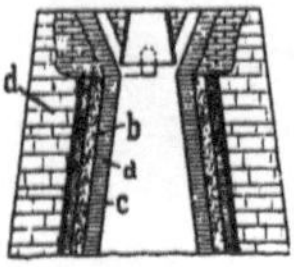<br>a | внутренняя кладка (f) шахты<br>camicia (f) refrattaria, rivestimento (m) refrattario<br>camisa (f) refractaria |
| 6 | Ausfüllstoff (m)<br>packing material<br>matières (f pl) de remplissage | b | матеріалъ (m) для забутки; забутка (f)<br>materiale m di riempimento<br>material (m) de relleno |
| 7 | Zwischenschacht (m)<br>false lining<br>fausse-chemise (f), remplissage (f) des murs | c | промежуточная кладка шахты (f)<br>falsa camicia (f)<br>revestimiento (m) intermedio |
| 8 | Hintermauerung (f) des Kernschachtes<br>outer brickwork of shaft<br>enveloppe (f) *ou* maçonnerie (f) extérieure de la cuve, gaine (f) | c | футеровка (f) внутренней шахты<br>muratura (f) esterna della camicia<br>revestimiento (m) de la camisa de la cuba |
| 9 | Rauhgemäuer (n)<br>rough masonry<br>massif (m) en maçonnerie | d | кожухъ (m) шахты; наружная кладка (f) шахты<br>camicia (f) esterna<br>macizo (m) de la cuba |
| 10 | Mauerkranz (m)<br>wall rim, brick rim<br>couronne (f) de maçonnerie | | кирпичная одёжда (f) *или* кладка (f)<br>corona (f)<br>corona (f) de mampostería |

Umhüllung (f), Mantel (m)
covering
enveloppe (f), gaine (f)

обмуровка (f)
mantello (m)
revestido (m), revestimiento (m) 1

---

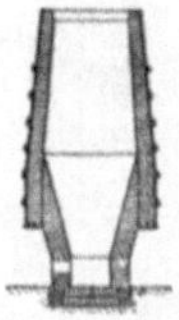

Schacht (m) mit Mantel
iron plated shaft
cuve (f) avec enveloppe en tôle

шахта (f) съ кожухомъ
tino (m) blindato 2
cuba (f) con blindaje

---

freistehender Schacht (m)
independent shaft
cuve (f) dégagée *ou* libre

свободностоящая шахта (f)
tino (m) libero, tino (m) a camicia libera 3
cuba (f) sin macizo, cuba (f) libre

---

freigelegter Schacht (m)
free shaft
cuve (f) dégagée *ou* non isolée

шахта (f) съ раскрытой обмуровкой
tino (m) non isolato 4
cuba (f) no aislada

---

zugänglicher Schacht (m)
accessible shaft
cuve (f) accessible

доступная [для ремонта] -шахта (f)
tino (m) accessibile 5
cuba (f) accesible

---

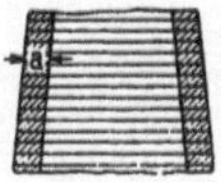

Schachtwandung (f)
shaft wall
chemise (f) de la cuve

стѣнки (f pl) шахты; стѣны (f pl) шахты 6
parete (f) del tino
camisa (f) de la cuba

---

a

Wandstärke (f), Mauerstärke (f)
thickness of wall
épaisseur (f) de la paroi

толщина (f) стѣн[ок]ъ
spessore (m) della parete 7
espesor (m) de la pared

---

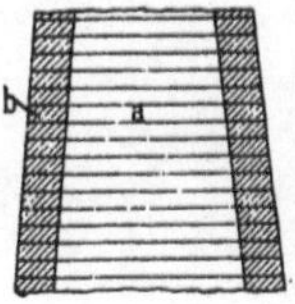

Schachtausmauerung (f)
shaft lining
maçonnerie (f) de la cuve

внутренняя шахта (f) доменной печи; кладка (f) шахты
muratura (f) del tino 8
mampostería (f) de la cuba

---

a

Steinschicht (f)
course of brickwork
assise (f) de briques

слой (m) кладки
strato (m) di mattoni 9
hilada (f) de ladrillos

---

b

Schachtstein (m)
shaft brick
brique (f) de cuve

кирпичъ (m) шахты; кирпичъ для дѣла шахты 10
mattone (m) del tino
ladrillo (m) para cuba

---

Fuge (f)
joint, groove
joint (m)

щель (f)
giunto (m) 11
junta (f)

1 Steinausdehnung (f), Wachsen (n) des Mauerwerks
expansion of masonry
dilatation (f) des briques *ou* de la maçonnerie

расширенiе (n) кладки
dilatazione (f) dei mattoni
dilatación (f) de los ladrillos *ó* de la mampostería

---

2 Lürmannsche Stopfbüchse (f)
Lürman's stuffing box
joint (m) de dilatation de Lürmann, presse-étoupes (m) de Lürmann

затворъ (m) Люрмана
giunto (m) di dilatazione Lürmann
caja (f) de estopas de Lürmann

---

3 einmauern (v)
to brick
maçonner (v), entourer (v) de maçonnerie

замуровать; обмуровать
murare (v)
mampostear (v), empotrar (v)

---

4 Baustoff (m)
building material
matériaux (m pl) de construction

строительный матеріалъ (m)
materiali (m pl) da costruzione
materiales (mpl) de construcción

---

5 basischer Stein (m)
basic brick
brique (f) basique

основной кирпичъ (m)
mattone (m) basico
ladrillo (m) básico

---

6 saurer Stein (m)
silica brick, acid brick
brique (f) acide (siliceuse)

кислый кирпичъ (m)
mattone (m) acido *o* silicioso
ladrillo (m) ácido (silicioso)

---

7 Quadersandstein (m)
sandstone
pierre (f) de taille

тёсаный камень (m)
pietra (f) da taglio, concio (m)
bloque (m) *ó* sillar (m) de piedra arenisca

---

8 Kohlenstoffstein (m)
carbon brick
brique (f) de carbone

углеродистый кирпичъ (m)
mattone (m) di carbone
ladrillo (m) de carbono

---

9 Widerstandfähigkeit (f)
refractoriness, strength
résistance (f)

прочность (f)
resistenza (f)
resistencia (f)

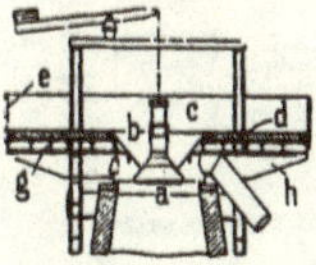


| | | | |
|---|---|---|---|
| **Gicht**<br>**Throat**<br>**Gueulard** | | **Колошникъ**<br>**Bocca**<br>**Boca, cagardero, tragante** | 1 |
| Abschluß (m) des Schachtes<br>stopper of throat<br>fermeture (f) du gueulard | | затворъ (m) шахты<br>chiusura (f) del forno<br>cierre (m) de la cuba | 2 |
| Gichtöffnung (f)<br>throat opening<br>ouverture (f) du gueulard | a | колошниковое отверстіе (n)<br>apertura (f) della bocca<br>abertura (f) del tragante | 3 |
| Gichtebene (f)<br>plane of throat<br>niveau (m) du gueulard | | горизонтъ (m) засыпи<br>piano (m) della bocca<br>planicie (f) de carga, plano (m) del tragante | 4 |
| Gichtbühne (f)<br>throat platform, charging gallery<br>plate-forme (f) du gueulard | c | колошниковая площадка (f)<br>piattaforma (f) di caricamento<br>plataforma (f) del tragante ó de carga | 5 |
| Gichtbelag (m)<br>charging gallery foot plates<br>plancher (m) de la plate-forme du gueulard | d | полъ (m) колошниковой площадки; полъ (m) колошника<br>pavimento (m) della piattaforma di caricamento<br>pavimento (m) de la plataforma del tragante | 6 |
| Geländer (n) der Gichtbühne<br>taffrail round platform<br>garde-corps (m) du gueulard | e | ограждение (n) колошника<br>ringhiera (f) della piattaforma<br>paredes (f pl) de la plataforma | 7 |
| Träger (m) des Gichtbelages<br>platform brackets<br>support (m) de la plate-forme du gueulard, consoles (f pl) du gueulard | g | балки (f pl) для поддержанія колошниковаго пола<br>sopporto (m) della piattaforma di caricamento<br>soporte (m) de la plataforma del tragante | 8 |
| eisernes Tragstück (n)<br>iron bracket<br>console (f) en fonte | h | желѣзный кронштейнъ (m)<br>mensola (f) di ferro<br>consola (f) de hierro | 9 |

| | | | |
|---|---|---|---|
| 1 | Gichtbrücke (f)<br>charge bridge<br>pont (m) de chargement | 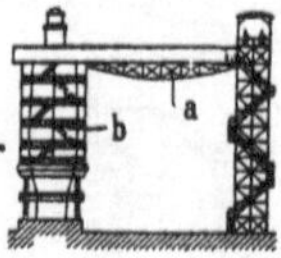 | колошниковый мостъ (m) [къ подъёмнику]<br>passerella (f)<br>puente (m) de carga |
| 2 | Trägernetz (n)<br>supporting girders<br>treillis (m) de poutre | a | система (f) балокъ<br>trave (f)<br>enrejado (m) ó celosía (f) de la viga |
| 3 | Laufbühne (f)<br>stagings round furnace<br>plate-forme (f) de visite | b | мостки (m pl) [вокругъ шахты]<br>terrazza (f)<br>plataforma (f) de revista ó de visita |
| 4 | geriffeltes Eisenblech (n), Wellblech (n)<br>corrugated sheet iron<br>tôle (f) striée, tôle (f) ondulée | | рифлёное листовое желѣзо (n); шахматное желѣзо<br>lamiera (f) ondulata<br>chapa (f) estriada, chapa (f) ondulada |
| 5 | abdecken (v)<br>to cover, to close<br>fermer (v), couvrir (v) | | покры-ть (-вать)<br>coprire (v)<br>tapar (v) |
| 6 | Ofenrand (m)<br>rim of furnace<br>rebord (m) du fourneau | | край (m) печи<br>ultima fila (f) o bordo (m) del forno<br>borde (m) del horno |
| 7 | Oberkante (f)<br>upper rim<br>arête (f) supérieure | | верхняя кромка (f)<br>spigolo (m) superiore<br>arista (f) superior |
| 8 | Aufgichtvorrichtung (f), Begichtungsvorrichtung (f)<br>charging device<br>disposition (f) de chargement du gueulard |  | приспособленіе (n) для засыпки колошъ; засыпное устройство (n)<br>apparecchio (m) o sistema (m) di caricamento<br>disposición (f) de carga de la boca |
| 9 | selbsttätige Einschüttvorrichtung (f)<br>automatic charging device<br>chargement (m) automatique | | приспособленіе (n) для автоматической засыпки; автоматическая загрузка (f)<br>caricamento (m) automatico<br>disposición (f) de carga automática |
| 10 | Erzverteiler (m)<br>ore distributer<br>distributeur (m) de minerai | 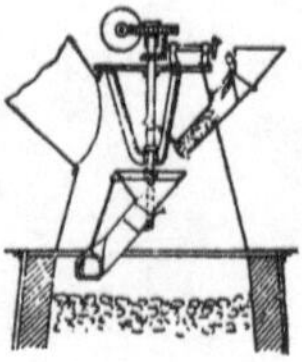 | рудораспредѣлитель (m)<br>distributore (m) del minerale<br>distribuidor (m) de minerales |

Eisenblechring (m)
sheet iron ring *or* belt
anneau (m) en tôle de fer

плоское желѣзное кольцо (n); кольцо изъ листового желѣза
anello (m) in lamiera di ferro 1
anillo (m) de chapa de hierro

---

Steinring (m)
stone ring
anneau (m) en briques

кольцо (n) кирпичной кладки
anello (m) di mattoni 2
anillo (m) de ladrillos

---

niederhängender Ring (m)
suspended ring
anneau (m) suspendu

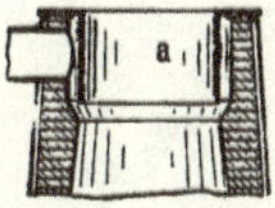

a

подвѣшенный цилиндръ (m)
anello (m) sospeso o pendente 3
anillo (m) suspendido

---

Gichtverschluß (m)
throat stopper
fermeture (f) du gueulard

колошниковый затворъ (m)
apparecchio (m) di chiusura della bocca 4
cierre (m) del tragante

---

geschlossene Gicht (f)
closed top *or* throat
gueulard (m) fermé

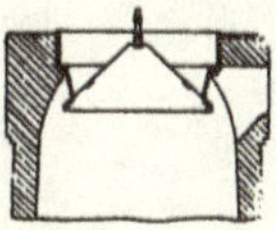

закрытый колошникъ (m)
bocca (f) di caricamento chiusa, cono (m) chiuso 5
tragante (m) cerrado

---

geöffneter Gichtverschluß (m)
opened top *or* throat
gueulard (m) ouvert

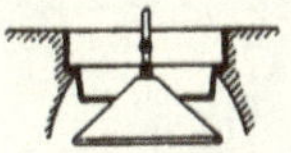

открытый колошникъ (m)
bocca (f) di caricamento aperta, cono (m) aperto 6
tragante (m) abierto

---

Senkung (f) des Kegels
lowering of cone *or* bell
descente (f) du cône

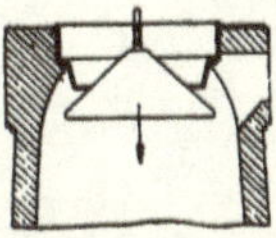

спускъ (m) *или* спусканіе (n) конуса
abbassamento (m) *od* apertura (f) del cono 7
bajada (f) *ó* descenso (m) del cono

---

Deckel (m)
cover
couvercle (m)

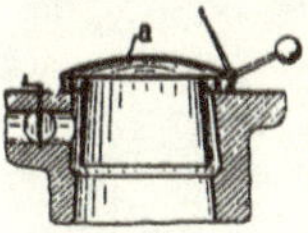

a

крышка (f); колошниковая крышка
coperchio (m) 8
tapa (f)

---

Glocke (f)
bell, cone
cône (m), cloche (f)

колоколъ (m)
campana (f), cono (m) 9
campana (f)

---

glockenförmig (adj)
bell shaped (adj)
en forme de cloche

колоколообразный [фиг.:] конусообразный 10
a forma di campana
en forma de campana

| | | | |
|---|---|---|---|
| 1 | Trichter (m)<br>funnel, hopper cup, cone<br>trémie (f), entonnoir (m) | <br>a | воронка (f)<br>tramoggia (f)<br>tolva (f) |
| 2 | Träger (m) des Trichters<br>hopper brackets<br>support (m) *ou* consoles (f pl) de la trémie | b | кронштейнъ (m) воронки<br>sostegno (m) *o* sopporto (m) della tramoggia<br>soporte (m) *ó* consola (f) de la tolva |
| 3 | Unterstützung (f) des Trichters<br>support of the funnel<br>support (m) de la trémie | | подпорка (f) воронки<br>sostegno (m) della tramoggia<br>soporte (m) de la tolva |
| 4 | Parryscher Gasfang (m)<br>Parry gas exit pipe<br>prise (f) de gaz Parry | 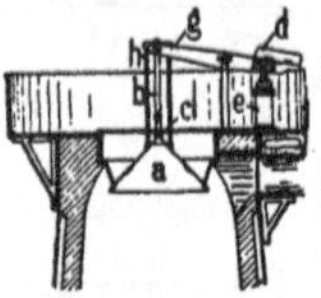 | газоуловитель (m) Парри; воронка (f) Парри<br>presa (f) di gas Parry<br>toma (f) de gas Parry |
| 5 | Verschlußkegel (m), Kegel (m)<br>bell<br>cône (m) de fermeture | a | конусъ (m)<br>cono (m) di chiusura<br>cono (m) de cierre |
| 6 | Zugstange (f)<br>bell lifting rod<br>tige (f) de suspension (du cône) | b | штокъ (m) *или* подвѣсная тяга (f) конуса<br>barra (f) di sospensione (del cono)<br>varilla (f) de suspensión (del cono) |
| 7 | Gelenk (n)<br>joint<br>articulation (f) | c | шарниръ (m)<br>giunto (m), gomito (m)<br>articulación (f) |
| 8 | Gegengewicht (n)<br>counterpoise<br>contre-poids (m) | d | противовѣсъ (m)<br>contrappeso (m)<br>contrapeso (m) |
| 9 | Hebelwerk (n)<br>leverage<br>disposition (f) de leviers | | рычажный механизмъ (m)<br>sistema (m) di leve<br>disposición (f) de palancas |
| 10 | Hebel (m)<br>lever<br>levier (m) | g | коромысло (n); балансиръ (m)<br>leva (f)<br>palanca (f) |
| 11 | Bewegung (f) des Hebels<br>movement of the lever<br>course (f) *ou* mouvement (m) du levier | | движенiе (n) балансира<br>movimento (m) della leva<br>movimiento (m) de la palanca |

| | | | |
|---|---|---|---|
| Wasserdruckbremse (f)<br>hydraulic brake<br>frein (m) hydraulique | e | гидравлическій тормазъ (m)<br>freno (m) idraulico<br>freno (m) hidráulico | *1* |
| Sicherheitsstange (f)<br>bell safety rod<br>tige (f) de sûreté (du cône) | h | предохранительная *или* запасная тяга (f)<br>barra (f) di sicurezza (del cono)<br>varilla (f) de seguridad (del cono) | *2* |
| Bremszylinder (m)<br>brake cylinder<br>cylindre (m) du frein |  | тормазной цилиндръ (m)<br>cilindro (m) del freno<br>cilindro (m) del freno | *3* |
| Kolben (m)<br>piston<br>piston (m) | a | поршень (m)<br>stantuffo (m)<br>émbolo (m) | *4* |
| Hubstange (f)<br>bell lifting rod<br>tige (f) du piston | b | штокъ (m) поршня<br>gambo (m)<br>vástago (m) del émbolo | *5* |
| Kette (f)<br>chain<br>chaîne (f) | 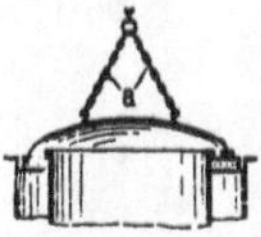<br>a | цѣпь (f)<br>catena (f)<br>cadena (f) | *6* |
| amerikanischer Gichtverschluß (m)<br>American throat stopper<br>système (m) de fermeture américain du gueulard | 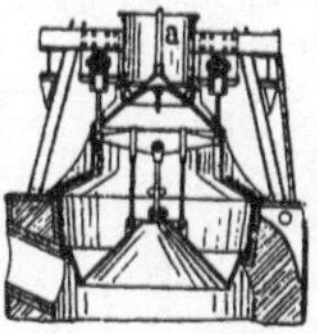 | американскій колошниковый затворъ (m); двойной затворъ<br>chiusura (f) americana<br>sistema (m) americano de cierre del tragante | *7* |
| Füllzylinder (m)<br>charging bin *or* hopper<br>cylindre (m) de chargement | a | загрузочный цилиндръ (m); бадья (f)<br>cilindro (m) di riempimento<br>cilindro (m) de relleno | *8* |
| Gasfang (m) nach Faber du Faure<br>gas outlet tube, down comer<br>prise (f) de gaz Faber du Faure | 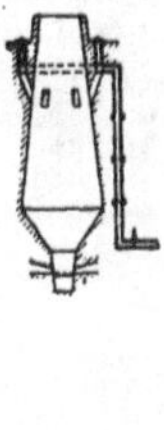 | газоуловитель (m) Фабра-дю-Фора<br>presa (f) di gas Faber<br>toma (f) de gas Faber du Faure | *9* |

1 von Hoffs Gasfang (m)
von Hoff gas exit pipe, von Hoff gastake
prise (f) de gaz von Hoff

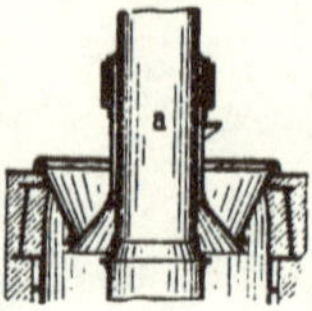


газоуловитель (m) Фонъ-Гоффа
presa (f) di gas Hoff
toma (f) de gas von Hoff

---

2 festliegendes Rohr (n)
fixed pipe
tubulure (f) fixe

a

труба (f), укрѣплённая неподвижно
tubo (m) fisso
tubo (m) fijo

---

3 ringförmiger Gasfang (m), belgischer Gasfang (m)
circular gas outlet tube, gastake
prise (f) de gaz annulaire, prise (f) de gaz belge

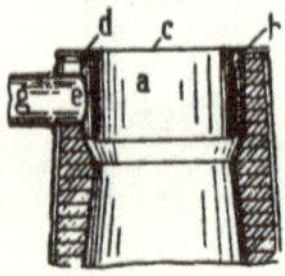


кольцевой газоуловитель (m)
presa (f) di gas anulare *o* belga
toma (f) de gas anular *ó* belga

---

4 gußeiserner Zylinder (m)
cast iron cylinder
cylindre (m) en fonte

a

чугунный цилиндръ (m)
cilindro (m) di ghisa
cilindro (m) de hierro fundido

---

5 ringförmiger Kanal (m)
circular channel
canal (m) annulaire

b

кольцевой каналъ (m)
canale (m) circolare
canal (f) anular

---

6 Rand (m) des Zylinders
edge of the cylinder
rebord (m) du cylindre

c

край (m) цилиндра
bordo (m) del cilindro
borde (m) del cilindro

---

7 herumlaufender Bord (m)
circular rim
bordure (f) périphérique *ou* circulaire

d

фланецъ (m)
bordo (m)
borde (m) circular

---

8 Entziehungsöffnung (f), Absaugeöffnung (f)
outlet
orifice (m) de départ du gaz

e

[газо]отводное отверстіе (n); газоотводъ (m)
apertura (f) d'uscita
abertura (f) de toma de gas

---

9 Entziehungsrohr (n), Absaugerohr (n)
outlet tube
tuyau (m) de prise de gaz

g

газоотводная труба (f); газоотводъ (m)
presa (f) di gas
tubo (m) de toma de gas

---

10 Darbys Gasfang (m)
Darby's gas exit pipe, Darby gastake, Darby's gas catcher (A*)
prise (f) de gaz Darby

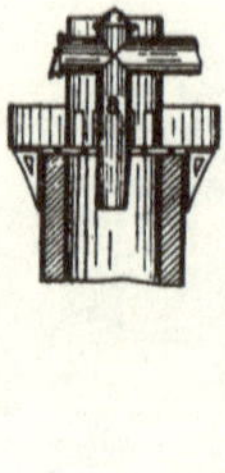


труба (f) Дерби
presa (f) di gas Darby
toma (f) de gas Darby

---

* A = americanism

Zentralrohr (n)
central tube
tuyau (m) central

a

центральная газоотводная труба (f)
tubo (m) centrale
tubo (m) central 1

---

einhängendes Rohr (n)
suspended tube
tuyau (m) suspendu

a

подвѣшенная труба (f)
tubo (m) sospeso
tubo (m) suspendido 2

---

doppelter Gichtverschluß (m)
double stopper
double fermeture (f)

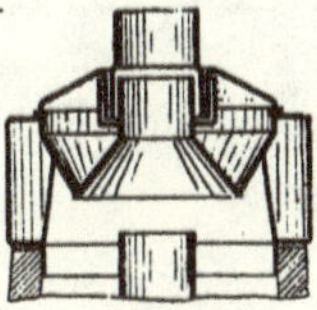

двойной затворъ (m)
doppia chiusura (f)
cierre (m) doble 3

---

Wasserverschluß (m), Wasserabschluß (m)
water seal
fermeture (f) hydraulique

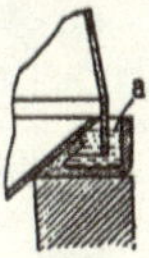


водяной затворъ (m)
chiusura (f) idraulica, giunto (m) idraulico
cierre (m) hidráulico 4

---

Wasserrinne (f)
water trough
rigole (f) à eau

a

жолобъ (m) съ водою; жолобъ, наполненный водою
canale (m) dell'acqua
reguera (f) de agua 5

---

Langenscher Gasfang (m)
Langen's gas exit pipe
prise (f) de gaz Langen

газоуловитель (m) Лангена
presa (f) di gas Langen
toma (f) de gas de Langen 6

---

Gasableitungsrohr (n)
gas outlet pipe
conduite (f) de départ du gaz

a

газоотводная труба (f)
condotto (m) d'uscita del gas
tubo (m) conductor ó de salida del gas 7

---

Haube (f)
bonnet, hood
chapeau (m)

b

насадка (f)
cappello (m)
sombrerete (m) 8

---

gemeinschaftliches Sammelrohr (n)
common collecting pipe
tuyau (m) collecteur général

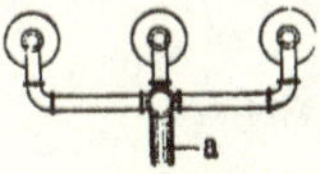


a

общая газоотводная труба (f)
tubo (m) collettore
tubo (m) colector común 9

---

Absperrvorrichtung (f)
closing device
vanne (f) d'isolement

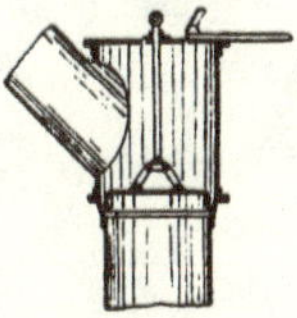

клапанъ (m); газовый клапанъ
valvola (f)
válvula (f) de cierre 10

1 Winde (f) für die Glocke
bell winch
treuil (m) de manœuvre du cône

лебёдка (f) *или* воротъ (m) для колокола
argano (m) per la manovra del cono
torno (m) para la campana

---

2 Handwinde (f)
hand winch
treuil (m) à main

ручная лебёдка (f); ручной воротъ (m)
argano (m) a mano
torno (m) de mano

---

3 Dampfwinde (f)
steam winch
treuil (m) à vapeur

паровая лебёдка (f); паровой воротъ (m)
argano (m) a vapore
torno (m) de vapor

---

4 Wasserdruck (m)
water pressure
pression (f) hydraulique

давленіе (n) воды
pressione (f) idraulica
presión (f) hidráulica

---

5 elektrischer Antrieb (m) der Glockenwinde
electric driving of the bell winch
commande (f) électrique du treuil de chargement

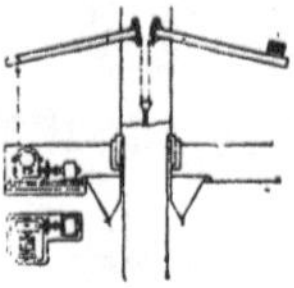

электрическій приводъ (m)
comando (m) elettrico dell'argano
impulsión (f) eléctrica del torno para la campana

---

6 **Nebenapparate**
**Auxiliary Appliances**
**Appareils auxiliaires**

**Второстепенные приборы**
**Apparecchi ausiliari**
**Aparatos auxiliares**

7 Ableitung (f) der Gase, Abführung (f) der Gase
conduction of the gases
conduite (f) des gaz (appareils (mpl) pour la)

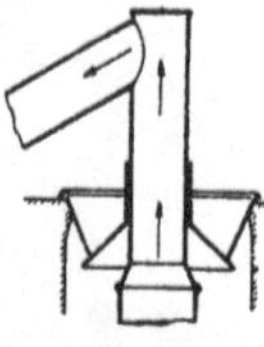

отводъ (m) газовъ; [устройство:] газоотводъ (m)
conduttura (f) del gas
toma (f) *ó* conducción (f) de los gases

---

8 Klappenverschluß (m)
flap valve
fermeture (f) à clapet

клапанный затворъ (m); затворъ при помощи клапановъ
chiusura (f) a valvola
válvula (f) de bisagra

---

9 Sicherheitsvorrichtung (f), Sicherheitsklappe (f)
safety device, safety valve
dispositif (m) de sûreté, clapet (m) d'explosion

предохранительное приспособленіе (n); предохранительный клапанъ (m)
valvola (f) d'esplosione
válvula (f) [de bisagra] de explosión *ó* de seguridad

sich selbsttätig öffnen (v)
to open automatically
s'ouvrir (v) automatiquement

открываться автоматически
aprirsi (v) automaticamente
abrirse (v) automáticamente 1

---

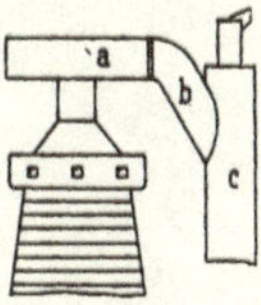


wagerechtes Rohr (n)
horizontal pipe
tuyau (m) horizontal

a

горизонтальная труба (f)
tubo (m) orizzontale
tubo (m) horizontal 2

---

geneigtes Rohr (n)
inclined pipe
tuyau (m) incliné

b

наклонная труба (f)
tubo (m) inclinato
tubo (m) inclinado 3

---

senkrechtes Rohr (n), Fallrohr (n)
vertical pipe, downcomer
tuyau (m) vertical

c

вертикальная труба (f)
tubo (m) verticale
tubo (m) vertical 4

---

Abscheidung (f) des Erzstaubes
separation of the ore dust
séparation (f) des poussières

отдѣленіе (n) рудной пыли
separazione (f) delle polveri
separación (f) del polvo de mineral 5

**Gasreinigung**
**Gas Purification, Gas Cleaning (A*)**
**Épuration des gas**

**Очистка газа**
**Depurazione del gas**
**Purificación de los gases** 6

reinigen (v)
to purify
épurer (v)

очищать
depurare (v)
purificar (v) 7

---

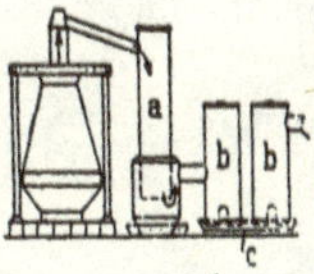


Trockenreinigung (f) der Gichtgase
dry purification of the waste gases
épuration (f) à sec des gaz du gueulard

сухая очистка (f) колошниковыхъ газовъ
depurazione (f) a secco del gas
purificación (f) seca del gas de alto horno 8

---

Standrohr (n)
vertical pipe, downcomer
tuyau (m) vertical de descente

a

вертикальная труба (f)
tubo (m) verticale
tubo (m) vertical de bajada 9

---

Gasreiniger (m)
gas purifier, gas cleaner (A*)
épurateur (m) [de gaz]

b

газоочиститель (m)
depuratore (m)
depurador (m) [de gas] 10

---

* A = americanism

| | | | |
|---|---|---|---|
| 1 | Gichtstaub (m)<br>dust from throat of furnace<br>poussière (f) du gueulard | | колошниковая пыль (f)<br>polvere (f) del gas<br>polvo (m) de gas de alto horno |
| 2 | (gemeinschaftlicher) Wasserbehälter (m)<br>(common) water tank<br>réservoir (m) d'eau (général) | c | общій водоёмъ (m); общій резервуаръ (m) съ водою<br>recipiente (m) (comune) d'acqua<br>recipiente (m) (común) de agua |
| 3 | eintauchen (v)<br>to dip<br>plonger (v) | | погру-зить (-жать)<br>entrare (v)<br>sumergir (v) |
| 4 | Rohr (n) mit Scheidewänden<br>tube with baffle plates<br>tuyau (m) à chicanes |  | труба (f) съ перегородками<br>tubo (m) a pareti distinte *o* separate<br>tubo (m) con paredes separadoras |
| 5 | schräg stehendes Blech (n)<br>inclined plate<br>tôle (f) inclinée | a | косо установленный желѣзный листъ (m)<br>lamiera (f) inclinata<br>chapa (f) inclinada |
| 6 | Seitenkammer (f)<br>side chamber<br>chambre (f) latérale | b | боковая камера (f)<br>camera (f) laterale<br>cámara (f) lateral |
| 7 | Staubfang (m), Staubfänger (m)<br>dust catcher<br>caisse (f) à poussières |  | пыле[у]ловитель (m)<br>cassa (f) per raccogliere le polveri<br>colector (m) de polvo |
| 8 | Staubsack (m)<br>dust pocket *or* bin<br>sac (m) à poussières | 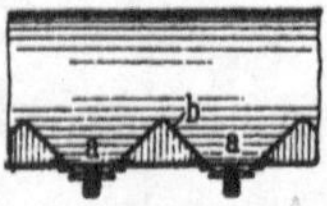 | пылесобиратель (m)<br>sacco (m) da polvere<br>bolsillo (m) ó saco (m) de polvo |
| 9 | querlaufender Rücken (m)<br>cross back *or* baffle<br>paroi (f) transversale | a<br>b | поперечная стѣнка (f)<br>parete (f) trasversale<br>lomo (m) transversal |

| | | | |
|---|---|---|---|
| Holzhorde (f)<br>wood hurdle<br>claie (f) en bois | 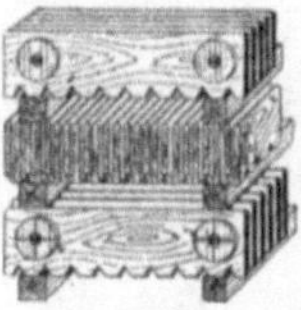 | рѣшётка (f) изъ тёса<br>graticcio (m) di legno<br>enrejado (m) ó enlistonado (m) ó emparrillado (m) de madera | 1 |
| Naßreinigung (f)<br>wet purification, washing<br>épuration (f) par voie humide | | мокрая очистка (f)<br>epurazione (f) ad acqua<br>purificación (f) húmeda | 2 |
| Waschvorrichtung (f)<br>washing device, washer<br>installation (f) de lavage | 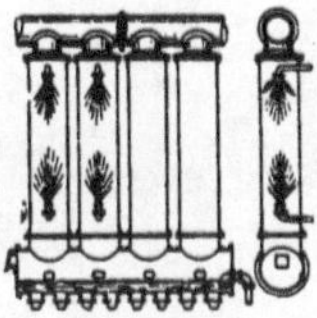 | промыватель (m)<br>lavaggio (m)<br>instalación (f) de lavado | 3 |
| Gaswascher (m), Skrubber (m)<br>gas washer, scrubber<br>scrubber (m), laveur (m) à gaz | 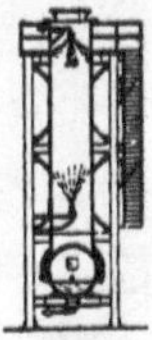 | скрубберъ (m); газопромыватель (m)<br>lavaggio (m) a gas<br>lavador (m) de gas | 4 |
| Streudüse (f)<br>spray nozzle<br>tuyère (f) *ou* ajutage (m) de pulvérisation | 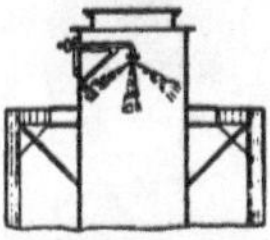 | распыляющее сопло (n)<br>pera (f) d'innaffiamento<br>tobera (f) regadera | 5 |
| Schleudergebläse (n), Ventilator (m)<br>centrifugal blower<br>ventilateur (m) centrifuge | 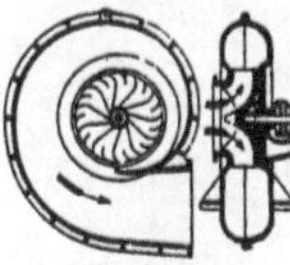 | центробѣжный вентиляторъ (m)<br>ventilatore (m) centrifugo<br>ventilador (m) centrífugo | 6 |
| Theisenscher Wascher (m)<br>Theisen's washer<br>laveur (m) Theisen | 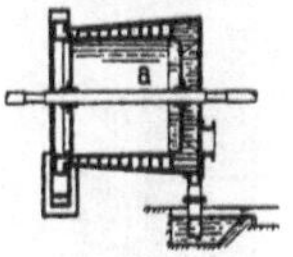 | аппаратъ (m) Тейсена<br>epuratore (m) Theisen<br>lavador (m) Theisen | 7 |
| Trommel (f)<br>drum<br>tambour (m) | a | барабанъ (m)<br>tamburo (m)<br>tambor (m) | 8 |

1 Bianscher Wascher (m)
Bian's washer
laveur (m) Bian

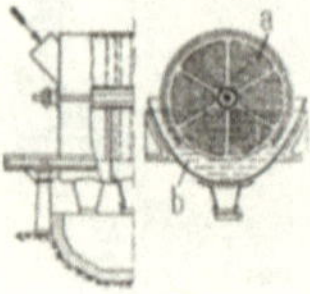

газоохладитель (m) Біана; промыватель (m) Біана
epuratore (m) Bian
lavador (m) Bian

---

2 Drahtgeflecht (n)
wire gauze
toile (f) métallique

a

проволочная ткань (f); проволочная сѣтка (f)
tela (f) metallica
tela (f) metálica

---

3 mit Wasser gefüllte Mulde (f)
trough filled with water
cuve (f) remplie d'eau

b

жолобъ (m) *или* лотокъ (m), наполненный водой
tinozza (f) piena d'acqua
caja (f) *ó* cuba (f) llena de agua

**4 Winderhitzer**
**Air Heater**
**Appareils à air chaud**

**Воздухонагрѣватель; подогрѣватель дутья**
**Apparecchio ad aria calda**
**Aparatos calentadores del aire**

5 eiserner Winderhitzer (m)
iron air heater
appareil (m) à air chaud en fonte

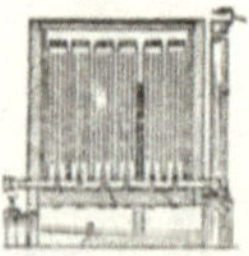

воздухонагрѣватель (m) съ чугунными трубами
apparecchio (m) di ghisa ad aria calda
calentador (m) de hierro del aire

---

6 liegender Winderhitzer (m)
horizontal air heater
appareil (m) à air chaud horizontal

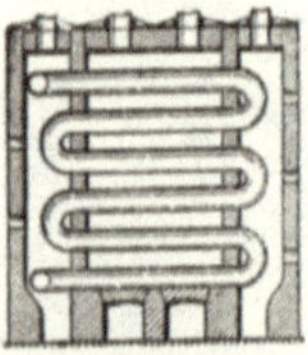

воздухонагрѣватель (m) съ лежачими *или* горизонтальными трубами
apparecchio (m) ad aria calda orizzontale
calentador (m) horizontal del aire

---

7 Winderhitzer (m) mit hängenden Röhren
air heater with suspended pipes
appareil (m) à air chaud à tuyaux verticaux suspendus

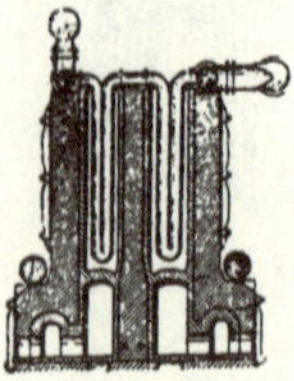

воздухонагрѣватель (m) съ висячими трубами
apparecchio (m) ad aria calda a tubi sospesi
calentador (m) del aire con tubos suspendidos

| | | | |
|---|---|---|---|
| stehenderWinderhitzer (m)<br>vertical air heater<br>appareil (m) à air chaud vertical | | воздухонатрѣватель (m) съ вертикальными трубами<br>apparecchio (m) ad aria calda verticale<br>calentador (m) vertical del aire | 1 |
| Heizkammer (f)<br>heating chamber<br>chambre (f) de chauffe | | нагрѣвательная камера (f)<br>camera (f) di riscaldamento<br>cámara (f) de calefacción | 2 |
| Fußkasten (m) mit Muffe<br>base box with flange<br>boîte (f) de pied avec manchon | | основной ящикъ (m) съ муфтой<br>cassa (f) di fondo con manicotto<br>caja (f) de fondo con manguito ó en cajes | 3 |
| angegossene Muffe (f)<br>cast-on flange<br>manchon (m) venu de fonte, tubulure (f) venue de fonte | | прилитая муфта (f)<br>manicotto (m) fuso insieme<br>manguito (m) fundido en una pieza con el tubo | 4 |
| Rostkitt (m)<br>iron cement<br>mastic (m) de fer | | желѣзная *или* чугунная замазка (f)<br>mastice (m) di ferro<br>mastic (m), cemento (m) para hierro | 5 |
| Röhrenstrang (m), Rohrstrang (m)<br>coil of piping<br>rangée (f) de tubes | 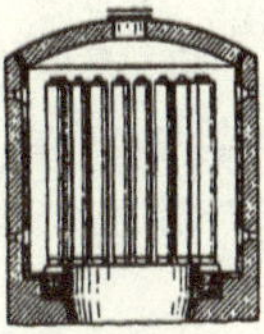 | рядъ (m) *или* система (f) трубъ<br>fila (f) di tubi<br>serie (f) de tubos | 6 |
| Doppelrohr (n)<br>double pipe<br>tube (m) double |   | двойная труба (f)<br>doppio tubo (m)<br>tubo (m) doble | 7 |
| Scheidewand (f)<br>separating wall<br>cloison (f) | a | перегородка (f)<br>tramezzo (m)<br>tabique (m), pared (f) intermedia | 8 |
| Versteifung (f) der Rohrwände<br>stiffening of the tube walls<br>renforcement (m) des parois du tube | b | приданіе (n) стѣнкамъ трубъ жёсткости<br>rinforzo (m) dei tramezzi<br>nervio (m) reforzador de las paredes de los tubos | 9 |

| | | | |
|---|---|---|---|
| 1 | zweischenkeliges Rohr (n), Hosenrohr (n), Siphonrohr (n)<br>syphon pipe, U-pipe<br>tube (m) en trompette, tube (m) à deux branches | 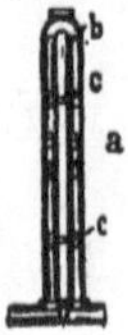 | двухколѣнчатая *или* двухколѣнная труба (f); панталонная труба; сифонная труба<br>tubo (m) a due braccia, tubo (m) ad U<br>tubo (m) de dos brazos ó ramas |
| 2 | Schenkel (m)<br>side leg, branch<br>branche (f) | a | колѣно (n)<br>braccio (m)<br>brazo (m), rama (f) |
| 3 | Krümmling (m), Rohrkrümmer (m)<br>bend<br>coude (m) | b | колѣно (n)<br>gomito (m)<br>codo (m) |
| 4 | Quersteg (m)<br>cross piece<br>entretoise (f) | c | поперечина (f)<br>trave (f) di collegamento, tirande (m)<br>pieza (f) de consolidación |
| 5 | steinerner Winderhitzer (m)<br>chequer brick heater *or* stove<br>appareil (m) à air chaud en briques | | каменный воздухонагрѣватель (m)<br>apparecchio (m) di mattoni ad aria calda<br>calentador (m) del aire de ladrillos refractarios |
| 6 | Whitwellscher Winderhitzer (m)<br>Whitwell stove<br>appareil (m) à air chaud *ou* récupérateur (m) Whitwell | 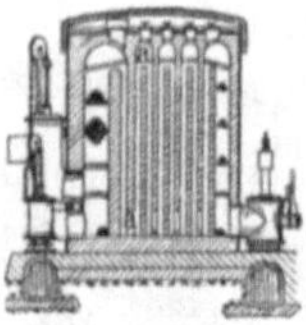 | воздухонагрѣватель (m) Витвелля<br>apparecchio (m) ad aria calda *o* ricuperatore (m) Whitwell<br>calentador (m) del aire ó recuperador (m) de Whitwell |
| 7 | Durchgangsöffnung (f)<br>passage opening<br>passage (f) | a | проходное окно (n); лазъ (m)<br>passaggio (m)<br>abertura (f) de paso |
| 8 | Winderhitzer (m) nach Cowper<br>Cowper's stove<br>appareil (m) à air chaud de Cowper | 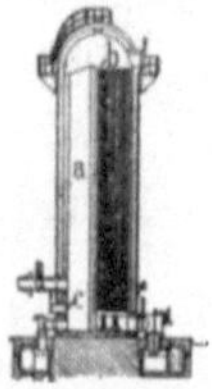 | воздухонагрѣватель (m) Коупера<br>apparecchio (m) ad aria calda Cowper<br>calentador (m) del aire sistema Cowper |
| 9 | Wärmespeicher (m)<br>heat accumulator, heat storage (A*)<br>récupérateur (m) *ou* accumulateur (m) de chaleur | | регенераторъ (m)<br>ricuperatore (m) di calore<br>cámara (f) de recuperación, acumulador (m) de calor |

* A = americanism

| | | | |
|---|---|---|---|
| Verbrennungsschacht (m)<br>combustion shaft<br>cheminée (f) de combustion, puits (m) de combustion | a | шахта (n), гдѣ происходитъ сгоранiе<br>pozzo (m) di combustione<br>chimenea (f) de combustión | 1 |
| Zug (m)<br>draught<br>tirage (m) | b | каналъ (m)<br>tiraggio (m)<br>tiro (m) | 2 |
| Lufteinströmöffnung (f)<br>air inlet hole<br>orifice (f) d'entrée d'air | c | отверстiе (n) для впуска воздуха<br>entrata (f) dell'aria<br>abertura (f) de entrada de aire | 3 |
| Lufteinströmklappe(f), Windklappe (f)<br>air inlet valve<br>clapet(m) d'entrée d'air | 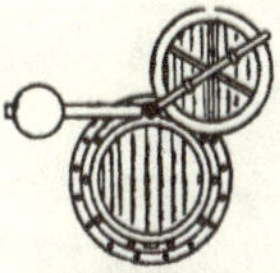 | клапанъ (m), регулирующiй впускъ воздуха<br>valvola (f) per l'entrata dell'aria<br>válvula (f) de entrada de aire | 4 |
| Gußeisengitter (n)<br>cast iron grid<br>grille (f) en fonte | 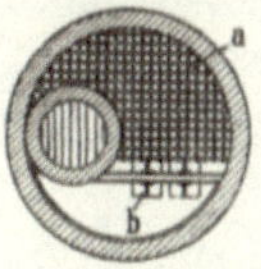<br> | чугунная рѣшётка (f)<br>griglia (f) di ghisa<br>rejilla (f) de hierro colado | 5 |
| | a | | |
| gußeiserner Fuß (m)<br>cast iron foot<br>pilier (m) en fonte | b | чугунная подставка (f)<br>piede (m) di ghisa<br>pilar (m) de hierro fundido | 6 |
| Kuppel (f), Haube (f)<br>bonnet, hood<br>calotte (f), coupole (f) | 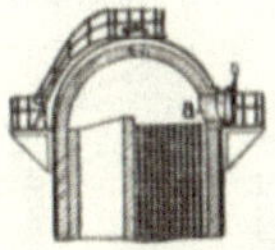<br> | сводъ (m)<br>cupola (f), callotta (f)<br>cúpula (f) | 7 |
| Reinigungsöffnung (f)<br>cleaning hole, man hole<br>orifice (m) de nettoyage, trou (m) d'homme | a | лазъ (m); люкъ (m) для чистки<br>foro (m) di visita<br>abertura (f) de limpieza | 8 |
| Steinform (f)<br>shape of brick<br>forme (f) de brique | 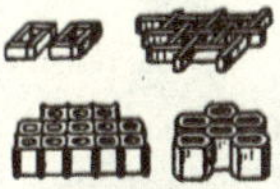 | форма (f) кирпичей<br>forma (f) del mattone<br>forma (f) del ladrillo | 9 |
| hochkantig stehender Ziegel (m)<br>brick standing on edge<br>brique (f) sur champ | 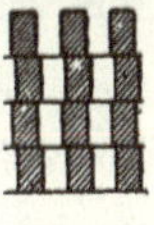 | кирпичъ (m), поставленный на ребро<br>mattone (m) a coltello o per ritto<br>ladrillo (m) puesto de canto | 10 |

1 Verschluß (m) des Winderhitzers
valve of the air heater
fermeture (f) de l'appareil à air chaud
затворъ (m) воздухонагрѣвателя
valvola (f) di chiusura del ricuperatore
cierre (m) del aparato calentador

---

2 Schieberventil (n)
slide valve
registre (m), vanne (f)

запорная задвижка (f)
valvola (f) a campana
válvula (f) de compuerta ó corredera

---

3 Ventilgehäuse (n)
valve box
boite (f) *ou* logement (m) de la vanne
a
клапанная коробка (f)
cassa (f) della valvola
caja (f) de la válvula

---

4 Kaltwindschieber (m)
cold blast slide
vanne (f) à air froid, régistre (m) à air froid

задвижка (f), регулирующая поступленіе ненагрѣтаго воздуха
valvola (f) ad aria fredda
válvula (f) de aire frio

---

5 Heißwindschieber (m)
hot blast valve
vanne (f) à air chaud

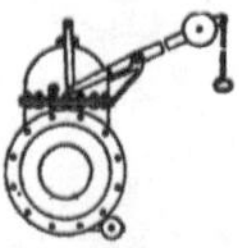

задвижка (f), регулирующая притокъ нагрѣтаго воздуха
valvola (f) ad aria calda
cierre (m) de aire caliente

---

6 wassergekühltes Ventil (n)
watercooled valve
valve (f) à circulation d'eau

клапанъ (m) съ водянымъ охлажденіемъ; клапанъ, охлаждаемый водой
valvola (f) a circolazione d'acqua
válvula (f) refrescada por agua

---

7 Stahlgußschieber (m)
cast steel slide valve
vaune (f) en acier coulé

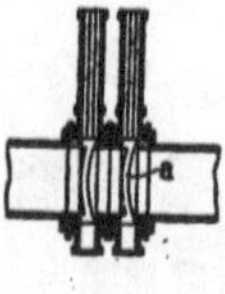


задвижка (f) изъ литой стали
valvola (f) in acciaio fuso
válvula (f) de acero fundido

---

8 gekrümmte Fläche (f)
curved surface
surface (f) bombée
a
изогнутая поверхность (f)
superficie (f) curva
superficie (f) combada

| | | | |
|---|---|---|---|
| Gasventil (n)<br>gas valve<br>vanne (f) à gaz | 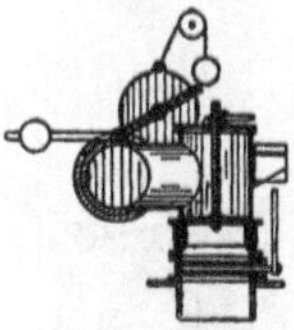 | газовый клапанъ (m)<br>valvola (f) a gas<br>válvula (f) de gas | *1* |
| Tellerventil (n)<br>disc valve<br>vanne (f) à siège horizontal |  | тарелочный *или* тарелкообразный клапанъ (m)<br>valvola (f) a sede piana<br>válvula (f) de plato | *2* |
| Burgersches Drehventil (n)<br>Burger's rotary valve<br>valve (f) rotative de Burger |  | вращающійся клапанъ (m) Бургерса<br>valvola (f) rotativa Burger<br>válvula (f) giratoria de Burger | *3* |
| Verschlußschraube (f)<br>closing screw<br>boulon (m) de fermeture | a | важимной винтъ (m)<br>bollone (m) di chiusura<br>tornillo (m) de cierre | *4* |
| Rahmen (m)<br>frame<br>cadre (m) | b | рама (f)<br>inquadratura (f)<br>marco (m) | *5* |
| Zahnstange (f) mit Getriebe<br>rack with pinion<br>crémaillère (f) avec pignon moteur | 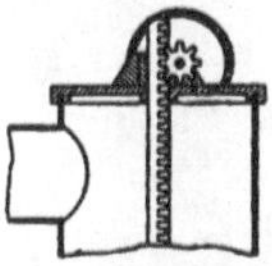 | зубчатая рейка (f) съ шестернёй<br>cremagliera (f)<br>cremallera (f) con piñón | *6* |
| Schmidtsche Brille (f)<br>Schmidt's spectacle valve<br>lunette (f) de Schmidt | 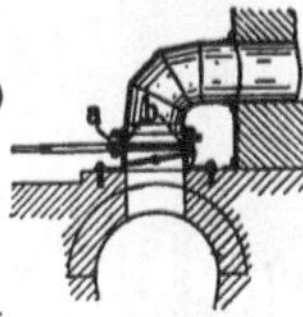 | очки (npl) Шмидта<br>valvola (f) Schmidt<br>válvula-luneta (f) sistema Schmidt | *7* |
| Drehzapfen (m)<br>pivot<br>pivot (m) | a | цапфа (f), вокругъ которой происходитъ вращеніе<br>asse (m)<br>eje (m) de rotación | *8* |
| abgedrehter Bord (m)<br>turned edge<br>bord (m) tourné | b | обточенный фланецъ (m)<br>bordo (m) *od* orlo (m) girato<br>reborde (m) torneado | *9* |

1 luftdichter, winddichter Abschluß (m)
airtight joint *or* fitting
fermeture (f) hermétique *ou* imperméable au vent

воздухонепроницаемый затворъ (m)
chiusura (f) ermetica
cierre (m) hermético

---

2 Windleitung (f)
air pipe, blast pipe
conduite (f) de vent

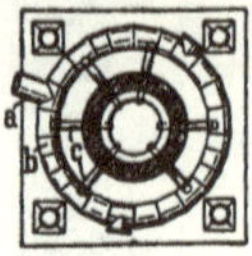

воздухопроводъ (m)
condotto (m) del vento
conducto (m) *ó* tubería (f) de viento

---

3 Hauptwindleitung (f)
air main, blast main
conduite (f) de vent principale

a

главная воздухопроводная труба (f): главный воздухопроводъ (m)
condotto (m) principale del vento
tubería (f) principal de viento

---

4 Verteilungsrohr (n), Windkranz (m)
distribution pipe
tuyau (m) distributeur, ceinture (f) porte-vent

b

распредѣлительная труба (f)
tubo (m) distributore
tubo (m) circular, tubo (m) de distribución

---

5 Abzweigrohr (n)
branch pipe
tuyau (m) branché

c

отвѣтвительная труба (f); отводъ (m)
tubo (m) ramificato
tubo (m) de ramificación

---

6 Windverteilung (f)
air *or* blast distribution
répartition (f) du vent

распредѣленіе (n) воздуха
distribuzione (f) del vento
distribución (f) del viento

---

7 Ausgleichrohr (n)
compensating pipe
tuyau (m) à compensation

уравнительная *или* компенсаціонная труба (f)
tubo (m) compensatore
tubo (m) compensador *ó* de dilatación

---

8 Scheibenausgleicher (m)
disc compensator
compensateur (m) à disque

дисковый компенсаторъ (m)
disco (m) compensatore, giunto (m) di dilatazione
disco (m) compensador de dilatación

---

9 Stopfbüchsenausgleicher (m)
stuffing box compensator
compensateur (m) à presse-étoupes

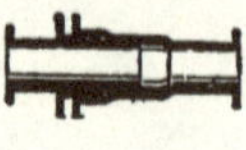

сальниковый компенсаторъ (m)
compensatore (m) a premistoppa
compensador (m) de dilatación con prensa-estopas

Packung (f)
packing, stuffing
bourrage (m)

набивка (f); прокладка (f)
guarnizione (f) 1
empaquetadura (f), guarnición (f)

---

Rollenlager (n)
roller bearing
palier (m) à rouleaux

роликовая опора (f); опора на роликахъ *или* на каткахъ
sopporto (m) a rulli 2
soporte (m) *ó* cojinete (m) de rodillos

---

**Gebläse**
**Blower**
**Soufflerie**

**Воздуходувки**
**Soffleria, soffietto** 3
**Máquinas soplantes**

lederner Spitzbalg (m)
leather bellows
soufflet (m) en cuir

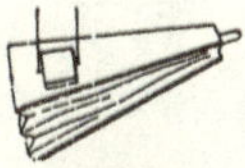

кожаный клинчатый *или* клинообразный мѣхъ (m) 4
mantice (m) di cuoio
fuelle (m) de cuero

---

Kastengebläse (n)
box blower
soufflerie (f) à caisse

ящичные мѣха (m pl)
soffieria (f) a cassa 5
máquina (f) soplante de caja

---

Zylindergebläse (n)
cylindrical blower
soufflerie (f) à cylindres

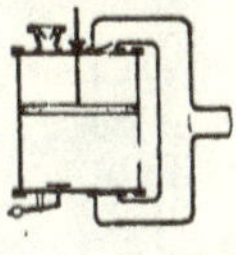

цилиндрическіе мѣха (m pl); цилиндрическая воздуходувка (f) *или* воздуходувная машина (f) 6
soffieria (f) a cilindro
máquina (f) soplante de cilindro

---

einzylindrig (adj)
mono-cylindrical (adj)
monocylindrique (adj)

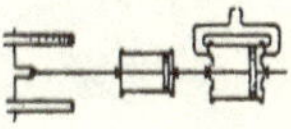

одноцилиндровый
monocilindrico (agg) 7
á *ó* de un cilindro

---

mehrzylindrig (adj)
poly-cylindrical
à plusieurs cylindres

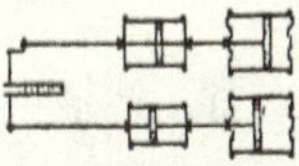

многоцилиндровый
a più cilindri 8
á varios cilindros

---

Wasserkraftgebläse (n)
hydraulic blower
soufflerie (f) hydraulique

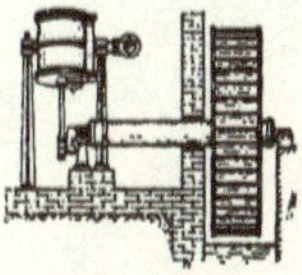

вододѣйствующая воздуходувка (f) *или* воздуходувная машина (f) 9
soffieria (f) idraulica
soplador (m) hidráulico

---

Dampfgebläse (n), Dampfkraftgebläse (n)
steam blower
soufflerie (f) à vapeur

паровая воздуходувка (f) *или* воздуходувная машина (f) 10
soffieria (f) a vapore
máquina (f) soplante de vapor

| | | | |
|---|---|---|---|
| 1 | Schwinghebelmaschine (f)<br>beam engine<br>machine (f) à balancier |  | воздуходувка (f) *или* воздуходувная машина (f) съ балансиромъ<br>macchina (f) a bilanciere<br>máquina (f) de balancin |
| 2 | stehendes Gebläse (n)<br>vertical blower<br>soufflerie (f) verticale | 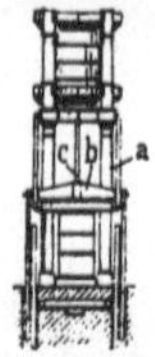 | вертикальные *или* стоячіе мѣха (m pl); вертикальная воздуходувка (f) *или* воздуходувная машина (f)<br>soffieria (f) verticale<br>máquina (f) soplante vertical |
| 3 | Säule (f), Ständer (m)<br>column<br>colonne (f) | a | колонна (f); стойка (f)<br>colonna (f)<br>columna (f) |
| 4 | Querhaupt (n)<br>tie<br>traverse (f) | b | поперечина (f)<br>scorritoio (m)<br>cabezal (m) transversal |
| 5 | Kurbelstange (f)<br>connecting rod<br>bielle (f) | c | шатунъ (m)<br>biella (f)<br>biela (f) |
| 6 | Clevelandsches Gebläse (n) mit einer Kurbelstange<br>Cleveland blower with one connecting rod<br>machine (f) soufflante de Cleveland à une bielle |  | кливлендскіе мѣха (m pl) съ однимъ шатуномъ; кливлендская воздуходувка (f) *или* воздуходувная машина (f) съ однимъ шатуномъ<br>soffieria (f) di Cleveland ad una biella<br>máquina (f) soplante con una biela sistema Cleveland |
| 7 | liegendes Gebläse (n)<br>horizontal blower<br>machine (f) soufflante horizontale |  | лежачіе *или* горизонтальные мѣха (m pl); горизонтальная воздуходувка (f) *или* воздуходувная машина (f)<br>soffieria (f) orizzontale<br>máquina (f) soplante horizontal |
| 8 | Antriebmaschine (f)<br>driving maschine<br>machine (f) motrice | | двигатель (m)<br>macchina (f) motrice<br>máquina (f) motriz |
| 9 | Zwillingmaschine (f), Zwillingdampfmaschine (f)<br>twin engine<br>machine (f) jumelle | | сдвоенная паровая машина (f)<br>macchina (f) gemella<br>máquina (f) gemela |

Tandemmaschine (f)
tandem engine
machine (f) tandem

[паровая] машина (f) -тандемъ
macchina (f) a tandem
máquina (f) tándem 1

---

Verbundmaschine (f)
compound engine
machine (f) compound

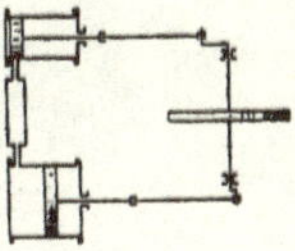

паровая машина -компаундъ; машина съ послѣдовательнымъ расширеніемъ
macchina (f) compound
máquina (f) compound 2

---

unmittelbare Kraftübertragung (f)
direct transmission of power
action (f) directe

прямая *или* непосредственная передача (f) силы
attacco (m) diretto, trasmissione (f) diretta
acción (f) directa, transmisión (f) directa de fuerza 3

---

Turbogebläse (n)
turbo blower
turbo-compresseur (m), soufflerie (f) rotative

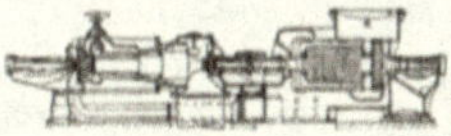

воздуходувка (f) *или* воздуходувная машина (f), приводимая въ движеніе турбиной
turbo (m) soffiante
máquina (f) soplante de turbina 4

---

Gasgebläse (n), Gasmaschinengebläse (n)
gas blowing engine
soufflerie (f) *ou* soufflante (f) à gaz

воздуходувка (f) *или* воздуходувная машина (f), приводимая въ движеніе газовымъ двигателемъ
soffiante (f) *o* soffieria (f) a gas
máquina (f) soplante de gas 5

---

Viertaktmaschine (f)
four cycle engine
machine (f) à quatre temps

четырёхтактный двигатель (m) *или* моторъ (m)
macchina (f) a quattro tempi
máquina (f) de cuatro tiempos 6

---

Zweitaktmaschine (f)
two cycle engine
machine (f) à deux temps

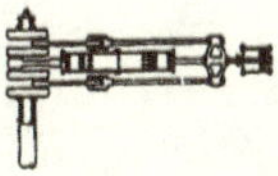

двухтактный двигатель (m) *или* моторъ (m)
macchina (f) a due tempi
máquina (f) de dos tiempos 7

---

einfach wirkend (adj)
single acting
à simple effet

простого дѣйствія
a semplice effetto
de simple efecto 8

| | | |
|---|---|---|
| 1 | doppelt wirkend (adj)<br>double acting<br>à double effet | двойного дѣйствія<br>a doppio effetto<br>de doble efecto |
| 2 | Gebläse (n) mit elektrischem Antrieb<br>blower with electric drive<br>soufflerie (f) avec moteur électrique | воздуходувка (f) *или* воздуходувная машина (f), приводимая въ движеніе отъ электрическаго двигателя<br>soffiante (f) *o* soffieria (f) elettrica<br>máquina (f) soplante eléctrica |
| 3 | Windzylinder (m), Gebläsezylinder (m)<br>blast cylinder<br>cylindre (m) à vent *ou* soufflant | воздуходувный цилиндръ (m)<br>cilindro (m) ad aria<br>cilindro (m) de viento |
| 4 | Ventil (n)<br>valve<br>valve (f), soupape (f) | клапанъ (m)<br>valvola (f)<br>válvula (f) |
| 5 | Regler (m)<br>governor, regulator<br>régulateur (m) | регуляторъ (m)<br>regolatore (m) di pressione<br>regulador (m) |
| 6 | Ansaugvolumen (n)<br>aspirated volume<br>volume (m) d'air aspiré | количество (n) всасываемаго воздуха<br>volume (m) di aspirazione<br>volumen (m) aspirado |
| 7 | Windmenge (f)<br>blast capacity<br>quantité (f) de vent | количество (n) дутья<br>quantità (f) d'aria<br>cantidad (f) de viento |
| 8 | Windspannung (f), Windpressung (f)<br>blast pressure<br>pression (f) du vent | упругость (f) дутья; давленіе (n) воздуха, вдуваемаго въ печь<br>pressione (f) del vento<br>presión (f) del viento |
| 9 | gleichmäßiger Windstrom (m)<br>uniform *or* continuous blast<br>courant (m) d'air continu et régulier | равномѣрный токъ (m) воздуха; равномѣрное дутьё (n)<br>corrente (f) d'aria continua<br>corriente (f) continua de viento |
| 10 | kalter Wind (m)<br>cold blast<br>vent (m) froid | холодное дутьё (n)<br>vento (m) freddo<br>viento (m) frio |
| 11 | erhitzter, heißer Wind (m)<br>hot blast<br>vent (m) chaud | нагрѣтое *или* горячее дутьё (n)<br>vento (m) caldo<br>viento (m) caliente |
| 12 | Windtrocknung (f)<br>drying the blast<br>dessication (f) de l'air | сушеніе (n) *или* сушка (f) воздуха<br>essiccazione (f) dell'aria<br>desecación (f) del viento |

Trockenanlage (f)
drying plant
installation (f) de séchage de l'air

сушилка (f); сушильня (f)
impianto (m) per l'essiccamento dell'aria
instalación (f) de desecación del aire 1

---

Windtrocknungsverfahren (n) von Gayley
Gayley's method of blast dry air
procédé (m) Gayley pour le séchage de l'air

способъ (m) сушки воздуха Гейлея
processo (m) d'essiccazione Gayley
procedimiento (m) para secar el aire sistema Gayley 2

---

Luftfeuchtigkeit (f)
humidity of air, moisture
humidité (f) de l'air

влажность (f) воздуха
umidità (f) dell'aria
humedad (f) del aire 3

---

Wassergehalt (m) in 1 ccm Luft
water contents per $cm^3$ of air
teneur (f) en eau par $cm^3$ d'air

содержанiе (n) воды въ 1 (одномъ) кубическомъ метрѣ воздуха
tenore (m) in acqua
contenido (m) de agua por cent. cúb. de aire 4

---

Kühlkammer (f), Kühler (m)
cooling chamber
chambre (f) de refroidissement

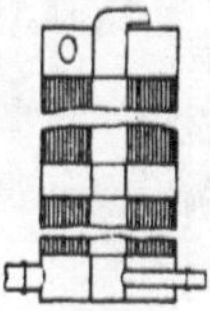

холодильная камера (f); холодильный приборъ (m); холодильникъ (m)
camera (f) refrigerante
cámara (f) de refrigeración 5

---

Chlorcalciumlösung (f)
solution of chloride of calcium
solution (f) de chlorure de calcium

растворъ (m) хлористаго кальцiя
soluzione (f) di cloruro di calcio
solución (f) de cloruro de calcio 6

---

Kältemaschine (f)
freezing machine
machine (f) frigorifique

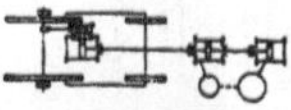

холодильная машина (f)
macchina (f) frigorifera
máquina (f) frigorifica 7

**Gichtaufzüge**
**Elevators, Hoists, Charging Apparratus, Lift**
**Monte-charges**

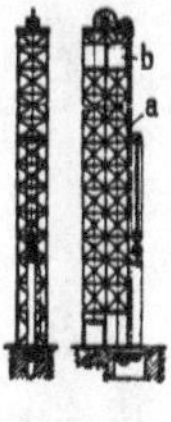


a

**Колошниковые подъёмники**
**Montacariche**
**Montacargas** 8

Fördergerüst (n) Förderturm (m)
lift frame, elevator frame, hoist frame
charpente (f) du monte-charges

сооруженiе (n) для колошниковаго подъёмника
armatura (f) del montacariche
armadura (f) del montacargas 9

| | | | |
|---|---|---|---|
| 1 | **Förderschale (f), Fördergefäß (n)**<br>**elevator cage *or* bucket cage (f)** | b | **клѣтка (f); люлька (f)**<br>**gabbia (f) del montacariche**<br>**plataforma (f) del montacargas** |
| 2 | **einfach wirkender Aufzug (m)**<br>**single acting lift *or* elevator**<br>**monte-charges (m) à simple effet** | 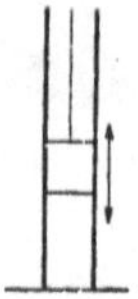 | **подъёмникъ (m) простого дѣйствія**<br>**montacariche (m) a semplice effetto**<br>**montacargas (m) de simple efecto** |
| 3 | **doppelt wirkender Aufzug (m)**<br>**double acting lift *or* elevator**<br>**monte-charges (m) à double effet** | 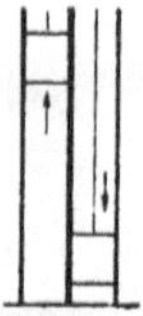 | **подъёмникъ (m) двойного дѣйствія**<br>**montacariche (m) a doppio effetto**<br>**montacargas (m) de doble efecto** |
| 4 | **Wassertonnenaufzug (m)**<br>**water balanced lift**<br>**monte-charges (m) à balance d'eau** | 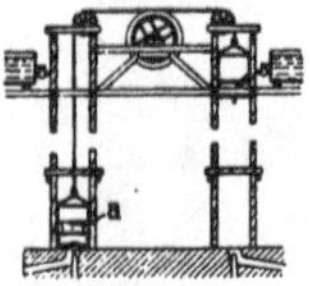 | **водяные вѣсы (m pl)**<br>**montacariche (m) a bilanciere d'acqua**<br>**montacargas (m) con balanza *ó* contrapeso de agua** |
| 5 | **Wassergefäß (n)**<br>**water tank**<br>**cuve (f) à eau** | a | **сосудъ (m) съ водою**<br>**recipiente (m) d'acqua**<br>**tonel (m) *ó* cuba (f) de agua** |
| 6 | **Wasserdruckaufzug (m)**<br>**hydraulic lift**<br>**monte-charges (m) hydraulique** | 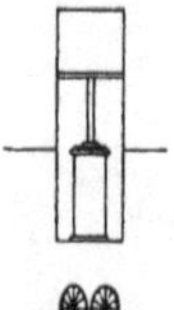 | **гидравлическій подъёмникъ (m); водостолбовой подъёмникъ (m)**<br>**montacariche (m) idraulico**<br>**montacargas (m) hidráulico** |
| 7 | **Luftdruckaufzug (m)**<br>**pneumatic lift**<br>**monte-charges (m) pneumatique** | 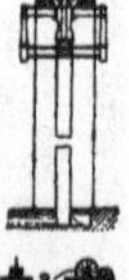 | **пневматическій подъёмникъ (m)**<br>**montacariche (m) pneumatico**<br>**montacargas (m) neumático** |
| 8 | **Gichtaufzug (m) mit Seilscheibenantrieb, Steilaufzug (m)**<br>**lift with rope drive**<br>**monte-charges (m) à câble** |  | **колошниковый подъёмникъ (m) съ канатной передачей**<br>**montacariche (m) a cavo**<br>**montacargas (m) de cable** |

| | | | |
|---|---|---|---|
| Seiltrommel (f), Seilscheibe (f)<br>winding drum *or* rope pulley<br>tambour (m) *ou* molette (f) du câble | a | шкивъ (m) для канатной передачи<br>tamburo (m) del cavo<br>tambor (m) de cable | 1 |
| Drahtseil (n)<br>wire rope, cable<br>câble (m) métallique | b | проволочный канатъ (m)<br>cavo (m) metallico<br>cable (m) de alambre ó metálico | 2 |
| Aufsetzvorrichtung (f)<br>catch device, safety catch, keps<br>palier (m) d'arrêt de la cage | | приспособленіе (n) для подпиранія клѣтки<br>arresto (m) della gabbia<br>disposición (f) de parada de la plataforma | 3 |
| Schrägaufzug (m)<br>inclined lift *or* hoist<br>monte-charges (m) incliné |  | наклонный подъёмникъ (m)<br>montacariche (m) a piano inclinato<br>montacargas (m) inclinado | 4 |
| selbsttätige Aufgebevorrichtung (f)<br>automatic charging<br>chargement (m) automatique | 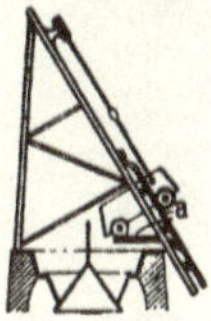 | автоматическая *или* самодѣйствующая подача (f)<br>caricamento (m) automatico<br>alimentación (f) automática, carga (f) automática | 5 |
| Kippvorrichtung (f)<br>tipping device<br>dispositif (m) de renversement, culbuteur (m) | a | приспособленіе (n) для опрокидыванія; опрокидыватель (m)<br>meccanismo (m) di rovesciamento<br>aparato (m) vertedor ó volcador | 6 |
| Seilbahnbegichtung (f)<br>aerial railway charging<br>chargement (m) par câble aérien |  | засыпка (f) колоши посредствомъ канатной дороги<br>caricamento (m) a ferrovia aerea<br>carga (f) por cable aéreo | 7 |
| Gichtseilbahn (f)<br>aerial railway<br>câble (m) aérien de gueulard | a | колошниковая канатная дорога (f); канатная дорога (f), ведущая на колошникъ<br>ferrovia (f) aerea<br>cable (m) aéreo de carga | 8 |

| | | | |
|---|---|---|---|
| 1 | Gichtkarren (m), Erzkarren (m), Förderhund (m)<br>wheel barrow, skip<br>benne (f) de chargement, brouette (f) de chargement |  | колошниковая телѣжка (f)<br>vagone (m) da minerale<br>carretilla (f) de carga |
| 2 | **Betrieb des Hochofens**<br>**Working of the Blast Furnace**<br>**Fonctionnement *ou* marche du haut-fourneau** | | **Доменное производство; работа доменной печи; веденіе доменной печи**<br>**Marcia dell'alto forno**<br>**Funcionamiento del alto horno** |
| 3 | Hochofendirektor (m)<br>blast furnace manager, blast furnace president (A*), general manager (A*)<br>directeur(m) des hauts-fourneaux | | директоръ (m) доменнаго завода; начальникъ (m) доменнаго цеха<br>direttore (m) dell'alto forno<br>director (m) de altos hornos |
| 4 | Betriebsleiter (m)<br>under manager, works manager<br>chef (m) de service | | завѣдующій (m) производствомъ<br>capo-servizio (m)<br>jefe (m) de servicio |
| 5 | Betriebsingenieur (m)<br>engineer in charge<br>ingénieur (m) de l'exploitation | | заводскій инженеръ (m)<br>ingegnere (m) di servizio<br>ingeniero (m) de la fabricación ó explotación |
| 6 | Schmelzmeister (m)<br>head melter<br>maître-fondeur (m), chef-fondeur (m) | | доменный мастеръ (m)<br>capo-forno (m)<br>maestro (m) de altos hornos ó fundidor |
| 7 | Aufseher (m)<br>foreman<br>surveillant (m) | | смотритель (m)<br>sorvegliante (m)<br>encargado (m) |
| 8 | Hochofenarbeiter (m)<br>furnace man *or* hand<br>ouvrier (m) de haut-fourneau | | доменный рабочій (m); рабочій у доменной печи<br>operaio (m) del alto forno<br>obrero (m) de alto horno |
| 9 | Erzverlader (m)<br>charge labourer<br>chargeur (m) de minerai | | грузчикъ (m) руды<br>operaio (m) addetto a caricare il minerale<br>cargador (m) de minerales |

* A = americanism

Gichtarbeiter (m)
man in charge of throat
ouvrier (m) au gueulard
засыпщикъ (m); рабочій (m) на колошникѣ печи
operaio (m) di piattaforma
obrero (m) de plataforma 1

---

Maschinenwärter (m)
engineer
machiniste (m)
машинистъ (m)
macchinista (m)
maquinista (m) 2

---

Fördermaschinist (m)
engineer [*or* man] in charge of hoist
machiniste (m) du monte-charges
машинистъ (m) при подъёмѣ
macchinista (m) del montacariche
maquinista (m) del montacargas 3

**Das Gichten**
**Charge**
**Charge, chargement**
**Засыпка колоши**
**Caricamento**
**Cargamento, carga** 4

Herbeischaffen (n) der Schmelzstoffe
bringing the materials to be smelted
transport (m) des matières premières, amenée (f) du combustible et du lit de fusion
доставка (f) плавильныхъ матеріаловъ
trasporto (m) delle materie prime *o* di fusione
transporte (m) de las materias de fusión 5

---

Beschickung (f)
charge, burden
charge (f)
засыпка (f); загрузка (f)
carica (f)
carga (f) 6

---

Zusammensetzung (f) der Beschickung
composition of the charge *or* burden
composition (f) de la charge
составленіе (n) шихты
composizione (f) della carica
composición (f) de la carga 7

---

Erzgemisch (n)
mixture of ore *or* ores
mélange (m) de minerais
смѣсь (f) рудъ
mescolanza (f) dei minerali
mezcla (f) de minerales 8

---

Gattierung (f)
burden
lit (m) de fusion
шихтованіе (n); смѣшеніе (n) рудъ и флюсовъ въ желательномъ соотношеніи; составленіе (n) шихты
letto (m) di fusione
mezcla (f) de las cargas 9

---

gattieren (v)
to calculate the burden
préparer (v) le lit de fusion
шихтовать; составлять шихту
preparare (v) il letto di fusione
mezclar (v) 10

1 Erzsatz (m), Erzpost(f)
charge of ores and fluxes
charge (m) de minerai

рудная сыпь (f)
carica (f) di minerale
carga (f) de mineral

---

2 Möller (m)
mixture of ores and fluxes
lit (m) de fusion

шихта (f)
letto (m) di fusione
lecho (m) de fusión

---

3 Berechnung (f) des Möllers
calculation of the mixture
calcul (m) du lit de fusion

расчётъ (m) шихты
calcolo (m) del letto di fusione
cálculo (m) del lecho de fusión

---

4 Möllerung (f)
to make the mixture
préparation (f) du lit de fusion

шихтованіе (n); смѣшеніе (n) рудъ и флюсовъ въ желательномъ соотношеніи; составленіе (n) шихты
preparazione (f) del letto di fusione
preparación (f) del lecho de fusión

---

5 Gewichtverhältnis (n)
proportion by weight
proportion (f) en poids

вѣсовое отношеніе (n)
proporzione (f) in peso
proporción (f) en peso

---

6 Mrazeks stöchiometrisches Verfahren (n)
stoichiometric[al] method of Mrazek
méthode (f) stœchiométrique de Mrazek

стехіометрическій способъ (m) Мразека
método (m) stechiometrico Mrazek
método (m) estequiométrico de Mrazek

---

7 Möllerhaus (n)
mixing shed, ore house
halle (f) de mélange

шихтарникъ (m)
locale (m) per mescolare o dosare
casa (f) de mezcla

---

8 abmessen (v)
to measure
mesurer (v)

отмѣри-ть (-вать)
misurare (v)
medir (v)

---

9 Gemäß (n)
measure
mesure (f) pour volume

объёмная мѣра (f)
misura (f) per volume
medida (f) para volumen ó de capacidad

---

10 abwägen (v)
to weigh
peser (v)

отвѣ-сить (-шивать)
pesare (v)
pesar (v)

---

11 Durchschnittgewicht (n)
average weight
poids (m) moyen

среднiй вѣсъ (m)
peso (m) medio
peso (m) medio

aufgichten (v), gichten (v)
to charge
charger (v)

засыпать; заваливать
caricare (v), fare (v) la carica 1
echar (f) la carga, cargar (v)

---

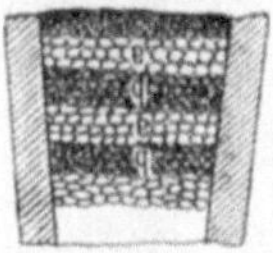

Erzgicht (f)
ore charge, charge of ore
charge (f) de minerais

рудная колоша (f)
carica (f) di minerale 2
carga (f) de mineral

---

a

b

Brennstoffgicht (f)
charge of fuel
charge (f) de combustible

колоша (f) горючаго
carica (f) di combustibile 3
carga (f) de combustible

---

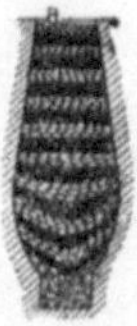

Beschickungssäule (f)
stock column
colonne (f) des charges

столбъ (m) шихты
colonna (f) delle cariche 4
columna (f) de las cargas

---

a

Beschickungsoberfläche (f)
stock line
surface (f) de la charge

поверхность (f) засыпи
superficie (f) della carica 5
superficie (f) de la carga

---

Verteilung (f) der Schmelzstoffe
distribution of the stock
répartition (f) des matières à fondre

распредѣленіе (n) плавильныхъ матеріаловъ
distribuzione (f) della carica 6
distribución (f) ó repartición (f) de las materias de fusión

---

dichte Lagerung (f)
dense charge
chargement (m) serré

плотно лежащая засыпь (f)
caricamento (m) compresso 7
lechos (m pl) comprimidos

---

Niedergehen (n) der Gicht
dropping of the charge
descente (f) de la charge

опусканіе (n) шихты *или* колошъ
discesa (f) della carica 8
bajada (f) ó descenso (m) de la carga

---

abwärts gleiten (v)
to descend, to drop
descendre (v)

опускаться
discendere (v) 9
descender (v)

1 Gichtanzeiger (m)
stock line gauge
indicateur (m) de la descente des charges

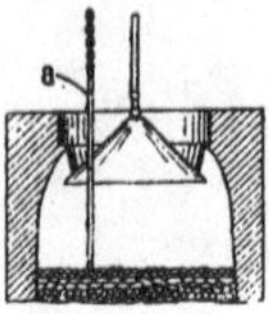

a

мѣрникъ (m) *или* указатель (m) колоши
indicatore (m) della discesa delle cariche
indicador (m) del descenso de las cargas

---

2 Hochofenschmelze (f)
blast furnace smelting
fusion (f) au haut-fourneau

доменная плавка (f)
fusione (f) nell'alto forno
fusión (f) al alto horno

---

3 Austrocknen (n)
drying the furnace
séchage (m)

сушить; высушить
essiccamento (m) della muratura
secar (v)

---

4 anwärmen (v)
to warm
chauffer (v)

подогрѣ-ть (-вать); разогр-ѣть (-вать)
scaldare (v)
calentar (v)

---

5 einfache Rostfeuerung (f)
simple grate firing
foyer (m) simple à grille

обыкновенная колосниковая топка (f); обыкновенная топка съ колошниковой рѣшёткой
focolare (m) semplice a griglia
hogar (m) sencillo de parrilla

---

6 Lockerung (f) des Steinverbandes
loosening of the brickwork
désagrégation (f) de la maçonnerie

ослабленіе (n) связи между камнями; образованіе (n) щелей въ кладкѣ
disgregazione (f) della muratura, screpolarsi (v) della muratura
desunión (f) *ó* desagregación (f) de la mampostería

---

7 Kokskorb (m)
coke basket
corbeille (f) à coke

корзина (f) съ коксомъ
paniere (m) da coke
cesto (f) de cok

---

8 flammender Brennstoff (m)
flaming fuel
combustible (m) flambant

пламенное топливо (n); горючее (n), дающее пламя
combustibile (m) che brucia con fiamma
combustible (m) flameando

Füllen (n)
filling
remplissage (m)

заполненіе (n); наполненіе (n)
riempimento (m)
relleno (m) 1

verkohlter Brennstoff (m)
carbonised fuel
combustible (m) privé des matières volatiles *ou* carbonisé

обугленное горючее (n) *или* топливо (n); обугленный горючій матеріалъ (m)
combustibile (m) carbonizzato
combustible (m) carbonizado 2

Verstopfung (f) des Gestells
blocking of the hearth
engorgement (m) du creuset

загроможденіе (n) горна
crogiuolo (m) bloccato
obstrucción (f) del crisol 3

Rostschlagen (n)
removal of clinker
nettoyage (m) des grilles

очистка (f) колосниковой рѣшётки
pulizia (f) delle griglie
limpieza (f) de las parrillas 4

Krücke (f)
fire rake
râble (m)

крючокъ (m)
gancio (m)
paleta (f) ó gancho (m) de fundidor 5

Holzscheit (n)
fire wood
bûche (f) de bois

полѣно (n); дрова (n pl)
pezzo (m) di legno, ciocco (m)
leño (m) 6

leere Koksgicht (f), Koks (m) ohne Erz
charge of coke without ore
fausse charge (f), coke (m) sans minerai

холостая колоша (f)
carica (f) bianca
carga (f) de cok solo (sin minerales) 7

Schlackenzusatz (m)
cinder charging
addition (f) de scories

присадка (f) шлаковъ
aggiunta (f) di scoria
adición (f) de escorias 8

Ersticken (n) des Hochofens
choking *or* clogging [of] the blast furnace scaffolding, sticking of the blast furnace
engorgement (m) du haut-fourneau

пріостановка (f) доменной печи
ostruzione (f) del passaggio del gas
estrechamiento (m) del paso de los gases 9

nachfüllen (v)
to charge
remplir (v)

дополн-ить (-ять); досыпать
riempire (v)
rellenar (v) 10

Anblasen (n)
starting, blowing in, putting in blast
mise (f) en feu

задувка (f)
messa (f) in marcia
manera (f) de encender (el alto horno) 11

Luftzutritt (m)
air inlet *or* intake
entrée (f) d'air

доступъ (m) *или* притокъ (m) воздуха
entrata (f) d'aria
acceso (m) de aire 12

1 **Abstich, Hochofenabstich**
**Tapping of Blast Furnace**
**Coulée**

**Выпускъ изъ доменной печи**
**Colata**
**Sangría, colada**

2 abschlacken (v)
to slag out, to tap off the slag
laisser couler (v) *ou* lâcher (v) le laitier, décrasser (v)
спускать шлакъ
fare (v) la loppa
sangrar (v) la escoria

---

3 abfließen (v)
to run *or* flow off
couler (v)
стекать
colare (v)
correr (v)

---

4 Schlackendecke (f)
slag cover
couverture (f) de laitier

верхній слой (m) [застывшаго] шлака въ печахъ съ открытой грудью
copertura (f) della loppa
cubierta (f) *ó* capa (f) de escoria

---

5 Schlackenwagen (m)
slag wagon
chariot (m) à laitier

вагонъ (f) для уборки *или* для откатки шлаковъ
vagone (m) per loppa
vagón (m) para escoria

---

6 abstechen (v)
to tap
couler (v), percer (v)
выпус-тить (-кать)
colare (v)
sangrar (v), hacer (v) la colada

---

7 Blasen (n) unter vollem Druck
blowing under full pressure
soufflage (m) à pleine pression
полное дутьё; дутьё (n) подъ полнымъ давленіемъ
soffiamento (m) a tutta pressione
el soplar *ó* soplo (m) á plena presión

---

8 Abstellen (n) des Gebläses
shutting off *or* stopping the blast
arrêt (m) du soufflage
остановка (f) дутья
fermare (v) il forno
parada (f) de la máquina soplante

---

9 das Stichloch öffnen (v) *oder* durchstoßen (v)
to tap
percer (v) le trou de coulée
сдѣлать выпускъ; пробить выпускное отверстіе
aprire (v) il foro di colata
destapar (v) la piquera, picar (v)

---

10 eiserner Spieß (m)
tapping iron *or* bar
ringard (m) en fer
желѣзный ломъ (m)
stanga (f) *o* sbarra (f) di ferro
espetón (m) de hierro

verstahlte Spitze (f)
steel *or* hardened point
pointe (f) aciérée
настaленный конецъ (m)
punta (f) d'acciaio
punta (f) acerada 1

Rengel (m)
tapping iron
ringard (m)
длинный желѣзный ломъ (m)
stanga (f)
espetón (m) 2

Abstichprobe (f)
tapping sample
prise (f) d'essai à la coulée
проба (f); проба, взятая изъ выпущеннаго металла
prendere (v) il campione
prueba (f) de la colada 3

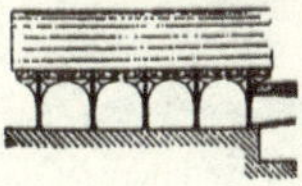

Gießhalle (f)
casting house
halle (f) de coulée
поддоменникъ (m); литейный сарай (m)
campo (m) di colata
tinglado (m) de colada 4

überdachen (v)
to roof [in]
couvrir (v) d'une toiture
перекрыть; покрыть крышею
coprire (v)
techar (v) 5

Verteilung (f) des Roheisens
distribution of the pig iron
distribution (f) de la fonte
распредѣленie (n) доменнаго чугуна
distribuzione (f) della ghisa
distribución (f) de la colada 6

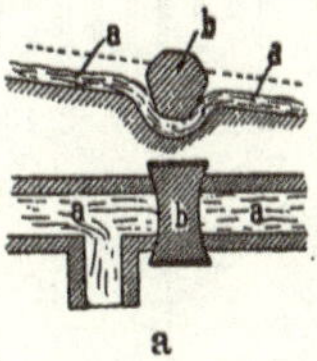


a

Eisenstrom (m)
flow, stream of metal
jet (m) de fonte
струя (f) чугуна
getto (m) *o* corrente (f) di ghisa
corriente (f) de fundición 7

b

Streicheisen (n)
skimmer
pelle (f) de retenue
лощинка (f); полировальная дощечка (f); [желѣзная лопатка (f), примѣняемая при выпускѣ чугуна для задерживанiя шлаковъ]
pala (f) di ritegno
pala (f) de retención 8

Roheisenmassel (f)
pig iron, pig (A*)
gueuset (m), gueuse (f)
свинка (f)
pane (m) di ghisa
lingote (m) de fundición 9

* A = americanism

| | | | |
|---|---|---|---|
| 1 | Gießbett (n), Masselbett (n)<br>casting bed, pig bed<br>lit (m) de coulée, moules (mpl) à gueusets | 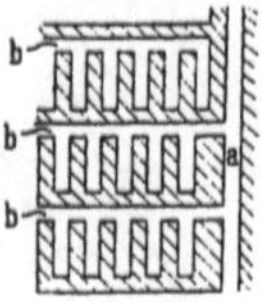 | литейный *или* доменный дворъ (m)<br>stampa (f)<br>lecho (m) de colada |
| 2 | Gosse (f), Graben (m)<br>main runner<br>fossé (m), chenal (m) | a | жолобъ (m); борозда (f)<br>rigola (f), canale (m) principale<br>reguera (f), fosa (f) |
| 3 | Nebenkanäle (m pl), parallele Rinnen (f pl)<br>sow, feeder<br>chenal (m) latéral, gueuse (f) intermédiaire | b | параллельные жолоба (m pl); параллельныя борозды (fpl)<br>margosa (f), canale (m) secondario<br>reguera (f) lateral, canales (f pl) derivadas |
| 4 | Sandform (f)<br>sand mould<br>moule (m) en sable | 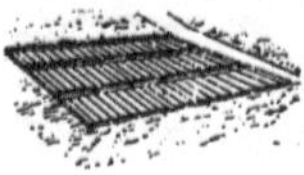 | песочная форма (f)<br>forma (f) di sabbia<br>molde (m) de arena |
| 5 | Unreinigkeiten (f pl)<br>impurities<br>impuretés (f pl) | | примѣси (fpl)<br>impurità (fpl)<br>impurezas (fpl) |
| 6 | gußeiserne Form (f), Gußschale (f), Kokille (f)<br>cast iron mould, chill [mould]<br>moule (f) en fonte, coquille (f), lingotière (f) | 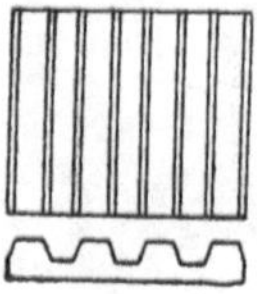 | чугунная форма (f) *или* изложница (f)<br>conchiglia (f)<br>molde (m) de fundición, coquilla (f) |
| 7 | Abstichschaufel (f), Schütze (f)<br>tapping shovel<br>pelle (f) de barrage |  | лопата (f), [которою перегораживаютъ литейную бороздку по наполненіи формы металломъ]<br>pala (f) d'arresto *o* di chiusura<br>pala (f) de defensa |
| 8 | Gießmaschine (f)<br>casting machine<br>machine (f) à couler | 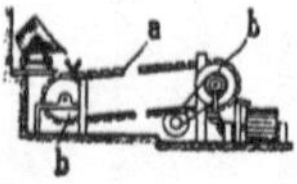 | машина (f) для разливки<br>macchina (f) per colare<br>máquina (f) de moldeo *ó* fundir |
| 9 | Band (n) ohne Ende, endlose Kette (f)<br>endless chain *or* band *or* belt<br>bande (f) *ou* chaîne (f) sans fin | a | безконечная лента (f); безконечная цѣпь (f)<br>catena (f) senza fine<br>cinta (f) sin fin, cadena (f) sin fin |

| | | | |
|---|---|---|---|
| wagerechte Trommel (f)<br>horizontal drum<br>tambour (m) horizontal | b | горизонтальный барабанъ (m)<br>tamburo (m) orizzontale<br>tambor (m) horizontal | 1 |
| die Gußformen besprengen (v)<br>to wet *or* to sprinkle the moulds<br>asperger (v) les lingotières | 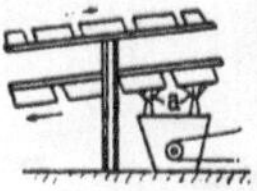 | спрыснуть чугунныя формы<br>aspergere (v) *o* inaffiare (v) le forme<br>rociar (v) los moldes | 2 |
| Kalkwasser (v)<br>lime water<br>eau (f) de chaux | a | известковая вода (f); известковое молоко (n)<br>acqua (f) di calce<br>agua (f) de cal | 3 |
| Gießrad (n)<br>casting wheel<br>roue (f) de coulée | 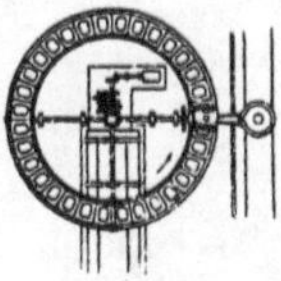 | литейное колесо (n); колесо для разливки<br>ruota (f) per colare<br>rueda (f) de moldeo *ó* fundir | 4 |
| Roheisenwagen (m)<br>pig iron wagon<br>wagon (m) pour le transport de la fonte | | вагонъ (f) для уборки чугуна<br>vagone (m) per trasportare la ghisa<br>vagón (m) para el transporte de los lingotes | 5 |
| Gießpfanne (f)<br>ladle<br>poche (f) de coulée |  | [литейный] ковшъ (m)<br>siviera (f)<br>caldero (m) de colada | 6 |
| Pfannenausguß (m)<br>lip of ladle<br>bec (m) de la poche | a | носъ (m) ковша<br>becco (m) della siviera<br>boca (f) del caldero | 7 |
| kippen (v)<br>to tip<br>basculer (v), renverser (v) |  | опрокидывать<br>vuotare (v), inclinare (v)<br>volcar (v) | 8 |
| ausgießen (v)<br>to pour [out]<br>déverser (v) | | вылить (-вать)<br>versare (v)<br>vaciar (v) [el contenido] | 9 |
| Schneckengetriebe (v)<br>worm gear<br>transmission (f) par vis sans fin |  | червячная передача (f)<br>ingranaggio (m) a vite perpetua, ingranaggio (m) a vite senza fine<br>engranaje (m) de tornillo sin fin | 10 |

1 den Herd entleeren (v)
to tap the hearth
vider (v) le creuset

опорожн-ить (-ять) горнъ
vuotare (v) l crogiuolo
vaciar (v) el crisol

2 Reinigung (f) des Herdes
cleaning the hearth
nettoyage (m) du creuset

чистка (f) горна
pulitura (f) del crogiuolo
limpieza (f) del crisol

3 Haken (m), Schaffhaken (m)
hook, rake
crochet (m)

крючокъ (m)
rampino (m)
gancho (m), corchete (m)

4 das Stichloch verschließen (v)
to plug *or* to stop up the tap hole
boucher (v) le trou de coulée

забить выпускъ *или* выпускное отверстіе
tappare (v) il forno
tapar (v) la colada ó piquera

5 Masséprfropfen (m)
fire clay plug
bouchon (m) *ou* tampon (m) d'argile refractaire

пробка (f) изъ огнеупорный массы
tappo (m)
tapón (m) de arcilla, cebolla (f)

6 Gestübbe (n)
material for making plug
masse (f) *ou* matière (f) pour boucher

набойка (f)
terra (f) per tappare
mezcla (f) para tapar la piquera

7 Stichlochstopfmaschine (f)
tap hole stopping machine, mud gun (A*), clay gun
machine (f) à boucher le trou de coulée

машина (f) для забивки выпускного отверстія
macchina (f) per fare la bocchetta
máquina (f) para tapar la piquera

8 Abstichpause (f)
tapping interval
intervalle (m) entre les coulées

промежутокъ (m) времени между двумя выпусками
durata (f) della colata
parada (f) de la colada, intervalo (m) entre las coladas

9 die Formen nachsehen (v)
to inspect the tuyeres
inspecter (v) les tuyères

осмотрѣть (осматривать) фурмы
guardare (v) le tubiere
revisar (v) las toberas

* A = americanism

die Düsen zurückziehen (v)
to draw back the nozzles
reculer (v) les buses

отодвинуть назадъ сопло
levare (v) il portavento 1
retirar (v) las busas ó boquillas

---

losbrechen (v)
to break out
décrocher (v), dégager (v), percer (v)

вынимать; выламывать
aprire (v) la tubiera 2
romper (v)

---

Ansatz (m), erstarrter Ansatz (m)
obstruction, bear, scaffold
loup (m), matières (f pl) figées

настыль (f)
guarnizione (f) 3
agarrado (m), lobo (m)

---

Verstopfung (f) des Stichloches
freezing *or* stopping up of tap hole
blocage (m) *ou* obstruction (f) du trou de coulée

затычка (f) выпускного отверстія
foro (m) di colata bloccato 4
obstrucción (f) de la piquera

---

Bohrmaschine (f) zum Öffnen des Stichloches
drilling machine for opening the tap hole
foret (m) pour trouer le trou de coulée

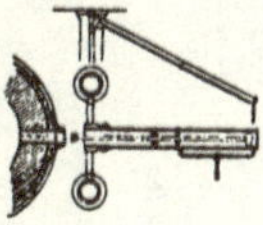

машина (f) для пробиванія выпускного отверстія
macchina (f) per fare il foro di colata 5
máquina (f) de barrenar la piquera

---

aufschmelzen (v)
to melt away
fondre (v), ouvrir (v) au chalumeau

оплавить
fondere (v), dare (v) l'ossigeno 6
abrir (v) por fusión

---

Menneverfahren (n)
Menne method
procédé (m) Menne

способъ (m) Менне
processo (m) Menne
procedimiento (m) Menne 7

---

Knallgas (n)
oxyhydrogen gas
gaz (m) détonant

гремучій газъ (m)
gas (m) fulminante *od* ossidrico 8
gas (m) explosible ó oxhidrico ó detonante

---

Gebläsebrenner (m)
blow pipe burner
brûleur (m) à vent

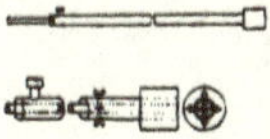

горѣлка (f) съ дутьёмъ
tubo (m) 9
mechero (m) con soplete

---

Magnesitmasse (f)
magnesite mass
masse (f) de magnésite

магнезитовая масса (f)
massa (f) di magnesite 10
masa (f) de magnesita

---

gepreßte Kohle (f)
pressed coal
charbon (m) comprimé

брикетъ (m); прессованный уголь (m)
carbone (m) compresso 11
carbón (m) comprimido

1 Karborund (m), Siliciumkarbid (n)
carborundum
carborundum (m), carbure (m) de silicium
карборундъ (m); карбидъ (m) кремнія
carborundum (m), carburo (m) di silicio
carburo (m) de silicio, carborúndum (m)

2 mittelst elektrischen Lichtbogens öffnen (v)
to open the tap hole by means of electric arc
dégager (v) à l'arc électrique, ouvrir (v) au moyen de l'arc voltaïque
оплавить настыль при помощи вольтовой дуги
apertura (f) con elettrico arco
abrir (v) con arco eléctrico ó voltáico

3 **Verlauf des Hochofenganges**
**Blast Furnace Process**
**Allure du haut-fourneau**
**Доменный процессъ**
**Andamento *o* marcia dell'alto forno**
**Marcha del alto horno**

4 Gang (m) des Hochofens
working of the blast furnace
marche (f) du haut-fourneau
ходъ (m) доменной печи
andamento (m) *o* marcia (f) dell'alto forno
marcha (f) del alto horno

5 wechselnder Ofengang (m)
irregular working of blast furnace
allure (f) variable du haut-fourneau
перемѣнный ходъ (m) доменной печи
marcia (f) variabile del alto forno
marcha (f) variable del alto horno

6 Durchsetzzeit (f)
period of working charge
durée (f) de passage de la charge
время (n) прохожденія рудъ черезъ печь; продолжительность (f) пребыванія въ печи
durata (f) del passaggio della carica
periodo (m) de paso de la carga

7 ununterbrochener Betrieb (m)
continuous working
fonctionnement (m) continu *ou* ininterrompu
непрерывное дѣйствіе (n)
funzionamento (m) continuo
funcionamiento (m) continuo

8 Ofenreise (f)
life of blast furnace
campagne (f) d'un fourneau
кампанія (f) печи
campagna (f) del forno
campaña (f) del horno

9 Fassungsraum (m)
capacity
capacité (f) du fourneau, volume (m) du fourneau
объёмъ (m); вмѣстимость (f)
capacità (f) *o* volume (m) del forno
capacidad (f) del alto horno

Berechnung (f) der Beschickung
calculation of charge
calcul (m) des charges
расчётъ (m) шихты
calcolo (m) delle cariche 1
cálculo (m) de las cargas

---

versuchsmäßig (adv)
experimentally (adv)
expérimentalement (adv)
на основанiи опытныхъ данныхъ
sperimentalmente (avv) 2
experimentalmente (adv)

---

Möllerausbringen (n)
yield
rendement (m) des minerais
выходъ (m) чугуна изъ шихты
rendimento (m) dei minerali 3
rendimiento (m) de la mezcla

---

Berechnung (f) der Schlacken
calculation of slags
calcul (m) du laitier
расчётъ (m) шлаковъ
calcolo (m) della loppa 4
cálculo (m) de las escorias

---

Chemie (f) des Hochofenganges
chemistry of the blast furnace process
chimie (f) du haut-fourneau
химiя (f) доменнаго процесса
chimica (f) dell'alto forno 5
química (f) del alto horno

---

Gleichung (f)
equation
équation (f)
уравненie (n)
equazione (f) 6
ecuación (f)

---

Gleichgewichtszustand (m)
state of equilibrium
état (m) d'équilibre
состоянie (n) равновѣсiя
stato (m) d'equilibrio 7
estado (m) de equilibrio

---

stöchiometrisches Äquivalent (n)
stoichiometric[al] equivalent
équivalent (m) stœchiométrique
стехiометрическiй эквивалентъ (m)
equivalente (m) stechiometrico 8
equivalente (m) estequiométrico

---

Raumteil (m)
volume
volume (m) partiel
часть (f) по объёму
parte (f) di volume 9
parte (f) de volumen

---

chemische Bindung (f)
chemical combination
combinaison (f) chimique
химическое соединенie (n)
combinazione (f) chimica 10
combinación (f) química

---

Wärmebilanz (f), Wärmehaushalt (m)
heat equation, heat balance
bilan (m) calorifique
тепловой балансъ (m)
bilancio (m) calorifico 11
balance (m) térmico

---

Wärmeverbrauch (m)
heat consumption
consommation (f) de chaleur
расходъ (m) тепла
consumo (m) di calore 12
consumo (m) de calor

| | | |
|---|---|---|
| 1 | Wärmeausgleichung (f)<br>heat interchange<br>équilibre (m) calorifique | компенсація (f) тепла<br>equilibrio (m) termico<br>equilibrio (m) térmico |
| 2 | Wärmeeinnahme (f)<br>heat absorption<br>absorption (f) de chaleur | приходъ (m) тепла<br>assorbimento (m) di calore<br>absorción (f) de calor |
| 3 | Wärmeausgabe (f)<br>evolution of heat<br>dégagement (m) de chaleur | расходъ (m) тепла<br>sviluppo (m) del calore<br>expendio (m) ó desprendimiento (m) de calor |
| 4 | Eisen- und Schlackenwärme (f)<br>heat in iron and slag<br>chaleur (f) de la fonte et du laitier | теплота (f), заключающаяся въ чугунѣ и шлакахъ; теплота, уносимая чугуномъ и шлакомъ<br>calore (m) della ghisa e della loppa<br>calor (m) del hierro y de la escoria |
| 5 | Gichtgaswärme (f)<br>waste gas heat<br>chaleur (f) des gaz du gueulard | теплота (f), заключённая въ колошниковыхъ газахъ; количество (n) тепла, уносимое газами<br>calore (m) dei gas alla bocca del forno<br>calor (m) de los gases del alto horno |
| 6 | allgemeine Vorgänge (m pl) im Hochofen<br>general phenomena in the blast furnace<br>phénomènes (m pl) qui se produisent dans le haut-fourneau | общіе процессы (m pl) въ доменной печи<br>andamento (m) generale del alto forno<br>fenómenos (m pl) generales en el alto horno |
| 7 | hüttenmännischer Vorgang (m)<br>metallurgical process<br>opération (f) métallurgique | заводскій процессъ; металлургическій процессъ (m)<br>operazione (f) metallurgica<br>proceso (m) metalúrgico |
| 8 | Gasstrom (m)<br>gas current<br>courant (m) gazeux | токъ (m) газовъ<br>corrente (f) gassosa<br>corriente (f) de gas |
| 9 | Vorwärmezone (f), Vorbereitungszone (f)<br>preliminary heating zone<br>zone (f) de chauffage préalable | подготовительный поясъ (m)<br>zona (f) di riscaldamento, zona (f) di preparazione<br>zona (f) calentadora ó de caldeo previo |



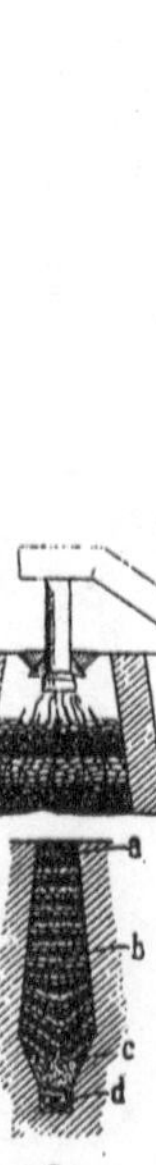


a

Reduktionszone (f)
reduction zone
zone (f) de réduction

b

поясъ (m) возстановленія
zona (f) di riduzione
zona (f) de reducción 1

---

Reibung (f)
friction
frottement (m)

треніе (n)
attrito (m) 2
fricción (f)

---

Kohlungszone (f)
carburisation *or* carbonising zone
zone (f) de carburation

c

поясъ (m) обугливанія
zona (f) di carburazione 3
zona (f) de carburación

---

Schmelzzone (f)
melting zone
zone (f) de fusion

d

поясъ (m) плавленія
zona (f) di fusione 4
zona (f) de fusión

---

Vorwärmung (f)
preliminary heating
chauffage (m) préalable

подогрѣвъ (m); предварительное нагрѣваніе (n)
riscaldamento (m) preliminare 5
calentamiento (m) ó caldeo (m) previo

---

Austreibung (f) von Wasser
expulsion of water
expulsion (f) de l'eau

испареніе (n) воды
evaporazione (f) dell'acqua 6
expulsión (f) ó evaporación (f) del agua

---

direkte Reduktion (f)
direct reduction
réduction (f) directe

прямое *или* непосредственное возстановленіе (n) 7
riduzione (f) diretta
reducción (f) directa

---

indirekte Reduktion(f)
indirect reduction
réduction (f) indirecte

непрямое *или* косвенное возстановленіе (n) 8
riduzione (f) indiretta
reducción (f) indirecta

---

reduzieren (v)
to reduce
réduire (v)

возстанавлять
ridurre (v) 9
reducir (v)

---

Reduktionstemperatur (f)
reduction temperature
température (f) de réduction

температура (f) возстановленія
temperatura (f) di riduzione 10
temperatura (f) de reducción

---

Eisenschwamm (m)
spongy iron
éponge (f) de fer

губчатое желѣзо (n); губчатый металлъ (m) 11
spugna (f) di ferro
esponja (f) de hierro

---

Zerfallen (n)
to decompose, to disintegrate
se désagréger (v), tomber (v) en poussière

распаденіе (n)
decomporsi (v)
desagregarse (v), descomponerse (v) 12

1 Zersetzungsprodukt (n)
product of decomposition, decomposition product
produit (m) de la décomposition
продуктъ (m) разложенія
prodotto (m) della decomposizione
producto (m) de descomposición

---

2 Oberfeuer (n)
escape of heat to upper part
feu (m) au gueulard
появленіе (n) температуры плавленія въ областяхъ печи, гдѣ имѣется ещё значительное количество невосстановленныхъ рудъ
temperatura (f) alla bocca del forno
temperatura (f) de fusión

---

3 Trichterbildung (f)
funnel formation, formation of pipes
formation (f) d'entonnoir
образованіе (n) воронки
formazione (f) d'imbuto
formación (f) de conos

---

4 Entmischung (f) des Möllers
separation of the constituents of the charge
séparation (f) des éléments de la charge
распаденіе (n) шихты на составныя части; разложеніе (n) шихты
separazione (f) degli elementi della carica
separación (f) de los elementos de la carga

---

5 Kohlung (f)
carburisation, carbonisation
carburation (f)
обуглероживаніе (n)
carburazione (f)
carburación (f)

---

6 Kohlungsgrad (m)
degree of carbonisation
degré (m) de carburation
степень (f) обуглероживанія
grado (m) di carburazione
grado (m) de carburación

---

7 Kohlenstoffverbrauch (m)
consumption of carbon
consommation (f) de carbone
расходъ (m) углерода
consumo (m) di carbone
gasto (m) ó consumo (m) de carbono

---

8 Kohlenstoffausscheidung (f)
separation of carbon
séparation (f) de carbone
выдѣленіе (n) углерода
separazione (f) di carbone
separación (f) de carbono

---

9 Wasserstoffbildung (f)
formation of hydrogen
dégagement (m) d'hydrogène
образованіе (n) водорода
sviluppo (m) d'idrogeno
formación (f) de hidrógeno

| | | |
|---|---|---|
| Vergasung (f) des festen Brennstoffes<br>gasification of the solid fuel<br>gazéification (f) du combustible solide | газификація (f) твёрдаго горючаго; превращеніе (n) твёрдаго горючаго въ газообразное состояніе<br>gaseificazione (f) del combustibile solido<br>gasificación (f) del combustible sólido | 1 |
| vergasende Wirkung(f)<br>gasifying action<br>effet (m) gazéifiant | газообразованіе (n)<br>effetto (m) gaseificante<br>efecto (m) gasificador | 2 |
| Schmelzgang (m)<br>progress *or* process of melting<br>fusion (f) | ходъ (m) плавки<br>andamento (m) della fusione<br>marcha (f) de fusión | 3 |
| Schmelzbuch (n)<br>charge book<br>livre (m) des charges | плавильный журналъ (m)<br>registro (m) delle cariche<br>diario (m) ó libro (m) de cargas | 4 |
| sintern (v)<br>to sinter, to clinker<br>se concrétionner (v), s'agglutiner (v), se fritter (v) | спекать<br>agglutinarsi (v)<br>aglutinarse (v), concrecionarse (v) | 5 |
| Sinterung (f)<br>sintering<br>agglutination (f), frittage (m) | спеканіе (n)<br>agglutinamento (m)<br>aglutinación (f) | 6 |
| verschlacken (v)<br>to slag<br>scorifier (v) | ошлаков-ать (-ывать)<br>scorificare (v)<br>escorificar (v) | 7 |
| schlackenbildend (adj)<br>slag forming<br>scorifiant, formant du laitier | шлакообразовательный<br>scorificante<br>escorificante, formando escoria | 8 |
| Verbindung (f) der Metalloide mit dem Eisen<br>combination of metalloids with iron<br>combinaison (f) des métalloïdes avec le fer | соединеніе (n) металлоидовъ съ желѣзомъ<br>combinazione (f) dei metalloidi col ferro<br>combinación (f) de los metaloides con el hierro | 9 |
| Zersetzung (f) des Kalksteins<br>decomposition of limestone<br>décomposition (f) de la castine | разложеніе (n) известняка<br>decomposizione (f) del calcare<br>descomposición (f) de la castina | 10 |
| Sauerstoffüberschuß (m)<br>excess of oxygen<br>exces (m) d'oxygène | избытокъ (m) кислорода<br>eccesso (m) d'ossigeno<br>exceso (m) de oxigeno | 11 |

| No. | Deutsch / English / Français | | Русскій / Italiano / Español |
|---|---|---|---|
| 1 | Oxydation (f)<br>oxidation<br>oxydation (f) | | окисленіе (n)<br>ossidazione (f)<br>oxidación (f) |
| 2 | Gebläsewind (m), Wind (m)<br>blast<br>vent (m) de la soufflerie | | дутьё (n)<br>aria (f) soffiata, vento (m) soffiato<br>viento (m) de la máquina soplante, viento (m) inyectado |
| 3 | Windberechnung (f)<br>calculation of blast<br>calcul (m) du vent | | вычисленіе (n) *или* опредѣленіе (n) количества дутья<br>calcolo (m) dell'aria *o* del vento<br>cálculo (m) del viento |
| 4 | Windverbrauch (m)<br>consumption of blast<br>volume (m) d'air nécessaire, consommation (f) de vent | | расходъ (m) дутья; расходъ воздуха<br>consumo (m) d'aria *o* di vento<br>consumo (m) de viento |
| 5 | Windpressung (f), Pressung (f) des Windes<br>blast pressure<br>pression (f) du vent | | давленіе (n) дутья; упругость (f) дутья<br>pressione (f) dell'aria *o* del vento<br>presión (f) del viento |
| 6 | Spannungsverlust (m)<br>drop *or* loss of pressure<br>perte (f) de pression | | потеря (f) въ упругости<br>perdita (f) di pressione<br>pérdida (f) de presión |
| 7 | Düsenquerschnitt (m)<br>nozzle section<br>section (f) de la buse | 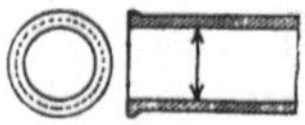 | сѣченіе (n) сопла<br>sezione (f) dell' ugella<br>sección (f) de la boquilla *ó* tobera |
| 8 | Gasspannung (f)<br>gas pressure<br>pression (f) du gaz | | упругость (f) газовъ<br>pressione (f) del gas<br>presión (f) del gas |
| 9 | Quecksilbermanometer (n)<br>mercury pressure gauge, manometer<br>manomètre (m) à mercure |  | ртутный духомѣръ (m) *или* манометръ (m)<br>manometro (m) a mercurio<br>manómetro (m) de mercurio |
| 10 | Spiel (n) des Gebläses<br>action of the blast<br>allure (f) *ou* variation (f) de la soufflerie | | ходъ (m) дутья<br>andamento (m) *o* marcia (f) della soffieria<br>marcha (f) de la máquina soplante |
| 11 | Federmanometer (n)<br>spring pressure gauge<br>manomètre (m) métallique, manomètre (m) à tube élastique |  | пружинный духомѣръ (m) *или* манометръ (m)<br>manometro (m) metallico, manometro (m) a tubo elastico<br>manómetro (m) metálico, manómetro (m) de tubo elástico |

| | | | |
|---|---|---|---|
| Temperatur (f) im Hochofen<br>temperature in the blast furnace<br>température (f) dans le haut-fourneau | | температура (f) въ доменной печи<br>temperatura (f) nell'alto forno<br>temperatura (f) en el alto horno | 1 |
| Gichttemperatur (f)<br>throat temperature<br>température (f) au gueulard | | температура (f) колошника<br>temperatura (f) alla bocca del forno<br>temperatura (f) en el bragante | 2 |
| Temperaturmessung(f)<br>[pyrometric] measurement of temperature<br>mesure (f) des températures, pyrométrie (f) | | измѣреніе (n) температуры<br>pirometria (f)<br>medida (f) de las temperaturas | 3 |
| Metallverschmelzung (f), [Metallegierung (f)]<br>metal alloy<br>alliage (m) métallique | | металлическій сплавъ (m)<br>lega (f) metallica<br>aleación (f) de metales | 4 |
| Hitzemesser (m), Pyrometer (n)<br>pyrometer<br>pyromètre (m) | 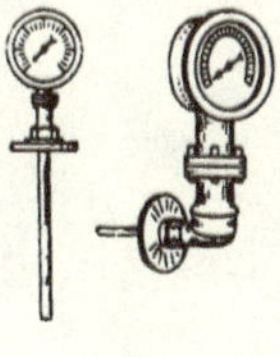 | пирометръ (m)<br>pirometro (m)<br>pirómetro (m) | 5 |
| Metallhitzemesser (m), Metallpyrometer (n)<br>metal pyrometer<br>pyromètre (m) métallique |  | металлическій пирометръ (m)<br>pirometro (m) metallico<br>pirómetro (m) metálico | 6 |
| Graphithitzemesser (m), Graphitpyrometer (n)<br>graphite pyrometer<br>pyromètre (m) à graphite |  | графитный пирометръ (m)<br>pirometro (m) a grafite<br>pirómetro (m) de grafito | 7 |
| Lufthitzemesser (m), Luftpyrometer (n)<br>air pyrometer<br>pyromètre (m) à air | | воздушный пирометръ (m)<br>pirometro (m) ad aria<br>pirómetro (m de aire | 8 |

1 elektrischer Hitzemesser (m), elektrisches Pyrometer (n) von Le Chatelier
thermo-electric pyrometer (Le Chatelier), thermocouple
électropyromètre (m) *ou* pyromètre (m) électrique [de] Le Chatelier
электрическій пирометръ (m) Ле-Шателье
pirometro (m) elettrico di Le Chatelier
pirómetro (m) eléctrico de Le Chatelier

---

2 optischer Hitzemesser (m), optisches Pyrometer (n)
optical pyrometer, radiation pyrometer
pyromètre (m) optique
оптическій пирометръ (m)
pirometro (m) ottico
pirómetro (m) óptico

---

3 die Temperatur eines Körpers aus seiner Strahlung messen (v)
to measure the temperature of a body by means of its radiation
mesurer (v) la température d'un corps par son rayonnement
измѣрить температуру тѣла на основаніи его лучеиспускательной способности
misurare (v) la temperatura d'un corpo per mezzo della sua radiazione
medir (v) la temperatura de un cuerpo por medio de su radiación

---

4 Temperaturerniedrigung (f)
lowering *or* fall *or* drop of temperature
abaissement (m) de la température
пониженіе (n) температуры
abbassamento (m) di temperatura
descenso (m) *ó* baja (f) de la temperatura

---

5 Strahlung (f), Wärmestrahlung (f)
radiation, thermal radiation, radiation of heat
rayonnement (m) *ou* radiation (f) calorifique
излученіе (n) тепла
[ir]radiazione (f) di calore
radiación (f) de calor

---

6 Wärmeleitung (f)
heat conduction, conduction of heat, thermal conduction
conductibilité (f) calorifique
теплопроводность (f)
conduzione (f) di calore
conductibilidad (f) calorifica

---

7 Gargang (m)
normal working
allure (f) normale
спѣлый ходъ (m)
andamento (m) *o* marcia (f) normale
marcha (f) caliente *ó* normal

---

8 Rohgang (m)
cold *or* irregular working
allure (f) froide
сырой ходъ (m)
andamento (m) *o* marcia (f) fredda
marcha (f) fria

heißgarer Gang (m)
working too hot, endothermic working
allure (f) extra-chaude
переспѣлый ходъ (m)
andamento (m) o marcia (f) caldissima
marcha (f) caliente exagerada 1

**Betriebsstörungen**
**Irregularities of Working**
**Arrêt dans le fonctionnement, perturbation dans le fonctionnement**
**Разстройство хода плавки**
**Arresto *o* perturbazione di funzionamento**
**Interrupciones *ó* perturbaciones de la marcha *ó* en el servicio** 2

Lecken (n) der Form
leaking of the tuyere
fuite (f) de la tuyère
течь (f) въ фурмѣ
fuga (f) della tubiera
escape (m) *ó* fuga (f) de la tobera 3

Arbeiten (f pl) im Ofeninnern
working inside the blast furnace
travaux (m pl) à l'intérieur du haut-fourneau
работы (f pl) внутри печи
lavori (m pl) interni del forno
trabajos (m pl) en el interior del alto horno 4

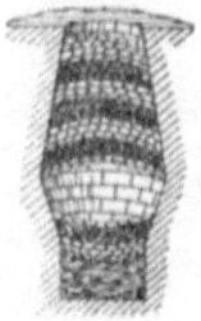

Hängen (n) der Gicht, Feststauen (n), Gewölbebildung (f)
hanging *or* scaffolding [of the charge]
accrochage (m) des charges, formation (f) de voûtes
застаиванiе (n) *или* зависанiе (n) колоши
arresto (m) nella discesa, formazione (f) di volta
suspensión (f) de las cargas, formación (f) de bóvedas 5

Versetzung (f)
scaffold
accrochage (m)
настыль (f); загроможденie (n)
arresto (m), intoppo (m)
obstrucción (f), interrupción (f) del pasaje de los gases 6

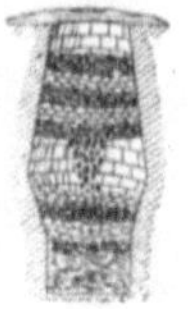

Stürzen (n) der Gicht
slip *or* fall of scaffold
chute (f) des charges *ou* des accrochages
уханie (n) колоши
caduta (f) delle cariche
caída (f) de las cargas 7

Gasexplosion (f)
gas explosion
explosion (f) de gaz
взрывъ (m) газа
esplosione (f) di gas
explosión (f) de gas 8

Schadhaftwerden (n) des Gestelles
deterioration *or* defective condition of the hearth
détérioration (f) de l'ouvrage *ou* du creuset
неполадка (f) въ горну; порча (f) горна
deterioramento (m) dello sdrucciolo del crogiuolo
deterioración (f) del crisol 9

| | | |
|---|---|---|
| 1 | Einfrieren (n), Erstarren (n)<br>freezing, solidification<br>se figer (v), se solidifier (v) | застываніе (n)<br>bloccarsi (v)<br>enfriarse (v), coagularse (v) |
| 2 | kratzen (v)<br>scraping<br>gratter (v) | выскребать<br>raschiare (v), grattare (v)<br>rascar (v) |
| 3 | aufbrechen (v)<br>to break up<br>arracher (v), briser (v), ouvrir (v) | разламывать; ломать<br>spaccare (v), fendere (v)<br>levantar (v) y romper (v), romper (v) y arrancar (v) |
| 4 | Durchbrennen (n)<br>burning through<br>ronger (v) par le feu | прогораніе (n)<br>perforare (v) a fuoco<br>perforar (v) por fusión |
| 5 | Durchbruch (m)<br>breaking out<br>percée (f) | осѣданіе (n) засыпи<br>rottura (f)<br>ruptura (f), rotura (f) |
| 6 | Stillstand (m) des Hochofenbetriebes<br>stoppage of the blast furnace<br>arrêt (m) de la marche du fourneau | остановка (f) доменной печи<br>sosta (f) nel funzionamento del forno<br>parada (f) del alto horno |
| 7 | **Außerbetriebsetzung**<br>**Stopping down, Shut down (A*) of the Furnace**<br>**Arrêt du haut-fourneau** | **Остановка доменной печи**<br>**Spegnimento del forno**<br>**Parada del alto horno** |
| 8 | Dämpfen (n)<br>damping, damping down<br>arrêt (m) momentané, bouchage (m) | держать на парахъ<br>sosta (f) momentanea<br>parada (f) momentánea |
| 9 | dämpfen (v)<br>to damp, to damp down<br>suspendre (v) momentanément la marche, boucher (v) | заглушить *или* остановить доменную печь<br>sospendere (v) momentaneamente l'andamento<br>parar (v) momentáneamente la marcha |
| 10 | mit dem Aufgichten aufhören (v)<br>to cease charging<br>cesser (v) *ou* suspendre (v) le chargement | прекратить засыпку *или* завалку колошъ<br>cessare (v) le cariche, smettere (v) di caricare<br>suspender (v) las cargas |

* A = americanism

die Öffnungen verstreichen (v)
to close the openings
luter (v) les ouvertures
замазать *или* забить отверстія
tappare (v) *o* chiudere (v) le aperture
tapar (v) las aberturas (con arcilla) 1

---

Wiederanblasen (n)
restarting, putting in blast again, blowing in
resoufflage (m)
новая задувка (f)
risoffiamento (m)
volver (v) á encender 2

---

Ausblasen (n), Niederblasen (n)
blowing out
mise (f) hors feu
выдувка (f)
messa (f) fuori esercizio, spengere (v)
el apagar, extinción (f) 3

---

ausblasen (v), niederblasen (v)
to blow out
mettre (v) hors feu, éteindre (v)
выдуть
arrestare (v) la marcia, spengere (v)
apagar (v) 4

---

baufällig (adj)
out of repair, defective (adj)
en mauvais état
ветхій
in cattivo stato
en estado de ruina 5

---

Ausräumen (n)
clearing
dégarnissage (m)
уборка (f); очистка (f)
sguarnitura (f)
vaciado (m) 6

---

das Ofenmauerwerk abbrechen (v)
to break down the brickwork
démolir (v) la maçonnerie
разрушить кладку стѣнъ шахты
demolire (v) la muratura
derribar (v) la mampostería 7

**Nebenerzeugnisse des Hochofens**
**By-products of the Blast Furnace**
**Produits accessoires du haut-fourneau**
**Побочные продукты доменной плавки**
**Prodotti secondari dell'alto forno**
**Productos accesorios del alto horno** 8

**Schlacken**
**Cinder, Slag**
**Laitier**
**Шлакъ; сокъ**
**Scoria, loppa**
**Escoria** 9

Hochofenschlacke (f)
blast furnace slag
laitier (m) du haut-fourneau
доменный шлакъ (m) *или* сокъ (m)
loppa (f) dell'alto forno
escoria (f) de alto horno 10

---

Hüttenabfall (m)
waste
déchets (m pl)
заводскіе отбросы (m pl)
rottami (m pl)
desechos (m pl) 11

1 Schlackenkuchen (m)
slag cake
gateau (m) de laitier

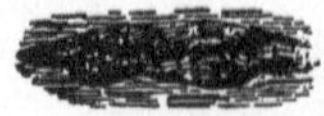

коврига (f) шлака
blocco (m) di loppa
torta (f) de escoria

---

2 Schlackenblock (m)
slag block
bloc (m) de laitier

шлакъ (m) въ видѣ крупныхъ глыбъ; глыба (f) шлака
blocco (m) di loppa
bloque (m) de escoria

---

3 Schlackenhalde (f)
dump
terril (m), crassier (m), halde (f)

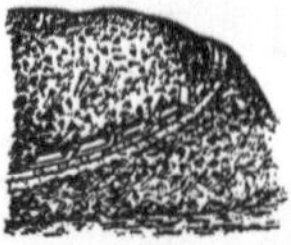

куча (f) шлаковъ; шлаковая куча
deposito (m) di loppa
escorial (m)

---

4 Absturzplatz (m)
dumping place, dump
lieu (m) de déversement

мѣсто (n) свалки; отвалъ (m)
scarico (m)
lugar (m) de vaciar ó para verter la escoria

---

5 Zusammensetzung (f)
composition
constitution (f), composition (f)

составъ (m)
costituzione (f), composizione (f)
constitución (f), composición (f)

---

6 saure, lange Schlacke (f)
acid slag
laitier (m) acide, laitier (m) filant

кислый тянущійся шлакъ (m)
loppa (f) acida, loppa (f) filante
escoria (f) ácida

---

7 basische, kurze Schlacke (f)
basic slag
laitier (m) basique, laitier (m) court au crochet

основной короткій шлакъ (m)
loppa (f) basica, loppa (f) secca
escoria (f) básica

---

8 Orthosilikat (n)
orthosilicate
orthosilicate (m)

ортосиликатъ (m); однокремнеземикъ (m)
ortosilicato (m)
ortosilicato (m)

---

9 Metasilikat (n)
metasilicate
métasilicate (m)

метасиликатъ (m); двукремнеземикъ (m)
metasilicato (m)
metasilicato (m)

---

10 zähflüssig (adj)
viscous (adj)
visqueux (adj)

вязкій
viscoso (agg)
viscoso (adj)

---

11 leichtflüssig (adj)
fluid (adj)
fluide (adj), facilement fusible (adj)

легкоплавкій
liquido (agg)
muy fusible (adj)

---

12 strengflüssig (adj)
refractory (adj)
réfractaire (adj), difficilement fusible (adj)

трудноплавкій
refrattario (agg)
difícil (adj) á ó de fundir

| | | |
|---|---|---|
| dünnflüssig (adj)<br>thinly liquid (adj)<br>très fusible (adj), très fluide (adj) | жидкій<br>fluido (agg)<br>de gran fluidez | 1 |
| Silizierungsgrad (m)<br>degree of silication<br>teneur (f) en silice, acidité (f) | степень (f) окремнѣнія; кислотность (f)<br>grado (m) d'acidità<br>contenido (m) en silice, grado (m) de silicatación | 2 |
| Schlackenverschmelzung (f)<br>melting *or* fusion of slags<br>fusion (f) du laitier | сплавленіе (n) шлака<br>fusione (f) della loppa<br>fusión (f) de la escoria | 3 |
| Garschlacke (f)<br>rich slag, tap cinder<br>laitier (m) chaud | спѣлый шлакъ (m)<br>loppa (f) calda<br>escoria (f) de marcha caliente ó normal | 4 |
| Rohschlacke (f)<br>raw *or* poor slag<br>laitier (m) froid | сырой шлакъ (m)<br>loppa (f) fredda<br>escoria (f) de marcha fría | 5 |
| Tempern (n), langsames Abkühlen (n)<br>tempering, slow cooling<br>refroidissement (m) lent | отжигъ (m); медленное охлажденіе (n)<br>raffreddamento (m) lento<br>enfriamiento (m) lento | 6 |
| Ausscheidung (f)<br>separation<br>séparation (f), cristallisation (f) | выдѣленіе (n)<br>cristallizzazione (f)<br>segregación (f) | 7 |
| steinige Schlacke (f)<br>stony slag<br>laitier (m) pierreux | камневидный шлакъ (m)<br>loppa (f) pietrosa<br>escoria (f) petrosa ó pétrea | 8 |
| bimsteinartig (adj)<br>pumicestone like [slag], porous (adj) [slag], honeycombed [slag]<br>boursouflé (adj), poreux (adj) | пемзовидный<br>spugnoso (agg)<br>semejante (adj) á piedra pómez, poroso (adj) | 9 |
| schaumig (adj)<br>frothy (adj)<br>écumeux (adj) | пѣнистый<br>spumoso (agg), schiumoso (agg)<br>espumoso (adj) | 10 |
| kieselig (adj)<br>siliceous (adj)<br>siliceux (adj) | кремнистый<br>silicioso (agg)<br>silíceo (adj) | 11 |
| kalkreich (adj)<br>rich (adj) in lime (basic)<br>calcareux (adj) | известковый<br>calcareo (agg)<br>calcáreo (adj) | 12 |
| tonerdereich (adj)<br>rich (adj) in clay<br>alumineux (adj) | глинозёмистый<br>alluminoso (agg)<br>aluminoso (adj) | 13 |

1 glasig (adj)
vitreous (adj)
vitreux (adj)
стекловидный
vetroso (agg), vitreo (agg)
vitreo (adj), vidrioso (adj)

2 porphyrartig (adj)
porphyritic (adj)
porphyrique (adj)
порфировидный
porfirico (agg)
porfidico (adj)

3 Verwertung (f) der Schlacke
utilisation of slag
utilisation (f) du laitier
примѣненіе (n) *или* использованіе (n) шлака
utilizzazione (f) della loppa
utilización (f) de la escoria

4 eingeschlossene Eisenkörner (n pl)
enclosed iron grains, shot
grains (m pl) de fer englobés

включённыя зёрна (n pl) чугуна
granuli (m pl) di ferro trasportati
granos (m pl) de hierro encerrados

5 Wascheisen (n)
iron from washery
fonte (f) provenant des lavoirs
отмытое желѣзо (n)
ghisa (f) proveniente dai lavatoi
hierro (m) procedente del lavado

6 Wegebaustoff (m)
road material, ballast
matériaux (m pl) pour la confection des routes
матеріалъ (m) для устройства дорогъ
materiali (m pl) per la costruzione delle strade
material (m) para la construcción de caminos

7 Aufschüttungsmasse (f)
filling material
matériaux (m pl) de remblayage
матеріалъ (m) для насыпей
materiali (m pl) di riempimento
material (m) para terraplenar *ó* de relleno

8 Schlackenstein (m)
slag brick *or* stone
brique (f) de laitier
шлаковый камень (m)
mattone (m) di loppa
ladrillo (m) de escoria

9 Schlackenwolle (f)
slag wool
laine (f) de laitier
шлаковая шерсть (f)
lana (f) di loppa
lana (f) de escoria, escoria (f) filamentosa

10 Schlackenfaden (m)
slag thread
fil (m) de laitier
шлаковая нить (f)
filo (m) di loppa
hilo (m) de escoria

11 Schlackenziegel (m)
slag brick
brique (f) de laitier

шлаковый кирпичъ (m)
mattone (m) di loppa
ladrillo (m) de escoria

12 Zersetzung (f)
decomposition
décomposition (f)
разложеніе (n)
decomposizione (f)
descomposición (f)

1
zerfallen (v)
to disintegrate, to decompose
tomber (v) en poussière, s'effriter (v)
разложиться; разсыпаться; распадаться
polverizzarsi (v), ridursi (v) in polvere
desagregarse (v)

---

2

Körnung (f), Granulierung (f)
granulation
granulation (f)
зернение (n); дробление (n); грануляція (f)
granulazione (f)
granulación (f)

---

3
körnen (v), granulieren (v)
to granulate
granuler (v)
зернить; дробить; гранулировать
granulare (v)
granular (v)

---

4
gekörnte Schlacke (f), granulierte Schlacke (f)
granulated slag
laitier (m) granulé
дроблёный *или* гранулированный шлакъ (m)
loppa (f) granulata
escoria (f) granulada

---

5
Schlackensand (m)
slag sand
sable (m) de laitier
шлаковый песокъ (m)
sabbia (f) di loppa
arena (f) de escoria

---

6
Eisenportlandzement (m)
iron Portland cement, slag cement, slag Portland cement
ciment (m) de laitier portland
желѣзистый портландскій цементъ (m)
cemento (m) di loppa
cemento (m) de escoria de alto horno

---

7
Schlackenpresse (f)
slag press
presse (f) à laitier
шлаковый прессъ (m)
pressa (f) da loppa
prensa (f) de escoria

---

8
Porigkeit (f)
porosity
porosité (f)
пористость (f)
porosità (f)
porosidad (f)

---

9
Durchlässigkeit (f)
permeability
perméabilité (f)
проницаемость (f)
permeabilità (f)
permeabilidad (f)

---

10
Lufterhärtung (f)
air hardening
prise (f) *ou* durcissement (m) à l'air
затвёрдѣваніе (n) на воздухѣ
presa (f) *o* solidificazione (f) all'aria
solidificación (f) al aire

## 11
**Gichtgas**
**Blast Furnace Gas**
**Gaz du gueulard**
**Колошниковый газъ**
**Gas del forno**
**Gas de alto horno**

12
Gewinnung (f), Entziehung (f)
drawing off
prise (f) du gaz, emploi (m) du gaz
полученіе (n); добываніе (n); отведеніе (n) [газа]
presa (f) del gas
toma (f) de gas

| | | |
|---|---|---|
| 1 | Gasgemenge (n)<br>gas mixture<br>mélange (m) gazeux | газовая смѣсь (f)<br>mescolanza (f) gassosa<br>mezcla (f) de gases |
| 2 | brennbarer Bestandteil (m)<br>combustible constituent<br>élément (m) combustible | горючая составная часть (f)<br>parte (f) combustibile<br>elemento (m) combustible |
| 3 | Befeuerung (f) der Dampfkessel<br>firing of steam boilers<br>chauffage (m) des chaudières | отопленіе (n) паровыхъ котловъ<br>riscaldamento (m) delle caldaie<br>calefacción (f) de las calderas |
| 4 | Kohlenoxydgehalt (m)<br>carbon monoxide contents<br>teneur (f) en oxyde de carbone | содержаніе (n) окиси уклерода<br>tenore (m) in ossido di carbonio<br>proporción (f) de óxido de carbono |
| 5 | Wasserdampf (m)<br>steam<br>vapeur (f) d'eau | водяной паръ (m)<br>vapore (m) d'acqua<br>vapor (m) de agua |
| 6 | Gichtflamme (f)<br>throat flame<br>flamme (f) du gueulard | колошниковое пламя (n)<br>fiamma (f) alla bocca del forno<br>llama (f) del tragante |
| 7 | aus dem Ofen saugen (v)<br>to draw from the furnace<br>aspirer (v) hors du hautfourneau | высасывать изъ печи<br>aspirare (v) dal forno<br>aspirar (v) del horno |
| 8 | Gasweg (m)<br>gas duct *or* passage<br>trajet (m) des gaz | каналъ (m) для газа<br>canale (m) del gas<br>trayecto (m) de los gases |
| 9 | Gasstrom (m)<br>current of gas<br>courant (m) gazeux | теченіе (n) газа; токъ (m) газа<br>corrente (f) di gas<br>corriente (f) de gas |
| 10 | Gasverlust (m)<br>loss of gas<br>perte (f) de gaz, fuite (f) de gaz | потеря (f) газа<br>perdita (f) di gas<br>pérdida (f) *ó* escape (m) *ó* fuga (f) de gas |
| 11 | Zündflamme (f)<br>ignition flame<br>flamme (f) d'allumage | запальное пламя (n)<br>fiamma (f) d'accensione<br>llama (f) de inflamación |

|  |  |  |
|---|---|---|
| 1 | **Zufällige Nebenerzeugnisse**<br>**Occasional *or* Accidental By-products**<br>**Produits accessoires non constants** | **Случайные побочные продукты**<br>**Prodotti secondari occasionali**<br>**Productos accesorios no constantes ú ocasionales** |
| 2 | Gichtschwamm (m), zinkischer Anbruch (m), Ofenbrand (m)<br>zinc deposit<br>cadmies (f pl), dépôt (m) de zinc | цинковая настыль (f)<br>deposito (m) d'ossido di zinco<br>depósitos (m pl) de óxido de cinc, cadmia (f) |
| 3 | Zinkstaub (m)<br>zinc dust<br>cadmies (f pl) fines | цинковая пыль (f)<br>polvere (f) di zinco<br>polvo (m) de cinc |
| 4 | Ofenblei (n)<br>pig lead<br>plomb (m) de fourneau | свинецъ (m), получаемый изъ кладки печей<br>piombo (m) del forno<br>plomo (m) de horno |
| 5 | silberhaltig (adj)<br>argentiferous (adj)<br>argentifère (adj) | содержащій серебро<br>argentifero (agg)<br>argentifero (adj) |
| 6 | Eisensau (f), Sau (f), Eisenklumpen (m)<br>iron blocks, sow, bear<br>loup (m), bloc (m) | жукъ (m); козёлъ (m)<br>blocco (m)<br>lobo (m) |
| 7 | Eisenabscheidung (f)<br>iron separation<br>ségrégation (f) de fer | отдѣленіе (n) желѣза<br>separazione (f) *o* segregazione (f) di ferro<br>segregación (f) de hierro |
| 8 | Frischeisen (n)<br>refined iron, finery iron<br>fer (m) affiné | желѣзистая настыль (f); губчатое желѣзо (n)<br>ferro (m) affinato<br>hierro (m) afinado |
| 9 | alkalische Salze (n pl)<br>alkaline salt<br>sels (m pl) alcalins | щелочныя соли (f pl)<br>sali (m pl) alcalini<br>sales (f pl) alcalinas |
| 10 | Cyankalium (n)<br>potassium cyanide<br>cyanure (m) de potassium | ціанистый калій (m)<br>cianuro (m) di potassio<br>cianuro (m) potásico |
| 11 | Chloralkalien (n pl)<br>alkaline chlorids<br>chlorures (m pl) alcalinis | хлористыя щёлочи (f pl)<br>cloruri (m pl) alcalini<br>cloruros (m pl) alcalinos |
| 12 | Cyanstickstofftitan (n)<br>titanium cyanonitride<br>cyanure (m) de potasse et de titane<br>$Ti(CN)_2 \cdot 3 Ti_3N_2$ | азотистосинеродистый титанъ (m)<br>cianuro (m) di potassio e di titanio<br>cianuro (m) de potasio y de titano, nitrocianuro (m) de titano |
| 13 | Zinksilikat (n)<br>zinc silicate<br>silicate (m) de zinc | силикатъ (m) цинка<br>silicato (m) di zinco<br>silicato (m) de cinc |

# XI.

**Darstellung des Schweißeisens**

**Manufacture *or* Production of Wrought Iron**

**Fabrication du fer soudé**

**Получение свароч-наго желѣза**

**Fabbricazione del ferro dolce**

**Fabricación del hierro dulce**

---

1 **Rennen**

**Direct Production of Wrought Iron**

**Extraction directe du fer de son minerai**

**Обработка рудъ въ сыродутныхъ горнахъ**

**Processo diretto, metodo catalano**

**Extracción directa del hierro de su mineral, método catalán**

2 Rennfeuer (n), Luppenfrischfeuer (n)
bloomery fire, catalan hearth
bas-foyer (m), forge (f) catalane

сыродутный горнъ (m)
basso fuoco (m)
forja (f) catalana

---

3 Luppe (f), Dackel (m), Deul (m), Stück (n)
bloom, lump
loupe (f), balle (f) en fer

a

крица (f)
palla (f) di ferro
esponja (f) de hierro, zamarra (f)

---

4 Schmelzofen (m)
smelting *or* melting furnace
four (m) de fusion

плавильная печь (f)
forno (m) di fusione
horno (m) de fusión

Stückofen (m)
bloomery furnace
four (m) à loupes
домница (f); сыродутная шахтная печь (f)
forno (m) a palla
horno (m) de zamarras 1

---

oxydierendes Schmelzen (n)
oxidising smelting
fusion (f) oxydante
окислительная плавка (f)
fusione (f) per ossidazione
fusión (f) oxidante 2

---

nachrennen (v)
to fine, refine
affiner (v)
доводить
affinare (v)
afinar (v) 3

---

**Herdfrischen**
**Refining in the Open Hearth**
**Affinage au bas-foyer**
**Передѣлъ чугуна въ кричномъ горну**
**Affinaggio al basso fuoco**
**Afino al bajo hogar** 4

---

Frischverfahren (n), Frischmethode (f)
fining process, refining
méthode (f) *ou* procédé (m) d'affinage
кричный способъ (m) выдѣлки желѣза
metodo (m) *o* processo (m) d'affinaggio
método (m) de afino 5

---

entkohlen (v), frischen (v)
to decarburise
affiner (v) *ou* décarburer (v) la fonte
передѣлывать чугунъ; обезуглероживать чугунъ
decarburare (v) la ghisa
de[s]carburar *ó* afinar (v) la fundición 6

---

Frischer (m)
finer, refiner
affineur (m)
кричный мастеръ (m)
operaio (m) addetto all'affinaggio
afinador (m) 7

---

Frischherd (m), Frischfeuer (n)
finery fire, low hearth
four (m) *ou* foyer (m) *ou* feu (m) d'affinerie
кричный горнъ (m)
fuoco (m) d'affinaggio
horno (m) *ó* forja (f) de afino 8

---

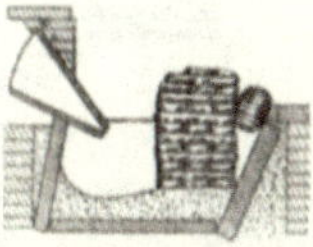

offener Herd (m)
open hearth
foyer (m) découvert
открытый кричный горнъ (m)
fuoco (m) aperto
forja (f) descubierta, horno (m) descubierto 9

---

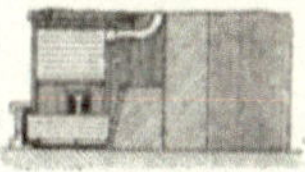

bedecktes Frischfeuer (n)
covered finery
foyer (m) comtois couvert
закрытый кричный горнъ (m)
fuoco (m) d'affinaggio chiuso
forja (f) cubierta, horno (m) cubierto de afino, forja (f) del Franco-Condado 10

1 schwedisches, modernes Frischfeuer (n), Lancashire-Frischherd (m)
Swedish, modern bloomery fire, Lancashire hearth
bas-foyer (m), feu (m) d'affinerie suédois *ou* moderne

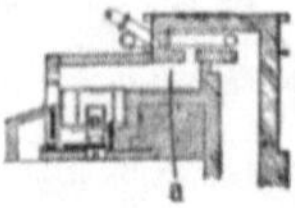


современный шведскій кричный горнъ (m)
fuoco (m) d'affinaggio Lancashire
bajo horno (m), forja (f) *ó* fuego (m) de afino sueco

---

2 Vorwärmeherd (m)
hearth for heating, fore hearth
foyer (m) à réchauffer, cassin (m)

a

чугунникъ (m); подогрѣватель (m)
forno (m) di riscaldo
horno (m) de recalentar

---

3 Zacken (m)
bed plate
plaque (f) *ou* taque (f) de fond

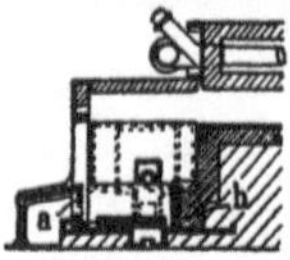


a, b

доски (f pl) *или* плиты (f pl), ограничивающія рабочее пространство
placca (f) di fondo (in ghisa)
solera (f), placa (f)

---

4 Arbeitszacken (m), Schlackenzacken (m) Brustzacken (m), Vorderzacken (m)
fore plate
plaque (f) de laiteral *ou* de chio, paroi (f) de laiteral

a

передняя *или* соковая доска (f)
placca (f) laterale di lavoro
placa (f) lateral

---

5 Aschenzacken (m), Hinterzacken (m)
back plate
plaque (f) de rustine, haire (f)

b

задняя *или* хвостовая доска (f)
placca (f) del rustico, placca (f) posteriore
rustina (f), placa (f) posterior

---

6 Formzacken (m)
tuyere plate
taque (f) de varme, porges (m pl)

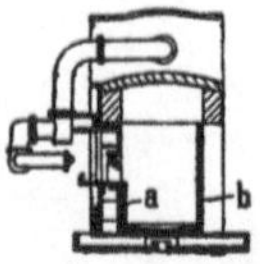


a

фурменная доска (f)
placca (f) per l'ugello
[placa (f) de] warma (f)
placa (f) de tobera

---

7 Formsattel (m)
tuyere saddle
assise (f) de la tuyère

сѣдло (n) фурмы; фурменное сѣдло
base (f) dell'ugello
asiento (m) de la tobera

---

8 Windzacken (m), Gichtzacken (m)
baffle plate
[plaque (f) de] contrevent (m)

b

противофурменная доска (f)
placca (f) in faccia all'ugello
contraviento (m)

Frischfeuerbetrieb (m)
finery process
travail (m) au bas-foyer
кричное производство (n)
processo (m) d'affinaggio
trabajo (m) á la forja de afino 1

---

Frischfeuereisen (n), Holzkohleneisen (n)
fined iron, refined iron, charcoal iron
fer (m) affiné, fer (m) au bois
кричное желѣзо (n)
ferro (m) affinato, ferro (m) al carbone di legna
hierro (m) afinado (por el carbón de madera) 2

---

garschmelzig (adj)
low silicon pig
fonte (f) rapide (pauvre en silicium et manganèse)
легко передѣлываемый т. е. бѣдный марганцемъ, кремніемъ и прочими окисляемыми тѣлами
ghisa (f) povera di silicio e manganese
fundición (f) rápida (pobre en silicio y manganeso) 3

---

garschmelziges Eisen (n), luckiges Floß (n)
open white pig
fonte (f) blanche poreuse
ноздреватый скоропередѣлывающійся чугунъ (m)
ghisa (f) bianca porosa
fundición (f) blanca porosa 4

---

rohschmelzig (adj)
high silicon pig
cru (adj) (riche en silicium et manganèse)
трудно передѣлываемый т. е. богатый марганцемъ, кремніемъ и прочими окисляемыми тѣлами
ghisa (f) ricca di silicio e manganese
fundición (f) rica en silicio y manganeso 5

---

Garfrischen (n)
white iron fining
affinage (m) complet
спѣлый ходъ (m) переработки
affinaggio (m) della ghisa bianca
afino (m) completo 6

---

Rohfrischen (n)
gray iron fining
affinage (m) imparfait, travail (m) de la loupe, premier affinage (m)
сырой ходъ (m) переработки
affinaggio (m) della ghisa grigia
afino (m) incompleto 7

---

Einmalschmelzerei (f), Schwalarbeit (f)
single refining, slag washing process
affinage (m) au bain de scorie, procédé (m) à une seule fusion
работа (f) съ однократнымъ расплавленіемъ *или* съ однократной переплавкой
affinaggio (m) al bagno di scorie, processo (m) con una sola fusione
afino (m) al baño de escoria, procedimiento (m) de una sola fusión 8

1 Schwal (m), Schlacke (f)
rich finery cinder, slag
scorie (f)
шлакъ (m)
scoria (f)
escoria (f)

---

2 Zweimalschmelzerei (f), Wallonenfrischen (n)
Walloon process
procédé (m) wallon *ou* à un soulèvement
работа (f) съ двукратнымъ расплавленіемъ *или* съ двукратной переплавкой
processo (m) vallone *od* ad una sola rifusione
procedimiento (m) valón *ó* de doble fusión

---

3 Dreimalschmelzerei (f), deutsches Frischverfahren (n)
triple melting-down process
procédé (m) à deux soulèvements *ou* allemand
работа (f) съ трёхкратнымъ расплавленіемъ *или* съ трёхкратной переплавкой
processo (m) con doppia rifusione, processo (m) tedesco
procedimiento (m) alemán *ó* de triple fusión

---

4 Schirbel (m)
bloom, slab
lopin (m), maquette (f)
кусокъ (m) крицы
palla (f)
zamarra (f)

---

5 Feinarbeit (f)
fine working, fine smelting, refining
travail (m) d'affinage
процессъ (m) очищенія; процессъ окисленія примѣсей желѣза
processo (m) d'affinaggio
procedimiento (m) *ó* trabajo (m) de afino

---

6 gefeintes Roheisen (n)
refined pig iron
fonte (f) épurée, fonte (f) mazée
очищенное желѣзо (n)
ghisa (f) affinata
fundición (f) purificada

---

7 Feinschlacke (f)
rich fining slag
scorie (f) douce, scorie (f) riche
богатый шлакъ (m); спѣлый шлакъ
scoria (f) ricca di ossidi
escoria (f) dulce *ó* rica

---

8 **Puddeln**
**To puddle**
**Puddler**
**Пудлинговать**
**Pudellare**
**Pudelar**

---

9 Puddelhütte (f), Puddelwerk (n)
puddling works
puddlage (m)
пудлинговая мастерская (f)
stabilimento (m) di forni a pudellaggio
taller (m) de pudelaje

---

10 Flammofen (m)
reverbatory furnace
four m) à réverbère
отражательная печь (f); пламенная печь
forno (m) a riverbero
horno (m) de reverbero

**Puddelöfen**
**Puddling Furnaces**
**Fours à puddler**

**Пудлинговая печь**
**Forni a pudellaggio**
**Hornos de pudelar** 1

Doppelpuddelofen (m)
double puddling furnace
four (m) à puddler double

двойная пудлинговая печь (f)
doppio forno (m) a pudellaggio
horno (m) doble de pudelar 2

---

Springerscher Puddelofen (m)
Springer's puddling furnace
four (m) à puddler système Springer

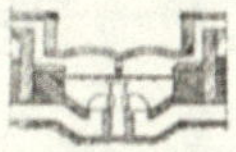

пудлинговая печь (f) Шпрингера
forno (m) a pudellaggio sistema Springer
horno (m) de pudelar sistema Springer 3

---

Wendeofen (m), wendbarer Puddelofen(m)
rotary puddling furnace
four (m) à puddler tournant

поворачивающаяся пудлинговая печь (f)
forno (m) a pudellaggio girevole
horno (m) giratorio de pudelar 4

---

Drehpuddelofen (m)
revolving puddling furnace
four (m) à puddler rotatif

вращающаяся пудлинговая печь (f)
forno (m) a pudellaggio rotativo
horno (m) de pudelar rotatorio 5

---

Zylinderofen (m)
cylinder furnace
four (m) cylindrique

цилиндрическая печь (f)
forno (m) cilindrico
horno (m) cilindrico 6

---

Tellerofen (m)
puddling furnace with revolving hearth
four (m) à sole tournante

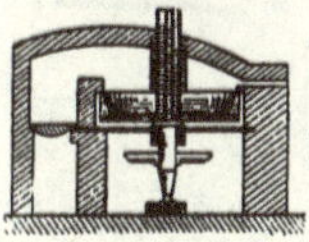

тарелочная печь (f)
forno (m) di fusione a piatto girevole
horno (m) de solera giratoria 7

**Teile des Puddelofens**
**Parts of the Puddling Furnace**
**Parties du four à puddler**

**Части пудлинговой печи**
**Parti del forno a pudellaggio**
**Partes del horno de pudelar** 8

Feuerung (f)
firing
chauffage (m)

топка (f)
riscaldamento (m)
calefacción (f) 9

---

Feuerraum (m), Heizraum (m)
fire place *or* chamber, grate
foyer (m), chauffe (f)

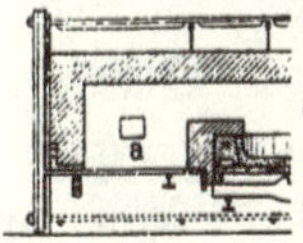


a

топочное пространство (n)
focolare (m)
hogar (m) 10

Rostfeuerung (f)
1 grate firing
foyer (m) à grille

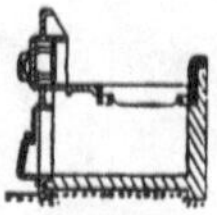

колосниковая топка (f); топка съ колосниковой рѣшёткой
focolare (m) a griglia
hogar (m) de parrilla

---

Rostträger (m), Rostschwelle (f)
grid *or* fire bar bearer
2 supports (pl) des barreaux de la grille, sommier(m) de grille, châssis (m) de grille

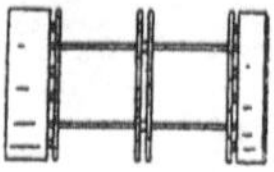

колосниковая рама (f); система (f) колосниковыхъ балокъ
armatura (f) di sostegno della griglia
durmiente (m) de emparrillado, marco (m) de parrilla, larguero (m) de parrilla

---

Roststab (m)
3 fire bar
barreau (m) de grille

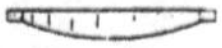

колосникъ (m)
sbarra (f) della griglia
barra (f) de emparrillado

---

Aschenfall (m)
4 ash pit
cendrier (m)

a

зольникъ (m)
ceneraio (m)
cenicero (m)

---

Feuerbrücke (f)
5 fire bridge
autel (m)

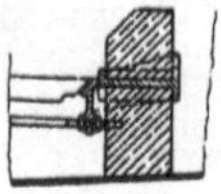

большой порогъ (m)
altare (m)
puente (m), altar (m) del hogar

---

Flammenloch (n)
flame hole
6 passage (m) de la flamme

a

пламенный ходъ (m); пламенное окошко (n)
apertura (f) d'entrata della fiamma
paso (m) de la llama

---

Feuertür (f)
7 coaling door
porte (f) du foyer

рама (f) топочныхъ дверецъ
porta (f) del focolare
puerta (f) del hogar

---

Arbeitsherd (m)
8 hearth
laboratoire (m)

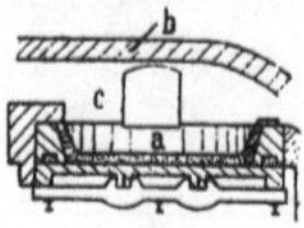


a

подъ (m)
aia (f), focolare (m), laboratorio (m)
laboratorio (m)

|  | |  | |
|---|---|---|---|
| Herdgewölbe (n)<br>roof *or* arch of the furnace<br>voûte (f) | b | сводъ (m) надъ подомъ<br>volta (f) del focolare<br>bóveda (f) | 1 |
| Herdwand (f), Wange (f), Herdwange (f)<br>side wall<br>paroi (f) latérale du four | c | боковая стѣнка (f) печи<br>parete (f) laterale, cordone (m)<br>pared (f) lateral del horno | 2 |
| Schaffplatte (f)<br>fore plate<br>plaque (f) d'avant | | передняя плита (f)<br>placca (f) *o* piastra (f) anteriore<br>placa (f) delantera | 3 |
| Sohlplatte (f), Bodenplatte (f)<br>bottom plate, base plate<br>plaque (f) de la sole | 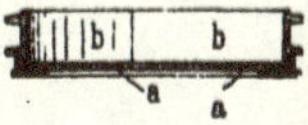<br>a | подовая плита (f)<br>placca (f) della suola<br>placa (f) de la solera | 4 |
| Legeeisen (n), Herdeisen (n)<br>hearth plate<br>plaque (f) du foyer | b | колода (f)<br>placca (f) del focolare<br>placa (f) del hogar | 5 |
| wassergekühlter Boden (m)<br>water cooled bottom<br>sole (f) à courant d'eau |  | подъ (m), охлаждаемый водой<br>suola (f) raffreddata [con acqua]<br>solera (f) refrigerada por agua | 6 |
| hohlgegossene Einfassung (f)<br>hollow cast frame<br>cadre (m) coulé creux |  | пустотѣлая рама (f); полая рама<br>parete (f) laterale vuota (per il passaggio dell'acqua per raffreddamento)<br>marco (m) colado hueco | 7 |
| Abflußrohr (n)<br>water discharge pipe<br>tuyau (m) de décharge | 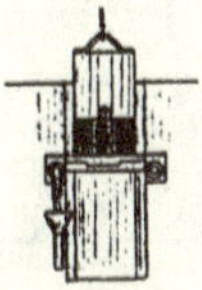 | водоотводная труба (f)<br>tubo (m) di scarico<br>tubo (m) de descarga de agua | 8 |
| Schlackenherd (m)<br>slag hearth<br>sole (f) en scories | 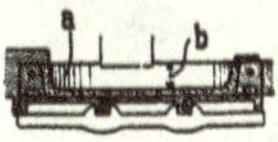 | шлаковый подъ (m) печи<br>aia (f) *o* focolare (m) a rivestimento di scorie<br>solera (f) para escorias | 9 |
| Herdfutter (n), Ausfütterung (f), Auskleidung (f)<br>hearth lining<br>garnissage (m) de la sole | a | футеровка (f) пода печи<br>rivestimento (m) della suola<br>revestimiento (m) de la solera | 10 |
| Herdtiefe (f)<br>depth of the hearth<br>profondeur (f) de la sole du four | b | глубина (f) ванны<br>altezza (f) del focolare<br>profundidad (f) de la solera del horno | 11 |

|  |  | |  |
|---|---|---|---|
| 1 | Muldenform (f)<br>concave shape of hearth<br>forme (f) de cuvette, forme (f) concave | | чашеобразная форма (f)<br>forma (f) concava<br>forma (f) cóncava, forma (f) de molde |
| 2 | Garschlackenboden (m), Schwalboden (m)<br>slag bed, slag bottom<br>fond (m) en scorie | | подъ (m), покрытый спѣлыми шлаками<br>suola (f) di scorie<br>solera (f) de escorias |
| 3 | Schlackenbad (n)<br>slag bath<br>bain (m) de scories | | шлаковая ванна (f)<br>bagno (m) di scorie<br>baño (m) de escorias |
| 4 | eisenoxydhaltiges Gut (n)<br>material containing ferric oxide<br>substance (f) *ou* masse (f) riche en oxyde de fer | | матеріалъ (m), содержащій окись желѣза<br>sostanza (f) ferrosa<br>material (m) que contiene óxido de hierro |
| 5 | eisenoxydreich (adj)<br>rich (adj) in ferric oxide<br>riche (adj) en oxyde de fer | | богатый окисью желѣза<br>alto tenore (m) in ossido di ferro<br>rico (adj) en óxido de hierro |
| 6 | Vorglühherd (m)<br>fore hearth<br>chaufferie (f), sole (f) à réchauffer, cassin (m) | 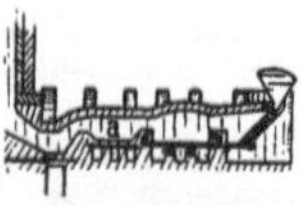<br>a | подогрѣватель (m); чугунникъ (m)<br>camera (f) di raffreddamento<br>horno (m) de recalentar |
| 7 | Einsatztür (f)<br>charging door<br>porte (f) de chargement |  | заслонка (f) рабочаго окна<br>porta (f) di caricamento<br>puerta (f) de carga |
| 8 | Arbeitstür (f), Kratzentür (f)<br>puddling door<br>porte (f) à brasser, porte (f) de râblage | a | окно (n) для перемѣшиванія клюшкой<br>porta (f) di lavoro<br>puerta (f) de trabajo, puerta (f) de amasar |
| 9 | angegossene Führungsleiste (f)<br>cast on guide bar<br>guidage (m) venu de fonte | b | прилитая направляющая планка (f)<br>guida (f) in ghisa per porta<br>guía (f) de puerta fundida en una pieza |
| 10 | Gegengewicht (n) der Tür<br>door counter weight *or* balance weight<br>centrepoids (m) de la porte | c | противовѣсъ (m) дверецъ<br>contrappeso (m) della porta<br>contrapeso (m) de la puerta |

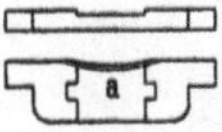

Arbeitschwelle (f)
working sill
bord (m) *ou* seuil (m) du trou de travail, banc (m)

рабочій порогъ (m)
soglia (f) *od* appoggio (m) per l'utensile di lavoro 1
marco (m) del agujero de trabajo

---

a

Einsatzstück (n)
door sill
pièce (f) rapportée

вкладышъ (m); запасная часть (f)
pezzo (m) di ricambio 2
pieza (f) de recambio

---

Schlackenblech (n)
slag plate
tôle (f) d'écoulement de la scorie

шлаковый порогъ (m)
lamiera (f) per trattenere le scorie, lamiera (f) di sbarramento 3
chapa (f) de colar la escoria

---

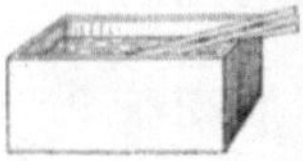

Wasserkasten (m), Kühltrog (m)
cooling trough, water tank, bosh
bâche (f) à eau

колода (f) съ водою [для охлажденія инструментовъ]
cassetta (f) d'acqua per raffreddamento 4
cubeta (f) de agua

---

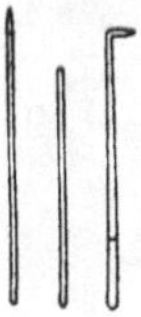

Gezähe (n)
puddling tools (pl)
outils (m pl)

инструменты (m pl)
utensili (m pl), riavoli (m pl) di ferro 5
herramientas (f pl)

---

Kratze (f), Rührhaken (m)
iron rake, rabble
crochet (m), brassoir (m), râble (m)

клюшка (f); клюка (f)
raschiatoio (m) 6
espetón (m), hurgón (m)

---

keilförmige Kratze (f)
wedge shaped rabble
fer (m) à biseau

клинообразная клюшка (f); клиновидная клюка (f) 7
raschiatoio (m) conico
palanca (f) de cuña

---

Spitz (m), Brechstange (f)
puddling bar, pointed rabble
ringard (m) pointu, poincon (m)

ломъ (m); ломокъ (m)
stanga (f) a punta 8
palanca (f) de punta

1 Zange (f)
tongs (pl), pair of tongs, pliers (A*)
tenaille (f)

клещи (f pl)
tanaglia (f)
tenazas (f pl)

---

2 Fuchs (m)
flue
rampant (m), carneau (m) conduisant à la cheminée

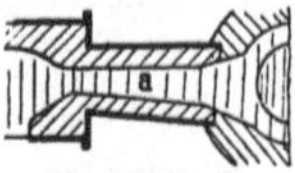


a

боровокъ (m)
canale (m) che va al camino
conducto (m) [de llegada] á la chimenea, canal (f) de llamas

---

3 fliegender Fuchs (m), ansteigender Fuchs (m)
ascending flue, uptake
rampant (m) ascendant

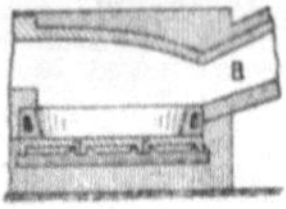


a

восходящій боровокъ (m)
canale (m) montante *od* ascendente
conducto (m) de llamas ascendente

---

4 fließender Fuchs (m), geneigter Fuchs (m)
inclined flue
rampant (m) incliné vers le bas

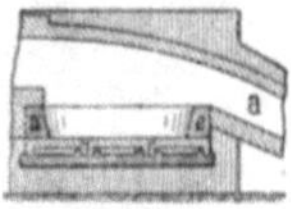


a

понурый боровокъ (m)
canale (m) discendente
conducto (m) de llamas inclinado hacia abajo

---

5 Fuchsbrücke (f)
flue bridge
autel (m) du rampant

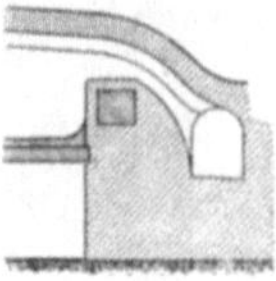

задній порогъ (m); малый порогъ
ponte (m) del canale
puente (m) *ó* altar (m) del conducto

---

6 Fuchsdecke (f)
flue roof
voûte (f) du rampant

сводъ (m) боровка
volta (f) del canale
bóveda (f) del conducto

---

7 Abzugkanal (m)
main flue
carneau (m) de la cheminée

пароотводный каналъ (m)
canale (m) del camino
canal (f) de la chimenea

---

8 Umgehungskanal (m)
lateral flue, side flue
carneau (m) *ou* conduit (m) de dérivation

обводный каналъ (m)
canale (m) di derivazione
conducto (m) de derivación

---

9 Esse (f)
chimney, stack
cheminée (f)

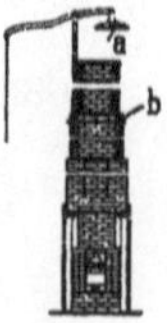


дымовая труба (f)
camino (m)
chimenea (f)

---

* A = americanism

| | | | |
|---|---|---|---|
| Temper (m)<br>chimney lid<br>clapet (m) de cheminée | a | заслонка (f) дымовой трубы<br>cappello (m), valvola (f) di chiusura<br>tapa (f) de la chimenea | 1 |
| Kaminbeschlag (m)<br>iron fittings of the chimney<br>armature (f) de la base de la cheminée | b | обшивка (f) дымовой трубы<br>armatura (f) del camino<br>armazón (m) de la base de la chimenea | 2 |
| Ausrüstung (f) des Ofens<br>iron fittings of the furnace<br>armature (f) du four | 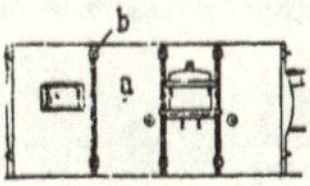 | арматура (f) печи<br>armatura (f) del forno<br>armazón (m) del horno | 3 |
| Umkleidungsplatte (f)<br>casing<br>chemise (f) de revêtement, plaque (f) de revêtement | a | плита (f) арматуры; обставная плита<br>placca (f) di rivestimento<br>placa (f) de revestimiento | 4 |
| Stehanker (m), Zugstange (f)<br>tie rod<br>tirant (m) | b | тяжъ (m); тяга (f)<br>tirante (m)<br>tirante (m) | 5 |
| **Betrieb des Puddelofens**<br>**Working of the Puddling Furnace**<br>**Marche du travail au four à puddler** | | **Ходъ пудлинговой печи**<br>**Marcia *od* andamento dell'operazione di pudellaggio**<br>**Funcionamiento del horno de pudelar** | 6 |
| Puddelverfahren (n)<br>puddling process<br>procédé (m) de puddlage | | процессъ (m) пудлингованія<br>pudellaggio (m)<br>procedimiento (m) de pudelaje | 7 |
| Puddler (m)<br>puddler<br>puddleur (m) | | пудлинговщикъ (m)<br>operaio (m) pudellatore<br>pudelador (m) | 8 |
| Handpuddeln (n)<br>hand puddling<br>puddlage (m) à la main | | пудлингованіе (n) *или* перемѣшиваніе (n) въ-ручную<br>pudellaggio (m) a mano<br>pudelaje (m) á mano | 9 |
| Einsatz (m)<br>charge<br>charge (f) | | насадка (f); садка (f)<br>carica (f)<br>carga (f) | 10 |

1 Heissen (m), kleine Einsatzmenge (f)
charge of pig
charge (f) de fonte, charge (f) faible
расплавляемыя по частямъ количества (n pl) чугуна, предназначаемыя для одной [на]садки
carica (f) di ghisa
carga (f) pequeña de fundición

2 einsetzen (v)
to charge
charger (v)
насадить; посадить
caricare (v)
cargar (v)

3 das Eisen vorwärmen (v), glühen (v)
to heat the iron
chauffer (v) la fonte
нагрѣвать чугунъ
riscaldare (v) la ghisa
calentar (v) la fundición

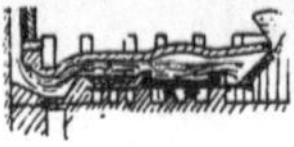

4 niederschmelzen (v)
to melt, to smelt
fondre (v)
расплавить; плавить
fondere (v)
fundir (v)

5 abschmelzendes Metall (n)
dropping metal, metal coming to nature
métal (m) entré en fusion
расплавляющійся по каплямъ металлъ
metallo (m) fondente
metal (m) que empieza á fundirse

6 Eisenmasse (f)
bloom ball
masse (f) de fer
масса (f) чугуна
massa (f) *o* blocco (m) di ferro
masa (f) de hierro

7 Flammenführung (f)
flame baffling
conduite (m) des flammes
направленіе (n) пламени
condotto (m) delle fiamme
conducto (m) de las llamas, conducción (f) de las llamas

8 Helligkeit (f) der Flamme, Lauch (m)
brightness of the flame
clarté (f) de la flamme
яркость (f) пламени
luminosità (f) della fiamma
claridad (f) de la llama

9 sternbildende Funken (mpl)
star like sparks
étincelles (f pl) étoilées
звѣздообразныя искры (f pl)
faville (f pl) a stella
chispas (f pl) de estrella

10 Puddelschlacke (f)
tap cinder, bulldog
scorie (f) de puddlage
пудлинговые шлаки (mpl)
scoria (f) di pudellaggio
escoria (f) de pudelaje

11 Schlackenansatz (m), Frischvogel (m)
adhesion of the slag
garnissage (m) de scories
шлаковый наростъ (m)
rivestimento (m) di scorie
adhesión (f) de escoria

Aussehen (n) der Schlacke, Lacht (f)
appearance of the slag
aspect (m) de la scorie d'affinerie

видъ (m) шлака
aspetto (m) della scoria 1
aspecto (m) de las escorias de afino

---

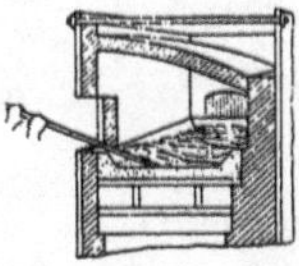

aufbrechen (v), aufstechen (v)
to break up
soulever (v)

надламывать
sollevare (v), staccare (v) 2
levantar (v)

---

Kohlenoxydentwicklung (f)
formation *or* evolution of carbon monoxide *or* carbonic oxide
dégagement (m) de l'oxyde de carbone

образованіе (n) окиси углерода
formazione (f) dell'ossido di carbonio 3
formación (f) de óxido de carbono

---

Sauerstoffabgabe (f)
evolution of oxygen
dégagement (m) d'oxygène

освобожденіе (n) *или* выдѣленіе (n кислорода
cessione (f) d'ossigeno 4
desprendimiento (m) de oxigeno

---

sauerstoffreicher Gasstrom (m)
gas current rich in oxygen
courant (m) de gaz riche en oxygène

потокъ (m) газа, богатый кислородомъ; окислительное пламя (n)
corrente (f) di gas ricco d'ossigeno 5
corriente (f) de gas rico en oxigeno

---

Einwerfen (n) von Schlacke
charging of slag
chargement (m) de scories

завалка (f) шлаковъ
caricamento (m) delle scorie 6
carga (f) de escorias

---

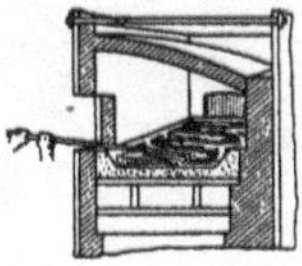

rühren (v), durchrühren (v)
to puddle, to stir up, to rabble
puddler (v), brasser (v)

перемѣшивать
rimescolare (v)
pudelar (v), bracear (v), remover (v) 7

---

Eisenbad (n)
iron bath
bain (m) de fer

металлическая ванна (f); ванна чугуна
bagno (m) di ferro 8
baño (m) de hierro

---

Kochzeit (f), Kochabschnitt (m), [Kochperiode (f)]
boiling period
période (f) de bouillonnement

періодъ (m) кипѣнія
periodo (m) d'ebollizione
periodo (m) de ebullición *ó* de formación de burbujas 9

**1**
Entkohlung (f), Garen (n)
decarburisation
décarburation (f)
обезуглеражиmanaged

1 Entkohlung (f), Garen (n)
decarburisation
décarburation (f)
обезуглераживаніе (n); поспѣваніе (n) товара
decarburazione (f)
descarburación (f)

2 teigig gewordenes Eisen (n)
pasty iron
fer (m) à l'état pâteux
тѣстообразное желѣзо (n)
ferro (m) pastoso
hierro (m) en estado de fusión pastosa

3 umsetzen (v)
to change
faire (v) un tour de fer, retourner (v)
переворачивать
cambiare (v)
remover (v)

4 in Haufen setzen (v)
to pile up, to ball
tasser (v), agglomérer (v)

образовать кучи
dividere (v) in piccole palle
formar (v) las bolas

5 Haufen (m)
ball
tas (m)
a
куча (f)
piccola palla (f)
bola (f), montón (m)

6 Eisenballen (m)
iron ball, puddle ball
boule (f) de fer, loupe (f)
колобокъ (m) желѣза; крица (f); жмакъ (m)
palla (f) di ferro
bola (f) de hierro

7 ballenförmig (adj)
ball shaped (adj)
en forme de loupe
шарообразный
a forma di palla
en forma de bola

8 schwammiges Eisen (n)
porous iron, spongy iron
fer (m) poreux, fer (m) spongieux
губчатое желѣзо (n)
ferro (m) poroso *o* spugnoso
hierro (m) poroso, hierro (m) esponjoso

9 Luppenmachen (n)
forming puddle balls, balling, balling up
former (v) les loupes

образованіе (n) *или* накатываніе (n) крицъ
formare (v) le palle
formar (v) las bolas

10 Puddelluppe (f)
puddle ball
loupe (m) de puddlage
a
пудлинговая крица (f)
palle (f pl) di pudellaggio
bola (f) de pudelaje

11 Eisenkörnchen (n)
iron grains *or* particles
grains (m pl) *ou* particules (f pl) de fer
зёрнышко (n) желѣза
granelli (m pl) *o* particelle (f pl) di ferro
granos (m pl) *ó* partículas (f pl) de hierro

12 Phosphorabscheidung (f)
separation of phosphorus
déphosphoration (f)
выдѣленіе (n) фосфора
defosforazione (f)
de[s]fosforación (f)

zängen (v)
to shingle, to hammer the bloom
cingler (v), expulser (v) la scorie

обжимать
eliminare (v) la scoria
exprimir (v) la escoria, cinglar (v) *1*

---

Zängarbeit (f)
shingling
cinglage (m)
обжимка (f)
eliminazione (f) della scoria
cinglado (m) *2*

---

Dampfhammer (m)
steam hammer
marteau-pilon (m) à vapeur
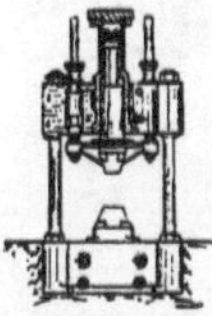
паровой молотъ (m)
maglio (m) a vapore
martillo-pilón (m) de vapor *3*

---

Luppenquetsche (f)
squeezer, alligator (A*), crocodile press
presse (f) à cingler, cingleur (m) à levier

жомъ (m) для крицъ
compressore (m)
cinglador (m) de palanca *4*

---

Luppenmühle (f)
rotary squeezer
moulin (m) à cingler, cingleur (m) rotatif
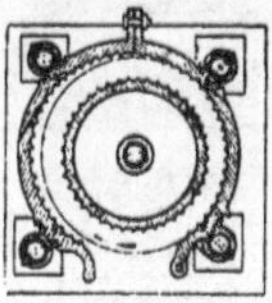
жомъ (m) *или* мельница (f) для крицъ
compressore (m) rotativo
molino (m) de exprimir *ó* expulsar la escoria, cinglador (m) giratorio *5*

---

Rohbarren (m)
puddled bar
fer (m) ébauché
пуддельбарсъ (m)
ferro (m) sbozzato
hierro (m) desbastado *6*

---

achtkantiger Block (m)
octagonal block
bloc (m) octogone
восьмигранный брусъ (m)
massello (m) ottagonale
bloque (m) octogonal *7*

---

eingeschlossene Schlacke (f)
enclosed *or* included slag
scorie (f) interposée
заключённый шлакъ (m)
scoria (f) d'inclusione
escoria (f) interpuesta *ó* encerrada *8*

---

Luppenwalzwerk (n)
roughing rolls, roughing train, blooming mill
train (m) ébaucheur
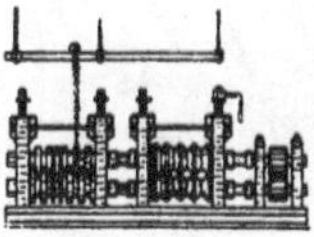
станъ (m) для прокатки обжатыхъ крицъ
treno (m) sbozzatore
tren (m) laminador de tochos *9*

---

* A = americanism

1 Rohschiene (f)
bar, muck bar (A*), No. 1 bar, best bar
fer (m) ébauché, barre (f) de fer brut, mill bars (m pl)

мильбарсъ (m)
billetta (f)
tocho (m) laminado, barra (f) de hierro bruto

---

2 Paketieren (n)
piling, fagoting
préparation (f) des paquets, paquetage (m)

приготовленіе (n) пакетовъ
fabbricazione (f) *o* preparazione (f) dei pacchetti
empaquetado (m)

---

3 Schweißpaket (n)
pile, fagot
paquet (m) de fer à souder

a

пакетъ (m)
pacchetto (m) di ferro da pudellare
paquete (m) de hierro para soldar

---

4 zusammenschweißen (v)
to weld
souder (v)

сваривать
saldare (v)
soldar (v)

---

5 Schweißfeuer (n)
welding fire
four (m) à souder

сварочный горнъ (m)
fuoco (m) per saldare
forja (f) de soldar

---

6 Schweißofen (m)
welding furnace
four (m) à réchauffer

сварочная печь (f)
forno (m) per riscaldare
horno (m) de recalentar

---

7 Eisenabbrand (m)
iron waste, iron loss
déchet (m) de fer

угаръ (m)
perdita (f) di ferro
desperdicio (m) de hierro

---

8 Metallverlust (m)
loss of metal
perte (f) en métal

потеря (f) металла
perdita (f) di metallo
pérdida (f) de metal

---

9 Maschinenpuddeln (n)
machine *or* mechanical puddling
puddlage (m) mécanique *ou* à la machine

механическое пудлингованіе (n)
pudellaggio (m) meccanico
pudelaje (m) á máquina

---

10 mechanischer Puddler (m)
mechanical puddler
puddleur (m) mécanique

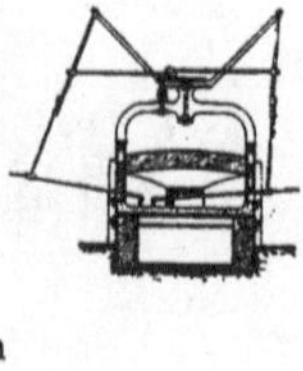

механическій пудлингеръ (m)
apparecchio (m) meccanico per pudellare
pudelaje (m) mecánico

---

* A = americanism

| | | |
|---|---|---|
| Drehpuddeln (n)<br>revolving puddling<br>puddlage (m) rotatif | пудлингованіе (n) во вращающихся печахъ; пудлингованіе въ печахъ съ вращающимся подомъ<br>pudellaggio (m) rotativo<br>pudelaje (m) giratorio | *1* |
| Sehnepuddeln (n)<br>puddling of fibrous iron<br>puddlage (m) de fer nerveux | пудлингованіе (n) на волокнистое желѣзо<br>pudellaggio (m) di ferro fibroso<br>pudelaje (m) de hierro fibroso | *2* |
| Sehne (f)<br>fibre<br>nerf (m) | волокно (n); жилка (f)<br>fibra (f), nervatura (f)<br>fibra (f) | *3* |
| Schlackenpuddeln (n), Kochpuddeln (n), fettes Puddeln (n)<br>slag puddling<br>puddlage (m) en scories, puddlage (m) gras | кипѣніе (n) ванны<br>pudellaggio (m) grasso<br>pudelaje (m) caliente | *4* |
| Trockenpuddeln (n)<br>dry puddling<br>puddlage (m) sec | сухое пудлингованіе (n)<br>pudellaggio (m) magro<br>pudelaje (m) seco | *5* |
| Kornpuddeln (n), Puddeln (n) auf Korn<br>puddling for crystalline iron<br>puddlage (m) en fer à grains | пудлингованіе (n) на зернистое желѣзо<br>pudellaggio (m) a grana<br>pudelaje (m) de hierro granulado | *6* |
| Korn (n)<br>crystal, grain (A*)<br>grain (m) | зерно (n)<br>grana (f)<br>grano (m) | *7* |
| Stahlpuddeln (n)<br>puddling of steel<br>puddlage (m) d'acier | пудлингованіе (n) на сталь<br>pudellaggio (m) d'acciaio<br>pudelaje (m) de acero | *8* |
| Stahldeul (m), Schrei (m), [Cotta (m)]<br>ball *or* lump of puddled steel<br>loupe (f), masse (f) d'acier | стальная крица (f)<br>palla (f) *o* massello (m) d'acciaio<br>bola (f) *ó* masa (f) de acero | *9* |

* A = americanism

1 Feinpuddeln (n)
refining puddling
affinage (m)

очищеніе (n) повторнымъ пудлингованіемъ
affinaggio (m), affinatura (f)
afino (m)

---

2 Erzpuddeln (n)
ore puddling
puddlage (m) de minerai

пудлингованіе (n) при посредствѣ руды
pudellaggio (m) di minerale
pudelaje (m) de mineral

# XII.

## Flußeisenerzeugung, Flußeisenherstellung

## Manufacture of Steel by Fusion

## Fabrication du fer et de l'acier par fusion

## Получение или производство литого желѣза

## Fabbricazione del ferro e dell'acciaio per fusione

## Fabricación del hierro y del acero por fusión

**Tiegelstahldarstellung**
**Crucible Steel Process, Pot Steel Process**
**Fabrication de l'acier au creuset**
**Получение или производство тигельной стали**
**Fabbricazione al crogiuolo** 1
**Fabricación del acero al crisol**

Tiegelstahlhütte (f)
crucible steel works
aciérie (f) pour la fabrication au creuset
заводъ (m) для производства тигельной стали; сталеплавильный заводъ
acciaieria (f) al crogiuolo 2
fábrica (f) de acero al crisol

**Tiegelherstellung**
**Manufacture of Crucibles**
**Fabrication des creusets**
**Приготовленіе тиглей**
**Fabbricazione dei crogiuoli** 3
**Fabricación de los crisoles**

Tiegelfabrik (f)
crucible works
atelier (m) pour la fabrication des creusets

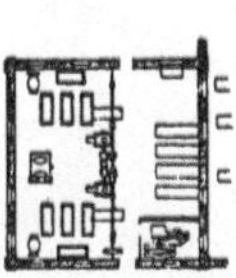

тигельная мастерская (f)
impianto (m) per la fabbricazione dei crogiuoli 4
taller (m) para la fabricación de crisoles

Tiegelmasse (f)
refractory materials for crucibles, crucible material
matière (f) pour creusets
тигельная масса (f)
materiale (m) refrattario per i crogiuoli 5
material (m) para crisoles

| | | | |
|---|---|---|---|
| 1 | Tiegelscherben (f pl)<br>old crucible material<br>débris (m pl) *ou* recoupes (f pl) de creusets | | черепки (m pl) тиглей<br>ricuperi (m pl) *o* detriti (m pl) dei crogiuoli<br>fragmentos (m pl) de crisoles |
| 2 | Tiegel (m)<br>crucible, melting pot<br>creuset (m) | 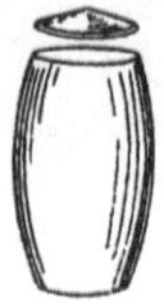 | тигель (m)<br>crogiuolo (m)<br>crisol (m) |
| 3 | Tiegelbauch (m)<br>crucible belly<br>partie (f) convexe, ventre (m) du creuset | <br>a | широкая часть (f) тигля<br>ventre (m) del crogiuolo<br>vientre (m) del crisol |
| 4 | Verjüngung (f)<br>delivery, draught, mouth<br>partie (f) étroite, rétrécissement (m) | b | суженіе (n)<br>orlo (m) *o* bocca (f) del crogiuolo<br>reducción (f), boca (f) |
| 5 | Graphittiegel (m)<br>graphite crucible<br>creuset (m) en graphite | | графитовый тигель (m); тигель изъ графита<br>crogiuolo (m) di piombaggine *o* grafite<br>crisol (m) de plombagina *ó* grafito |
| 6 | gereinigter Graphit (m)<br>refined graphite, washed graphite<br>graphite (m) lavé | | очищенный графитъ (m)<br>grafite (f) lavata *o* purificata<br>grafito (m) lavado |
| 7 | Tontiegel (m)<br>fire clay *or* clay crucible<br>creuset (m) en argile *ou* en terre réfractaire | | глиняный тигель (m); тигель изъ глины<br>crogiuolo (m) d'argilla<br>crisol (m) de arcilla *ó* tierra refractaria |
| 8 | Magerungsmittel (n)<br>lean clay, lean material<br>matière (f) amaigrissante | | вещество (n), уменьшающее пластичность глины; тощая масса (f)<br>materia (f) per smagrire la pasta<br>materia (f) para desengrasar la arcilla |
| 9 | die Tiegel formen (v)<br>to mould the crucibles<br>mouler (v) les creusets | | формовать тигли<br>impastare (v) i crogiuoli<br>modelar (v) los crisoles |

* A = americanism

| | | |
|---|---|---|
| Töpferscheibe (f)<br>potter's lathe *or* wheel<br>tour (m) *ou* roue (f) à potier | гончарный станокъ (m)<br>ruota (f) del pentolaio<br>torno (m) *ó* rueda (f) de alfarero | *1* |
| Tiegelpresse (f)<br>crucible press<br>presse (f) à creusets | тигельный прессъ (m)<br>pressa (f) per crogiuoli<br>prensa (f) de crisoles | *2* |
| Messingform (f)<br>brass mould<br>moule (f) en laiton | латунная форма (f); форма изъ жёлтой мѣди<br>forma (f) d'ottone<br>molde (m) de latón | |
| einölen (v)<br>to oil, to rub over with oil, to anoint (A*)<br>huiler (v), graisser (v) | смазать масломъ<br>oliare (v), ingrassare (v)<br>engrasar (v), aceitar (v) | *4* |
| Nonne (f)<br>mould, matrix<br>matrice (f) | матрица (f) для изготовленія тиглей<br>matrice (f)<br>matriz (f) | *5* |
| Mönch (m)<br>die, punch, stamp<br>pilon (m) | сердечникъ (m); болванъ (m); пестъ (m)<br>pestello (m), pilone (m)<br>punzón (m), macho (m) | *6* |
| Trockenraum (m)<br>drying room<br>étuves (f pl) de séchage | 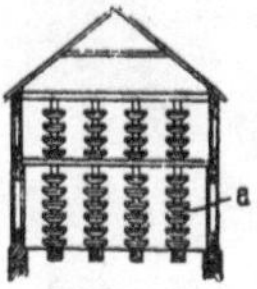<br>сушильня (f)<br>essiccatoio (m)<br>estufas (f pl) de secar, secadero (m) | *7* |
| Fachgestell (n)<br>shelf stand, rack<br>établi (m) à façonner [les creusets], étagère (f) | a<br>полки (f pl)<br>graticcio (m)<br>estante (m) para colocar los crisoles | *8* |
| Heizofen (m)<br>reheating oven<br>calorifère (m) | 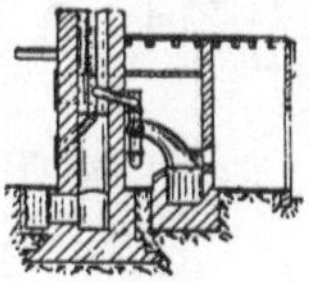<br>нагрѣвательная печь (f)<br>forno (m) di riscaldamento<br>calorífero (m) | *9* |
| reifer Tiegel (m), fertig getrockneter Tiegel (m)<br>finished *or* ready dried crucible<br>creuset (m) cuit *ou* séché | высушенные, готовые тигли (m pl)<br>crogiuolo (m) essiccato<br>crisol (m) cocido *ó* seco | *10* |
| Feuerbeständigkeit (f)<br>refractoriness<br>résistance (f) au feu | огнеупорность (f); огнепостоянство (n)<br>resistenza (f) al fuoco<br>resistencia (f) al fuego | *11* |

* A = americanism

1 **Tiegelschmelzofen**
**Crucible Melting Furnace, Pot Furnace**
**Four à creuset**
**Печь для плавки тигельной стали**
**Forno a crogiuoli**
**Horno para crisoles**

a

2 Gewölbedeckel (m)
arch lid
couvercle (m) de la voûte
подъёмный сводъ (m)
coperchio (m) della volta
tapadera (f) de la bóveda

---

3 Käse (m), Untersatz (m)
stand, crucible stand, cheese
fromage (m), tourte (f)
подставка (f) подъ тигли изъ огнеупорной глины
formaggio (m), graticola (f), piastra (f) torta (f)

---

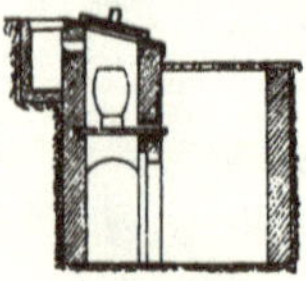

4 Tiegelschachtofen (m)
shaft crucible furnace
four (m) à cuve pour creusets
тигельный горнъ (m)
forno (m) a manica *od* a vento per crogiuoli
horno (m) de cuba para crisoles

---

5 Piatofen (m)
Piat furnace
four (m) système Piat, four (m) à creuset transportable, four (m) Piat
печь (f) Піа
forno (m) a sistema Piat
horno (m) sistema Piat, horno (m) transportable para crisoles

---

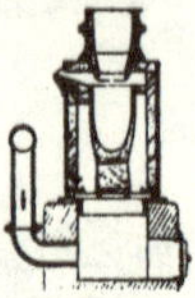

6 eintiegliger Ofen (m)
single crucible furnace
four (m) à un seul creuset
печь (f) для одного тигля; однотигельная печь
forno (m) per un sol crogiuolo
horno (m) de un solo crisol

---

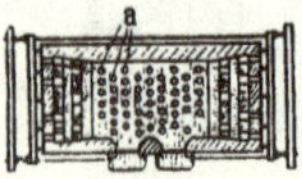


7 mehrtiegliger Ofen (m)
multiple crucible furnace
four (m) à plusieurs creusets
печь (f) для нѣсколькихъ тиглей; многотигельная печь
forno (m) per più crogiuoli
horno (m) para varios crisoles

---

a

8 Parallelreihe (f)
parallel row
rangée (f) parallèle
параллельный рядъ (m)
disposizione (f) parallela
fila (f) paralela

---

9 Petroleumfeuerung (f)
oil fired furnace
foyer (m) à pétrole
нефтяное отопленіе (n); отопленіе нефтью; нефтяная топка (f)
focolare (m) a petrolio
hogar (m) de petróleo

Tiegelinhalt (m)
crucible contents, crucible charge
charge (f) du creuset
содержимое (n) тигля
contenuto (m) del crogiuolo 1
carga (f) del crisol

---

widerstandfähig (adj)
resistant (adj)
résistant (adj), solide (adj)
выдерживающій высокую температуру; огнестойкій
resistente (agg), solido (agg) 2
resistente (adj), sólido (adj)

---

leck werden (v)
to leak
couler (v), fuir (v)
дать течь
fendersi (v) 3
salirse (v)

---

auslaufen (v)
to leak, to run out, to flow out
se vider (v)
вытекать
vuotarsi (v) 4
vaciarse (v)

---

Glühofen (m)
heating furnace
four (m) à recuire

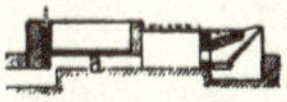

калильная печь (f)
forno (m) d'arroventamento 5
horno (m) de recocer

---

Bodenheizung (f)
bottom heating
chauffage (m) par le fond

a

отопленіе (n) съ пода
riscaldamento (m) del fondo 6
calentamiento (m) por el fondo

---

in Rotglut brennen (v)
to heat to red heat
chauffer (v) au rouge
нагрѣваться до температуры краснаго каленія 7
riscaldare (v) al calor rosso
calentar (v) al rojo

---

Einsetzen (n) des Tiegels
setting in *or* placing the crucible
enfournement (m) du creuset

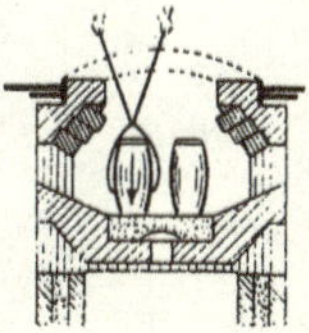

насадка (f) тиглей
collocamento (m) *o* posa (f) del crogiuolo 8
enhornamiento (m) del crisol

---

Einschmelzen (n)
melting down
fusion (f)
плавленіе (n)
fusione (f) 9
fusión (f)

---

Schmelzverlauf (m)
process *or* state *or* progress of smelting
allure (f) de la fusion
ходъ (m) плавки
andamento (m) della fusione 10
marcha (f) de la fusión

---

Wellen (n), Wallen (n), Aufwallen (n)
boiling
bouillonnement (m)
кипѣніе (n) и выдѣленіе (n) газовыхъ пузырей 11
ribollimento (m)
hervor (m)

---

Ruhigwerden (n)
killing
repos (m), se calmer (v)
приведеніе (n) въ состояніе покоя 12
ritornare (v)
calmarse (v), reposo (m)

1 Probierstange (f)
test rod, test piece
baguette (f) de fer d'essai

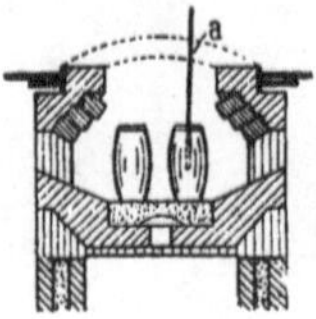


a

прутъ (m) для изслѣдованія хода плавки
barra (f) per la prova
barra (f) de ensayo

---

2 der Stahl wird gar
the steel becomes refined
l'acier est affiné

сталь (f) поспѣла
l'acciaio diventa affinato
el acero está afinado

---

3 abstehen (v), nachkochen (v)
to leave molten steel quiescent
laisser reposer (v)

отстояться
ribollire (v)
dejar reposar (v)

---

4 die Tiegel herausnehmen (v) *oder* herausheben (v)
to take out *or* lift *or* draw the crucibles
enlever (v) *ou* retirer (v) les creusets

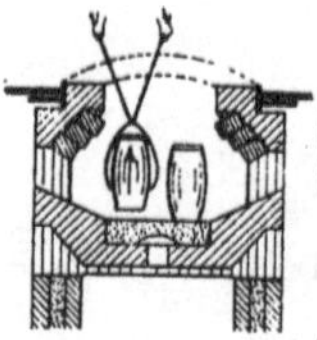

вынуть тигли
levare (v) i crogiuoli
levantar (v) *ó* sacar (v) los crisoles

---

5 Schlackenkruste (f)
slag crust
croûte (f) de scorie

шлаковый наростъ (m); шлаковая настыль (f)
crosta (f) di scorie
costra (f) de escorias

---

6 schwimmendeSchlacke (f)
floating slag
scorie (f) surnageante *ou* flottante

плавающій шлакъ (m)
scoria (f) galleggiante
escoria (f) flotante

---

7 Metallstrahl (m)
stream of metal
jet (m) de métal

струя (f) металла
getto (m) di metallo
chorro (m) de metal

---

8 Kaltschweiße (f), unganze Stelle (f)
flaw, crack
cavité (f), soufflure (f), crique (f)

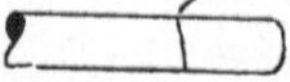


a

плена (f); свищъ (m)
cavità (f)
grieta (f), cavidad (f)

---

9 Veredelung (f)
refining
affinage (m)

улучшеніе (n)
affinaggio (m)
afino (m)

**Windfrischen, Frischen mit Luft**
**Converting**
**Affinage au vent *ou* par soufflage**

**Продувка въ конвертерахъ**
**Affinaggio al vento** 1
**Afino neumático**

**Bessemer- und Thomasanlage**
**Bessemer Steel and Thomas Works**
**Aciéries Bessemer et Thomas**

**Бессемеровскіе и томасовскіе заводы**
**Acciaierie Bessemer e Thomas** 2
**Fábricas de acero de los sistemas Bessemer y Thomas**

Bessemerstahlwerk (n)
Bessemer steel works
aciérie (f) Bessemer

бессемеровскій заводъ (m); бессемеровская фабрика (f); мастерская (f) для бессемерованія 3
acciaieria (f) Bessemer
fábrica (f) de acero sistema Bessemer

---

Thomasstahlwerk (n)
basic steel works
aciérie (f) Thomas

томасовскій заводъ (m); томасовская фабрика (f); мастерская (f) для томасированія 4
acciaieria (f) Thomas
fábrica (f) de acero sistema Thomas

---

Großbessemerei (f)
converting in large converters
travail (m) au grand convertisseur

большое бессемерованіе (n)
affinaggio (m) in convertitore grande 5
trabajo (m) en grandes convertidores

---

Kleinbessemerei (f)
converting in small converters
travail (m) en petits convertisseurs

малое бессемерованіе (n)
affinaggio (m) in convertitore piccolo 6
trabajo (m) en convertidores pequeños

---

Kleinbessemerbirne (f)
small Bessemer convertor
petit convertisseur (m), petite cornue (f)

реторта (f) для малаго бессемерованія
piccolo convertitore (m) 7
convertidor (m) pequeño

1 Birnenhalle (f), Konverterhalle (f)
converter shed *or* shop
halle (f) *ou* atelier (m) des convertisseurs *ou* des cornues

помѣщеніе (n) ретортъ; зданіе (n) конвертеровъ
locale (m) dei convertitori
taller (m) *ó* sala (f) de los convertidores

---

2 Anordnung (f) der Birnen
arrangement of the converters
disposition (f) des convertisseurs

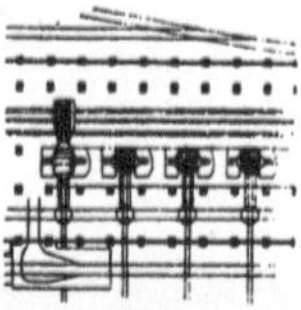

расположеніе (n) ретортъ *или* конвертеровъ
disposizione (f) dei convertitori
disposición (f) de los convertidores

---

3 Schutzblech (n)
screen, guard plate
tôle (f) protectrice, plaque (f) de garde

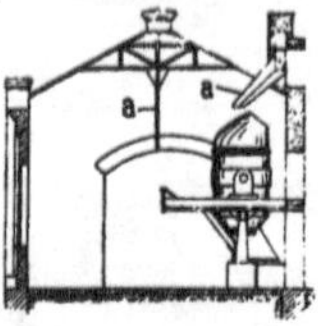


a

защитный листъ (m); напыльникъ (m)
lamiera (f) protettrice
plancha (f) protectora

---

4 Aufgebesohle (f)
charging platform
plate-forme (f) de chargement

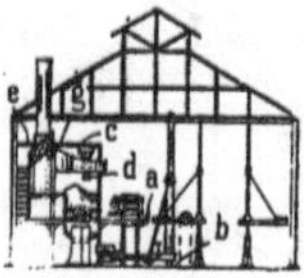


a

погрузочная площадка (f); платформа (f) для завалки
piano (m) di carica
plataforma (f) de carga

---

5 Abstichsohle (f)
pouring level
niveau (m) de coulée

b

выпускное окно (n) *или* отверстіе (n)
piano (m) di colata
foso (m) de las lingoteras

---

6 Kalkbeschickbühne (f)
lime charging floor
plate-forme (f) pour l'addition de chaux

c

площадка (f) для забрасыванія извести
piano (m) di carica per l'addizione del fondente
plataforma (f) para la adición de piedra caliza *ó* de cal

---

7 Lutte (f)
lime bin
rigole (f) à chaux

d

воронка (f) для засыпки извести
canala (f)
tarjea (f), canal (f)

---

8 Kaminbühne (f)
chimney platform
plate-forme (f) des cheminées

e

площадка (f) у напыльниковъ
piano (m) dei camini
plataforma (f) *ó* piso (m) de las chimeneas

| | | | |
|---|---|---|---|
| Rauchfang (m), Funkenesse (f)<br>chimney hood<br>hotte (f) de la cheminée, hotte (f) à étincelles | g | напыльникъ (m)<br>cappa (f) del camino<br>campana (f) de la chimenea | 1 |
| Umschmelzofen (m)<br>remelting furnace<br>four (m) à refondre | | печь (f) для переплавки; плавильная печь<br>forno (m) di rifusione<br>horno (m) de segunda fusión | 2 |
| Mischerhaus (n), Mischergebäude (n)<br>mixing shed<br>halle (f) *ou* bâtiment (m) des mélangeurs |  | помѣщеніе (n) миксеровъ; зданіе (n), въ которомъ помѣщаются миксера<br>locale (m) dei mescolatori<br>sala (f) de los mezcladores | 3 |
| Mischerbühne (f)<br>mixer platform<br>plate-forme (f) des mélangeurs | a | площадка (f) *или* платформа (f) для обслуживанія миксеровъ<br>piano (m) dei mescolatori<br>plataforma (f) de los mezcladores | 4 |
| Mischer (m), Roheisenmischer (m)<br>pig iron mixer<br>mélangeur (m), mélangeur (m) de fonte |  | миксеръ (m)<br>mescolatore (m)<br>mezclador (m), mezclador (m) de hierro crudo ó de fundición | 5 |
| walzenförmiger Roheisenmischer (n)<br>cylindrical pig iron mixer<br>mélangeur (m) cylindrique | 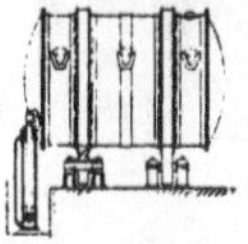 | цилиндрическій миксеръ (m)<br>mescolatore (m) cilindrico<br>mezclador (m) cilíndrico | 6 |
| **Birne, [Konverter], Frischbirne**<br>**Converter**<br>**Convertisseur, cornue** | 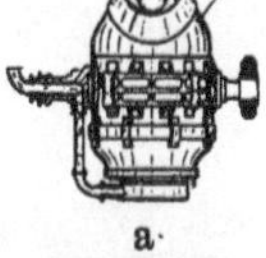 | **Ретортa; конвертеръ**<br>**Convertitore**<br>**Convertidor** | 7 |
| Blechgefäß (n)<br>steel shell<br>enveloppe (f) en tôle | a | сосудъ (m) *или* ковшъ (m) изъ листового желѣза<br>rivestimento (m) di lamiera<br>envoltura (f) de palastro | 8 |
| Mündung (f) der Birne<br>throat of the converter<br>ouverture (f) de la calotte, bec (m) de la cornue |  a | горло (n) реторты *или* конвертера<br>becco (m) del convertitore<br>boca (f) del convertidor | 9 |

|  |  | |  |
|---|---|---|---|
| 1 | Haube (f), Hals (m)<br>belly<br>calotte (f) | b | шлемъ (m); носъ (m)<br>cupola (f), collo (m)<br>cuello (m) |
| 2 | Rücken (m), glatter erhabener Teil (m)<br>underside, shoulder<br>dos (m), partie (f) convexe | c | спинка (f) *или* задняя сторона (f) реторты<br>dorso (m)<br>espalda (f) |
| 3 | Bauch (m)<br>breast<br>ventre (m) | d | сферическая часть (f) шлема<br>ventre (m)<br>vientre (m) |
| 4 | trennbare Teile (m pl)<br>removable parts (pl)<br>parties (f pl) amovibles | | смѣняемыя части (f pl)<br>pezzi (m pl) *o* parti (f pl) di ricambio<br>partes (f pl) separables |
| 5 | feuerfestes Futter (n) der Birne<br>refractory lining<br>garnissage (m) réfractaire | 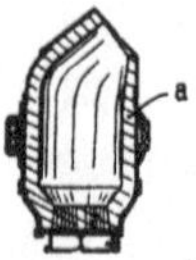<br>a | огнеупорная футеровка (f) реторты<br>rivestimento (m) refrattario<br>camisa (f) refractaria |
| 6 | Ausmauern (n) der Birne<br>lining the converter<br>garnissage (m) en briques | 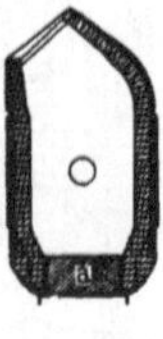 | кирпичная кладка (f) реторты *или* конвертера<br>rivestimento (m) di mattoni<br>camisa (f) *ó* revestimiento (m) de ladrillos |
| 7 | Bodenplatte (f)<br>bottom plate<br>plaque (f) de fermeture du fond | a | днище (n)<br>placca (f) di fondo<br>placa (f) de cierre del fondo |
| 8 | Losboden (m)<br>loose bottom<br>fond (m) amovible | | отъёмное днище (n)<br>fondo (m) mobile<br>fondo (m) móvil |
| 9 | Abnehmboden (m)<br>removable (conical) plug<br>fond (m) amovible (conique) | 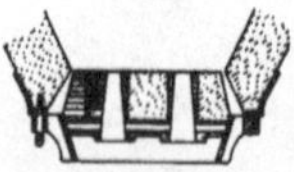 | отъёмное коническое днище (n)<br>fondo (m) ricambiabile (conico)<br>fondo (m) cambiable (cónico) |
| 10 | Durchziehboden (m)<br>removable cylindrical plug<br>fond (m) cylindrique perforé |  | днище (n) съ соплами<br>fondo (m) ricambiabile cilindrico<br>fondo (m) cilindrico perforado |

Nadelboden (m)
perforated bottom, needle bottom
fond (m) en terre réfractaire perforée avec des baguettes

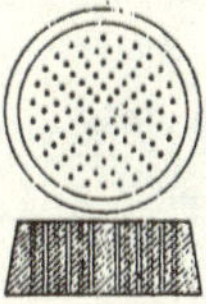

днище (n) съ соплами
fondo (m) forato
fondo (m) de arcilla re- 1
fractaria perforada con varillas

---

auswechselbar (adj)
interchangeable (adj)
interchangeable (adj)

перемѣнный; съёмный
ricambiabile (agg) 2
cambiable (adj)

---

Bodenstampfmaschine (f)
plug ramming machine
machine (f) à damer les fonds

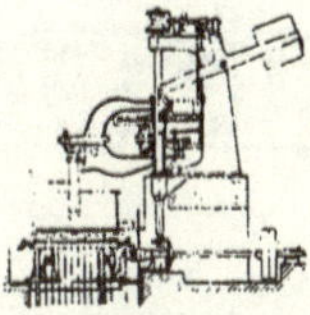

машина (f) для сбивки днища
macchina (f) per la preparazione del fondo 3
máquina (f) de apisonar los fondos

---

Stampfer (m)
rammer, stamper
pilon (m)

a

трамбовка (f); песть (m)
battitore (m) meccanico 4
pisón (m), mazo (m)

---

Handstampfer (m)
hand rammer
pilon (m) à main

ручная трамбовка (f);
песть (m) для ручной сбивки 5
battitore (m) a mano
apisonador (m) á mano

---

Birnenbodenform (f)
converter bottom mould
moule (m) pour fond de cornue

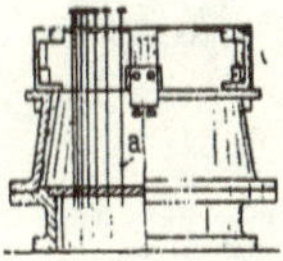

форма (f) для днища реторты
forma (f) per il fondo
del convertitore 6
molde (m) para fondo de convertidor

---

Stahlnadel (f)
steel plug pin
baguette (f) en acier

a

стальной стержень (m)
ago (m) d'acciaio 7
varilla (f) de acero

---

die Nadeln zurückziehen (v)
to withdraw the plug pin
retirer (v) les baguettes

вынуть стержни
ritirare (v) gli aghi 8
retirar (v) las varillas

---

schichtweise
in layers
par couches

по слоямъ; слоями
a strati 9
por capas

1 Einsetzen (n) des Bodens
inserting the plug
mise (f) en place du fond

вставка (f) днища; установка (f) днища
montaggio (m) del fondo
colocación (f) del fondo

---

2 Ausstoßen (n) des Bodens
removal of the plug
enlèvement (m) du fond

удаленіе (n) днища
estrazione (f) del fondo
levantamiento (m) del fondo

---

3 Ausschubwagen (m), Teleskopwagen (m), Bodeneinsetzwagen (m)
truck, telescope carriage
truck (m) de manœuvre à télescope

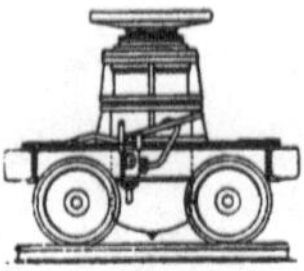

телѣжка (f) для установки днища
apparecchio (m) di manovra a telescopio
truck (m) ó carro (m) de maniobra telescópico

---

4 Drehen (n) der Birne
tipping the converter
renversement (m) du convertisseur

вращеніе (n) конвертера *или* реторты
girare (v) il convertitore
giro (m) del convertidor

---

5 Birnenständer (m)
converter stand, support
support (m) des paliers du convertisseur

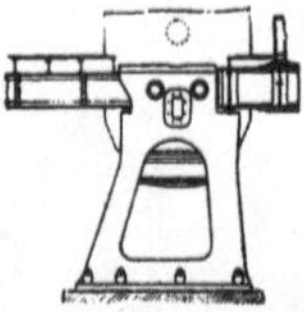

опора (f) стойки для реторты *или* для конвертера
cavalletto (m) di sopporto del convertitore
soporte (m) de los cojinetes del convertidor

---

6 Birnenring (m)
trunnion ring
ceinture (f), anneau (m) à tourillons

поясъ (m) реторты *или* конвертера
anello (m) di cintura del convertitore
anillo (m) de sujeción del convertidor

---

7 Stahlgußzapfen (m), Birnenzapfen (m)
trunnion
tourillon (m) en acier

a, b

стальная цапфа (f); цапфа реторты *или* конвертера
perno (m) d'acciaio
muñon (m) ó eje (m) de acero

---

8 Wanderzapfen (m)
pinion trunnion
tourillon (m) à pignon

b

цапфа (f) съ надѣтой шестерней
perno (m) con ingranaggio
eje (m) del piñon

---

9 Tragpratzen (m), Tragpratze (f)
supporting brackets
agrafe (f)

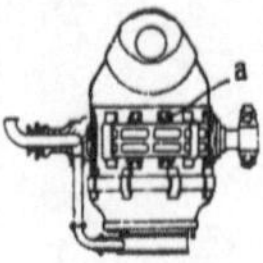


a

лапа (f); скоба (f)
sopporto (m)
grapa (f)

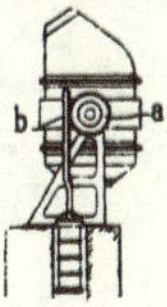

angegossener Zahnkranz (m)
cogs on pinion wheel
anneau (m) denté venu de fonte

a

зубчатый ободъ (m), отлитый за одно съ ...
ingranaggio (m), ruota (f) dentata 1
anillo (m) dentado fundido en la misma pieza

---

Zahnstange (f), gezahnte Stange (f)
rack
crémaillère (f)

b

зубчатая рейка (f)
asta (f) dentata 2
cremallera (f)

---

Drehachse (f)
axis of rotation
axe (f) de rotation

ось (f) вращенія
asse (m) di rotazione 3
eje (m) de rotación

---

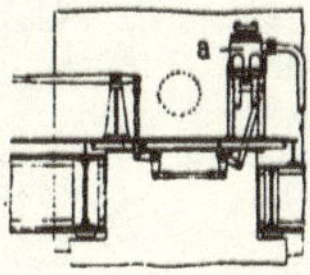

Wendevorrichtung (f)
rotating apparatus
appareil (m) de renversement *ou* de rotation

приспособленіе (n) для поворота
apparecchio (m) per la rotazione 4
aparato (m) para volcar el convertidor

---

Wendezylinder (m)
rotating cylinder
cylindre (m) hydraulique pour le renversement

a

цилиндръ (m) для вращенія реторты; гидравлическій цилиндръ
cilindro (m) idraulico 5
cilindro (m) hidráulico para volcar el convertidor

---

elektrische Kippvorrichtung (f)
electric tilting apparatus
appareil (m) de renversement à commande électrique

электрическій опрокидыватель (m)
apparecchio (m) di rotazione a comando elettrico 6
aparato (m) para volcar de impulsión eléctrica

---

Drehbewegung (f)
turning *or* rotating motion
mouvement (m) de rotation

вращательное движеніе (n)
movimento (m) di rotazione 7
movimiento (m) de rotación

---

drehbar aufgehängt (adj)
suspended (adj) *or* slung (adj) in a rotating position
suspendu (adj) pour pouvoir basculer

подвѣшенъ такъ, чтобы можно было вращать
oscillante (agg) 8
suspendido (adj) para ó en disposición de girar

| | | | |
|---|---|---|---|
| 1 | senkrechte Stellung (f)<br>upright, vertical position, raised<br>position (f) verticale |  | вертикальное положенiе (n)<br>posizione (f) verticale<br>posición (f) vertical |
| 2 | liegende Stellung (f)<br>horizontal position, turned down, lowered<br>position (f) horizontale | 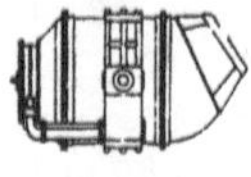 | горизонтальное положенiе (n)<br>posizione (f) orizzontale<br>posición (f) horizontal |
| 3 | Windzuführung (f)<br>blast inlet<br>admission (f) du vent | 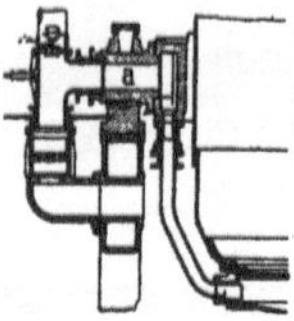 | подводъ (m) дутья<br>entrata (f) dell'aria<br>introducción (f) del viento |
| 4 | Windkessel (m)<br>blast box, blast tank (A*)<br>boîte (f) à vent | | воздушная коробка (f)<br>serbatoio (m) d'aria<br>caja (f) de viento |
| 5 | Windloch (n)<br>blast inlet<br>orifice (m) d'admission du vent | | отверстiе (n) для прохода дутья<br>foro (m) del vento<br>agujero (m) del viento |
| 6 | hohler Zapfen (m)<br>hollow trunnion<br>tourillon (m) creux | a | полая *или* пустотѣлая цапфа (f)<br>perno (m) vuoto, perno (m) del vento<br>muñón (m) hueco |
| 7 | Windkasten (m)<br>blast box<br>boîte (f) à vent | 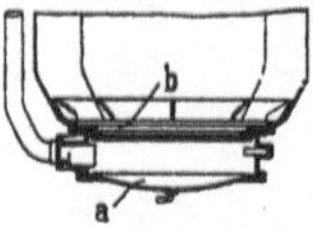 | воздушная коробка (f)<br>cassa (f) del vento, camera (f) d'aria<br>caja (f) de viento |
| 8 | Windkastendeckel (m)<br>lid of blast box<br>plaque (f) de fond de la boîte à vent | a | крышка (f) воздушной коробки<br>placca (f) di fondo della cassa del vento<br>tapa (f) de la caja de viento |
| 9 | Zwischenring (m)<br>middle ring<br>ceinture (f) intermédiaire | b | промежуточное кольцо (n)<br>anello (m) intermedio<br>anillo (m) intermedio |
| 10 | Form (f), Ferne (f), Fere (f)<br>tuyeres<br>tuyères (f pl) |  | фурмы (fpl)<br>tubiera (f)<br>tobera (f) |

* A = americanism

Windöffnung (f), Düse (f)
tuyere hole
embouchure (f) *ou* orifice (m) de la tuyère

a

фурменное отверстіе (n); сопло (n)
foro (m) della tubiera
agujero (m) de la tobera 1

**Betrieb des Konverters, der Birne**
**Handling the Converter**
**L'opération au convertisseur**

**Работа реторты; дѣйствіе конвертера**
**Manovra del convertitore**
**Servicio del convertidor** 2

paarweise umzechiger Betrieb (m), englisches System (n)
English system
système (m) anglais par deux convertisseurs

английскій способъ (m) бессемерованія
sistema (m) inglese con due convertitori
sistema (m) inglés para dos convertidores 3

ununterbrochener Betrieb (m)
continuous blowing
travail (m) continu

непрерывное дѣйствіе (n); непрерывная работа (f)
operazione (f) *o* marcia (f) continua
trabajo (m) continuo 4

Leitung (f) des Prozesses
managing the process
conduite (f) de l'opération *ou* du procédé

веденіе (n) процесса
condotta (f) del processo di conversione
conducción (f) *ó* dirección (f) de la operación 5

Kanzel (f)
working platform
banc (m) *ou* plateforme (f) de manœuvre

распредѣлительный столъ (m); площадка (f) для маневрированія
banco (m) di manovra
plataforma (f) de maniobra 6

Beschickung (f) der Birne
charging the converter
chargement (m) du convertisseur

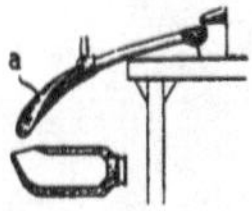


загрузка (f) конвертера
caricamento (m) del convertitore
carga (f) del convertidor 7

Einflußrinne (f)
gutter, trench
rigole (f) de chargement

a

впускной жолобъ (m)
canala (f) di colata
canal (f) de colada 8

Einsatzroheisen (n)
charge pig iron
fonte (f) chargée

чугунъ (m) для насадки; садка (f) чугуна
carica (f) di ghisa
hierro (m) *ó* fundición (f) para cargar 9

Roheisenbad (n)
pig iron bath
bain (m) de fonte

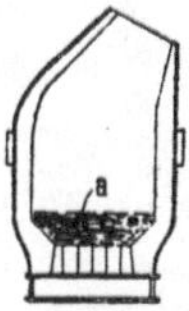


a

металлическая ванна (f); ванна чугуна
bagno (m) di ghisa
baño (m) de fundición 10

| | | |
|---|---|---|
| 1 | die Birne aufrichten (v)<br>to tilt *or* raise the converter<br>relever (v) le convertisseur | поднять реторту *или* конвертеръ<br>raddrizzare (v) il convertitore<br>levantar (v) el convertidor |
| 2 | blasen (v)<br>to blow<br>souffler (v), donner (v) le vent | продувать<br>soffiare (v)<br>dar (v) el viento, soplar (v) |
| 3 | Luftstrahl (m)<br>air blast, jet<br>jet (m) d'air | струя (f) воздуха; дутьё (n)<br>getto (m) d'aria<br>chorro (m) de aire |
| 4 | Birnenverfahren (n)<br>converter process<br>procédé (m) au convertisseur | процессъ (m) продувки; бессемерованіе (n)<br>processo (m) di conversione<br>procedimiento (m) de conversión |
| 5 | Bessemerverfahren (n), saures Verfahren (n)<br>Bessemer process, Bessemerization; acid method<br>procédé (m) Bessemer; procédé (m) acide | бессемеровскій процессъ (m); кислый основной процессъ<br>processo (m) Bessemer, processo (m) acido<br>procedimiento (m) Bessemer. procedimiento (m) ácido |
| 6 | Feinperiode (f), Schlackenbildungsperiode (f)<br>slag forming period<br>période (f) d'affinage, période (f) de formation des scories | первый періодъ (m); періодъ шлакообразованія<br>periodo (m) di formazione delle scorie<br>período (m) de afino, período (m) de formación de escorias |
| 7 | Koch-Eruptionsperiode (f)<br>the boil eruption period<br>période (f) de bouillonnement et de projections | второй періодъ (m); періодъ кипѣнія<br>periodo (m) d'eruzione e d'ebollizione<br>período (m) de ebullición y de proyecciones |
| 8 | heftiges Kochen (n)<br>strong boiling<br>bouillonnement (m) violent | сильное кипѣніе (n)<br>ebollizione (f) violenta<br>ebullición (f) ó efervescencia (f) violenta |
| 9 | Funkensprühen (n)<br>sparking<br>projection (f) d'étincelles | изверженіе (n) *или* выбрасываніе (n) искръ<br>proiezione (f) di scintille<br>proyección (f) de chispas |

Eisenfunken (m)
iron spark
étincelle (f) de fer

искры (f pl) желѣза
scintilla (f) di ferro 1
chispa (f) de hierro

---

Schlackenkugel (f)
slag ball
balle (f) de scorie

шлаковый шарикъ (m) 2
palla (f) di scoria
bola (f) de escoria

---

Birnenauswurf (m)
discharge from the converter
projections (f pl)

изверженіе (n) конвертера *или* реторты; выбросы (m pl) 3
proiezione (f)
proyecciones (f pl)

---

Garfrischentkohlungsperiode (f)
decarburising period
période (f) de la combustion du carbone

періодъ (m) полнаго обезуглероживанія; періодъ окончательнаго выдѣленія углерода 4
periodo (m) di decarburazione
periodo (m) de combustión del carbono

---

vollständige Entkohlung (f)
complete decarburisation
décarburation (f) complète

окончательное выдѣленіе (n) углерода; полное обезуглероживаніе (n) 5
decarburazione (f) completa
decarburación (f) total

---

saures Eisen (n)
acid steel
fer (m) acide

желѣзо (n) кислаго процесса
ferro (m) acido 6
hierro (m) ácido

---

Bessemerschlacke (f)
Bessemer slag
scorie (f) Bessemer

бессемеровскіе шлаки (m pl) 7
scoria (f) Bessemer
escoria (f) Bessemer

---

Thomas-Gilchrist-Verfahren (n), basisches Verfahren (n)
basic process, Thomas-Gilchrist process
procédé (m) Thomas-Gilchrist, procédé (m) basique

способъ (m) Томаса и Гилькриста; основной процессъ (m)
processo (m) Thomas o basico 8
procedimiento (m) Thomas-Gilchrist, procedimiento (m) básico

---

Zuschlagkalkstein (m)
limestone flux
calcaire (m), castine (f)

a

известковый флюсъ (m)
fondente (m) 9
fundente (m) calizo, castina (f)

---

nachblasen (v)
after blow
sursoufflage (m)

передувка (f)
iniezione (f) d'aria finale 10
soplar (v) de nuevo, soplado (m) posterior

| | | |
|---|---|---|
| 1 | Entphosphorungsperiode (f)<br>dephosphorising period<br>période (f) de déphosphoration | періодъ (m) полнаго *или* окончательнаго выдѣленія фосфора<br>periodo (m) di defosforazione<br>periodo (m) de de[s]fosforización |
| 2 | Verschlackung (f) des Phosphors<br>slagging of the phosphorus<br>scorification (f) du phosphore | ошлакованіе (n) фосфора<br>scorificazione (f) del fosforo<br>escorificación (f) del fósforo |
| 3 | Phosphorabscheidung (f)<br>elimination of phosphorus<br>élimination (f) du phosphore | выдѣленіе (n) фосфора; дефосфор[из]ація (f)<br>eliminazione (f) del fosforo<br>eliminación (f) del fósforo |
| 4 | Gasaufnahme (f), Absorption (f) der Gase<br>absorption of gases<br>absorption (f) des gaz | поглощеніе (n) газовъ<br>assorbimento (m) del gas<br>absorción (f) de los gases |
| 5 | Rückkohlung (f)<br>recarburisation<br>recarburation (f) | обуглероживаніе (n)<br>ricarburazione (f)<br>recarburación (f) |
| 6 | Desoxydation (f), Reduktion (f)<br>reduction<br>désoxydation (f), réduction (f) | раскисленіе (n)<br>disossidazione (f), riduzione (f)<br>desoxidación (f), reducción (f) |
| 7 | Kohlungsstoff (m)<br>carburisation material, pigging back<br>addition (f) carburante | обуглероживающее вещество (n); обуглероживающій матеріалъ (m)<br>addizione (f) riducente *o* carburante<br>adición (f) carburante |
| 8 | Zusatz (m) von Ferromangan<br>addition of ferromanganese<br>addition (f) de ferromanganèse | присадка (f) ферромангана<br>addizione (f) di ferro manganese<br>adición (f) de ferromanganeso |
| 9 | sauerstoffhaltiges Eisen (n)<br>iron containing oxygen, burnt iron<br>fer (m) contenant de l'oxygène, fer (m) oxydé | желѣзо (n) съ содержаніемъ кислорода<br>ferro (m) contenente ossigeno<br>hierro (m) oxidado, óxido (m) de hierro |
| 10 | sauerstoffaufnehmender Zuschlag (m)<br>deoxidising addition<br>addition (f) absorbant de l'oxygène *ou* désoxydante, addition (f) réductrice | примѣсь (f), поглощающая кислородъ<br>addizione (f) riducente<br>adición (f) absorvente del oxígeno, adición (f) de efecto reductor |

| | | |
|---|---|---|
| basisches Eisen (n)<br>basic iron<br>fer (m) basique | желѣзо (n) основного процесса<br>ferro (m) basico<br>hierro (m) básico | 1 |
| Thomasschlacke (f)<br>basic slag, Thomas slag<br>scorie (f) Thomas | томасовскій шлакъ (m)<br>scoria (f) Thomas<br>escoria (f) Thomas | 2 |
| phosphorreiche Schlacke (f)<br>slag rich in phosphorus<br>scorie (f) riche en phosphore | шлакъ (m), богатый фосфоромъ<br>scoria (f) ricca di fosforo<br>escoria (f) rica en fósforo | 3 |
| phosphorarme Schlacke (f)<br>slag poor in phosphorus<br>scorie (f) pauvre en phosphore | шлакъ (m), бѣдный фосфоромъ<br>scoria (f) povera di fosforo<br>escoria (f) pobre en fósforo | 4 |
| Calciumphosphat (n)<br>phosphate of calcium<br>phosphate (m) de chaux | фосфорно-кальціевая соль (f)<br>fosfato (m) calcico<br>fosfato (m) cálcico ó de cal | 5 |
| Eisenphosphat (n)<br>phosphate of iron<br>phosphate (m) de fer | фосфатъ (m) желѣза; фосфорножелѣзистая соль (f)<br>fosfato (m) di ferro<br>fosfato (m) de hierro | 6 |
| lösliche Phosphorsäure (f)<br>soluble phosphoric acid<br>acide (m) phosphorique soluble | растворимая фосфорная кислота (f)<br>acido (m) fosforico solubile<br>ácido (m) fosfórico soluble | 7 |
| Düngemittel (n)<br>manure<br>engrais (m) | удобреніе (n)<br>concime (m)<br>abono (m) | 8 |
| Beurteilung (f) des Vorganges<br>inspection of the blow<br>examen (m) de l'opération | сужденіе (n) о процессѣ<br>esame (m) dell'andamento della conversione<br>examen (m) de la operación | 9 |
| Aussehen (n) der Flamme<br>appearance of the flame<br>aspect (m) de la flamme | видъ (m) пламени<br>aspetto (m) della fiamma<br>aspecto (m) de la llama | 10 |
| rot erleuchteter Gasstrom (m)<br>red gas stream<br>jet (m) de gaz rouge, flamme (f) rouge | потокъ (m) газа, освѣщённаго краснымъ цвѣтомъ<br>fiamma (f) rossa<br>llama (f) roja | 11 |

1 selbstleuchtende Flamme (f)
luminous flame
flamme (f) éclairante
самосвѣтящееся пламя (f)
fiamma (f) illuminante
llama (f) luminosa

---

2 blauer Streifen (m)
blue stripe
raie (f) bleue
синяя полоса (f)
striscia (f) bleu *o* turchina
raya (f) azul

---

3 weißer Saum (m)
white edge
bord (m) blanc
бѣлая кайма (f)
contorno (m) bianco
borde (m) blanco

---

4 geringe Leuchtkraft (f)
low lighting power
pouvoir (m) éclairant faible
незначительная сила (f) свѣта
potere (m) illuminante debole
poder (m) luminoso débil

---

5 Durchsichtigkeit (f)
transparency
transparence (f)
прозрачность (f)
trasparenza (f)
transparencia (f)

---

6 durchsichtiger Gasstrom (m)
transparent gas stream
courant (m) de gaz transparent
прозрачная струя (f) газа
corrente (f) di gas trasparente
corriente (f) de gas transparente

---

7 brauner Rauch (m)
brown smoke
fumée (f) brune
бурый дымъ (m)
fumo (m) scuro
humo (m) moreno *ó* pardo

---

8 dunkle Dämpfe (m pl)
dark fumes (pl)
fumées (f pl) *ou* vapeurs (f pl) de couleur foncée
тёмные пары (m pl)
vapori (m pl) scuri
vapores (m pl) obscuros

---

9 gefärbte Gläser (n pl), Chromopyrometer (n)
coloured glasses (pl), chromopyrometer
plaque (f) de verre coloré
окрашенныя стёкла (n pl); хромопирометръ (m)
lastra (f) di vetro colorato
vidrios (mpl) coloreados, cromo-pirómetro (m)

---

10 Spektralanalyse (f)
spectroscopical analysis
analyse (f) spectrale

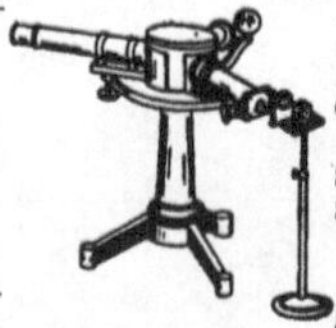

спектральный анализъ (m)
analisi (f) spettrale
análisis (m *ó* f) espectral

---

11 spektralanalytische Untersuchung (f)
spectroscopical test
recherches (f pl) au spectroscope
изслѣдованіе (n) при помощи спектральнаго анализа
analisi (f) allo spettroscopio
examen (m) con el espectroscopio

|  | |  | |
|---|---|---|---|
| Spektroskop (n)<br>spectroscope<br>spectroscope (m) | | спектроскопъ (m)<br>spettroscopio (m)<br>espectroscopio (m) | 1 |
| ununterbrochenes Spektrum (n)<br>uninterrupted spectrum<br>spectre (m) continu | | сплошной *или* непрерывный спектръ (m)<br>spettro (m) continuo<br>espectro (m) continuo | 2 |
| Natriumlinie (f)<br>sodium line<br>raie (f) de sodium | | линія (f) натрія<br>linea (f) del sodio<br>raya (f) de sodio | 3 |
| Liniengruppe (f)<br>group of lines<br>groupe (f) de raies | | группа (f) линій<br>gruppo (m) di linee<br>grupo (m) de rayas | 4 |
| gelbrotes Feld (n)<br>yellowish red field<br>champ (m) du spectre rouge jaunâtre | | жёлтокрасная часть (f) спектра<br>parte (f) dello spettro giallo-rossastro<br>sección (f) del espectro rojo-amarillenta | 5 |
| Manganspektrum (n)<br>manganese spectrum<br>raie (f) du manganèse | | спектръ (m) марганца<br>linea (f) del manganese<br>raya (f) del manganeso | 6 |
| Schöpfprobe (f)<br>ladle sample, test sample<br>prise (f) d'essai de métal liquide | | проба (f) зачерпываніемъ<br>presa (f) di metallo liquido per la prova, presa (f) di provetta<br>toma (f) de metal líquido | 7 |
| flüssig entnommenes Eisen (n)<br>molten test sample<br>éprouvette (f) de métal liquide prélevée | | проба (f) жидкаго металла<br>provetta (f) liquida presa per la prova<br>probeta (f) de metal líquido | 8 |
| erstarrte Metallprobe (f)<br>solidified sample<br>éprouvette (f) de métal solidifie | 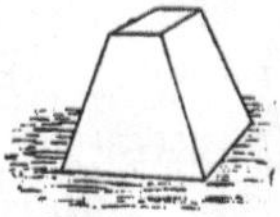 | застывшая проба (f) металла<br>provetta (f) solidificata<br>prueba (f) ó muestra (f) de metal solidificado | 9 |
| Spießprobe (f) der Schlacke<br>sample of slag taken with an iron rod<br>prise (f) d'échantillon de la scorie avec une baguette de fer | | проба (f) шлаковъ ломомъ *или* клюшкой<br>presa (f) del campione di scoria<br>toma (f) de una muestra de escoria con una varilla de hierro | 10 |
| Mündungsbär (m)<br>slag adhering to the converter nose<br>loup (m) de bec de cornue | 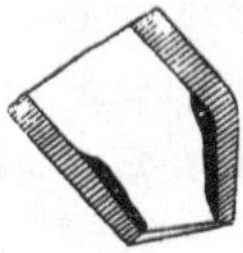 | шлаковый наростъ (m) у горла реторты; шлаковый козёлъ (m)<br>deposito (m) di scoria sul becco<br>lobo (m) de escoria | 11 |

1 Losdrücken (n) der Mündungsbären
scraping of the slag on the converter nose
enlèvement (m) du loup

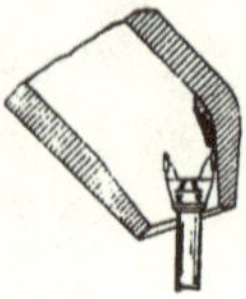

отрыванie (n) шлаковаго нароста
rimozione (f) del deposito o del groppo
arranque (m) del lobo

---

2 Luftdruckmeißel (m)
pneumatic chisel
burin (m) à air comprimé

пневматическое зубило (n)
scalpello (m) ad aria compressa
cincel (m) de aire comprimido

---

3 **Frischen auf Flußeisen im Flammofen**

**Manufacture of Ingot Metal in the Reverberatory Furnace**

**Fabrication de l'acier sur sole**

**Фришеванie въ пламенной печи; передѣлъ на поду отражательной печи**

**Fabbricazione dell'acciaio su suola**

**Fabricación del acero en horno de reverbero**

---

4 Martinstahlhütte (f)
open hearth steel works, Siemens-Martin steel works
aciérie (f) Siemens-Martin

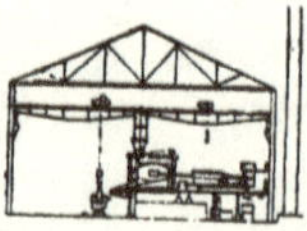

мартеновская мастерская (f)
acciaieria (f) Martin
fábrica (f) de acero Siemens-Martin

---

5 Schmelzflammofen (m)
reverberatory furnace
four (m) de fusion à réverbère, four (m) à sole

плавильная пламенная печь (f); плавильная отражательная печь
forno (m) a riverbero
horno (m) de fusión de reverbero

---

6 Siemens-Martinofen (m)
open hearth furnace
four (m) Siemens-Martin

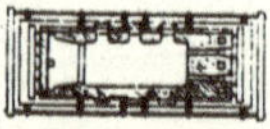

печь (f) системы Сименсъ-Мартена; мартеновская печь
forno (m) Siemens-Martin
horno (m) Siemens-Martin

---

7 feststehender Ofen (m)
fixed furnace
four (m) fixe

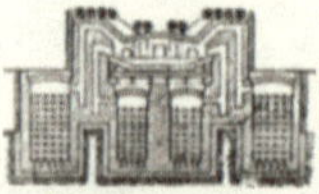

неподвижная печь (f)
forno (m) fisso
horno (m) fijo

---

8 Drehflammofen (m)
revolving reverberatory furnace
four (m) réverbère rotatif

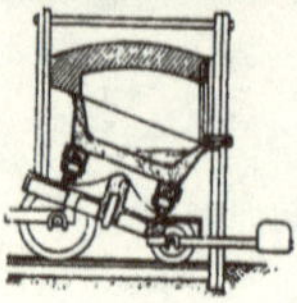

вращающаяся пламенная *или* отражательная печь (f)
forno (m) a riverbero rotante
horno (m) de reverbero rotatorio

Schaukelofen (m), Kippofen (m)
tilting open hearth furnace
four (m) oscillant *ou* culbutant

качающаяся *или* наклоняющаяся печь (f)
forno (m) oscillante *o* rotante 1
horno (m) oscilante *ó* basculante

---

**Aufbau des Ofens**
**Furnace Construction**
**Construction du four**

**Постройка *или* надстройка печи**
**Costruzione del forno** 2
**Construcción del horno**

---

Vorderseite (f)
charging side
face (f) avant (de travail)

передняя *или* рабочая сторона (f)
lato (m) della carica 3
frente (f) (de trabajo)

---

Rückseite (f)
tapping side, pouring side
face (f) arrière

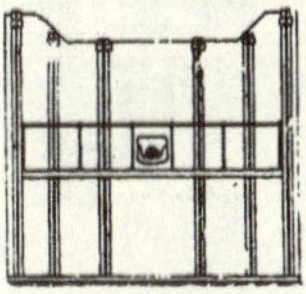

задняя сторона (f); сторона выпуска
lato (m) del foro di colata 4
espalda (f)

---

Stirnseite (f), Kopf (m)
end
face (f) de tête

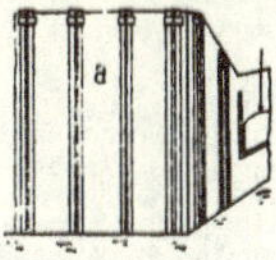


a

конецъ (m); головка (f)
testa (f) 5
cabeza (f), frente (m)

---

Herd (m)
hearth
sole (f)

a

подъ (m)
suola (f) 6
solera (f)

---

zugängliche Sohle (f)
accessible hearth
sole (f) accessible

a

доступный подъ (m)
suola (f) accessibile 7
solera (f) accesible

---

Stahlträger (m)
steel bearer, steel beam (A*)
poutre (f) en acier

b

стальная балка (f)
trave (f) d'acciaio 8
vigueta (f) de acero

---

* A = americanism

1 Gewölbeplatte (f)
arch plate, crown plate
plaque (f) de voûte

сводовая балка (f)
volta (f)
placa (f) de la bóveda

---

2 nach abwärts gezogenes Gewölbe (n)
concave roof *or* crown
voûte (f) surbaissée

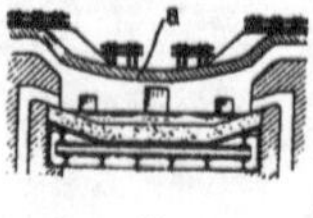


a

изогнутый внизъ сводъ (m); понурый сводъ
volta (f) ribassata
bóveda (f) rebajada

---

3 nach der Mitte zu ansteigendes Gewölbe (n)
convex roof *or* crown
voûte (f) convexe, voûte (f) bombée au milieu

a

выпуклый къ серединѣ сводъ (m); сводъ куполомъ
volta (f) convessa
bóveda (f) convexa

---

4 Schiebetür (f)
sliding door
porte (f) coulissante

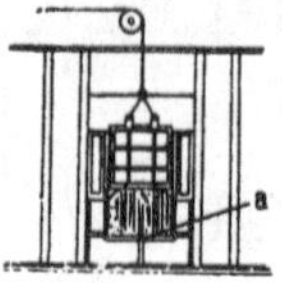


заслонка (f)
porta (f) a coulisse
puerta (f) de corredera

---

5 Türschwelle (f)
door sill
seuil (m) de porte

a

порогъ (m)
soglia (f) della porta
umbral (m) de la puerta

---

6 bewehrte [armierte] Schiene (f)
tie rail
rail (m) armé

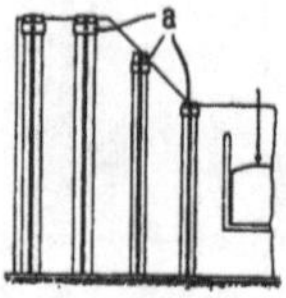


a

рельсовая арматура (f); арматура
rotaia (f) armata
carril (m) armado

7 **Generatoren**
**Producers**
**Générateurs, gazogènes**

**Генераторы; газовики**
**Gasogeni**
**Generadores, gasógenos**

8 Siemensscher Generator (m)
Siemens producer
gazogène (m) Siemens

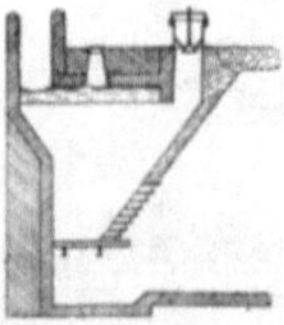

генераторъ (m) *или* газовикъ (m) Сименса
gasogeno (m) Siemens
gasógeno (m) Siemens

---

9 Treppenrostgenerator (m)
stepped grate producer
gazogène (m) avec grille à gradins

генераторъ (m) *или* газовикъ (m) со ступенчатой топкой
gasogeno (m) con griglia a gradini
gasógeno (m) con parrillas de escalones

Duffscher Generator (m)
Duff producer
gazogène (m) Duff
генераторъ (m) *или* газовикъ (m) Диффа
gasogeno (m) Duff
gasógeno (m) Duff 1

---

Morganscher Generator (m)
Morgan producer
gazogène (m) Morgan
генераторъ (m) *или* газовикъ (m) Моргана
gasogeno (m) Morgan
gasógeno (m) Morgan 2

---

Doppelgenerator (m)
double producer
gazogène (m) double
двойной генераторъ (m) *или* газовикъ (m)
gasogeno (m) doppio
gasógeno (m) doble 3

---

Vergasung (f)
gasification
gazéification (f)
превращенie (n) въ газъ; газеификацiя (f)
gaseificazione (f)
gasificación (f) 4

---

ununterbrochene Gaserzeugung (f)
continuous gas generation
production (f) de gaz continue
непрерывное *или* постоянное газообразованie (n)
produzione (f) continua di gas
producción (f) continua de gas 5

---

teerhaltiges Gas (n)
tar[r]y gas
gaz (m) riche en goudron
газъ (m), содержащiй смолу; смолистый газъ
gas (m) ricco di catrame
gas (m) rico en alquitrán 6

---

glühende Kohlenschicht (f)
incandescent layer of coals
couche (f) de charbon incandescent
слой (m) раскалённаго угля
strato (m) di carbone incandescente
capa (f) de carbón incandescente 7

---

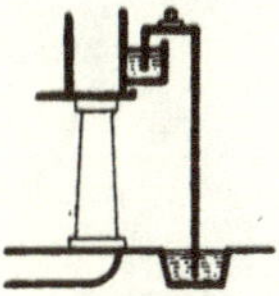

wasserdichter Abschluß (m)
water seal
joint (m) hydraulique
водяной затворъ (m)
giunto (m) a tenuta, chiusura (f) idraulica
junta (f) hidráulica 8

| | | | |
|---|---|---|---|
| 1 | Füllvorrichtung (f)<br>charging hopper<br>dispositif (m) de chargement |  | засыпное устройство (n); устройство для питанія генератора; [фиг.:] устройство для автоматическаго непрерывнаго питанія<br>apparecchio (m) di carica<br>disposición (f) para cargar |
| 2 | Kappe (f)<br>bonnet<br>chapeau (m) | <br>a | крышка (f)<br>cappello (m), coperchio (m)<br>sombrerete (m) |
| 3 | **Gasleitung**<br>**Gas Piping**<br>**Tuyauterie de gaz** | | **Газопроводъ**<br>**Tubazione *o* conduttura del gas**<br>**Tubería de gas** |
| 4 | Eintrittöffnung (f)<br>inlet hole<br>orifice (m) d'entrée | | входное отверстіе (n)<br>porta (f) d'accesso *o* di visita<br>abertura (f) de entrada |
| 5 | Gasventil (n)<br>gas valve<br>valve (f) à gaz | | газовый клапанъ (m)<br>valvola (f) a gas<br>válvula (f) de gas |
| 6 | Gasstrom (m)<br>gas current<br>courant (m) gazeux | | потокъ (m) газа<br>corrente (f) di gas<br>corriente (f) de gas |
| 7 | Luftventil (n)<br>air valve<br>valve (f) à air | | воздушный клапанъ (m)<br>valvola (f) ad aria<br>válvula (f) de aire |
| 8 | Umkehrung (f), Umschaltung (f)<br>switching, reversing<br>renversement (m) | | перемѣна (f); перекидываніе (n)<br>inversione (f)<br>inversión (f) |
| 9 | Umsteuervorrichtung (f)<br>switching arrangement, reversing arrangement *or* gear (A*)<br>appareil (m) de renversement | | перекидное устройство (n); устройство для перевода газа и воздуха<br>apparecchio (m) d'inversione<br>aparato (m) de invertir |
| 10 | Wechselklappe (f)<br>butterfly valve<br>valve (f) à papillon | | перекидной клапанъ (m); клапанъ бабочкой<br>valvola (f) a farfalla<br>obturador (m) ó válvula (f) de mariposa |

* A = americanism

Siemenssche Wechselklappe (f)
Siemens' butterfly valve
valve (f) à papillon de Siemens

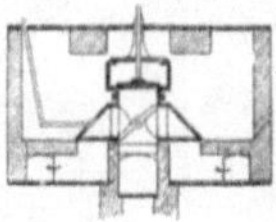

перекидной клапанъ (m) Сименса; клапанъ бабочкой системы Сименса
valvola (f) a farfalla Siemens
válvula (f) de mariposa sistema Siemens — 1

---

Glocke (f) nach Hutter
Hutter's bell
cloche (f) Hutter

колоколъ (m) Гюттера
campana (f) Hutter
campana (f) Hutter — 2

---

Doppelsitzventil (n)
double seat valve
soupape (f) à double siège

двухопорный клапанъ (m)
valvola (f) a doppia sede
válvula (f) de doble asiento — 3

---

Muschelschieber (m)
mushroom valve
tiroir (m) à coquille

коробчатый золотникъ (m); плоскій коробчатый золотникъ
valvola (f) a conchiglia
válvula (f) ó distribuidor (m) en forma de concha — 4

---

feuerfester Hahn (m)
valve of refractory material
robinet (m) à l'épreuve du feu

огнеупорный клапанъ (m) въ видѣ крана
valvola (f) in materia refrattaria
robinete (m) ó grifo (m) refractario — 5

---

90°-Stellung (f)
at an angle of 90°
position (f) à 90°

подъ угломъ въ 90° [девяносто градусовъ]
posizione (f) a 90°
posición (f) á 90° — 6

---

Wärmespeicher (m), Regenerator (m)
regenerator
régénérateur (m), récupérateur (m), chambre (f) de récupération

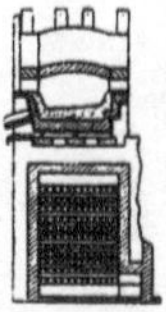

регенераторъ (m)
rigeneratore (m), ricuperatore (m)
regenerador (m), recuperador (m) de calor — 7

---

Würfelwerk (n) der Wärmespeicher
checker work of a regenerator
empilage (m) des briques du régénérateur

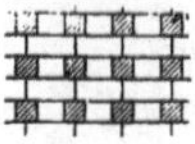

насадка (f) регенератора
impilata (f) dei mattoni di ricuperatore
conductos (m pl) sinuosos de los ladrillos del regenerador — 8

---

Aufbau (m) der Ziegel
building up of the bricks
mode (m) d'empilage des briques

укладка (f) кирпичей
disposizione (f) dei mattoni del riempimento
manera (f) de empilar ó colocar los ladrillos — 9

---

Zwischenwand (f), Scheidewand (f)
partition
cloison (f)

промежуточная стѣнка (f)
parete (f) di separazione
tabique (m) — 10

1 aufgespeicherte Wärme (f)
accumulated heat, stored heat (A*)
chaleur (f) accumulée
накоплённое *или* накопившееся тепло (n)
calore (m) immagazzinato
calor (m) acumulado

---

2 Verbrennungsluft (f)
heat of combustion
air (m) de combustion
воздухъ (m) для сгоранія
aria (f) per la combustione
aire (m) de combustión

---

3 vorgewärmtes Heizgas (n)
regenerated gas
gaz (m) réchauffé
подогрѣтый горючій газъ (m)
gas (m) caldo
gas (m) recalentado

---

4 Gasleitung (f) nach dem Herde
gas flue to the hearth
conduite (f) de gaz vers le four

a

каналъ (m), приводящій газъ въ печь
arrivo (m) del gas, canale (m) d'arrivo del gas
conducto (m) del gas hacia el hogar

---

5 Steigkanal (m)
uptake
carneau (m) montant de gaz chauds

b

каналъ (m), поднимающійся кверху; восходящее колѣно (n) газопроводнаго канала
canale (m) verticale del gas caldo
canal (f) ó conducto (m) ascendente de gases calientes

---

6 senkrechter Gaskanal (m)
uptake
carneau (m) à gaz vertical

b

вертикальный газовый *или* газопроводный каналъ (m)
canale (m) verticale del gas
conducto (m) de gas vertical

---

7 Gasweg (m)
gas port
parcours (m) du gaz

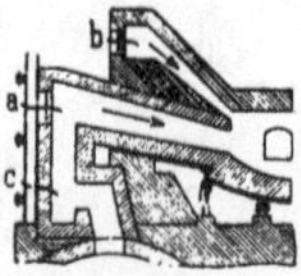

a

газовый каналъ (m); наклонное колѣно (n) газопроводнаго канала
direzione (f) del gas
camino (m) del gas

---

8 Luftweg (m)
air port
parcours (m) de l'air

b

воздушный каналъ (m)
direzione (f) dell'aria
camino (m) del aire

---

* A = americanism

Entstaubung (f)
removing the dust
séparation (f) des poussières
удаленіе (n) рудной пыли *или* копоти
separazione (f) delle polveri 1
separación (f) del polvo

---

Staubfang (m), Staubkammer (f)
dust chamber, dust collector, dust box
chambre (f) à poussière, sac (m) à poussière
c
пылеуловитель (m)
camera (f) della polvere 2
cámara (f) para el polvo

---

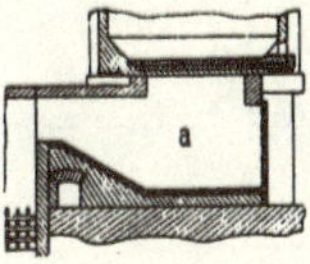

Schlackenkammer (f), Schlackenfang (m)
slag pocket, slag chamber
poche (f) à scories
a
шлаковая камера (f); шлаковикъ (m)
camera (f) della scoria 3
depósito (m) de escorias

---

**Arbeitsverfahren**
**Furnace Practice**
**Mode de travail**
**Процессъ работы**
**Sistema di lavoro** 4
**Método de trabajo**

Bedienung (f)
attendance
service (m) [du four]
обслуживаніе (n)
servizio (m) del forno 5
servicio (m) [del horno]

---

Schmelzer (m)
furnaceman (leading hand, first hand)
fondeur (m)
плавильщикъ (m)
fonditore (m) 6
fundidor (m)

---

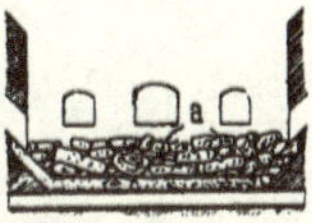

Schmelzstoff (m), Einsatz (m)
charge
matières (f pl) à fondre, charge (f)
a
плавильный матеріалъ (m); садка (f) 7
carica (f)
carga (f)

---

Einsatzgewicht (n)
weight of charge
poids (m) de la charge
вѣсъ (m) садки
peso (m) della carica 8
peso (m) de la carga

---

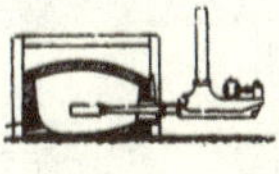

einsetzen (v)
to charge
charger (v)
посадить
caricare (v) 9
cargar (v)

---

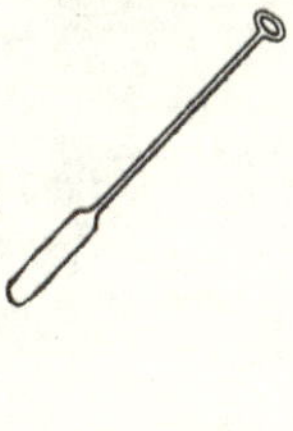

Einsatzschaufel (f)
peel, charge shovel
pelle (f) de chargement
лопата (f) для посадки
pala (f) per caricare 10
pala (f) para cargar

1 Einsetzmaschine (f), Beschickmaschine (f), Chargiermaschine (f), Chargiervorrichtung (f)
charging device, charging machine
machine (f) à charger, chargeur (m) mécanique, enfourneuse (f), machine (f) à enfourner

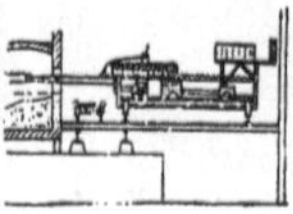

машина (f) для посадки шихты; садочная машина
macchina (f) caricatrice *od* infornatrice
máquina (f) para cargar hornos

---

2 Beschickschwengel (m), Chargierschwengel (m)
balanced peel
levier (m) de chargement

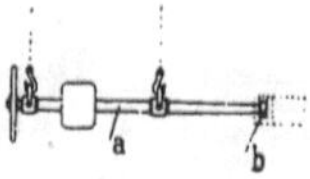

a

коромысло (n) для посадки; коромысло садочной машины
bilancia (f) *o* basculla (f) di caricamento
palanca (f) de carga

---

3 Schwengelkopf (m)
handle of peel
extrémité (f) *ou* tête (f) de levier

b

головка (f) коромысла
estremità (f) della bilancia
extremo (m) *ó* cabeza (f) de la palanca

---

4 Beschickungswagen (m), Beschickwagen (m)
charge wagon, charge bogie
wagon (m) de chargement

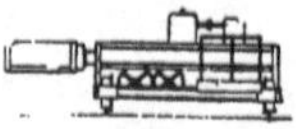

телѣжка (f) для посадки шихты
macchina (f) caricatrice a vagone
vagón (m) de carga

---

5 Beschickkran (m), Beschickungskran (m), Einsetzkran (m), Chargierkran (m)
charging crane
grue (f) de chargement, pont-roulant (m) de chargement

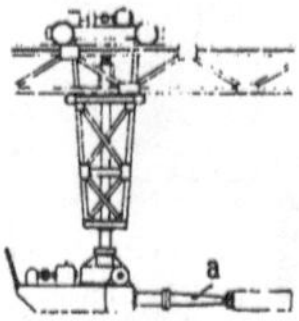

кранъ (m) для посадки шихты
caricatrice (f) a gru
grúa (f) para cargar

---

6 bewegliche Stange (f)
charging bar
flêche (f) mobile horizontale

a

подвижный стержень (m)
braccio (m) mobile
barra (f) móvil

---

7 Muldeneinsetzkran (m), Muldenchargierkran (m)
trough charging crane
grue (f) d'enfournement *ou* de chargement des récipients

кранъ (m) съ лотками для посадки
gru (f) per caricare *o* per infornare le cassette
grúa (f) para enhornar los moldes

---

8 Beschickmulde (f), Beschickungsmulde (f), Chargiermulde (f), Lademulde (f)
charging box
récipient (m) de chargement, cuiller (f) de chargement

лотокъ (m) для посадки
cassetta (f) di caricamento
molde (m) *ó* lingotera (f) de carga

Muldenkopf (m)
head of ingot mould
tête (f) de cuiller

a

головка (f) лотка
testa (f) della cassetta
extremo (m) del molde *ó* de la lingotera 1

---

Schrotmulde (f)
scrap iron box
cuiller (f) à mitraille *ou* à scraps

лотокъ (m) для посадки желѣзной мелочи
cassetta (f) per rottami piccoli 2
molde (m) *ó* lingotera (f) para metralla

---

Beschickungslöffel (m), Chargierlöffel (m)
charging spoon *or* peel
pelleton (m), pelle (f) de chargement

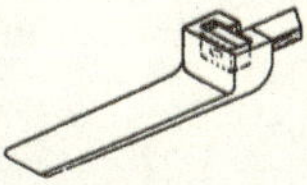

совокъ (m) для посадки
cucchiaio (m) di caricamento 3
cuchara (f) de carga

---

Entleerung (f) des Kastens
tipping the box
déchargement (m) de la boîte

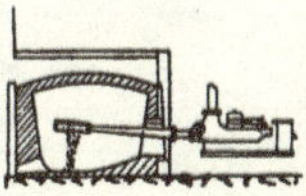

опоражниванiе (n) ящика *или* лотка
rovesciamento (m) della cassetta 4
descarga (f) de la caja

---

Aufarbeitung (f)
working down
traitement (m)

переработка (f)
processo (m)
tratamiento (m), procedimiento (m) 5

---

Regelung (f) des Luftstromes
regulation of the air current
réglage (m) de l'air

регулированiе (n) притока воздуха; управленiе (n) притокомъ воздуха
regolazione (f) dell'aria 6
regulación (f) de la corriente de aire

---

die Flammen auf den Herd lenken (v)
to direct the flames on to the hearth
diriger (v) les flammes vers la sole

направить пламя къ поду
dirigere (v) la fiamma sulla suola 7
dirigir (v) las llamas hacia la solera

---

in voller Hitze befindlicher Ofen (m)
furnace in full heat
four (m) en pleine température

совершенно нагрѣтая печь (f)
forno (m) in marcia alla temperatura massima 8
horno (m) á temperatura máxima

---

ungeschmolzene Masse (f)
unmelted mass
masse (f) non fondue

нерасплавленная масса (f)
materia (f) non fusa 9
masa (f) no fundida

---

Verkürzung (f) der Schmelzzeit
shortening of the melting period
réduction (f) de la durée de la fusion

сокращенiе (n) продолжительности плавленiя
riduzione (f) del tempo di fusione 10
disminución (f) del tiempo de la fusión

| | | |
|---|---|---|
| 1 | Erzzusatz (m)<br>adding of ore<br>addition (f) de minerai | прибавленіе (n) руды<br>addizione (f) *od* aggiunta (f) di minerale<br>adición (f) de mineral |
| 2 | Endschlacke (f)<br>finishing slag<br>scorie (f) finale | шлакъ (m), полученный въ концѣ операціи<br>scoria (f) finale<br>escoria (f) final |
| 3 | steife Schlacke (f)<br>stiff slag<br>scorie (f) pâteuse *ou* épaisse | жёсткій шлакъ (m)<br>scoria (f) secca<br>escoria (f) espesa |
| 4 | mitgerissene Schlacke (f)<br>slag taken away<br>scorie (f) entraînée | шлакъ (m), увлечённый [жидкимъ металломъ]<br>scoria (f) trascinata dalla colata<br>escoria (f) arrastrada |
| 5 | Herdfutter (n)<br>lining<br>garnissage (m) de la sole | подъ (m) печи<br>rivestitura (f) *o* rivestimento (m) della suola<br>revestimiento (m) de la solera |
| 6 | Ausbesserungsmasse(f)<br>lining material for repairs<br>masse (f) servant à réparer le garnissage | масса (f), служащая для починки пода печи<br>massa (f) per arricchire la rivestitura<br>masa (f) para recomponer el revestimiento |
| 7 | Abarten (f pl) des Verfahrens<br>modification of the method<br>variantes (f pl) du procédé | видоизмѣненія (n pl) процесса<br>sistemi (m pl) differenti di fabbricazione<br>variedades (f pl) de los métodos de fabricación |
| 8 | vereinigtes Bessemer- und Martin-Verfahren (n)<br>combined Bessemer and open hearth process<br>procédés (m pl) Bessemer et Martin combinés | комбинированный способъ (m) Бессемера и Мартенса<br>processo (m) combinato Bessemer e Martin<br>procedimientos (m pl) Bessemer y Martin combinados |
| 9 | Erzfrischverfahren (n)<br>direct process, ore process<br>procédé (m) au minerai, ore-process (m) | рудный процессъ (m)<br>sistema (m) di fabbricazione col minerale<br>procedimiento (m) de afino del mineral |

Zusammenschmelzverfahren (n)
melting down process (pig iron and scrap)
procédé (m) par fusion de fonte et riblons
процессъ (m) сплавленія
sistema (m) di fabbricazione dell'acciaio con ghisa e rottami
procedimiento (m) por fusión de la fundición y desperdicios de hierro 1

---

Haltbarkeit (f)
durability, life
solidité (f), durée (f)
прочность (f)
durata (f), durabilità (f)
solidez (f), duración (f) 2

---

Ofenreise (f), Schmelzreise (f)
life of furnace
campagne (f) d'un four
кампанія (f) печи; продолжительность (f) непрерывной работы печи
durata (f) della campagna d'un forno
campaña (f) de un horno 3

---

rasche Abnützung (f) des Ofens
quick wear and tear of the furnace
usure (f) rapide du four
быстрое изнашиваніе (n) печи
consumo (m) rapido
desgaste (m) rápido del horno 4

---

sich zusammenziehen (v)
to contract, to shrink
se contracter (v)
стягиваться
ritirarsi (v)
contraerse (v) 5

---

Sprung (m)
crack
crevasse (f), fissure (f)

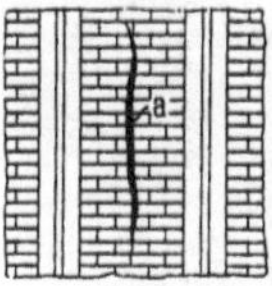

a

трещина (f)
fessura (f)
grieta (f) 6

---

durchbrennen (v)
to burn through
percer (v), brûler (v)
прогорѣть
sfondare(v) brucinando
agujerearse (v) por el calor 7

---

gründliche Ausbesserung (f)
thorough repair
réparation (f) à fond *ou* fondamentale
капитальный ремонтъ (m)
riparazione (f) radicale
reparación (f) general 8

---

Kopfende (n)
end
tête (f) du four
головка (f) печи
testa (f) del forno
cabeza (f) del horno 9

---

Ofenende (n)
furnace end
extrémité (f) du four
оконечность (f) печи
estremità (f) del forno
extremo (m) del horno 10

---

Vorderplatte (f)
front plate
plaque (f) de devant
передняя доска (f)
placca (f) *o* piastra (f) frontale
placa (f) de frente *ó* anterior 11

1 Träger (m) der Vorderplatte
bracket carrying front plate
console (f) de la plaque antérieure

балка (f), несущая переднюю доску
sostegno (m) della placca frontale
soporte (m) de la placa anterior

---

2 Endplatte (f)
end plate
plaque (f) de bout

задняя доска (f)
placca (f) o piastra (f) d'estremità
placa (f) de extremo

---

3 Stütze (f) des Rahmens
stays (pl)
support (m) du cadre

опора (f) рамы
sopporto (m) del quadro
soporte (m) del marco

**Glühfrischen**

**Передѣлъ чугуна въ ковкое желѣзо окисленіемъ примѣсей при температурѣ недостаточной для плавленія ею; процессъ полученія ковкаго желѣза**

4 **Cementation of Malleable Iron, Malleableising**

**Fabbricazione della ghisa malleabile, cementazione ossidante**

**Cémentation de fer malléable**

**Afino por cementación oxidante**

5 Glühspan (m)
scale, iron scale, mill scale, rolling mill scale, hammer scale
pailles (f pl) d'oxyde de fer

окалина (f); окислы (m pl) желѣза; желѣзная изгарь (f)
scaglie (f pl) d'ossido di ferro
escamas (f pl) de óxido de hierro

---

6 Glühspanschicht (f)
oxide scale
croûte (f) d'oxyde de fer

слой (m) окисловъ; слой окалины на поверхности желѣза
strato (m) d'ossido di ferro
capa (f) de óxido de hierro

---

7 Tonkiste (f)
fire clay box
caisse (f) en matière réfractaire

ящикъ (m) изъ огнеупорной массы
cassetta (f) in materiale refrattario
caja (f) de material refractario

---

8 Gärben (n), Gerben (n)
refining
raffinage (m), corroyage (m)

раффинированіе (n); раффинированіе при посредствѣ свариванія и прокатки
raffinaggio (m)
refinado (m), afino (m)

Erzglühfrischen (n)
refining with iron ore
affinage (m) avec du minerai de fer

раффинированіе (f) посредствомъ руды
affinaggio (m) col minerale di ferro 1
afino (m) por medio del mineral de hierro

---

Glühtopf (m)
annealing box, cementing box
pot (m) de cémentation

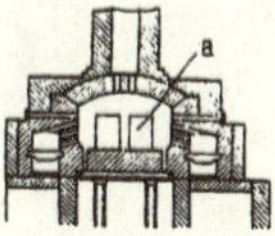

a

сосудъ (m) *или* горшокъ (m) для прокаливанія
cassetta (f) di cementazione ossidante 2
pote (m) *ó* caja (f) de cementación

---

einpacken (v)
to pack, to charge
empaqueter (v), charger (v)

уложить; упаковать
impacchettare (v)
empaquetar (v), cargar (v) 3

---

Tempererz (n)
iron ore *or* oxide, annealing ore
minerai (m) pour fonte malléable

руда (f) для отжига
minerale (m) per ghisa malleabile 4
mineral (m) para fundición maleable

---

Glühmittel (n)
cementing material
matière (f) *ou* agents (m pl) de cémentation

окислитель (m); окисляющее вещество (n)
sostanza (f) per la cementazione 5
agentes (m pl) de la cementación

---

Verdünnungsmittel (n)
diluting agent
matière (f) pour retarder la cémentation oxydante

разжижающее средство (n)
sostanza (f) per ritardare l'affinaggio ossidante 6
material (m) para retardar la cementación oxidante

---

Brandeisen (n)
burnt iron
fer (m) brûlé

горѣлое желѣзо (n)
ferro (m) bruciato 7
hierro (m) quemado

---

Temperofen (m)
furnace for making malleable iron, annealing furnace
four (m) de cémentation

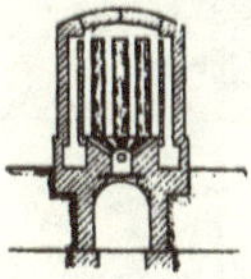

отжигательная печь (f)
forno (m) a cementazione ossidante 8
horno (m) de cementación

---

kalt legen (v)
to damp down
mettre (v) le four hors feu, refroidir (v)

выдуть печь
mettere (v) il forno fuori di marcia, raffreddare (v) il forno 9
retirar (v) el fuego del horno

---

einbetten (v)
to embed
recouvrir (v), placer (v) dans le cément

уложить въ . . .; посадить въ . . .
impacchettare (v) 10
colocar (v) [en el cemento]

1 Ofen (m) mit auswechselbarem Boden
furnace with removable bottom
four (m) à sole amovible
печь (f) съ перемѣннымъ подомъ
forno (m) a suola mobile
horno (m) con solera ó fondo cambiable

2 schmiedbarer Guß (m)
malleable casting
fonte (f) malléable
ковкій чугунъ (m)
ghisa (f) malleabile
fundición (f) maleable

**3 Zementieren, Zementstahldarstellung**
**Cementation Process, Converting Process, Manufacture of Cement (*or* Blister) Steel**
**Fabrication d'acier cémenté, cémentation**
**Полученіе цементной стали; производство томлёной стали**
**Fabbricazione dell'acciaio cementato, cementazione**
**Cementación, fabricación del acero cementado**

4 schlackenreines Eisen (n)
slag free iron
fer (m) exempt de scorie
желѣзо (n), свободное отъ шлаковъ
ferro (m) senza scorie
hierro (m) sin escoria

5 Zementierofen (m)
cementation *or* converting furnace
four (m) à cémenter

сталетомильная печь (f); печь для цементаціи
forno (m) a cementazione
horno (m) de cementación

6 englischer Zementierofen (m)
English converting furnace *or* cementation furnace
four (m) anglais à cémenter

англійская сталетомильная печь (f); англійская печь для цементаціи
forno (m) inglese a cementazione
horno (m) inglés de cementación

7 Zementierkiste (f)
cementing box
caisse (f) de cémentation

a

сталетомильный ящикъ (m); ящикъ для цементаціи
cassa (f) di cementazione
caja (f) de cementación

8 Härtetrog (m)
hardening trough
cuve (f) à tremper
закалочный лотокъ (m)
cassetta (f) per la tempera
pila (f) para templar

1
Zugreglung (f)
draught regulation
réglage (m) du tirage
регулированіе (n) тяги
regolatore (m) del tiraggio
graduación (f) del tiro

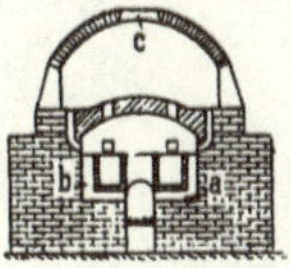


2
Querzug (m)
cross flue, transverse flue
carneau (m) transversal
поперечный каналъ (m)
canale (m) trasversale
conducto (m) transversal

a

3
Seitenzug (m)
side flue
carneau (m) latéral
боковой каналъ (m)
canale (m) laterale
conducto (m) lateral

b

4
Rauchabzugöffnung (f)
chimney hole
orifice (m) du canal de fumée
дымовой каналъ (m); отверстіе (n) для вывода дыма
apertura (f) del canale per il fumo
abertura (f) del conducto de humo

c

5
die Kisten laden (v)
to charge the boxes
charger (v) les caisses *ou* les boîtes
наполн-ить [-ять] ящики
caricare (v) le casse
cargar (v) las cajas

6
Eintragöffnung (f)
charging door
porte (f) de chargement
рабочее отверстіе (n)
porta (f) di caricamento
puerta (f) de carga

7
anfeuern (v)
to fire
allumer (v)
разогрѣ-ть [-вать]
accendere (v)
encender (v)

8
Vollfeuer (n)
full heat
feu (m) au maximum d'intensité, plein feu (m)
полный огонь (m); полное пламя (n)
fuoco (m) al massimo d'intensità, a tutto fuoco
á todo fuego, fuego (m) de intensidad máxima

9
Einsatzhärtung (f), Oberflächenhärtung (f)
case hardening, surface converting
trempe (f) de surface

поверхностная цементація (f); поверхностное цементованіе (n)
tempera (f) della superficie
temple (m) de superficie

10
Zementstahlofen (m)
steel cementing furnace
four (m) à acier cémenté
сталетомильная печь (f); печь для полученія цементной стали
forno (m) di cementazione
horno (m) para acero de cementación

| | | |
|---|---|---|
| 1 | Sandverdichtung (f), Abdichtung (f)<br>sand packing<br>obturation (f) *ou* bouchage (m) au sable | покрытіе (n) слоемъ песка; уплотненіе(n)<br>otturazione (f) con sabbia<br>obturación (f) con arena |
| 2 | Leuchtgas (n)<br>illuminating gas<br>gaz (m) d'éclairage | свѣтильный газъ (m)<br>gas (m) illuminante<br>gas (m) del alumbrado |
| 3 | Azetylengas (n)<br>acetylene gas<br>gaz (m) acétylène | этиленовый газъ (m)<br>gas (m) acetilene<br>gas (m) acetileno |
| 4 | Nickelhärtungsverfahren (n)<br>nickel hardening method<br>procédé (m) de trempe au nickel | способъ (m) закалки никкелевой стали<br>processo (m) di tempera al nickel<br>procedimiento (m) de templar al níquel |
| 5 | Nickelflußeisen (n)<br>nickel steel<br>acier (m) au nickel | никкелевая литая сталь (f)<br>acciaio (m) al nickel<br>acero (m) al níquel |
| 6 | Nickelzusatz (m)<br>addition of nickel<br>addition (f) de nickel | прибавленіе (n) никкеля<br>addizione (f) *od* aggiunta (f) di nickel<br>adición (f) de níquel |
| 7 | Kohlung (f) durch festen Kohlenstoff<br>carburisation by means of solid carbon<br>carburation (f) par le carbone solide | обуглероживаніе (n) твёрдымъ углеродомъ<br>carburazione (f) col carbonio solido<br>carburación (f) por el carbono sólido |
| 8 | Zementierpulver (n), Härtepulver (n)<br>cementing powder, cementation powder<br>poudre (f) à cémenter | цементующій порошокъ (m); порошокъ для цементаціи<br>polvere (f) di cementazione<br>polvo (m) para cementar |
| 9 | Laubholzkohle (f)<br>green wood charcoal<br>charbon (m) de bois feuillu | уголь (m) изъ лиственнаго лѣса<br>carbone (m) di legna (d'alberi frondiferi)<br>carbón (m) vegetal de hojas |
| 10 | Nadelholzkohle (f)<br>pine charcoal<br>charbon (m) de bois de conifères | уголь (m) изъ хвойнаго лѣса<br>carbone (m) di legna (d'alberi coniferi)<br>carbón (m) de madera de coníferas |
| 11 | tierischer Stoff (m)<br>animal substance<br>matière (f) provenant d'animaux, matière (f) animale | животныя вещества (n pl)<br>sostanza (f) o prodotto (m) animale<br>producto (m) animal |

| | | | |
|---|---|---|---|
| Bierhefe (f)<br>yeast, barm<br>levure (f) de bière | | пивныя дрожжи (f pl)<br>lievito (m) di birra<br>levadura (f) de cerveza | 1 |
| Mehl (n)<br>flour<br>farine (f) | | мука (f)<br>farina (f)<br>harina (f) | 2 |
| gepulverte Birkenkohle (f)<br>powdered birch charcoal<br>charbon (m) de bouleau pulvérisé | | берёзовый уголь (m), измельчённый въ порошокъ<br>carbone (m) di betulla in polvere<br>carbón (m) de abedul pulverizado | 3 |
| Lederkohle (f)<br>leather charcoal<br>charbon (m) de cuir | | уголь (m), полученный изъ кожи; обугленная кожа (f)<br>carbone (m) di cuoio<br>carbón (m) de cuero | 4 |
| Hornkohle (f)<br>horn charcoal<br>charbon (m) de corne | | уголь (m), полученный изъ рога; обугленный рогъ (m)<br>carbone (m) di corno<br>carbón (m) de cuerno | 5 |
| Kalisalpeter (m)<br>potassium nitrate, nitre, salpetre, nitrate of potash<br>nitre (m), salpêtre (m), nitrate (m) de potasse | $KNO_3$ | каліевая селитра (f); азотнокаліевая соль (f)<br>salnitro (m), nitrato (m) di potassa<br>nitro (m), salitre (m), nitrato (m) potásico | 6 |
| Leim (m)<br>glue<br>colle (f) | | клей (m)<br>colla (f)<br>cola (f) | 7 |
| Kolophonium (n)<br>resin (*or* rosin)<br>colophane (f) | | канифоль (f)<br>colofonia (f), pece (f) greca<br>colofonia (f) | 8 |
| dickflüssiges Härtemittel (n)<br>semi-fluid hardening medium<br>matière (f) à tremper épaisse | | густая закалочная жидкость (f)<br>sostanza (f) densa per tempera<br>materia (f) espesa para templar | 9 |
| Weinsäure (f)<br>tartaric acid<br>acide (m) tartrique | | винная кислота (f)<br>acido (m) tartarico<br>ácido (m) tartárico ó tártrico | 10 |
| Rindstalg (m), Rindertalg (m)<br>tallow<br>suif (m) | | животный жиръ (m)<br>sego (m), sevo (m)<br>sebo (m) | 11 |
| Beinschwarz (n)<br>animal charcoal, bone black, bone charcoal<br>charbon (m) d'os, animal (m) noir | | костяной уголь (m)<br>carbone (m) d'ossa, nero (m) animale<br>carbón (f) de hueso, negro (m) animal | 12 |

gebranntes Hirschhorn (n)
1 charred hartshorn
corne (f) de cerf calcinée

жжёный оленій рогъ (m)
corno (m) calcinato di cervo
asta (f) ó cuerno (m) de ciervo calcinado

---

Klauenmehl (n)
hoof *or* neat's foot
2 meal *or* flour
farine (f) de pieds de bœufs

роговая мука (f); [копытная мука]
farina (f) d'unghia di bue
harina (f) de pezuña de buey

---

Ochsenklauen (f pl)
3 ox hoofs
pieds (m pl) de bœuf

бычачьи копыта (n pl)
unghie (f pl) di bue
pezuñas (f pl) de buey

---

Härtetiefe (f)
4 depth of hardening
épaisseur (f) de trempe

глубина (f) закалки
spessore (m) *o* potenza (f) della tempera
espesor (m) del temple

# XIII.

## Eisen- und Stahlgießerei

## Iron and Steel Casting, Foundry (A*)

## Fonderie de fer et d'acier

## Чугуно- и сталелитейное дѣло

## Fonderia di ferro e d'acciaio

## Fundición de hierro y acero

---

### Formerei
### Moulding
### Moulage
### Формовка
### Formatura 1
### Moldeo

---

Formhalle (f), Formerei (f)
moulding hall
halle (f) *ou* atelier (m) de moulage

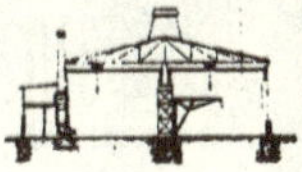

формовочная (f)
tettoia (f) per formatura
taller (m) *ó* departamento (m) de moldeo 2

---

zweischiffige Formhalle (f)
two span moulding hall
halle (f) de moulage à double travée

формовочная (f), раздѣлённая рядомъ колоннъ на двѣ части
doppia tettoia (f) per formatura
taller (m) de moldeo de dos naves 3

---

Former (m)
moulder
mouleur (m)

формовщикъ (m)
formatore (m)
moldeador (m) 4

---

formen (v), einformen (v)
to mould
mouler (v)

формовать
formare (v)
moldear (v) 5

---

* A = americanism

1 **Modelltischlerei**
**Pattern Shop**
**Modelage**
**Модельная мастерская; модельно-столярная мастерская**
**Sezione modellisti**
**Carpinteria de modelos**

---

2 Modellager (n)
pattern store, storage (A*)
magasin (m) de modèles
складъ (m) моделей
magazzino (m) dei modelli
almacén (m) de modelos

---

3 Modell (n)
pattern, model
modèle (m)

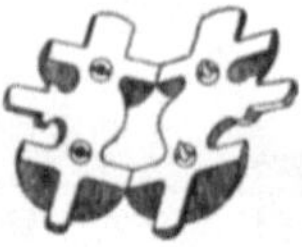

модель (f)
modello (m)
modelo (m)

---

4 kegelig (adj), mit Anzug
conical
conique (adj)
придать конусъ; съ откосомъ
conico (agg)
cónico (adj)

---

5 Modellumriß (m)
outline of pattern
contour (m) du modèle

очертанiе (n) модели
contorno (m) del modello
contorno (m) del modelo

---

6 Formplatte (f), Modellplatte (f)
moulding board, plate with patterns
planche (f) de fond

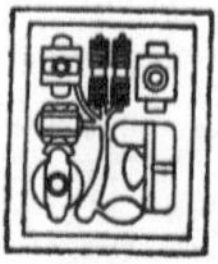

модельная плита (f)
placca (f) da formare
placa (f) de modelos

---

7 gesundes Holz (n)
sound wood
bois (m) sain
здоровое дерево (n); здоровая древесина (f)
legno (m) sano
madera (f) sana

---

8 geradfaserig (adj)
straight grained (adj)
à fibres droites
съ прямыми волокнами; прямослойное
a fibra diritta
de fibras derechas

---

9 Astloch (n)
knot
nœud (m)
свищъ (m)
nodo (m)
nudo (m)

---

10 lufttrocken (adj)
air dry (adj), air dried (adj)
séché (adj) à l'air
воздушно-сухое; воздушной сушки
asciugato (agg) all'aria
secado (adj) al aire

---

11 Werkstattzeichnung(f)
shop *or* works drawing
dessin (m) d'atelier
рабочiй чертёжъ (m)
disegno (m) per officina
dibujo (m) de taller

---

* A = americanism

Abmessung (f) des Gußstückes
dimensions of the casting
dimensions (f pl) de la pièce de fonte

размѣры (mpl) отливки
dimensioni (f pl) del pezzo di ghisa 1
dimensiones (f pl) de la pieza de fundición

---

Schwindmaß (n)
amount of contraction *or* shrinkage
[mesure (f) du] retrait (m)

усадочный масштабъ (m); мѣра (f) усадки
misura (f) del ritiro 2
[medida (f) de la] contracción (f)

---

schwinden (v), sich zusammenziehen (v)
to shrink
avoir (v) du retrait, se contracter (v)

давать усадку
ritirarsi (v) 3
contraerse (v)

---

zusammenleimen (v)
to glue
coller (v)

склеи-ть (-вать)
incollare (v) 4
encolar (v), pegar (v)

---

Unrundwerden (n)
to splay, to round off
s'ovaliser (v)

становиться некруглымъ; принимать некруглую форму
ovalizzarsi (v), farsi (v) ovale 5
perder (v) la forma circular, ovalarse (v)

---

scharfe Kante (f)
sharp edge, corner
arête (f) vive

острый край (m)
spigolo (m) vivo
arista (f) viva, canto (m) vivo 6

---

Hohlkehle (f)
hollow, groove, recess, channel, fluting
congé (m)

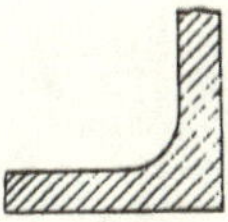

выкружка (f); закругленный переходъ (m) 7
raccordo (m)
media caña (f)

---

Lederhohlkehle (f)
leather hollow
congé (m) en cuir

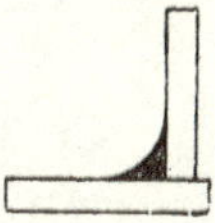

кожаная выкружка (f)
raccordo (m) in cuoio 8
media caña (f) de cuero

---

ringförmiges Modell (n)
ring shaped pattern
modèle (m) annulaire

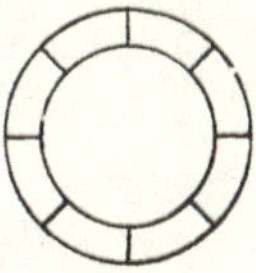

кольцеобразная модель (f)
modello (m) anulare 9
modelo (m) anular

| | | | |
|---|---|---|---|
| 1 | geteiltes Modell (n)<br>sectional pattern<br>modèle (m) en deux parties | 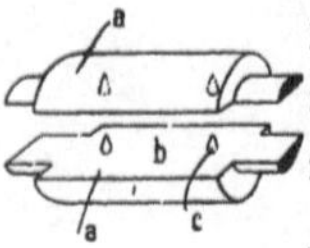 | разрѣзная *или* разъёмная модель (f)<br>modello (m) in due pezzi<br>modelo (m) de dos mitades |
| 2 | Modellhälfte (f)<br>pattern half<br>moitié (f) de modèle | a | половинка (f) модели<br>metà (f) modello<br>mitad (f) del modelo |
| 3 | Trennungsebene (f)<br>division plane<br>surface (f) de séparation | b | плоскость (f) разъёма<br>piano (m) di separazione<br>superficie (f) de separación |
| 4 | Dübel (m), Stift (m)<br>pin<br>tenon (m), cheville (f) | c | шипъ (m); штифтъ (m)<br>spina (f)<br>clavija (f) |
| 5 | Modellack (m)<br>pattern varnish *or* blacking<br>laque (f) à modèles | | модельный лакъ (m)<br>cera (f) da modelli<br>barniz (m) para modelos |
| 6 | polierte Oberfläche (f)<br>polished surface<br>surface (f) polie | | полированная поверхность (f)<br>superficie (f) lucidata<br>superficie (f) pulimentada |
| 7 | rote Umränderung (f)<br>red border<br>bord (m) rouge | | красное очертанie (n)<br>contorno (m) rosso<br>borde (m) rojo |
| 8 | Kernmarke (f), Kerndrücker (m)<br>top print, core mark<br>portée (f) de noyau | 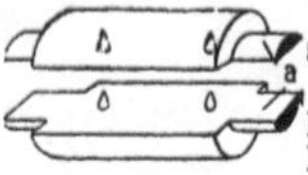a | знакъ (m); [для сердечника]; мѣтка (f)<br>portata (f) di nodo<br>portada (f) de macho |
| 9 | schwarz streichen (v)<br>to paint black, to blacken, to japan (A*)<br>peindre (v) en noir | | закрасить чёрной краской<br>tingere (v) in nero<br>pintar (v) de negro |
| 10 | schwarz strichen (v), [schwarz schraffieren (v)]<br>to hatch<br>hachurer (v) en noir | | заштриховать чёрной краской<br>tratteggiare (v) in nero<br>rayar (v) en negro |
| 11 | Stirnfläche (f)<br>front surface *or* face<br>face (f) de devant | | лобовая *или* торцовая поверхность (f)<br>lato (m) anteriore<br>frente (f) |
| 12 | Wachsmodell (n)<br>wax model<br>modèle (m) en cire | | восковая модель (f)<br>modello (m) di cera<br>modelo (m) de cera |

* A = americanism

| | | |
|---|---|---|
| **Formstoffe, Formmaterialien**<br>**Moulding Materials**<br>**Matériaux de moulage** | **Формовые матеріалы**<br>**Materiali per la formatura**<br>**Materiales de moldeo** | 1 |
| bildsamer Stoff (m)<br>plastic material<br>matière (f) plastique | пластичный матеріалъ (m)<br>materia (f) plastica<br>material (m) plástico | 2 |
| Bildsamkeit (f)<br>plasticity, ductility<br>plasticité (f), ductilité (f) | пластичность (f)<br>plasticità (f)<br>plasticidad (f), ductilidad (f) | 3 |
| drücken (v)<br>to ram<br>comprimer (v) | давить<br>comprimere (v), pigiare (v)<br>comprimir (v) | 4 |
| kneten (v)<br>to knead<br>malaxer (v), triturer (v) | мисить<br>mescolare (v)<br>mezclar (v), amasar (v) | 5 |
| pressen (v)<br>to press<br>comprimer (v), presser (v) | сжимать<br>pressare (v)<br>prensar (v) | 6 |
| Gasdurchlässigkeit (f)<br>permeability for gas<br>perméabilité (f) au gaz | газопроницаемость (f)<br>permeabilità (f) ai gas<br>permeabilidad (f) á los gases | 7 |
| Unschmelzbarkeit (f)<br>infusibility<br>infusibilité (f) | неплавкость (f)<br>infusibilità (f)<br>infusibilidad (f) | 8 |
| Zutat (f)<br>addition<br>addition (f) | примѣсь (f)<br>aggiunta (f)<br>añadido (m), adición (f) | 9 |
| Formsand (m), Modellsand (m)<br>moulding sand<br>sable (m) de moulage *ou* de fonderie | формов[очн]ый песокъ (m)<br>terra (f) *o* sabbia (f) di fonderia<br>arena (f) de moldear *ó* de fundición | 10 |
| Sandformerei (f)<br>sand moulding<br>moulage (m) au sable *ou* en sable | формовка (f)<br>formatura (f) in sabbia<br>moldeo (m) en arena | 11 |
| magerer, grüner Formsand (m)<br>green sand<br>sable (m) maigre *ou* vert | тощій формов[очн]ый песокъ (m); тощая формов[очн]ая земля (f)<br>sabbia (f) *o* terra (f) magra<br>arena (f) seca *ó* verde | 12 |
| fetter Formsand (m)<br>fat sand<br>sable (m) gras | жирный формов[очн]ый песокъ (m); жирная формов[очн]ая земля (f)<br>sabbia (f) *o* terra (f) grassa<br>arena (f) grasa | 13 |

| | | |
|---|---|---|
| 1 | stark tonhaltiger Formsand (m)<br>clayey sand<br>sable (m) argileux | формов[очн]ый песокъ (m) съ сильной примѣсью глины<br>sabbia (f) *o* terra (f) argillosa<br>arena (f) arcillosa |
| 2 | Bindemittel (n)<br>cement, binding material<br>matière (f) agglutinante, liant (m) | связующее *или* вяжущее вещество (n)<br>materia (f) agglomerante<br>substancia (f) aglutinante |
| 3 | lehmige Beimengung (f)<br>loamy addition<br>addition (f) de matière argileuse | глинистая примѣсь (f)<br>aggiunta (f) argillosa<br>adición (f) de material arcilloso |
| 4 | ungebrauchter Sand (m)<br>unused sand, virgin sand<br>sable (m) frais | песокъ (m), не бывшій въ употребленіи<br>sabbia (f) *o* terra (f) nuova<br>arena (f) nueva |
| 5 | reiner, frischer Sand (m)<br>clean fresh sand<br>sable (m) neuf | чистый свѣжій песокъ (m)<br>sabbia (f) *o* terra (f) fresca<br>arena (f) nueva limpia |
| 6 | scharfer Sand (m)<br>sharp sand<br>sable (m) à arêtes vives | песокъ (m) изъ остроугольныхъ песчинокъ<br>sabbia (f) *o* terra (f) a spigoli vivi<br>arena (f) de grano puntiagudo *ó* de aristas vivas |
| 7 | Quarzsand (m)<br>quartzose sand<br>sable (m) quartzeux | кварцевый песокъ (m)<br>sabbia (f) quarzosa<br>arena (f) cuarzosa |
| 8 | Oberflächenrauheit (f)<br>surface roughness<br>rudesse (f) de la surface | шероховатость (f) поверхности<br>scabrosità (f) della superficie<br>aspereza (f) de la superficie |
| 9 | kantige Oberfläche (f)<br>edged surface<br>surface (f) anguleuse | угловатая поверхность (f)<br>superficie (f) ruvida, superficie (f) ad angoli vivi<br>superficie (f) de ángulos agudos |
| 10 | kleinzackig (adj)<br>notched (adj), pointed (adj), toothed (adj)<br>dentelé (adj), muni de petites pointes | мелкозазубренный; съ мелкими зазубринами<br>dentellato (agg)<br>dentelado (adj), provisto (adj) de puntas pequeñas |

totgemahlen (adj)
over ground (adj)
moulu (adj) trop fin
измолоть до пыли; тонко измельчить
macinato (agg) troppo fino 1
molido (adj) demasiado fino

---

rundgeriebene Oberfläche (f)
round ground surface
surface (f) arrondie par frottement
округленная тренiемъ поверхность (f)
superficie (f) arrotondata 2
superficie (f) redondeada por frotamiento

---

gebrauchter Sand (m)
used sand
sable (m) déjà employé
песокъ (m). бывшiй въ употребленiи
sabbia (f) già usata 3
arena (f) ya empleada

---

Kernsandbeschaffenheit (f)
condition of core sand
forme (f) *ou* structure (f) des grains de sable
свойства (npl) *или* качества (npl) формов[очн]ой земли для приготовленiя шишекъ
forma (f) *o* struttura (f) dei grani di sabbia 4
forma (f) *ó* estructura (f) de los granos de arena

---

Metallsalz (n)
metallic salt
sel (m) métallique
металлическая соль (f)
sale (m) metallico 5
sal (f) metálica

---

organischer Stoff (m)
organic material *or* substance
matière (f) organique
органическое вещество (n)
sostanza (f) organica 6
materia (f) orgánica

---

verkohlen (v)
to carbonize
carboniser (v)
обуглить
carbonizzare (v) 7
carbonizar (v)

---

Masse (f), Formmasse (f)
dry sand
masse (f) à mouler
масса (f); формов[очн]ая масса
materiale (m) per formatura 8
masa (f) *ó* materia (f) para moldear

---

Verwitterungsbestandteil (m)
weathered constituent
éléments (m pl) décomposés à l'air
остатки (mpl) вывѣтрившихся горныхъ породъ
elementi (mpl) decomposti 9
elemento (m) descompuesto al aire

---

Ton (m)
clay
glaise (f), argile (f)
глина (f)
argilla (f) 10
arcilla (f) [blanca]

---

kieselsaure Tonerde (f), Tonerdesilikat (n)
silicate of aluminium
silicate (m) d'alumine
силикатъ (m) глинозёма
silicato (m) d'alluminio 11
silicato (m) de alúmina

| | | |
|---|---|---|
| 1 | Bindevermögen (n)<br>cementing *or* binding power<br>pouvoir (m) agglutinant | вяжущая способность (f); способность связывать<br>potenza (f) agglomerante<br>poder (m) *ó* fuerza (f) aglutinante |
| 2 | bildsamer Ton (m)<br>plastic clay, pipe clay<br>argile (f) plastique | пластичная глина (f)<br>argilla (f) plastica<br>arcilla (f) plástica |
| 3 | magerer Ton (m)<br>green clay<br>argile (f) maigre | тощая глина (f)<br>argilla (f) magra<br>arcilla (f) magra |
| 4 | fetter Ton (m)<br>soapy clay<br>argile (f) grasse | жирная глина (f)<br>argilla (f) grassa<br>arcilla (f) grasa |
| 5 | schleimig (adj)<br>mucilaginous (adj)<br>mucilagineux (adj), visqueux (adj) | слизкій<br>mucillagginoso (agg)<br>mucilaginoso (adj), viscoso (adj) |
| 6 | hochfeuerfeste Masse (f)<br>highly refractory material<br>pâte (f) très réfractaire | огнеупорная масса (f) высокаго качества<br>prodotto (m) molto refrattario<br>masa (f) muy refractaria |
| 7 | gemahlener Schamottestein (m)<br>clay brick, lime brick<br>brique (f) alumineuse moulue | размельченный шамотъ (m)<br>mattone (m) alluminoso macinato<br>ladrillo (m) aluminoso molido |
| 8 | Lehm (m)<br>loam<br>terre (f) glaise | глина (f)<br>terra (f)<br>barro (m) |
| 9 | klebriger Brei (m)<br>loamy paste<br>pâte (f) grasse collante | клейкая кашица (f)<br>pasta (f) grassa<br>pasta (f) adherente |
| 10 | Verhüten (n) der Rissebildung<br>prevention of cracking<br>moyen (m) d'éviter les fissures | предотвращеніе (n) образованія трещинъ *или* рванинъ<br>mezzo (m) per impedire la formazione di fessure<br>medio (m) para evitar la formación de grietas *ó* hendiduras |
| 11 | Pferdedünger (m)<br>horse dung<br>fumier (m) de cheval | конскій навозъ (m)<br>letame (m) *o* sterco (m) di cavallo<br>estiércol (m) de caballo |
| 12 | verrotteter Pferdemist (m)<br>rotten *or* decomposed horse dung<br>fumier (m) de cheval décomposé | сгнившій конскій навозъ (m)<br>letame (m) *o* sterco (m) di cavallo decomposto<br>estiércol (m) de caballo descompuesto |

| | | |
|---|---|---|
| Kuhdünger (n.)<br>cow dung<br>fumier (m) de vache<br>*ou* d'étable | коровій помётъ (m)<br>letame (m) *o* sterco (m)<br>di vacca<br>estiércol (m) de vaca | 1 |
| Kuhhaar (n)<br>cow hair<br>poil (m) de vache | коровій волосъ (m);<br>коровья шерсть (f)<br>pelo (m) di vacca<br>pelo (m) de vaca | 2 |
| gehacktes Stroh (n)<br>cut straw, chopped<br>straw<br>paille (f) hachée | рубленная солома (f)<br>paglia (f) tritata<br>paja (f) cortada | 3 |
| Torfmehl (n)<br>powdered peat<br>poudre (f) de tourbe | торфяная мука (f);<br>торфяной мелкій<br>порошокъ (m)<br>polvere (f) di torba<br>polvo (m) de turba | 4 |
| Gerberlohe (f)<br>tan, tan bark<br>tan (m) | дубильная корка (f)<br>polvere (f) di concia<br>casca (f) del curtido | 5 |
| Hede (f), Hanf (m)<br>hemp<br>chanvre (m) | лёнъ (m)<br>canapa (f)<br>cáñamo (m) | 6 |
| Lehmstein (m)<br>loam brick<br>brique (f) de terre<br>glaise | глиняный кирпичъ<br>(m)<br>mattone (m) crudo<br>ladrillo (m) de barro ó<br>de greda | 7 |
| Luftstein (m)<br>air dried brick<br>brique (f) séchée à l'air | необжигаемый кир-<br>пичъ (m); кирпичъ<br>воздушной сушки<br>mattone (m) seccato<br>all'aria<br>ladrillo (m) secado al<br>aire | 8 |
| Stroh (n)<br>straw<br>paille (f) | солома (f)<br>paglia (f)<br>paja (f) | 9 |
| Überzug (m)<br>coating, incrustation<br>couverture (f) | припылъ (m); по-<br>кровъ (m)<br>copertura (f)<br>revestimiento (m) | 10 |
| zusammenbrennen (v),<br>zusammenfritten (v)<br>to frit<br>fritter (f) ensemble | спекаться<br>calcinare (v)<br>tostar (v), fritar (v),<br>calcinar (v) | 11 |
| anbrennen (v), anfrit-<br>ten (v), ansintern (v)<br>to be calcined *or* fritted<br>fritter (v) légèrement | пригор-ѣть (-ать)<br>calcinare (v)<br>ser (v) tostado, fritarse<br>(v) | 12 |
| anschweißen (v)<br>to weld<br>souder (v) ensemble | навари-ть (-вать)<br>saldare (v) insieme<br>soldar (v) | 13 |

|  |  |  |  |
|---|---|---|---|
| 1 | Holzkohlenstaub (m)<br>charcoal powder *or* dust<br>poussier (m) de charbon de bois | | древесноугольная пыль (f)<br>polvere (f) di carbon di legna<br>polvo (m) de carbón vegetal |
| 2 | Steinkohlenstaub (m)<br>powdered coal<br>poussier (m) de houille | | каменноугольная пыль (f)<br>polvere (f) di carbo fossile<br>polvo (m) de hulla |
| 3 | Graphitstaub (m)<br>powdered graphite<br>poussier (m) de graphite | | графитовая пыль (f)<br>polvere (f) di grafite<br>polvo (m) de grafito |
| 4 | mit Kohlenstaub einpudern (v)<br>to face with charcoal powder<br>saupoudrer (v) de poussier de charbon | | покрыть угольной пылью<br>ricoprire (v) con polvere di carbone<br>espolvorear (v) con polvo de carbón |
| 5 | die Formen stäuben (v)<br>to underface the mould<br>saupoudrer (v) les moules | | покрывать формы припыломъ<br>spolverizzare (v) le forme<br>empolvar (v) los molde |
| 6 | Leinwandgazebeutel (m)<br>bag for facing<br>bourse (f) en toile |  | полотняный мѣшочекъ (m), служащі для припыливанія холщовый мѣшочекъ для припудриванія древесноугольной пылью<br>borsa (f) di tela pe spolverizzare<br>bolsa (f) de gasa de tel |
| 7 | Schwärze (f)<br>smoke black, lamp black<br>noir (m) de fumée | | формовыя *или* формовочныя чернила (npl)<br>nerofumo (m)<br>negro (m) de humo |
| 8 | Schwärzepinsel (m)<br>dusting brush, swab<br>pinceau (m) à noir de fumée |  | кисть (f) для нанесенія чернилъ<br>pennello (m) da nero fumo<br>pincel (m) para negr de humo |
| 9 | Graphitwasser (n)<br>graphite water<br>eau (m) de graphite | | отмученный графит (m)<br>acqua (f) di grafite<br>agua (f) de grafito |
| 10 | Steinkohlenmehl (n)<br>fine coal dust<br>poudre (f) de houille | | каменноугольная мука (f); каменноугольный мелкій порошокъ (m)<br>polvere (f) di carbo fossile<br>polvo (m) de hulla fin |

| | | |
|---|---|---|
| Weizenmehl (n)<br>wheat flour<br>farine (f) de froment | пшеничная мука (f)<br>farina (f) di frumento<br>harina (f) de trigo | 1 |
| abgestandenes Bier (n)<br>sour beer<br>bière (f) sure | выдохшееся пиво (n)<br>birra (f) acida<br>cerveza (f) ácida | 2 |
| Jauche (f)<br>filthy water, dung water<br>purin (m) | навозная жижа (f)<br>acqua (f) fetida<br>agua (f) de estiércol | 3 |
| Holzaschenwasser (n)<br>wood ash liquor, pearl ash solution<br>eau (f) de cendres de bois, eau (f) potassique | растворъ (m) древесной золы<br>acqua (f) con cenere di legno<br>agua (f) de cenizas de madera ó vegetales | 4 |
| auftragen (v)<br>to moisten<br>enduire (v) | наносить<br>spennellare (v), tingere (v)<br>untar (v), pintar (v) | 5 |
| Abblättern (n)<br>to scale, to flake<br>s'effeuiller (v) | отслаиваніе (n)<br>staccarsi (v) a scaglie, sfogliarsi (v)<br>deshojarse (v), exfoliación (f) | 6 |
| Gashülle (f)<br>gas envelope<br>enveloppe (f) de gaz | газовая оболочка (f)<br>inviluppo (m) di gas<br>envolvente (m) de gas | 7 |
| Aufbereitung (f) des Formsandes<br>dressing of the moulding sand<br>préparation (f) du sable de fonderie | подготовка (f) формов[очн]аго песка<br>preparazione (f) meccanica della sabbia<br>preparación (f) de la arena de fundición | 8 |
| Aufbereitung (f) durch Maschinen, [maschinelle Aufbereitung (f)]<br>mechanical dressing<br>préparation (f) mécanique | машинная подготовка (f)<br>preparazione (f) meccanica<br>preparación (f) mecánica | 9 |
| Frischsand (m)<br>fresh sand<br>sable (m) neuf | свѣжій песокъ (m)<br>sabbia (f) nuova<br>arena (f) nueva | 10 |
| Altsand (m)<br>old sand, used sand<br>sable (m) vieux | песокъ (m), бывшій уже въ употребленіи<br>sabbia (f) vecchia<br>arena (f) vieja | 11 |
| Wiederverwendung (f) des gebrauchten Sandes<br>repeated use<br>réemploi (m) | вторичное *или* повторное примѣненіе (n)<br>secondo impiego (m)<br>uso (m) repetido | 12 |

| | | | |
|---|---|---|---|
| 1 | Mühle (f)<br>grinding machine, crusher<br>broyeur (m), moulin (m) |  | машина (f) для размола; мельница (f)<br>polverizzatore (m)<br>molino (m) triturador |
| 2 | Mahlgut (n)<br>grist, grain<br>produit (m) broyé | | масса (f), подлежащая измалыванію<br>macinatura (f)<br>producto (m) pulverizado |
| 3 | Mahlfeinheit (f)<br>fineness of grinding<br>finesse (f) du broyage *ou* de mouture | | мелкость (f) размола<br>finezza (f) della macinatura<br>finura (f) del producto molido |
| 4 | Beutelung (f)<br>sieving<br>blutage (m) | | просѣвъ (m); просѣваніе (n)<br>stacciatura (f)<br>cernido (m) |
| 5 | [durcheinander-]mischen (v)<br>to mix together<br>mélanger (v), | | смѣшать<br>mescolare (v)<br>mezclar (v) |
| 6 | Eisenausscheidung (f)<br>separation of iron<br>triage (m) du fer | | выдѣленіе (n) желѣза<br>separazione (f) del ferro<br>separación (f) del hierro |
| 7 | Eisenscheider (m), [Eisenseparator (m)]<br>magnetic separator<br>séparateur (m) magnétique |  | отдѣлитель (m) желѣза; приборъ (m) для отдѣленія желѣза<br>separatore (m) magnetico<br>separador (m) magnético |
| 8 | Fremdkörper (m)<br>foreign body<br>corps (m) étranger | | примѣсь (f); постороннее тѣло (n)<br>materia (f) estranea<br>cuerpo (m) extraño |
| 9 | Vermischung (f)<br>mixing<br>mélange (m), malaxage (m) | | смѣшеніе (n)<br>mescolanza (f), miscela (f)<br>mezcla (f) |
| 10 | Mischmaschine (f)<br>mixing machine<br>malaxeur (m), mélangeur (m) |  | машина (f) для смѣшиванія [песку]<br>mescolatrice (f)<br>molino (m) de mezcla, mezclador (m) |
| 11 | Netzvorrichtung (f), Benetzvorrichtung (f)<br>sprinkling apparatus<br>appareil (m) à arroser | | смачивающій приборъ (m)<br>apparecchio (m) per bagnare<br>aparato (m) de rociar |

Aufgeber (m)
charging apparatus
appareil (m) chargeur

подающій приборъ (m)
apparecchio (m) caricatore 1
aparato (m) de cargar

---

Schüttelrinne (f)
shaking trough
gouttière [de transporteur] (f) à secousse

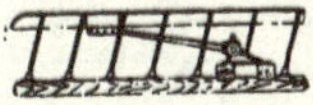

жолобъ (m) со встряской
piano (m) a scosse
canalón (m) transportador á sacudidas, transportador (m) vibrante 2

---

Schubrinne (f), Schubförderrinne (f)
pushing trough
gouttière (f) mobile *ou* conduit (m) mobile *ou* de transporteur à racloirs

подвижной жолобъ (m) со скребками *или* съ лопатками
canale (m) trasportatore a spinta 3
canal (f) móvil *ó* transportadora de rascadores

---

Schwingrinne (f), schwingende Rinne (f)
rocking *or* oscillating trough
conduit (m) oscillant, gouttière (f) oscillante [de transporteur]

качающійся жолобъ (m)
canale (m) trasportatore oscillante *od* a scosse 4
conducto (m) transportador oscilante

---

Tonschneider (m)
clay cutter *or* mixer
malaxeur (m) à argile

глиномялка (f)
mescolatore (m) d'argilla 5
amasador (m) de arcilla

---

den Ton schlämmen (v)
to wash the clay
laver (v) l'argile

отмучивать глину
lavare (v) l'argilla 6
lavar (v) la arcilla

---

Trockentrommel (f)
drying cylinder *or* drum
tambour (m) sécheur

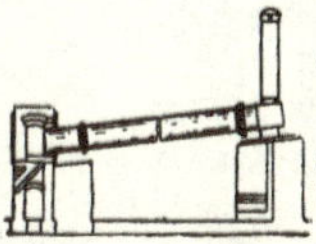

сушильный барабанъ (m) *или* цилиндръ (m) 7
stufa (f) d'essiccazione
tambor (m) para secar

---

Trockendarre (f)
drying house
étuve (f)

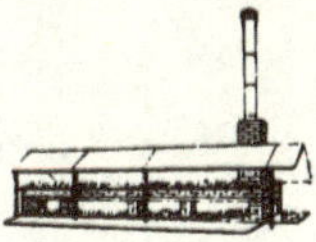

сушилка (f); сушильня (f) 8
stufa (f)
estufa (f)

|  | | | |
|---|---|---|---|
| 1 | **Formergerätschaft, Formerwerkzeug**<br>**Moulder's Tools**<br>**Ustensiles de mouleur** | | **Инструменты формовщиковъ**<br>**Attrezzi del formatore**<br>**Herramientas del moldeador** |
| 2 | Formerschaufel (f)<br>moulder's peel<br>pelle (f) de mouleur | 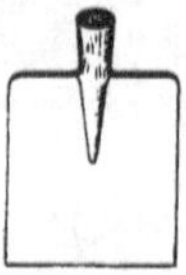 | лопатка (f) формовщика; формовочная лопатка (f)<br>pala (f) da formatore<br>pala (f) del moldeador |
| 3 | Formerspaten (m)<br>moulder's spade<br>bêche (f) de mouleur | 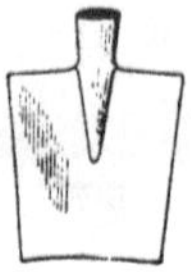 | лопата (f) формовщика; формовочная лопатка<br>vanga (f) da formatore<br>azada (f) del moldeador |
| 4 | Schippe (f)<br>shovel, peel<br>pelle (f), escoupe (f) | | лопата (f); лопатка (f)<br>pala (f)<br>pala (f) |
| 5 | Stampfer (m)<br>rammer, tamper (A*)<br>damoir (m) | | трамбовка (f)<br>piletta (f)<br>pisón (m), atacador (m) |
| 6 | Flachstampfer (m)<br>flat rammer<br>damoir (m) plat |  | плоская трамбовка (f)<br>piletta (f) piatta, battola (f)<br>atacador (m) plano, pisón (m) plano |
| 7 | Spitzstampfer (m)<br>pegging rammer<br>damoir (m) en pointe |  | заострённая трамбовка (f)<br>piletta (f) a punta<br>pisón (m) ó atacador (m) cónico |
| 8 | Preßluftstampfmaschine (f)<br>pneumatic rammer<br>damoir (m) à air comprimé | | пневматическая трамбовка (f); трамбовка, дѣйствующая сжатымъ воздухомъ<br>battola (f) o batta (f) pneumatica<br>máquina (f) de apisonar de aire comprimido |
| 9 | Schlagstärke (f)<br>strength of blow<br>force (f) du damage | | сила (f) удара<br>forza (f) della battuta<br>fuerza (f) del golpe |

* A = americanism

Handpreßluftstampfer (m)
hand pneumatic rammer
damoir (m) à main et à air comprimé

ручная пневматическая трамбовка (f); ручная трамбовка, дѣйствующая сжатымъ воздухомъ 1
piletta (f) pneumatica a mano
atacador (m) de mano y aire comprimido

---

a

Kranpreßluftstampfer (m)
crane pneumatic rammer
damoir (m) à grue et air comprimé

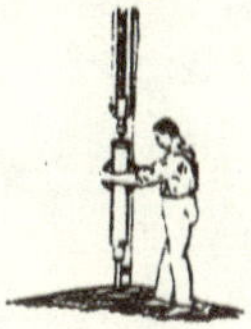

пневматическая трамбовка (f) для подвѣски къ крану; трамбовка, дѣйствующая сжатымъ воздухомъ и подвѣшиваемая къ крану
piletta (f) pneumatica servita da gru 2
atacador (m) suspendido al aire comprimido, atacador (m) de aire comprimido accionado por grúa

---

Richtscheit (n)
rule
règle (f)

прави́ло (n)
riga (f) 3
regla (f)

---

a

Setzwage (f)
plumb line, plumb rule
niveau (m) de maçon

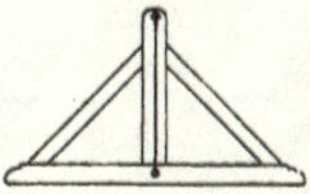

отвѣсъ (m)
archipenzolo (m) 4
nivel (m) de albañil

---

Wasserwage (f), [Libelle (f)]
water level, spirit level
niveau (m) à bulle d'air

водяной уровень (m); ватерпасъ (m)
livello (m) a bolla d'aria 5
nivel (m) de burbuja de aire, nivel (m) de agua

---

das Modell lockern (v)
to loosen the pattern, to rap
dégager (v) le modèle

расшатать модель
scampanare (v) il modello 6
desprender (v) el modelo

---

Modellhammer (m)
moulder's hammer
marteau (m) de mouleur

молотокъ (m) *или* кіянка (f) для расколачиванія модели
mazzuolo (m) da formatore 7
martillo (m) del moldeador

---

das Modell herausheben (v)
to withdraw the pattern
retirer (v) le modèle

вынуть (вынимать) модель
estrarre (v) il modello, sformare (v) 8
levantar (v) el modelo

|  | | | |
|---|---|---|---|
| 1 | Modellheber (m)<br>lifting handle<br>poignée (f) pour enlever le modèle |  | крючокъ (m) для вытаскиванія *или* для выниманія модели<br>maniglia (f) a vite per estrarre il modello<br>asa (f) para levantar el modelo |
| 2 | Holzschraube (f)<br>wood screw<br>vis (f) à bois |  | винтъ (m) для дерева; шурупъ (m)<br>vite (f) a legno<br>tornillo (m) para madera |
| 3 | Verreißen (n) der Form<br>to strip the mould<br>arracher (v) le moule | | образованіе (n) трещинъ въ модели<br>sciupare (v) la formatura<br>estropear (v) el molde |
| 4 | die Form nacharbeiten (v)<br>to repair the mould<br>réparer (v) le moule, parachever (v) le moule | | подправить форму<br>riparare (v) la formatura<br>arreglar (v) el molde |
| 5 | Formerstift (m)<br>pin, stake<br>pointe (f) de mouleur |  | формовочная шпилька (f)<br>punta (f), spilla (f)<br>gancho (m) para moldes |
| 6 | vorspringender Formteil (m)<br>boss<br>partie (f) de modèle en relief | 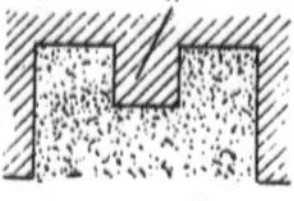 | выступъ (m) *или* выступающая часть (f) формы<br>parte (f) sporgente di formatura<br>parte (f) saliente del modelo |
| 7 | Formung (f), [Fassonierung (f)]<br>shaping<br>façonnage (m) | | фасонированіе (n); приданіе (n) формы<br>foggiatura (f)<br>perfilado (m) |
| 8 | Putzhäkchen (n)<br>scotch cleaner<br>crochet (m) de mouleur |  | крючокъ (m) для чистки; шпатель (m)<br>uncinetto (m)<br>espátula (f) de gancho |
| 9 | Kerngabel (f)<br>core fork<br>pince (f) à noyau | | вилка (f)<br>pinzetta (f) per anima<br>pinza (f) para los machos |

die Gußformen glätten (v)
to smooth *or* to finish the moulds
polir (v) *ou* lisser (v) les moules

сглаживать литейныя формы
pulire (v) *o* lisciare (v) *o* riparare (v) le forme 1
repasar (v) *ó* alisar (v) los moldes

---

Dämmbrett (n)
smoother
planchette (f) à lisser

чекмарь (m); прибойникъ (m); гладилка (f) съ рукояткой
pialletto (m) per lisciare 2
plancheta (f) de repasar

---

Stichel (m), [Lanzette (f)]
trowel
spatule (f)

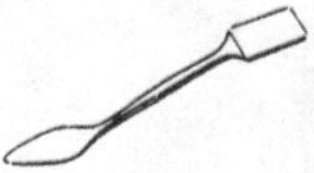

фасонная гладилка (f)
spatola (f) 3
espátula (f)

---

Polier-S (n)
spoon tool, egg *or* button sleeker
spatule (f) à manche courbe

половокъ (m); S образная полировальная гладилка (f)
lisciatore (m) curvo 4
espátula (f) de cuchara para pulir

---

Rundknopf (m)
round sleeker *or* slaker *or* slicker *or* slecker
pièce (f) à lisser ronde, polissoir (m) rond

круглая пуговка (f)
lisciatore (m) rotondo 5
alisador (m) redondo

---

Winkelknopf (m)
angle sleeker
équerre (f) à lisser

угловая пуговка (f)
squadra (f) per lisciare *o* riparare 6
escuadra (f) para repasar

---

Polierschaufel (f)
scotch trowel
truelle (f) à lisser

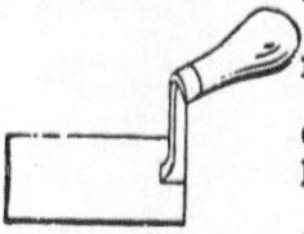

полировальная дощечка (f) 7
cazzuola (f)
pala (f) de alisar

---

Polierknopf (m)
square corner smoother, polishing slicker
équerre (f) à lisser

фасонная гладилка (f) *или* пуговка (f)
squadra (f) per lisciare *o* riparare 8
alisador (m) de escuadra

---

Handblasebalg (m)
hand bellows (pl)
soufflet (m) à main

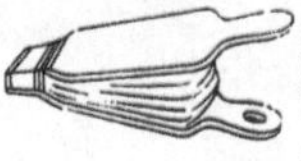

ручной мѣхъ (m)
soffietto (m) a mano 9
fuelle (m) de mano

---

Handfeger (m)
hand brush
brosse (f) de nettoyage à main

ручная щётка (f)
spazzola (f) a mano 10
cepillo (m)

1 Luftspieß (m)
pricker
poinçon (m) pour trous d'air

крючокъ (m) *или* шило (n) *или* шпилька (f) для образованія отдушинъ
spillo (m) per dare l'aria
baqueta (f) para agujeros de aire

2 **Arten der Formen**
**Kinds of Mouldings**
**Espèces de moules**

**Типы формъ**
**Specie di formatura**
**Clases de moldes**

3 Modellformerei (f)
pattern mouldery
moulage (m) avec modèles

формовка (f) по моделямъ
formatura (f) con modelli
moldeo (m) con modelos

---

4 einmalige *oder* verlorene Gußform (f)
temporary mould
moule (m) perdu

форма (f), могущая служить лишь одинъ разъ
formatura (f) perduta
molde (m) perdido

---

5 Herdformerei (f)
hearth moulding
moulage (m) à découvert

почвенная формовка (f); формовка въ почвѣ; формовка въ открытую
formatura (f) ferma in terra
moldeo (m) al descubierto

---

Herdform (f), offene Form (f)
6 hearth mould, open sand mould
moule (m) ouvert

почвенная форма (f); форма въ почвѣ; песочная форма; открытая форма
forma (f) ferma in terra
molde (m) descubierto

---

wagerechte, ebene Fläche (f)
7 horizontal plane
surface (f) plane, horizontale

горизонтальная плоскость (f)
superficie (f) piana *od* orizzontale
superficie (f) plana, horizontal

---

aufgraben (v)
8 to dig up, to hack
creuser (v), découvrir (v)

выкопать; раскопать
scavare (v)
cavar (v)

---

durchschaufeln (v)
9 turn over, to
mélanger (v) à la pelle

перекопать
mescolare (v) colla pala
mezclar (v) con la pala

---

sieben (v)
10 to sieve, to sift
tamiser (v)

просѣвать
vagliare (v), stacciare (v)
tamizar (v)

---

einklopfen (v)
11 to press the pattern home
asseoir (v) le modèle

вбивать
imprimere (v) il modello
colocar (v) el modelo

| | | | |
|---|---|---|---|
| einstampfen (v)<br>to stamp<br>damer (v) | | затрамбовать<br>battere (v)<br>apisonar (v) | 1 |
| Abgußtiefe (f)<br>depth of casting<br>hauteur (f) de la pièce coulée | 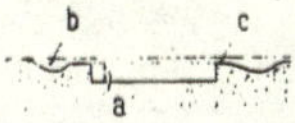<br><br>a | глубина (f) отливки<br>altezza (f) del pezzo colato<br>altura (f) de la pieza colada | 2 |
| Einlauf (m)<br>inlet, gate, git<br>entrée (f), orifice (m) de coulée | b | литникъ (m)<br>entrata (f), bacino (m)<br>entrada (f) | 3 |
| Überlauf (m), [Niveau (n)]<br>overflow level<br>trop-plein (m) | c | уровень (m)<br>canale (m) da sfioro, pozzetto (m) di sfioro<br>rebosadero (m) | 4 |
| verdeckter Herd (m)<br>covered hearth<br>moule (m) couvert | 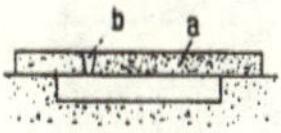<br> | закрытая почвенная форма (f)<br>formatura (f) chiusa<br>foso (m) de colada cubierto | 5 |
| Lehmplatte (f)<br>clay plate<br>plaque (f) d'argile | a | глиняная плита (f)<br>placca (f) d'argilla<br>placa (f) de arcilla | 6 |
| Windpfeife (f)<br>air hole, vent<br>orifice (m) de sortie des gaz | b | продуха (f); отдушина (f)<br>respiro (m)<br>abertura (f) de salida de los gases, respiradero (m) | 7 |
| Entweichen (n) der Luft<br>escape of air<br>dégagement (m) de l'air | | вытеканіе (n) воздуха<br>uscita (f) dell'aria<br>salida (f) del aire | 8 |
| Kastenformerei (f)<br>moulding in boxes<br>moulage (m) en châssis | | формовка (f) въ опокахъ<br>formatura (f) in staffe<br>moldeo (m) en caja | 9 |
| geschlossene Form (f)<br>closed mould<br>moule (m) fermé | 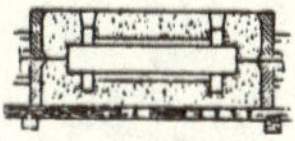 | закрытая форма (f)<br>forma (f) in staffa<br>molde (m) cerrado | 10 |
| Aufstampfboden (m), Modellbrett (n)<br>stamping board<br>planche (f) de damage, planche (f) à modèles | 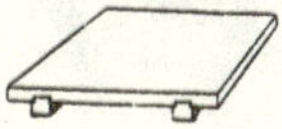 | подмодельная доска (f)<br>tavolozzo (m), fondo (m) di legno piano<br>tabla (f) de modelo | 11 |
| Lehrboden (m)<br>gauge board<br>fond (m) de bois gabarié | 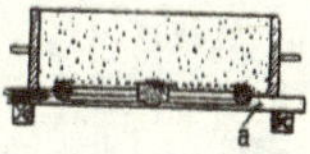<br><br>a | фальшивая опока (f)<br>tavolozzo (m) portamodello, fondo (m) di legno con modello<br>tabla (f) de fondo con modelo | 12 |
| Formkasten (m), Flaschen (m), Laden (m)<br>flask, box, casting box, bottle<br>châssis (m) de moulage | 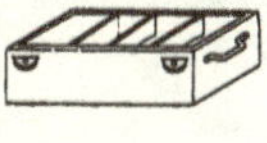 | опока (f)<br>staffa (f) per gettare in forma<br>caja (f) de moldeo | 13 |

1 zweiteilig (adj)
consisting of two pieces *or* parts
en deux parties

состоящій изъ двухъ частей
in due pezzi
en ó de dos partes

---

2 mehrteilig (adj)
consisting of several parts
en plusieurs parties

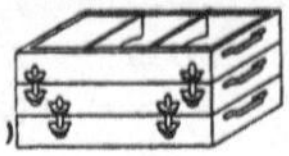

состоящій изъ нѣсколькихъ частей
in più pezzi
en varias partes

---

3 schmiedeeiserner Rahmen (m)
wrought iron frame *or* box
cadre (m) en fer forgé

чугунная рама (f)
staffa (f) di ferro
caja (f) de hierro forjado

---

4 hölzerner Formkasten (m)
wooden frame *or* box
châssis (m) en bois

деревянная опока (f)
staffa (f) di legno
caja (f) de madera

---

5 zusammensetzbarer Formkasten (m)
built-up box
châssis (m) démontable

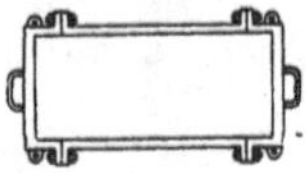

составная опока (f)
staffa (f) smontabile
caja (f) desmontable

---

6 amerikanischer Formkasten (m)
american frame *or* box
châssis (m) américain

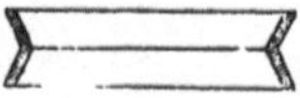

американская опока (f); опока американскаго типа
staffa (f) americana
caja (f) americana

---

7 Formkasten (m) für Säulen
box for columns
châssis (f) pour colonnes

опока (f) для колоннъ
staffa (f) da colonne
caja (f) para columnas

---

8 Abschlagformkasten (m), aufklappbarer Formkasten (m)
snap flask
châssis (f) à charnière

разъёмная *или* откидная опока (f)
staffa (f) da aprirsi lateralmente
caja (f) de charnela

---

9 geschnittener Formkasten (m), Abziehformkasten (m)
box with movable part
châssis (m) à pièces rapportées

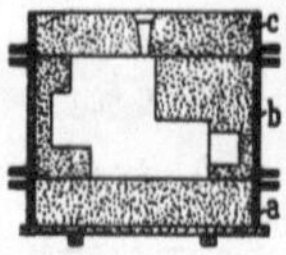


разрѣзная *или* разборная опока (f)
staffa (f) con pezzi riportati
caja (f) de varias piezas movibles

---

10 Unterkasten (m)
lower box, bottom box
châssis (m) inférieur

a

нижняя опока (f)
fondo (m)
caja (f) inferior

| | | | |
|---|---|---|---|
| Mittelkasten (m)<br>middle box<br>châssis (m) intermédiaire | b | средняя опока (f)<br>fascia (f)<br>caja (f) del medio | 1 |
| Oberkasten (m)<br>upper box<br>châssis (m) supérieur | c | верхняя опока (f)<br>coperchio (m)<br>caja (f) superior | 2 |
| feste Zwischenwand (f)<br>fixed division *or* partition wall<br>paroi (f) de séparation fixe | 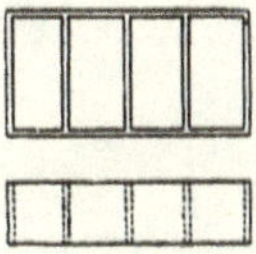 | неподвижная перегородка (f)<br>traversa (f)<br>pared (f) de separación fija | 3 |
| Sandleiste (f)<br>sand edge<br>languette (f) à sable | 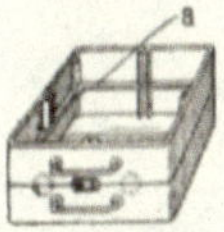<br>a | ребро (n) для удержанія формовочнаго песка<br>sporto (m) della staffa<br>reborde (m) para contener la arena | 4 |
| Schore (f), Steg (m)<br>inner bar, traverse, tie<br>entretoise (f) | 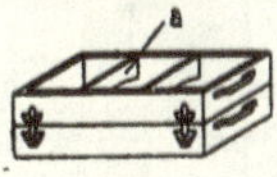<br>a | поперечное ребро (n) для удержанія формовочнаго песка<br>traversa (f)<br>traviesa (f) | 5 |
| Sandhaken (m), Gehänge (n)<br>lifter, gagger, hangar<br>crochet (m) | 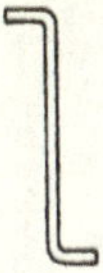 | скоба (f) *или* крючокъ (m) для удаленія песка<br>gancio (m)<br>gancho (m) | 6 |
| Ohr (n)<br>eye, staple<br>oreille (f) | 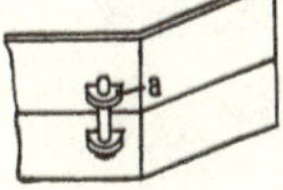<br>a | ушко (n); проушина (f)<br>orecchio (m)<br>oreja (f) | 7 |
| Handgriff (m)<br>handle<br>poignée (f) | <br>a | ручка (f)<br>maniglia (f)<br>asa (f) | 8 |
| Zapfen (m)<br>pivot<br>pivot (m), tenon (m) | <br>a | шипъ (m)<br>tenone (m)<br>muñequilla (f) | 9 |

| | | | |
|---|---|---|---|
| 1 | Zusammenbauen (n) der Form<br>building-up of box<br>monter (v) le moule | | сборка (f) опоки<br>montare (v) la forma<br>montar (v) el molde |
| 2 | Formwand (f)<br>wall of box<br>paroi (f) du moule | | стѣнка (f) опоки<br>parete (f) della forma<br>pared (f) del molde |
| 3 | Lykopodium (n)<br>lycopodium<br>poudre (f) de lycopode | | плауновое сѣмя (n); ликоподій (m)<br>polvere (f) di licopodio<br>polvo (m) de licopodio |
| 4 | Streusand (m)<br>dry sand<br>sable (m) sec, sable (m) à saupoudrer | | подсыпательный песокъ (m); сухой песокъ<br>sabbia (f) secca<br>arena (f) seca |
| 5 | den Formkasten wenden (v)<br>to turn the box<br>retourner (v) le châssis |  | повернуть опоку<br>capovolgere (v) la staffa<br>dar (v) vuelta á la caja |
| 6 | den Oberkasten aufsetzen (v)<br>to put-on the upper box<br>placer (v) le châssis supérieur | 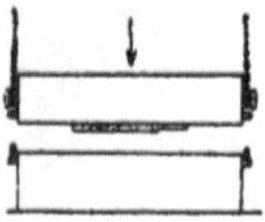 | посадить верхнюю опоку<br>piazzare (v) il coperchio<br>colocar (v) la caja superior |
| 7 | sichere Führung (f)<br>safe guide<br>guidage (m) sûr | | точная направляющая (f)<br>guida (f) sicura<br>guía (f) segura |
| 8 | Führungspfahl (m)<br>safety stake, register pin<br>pieu (m) de guidage |  | направляющій колышекъ (m)<br>picchetto (m) di guida<br>estaca (f) de guía |
| 9 | zusammenschrauben (v), versplinten (v)<br>to screw together<br>assembler (v) par vis *ou* goujons | | скрѣп-ить(-лять) болтами; скрѣп-ить (-лять) чеками<br>chiudere (v) la staffa con bolloni<br>unir (v) con tornillos *ó* pasadores |
| 10 | verspannen (v)<br>to clamp<br>relier (v) avec des clavettes | | закрѣп-ить(-лять)<br>chiudere (v) con chiavette<br>unir (v) con chavetas |
| 11 | Beschwerungsgewicht (n)<br>weight<br>poids (m) pour comprimer le moule | <br>a | [придавливающій] грузъ (m)<br>peso (m)<br>peso (m) para contener *ó* oprimir el molde |

gießfertige Form (f)
mould ready for casting
moule (m) prêt pour la coulée

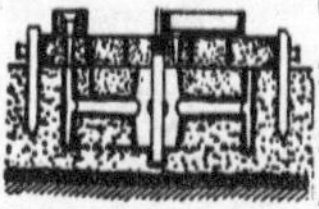

форма (f), готовая къ отливкѣ
forma (f) pronta per colare 1
molde (m) dispuesto para colar

---

Einguß (m)
basin and gate
entonnoir (m) de coulée

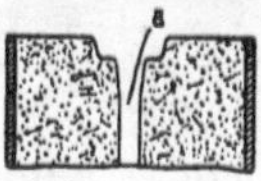

литникъ (m)
bacino (m) di colata 2
bebedero (m)

---

Eingußkanal (m)
pouring head, git, gate, channel, inlet, sprue
jet (m), gueule (f) du moule

a

литниковый каналъ (m)
colata (f), canale (m) di colata 3
canal (f) de colada

---

Eingußkasten (m)
feed box
bassin (m) de coulée

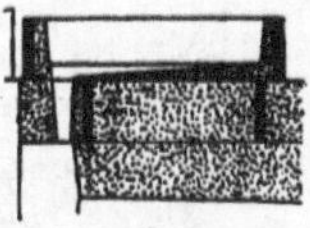

литниковый ящикъ (m)
bacino (m) di colata 4
cubeta (f) de colada

---

Einguß (m) mit Vormulde
basin with mouth piece, pouring head with sunk basin
entonnoir (m) de coulée, cuvette (f)

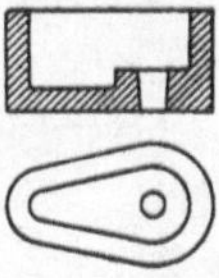

литникъ (m) съ зумпфомъ
imbuto (m) di colata, bacino (m) di colata a vasca 5
bebedero (m) de cubeta

---

einfacher, runder Einguß (m)
simple gate, ball gate
jet (m) de coulée rond *ou* simple

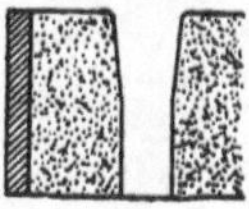

простой, круглый литникъ (m)
colata (f) rotonda 6
agujero (m) de colada ó bebedero (m) redondo

---

Eingußmodell (n)
gate pin, runner pin
modèle (m) de jet de coulée

модель (f) литника; баклушка (f)
modello (m) di colata 7
modelo (m) de agujero de colada

---

Keileinguß (m)
wedge inlet, conical gate *or* runner
jet (m) de coulée conique

клинообразный литникъ (m)
colata (f) conica 8
bebedero (m) de forma cónica

---

Gabeleinguß (m)
double branch gate
jet (m) de coulée en fourche

вилообразный литникъ (m)
colata (f) a forcella 9
agujero (m) ó bebedero (m) en forma de horquilla

1 angeschnittener Einguß (m)
ingate *or* gate *or* runner with side channels
jet (m) de coulée coudé

надрѣзанный литникъ (m)
colata (f) di fianco
canal (f) de colada acodada

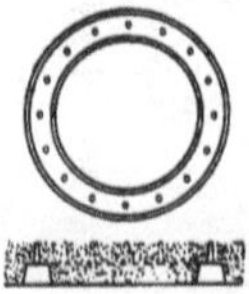

2 Rohrtrichter (m)
circular gate
entonnoir (m) de coulée à tuyau

трубчатая воронка (f)
canale (m) di colata circolare
canal (f) de colada circular con tubos

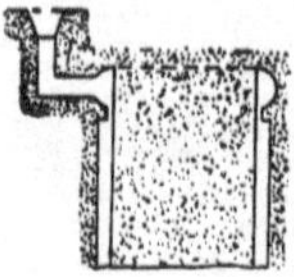

3 Ring- *oder* Grateinguß (m)
circular gate runner
jet (m) de coulée annulaire

кольцевой литникъ (m)
colata (f) anulare
canal (f) de colada circular

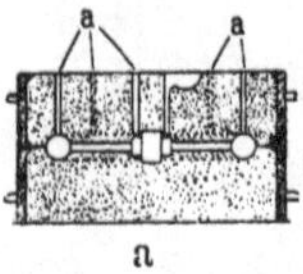


4 Steiger (m), Steigeröffnung (f)
gas vent, riser
évent (m)

металлоподъёмникъ (m)
respiro (m)
salida (f) de los gases

5 Hanfseil (n)
hemp rope
corde (f) en chanvre

пеньковый канатъ (m)
corda (f) di canapa
cuerda (f) de cáñamo

6 geflochtenes Strohseil (n)
plaited straw rope
corde (f) en paille tressée

плетёный соломенный жгутъ (m); канатъ (m) изъ плетёной соломы
corda (f) di paglia intrecciata
cuerda (f) de paja trenzada



7 Dammgrube (f)
foundry pit
fosse (f) de coulée

литейная яма (f)
fossa (f) per tubi
foso (m) de colada

8 Schablonenformerei (f)
templet moulding
moulage (m) au calibre *ou* à la trousse

шаблонная формовка (f); формовка по шаблону
formatura (f) a sagoma
moldeo (m) con calibre *ó* terraja

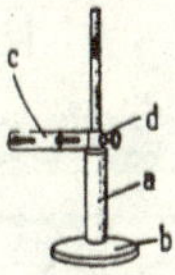


Spindel (f), Schablonenspindel (f)
spindle and socket
arbre (m) à calibre, bannière (f) de trousse

стойка (f)
asse (m) della sagoma
porta-calibre (m) 1

---

a

Spindelstock (m)
spindle
porte-calibre (m), arbre (m) de trousse

стержень (m) стойки
albero (m)
árbol (m) de la terraja 2

---

b

Spindelfuß (m)
socket
pied (m) de l'arbre à calibre *ou* de trousse

подставка (f) *или* башмакъ (m) *или* ножка (f) стойки
piede (m), base (f)
pie (m) del árbol de la terraja 3

---

c

Schablonenhalter (m)
arm support of template *or* sweep
support (m) de la trousse

поперечина (f) для прикрѣпленія шаблона; державка (f) шаблона
sopporto (m), bandiera (f)
soporte (m) de la terraja 4

---

d

Stellring (m)
binding ring
anneau (m) de serrage

установочное кольцо (n)
vite (f) di pressione
anillo (m) de graduación 5

---

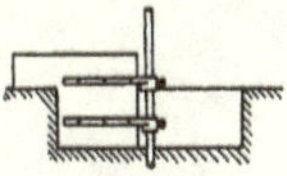

Armschablone (f)
sweep templet, strickle board
planche (f) à trousser *ou* calibrer

шаблонъ (m) для формовки спицъ
braccio (m) della sagoma
terraja (f) de brazo 6

---

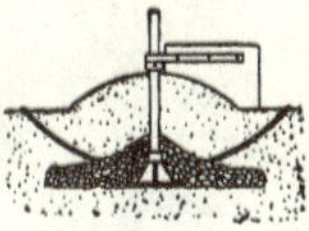

die Form abdrehen (v)
to sweep the mould, to strickle
trousser (v) *ou* calibrer (v) le moule

получить форму вращеніемъ шаблона
sagomare (v) la forma
terrajar (v) el molde 7

---

Rundkörper (m), [Rotationskörper (m)]
rotary body
surface (f) de révolution

тѣло (n) вращенія
corpo (m) di rotazione
superficie (f) de revolución 8

---

a

Schlußpfropfen (m)
plug
bouchon (m)

пробка (f)
coperchio (m)
tapón (m) 9

1 zusammengestellte Form (f)
built-up mould
moule (m) monté

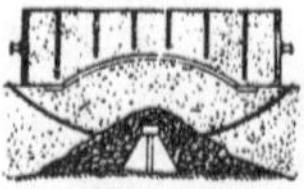

составная *или* сборная форма (f)
forma (f) montata *o* piazzata
molde (m) montado

---

2 falsche Eisenstärke (f), Hemd (n)
thickness of false mould
largeur (f) de la chemise (f)

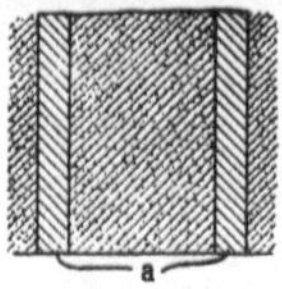

a

рубашка (f)
camicia (f)
camisa (f)

---

3 Ziehschablone (f)
strickling board
trousse (f) *ou* calibre (m) amovible

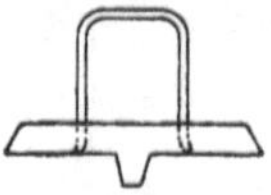

волочильный шаблонъ (m); шаблонъ для прямолинейнаго движенія
sagoma (f)
rasquete (m), terraja (f)

---

4 Ziehplatte (f)
strickle bench board
plaque (f) de calibre *ou* trousse amovible

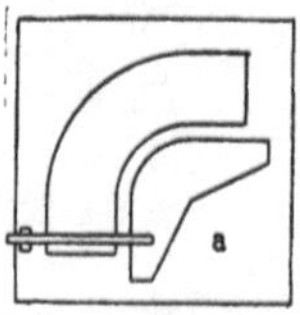

a

волочильная плита (f); плита для прямолинейнаго движенія
placca (f) per sagomare
placa (f) de rasquete

---

5 starre Form (f), mehrmalige, bleibende, beständige Form (f)
permanent mould
forme (f) fixe

постоянная форма (f)
forma (f) fissa
molde (m) fijo

---

6 Schalenform (f), Kokillenform (f)
chill, chill mould
coquille (f)

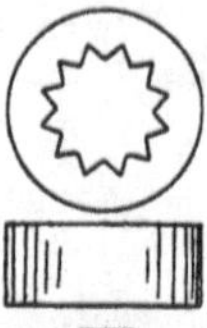

форма (f) изложницы
conchiglia (f)
coquilla (f), molde (m) metálico

---

7 Schale (f), Kokille (f)
ingot mould
lingotière (f)

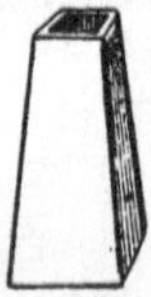

изложница (f); форма (f) для болванокъ
lingottiera (f), conchiglia (f)
lingotera (f)

---

8 Schienenrost (m)
grate bar, fire bar
grille (f) en rails de fer

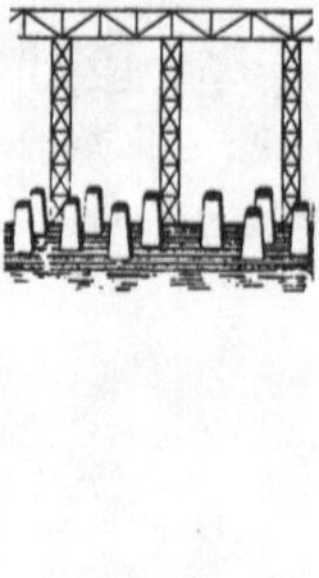

рельсы (m pl), расположенные въ видѣ колосниковъ
graticolato (m) costruito in ferro
parrilla (f) formada con carriles

Hartgußform (f)
castings in chills
moule (m) pour moulage en coquille

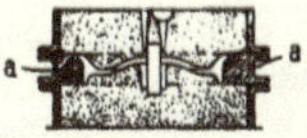

a

изложница (f) для твёрдой *или* закалённой *или* отбѣленной отливки
staffa (f) per formare in conchiglia 1
molde (m) para fundición dura

---

mit Spiritus einreiben (v)
to rub with spirits *or* alcohol (A*)
frotter (v) à l'esprit de vin

натереть (натирать) спиртомъ
stropicciare (v) *o* fregare (v) con spirito di vino 2
frotar (v) con espiritu de vino

---

angewärmte Schale (f)
preheated chill, warmed chill
coquille (f) chauffée

подогрѣтая *или* нагрѣтая изложница (f)
conchiglia (f) riscaldata 3
coquilla (f) ó molde (m) metálico calentado

---

plötzliches Abschrecken (n)
quenching
refroidissement (m) soudain, étonner (v)

мгновенное охлаждение (n)
raffreddamento (m) improvviso 4
enfriamiento (m) rápido

---

Temperaturgefälle (n)
drop *or* fall of temperature
chute (f) de température

падение (n) температуры
abbassamento (m) di temperatura 5
caida (f) de temperatura

---

Außentemperatur (f)
surface temperature
température (f) extérieure

внѣшняя температура (f)
temperatura (f) esterna 6
temperatura (f) exterior

---

Innentemperatur (f)
internal temperature
température (f) intérieure

внутренняя температура (f)
temperatura (f) interna 7
temperatura (f) interior

---

freie Formerei (f)
free moulding
moulage (m) en terre

свободная формовка (f)
formatura (f) senza modello 8
moldeo (m) en la tierra

---

* A = americanism

1 **Form- und Gießerei-maschinen** / **Sand Moulding and Foundry Work Machines** / **Machines à mouler (pour fonderies)** / **Формовочныя и литейныя машины** / **Macchine per formare e per fonderia** / **Máquinas de moldear para fundiciones**

2 Formmaschine (f)
moulding machine
machine (f) à façonner les moules, machine (f) à mouler

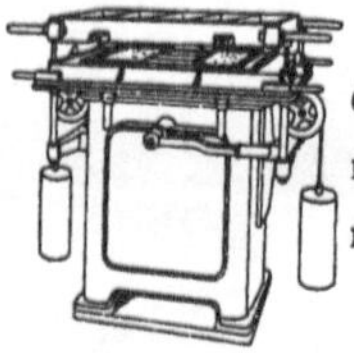

формовочная машина (f)
macchina (f) per formare, formatrice (f)
máquina (f) de moldear

---

3 Druckwasserformmaschine (f), hydraulische Formmaschine (f)
hydraulic moulding machine
machine (f) à mouler hydraulique

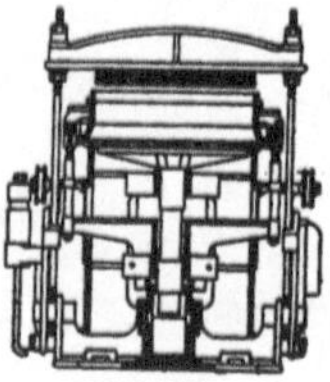

гидравлическая формовочная машина (f)
formatrice (f) *o* macchina (f) per formare idraulica
máquina (f) de moldear hidráulica

---

4 Abhebe[form]maschine (f), Maschine (f) mit Abhebewagen
moulding machine with lifting carriage
machine (f) à démouler, chariot (m) servant au démoulage

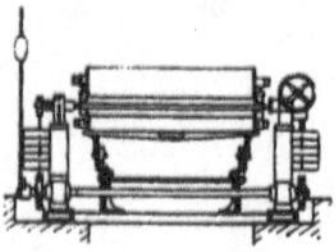

формовочная машина (f) со съёмной опокой
macchina (f) per formare con estrazione della forma a carrello
carro (m) de máquina para retirar moldes

---

5 Abhebevorrichtung (f)
lifting device
démouleuse (f), appareil (m) de démoulage, appareil (m) à enlever les châssis

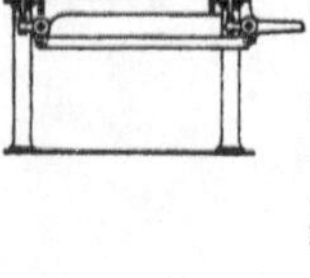

приспособленіе (n) для сниманія опоки
dispositivo (m) per l'estrazione della mezza staffa
disposición (f) de levantar las cajas

---

6 Abhebestift (m)
guide pin
tige (f) à soulever les châssis, tige (f) de démouleuse

a

приподнимающій штифть (m) *или* стержень (m)
spina (f) di estrazione
espiga (f) de levantar las cajas

Abhebemaschine (f) für flache Gegenstände
lifting type machine for flat castings
machine (f) à démouler pour pièces plates

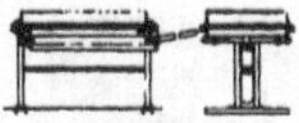

формовочная машина (f) со съёмной опокой для формованія плоскихъ предметовъ
macchina (f) per formare pezzi piatti
máquina (f) de retirar moldes para objetos planos 1

---

Handformmaschine (f) mit Stiftenabhebung
hand moulding machine with pin lifting arrangement
machine (f) pour le moulage à la main à tige de soulèvement *ou* de démoulage

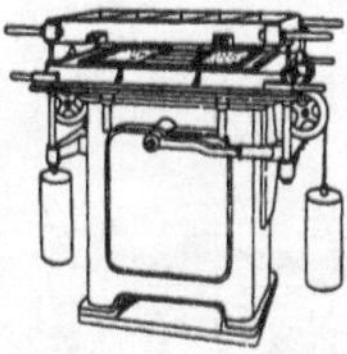

ручная формовочная машина (f) *или* машина для ручной формовки съ подъёмомъ опоки при помощи штифтовъ
macchina (f) da formare a mano con sollevamento a spina della staffa
máquina (f) de moldear á mano con elevación por espigas 2

---

Drehtischformmaschine (f)
moulding machine with rotary table
machine (f) à mouler avec plateau tournant

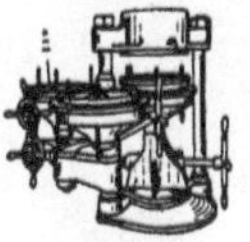

формовочная машина (f) съ поворотнымъ столомъ
macchina (f) da formare con piattaforma girevole
máquina (f) de moldear con mesa giratoria 3

---

Abhebe[form]maschine (f) mit Wendeplatte, [Wendeplattenabhebeformmaschine (f)]
turnover type moulding machine
machine (f) à démouler avec plaque à modèle renversable

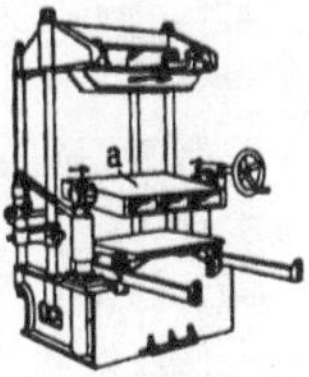


формовочная машина (f) со съёмной опокой и съ вращающейся *или* съ поворотной доской
macchina (f) da formare con piattaforma rovesciabile
máquina (f) de moldear con placa de inversión 4

---

Wendeplatte (f), drehbare Modellplatte (f)
turnover top table
plaque (f) à modèle renversable

a

вращающаяся *или* поворотная модельная доска (f)
placca-modello (f) rovesciabile
placa (f) de inversión, placa (f) de modelos reversible 5

1 Handformmaschine (f) mit Wendeplatte *oder* drehbarer Modellplatte
hand moulding machine with turnover pattern plate
machine (f) à mouler à la main avec plaque à modèle renversable

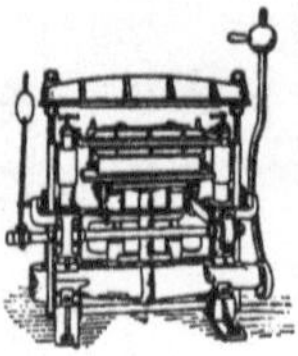

ручная формовочная машина (f) съ вращающейся *или* съ поворотной модельной доской
macchina (f) da formare a mano con piattaforma rovesciabile (attorno a perno orizzontale)
máquina (f) de moldear á mano con placa de modelos reversible

---

2 hydraulische Formmaschine (f) mit Wendeplatte, Wendeplattenabhebemaschine (f) mit Druckwasserpresse, Formmaschine (f) mit Wendeplatte und Druckwasserausbebung
hydraulic moulding machine with turnover table
machine (f) hydraulique à mouler avec plaque renversable à modèle

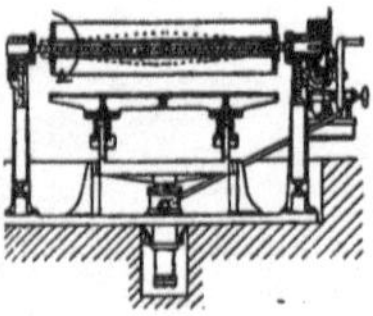

гидравлическая формовочная машина (f) со съёмной опокой и съ вращающейся *или* съ поворотной доской
macchina (f) idraulica per formare a mano con piattaforma rovesciabile (attorno a perno orizzontale)
máquina (f) de moldear hidráulica con placa de inversión, máquina (f) de moldear con placa reversible y levantamiento hidráulico

---

3 Doppelformmaschine (f)
moulding machine *or* press with two travelling pattern tables
machine (f) à mouler à double effet

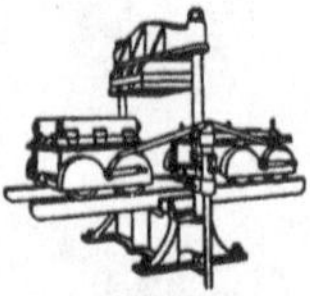

сдвоенная формовочная машина (f)
macchina (f) da formare doppia
máquina (f) de moldear de doble efecto

---

4 Durchziehen (n) [von Modellteilen]
pull through of pattern
moulage (m) par introduction et enlèvement du modèle *ou* par modèle rentrant

вытягиванiе (n) частей модели
estrazione (f) del modello su macchina a pettine
introducción (f) del modelo en la máquina de peine

---

5 Durchzug[form]maschine (f), Durchzieh[form]maschine (f)
stripping plate moulding machine
machine (f) à mouler à modèle rentrant *ou* à plateau-peigne

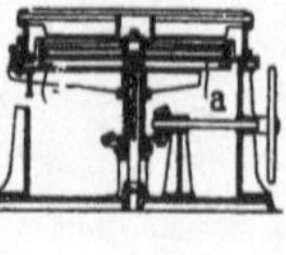


вытяжная формовочная машина (f)
macchina (f) da formare a pettine
máquina (f) de moldear de peine, máquina (f) de moldear de pasar el modelo de un lado á otro

Tischplatte (f)
table
table (f) de support des modèles

a

столъ (m)
portamodello (m) su macchina a pettine 1
placa (f) de mesa

---

Abstreifplatte (f), Durchziehplatte (f), Durchzugplatte (f)
stripping plate
plaque (f) à traverser *ou* à mouler à traversière (pour corps creux)

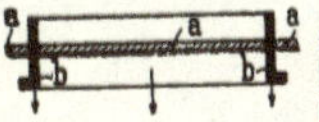


a

вытяжная плита (f)
pettine (m) 2
placa (f) de pasar

---

Durchzugring (m)
centreing frame *or* ring
couronne (f) à mouler centreuse

b

вытяжное кольцо (n)
portamodello (m)
corona (f) de moldear, 3
corona (f) de pasar el modelo

---

Riemenscheibenformmaschine (f), Riemenrollenformmaschine (f), Durchziehmaschine (f) zum Einformen von Riemenrollen
pulley moulding machine
machine (f) pour moulage des poulies

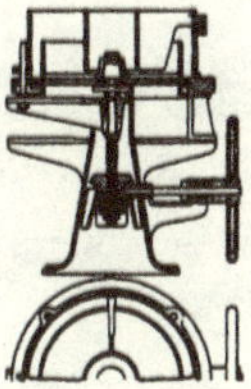

машина (f) для формовки ременныхъ шкивовъ; вытяжная формовочная машина для ременныхъ шкивовъ 4
macchina (f) per formare puleggie
máquina (f) de moldear poleas de transmisión

---

Riemenscheibenformmaschine (f) für große Durchmesser
machine for moulding large pulleys
machine (f) à mouler les poulies de grand diamètre

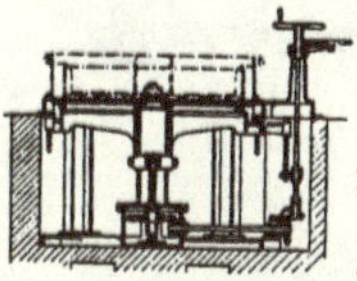

машина (f) для формовки ременныхъ шкивовъ большого діаметра; формовочная машина для ременныхъ шкивовъ большого діаметра 5
macchina (f) per formare puleggie di grande diametro
máquina (f) de moldear poleas de transmisión de grande diámetro

---

Kranzmodell (n)
rim pattern
modèle (m) à couronne

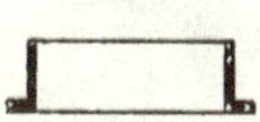

модель (f) обода
modello (m) di una corona 6
modelo (m) de una corona

---

Riemenscheibenmodellsatz (m)
set of pulley patterns
jeu (m) de modèles pour machines à mouler les poulies

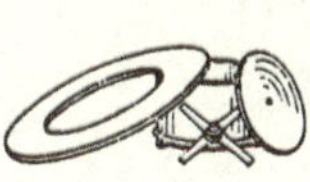

наборъ (m) моделей для формовки ременныхъ шкивовъ
giuoco (m) di modelli per formare una puleggia 7
juego (m) de modelos para poleas de transmisión

1 Formkasten (m) der Riemenscheibenformmaschine
moulding box *or* flask for pulley moulding machine
châssis (m) de la machine à mouler les poulies

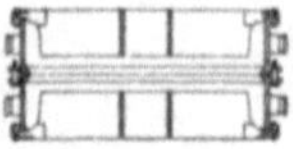

опока (f) машины для формовки ременныхъ шкивовъ
staffa (f) speciale per puleggie
caja (f) de moldes de la máquina de moldear poleas de transmisión

---

2 Teleskopriemenscheibenformmaschine (f)
telescopic moulding machine for pulleys
machine (f) télescopique à mouler les poulies

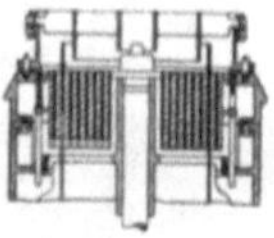

телескопическая машина (f) для формовки ременныхъ шкивовъ; телескопическая формовочная машина для ременныхъ шкивовъ
macchina (f) a telescopio per formare puleggie
máquina (f) telescópica de moldear poleas

---

3 Formmaschine (f) für Rippenrohre, Rippenrohrformmaschine (f)
moulding machine for ribbed pipes
machine (f) à mouler les tuyaux à ailettes

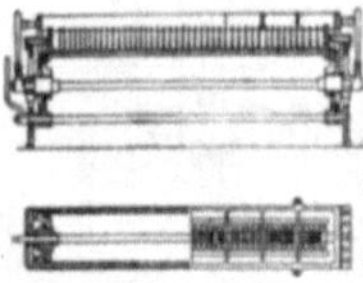

машина (f) для формовки ребристыхъ трубъ; формовочная машина для ребристыхъ трубъ
macchina (f) per formare radiatori
máquina (f) de moldear tubos de aletas

---

4 Handformmaschine (f) für bauchige Gegenstände
hand moulding machine for belled articles
machine (f) pour le moulage à la main *ou* le façonnage des moules de pièces à forme rebondie *ou* ventrue

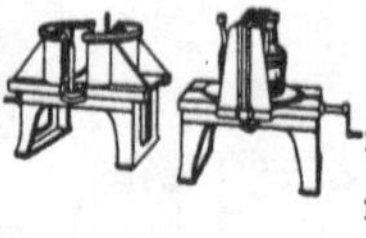

машина (f) для ручной формовки выпуклыхъ предметовъ; ручная формовочная машина для выпуклыхъ предметовъ
macchina (f) per formare pentole
máquina (f) de moldear á mano para potes etc.

---

5 Drehtischformmaschine (f) mit Abhebe- und Durchziehvorrichtung
stripping plate moulding machine with turning table
machine (f) à mouler et à démouler avec passage du modèle à travers la table tournante, machine (f) à plateau-peigne tournant

формовочная машина (f) со съѣмнымъ и съ вытяжнымъ приспособленіями
macchina (f) a pettine con piattaforma spostabile
máquina (f) de moldear con mesa giratoria con disposición de levantar y pasar el modelo

---

6 [Einzel-]Aushubtisch (m)
single lifting table
table (f) tournante à levée

a

отдѣльный столъ (m) для выниманія
piattaforma (f) spostabile
mesa (f) giratoria levadiza

Formpresse (f), Preßformmaschine (f)
moulding press
machine (f) à mouler par pression, presse (f) à mouler

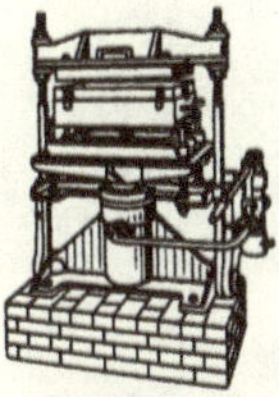

формовочный прессъ (m)
pressa (f) da formare
máquina (f) de moldear á presión, prensa (f) de moldear 1

---

Aufsatzrahmen (m)
filling frame
cadre (m) supérieur

a

рама (f) для наполненія опоки пескомъ
telaio (m) provvisorio a legnaccio 2
marco (m) superior

---

Gegen[druck]platte (f)
presser plate
plaque (f) supportant la pression, contremoule (m)

b

прижимная плита (f)
legnaccio (m)
placa (f) de contrapresión 3

---

ausschwenkbare Gegendruckplatte (f)
presser plate with throw over motion
plaque (f) de pression à bascule

a

откидная прижимная плита (f)
traversa (f) superiore ribaltabile 4
placa (f) de contrapresión de báscula

---

Druckwasserformpresse (f), hydraulische Formpresse (f)
hydraulic moulding press
presse (f) hydraulique à mouler

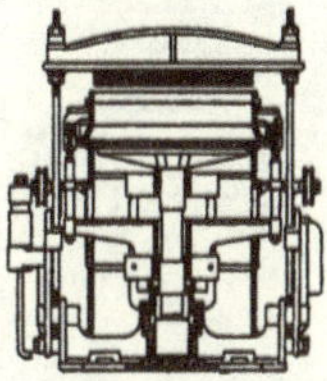

гидравлическій формовочный прессъ (m)
pressa (f) idraulica da formare 5
prensa (f) de moldear hidráulica

---

Hauptnonne (f)
cylinder for ramming piston
cylindre (m)

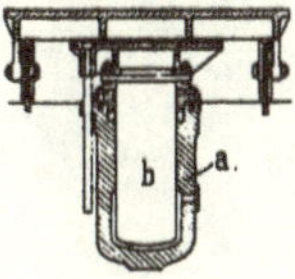


a

цилиндръ (m) пресса
cilindro (m) principale 6
cilindro (m)

---

Mönch (m)
ramming piston
piston (m) plongeur

b

ныряло (n); поршень (m) -скалка (f);
плунжеръ (m) 7
stantuffo (m)
chupón (m)

1 Bockformmaschine (f)
upright moulding machine
machine (f) à mouler à chevalet

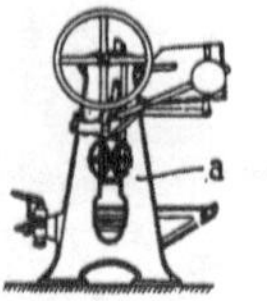


машина (f) *или* станокъ (m) съ рамой въ видѣ кóзелъ
macchina (f) da formare a cavalletto
máquina (f) de moldear sobre soporte de caballete

---

2 Bock (m)
standard, frame
chevalet (m)

a

кóзлы (mpl)
cavalletto (m), incastellatura (f) a cavalletto
caballete (m)

---

3 Formpresse (f) mit drehbarer Wendeplatte
moulding press with rotatable turnover plate
presse (f) à mouler avec plaque renversable

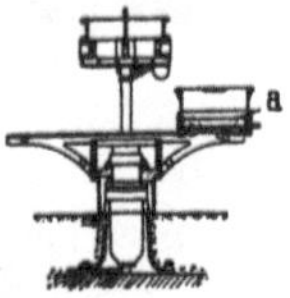


формовочный прессъ (m) съ поворотной и опрокидывающейся модельной плитой
pressa (f) da formare con piattaforma spostabile
prensa (f) de moldear con placa de inversión giratoria

---

4 Formwagen (m)
mould trolley *or* carriage
chariot (m) de machine à mouler

a

формовочная телѣжка (f) *или* каретка (f)
carrello (m) porta-staffa
carro (m) porta-moldes

---

5 Doppelpresse (f), doppelte Formpresse (f), Formmaschine(f) für Doppelpressung
moulding machine with double ramming action
presse (f) à mouler à double effet

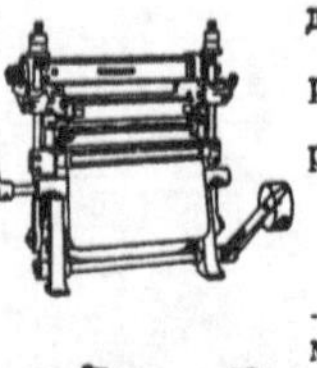

двойной формовочный прессъ (m)
pressa (f) da formare due faccie
prensa (f) de moldear de doble efecto, prensa (f) de moldear doble

---

6 Ausrichtmaschine (f), Zentriermaschine (f)
centreing moulding machine
presse (f) de précision *ou* à centrer les châssis

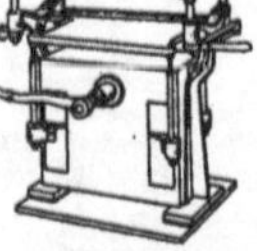

машина (f) *или* станокъ (m) для точной установки модельной доски *или* плиты
macchina (f) per precisare la posizione delle staffe
prensa (f) de precisión

---

7 Ausrichtrahmen (m), Zentrierrahmen (m)
centreing frame
cadre (m) de presse de précision *ou* à centrer les châssis

рама (f) для точной установки модельной доски *или* плиты; центрирующая рама
telaio (m) per centrare le staffe
marco (m) de prensa de precisión

Herdringmaschine (f)
hearth ring machine
machine (f) à mouler les cercles de fourneau de cuisine

машина (f) для формовки конфорокъ; формовочная машина для конфорокъ
macchina (f) da formare anelli per cu- 1
cine *o* per stufe
máquina (f) de moldear anillos de cocinas

---

Zahnräderformmaschine (f), Räderformmaschine (f)
gear wheel moulding machine
machine (f) à mouler les roues dentées

машина (f) для формовки зубчатыхъ колёсъ; формовочная машина для
зубчатыхъ колёсъ 2
macchina (f) per formare ingranaggi
máquina (f) de moldear engranajes

---

Formen (n) von Zahnrädern
moulding of gear wheels
moulage (m) de roues dentées

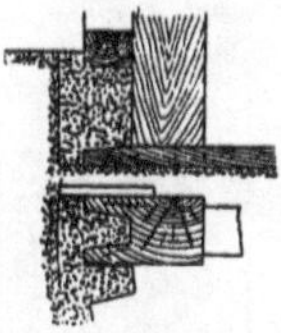

формовка (f) зубчатыхъ колёсъ; формовка шестеренъ
formatura (f) d'ingra- 3
naggi
moldeado (m) de engranajes

---

Zahnräderschablonier-maschine (f)
machine for moulding gear wheels by means of a tooth block
machine (f) à mouler les engrenages au moyen d'un fouloir porte-segment *ou* segment-fouloir *ou* trousse

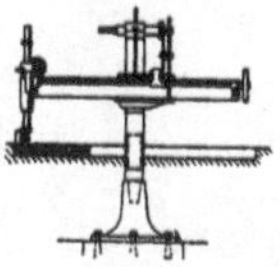

машина (f) для формовки зубчатыхъ колёсъ по шаблону
macchina (f) a sagoma *od* a sciablona per
formare ingranaggi 4
máquina (f) de moldear engranajes por aparato divisor y plantilla

---

Schablonenhalter (m), Modellträger (m), Stößel (m)
tooth block holder
fouloir (m) porte-segment, segment-fouloir (m), trousse (f)

шаблонодержатель (m); поддержка (f) *или* держатель (m) шаблона
pilastro (m) o colonna 5
(f) della sagoma *o* della sciablona
porta-plantilla (m), porta-modelo (m)

---

Zahnlückenmodell (n)
tooth block
modèle (m) de segment de denture

a

шаблонъ (m) впадинъ зубчатаго колеса
modello (m) del dente 6
modelo (m) de huecos de los dientes

allseitig beweglicher (senkrecht und wagerecht verschiebbarer) Schablonenhalter (m) *oder* Modellträger (m)
1 pattern holder with horizontal and vertical movement
fouloir (m) porte-segment mobile horizontalement et verticalement

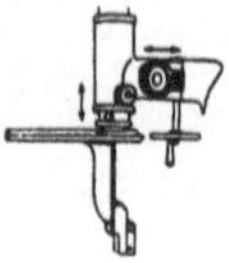

шаблонодержатель (m), свободно передвигающійся во всѣ стороны
portasagoma (m) (bandiera) mobile universale [verticale ed orizzontale]
porta-modelo (m) *ó* plantilla (m) móvil en todos sentidos

---

Formstößelführung (f)
2 pattern plate raising and lowering gear
guide (m) du porte-segment

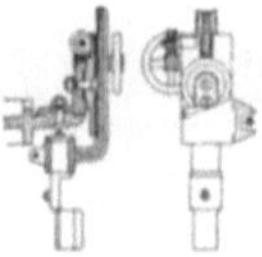

направляющія (f pl) шаблонодержателя
guida (f) del portasagoma
conducción (f) *ó* guía (f) de porta-modelo

---

Zahnräderdurchzugformmaschine (f)
stripping plate gear wheel moulding machine
3 machine (f) à mouler les engrenages avec plateau-peigne, machine (f) à mouler les engrenages avec traversée [de la table par le modèle]

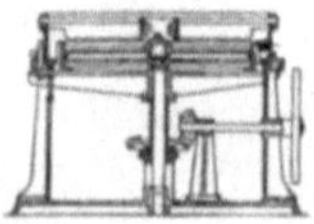

вытяжная формовочная машина (f) для зубчатыхъ колёсъ; вытяжная формовочная машина для шестеренъ
macchina (f) da formare ingranaggi a pettine *od* a settore
máquina (f) de moldear ruedas de engranajes con peine

---

Formen (n) der Zahnräder mit Durchzugringen
4 moulding of gear wheels with stripping plates
moulage (m) des engrenages avec modèle à segments traversant la table

формовка (f) зубчатыхъ колёсъ при помощи вытяжныхъ колецъ
formatura (f) a pettine *od* a settore degli ingranaggi
moldeado (m) de las ruedas dentadas con sectores que atraviesan la mesa

---

Säulenzahnräderformmaschine (f), Zahnräderformmaschine (f) auf einer Säule
5 gear wheel moulding machine mounted on a column
machine (f) à mouler les engrenages à colonne

формовочная машина (f) на колоннѣ для зубчатыхъ колёсъ; машина на колоннѣ для формовки шестеренъ
macchina (f) a colonna per formare ingranaggi
máquina (f) de moldear engranajes montada sobre una columna

Tischzahnräderform-
maschine (f)
gear wheel moulding
machine with table
machine (f) à mouler
les engrenages
avec table

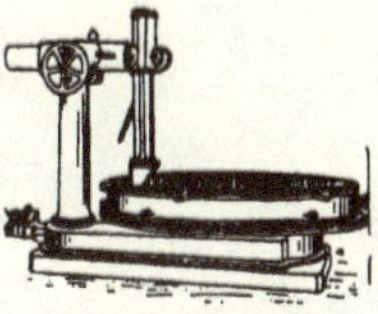

формовочная машина (f) со столомъ
для зубчатыхъ
колёсъ; машина
со столомъ для
формовки шестеренъ 1
macchina (f) a tavola
per formare ingranaggi
máquina (f) de moldear engranajes de
mesa

---

Wandformmaschine (f)
gear wheel moulding
machine attaching
to the wall
machine (f) à mouler
murale *ou* fixée à
une paroi

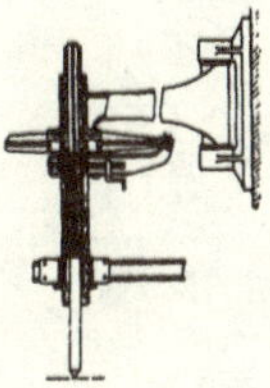

настѣнная формовочная машина (f)
macchina (f) da parete
*o* murale per formare 2
máquina (f) de moldear mural

---

Zahnräderform-
maschine (f) mit
zwei Planscheiben
gear wheel moulding
machine with two
face plates
machine (f) à mouler
les roues dentées
avec deux plateaux

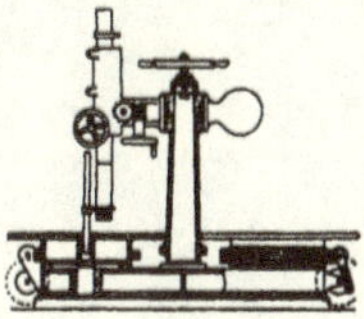

машина (f) съ двумя
планшайбами для
формовки зубчатыхъ колёсъ;
формовочная машина съ двумя
планшайбами для
шестеренъ 3
macchina (f) a due
piattaforme per
formare ingranaggi
máquina (f) de moldear engranajes
con dos platos

---

Formmaschine (f) für
kleine Zahnräder
small gear wheel
moulding machine
machine (f) à mouler
les petites roues dentées

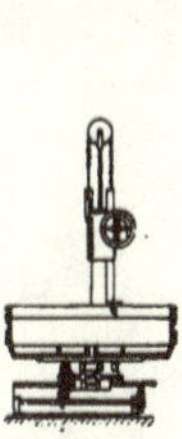

машина (f) для формовки шестеренъ;
формовочная машина для шестеренъ
macchina (f) per formare piccoli ingranaggi 4
máquina (f) de moldear para engranajes
pequeños

1 **Kernformerei, Kernmacherei**
**Core Moulding**
**Atelier à noyaux**
**Формовка шишекъ или стержней или сердечниковъ**
**Officina per le anime**
**Taller de machos**

2 Kernarbeiter (m), Kernmacher (m)
core maker, pattern maker
ouvrier (m) noyauteur
шишельникъ (m); стерженщикъ (m)
animaio (m), animista (m)
obrero (m) machero

3 Kernkasten (m)
core box
boîte (f) à noyau

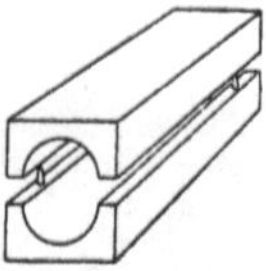

шишечный ящикъ (m)
scatola (f) per anime
caja (f) de machos

4 Kern (m)
core
noyau (m)

шишка (f); стержень (m); сердечникъ (m)
anima (f)
macho (m), alma (f)

5 Kernstück (n)
angular core
noyau (m) carré

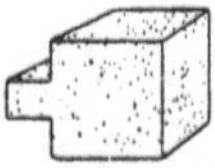

сердечниковая *или* шишечная часть (f)
anima (f) quadrata
macho (m) cuadrado

6 Rohrkern (m)
tubular core
noyau (m) de tuyau

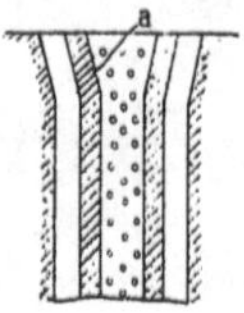


a

шишка (f) *или* стержень (m) *или* сердечникъ (m) трубы
anima (f) di tubo
alma (f) de tubo

7 Kerneinschnürung (f)
core recess *or* groove
rainure (f) de tuyau

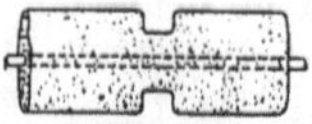

шейка (f) шишки *или* стержня *или* сердечника
incavo (m) dell'anima
ranura (f) de macho

8 Kerneisen (n), Eiseneinlage (f)
core iron
armature (f) de fer, tige (f) de noyau

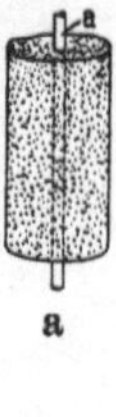


a

желѣзный стержневой *или* шишечный сердечникъ (m); желѣзная арматура (f) сердечника
lanterna (f)
varilla (f) de hierro del alma, armadura (f) del macho

Kerneisenricht-maschine (f)
machine for centering the core iron
machine (f) à redresser les tiges de noyau

правильный станокъ (m) для стержневыхъ *или* шишечныхъ сердечниковъ
macchina (f) per raddrizzare le lanterne
máquina (f) de enderezar las armaduras 1

---

Kernformmaschine (f)
core moulding machine
machine (f) à mouler les noyaux

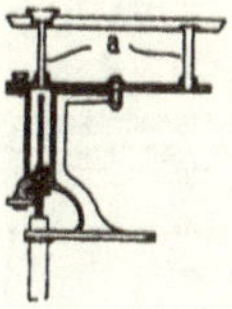


формовочный станокъ (m) для стержней *или* для шишекъ; машина (f) для формовки сердечниковъ
macchina (f) per fabbricare le anime
máquina (f) de fabricar los machos ó de hacer machos de fundición 2

---

Kernbüchse (f)
core box
tuyau (m) à noyau

a

шишечная втулка (f); сердечниковая трубка (f)
scatola (f) da anime
caja (f) de machos 3

---

Kernluft (f)
air in the core
air (m) du noyau

воздухъ (m) въ шишкѣ *или* въ стержнѣ *или* въ сердечникѣ
aria (f) dell'anima
aire (m) del macho 4

---

Wachsfaden (m)
waxed thread
fil (m) en cire

восковая нить (f); восковой фитиль (m); восковая свѣтильня (f)
cerino (m)
hilo (m) de cera 5

---

Bindfaden (m)
string
fil (m), ficelle (f)

бичовка (f)
filo (m)
bramante (m), cuerdecilla (f) 6

---

Zertrümmerung (f) des Kernes
breaking of the core
démolition (f) du noyau

разрушенie (n) шишки *или* стержня *или* сердечника
rottura (f) dell'anima
destrucción (f) del macho 7

---

zerbrechlicher Kern (m)
brittle core
noyau (m) fragile

ломкая шишка (f); ломкiй стержень (m) *или* сердечникъ (m)
anima (f) fragile
macho (m) frágil 8

---

Kernspindel (f)
core spindle
arbre (m) à noyau

патронъ (m); фонарь (m)
armatura (f) per anime
árbol (m) de núcleo ó macho 9

---

hohle Kernspindel (f)
core barrel
lanterne (f) à noyau

полый патронъ (m) *или* фонарь (m)
lanterna (f) per anima
linterna(f) para machos 10

| | | | |
|---|---|---|---|
| 1 | unrunde *oder* gefurchte [profilierte] Kernspindel (f)<br>shaped core spindle<br>arbre (m) à noyau profilé | 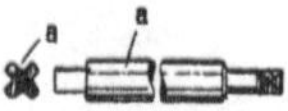 | фасонный патронъ (m) *или* фонарь (m)<br>lanterna (f) scannellata per anima<br>árbol (m) de machos perfilado |
| 2 | Längsfurche (f)<br>longitudinal groove<br>rainure (f) longitudinale | a | продольная бороздка (f)<br>scannellatura (f)<br>canal (f) ó ranura (f) longitudinal |
| 3 | Luftspindel (f)<br>air core barrel<br>lanterne (f) |  | патронъ (m) *или* фонарь (m) съ отдушинами<br>lanterna (f)<br>linterna (f) |
| 4 | Kerngerippe (n)<br>core frame<br>armature (f) *ou* cage (f) du noyau | 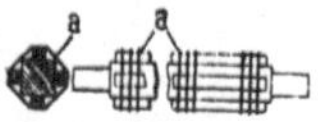 | стержневая рамка (f); шишечный каркасъ (m) *или* скелетъ (m)<br>armatura (f) dell'anima<br>armadura (f) del macho |
| 5 | Bindedraht (m)<br>binding wire<br>fil (m) de fer | a | вязальная проволока (f)<br>filo (m) di ferro<br>alambre (m) para atar |
| 6 | Umwickelung (f)<br>binding, winding<br>enroulement (m) |  | обмотка (f)<br>avvolgimento (m)<br>enrollamiento (m), envoltura (f) |
| 7 | die Kernspindel umwickeln (v)<br>to bind *or* wind the core spindle *or* barrel<br>envelopper (v) la tige du noyau | | обмотать патронъ *или* фонарь<br>avvolgere (v) l'armatura dell'anima<br>cubrir (v) la armadura del macho |
| 8 | Holzwollseil (n)<br>wood wool rope<br>tresse (f) en laine de bois | | канатъ (m) изъ древесной шерсти<br>treccia (f) in lana di legno<br>cable (m) de lana de madera |
| 9 | Strohseilspinnmaschine (f)<br>straw rope spinning machine<br>machine (f) à faire les tresses de paille |  | соломокрутка (f); машина (f) для свиванія соломенныхъ жгутовъ<br>macchina (f) per in trecciare la paglia<br>máquina (f) de trenzar la paja |
| 10 | Kerndrehlade (f), Kerndrehbank (f)<br>core lathe<br>tour (m) à noyaux |  | станокъ (m) для выточки шишекъ *или* стержней *или* сердечниковъ<br>tornio (m) da anime<br>torno (m) para machos |

den Lehmkuchen herrichten (v)
to prepare the loam cake
ébaucher (v) la galette d'argile

приготов-ить (-лять) глиняный дискъ
sbozzare (v) la torta di argilla
preparar (v) la torta de arcilla 1

---

Volldrehen (n) des Kernes
to finish the core, to strickle the core
finissage (m) du noyau

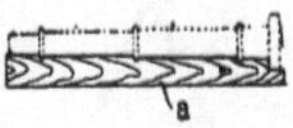


полная обдѣлка (f) шишки *или* стержня *или* сердечника
rifinitura (f) dell'anima
terminación (f) del macho 2

---

Kernschablone (f)
core strickle, core templet, strickle board
trousse (f) à noyau

a

стержневой *или* шишечный шаблонъ (m); сердечниковый шаблонъ
sagoma (f) per anima
terraja (f) de macho 3

---

Krümmerkern (m)
curved core
noyau (m) coudé

шишка (f) *или* стержень (m) *или* сердечникъ (m) трубы съ отводомъ
anima (f) curva
macho (m) acodado 4

---

verlorener Sandkern (m)
lost sand core
noyau (m) perdu

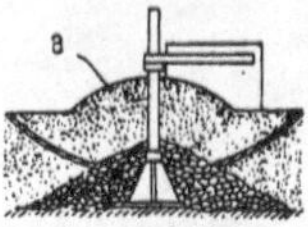


a

потерянная шишка (f); потерянный стержень (m) *или* сердечникъ (m)
anima (f) perduta
macho (m) perdido 5

---

Einlegen (n) der Kerne
laying-in of cores
mise (f) en place des noyaux

установка (f) шишекъ *или* стержней *или* сердечниковъ
piazzatura (f) delle anime
colocación (f) de los machos 6

---

Kernstütze (f)
chaplet
support (m) de noyau

жеребокъ (m); жеребейка (f)
sopporto (m) dell'anima con una lamiera
soporte (m) de macho 7

---

Wandstärkenkernstütze (f)
double headed chaplet
support (m) de noyau

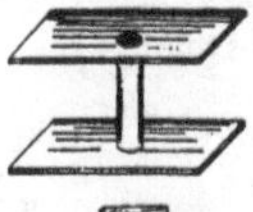

двойной жеребокъ (m); двойная жеребейка (f)
sopporto (m) con un gambo e due lamiere
soporte (m) de macho 8

---

Patentkernnagel (m)
patent core nail
pointe (f) à noyau brevetée

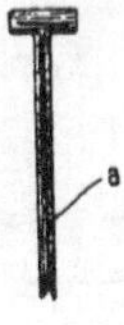


патентованный жеребокъ (m) *или* патентованная жеребейка (f) въ видѣ штифта со шляпкой
sopporto (m) per anime brevettato
clavo (m) de macho con patente 9

1 federnder Schenkel (m)
split shank, shank, spring compass
compas (m) à ressort

a

пружинящая ножка (f)
gambo (m) del sopporto per anima
cuerpo (m) flexible del clavo

---

2 gespreizter Schenkel (m)
compass spread open, compass with spread shanks
compas (m) écarté *ou* ouvert

растопыренныя ножки (f pl)
sopporto (m) con due gambi compasso (v) aperto
clavo (m) abierto

---

a

3 Schloß (n)
binding core
portée (f)

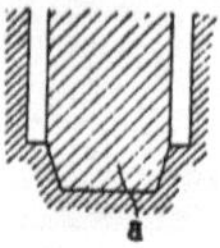


замóкъ (m)
portata (f)
portada (f)

---

a

4 Trocknen (n) der Formen
drying of the moulds
séchage (m) des moules

сушка (f) формъ
essiccatura (f) *od* asciugatura (f) delle forme
secado (m) de los moldes

---

5 am Herstellungsplatze trocknen (v)
to dry on the spot
sécher (v) sur place

сушить на мѣстѣ изготовленія
asciugare (v) la forma sul posto
secar (v) en el lugar de fabricación

---

6 Trockenkorb (m)
drying basket
panier (m) à sécher

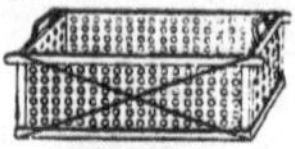

корзина (f) для сушки
scatola (f) per asciugare
cesta (f) para secar

---

7 fahrbarer Trockenofen (m)
transportable basket drying stove
four (m) à sécher transportable

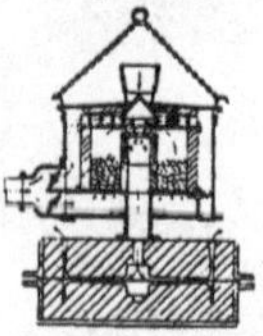

переносная сушильная печь (f)
essiccatoio (m) trasportabile
secadero (m) transportable

---

8 Trockenkammer (f), Darrkammer (f)
drying chamber
étuve (f), chambre (f) de séchage

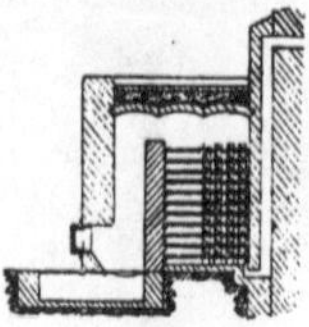

сушило (n); сушильная камера (f); сушильня (f)
stufa (f), camera (f) di asciugatura
estufa (f), cámara (f) de secado

mittelbare Heizung (f)
indirect heating
chauffage (m) indirect

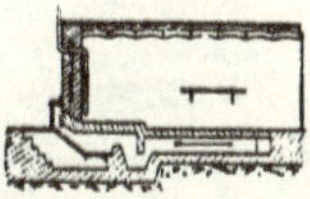

не непосредственное *или* косвенное отопление (n)
riscaldamento (m) indiretto
calefacción (f) indirecta 1

---

unmittelbare Heizung (f)
direct heating
chauffage (m) direct

непосредственное отопление (n)
riscaldamento (m) diretto
calefacción (f) directa 2

---

Trockenkammerwagen (m)
drying chamber carriage
chariot (m) d'étuve

телѣжка (f) для сушильной камеры
carro (m) per stufa
carro (m) de la estufa 3

---

Kerntrockenofen (m)
core drying stove
étuve (f) à noyaux

сушильная печь (f) для шишекъ *или* для стержней *или* для сердечниковъ
stufa (f) per anime
estufa (f) de secar machos 4

---

**Schmelzerei**
**Smelting House**
**Fonderie**

**Плавильня**
**Fonderia**
**Fundición** 5

**Zerkleinerung der Masseln**
**Crushing of the Pigs**
**Cassage des gueuses**

**Дробленіе чугунныхъ свинокъ или штыковъ**
**Spezzatura dei masselli**
**Quebrantamiento de los lingotes** 6

Massel (f)
pig
gueuse (f), gueuset (m)

свинка (f); штыкъ (m)
massello (m)
lingote (m) 7

---

zerschlagen (v)
to crush, to break
casser (v), briser (v)

разби-ть (-вать)
spezzare (v), rompere (v)
romper (v) 8

---

Zuschlaghammer (m)
sledge hammer
marteau (m) de frappeur

a

кувалда (f); балда (f)
mazza (f)
martillo (m) de golpear 9

---

brechen (v)
to break
casser (v)

ломать; дробить
rompere (v)
quebrantar (v) 10

---

sperrig (adj)
wide spreading
fragile (adj)

громоздкій
ingombrante (agg)
voluminoso (adj) 11

1 **Fallwerk (n)**
**pig breaker**
**mouton (m), grue-mouton (f)**

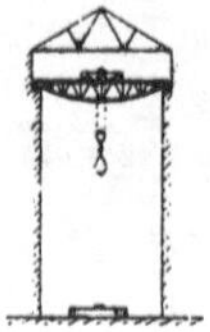

**копёръ (m)**
**berta (f), spezzarottami (m), montone (m)**
**martinete (m) de caída**

---

2 **Fallkugel (f)**
**drop weight, tup**
**mouton (m) en forme de boule**

**шаровидная баба (f); гиря (f)**
**palla (f) della berta, martino (m)**
**maza (f) esférica**

---

3 **Auslösevorrichtung (f), Teufelsklaue (f)**
**nippers (pl), tongs (pl) devil's claw dogs**
**tenaille (f) à déclic**

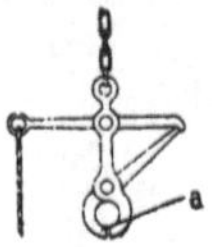



a

**приспособленіе (n) для расцѣпленія клещей**
**gancio (m)**
**tenazas (f pl) con escape**

---

4 **Maul (n)**
**mouth**
**mâchoire (f)**

**зѣвъ (m)**
**pinza (f)**
**boca (f) de las tenazas**

---

5 **Hubhöhe (f)**
**height *or* length of stroke**
**hauteur (f) de chute**

**высота (f) подъёма**
**alzata (f)**
**altura (f) de caída**

---

6 **Bauwinde (f)**
**hoist, winch (A*)**
**treuil (m)**

**лебёдка (f); сложный воротъ (m)**
**argano (m)**
**torno (m)**

---

7 **Bohlenzaun (m)**
**piling**
**palissade (f) en madriers**

**досчатый заборъ (m)**
**palizzata (f)**
**empalizada (f)**

---

8 **Gußeisensplitter (m)**
**cast iron chip *or* splinter**
**éclat (m) de fonte**

**чугунный осколокъ (m)**
**scheggia (f) di ghisa**
**casco (m) de fundición**

---

9 **Masselbrecher (m)**
**pig breaker**
**casseur (m) de gueuses**

**дробилка (f) для свинокъ *или* для штыковъ; машина (f) для разламыванія штыковъ**
**spezzamasselli (m)**
**máquina (f) de quebrantar lingotes**

---

10 **standfester Masselbrecher (m)**
**stable pig breaker**
**casseur (m) de gueuses fixe**

**неподвижная дробилка (f) для свинокъ *или* для штыковъ; неподвижная машина (f) для разламыванія штыковъ**
**spezzamasselli (m) fisso**
**máquina (f) fija de quebrantar lingotes**

---

* A americanism

fahrbarer Masselbrecher (m)
portable pig breaker
casse-gueuses (f) sur roues

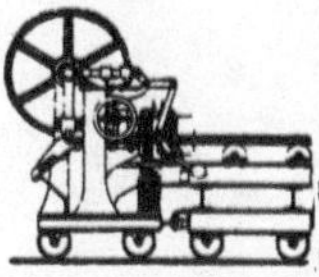

подвижная дробилка (f) для свинокъ *или* для штыковъ; передвижная машина (f) для разламыванія штыковъ
spezzamasselli (m) portatile
quebrantador (m) de lingotes montado sobre ruedas *ó* portátil 1

---

hydraulischer Masselbrecher (m)
hydraulic pig breaker
casseur (m) à gueuses hydraulique

гидравлическая дробилка (f) для свинокъ *или* для штыковъ; гидравлическая машина (f) для разламыванія штыковъ 2
spezzamasselli (m) idraulico
quebrantador (m) hidráulico de lingotes

---

Exzenterpresse (f)
eccentric breaker
presse (f) à excentrique

эксцентриковый прессъ (m)
spezzamasselli (m) ad eccentrico 3
prensa (f) de excéntrica

---

Stahlstößel (m)
steel nose of breaker
pilon (m) en acier

a

стальная баба (f)
mazza (f) d'acciaio 4
maza (f) de acero

---

Widerlager (n)
anvil
plaque (f) d'appui

b

опора (f)
piastra (f) d'appoggio 5
placa (f) de apoyo

---

Einspannen (n) der Massel
inserting the pig
mise (f) en place de la gueuse

укрѣпленіе (n) штыка
collocamento (m) dei masselli 6
fijación (f) del lingote

---

Brechmaul (n)
breaker mouth
mâchoire (f) du concasseur

a

зѣвъ (m) дробилки
bocca (f) dello spezzamasselli 7
boca (f) del quebrantador

---

**Schmelzöfen**
**Smelting Furnaces**
**Fours de fusion**

**Плавильная печь**
**Forni fusori, fornaci da fondere** 8
**Hornos de fusión**

Gießereiflammofen (m)
foundry reverberatory furnace
four (m) à réverbère de fonderie

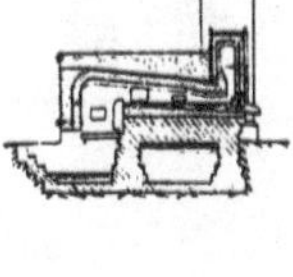

литейная пламенная печь (f); литейная отражательная печь
forno (m) a riverbero 9
horno (m) de reverbero para taller de fundición

| | | | |
|---|---|---|---|
| 1 | Flammofen (m) mit gestrecktem Herde<br>reverberatory furnace with long hearth<br>four (m) à réverbère à longue sole | | пламенная *или* отражательная печь (f) съ вытянутымъ подомъ<br>forno (m) a riverbero a suola lunga<br>horno (m) á reverbero de larga placa |
| 2 | Stichflamme (f)<br>narrow flame<br>flamme (f) pointante | | острое пламя (n)<br>fiamma (f) concentrata<br>llama (f) delgada ó aguda |
| 3 | Herdfläche (f)<br>hearth surface<br>surface (f) de la sole | | площадь (f) пода<br>superficie (f) del focolare *o* della suola<br>superficie (f) de la placa |
| 4 | Sumpfofen (m)<br>fire hearth-furnace<br>four (m) à avant-creuset | 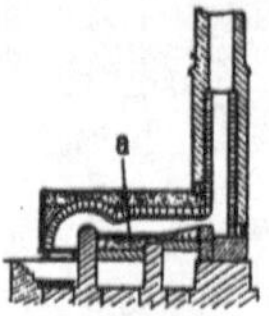 | печь (f) съ зумпфомъ *или* съ металлособирателемъ<br>forno (m) con crogiuolo anteriore<br>horno (m) de crisol delantero |
| 5 | Sammelherd (m)<br>iron receiver<br>avant-creuset (m) | a | зумпфъ (m); металлособиратель (m)<br>crogiuolo (m) anteriore<br>antecrisol (m) |
| 6 | Gießereikuppelofen (m), Gießereikupolofen (m)<br>foundry cupola<br>cubilot (m) de fonderie | 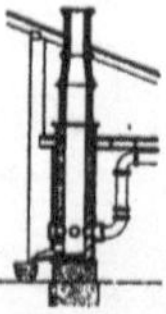 | литейная вагранка (f)<br>cubilotto (m) per ghisa<br>cubilote (m) de fundición |
| 7 | Düsenreihe (f)<br>row of tuyeres<br>rangée (f) de tuyères | 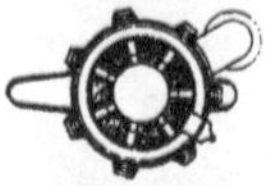 | рядъ (m) фурмъ<br>ordine (m) d'ugelli<br>fila (f) de toberas |
| 8 | Oberwinddüse (f)<br>top blowing tuyere<br>tuyère (f) supérieure | 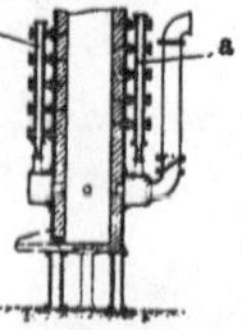<br>a | фурмы (f pl) для верхняго дутья; верхнія фурмы<br>ugello (m) superiore<br>tobera (f) de viento superior |
| 9 | Windkasten (m)<br>wind box, blast box<br>boîte (f) à vent | 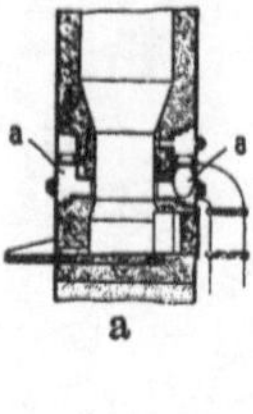<br>a | воздушная камера (f)<br>cassa (f) del vento<br>caja (f) de viento |

Schaltgehäuse (n)
regulation box
boîte (f) de distribution

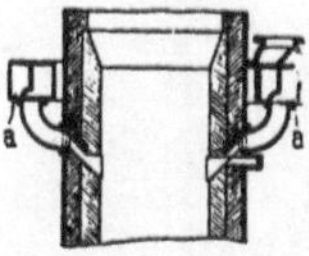

a

кольцевая труба (f); распредѣлительная труба
cassa (f) di regolazione
caja (f) de distribución 1

---

Einsteigöffnung (f)
man hole
trou (m) d'homme

a

лазъ (m); входное отверстіе (n)
porta (f) d'accesso 2
agujero (m) de hombre, abertura (f) de acceso

---

Bodenklappe (f)
ash door
porte (f) de fond à charnières

a

откидное днище (n)
fondo (m) mobile a cerniera 3
puerta (f) de fondo de bisagra

---

Setzboden (m)
charge *or* charging level *or* platform
niveau (m) de chargement

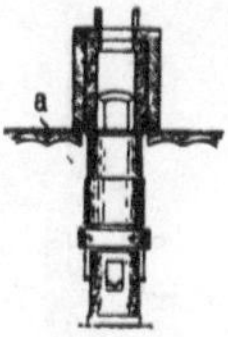

a

полъ (m) *или* платформа (f) на уровнѣ колошниковаго отверстія 4
piano (m) di caricamento
nivel (m) de carga

---

Schachtaufsatz (m)
shaft top
cheminée (f) de cubilot

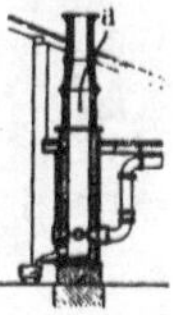

a

надставка (f) на шахту; газоотводная *или* колошниковая труба (f)
camino (m) del cubilotto 5
chimenea (f) del cubilote

---

Funkenkammer (f)
spark chamber
chambre (f) à étincelles

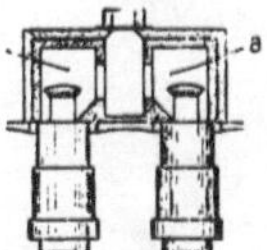

a

искроулавливающая камера (f)
camera (f) parascintille 6
cámara (f) de chispas

| | | | |
|---|---|---|---|
| *1* | Niederschlagen (n) der Gichtflamme<br>drop of the top flame<br>extinction (f) de la flamme du gueulard | | уничтоженіе (n) *или* устраненіе (n) колошниковаго пламени<br>piegare (v) la fiamma del gueulard<br>extinción (f) de la llama del tragante |
| *2* | Auffangen (n) der Funken<br>catching of the sparks<br>recueillir (v) les flammèches *ou* les étincelles | | улавливаніе (n) искръ<br>raccolta (f) delle scintille<br>retención (f) de las chispas |
| *3* | Funkenlöschvorrichtung (f)<br>spark quenching apparatus<br>appareil (m) pour éteindre les étincelles | 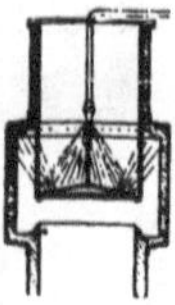 | искротушитель (m)<br>apparecchio (m) per spengere le scintille<br>aparato (m) apagachispas |
| *4* | Staubbelästigung (f)<br>dust nuisance *or* bother<br>inconvénient (m) des poussières | | вредъ (m), приносимый пылью<br>inconveniente (m) causato dalle ceneri *o* polveri<br>molestia (f) por desprendimiento de polvo |
| *5* | Irelandscher Ofen (m)<br>Ireland furnace<br>cubilot (m) Ireland | 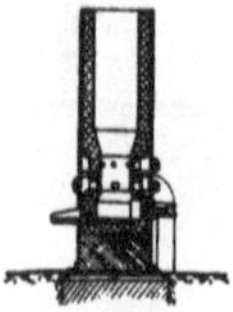 | вагранка (f) Айерлэнда<br>forno (m) Ireland<br>cubilote (m) Ireland |
| *6* | Spurofen (m)<br>rapid cupola, rapid<br>cubilot (m) à rigole | 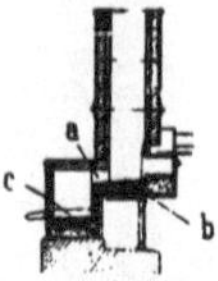 | вагранка (f) съ передовымъ горномъ<br>cubilotto (m) con avancrogiuolo<br>cubilote (m) de canal |
| *7* | Spur (f), Schlitz (m)<br>slot<br>rigole (f) de coulée, trou (m) de coulée | a | шпуръ (m) *или* отверстіе (n) для стока чугуна<br>canale (m) di colata<br>canal (f) de colada |
| *8* | Schmelzherd (m)<br>smelting hearth<br>creuset (m) | b | подъ (m) вагранки<br>crogiuolo (m)<br>crisol (m) |
| *9* | Eisensammelraum (m)<br>receiver<br>avant-creuset (m) | c | передовой горнъ (m); копёжъ (m) для чугуна<br>crogiuolo (m) anteriore, avancrogiuolo (m)<br>antecrisol (m) |

Krigarscher Ofen (m)
Krigar furnace
cubilot (m) Krigar

вагранка (f) Кригара
forno (m) Krigar
cubilote (m) Krigar 1

---

Saugkuppelofen (m), Saugkupolofen (m)
fan cupola, suction cupola
cubilot (m) à aspiration

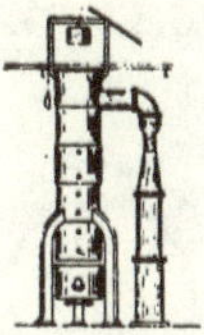

вагранка (f) со всасыванiемъ воздуха
cubilotto (m) ad aspirazione 2
cubilote (m) de aspiración

---

Saugluft (f)
suction air
air (m) aspiré

всасываемый воздухъ (m)
aria (f) aspirata 3
aire (m) aspirado

---

Luftverdünnung (f)
rarefaction, partial vacuum
raréfaction (f) de l'air

разрѣженiе (n) воздуха; депрессiя (f) воздуха 4
rarefazione (f)
rarefacción (f) del aire

---

Luftleere (f)
vacuum
vide (m)

пустота (f); безвоздушное пространство (n) 5
vuoto (m)
vacio (m)

---

Kleinkuppelofen (m), Kleinkupolofen (m)
small cupola
petit cubilot (m)

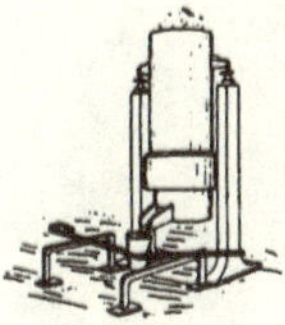

малая вагранка (f)
piccolo cubilotto (m) 6
cubilote (m) pequeño

---

Abfangplatte (f)
cupola supporting frame
plaque (f) de support

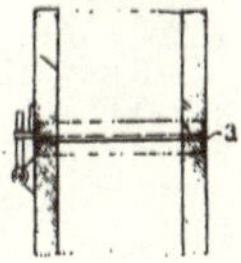

a

опорная плита (f)
anello (m) di sostegno del refrattario 7
placa (f) de soporte

---

zerlegbar (adj)
dissectible (adj), portable (adj)
démontable (adj)

разъёмный
smontabile (agg) 8
desmontable (adj)

---

**Gebläse**
**Blower**
**Soufflerie**

**Воздуходувное устройство; воздуходувка** 9
**Ventilatore**
**Máquina soplante**

---

Dampfstrahlgebläse(n)
steam jet blower
souffleur (m) à vapeur, injecteur (m) à vapeur

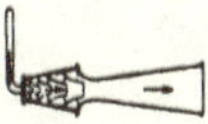

пароструйная воздуходувка (f); инжекторъ (m)
ventilatore (m) a getto di vapore 10
máquina (f) soplante de chorro de vapor

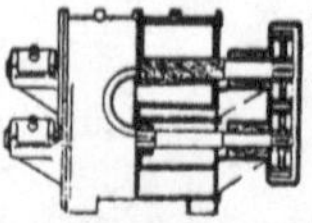

1 Hochdruckgebläse (n)
high pressure blower
ventilateur (m) à haute pression
воздуходувка (f) высокаго давленія
ventilatore (m) ad alta pressione
ventilador (m) de alta presión

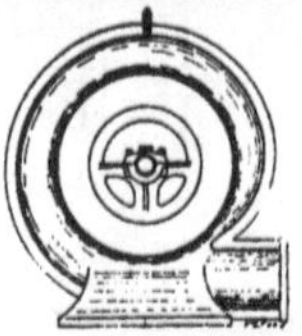

2 Schleudergebläse (n)
fan blower
ventilateur (m) centrifuge
центробѣжный вентиляторъ (m)
ventilatore (m) centrifugo
ventilador (m) centrifugo

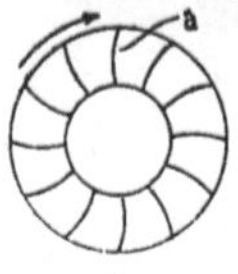

a

3 Schaufel (f)
blade, vane
aube (f)
лопата (f); крыло (n)
pala (f) del ventilatore
álabe (m), paleta (f)

4 die Luft ansaugen (v)
to suck-in the air
aspirer (v) l'air
высосать воздухъ
aspirare (v) l'aria
aspirar (v) el aire

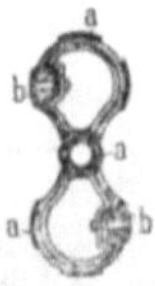

5 Flügel (m)
fan, piston
aile (f) de ventilateur
вращающійся поршень (m)
tamburo (m)
aleta (f), pala (f)

6 Flügelwelle (f)
fan shaft
arbre (m) du ventilateur
валъ (m) поршня
asse (m)
eje (m) de la pala

7 Dichtungsfläche (f)
packing surface
surface (f) de contact étanche
a
уплотняющая поверхность (f)
superficie (f) di contatto
superficie (f) de empaquetadura

8 Filzüberzug (m), Filzstreifen (m)
felt cover
couverture (f) en feutre
b
войлочная обшивка (f); полоса (f) войлока
copertura (f) di feltro
cubierta (f) de fieltro

9 dichter Abschluß (m)
tight joint
joint (m) étanche
плотный затворъ (m)
giunto (m) a tenuta
junta (f) estanca

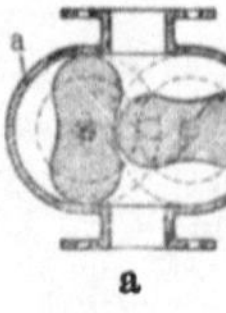

a

10 Gehäusewandung (f)
casing shell
paroi (f) de l'enveloppe
стѣнки (f pl) кожуха
parete (f) della cassa
pared (f) de la caja

Roots Gebläse (n), Kapselgebläse (n)
Root's blower
soufflerie (f) Root, ventilateur (m) de Root

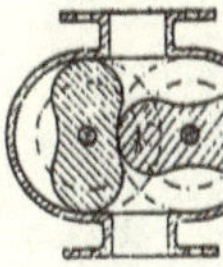

вентиляторъ (m) Рута; рутовскій вентиляторъ; вентиляторъ съ вращающимся поршнемъ
ventilatore (m) Root
ventilador (m) Root 1

---

Präzisionsgebläse (n)
precision blower
soufflerie (f) de précision

прецизіонный вентиляторъ (m)
ventilatore (m) di precisione
máquina (f) soplante de precisión 2

---

Enckesches Gebläse (n)
Encke's blower
soufflerie (f) Encke

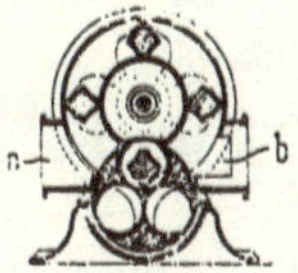


вентиляторъ (m) Энке
ventilatore (m) Encke
máquina (f) soplante Encke 3

---

Saugeseite (f)
suction side
côté (f) de l'aspiration

a

сторона (f) всасыванія
lato (m) aspirante
lado (m) de aspiración 4

---

Druckseite (f)
pressure side
côté(m) du refoulement

b

сторона (f) нагнетанія
lato (m) premente
lado (m) de la presión ó de impelación 5

---

Dichtungsfuge (f)
packing joint
joint (m)

уплотнённый шовъ (m)
giunto (m) a guarnizione
junta (f) de empaquetadura 6

---

Kapselwerk (n), Lehmannsches Gebläse (n)
cased-in blower, Lehmann's blower
ventilateur (m) enveloppé *ou* blindé, soufflerie (f) Lehmann

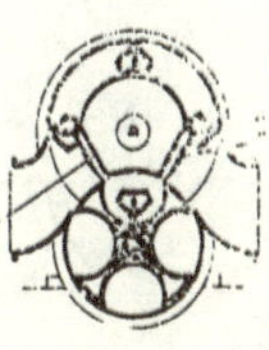


коробчатый вентиляторъ (m); вентиляторъ Лемана
ventilatore (m) blindato
ventilador (m) de envoltura ó blindado, soplador (m) Lehmann 7

---

Umströmkanal (m)
circulation channel *or* passage, air way
canal (m) de retour

a

каналъ (m) для циркуляціи
canale (m) di circolazione *o* di ritorno
canal (f) de regreso ó retorno 8

---

Hochdruckschraubengebläse (n)
high pressure spiral blower
soufflerie (f) hélicoïdale à haute pression

винтовой вентиляторъ (m) высокаго давленія
ventilatore (m) a spirale ad alta pressione
ventilador (m) helicoidal de alta presión 9

1 Kolbenflügel (m)
piston vane *or* blade
ailette (f) formant piston

a

поршневое крыло (n)
aletta (f) di stantuffo
aleta-pistón (f)

---

2 Dichtungswalze (f)
packing drum
cylindre (m) *ou* tambour (m) étanche

b

уплотняющій цилиндръ (m)
cilindro (m) *o* tamburo (m) di guarnizione
cilindro (m) *ó* tambor (m) de guarnición

---

3 achsiale Richtung (f)
axial direction
direction (f) axiale

направленіе (n) оси
direzione (f) assiale
dirección (f) axial

---

4 stoßfreier Gang (m)
working without shocks, smooth working
marche (f) douce *ou* sans chocs

плавный ходъ (m); ходъ безъ толчковъ
funzionamento (m) regolare senza urti
marcha (f) suave *ó* sin choques *ó* golpes

---

5 Drehkolbenpumpe (f), Bibus-Gebläse (n)
rotary blower, Bibus' blower
soufflerie (f) rotative, soufflerie (f) à piston rotatif, soufflerie (f) Bibus

вентиляторъ (m) съ вращающимися поршнями; вентиляторъ Бибуса
ventilatore (m) rotativo
bomba (f) de émbolo rotatorio, soplador (m) Bibus

---

6 Aufnahmekammer (f)
receiver
réservoir (m) collecteur

пріемникъ (m)
ricevitore (m) intermedio
recipiente (m) de aire

---

7 Kapselhochdruckgebläse (n), Martin-Gebläse (n)
Martin blower
soufflerie (f) Martin, soufflerie (f) à haute pression à coquilles

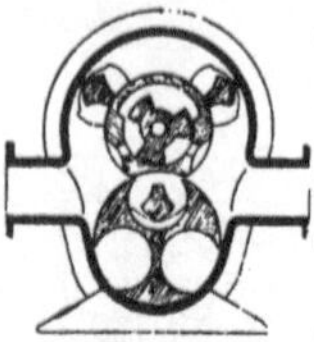

коробчатый вентиляторъ (m) высокаго давленія; вентиляторъ Мартина
ventilatore (m) ad alta pressione Martin
ventilador (m) de alta presión Martin

---

8 Luftförderung (f)
air supply
déplacement (m) d'air

подача (f) воздуха
quantità (f) d'aria
traslado (m) *ó* transmisión (f) de aire

---

9 Höchstpressung (f)
maximum *or* highest pressure
pression (f) maxima

наивысшее давленіе (n)
pressione (f) massima
presión (f) máxima

---

10 manometrischer Wirkungsgrad (m)
manometric efficiency
rendement (m) manométrique

манометрическое полезное дѣйствіе (n); полезное дѣйствіе по манометру
rendimento (m) manometrico
rendimiento (m) manométrico

Wassersäule (f)
water column, column of water
colonne (f) d'eau
водяной столбъ (m)
colonna (f) d'acqua 1
columna (f) de agua

---

Druckausgleich (m)
balance *or* equalization of pressure
compensation (f) de la pression
выравниванiе (n) давленiя
compensazione (f) della pressione 2
compensación (f) de la presión

---

**Kuppelofenschmelzen, Kupolofenschmelzen**
**Melting in a Cupola Furnace**
**Fusion au cubilot**
**Плавка въ вагранкахъ**
**Fusione al cubilotto** 3
**Fundición al cubilote**

Kuppelofen (m), Kupolofen (m)
cupola furnace
cubilot (m)

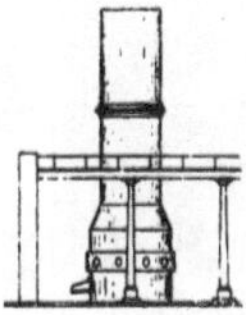

вагранка (f)
cubilotto (m) 4
cubilote (m)

---

Anfeuern (n)
firing
allumage (m)
растопка (f)
accensione (f) 5
encendido (m)

---

Füllkoks (m)
heating coke
coke (m) d'allumage
коксъ (m) для растопки
coke (m) per l'accensione 6
cok (m) para calentar

---

Satzkoks (m)
charge coke
coke (m) des charges, coke (m) de fusion
коксъ (m) для садки; коксъ въ колошѣ
carica (f) di coke 7
cok (m) para carga

---

Koksgabel (f)
coke fork
fourche (f) à coke

вилы (f pl) для сортировки кокса
forca (f) per coke 8
horquilla (f) para cok

---

Roheisengichtsatz (m)
pig iron charge
charge (f) de fonte
колоша (f) чугуна
carica (f) di ghisa 9
carga (f) de fundición

---

Sondersatz (m)
speciel charge
charge (f) spéciale
специальная колоша (f)
carica (f) speciale 10
carga (f) especial

---

Mischeisen (n)
mixed iron
fer (m) pour le mélange
шихта (f) чугуна
ferro (m) per la miscela
hierro (m) para la mezcla 11

---

Zusatzeisen (n)
added iron
fer (m) à ajouter, addition (f) de fer
присадка (f) чугуна
ferro (m) da aggiungere, ferro (m) addizionale 12
hierro (m) para añadir, adición (f) de hierro

| | | |
|---|---|---|
| 1 | Umschmelzverfahren (n)<br>remelting process<br>procédé (m) de refonte | процессъ (m) переплавки<br>processo (m) di rifusione<br>método (m) de refundición |
| 2 | Schmelzhitze (f)<br>melting *or* fusion temperature<br>chaleur (f) de fusion | плавильный жаръ (m)<br>temperatura (f) di fusione<br>calor (m) de fusión |
| 3 | verlangsamen (v)<br>to slow down<br>ralentir (v) | замедл-ить (-ять)<br>rallentare (v)<br>moderar (v) |
| 4 | heruntersickerndes Eisen (n)<br>melting iron<br>gouttelettes (f pl) de fonte | [расплавляющійся и] стекающій внизъ чугунъ (m)<br>sgocciolamento (m) della ghisa<br>hierro (m) que gotea |
| 5 | Absonderung (f) des Eisens<br>separation of the iron<br>séparation (f) de la fonte | отдѣленіе (n) чугуна<br>separazione (f) della ghisa<br>separación (f) de la fundición |
| 6 | Ablassen (n) der Schlacke<br>tapping of the slag<br>lâchage (m) de la scorie | спускъ (m) шлаковъ<br>colata (f) della scoria<br>salida (f) de la escoria |
| 7 | Überhitzung (f) des Eisens<br>overheating of the iron<br>surchauffe (f) de la fonte | перегрѣвъ (m) чугуна<br>riscaldamento (m) eccessivo della ghisa<br>sobrecalefacción (f) de la fundición |
| 8 | hitziges Eisen (n)<br>hot iron<br>fonte (f) chaude | горячій чугунъ (m)<br>ghisa (f) calda<br>fundición (f) caliente |
| 9 | überhitztes Eisen (n)<br>superheated iron<br>fonte (f) trop chaude *ou* surchauffée | перегрѣтый чугунъ (m)<br>ghisa (f) eccessivamente riscaldata<br>fundición (f) de sobrecalefacción |
| 10 | gleichmäßiger Ofengang (m)<br>regular working of the furnace<br>marche (f) *ou* allure (f) régulière | равномѣрный ходъ (m) печи<br>andamento (m) *o* marcia (f) regolare<br>marcha (f) regular |
| 11 | mattes Eisen (n)<br>thickly liquid iron<br>fonte (f) froide | густой чугунъ (m)<br>ghisa (f) fredda<br>fundición (f) fria |
| 12 | umgeschmolzenes Eisen (n)<br>remelted iron<br>fonte (f) refondue | переплавленный чугунъ (m)<br>ghisa (f) rifusa<br>fundición (f) refundida |

Gußeisen (n) erster Schmelzung
cast iron, pig iron
fonte (f) de première fusion

чугунъ (m) первой плавки
ghisa (f) di prima fusione 1
fundición (f) de primera fusión

---

heißeingeschmolzenes Eisen (n)
hot smelted iron
fonte (f) fondue à température élevée, fonte (f) d'allure chaude

горячій чугунъ (m); горячо расплавленный чугунъ (m)
ghisa (f) ottenuta con andamento caldo 2
fundición (f) fundida á temperatura elevada

---

Schonung (f) des Ofenfutters
care of the furnace lining
ménagement (m) du revêtement du cubilot

сохраненіе (n) футеровки печи
cura (f) del rivestimento del forno
conservación (f) del revestimiento del cubilote 3

---

haltbar (adj)
solid (adj), durable (adj)
durable (adj)

прочный
durevole (agg) 4
durable (adj)

---

ausbesserungsbedürftig (adj)
in want of repair
nécessitant *ou* demandant une réparation

требующій ремонта
bisognoso (agg) di riparatura 5
necesitado (adj) de reparación

---

**Gießerei** | **Литейная**
**Foundry** | **Fonderia** 6
**Fonderie** | **Fundición**

---

Flur (m) der Eisengießerei
floor of foundry
sol (m) de la fonderie

полъ (m) литейной
suolo (m) *o* piano (m) della fonderia 7
piso (m) *ó* suelo (m) de la fundición

---

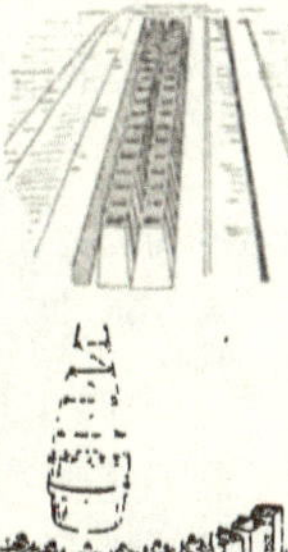

Gießgrube (f)
casting pit
fosse (f) de coulée

литейная яма (f)
fossa (f) di colata 8
foso (m) de colada

---

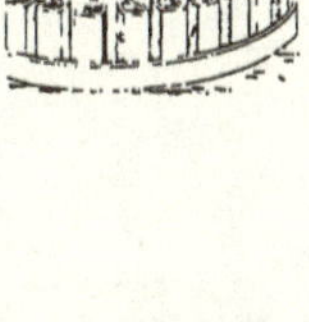

halbkreisförmige Gießgrube (f)
semi circular casting pit
fosse (f) de coulée demicirculaire

полукруглая литейная яма (f)
fossa (f) di colata semicircolare 9
foso (m) de colada semicircular

1 **Gießkrane und Gießwagen**
**Casting Cranes and Carriages**
**Grues et wagonnets de coulée**

**Литейные краны и телѣжки**
**Gru e carrelli di colata**
**Grúas y vagonetas de colada**

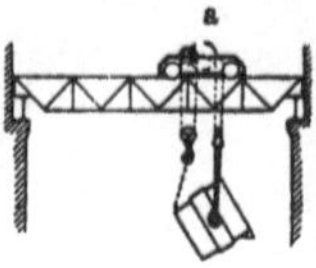


2 Gießkran (m)
foundry crane
grue (f) de coulée, grue (f) de transvasement

кранъ (m) для литейнаго ковша
gru (f) per fonderia *o* colata
grúa (f) para fundición

---

3 Gießlaufkatze (f)
foundry car, crab (A*)
chariot (m) de pont de coulée

a

телѣжка (f) для литейнаго ковша
carrello (m) di gru per fonderia o colata
carro (m) de la grúa para fundición

---

4 Drehkran (m)
turning crane
grue (f) pivotante centrale

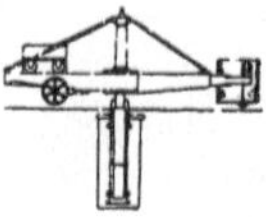

поворотный кранъ (m)
gru (f) radiale
grúa (f) giratoria central

---

5 Kranhaken (m)
crane hook
crochet (m) de suspension de la grue

крюкъ (m) крана
gancio (m) di sospensione
gancho (m) de suspensión

---

6 Kranbalken (m)
crane beam
volée (f), traverse (f) de grue

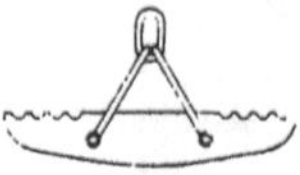

балансиръ (m) крана
bilanciere (m)
balancín (m) de grúa

---

7 Aufhängebügel (m)
suspension hook
étrier (m) de suspension

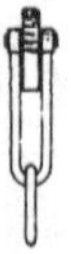

подвѣсная скоба (f); подвѣсный хомутъ (m); скоба для подвѣски
gancio (m) di sospensione
estribo (m) de suspensión

---

8 Krangehänge (n)
crane link
crochet (m) *ou* collier (m) de suspension

подвѣска (f) къ крану
gancio (m) ad occhio d'attacco
eslabón (m) de enganche

---

* A = americanism

Gießwagen (m)
casting carriage, ladle carriage
chariot (m) de coulée

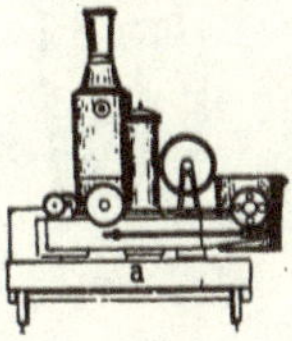


вагонъ (m) съ литейнымъ ковшемъ
carro (m) di colata
vagoneta (f) de colada 1

---

Wagengestell (n)
carriage frame
châssis (m) de truck

a

кузовъ (m) вагона
telaio (m)
bastidor (m) de vagoneta 2

---

[Gieß-]Pfannenwagen (m)
ladle car
chariot (m) porteur ou transporteur de la poche de coulée, chariot (m) porte-poche

телѣжка (f) съ литейнымъ ковшемъ
carro (m) per secchioni da colata
carro (m) porta-crisol 3

**Gießgefäße**
**Ladles**
**Poches de coulée**

**Литейный ковшъ**
**Caldaie di colata, siviere**
**Calderos de colada** 4

Handkelle (f), Handgießlöffel (m)
hand ladle
poche (f) à main, cuiller (f) de coulée

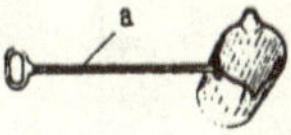


ложка (f); черпакъ (m)
caldaia (f) a mano
cuchara (f) de colada 5

---

angenieteter Stiel (m)
riveted handle
manche (m) rivé

a

приклёпанная ручка (f)
manico (m) ribadito
mango (m) remachado 6

---

Holzstiel (m)
wooden handle
manche (m) en bois

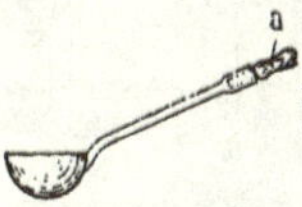


a

деревянная ручка (f)
manico (m) di legno
mango (m) de madera 7

---

Gießpfanne (f)
ladle
poche (f) de coulée

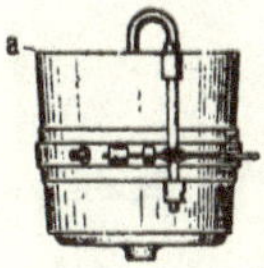


литейный ковшъ (m)
caldaia (f) di colata, siviera (f)
caldero (m) de colada 8

---

Pfannenrand (m)
rim of ladle
bord (m) de la poche

a

край (m) литейнаго ковша
bordo (m) della siviera
borde (m) del caldero 9

1 Gabelpfanne (f), Gabeltragpfanne (f)
ladle for ring carrier
poche (f) à fourche

ухватный ковшъ (m); ковшъ для переноски на вилахъ
siviera (f) a portante
caldero (m) para horca

---

2 Schnauze (f), Auskragung (f), Tülle (f)
lip
bec (m), évasement (m)

a

носъ (m) *или* носокъ (m) ковша
becco (m), dilatamento (m)
pico (m) de caldero

---

3 auswechselbare Schnauze (f)
interchangeable lip
bec (m) amovible

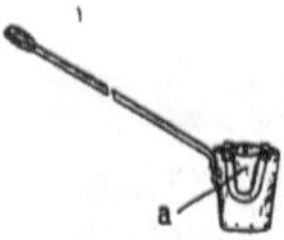


смѣняемый носъ (m) *или* носокъ (m)
becco (m) amovibile *o* smontabile
pico (m) desmontable *ó* intercambiable

---

4 gestanzte Gießpfanne (f)
stamped iron ladle
poche (f) en tôle emboutie

a

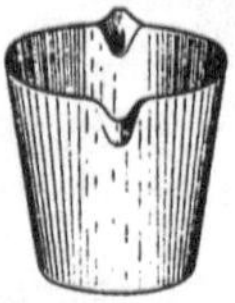

штампованный литейный ковшъ (m)
caldaia (f) di ferro stampato *od* imbottito
caldero (m) de hierro embutido

---

5 Traggabel (f)
ladle carrier
fourche (f) *ou* griffe (f) à poche de coulée

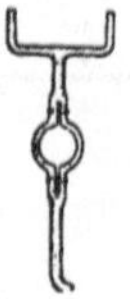

ухватъ (m); вилы (f pl) для переноски
forchetta (f), portante (m)
horquilla (f) portacuchara *ó* portacaldero, maneral (m)

---

6 fahrbare Pfanne (f)
ladle on wheels, travelling ladle, ladle car
poche (f) roulante

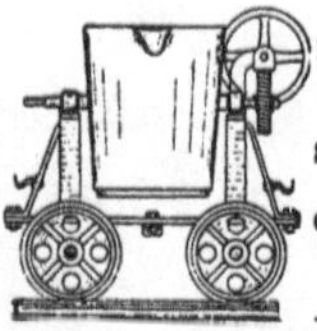

передвижной ковшъ (m); ковшъ на телѣжкѣ
siviera (f) girevole su carrello
caldero (m) montado sobre ruedas

---

7 Standpfanne (f)
fixed ladle
poche (f) fixe

неподвижный ковшъ (m)
siviera (f) fissa
caldero (m) fijo

---

8 Kranpfanne (f)
crane ladle
poche (f) de grue

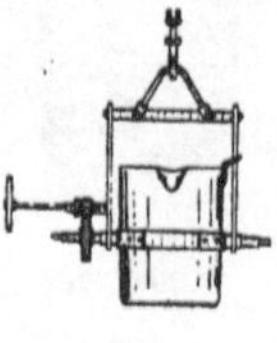

ковшъ (m), подвѣшиваемый къ крану
siviera (f) per gru
caldero (m) de grúa

| | | | |
|---|---|---|---|
| Gabelkranpfanne (f)<br>hand tipping crane ladle<br>poche (f) de grue à fourche | 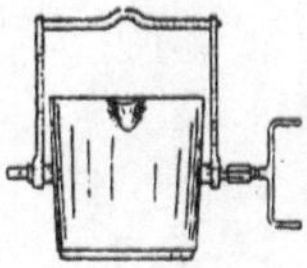 | ковшъ (m) съ цапфами, подвѣшиваемый къ крану<br>siviera (f) per gru con portante<br>caldero (m) de grúa con horquilla | *1* |
| Pfannenbügel (m)<br>ladle support *or* handle, ladle hangers<br>étrier (m) de la poche | 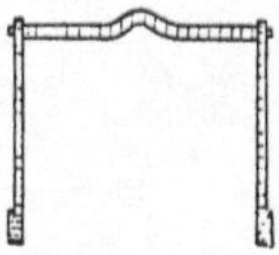 | подвѣсная скоба (f) для ковша; бугель (m) для подвѣски ковша<br>staffa (f) *o* bilanciere (m) per siviera<br>estribo (m) del caldero | *2* |
| die Pfanne anwärmen (v)<br>to heat the ladle<br>chauffer (v) la poche | | подогрѣ-ть (-вать) ковшъ<br>asciugare (v) la siviera<br>calentar (v) el caldero | *3* |
| die Pfanne kippen (v)<br>to tip the ladle<br>verser (v) *ou* faire basculer (v) la poche | 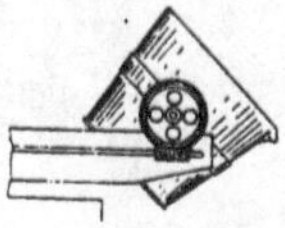 | повернуть (поворачивать) ковшъ; наклон-ить (-ять) ковшъ<br>rovesciare (v) la caldaia<br>volcar (v) el caldero | *4* |
| Handkippvorrichtung (f)<br>hand tipping mechanism<br>dispositif (m) pour verser à la main |  | приспособленіе (n) для наклоненія *или* для поворачиванія отъ руки<br>apparecchio (m) per versare a mano<br>disposición (f) para verter á mano | *5* |
| Gießkran (m) mit selbsttätiger Kippvorrichtung<br>foundry crane with automatic tipping device<br>grue (f) de coulée à [dispositif de] bascule *ou* renversement automatique | 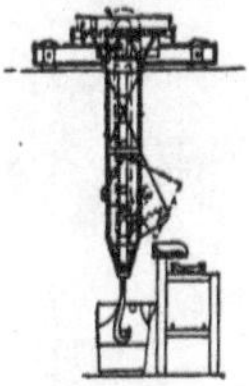 | кранъ (m) для литейнаго ковша съ автоматическимъ опрокидывателемъ *или* съ самодѣйствующимъ приспособленіемъ для поворачиванія<br>gru (f) da fonderia con dispositivo di rotazione automatico<br>grúa (f) de colada con disposición automática de báscula | *6* |
| Pfannenführung (f)<br>ladle guide<br>guidage (m) de la poche | 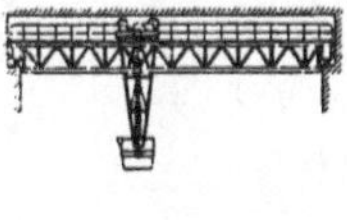 | направляющія (f pl) ковша; направленіе (n) ковша<br>guida (f) per la secchia<br>guia (f) del crisol | *7* |

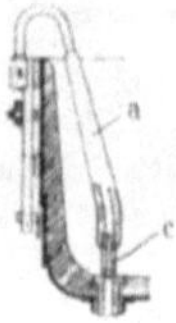


1 Auslaß (m)
ladle pouring appliance
orifice (f) *ou* siège (m) de coulée

выпускное отверстіе (n)
scaricatore (m)
agujero (m) de caldero

---

2 Ventilstange (f)
sleeve *or* stopper rod
quenouille (f), tige (f) de bouchon

a

тяга (f) стопорнаго аппарата
colonnetta (f) del tappo
varilla (f) de tapón

---

3 Stopfen (m)
stopper plug, stopper head
tampon (m), bouchon (m), bobèchon (m)

c

пробка (f)
tappo (m)
tapón (m)

---

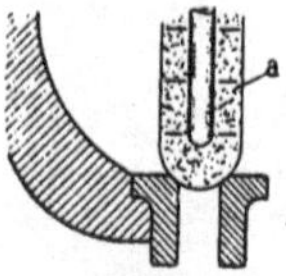


4 feuerfeste Hülse (f)
sleeve
gaine (f) *ou* tube (m) réfractaire

a

огнеупорная втулка (f)
tubo (m) refrattario
tubo (m) refractario

---

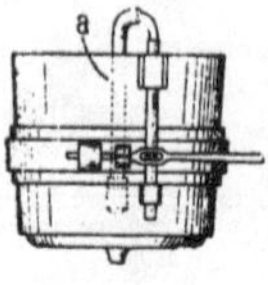


5 Stopfenhebevorrichtung (f)
stopper lifting device
mécanisme (m) de commande de la quenouille

a

приспособленіе (n) для передвиженія пробки
apparecchio (m) di manovra del tappo
mecanismo (m) de la varilla de tapón

---

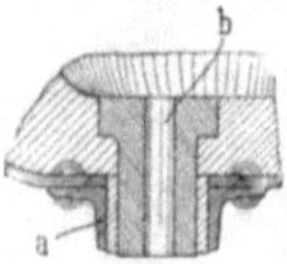


6 Ausflußöffnung (f)
nozzle, teeming nozzle
orifice (m) *ou* siège (m) de coulée

выпускное отверстіе (n)
foro (m) di colata
agujero (m) de la busa de colada

---

7 Auslaßstutzen (m)
nozzle box
tubulure (f) de coulée

a

выпускной патрубокъ (m)
tubo (m)
busa (f), tubo (m) de colada

---

8 gebrannte Hülse (f)
nozzle brick sleeve
tube (f) réfractaire

b

обожжённая огнеупорная втулка (f)
involucro (m) *o* tubo (m) refrattario
envoltura (f) refractaria del tubo

**Gießen des Eisens**
**Casting of the Iron**
**Coulée de la fonte**
**Литье *или* отливка желѣза**
**Colata della ghisa** 1
**Colada de la fundición**

das Eisen abfangen (v)
to tap the iron
recevoir (v) la fonte
принимать *или* улавливать вытекающее желѣзо
prendere (v) la ghisa 2
recibir (v) la fundición

---

unruhig flackern (v)
to flare
vaciller (v)
колебаться
vacillare (v), barcollare (v) 3
vacilar (v), llamear (v)

---

das Eisen vergießen (v)
to cast the iron
couler (v) en moules
проливать желѣзо
colare (v) o gettare (v) nelle forme 4
colar (v) en moldes

---

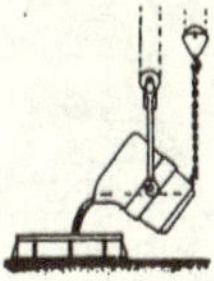

durch Kippen aus der Schnauze gießen (v)
to cast over the lip by tipping
faire basculer (v) pour couler le métal par le bec
опрокидывая, лить черезъ носъ ковша
far colare (v) dal becco rovesciando 5
derramar (v) basculando por el pico

---

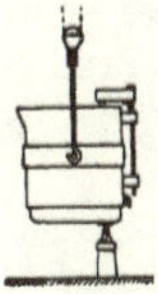

durch den Stopfen gießen (v)
to cast through the plug hole
couler (v) par la quenouille
лить черезъ спускное отверстie
colare (v) dal tappo 6
colar (v) por el agujero de colada

---

a

Krampstock (m)
skimmer
écumoir (m)
клюшка (f)
schiumaiuola (f) (per togliere la scoria) 7
espumadera (f)

---

b

Schaum (m)
skum, kish
écume (f)
пѣна (f)
schiuma (f), scoria (f) 8
espuma (f)

| | | | |
|---|---|---|---|
| 1 | spratzen (v)<br>to spurt, to spit<br>cracher (v) | 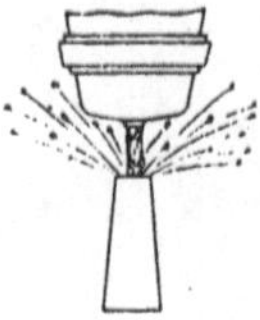 | давать брызги<br>scintillare (v), spruzzare (v)<br>chisporrotear (v) |
| 2 | Gießtemperatur (f)<br>casting temperature<br>température (f) de coulée | | температура (f) литья<br>temperatura (f) di fusione<br>temperatura (f) de colada |
| 3 | von zwei Seiten gießen (v)<br>to cast from two sides<br>couler (v) de deux côtés | 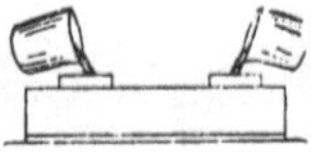 | лить съ двухъ сторонъ<br>colare (v) o gettare (v) da due lati<br>colar (v) de los dos lados |
| 4 | die Form füllen (v)<br>to fill the mould<br>remplir (v) le moule | | заполн-ить (-ять) форму<br>riempire (v) la forma<br>llenar (v) el molde |
| 5 | aufsteigender Guß (m)<br>bottom casting<br>coulée (f) en source | 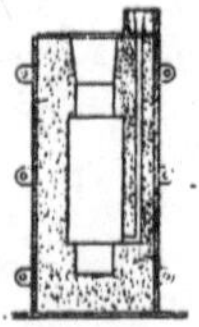 | отливка (f) восходящей струёй<br>colata (f) a sifone<br>colada (f) por el fondo |
| 6 | Tangentialguß (m)<br>tangential casting<br>coulée (f) tangentielle | 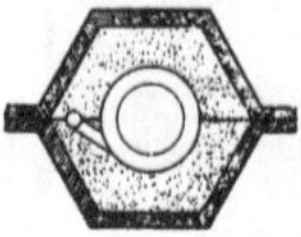 | тангенціальная отливка (f); отливка по касательной<br>colata (f) tangenziale<br>colada (f) tangencial |
| 7 | Zentrifugalguß (m)<br>centrifugal casting<br>coulée (f) [par la force] centrifuge | | центробѣжная отливка (f)<br>colata (f) [a forza] centrifuga<br>colada (f) centrífuga |
| 8 | aufrecht gießen (v)<br>top casting<br>couler (v) debout | | отли-ть (-вать) вертикально<br>colare (v) in piedi<br>colar (v) de pie |
| 9 | Treiben (n) des Eisens<br>rising of the iron in the mould<br>remontée (f) de la fonte | | вырастаніе (n) желѣза (отливки)<br>trasudamento (m) della ghisa<br>ascenso (m) de la fundición |
| 10 | Senkung (f) des Metallspiegels, Meniskus (m)<br>kick<br>ménisque (m), forme (f) concave de la surface |  a | менискъ (m)<br>menisco (m) della ghisa<br>menisco (m), concavidad (f) de la superficie |

| | | | |
|---|---|---|---|
| Spiel (n) des Eisens<br>surface play of iron<br>miroitement (m) de la fonte | | игра (f) отливки<br>giuoco (m) della ghisa<br>reverberación (f) de la fundición | 1 |
| Häutchen (n), Oxydhäutchen (n)<br>pellicle of oxygen<br>pellicule (f) d'oxyde | | слой (m) окиси<br>pellicola (f) d'ossido<br>película (f) de óxido | 2 |
| Wanze (f)<br>blisters (pl)<br>pustule (f), poquette (f) | | желѣзный клопъ (m)<br>ruvidezza (f)<br>verruga (f) | 3 |
| Druse (f)<br>hollow druse<br>trou (m) | | друза (f); пустота (f)<br>foro (m)<br>agujero (m) | 4 |
| höckerartige Ausscheidung (f)<br>humpy separation<br>peau (f) de crapaud | | комковатое *или* бородавкообразное выдѣленіе (n)<br>superficie (f) scabra<br>ampollas (f pl) formadas por el desprendimiento de gases | 5 |
| Aufstreuen (n) von Sand<br>sand filling<br>saupoudrer (v) avec du sable | | посыпаніе(n) пескомъ; насыпаніе (n) песку<br>coprire (v) con sabbia<br>echar (v) arena | 6 |
| Lungern (n), Saugen (n)<br>piping<br>retassement (m), ravalement (m) |  | образованіе (n) усадочныхъ раковинъ<br>ritiro (m)<br>grieta (f), crica (f) | 7 |
| Seigerungserscheinung (f), Saigerungserscheinung (f)<br>segregation, liquation<br>phénomène (m) de liquation *ou* de ségrégation | 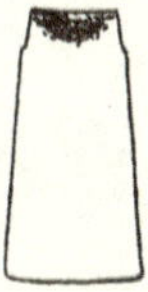 | явленіе (n) зейгированія *или* ликваціи; [фиг.:] сегрегація (f)<br>fenomeno (m) di separazione, liquazione (f)<br>fenómeno (m) de licuación | 8 |
| seigern (v), saigern (v)<br>to segregate<br>se séparer (v) | | зейгировать; выдѣлять сплавы<br>separarsi (v)<br>separarse (v) | 9 |
| ausgeseigerter Tropfen (m)<br>segregated *or* liquated portion<br>gouttelette (f) séparée par liquation | | зейгированная капля (f)<br>goccia (f) segregata<br>gota (f) ó gotera (f) segregada (por licuación) | 10 |
| Lunker (m)<br>pipe, funnel<br>retassement (m), retassure (f), cavité (f) | 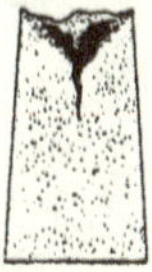 | усадочная раковина (f)<br>risucchio (m), soffiatura (f)<br>cavidad (f), grieta (f)<br>desoldadura (f) | 11 |

| | | | |
|---|---|---|---|
| 1 | Hohlraum (m)<br>space cavity, blow hole<br>cavité (f) | | пустота (f)<br>cavità (f)<br>cavidad (f) |
| 2 | Blase (f), Gasblase (f)<br>blister<br>soufflure (f) |  | пузырь (m); газовый пузырь<br>soffiatura (f)<br>burbuja (f) |
| 3 | blasiger Stahl (m)<br>blister steel<br>acier (m) souffleux *ou* à soufflures |  | пузырчатая сталь (f)<br>acciaio (m) soffiato<br>acero (m) con burbujas |
| 4 | löcherig (adj)<br>honeycombed (adj), blown hollow (adj)<br>caverneux (adj) | | ноздреватый<br>cavernoso (agg)<br>poroso (adj) |
| 5 | durchwachsen (adj)<br>non homogeneous (adj)<br>traversé (adj), non homogène (adj) | | зарости, заростать; прорости, проростать<br>non omogeneo (agg)<br>no homogéneo (adj) |
| 6 | entweichendes Gas (n)<br>escaping gas, evolved gas<br>gaz (m) se dégageant | | улетучивающійся газъ (m)<br>gas (m) sviluppato<br>gas (m) que escapa |
| 7 | eingeschlossenes Gas (n)<br>occluded gas<br>gaz (m) inclus *ou* enfermé *ou* emprisonné | | включённый газъ (m)<br>gas (m) occluso<br>gas (m) aprisionado *ó* encerrado |
| 8 | lockere Stelle (f)<br>occlusion, starved portion of cast with insufficient metal<br>partie (f) peu dense | | рыхлое мѣсто (n)<br>parte (f) spugnosa<br>parte (f) suelta *ó* poco densa |
| 9 | gesunde Stelle (f)<br>sound part<br>partie (f) saine | | крѣпкое *или* цѣлое мѣсто (n)<br>parte (f) sana<br>parte (f) sana |
| 10 | schlackenhaltig (adj)<br>containing slag<br>contenant des scories | | содержащій шлаки<br>contenente (agg) delle scorie<br>conteniendo *ó* que contiene escorias |
| 11 | schlackenfrei (adj)<br>free (adj) from slags<br>exempt (adj) de scorie | | не содержащій шлаковъ<br>esente (agg) da scorie<br>exento (adj) de escorias, sin escorias |
| 12 | angelaufen (adj), oxydiert (adj)<br>blued (adj), oxidized (adj)<br>oxydé (adj) | | побѣжалый; окисленный<br>ossidato (agg)<br>azulado (adj), oxidado (adj) |

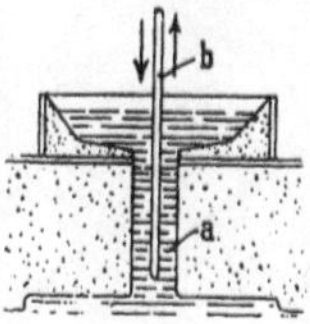


pumpen (v)
to stir vertically, to prick the molten metal
pomper (v)

высосать, высасывать; выкачать, выкачивать
pompare (v)
agujerear (v) 1

---

Pumpensteiger (m)
venting channel
canal (m) de pompage

a

водонапорный каналъ (m); водонапорная труба (f)
canale (m) di pompa
canal (f) de agujerear 2

---

Pumpenstock (m)
pricker, stirring rod
baguette (f) de pompage

b

штанга (f) насоса
barra (f) per pompare
varilla (f) de agujerear 3

---

nachfüllen (v)
to fill up
remplir (v), additionner (v)

пополн-ить (-ять)
riempire (v)
llenar (v) 4

---

ferrostatischer Druck (m)
ferrostatical pressure
pression (f) ferrostatique

ферростатическое давленie (n)
pressione (f) ferrostatica
presión (f) ferrostática 5

---

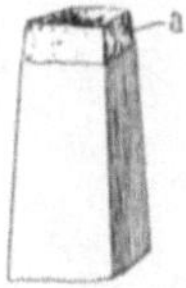


verlorener Kopf (m)
discard *or* dead head, lost head
jet (m), masselotte (f), tête (f) perdue

a

прибыль (f)
massellotta (f)
mazalote (f) 6

---

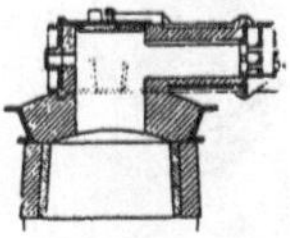

Heizen (n) des Blockkopfes
heating of the head
chauffage (m) de la tête du lingot

нагрѣванie (n) верхней части болванки
riscaldamento (m) del getto
calentamiento (m) de la cabeza del lingote 7

---

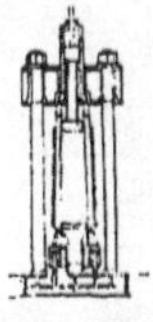

Dichtung (f), Dichtmachen (n)
compression
compression (f)

уплотненie (n)
compressione (f)
compresión (f) 8

---

Gußblock (m), [Ingot (m)]
ingot
lingot (m)

слитокъ (m); [неправильно:] болванка (f)
lingotto (m)
lingote (m) 9

1 abstehen lassen (v)
to quiet
laisser (v) se calmer *ou* se reposer
дать отстояться
lasciar (v) riposare
dejar reposar (v)

2 Erstarren (n)
solidification, setting, freezing (A*)
solidification (f)
застываніе (n)
solidificazione (f)
solidificación (f)

3 Abkühlung (f), Abkühlen (n)
cooling down
refroidissement (m)
охлажденіе (n)
raffreddamento (m)
enfriamiento (m)

4 Abkühlungsfläche (f)
cooling *or* refrigeration surface
surface (f) de refroidissement
поверхность (f) охлажденія
superficie (f) di raffreddamento
superficie (f) de enfriamiento

5 glühend bleiben (v)
to remain red hot
rester (v) rouge
остаться раскалённымъ
restare (v) rosso
quedar (v) rojo

6 Kruste (f)
crust
croûte (f)
корка (f)
crosta (f)
costra (f)

7 Schwindung (f)
contraction
contraction (f), retrait (m)
усадка (f)
contrazione (f)
contracción (f)

8 Außenhaut (f), Gußhaut (f), Haut (f)
skin
croûte (f) de la fonte
плёнка (f); кора (f)
crosta (f) della ghisa
costra (f) de la fundición

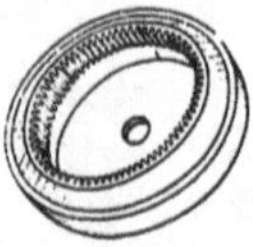

9 **Abguß, Gußstück**
**Casting**
**Moulage, pièce de fonte**
**Отливка**
**Pezzo fuso**
**Pieza de fundición**

10 Übermaß (n)
overmeasure, surplus, measure
tolérance (f), surépaisseur (f)
придатокъ (m); увеличенный размѣръ (m)
aggiuntaggio (m)
tolerancia (f), sobreespesor (m)

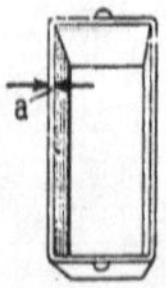


11 dünnwandiger Eisenguß (m)
thin walled casting
pièce (f) de fonte à parois minces
тонкостѣнная чугунная отливка (f)
pezzo (m) di ghisa sottile
pieza (f) de fundición de poco espesor

12 Eisenstärke (f)
wall thickness of the casting
épaisseur (f) de fonte
a
толщина (f) желѣзныхъ стѣнокъ
spessore (m) di ghisa
espesor (m) de fundición

* A = americanism

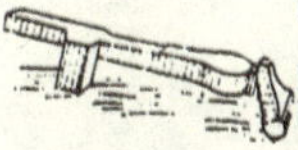

Vollguß (m), volles Gußstück (n)
solid casting
pièce (f) de fonte pleine *ou* massive

полная *или* цѣльная отливка (f)
pezzo (m) massiccio 1
pieza (f) de fundición maciza

---

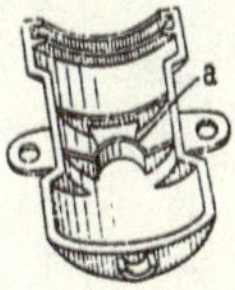

Hohlguß (m)
hollow casting
pièce (f) de fonte creuse, moulage (m) creux

полая *или* пустотѣлая отливка (f)
pezzo (m) vuoto 2
pieza (f) de fundición hueca

---

gewundener, verzettelter Hohlraum (m)
serpiginous hollow
moulage (m) creux compliqué

n

извилистая пустота (f)
vuoto (m) sagomato 3
pieza (f) hueca complicada

---

Sandguß (m)
sand casting
moulage (m) *ou* coulée (f) en sable

отливка (f) въ пескѣ
pezzo (m) colato in sabbia 4
colada (f) *ó* fundición (f) en arena

---

Masseguß (m)
dry sand casting
moulage (m) en terre

отливка (f) въ массу
pezzo (m) colato in argilla 5
colada (f) *ó* fundición (f) en tierra

---

Lehmguß (m)
loam casting
moulage (m) en argile

отливка (f) въ глинѣ; глиняная отливка
pezzo (m) colato fermo in terra 6
colada (f) *ó* fundición (f) en arcilla

---

Schalenguß (m)
chill casting
moulage (m) en coquille

отливка (f) въ изложницахъ; кокильная отливка
pezzo (m) colato in conchiglia 7
colada (f) *ó* fundición (f) en coquilla *ó* molde metálico

---

Formguß (m)
mould casting
moulage (m) en châssis

формовочная отливка (f)
pezzo (m) formato nella staffa 8
colada (f) *ó* fundición (f) en molde

---

Maschinenguß (m)
machine casting
moulage (m) pour pièces de machine

машинное литьё (n); машинная отливка (f)
ghisa (f) per pezzi di macchine 9
fundición (f) para piezas de máquinas

---

Bauguß (m)
structural casting
moulage (m) de construction

строительное литьё (n)
ghisa (f) da costruzioni 10
piezas (f pl) de fundición para construcciones

1 Röhrenguß (m)
tube casting
moulage (m) de tuyaux
отливка (f) трубъ
ghisa (f) da tubi
fundición (f) para tubería

---

2 Stahlformguß (m)
steel casting
moulage (m) d'acier, acier (m) moulé en châssis
фасонное стальное литьё (n); фасонная стальная отливка (f)
getto (m) d'acciaio
acero (m) colado (en marcos)

---

3 aus Stahl gegossen (adj)
steel cast (adj)
coulé (adj) en acier
отлитый изъ стали
colato (agg) in acciaio
colado (adj) en acero *ó* de acero colado

---

4 weicher Stahlguß (m)
soft cast steel, mild steel
moulage (m) en acier doux
мягкое стальное литьё (n); мягкая стальная отливка (f)
acciaio (m) colato dolce
acero (m) colado dulce

---

5 harter Stahlguß (m)
hard cast steel
moulage (m) d'acier dur
твёрдое стальное литьё (n); твёрдая стальная отливка (f)
acciaio (m) colato duro
acero (m) colado duro

---

6 glashart (adj)
glass hard (adj)
dur (adj) comme le verre
твёрдости стекла
duro (agg) come il vetro
duro (adj) como el vidrio

---

7 weißstrahlige Hartgußkruste (f)
hard white crust *or* skin with radiated structure
croûte (f) dure à texture blanche rayonnante
бѣлолучистая кора (f) твёрдой *или* закалённой *или* отбѣленной отливки
crosta (f) dura a sezione bianca raggiante
capa (f) *ó* costra (f) de fundición dura de estructura blanca radiada

---

8 Gußspannung (f)
casting stress
tension (f) de coulée
напряженіе (n) въ отливкѣ
tensione (f) di colata
tensión (f) de colada

---

9 Biegespannung (f)
bending stress
tension (f) de pliage
напряженіе (n) при изгибѣ *или* отъ изгиба
tensione (f) di flessione
tensión (f) de flexión

---

10 innere Spannung (f)
internal stress
tension (f) interne
внутреннее напряженіе (n)
tensione (f) interna
tensión (f) interna

---

11 der Guß mißlingt
the casting fails
la coulée ne réussit pas
отливка (f) не удаётся
la colata è mancata, il pezzo è scarto
la colada fracasa *ó* sale mal

Fehlguß (m), Wrackguß (m), Kaltguß (m), Ausschuß (m)
spoiled casting
pièce (f) manquée, moulage (m) froid, rebut (m)
холодная отливка (f)
pezzo (m) scarto 1
pieza (f) defectuosa

**Putzerei**
**Cleaning Shop**
**Atelier d'ébarbage**
**Отдѣлочная**
**Officina di sbavatura** 2
**Taller de rebarbado**

Putzer (m)
cleanser
ébarbeur (m)
чистильщикъ (m)
sbavatore (m) 3
rebarbador (m)

Putzstück (n)
piece to be cleaned
pièce (f) à ébarber
очищаемый предметъ (m); предметъ, предназначенный для чистки 4
pezzo (m) sbavato
pieza (f) para rebarbar

den Guß putzen (v)
to clean the casting
nettoyer (v) les moulages, ébarber (v)

чистить *или* отдѣлать отливку
pulire (v) il pezzo, sbavare (v) 5
limpiar (v) la pieza de fundición

die Gußnaht entfernen (v)
to remove the seam or burr
enlever (v) les bavures de joint
снять *или* сгладить швовъ отливки
togliere (v) la sbavatura 6
quitar (v) la rebarbas de junta

Grat (m)
seam, juncture, burr
arête (f), bavure (f)
заусенцы (mpl); гратъ (m)
scalpello (m) 7
arista (f)

Kruste (f)
crust
croûte (f)
корка (f)
crosta (f) 8
costra (f)

Oberflächenkruste (f)
surface crust
croûte (f) superficielle
поверхностная корка (f)
crosta (f) superficiale 9
costra (f) superficial

Gußfehler (m)
flaw in the casting
défaut (m) de coulée
порокъ (m) *или* изъянъ (m) отливки
difetto (m) di fusione 10
defecto (m) de colada

oberflächlicher Fehler (m)
surface defect
défaut (m) de surface
порокъ (m) *или* изъянъ (m) на поверхности 11
difetto (m) superficiale
defecto (m) superficial

| | | | |
|---|---|---|---|
| 1 | fehlerfrei (adj)<br>faultless (adj)<br>sain (adj), exempt (adj) de défaut | | безупрѣчный; безъ изъяна<br>sano (agg)<br>sano (adj), sin falta |
| 2 | Gußnarbe (f)<br>fault, flaw<br>balafre (f), défaut (m) | | рубецъ (m) на поверхности отливки<br>difetto (m)<br>darta (f), defecto (m) |
| 3 | Unebenheit (f)<br>unevenness, roughness<br>inégalité (f) de surface, aspérités (f pl) | | шероховатость (f)<br>piano (m) ineguale<br>asperezas (f pl) |
| 4 | Gußschaden (m)<br>defective casting<br>défectuosité (f) de la fonte | | порча (f) *или* бракъ (m) при отливкѣ<br>difetto (m) di ghisa<br>defecto (m) de la fundición |
| 5 | anhaftender Formstoff (m)<br>adhering moulding sand *or* material<br>sable (m) de moulage adhérent | | приставшій формовочный матеріалъ (m)<br>sabbia (f) da formare aderente<br>arena (f) del molde adherida |
| 6 | eingebrannter Sand (m)<br>burnt sand<br>sable (m) incrusté | | пригорѣвшій песокъ (m)<br>sabbia (f) bruciata<br>arena (f) incrustada |
| 7 | Sandkruste (f)<br>sand skin<br>croûte (f) de sable | | корка (f) песку<br>crosta (f) di sabbia<br>costra (f) de arena |
| 8 | Rauhigkeit (f)<br>roughness<br>rugosité (f) | | шероховатость (f)<br>superficie (f) ineguale<br>rugosidad (f) |
| 9 | Putzwerkzeug (n)<br>cleansing tool<br>outil (m) d'ébarbage | | инструментъ (m), служащій для чистки отливокъ<br>arnese (m) per sbavare<br>herramienta (f) de rebarbado |
| 10 | Gußputzbürste (f)<br>brush<br>brosse (f) à nettoyer | | щётка (f) для чистки отливокъ<br>spazzola (f) per sbavare<br>escobilla (f), cepillo (m) |
| 11 | Gußstahldrahtbürste (f) mit Handgriff<br>cast steel wire brush with handle<br>brosse (f) à main en fil d'acier | 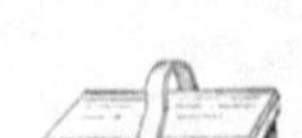 | стальная проволочная щётка (f) для чистки отливокъ съ ручкою<br>spazzola (f) a mano in filo d'acciaio<br>escobilla (f) de alambre de acero con mango |
| 12 | Drahtbürste (f) mit Gurt<br>wire brush with strap<br>brosse (f) en fil de fer à bride |  | проволочная щётка (f) съ пояскомъ<br>spazzola (f) in filo di ferro a striglia<br>escobilla (f) de alambre con asa de cuero |

Bürste (f) mit Bart
brush with side, groove brush
brosse (f) avec barbe

проволочная щётка (f) съ бородкой
spazzola (f) a barba
cepillo (m) para aristas ó con barba 1

---

doppelter Schrubber (m) aus Draht
double scrubber of wire
grattoir (m) double en fil d'acier

двусторонняя проволочная щётка-кисть (f); проволочная щётка въ видѣ двусторонней кисти; двусторонній кистеобразный скребокъ (m) изъ проволоки 2
spazzola (f) doppia in filo d'acciaio
escobilla (f) ó grata (f) doble de alambre

---

Zirkelgußputzbürste(f)
circular brush
queue (f) de rat pour fontes

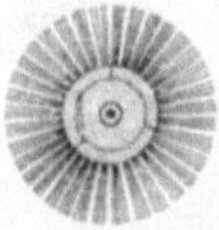

щётка (f) круглой формы для чистки литья; дисковая щётка для чистки отливокъ 3
spazzola (f) circolare
grata (f) ó cepillo (m) circular para limpiar fundición

---

Preßlufthammer (m)
pneumatic hammer
marteau (m) pneumatique

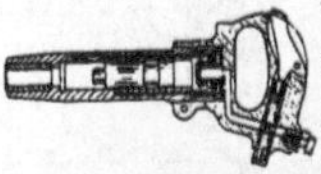

пневматическій молотокъ (m)
martello (m) pneumatico 4
martillo (m) neumático

---

Gußfeile (f)
file
lime (f) à fonte

напильникъ (m) *или* напилокъ (m) *или* подпилокъ (m) для чистки отливокъ 5
lima (f)
lima (f)

---

Feilenverbrauch (m)
consumption of files
consommation (f) de limes

расходъ (m) напильниковъ; изнашиваніе (n) подпилковъ
consumo (m) delle lime 6
consumo (m) de limas, desgaste (m) de las limas

---

Putzmittel (n)
cleansing material
matières (f pl) pour l'ébarbage *ou* le nettoyage

вещество (n) для чистки
materiale (m) per sbavare 7
material (m) de limpiar

---

Gußschrot (n)
iron shot, casting scrap
grenaille (f) de fonte

дробь (f), служащая для чистки отливокъ 8
grana (f) di ghisa
granalla (f) de fundición

| | | | |
|---|---|---|---|
| 1 | Putzmaschine (f)<br>cleansing machine<br>machine (f) d'ébarbage *ou* de nettoyage | | отдѣлочный станокъ (m); машина (f) для чистки<br>macchina (f) per sbavare<br>máquina (f) para limpiar |
| 2 | schleifen (v)<br>to smooth, to grind<br>meuler (v) | | шлифовать<br>arruotare (v), affilare (v)<br>afilar (v), esmerilar (v), pulir (v) |
| 3 | Schleifstuhl (m)<br>grinding bench<br>machine (f) à meuler |  | шлифовальный станокъ (m)<br>macchina (f) da affilare<br>máquina (f) de afilar ó esmerilar |
| 4 | Schmirgelscheibe (f)<br>emery disc *or* wheel<br>meule (f) à émeri | 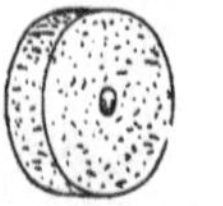 | наждачный кругъ (m)<br>mola (f) a smeriglio<br>muela (f) de esmeril |
| 5 | Schutzhaube (f)<br>protecting cap *or* cover<br>enveloppe (f) de protection | 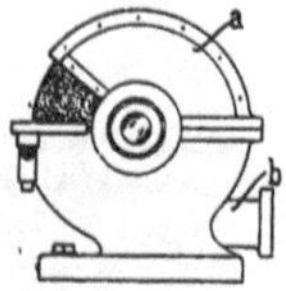<br>a | предохранительный кожухъ (m)<br>copertura (f), guardia (f)<br>cubierta (f) protectora |
| 6 | Absaugerohr (n)<br>suction pipe<br>tuyau (m) d'aspiration | b | отсасывающая труба (f)<br>tubo (m) d'aspirazione<br>tubo (m) de aspiración |
| 7 | hängende Schleifmaschine (f)<br>overhead grinding machine<br>machine (f) à meuler suspendue | 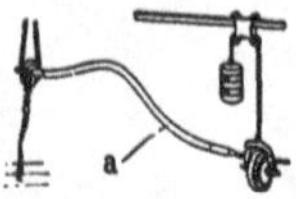 | подвѣсный шлифовальный станокъ (m)<br>macchina (f) da spianare sospesa<br>máquina (f) de afilar suspendida |
| 8 | biegsame Welle (f)<br>flexible shaft<br>arbre (m) flexible | a | гибкій валъ (m)<br>albero (m) flessibile<br>eje (m) flexible |
| 9 | Sandstrahlgebläse (n)<br>sand blast apparatus<br>machine (f) à jet de sable |  | пескоструйный аппаратъ (m)<br>macchina (f) a getto di sabbia<br>soplador (m) de chorro de arena |
| 10 | Strahlrohr (n)<br>nozzle<br>lance (f) à jet de sable | a | пескоструйная труба (f)<br>tubo (m) a getto<br>lanza (f) del chorro de arena |

| | | | |
|---|---|---|---|
| drehbarer Tisch (m)<br>turntable<br>plateau (m) tournant, table (f) tournante | | поворотный столъ (m)<br>piatto (m) girevole<br>mesa (f) giratoria | *1* |
| Putzscheuertrommel (f), Rollfaß (n)<br>cleansing drum<br>tambour (m) *ou* trommel (m) de nettoyage | 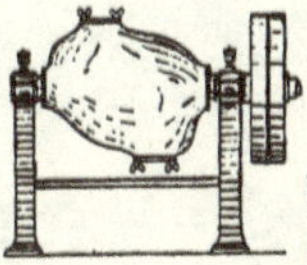 | вращающійся барабанъ (m); вращающаяся бочка (f); отдѣлочный барабанъ; барабанъ для чистки отливокъ<br>tamburo (m) per togliere la sabbia<br>tambor (m) para la limpieza | *2* |
| tragbare Putzmühle (f)<br>portable cleansing mill<br>moulin (m) de nettoyage transportable | | переносный вращающійся барабанъ (m); переносная вращающаяся бочка (f); переносный отдѣлочный барабанъ<br>mola (f) trasportabile<br>molino (m) de limpieza transportable | *3* |
| Kaltsägemaschine (f)<br>cold saw<br>scie (f) à froid |  | пила (f) для холодной распиловки<br>sega (f) a freddo<br>sierra (f) en frio | *4* |
| Blattsäge (f)<br>band saw<br>scie (f) alternative, scie (f) à lame | | ленточная пила (f)<br>sega (f) alternativa<br>sierra (f) alternativa, sierra (f) de hojas ó de láminas | *5* |
| Sägebogen (m)<br>saw frame *or* bow<br>cadre (f) de scie | a | лучокъ (m) пилы<br>telaio (m) della sega<br>bastidor (m) de sierra | *6* |
| Sägeblatt (n)<br>saw blade, saw web<br>lame (f) de scie | b | пильный листъ (m); пильная лента (f); полотно (n) пилы<br>lama (f) di sega<br>hoja (f) de sierra | *7* |
| Nachreinigung (f)<br>further cleansing<br>nettoyage (m) supplémentaire | | подчистка (f); отдѣлка (f)<br>pulitura (f) supplementare<br>limpieza (f) suplementaria | *8* |
| mit Säure beizen (v)<br>to pickle<br>décaper (v) à l'acide | | травить [отливку] кислотою<br>pulire (v) con acido<br>desoxidar (v) por medio del ácido | *9* |
| Säurebad (n)<br>acid bath, pickle<br>bain (m) d'acide | | кислотная ванна (f)<br>bagno (m) d'acido<br>baño (m) de ácido | *10* |

| | | |
|---|---|---|
| 1 | sauber (adj)<br>clean (adj)<br>propre (adj), net (adj) | чистый<br>pulito (agg)<br>limpio (adj) |
| 2 | die Gußlöcher verstopfen (v)<br>to fill up the casting holes<br>boucher (v) les soufflures | задѣлка (f) отверстій въ отливкѣ<br>chiudere (v) le soffiature<br>tapar (v) las sopladuras |
| 3 | Spachtelfarbe (f)<br>spaddle<br>mastic (m) | шпаклёвка (f)<br>mastice (f)<br>mastic (m), masilla (f) |
| 4 | spachteln (v), verschmieren (v)<br>to fill up<br>mastiquer (v) | шпаклевать<br>mettere (v) del mastice<br>masillar (v), enmasillar (v) |

# XIV.

## Schmieden und Pressen
## Forging and Pressing
## Travail de forge et à la presse, forgeage

## Ковка и прессованіе
## Forgiatura e pressatura
## Forja y trabajo con la prensa, forjado

| | | | |
|---|---|---|---|
| **Hammeranlage, Hammerhütte**<br>**Forge *or* Hammer Shop**<br>**Atelier de forge** | | **Молотобойня; молотовая или молотобойная мастерская**<br>**Impianto per forgiatura**<br>**Taller de forja** | *1* |
| Wasserhammer (m)<br>hydraulic hammer<br>marteau (m) hydraulique | | гидравлическій молотъ (m)<br>martello (m) idraulico<br>martillo (m) hidráulico | *2* |
| Stielhammer (m)<br>shaft hammer<br>marteau (m) à levier *ou* à manche | | рычажный молотъ (m)<br>martello (m)<br>martillo (m) de palanca | *3* |
| Aufwerfhammer (m)<br>lift hammer, tilt hammer, helver, helve hammer<br>marteau (m) à soulèvement, maca (m) | 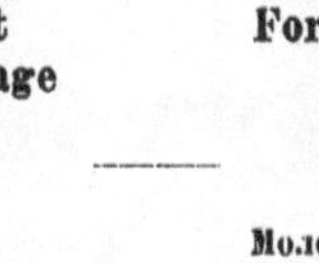 | молотъ (m) съ прямымъ ударомъ<br>martello (m) frontale<br>martillo (m) de palanca horizontal, martillo (m) rebotador | *4* |
| Hammerkopf (m), schmiedeiserner Kopf (m)<br>wrought iron head<br>tête (f) en fer forgé, frappe (f) en fer | a | желѣзный кованый боёкъ (m)<br>testa (f) *o* mazza (f) in ferro forgiato<br>cabeza (f) de hierro forjado | *5* |
| Stiel (m), Helm (m)<br>handle, shaft, helve<br>manche (f) | b | молотовище (n)<br>manico (m)<br>palanca (f) | *6* |

| | | | |
|---|---|---|---|
| 1 | Lagerbüchse (f)<br>bearing bush<br>boîte (f) à tourillon | c | подшипникъ (m)<br>cassetta (f) *o* scatola (f) del sopporto<br>casquillo (m) de cojinete |
| 2 | Büchsensäule (f)<br>bracket for bearing bush, journal<br>montant (m) *ou* châssis (m) du marteau | d | станина (f) молота<br>ritto (m) del sopporto<br>columna (f) *ó* bastidor (m) porta-cojinete |
| 3 | Schuh (m)<br>iron shoe<br>semelle (f) | e | основаніе (n) станины<br>base (f) del ritto del sopporto<br>zapata (f) |
| 4 | Daumentrommel (f)<br>tappet *or* cam drum<br>bague (f) à cames, tourniquet (m) | g | дискъ (m) *или* колесо (n) съ насаженными пальцами; барабанъ (m) съ насаженными лодыжками *или* кулаками<br>albero (m) a palmole<br>disco (m) de levas |
| 5 | Daumen (m), Hebekopf (m)<br>tappet, cam<br>came (f) | h | палецъ (m); лодыжка (f); кулакъ (m)<br>palmola(f), bocciolo(m)<br>leva (f) |
| 6 | Frosch (m)<br>cam shoe<br>sabot (m) de la came | i | деревянный башмакъ (m) пальца *или* лодыжки *или* кулака<br>zoccolo (m) della palmola<br>tope (m) de la leva |
| 7 | Prellung (f), Prellklotz (m), Reitel (m)<br>recoil, spring beam<br>billot (m), rabat (m) | 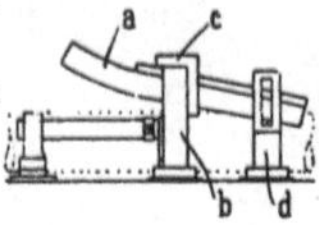<br>a | отбой (m)<br>trave (f) elastica<br>batidor (m), rebotador (m) |
| 8 | Reitelsäule (f)<br>rabbit stand<br>poupée (f) de rabat, ordon (m) | b | поддерживающія стойки (fpl) *или* станины (fpl)<br>cavalletto (m) per la trave elastica<br>batidor (m), columna (f) del batidor |
| 9 | Kopfplatte (f)<br>head plate, top plate<br>plaque (f) de tête, braie (f) | c | передняя стойка (f) *или* станина (f)<br>testata (f) del cavalletto<br>placa (f) de cabeza |
| 10 | Hintersäule (f)<br>rear stand<br>colonne (f) d'arrière | d | задняя стойка (f) *или* станина (f)<br>cavalletto (m) posteriore<br>columna (f) posterior |

| | | | |
|---|---|---|---|
| Schwanzhammer (m)<br>tail hammer<br>martinet (m) *ou* marteau (m) à queue |  | хвостовой молотъ (m); заднебойный молотъ<br>martello (m) ad altalena<br>martillo (m) de cola | 1 |
| Schwanz (m)<br>tail<br>queue (f) | a | хвостъ (m)<br>coda (f)<br>cola (f) | 2 |
| Wipphammer (m)<br>wipple hammer<br>martinet (m) à ressort |  | качающійся молотъ (m); рычажный молотъ съ ножнымъ приводомъ<br>maglio (m) a molle *od* a leva con molle<br>martillo (m) *ó* martinete (m) de resortes á pedal | 3 |
| Gleishammer (m), Rahmenhammer (m), Parallelhammer (m)<br>drop hammer<br>mouton (m), marteau (m) guidé |  | пестовой молотъ (m)<br>maglio (m) a caduta libera, martinetto (m) libero *o* parallelo<br>martillo (m) *ó* martinete (m) de caída libre | 4 |
| Reibungshammer (m)<br>friction hammer<br>marteau (m) à friction |  | фрикціонный молотъ (m); молотъ тренія<br>maglio (m) a frizione<br>martinete (m) de fricción | 5 |
| Reibungsrolle (f)<br>friction roll<br>rouleau (m) de friction | a | фрикціонный роликъ (m)<br>rullo (m) di frizione<br>rueda (f) de fricción, tambor (m) de fricción | 6 |
| Wickelhammer (m)<br>flexible belt drop stamp<br>mouton (m) à courroie | 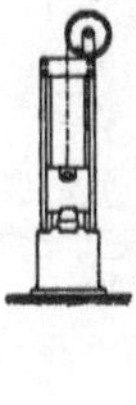 | молотъ (m) съ наматывающимъ барабаномъ<br>maglio (m) a cinghia, berta (f) a cinghia<br>martillo (m) de correa | 7 |

| | | | |
|---|---|---|---|
| 1 | Wickelrolle (f), Wickeltrommel (f)<br>winding drum<br>poulie (m) d'enroulement | 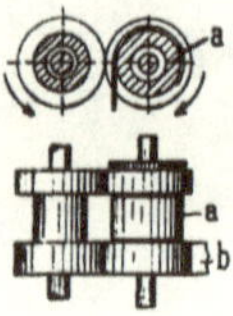<br><br>a | наматывающій роликъ (m); наматы ваюшій барабанъ (m)<br>rullo (m) *o* tambur( (m) d'avvolgimento<br>polea (f) *ó* tambor (m de enrollamiento |
| 2 | Backenbremse (f)<br>shoe brake<br>frein (m) à sabot | b | тормазъ (m) съ колод кой<br>freno (m) a ceppi<br>freno (m) de mordazas *ó* zapatas |
| 3 | Stangenreibhammer (m) mit Müllerschem Antrieb<br>drop stamp with Müller drive<br>marteau (m) à planche avec commande Müller | 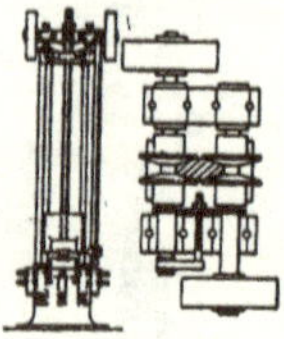 | фрикціонный молот (m) съ доской съ приводомъ Мюллера<br>maglio (m) *o* berta (f di frizione a tavola con comando sistema Müller<br>martillo (m) de caida por fricción de tabla con impulso sistema Müller |
| 4 | Dampfhammer (m)<br>steam hammer<br>marteau-pilon (m) à vapeur | | паровой молотъ (m)<br>maglio (m) a vapore<br>martillo (m) de vapor |
| 5 | Dampfhammer (m) mit feststehendem Zylinder<br>steam hammer with fixed cylinder<br>marteau-pilon (m) avec cylindre fixe |  | паровой молотъ (m) съ неподвижнымъ цилиндромъ<br>maglio (m) a vapore a cilindro fisso<br>martillo-pilón (m) con cilindro de vapor fijo |
| 6 | einfach wirkender Dampfhammer (m)<br>single acting steam hammer<br>marteau-pilon (m) à simple effet | | паровой молотъ (m) простого дѣйствія<br>maglio (m) a vapore a semplice effetto<br>martillo-pilón (m) de simple efecto |
| 7 | Dampfhammer (m) mit einseitigem *oder* C-förmigem Gestell<br>steam hammer with single standard, overhanging type steam hammer<br>marteau-pilon (m) avec montant en col de cygne, marteau-pilon (m) à simple jambage | 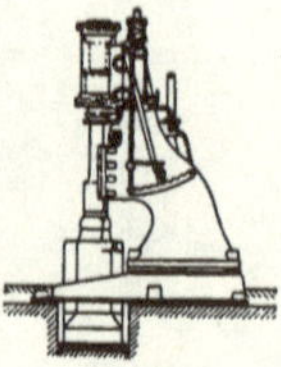 | паровой молотъ (m) съ односторонней станиной *или* C-образной станиной<br>maglio (m) a vapore ad un sol montante<br>martillo-pilón (m) á vapor de bastidor sencillo *ó* en forma de C |

| German / English / French | Fig. | Russian / Italian / Spanish | No. |
|---|---|---|---|
| Dampfstiefel (m), Dampfzylinder (m)<br>steam cylinder<br>cylindre (m) à vapeur | 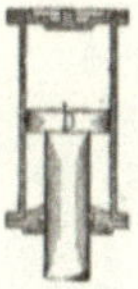 | паровой цилиндръ (m)<br>cilindro (m) del vapore<br>cilindro (m) de vapor | 1 |
| Hammerkolben (m)<br>hammer piston<br>piston (m) du marteau | b | поршень (m) молота<br>stantuffo (m) della mazza<br>émbolo (m) del martillo | 2 |
| Hammersteuerung (f)<br>hammer valve gear<br>distribution (f) du marteau | | парораспредѣленіе (n) молота<br>distribuzione (f) *o* comando (m) dell'inversione di marcia della mazza battente<br>distribución (f) del martillo | 3 |
| Kolbensteuerung (f), Steuerung (f) durch den Kolben<br>piston valve gear<br>distribution (f) par piston, admission (f) par piston | 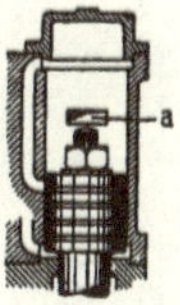 | поршневое парораспредѣленіе (n)<br>distribuzione (f) a [mezzo di] stantuffo<br>distribución (f) por el émbolo | 4 |
| Ausströmkanal (m)<br>exhaust port<br>lumière (f) *ou* ouverture (f) d'échappement | a | выпускной каналъ (m)<br>apertura (f) *o* finestra (f) di scappamento<br>canal (f) de escape | 5 |
| Schiebersteuerung (f)<br>slide valve gear<br>distribution (f) *ou* admission (f) par tiroir | 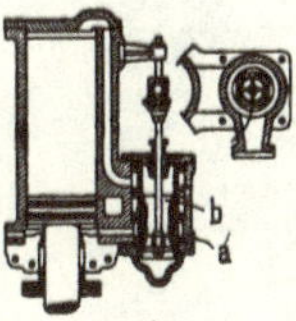 | золотниковое распредѣленіе (n); парораспредѣленіе круглыми золотниками<br>distribuzione (f) a cassetto cilindrico<br>distribución (f) por válvula corredera | 6 |
| Dampfeinlaßschieber (m)<br>admission valve, slide valve<br>tiroir (m) d'admission | | паровпускной золотникъ (m)<br>cassetto (m) d'ammissione del vapore<br>caja (f) *ó* válvula (f) corredera de admisión | 7 |
| Steuerkasten (m)<br>steam chest<br>boîte (f) de distribution | a | золотниковая коробка (f)<br>camera (f) di distribuzione<br>caja (f) de distribución | 8 |
| Steuerschieber (m)<br>operating valve, regulating slide valve<br>valve (f) d'admission | b | золотникъ (m)<br>cassetto (m) di distribuzione<br>distribuidor (m) | 9 |

1 Hahnsteuerung (f)
regulation by stop cock
distribution (f) par robinet
распредѣленіе (n) кранами
distribuzione (f) a robinetti
distribución (f) por grifos

---

2 Ventilsteuerung (f)
valve regulation
distribution (f) par soupape
клапанное распредѣленіе (n)
distribuzione (f) a valvola
distribución (f) por válvula

---

3 Handsteuerung (f)
hand regulation
distribution (f) à main
управленіе (n) отъ руки
distribuzione (f) a mano
distribución (f) á mano

---

4 Selbststeuerung (f)
automatic *or* self-regulation
distribution (f) automatique
самодѣйствующее *или* автоматическое управленіе (n)
distribuzione (f) automatica
distribución (f) automática

---

5 doppeltwirkender Dampfhammer (m)
double acting steam hammer
marteau-pilon (m) à vapeur à double effet
паровой молотъ (m) двойного дѣйствія
maglio (m) a vapore a doppio effetto
martillo-pilón (m) á vapor de doble efecto

---

6 Dampfhammer (m) mit Oberdampf
steam hammer admitting steam above the piston
marteau-pilon (m) à vapeur avec admission sur le piston

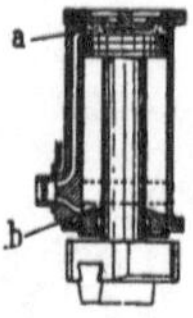


паровой молотъ (m) съ верхнимъ паромъ
maglio (m) a vapore con immissione superiore del vapore
martillo-pilón (m) á vapor con entrada de vapor por encima del émbolo

---

7 Oberdampf (m)
steam admitted above the piston
vapeur (f) admise audessus du piston
a
верхній паръ (m); паръ надъ поршнемъ
vapore (m) immesso superiormente
vapor (m) que entra por encima del émbolo

---

8 Unterdampf (m)
steam admitted below the piston
vapeur (f) admise audessous du piston
b
нижній паръ (m); паръ подъ поршнемъ
vapore (m) immesso inferiormente
vapor (m) que entra por debajo del émbolo

---

9 Kurbelhammer (m)
hammer operated by a crank
marteau (m) *ou* martinet (m) à manivelle

кривошипный молотъ (m)
maglio (m) a manovella
martinete (m) disco de manivela

| | | | |
|---|---|---|---|
| **Transmissionshammer (m)**<br>**belt driven hammer**<br>**marteau (m) à transmission** | | **приводный молотъ (m)**<br>**maglio (m) a trasmissione**<br>**martinete (m) mecánico movido por transmisión** | *1* |
| **Lufthammer (m), pneumatischer** *oder* **atmosphärischer Hammer (m)**<br>**pneumatic hammer**<br>**marteau (m) pneumatique** | 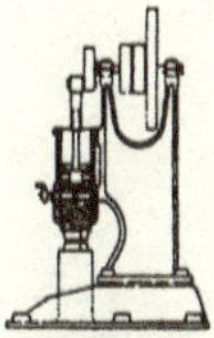 | **молотъ (m) съ пневматическимъ буферомъ**<br>**maglio (m) pneumatico** *od* **atmosferico**<br>**martillo (m) neumático** | *2* |
| **Luftdruckhammer (m)**<br>**compressed air hammer**<br>**marteau (m) à air comprimé** | 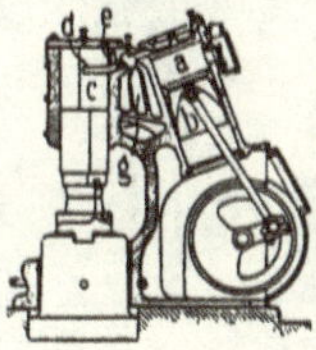 | **компрессорный молотъ (m)**<br>**maglio (m) ad aria compressa**<br>**martillo (m) de aire comprimido** | *3* |
| **Luftpumpenzylinder (m)**<br>**air pump cylinder**<br>**cylindre (m) à air** | a | **цилиндръ (m) воздушнаго насоса; цилиндръ компрессора**<br>**cilindro (m) della pompa d'aria**<br>**cilindro (m) de la bomba de aire** | *4* |
| **Luftpumpenkolben (m)**<br>**air pump piston**<br>**piston (m) pneumatique** | b | **поршень (m) воздушнаго насоса; поршень компрессора**<br>**stantuffo (m) della pompa d'aria**<br>**émbolo (m) de la bomba de aire** | *5* |
| **Bärzylinder (m)**<br>**hammer cylinder**<br>**cylindre (m) du mouton** | c | **цилиндръ (m), служащій бабой молота**<br>**cilindro (m) della mazza battente**<br>**cilindro (m) de la maza** | *6* |
| **Saugkanal (m)**<br>**suction port** *or* **passage**<br>**conduit (m)** *ou* **canal (m)** *ou* **lumière (f) d'aspiration** | d | **каналъ (m) всасыванія**<br>**canale (m) d'aspirazione**<br>**canal (f) de aspiración** | *7* |
| **Druckkanal (m)**<br>**pressure port** *or* **passage**<br>**conduit (m)** *ou* **canal (m)** *ou* **lumière (f) d'admission de l'air comprimé** | e | **каналъ (m) нагнетанія**<br>**canale (m) di compressione**<br>**canal (f) de presión** | *8* |

| | | | |
|---|---|---|---|
| 1 | Windkammer (f)<br>air chamber *or* reservoir<br>chambre (f) *ou* réservoir (m) à air | g | воздушная камера (f)<br>camera (f) d'aria<br>cámara (f) de aire |
| 2 | den Hammer prellen (v)<br>to let the hammer rebound<br>laisser rebondir (v) le mouton | | дать молоту отбой<br>ammortizzare (v) il colpo della mazza<br>rebotar (v) el martillo |
| 3 | federnder *oder* elastischer Puffer (m)<br>elastic buffer<br>butoir (m) élastique, amortisseur (m) | | эластичный буферъ (m)<br>respingente (m) elastico<br>tope (m) elástico |
| 4 | Federprellung (f)<br>spring cushioning<br>amortissement (m) par ressort | 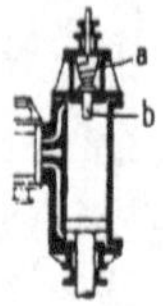 | пружинный отбой (m)<br>ammortizzazione (f) a molla<br>rebote (m) por muelles |
| 5 | Wickelfeder (f)<br>volute spring, spiral spring<br>ressort (m) en spirale | a | наматывающая пружина (f)<br>molla (f) a spirale<br>resorte (m) espiral |
| 6 | Prellbolzen (m)<br>recoil spindle<br>tige (f) de butée *ou* d'amortisseur | b | отбойный болтъ (m)<br>stelo (m) ammortizzatore<br>espiga (f) de rebote |
| 7 | Hubbegrenzung (f)<br>length of stroke<br>hauteur (f) *ou* délimitation (f) de la levée | | высота (f) хода<br>limite (m) d'alzata<br>altura (f) de la carrera, límite (m) de la elevación |
| 8 | Hammerkopf (m)<br>head<br>tête (f) de marteau, étampe (f), frappe (f) du marteau | 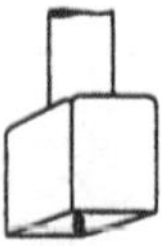 | боёкъ (m); головка (f) молота<br>testa (f) del martello<br>cabeza (f) del mazo |
| 9 | Hammerbahn (f)<br>hammer face<br>panne (f) | a | наличникъ (m) молота<br>piano (m) della mazza battente<br>superficie (f) del mazo ó de la estampa |
| 10 | Amboß (m)<br>anvil<br>enclume (f) inférieure | 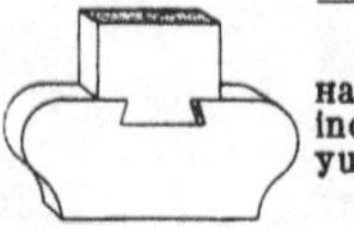 | наковальня (f)<br>incudine (f)<br>yunque (m) |

Schlagwirkung (f)
effect of stroke, strength of blow
effet (m) de la percussion, force (f) du marteau

ударное дѣйствіе (n)
portata (f) del martello 1
efecto (m) del golpe

---

Querschnittveränderung (f)
variation *or* change of cross section *or* sectional area
changement (m) de section

измѣненіе (n) поперечнаго сѣченія
variazione (f) della sezione 2
cambio (m) de sección

---

Querschnittverringerung (f)
reduction of cross section, drawing down
réduction (f) de section

уменьшеніе (n) поперечнаго сѣченія
diminuzione (f) della sezione 3
reducción (f) de la sección

---

das Eisen strecken (v)
to draw down the iron
étirer (v) le fer

подкатывать (тянуть) желѣзо
stirare (v) il ferro 4
estirar (v) el hierro

---

hämmern (v)
to hammer
marteler (v)

ковать
martellare (v), battere (v), forgiare (v) 5
martillar (v)

---

im Gesenk schmieden (v)
to swage
estamper (v), matricer (v), forger (v) en matrices

штамповать, ковать въ штампахъ
forgiare (v) su stampo 6
forjar (v) en estampa

---

schlichten (v)
to finish
parer (v), planer (v), finir (v)

сглаживать; ровнять; выравнивать
rifinire (v), ripassare (v) 7
terminar (v)

---

hochkantig stellen (v)
to place edgeways, to up-edge
placer (v) de champ

поставить ребромъ
piazzare (v) per piano 8
poner (v) de canto

---

das Arbeitsstück wenden (v) *oder* drehen (v)
to turn over the piece
retourner (v) la pièce

повернуть обрабатываемый предметъ
girare (v) il pezzo 9
dar (v) vuelta á la pieza

| | | |
|---|---|---|
| 1 | Beule (f)<br>dent, hammer mark<br>bosse (f) | желвакъ (m) [слѣдъ (m) отъ давленія бойка на разогрѣтый металлъ]<br>ammaccatura (f)<br>abolladura (f) |
| 2 | ausgebauchte Form (f)<br>concave form, dished form<br>forme (f) concave | выпуклая форма (f)<br>forma (f) concava<br>forma (f) cóncava |
| 3 | Finne (f), schmale Bahn (f)<br>pane, edge of a hammer<br>panne (f) du marteau | боёкъ (m)<br>faccia (f) del martello<br>boca (f) ó peña (f) del martillo |
| 4 | Furche (f)<br>groove<br>cannelure (f), rainure (f) | выемка (f); пазъ (m)<br>scannellatura (f)<br>ranura (f) |
| 5 | Lochring (m)<br>matrix, die, bed die<br>perçoir (m), matrice (f) à anneau | матрица (f)<br>matrice (f) anulare<br>matriz (f) de agujero |
| 6 | Durchschlag (m)<br>piercer, punch<br>chasse-pointes (m), poinçon (m) | пробойникъ (m)<br>punzone (m)<br>punzón (m) |
| 7 | Abschrot (m), Schrotmeißel (m)<br>chisel, cold chisel (A*)<br>burin (m), tranche (f), gouge (f) | рѣзакъ (m); прорубное зубило (n); ножъ (m)<br>tagliuolo (m), scalpello (m)<br>buril (m), corta-frío (m), tajadera (f) |
| 8 | abhauen (v)<br>to cut off<br>détacher (v), couper (v) | отруб-ить (-ать)<br>tagliare (v), levare (v)<br>cortar (v) |

9

**Schmiedepressen** — **Ковочные пресса**

**Forging Presses** — **Presse per forgiare**

**Presses à forger** — **Prensas de forjar**

| | | | |
|---|---|---|---|
| 10 | Druckwerk (n), Presse (f)<br>press<br>presse (f) |  | прессъ (m); [фиг.:] винтовой прессъ<br>pressa (f)<br>prensa (f) |

* A = americanism

Prägwerk (n)
stamping press
presse (f) à matricer *ou* à estamper

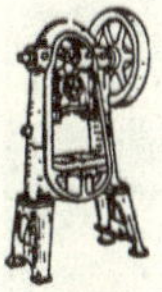

чеканочный *или* штамповочный прессъ (m)
pressa (f) per coniare o per stampare 1
prensa (f) de estampar

---

Exzenterpresse (f)
eccentric press
presse (f) à excentrique

эксцентриковый прессъ (m)
pressa (f) ad eccentrico 2
prensa (f) excéntrica

---

Kniehebelpresse (f)
toggle lever press
presse (f) à levier coudé *ou* à genouillère

колѣнчатый прессъ (m); прессъ съ колѣнчатымъ рычагомъ
pressa (f) a leva articolata *od* a gomito 3
prensa (f) de eje acodado

---

Druckwasserschmiedepresse (f), hydraulische Schmiedepresse (f)
hydraulic forging press
presse (f) à forger hydraulique

гидравлическій ковочный *или* ковальный прессъ (m)
pressa (f) idraulica per forgiare 4
prensa (f) hidráulica de forjar

---

Dampfdruckschmiedepresse (f)
steam power forging press
presse (f) à forger à vapeur

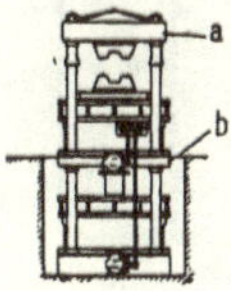


паровой ковочный *или* ковальный прессъ (m)
pressa (f) a vapore per forgiare 5
prensa (f) de forjar de presión de vapor

---

Kopfplatte (f), Querhaupt (n)
cross head
chapiteau (m) d'entretoisement supérieur

a

поперечина (f); траверса (f)
cappello (m), traversa (f) 6
travesta (f) superior

---

Zwischenboden (m)
floor level
plaque (f) intermédiaire d'entretoisement

b

промежуточное днище (n)
piastra (f) intermedia 7
placa (f) intermedia de arriostramiento

1 Preßkolben (m)
press plunger
piston (m) de compression

a

поршень (m) пресса
stantuffo (m) premente
émbolo (m) de presión

---

2 Mönch[s]kolben (m)
hydraulic ram *or* plunger
piston (m) plongeur, piston (m) hydraulique

ныряло (n); плунжеръ (m)
stantuffo (m) tuffante
émbolo (m) macho

---

3 Scheibenkolben (m)
solid piston, disc piston
piston (m) à plaque *ou* à disque

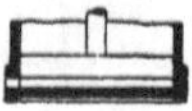

плоскій поршень (m); дисковый поршень
stantuffo (m) a piatto *od* a disco
émbolo (m) de disco

---

4 nebeneinanderliegende Kolben (m pl)
triplicate (quadruple etc.) plungers
pistons (m pl) parallèles

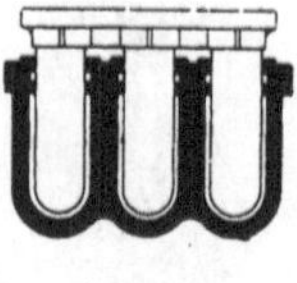

совмѣстно сопряжённые поршни (m pl); рядомъ лежащіе поршни
stantuffi (m pl) paralleli
émbolos (m pl) gemelos *ó* colocados uno al lado de otro

---

5 hintereinanderliegende Kolben (m pl)
tandem pistons
pistons (m pl) en tandem, pistons (m pl) concentriques

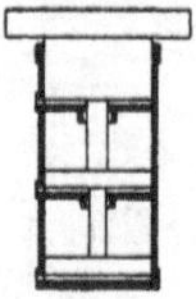

послѣдовательно сопряжённые поршни (mpl)
stantuffi (m pl) sovrapposti a tandem
émbolos (m pl) gemelos *ó* colocados uno detrás de otro

---

6 Lederringliderung (f)
leather packing
garniture (f) de piston en bagues de cuir

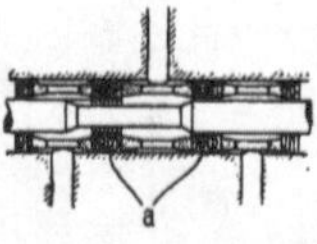

кожаная кольцевая прокладка (f)
guarnizione (f) di anelli di cuoio
empaquetadura (f) de arandelas de cuero, empaque (m) de arandelas de cuero

---

7 Lederring (m)
leather ring
bague (f) en cuir, joint (m) en cuir

a

кожаное кольцо (n)
anello (m) di cuoio
arandela (f) de cuero, anillo (m) de cuero

Stulpenlidering (f), Stulpliderung (f)
cup leather packing
garniture (f) en cuir embouti

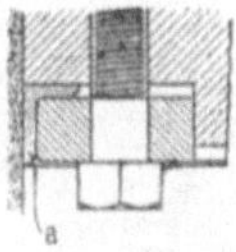


манжетное уплотняющее кольцо (n); манжетное уплотненіе (n); манжетная набивка (f)
guarnizione (f) ad angolo *od* a manicotto
empaquetadura (f) de cuero embutido 1

---

Lederstulp (m)
leather cup
cuir (m) embouti

a

кожаная манжета (f)
bordo (m) *o* ribordo (m) di cuoio
anillo (m) de cuero embutido 2

---

doppelte Liderung (f)
double U leather packing
cuir (m) embouti double

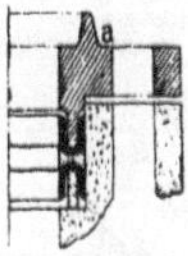


двойное уплотненіе (n); двойная набивка (f)
guarnizione (f) ad U
empaque (m) doble de cuero embutido 3

---

Brille (f), Stopfbüchsbrille (f)
gland, stuffing box gland
bride (f), bride (f) de boîte à presse-étoupe

a

сальниковая крышка (f); нажимная втулка (f) сальника
briglia (f), briglia (f) del premistoppa
tapa (f) del prensaestopas 4

---

Druckfläche (f)
area of pressure
surface (f) de pression

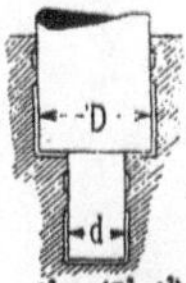


$\frac{d^2\pi}{4}$, $\frac{(D^2-d^2)\pi}{4}$

поверхность (f) давленія
superficie (f) *o* sezione (f) di pressione
superficie (f) de presión 5

---

Gegendruckfläche (f), Differential[druck]fläche (f)
area of counter pressure
surface (f) de contrepression

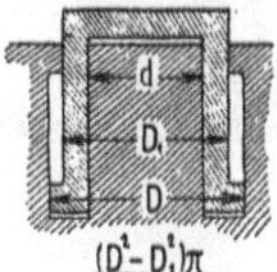


$\frac{(D^2-D_1^2)\pi}{4}$

поверхность (f) противодавленія
superficie (f) *o* sezione (f) di contropressione
superficie (f) de contrapresión 6

---

Druckflüssigkeit (f), Preßflüssigkeit (f)
pressure fluid
liquide (m) sous pression

напорная жидкость (f)
liquido (m) premente
liquido (m) comprimido 7

---

Flüssigkeitsdruck (m)
fluid pressure
pression (f) du liquide

давленіе (n) жидкости
compressione (f) del liquido
presión (f) del liquido 8

---

Überdruck (m)
pressure above the atmospheric
pression (f) effective

рабочее давленіе (n)
pressione (f)
presión (f) efectiva 9

1 Wasserdruckreglung (f)
regulation of water pressure
réglage (m) de la pression d'eau

регулированіе (n) водяного напора
regolazione (f) della pressione d'acqua
graduación (f) de la presión hidráulica

---

2 Druckübersetzer (m)
pressure transmittor
multiplicateur (m) de pression

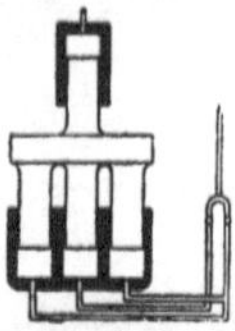

приборъ (m) для преобразованія давленія; мультипликаторъ (m)
moltiplicatore (m) di pressione
multiplicador (m) de presión

---

3 Druckwasserspeicher (m), [Druckwasser-] Akkumulator (m), Kraftsammler (m)
hydraulic accumulator
accumulateur (m) hydraulique

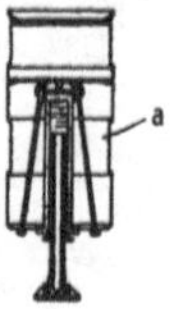


аккумуляторъ (m) напорной воды; гидравлическій аккумуляторъ; силособиратель (m)
accumulatore (m) idraulico
acumulador (m) hidráulico

---

4 Belastungsgefäß (n)
weight case
boîte (f) de charge

a

грузовой резервуаръ (m)
cassa (f) *o* recipiente (m) del contrappeso
recipiente (m) de carga

---

5 Belastungsring (m)
ring weight, weight ring
anneau (m) *ou* plaque (f) de charge

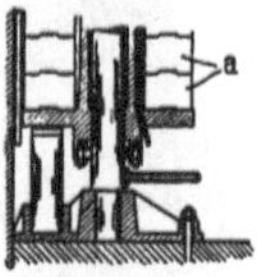


a

грузовое кольцо (n)
anello (m) *o* disco (m) di contrappeso
anillo (m) de carga

---

6 Entlüftungsventil (n)
air release valve
soupape (f) d'échappement d'air

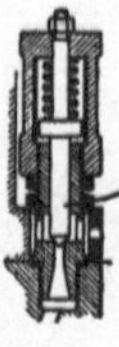


воздушный клапанъ (m); клапанъ для выпуска воздуха
valvola (f) di scappamento dell'aria
válvula (f) de escape de aire

---

7 Ventilkegel (m)
valve cone
pointeau (m) de soupape

a

конусъ (m) клапана
tappo (m) della valvola
cono (m) de válvula

Druckwasserspeicher (m) mit Luftbelastung, Luftakkumulator (m)
hydraulic accumulator working by compressed air
accumulateur (m) hydropneumatique

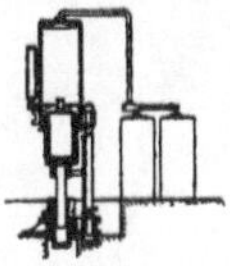

гидравлическій аккумуляторъ (m) съ воздушнымъ резервуаромъ для давленія; гидропневматическій аккумуляторъ; воздушный аккумуляторъ
accumulatore (m) idraulico a carico d'aria compressa, accumulatore (m) idro-pneumatico 1
acumulador (m) hidráulico con carga de aire

---

Druckpumpe (f)
pressure pump
pompe (f) de compression

нагнетательный насосъ (m)
pompa (f) premente 2
bomba (f) de presión

---

Pumpenkolben (m)
pump piston *or* plunger
piston (m) de pompe

поршень (m) насоса
stantuffo (m) della pompa 3
émbolo (m) de bomba

---

a

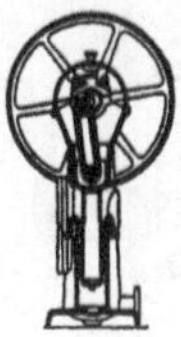

Riemenpumpe (f)
belt driven pump
pompe (f) commandée par courroie

приводный насосъ (m)
pompa (f) a trasmissione *o* con comando a cinghia 4
bomba (f) movida por correa

---

Dampfpumpe (f)
steam pump
pompe (f) à vapeur

паровой насосъ (m)
pompa (f) a vapore 5
bomba (f) á vapor

---

Wasserdruckpumpe (f)
hydraulic pump
pompe (f) à commande hydraulique

водонапорный насосъ (m)
pompa (f) a comando idraulico, pompa (f) idraulica 6
bomba (f) de impulsión hidráulica

---

Druckwasserbetrieb (m)
hydraulic working
commande (f) hydraulique

дѣйствіе (n) напорной водой
funzionamento (m) ad acqua compressa 7
accionamiento (m) hidráulico

---

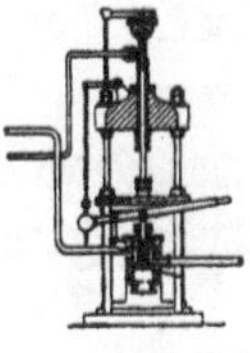

Steuern (n) der Presse
controlling the press
distribution (f) de la presse

управленіе (n) прессомъ
distribuzione (f) della pressa 8
distribución (f) de la prensa

# XV.

## Walzwerke, Eisenwalzwerke<br>Iron Rolling Mills<br>Laminoirs [à fer]

## Железопрокатныя мастерскія<br>Laminatoio per ferro<br>Laminadores

| | | | |
|---|---|---|---|
| 1 | Walzstrecke (f), Walzstraße (f)<br>mill train, train of rolls<br>train (m) de laminoir | 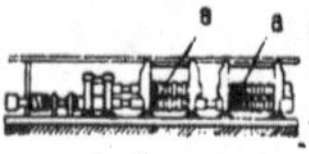<br>a | прокатный станъ (m)<br>treno (m) del laminatoio<br>tren (m) laminador |
| 2 | Vorstrecke (f), Vorstraße (f), Vorwalzwerk (n)<br>cogging mill, blooming mill, roughing mill<br>train (m) ébaucheur *ou* dégrossisseur | 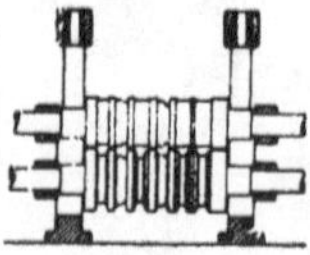 | подготовительный *или* обжимочный станъ (m) [когда всѣ клѣти въ одной линіи]<br>treno (m) sbozzatore<br>tren (m) desbastador |
| 3 | Zwischenstrecke (f), Zwischenstraße (f), Zwischenwalzwerk (n)<br>intermediate rolls, intermediate train<br>train (m) préparateur *ou* moyen | | промежуточный станъ (m) [когда клѣти въ разныхъ линіяхъ]<br>treno (m) preparatore<br>[tren (m)] preparador (m) |
| 4 | Fertigstrecke (f), Fertigstraße (f), Fertigwalzwerk (n)<br>finishing rolls<br>train (m) finisseur |  | отдѣлочный станъ (m)<br>treno (m) finitore<br>tren (m) acabador *ó* terminador |
| 5 | Blechstrecke (f), Blechstraße (f)<br>sheet rolling mill, plate mill (A*)<br>laminoir (m) à tôles, train (m) à tôles | 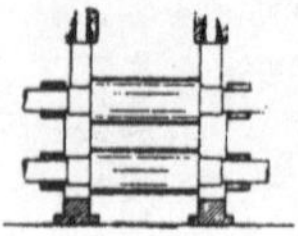 | листопрокатный станъ (m)<br>treno (m) a lamiere<br>laminador (m) de chapas, tren (m) de chapas |

* A = americanism

| | | | |
|---|---|---|---|
| Panzerstrecke (f), Panzerplattenwalzwerk (n)<br>armour plate rolling mill, armour plate mill (A*)<br>laminoir (m) à blindages | 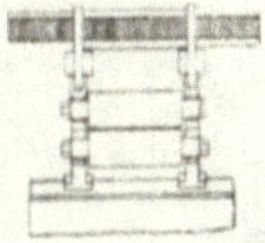 | бронепрокатный станъ (m); станъ для прокатки броневыхъ плитъ<br>treno (m) a corazze<br>laminador (m) de planchas para blindaje | *1* |
| Feinblechwalzwerk (n)<br>thin sheet rolling mills, thin sheet mill (A*)<br>laminoir (m) à tôles minces, train (m) à tôles minces | 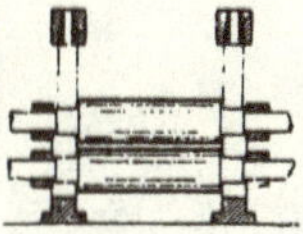 | станъ (m) для прокатки тонкаго листового желѣза; станъ для прокатки кровельнаго желѣза<br>treno (m) a lamiere sottili<br>laminador (m) para chapa fina, tren (m) para chapa fina | *2* |
| Grobstrecke (f), Grobeisenstraße (f)<br>big mill, breaking down mill<br>gros train (m) | | черновой станъ (m)<br>treno (m) grosso<br>tren (m) mediano | *3* |
| Blockstraße (f), Blockwalzwerk (n)<br>cogging mill, blooming mill, roughing mill<br>blooming (m) | 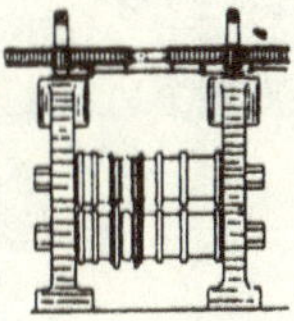 | станъ (m) для обжима слитковъ; блюминъ (m)<br>treno (m) blooming<br>tren (m) blooming | *4* |
| Feinstrecke (f), Feineisenstraße (f)<br>small mill, small section rolling mill<br>petit train (m), train (m) à petits fers | | мелкосортный станъ (m)<br>piccolo treno (m)<br>tren (m) pequeño | *5* |
| Drahtstrecke (f), Drahtstraße (f)<br>wire mill, looping mill, rod mill<br>train (m) à fil, train (m) à verges | 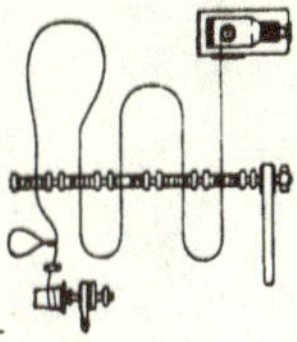 | проволочный станъ (m)<br>treno (m) a fili, treno (m) a verghe<br>tren (m) de alambre | *6* |
| Schnellwalzwerk (n)<br>high speed rolling mill<br>train (m) rapide | | бѣгающій станъ (m); крупный мелкосортный *или* мелкій среднесортный станъ<br>treno (m) rapido<br>tren (m) ó laminador (m) rápido | *7* |

* A = americanism

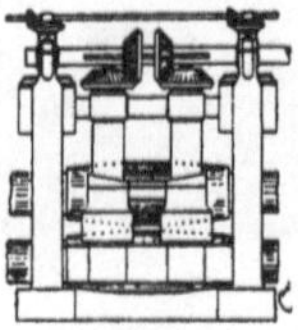

1 Universalwalzwerk (n)
universal rolling mill
train (m) universel *ou* à larges plats

универсальный станъ (m)
treno (m) universale *od* a larghi piatti
tren (m) universal

2 Reifenwalzwerk (n), Bandagenwalzwerk (n)
strip mill, tire mill
train (m) à bandages

станъ (m) для прокатки колецъ; бандажный станъ
treno (m) per cerchiature
tren (m) para bandajes ó aros

3 Räderwalzwerk (n)
wheel rolling mill, disc mill
laminoir (m) à roues

станъ (m) для прокатки колёсъ
treno (m) per ruote
laminador (m) para ruedas

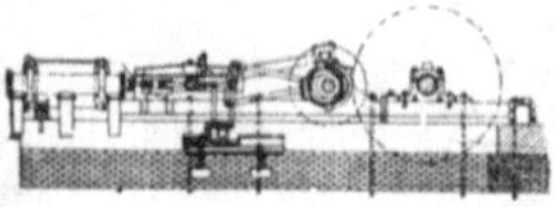

4 Walzenzugmaschine (f)
rolling mill engine
machine (f) motrice de laminoir

прокатная машина (f)
motrice (f)
máquina (f) motriz de tren laminador

5 **Die Walzen**
**The rolls**
**Les cylindres**

**Валки**
**I cilindri**
**Los cilindros**

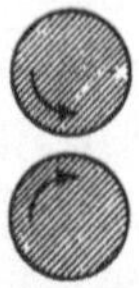

6 Zweiwalzwerk (n), Duowalzwerk (n)
twin rolling mill, two high mill
laminoir (m) duo, train (m) duo

станъ (m) въ два валка; дуо-станъ
treno (m) a duo
tren (m) dúo

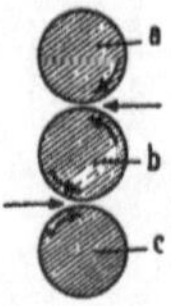

7 Dreiwalzwerk (n), Triowalzwerk (n)
three high mill
trio (m), train (m) trio

станъ (m) въ три валка; тріо-станъ
treno (m) a trio
tren (m) trío

8 Oberwalze (f)
top roll
cylindre (m) supérieur

a

верхній валокъ (m)
cilindro (m) superiore
cilindro (m) superior

9 Mittelwalze (f)
middle roll
cylindre (m) médian

b

средній валокъ (m)
cilindro (m) di mezzo
cilindro (m) [del] medio

Unterwalze (f)
bottom roll
cylindre (m) inférieur

c

нижній валокъ (m)
cilindro (m) inferiore
cilindro (m) inferior 1

---

Doppelzweiwalzwerk (n), Doppelduowalzwerk (n)
Dowlais mill
double-duo (m)

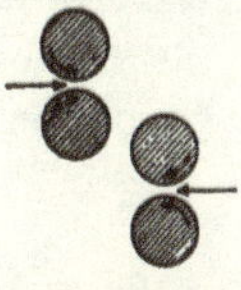

двойной станъ (m) въ два валка; двойной дуо-станъ; доппель-дуо-станъ
doppio-duo (m)
tren (m) doble dúo 2

---

angetriebene Walze (f)
direct coupled roll (bottom roll)
cylindre(m) commandé

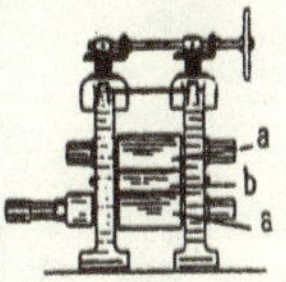


a

валокъ (m), получающій движеніе
cilindro (m) comandato
cilindro (m) conducido 3

---

Schleppwalze (f)
friction roll (top roll)
cylindre (m) libre *ou* entraîné

b

холостой валокъ (m)
cilindro (m) libero
cilindro (m) arrastrado ó loco 4

---

Walzenbund (m), Ballen (m) der Walze
body of roll
table (f) du cylindre

a

бочка (f) валка
tavola (f) del cilindro
tabla (f) del cilindro 5

---

Laufzapfen (m)
neck
tourillon (m), collet(m)

b

шейка (f) *или* цапфа (f) валка
collo (m)
muñón (m) 6

---

Kupplungszapfen (m)
wobbler
trèfle (m)

c

соединительный конецъ (m) валка; трефъ (m)
trefolo (m)
trébol (m) 7

---

Zapfenreibung (f)
journal friction
frottement (m) du tourillon

треніе (n) въ цапфахъ
sfregamento (m) del collo
rozamiento (m) del muñón 8

---

Vorwalze (f)
bloom roll, billet roll
cylindre (m) ébaucheur

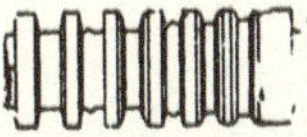

подготовительный валокъ (m); черновой валокъ
cilindro (m) sbozzatore
cilindro (m) preparador 9

---

Fertigwalze (f)
finishing roll
cylindre (m) finisseur

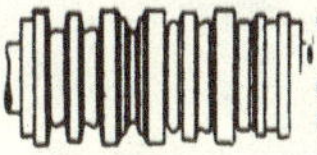

отдѣлочный валокъ (m)
cilindro (m) finitore
cilindro (m) acabador 10

---

Blockwalze (f)
cogging roll
cylindre (m) de blooming

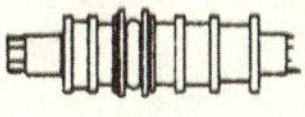

обжимной валокъ (m)
cilindro (m) blooming
cilindro (m) blooming 11

1 Blechwalze (f), Glattwalze (f)
sheet roll, plate (A*)
cylindre (m) à tôles

листовой валокъ (m)
cilindro (m) per lamiere
cilindro (m) para palastro ó chapa

---

2 Walzenbruch (m)
fracture of roll
rupture (f) de cylindre

поломка (f) валковъ
rottura (f) del cilindro
rotura (f) del cilindro

---

3 Kalibrierung (f) *oder* Kalibrieren (n) der Walzen
design of rolls, roll drafting
calibrage (m) des cylindres, tracé (m) des cannelures

калибровка (f) валковъ
tracciato (m) dei canali
calibrado (m) del tren, trazado (m) de las canales

---

4 Kaliberwalze (f)
grooved roll
cylindre (m) cannelé *ou* calibré

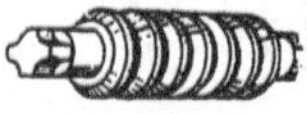

калиброванный валъ (m)
cilindro (m) a canali
cilindro (m) con canales ó calibrado

---

5 Kaliber (n)
groove, pass, roll opening (A*)
cannelure (f)

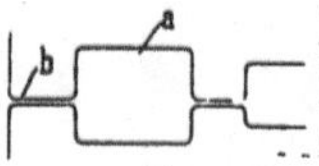


a

калибръ (m)
canale (m)
canal (f)

---

6 Rand (m) *oder* Ring(m) der Walze
collar of the roll
collet (m) du cylindre

b

буртикъ (m) валка
cordone (m) del cilindro
cordón (m) del cilindro

---

7 die Kaliber entwerfen (v)
to design the passes
tracer (v) les cannelures

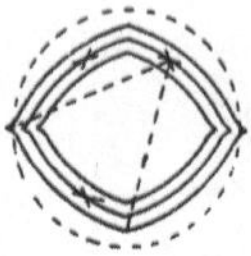

начертить калибры
tracciare (v) i profili
trazar (v) las canales

---

8 Schrumpfmaß (n)
shrinkage, contraction
retrait (m)

степень (f) обжатія
ritiro (m)
contracción (f)

---

9 Walzform (f), Profil (n)
section of pass
profil (m) de laminage

профиль (m) валка
profilo (m)
perfil (m) laminado

---

10 Formenbuch (n), Profilalbum (n)
profile album
album (m) des profils

альбомъ (m) профилей
album (m) dei profili
álbum (m) de los perfiles

---

11 Profilbegrenzung (f)
shape of pass
contour (m) du profil

контуръ (m) профиля
contorno (m)
contorno (m) del perfil

---

12 Kreisbogen (m)
curvature
arc (m) de circonférence

дуга (f) круга; кривая (f) круга
circonferenza (f)
arco (m) de circulo

---

* A = americanism

flache Kurve (f)
flat curve
courbe (f) surbaissée

плоская кривая (f)
curva (f) ribassata
curva (f) rebajada 1

---

steile Kurve (f)
steep curve
courbe (f) en ogive

крутая кривая (f)
curva (f) in ogiva
curva (f) peraltada 2

---

Eindrehen (n) der Kaliber
roll turning
tournage (m) des cylindres

обточка (f) калибровъ
tornitura (f) dei cilindri
abrir (v) las canales 3

---

eingeschnittene Stelle (f)
grooved *or* undercut part
partie (f) creuse du cylindre

врѣзанное мѣсто (n)
parte (f) intagliata *od* intaccata
parte (f) entallada *ó* hueca del cilindro 4

---

Walzenabstand (m)
distance between rolls
écartement (m) des cylindres

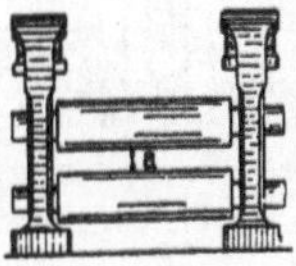

a

разстояніе (n) между валками
distanza (f) *o* scartamento (m) dei cilindri
juego (m) entre los cilindros 5

---

Walzlinie (f)
axis of grooves
ligne (f) médiane des cannelures

средняя линія (f) валковъ
linea (f) dei centri dei canali
línea (f) media de las canales 6

---

Oberdruck (m)
pressure of top roll
étirage (m) dû au cylindre supérieur

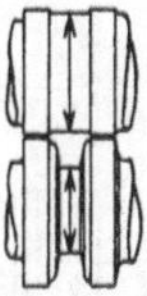

нормальное давленіе (n)
pressione (f) verticale
presión (f) vertical del cilindro superior 7

---

Seitendruck (m)
lateral pressure
pression (f) latérale

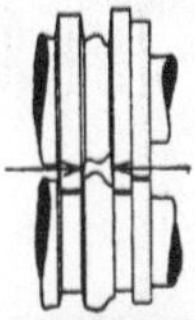

боковое давленіе (n)
pressione (f) laterale
presión (f) lateral 8

---

offenes Kaliber (n)
open pass
cannelure (f) ouverte

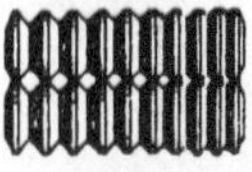

открытый ручей (m)
canale (m) aperto
canal (f) abierta 9

---

geschlossenes Kaliber (n)
closed pass, box pass
cannelure (f) fermée *ou* emboîtée

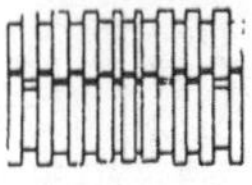

закрытый ручей (m)
canale (m) chiuso
canal (f) cerrada 10

| | | | |
|---|---|---|---|
| 1 | Streckkaliber (n)<br>straight pass<br>cannelure (f) d'étirage | 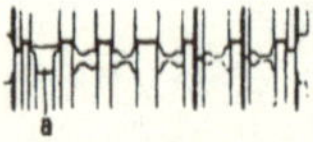 | пропускной ручей (m)<br>canale (m) di stendimento *o* stiramento<br>canal (f) alargadora *ó* de estirar |
| 2 | Stauchkaliber (n)<br>up-set pass<br>cannelure (f) refouleuse *ou* de champ | a | ребровой ручей (m); ручей, вытянутый въ вертикальномъ направленіи<br>profilo (m) per ricalcare<br>canal (f) de canto *ó* de recalcar |
| 3 | Vorkaliber (n)<br>shaping groove<br>ébaucheur (m), cannelure (f) ébaucheuse |  | подготовительный ручей (m); черновой ручей<br>canale (m) sbozzatore<br>canal (f) desbastadora |
| 4 | Fertigkaliber (n)<br>finishing groove<br>finisseur (m), cannelure (f) finisseuse | 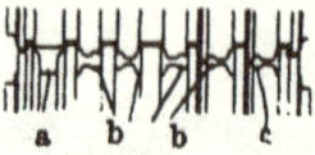 | чистовой ручей (m)<br>canale (m) finitore<br>canal (f) acabadora |
| 5 | Anfangskaliber (n)<br>first pass<br>première cannelure (f) | a | начальный ручей (m)<br>primo canale (m)<br>primera canal (f) |
| 6 | Entwicklungskaliber (n)<br>middle pass<br>cannelure (f) intermédiaire | b | обратный ручей (m)<br>calibro (m) intermediario<br>canal (f) dando la forma del perfil *ó* intermedia |
| 7 | Endkaliber (n), Schlußkaliber (n)<br>last pass<br>cannelure (f) finisseuse, dernière cannelure (f) | c | окончательный ручей (m)<br>canale (m) finitore, ultimo canale (m)<br>canal (f) acabadora |
| 8 | Abnahme (f) *oder* Druck (m) des Kalibers<br>reduction *or* draft of passes<br>réduction (f) de section *ou* serrage (m) des cannelures | 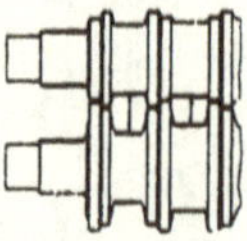 | уменьшеніе (n) ручьёвъ<br>riduzione (f) di sezione dei canali<br>reducción (f) de la sección de las canales, presión (f) de las canales |
| 9 | Abnahmezahl (f)<br>coefficient of reduction *or* draft<br>coefficient (m) de réduction | | коэффиціентъ (m) уменьшенія [ручьёвъ]<br>coefficiente (m) di riduzione<br>coeficiente (m) de reducción |
| 10 | Blindkaliber (n), blindes Kaliber (n)<br>false *or* blind pass<br>cannelure (f) à vide | | плоскій ручей (m)<br>falso canale (m)<br>canal (f) ciega |
| 11 | Spitzbogenkaliber (n)<br>splayed circular pass<br>cannelure (f) ogive | 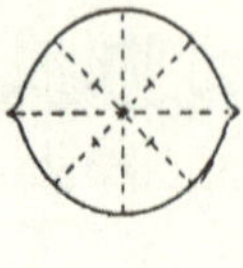 | оживальный ручей(m<br>canale (m) ogivale<br>canal (f) ojival |

Ovalkaliber (n)
oval pass
cannelure (f) ovale

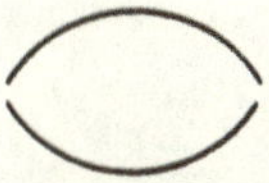

овальный ручей (m)
canale (m) ovale
canal (f) ovalada 1

---

Vierkantkaliber (n)
diamond pass
cannelure (f) quadrangulaire

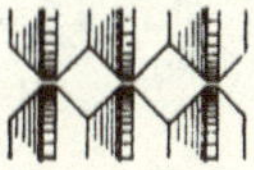

четырёхгранный ручей (m)
canale (m) quadrangolare 2
canal (f) cuadrangular

---

Flachkaliber (n)
box pass
cannelure (f) pour fers carrés *ou* plats

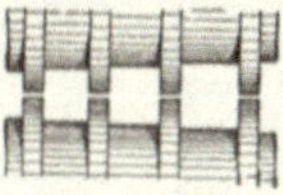

плоскій ручей (m)
canale (m) per ferro piatto 3
canal (f) para hierros cuadrados *ó* planos

---

Formkaliber (n)
shaping pass
cannelures (f pl) profilées

фасонный ручей (m)
canale (m) profilato 4
canales (f pl) perfiladas

---

Blockwalzkaliber (n)
bloom *or* cogging pass
cannelures (f pl) de blooming

ручей (m) обжимного стана
tracciato (m) per blooming 5
canales (f pl) de cilindro blooming

---

Trägerkaliber (n)
girder pass
cannelures (f pl) pour poutrelles

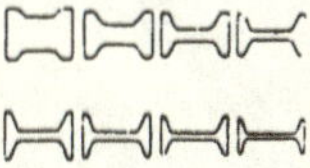

ручей (m) для балокъ
tracciato (m) per travi 6
canales (f pl) para vigas

---

Schienenkaliber (n)
rail pass
cannelures (f pl) à rails

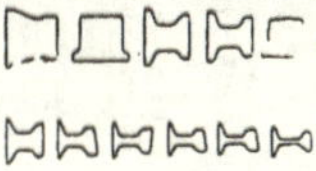

ручей (m) для рельсовъ
tracciato (m) per rotaie 7
canales (f pl) para carriles

---

Schwellenkaliber (n)
sleeper pass
cannelures (f pl) à traverses

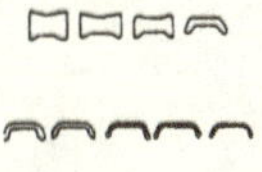

ручей (m) для шпалъ
tracciato (m) per traverse 8
canales (f pl) para traviesas

---

Belageisenkaliber (n)
handrail pass, trough plate pass
cannelures (f pl) pour fers zorès

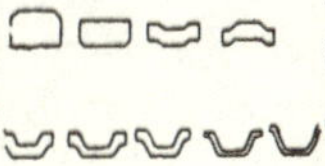

ручей (m) для желѣза Зореса
tracciato (m) per ferri zorès 9
canales (f pl) para hierros zorès

---

Laschenkaliber (n)
fish plate pass
cannelures (f pl) pour éclisses

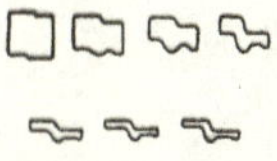

ручей (m) для накладокъ
tracciato (m) per stecche 10
canales (f pl) para bridas

---

Unterlagplattenkaliber (n)
chair pass
cannelures (f pl) pour plaques *ou* selles

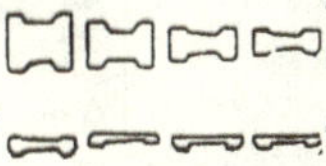

ручей (m) для подкладокъ
tracciato (m) per piastre 11
canales (f pl) para placas de asiento *ó* sillas

1 periodisches Kaliber (n)
periodical pass
cannelures (f pl) à bossages *ou* à entailles

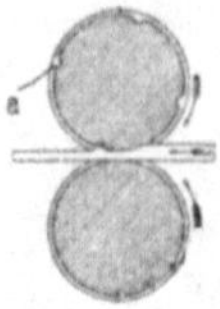


періодическій калибръ (m); ручей (m) съ углубленіями
profilo (m) con intacchi ad intagli
canales (f pl) con muescas

---

2 Vertiefung (f)
groove
entaille (f)

a

углубленіе (n)
intacco (m), intaglio (m)
muesca (f)

---

3 Nagelkaliber (n)
nail pass
cannelures (f pl) pour fer à clous

ручей (m) для прокатки желѣза для гвоздей
tracciato (m) per ferro da chiodi
canales (f pl) para hierro de clavos

---

4 unterbrochenes Kaliber (n)
tapering pass
cannelure (f) interrompue *ou* excentrique

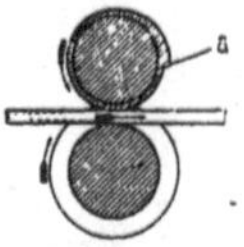


ручей (m) съ неравномѣрнымъ вырѣзомъ
canale (m) interrotto *od* eccentrico
canal (f) excéntrica

---

5 Verdickung (f)
taper
renflement (m)

a

утолщеніе (n)
eccentricità (f)
parte (f) alomada

---

6 Staffel- *oder* Stufenwalze (f)
stepped roll
cylindre (m) à gradins

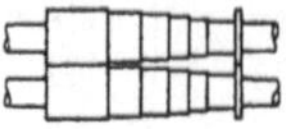

ступенчатый валокъ (m)
cilindro (m) a gradini
cilindro (m) escalonado

---

7 treppenartig (adj), terrassenartig (adj)
step shaped (adj)
à gradins

ступенчатый
a gradini
escalonado (adj)

8 **Getriebe**
**Gear, Gearing, Pinion**
**Engrenages, cage à pignons**

**Приводъ**
**Pignoni**
**Engranajes**

9 Antriebwelle (f)
driving shaft
arbre (m) d'attaque *ou* de commande

приводный валъ (m)
albero (m) d'attacco *o* di comando
árbol (m) motor

---

10 Eingriff (m) der Zähne
gearing *or* gear of teeth
engrènement (m) des dents

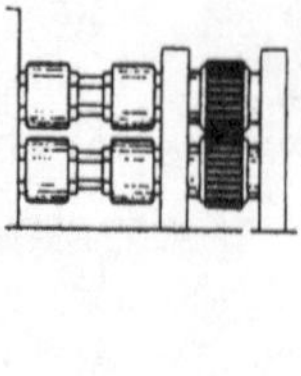

сцѣпленіе (n) зубцовъ
ingranaggio (m) dei denti
engranaje (m) de los dientes

a

Kamm (m), aufgegossener Zahn (m)
cast tooth, gear (A*)
dent (f) de pignon
литой зубъ (m) шестерни
dente (m) del pignone
diente (m) de engranaje 1

---

Winkelzahn (m)
helical tooth *or* gearing
dent (f) à chevron
угольчатый *или* шевронный зубецъ (m)
spina (f) di pesce
diente (f) angular *ó* en ángulo 2

---

b

Scheibe (f)
disc, guard
disque (m)
дискъ (m)
cordone (m)
disco (m) 3

---

Kammwalze (f)
pinion
pignon (m) à chevrons, pignon (m) denté
шестеренный валокъ (m)
pignone (m) a spina di pesce
piñon (m) ó plano (m) de dientes angulares 4

---

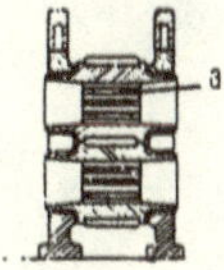


hohle Kammerwalze (f)
hollow helical gearing
pignon (m) creux
пустотный шестеренный валокъ (m)
dentatura (f) interna
piñon (m) hueco 5

---

a

Längsrippe (f)
longitudinal rib
côte (f) longitudinale
продольное ребро (n)
costa (f) longitudinale
nervio (m) longitudinal 6

**Kupplungen**
**Couplings**
**Accouplements**
**Муфты**
**Giunti**
**Acoplamientos** 7

kuppeln (v)
to couple
accoupler (v)
соедин-ить (-ять); сцѣп-ить (-лять)
accoppiare (v)
acoplar (v) 8

---

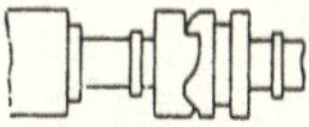

ausrückbare Kupplung (f)
sliding clutch
embrayage (m) mobile, griffe (f) d'attaque
раздвижная муфта (f)
manicotto (m) mobile
embrague (m) 9

---

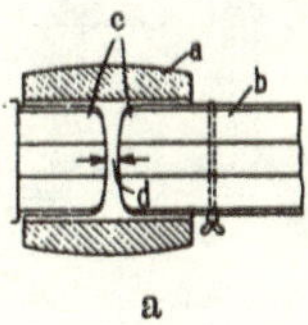


a

Kupplungsmuffe (f), Muffenhülse (f)
coupling, coupling box
manchon (m) d'accouplement
соединительная муфта (f); втулка (f) муфты
manicotto (m) d'accoppiamento
manguito (m) de acoplamiento 10

---

* A = americanism

| | | | |
|---|---|---|---|
| 1 | Kupplungsspindel (f)<br>coupling spindle<br>arbre (m) d'accouplement, allonge (f) | b | соединительный шпиндель (m)<br>albero (m) d'accoppiamento<br>árbol (m) de acoplamiento |
| 2 | kugelförmiger Kopf (m)<br>ball shaped head<br>allonge (f) bombée, about (m) bombé | c | шарообразная головка (f)<br>testa (f) arrotondata<br>extremo (m) redondeado |
| 3 | Spielraum (m)<br>play<br>jeu (m) | d | свободное пространство (n)<br>giuoco (m)<br>juego (m) |
| 4 | Kleeblattform (f)<br>wobbler<br>trèfle (m) | 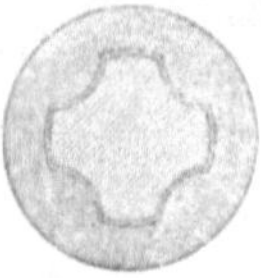 | форма(f) соединительныхъ трефъ<br>trefolo (m)<br>forma (f) de trébol |
| 5 | Reibungskupplung (f)<br>friction coupling<br>accouplement (m) à friction | | муфта (f) сцѣпленія; фрикціонная муфта; муфта тренія<br>giunto (m) a frizione<br>acoplamiento (m) de fricción |
| 6 | die Kupplung einrücken (v) *oder* schließen (v)<br>to connect, to put in gear, to throw in clutch<br>embrayer (v) | | сцѣп-ить (-лять) муфту; привести муфту въ сцѣпленіе<br>innestare (v) il giunto<br>embragar (v) |
| 7 | die Kupplung ausrücken (v) *oder* lösen (v), entkuppeln (v)<br>to disconnect, to throw out of gear, to throw out the clutch<br>débrayer (v) | | расцѣп-ить (-лять) муфту; привести муфту къ расцѣпленію<br>disinnestare (v) il giunto<br>desembragar (v), desacoplar (v) |
| 8 | **Walzenständer**<br>**Housings, Stands (A*)**<br>**Cage de laminoir** | 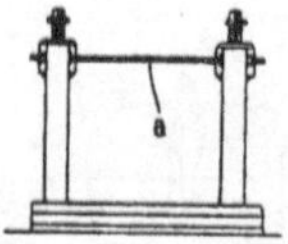 | **Станины прокатныхъ становъ**<br>**Sopporto di laminatoio**<br>**Bastidor de tren laminador** |
| 9 | Walzgerüst (n)<br>housings (pl)<br>cage (f) | | ставъ (m); клѣть (f)<br>gabbia (f)<br>caja (f) de cilindros |
| 10 | Querstab (m)<br>cross bar<br>tirant (m) | a | поперечина (f)<br>tirante (m)<br>tirante (m) |

* A = americanism

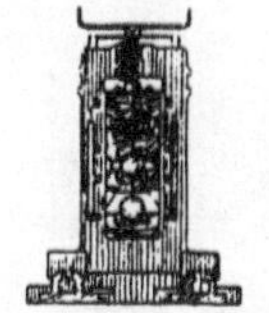

Walzenständer (m)
housing, stand (A*)
montant (m) de cage

станина (f) прокатнаго стана
sopporto (m) di laminatoio
bastidor (m) de laminador 1

---

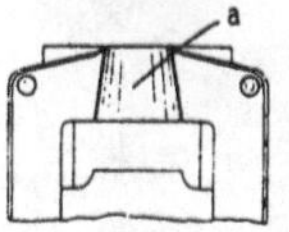


a

Ständerkopf (m)
top of housing
tête (f) de la cage, chapeau (m)

верхъ (m) *или* головка (f) станины
testa (f) della gabbia
cabeza (f) del bastidor 2

---

Verdickung (f), Verstärkung (f)
enlargement
renforcement (m)

утолщеніе (n)
rinforzo (m)
refuerzo (m) 3

---

Einbaustück (n)
housing accessories
pièce (f) de garniture de la cage, empoise (f)

подушка (f)
guarnitura (f)
guarnición (f) del bastidor 4

---

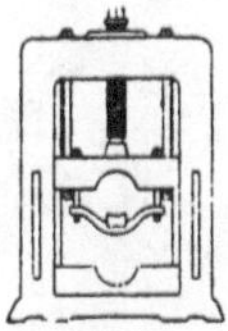

Walzenständer (m) für stetige Lagerung, Walzenständer (m) ohne Gewichtausgleich
ordinary *or* simple housing
cage (f) fermée ordinaire

станина (f) безъ уравновѣшенія валковъ
gabbia (f) chiusa ordinaria
bastidor (m) de laminador cerrado 5

---

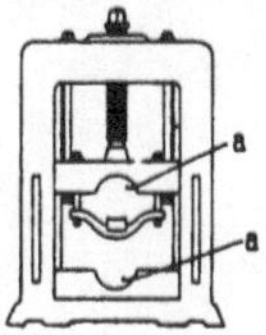


a

Zweiwalzenständer (m)
housing for two rolls
cage (f) à deux cylindres

станина (f) для дуо
gabbia (f) a due cilindri
bastidor (m) para dúo 6

---

Zapfenlager (n)
chocks
chaise (f), empoise (f), coussinet (m) de tourillon

вкладышъ (m) для цапфы
sedia (f)
cojinete (m) del muñón, empuesa (f) 7

---

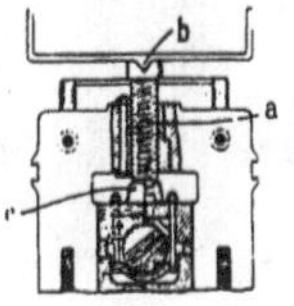


a

Druckschraube (f)
adjusting screw
vis (f) de serrage

нажимной винтъ (m)
vite (f) di pressione
tornillo (m) de presión 8

---

* A = americanism

| | | | |
|---|---|---|---|
| 1 | aufgesteckter Schlüssel (m)<br>screw key, socket wrench<br>clef (f), coin (m) | b | ключъ (m) для поворота *или* для установки нажимного винта<br>chiave (f)<br>llave (f) para girar el husillo |
| 2 | Brechkapsel (f), Brechtopf (m)<br>breaker<br>boîte (f) de sûreté | c | нажимной стаканъ (m); предохранительная коробка (f)<br>scatola (f) di sicurezza<br>caja (f) de seguridad |
| 3 | Dreiwalzenständer (m)<br>three high housing<br>cage (f) à trio | 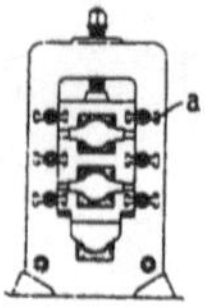<br>a | станина (f) для трio<br>gabbia (f) a trio<br>caja (f) ó bastidor (m) para trío |
| 4 | Spannbügel (m)<br>tension screw<br>étrier (m) de serrage | a | хомутъ (m)<br>vite (f) per registrare i cilindri<br>estribo (m) tensor |
| 5 | Stützhebel (m)<br>chock bearing levers<br>corbeau (m) | 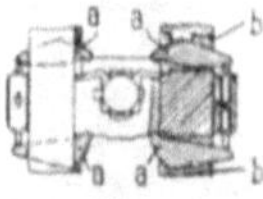<br>a a b a a b<br>a | опорный рычагъ (m)<br>leva (f) per la regolazione dei cuscinetti, leva (f) di registro<br>palanca (f) de apoyo |
| 6 | Schlitz (m)<br>slot<br>fente (f) | b | щель (f)<br>fenditura (f)<br>canal (f) |
| 7 | Einstellung (f)<br>regulation, adjustment<br>réglage (m) | | установка (f)<br>registrazione (f)<br>graduación (f) |
| 8 | Verstellung (f)<br>screwing up *or* down, raising, lowering<br>changement (m) de profil | | неправильная установка (f)<br>cambio (m) di profili<br>cambio (m) de perfil |
| 9 | Kappenständer (m)<br>open topped housing<br>cage (f) à chapeau rapporté | 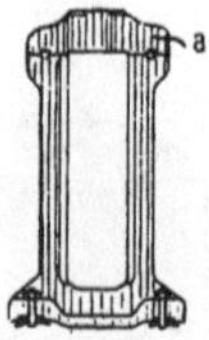<br>a | станина (f) съ отъёмной крышкой *или* головкой<br>gabbia (f) aperta *o* con cappello<br>bastidor (m) con travesía postiza |
| 10 | Kappe (f)<br>removable top *or* hood<br>chapeau (m) | a | крышка (f); головка (f)<br>cappello (m)<br>travesía (f) |

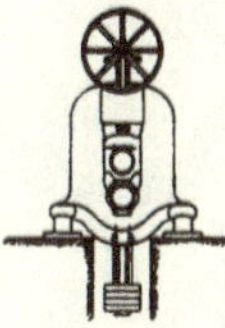

Walzenständer (m) für veränderliche Lagerung, Walzenständer (m) mit Gewichtausgleichung
balanced housings
cage (f) à cylindres équilibrés
станина (f) съ уравновѣшенными валками
gabbia (f) a cilindri equilibrati
bastidor (m) para posiciones variables, bastidor (m) de cilindros equilibrados 1

---

ausgleichen (v)
to balance
équilibrer (v)
уравновѣ-сить (-шивать)
equilibrare (v)
equilibrar (v) 2

---

Gewichtausgleichung (f), Entlastung (f)
balancing
équilibrage (m)
уравновѣшиванiе (n)
equilibrazione (f)
equilibrio (m) 3

---

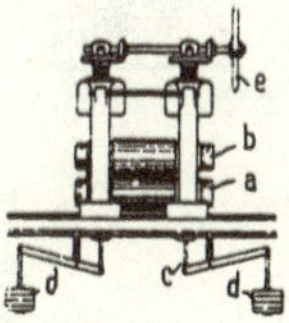


Gewichtausgleichung (f) durch Gewichte
balancing by weights
équilibrage (m) par contrepoids
уравновѣшиванiе (n) посредствомъ противовѣса *или* посредствомъ грузовъ
equilibrare (v) con contrappesi
equilibrio (m) por pesos 4

---

a

festliegende Unterwalze (f)
fixed bottom roll
cylindre (m) inférieur fixe
неподвижный нижнiй валокъ (m); нижнiй валокъ безъ подъёма
cilindro (m) inferiore fisso
cilindro (m) inferior fijo 5

---

b

entlastete Oberwalze (f)
balanced top roll
cylindre (m) supérieur suspendu *ou* équilibré
уравновѣшенный верхнiй валокъ (m)
cilindro (m) superiore sospeso *od* equilibrato
cilindro (m) superior equilibrado 6

---

c

Tragstange (f)
bearing rod
support (m) du balancier, bielle (f) de suspension
опорный рычагъ (m)
bilanciere (m)
biela (f) de suspensión, candelero (m) 7

---

d

Gußeisenscheibe (f)
cast iron disc
disque (m) de fonte (pour contrepoids)
чугунный дискъ (m)
disco (m) di ghisa
disco (m) de hierro fundido 8

---

e

Handrad (n)
hand wheel
volant (m), manivelle (f) de serrage
маховичёкъ (m); колесо (n), приводимое въ движенiе отъ руки
manovella (f) di serraggio
timón (m), volante (m) 9

---

Gegendruck (m)
back pressure, back lash
contre-pression (f)
противодавленiе (n)
contropressione (f)
contra-presión (f) 10

1 Gewichtausgleichung (f) durch Wasserdruck
hydraulic balancing
équilibrage (m) hydraulique

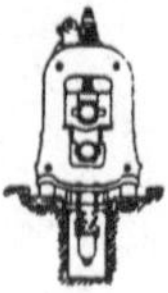

уравновѣшиваніе (n) при помощи гидравлическаго давленія
equilibratore (m) idraulico
equilibrio (m) por presión hidráulica

---

2 Zylinder (m) mit Teilung
cylinder with scale
cylindre (m) avec échelle

цилиндръ (m) со скалой *или* со шкалой
cilindro (m) con scala
cilindro (m) graduado

---

3 Kammwalzenständer (m)
spindle box, spindle housings
cage (f) à pignons

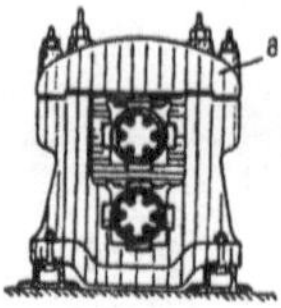

шестеренная станина (f)
gabbia (f) a pignoni
bastidor (m) con piñones

---

4 aufgeschraubter Deckel (m)
screwed-on cover, removable cap, bolted cover (A*)
chapeau (m) boulonné

a

навинченная крышка (f)
cappello (m) avvitato *od* inchiavardato
travesía (f) fijada por tornillos

---

5 **Walztische**
**Roller Tables, Guards**
**Tabliers *ou* tables de laminoir**

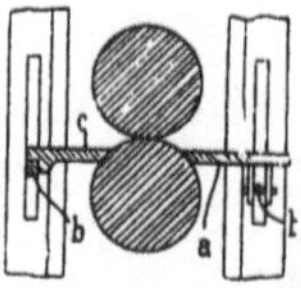


**Пріемная доска**
**Placcas**
**Tableros de laminador**

---

6 Auflage (f)
bracket
support (m)

a
b

опорный брусъ (m); опорная балка (f)
traversa (f)
descanso (m), apoyo (m)

---

7 Abstreifplatte (f)
guide, stripping plate (A*)
guide (m), plaque (f) de garde

c

направляющая доска (f)
guida (f)
placa (f) de guía

---

8 Abstreifmeißel (m)
guard
garde (f)

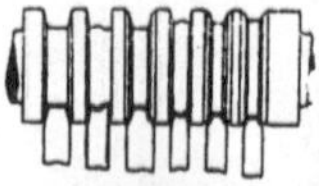

проводки (m pl)
guardia (f)
guías (f pl)

---

9 sich aufwickeln (v)
to warp
s'enrouler (v), former (v) un cordon

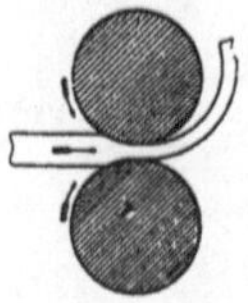

наматываться
fare (v) un cordone
formar (v) cordón

---

* A = americanism

Überhebvorrichtung (f)
lifting blocks
installation (f) de crochetage

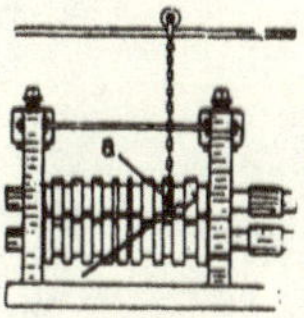

a

приспособленіе (n) для приподниманія
sopporto (m) della crocetta *o* del rampino
elevador (m) 1

---

Wippe (f), Dachwippe (f)
lever
crochetage (m), releveur (m)

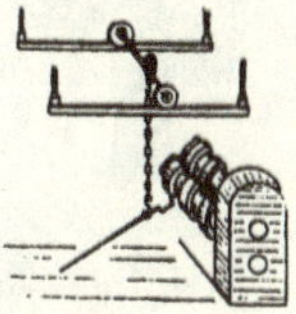

катающійся крышечный подъёмъ (m)
elevatore (m) dei rampini
elevador (m) de balancin 2

---

Hebetisch (m), Rollentisch (m)
lifting table
tablier (m) à rouleaux

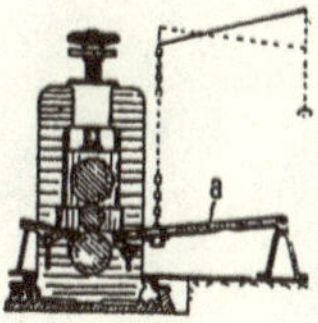

a

столъ (m) съ роликами
tavola (f) a rulli
tablero (m) de rodillos 3

---

gitterartig (adj)
lattice like
en forme de grille

рѣшеткообразный
a forma di griglia
en forma de parrilla 4

---

Zuführungsrollbahn (f)
live roller gear bed
rouleaux (m pl) d'amenée

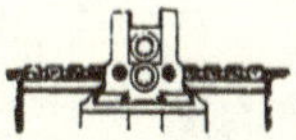

ролленгангъ (m); рольгангъ (m); подводящій рольгангъ *или* самокатъ (m)
rulli (m pl) conduttori
rodillos (m pl) conductores 5

---

selbsttätiger Vorschub (m)
automatic feed
avance (f) automatique

самодѣйствующее подвиганіе (n)
movimento (m) automatico
avance (m) automático 6

---

Kantvorrichtung (f)
tilter
culbuteur (m)

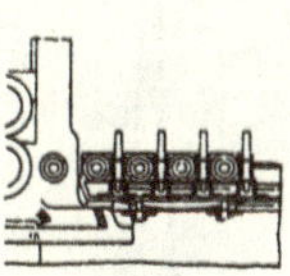

устройство (n) для кантованія *или* для поворачиванія
giralingotti (m)
volcador (m) 7

1 **Blocktransport**
**Ingot Conveyance**
**Transport des lingots**
**Транспортъ или перевозка слитковъ**
**Trasporto dei lingotti**
**Transporte de los lingotes**

---

2 Blockabstreifkran (m), Stripperkran (m)
ingot stripping crane
pont (m) roulant *ou* grue (f) à démouler

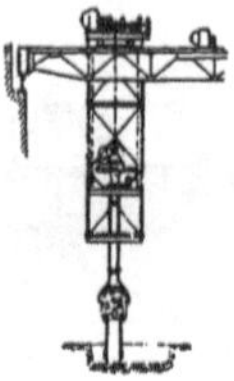

кранъ (m) для вынимания слитковъ изъ изложницъ
gru (f) per estrarre lingotti dalle lingottiere
grúa (f) para sacar los lingotes de los moldes

---

3 Abstreifer (m), Stripper (m), Stripperwerk (n)
ingot stripper
stripper (m), appareil (m) à démouler les lingots

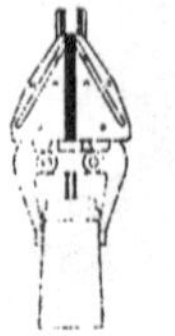

механизмъ (m) для выдавливанія *или* для выжиманія слитковъ изъ изложницъ
tanaglia (f) da lingotti
mordaza (f) para coger lingotes

---

4 abstreifen (v), strippen (v), den Block aus der Kokille drücken (v)
to strip the ingots
démouler (v) le lingot hors des lingotières, démouler (v) le lingot

выдавить слитокъ изъ изложницы
estrarre (v) i lingotti dalle lingottiere
echar (v) fuera el lingote

---

5 [Block-] Zangenkran (m)
ingot crane
grue (f) avec pince à lingots

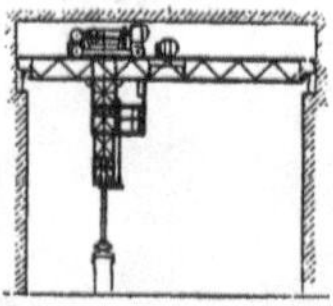

кранъ (m) съ клещами *или* со схватами для слитковъ
gru (f) a tanaglia per lingotti
grúa (f) con tenazas [para lingotes]

---

6 Blockkran (m), Blockförderkran (m)
ingot crane
pont (m) roulant pour le transport des lingots

кранъ (m) для переноски слитковъ
gru (f) per il trasporto dei lingotti
grúa (f) para el transporte de los lingotes

Blockzange (f)
ingot tongs *or* dogs, pincher (A*)
tenaille (f) à lingots

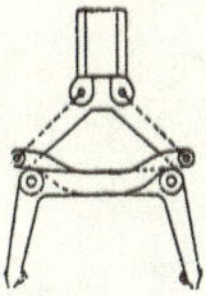

клещи (f pl) *или* схваты (m pl) для слитковъ
tanaglia (f) per lingotti
tenazas (f pl) para lingotes 1

---

selbsttätiges Greifen (n)
self-acting clutch
préhension (f) automatique

автоматическое схватываніе (n)
presa (f) automatica 2
prensión (f) automática

---

Heben (n) der Blöcke
lifting *or* twisting ingots
démoulage (m), enlèvement (m) des lingots

поднятіе (n) слитковъ
sollevamento (m) dei lingotti 3
levantamiento (m) de los lingotes

---

Blockwagen (m)
billet *or* bloom trolley
wagonnet (m) à lingots

телѣжка (f) для слитковъ
carro (m) da lingotti 4
vagoneta (f) para lingotes

---

Ausgleichgrube (f), Wärmegrube (f), Durchweichungsgrube (f)
soaking pit, heated soaking pit
pits (m pl) ordinaires, pits (m pl) chauffés four (m) de réchauffage à lingots, puits (m)

выравнивающіе колодцы (m pl)
pozzo (m) ordinario 5
pits, hornos (m pl) de foso

---

Tiefofen (m)
reheating furnace
four (m) à réchauffer en sous-sol

подземная калильная печь (f); нагрѣвательный колодецъ; колодецъ (m) *или* колодезь (m) Джверса 6
forno (m) di riscaldo
horno (m) de recalentamiento

---

Tiefofenkran (m), Blockziehkran (m)
crane for the reheating furnace, soaking pit crane
grue (f) à lingots pour pits

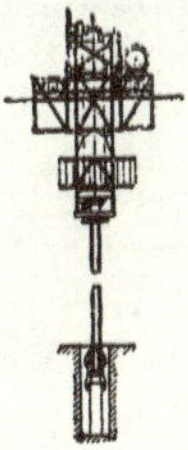

кранъ (m) для подземныхъ калильныхъ печей; кранъ для нагрѣвательныхъ колодцевъ 7
gru (f) scorrevole pei forni di riscaldamento
grúa (f) para los hornos de recalentamiento

* A = americanism

1 Deckelabhebevorrichtung (f)
lifting apparatus for the cover
dispositif (m) pour enlever les couvercles
устройство (n) *или* приспособленіе (n) для подъёма крышки
macchina (f) per alzare il coperchio
disposición (f) para levantar las tapas

---

2 Fingerkran (m)
crane with special gripping device
grue (f) avec poinçon et pince d'accrochage

кранъ (m) съ захватами *или* со схватами
gru (f) con tanaglia da presa
grúa (f) de dedos prensores

---

3 Wärmeofen (m), Glühofen (m)
reheating furnace
four (m) à réchauffer à réverbère

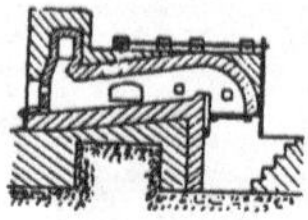

нагрѣвательная печь (f)
forno (m) di riscaldo a riverbero
horno (m) de recalentar de reverbero

---

4 ausglühen (v)
to anneal
recuire (v)
отжигать
ricuocere (v)
recocer (v)

---

5 Ausglühflammofen (m)
annealing furnace
four (m) à recuire
калильная печь (f)
forno (m) di ricottura
horno (m) de recocer

---

6 Wärmofen (m) mit beweglichem Herd
reheating furnace with movable hearth
four (m) à réchauffer à sole mobile

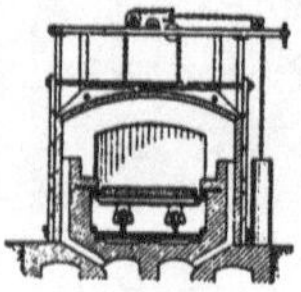

нагрѣвательная печь (f) съ подвижнымъ подомъ
forno (m) di riscaldo a suola mobile
horno (m) calentador con solera móvil

---

7 Blockeinsetzkran (m), [Blockchargierkran (m)]
ingot charging crane
enfourneuse (f) de lingots, grue (f) de chargement *ou* d'enfournement des lingots

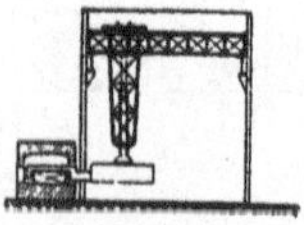

кранъ (m) для садки *или* загрузки слитковъ
gru (f) per caricare i lingotti
grúa (f) para cargar *ó* enhornar lingotes

---

8 Blockeinspannvorrichtung (f)
ingot holding device
dispositif (m) pour saisir *ou* accrocher les lingots

приспособленіе (n) для закрѣпленія слитковъ
dispositivo (m) da presa per lingotti
disposición (f) para sujetar el lingote

---

9 den Block einspannen (v)
to grip *or* clamp the ingot
accrocher (v) le lingot
закрѣплять слитокъ
attaccare (v) il lingotto
sujetar (v) el lingote

Rollofen (m)
continuous furnace heating
four (m) roulant

перекатная печь (f)
forno (m) a fondo mobile
horno (m) con solera para rodar los lingotes 1

---

den Block wenden (v) *oder* wälzen (v)
to turn the ingot over
tourner (v) *ou* retourner (v) le lingot

перекатывать *или* поворачивать *или* кантовать слитокъ
girare (v) il lingotto
girar (v) *ó* rodar (v) el lingote 2

---

Blockeinsetzwagen (m) [Blockchargierwagen (m)]
ingot charging carriage
chariot (m) enfourneur *ou* d'enfournement des lingots, chariot (m) de chargement des lingots

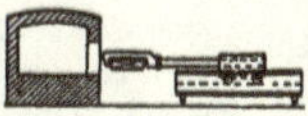

телѣжка (f) для садки *или* для загрузки слитковъ
carro (m) per il caricamento dei lingotti
carro (m) para cargar *ó* enhornar lingotes 3

---

[Block-] Eindrückvorrichtung (f), Blockdrücker (m)
ingot pushing device
dispositif (m) d'enfournement des lingots, poussoir (m)

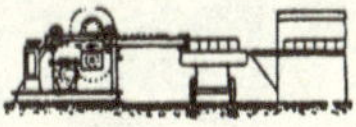

приспособленіе (n) для вдвиганія слитковъ
dispositivo (m) per introdurre *od* infornare i lingotti
disposición (f) de empuje para lingotes 4

---

[Block-] Ausziehvorrichtung (f)
withdrawing device
dispositif (m) d'enlèvement [du lingot], défourneuse (f)

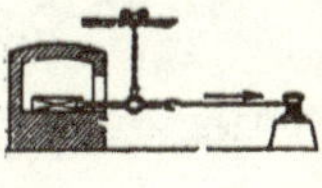

приспособленіе (n) для выниманія слитковъ; разгрузочная машина (f); выталкиватель (m)
dispositivo (m) per ritirare *od* estrarre [i lingotti]
disposición (f) para sacar *ó* extraer [los lingotes] 5

---

**Das Walzen**
**To roll**
**Laminer**

**Прокатка**
**Cilindrare, laminare**
**Laminar** 6

---

walzen (v), auswalzen (v)
to roll
laminer (v)

катать; прокатывать; выкатать
laminare (v)
laminar (v) 7

---

vorwalzen (v)
to roll, to cog, to cog down
ébaucher (v)

предварительно прокатать; подготовить прокаткой
sbozzare (v)
desbastar (v) 8

---

fertig walzen (v)
to roll for finishing
finir (v)

окончательно прокатить; сдѣлать готовымъ прокаткой; докатать
finire (v)
acabar (v), terminar (v) 9

|  | | | |
|---|---|---|---|
| 1 | Vorform (f)<br>first shape<br>dimension (f) primitive | 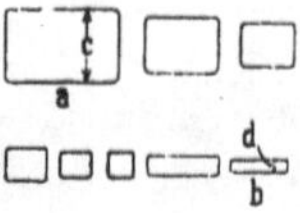 | предварительная *или* первоначальная форма (f)<br>dimensione (f) primitiva<br>forma (f) primitiva |
| 2 | Endform (f)<br>final shape<br>dimension (f) finale | a<br>b | окончательная форма (f)<br>dimensione (f) finale<br>forma (f) final |
| 3 | Anfangsquerschnitt (m)<br>first *or* earliest section<br>section (f) initiale | c | начальное сѣченіе (n)<br>sezione (f) iniziale<br>sección (f) inicial |
| 4 | Endquerschnitt (m)<br>final section<br>section (f) finale | d | окончательное сѣченіе (n)<br>sezione (f) finale<br>sección (f) final |
| 5 | strecken (v)<br>to elongate<br>étirer (v), allonger (v) | 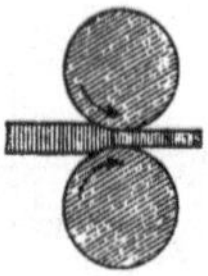 | вытягивать; пропустить *или* прокатить черезъ ручей<br>stendere (v), allungare (v)<br>estirar (v), alargar (v) |
| 6 | Streckung (f)<br>elongation<br>étirage (m), allongement (m) | | вытягиваніе (n)<br>estensione (f), allungamento (m)<br>estiramiento (m), alargamiento (m) |
| 7 | Walzendruck (m)<br>pressure of the rolls<br>pression (f) de laminage | 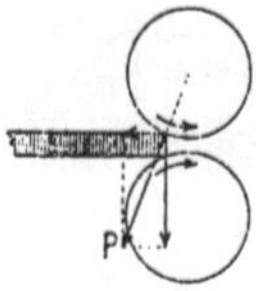 | давленіе (n) валковъ<br>pressione (f) di laminazione<br>presión (f) de los cilindros |
| 8 | radialer Druck (m)<br>radial pressure<br>pression (f) radiale | P | радіальное давленіе (n)<br>pressione (f) radiale<br>presión (f) radial |
| 9 | Umfanggeschwindigkeit (f)<br>circumferential velocity<br>vitesse (f) tangentielle | | окружная скорость (f)<br>velocità (f) tangenziale<br>velocidad (f) tangencial |
| 10 | Walzenbewegung (f)<br>rotation of rolls<br>rotation (f) des cylindres | | движеніе (n) валковъ<br>rotazione (f) dei cilindri<br>rotación (f) de los cilindros |
| 11 | leergehen (v)<br>to run idle, to run light (A*)<br>marcher (v) à vide | | вращаться при холостомъ ходѣ<br>girare (v) a vuoto<br>andar (v) en vacío |

* A = americanism

gleich bleibende Richtung (f)
rotation in the same direction
rotation (f) dans le même sens

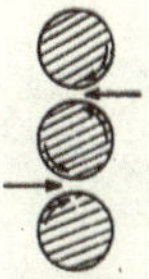

постоянное *или* неизмѣнное направленіе (n)
rotazione (f) nello stesso senso 1
rotación (f) en la misma dirección

---

Walzstück (n)
piece to be rolled
pièce (f) à laminer, barre (f)

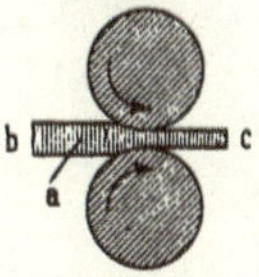


a

прокатываемый кусокъ (m) металла
pezzo (m) da laminare, barra (f) 2
barra (f), pieza (f) para laminar

---

Eintrittseite (f)
inlet, entry side, roller's side
côté (m) de l'entrée

b

сторона (f) входа
lato (m) dell'entrata 3
lado (m) de entrada

---

Austrittseite (f)
exit side, catcher's side
côté (m) de la sortie

c

сторона (f) выхода
lato (m) di uscita 4
lado (m) de salida

---

das Walzstück anheben (v)
to lift the piece (to be rolled)
soulever (v) la barre (à laminer)

приподнять прокатываемый кусокъ металла
alzare (v) la barra 5
elevar (v) ó levantar (v) la barra

---

das Walzstück erfassen (v)
to grip *or* bite *or* take hold of the piece
saisir (v) la barre

схватить *или* захватить прокатываемый кусокъ металла 6
prendere (v) la barra
coger (v) la barra

---

mit der Zange erfassen (v)
to seize with tongs
saisir (v) avec la tenaille

схватить *или* захватить клещами
prendere (v) colla tanaglia 7
coger (v) con las tenazas

---

Durchgang (m), Stich (m)
pass
passage (m), passe (f)

проходъ (m)
passaggio (m) 8
pasada (f)

---

zurückgehen (v)
to return
repasser (v)

подать назадъ
ripassare (v) 9
repasar (v)

---

Höhenlage (f)
height
hauteur (f)

высота (f) расположенія
altezza (f) 10
altura (f)

---

abwechselnde Bewegungsrichtung (f)
reversing the rolls
changement (m) de sens *ou* renversement du laminage

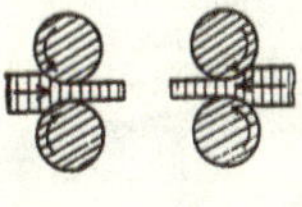

перемѣнное направленіе (n)
cambiamento (m) del senso di laminazione 11
dirección (f) alternativa

1 Kehr- *oder* Reversierwalzwerk (n)
reversing rolling mill
laminoir (m) *ou* train (m) réversible

реверсивный прокатный станъ (m)
laminatoio (m) *o* treno (m) riversibile
tren (m) reversible

---

2 Umkehr (f) der Bewegung
reversal
renversement (m)

перемѣна (f) движенія
inversione (f) di marcia
cambio (m) de marcha

---

3 entgegengesetzte Drehung (f)
reverse rotation
rotation (f) en sens inverse

вращеніе (n) въ противоположную сторону
cambiamento (m) di marcia
rotación (f) contraria

---

4 Hingang (m)
going
aller (m)

передній ходъ (m)
andata (f)
ida (f)

---

5 Rückgang (m)
returning
retour (m)

задній ходъ (m)
ritorno (m)
vuelta (f)

---

6 zurückwalzen (v)
to roll on return pass
laminer (v) en arrière

пропустить *или* прокатить въ обратную сторону
laminare (v) indietro
laminar (v) hacia atrás

---

7 Umsteuerungsvorrichtung (f)
reversing gear
dispositif (m) de renversement de marche, servo-moteur (m) de renversement

приспособленіе (n) для перемѣны хода
servo-motore (m)
[aparato (m) de] cambio (m) de marcha

---

8 Beseitigung (f) des Glühspans
removing of the scale
enlèvement (m) des battitures *ou* des oxydes

удаленіе (n) окалины
levare (v) le battiture
separación (f) de las escamas

---

9 Reisigbündel (n)
wood bundle
balai (m), brindilles (f pl)

a

пучокъ (m) хвои; пучокъ сухихъ вѣтвей
fascina (f), scopa (f)
escoba (f)

---

10 blechwalzen (v), Blechwalzen (v)
sheet *or* plate rolling
laminer (v) les tôles

валки (m pl) для прокатки листовъ; листопрокатные валки; листопрокатный станъ
laminare (v) le lamiere
laminar (v) palastros

gemeinsam walzen (v)
to roll together
laminer (v) ensemble

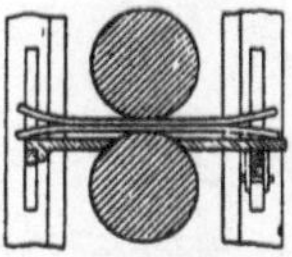

прокатывать совмѣстно
laminare (v) insieme
laminar (v) múltiple ó juntamente 1

---

doppeln (v), umbiegen (v)
to double
plier (v), doubler (v)

согнуть; сдвоить
raddoppiare (v), piegare (v)
doblar (v) 2

---

Schwarzblech (n)
black sheet
tôle (f) noire

чёрная жесть (f)
lamiera (f) nera
chapa (f) negra, palastro (m) 3

---

**Adjustieren** | **Отдѣлка**
**Adjusting** | **Aggiustaggio** 4
**Ajustage** | **Ajustamiento**

---

Zurichtungshalle (f), Richthalle (f), Adjustagehalle (f)
straightening shop
atelier (m) de cisaillage

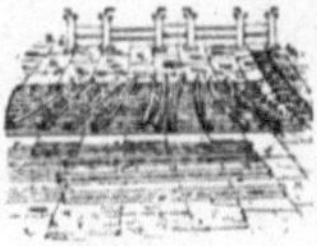

отдѣлочная мастерская (f)
locale (m) d'aggiustaggio
taller (m) de cortar [á medida] 5

---

beschneiden (v)
to cut, to shear
rogner (v), cisailler (v)

обрѣзать
refilare (v)
recortar (v) 6

---

zurechtschneiden (v)
to dress
couper (v) à dimension

обрѣзать какъ слѣдуетъ *или* правильно
tagliare (v) a misura
cortar (v) á medida 7

---

hydraulische Blockschere (f)
hydraulic shearing machine, hydraulic shear (A*)
cisaille (f) hydraulique pour blooms

гидравлическія ножницы (f pl) для слитковъ
cesoia (f) idraulica per blooms
tijera (f) hidráulica para tochos 8

---

Blechschere (f)
sheet shearing machine
cisaille (f) à tôles

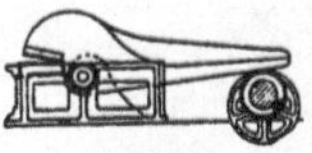

ножницы (f pl) для рѣзки листовъ
cesoia (f) da lamiera
cizalla (f) para chapa 9

---

Warmsäge (f)
hot saw
scie (f) à chaud

пила (f) для рѣзки металла въ горячемъ состояніи
sega (f) a caldo
sierra (f) para cortar en caliente 10

---

* A = americanism

| | | |
|---|---|---|
| 1 | gerade richten (v)<br>to straighten<br>dresser (v) | править; выпрямить<br>raddrizzatura (f) delle rotaie<br>enderezar (v) |
| 2 | Richtmaschine (f)<br>straightening machine<br>machine (f) à dresser | правильная машина (f); правильный станокъ (m)<br>macchina (f) da raddrizzare<br>máquina (f) de enderezar |
| 3 | walzgerade (adj)<br>rough rolled (adj)<br>fer brut de laminage | выправленный въ валкахъ<br>greggio (agg) di laminazione<br>enderezado (adj) con el laminador |
| 4 | windschief (adj)<br>warped (adj), twisted (adj)<br>gauche (adj), oblique (adj) | искривленный; перекошенный<br>ritorto (agg)<br>oblicuo (adj) |
| 5 | krumm (adj)<br>crooked(adj), bent(adj)<br>tordu (adj) | кривой<br>centinato (agg)<br>torcido (adj) |
| 6 | Ebnen (n) der Blechtafel<br>to straighten the sheets<br>planer (v) les tôles | выправить листы<br>raddrizzare (v) *o* spianare (v) le lamiere<br>enderezamiento (m) de los palastros |
| 7 | wellige Oberfläche (f)<br>corrugated surface<br>surface (f) gondolée | волнистая поверхность (f)<br>superficie (f) ondulata<br>superficie (f) ondulada |
| 8 | eiserne Richtplatte (f)<br>straightening plate<br>taque (f) à dresser en fonte | желѣзная правильная доска (f)<br>placca (f) da raddrizzare<br>placa (f) de hierro para enderezar |
| 9 | Schlagwerkzeug (n)<br>straightening hammer<br>marteau (m) à dresser | ударный инструментъ (m)<br>maglio (m) da raddrizzare<br>porra (f) |
| 10 | Walzenbart (m), Grat (m)<br>burr, fin<br>bavure (f) | выступъ (m) на валкѣ<br>bavatura (f), filetto (m)<br>rebaba (f) |

## Drahtwalzen — Валки для прокатки проволоки

## Wire Rolling — Laminazione del filo di ferro — 1

## Tréfilage — Estirado del alambre

herunterwalzen (v)
to roll, to reduce (A*)
réduire (f) les dimensions par laminage

прокатать
laminare (v)
laminar (v) á secciones menores — 2

---

umstecken (v)
to alter the pass
changer (v) de cannelure

перемѣнить
cambiar (v) canale
cambiar (v) las canales — 3

---

schnellaufende Walze (f)
high speed roll
cylindre (m) à grande vitesse

быстро вращающійся *или* бѣгающій валокъ (m)
cilindro (m) a gran velocità
cilindro (m) de gran velocidad — 4

---

zu einem Ring aufwickeln (v)
to wind a coil
enrouler (v) en couronne

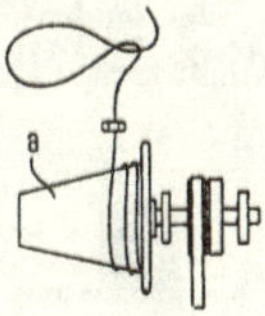


свернуть въ кольцо
fare (v) un nodo
enrollar (v) alambre, hacer (v) rollos de alambre — 5

---

Spule (f)
spool, bobbin, coil (A*)
dévidoir (m), bobine (f), enrouleuse (f)

a

катушка (f)
spola (f)
devanadera (f) — 6

---

drahtziehen (v), Draht ziehen (v)
wire drawing
tréfiler (f), étirer (v) le fil, passer (v) à là filière

волоченіе (n) проволоки
trafila (f)
estirar (v) el alambre — 7

---

Drahtziehbank (f)
wire drawing machine, bench
banc (m) de tréfilerie

волочильный станокъ (m)
banco (m) di trafila
banco (m) de estirado — 8

---

Scheibenziehbank (f), Leierziehbank (f)
drawing machine with spool
banc (m) de tréfilerie à tambours enrouleurs

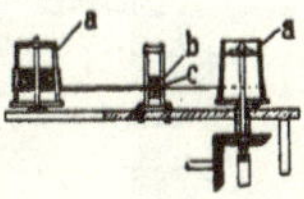


дисковый волочильный станокъ (m)
banco (m) di stiramento con rulli
banco (m) de estirado con hilera — 9

---

drehbare Haspel (f)
spool
enrouleur (m), bobine (f)

a

вращающаяся лебёдка (f)
rullo (m), bobina (f)
bobina (f) — 10

---

* A = americanism

| | | | |
|---|---|---|---|
| 1 | Ziehzange (f)<br>wire pliers (pl), pincers (pl)<br>pince (f) à tréfiler | | клещи (fpl) для протяжки<br>pinza (f)<br>tenazas (f pl) de estirado |
| 2 | Zieheisen (n)<br>draw plate, die<br>filière (f) | b | инструментъ (m) *или* накидка (f) для измѣренія толщины протянутой проволоки; ціэйзенъ (m)<br>filiera (f)<br>hilera (f) |
| 3 | kegeliges Loch (n)<br>conical hole<br>trou (m) conique | c | коническое отверстіе (n)<br>foro (m) conico<br>agujero (m) cónico |
| 4 | verschiebbar (adj)<br>displacable (adj)<br>mobile (adj) | | передвижной<br>spostabile (agg)<br>móvil (adj) |
| 5 | Schleppzangenziehbank (f)<br>drawing machine with pliers<br>banc (m) à étirer à pince |  | волочильный станокъ (m)<br>banco (m) di stiramento con pinza<br>banco (m) de estirado por tenazas |
| 6 | Grobzug (m)<br>preliminary drawing<br>tréfilage (m) grossier *ou* initial | 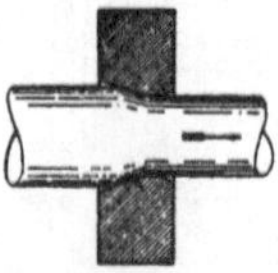 | предварительное волоченіе (n)<br>stiramento (m) iniziale<br>estirado (m) inicial |
| 7 | Mittelzug (m)<br>medium drawing<br>tréfilage (m) moyen |  | промежуточное волоченіе (n)<br>stiramento (m) medio<br>estirado (m) medio |
| 8 | Feinzug (m)<br>fine drawing<br>tréfilage (m) fin *ou* finisseur | 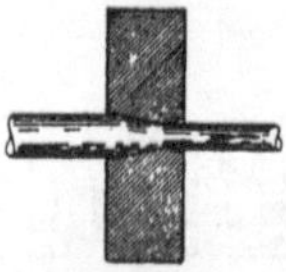 | окончательное волоченіе (n)<br>stiramento (m) fino<br>estirado (m) fino |
| 9 | Kratzenzug (m)<br>very fine drawing<br>tréfilage (m) très fin |  | протягиваніе (n) начисто<br>stiramento (m) finissimo<br>estirado (m) muy fino |

Beizen (n) des Drahtes
pickling the wire
décapage (m) du fil

травленіе (n) проволоки
pulitura (f) del filo 1
desoxidación (f) ó limpieza (f) del alambre

---

poltern (v)
removing the pickling acid
battage (m) du fil

чистить во вращающемся барабанѣ 2
battitura (f) del filo
batido (m) del alambre

---

Kalken (n) des Drahtes
chalking the wire
chauler (v) le fil

чистить проволоку во вращающемся барабанѣ при участіи постороннихъ твёрдыхъ предметовъ 3
calcinatura (f) del filo
calizar (v) ó encalar (v) el alambre

---

**Röhrenwalzen**
**Tube Rolling**
**Laminage de tubes**

**Прокатка трубъ**
**Laminazione dei tubi** 4
**Laminación de tubos**

Eisenrohr (n)
hollow iron, iron tube
tube (m) en fer

желѣзная труба (f)
tubo (m) di ferro 5
tubo (m) de hierro

---

gezogenes Rohr (n)
drawn tube
tube (f) étiré

тянутая труба (f)
tubo (m) stirato 6
tubo (m) estirado

---

Schrägwalzverfahren (n) nach Mannesmann
Mannesman process
procédé (m) Mannesmann

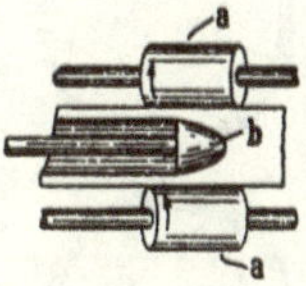


косая геликоидальная прокатка (f) по Маннесману
processo (m) Mannesmann 7
procedimiento(m)de laminación de Mannesmann (con cilindros en ángulo)

---

ballige Walze (f)
conical roll
cylindre (m) bombé

a

валокъ (m) съ измѣняющейся окружной скоростью въ зависимости отъ діаметра 8
cilindro (m) curvato
cilindro (m) combado

---

Walzdorn (m)
roll mandrel
mandrin (m)

b

сердечникъ (m) *или* оправка (f) для прокатки трубъ
mandrino (m) 9
mandril (m)

---

dickwandiges Rohr (n)
thick walled tube
tuyau (m) à paroi épaisse

толстостѣнная труба (f)
tubo (m) a pareti spesse 10
tubo (m) de gran espesor

1 Pilgerschrittverfahren (n)
tube rolling (Perrins process)
procédé (m) dit »au pas de pèlerin«

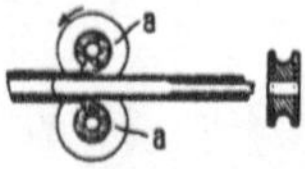


прокатка (f) трубъ на оправкѣ
processo (m) del »au pas de pèlerin«
procedimiento (m) de laminación »á paso de peregrino«

---

2 exzentrische Walze (f)
eccentric roll
cylindre (m) excentrique

a

эксцентричный валокъ (m)
cilindro (m) eccentrico
cilindro (m) excéntrico

---

3 Preßverfahren (n) nach Ehrhardt
Ehrhardt's pressing process
procédé (m) à la presse Ehrhardt

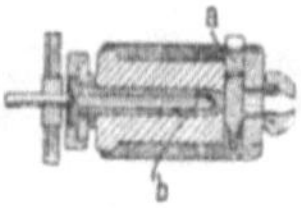


прессованіе (n) по способу Эргардта
processo (m) Ehrhardt col mandrino
procedimiento (m) de compresión sistema Ehrhardt

---

4 Ziehloch (n)
draw hole
orifice (m) de tréfilage *ou* d'étirage

a

ручей (m) *или* отверстіе (n) для пропуска трубы
apertura (f) di stiramento
agujero (m) de estirado

---

5 nahtloses Rohr (n)
seamless tube
tube (m) sans soudure

b

труба (f) безъ швовъ
tubo (m) senza saldatura
tubo (m) sin soldadura ó sin costura

---

6 stumpfgeschweißtes Rohr (n)
butt welded tube
tube (m) soudé par contact

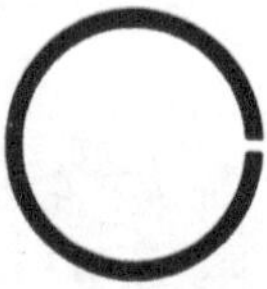

труба (f), сваренная въ притыкъ
tubo (m) saldato a bacio
tubo (m) soldado á tope

---

7 überlappt geschweißtes *oder* flachgeschweißtes Rohr (n)
lap welded tube
tube (m) soudé par recouvrement

труба (f), сваренная въ накладку
tubo (m) saldato ad unghia
tubo (m) soldado á solapa

---

8 schraubenlinig *oder* spiralgeschweißtes Rohr (n)
spiral welded tube
tube (m) soudé en spirale

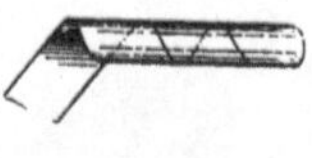

труба (f), сваренная спирально
tubo (m) saldato a spirale
tubo (m) soldado en espiral

---

9 Dornwalze (f) für geschweißte Rohre
mandrel roll for welded tubes
cylindres (m pl) à mandrin pour tubes soudés

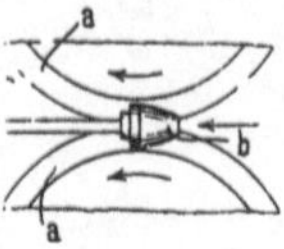


прокатка (f) сварныхъ трубъ на сердечникѣ
cilindro (m) a mandrino per tubi saldati
cilindro (m) con mandril para tubos soldados

| | | | |
|---|---|---|---|
| ausgekehlte Walze (f)<br>grooved roll<br>cylindre (m) à gorge | a | желобчатый валокъ (m)<br>cilindro (m) a gola<br>cilindro (m) de garganta | 1 |
| birn[en]förmiger Dorn (m)<br>pear shaped mandrel<br>mandrin (m) piriforme, olive (f) | b | грушевидный сердечникъ (m)<br>mandrino (m) piriforme<br>mandril (m) en forma de pera ó piriforme | 2 |
| zusammenrollen (v)<br>to roll on<br>enrouler (v) | | скатать<br>avvolgere (v)<br>enrollar (v) | 3 |

# XVI.

## Härten des Stahles / Hardening *or* Tempering the Steel / Trempe de l'acier / Закалка стали / Tempera dell'acciaio / Temple del acero

|  | | | |
|---|---|---|---|
| 1 | **Härteöfen**<br>**Tempering Furnaces, Furnaces for Hardening**<br>**Fours à tremper** | | **Калильная печь для закалки**<br>**Forni per la tempera**<br>**Hornos para templar** |
| 2 | Härteschmiedefeuer(n)<br>tempering forge<br>feu (m) de trempe | 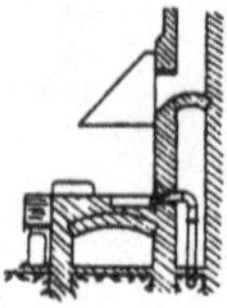 | кузнечный горнъ (m) для закалки<br>fucina (f) per la tempera<br>fragua (f) de templar |
| 3 | ausgemauerte Feuergrube (f)<br>bricked fire place<br>cendrier (m) *ou* foyer (m) maçonné | | выложенное кирпичёмъ углубленіе (n) [горна]<br>focolare (m) in muratura<br>foso (m) de fuego *ú* hogar (m) revestido |
| 4 | Bleiofen (m)<br>lead tempering bath<br>four (m) à plomb | 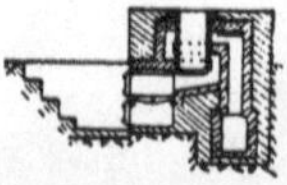 | свинцовая *или* свинцово-плавильная печь (f)<br>bagno (m) di piombo<br>horno (m) de plomo |
| 5 | Härteflammofen (m)<br>tempering flame furnace<br>four (m) à réverbère à tremper | 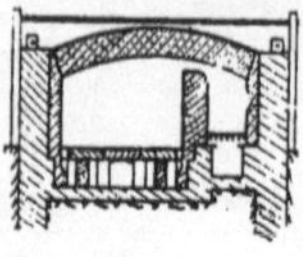 | пламенная закалочная печь (f)<br>forno (m) a riverbero per la tempera<br>horno(m) de reverbero para templar |

| | | | |
|---|---|---|---|
| Gashärteofen (m)<br>gas fired furnace for hardening<br>four (m) de trempe au gaz | | газовая закалочная печь (f)<br>forno (m) a gas per la tempera<br>horno (m) de gas para templar | 1 |
| Schachthärteofen (m)<br>shaft furnace for hardening<br>four (m) de trempe à cuve | 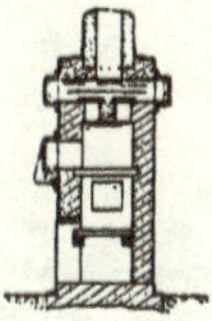 | шахтная закалочная печь (f)<br>forno (m) a camino *o* forno (m) cilindrico per la tempera<br>horno (m) de cuba para templar | 2 |
| Schachtglühofen (m)<br>shaft furnace for reheating<br>four (m) à cuve à recuire | | шахтная калильная печь (f)<br>forno (m) a ricottura<br>horno (m) de cuba para recocer | 3 |
| Feilenhärteofen (m)<br>file hardening furnace<br>four (m) à tremper les limes | | печь (f) для закалки напилковъ; закалочная печь для напильниковъ<br>forno (m) per temperare le lime<br>horno (m) para templar limas | 4 |
| Muffelofen (m)<br>muffle furnace<br>fourneau (m) à moufles | 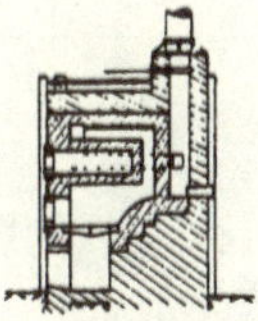 | муфельная печь (f)<br>forno (m) a muffola<br>horno (m) de mufla | 5 |
| Muffel (f) aus Eisen, gußeiserne Muffel (f)<br>iron muffle, cast iron muffle<br>moufle (m) en fer *ou* en fonte | 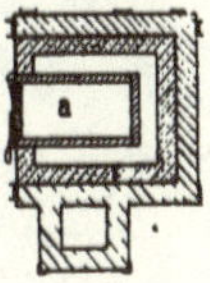<br>a | чугунный муфель (m)<br>muffola (f) di ferro, muffola (f) di ghisa<br>mufla (f) de hierro *ó* de fundición | 6 |
| Muffel (f) aus Schamotte<br>fire clay muffle<br>moufle (m) en terre réfractaire | | шамотовый муфель (m)<br>muffola (f) di terra refrattaria<br>mufla (f) de tierra refractaria | 7 |
| Doppelmuffelofen (m)<br>double muffle furnace<br>fourneau (m) à moufles double | 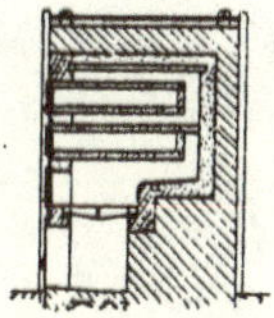 | двойная муфельная печь (f)<br>forno (m) a doppia muffola<br>horno (m) de doble mufla | 8 |

1 Gasmuffelofen (m)
gas fired muffle furnace
four (m) à moufle au gaz

газовая муфельная печь (f)
forno (m) a muffola a gas
horno (m) de mufla á gas ó alimentado por gas

---

2 Brenndüse (f)
nozzle
brûleur (m)

горѣлка (f)
becco (m) di combustione
quemador (m), mechero (m)

---

3 mechanischer Gashärteofen (m)
mechanical gas fired furnace for hardening
four (m) de trempe mécanique au gaz

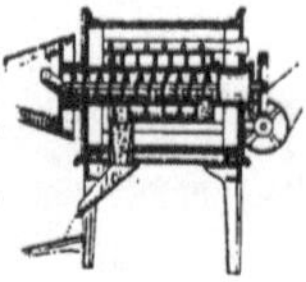

газовая калильная печь (f) съ механической подачей; механическая газовая калильная печь; [фиг.:] вращающаяся газовая калильная печь
forno (m) meccanico a gas per la tempera
horno (m) mecánico de gas para templar

---

4 Luftzuführung (f)
air inlet
entrée (f) d'air

подводъ (m) *или* притокъ (m) воздуха
entrata (f) dell'aria
entrada (f) de aire

---

5 Gaszuführung (f)
gas inlet
entrée (f) *ou* amenée (f) de gaz

подводъ (m) *или* притокъ (m) газа
entrata (f) del gas
entrada (f) de gas

## 6 Härtevorgang — Process of Hardening — Marche de la trempe

## Процессъ закалки — Andamento *o* marcia della tempera — Proceso del temple

7 einfache Härtung (f)
simple hardening
trempe (f) simple

простая закалка (f)
tempera (f) semplice
temple (m) sencillo

---

8 schwierige Härtung (f)
difficult hardening
trempe (f) difficile

сложная закалка (f)
tempera (f) difficile
temple (m) difícil

---

9 besonderes Härtungsverfahren (n)
special hardening method
méthode (f) de trempe spéciale

спеціальный способъ (m) закалки
metodo (m) speciale di tempera
método (m) de temple especial

---

10 Naturhärte (f)
natural hardness
trempe (f) naturelle

естественная *или* природная твёрдость (f)
tempera (f) naturale
temple (m) natural

| | | |
|---|---|---|
| Glashärte (f)<br>glass hardness<br>trempe (f) parfaite *ou* dure | крѣпкая *или* сильная закалка (f); крѣпкій закалъ (m)<br>tempera (f) perfetta<br>temple (m) perfecto | *1* |
| Härtungsfähigkeit (f)<br>hardening capacity<br>capacité (f) de trempe | способность (f) закаливаться<br>proprietà (f) della tempera<br>capacidad (f) de temple | *2* |
| aktive Härte (f), Schneidhärte (f)<br>cutting hardness, abrasive hardness<br>trempe (f) active, trempe (f) d'outil coupant | активная твёрдость (f) [рѣжущая твёрдость]<br>resistenza (f) al taglio<br>temple (m) duro, temple (m) de herramienta para cortar | *3* |
| passive Härte (f), Abnutzungshärte (f)<br>passive hardness, wear hardness<br>trempe (f) passive, trempe (f) résistant à l'usure | пассивная твёрдость (f); [твёрдость изнашиванія]<br>resistenza (f) allo sfregamento<br>temple (f) resistente al desgaste | *4* |
| Härtegrad (m)<br>degree of hardness *or* temper<br>degré (m) de trempe | степень (f) твёрдости<br>grado (m) di tempera<br>grado (m) de temple | *5* |
| Härtehitze (f)<br>hardening heat<br>température (f) *ou* chaleur (f) de trempe | температура (f) закалки<br>calore (m) di tempera<br>temperatura (f) de temple | *6* |
| Dauer (f) der Erhitzung<br>duration of heating<br>durée (f) de la chauffe | продолжительность (f) нагрѣва<br>durata (f) della tempera<br>duración (f) del temple | *7* |
| gefährliche Temperatur (f)<br>dangerous temperature<br>température (f) dangereuse | опасная температура (f)<br>temperatura (f) pericolosa<br>temperatura (f) peligrosa | *8* |
| nachlaufen (v)<br>to temper the steel<br>faire (v) revenir l'acier | отпускаться<br>far rinvenire (v) l'acciaio<br>recocer (v) el acero | *9* |
| abkühlen (v)<br>to cool<br>refroidir (v) | охладить; охлаждать<br>raffreddare (v)<br>enfriar (v) | *10* |
| ablöschen (v)<br>to quench in water<br>tremper (v) dans l'eau | закалить<br>temperare (v) nell'acqua<br>templar (v) en el agua | *11* |

| | | | |
|---|---|---|---|
| 1 | heiß ablöschen (v)<br>to quench hot<br>tremper (v) très chaud dans l'eau | | закалить при высокой температурѣ<br>temperare (v) al calor rosso nell'acqua<br>templar (v) á alta temperatura en el agua |
| 2 | Abschrecken (n)<br>to plunge in water<br>saisissement (m) dans l'eau, étonner (v) |  | быстрое охлажденіе (n)<br>immersione (f) rapida *o* brusca nell'acqua<br>enfriamiento (m) brusco *ó* á toda agua |
| 3 | langsames Eintauchen (n)<br>slow dipping<br>plonger (v) lentement | | медленное погруженіе (n)<br>immersione (f) lenta<br>sumergir (v) lentamente |
| 4 | im Wasser umherführen (v)<br>to stir in the water<br>agiter (v) dans l'eau | 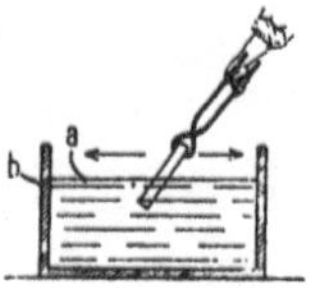<br> | водить въ водѣ<br>agitare (v) nell'acqua<br>agitar (v) en el agua |
| 5 | Kühlbad (n)<br>quenching bath<br>bain (m) de trempe | a | ванна (f) для охлажденія<br>bagno (m) per la tempera<br>baño (m) para enfriar |
| 6 | Wasserkasten (m)<br>water tank<br>auge (f) *ou* cuve (f) à eau | b | бакъ (m) съ водою<br>cassetta (f) d'acqua<br>depósito (m) de agua |
| 7 | Härteflüssigkeit (f), Ablöschflüssigkeit (f), Kühlflüssigkeit (f)<br>hardening liquid<br>liquide (m) de trempe | | закалочная жидкость (f)<br>liquido (m) per la tempera<br>liquido (m) para templar |
| 8 | Härten (n) in fließendem Wasser<br>hardening in running water<br>trempe (f) dans l'eau courante | 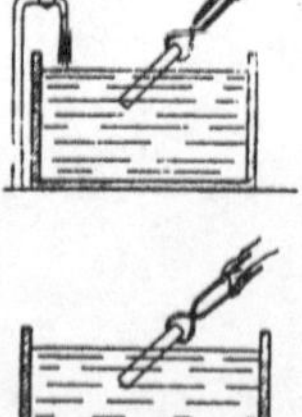 | закалка (f) въ проточной водѣ<br>tempera (f) nell'acqua corrente<br>temple (m) en agua corriente |
| 9 | Härten (n) in quellendem Wasser<br>hardening in rising water<br>trempe (f) dans une auge alimentée par le fond | 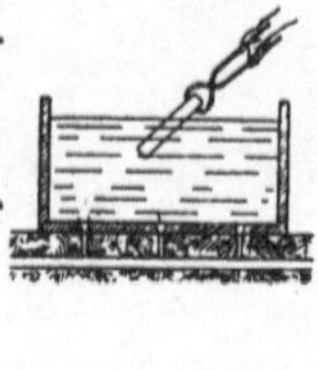 | закалка (f) въ бьющей ключомъ водѣ<br>tempera (f) entro cassetta che riceve l'acqua dal fondo<br>temple (m) en una cubeta alimentada por el fondo |

Strahlhärtung (f)
stream hardening
trempe (m) par jet *ou* filet d'eau

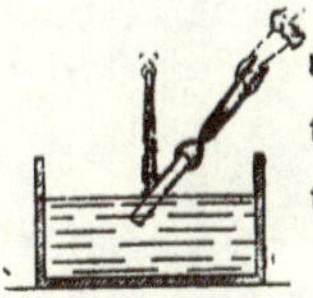

закалка (f) подъ струей воды
tempera (f) al getto d'acqua
temple (m) á chorro de agua 1

---

Spritzhärtung (f)
hardening by sprinkling
trempe (f) par arrosage

закалка (f) въ водяныхъ брызгахъ
tempera (f) alla doccia
temple (m) á lluvia de agua 2

---

Lufthärtung (f)
air hardening
trempe (f) à l'air

воздушная закалка (f)
tempera (f) all'aria
temple (m) al aire 3

---

Kohlensäurehärtung (f)
carbonic acid hardening
trempe (f) à l'acide carbonique

закалка (f) въ углекислотѣ
tempera (f) all'acido carbonico
temple (m) al ácido carbónico 4

---

Ölhärtung (f)
oil hardening
trempe (f) à l'huile

закалка (f) въ маслѣ
tempera (f) all'olio
temple (m) al aceite 5

---

Härtemittel (n)
hardening agent
substance (f) à tremper

закалочное средство (n)
sostanza (f) per temperare
substancia (f) para templar 6

---

Kochsalz (n)
common salt, sodium-chloride
sel (m) marin

$NaCl$

поваренная соль (f)
cloruro (m) di sodio
sal (f) común, sal (f) marina, cloruro (m) de sodio 7

---

Salmiak (m)
sal ammoniac
sel (m) ammoniac

$(NH_4)Cl$

нашатырь (m)
sale (m) ammoniaco
sal (f) amoniaco 8

---

angesäuertes Wasser (n)
acidulated water
eau (f) acidulée

подкисленная вода (f)
acqua (f) acidulata
agua (f) acidulada 9

---

Quecksilber (n)
mercury, quick silver
mercure (m), vif-argent (m)

ртуть (f)
mercurio (m)
mercurio (m) 10

---

Kalkmilch (f), Kalkwasser (n)
lime water
lait (m) de chaux

известковое молоко (n); известковая вода (f)
latte (m) di calce
lechada (f) de cal 11

| |  |  |
|---|---|---|
| 1 | Seife (f)<br>soap<br>savon (m) | мыло (n)<br>sapone (m)<br>jabón (m) |
| 2 | angefeuchtete Kohlenlösche (f)<br>moistened cinders<br>fraisil (m) humide | смоченная угольная зола (f)<br>cenere (f) umida<br>ceniza (f) húmeda |
| 3 | Blutlaugensalz (n)<br>yellow prussiate of potash *or* potassium<br>prussiate (m) jaune de potasse | жёлтая кровяная соль (f); жёлтое синькали (n)<br>prussiato (m) giallo di potassa<br>prusiato (m) amarillo de potasa *ó* potásico, ferrocianuro (m) potásico |
| 4 | Gummi (m)<br>rubber<br>caoutchouc (m) | резина (f)<br>gomma (f)<br>goma (f) |
| 5 | Spiritus (m)<br>methylated spirit<br>esprit (m) de vin | спиртъ (m)<br>spirito (m) di vino<br>alcohol (m) vínico, espíritu (m) de vino |
| 6 | Öl (n)<br>oil<br>huile (f) | масло (n)<br>olio (m)<br>aceite (m) |
| 7 | Fett (n)<br>fat, grease<br>graisse (f) | жиръ (m)<br>grasso (m)<br>grasa (f) |
| 8 | Unschlitt (m)<br>tallow<br>suif (m) | сало (n)<br>sego (m), sevo (m)<br>sebo (m) |
| 9 | Fischtran (m)<br>fish oil, train oil, cod liver oil<br>huile (f) de poisson | рыбій жиръ (m)<br>olio (m) di pesce<br>aceite (m) de pescado |
| 10 | Wachs (n)<br>wax<br>cire (f) | воскъ (m)<br>cera (f)<br>cera (f) |
| 11 | Harz (n)<br>resin, rosin<br>résine (f) | смола (f)<br>resina (f)<br>resina (f) |
| 12 | negative Härtung (f)<br>negative hardening<br>trempe (f) négative | отрицательная закалка (f)<br>tempera (f) negativa *o* fallita<br>temple (m) negativo |
| 13 | Werfen (n) *oder* Verziehen (n) des Stahls<br>shrinkage *or* contraction of the steel<br>gauchissement (m) de l'acier | коробленіе (n) стали<br>torcimento (m) dell'acciaio<br>torcimiento (m) *ó* torcedura (f) del acero |

| | | |
|---|---|---|
| **Anlassen, Nachlassen**<br>**To temper, to reheat**<br>**Adoucir, recuire** | **Отпускъ**<br>**Ricuocere**<br>**Recocer** | 1 |
| abbrennen (v)<br>to blaze off<br>recuire (v) l'acier par le flambage | обжигать; отжигать посредствомъ сжиганія покрывающаго предметъ слоя жира<br>ricuocere (v) l'acciaio alla fiamma<br>recocer (v) el acero por medio de la combustión de grasa sobre la pieza | 2 |
| Anlaßhärte (f)<br>tempering hardness<br>trempe (f) de recuit | степень (f) отпуска<br>tempera (f) di ricottura<br>temple (m) de recocido | 3 |
| Anlauftemperatur (f)<br>tempering temperature<br>température (f) du recuit | температура (f) отпуска<br>temperatura (f) di ricottura<br>temperatura (f) de dar color ó de recocido | 4 |
| Anlaßfarbe (f), Anlauffarbe (f)<br>temper colour<br>couleur (f) de recuit | цвѣтъ (m) отпуска<br>colore (m) di ricottura<br>color (m) de recocido | 5 |
| blaßgelb (adj)<br>pale yellow (adj)<br>jaune-clair (adj) | блѣдножёлтый цвѣтъ (m)<br>giallo-chiaro (agg)<br>amarillo pálido (adj) | 6 |
| hellstrohgelb (adj)<br>straw yellow (adj)<br>jaune (adj) de paille | свѣтлосоломенный цвѣтъ (m)<br>giallo-paglia (agg)<br>amarillo (adj) de paja | 7 |
| braun (adj)<br>brown (adj)<br>brun (adj) | бурый<br>bruno (agg)<br>pardo (adj) | 8 |
| braun (adj) mit Purpurflecken<br>brown (adj) with purple spots<br>brun (adj) avec taches pourpres | бурый съ пурпуровыми пятнами<br>bruno (agg) con macchie porporine<br>moreno (adj) con manchas de púrpura | 9 |
| purpurn (adj)<br>purple (adj)<br>pourpre (adj) | пурпуровый<br>porporino (agg)<br>purpúreo (adj), purpurino (adj | 10 |
| veilchenfarben (adj)<br>violet (adj)<br>violet (adj) | цвѣта незабудокъ; голубой<br>violetto (agg)<br>violado (adj) | 11 |

| | | |
|---|---|---|
| 1 | kornblau (adj)<br>cornflower blue (adj)<br>bleu-violacé (adj) | васильковаго цвѣта<br>azzurro-scuro (agg)<br>azul (adj) violáceo |
| 2 | hellblau (adj)<br>pale blue (adj)<br>bleu clair (adj) | свѣтлосиній<br>azzurro-chiaro (agg), celeste (agg)<br>azul (adj) claro |
| 3 | meergrün (adj)<br>sea green (adj)<br>vert (adj) mer | цвѣта морской воды; зелёный<br>verde-mare (agg)<br>verde (m) mar |
| 4 | Ölbad (n)<br>oil bath<br>bain (m) d'huile | масляная ванна (f)<br>bagno (m) d'olio<br>baño (m) de aceite |
| 5 | Bleibad (n)<br>lead bath<br>bain (m) de plomb | свинцовая ванна (f)<br>bagno (m) di piombo<br>baño (m) de plomo |
| 6 | kalthämmern (v)<br>to cold hammer, cold working<br>écrouir (v), marteler (v) à froid | обрабатывать молотами въ холодную<br>martellare (v) a freddo<br>batir (v) en frío |
| 7 | gehärteter Stahl (m)<br>hardened steel<br>acier (m) trempé | закалённая сталь (f)<br>acciaio (m) temperato<br>acero (m) templado |
| 8 | angelassener Stahl (m)<br>annealed, tempered steel<br>acier (m) recuit | отпущенная сталь (f)<br>acciaio (m) ricotto<br>acero (m) recocido |
| 9 | verdorbener Stahl (m)<br>spoilt steel<br>acier (m) altéré [par le feu] | недоброкачественная *или* испорченная сталь (f)<br>acciaio (m) alterato [dal fuoco]<br>acero (m) quemado, acero (m) estropeado |
| 10 | abgestandener Stahl (m)<br>perished steel<br>acier (m) dénaturé | перетомлённая сталь (f)<br>acciaio (m) denaturato<br>acero (m) agrio *ó* desnaturalizado |
| 11 | überhitzter Stahl (m)<br>overheated steel, [burnt steel]<br>acier (m) surchauffé | перегрѣтая сталь (f)<br>acciaio (m) sovra-riscaldato<br>acero (m) recalentado |
| 12 | verbrannter Stahl (m)<br>burnt steel<br>acier (m) brûlé | пережжённая сталь (f)<br>acciaio (m) bruciato<br>acero (m) quemado |
| 13 | Hartkorn (n)<br>hard grain<br>grain (m) d'acier dur *ou* diamant | зерно (n) на поверхности пережжённой стали<br>grana (f) d'acciaio duro<br>grano (m) del acero duro *ó* diamante |

Härteriß (m)
crack, flaw
gerçure (f), crevasse (f)
трещина (f), полученная при закалкѣ; закалочная трещина 1
frattura (f)
grieta (f), hendidura (f)

---

Auffrischen (n) verdorbenen Stahles
restoration of spoilt steel
régénération (f) *ou* amélioration (f) de l'acier altéré
возстановленіе (n) испорченной стали
rigenerazione (f) dell'acciaio alterato 2
regeneración (f) del acero quemado

# XVII.

**Schutz des Eisens**

**Protection of Iron**

**Préservation du fer**

**Предохраненіе или защита желѣза**

**Preservazione del ferro**

**Preservación del hierro**

| | | |
|---|---|---|
| 1 | rosten (v)<br>to rust<br>rouiller (v) | ржавѣть<br>arrugginire (v)<br>cubrirse (v) de orín, oxidarse (v), enmohecerse (v) |
| 2 | Rostschicht (f)<br>layer of rust<br>couche (f) de rouille | слой (m) ржавчины<br>strato (m) di ruggine<br>capa (f) de orín ó de moho ó de óxido |
| 3 | Rostschutzmittel (n)<br>rust protection agent<br>enduit (m) contre la rouille | средство (n) для предохраненія отъ ржавчины<br>preservativo (m) contro la ruggine<br>medio (m) preservativo contra la oxidación |
| 4 | Oberflächenverschönerung (f)<br>ornamentation of the surface<br>embellissement (m) de la surface | предохраненіе (n) поверхности<br>pulitura (f) della superficie<br>arreglo (m) ú ornamentación (f) de la superficie |
| 5 | Anstrich (m)<br>painting<br>couche (f) de peinture | окраска (f)<br>mano (f) di tinta<br>[capa (f) de] pintura (f) |
| 6 | Lack (m)<br>lacquer<br>laque (f) | баканъ (m)<br>lacca (f), tinta (f)<br>barniz (m), laca (f) |
| 7 | lackieren (v)<br>to lacquer<br>laquer (v) | лакировать<br>tingere (v)<br>barnizar (v) con laca |

|  |  |  |
|---|---|---|
| Firnis (m)<br>varnish<br>vernis (m) | лакъ (m)<br>vernice (f)<br>barniz (m) | 1 |
| firnissen (v)<br>to varnish<br>vernir (v) | лакировать; покрывать (крыть) лакомъ; олифить<br>inverniciare (v)<br>barnizar (v) | 2 |
| vorübergehender Anstrich (m)<br>first coat<br>peinture (f) légère, première couche (f) | временная окраска (f)<br>prima mano (f) di tinta<br>primera mano (f) de pintura | 3 |
| Mineralfarbe (f)<br>mineral colour<br>couleur (f) minérale | минеральная краска (f)<br>colore (m) minerale<br>color (m) mineral | 4 |
| bleibender Anstrich (m)<br>permanent coat<br>peinture (f) définitive | постоянная окраска (f)<br>tintura (f) stabile<br>mano (f) de pintura duradera ó definitiva | 5 |
| Grundierung (f)<br>first coat<br>couche (f) de peinture de fond | грунтовка (f)<br>tintura (f) di base<br>fondo (m) | 6 |
| Leinölfirnis (m)<br>linseed oil varnish<br>vernis (m) à l'huile de lin | олифа (f)<br>vernice (f) all'olio di lino<br>barniz (m) de aceite de linaza | 7 |
| Lösung (f) von Harz in Terpentin<br>solution of resins in turpentine<br>solution (f) de résine dans la térébenthine | растворъ (m) смолы въ скипидарѣ<br>soluzione (f) di resina in trementina<br>disolución (f) de resina en trementina | 8 |
| Deckung (f)<br>covering<br>couverture (f) | покрытіе (n)<br>copertura (f)<br>cubierta (f) | 9 |
| Bleiweiß (n)<br>white lead<br>céruse (f), blanc (m) de plomb | свинцовыя бѣлила (npl)<br>biacca (f) di piombo<br>albayalde (m), cerusa (f) | 10 |
| Zinkweiß (n)<br>zinc white<br>blanc (m) de zinc | цинковыя бѣлила (npl)<br>biacca (f) di zinco<br>blanco (m) de cinc | 11 |
| Zinkgrau (n)<br>zinc gray<br>gris (m) de zinc | цинковая сѣрая краска (f)<br>grigio (m) di zinco<br>gris (m) de cinc | 12 |
| Eisenmennige (f)<br>iron ochre<br>minium (m) de fer | желѣзная охра (f)<br>minio (m) di ferro<br>minio (m) de hierro | 13 |

| | | | |
|---|---|---|---|
| 1 | Berggrün (n)<br>mountain green<br>vert (m) de montagne | | мѣдная зелень (f)<br>verde (m) di monte<br>verde (m) de montaña |
| 2 | Ruß (m)<br>lamp black<br>suie (f) | | сажа (f)<br>fuliggine (f)<br>hollín (m) |
| 3 | Inoxydationsverfahren (v)<br>oxidation process<br>procédé (m) d'oxydation | | окислительный процессъ (m)<br>processo (m) d'ossidazione<br>procedimiento (m) de oxidación |
| 4 | bräunen (v), [brünieren (v)]<br>to burnish<br>brunir (v) | | воронить<br>brunire (v)<br>bruñir (v) |
| 5 | Chlorantimon (n)<br>antimony trichloride<br>chlorure (m) d'antimoine | $SbCl_3$ | хлористая сурьма (f)<br>cloruro (m) d'antimonio<br>cloruro (m) de antimonio |
| 6 | Oxydschicht (f)<br>layer of oxide<br>couche (f) d'oxyde | | слой (m) окиси<br>strato (m) d'ossido<br>capa (f) de óxido |
| 7 | verkupfern (v)<br>to plate with copper<br>cuivrer (v) | | покрыть мѣдью<br>ramare (v)<br>dar (v) un baño de cobre |
| 8 | Vitriollösung (f)<br>solution of sulphate of copper<br>solution (f) de vitriol | | растворъ (m) купороса<br>soluzione (f) di vetriolo<br>disolución (f) de vitriolo |
| 9 | verzinnen (v)<br>to tin<br>étamer (v) | | покрыть оловомъ; полудить<br>stagnare (v)<br>estañar (v) |
| 10 | Weißblech (n)<br>tinplate<br>fer (m) blanc, tôle (f) étamée | | бѣлая жесть (f)<br>latta (f) bianca, stagnata (f)<br>hoja (f) de lata |
| 11 | Mattblech (n)<br>pickled sheet<br>tôle (f) mate | | матовое желѣзо (n); матовая жесть (f)<br>latta (f) matta<br>chapa (f) mate |
| 12 | Verzinnungsanstalt (f)<br>tinplate works<br>atelier (m) d'étamage | | фабрика (f) для покрытія желѣза оловомъ; мастерская (f) для производства бѣлой жести<br>stabilimento (m) di stagnatura<br>establecimiento (m) ó taller (m) de estañado |
| 13 | blank reiben (v)<br>to polish, to scour<br>blanchir (v), polir (v) | | тереть до-чиста *или* до блестящей поверхности<br>pulire (v)<br>pulir (v), pulimentar (v) |

oxydfreies Blech (n)
sheet metal free from oxides
tôle (f) non oxydée *ou* décapée
жесть (f) не покрытая окислами; листъ (m), свободный отъ окисловъ 1
latta (f) desossidata
chapa (f) libre de óxido *ó* desoxidada

---

Weißblechkessel (m)
tinning vat
bac (m) à fer blanc

сосудъ (m) *или* ящикъ (m) для бѣлой жести
caldaia (f) per latta stagnata 2
caldera (f) para hoja de lata

---

Fettkessel (m)
tallow pot
chaudière (f) *ou* bac (m) à graisse

a

сосудъ (m) *или* ящикъ (m) съ жиромъ
caldaia (f) per il grasso 3
caldera (f) para grasa

---

Palmfett (n)
palm oil
graisse (f) de palmier
пальмовый жиръ (m)
palmitina (f) 4
palmitina (f), aceite (m) de palma

---

Rindstalg (m)
tallow
suif (m)
бычачье сало (n)
sego (m), sevo (m) 5
sebo (m)

---

Grob- *oder* Zinnkessel (m)
tinning vat *or* tank
chaudière (f) *ou* bac (m) à étain

b

котёлъ (m) для луженія *или* для покрытія оловомъ 6
caldaia (f) per lo stagno
caldera (f) de estaño

---

bleihaltiges Zinn (n)
tin containing lead
étain (m) plombifère
свинецъ (m), содержащій олово
stagno (m) piombifero 7
estaño (m) plomífero

---

Bürst- *oder* Waschkessel (m)
brushing *or* washing *or* scrubbing pot *or* vat
bac (m) de rinçage *ou* à brosser

c

котелъ (m), служащій для очистки; сосудъ (m) для промывки 8
caldaia (f) per la spazzolatura
caldera (f) de lavado

---

Hanfbürste (f)
hemp brush
brosse (f) en chanvre
щётка (f) изъ пеньки
spazzola (f) di canapa 9
cepillo (m) de cáñamo

---

Durchführkessel (m)
second tinning pot
bac (m) de lavage

d

котёлъ (m) *или* сосудъ (m) для повторнаго погруженія листовъ въ олово
caldaia (f) di passaggio per la seconda stagnatura 10
cuba (f) *ó* caldera (f) de lavado

---

reines Zinn (n)
pure tin
étain (m) pur
чистое олово (n)
stagno (m) puro 11
estaño (m) puro

| | | | |
|---|---|---|---|
| 1 | Walzkessel (m)<br>roll pot *or* vat<br>bac (m) à cylindres | e | сосудъ (m) съ вальцами<br>caldaia (f) a cilindri<br>cuba (f) ó caldera (f) de cilindros |
| 2 | verzinken (v)<br>galvanizing<br>galvaniser (v), zinguer (v) | | покрыть цинкомъ; оцинковать<br>zincare (v)<br>galvanizar (v) |
| 3 | verbleien (v)<br>to cover with lead<br>plomber (v) | | покрыть свинцомъ; освинцовать<br>piombare (v)<br>emplomar (v), dar (v) baño de plomo |
| 4 | vernickeln (v)<br>to nickelplate<br>nickeler (v) | | покрыть никкелемъ; никкелировать<br>nickelare (v)<br>niquelar (v) |
| 5 | emaillieren (v)<br>to enamel<br>émailler (v) | | покрыть эмалью; эмалировать<br>smaltare (v)<br>esmaltar (v) |
| 6 | Glasfluß (m), Email (m u. n), glasartiger Überzug (m), Schmelz (m)<br>enamel<br>émail (m), couverture (f) vitreuse | | эмаль (f)<br>smalto (m)<br>esmalte (m) |
| 7 | Einbrennen (n) des Emails<br>firing the enamel<br>fusion (f) *ou* fixation (f) de l'émail au feu | | обжигъ (m) эмали<br>fusione (f) dello smalto<br>fusión (f) del esmalte |
| 8 | Emaillierofen (m)<br>enamelling furnace<br>four (m) à émailler | | эмальировочная печь (f)<br>forno (m) per smaltare<br>horno (m) de esmalta |

# XVIII.

**Erzeugung**

**Production, Make, Output**

**Production**

**Производительность; производство**

**Produzione**

**Producción**

Gesamterzeugung (f)
total make, total production, total capacity, total output
production (f) totale
общая производительность (f); полное производство (n)
produzione (f) totale
producción (f) total 1

Jahreserzeugung (f)
yearly make, yearly capacity, yearly output
production (f) annuelle
годовое *или* годичное производство (n); производство за годъ (m)
produzione (f) annuale
producción (f) anual 2

Leistungsfähigkeit (f)
productiveness, capacity
capacité (f) *ou* puissance (f) de production
производительная способность (f)
produttività (f)
capacidad (f) de producción 3

Tagesleistung (f)
daily output
production (f) journalière *ou* quotidienne
суточная производительность (f); суточное производство (n)
produzione (f) giornaliera
producción (f) diaria 4

durchschnittliche Leistung (f)
average output
production (f) moyenne
средняя производительность (f); среднее производство (n)
produzione (f) media
producción (f) media 5

die Leistung steigern (v)
to increase the output
augmenter (v) la production
увеличить производство; усилить производительность
aumentare (v) la produzione *od* il rendimento
aumentar (v) la producción 6

| | | |
|---|---|---|
| 1 | die Leistung vermindern (v)<br>to reduce the output<br>diminuer (v) *ou* réduire (v) la production | уменьшить производство *или* производительность<br>diminuire (v) la produzione *od* il rendimento<br>disminuir (v) la producción |
| 2 | Massenerzeugung (f)<br>gross production, large output<br>grande production (f) | массовое производство (n)<br>fabbricazione (f) in grande<br>fabricación (f) en gran escala |
| 3 | Betriebsarbeit (f)<br>works labour<br>exploitation (f) | работа (f) въ производствѣ<br>lavoro (m) di fabbricazione<br>trabajo (m) de fabricación |
| 4 | Handarbeit (f)<br>manual labour *or* work<br>ouvrage (m) fait à la main, travail (m) à la main | ручная работа (f)<br>lavoro (m) a mano<br>labor (f) hecha á mano |
| 5 | Maschinenarbeit (f)<br>machine work<br>ouvrage (m) fait à la machine, travail (m) à la machine | машинная работа (f)<br>lavoro (m) a macchina<br>trabajo (m) hecho con máquina |
| 6 | Tagschicht (f)<br>day shift<br>poste (m) de jour | дневная *или* денная смѣна (f)<br>lavoro (m) di giorno<br>tanda (f) de dia, jornada (f) |
| 7 | Nachtschicht (f)<br>night shift<br>poste (m) de nuit | ночная смѣна (f)<br>lavoro (m) di notte<br>tanda (f) de noche |
| 8 | achtstündige Arbeitsschicht (f)<br>eight hours shift<br>poste (m) de huit heures | восьмичасовая смѣна (f)<br>lavoro (m) di otto ore<br>tando (f) de ocho horas de trabajo |
| 9 | Aufsicht (f)<br>supervision<br>surveillance (f) | надзоръ (m)<br>sorveglianza (f)<br>inspección (f), guardia (f), vigilancia (f) |
| 10 | Wartung (f)<br>attendance<br>surveillance (f), service (m) | уходъ (m)<br>servizio (m)<br>cuidado (m) |
| 11 | außer Betrieb<br>out of work, shut down, out of operation (A*)<br>hors service | въ бездѣйствіи<br>fuori servizio<br>fuera de servicio |

* A = americanism

in Betrieb
in work, in operation (A*)
en service, en marche

въ работѣ
in servizio 1
en servicio

---

Brennstoffaufwand (m)
consumption of fuel
consommation (f) de combustible

расходъ (m) горючаго *или* топлива
consumo (m) di combustibile 2
consumo (m) de combustible

---

Kohlenverbrauch (m)
consumption of coal
consommation (f) *ou* dépense (f) de charbon

расходъ (m) угля
consumo (m) di carbone 3
consumo (m) de carbón

---

Kraftverbrauch (m)
power consumption
consommation (f) *ou* dépense (f) de force

расходъ (m) силы; затрата (f) силы
consumo (m) di forza *o* d'energia 4
consumo (m) de fuerza

---

Nutzleistung (f)
yield, useful effect, output
effet (m) utile, rendement (m)

полезная производительность (f); полезная работа (f) 5
rendimento (m)
rendimiento (m)

---

Betriebsicherheit (f)
safe working
sécurité (f) de service *ou* d'exploitation

безопасность (f) дѣйствія
sicurezza (f) di servizio 6
seguridad (f) de servicio

---

Konzession (f)
license
concession (f)

концессія (f)
concessione (f) 7
concesión (f)

---

Konzessionsbeschränkung (f)
restriction of license
restriction (f) de concession

ограниченіе (n) условій концессіи
restrizione (f) di concessione 8
restricción (f) de concesión

---

* A = americanism

# XIX.

## Lieferung — Поставка
## Supply, Delivery — Fornitura
## Livraison — Suministro, entrega

|  |  |  |
|---|---|---|
| 1 | Einkauf (m)<br>purchase<br>achat (m), acquisition (f) | закупка (f); покупка (f); пріобрѣтеніе (n)<br>acquisto (m), compra (f)<br>compra (f) |
| 2 | Verkauf (m)<br>sale<br>vente (f) | продажа (f)<br>vendita (f)<br>venta (f) |
| 3 | Deckung (f) des Erzbedarfes<br>meeting the demand for iron ore<br>[action (f) de] faire (v) face au besoin de minerai, approvisionnement (m) en minerai | добываніе (n) *или* добыча (f) необходимой руды<br>coprire (v) le richieste dei minerali<br>cubrir (v) la necesidad ó demanda de mineral |
| 4 | Preis (m) der Einheit Eisen und Mangan<br>price of the unit of iron and manganese<br>prix (m) de l'unit de fer et de manganèse | цѣна (f) единицы желѣза и марганца<br>prezzo (m) unitario per ferro e manganese<br>precio (m) unitario para el hierro y el manganeso |
| 5 | Käufer (m)<br>buyer, purchaser (A*)<br>acheteur (m), acquéreur (m) | покупатель (m)<br>acquirente (m), compratore (m)<br>comprador (m) |
| 6 | Verkäufer (m)<br>seller, vendor<br>vendeur (m) | продавецъ (m)<br>venditore (m)<br>vendedor (m) |

* A = americanism

| | | |
|---|---|---|
| Erzhändler (m)<br>ore merchant<br>négociant (m) en minerais | продавецъ (m) руды<br>negoziante (m) in minerali<br>negociante (m) en minerales | *1* |
| Vermittler (m)<br>agent<br>intermédiaire (m), agent (m) | посредникъ (m)<br>agente (m)<br>intermediario (m) | *2* |
| Vermittelungsgebühr (f), Vergütung (f)<br>commission<br>commission (f) | коммиссіонная плата (f); коммиссіонныя (f pl)<br>provvigione (f)<br>provisión (f), comisión (f) | *3* |
| Lieferungsbedingung (f)<br>conditions (pl) of supply<br>conditions (f pl) de livraison | условія (n pl) поставки<br>condizioni (f pl) di consegna<br>condición (f) de entrega ó suministro | *4* |
| Lieferfrist (f)<br>date of delivery<br>date (m) de livraison | срокъ (m) доставки<br>termine (m) di consegna<br>plazo (m) de entrega | *5* |
| Zahlungsbedingung (f)<br>conditions (pl) of payment<br>conditions (f pl) de paiement | условія (n pl) платежа<br>condizioni (f pl) di pagamento<br>condiciones (f pl) de pago | *6* |
| Erfüllungsort (m)<br>place of payment<br>lieu (m) d'accomplissement | мѣсто (n) исполненія обязательствъ<br>luogo (m) di pagamento<br>lugar (m) de pago ú obligatorio | *7* |
| Annahmeverweigerung (f)<br>refusal of acception, repudiation<br>refus (m) de réception | отказъ (m) въ пріёмѣ<br>rifiuto (m) d'accettazione<br>repulsa (f) de recepción | *8* |
| Aufhebung (f) des Vertrages<br>cancellation of agreement<br>annulation (f) du contrat | уничтоженіе (n) контракта<br>annullamento (m) di contratto<br>anulación (f) del contrato | *9* |
| zu verrechnendes Gewicht (n)<br>weight to be taken into account<br>poids (m) à calculer *ou* à porter en compte | вѣсъ (m), принимаемый въ расчётъ<br>peso (m) stabilito per la fattura<br>peso (m) para meter en cuenta ó que se ha de calcular | *10* |
| Mehrgewicht (n)<br>excess weight<br>surpoids (m), excès (m) de poids | перевѣсъ (m)<br>eccesso (m) di peso<br>exceso (m) de peso | *11* |

| | | |
|---|---|---|
| 1 | Mindergewicht (n)<br>underweight<br>manque (m) de poids | недостающій вѣсъ (m)<br>manco (m) di peso<br>falta (f) de peso |
| 2 | Gewichtverlust (m)<br>loss of weight<br>perte (f) de poids | потеря (f) въ вѣсѣ<br>perdita (f) di peso<br>pérdida (f) de peso |
| 3 | Verladung (f)<br>shipment<br>transbordement (m), manutention (f), chargement (m) | загрузка (f); зафрахтовка (f)<br>trasbordo (m), caricamento (m)<br>carga (f), embarque (m) |
| 4 | Verladeschein (m), Verladedokument (n)<br>bill of loading *or* shipping<br>bordereau (m) de chargement | накладная (f); грузовая вѣдомость (f)<br>polizza (f) di carico<br>carta (f) de porte, conocimiento (m) de carga |
| 5 | Frachtsatz (m)<br>tariff<br>tarif (m) de transport, fret (m) | провозная плата (f)<br>tariffa (f) di trasporto<br>tarifa (f) *ó* precio (m) de transporte |
| 6 | Ausnahmesatz (m)<br>special tariff<br>tarif (m) exceptionnel *ou* spécial | спеціальный тарифъ (m)<br>tariffa (f) eccezionale<br>tarifa (f) excepcional |
| 7 | Frachtersparnis (f)<br>saving of freight<br>économie (f) de [frais de] transport | экономія (f) въ провозной платѣ<br>risparmio (m) in spese di trasporto<br>economía (f) en los gastos de transporte |
| 8 | frei Hütte<br>free at works<br>franco [à l'] usine | франко заводъ<br>franco stabilimento<br>franco taller |
| 9 | frei Waggon<br>free on trucks, f. o. t.<br>franco wagon | франко вагонъ<br>franco vagone<br>franco [sobre] vagón |
| 10 | frei an Bord, fab.<br>free on board, f. o. b.<br>franc à bord | франко бортъ парохода<br>franco a bordo<br>franco [á] bordo |
| 11 | Frachtversicherung (f)<br>transport *or* shipping insurance<br>assurance (f) de transport | страхованіе (n) клади<br>assicurazione (f) di trasporto<br>seguro (m) de transporte |
| 12 | Havarie (f)<br>damage by sea<br>avarie (f) | аварія (f)<br>avaria (f)<br>avería (f) |
| 13 | höhere Gewalt (f)<br>force majeure<br>force (f) majeure | стихійная сила (f); непреодолимая сила<br>forza (f) maggiore<br>fuerza (f) mayor |

| | Deutsch / English / Français | Русскій / Italiano / Español |
|---|---|---|
| 1 | Rauchbeschädigung (f)<br>damage by smoke<br>endommagement (m) par la fumée | порча (f) отъ дыма; вредъ (m), причиняемый дымомъ<br>danno (m) arrecato dal fumo<br>daño (m) ó detrimento (m) por el humo |
| 2 | Landweg (m)<br>overland<br>voie (f) de terre | сухой путь (m)<br>via (f) di terra<br>vía (f) terrestre |
| 3 | Landfracht (f)<br>overland transport<br>transport (m) par voiture *ou* par terre | плата (f) за сухопутную перевозку<br>trasporto (m) per terra<br>transporte (m) por tierra |
| 4 | Eisenbahnfracht (f)<br>railway freight<br>transport (m) par chemin de fer | плата (f) за перевозку по желѣзнымъ дорогамъ<br>nolo (m) ferroviario<br>transporte (m) por ferrocarril |
| 5 | Achsenfracht (f)<br>cartage<br>voiturage (m), camionnage (m), transport (m) par voiture *ou* camion | плата (f) за перевозку на телѣгахъ<br>vagonaggio (m), trasporto (m) su rotabili<br>transporte (m) en carro |
| 6 | Wasserweg (m)<br>water way<br>voie (f) d'eau | водный путь (m)<br>via (f) per acqua<br>vía (f) por agua ó marítima ó fluvial |
| 7 | Flußfracht (f)<br>river transport<br>transport (m) fluvial | рѣчной фрахтъ (m)<br>trasporto (m) fluviale<br>transporte (m) fluvial |
| 8 | Seefracht (f)<br>sea freight *or* shipment<br>fret (m), transport (m) maritime | морской фрахтъ (m)<br>nolo (m)<br>flete (m) |
| 9 | Ladestelle (f)<br>place of loading<br>embarcadère (m), lieu (m) de chargement | мѣсто (n) погрузки<br>luogo (m) di carico<br>lugar (m) de carga |
| 10 | Verschiffungshafen (m)<br>shipping port<br>port (m) d'embarquement | гавань (f) для погрузки<br>porto (m) d'imbarco<br>puerto (m) de embarque |
| 11 | Hafengeld (n)<br>harbour due<br>hurtage (m), droits (m pl) de port | портовыя пошлины (f pl)<br>diritti (m pl) di porto<br>derechos (m pl) de puerto |
| 12 | Rheder (m)<br>ship owner<br>armateur (m) | судохозяинъ (m); арматоръ (m)<br>armatore (m)<br>armador (m) |

| | | |
|---|---|---|
| 1 | Flußschiff (n)<br>river boat, barge<br>chaland (m) | баржа (f)<br>pontone (m)<br>barco (m) fluvial |
| 2 | Schiffsraum (m)<br>hold<br>cale (f) de bateau | трюмъ (m)<br>stiva (f)<br>bodega (f) |
| 3 | Schiffsaiche (f)<br>tonnage<br>tonnage (m) | тоннажъ (m)<br>tonnellaggio (m)<br>tonelaje (m) |
| 4 | Tiefgang (m)<br>draft<br>tirant (m) [d'eau] | осадка (f); углубленіе (n)<br>pescaggio (m)<br>calado (m) |
| 5 | Leichter (m)<br>lighter<br>allège (f) | лихтеръ (m); грузовое судно (n)<br>alleggio (m), barcone (m), piatta (f)<br>gabarra (f), barcaza (f) |
| 6 | Erzdampfer (m)<br>ore steamer<br>[bateau (m) à] vapeur (m) à minerais, steamer (m) à minerais | пароходъ (m) для перевозки руды<br>vapore (m) per minerali<br>vapor (m) para minerales |
| 7 | Teilladung (f)<br>partial cargo *or* load<br>cargaison (f) partielle | нагрузка (f) по частямъ<br>carico (m) parziale<br>carga (f) parcial |
| 8 | Beiladung (f)<br>supplementary cargo<br>cargaison (f) supplémentaire | дополнительная нагрузка (f)<br>carico (m) supplementare<br>carga (f) suplementaria |
| 9 | volle Ladung (f)<br>full cargo<br>cargaison (f) complète | полная нагрузка (f)<br>carico (m) completo<br>carga (f) completa |
| 10 | Löschung (f)<br>unloading<br>déchargement (m) | разгрузка (f)<br>scaricamento (m)<br>descarga (f) (de buques), desembarque (m) |
| 11 | Löschfrist (f)<br>period of unloading<br>délai (m) de déchargement | срокъ (m) разгрузки<br>termine (m) di scaricamento<br>plazo (m) de descarga ó de desembarque |
| 12 | Kostenanschlag (m)<br>estimate, tender<br>devis (m) | смѣта (f)<br>preventivo (m)<br>presupuesto (m) |
| 13 | Herstellungskosten (pl), Gestehungspreis (m)<br>cost of producing, prime cost<br>prix (m) de revient | стоимость (f) производства<br>prezzo (m) di produzione<br>coste (m) ó precio (m) de producción ó de fabricación |

Ankaufpreis (m)
cost price
prix (m) d'achat

покупная цѣна (f)
prezzo (m) d'acquisto 1
precio (m) de compra

---

Betriebsunkosten (pl)
working expenses
frais (m pl) d'exploitation

расходы (mpl) по эксплоатацiи; эксплоатацiонные расходы; стоимость (f) эксплоатацiи 2
spese (f pl) d'esercizio
gastos (m pl) generales de taller, gastos (m pl) de explotación

---

Unterhaltung (f)
maintenance
entretien (m), maintien (m)

содержанie (n); стоимость (f) содержанiя 3
ritenuta (f)
entretenimiento (m), manutención (f)

---

Gehalt (m)
salary, wages
salaire (m), gages (m pl), traitement (m)

окладъ (m); жалованiе (n)
salario (m), stipendio (m) 4
sueldo (m), salario (m)

---

Baukosten (pl)
building expenses
frais (m pl) de construction

стоимость (f) построекъ *или* сооруженiй; расходы (m pl) по постройкѣ 5
spese (f pl) di costruzione
gastos (m pl) de construcción

---

allgemeine Unkosten (pl), Generalunkosten (pl)
general charges
frais (m pl) généraux

общiе расходы (mpl)
spese (f pl) generali 6
gastos (m pl) generales

# ANHANG / ПРИБАВЛЕНIЕ
# APPENDIX / APPENDICE
# APPENDICE / APÉNDICE

1 **Elektrische Stahlerzeugung, Elektrostahlerzeugung**
**Electric Steel Manufacture, Manufacture of Steel in the Electric Furnace**
**Fabrication d'acier au four électrique**
**Производство стали въ электрическихъ печахъ**
**Fabbricazione dell'acciaio al forno elettrico**
**Fabricación del acero al horno eléctrico**

2 Elektrostahl (m)
electric steel, steel produced by electrometallurgical methods
acier (m) électrique, acier (m) fabriqué au four électrique
электросталь (f)
acciaio (m) elettrico, acciaio (m) preparato al forno elettrico
acero (m) eléctrico, electroacero (m), acero (m) obtenido en el horno eléctrico

3 Elektro-Werkzeugstahl (m)
electric tool steel
acier (m) à outils au four électrique
инструментальная электросталь (f)
acciaio (m) elettrico per utensili
electroacero (m) para herramientas, acero (m) para herramientas producido en el horno eléctrico

4 Elektrostahlformguß (m)
electric steel castings
fontes (f pl) d'acier électriques, maclage (m) d'acier au four électrique
формовочное литьё (n) электростали
getto (m) d'acciaio elettrico
acero (m) moldeado producido eléctricamente, fundición (f) de electroacero hecha en moldes

Einsatzmaterial (n)
charge
matières (f pl) chargées, charge (f), matériaux (m pl)

матеріалъ для загрузки; садочный матеріалъ (m)
carica (f) per il forno, materie (f pl) caricate
material (m) de carga 1

---

kalter Einsatz (m)
cold charge
charge (f) froide

холодная завалка (f)
carica (f) fredda per il forno 2
carga (f) fría

---

warmer Einsatz (m), flüssiger Einsatz (m)
hot charge, molten charge
charge (f) chaude, charge (f) liquide

горячая завалка (f); жидкая садка (f)
carica (f) calda *o* liquida per il forno 3
carga (f) caliente *ó* fundida

---

Raffination (f) des Eisens auf elektrothermischem Wege
electric refining of iron
affinage (m) du fer par le procédé électrothermique *ou* par voie électrothermique

раффинированіе (n) желѣза электротермическимъ путёмъ
affinaggio (m) del ferro per via elettrotermica 4
refinación (f) del hierro por procedimiento electrotérmico

---

Veredelungsverfahren (n), Raffinationsverfahren (n), Raffinationsvorgang (m)
process of refining, refining process
procédé (m) d'affinage

способъ (m) раффинированія; раффинировочный процессъ
processo (m) d'affinaggio, marcia (f) di raffinazione 5
procedimiento (m) *ó* proceso (m) de refinación

---

Qualitätseisen (n)
refined iron, special iron
fer (m) spécial, fer (m) de qualité

желѣзо (n) лучшаго качества
ferro (m) di qualità 6
hierro (m) de calidad

---

Qualitätsstahl (m)
special steel
acier (m) spécial

сталь (f) лучшаго качества
acciaio (m) speciale 7
acero (m) especial

---

Einschmelzen (n) von Eisenschrot
smelting of scrap iron, preliminary melting of scrap
fusion (f) des riblons, refonte (f) des riblons

плавленіе (n) желѣзной ломи
fusione (f) dei rottami 8
fusión (f) de granalla de hierro

---

Lichtbogenofen (m)
arc furnace, electric arc furnace
four (m) à arc électrique

печь (f) съ вольтовой дугой
forno (m) ad arco voltaico 9
horno (m) de arco voltáico

1 Lichtbogenerhitzung (f), Lichtbogenheizung (f)
arc heating
chauffage (m) par arc électrique
нагрѣванie (n) вольтовой дугой
riscaldamento (m) ad arco voltaico
calentamiento (m) ó calefacción (f) por arco voltáico

---

2 Lichtbogen (m)
electric arc
arc (m) électrique
свѣтовая *или* вольтова дуга (f)
arco (m) voltaico
arco (m) luminoso

---

3 Stassanoscher Ofen (m), Stassanoofen (m)
Stassano furnace
four (m) Stassano

печь (f) Стассано
forno (m) Stassano
horno (m) sistema Stassano

---

4 rotierend angeordneter Ofen (m)
rotary furnace
four (m) tournant
вращающаяся печь (f)
forno (m) a rotazione *o* rotativo
horno (m) rotatorio

---

5 feuerfeste Auskleidung (f) des Ofens
refractory furnace lining
garnissage (m) réfractaire du four, revêtement (m) réfractaire du four
огнеупорная футеровка (f) печи
rivestimento (m) refrattario del forno
revestimiento (m) refractario del horno

---

6 Héroultscher Ofen (m), Héroultofen (m)
Héroult furnace
four (m) Héroult

печь (f) Геру
forno (m) Héroult
horno (m) sistema Héroult

---

7 Kohlenelektrode (f)
carbon electrode
électrode (f) en charbon
a
угольный электродъ (m)
elettrodo (m) di carbone
electrodo (m) de carbón

---

8 hängende Kohlenelektrode (f)
suspended carbon electrode
électode (f) suspendue
висячій угольный электродъ (m)
elettrodo (m) sospeso
electrodo (m) de carbón suspendido

---

9 Schlackenschicht (f)
layer of slag
couche (f) de scorie
слой (m) шлака; шлаковый слой
strato (m) di scorie
capa (f) de escorias

Metallschicht (f), Metallbad (n)
layer of metal, metal bath
couche (f) de métal, bain (m) de métal *ou* métallique
слой (m) металла; металлическая ванна (f)
strato (m) di metallo, bagno (m) di metallo 1
capa (f) *ó* baño (m) de metal

---

Elektrodenreglung (f)
adjustment of electrodes
réglage (m) des électrodes
регулированіе (n) электродовъ
regolazione (f) degli elettrodi 2
regulación (f) de los electrodos

---

Abbrand (m) der Elektroden
consumption of electrodes
pertes (f pl) des électrodes. usure (f) des électrodes
угаръ (m) электродовъ
calo (m) *od* usura (f) degli elettrodi 3
consumo (m) de los electrodos

---

Elektrodenhalter (m)
electrode holder
anse (f) de l'électrode support (m) d'électrode
электрододержатель (m)
sostegno (m) *o* sopporto (m) degli elettrodi 4
porta-electrodo (m)

---

Girodofen (m)
Girod furnace
four (m) Girod

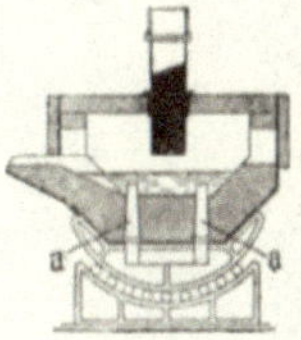

печь (f) Жиро
forno (m) Girod
horno (m) de Girod, [horno (m) basculante] 5

---

Bodenelektrode (f)
lower electrode, bottom electrode
électrode (f) de la sole

a

подовый электродъ (m)
elettrodo (m) del fondo 6
electrodo (m) de la solera, electrodo (m) de fondo

---

Eisenelektrode (f)
iron electrode
électrode (f) en fer

a

желѣзный электродъ (m)
elettrodo (m) di ferro 7
electrodo (m) de hierro

---

Elektrodendurchführung (f)
electrode passage
passage (f) de l'électrode
проведеніе (n) электрода
guida (f) *o* traversamento (m) degli elettrodi 8
paso (m) de los electrodos

---

Wasserkühlung (f) der Elektroden
water jacketing of the electrodes, water cooling of the electrodes
refroidissement (m) des électrodes par courant d'eau
водяное охлажденіе (n) электродовъ
raffreddamento (m) ad acqua degli elettrodi 9
enfriamiento (m) por agua de los electrodos

1 Nathusiusscher Ofen (m)
Nathusius furnace
four (m) Nathusius

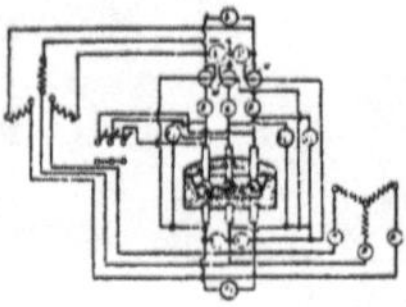

печь (f) Натузіуса
forno (m) Nathusius
horno (m) de Nathusius

---

2 Induktionsofen (m)
induction furnace
four (m) à induction

индукціонная печь (f)
forno (m) ad induzione
horno (m) de inducción

---

3 Erhitzung (f) durch Induktion
induction heating
chauffage (m) par induction

нагрѣваніе (n) путёмъ индукціи
riscaldamento (m) per induzione
calentamiento (m) ó caldeo por inducción

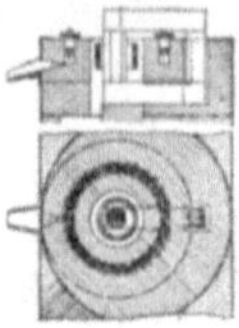

---

4 Kjellinscher Ofen (m), Kjellinofen (m)
Kjellin furnace
four (m) Kjellin

печь (f) Кьелина
forno (m) Kjellin
horno (m) sistema Kjellin

---

5 Schmelzrinne (f)
annular groove *or* hearth, heating ring
chenal (m) de fusion

плавильное кольцо (n)
canale (m) di fusione
canal (f) de fusión

---

6 ringförmige Schmelzrinne (f)
annular melting trough
chenal (m) de fusion annulaire

кольцевой плавильный жолобъ (m)
canale (m) circolare di fusione
canalón (m) de fusión anular

---

7 Colbyscher Ofen (m)
Colby's smelting furnace, Colby furnace
four (m) Colby

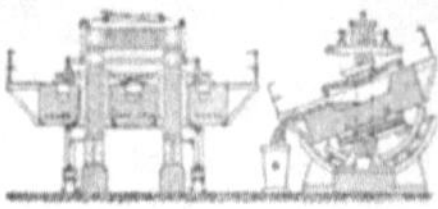

печь (f) Кольби
forno (m) Colby
horno (m) de Colby

---

8 Hiorthscher Ofen (m)
Hiorth furnace
four (m) Hiorth

печь (f) Гiорта
forno (m) Hiorth
horno (m) de Hiorth

---

9 Röchling-Rodenhauserscher Ofen (m)
Roechling-Rodenhauser furnace
four (m) Roechling-Rodenhauser

печь (f) Рехлингъ-Роденгаузера
forno (m) Roechling-Rodenhauser
horno (m) de Roechling-Rodenhauser

---

10 Röchling-Rodenhauserscher Wechselstromofen (m)
Roechling-Rodenhauser alternating current furnace
four (m) à courant alternatif de Roechling-Rodenhauser

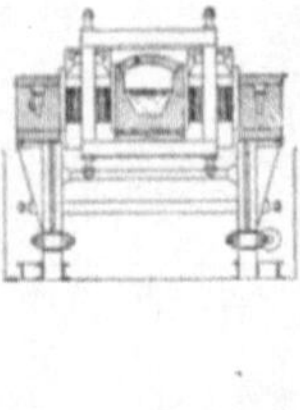

печь (f) Рехлингъ-Роденгаузера перемѣннаго тока
forno (m) Roechling-Rodenhauser a corrente alternata
horno (m) de corriente alterna de Roechling-Rodenhauser

Röchling-Rodenhauserscher Dreiphasenofen (m)
Roechling-Rodenhauser three phase furnace
four (m à courant triphasé de Roechling-Rodenhauser

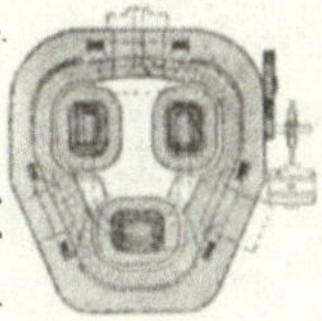

печь (f) Рехлингъ-Роденгаузера трёхфазнаго тока
forno (m) Roechling-Rodenhauser a corrente trifase
horno (m) trifásico de Roechling-Rodenhauser 1

---

Ofenabdeckung (f)
roof of furnace
couvercle (m) du four, voûte (f) du four

перекрытіе (n) печи
ricoprimento (m) *o* coperta (f) *o* volta (f) del forno
cubierta (f) del horno 2

---

Schmelzherd (m)
smelting hearth, heating hearth
foyer (m) de chauffage

плавильный подъ (m)
crogiuolo (m) *o* suola (f) di fusione
solera (f) de fusión, hogar (m) de fusión 3

---

Arbeitsherd (m)
hearth, working hearth
foyer (m) de travail

рабочій подъ (m)
suola (f) di lavoro
solera (f) de trabajo, hogar (m) de trabajo 4

---

Magnesitstein (m)
magnesite, magnesite brick
brique (f) de magnésite

магнезитовый кирпичъ (m)
mattone (m) di magnesia
piedra (f) magnesita 5

---

Ginofen (m)
Gin furnace, Gin steel furnace
four (m) Gin

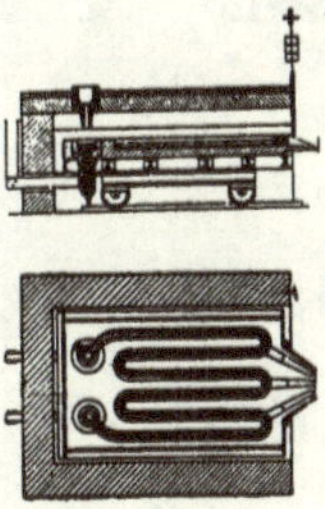

печь (f) Жина
forno (m) Gin
horno (m) de Gin 6

---

Gérardscher Ofen (m)
Gérard furnace
four (m) Gérard

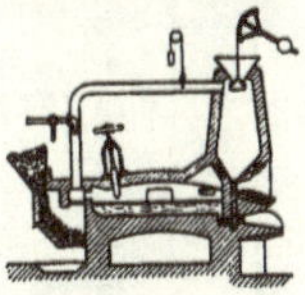

печь (f) Жерара
forno (m) Gérard
horno (m) de Gérard 7

---

Frickscher Ofen (m)
Frick furnace
four (m) Frick

печь (f) Фрика
forno (m) Frick
horno (m) de Frick 8

1 Kellerscher Ofen (m)
Keller furnace
four (m) Keller

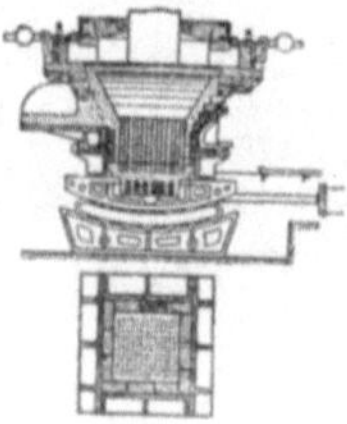

печь (f) Келлера
forno (m) Keller
horno (m) de Keller

---

2 Ischewskyscher Ofen (m)
Ischewsky furnace
four (m) Jschewsky

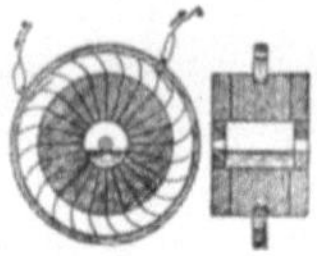

печь (f) Ижевскаго
forno (m) Ischewsky
horno (m) de Ischewsky

---

3 elektrischer Herdofen (m) von Grönwall, Lindblad u. Stalhane (System Elektrometall)
electric hearth furnace Groenwall, Lindblad and Stalhane
four (m) électrique à sole de Groenwall, Lindblad et Stalhane

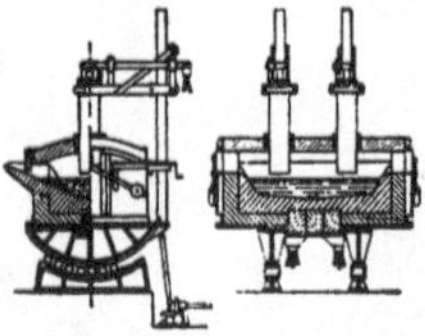

электрическій горнъ (m) Гронваля, Линдбляда и Стальгана
forno (m) elettrico a suola di Groenwall, Lindblad e Stalhane
horno (m) eléctrico de solera de Groenwall, Lindblad y Stalhane

---

4 Widerstandsofen (m)
resistance furnace
four (m) à résistance

печь (f) съ сопротивленіемъ
forno (m) a resistenza
horno (m) de resistencia

---

5 Widerstandserhitzung (f), Widerstandsheizung (f)
resistance heating
chauffage (m) par résistance

нагрѣвъ (m) посредствомъ сопротивленія
riscaldamento (m) a resistenza
calentamiento (m) ó caldeo (m) de resistencia, calefacción (f) por resistencia

---

6 Elektrotiegelofen (m)
electric crucible furnace
four (m) électrique à creuset, four (m) à creuset électrique

электрическая тигельная печь (f)
forno (m) elettrico a crogiuolo
horno (m) eléctrico de crisol

---

7 Hellbergerscher Ofen (m)
Hellberger furnace
four (m) Hellberger

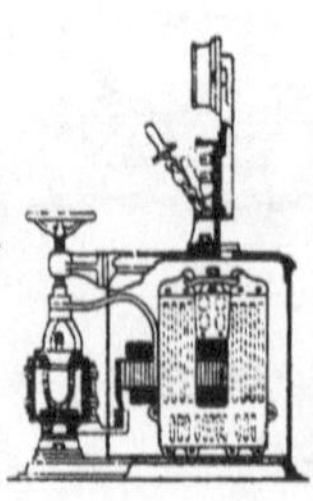

печь (f) Гельбергера
forno (m) Hellberger
horno (m) de Hellberger

Elektroroheisenerzeugung (f)
electric production of pig iron
production (f) de fer par le procédé électrique
получение (n) или производство (n) чугуна электрическимъ путёмъ
produzione (f) di ghisa elettrica od al forno elettrico 1
producción (f) de hierro eléctrico. obtención (f) ó fabricación (f) de hierro bruto en el horno eléctrico

Erschmelzung (f) des Eisens auf elektrothermischem Wege
electric smelting of iron, smelting of iron by electro-thermal methods
réduction (f) de fer par la méthode thermo-électrique, fusion (f) électrothermique du fer
плавленіе (n) чугуна электротермическимъ путёмъ 2
fusione (f) elettrotermica del ferro
fusión (f) del hierro por procedimiento electrotérmico

Stassanoscher Hochofen (m)
Stassano's electric blast furnace, Stassano shaft furnace
haut-fourneau (m) Stassano
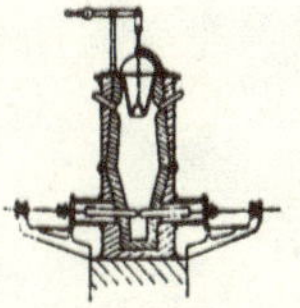
доменная печь (f) или домна (f) Стассано
alto forno (m) Stassano 3
alto horno (m) de Stassano

elektrischer Hochofen (m) von Grönwall, Lindblad und Stalhane
Groenwall, Lindblad and Stalhane shaft furnace, electric blast furnace of Groenwall, Lindblad and Stalhane
haut-fourneau (m) électrique de Groenwall, Lindblad et Stalhane
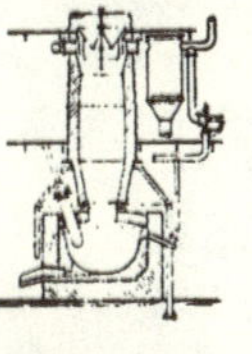
электрическая доменная печь (f) Гронваля, Линдбляда и Стальгана 4
alto forno (m) elettrico di Groenwall, Lindblad e Stalhane
alto horno (m) eléctrico de Groenwall, Lindblad y Stalhane

Héroultscher Hochofen (m)
Héroult electric blast furnace, Héroult shaft furnace
haut-fourneau (m) syst. Héroult

печь (f) для полученія чугуна Геру 5
alto forno (m) Héroult
alto horno (m) de Héroult

Harmetscher Hochofen (m)
Harmet electric blast furnace, Harmet shaft furnace
haut-fourneau (m) syst. Harmet
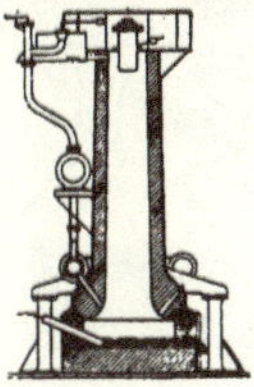
печь (f) для полученія чугуна Гармэ
alto forno (m) Harmet 6
alto horno (m) de Harmet

| | | |
|---|---|---|
| 1 | Einphasenofen (m)<br>single-phase furnace<br>four (m) à courant monophasé | печь (f) однофазнаго тока<br>forno (m) a corrente monofase<br>horno (m) de corriente monofásico |
| 2 | Drehstromofen (m)<br>alternating current furnace<br>four (m) à courant triphasé *ou* alternatif | печь (f) трёхфазнаго тока<br>forno (m) a corrente trifase<br>horno (m) de corriente trifásico |
| 3 | Ofenumformer (m)<br>furnace transformer<br>transformateur (m) du four | трансформаторъ (m) печи<br>trasformatore (m) della corrente per il forno<br>transformador (m) del horno |
| 4 | Wärmeverlust (m)<br>loss of heat, heat losses (pl)<br>perte (f) de chaleur | потеря (f) тепла<br>perdita (f) di calore<br>pérdida (f) de calor |
| 5 | Wärmestrahlung (f)<br>radiation of heat<br>rayonnement (m) de la chaleur | излученіе (n) тепла<br>irradiazione (f) del calore<br>radiación (f) del calor |
| 6 | Stromverbrauch (m)<br>consumption of current<br>consommation (f) de courant | расходъ (m) тока<br>consumo (m) di corrente<br>consumo (m) de corriente |
| 7 | Verbrauch (m) pro Tonne Stahl in Kilowatt-Stunden<br>consumption per ton of steel in kilowatt hours<br>consommation (f) par tonne d'acier en kilowatts-heure | расходъ (m) тока на тонну стали въ киловаттъ-часахъ<br>consumo (m) di chilowatt-ora per tonnellata d'acciaio<br>consumo (m) por tonelada de acero en kilowatt-horas |
| 8 | Betriebsspannung (f)<br>working voltage<br>voltage (m) de régime | рабочее напряженіе (n)<br>voltaggio (m) di esercizio *o* di regime<br>voltaje (m) de régimen |
| 9 | Zustellung (f) des Ofens<br>fettling the furnace, repairing the lining, relining the furnace (with refractory material)<br>garnissage (m) du four | ремонтъ (m) огнеупорной футеровки<br>rivestimento (m) *o* rifacimento (m) del forno<br>nuevo revestimiento (m) del horno con material refractario |

Zustellungskosten (pl)
costs of relining the furnace (with refractory material), costs of repairs *or* fettling
frais (m pl) de garnissage

стоимость (f) ремонта огнеупорной футеровки
spese (f pl) di rivestimento *o* di rifacimento 1
gastos (m pl) del nuevo revestimiento

---

Ofeneinheit (f)
furnace unit
unité (f) de four, charge (f) d'un four

[единичная] печь (f)
unità (f) di forno, carica (f) di un forno 2
unidad (f) de horno

---

thermischer Wirkungsgrad (m)
thermal efficiency
rendement (m) thermique

термическій коеффиціентъ (m) полезнаго дѣйствія
rendimento (m) termico 3
rendimiento (m) térmico

# INDEX

## Deutsch — English — Français — Italiano — Español

(Алфавитный указатель для русскаго языка см. стр. 733)

## A.

Abaissement de la température 352.4
Abart, -en des Verfahrens 412.7
-, gelbe . . . 115.10
Abbassamento del cono 309.7
- di temperatura 352.4, 447.5
Abbigarrado . 114.5
Abbildungsfehler 279.11
Abblättern . . 431.6
Abbondante . . 87.5
Abbrand 90.2, 216.10
- der Elektroden 567.3
-, Eisen- . . . . 378.7
-, Kies- . . . . . 70.8
Abbrechen, das Ofenmauerwerk 355.7
Abbrennen . . 547.2
Abdampf-kasserolle 247.4
-kolben . . . . 247.6
-schale . . . . 247.5
- -, Porzellan- . 194.4
Abdampfen . . 247.3
Abdecken . . . 308.5
Abdeckung, Ofen- 569.2
Abdichtung . . 418.1
Abdrehen, die Form 445.7
Abedul . . . . 419.3
Aberration . . 32.9
-, permissable . 32.10
Abertura . . . 355.1
- de acceso . . 467.2
- - carga . . . 105.1
- - descarga . . 87.9
- - entrada . . 406.4
- - - de aire . 321.3
- - limpieza . . 163.4 321.8
- - paso . . . . 320.7
- - salida de los gases 439.7
- - toma de gas 312.8
- del conducto de humo 417.4
- - frente . . . 291.8
- - tragante . . 307.3
- delantera . . 291.8
- para atizar . 87.10
- - la entrada de aire 87.8
Abeto, en forma de 214.4
Abfall-ende . . 33.6
Abfall-eisen . . 29.5
-, eisenhaltiger 112.3
-, Hütten- . . 355.11
Abfangen, das Eisen 481.2
Abfangplatte . 469.7
Abfließen . . . 338.3
Abfluß-rinne . 298.6
- -, Eisen- . . . 300.5
-rohr . . . . . 369.8
- -, Wasser- . . 297.7
-, Schlacken- . 300.1
Abfuhr, Aschen- 164.2
Abführung der Gase 314.7
Abgang . . . . 75.7
Abgedreht . . . 323.9
Abgestanden . 431.2
-er Stahl . . 548.10
Abgestumpft . 304.2
Abgetrennt . . 31.4
Abgießen . : . 243.8
Abguß . . . . . 486.9
-tiefe . . . . . 439.2
Abhämmern . . 55.2
Abhauen . . . 504.8
Abhebe-formmaschine 448.4
- - mit Wendeplatte 449.4
-maschine . . . 448.4
- - für flache Gegenstände 449.1
- - mit Wendeplatte 449.4
-stift . . . . . . 448.6
-vorrichtung . 448.5 452.5
-wagen . . . . 448.4
Abhitzekanal . 104.3
Abierto . . . . 309.6
Abitazione operaia 151.2
Abklär-flasche . 243.6
-gefäß . . . . . 243.7
Abklären . . . 243.8
Abkühlen 486.3, 543.10
-, langsames . . 357.6
Abkühlung . . 486.3
-sfläche . . . . 486.4
-skurve . . . . 272.8
Ablader, verstellbarer 139.8
Ablagerung . . 215.1
-, Flugasche- . 164.4
-, Graphit- . . 106.10
Ablassen der Schlacke 474.6
Ablauftrichter 246.5
Ableitung der Gase 314.7
-srohr, Gas- . . 313.7
Ablöschen . . 543.11
-, heiß . . . . . 544.1
Ablöschflüssigkeit 544.7
Abmessen . . . 334.8
Abmessung 37.1, 288.3
- des Gußstückes 423.1
Abnahme . . . 30.1
-beamter . . . 30.2
- des Kalibers . 516.8
-zahl . . . . . 516.9
Abnehmbar . . 301.6
Abnehmboden 390.9
Abnutschen . . 246.2
Abnützung, rasche - des Ofens 413.4
Abnutzungshärte 543.4
Abolladura . . 504.1
Abono . . . . 399.8
About bombé . 520.2
Abrasive . . . 543.3
Abrigo . . . . 57.7
Abrir con arco eléctrico 344.2
- - - voltáico . 344.2
- las canales . . 515.5
- por fusión . . 343.6
Abrirse automáticamente 315.1
Abrutschkegel 84.2
Absatz . . . . . 254.5
-weise . . . . . 254.4
Absaug-entfeuchter 232.1
-exsiccator . . 232.1
-flasche . . . . 246.1
-trockenofen . 233.2
Absauge-öffnung 312.8
-rohr . . . 312.9, 492.6
Absaugen . . . 246.2
Abscheidung des Erzstaubes 315.5
-, Eisen- . . . . 361.7
-, Phosphor- . . 398.3 376.12
Abschlacken . 338.2
Abschlagen, selbsttätiges 136.9
Abschlag-formkasten 440.8
-vorrichtung, selbsttätige 137.1
Abschlämmen . 80.5
Abschluß des Schachtes 307.2
-, dichter . . . 470.9
-, luftdichter . 324.1
-, Wasser- . . . 313.4
-, wasserdichter 405.8
- winddichter 324.1
Abschmelzend 374.5
Abschrägung . 293.4
Abschreckbiegeprobe 42.7
Abschrecken . 544.2
-, den Quarz . . 115.8
-, plötzliches . . 447.4
Abschrot . . . 504.7
Absieben . . . 65.2
Absitzen lassen 243.5
Absolut . . . . 49.6
Absonderung des Eisens 474.5
Absonderungsfläche 45,8
Absorb, to - the moisture 118.5
Absorber l'humidité 118.5
- la humedad . 118.5
Absorción . . . 269.3
-, aparato de . . 269.2
- de calor . . . 346.2
- - los gases . . 398.4
Absorption der Gase 398.4
Absorption . . 346.2
- apparatus . . 269.2
- bottle . . . . 269.3
- coil . . . . . 270.4
- flask . . . . . 269.3
- of gases . . . 398.4
- pipette . . . . 270.3
- tube . . . . . 270.5
Absorption . . 270.3
-, appareil d'- . 269.2
- de chaleur . 346.2
- des gaz . . . 398.4
Absorptions-apparat für Gase 269.2
-flasche . . . . 269.3
-pipette . . . . 270.3
-röhre . . . . . 270.5
-schlange . . . 270.4
Absperrvorrichtung 313.10
Abstand, Walzen- 515.5
Abstechen . . . 338.6
Abstehen . . . 386.3
- lassen . . . . 486.1
Abstellen des Gebläses 338.8
Abstich . . . . 338.1
-loch . . . . . 300.4
-pause . . . . . 342.8
-probe . . . . . 339.3
-schaufel . . . 340.7
-sohle . . . . . 388.5
Abstreif-meißel 524.8
-platte . . 451.2, 524.7
Abstreifen . . . 256.3

Abstreifer . . . 526.3
Abstumpfen . . 242.5
Absturzplatz . 356.4
Abtropfschale . 246.4
Abundante . . 87.5
Abutment . . . 293.3
Abwägen . . 334.10
Abwärts gleiten 335.9
-, nach - gezogen 404.2
Abwasser, säurehaltiges 91.1
Abwechselnd . 531.11
Abweichung . 32.9
-, Dicken- . . . 37.5
-, zulässige . . 32.10
Abwiegen . . 238.10
Abziehen vom Lager 130.9
Abziehformkasten 440.9
Abzug . . . . . 175.2
- für Mehrgehalt an Kieselsäure, Phosphor und Schwefel 65.9
-kanal . . . . . 372.7
-öffnung, Rauch- 417.4
Abzweigrohr . 324.5
Acabado . . . . 18.9
Acabador . . 513.10
-, tren . . . . . 510.4
Acabar . . . . 529.9
Acarreo de los minerales 123.3
Accendere . . . 417.7
Accensione 86.4.6 473.5
Acception . . . 559.8
accessibile . . 403.7
Accesible . . . 403.7
Acceso . . . . 467.2
- de aire . . 337.12
Accesorio, -s de hierro 23.7
Accessible . . . 403.7
Accesso . . . . 406.4
Accessorio, -i d'armamento 23.7
Accettazione . 30.1 559.8
Acciaieria al crogiuolo 381.2
- Bessemer . . 387.3
-e - e Thomas . 387.2
- Martin . . . . 402.4
- Thomas . . . 387.4
Acciaio . . . . 8.4
- al boro . . . 17.7
- - carbonio . . 16.8
- - crogiuolo . 11.7
- - cromo . . . 17.1
- - - e nickel . 16.12
- - manganese 17.2
- - minerale . . 12.7
- - molibdeno . 17.4
- - nickel 16.11, 418.5
- - silicio . . . 16.10
- - titanio . . . 17.5
- - tunsteno . . 17.3
- - vanadio . . 17.6
- alterato . . . 549.2
- - dal fuoco . 548.9
- argentato . . 17.8
- Bessemer . . 11.8
- bruciato . . 548.12
- cementato 13.1, 416.3
- colato dolce 488.4
- - duro . . . . 488.5
Acciaio, colato in 488.3
- con frattura a rosa 10.5
- d'affinaggio al basso fuoco 10.4
- da armi . . . 14.6
- - attrezzi . . 13.5
- - ingranaggi . 14.4
- - molle . . . 14.3
- - rocchetti . . 14.4
- - scalpelli . . 13.7
- - utensili . . 13.5
- damascato . . 13.4
- denaturato 548.10
- di Brescia . . 14.7
- - cementazione 13.1
- - - affinato . 13.2
- diamante 13.8, 229.2
- duro . . . . 548.13
- elettrico 12.5, 564.4
- - per utensili 564.3
- fabbricato coll' „ore-process" 12.7
-, far rinvenire l' 543.9
- fucinato . . . 11.1
- fuso . . . 11.5, 25.12
- - al crogiuolo 11.7
- greggio . . . 9.7
- grezzo . . . . 10.6
- indiano . . . 13.3
-, l'- diventa affinato 386.2
- Martin . . . . 12.2
- naturale . . . 9.7
- omogeneo . . 11.5
- ottenuto col forno a riverbero 10.7
- - elettricamente 12.5
- per àncore . 14.5
- - madreviti . 14.2
- - magneti . . 14.8
- - punzonatrici 13.9
- - stampi . . . 14.1
- - torni di grande velocità 13.6
- preparato al forno elettrico 564.2
- pudellato . . 10.8
- raffinato . . . 11.2
- - due volte . 11.3
- ricotto . . . . 548.8
- saldato . . . 9.6
- Siemens-Martin 12.3.4
- soffiato . . . 484.3
- sovrariscaldato 548.11
- speciale 16.7, 565.7
- temperato . . 548.7
- Thomas . . . 12.1
- Wootz . . . . 13.3
Acciaioso . . . 10.6
Acción atmosférica 89.7
- de la helada . 118.6
- directa . . . . 327.3
- oxidante . . . 82.2
Accionamiento hidráulico 509.7
Accomplissement 559.7
Accoppiamento 519.10
Accoppiare . . 519.8
Accoppiato direttamente 170.6
Account, to be taken into 559.10
Accouplement 519.7 136.8
- à friction . . 520.5
- direct . . . . 170.6
Accoupler . . . 519.8
Accrochage 136.8, 353.6
- des charges . 353.5
Accrocher le lingot 58.9
- -s -s, dispositif pour 528.8
Accroissement de la réductibilité 81.9
Accumulador . 169.1
Accumulate, to 130.2
Accumulated . 408.1
Accumulateur . 102.4 121.8, 131.1.3, 169.1 266.5
- de chaleur . . 320.9
- hydraulique . 508.3
- hydropneumatique 509.1
Accumulator . 121.8 266.5, 320.9
- building . . . 169.1
-, hydraulic . . 508.5
-, - - working by compressed air 509.1
Accumulatore . 121.8 169.1, 266.5
- idraulico . . 508.3
- - a carico d'aria compressa 509.1
- idro-pneumatico 509.1
Accumulé . . . 408.1
Accuracy of the dimensions agreed upon 87.1
Aceitar . . . . 383.4
Aceite . . 233.4, 546.6
- de linaza . . 551.7
- - palma . . . 553.4
- - pescado . . 546.9
Acerado . . . . 339.1
Acerdesa . . . 70.1
Acerdèse . . . . 70.1
Acero . . . . . 8.4
- agrio . . . 548.10
- al boro . . . 17.7
- - crisol . . . 11.7
- - cromo . . . 17.1
- - - -niquel . 16.12
- - horno de reverbero 10.7
- - - eléctrico . 12.5
- - manganeso . 17.2
- - molibdeno . 17.4
- - niquel 16.11, 418.5
- - silicio . . . 16.10
- - titanio . . . 17.5
- - tungsteno . 17.3
- - vanadio . . 17.6
- batido . . 9.6, 11.1
- Bessemer . . 11.8
- bresciano . . 14.7
- bruto . . . . 9.7
- cementado . 13.1
- - batido . . . 13.2
- - soldado . . 13.2
- colado . . . . 488.2
- - dulce . . . 488.4
Acero con burbujas 484.3
- - grano argentino 17.8
- - mancha gris 10.5
- damasceno . 13.4
- de cementación 417.10
-, - acero colado 488.3
- - la India . . 13.3
- - pudelaje . . 10.8
- desnaturalizado 548.10
- -diamante . . 13.8
- doble-refinado 11.3
- dulce . . . . 11.6
- duro . . . . 548.13
-, el - está afinado 386.2
- eléctrico . . . 564.2
- especial 16.7, 565.7
- estropeado . . 548.9
-, fabricación del 564.1
- fabricado por el procedimiento con minerales 12.7
- fundido 11.5, 25.12
- homogéneo . 11.5
- Martin . . . . 12.2
- moldeado producido electricamente 564.4
- natural . . . 10.6
- obtenido en el horno eléctrico 564.2
- para anclas . 14.5
- - armas . . . 14.6
- - buterolas . 14.1
- - cinceles . . 13.7
- - estampas . 14.1
- - herramientas 13.5
- - - producido en el horno eléctrico 564.3
- - imanes . . . 14.8
- - machos de roscar 14.2
- - piñones de engranaje 14.4
- - punzones . 13.9
- - resortes . . 14.3
- - tornos de gran velocidad 13.6
- quemado . 548.9.12 549.2
- rápido . . . . 13.6
- recalentado 548.11
-, recocer el . . 543.9
- recocido . . . 548.8
- refinado . . . 11.2
- - á fragua baja 10.4
- rico en carbono 16.8
- Siemens-Martin 12.3.4
- soldado . 9.6, 11.1
- templado . . 548.7
- Thomas . . . 12.1
- Wootz . . . . 13.3
Acetat, Blei- . . 209.1
Acetate, ammonium 206.7
-, lead . . . . . 209.1
- of potassium 206.6
Acétate d'ammoniaque 206.7
- de baryte . . 207.7

Acétate de plomb 209.1
- - potasse . . 206.6
Acetato ammonico 206.7
- di bario . . . 207.7
- - piombo . . 209.1
- potassico . . 206.6
Acetato amónico 206.7
- bárico . . . . 207.7
- de plomo . . 209.1
- potásico . . . 206.6
- plúmbico . . 209.1
Acetic acid . . 204.4
Acetico . . . . 204.4
Acético . . . . 204.4
Acetilene . . . 183.5
Acetileno . . . 183.5
Acétique . . . 204.4
Acetylene Bunsen burner 183.5
- gas . . . . . 418.3
Acétylène . . . 183.5
Achat . . 558.1, 563.1
-mörser . . . . 229.1
-schale . . . . 229.1
-schneide . . . 287.8
Acheteur . . . 558.5
Achromatic . . 280.1
Achromatique . 280.1
Achromatisch . 280.1
Achse . . . . . 287.4
Achsenfracht . 561.5
Achsial . . . . 472.3
Achteckig . . . 290.5
-kantig . . . . 377.7
Aciculaire . . 47.2
Acicular . . . . 47.2
Acid . 12.3, 91.1, 203.9
-, acetic . . . . 204.4
-, arsenious . . 218.6
- bath . . . . 493.10
- brick . . . . 306.6
-, carbonic . . 215.13
-, chemically pure sulphuric 204.2
-, chromic . . . 204.7
-, commercial sulphuric 204.1
-, concentrated 242.1
-, diluted . . . 242.2
-, hydrochloric 203.10
-, hydrofluoric 204.9
- ion . . . . . . 263.1
-, molybdic . . 210.7
-, nitric . . . 203.11
-, oxalic . . . . 204.5
- proof . . . . 7.2
- - box . . . . 189.1
-, pyrogallic . 211.13
- room . . . . 176.8
-, silicic . . . . 216.3
- solution . . . 262.8
- steel . . . . . 11.8
-, sulphurous . 216.9
-, tartaric 204.6, 419.10
Acide . . 91.9, 203.9
- acétique . . . 204.4
- arsénieux . . 218.6
- arsénique . . 218.5
- azotique . . 203.11
- carbonique . 60.4 215.13
- chlorhydrique 203.10
- chromique . . 204.7
- concentré . . 242.1
- dilué . . . . 242.2
Acide fluorhydrique 204.9, 222.2
- molybdique . 210.7
- nitrique . . 203.11
- - fumant . 203.12
- oxalique . . . 204.5
- phosphorique soluble 399.7
-, procédé . . . 396.5
- pyrogallique 211.3
-, résister aux -s 7.2
- silicique . . . 216.3
- sulfureux . . 216.9
- sulfurique chimiquement pur 204.2
- - du commerce 204.1
- - libre dans les résidus 216.10
- tartrique . . 204.6 419.10
Acidità . . . . 357.2
Acidité . . . . 357.2
Acido 91.1, 203.9, 431.2
- acetico . . . 204.4
- arsenico . . 218.5.6
- carbonico . . 60.4 215.13
- cloridrico . 203.10
- concentrato . 242.1
- cromico . . . 204.7
- diluito . . . . 242.2
- fluoridrico . . 204.9
- fosforico solubile 399.7
- molibdico . . 210.7
- nitrico . . . 203.11
- - fumante . 203.12
- ossalico . . . 204.5
- pirogallico 211.13
-, processo . . . 396.5
-, resistente agli -i 189.1
-, resistere agli -i 7.2
- silicico . 65.9, 216.3
- solfidrico . . 204.8
- solforico chimicamente puro 204.2
- - commerciale 204.1
- - libero nei residui 216.10
- solforoso . . 216.9
- tartarico . . 204.6 419.10
Ácido . . . 91.1, 203.9
- acético . . . 204.4
- arsenioso . . 218.6
- carbónico . . 60.4 215.13
- clorhídrico 203.10
- concentrado . 242.1
- crómico . . . 204.7
- diluido . . . 242.2
- fluorhídrico . 204.9 222.2
- fosfórico soluble 399.7
- nítrico . . 203.11
- - humeante 203.12
- oxálico . . . 204.5
- pirogálico . 211.13
-, procedimiento 396.5
-, resistente á los -s 189.1
-, resistir á los -s 7.2
Acido silicico . 65.9 216.3
- sulfúrico del comercio 204.1
- - libre en los residuos 216.10
- - ordinario . 204.1
- - químicamente puro 204.2
- sulfuroso . . 216.9
- tartárico . . 204.6 419.10
Acidulado . . . 545.9
Acidulated . . 545.9
Acidulato . . . 545.9
Acidulé . . . . 545.9
Acier à burins 13.7
- - la rose . . . 10.5
- - marque d'ancre 14.5
- - outils . . . 13.5
- - - au four électrique 564.3 
- - pignons . . 14.4
- - ressorts . . 14.3
- - soufflures . 484.3
- altéré . 548.9, 549.2
- argenté . . . 17.8
- au bas-foyer . 10.4
- - bore . . . . 17.7
- - carbone . . 16.8
- - chrome . . 17.1
- - - et nickel . 16.12
- - creuset . . 11.7
- - four à réverbère 10.7
- - - électrique 12.5
- - manganèse 17.2
- - molybdène 17.4
- - nickel 16.11, 418.5
- - silicium . . 16.10
- - titane . . . 17.5
- - tungstène . 17.3
- - vanadium . 17.6
- Bessemer . . 11.8
- brûlé . . . 548.12
- cementé 13.1, 416.3
- chromé . . . 17.1
- corroyé . . . 11.1
- coulé . . . . . 322.7
-, - en . . . . . 488.3
- damassé . . . 13.4
- de Brescia . . 14.7
- - cémentation 13.1
- - - à soufflures 13.1
- - - corroyé . 13.2
- - finerie . . . 10.4
- dénaturé . . 549.10
- deux fois raffiné 11.3
- -diamant 13.8, 548.13
- doux . . 11.6, 25.10
- dur . . . . . 488.5
- électrique . . 564.2
- extra-doux . 11.6
-, fabrication d' 564.1
- fabriqué au four électrique . 564.2
- - par l'ore-process 12.7
-, faire revenir l' 543.9
- fin . . . . . . 11.2
- fleuri . . . . 10.5
- fondu . 11.5, 25.12
- - au creuset . 11.7
- homogène . . 11.5
- indien . . . . 13.3
-, l'- est affiné . 386.2
- Martin . . . . 12.2
Acier moulé en châssis 488.2
- naturel . . . 9.7
- pour aimants 14.8
- - armes . . . 14.6
- - bouterolles et étampes . . 14.1
- - engrenages 14.4
- - forets . . . 14.2
- - poinçons . 13.9
- - tours à grande vitesse . . . 13.6
- puddlé . . . . 10.8
- rapide . . . . 13.6
- recuit . . . . 548.8
- sauvage . . . 10.6
- Siemens-Martin 12.3.4
- soudable . . . 9.6
- soufflcux . . 484.3
- spécial . 16.7, 565.7
- sur sole basique 12.4
- surchauffé . 549.11
- Thomas . . . 12.1
- trempé . . . . 548.7
- Uchatius . . 12.7
- Wootz . . . . 13.3
Aciérie Bessemer 387.3
-s - et Thomas 387.3
- pour la fabrication au creuset . 381.2
- Siemens-Martin 402.4
- Thomas . . . 387.4
Acodado . . . . 444.1
Acoplado directamente . . . 170.6
Acoplamiento 519.7.10
- de fricción . 520.5
- - tubos . . . 184.2
Acoplar . . . . 519.8
Acqua . . . . . 140.1
- acida satura 91.1
- acidulata . . 545.9
-, ad . . . . . . 317.2
- ammoniacale 108.7 205.4
- calda . . . . 176.6
- -, apparato per 176.5
- combinata chimicamente . 203.8
- compressa . . 509.7
- con cenere di legno . . . 431.4
- corrente . . . 544.3
- depurata . . 146.7
- di barite . . 205.6
- - calce 205.5, 341.3
- - grafite . . . 430.9
- - raffreddamento 297.10
- - refrigerazione 297.10, 298.2
- distillata . . . 203.6
- fetida . . . . 431.3
- igroscopica . 203.7
-, impianto d' . 140.3
- impura . . . 146.6
- naturale . . . 146.6
- ossigenata . . 211.3
- regia . . . . 204.3
- scaldata . . 297.11
- sotterranea 141.1 289.1
Acquaio . . . . 175.4
Acquéreur . . 558.5

Acquirente . . 558.5
Acquisition . . 558.1
Acquisto 558.1. 563.1
Acribadura . . 63.5
Acromatico . . 280.1
Acromático . . 280.1
Acting, double 328.1
-, single . . . 327.8
Action . . . . . 82.2
- of the blast 350.10
- de la gelée . 118.6
- directe . . . 327.3
- oxydante . . 82.2
Acumulado . . 408.1
Acumulador . . 121.8 266.5
- de calor . . . 320.9
- hidráulico . . 508.3
- - con carga de aire 509.1
Acuoso . . . . . 60.3
Adapter . . . . 190.4
Adding of ore 412.1
Additif . . . . 273.3
Addition 425.9, 250.11
- drop by drop 242.8
-, loamy . . . . 426.3
- of ferromanganese 398.8
- - nickel . . . 418.6
- - ores . . . . 250.12
- - slags . . . 250.12
Addition, -s 71.2, 425.9
- absorbant de l'oxygène 398.10
- carburante . 398.7
- de chaux . . 388.6
- - fer . . . . 473.12
- - ferromanganèse 398.8
- - matière argileuse 426.3
- - minerai . . 250.12 412.1
- - nickel . . . 418.6
- - scories . . 250.12 337.8
- désoxydante 398.10
- oxydante . . 250.11
- par gouttes . 242.8
- réductrice . 398.10
Additionner . 485.4
Additiv . . . . 273.3
Additive . . . 273.3
Addizionale . 473.12
Addizione carburante 398.7
- del fondente 388.6
- di ferromanganese 398.8
- - minerale . 412.1
- - nickel . . . 418.6
- riducente . 398.7.10
Addolcimento . 147.8
Aderente . . . 490.5
Adhérent . . . 490.5
Adherente . . . 428.9
Adherido . . . 490.5
Adhering . . . 490.5
Adhesion of the slag 374.11
Adhesión de escoria 374.11
Adición . . . . 425.9
- absorvente del oxígeno 398.10
- carburante . 398.7
- de efecto reductor 398.10
Adición de escorias 250.12 337.8
- - ferromanganeso 398.8
- - hierro . . . 473.12
- - material arcilloso 426.3
- - mineral . . 412.1
- - minerales 250.12
- - piedra caliza 388.6
- gota á gota . 242.8
- oxidante . . 250.11
Adicionar con ácido 248.5
- - agua . . . . 248.5
Adjustable . . 139.8
Adjustagehalle 533.5
Adjustieren . . 533.4
Adjusting . . . 533.4
- screw . . . . 521.8
Adjustment . . 522.7
- of electrodes 567.2
Administración 149.6
Administration 149.6
- building . . . 149.6
Admisible . . . 32.10
Admisión . . . 499.7
Admission . . . 499.7
- valve . . . . 499.7
- du vent . . . 394.3
- par piston . . 499.4
- - tiroir . . . 499.6
- sur le piston 500.6
Admixture . . 71.2
Adoucir . . . . 547.1
Adoucissement des eaux 147.8
Aereo . . 135.11, 171,4
Aéreo . . . . . 135.11
Aerial . . . . 135.11
- railway . . . 331.8
- - charging . 331.7
Aérien . . . . 135.9
Affinage . . 7,6, 380.1 386.9
- au bain de scorie 365.8
- - bas-foyer . 363.4
- - vent . . . . 387.1
- avec du minerai de fer 415.1
- complet . . . 365.6
- du fer par le procédé électrothermique 565.4
- - - - voie électrothermique 565.4
- imparfait . . 365.7
- par soufflage 387.1
-, premier . . . 365.7
Affinaggio . 7.6 380.1 386.9, 565.5
- al bagno di scorie 365.8
- - basso fuoco 363.4
- - vento . . . 387.1
- col minerale di ferro 415.1
- del ferro per via elettrotermica 565.4
- della ghisa bianca 365.6
- - - grigia . . 365.7
- in convertitore grande 387.5
- - - piccolo . 387.6
- ossidante . . 415.6
Affinare . . . . 363.3
Affinato . . . . 13.2
Affinatura . . . 380.1
Affinazione . . 363.4
Affiné . . . . . 361.8
Affiner . . . . . 363.3
- la fonte . . . 363.6
Affinerie . . . 112.8
Affineur . . . . 363.7
Affinità . . . . 260.5
- chimica . . 225.11
Affinität, chemische 225.11
Affinitätskonstante 260.5
Affinité . . . . 260.5
- chimique . 225.11
Affinity, chemical 225.11
Affûter, outil à 196.8
Afilar . . . . . 492.2
-, máquina de (v. máquina)
-, útil para . . . 196.8
Afinado . . . . 361.8
Afinador . . . . 363.7
Afinar . . . . . 363.3
- la fundición . 363.6
Afinidad . . . . 260.5
- química . . . 225.4
Afino 7.6, 380.1, 386.9 414.8
- al bajo hogar 363.4
- - baño de escoria 365.8
- completo . . 365.6
- incompleto . 365.7
- neumático . 387.1
- por cementación oxidante 414.4
- por medio del mineral de hierro 415.1
Aflojar y apretar los tornillos, aparato para 291.4
After blow . 397.10
Agarrado . . . 343.3
Agata . . . . . 229.1
Ágata . . . . . 229.1
Agate . . . . . 229.1
- edge . . . . . 237.8
- mortar . . . . 229.1
Agent . . 147.6, 559.2
-s atmosphériques 89.7
-s de cémentation 415.5
- de précipitation 147.6
- -réceptionnaire 30.2
Agente . . . . 559.2
- atmosferico . 118.4
-s de la cementación 415.5
- de precipitación 147.6
Agganciamento 136.8
-, apparecchio d' 136.2
Aggiungere . 473.12
Aggiunta . 71.2, 425.9
- a goccie . . . 242.8
- argillosa . . . 426.3
- di minerale 250.12 412.1
Aggiunta di nickel 418.6
- - scoria . . . 337.8
- - scorie . . 250.12
- ossidante . 250.11
Aggiuntaggio 486.10
Aggiustaggio 533.4.5
Agglomérant . 95.5
Agglomerante . 426.2
Agglomerating 95.4
Agglomération 95.4
Agglomerazione 95.4
Agglomérer . . 376.4
Agglomerieren 95.4
Agglutinamento 349.6
- del coke . . . 106.7
Agglutinant, matière -e 426.2
Agglutinante . 95.5 99.3
- argilloso . . . 95.6
Agglutinarsi . 349.5
Agglutination . 349.6
- du coke . . . 106.7
Agglutinato . . 106.8
Agglutiné . . . 106.8
Agglutiner, s' . 349.5
Aggregativo . . 273.3
Aghiforme 47.2, 214.4
Agitación . . . 80.4
Agitador . . . . 176.2
-, separador con 183.2
Agitar en el agua 544.4
Agitare . . . . 190.7
- nell' acqua . . 544.4
Agitateur . . . 176.2
- en verre . . . 190.7
-, separateur avec 183.2
Agitation . . . 80.4
Agitatore . . . 176.2
-, apparecchio separatore ed 183.2
Agitazione . . . 80.4
Agiter dans l'eau 544.4
Aglomeración . 95.4
Aglomerado . 94.5.6.7
- calcinado . . 96.1
- de mineral . . 95.10
- secado . . . . 95.11
Aglutinación . 349.6
- del cok . . . 106.7
Aglutinado . . 106.6
Aglutinante 95.5, 99.3
- calcáreo . . . 117.9
Aglutinarse . . 103.1 349.5
Ago . . . . . . . 391.8
-, a forma d'-hi . 47.2
- d'acciaio . . . 391.7
- di platino . . 194.8
- magnetico . . 182.7
-, -hi neri . . . 283.4
Agrafe . . . . . 392.9
Agrandar el agujero 52.4
Agrandir le trou 52.4
Agreement . . 559.0
Agregativo . . 273.3
Agrietado . . . 108.4
Agrio . . . . 548.10
Agrupación de átomos 224.9
Agua, -s . . . . 140.1

Agua acidulada 545.9
- amoniacal . . 108.7, 205.4
- calentada . 297.11
- caliente . . . 176.6
- -, aparato de 175.5
- corriente . . . 544.8
- de amoniaco 205.4
- - barita . . . 205.6
- - cal . . 205.5, 340.3
- - cenizas de madera 431.4
- - - vegetales 431.4
- - estiércol . . 431.3
- - grafito . . . 410.9
- - hidratación 203.9
- - manantial . 141.2
- - de purga ácida 91.1
- - refrigeración 297.10, 298.2
- depurada . . 146.7
- destilada . . . 203.6
- higroscópica . 203.7
- natural . . . 146.6
- oxigenada . . 211.3
- químicamente combinada 203.8
- regia . . . . . 204.3
- subterránea . 141.1, 289.1
Agudo . . . . . 466.2
Aguilon . . . . 125.7
Aguja de platino 194.8
-, en forma de -s 47.2
- imantada . . 182.7
- magnética . . 182.7
-s negras . . . 283.4
Agujerear 51.10, 52.3, 228.5, 485.1
Agujerearse por el calor 413.7
Agujero . . 39.8, 483.4
- cónico . . . . 536.3
- de aire . . . . 438.1
- - caldero . . 480.1
- - colada . . . 443.7
- - - redondo . 443.6
- - estirado . . 538.4
- - hombre . . 467.2
- - la busa de colada 480.6
- - - tobera . . 395.1
- - trabajo . . 371.1
- del viento . . 394.5
- en forma de horquilla 443.9
- para la escoria 300.2
- - - sangria . 300.4
- - las escorias 299.6
Aia . . . . . . 368.8
- a rivestimento di scorie 369.9
Aide-chimiste 173.5
- de laboratoire 174.3
Aigre . . . . . 44.7
Aiguille . . . . 47.2
- aimantée . . 182.7
- de platine . . 194.8
-s noires . . . . 283.4
Aiguillé . . . . 47.2
Aile . . . . . . 20.2
-, à -s égales . . 20.1
-, - -s inégales . 20.3
- de ventilateur 470.5
Ailette formant piston 472.1
Aimant . . 14.8, 91.11
- d'acier . . . . 92.3
- de grue . . . 129.6
- en fer à cheval 92.2
- fixe . . . . . 94.1
- mobile . . . . 93.5
- permanent . . 92.4, 93.7
- porteur . . . 129.5
Aimantation 82.3, 91.5
Aimanté . . . . 182.7
Air . . . . . . 267.[illegible].8
- bath . . . . . 233.5
- blast . . . . . 396.3
- chamber 145.2, 502.1
- cooling . . . 296.6
- core barrel . 460.3
- current . . . 87.7
- distribution . 324.6
- draught . . . 87.4
- dried 422.10, 429.3
- dry . 231.10, 422.10
- hardening . 359.10, 545.3
- heater . . . . 318.4
- -, horizontal . 318.8
- -, iron . . . . 318.5
- -, vertical . . 319.1
- - with suspended pipes 318.7
- hole . . . . . 439.7
- in the core . 459.4
- inlet 87.8, 337.12, 542.4
- - hole . . . . 321.3
- - valve . . . 321.4
- intake . . . 337.12
- main . . . . . 324.3
- pipe . . . . . 324.2
- port . . . . . 407.8
- pump . . . . 178.2
- - bell . . . . 178.3
- - cylnder . . 501.4
- - disc . . . . 178.4
- - piston . . . 501.5
- - plate . . . . 178.4
- - receiver . . 178.3
- pyrometer . . 351.8
- release valve 508.6
- reservoir . . 502.1
- supply . . . . 472.8
- valve . . . . 406.7
- vessel . . . . 145.2
- way . . . . . 471.8
Air . . . . 267.7, 87.4
- ascendant . . 87.7
- aspiré . 469.3, 328.6
- chaud . . . . 3.2.5
- -, appareils à 318.4
- -, appareil à - - à tuyaux verticaux suspendus 318.7
- -, - - - - de Cowper 320.8
- -, - - - - en briques 320.5
- -, - - - - - fonte 318.5
- -, - - - - hori-zontal 318.6
- -, - - - - verti-cal 319.1
- -, - - - - Whitwell 320.6
- comprimé . . 402.2
- de combustion 408.2
Air du noyau . 459.4
- froid . . . . . 322.4
- montant . . . 87.7
- nécessaire . . 350.4
Aire . . . 87.4, 267.7
- ascendente . 87.7
- aspirado . . . 469.3
-, calentador del 318.5
- caliente . . . 300.6
- comprimido . 402.2
- de combustión 408.2
- del macho . . 459.4
- frío . . . . . 321.4
Airspace between the fire bars 160.3
- - grate bars . 160.3
Airtight . . . . 324.1
Aislado . . . . 126.1
-, no . . . . . . 305.4
Aiutante di laboratorio 174.3
Ajoute pour appareille de distillation 255.2
Ajouter . . . 473.12
Ajustage . 33.10, 533.4
Ajustamiento . 533.4
Ajutage de pulvérisation 317.5
Akkumulator . 121.8, 266.5, 508.3
-, Druckwasser- 508.3
Akkumulatorengebäude 169.1
Aktiv, -e Härte 548.3
Ala . . . . . . 20.2
-, de -s desiguales 20.3
-, - -s iguales . 20.1
Álabe . . . . . 470.3
Alambic distillatoire 255.5
Alambique . . 255.5
Alambre . 27.10, 28.1
- de acero 27.11, 490.11
- - aluminio . 199.12
- - cobre . . . 199.2.3
- - hierro . . . 199.9
- - medida . . 261.4
- - platino . . 194.7
- graduado . . 261.4
- para atar . . 460.5
- - cuerdas de piano 28.7
- pasado por la hilera 28.5
- perfilado . . 28.6
- plano . . . . 28.4
Alargadera . . 190.4
Alargador . . 516.1
Alargamiento . 49.7, 53.4, 530.6
- de rotura . . 44.8
Alargar . . . . 530.5
Albayalde . . 551.10
Albero . . . . 445.2
- a palmole . . 496.4
- d'accoppiamento 520.1
- d'attacco . . 518.9
- di comando . 518.9
- - - principale 78.4
- flessibile . . 492.8
Album dei profili 514.10
- des profils . 514.10
Álbum de los perfiles 514.10
Albumen . . . 212.12
- paper . . . . 212.12
Albumina . . 212.12
Albuminato . 212.12
Albumine . . 212.12
Albuminé . . 212.12
Alcachofa de aspiración 140.8
Alcalin . . . . 114.2
Alcalino . . . 114.2
Alcohol . . . 184.3, 212.2, 447.2
- lamp . . . . 184.3
- level . . . . 182.6
- vínico . . . . 546.5
Alcool . . . . 212.2
Aleación . . . 14.10
- de hierro . . 14.9
- - metales . . 351.4
- pobre . . . . 15.1
- rica . . . . . 14.11
Alemán, procedimiento 366.3
Alésage . . . . 39.6
Aleta . . . . . 470.5
- -pistón . . . 472.1
Aletta di stantuffo 472.1
Alfarero . . . 383.1
Alicuoto . . . 239.1
Alimentación automática 331.5
- continua . . 157.4
Alimentation continue 157.4
- et distribution d'eau 140.1
Aliquote . . . 239.1
Aliquoto . . . 239.1
Alisador de escuadra 437.8
- redondo . . . 437.5
Alisar . . . . . 437.7
- los moldes . 437.1
Alkaline chlorids 361.11
- earths . . . . 114.2
- salt . . . . . 361.9
Alkalisch . . . 114.2
Alkohol . . . . 212.2
Allargamento . 53.1, 84.6
Allargare . . . 53.2
- il foro . . . 52.4
Allège . . . . . 562.5
Alleggio . . . 562.5
Allemand, procédé 366.3
Aller . . . . . 532.4
Alliage . . . . 14.10
- à faible teneur 15.1
- - haute teneur 14.11
- de fer . . . . 14.9
- - molybdène et nickel 15.8
- métallique . 351.4
Alligator . . . 377.4
Allonge . 190.4, 520.1
- bombée . . . 520.2
Allongement . 49.7, 530.6
- de rupture par unité de longueur 44.8
Allonger . . . 530.5
Al otrop . . . 272.5
Allotropia . . . 272.4
Allotropic . . . 272.5

Allotropico . . 272.5
Allotropie . . . 272.4
Allotropique . 272.5
Allotropy . . . 272.4
Alloy . . . . . 351.4
- cast iron . . 9.1
- constituent . 14.10
-, iron . . . . . 14.9
- of high percentage 14.11
- - low percentage 15.1
- steel . . . . . 16.7
Allumage 86.4, 478.5.8
Allumer . . . . 417.7
Allumina 115.12, 220.7
Alluminio 199.11, 219.2
Alluminoso . . 357.13 428.7
Allunga . . . . 190.4
Allungamento 190.4 580.6
- di rottura . . 44.8
Allungare . . . 580.5
Allure chaude 475.2
- de la fusion 385.10
- - - soufflerie 350.10
- du haut-fourneau 344.3
- extra-chaude 353.1
- froide . . . . 352.8
- normale . . . 352.7
- regulière . . 474.10
- variable du haut-fourneau 344.5
Alma . . 22.3, 458.4.8
- de tubo . . . 458.6
Almacén 87.7, 177.7
- de hierro . . 180.6
- - lingotes . . 180.7
- - metales . . 180.5
- - modelos . . 422.2
- - vigas . . . 180.8
Almagre . . . . 66.9
Almendrilla . . 114.7
Almidón . . . 211.12
Alomado . . . 518.5
Alotropia . . . 272.4
Alotrópico . . . 272.5
Alquitràn 71.1, 95.9
-, rico en . . . 405.6
Altalena . . . . 497.1
Altar del conducto 372.5
- - hogar . . . 368.5
Altare . . . . . 368.5
Alt-eisen . . . . 29.4
-sand . . . . . 431.11
Alter, to - the pass 535.3
Alterado . . . . 68.7
Alteration of angle 51,4
- - concentration of the electrolyte 259.4
Alterato dal fuoco 548.9
Alterazione . . 89.7
Altéré par le feu 548.9
Alternatif . . . 493.5
-, à courant . 568.10 572.2
Alternating . . 166.4
- current furnace 572.1
Alternativo . . 493.5
Alternato . . 568.10
Altezza . . . 531.10
Altezza del crogiuolo 295.8
- - focolare . 369.11
- - pezzo colato 439.2
- della sacca . 302.5
Alto forno 97.1 286.1
- - a carbone di legna 285.2
- - - coke . . . 285.3
- - - petto aperto 286.2
- - - - chiuso 286.3
- - ad antracite 285.4
- -, andamento generale del 346.6
- - blindato . . 287.1
- - con crogiuolo ovale 286.7
- - - inviluppo 286.5
- - elettrico di Groenwall, Lindblad e Stalhane 571.4
- - Harmet . . 571.6
- - Héroult . . 571.5
- -, impianto di -i -i 285.1
- - in muratura massiccia 286.4
- - libero . . . 287.3
- - rivestito . . 286.5
- - scozzese . . 286.6
- - Stassano . . 571.3
Alto horno . . 97.12
- - á pecho abierto 286.2
- - - - cerrado 286.3
- - con macizo de mamposteria 286.4
- - - revestimiento de chapa 287.1
- - de antracita 285.4
- - - carbón vegetal 285.2
- - - cok . . . 285.3
- - - crisol ovalado 286.7
- - - frente abierto 286.2
- - - - cerrado 286.3
- - - Harmet . 571.6
- - - Héroult . 571.5
- - - Stassano . 571.3
- - eléctrico de Groenwall, Lindblad y Stalhane 571.4
- - escocés . . 286.6
- -, establecimiento de -s -s 285.1
- -, fenomenos generales en el 346.6
- -, instalación de -s -s 285.1
- - rodeado de pilares de ladrillo 286.5
- - sin macizo 287.3
Altura 39.7, 531.10
- de caida . . 464.5
- - la carrera . 502.7
- - - obra . . . 295.8
- - - pieza colada 439.2
- - los etalajes 302.5
Alumbrado 165.5, 280.4
-, instalación de 171.6
Alumbrar, disposición para 280.7
Alumina . . . . 220.7
Alúmina 220.7, 427.11
Alumine 115.12, 220.7
Alumineux 357.13 428.7
Aluminia . . 115.12
Aluminio 199.11, 219.2
Aluminium 219.2, 240.1
-blech . . . . 199.11
-draht . . . . 199.12
-feilspan . . . . 200.2
-pulver . . . . 200.1
Aluminium 119.11 219.2
- filings . . 200.2
- powder . . . 200.1
- sheet . . . . 199.11
-, silicate of . 427.11
- weighing boat 240.1
- wire . . . . 199.12
Aluminoso 115.12 357.13
Aluminum . . 219.2
Alveare . . . . 103.6
Alzado . . . . 288.1
Alzare il coperchio 528.1
- la barra . . . 531.5
Alzata 464.5, 502.7
Amaigrir . . 116.11
Amaigrissant . 382.8
Amarillo de paja 547.7
- pálido . . . . 547.6
Amas . . . . . 57.2
Amasador de arcilla 433.5
Amasar 119.9, 370.8 425.5
Amboß . . . 502.10
Ambulance station 150.5
Âme . . . . . . 22.3
Amélioration de l'acier altéré 549.2
Amenée . . . . 525.5
- d'air . . . . . 87.8
- de gaz . . . . 542.5
- du charbon 104.6 159.4
- - - par vis sans fin 159.6
- - combustible et du lit de fusion 333.5
Américain, châssis 440.6
-, puits tubulaire 141.6
-, système de fermeture 311.7
American throat stopper 311.7
Americano, caja -a 440.6
-, chiusura -a . 311.7
-, sistema - de cierre 311.7
-, staffa -a . . . 440.6
Amerikanisch, -er Formkasten 440.6
-er Gichtverschluß 311.7
Amfoterio . . . 259.7
Amiante . . . 200.8.10
Amianto . . . 200.8.9
Amianto al palladio 201.5
Amido 211.12, 218.2
Amidon 211,12, 218.2
Ammaccatura . 504.1
Ammesso . . . 32.10
Ammeter . . . 266.9
Amministrazione 149.6
Ammissione del gas 270.6
- - vapore . . . 499.7
Ammonia 108.6, 204.11
-, liquid . . . . 108.7
- water . . . . 205.4
Ammoniaca . 108.6 204.11
Ammoniacal . 108.7
Ammoniacale . 108.7
Ammoniak . 108.6 204.11
-, essigsaures . 206.7
-, kohlensaures 206.8
-, schwefelsaures 108.8
-wasser . . . . 108.7
-, wässeriges . 205.4
Ammoniaque 108.8 204.11
-, gaz . . . . . 108.6
Ammonico . . 206.1
Ammonio . . . 108.8
Ammonium-Acetat 206.7
-, Chlor- . . . . 207.10
-, Fluor- . . . . 207.4
-karbonat . . . 206.8
-, molybdaensaures 210.8
-molybdat . . 210.8
-phosphat, Natrium- 207.3
-, Rhodan- . . . 206.1
-, Schwefel- . . 207.5
-sulfat, Eisenoxydul- 208.6
Ammonium . . 206.1
- acetate . . . 206.7
-, carbonate of 206.8
- chloride . . 207.10
- fluoride . . . 207.4
- molybdate . . 210.8
- sodium phosphate 207.3
- sulphate . . . 108.8
- -, ferrous . . 208.6
- sulphide . . . 207.5
-, sulpho-cyanide of 206.1
Ammortizzare il colpo della mazza 502.2
Ammortizzatore 502.6
Ammortizzazione a molla 502.4
Ammucchiamento 180.2
Amoniaco . . 108.6.8 204.11, 207.10
Amónico . . . 206.1
Amorfo . . . . 215.8
Amorph . . . . 215.8
Amorphe . . . 215.8
Amorphus . . . 215.8
Amortissement par ressort 502.4
Amortisseur . . 502.3 502.6

Amount of contraction 423.2
- - shrinkage . 423.2
- - water required 140.4
Amovibile . . . 478.3
Amovible . . . 186.6
Ampèremesser . 266.9
Ampèremètre . 266.9
Amperímetro . 266.9
Amperometro . 266.9
Amphibolita . 111.6
Amphoter . . . 259.7
Amphotère . . 259.7
Amphoteric . . 259.7
Ampiezza della piegatura . 48.7
Ampolla . . . . 2.8
-s formadas por el desprendimiento de gases 483.5
Analisi . 31.1.3, 223.5
- al cannello . 234.7
- - -, apparecchi per l' 235.1
- - - ferruminatorio 234.6
- allo spettroscopio 400.11
-, apparato per - di gas 267.10
- arbitrale . . . 227.5
- chimica . . . 236.5
- completa . . 223.6
- gravimetrica 223.9
- metallografiche 177.4
- per mezzo del l'elettricità 257.1
- - pesata . . . 223.9
- - via secca . 224.3
- - - umida . . 224.4
- preliminare . 31.2
-, pronto per l' . 234.5
- qualitativa . 223.8
- quantitativa . 191.2 223.7
- spettrale . . 400.10
- tecnica del gas 267.3
- volumetrica 223..10 245.6
Análisis . . 31.1, 109.5 223.5
-, aparato para el - del gas 267.10
- completa . . 223.6
- cualitativa . . 223.8
- cuantitativa . 191.2 223.7
- de arbitraje . 227.5
-, dispuesto para el 234.5
- espectral . . 400.10
- para la determinación de los pesos 223.9
- por la electricidad 257.1
- - vía húmeda 224.4
- - - seca . . . 224.3
- químico para determinar la potencia calorífica 109.4
- técnico del gas 267.3
Análisis volumétrico 192.5 223.10
Analyse . 109.5 223.5
-, Elektro- . . . 257.1
-, Gas- . . . . . 267.3
-, Gesamt- . . . 223.6
-, Schieds- . . . 227.5
-, Spektral- . 400.10
Analyse 31.1.3, 223.5
-, appareil d' - des gaz brûlés 268.4
-, - pour - des gaz 267.10
- complète . . 223.6
- d'arbitrage . 227.5
- du gaz . . . 267.3
- gravimétrique 223.9
- par l'électricité 257.1
- - voie humide 224.4
- - - sèche . . 224.3
- préliminaire . 31.2
-, prêt pour . . 234.5
- qualitative . 223.8
- quantitative . 223.7
- spectrale . 400.10
- volumétrique 191.2 223.10
Analysen-befund 226.9
-bericht . . . . 227.4
- -Fehlergrenze 227.2
-fertig . . . . . 234.5
-kosten . . . . 227.6
-methode . . . 223.4
-unterschied . 227.3
-wage . . . . . 236.5
Analysis . 223.5, 109.5
- certificate . . 227.4
-, electrolytic . 257.1
-, ready for . . 234.5
- result, writing down the 226.8
-, spectroscopical 400.10
-, total . . . . . 223.6
Analytical 236.5 267.10
Analytisch . . 223.4
Anblasen 86.4, 337.11
Anbrennen . 429.12
Anbruch, zinkischer 361.2
Anchor screw . 291.3
- steel . . . . . 14.5
Anchura de la obra 295.7
Ancla . . . . . 14.5
Anclaje . . . . 290.3
Ancrage . . . 29.13
Ancre . . . . . 14.5
Andamento della fusione 349.3, 385.10
- - soffieria . 350.10
- - tempera . . 542.6
- freddo . . . . 352.8
- generale dell'alto forno 346.6
- normale . . . 352.7
- regolare . . 474.10
Andamio . . . 131.7
- para verter . 131.6
Andar en vacío 530.11
Andata . . . . 532.4
Anello . . . . . 506.6
- di cintura del convertitore 392.6
- - contrappeso 508.5
- - cuoio . . . 506.7
- - ghisa . . . 294.9
Anello di mattoni 309.2
- - paglia . . . 202.2
- - porcellana . 193.9
-i - quarzo . . 115.7
- - sostegno del refrattario 469.7
- in lamiera di ferro 309.1
- intermedio . 394.9
- pendente . . 309.3
- per cucina . . 455.1
- - stufa . . . . 455.1
- portastorte 201.10
- -sopporto per il bagno d'acqua 247.9
- sospeso . . . 309.3
Anemometer . 182.2
Anémomètre . 182.2
Anemometro . 182.2
Anemómetro . 182.2
Anfahren der Erze 123.3
- - Kohlen . . 104.6
Anfangs-kaliber 516.5
-querschnitt . . 530.3
Anfeuchten . . 119.8
Anfeuern 417.7, 473.5
Anfibolita . . . 111.6
Anfritten . . 429.12
Angefeuchtet . 546.2
Angegossen . . 319.4
Angelassen, -er Stahl 548.8
Angelaufen . 484.12
Angenietet . . 136.5
Angesäuert . . 545.9
Angeschnitten . 444.1
Augetrieben . . 513.3
Angewärmt . . 447.3
Anglais, fonte -e 5.9
-, four - à cémenter 416.6
-, poutrelle -e . 20.10
-, système - par deux convertisseurs 395.3
Angle . . . . . 51.3
-, at an - of 90° 407.6
-, bulb -s . . . 21.3
- fish plate . . 24.1
- iron . . . . . 19.10
- -, bulb . . . . 21.5
- -, equal . . . 20.1
- - rim, riveted 295.4
- -, unequal . . 20.3
- - with equal sides 20.1
- - - round corners 20.4
- - - sharp corners 20.5
- - - unequal sides 20.3
- of bosh . . . 302.8
- - inclination 161.4
- - torsion . . 51.3
- - twist . . . . 51.6
- sleeker . . . 437.6
- splice bar . . 24.1
Angle . . 36.10, 293.6
- d'inclinaison 161.4
- de torsion . . 51.3
- des étalages . 302.8
Angolare . . . 19.10
Angolo . 36.10, 507.1
-, ad - tondo . 20.4
-, - - vivo . . . 20.5
Angolo d'inclinazione 161.4
- della sacca . 302.8
- di torsione . 51.3
- vivo . . . . . 426.9
Angular . 19.10, 51.4
Anguleux . . . 426.9
Ángulo . . . . 36.10
- agudo . . . . 426.9
- de inclinación 161.4
- - los etalajes 302.8
- - torsión . . 51.3
Anhaftend . . . 490.5
Anheben, das Walzstück 531.5
Anhidrido arsénico 218.5
- arsenioso . . 218.6
- fosfórico . . . 216.5
- plúmbico . 210.10
- sulfúrico . . 217.1
- titánico . . . 219.4
Anhidro . . . . 66.3
Anhydre . . . . 66.4
Anhydride, arsenic 218.5
-, phosphoric . 216.5
-, sulphuric . . 217.1
-, titanic acid . 219.4
Anhydride arsénieux 218.6
- arsenique . . 218.5
- molybdique . 210.7
- phosphorique 216.5
- sulfurique . . 217.1
- titanique . . 219.4
Anidride carbonica 81.8
- fosforica . . . 216.5
- solforica . . . 217.1
- titanica . . . 219.4
Anidro . . . . 207.9
Anillo . . . . 294.10
- de baño de María 247.9
- - carga . . . 508.5
- - chapa de hierro 309.1
- - cocina . . . 455.1
- - cuero . . . 506.7
- - - embutido 507.2
- - graduación 445.5
- - ladrillos . . 309.2
- - porcelana . 193.9
- - soporte de matraz 201.10
- - sujeción del convertidor 392.6
- dentado fundido en la misma pieza 393.1
- intermedio . 394.9
- suspendido . 309.3
Anima . . 436.9, 458.4
- curva . . . . 461.4
- della rotaia . 22.3
- di tubo . . . 458.6
- fragile . . . . 459.8
- perduta . . . 461.5
- quadrata . . 458.5
Animaio . . . . 458.2
Animal . . . 418.11
- noir . . . . 419.12
Animale . . . 418.11
Animista . . . 458.2
Anion . . . . 257.10
Anión . . . . 257.10
Anione . . . 257.10
Ankaufpreis . . 563.1

Anker-schraube 291.3
-stahl . . . . . 14.5
-, Steh- . . . . . 378.5
Anlage, Aufbereitungs- 74.1
-, Hammer- . . 495.1
-, Kessel- . . . 151.5
-, Lauge- . . . . 89.9
-, Röst- . . . . . 82.8
-, Schacht- . . . 100.6
-, Zerkleinerungs- 76.6
Anlaß-farbe . . 547.5
-härte . . . . . 547.3
-maschine . . . 170.1
Anlassen . . . 547.1
Anlauf-farbe . 547.5
-temperatur . . 547.4
Anlegemaßstab 38.7
Annahmeverweigerung 559.8
Annata . . . . 34.12
Anneal, to . . . 528.4
Annealed . . . 548.8
Annealing box 415.2
- furnace . . . 528.5
- ore . . . . . . 415.4
Anneau à tourillons 392.6
- de bain-marie 247.9
- - charge . . . 508.5
- - porcelaine 193.9
- - serrage . . 445.5
- - support pour brûleurs 252.6
- - - - creusets 252.6
- denté venu de fonte 393.1
- en briques . . 309.2
- - fonte . . . . 294.9
- - tôle de fer 309.1
- suspendu . . 309.3
Annulaire . . . 312.3
-, four . . . . . 85.5
Annulation du contrat 559.9
Annullamento di contratto 559.9
Anoint, to . . . 383.4
Anordnung der Birnen 388.2
Anse de l'électrode 567.4
Anreicherung der Erze 80.1
Ansatz, erstarrter 343.3
-, Rohr- . . . . 297.6
Ansaugen . . . 470.4
Ansaugvolumen 328.6
Anschlagpunkt 136.8
Anschluß-gleis 123.9
-stutzen . . . . 301.1
Anschweißen 429.13
Ansiedescherben 234.7
Ansintern . . 429.12
Ansteigend . . 404.3
-er Fuchs . . . 372.3
Anstrich . . . 550.5
-, bleibender . . 551.5
-, vorübergehender 551.3
Antecrisol 291.5, 466.5 468.9
Anteojos de mica 253.3
Anthracite 42, 100.3
Anthracite blast furnace 285.4
- pig iron . . . 4.2
Anthrazit . . . 100.3
-hochofen . . . 285.4
-roheisen . . . 4.2
Antimoine . . 218.8.9
Antimon . . . 218.8
-, Schwefel- . . 218.9
Antimonio . . 218.8.9
Antimony . . . 218.8
-, sulphide of . 218.9
- trichloride . 552.5
Antracita . 4.2, 100.3
Antracite . 4.2, 100.3
Antrieb, elektrischer 105.6
-, - - der Glockenwinde 314.5
-, liegender . . 137.4
-maschine 168.3, 326.8
-, Müllerscher . 498.3
-, stehender . . 137.5
-welle . . . . . 518.9
Anulación del contrato 559.9
Anular . . . . 312.3
-, horno . . . . 85.5
Anulare . 312.3, 423.9
-, forno . . . . 85.5
Anvil . 465.5, 502.10
Anwärmen . . 336.4
-, die Pfanne . 479.3
Anzeiger, Gicht- 336.1
Anziehen der Schrauben 291.4
Anziehungskraft, magnetische 91.10
Anzug, mit . . 422.4
Anzünden . . . 86.4
Añadido . . . . 425.9
Añadir . . . 473.12
Apagachispas, aparato 468.3
Apagar . . . . 355.4
-, el . . . . . . 355.3
Apareado . . . 51.1
Apartado . 63.1, 75.8
- á mano . 63.3, 75.10
-, instalación de 75.11 102.3
- por vía seca . 76.2
Apartar . . 63.2, 75.9
- á mano . . . 63.4
Apatit . . . . . 73.2
Apatita . . . . 73.2
Apatite . . . . 73.2
Aperto . . 309.6, 363.9
Apertura . . . 355.1
- con arco elettrico 344.2
- d'entrata della fiamma 368.6
- d'uscita . . . 312.8
- del canale per il fumo 417.4
- - cono . . . . 309.7
- - petto . . . 291.8
- dell'ugello . . 299.2
- della bocca . 307.3
- di caricamento 105.1
- - lavoro . . . 87.10
- - pulizia . . . 163.4
- - scappamento 499.5
- - spia . . . . 301.4
- - stiramento . 538.4
- per l'ugello . 298.8
Apilamiento . 130.2
Apisonado . . . 115.2
-, hormigón . . 289.8
Apisonador á mano 391.5
Apisonamiento 105.4.7
Apisonar 105.6, 489.1
-, máquina de (v. máquina)
Aplanatic . . 279.12
Aplanatico . 279.12
Aplanático . 279.12
Aplanatisch . 279.12
Aplanétique . 279.12
Aplastamiento . 58.7
Aplastar . . . 58.5.6
Aplatir . . . . 58.6
Aplatissement . 58.7
Apochromatic . 280.2
Apochromatique 280.2
Apochromatisch 280.2
Apocromatico . 280.2
Apocromático . 280.2
Apoyo . . 137.2, 524.6
Appannato . . 277.6
Apparaitre, faire 277.8
-, - - la texture 277.14
Apparat, gasanalytischer 267.10
-, photographischer 281.1
Appareillage des briques 308.4
Appearance . . 35.2
- of fracture . . 45.1
- - the flame 399.10
- - - slag . . . 375.1
Appiattimento . 58.5
Appiattire . . . 58.6
Applique . . . 125.9
Appoggio 24.3, 465.5
- per l'utensile di lavoro 371.1
Appréciation d'après l'aspect extérieur 35.2
Approvisionnement en minerai 558.3
Appui . . . . . 24.3
Apreciación por la vista 35.2
Apretar los tornillos 291.4
Apriete, aparato de 136.2
-, disposición de - para vias de maniobra 137.8
Aprire il foro di colata 338.9
- la tubiera . . 343.2
Aprirsi automaticamente 315.1
- lateralmente 440.8
Aprisionado . . 484.7
Aqua regia . . 204.3
Aquatubulaire 155.3
Aquifère . . . . 60.3
Äquimolekular 259.1
Äquivalentgewicht, chemisches 257.6
-, Gramm- . . . 260.2
-konzentration einer Lösung 260.1
-, stöchiometrisches 345.8
Arandela de cuero 506.6.7
Aräometer . . . 180.2
Aräo-Pyknometer nach Eichhorn 180.3
Arbeiten im Ofeninnern 353.4
Arbeiter, Hochofen- 332.8
-wohnung . . . 151.2
Arbeits-bühne . 293.5
-herd . . 368.8, 569.4
-raum . . . . . 175.1
-schicht, achtstündige 556.8
-schwelle . . . 371.1
-stück, das - - drehen 503.9
- -, - - - wenden 503.9
-tisch, elektrochemischer 265.5
-tür . . . . . . 370.8
-verfahren . . 409.4
-zacken . . . . 364.4
Arbitrage . . . 227.5
Arbitraire . . . 37.9
Arbitraje . . . 227.5
Arbitrale . . . 227.5
Arbitrario . . . 37.9
Arbitration analysis 227.5
- chemist . . . 174.1
Arbitre . . . . 174.1
Arbitro . . . . 174.1
Árbitro . . . . 174.1
Árbol de acoplamiento 520.1
- - la terraja 445.2.3
- - macho . . . 459.9
- - machos perfilado 460.1
- - mando principal 78.4
- - núcleo . . . 459.9
- motor . . . . 518.9
Arborescent . . 214.4
Arbre à calibre 445.1
- - noyau . . . 459.9
- - - profilé . . 460.1
- d'accouplement 520.1
- d'attaque . . 518.9
- de commande 518.9
- - - principal . 78.4
- - trousse . 445.2.3
- du ventilateur 470.6
- flexible . . . 492.8
Arc . . . . . . 172.1
- de circonférence 514.12
- électrique 344.2, 566.2
- voltaïque . . 344.2
Arc, electric . . 566.2
- furnace . . . 565.9
- heating . . . 566.1
- lamp . . . . . 172.1
Arch . . . 163.1, 292.1
- lid . . . . . . 384.2
- of the furnace 369.1
- plate . . . . . 404.1
Archipenzolo . 435.4
Arcilla . 119.6, 276.9 427.10
- calcinada . . 116.8
- esquitosa . . 116.5
- ferruginosa . 113.5
- finamente lavada 276.10.11

Arcilla grasa 116.10, 428.4
- gris . . . . . 116.3
- inutil . . . . 116.9
- magra . . . . 428.3
- metamorfoseada 116.6
- plástica . . . 428.2
- reciente . . . 116.2
- refractaria . 115.11
- rósea . . . . 116.4
-, secar la . . 116.11
- sedimentaria 116.1
- triturada . . 116.7
Arcillo-o . . . 59.6
Arco . . . . . . 172.1
- cletrico . . . 344.2
- luminoso . . 566.2
- voltaico 565.9, 566.2
Arco de círculo 514.12
- - la tobera . 298.8
- eléctrico . . . 344.2
- voltáico . . . 172.1
Area . . . . . . 159.8
- of pressure . 507.5
-, sectional . . . 503.2
Área empedrada 83.3
Arena . . . . . 5.1
- cuarzosa . . . 426.7
- de aristas vivas 426.6
- - escoria . . . 359.5
- - fundición 425.10 431.8
- - grano puntiagudo 426.6
- - mar . . . . . 212.6
- - molde adherida 490.5
- - moldear . 425.10
-, echar . . . . 483.6
- grasa . . . 425.13
- incrustada . 490.6
- muy arcillosa 426.1
- nueva . . . . 426.4
- - limpia . . . 426.5
- seca . . 425.12, 442.4
- verde . . . 425.12
- vieja . . . . 431.11
- ya empleada 427.3
Arenario . . . 114.3
Arenisco . . . 114.3.4
Arenoso . . . . 79.9
Areo-picnometro secondo Eichhorn 180.3
Areo-picnómetro de Eichhorn 180.3
Aréo-pyknomètre d'Eichhorn 180.3
Aréomètre . . . 180.2
Areometro . . . 180.2
Areómetro . . . 180.2
Arête . . . 36.9, 489.7
-, à -s vives . . 20.5
- supérieure . . 308.7
- vive . . 423.6. 426.6
Argano . 314.5, 464.5
- a mano . . . 314.2
- - vapore . . . 314.3
- di manovra . 124.5
- per la manovra del cono 314.1
Argent . . . 70.7, 219.8
- métallique . . 210.2
Argentato . . . 17.8
Argenté . . 17.8, 108.2
Argenteo . . . 108.2
Argéntico . . . 210.1
Argentifère . . 361.5
Argentifero . . 361.5
Argentífero . . 361.5
Argentiferous . 361.5
Argentino . . . 17.8
Argento . 70.7, 219.8
- metallico . . 210.2
Argile . . 119.6, 276.9 427.0
- cuite . . . . 116.8
- délayéé . . 276.10.11
- désagrégée . 116.7
- ferrugineuse 113.5
- finement lavée 276.10.11
- grasse 116.10, 428.4
- grise . . . . . 116.3
- inutilisable . 116.9
- maigre . . . 428.3
- métamorphosée 116.6
- plastique . . 428.2
- récente . . . 116.2
- réfractaire 115.11 342.5
- - grillée . . 116.12
- rosée . . . . 116.4
- schisteuse . . 116.5
- sédimentaire 116.1
- triturée . . . 116.7
Argileux . . . 59.6
Argilite . . . . 116.5
Argilla . 119.6, 276.9 427.10
- ferruginosa . 113.5
- grassa 116.10, 428.4
- grigia . . . . 116.3
- inservibile . . 116.9
- inusabile . . 116.9
- lavata . . . 276.10.11
- magra . . . . 428.3
- metamorfosata 116.6
- plastica . . . 428.2
- recente . . . 116.2
- refrattaria . 115.11
- rosa . . . . . 116.4
- schistosa . . 116.5
- sedimentare . 116.1
- triturata . . . 116.7
Argillaceous . 59.6
Argilloso . . . 59.6
Argolla de enganche 136.7
Aria . . . 68.7, 267.7
- ascendente . 87.7
- aspirata . . . 469.3
- calda . . . . 300.6
- -, apparecchio ad 318.4
- -, - - - a tubi sospesi 318.7
- -, - - - Cowper 320.8
- -, - - - orizzontale 318.6
- -, - - - verticale 319.1
- -, - - - - Whitwell 320.6
- -, - di ghisa ad 318.5
- -, - - mattoni ad 320.5
- compressa . . 402.2
- dell' anima . 459.4
- fredda . . . . 322.4
- per la combustione 408.2
Aria soffiata . 350.2
Arista . . . 36.9, 489.7
-, con -s vivas 20.5
- superior . . . 308.7
- viva . . 423.6. 426.6
Arm support of sweep . . . . 445.4
- - - template . 445.4
Arma, accro para -s 14.6
Armado . . . . 404.6
-, hormigón . . 289.7
Armador . . 561.12
Armadura . . . 459.1
- del macho . 458.8 460.4.7
- - montacargas 329.9
Armamento . . 23.7
Armateur . . . 561.12
Armato . . . . 404.8
-, cemento . . . 289.7
Armatore . . 561.12
Armatura . . . 291.1
-e a bilico . . 131.5
- - - con curva 133.1
- del camino . 373.2
- - forno . . . 373.3
- - montacariche 329.9
- - palco di gettata 131.6
- dell' anima 460.4.7
- di sostegno della griglia 368.2
- in ferro dei vagoni 24.9
- per anime . . 459.9
Armature . . . 291.1
- de fer . . . . 458.8
- - la base de la cheminée 373.2
- du four . . . 373.3
- - noyau . . . 460.4
Armazón . . . 291.1
- de la base de la chimenea 373.2
- del horno . . 373.3
Arme, acier pour -s 14.6
Armé . . . . . 404.6
-, béton . . . . 289.7
Armed, long . 238.5
-, short . . . . 238.4
Armiert . . . . 404.6
Armour of the furnace 291.1
- plate . . . . . 27.8
- - rolling mill 511.1
Armschablone . 445.6
Arnese per sbavare 490.9
Arnione . . . . 67.2
Aro . . . . . . 512.8
Arpione per rotaie 24.6
Arracher . . . 354.3
- le moule . . . 436.3
Arrangement . 406.9
- of the converters 388.2
- - wells . . . . 141.5
Arranque . . . 170.1
- del lobo . . . 402.1
Arrastrado . . 412.4
Arrastre, disposición de 136.3
-, - - - de chapa de acero remachada 136.5
Arrastre, disposición con casquillo 136.4
-, - - - forjada de quita y pon 136.8
-, - - - - y postiza 136.6
Arreglar el molde 436.4
Arreglo de la superficie 550.4
Arrestare la marcia 355.4
Arrestment . . 238.7
Arresto . 238.7, 353.8
- della gabbia 331.3
- di funzionamento 353.2
- nella discesa 353.5
Arrêt . . . 238.7, 270.1
- dans le fonctionnement 353.2
- de la marche du fourneau 354.6
- du soufflage . 338.8
- momentané . 354.8
Arretierung . . 238.1
Arricchimento dei minerali 80.1
Arrichire la rivestitura 412.6
Arriostramiento 505.7
Arrivage des minerais 123.3
Arrivée d'air . 87.8
- d'eau . . . . 297.7
- du gaz . . . 270.6
Arrivo dei minerali 123.3
- del gas . . . 408.4
Arrondi par frottement 427.2
Arrosage 298.4, 545.2
- du charbon . 104.7
Arroser, appareil à 432.11
Arrotato . . . . 276.4
Arrotondato . . 427.2
Arroventamento 385.5
Arrugado . . . 47.6
Arrugginire . 550.1
Arrumbamiento 57.5
Arruotare . . . 492.2
Arsen . . . . . 218.4
-bestimmungsapparat 218.7
-haltig . . . . . 61.4
-kies . . . . . 72.4
-säureanhydrid 218.5
Arsénate de soude 210.9
Arsenic . . . 218.4.7
- anhydride . . 218.5
Arsenical . . . 72.4
Arsenicale . . . 72.4
Arsenico . . . 218.4.5
Arsénico . . . 218.4.5
Arsénieux . . . 61.4
Arsenig, -e Säure 218.6
-sauer . . . . . 210.9
Arsenioso . . . 61.4
Arsenious acid 218.6
Arsenique . . . 218.5
Arsenite, sodium 210.9

Arsenito sodico 210.9
- sódico . . . . 210.9
Artesian . . . . 141.8
Artesiano . . . 141.8
Artésien . . . . 141.8
Artesisch . . . 141.8
Article, belied . 452.4
Articolo di gomma 197.1
Articulación . . 310.7
- esférica . . . 302.1
Articulation . . 310.7
Artículo, -s de caucho 197.1
Artificial . . . 68.1
Artificiale . . . 68.1
Artificiel . . . . 68.1
Asa . . . . . . 441.8
- de cuero . . 490.12
- para levantar el modelo 436.1
Asbest . . . . . 200.8
-drahtnetz . . . 201.3
-gewebe . . . . 200.9
-handschuh . . 201.4
-, Palladium- . 201.5
-papier . . . 200.11
-platte . . . . 201.1
-schale . . . . 201.2
-schnur . . . 200.10
-wolle . . . . 200.12
Asbeste . . . 200.8.9
- en palladium 201.5
Asbesto . . . 200.8.9
- al paladio . . 201.5
- - palladio . . 201.5
Asbestos . 200.8, 201.5
- cord . . . . 200.10
- dish . . . . 201.2
- fabric . . . . 200.9
- glove . . . . 201.4
- paper . . . 200.11
- sheet . . . . . 200.1
- wire net . . . 201.3
- wool . . . . 200.12
Ascendant . . . 372.3
Ascendente . . 86.8
Ascending . . . 372.3
Ascension d'eau 141.3
Ascensión . . . 141.3
Ascenso de la fundición 482.9
Asche, Holzkohlen- 117.12
Aschen-abfuhr 164.2
-fall . . . . . . 368.4
-gehalt . . . . 101.9
-kasten . . . . 164.1
-keller . . . . 163.8
-raum . . . . . 163.6
-sack . . . . . 163.7
-zacken . . . . 364.5
Asciugare . . . 462.6
- la forma sul posto 462.5
- - siviera . . 479.3
Asciugato all'aria 422.10
Asciugatura . 462.3
- delle forme . 462.4
Asco, cuarto de 150.6
Ash, -es 101.9, 117.12
- cellar . . . . 163.8
- door . . . . . 467.3
- pan . . . . . 164.1
- pit . . . 163.6, 368.4
- pocket . . . . 163.7
Asiento . . 22.4, 24.3
-, de doble . . . 407.3
Asiento de la tobera 364.7
Asistente químico 173.5
Aspect de la cassure 45.1
- - - flamme 399.10
- - - scorie d'affinerie 375.1
- extérieur . . 85.2
Aspecto de la llama 399.10
- - - rotura . . 45.1
- - las escorias de afino 375.1
Aspereza, -s . . 490.3
- de la superficie 426.8
Asperger les lingotières 341.2
Aspergere le forme 341.2
Aspérité, -s . . 490.3
Aspersion . . . 298.5
Aspersión . . . 298.5
Aspetto della fiamma 399.10
- - frattura . . 45.1
- - rottura . . 45.1
- - scoria . . . 375.1
- di frattura stirata 47.3
Aspiración . . 140.8
Aspirado . . . 328.6
Aspirador . . . 182.3
- de vapor . . . 144.2
Aspirante 142.3, 245.7
Aspirar el aire 470.4
- del horno . . 360.7
Aspirare dal forno 360.7
- l'aria . . . . 470.4
Aspirated . . . 328.6
Aspirateur . . . 182.3
Aspiration . . . 140.8
Aspirato . . . . 489.3
Aspirator . . . 182.3
Aspiratore . . . 182.3
- a vapore . . . 144.2
Aspirazione . . 140.8
Aspiré . . . . . 469.3
Aspirer hors du haut-fourneau 360.7
- l'air . . . . . 470.4
Assaggio . . . 192.5
Assay balance 236.7
Asse 237,4, 323.8, 470.6
- della sagoma 445.1
- di rotazione . 393.3
Assembler par goujons 442.9
- par vis . . . . 442.9
Asseoir le modèle 438.11
Assermenté, chimiste 174.2
Assiale . . . . . 472.3
Assicurazione di trasporto 560.11
Assiette de lampe 184.5
- en porcelaine poreuse 193.3
Assise de briques 305.9
- - la tuyère . 364.7
Assistant chemist 173.5
Assistent . . . 173.5
Assorbimento . 269.3
-, apparecchio d' 269.2
- del gas . . . 398.4
- di calore . . 346.2
Assorbire l'umidità 118.5
Assurance de transport 560.11
Asta . . . . . . 201.9
- de ciervo calcinado 420.1
- del martello . 77.5
- della pompa . 144.5
- dentata . . . 393.2
Astloch . . . . 422.9
Atacador . . . 434.5
- cónico . . . . 434.7
- de aire comprimido accionado por grúa 435.2
- - mano y aire comprimido 435.1
- plano . . . . 434.6
- suspendido al aire comprimido 435.2
Atacar . . . . 278.4
Ataque . . . . 277.8
- de ácidos . . 278.2
- químico . . . 277.9
Atar . . . . . . 460.5
Atelier . . . . 422.11
- à dolomie . . 118.2
- - noyaux . . 458.1
- d'ébarbage . 489.2
- d'étamage . 552.12
- de cisaillage 533.5
- - construction mécanique 150.2
- - forge . . . 495.1
- - moulage . 421.2
- - réparation . 150.3
- des convertisseurs 388.1
- - cornues . . 388.1
Äther . . . . . 212.3
- -Extraktionsapparat nach Corleis 181.6
- - - - Rothe . 182.1
Atizar . . . . . 87.10
Atmosfera gazosa 87.3
Atmósfera . . . 214.6
- gaseosa . . . 87.3
Atmosferico . . 118.4
Atmosférico . . 89.7
Atmosphäre, Gas- 87.3
Atmosphärisch 118.4
Atmosphere, gaseous 87.3
Atmosphère . . . 214.6
- gazeuse . . . 87.3
Atmospheric . 267.9
Atmosphérique 118.4
Atom . . . . 224.8.9
-gewicht . . . . 225.4
-gewichtstafel . 224.7
-gruppe . . . . 224.9
-zahl . . . . . . 226.5
Atome . . . . . 224.8.9
Atomic . . . . . 224.7
Atomico . . . . 225.4
Atómico . . . . 225.4
Atomique . . . 225.4
Atomiser . . . 158.2
-, centrifugal . 158.6
-, tubular . . . 158.3
Atomo . . . . 224.8.9
Átomo . . . . 224.8.9
Atracción magnética 91.10
Atruchado . . . . 22
-, semi- . . . . . . 2.4
Attaccare con acido 278.4
- il lingotto . . 528.9
Attacco . 24.5, 136.2.3
- a bossolo . . 136.4
- acido . 277.9, 278.2
- chimico . . . 277.9
- chiodato in lamiera d'acciaio 136.5
- diretto . . . . 327.3
- fucinato . . . 136.6
- per binari di manovra 137.8
Attache . . . . 301.7
Attack, to . . . 278.4
Attaque . . . . 518.9
- à l'acide . . . 278.2
- chimique . . 277.9
Attaquer à l'acide 278.4
Attendance . . 409.5 556.10
Attraction magnétique 91.10
Attractive capacity, magnetic 91.10
Attrazione magnetica 91.10
Attrezzo . . . . 13.5
-i del formatore 434.1
Attrito . 263.2, 347.2
- elettrolitico degl'ioni 260.3
Ätz-figur . . . 278.1
-kali . . . . . 204.12
- - in Stangen 204.13
-natron . . . . 205.1
-polieren . . . 278.2
-probe . . . . . 277.8
Ätzen . . 277.9, 278.4
Aube . . . . . . 470.3
Aufarbeitung . 411.5
Aufbau . . . . 287.4
-, chemischer 225.10
- der Ziegel . . 407.9
- des Ofens . . 403.2
Aufbereitet . . 75.1
Aufbereitung des Formsandes 431.8
- durch Maschinen 431.9
-, magnetische . 91.2
-, maschinelle . 431.9
-, nasse . . . . 79.7
Aufbereitungsanlage 74.1
-gut . . . . . . 74.4
-verlust . . . . 75.7
Aufbrausen . . 241.5
Aufbrechen . 354.3, 375.2
Auffallend, -es Licht 280.5
Auffangen der Funken 468.2

Auffrischen verdorbenen Stahles 549.2
Aufgebe-sohle 388.4
-vorrichtung, selbsttätige 331.5
Aufgeben . . . 86.3
Aufgeber . . . 433.1
Aufgegossen . 519.1
Aufgehängt, drehbar 393.8
Aufgenietet . . 295.4
Aufgeschraubt 524.4
Aufgespeichert 408.1
Aufgesteckt . . 522.1
Aufgichten . . 335.1
-, mit dem - aufhören 354.10
Aufgichtvorrichtung 308.8
Aufgraben . . 438.8
Aufhängebügel 476.7
Aufhängung . . 287.5
-, Ausgleich- . . 287.6
Aufhebung des Vertrages 559.9
Aufhören, mit dem Aufgichten 354.10
Aufklappbar . 440.8
Auflage . . . . 524.6
Auflockerung . 81.6
Auflösen . . . 241.4
Auflösung . . . 241.2
Aufnahme, Gas- 398.4
-kammer . . . 472.6
Aufnehmen mit Säure 248.5
- - Wasser . . 248.5
- vom Lager . 130.9
Aufrechtgießen 482.8
Aufrichten, die Birne 396.1
Aufriß . . . . . 288.1
Aufrühren . . 80.4
Aufsatz-rahmen 453.2
-, Schacht- . . . 467.5
Aufsaugen . . 118.5
Aufschließen . 251.1
Aufschmelzen . 343.6
Aufschüttungsmasse 358.7
Aufseher . . . 332.7
Aufsetzen, den Oberkasten 442.6
Aufsetzvorrichtung 331.3
Aufsicht . . . . 556.9
Aufstampfboden 439.11
Aufstechen . . 375.2
Aufsteckbar . . 136.6
Aufsteigend . . 86.8
Aufstreuen von Sand 483.6
Auftragen . . . 431.5
Auftreiben, das Loch 52.4
Aufwallen . . 385.11
Aufwand, Brennstoff- 557.2
Aufwerfhammer 495.4
Aufwickeln, sich 524.9
-, zu einem Ring 535.5
Aufzug, doppelt wirkender 330.3
-, einfach wirkender 330.2
Auge à eau . . 544.6
- alimentée par le fond 544.9
Auge der Form 299.2
Augenlinse . . 279.2
Augmenter la production 555.6
Aumentar la producción 555.6
Aumentare il rendimento 555.6
- la produzione 555.6
Aumento della riducibilità 81.9
Aumento . . . 279.6
- de la reducibilidad 81.9
- particular del objetivo 279.7
- total . . . . 279.8
- útil . . . . . 279.9
Ausbauchung 84.6 293.1
Ausbesserung, gründliche 413,8
Ausbesserungsbedürftig 475.5
-masse . . . . . 412.6
-werkstatt . . . 150.3
Ausbeute, Gas- 103.8
Ausblasen . . 355.3.4
Ausbreiten . . 53.2
Ausbreiteprobe 53.1
Ausbreitung . . 53.3
Ausbringen . . 75.6
-, Möller- . . . . 345.3
Ausdehnung, Stein- 306.1
Ausdrückmaschine, Koks- 106.4
Ausfällen . . . 242.7
-, in der Siedhitze 242.10
Ausfällung der Verunreinigung 147.5
Ausflußöffnung 480.6
Ausfrieren der Erze 89.8
Ausfüllstoff . . 304.6
Ausfütterung 369.10
Ausgebaucht . 504.2
Ausgekehlt . . 539.1
Ausgemauert . 540.3
Ausgeseigert 483.10
Ausgießen . . . 341.9
Ausgleich-aufhängung 287.6
-grube . . . . . 527.5
-rohr . . . . . 324.7
-schrot . . . . 139.6
Ausgleichen . . 239.4 523.2
Ausgleichung, Wärme- 346.1
Ausglühen . . . 528.4
Ausglühflammofen 528.5
Ausguß . . . . 175.4
Aushauen . . . 34.4
Aushobeln . . . 34.3
Aushubtisch, Einzel- 452.6
Ausklauben . . 63.4
Auskleiden . . 156.6
Auskleidung . 369.10
- des Ofens, feuerfeste 566.5
Auskragung . . 478.2
Ausladen . . . 123.4
Auslaß . . . . . 480.1
-stutzen . . . . 480.7
Auslaufen . . . 385.4
Auslaug-hülse . 179.7
-trichter . . . . 179.8
Auslaugen . . . 89.6
Auslauger . . . 179.6
Auslegerkran . 125.7
Auslochen . . . 52.3
Auslösevorrichtung 464.3
Auslösung . . . 240.6
Ausmauern der Birne 390.6
Ausmauerung, Schacht- 305.8
Ausmessen . . . 38.2
Ausnahmesatz . 560.6
Ausnutzung, Wärme- 86.7
Ausräumen . . 355.6
Ausrichtmaschine 454.6
Ausrückbar . . 519.9
Ausrücken, die Kupplung 520.7
Ausrüstung des Ofens 373.3
Ausscheidung 357.7
-, Eisen- . . . . 432.6
-, Graphit- . . 214.12
-, höckerartige 483.5
-, Kohlenstoff- . 348.8
Ausschlag . . . 240.7
Ausschmieden . 52.6
-, auf $1^1/_2$ Probenbreite 52.7
Ausschubwagen 392.3
Ausschuß . . . 489.1
-blech . . . . . 27.7
Ausschwenkbar 453.4
Aussehen . . . 35.2
-, Bruch- . . . . 45.1
- der Flamme 399.10
- - Schlacke . . 375.1
Außen-besichtigung 35.1
-feuerung . . . 156.3
-haut . . . . . 486.8
-leiter . . . . . 167.6
-taster . . . . . 41.2
-temperatur . . 447.6
Außerbetriebsetzung 354.7
Ausstoß . . . . 121.9
Ausstoßen des Bodens 392.2
Ausströmkanal 499.5
Austausch der Analysen 227.8
Austenit . . . . 284.1
Austenita . . . 284.1
Austenite . . . 284.1
Austreiben der Kohlensäure 81.8
- flüchtiger Bestandteile 81.7
Austreibung von Wasser 347.6
Austrittseite . . 581.4
Austrocknen . 336.3
Auswahl der Proben 33.1
Auswalzen . . 529.7
Auswaschen . . 246.6
Auswechselbar 391.2 416.1
Auswurf, Birnen- 112.6, 397.8
-, Konverter- . 112.6
Ausziehen . . . 241.7
Ausziehvorrichtung, Block- 529.5
Autel . . . . . 368.5
- du rampant 372.5
Autoklav . . . 179.4
Autoclave 178.8, 179.4
Autofusibile . . 62.2
Automatico . . 331.5
Automático . . 331.5
Automatique . 331.5
Auxiliary . . . 158.6
Available . . . 279.9
Avance automatique 525.6
- automático . 525.6
Avancrogiuolo 291.5 468.6, 468.9
Avant-creuset 291.5 466.5, 468.9
Avaria . . . . 560.12
Avarie . . . . 560.12
Avellana, tamaño de 281.7
Average of test results 34.6
- output . . . . 555.5
- sample . . . 227.11
- weight 135.5, 334.11
Avería . . . . 560.12
Avviamento . . 170.1
Avvitato . . . . 524.4
Avvitatura . . 205.2
Avvolgere . . . 539.3
- l'armatura dell'anima 460.7
Avvolgimento 51.8 460.6, 498.1
Axe . . . . . . 237.4
- de rotation . 393.3
Axial . . . . . 472.3
Axis . . . . . . 237.4
- of grooves . . 515.6
- - rotation . . 393.3
Ayudante de laboratorio 174.3
Azada del moldeador 434.3
Azetylen-Bunsenbrenner 183.5
-gas . . . . . . 418.3
Azione del gelo 118.6
- ossidante . . 82.2
Ázoe . . . . . . 221.6
Azotate d'argent 210.1
Azote . . . . . 221.6.7
Azotique . . . 203.11
Azoto . . . . 221.6.7
Azotometer . . 268.5
Azotomètre . . 268.5
Azotometro . . 268.5
Azotómetro . . 268.5
Azufre . . 65.9, 216.7
Azul claro . . . 548.2
- violáceo . . . 548.1
Azulado . . . 484.12
Azzurro-chiaro 548.2
- -scuro . . . . 548.1

# B.

Babo, -'s boiling sheet 199.4
-, chapa de . . 199.4
-, rete di . . . . 199.4
-sches Siedeblech 199.4
-, tôle de . . . 199.4
Bac à brosser 553.8
- - cendres . . 164.1
- - cylindres . 554.1
- - étain . . . . 553.6
- - fer blanc . 553.2
- - graisse . . . 553.8
- de lavage . 553.10
- - rinçage . . 553.8
Bacchetta . . 204.13
- di vetro per agitare 190.7
Bâche à eau . 371.4
- de refroidissement 206.7
Bacinella d'asbesto 201.2
- d'evaporazione 247.5
- - di porcellana 194.4
- di cristallizzazione 243.10
- - piombo . . 199.7
- - sgocciolamento 246.4
- - vetro . . . 189.2
- per analisi volumetrica 245.6
- - bagno di sabbia 248.4
Bacino . . . . 439.3
- dello staccio 231.1
- di colata . . 443.2.4
- - - a vasca . 443.5
- - decantazione 81.3
- - refrigerazione 148.5
Back-fähigkeit 103.1
-kohle . . . . . 99.3
-ofenförmig . . 103.5
Back lash . . 523.10
- plate . . . . . 364.5
- pressure . . 523.10
- stone . . . . 292.7
- titration . . 192.10
Backe, Biege- -n 43.10
-, Brech- . . . . 79.2
Backen-bremse 498.2
- des Kokses . 106.7
Backend . . . . 99.8
Bad, Brause- . 151.1
-, Dampf- . . . 248.2
-, Kühl- . . . . 544.5
-, Luft- . . . . . 233.5
-, Metall- . . . . 567.1
-, Sand- . . . . 248.2
-, Wasser- . . . 247.7
Baffle . . . . . . 316.9
- plate 162.8, 292.9 316.4 364.8
- stone . . . . 292.5
Baffling . . . . 374.7
Bag . . . . . . . 271.2
- conveyor . . 139.1
- for facing . . 430.6
Bagger-betrieb 58.3
-, Drehschaufel- 129.1
Bagger, Greif- . 129.1
Bagnare, apparecchio per 432.11
Bagnato . . . . 60.2
Bagno d'acido 493.10
- d'acqua . . 247.7.8
- d'aria . . . . 233.5
- d'olio . 233.4, 548.4
- di ferro . . . 375.8
- - ghisa . . 395.10
- - metallo . . 567.1
- - piombo 540.4, 548.5
- - sabbia . . 248.3.4
- - scorie 365.8, 370.3
- - vapore . . . 248.2
- per la tempera 544.5
Bagnomaria . . 247.7
Bague à cames 496.4
- de cuir . . . 506.6
- en cuir . . . 506.7
Baguette . . . 391.1
- de fer . . . 401.10
- - - d'essai . . 386.1
- - pompage . 485.3
- - zinc . . . . 266.4
- en acier . . . 391.7
- - verre . . . 190.7
Bahn, Ketten- 135.10
-, Mahl- . . . . 78.3
-, schmale . . . 504.3
-, Schmalspur- 123.11
-, Seil- (s. Seilbahn)
-, Seilhänge- . 135.11
-, Verschiebe- 137.8
-, Voll- . . . . . 123.9
-, vollspurige 123.10
Bahnhof, Hütten- 123.5
-, Rangier- . . . 123.6
-, Verschiebe- 123.6
Bain d'acide 493.10
- d'air . . . . 233.5
- d'huile . 233.4, 584.4
- de fer . . . . 375.8
- - fonte . . . 395.10
- - métal . . . 567.1
- - plomb . . . 548.5
- - sable . . 248.3.4
- - scorie . . . 365.8
- - -s . . . . . 370.3
- - trempe . . 544.5
- - vapeur . . 248.2
- -marie . . . 247.7.8
- métallique . 567.1
Baionetta, a . . 301.8
Baïonnette, à . 301.8
Baja de la temperatura 352.4
Bajada de la carga 335.8
- del cono . . 309.7
Bajar, la báscula baja 135,.7
Bajo hogar . . 363.4
- horno . . . . 364.1
Bajonettverschluß 301.8
Baked . . . . . 106.8
Baking coal . 99.3
-, non- . . . . . 99.6
- of the coke . 106.7
Balafre . . . . 490.2
Balafré . . . . 47.5
Balai . . . . . 582.9
Balance . . . . . 134.1
-, analytical . . 236.5
-, automatic . . 236.4
- case . . . . . 236.8
-, centesimal . 134.3
-, common . . 236.1
-, decimal . . . 134.2
- desiccator . . 238.9
-, hydrostatic . 180.4
- of pressure . 473.2
- pan . . . . . 238.6
-, quick . . . . 236.3
- room . . . . 176.7
-, to . . . . . . 523.2
- weight . . . 370.10
Balance . . . . 176.7
- à colonne . 235.11
- - gaz . . . . 271.6
- - main . . . 236.2
- automatique 236.4
- d'eau . . . . 330.4
- d'essai . . . . 236.7
- de laboratoire 236.5
- - précision . 236.6
- - Roberval . 236.1
- hydrostatique 180.4
- rapide . . . . 236.3
Balance térmico 345.11
Balanced . . . 410.2
Balancier . . . 326.1
Balancín . . . 326.1
- de grúa . . . 476.6
Balancing . . . 523.3
- by weights . 523.4
-, hydraulic . . 524.1
Balanza . . . . 176.7
- automática . 236.4
- de agua . . 330.4
- - columna . 235.11
- - ensayo . . 236.7
- - mano . . . 236.2
- - precisión . 236.6
- hidrostática 180.4
- para gas . . 271.6
- - laboratorio 236.5
- rápida . . . 236.3
- Roberval . . 236.1
Balken, kreisförmiger 238.3
Ball, Gummi- . 197.7
Ball . . . 197.7, 376.5
- bearing . . . 300.8
- gate . . . . . 443.6
- hardness testing machine 54.5
- joint . . . . 302.1
- mill . . . . . 79.1
- of puddled steel 379.9
- shape . . . . 96.5
- shaped 376.7, 520.2
- test . . . . . 54.4
-, to . . . . . . 376.4
Ballast . . . . 358.6
Balle de scorie 397.2
- en fer . . . . 362.3
Ballender Walze 513.5
Ballenförmig . 376.7
Ballig . . . . . 537.8
Balling . . . . 376.9
- up . . . . . . 376.9
Ballon . . . . . 175.5
-abfüller . . . 175.7
Ballonfilter . . 175.6
-kipper . . . . 176.1
Ballon . 175.5, 198.7
- à fond plat . 187.1
- - fractionner 187.3
- de lavage du brome 222.1
- en verre . . . 186.6
- gradué . . . 185.10
- pour la distillation 284.9
- - - fabrication du chlore 221.10
- rond . . . . . 186.7
Balón de destilación 254.9
Banc . . . . . . 371.1
- à étirer à pince 536.5
- de manœuvre 395.6
- - tréfilerie . . 535.8
- - - à tambours enrouleurs 535.9
Banchina di caricamento 122.4
Banco . . . . . 56.3
- di manovra . 395.6
- - stiramento con pinza 536.5
- - - - rulli . . 535.9
- - trafila . . . 535.8
Banco de estirado 535.8
- - - con hilera 535.9
- - - por tenazas 536.5
Band-eisen 19.8, 24.7
-, Förder- . . . 138.5
-förderung . . 138.6
-, Kratz- . . . . 139.4
-, Magnesium- . 184.8
-maß . . . . . 38.9
-, Meß- . . . . . 38.9
- ohne Ende . 340.9
-, Steig- . . . 138.10
-, Transport- . . 138.5
-transporteur . 138.4
Band . . . . . 138.5
-, clay . . . . . 68.8
-, endless . . . 340.9
- iron . . . . . 19.8
- saw . . . . . 493.5
Bandage . . . . 24.7
Bandagenwalzwerk 512.2
Bandaje . . . . 512.2
Bande . . . . . 138.4
- collectrice . . 138.8
- de magnésium 184.8
- - transport inclinée 138.10
- distributrice 138.9
- sans fin . . . 340.9
- transporteuse 138.5
- - sans fin . . 159.5
Bandiera . . . 445.4
Bannière de trousse 445.1
Baño de aceite 233.4 548.4
- - ácido . . 493.10
- - agua . . . . 247.7
- - aire . . . . 233.5
- - arena . . 248.3.4

Baño de cobre, dar un 552.7
- - escoria 365.8, 370.3
- - fundición 395.10
- - hierro . . . 375.8
- - Maria . . 247.7.8
- - metal . . . 567.1
- - plomo . . . 548.5
- - -, dar . . . 554.3
- - vapor . . . 248.2
- para enfriar 544.5
Baqueta para agujeros de aire 438.1
Bar . . . 18.3.5, 378.1
-, best . . . . . 378.1
-, flat . . . . . . 18.7
-, inner . . . . 441.5
- iron . . 18.10, 28.9
-, No. 1 . . . . 378.1
-, notched . . . 44.2
-, puddled . . . 377.6
-, unwrought . 19.4
Barba . . . . . 491.1
Barbe . . . . . 491.1
Barcaza . . . . 562.5
Barco fluvial . 562.1
Barcollare . . . 481.3
Barcone . . . . 562.5
Barge . . . . . 562.1
Bárico . . . . . 207.6
Bario . 207.6, 220.8.9
Barita . . 205.6, 220.9
Barite . 205.6, 220.11
Baritina . . . 220.11
Barium . . . . 220.8
-acetat . . . . 207.7
-, Chlor- . . . . 207.6
-chlorid . . . . 207.6
-karbonat . . 220.10
-oxyd . . . . . 220.9
-sulfat . . . . 220.11
Barium . 207.6, 220.8
-, carbonate of 220.10
-, chloride of . 207.6
-, oxide of . . . 220.9
-, sulphate of 220.11
Barm . . . . . 419.1
Barniz . . 550.6, 551.1
- de aceite de linaza 551.7
- para modelos 424.5
Barnizar . . . . 551.2
- con laca . . . 550.7
Barra . . 18.5.10, 531.2
- da siepi . . . 28.9
- - steccati . . 28.9
- di ghisa . . . 18.3
- - sicurezza . 311.2
- - sospensione 310.6
- greggia . . . 18.3
- non lavorata 19.4
- per chiodi del ferro da cavallo 29.2
- - ferri da cavallo 29.1
- - la prova . . 386.1
- - pompare . . 485.3
Barra . . 18.10, 531.2
- con bordón . 21.3
- de emparrillado 160.3.8, 368.3
- - ensayo . . . 386.1
- - fundición . 18.3
- - hierro bruto 378.1
- - - crudo . . 18.3
- - sección en cuadrante para columnas 21.2
Barra en bruto 19.4
- móvil . . . . 410.6
Barre . . 18.10, 531.2
- de fer brut 18.3, 378.1
- non travaillée 19.4
Barreau . . . . 28.9
- d'épreuve . . 49.3
- d'essai . . . . 49.3
Barreau de grille 160.3.8, 368.3
- - la grille . . 368.2
- plat de métal 33.5
- - pour les essais 33.4
Barrel . . . . 459.10
Barren . . . . . 18.5
-, Roh- . . . . . 18.3
Barrena para corchos 196.7.8
Barrenar . . . 343.5
Barretta di prova 49.3
Barrita . . . . 204.13
Barro . . 428.8, 429.7
Barrow . . . . 332.1
Bart . . . . . . 491.1
Baryt . . . . . 220.9
-, essigsaurer . 207.7
-, kohlensaurer 220.10
-, schwefelsaurer 220.11
-wasser . . . . 205.6
Baryta water . 205.6
Baryte . . 205.6, 207.7
Barytes . . . 220.11
Barytine . . . 220.11
Baryum . . 220.8.10
Bärzylinder . . 501.6
Bas-foyer . 10.4, 362.2
 364.1
Basaltartig . . 107.1
Basaltico . . . 107.1
Basáltico . . . 107.1
Basaltique . . . 107.1
Basaltlike . . . 107.1
Basamento in calcestruzzo 289.6
Báscula . 133.3, 453.4
- automática para carbón 132.4
- centesimal . . 134.3
- decimal . . . 134.2
-, disposición automática de 479.6
-, la - baja . . 135.7
-, - - funciona . 135.7
- para castañas 176.1
- - vagones . . 134.1
Basculador de curva 133.1
- - plataforma 132.7
Basculant . . . 133.2
Basculante . . 132.5
Bascule . . . . 132.5
- à bonbonnes 176.1
- - wagons . . 134.1
- automatique . 479.6
- centésimale . 134.3
- décimale . . . 134.2
-, la - descend 135.7
-, la - fonctionne 135.7
Basculer . 341.8, 393.8
-, faire - la poche 479.4
-, - - pour couler le métal par le bec 481.5
Basculeur automatique à charbon 132.4
- courbe . . . . 133.1
Basculla . . . 133.5.6
- a ponte . . . 133.6
- di caricamento 410.2
Base . . . 204.10, 242.3
Base 65.7, 204.10, 242.3
- block . . . . 290.3
- box with flange 319.3
-, exposed . . . 290.9
- plate . . 293.7, 369.4
-, uncovered . . 290.9
Base 65.7, 204.10, 242.3
- de la cheminée 373.2
- des colonnes 293.7
Base 24.3, 65.7, 204.10 242.3, 445.3
- del ritto del sopporto 496.3
- dell'ugello . 364.7
- della colonna 293.7
Base 65.7, 204.10, 242.3
- de hormigón 289.6
- - la chimenea 373.2
- - - columna . 293.7
Basic . . . . . 8.2
- material . . . 117.5
- nitrate of mercury 209.5
Basico . . . 8.2, 356.7
-, processo . . . 397.8
Básico . . . . . 8.2
-, procedimiento 397.8
Basin . . . . . 194.4
- and gate . . . 443.2
-, sunk . . . . . 443.5
- with handle . 193.6
 194.4
- - mouth piece 443.5
Basique . . . . 8.2
-, procédé . . . 397.8
Basis . . . . . . 65.7
-ion . . . . . . 262.4
Basis . . . 65.7, 204.10
Basisch . . . . 12.1
Basket . . 79.5, 140.8
Bassin de coulée 443.4
- - refroidissement 148.5
- -décanteur . . 81.3
Basso fuoco . . 362.2
Bastidor . . . . 521.2
- con piñones . 524.3
- - travesía postiza 522.9
- - cilindros equilibrados 523.1
- - laminador . 521.1
- - - cerrado . 521.5
- - sierra . . . 493.6
- - tren laminador 520.8
- - vagoneta . 477.2
- en forma de C 498.7
- para dúo . . . 521.6
- - posiciones variables 523.1
- - trío . . . . 522.3
- porta-cojinete 496.2
- sencillo . . . 498.7
Basto . . . . . 18.1
Bastoncino di vetro per agitare 190.7
- - zinco . . . 266.4
Basura . . . . 155.8
Bateau . . . . 127.6
- à vapeur à minerais 562.6
Batería . . . 265.6.7
- de calderas . 154.1
- - hornos de cok 103.9
Bath . . . . . . 151.1
-, water . . . . 178.6
Bâti . . . . . . 143.4
Batido . . . . . 9.4
- del alambre . 537.2
Batidor . . . 496.7.8
Batidura, -s . . 112.5
-s de los laminadores 112.4
Bâtiment . . . 149.4
- d'administration 149.6
- de direction . 149.7
- - graduation 148.6
-des accumulateurs 169.1
- - chaudières . 150.1
- - machines . 149.9
- - mélangeurs 389.3
Batir el acero . 10.9
- en frío . . . . 548.6
Bâtonnet . . 204.13
Batta pneumatica 484.8
Battage du fil . 537.2
Battere . . 489.1, 503.5
- colla penna del martello in senso trasversale a quello della laminazione 52.8
- i tubi durante la prova idraulica 55.2
Batteria . 154.4, 265.6
- di caldaie . . 154.1
- - forni a coke 103.9
Batterie . . . . 265.6
-glas . . . . . . 265.7
-kessel . . . . . 154.4
-, Koksofen- . . 103.9
Batterie de chaudières 154.1
- - fours à coke 103.9
- - piles . . . . 265.6
Battery . 121.8, 265.6
- boiler . . . . 154.4
- house . . . . 169.1
- jar . . . . . . 265.7
- of boilers . . 154.1
- - coke ovens 103.9
-, storage . . . 266.5
Battitore a mano 391.5
- meccanico . . 391.4
Battitura . . . 532.8
- del filo . . . 537.2
Batiture . 112.2, 532.8
-s des laminoirs 112.4
Battola . . . . 484.6
- pneumatica . 484.8
Battuta . . . . 434.9
Battuto, calcestruzzo 289.8
Bau-art, Hochofen- 287.5
- aus Stampfmasse 303.6
-eisen . . . . . 28.8
-, Eisen- . . . . 151.3

Bau-fällig . . . 355.5
-grund, unzuverlässiger 288.7
-guß . . . . . 487.10
-, Holz- . . . . . 151.4
-kosten . . . . 563.5
-stoff . . . . . . 306.4
-, Tage- . . . . . 58.2
-, Tief- . . . . . 58.1
-winde . . . . . 464.6
Bauch . . . . . 390.3
Bauchig . . . . 452.4
Bauxit, weißer 115.9
Bauxita blanca 115.9
Bauxite bianca 115.9
- blanche . . . 115.9
- white . . . . 115.9
Bavatura . . . 534.10
Bavure . 489.7, 534.10
- de joint . . . 489.6
Bayonet lock . 301.8
Bayoneta, de . 301.8
Beaker . . 187.6, 194.3
-, hard glass . . 187.7
Beam . . 20.7, 403.8
-, circular . . . 288.3
- engine . . . . 326.1
Bean ore . . . . 67.5
Beanspruchen . 48.7
Beanspruchung auf Schlagfestigkeit 41.8
- - Verdrehen . 50.4
-, Schlag- . . . 41.8
Bear . . . 343.3, 361.8
Bearbeitung . . 33.10
Bearer . . . . . 368.2
Bearing . . . . 300.8
- bush . . . . 496.12
- rod . . . . . 523.7
Bebedero . . . 443.2
- de cubeta . . 443.5
- - forma cónica 443.8
- en forma de horquilla 443.9
- redondo . . . 443.6
Bec . 300.2, 478.2, 481.5
- à gaz incandescent 281.1
- amovible . . 478.3
- de cornue . 401.11
- - la cornue . 389.9
- - - poche . . 341.7
- - passage du laitier 299.6
Becco . 183.3, 401.11 478.2
- a gas d'olio . 183.8
- - incandescenza 281.1
- ad imboccatura oblunga 159.2
- - - rotonda . 159.1
- amovibile . 478.3
- Bunsen . . . 183.4
- - per acetilene 183.5
- circolare . . . 159.3
- del convertitore 389.9
- della siviera . 341.7
- di combustione 542.2
- - Teclu . . . 183.7
- per benzina . 183.6
- smontabile . 478.3
Bêche de mouleur 434.3
Becher-glas . . 187.6
-, Hartglas- . . 187.7
-, Porzellan- . . 194.3
-werk . . . . . 139.9
Bed . . . . 56.3, 83.2
-, casting . . . 340.1
- die . . . . . 504.5
-, filter . . . . . 147.2
-, pig . . . . . . 340.1
- plate . . . . . 364.3
Bedarf, geringer 168.6
-, Wasser- . . . 140.4
Bedienung . . . 400.5
Bee hive oven . 103.6
Beeinflussung, Löslichkeits- 258.10
Beer, sour . . . 431.2
Befahren, den Schornstein 165.1
Befestigungsvorrichtung 301.7
Befeuerung der Dampfkessel 360.3
Beförderung, Gicht- 86.1
-, Massen- . . . 138.1
Beförderungsband, Kohlen- 159.5
-vorrichtung . 122.1
Begichtung, Seilbahn- 331.7
Begichtungsvorrichtung 308.8
Begrenzung, Profil- 514.11
Behälter-blech 26.10
-, Gas- . . . . . 271.3
-, Hoch- . . . . 145.8
-, Klär- . . . . 146.9
-, Vorrat- 102.4, 131.3
-, Wasser- . . . 145.6
Behaviour in the blast furnace 97.1
Beiladung . . . 562.8
Beimengung . 71.2
-, lehmige . . . 426.3
Beinschwarz . 419.12
Beizbrüchigkeit 48.5
Beizen . . . . . 493.9
- des Drahtes . 537.1
Belag, Gicht- . 307.6
-eisenkaliber . 517.9
Belastung . . 240.12
-, Höchst- . . . 241.1
Belastungs-gefäß 508.4
-ring . . . . . 508.5
Beleuchtet . . . 280.6
Beleuchtung . 280.4
Beleuchtungsanlage 171.6
-mast . . . . . 171.8
-vorrichtung . . 280.7
-werk . . 165.8, 166.2
-zentrale . . . 165.8
Belga, presa di gas 312.3
Belge, prise de gaz 312.3
Belgisch, -er Gasfang 312.3
Belgo, toma de gas -a 312.3
Belichten . . 281.11
Bell 178.3, 309.9, 310.5
- crusher . . . 78.7
- jar . . . . . 189.3
Bell lifting rod 310.6 311.5
- safety rod . . 311.2
- shaped . . 309.10
- winch . . . 314.1.5
Bell-Krupp-Metall 5.3
Bell-Krupp metal 5.3
Bell-Krupp, metal 5.3
Bell-Krupp, métal 5.3
Bell-Krupp, metallo 5.3
Bellows . . . 251.4.5
Belly 293.1, 303.7, 382.3 390.1
Bellying . . . 84.6
Belt . . . . . . 138.5
- conveyance . 138.6
- conveyor . . 138.4
- - for coal . . 159.5
- driven . . . 501.1
- - machine . . 170.5
-, endless . . . 340.9
-, inclined . . 138.10
-, iron . . . . . 295.5
Bench . . 175.3, 535.8
- board . . . . 446.4
Bencina . . . . 124.8
Bend . . . . . 320.3
-, to . . . . . . 42.8
-, - - round a mandrel 43.1
-, - - the rivet iron into a loop 43.4
Bending coefficient 43.7
- jaws . . . . . 43.10
- point . . . . 42.3
- press . . . . . 43.8
- radius . . . . 43.6
- stress . . . . 488.9
- test . . . 42.2, 44.1
- -, alternating 43.9
- -, cold . . . . 42.6
- -, hot . . . . 42.5
- - in a cold state 42.6
- - - tempered state 42.7
Benetzvorrichtung 432.11
Benne à charbon en deux compartiments 129.2
- - griffe . . . 129.2
- de chargement 332.1
- - - automatique 129.2
- -drague . . . 129.1
Bent . . . . . . 534.5
Benutzung, wiederholte des Wassers 148.3
Benzene . . . . 108.9
Benzin-brenner 183.6
-lokomotive . . 124.8
Benzina . . . . 183.6
Benzine . . . . 183.6
Benzine burner 183.6
- locomotive . 124.8
Benzol . . . . . 108.9
Benzolo . . . . 108.9
Beobachtung 278.10
Berechnen . . . 109.5
Berechnung der Analyse . . . 224.6
- - Beschickung 345.1
Berechnung der Schlacken . 345.4
- des Möllers . 334.3
-, Wind- . . . . 350.3
Bergen, Gehalt an 101.10
Berggrün . . . 552.1
Berieseln . . . 148.8
Berieselung . . 298.4
Berta . . . . 464.12
- a cinghia . . 497.7
Beschädigung, Rauch- . . . 561.1
Beschaffenheit 82.3
Beschick-kran . 410.5
-maschine . . . 410.1
-mulde . . . . 410.8
-schwengel . . 410.2
-wagen . . . . 410.4
Beschicken 86.3, 157.2
-, mit der Hand 156.7
Beschickung 333.6 345.1
- der Birne . . 395.7
Beschickungskran 410.5
-löffel . . . . . 411.3
-mulde . . . . . 410.8
-oberfläche . . 335.5
-säule . . . . . 335.4
-wagen . . . . 410.4
Beschlag, Wagen- 24.9
Beschneiden . . 533.6
-, fertig . . . . 33.11
Beschränkt . . 273.6
Beschränkung, Konzessions- . . 557.8
Beschwerungsgewicht . . . 442.11
Beseitigung des Glühspans . 532.8
Besichtigung, Außen- . . . 35.1
Besoin de minerai, faire face au 558.3
Besprengen, die Gußformen . 341.2
Bespritzung . . 298.5
Bessemer-eisen 11.8
-roheisen . . . 8.1
-schlacke . . . 397.7
-stahl . . . . . 11.8
-stahlwerk . . 387.3
- - und Martin-Verfahren, vereinigtes . . . 412.8
- - und Thomas-Anlage . . . 387.2
-verfahren . . 396.5
Bessemer and open hearth process, combined 412.8
- convertor, small 387.7
- pig iron . . . 8.1
- process . . . 396.5
- slag . . . . . 397.7
- steel . . . . . 11.8
- - and Thomas works 387.2
- - works . . . 387.3
Bessemer, acier 11.8
-, aciérie . . . . 387.3
- et Martin, procédés - - - combinés 412.8
-, fonte . . . . . 8.1
-, procédé . 8.1, 396.5

Bessemer, scorie 397.7
Bessemer, acciaieria 387.3
–, acciaio . . . 11.8
– e Martin, processo combinato 412.8
–, ghisa . . . . 8.1
–, processo . . 396.5
–, scoria . . . . 397.7
Bessemer, acero 11.8
–, escoria . . . 397.7
–, fábrica de acero sistema . . . 387.3
–, procedimiento 8.1 396.5
– y Martin, procedimientos – – – combinados 412.8
Bessemerization 396.5
Beständig . . . 446.5
Beständigkeit, Feuer- 383.11
Bestandteil . . 250.7
–, brennbarer . 360.2
– einer Verbindung 226.2
–, flüchtiger . . 81.7
–, Neben- . . . . 71.6
–, sandiger toniger 79.9
–, schädlicher . 71.5
–, Verwitterungs- 427.9
Bestimmen . . 109.3
Bestimmer, Kohlensäure- 216.1
Bestimmung der Stückgröße durch Absieben 65.2
– einzelner Körper 224.2
–, gewichtsanalytische 223.9
–, gravimetrische 223.9
–, maßanalytische 223.10
–, titrimetrische 223.10
Bestmaschinengußeisen 6.7
Beton, Eisen- . 289.7
–, Schütt- . . . 290.1
–, Stampf- . . . 289.9
-unterlage . . . 289.6
Béton . . . . . 289.6
– armé . . . . . 289.7
– coulé . . . . 290.1
– damé . . . . 289.8
Betrieb, außer 556.11
–, Bagger- . . . 58.3
–, Dampfschaufel- 58.4
– der Birne . . 395.2
– des Hochofens 332.2
– – Konverters 395.2
– – Puddelofens 378.6
–, Greifer- . . . 128.7
–, in . . . . . . 557.1
–, paarweise umzechiger 395.3
–, ununterbrochener 344.7, 395.4
Betriebs-arbeit 556.3
-druck . . . . 54.9
-ingenieur . . . 332.5
-kessel . . . . . 158.4
-kraft . . . . . 168.1
Betriebslaboratorium 174.7
-leiter . . . . . 332.4
-sicherheit . . . 557.6
-spannung . . . 572.8
-störung . . . . 353.2
-strom . . . . . 169.2
-unkosten . . . 563.2
-zeit . . . . . . 86.6
Betulla . . . . 419.3
Beule . . . . . 504.1
Beurteilung des Vorganges 399.9
– nach dem Aussehen 35.2
Beutelung . . . 431.4
Bevel protractor 40.6
– scale with knob 38.7
Bevelling . . . 293.4
Beweglich . . 528.6
–, allseitig . . . 456.1
Bewegt . . . . 93.5
Bewegung . . . 532.2
– des Hebels . 310.11
–, Walzen- . . 530.10
Bewegungsrichtung 93.6
–, abwechselnde 531.11
Bewehrt . . . . 404.6
Bezeichnung des Erzes 65.4
Biacca di piombo 551.10
– – zinco . . 551.11
Bian, epuratore 318.1
Bian, lavador . 318.1
Bian, laveur . . 318.1
Bian's washer . 318.1
Bianscher Gaskühler 318.1
Biatomico . . . 225.1
Biatómico . . . 225.1
Biatomique . . 225.1
Bibus' blower . 472.5
Bibus-Gebläse . 472.5
Bibus, soplador 472.5
Bibus, soufflerie 472.5
Bicarbonate, sodium 205.10
Bicarbonate de soude 205.10
Bicarbonato di soda 205.10
– sodico . . . 205.10
Bicarbonato sódico 205.10
Bicchiere . . . 187.8
– a calice . . . 186.2
– di porcellana 194.3
– – vetro infusibile 187.7
– graduato . . 185.9
– per pesare . . 240.2
Bichlorure de mercure 209.6
Bichromate of potassium 206.5
Bichromate de potasse 206.5
Bicromato potassico 206.5
Bicromato potásico 206.5
Biegbar . . . . 42.4
Biege-backen . 43.10
-größe . . . . 43.7
-halbmesser . . 43.6
-presse . . . . . 43.8
Biege-probe . . 42.2
– –, Abschreck- 42.7
– –, Härtungs- . 42.7
– –, Hin- und Her- 43.9
– –, Kalt- . . . . 42.6
– –, Kerb- . . . 44.2
– –, Schlag- . . 44.1
– –, Warm- . . . 42.5
-spannung . . . 488.9
-stelle . . . . . 42.3
Biegen . . . 42.8, 43.1
Biegsam . . . . 42.4
Biegung, Durch- 43.2
–, Mindestdurch- 43.3
Biela . . . . . 326.5
– de suspensión 523.7
Biella . . . . 326.5.6
Bielle . . . . 326.5.6
– de suspension 523.7
Bienenkorbofen 103.6
Bier, abgestandenes 431.2
-hefe . . . . . . 419.1
Bière sure . . . 431.2
Bifilaire . . . . 167.4
Bifilar . . . . . 167.4
Bigarrado . . . 114.5
Bigarré . . . . 114.5
Bilan calorifique 345.11
Bilancia . . . . 135.6
– a colonna . 235.11
– – mano . . . 236.2
– – ponte . . . 133.6
– automatica . 236.4
– centesimale . 134.3
– d'assaggio . . 236.7
– da tavolo . . 236.1
– decimale . . 134.2
– di caricamento 410.2
– – precisione . 236.6
– idrostatica . 180.4
–, la – segna . . 135.7
– per analisi chimiche 236.5
– – carri . . . . 134.1
– – gas . . . . 271.6
– rapida . . . . 236.3
Bilanciere 326.1, 476.6 523.7
– d'acqua . . . 330.4
– per siviera . 479.2
Bilancio calorifico 345.11
Bilanz, Wärme- 345.11
Bilaterale . . . 128.5
Bildsam . . . . 425.2
Bildsamkeit . . 425.3
Bildung . . . . 56.2
–, traubenartige 107.2
Bildungsgeschwindigkeit der Ionen 264.2
–, Ionen- . . . . 264.2
Bilico . . . . . 131.5
– automatico . 132.4
Bill of loading 560.4
– – shipping . . 560.4
Bille . . . . . . 54.5
Billet, –s . 18.7.8, 19.2
–, flat –s . . . . 21.7
– roll . . . . . 513.9
– trolley . . . . 527.4
Billet-indicateur du poids 134.4
Billetta . 18.8, 378.1
Billette . . . . 18.8
Billot . . . . . 496.7
Bimssteinartig 357.9
Bin 102.4, 131.1, 311.8
–, lime . . . . . 388.7
Binario a scartamento normale 123.10
– – – ridotto . 123.11
– del ponte . . 133.8
– di manovra . 137.8
– – raccordo . 123.9
– – rovesciamento del carbone 132.3
– principale . . 123.7
– secondario . 123.8
Bind, to – the core spindle 460.7
Binde-draht . . 460.5
-mittel . . 95.5, 426.2
– –, kalkiges . . 117.9
– –, toniges . . 95.6
-vermögen . . 428.1
Binden . . . . 95.4
Bindfaden . . . 459.6
Binding . . . . 460.6
– core . . . . . 462.3
– material 95.5, 426.2
– –, argillaceous 95.6
– –, calcareous 117.9
– power . . . . 428.1
– ring . . . . . 445.5
– wire . . . . . 460.5
Bindung, chemische 345.10
Biossido di manganese 70.2, 217.4
– – piombo . 210.10
– – sodio . . . 211.1
Bióxido de sodio 211.1
Bioxyde de manganèse 70.2, 217.4
– – sodium . . 211.1
Birch charcoal, powdered 419.3
Bird shot . . . 239.6
Birkenkohle, gepulverte 419.3
Birne . . 388.2, 389.7
–, die – aufrichten 396.1
Birnen-auswurf 112.6 397.3
-boden . . . . 119.3
– -form . . . . 391.6
-förmig . . . . 539.2
-halle . . . . . 388.1
-ring . . . . . 392.6
-ständer . . . . 392.5
-verfahren . . . 396.4
-zapfen . . . . 392.7
Birra acida . . 431.2
Bisagra . . . . 131.4
Biseau . . 21.8, 293.4
Bisel . . . . . . 293.4
Bismuth . . . . 219.1
Bismuto . . . . 219.1
Bisogno d'acqua 140.4
Bisolfato di potassa 206.2
Bisolfuro di ferro 69.4
Bisulfure de carbone 212.4
Bisulphate of potassium 206.2
Bisulphide, carbon 212.4

Bite, to . . . . 278.4
-, - - the piece 581.6
Bittersalz . . . 208.3
Bituminoso . . 99.3
Bituminous . . 99.2
-, non- . . . . . 99.6
-, semi- . . . . . 99.4
Black band . . 69.1
-, lamp . . 430.7, 552.2
-, smoke . . . . 430.7
Blacken, to . . 424.9
Blacking . . . 424.5
Blade . . 470.3, 472.1
Blanc de plomb 551.10
- - zinc 218.12, 551.11
Blanchir . . 552.13
Blanco de cinc 551.11
Blando . . . . 59.1
Blank reiben 552.13
Blas-form . . . 298.9
-ofen . . . . . 286.1
Blase . . . . . 484.2
-balg . . . . . 251.5
- -, Hand- . . . 437.9
-, Destillier- . . 255.5
-lampe . . . . . 251.6
-ofen . . . . . 286.1
-tisch . . . . . 251.2
Blasen . . . . . 396.2
-stahl . . . . . 13.1
- unter vollem Druck 338.7
Blasig . . . . . 484.3
Blaßgelb . . . 547.6
Blast . . . 338.8, 350.2
- box . 394.4.7.8, 466.9
- capacity . . . 328.7
-, cold . . . 2.5, 328.10
- connection . 300.9
-, continuous . 328.9
- cylinder . . . 328.2
- distribution . 324.6
- dry air, Gayley's method of 329.2
-, drying the . 328.12
- furnace 97.1, 286.1
- - coke . . . . 107.3
- - construction 287.4
- - drawing . . 287.6
- -, free . . . . 287.3
- - gas . . . 359.11
- -, Harmet electric 571.6
- -, Héroult electric 571.5
- -, independent 287.3
- - manager . . 332.3
- - plant . . . 285.1
- - president . 332.3
- - process 344.3, 345.5
- - scaffolding 337.9
- -, Scotch . . . 286.6
- - section . . . 287.7
- -, separate . . 287.3
- - slag . . . 355.10
- - - treated with steam 95.7
- - smelting . . 336.2
- -, Stassano's electric 571.3
- - with chamber hearth 286.5
- - - closed hearth 286.3
- - - open hearth 286.2
- - - oval hearth 286.7
Blast furnace with rough brickwork 286.4
- - - sheet iron shell 287.1
-, hot . . . 4.5, 328.11
- inlet . . . . 394.3.5
- main . . . . . 324.3
- pipe . . . . . 324.2
- pressure 328.8, 350.5
-, putting in . 337.11
-, - - - again . 355.2
- tank . . . . . 394.4
- tube . . . . . 301.1
-, uniform . . . 328.9
Blatt . . . . . 45.8
-säge . . . . . 493.5
Blätterig . . . 45.7
Blau-erz . . . . 68.7
-ofen . . . . . 286.1
-stift . . . . . 191.1
Blaze, to - off . 547.2
Blech . . . . . 25.4
-, Aluminium- 199.11
-gefäß . . . . . 389.8
-, gelochtes . . 27.4
-, geputztes . . 27.6
-, gestreiftes . . 27.3
- -lehre . . . . 40.2
-mantel . . . . 83.8
- -, Hochofen mit 287.1
-, oxydfreies . . 553.1
-, Platin- . . . . 194.9
-ring, Eisen- . . 308.1
-schere . . . . 533.9
-, schräg stehendes 316.5
-straße . . . . 510.5
-strecke . . . . 510.5
-tafel . . . . . 534.6
-, Tümpel- . . . 292.4
-walze . . . . . 514.1
- walzen . . . 532.10
-, Well- . . . . 308.4
Blei . . . . . . 219.6
-acetat . . . . 209.1
-bad . . . . . 548.5
-flasche . . . . 199.5
-gewinnung . . 290.6
-glanz . . . . . 71.7
-haltig . . 61.2, 553.7
-, Ofen- . . . . 361.4
-ofen . . . . . 540.4
-oxyd . . . . . 219.7
-röhre . . . . . 199.6
-schale . . . . 199.7
-, Senk- . . . . 40.8
-superoxyd . 210.10
-weiß . . . . 551.10
-zucker . . . . 209.1
Bleibend . . . 551.5
Blenda . . . . . 72.1
Blende . . 72.1, 281.6
-, Zink- . . . . 72.1
Bleu clair . . . 548.2
- -violacé . . . 548.1
Blind, -es Kaliber 516.10
-kaliber . . . 516.10
Blindado . . . 471.7
Blindage . 27.8, 291.1
- du creuset . . 294.4
Blindaggio 287.2, 291.1
- del crogiuolo 294.4
Blindaje . . . . 27.8
- de chapa de hierro 287.2
- del crisol . . 294.4
Blindato . . . ·287.1
Blindé . . . . 471.7
Blister, -s 483.3, 484.2
- steel . . 13.1, 484.3
Blistered . . . 47.4
Blitzableiter . . 165.2
Bloc . . . . . . 361.6
- de grès . . . 114.4
- - laitier . . . 356.2
- octogone . . 377.7
Blocage du trou de coulée . 343.4
Bloccarsi . . . 354.1
Bloccato . 337.3, 343.4
Blocco . . 114.4, 361.6
- di ferro . . . 374.6
- - loppa . . 356.1.2
Block . . . 18.4, 527.3
-abstreifkran 526.2
-, achtkantiger 377.7
-ausziehvorrichtung 529.5
-chargierwage 529.3
-, den - aus der Kokille drücken 526.4
-, - - einspannen 528.9
-, - - wälzen . . 529.2
-, - - wenden . 529.2
-drücker . . . . 529.4
-eindrückvorrichtung 529.4
-einsetz-kran . 528.7
- -wagen . . . 529.3
-einspannvorrichtung 528.8
-eisen . . . . . 11.4
-förderkran . . 526.6
-, Guß- . . . . . 485.9
-kopf . . . . . 485.7
-kran . . . . . 526.6
-lager . . . . . 130.7
-schere, hydraulische 533.8
-, Schlacken- . 356.2
-straße . . . . 511.4
-transport . . . 526.1
-wagen . . . . 527.4
-walze . . . . 513.11
-walzkaliber . 517.5
-walzwerk . . . 511.4
-zange . . . . 527.1
-ziehkran . . . 527.7
Block . . . . . 40.5
-, octagonal . . 377.7
Blocking of the hearth . . . . 337.3
Bloom, -s 18.5.6, 19.1 362.3, 366.4, 377.1, 533.8
- ball . . . . . 374.6
- pass . . . . . 517.5
- roll . . . . . 513.9
- trolley . . . . 527.4
Bloomery fire . 362.2
- -, modern . . 364.1
- -, Swedish . . 364.1
- furnace . . . 363.1
- iron . . . . . 10.3
Blooming 511.4, 513.11
- mill 377.9, 510.2, 511.4
-, tren . . . . . 511.4
-, treno . . . . 511.4
Bloque de escoria 356.2
- - gres . . . . 114.4
- - piedra arenisca 114.4, 306.7
- octogonal . . 377.7
Bloßlegen, das Gefüge 277.4
Blow . . . 41.7, 399.9
-, after . . . . 397.10
- bending test . 44.1
- hole . . . . . 484.1
- pipe burner . 343.9
- stress . . . . 41.8
-, to . . . . . . 396.2
-, - - out . . . . 355.4
Blower 251.3, 325.3.5 469.9
-, centrifugal . 317.6
-, Cleveland - with one connecting rod 326.6
-, cylindrical . 325.6
-, horizontal . . 326.7
-, hydraulic . . 325.9
-, rotary . . . . 472.5
-, vertical . . . 326.2
- with electric drive 328.2
Blowing, continuous 395.4
- in . . . 337.11, 355.2
- out . . . . . . 355.3
- under full pressure 338.7
Blown hollow 484.4
Blowpipe . . . 234.7.8
- lamp . . 235.2, 251.6
- table . . . . . 251.2
- test . . . . . 234.6
- testing outfit 235.1
Blue stone . . . 90.6
Blued . . . . . 484.12
Blumig, -es Floß 8.1
Blutage . . . . 482.4
Blutlaugensalz 546.3
-, gelbes . . . . 208.7
-, rotes . . . . . 208.8
Board . . . . . 276.3
-, free on . . . 560.10
Boat . . . 195.5, 248.9
Bob . . . . . . 40.8
Bobbin . . . . 535.6
Bobèchon . . . 480.3
Bobina . . . . 535.10
Bobine . . . . 535.6.10
Boca 307.1, 308.8, 382.4
- de las tenazas 464.4
- del caldero . 341.7
- - convertidor 389.9
- - martillo . . 504.3
- - quebrantador 465.7
Bocard . . . . 77.3.5
Bocarte . . 77.3.4.5
Bocca . . 86.1, 307.1
- del crogiuolo 382.4
- - forno . . . 346.5
- dello spezzamaselli 465.7
- di caricamento aperta 309.6
- - - chiusa . . 309.5
Boccetta capillare 185.6
Bocchetta . . . 342.7
Bocciolo . . . . 496.5
Bock . . . . . 454.2
-formmaschine 454.1
-kran . . . . . 125.8
Böckerscher Hahnverschluß 301.11
Bodega . . . . 562.2
Boden . . . . 290.3.7

Boden, auswechselbarer 416.1
-einsetzwagen 392.3
-elektrode . . . 567.6
-, felsiger . . 288.10
-, freigelegter . 290.9
-, gewachsener 288.8
-heizung . . . 385.6
-klappe . . . . 467.3
-platte . . 369.4, 390.7
-, scheitrechter 290.8
-, Schieber- . . 105.3
-stampfmaschine 391.3
-stein . . . . . 290.3
-, sumpfiger . . 288.9
-, wassergekühlter 369.6
Body, foreign . 432.8
- of roll . . . . 513.5
-, ore . . . . . . 57.2
-, rotary . . . . 445.8
Boecker, grifo esférico de 301.11
-, robinet sphérique de 301.11
-'s valve . . . 301.11
-, valvola di . 301.11
Bog ore . . . . 67.4
Bogen-förmig . 27.2
-lampe . . . . . 172.1
Bogie . . . . . 410.4
Bohème, grenat de 239.5
Bohlenzaun . . 464.7
Bohnerz . . . . 67.5
Bohr-maschine für Eisen u. Stahl 228.4
- - zum Öffnen des Stichloches 343.5
-probe . . . . 228.2
-span . . . . . 228.3
-stahl . . . . . 17.7
Bohren . . . . 228.5
-, in der Längsrichtung 228.8
-, von - Seite . 228.6
-, - oben . . . . 228.7
Bohrer, Kohlen-235.5
-, Kork- . . . . 196.7
Boil eruption period 396.7
Boiler . . . . . 152.1
-, auxiliary . . 153.6
-, concurrent . 153.2
- house . . . . 150.1
- plant . . . . 151.5
- -, covered . . 151.8
- -, open range 151.7
- plate . . . . . 26.5
-, single . . . . 153.7
- with corrugated flue tube 154.6
- - fire tubes . 155.1
- - large water space 152.8
- - small water space 152.7
- - smoke tubes 155.1
Boiling . 120.3, 385.11
- flask . . . . . 187.5
- heat . . . . 242.10
- on an open fire 120.4
- period . . . . 375.9
- plant . . . . 120.2
- sheet, Babo's 199.4
-, strong . . . . 396.8
Bois . . . . . 4.1, 98.1
Bois de conifères 418.10
- feuillu . . . . 418.9
- sain . . . . . 422.7
Boite . . 202.3, 411.4
- à échantillons 234.2
- - feu . . . . . 156.6
- - l'épreuve des acides 189.1
- - noyau . . . 458.3
- - tourillon . . 496.1
- - vent 394.4.7.8, 466.9
- de charge . . 508.4
- - distribution 467.1 499.5
- - la vanne . . 322.3
- - pied avec manchon 319.3
- - sûreté . . . 522.2
- en verre . . . 189.2
Bola . . . 54.4, 376.5
- de acero . . . 379.9
- - escoria . . . 397.2
- - hierro . . . 376.6
- - pudelaje . 376.10
-, en forma de 376.7
-, formar las -s 376.4
Bolla d'aria . . 435.5
Bollitore . . . 154.2
- trasversale . 154.7
Bollone, chiudere con -i 442.9
- di chiusura . 323.4
Bolsa de gasa de tela 430.6
Bolsillo de polvo 316.8
Bolt . . . . . . 24.2
-, Lewis . . . . 291.3
Bolted . . . . . 524.4
Bolting together 295.2
Bolzen, Laschen-24.2
Bomb, calorimetric 110.2
Bomba calorimetrica 110.2
Bomba . . . . 144.5
- á vapor . . . 509.5
- aspirante . . 245.7
- calorimétrica 110.2
- centrifuga . . 143.7
- compresora . 121.1
- de aire 178.2, 501.4
- - circulación 144.1
- - doble efecto 142.8
- - émbolo buzo 144.3
- - - rotatorio 472.5
- - filtración . 245.8
- - impulsión hidráulica 509.6
- - mano . . . 142.1
- - presión . . 509.2
- - simple efecto 142.7
- - vapor . . . 142.6
- - - compound 143.2
- - - gemela . 143.5
- - - independiente 143.4
- duplex . . . . 143.1
-, instalación de -s 141.10
- movida por correa 509.4
- mural de vapor 143.3
- neumática . 178.2.3
Bomba para pozo 144.4
- rotatoria . . . 143.6
- Worthington 143.1
Bombe, kalorimetrische 110.2
-, Wärmemeß- . 110.2
Bombe calorimétrique 110.2
Bombé . . . . . 322.8
- au milieu . . 404.3
Bombement . . 84.6
Bombillo . . . 186.4
Bonbonne . . 175.5.6
Bone black . 419.12
- charcoal . . 419.12
Bonnet . 313.8, 321.7 406.2
Boquilla 301.2, 343.1
Bor, Eisen- . . 16.6
-, Ferro- . . . . 16.6
Borace . . . 211.14
Borate de soude 211.14
Borate, sodium 211.14
Borato sodico 211.14
Borato sódico 211.14
Borax . . . . 211.14
Bord, abgedrehter 323.9
-, herumlaufender 312.7
Bord . . . . . . 36.8
- blanc . . . . 400.3
- de la poche . 477.9
- du trou de travail 371.1
-, franc à . . 560.10
- rouge . . . . 424.7
- tombé, à . . . 26.6
- tourné . . . . 323.9
Borde . . . . . 36.8
- blanco . . . . 400.3
- circular . . . 312.7
- del caldero . 477.9
- - cilindro . . 312.6
- - horno . . . 308.6
- doblado . . . 26.6
- rojo . . . . . 424.7
Bördelblech . . 26.6
Border, red . . 424.7
Bordereau de chargement 560.4
Bordino . . . . 21.3
Bordo . . 36.8, 312.7
- del cilindro . 312.6
- - forno . . . 308.6
- della siviera 477.9
- di cuoio . . . 507.2
Bordo, franco 560.10
-, - a . . . . . 560.10
- girato . . . . 323.9
Bordón . . . . 21.3.4
Bordure circulaire 312.7
- périphérique 312.7
Bore . . . . . . 17.7
Borer . . . . . 196.7
Boring machine for iron and steel 228.4
Borne d'élément 265.9
- -fontaine . . 146.3
Borne de pila . 265.9
Boro . . . . . . 17.7
Boron steel . . 17.7
Borsa di tela per spolverizzare 430.6
Borsauer, -es Natron 211.14
Bosh . . 302.2.4, 371.4
- brickwork . . 302.3
-, free standing 303.1
- stones . . . . 302.7
Boss . . . . . . 436.6
Bossage . . . . 518.1
Bosse . . . . . 504.1
Bossolo . . . . 136.4
Botella . . . . 188.7
- de generación de gas 268.7
- - presión . . 188.4
- - vidrio de cobalto 188.6
- para la producción de gas 268.7
- - lavar el bromo 222.1
Bother . . . . . 468.4
Botola a cerniera 131.4
Botryoidal . . . 67.2
Bottich, Lauge- 90.1
Bottiglia . . . . 188.7
- a pipetta . . 102.1
- di cobalto . . 188.6
- - decantazione 243.6
- - guttaperca 197.4
- - lavaggio per bromo 222.1
- - - - gas . . 268.1
- - livello . . . 269.7
- - pressione . 188.4
- - Woolff . . . 188.5
- generatrice di gas 268.7
- per filtrazione forzata 246.1
- - reagenti . . 185.2
Bottle 186.3, 439.13
- cap . . . . . 188.7
-, capillary . . 185.6
-, Woolff's . . . 188.5
Bottom . . . . 105.3
- box . . . . 440.10
- casting . . . 482.5
- electrode . . 567.6
- flue . . . . . 104.1
- of crucible . 296.1
- - hearth . . . 296.1
-, perforated . . 391.1
- plate . . . . 369.4.6
- roll . . . . . 513.1
- -, fixed . . . . 523.5
- stamp . . . . 121.5
-, water cooled 369.6
Bouchage . . . 354.8
- au sable . . . 418.1
Boucher 342.6, 354.9
- le trou de coulée 342.4
- les soufflures 494.2
Bouchon 196.2.4, 445.9 480.3
- d'argile réfractaire 342.5
- en caoutchouc 197.6
Boucle . . . . 43.4.5
Boudin . . . . 21.3.4
Boue de charbon 101.8
Boueux . . . . 77.7
Bouilleur . . . 154.2

Bouilleur-kessel 154.2
- transversal . 154.7
Bouillir . . . . 187.5
Bouillonnement 375.9
385.11
- violent . . . . 396.8
Bouillouer . . . 241.5
Boule . . . . . 189.5
- de fer . . . . 376.6
Boulet . . . . . 79.1
Boulon . . . . 291.4
- d'ancrage . . 291.3
- d'assemblage 295.3
- d'éclisse . . . 24.2
- de fermeture 323.4
Boulonnage . . 295.2
Boulonné . . . 524.4
Bourrage . . . 325.1
Bourre . . . . 215.6
Bourrelet . . . 21.5
Bourse en toile 430.6
Boursouflé . . 357.9
Bouteille en gutta-percha 197.4
Bouterolle . . . 14.1
Bóveda 353.5, 369.1
- convexa . . . 404.3
- de la timpa . 292.1
- del conducto 3:2.6
- plana . . . . 290.8
- rebajada . . 404.2
Bow . . . . . . 493.6
Box 189.2. 202.3, 439.13
-, acid proof . . 189.1
- blower . . . . 325.5
-, built-up . . . 440.5
- for columns . 440.7
-, lower . . . 440.10
-, middle . . . 441.1
- pass . 515.10, 517.3
-, scrap iron . 411.2
-, upper 441.2, 442.6
- with movable part 440.9
-, wooden . . . 440.4
Boy, laboratory 174.4
Braccio 125.7, 320.2
-, a -i corti . . 238.4
-, - - lunghi . . 238.5
- della sagoma 445.6
- mobile . . . . 410.6
Brace . . . . . 98.3
Braccar . . . . 375.7
Bracket 204.3, 300.7, 392.9, 524.6
- carrying front plate 414.1
- crane . . . . 127.1
- for bearing bush 496.2
- - the cooling water pipe 298.2
-, iron . . . . . 307.9
- rim . . . . . 294.2
Bragante . . . 351.2
Braie . . . . . 496.9
Brake . . . . . 498.2
- cylinder . . . 311.3
-, hydraulic . . 311.1
Bramante . . . 459.6
Brame . . . . . 18.6
Bramil . . . . 40.4
- de mármol . 40.5
Bramme . . . . 18.6
Branch . . . . 320.2
- pipe . . . . . 324.5
Branche . . . . 320.2
-, à trois -s . . 190.3
Branché . . . . 324.5
Brand . . . . . 34.10
Brandeisen . . 415.7
Brass column . 237.3
- mould . . . . 383.3
Brasser . 370.7, 375.7
Brassoir . . . . 371.6
Braun . . . . . 547.8
Brauneisenstein 66.11
-knollen . . . . 67.1
-, oolithischer . 67.6
Braun-erz . . . 68.7
-kohle . . . . . 98.6
-kohlenfeuerung 155.6
- mit Purpurflecken 547.9
-stein . . . . . 70.2
Bräunen . . . . 552.4
Braunite . . . . 69.6
Brausebad . . 151.1
Brazo . . 320.2, 445.6
-s anulares . . 238.3
-, de -s cortos . 238.4
-, - -s largos . . 238.5
- graduado . . 239.9
Break, to 49.2, 463.8.10
-, - - down the brickwork 355.7
-, - - out . . . . 343.2
-, - - up . 354.3, 375.2
Breaker . 78.1, 522.2
-, eccentric . . 465.3
- mouth . . . . 465.7
Breaking . . . 81.6
- down mill . . 511.3
- into small pieces 77.1
- of the core . 459.7
- - - ore . . . . 88.4
- out . . . . . . 354.5
- test . . . . . 44.3
Breast . . . . . 390.3
Brescia, acciaio di 14.7
-, acier de . . . 14.7
Brescian steel . 14.7
Bresciano, acero 14.7
Brech-backe . . 79.2
-kapsel . . . . 522.2
-koks . . . . 107.12
-maul . . . . . 465.7
-probe . . . . . 44.3
-stange . . . . 371.8
-topf . . . . . . 522.2
Brechen . . . 463.10
Brecher, Massel- 464.9
-, Stein- . . . . 78.8
Brei, klebriger 428.9
Breiteisen . . . 21.7
Bremse, Backen- 498.2
-, Wasserdruck- 311.1
Bremszylinder 311.3
Brennbar . . . 360.2
Brenn-düse . . 542.2
-ofen, Dolomit- 119.1
- - für die Birnenböden 119.3
- -, Stein- . . . 119.2
-stoff-aufwand 557.2
- -, fester . . . 349.1
- -, flammender 336.8
- -gicht . . . . 335.3
- -, verkohlter . 337.2
-weite . . . . . 279.3
-zeit . . . . . . 86.6
Brennen . . . . 118.8
- des Kalksteins 85.5
Brennen, in Rotglut 385.7
-, Tot- . . . . . 118.9
-, zusammen- 429.11
Brenner . . . . 183.5
-, Azetylen-Bunsen- 183.5
-, Benzin- . . . 183.6
-, Bunsen- . . . 183.4
-, Gebläse- . . . 343.9
-, Langloch- . . 159.2
-, Ölgas- . . . . 183.8
-, Rundloch- . . 159.1
-, Rundstrahl- . 159.3
-, Teclu- . . . . 183.7
Breveté . . . . 185.5
Brevettato . . . 185.5
Brick . . . . 116.12
-, acid . . . . . 306.6
-, air dried . . 429.8
- arch . . . . . 163.1
-, basic . . . . . 306.5
-, broken -s . . 112.2
-, Dinas . . . . 115.1
- foundation . 289.4
- press, hydraulic 120.6
- rim . . . . 304.10
- roasting furnace 83.5
- shape . . . . 96.2
- standing on edge 321.10
-, to . . . . . . 306.3
-wall . . . . . . 290.2
-work 83.6, 302.3, 303.4
- -, outer - - of shaft 304.8
- -, rough . . . 286.4
Bricked . . . . 83.5
Brida . . 23.8, 517.10
- en ángulo . . 24.1
- - escuadra . . 24.1
- plana . . . . 23.9
Bride 301.9, 490.12, 507.4
- de boite à presse-étoupe 507.4
Bridge . . 86.2, 124.1
- crane . . . . 126.4
-, under line . . 124.2
Brightness of the flame 374.8
Briglia . . . . . 507.4
- del premistoppa 507.4
Brikettierung . 94.5
Brikettierungsanlage 94.6
Brikettierverfahren 94.7
Brillant . . . . 1.3
Brillante . . . . 1.3
Brille . . . . . 507.4
-, Glimmer- . . 253.3
-, Schmidtsche . 323.7
-, Schutz- . . . 198.1
Brin collecteur 188.8
- distributeur . 138.9
Brindille, -s . . 532.9
Brinell's method 54.4
Brinell, procédé 54.4
Bringing out the depths 282.7
- the materials to be smelted 333.5
Brique . . . . . 84.3
- acide . . . . 306.6
- alumineuse moulue 428.7
Brique basique 306.5
-s concassés . . 112.2
- d'étalages . . 302.7
- de carbone 117.10 306.8
- - cuve . . . 305.10
- - dolomie . . 117.8
- - laitier . . 358.8.11
- - magnésite . 569.5
- - terre glaise 429.7
- Dinas . . . . 115.1
- du creuset . 290.3
- réfractaire . 156.6
- séchée à l'air 429.8
- sur champ . 321.10
- taillée en biseau 293.4
Briquettage . . 94.5.7
-, installation de 94.6
Briquette . . . 95.10
- de minerai . 95.10
-, dried . . . . 95.11
- frittee . . . . 96.1
- séchée . . . . 95.11
-, sintered . . . 96.1
Briquetting . . 94.5
- method . . . 94.7
- plant . . . . 94.6
Briser . . 354.3, 463.8
Brittle . . . 44.7, 59.8
Brittleness . . . 48.1
-, corroding . . 48.5
Broken stone foundation 259.5
Brom . . . . . 211.6
-waschflasche . 222.1
Brome . . 211.6, 222.1
-, appareil à . 221.11
Bromierungsapparat 221.11
Bromification apparatus 221.11
Bromificazione, apparato per 221.11
Bromine . . . . 211.6
- wash bottle . 222.1
Bromisación, aparato de 221.11
Bromo . . 211.6, 222.1
Bronce . . . . 299.1
Bronze . . . . 299.1
- tuyere . . . . 299.1
Bronzeform . . 299.1
Bronzo . . . . 299.1
Brosse . . . . . 190.8
- à main en fil d'acier 490.11
- - nettoyer . 490.10
- - tubes . . . 190.9
- avec barbe . 491.1
- de nettoyage à main 437.10
- en chanvre . 553.9
- - fil de fer à bride 490.12
Brosser . . . . 553.8
Brouette de chargement 332.1
Brown . . . . . 547.8
- coal . . . . . 98.6
- with purple spots 547.9
Broyage . 76.7, 432.3
- fin . . . . . . 76.9
- grossier . . . 76.8
-, installation de 76.6
Broyé . . . . . 95.8
Broyer . . 76.10, 228.9 229.4

Broyer à boulets 79.1
- - cloche . . . 78.7
Broyeur . . 77.2, 78.2 432.1
- à mâchoires . 78.8
- - meules . . . 78.1
- centrifuge . . 79.4
Bruch . . . . . 44.9
-aussehen . . . 45.1
-dehnung . . . 44.8
-fläche . . . . . 45.2
-, Kalt- . . . . . 48.1
-, Ketten- . . 137.10
-koks . . . . 107.10
-probe . . . . 44.3
-querschnitt . . 47.3
-, schiefer . . . 44.10
-stein . . . . . 289.5
-teil, einfacher 239.1
-, Walzen- . . . 514.2
Brüchig . . . . 44.6
Brüchigkeit, Beiz- 48.5
Bruciato . . . . 268.4
Brücke . 86.2, 133.7
-, Feuer- . . . . 368.5
-, Verbindungs- 86.2
-, Wipp- . . . . 133.3
Brücken-kran . 126.4
-wage . . . . . 133.6
Brûlé . . . . . 87.2
Brûler . . . . . 413.7
Brûleur . 183.3, 542.2
- à benzine . . 183.6
- - embouchure oblongue 159.2
- - fente . . . . 159.2
- - huile lourde 183.8
- - orifice circulaire 159.1
- - vent . . . . 343.9
- circulaire à jet en éventail 159.3
- de Bunsen . . 183.4
- - - à l'acétylène 183.5
- - Teclu . . . 183.7
Brun . . . . . 547.8
- avec taches pourpres 547.9
Brünieren . . . 552.4
Brunir . . . . . 552.4
Brunire . . . . 552.4
Brunnen-anlage 141.5
-, artesischer . 141.8
-elevator, Tief- 142.5
-, Rohr- . . . . 141.6
-, Senk- . . . . 141.7
Brunnen-stube 141.4
Bruno . . . . . 547.8
- con macchie porporine 547.9
Bruñir . . . . . 552.4
Brush . 190.8.9, 490.10
-, circular . . . 491.3
- with side . . 491.1
Brushing pot . 553.8
- vat . . . . . . 553.8
Brust, geschlossene 286.3
-, offene . . . . 286.2
-öffnung . . . 291.8
Brut . . . . 1.1, 109.1
Bruto . . . . . 1.1
-, en . . . . . . 19.4
-, poder calorifico 109.1
-, potencia calorifica -a 109.1
Bruttogewicht . 184.5
Bûche de bois . 337.6
Büchse, Quecksilber- 200.4
Büchsen-mitnehmer 136.4
-säule . . . . . 496.2
Bucket . . . . 330.1
- grab . . . . . 129.2
Buffer . . . . . 25.3
-feder . . . . . 25.2
Buffer . . . . . 25.3
-, elastic . . . . 502.3
- spring . . . . 25.2
Bügel . . . . . 301.9
-, Pfannen- . . 479.2
-, Spann- . . . . 522.4
Bühne, Arbeits- 293.5
-, Kalkbeschick- 388.6
-, Kipp- . . . . 132.5
-, Schiebe- . . . 124.3
-, Senk- . . . . 133.4
-, Sturz- . . . . 131.7
Building . . . 149.4.6
- expenses . . . 563.5
- ground, unreliable 288.7
- iron . . . . . 28.8
- material . . . 306.4
- -up of box . . 442.1
- - - the bricks 407.9
Built-up . . . . 440.5
Bulb . . . 172.2, 181.3
- angle . . . . 21.5
- angles . . . . 21.3
- flats . . . . . 21.3
- iron, flat . . . 21.4
- rail . . . . . 21.6
Bulb rails . . . 21.3
- tube . . . . . 189.8
Bulb, hierro . . 21.3
-, llanta . . . . 21.4
Bulbo . . . . . 189.8
Bulldog 113.1, 374.10
Bulle d'air . . 435.5
Bund, Walzen- 513.5
Bundle . . . . 532.9
Bung . . . . . 197.6
Bunker . . . . 131.1
Bunsenbrenner 183.4
-, Azetylen- . . 183.5
Bunsen, becco . 183.4
-, - - per acetilene 183.5
-, brûleur de . 183.4
-, - - - à l'acétylène 183.5
- burner . . . . 183.4
- -, acetylene . 183.5
-, mechero . . . 183.4
-, - de - de acetileno 183.5
-, quemador . . 183.4
Bunte, buretta a gas 269.5
-, burette a gaz de 269.5
-'s gas burette 269.5
-, probeta de gas de 269.5
-sche Gasbürette 269.5
Buntsandstein . 114.5
Buque . . 26.9, 127.6
Burbuja 375.9, 484.2
- de aire . . . 435.5
Burden . . 333.6.7.9
Bureau, -x . . 149.8
Bureau de direction 149.7
Buretta . . . . 192.2
- a gas . . . . 269.4
- - - Bunte . . 269.5
Bürette . . . . 192.2
-, Buntesche Gas- 269.5
-, Gas- . . . . . 269.4
Burette . 186.1, 192.2 269.4.6
- à gaz . . . . 269.5
- - - de Bunte 269.5
Burgersches Drehventil 323.3
Burger, - s rotary valve 323.3
-, valve rotative de 323.3
Burger, valvola rotativa 323.3
-, válvula giratoria de 323.3
Bürgschaftspflicht 30.3
Buril . . . . . 504.7
Burin . . 13.7, 504.7
- à air comprimé 402.2
Burn, to - through 413.7
Burned iron . . 48.4
- off . . . . . . 108.2
Burner . 159.3, 183.3
-, acetylene Bunsen 183.5
-, Bunsen . . . 183.4
-, circular slot . 159.1
-, long slot . . 159.2
-, Teclu . . . . 183.7
Burning . . . . 118.8
- period . . . . 86.6
- the filter . . . 250.1
- through . . . 354.4
Burnish, to . . 552.4
Burut 490.6, 548.11.12
- iron . . . . . 398.9
Burr . . 489.6, 534.10
Bürste . . . . . 190.8
-, Gußputz- . 490.10
-, Hanf- . . . . 553.9
- mit Bart . . . 491.1
Bürstkessel . . 553.8
Busa 301.2, 343.1, 480.7
- de colada . . 480.6
Buse . . . 301.2, 343.1
Bush . . . . . . 496.1
- catch . . . . 136.4
But du triage . 76.1
Butée . . . . . 502.6
Buterola . . . . 14.1
Butoir élastique 502.3
Butt welded tube 538.6
Butterfly valve 406.10, 407.1
Button sleeker 437.4
Buyer . . . . . 558.5
Buzamiento . . 57.6
Buzo . . . . . . 144.3
By-product . . 103.8
- -s, accidental 391.1
- -s, occasional 361.1
- -s of the blast furnace 355.8

# C.

Caballete 125.8, 454.2
Cabestan de manœuvre 124.5
- - triage . . . 124.5
Cabestante de maniobra 124.5
Cabeza . . 22.5, 403.5
- de hierro forjado 495.5
- - la palanca . 410.3
- del bastidor . 521.2
- - compresor 121.4
- - horno . . . 413.9
- - lingote . . 485.7
Cabeza del mazo 502.8
Cabezal transversal 326.4
Cabida . . . . 125.5
Cable . . . . . 331.2
- aereo . . . . 331.7
- - de carga . 331.8
- de alambre . 331.2
- - lana de madera 460.8
- metálico 135.9, 331.2
- railway 124.4, 135.9
Câble . . . . . 135.11
Câble aérien . 331.7
- - de gueulard 331.8
- métallique . 135.9 331.2
Cableway . . . 135.8
Cacerola . . . . 193.6
- de evaporación 247.4
Cachet . . . . . 234.3
Cacheter . . . . 234.4
Cadena . 135.10, 311.6
- sin fin . . . . 340.9
Cadmia . . . . 361.2
Cadmie, -s . . 361.2
Cadmies fines . 361.3
Cadre . . 323.5, 414.3
- coulé creux . 369.7
- de presse à centrer les châssis 454.7
- - - de précision 454.7
- - scie . . . . 493.6
- en fer forgé . 440.3
- refroidi . . . 297.2
- supérieur . . 453.2
Caduta . . . . 80.8
- delle cariche 353.7

Caduta libera . 497.4
Cagardero . . . 307.1
Cage 330.1, 331.3, 520.9
- à chapeau rapporté 522.9
- - cylindres équilibrés 523.1
- - deux cylindres 521.6
- - pignons 518.8, 524.3
- - trio . . . . 522.3
- de laminoir . 520.8
- du noyau . . 460.4
- fermée ordinaire 521.5
Caida . . . 80.8, 464.1
- de las cargas 353.7
- - temperatura 447.5
- libre . . . . . 497.4
Caisse . . . . . 325.5
- à poids . . . 239.2
- - poussières . 316.7
- de cémentation 416.7
- - la balance . 238.8
- - pilonnage . 105.7
- en matière réfractaire 414.7
Caja . . . 202.3, 319.3
- americana . . 440.6
- corredera de admisión 499.7
- de cementación 415.2, 416.7
- - charnela . 440.8
- - cilindros . 520.9
- - distribución 467.1 499.8
- - estopas de Lürmann 306.2
- - fondo con manguito 319.3
- - - en cajes . 319.3
- - hierro forjado 440.3
- - la balanza . 236.8
- - - válvula . 322.3
- - machos 458.3, 459.3
- - madera . . 440.4
- - material refractario 414.7
- - moldeo . 439.13
- - moldes de la máquina de moldear poleas de transmisión 452.1
- - pesas . . . 239.2
- - seguridad . 522.2
- - varias piezas movibles 440.9
- - vidrio . . . 189.2
- - viento 394.4.7.8 466.9
- del medio . . 441.1
- desmontable . 440.5
- inferior . . 440.10
- llena de agua 318.3
- para columnas 440.7
- - el apisonamiento 105.7
- - muestras . . 234.2
- - trio . . . . 522.3
- refrigerante . 296.7
- resistente á los ácidos 189.1
- superior 441.2, 442.6
Cake . . . . . . 106.6
Caked . . . . . 106.8
Caking capacity 103.1
- of the coal . 106.7
Cal . . 107.1.3, 220.1
- sódica . . . . 205.7
Caladeposito . 131.1
Calado . . . . 562.4
Calamina . . . 71.9
Calamine . . 71.8.9
-, siliceous . . . 71.10
Calandrino . . 40.6
Calcaire . 73.1, 111.2 397.9
Calcare 73.1, 111.2, 117.3
Calcareo . . 357.12
Calcáreo . 60.5, 357.12
Calcareous 60.5, 117.9
Calcareux 60.5, 357.12
Calce 117.1, 208.2, 220.1
- sodata . . . . 205.7
Calcestruzzo . 289.6
- battuto . . . 289.8
- colato . . . . 290.1
Calcico . . . . 399.5
Cálcico . . . . 207.8
Calcimeter . . 182.4
Calcimètre . . 182.4
Calcimetro . . 182.4
Calcímetro . . 182.4
Calcinación 82.7, 118.8
- completa . . 118.9
- de los minerales de hierro . 81.4
- defectuosa . . 88.9
- en montones . 83.1
- imperfecta . . 88.9
-, instalación de 82.8
- ligera . . . . 250.6
- para oxidación 82.1
- - sulfatación 82.5
- perfecta . . . 88.8
- sobre área empedrada 83.3
Calcinado . . . 68.9
Calcinar . 82.6, 429.11
Calcinare . 429.11.12
Calcination . . 82.1
- of iron ores . 81.4
Calcinato . . . 68.9
Calcinatura del filo 537.3
Calcinazione . 233.7
-, debole . . . . 250.6
- dei minerali di ferro 81.4
Calcine, to . . . 82.6
Calciné . . . . 420.1
Calcined . . . . 70.8
-, to be . . . . 429.12
Calciner . . . . 83.4
-, bricked . . . 83.5
Calcining furnace 83.4
- - for converter bottoms 119.3
- installation . 82.8
- kiln, dolomite 119.1
Calcio . . 207.8, 220.1
Calcium, Chlor- 207.8.9
-chlorid . . . . 207.8
-karbonat . . . 220.2
-oxyd . . . . . 220.1
-phosphat . . . 399.5
-sulfat . . . . . 220.3
Calcium . . . . 207.8
- chloride cylinder 232.2
Calcium, chloride of 207.8
-, - - - free of water 207.9
- - tube . . . 232.3
-, oxide of . . 220.1
-, phosphate of 399.5
-, sulphate of . 220.3 208.1
Calcolo del letto di fusione 334.3
- - vento . . . 350.3
- dell'analisi . 224.6
- - aria . . . . 350.3
- della loppa . 345.4
- delle cariche 345.1
-, ottenuto col . 135.3
Calcopirite . . 72.2
Calcspar . . . 73.1
Calcul de l'analyse 224.6
- des charges . 345.1
- du laitier . . 345.4
- - lit de fusion 334.3
- - vent . . . . 350.3
-, obtenu par le 135.3
Calcular . . . 559.10
Calculate, to - the burden 333.10
-, - - - calorific value from the analysis 109.5
Calculation, according to 135.3
- of blast . . . 350.3
- - charge . . . 345.1
- - slags . . . . 345.4
- - the analysis 224.6
- - - mixture . 334.3
Calculer . . . 559.10
- la puissance calorifique d'après l'analyse . . . 109.5
Cálculo de las cargas . . . . 345.1
- - - escorias . 345.3
- del análisis . 224.6
- - lecho de fusión 334.3
- - viento . . . 350.3
-, obtenido por el 135.3
Caldaia a batterie 154.4
- - bollitori . . 154.2
- - cilindri . . 554.1
- - circolazione 153.3
- - correnti contrarie 153.1
- - - dello stesso senso 153.2
- - focolare interno 154.5
- - - - con bollitori trasversali 154.7
- - - ondulato 154.6
- - gran volume d'acqua 152.8
- - mano . . . 477.5
- - piani . . . 153.9
- - piccolo volume d'acqua 152.7
- - tubi d'acqua 155.3
- - - di fumo 155.1
- - vapore . . . 152.1
- - - a bassa pressione 152.6
- - - - media pressione 152.5
Caldaia a vapore ad alta pressione 152.2
- ausiliare . . . 153.6
- cilindrica composta 154.3
- combinata . . 153.8
- da locomobile 155.2
- di colata . . 477.4.8
- - ferro imbottito 478.4
- - - stampato 478.4
- - passaggio per la seconda stagnatura 553.10
- - riserva . . . 153.5
- generatrice di vapore 178.8
-, impianto coperto di -e 151.8
-, - di -e . . . 151.5
-, - scoperto di -e 151.7
- in servizio . . 153.4
- orizzontale . 152.3
- per il grasso 553.3
- - la spazzolatura 553.8
- - latta stagnata 553.2
- - lo stagno . 553.6
- semplice . . . 153.7
- verticale . . . 152.4
Caldeo . . 86.5, 104.2
- de resistencia 570.5
- por induccion 568.8
- previo 346.9, 347.5
Caldera . . . . 26.5
- autoclave . . 178.8
- auxiliar . . . 153.6
- cilindrica múltiple 154.3
- combinada . 153.8
- con hervidores sobrepuestos 153.9
- - hogar interior ondulado 154.6
- - tubos de agua 155.3
- - - - humo . 155.1
- de cilindros 554.1
- - circulación 153.3
- - corriente directa 153.2
- - corrientes invertidas 153.1
- - estaño . . . 553.6
- - Galloway . 154.7
- - gran volumen de agua 152.8
- - hervidor . . 154.2
- - hervidores múltiples 154.4
- - hogar interior 154.5
- - - - con hervidores transversales 154.7
- - lavado . . 553.8.10
- - pequeño volumen de agua 152.7
- - reserva . . 153.5
- - servicio . . 153.4
- - vapor . . . 152.1
- - - de alta presión 152.2
- - - - baja presión 152.6

Caldera de vapor de media presión 152.5
- - - horizontal 152.3
- - - vertical 152.4
- escaleriforme 153.9
-, instalaciones de -s 151.5.6
-, instalación de -s al aire libre 151.7
- para grasa . 553.3
- - hoja de lata 553.2
- semifija . . . 155.2
- sencilla . . . 153.7
- tubular . . . 155.1
Caldero . . . . 341.7
- de colada . . 341.6 477.4.8
- - grúa . . . . 478.8
- - - con horquilla 479.1
- - hierro embutido 478.4
- fijo . . . . . 478.7
- montado sobre ruedas 478.6
- para horca . 478.1
Caldissimo, andamento 353.1
Caldo . . . . . 408.3
Cale . . . . . 301.10
Cale de bateau 562.2
Calefacción . . 319.2 367.9
- de las calderas 360.3
- directa . . . 463.2
- indirecta . . 463.1
- por arco voltáico 566.1
- - resistencia 570.5
Calentado . . 297.11
Calentador, aparato - del aire 318.4
- de bierro del aire 318.5
- del aire con tubos suspendidos 318.7
- - - de ladrillos refractarios 320.5
- - - sistema Cowper 320.8
- - - Whitwell 320.6
- horizontal del aire 318.6
-, horno (v. horno)
- vertical del aire 319.1
Calentamiento 85.6 86.5
- á fuego abierto 120.4
- de la cabeza del lingote 485.7
- - resistencia . 570.5
- del alquitrán 120.2
- - - por vapor 120.3
- por arco voltáico 566.1
- - el fondo . . 385.6
- - inducción . 568.3
- previo . . . . 347.5
Calentar . 336.4, 473.6
- al rojo . . . . 385.7
- el caldero . . 479.3
- la fundición . 374.3
Calibrado . 39.1, 514.4
- del tren . . . 514.3
Calibrage des cylindres 514.3
Calibrated . . . 39.1
Calibrato . . . 39.1
Calibre . . 36.11, 444.8
- à mâchoire . 40.1
- amovible . . 446.3
- -mâchoire . . 40.1
Calibre . . 38.10, 444.8
- de compás . 40.1
- - precisión con graduación micrométrica 39.5
- - tornillo . . 39.3
- micrométrico 39.4
- para agujeros 39.8
- - alturas . . 39.7
- - chapa . . . 40.2
- - diámetros interiores 39.6
- - huecos . . . 39.7
- - medir gruesos 39.2
- - profundidades 39.7
Calibré . . 39.1, 514.4
Calibrer . . . . 445.6
- le moule . . . 445.7
Calibro 36.11, 38.10, 39.6
- a corsoio . . 39.2
- - mascelle . . 40.1
- - vite . . . . 39.3
- di profondità 39.7
- intermediario 516.6
- micrometrico 39.5
- per diametri 39.8
- - fori . . . . 39.8
- - lamiere . . 40.2
Calice . . . . . 186.2
Calidad . . . 32.1.2.3
Caliente, marcha 352.7
-, - - exagerada 353.1
Caliper, -s . . . 40.9
- gauge . . . . 40.1
-s inside . . . 41.3
-s outside . . . 41.2
- square . . . . 39.2
Caliza . . . . . 111.2
Calizar el alambre 537.3
Calizo . . . . . 78.1
Callotta . . . . 321.7
Calmarse . . 385..2
Calmer, laisser se 486.1
-, se . . . . . 385.12
Calo . . . . . . 90.2
- degli elettrodi 567.3
Calomel . . . . 209.6
Calomelano . . 209.5
Calor . . . . . 86.1
- acumulado . 408.1
- crítico . . . 272.10
- de combinación 223.1
- - disociación 262.6
- - fusión . . . 474.2
- - incandescencia 86.10
- - ionización 264.1
- - la reacción 222.7
- - los gases del alto horno 346.5
- del hierro y de la escoria 346.4
- latente . . . . 272.6
Calor rojo . . . 86.11
- rosso, al 385.7, 544.1
Calore critico 272.10
- d'incandescenza 86.10
- d'ionizzazione 264.1
- del gas alla bocca del forno 346.5
- della ghisa e della loppa 346.4
- - reazione . . 222.7
- di combinazione 223.1
- - dissociazione 262.6
- - tempera . . 543.6
- immagazzinato 408.1
- latente . . . . 272.6
- rosso . . . . . 86.11
Calórico . . . . 222.6
Calorifère . . . 383.9
Calorífero . . . 383.9
Calorific effect 108.11
- value . 108.10, 109.5
- -, gross . . . 109.1
- -, net . . . . 109.2
Calorifico . . 108.10
Calorífico . . 108.10
Calorifique . 108.10
Calorimeter . . 110.1 180.6
Calorimètre . . 110.1 180.6
Calorimetric . . 110.2
- method . . . 109.6
Calorimetrico . 110.2
Calorimétrico 108.11
Calorimétrique 109.6
Calorimetro . . 109.6 110.1, 180.6
Calorímetro . . 109.6 110.1, 180.6
Calotte . 321.7, 389.9 390.1
- en caoutchouc 198.2
Cam . . . . . . 496.5
- drum . . . . 496.4
- shoe . . . . . 496.6
Cámara de aire 502.1
- - calefacción 319.2
- - calentamiento 85.6
- - chispas . . 467.6
- - depuración 140.9
- - filtración . 140.9
- - lavado . . . 177.6
- - pozo . . . . 141.4
- - recuperación 320.9
- - refrigeración 329.5
- - secado . . . 462.8
- lateral . . . . 316.6
- para el polvo 409.2
- - la preparación del hidrógeno sulfurado 177.1
Camber . . . . 298.1
Cambiable 390.9, 391.2
Cambiamento del senso di laminazione 531.11
Cambiamento di concentrazione dell' elettrolito 259.4
- - marcia . . . 532.3
- improvviso di temperatura 118.7
Cambiar canale 535.3
- las canales . . 535.3
Cambiare . . . 376.3
Cambio di profili 522.8
Cambio brusco de temperatura 118.7
- de los análisis 227.8
- - marcha . . 532.2
- - -, aparato de 532.7
- - perfil . . . 522.8
- - sección . . 503.2
- repentino de temperatura 118.7
Came . . . . 496.4.5
Camera d'aria 394.7 502.1
- - aspirante . 145.2
- - premente . 145.4
- del pozzo . . 141.4
- della polvere 409.2
- - scoria . . . 409.3
- di asciugatura 462.8
- - decantazione 140.9
- - distribuzione 499.8
- - lavaggio . . 177.6
- - raffreddamento 370.6
- - riscaldamento 85.6, 319.2
- laterale . . . 316.6
- parascintille . 467.6
- per l'idrogeno solforato 177.1
- refrigerante . 329.5
Camicia . . . . 446.2
- esterna . . . 304.9
-, falsa . . . . . 304.7
- libera . . . . 305.3
- refrattaria . . 304.5
Camino . 372.9, 149.3 358.6
- del aire . . . 408.8
- - cubilotto . 467.5
- - gas . . . . 408.7
- indipendente 165.4
Camion . . . . 561.5
Camionage . . 561.5
Camisa . 304.8, 446.2
- de la cuba . 305.6
- - ladrillos . . 390.6
- refractaria . . 304.5 390.5
Campagna d'un forno 413.3
- del forno . . 344.8
Campagne d'un four 413.3
- - fourneau . 344.8
Campana . . . 309.9
-, a forma di . 309.10
- da pompa pneumatica 178.3
- di vetro . . . 189.3
- Hutter . . . . 407.2
Campana 78.7, 309.9
- de la bomba neumática 170.3
- - - chimenea 389.1
- - vidrio . . . 189.3

Campana, en forma de 309.10
- Hutter . . . . 407.2
Campaña de un horno 413.3
- del horno . . 344.8
Campionatura . 227.9
Campione 30.6, 227.10
- di scoria . . 401.10
- essiccato . . . 231.9
- medio . . . 227.11
- ottenuto con attacco acido 277.8
-, prendere il . 339.3
-, preparazione dei -i 174.9
Campo di colata 339.4
-, intensità del 92.11
- magnetico . . 92.9
- visivo . . . . 279.4
Campo de la lente 279.4
- - visión . . . 279.5
-, intensidad de 92.11
- magnético . . 92.9
Canal . . . . . 85.7
- annulaire . . 312.5
- d'admission de l'air comprimé 501.8
- d'aspiration . 175.2, 501.7
- de fumée 85.8, 417.9
- - la sole . . . 104.1
- - pompage . 485.2
- - retour . . . 471.8
- - transporteur 139.6
- - ventilation 175.2
- pour recueillir le plomb 290.6
Canal 85.7, 388.7, 468.8, 514.5, 522.6
- abierta . . . 515.9
- acabadora . 516.4.7
- alargadora . 516.1
- anular . . . . 312.5
- ascendente de gases calientes 408.5
- cerrada . . 515.10
- ciega . . . 516.10
- colectora . . 164.5
-es con muescas 518.1
- cuadrangular 517.2
- dando la forma del perfil 516.6
- de agujerear 485.2
- - aspiración . 501.7
- - canto . . . 516.2
-es de cilindro blooming 517.5
- - colada 300.5, 395.8, 443.3, 468.7
- - - acodada . 444.1
- - - circular . 444.3
- - - - con tubos 444.2
- - escape . . . 499.5
- - estirar . . . 516.1
- - fusión . . . 568.5
- - la chimenea 372.7
- - llamas . . . 372.2
- - presión . . 501.8
- - recalcar . . 516.2
- - regreso . . 471.8
- - retorno . . 471.8
- del transportador 139.6
-es derivadas . 340.3
Canal desbastadora 516.3
- excéntrica . . 518.4
- intermedia . . 516.6
- longitudinal . 460.2
- móvil de rascadores 433.3
- ojival . . . . 516.11
- ovalada . . . 517.1
-es para bridas 517.10
-es - carriles . 517.7
-es - hierro de clavos 518.3
- - hierros cuadrados 517.3
- - - planos . . 517.3
-es - - zorès . . 517.9
-es - placas de asiento 517.11
-es - recoger el plomo 290.6
-es - sillas . . 517.11
-es - traviesas 517.8
- - verter . . . 181.8
-es - vigas . . 517.6
-es perfiladas . 517.4
- primera . . . 516.5
- transportadora 139.5
- - de rascadores 433.3
Canala . . . . . 388.7
- di colata . . 395.8
Canale . . 85.7, 514.5
- aperto . . . . 515.9
- ascendente . 372.3
- che va al camino 372.2
- chiuso . . . 515.10
- circolare . . 312.5
- - di fusione . 568.5
- collettore . . 164.5
- d'arrivo del gas 408.4
- d'aspirazione 501.7
- da sfioro . . 439.4
- del camino . 372.7
- - fondo . . . 104.1
- - gas . . . . . 360.5
- dell'acqua . 313.5
- della suola . 104.1
- di circolazione 471.8
- - colata 300.5, 443.3, 468.7
- - - circolare 444.2
- - compressione 501.8
- - derivazione 372.8
- - fusione . . 568.5
- - pompa . . . 485.2
- - riscaldamento 104.2
- - ritorno . . 471.8
- - scarico . . 81.2
- - scolo . . . . 298.6
- - stendimento 516.1
- - stiramento . 516.1
- - trasporto . 139.5
- discendente . 372.4
- eccentrico . . 518.4
-, falso . . . . 516.10
- finitore . . 516.4.7
- interrotto . 518.4
- laterale . . . 417.3
- montante . . 372.3
- ogivale . . 516.11
- ovale . . . . 517.1
Canale per ferro piatto 517.3
- - il fumo . . 417.4
- - la loppa . . 300.1
- - - scoria . . 300.1
- - raccogliere il piombo 290.6
-, primo . . . . 516.5
- principale . . 340.2
- profilato . . . 517.4
- quadrangolare 517.2
- sbozzatore . . 516.3
- secondario . 340.3
- trasportatore a scosse 433.4
- - - spinta . . 433.3
- - oscillante . 433.4
- trasversale . 417.2
-, ultimo . . . . 516.7
- verticale del gas 408.6
- - - - caldo . 408.5
Canalisation aérienne 171.4
- électrique . . 168.7, 171.3
- souterraine . 171.5
Canalización eléctrica 168.7
Canalón de fusión anular 568.6
- transportador á sacudidas 433.2
Canalone . . . 139.5
- di gettata . . 181.8
Canapa . 429.6, 444.5
Cancellation of agreement 559.9
Candelabre . . 171.8
Candelero . . . 523.7
Candle power . 280.9
Cangilón . . . 139.9
Cannel coal . . 99.12
Cannelé . . . . 514.4
Cannello della spruzzetta 186.4
- ferruminatorio 234.8
Cannelure . . 504.4, 514.3.5
-s à bossages . 518.1
-s - entailles . 518.1
-s - rails . . . 517.7
-s - traverses . 517.8
- - vide . . . 516.10
- d'étirage . . 516.1
-s de blooming 517.5
- - champ . . . 516.1
-, dernière . . . 516.7
- ébaucheuse . 516.3
- emboitée . . 515.10
- excentrique . 518.4
- fermée . . . 515.10
- finisseuse . 516.4.7
- intermédiaire 516.6
- interrompue . 518.4
- ogive . . . 516.11
- ouverte . . . 515.9
- ovale . . . . 517.1
-s pour éclisses 517.10
-s - fer à clous 518.3
- - -s carrés . . 517.3
- - -s plats . . 517.3
-s - -s zorès . . 517.9
-s - plaques . 517.11
-s - poutrelles 517.6
Cannelure, -s pour selles 517.11
-, première . . 516.5
-s profilées . . 517.4
- quadrangulaire 517.2
- refouleuse . . 516.2
Cantidad de agua 140.2
- - - distribuida por hora 140.3
- - luz . . . . 280.10
- - viento . . . 238.7
- necesaria de agua 140.4
-es quimicamente equivalentes 257.7
Canto . . 86.5.9, 516.2
-, puesto de . 321.10
- vivo . . . . . 423.6
Cantonale . . 19.10
- a bordino . . 21.5
- - lati disuguali 20.3
- - - uguali . . 20.1
- ad angolo tondo 20.4
- - - vivo . . . 20.5
Caña, media 19.6, 423.7
Cáñamo 429.6, 444.5
Caño, -s de la escoria 300.1
Caolina . . . 116.13
Caoutchouc . . 197.1, 546.4
- durci . . . . 202.1
- ware . . . . 197.1
Cap . . . . . . 188.7
-, removable . . 524.4
- stopper . . . 188.7
Capa . . . . 56.3, 57.1
- de acero de la plancha de blindaje 27.9
- - carbón incandescente 405.7
- - escoria 338.4, 566.9
- - fundición dura de estructura blanca radiada 488.7
- - metal . . . 567.1
- - moho . . . 550.2
- - orín . . . . 550.2
- - óxido 550.2, 552.6
- - - de hierro 414.6
- de pintura . . 550.5
- filtradora . . 147.2
- inferior . . . 282.7
-, por -s . . . . 391.9
Capacidad 125.5, 240.4, 257.4
- de polarización 264.4
- - producción 555.3
- - resistencia del recipiente 261.2
- - temple . . 543.2
- del alto horno 344.9
Capacità 125.5, 240.11
- del forno . . 344.9
- di polarizzazione 264.4
- - resistenza del recipiente 261.2
Capacité . 125.5, 257.4
- de polarisation 264.4

Capacité de production 555.3
- - résistance de la cuve 261.2
- - - du récipient 261.2
- - trempe . . 543.2
- du fourneau 344.9
Capacity . 91.10, 125.5 344.9, 555.3
- of a central station 167.9
-, total . . . . . 555.1
- value . . . . 257.4
-, yearly . . . . 555.2
Caperuza de goma 198.2
Capilar . . . . 185.6
Capillaire . . . 185.6
- d'arrivée du gaz 270.6
Capillare . . . 185.6
-, tubo . . . . . 270.6
Capillary bottle 185.6
Capo del laboratorio 173.3
- -forno . . . . 332.6
- -servizio . . . 332.4
Capovolgere la staffa . . . . 442.5
Cappa d'aspirazione 175.2
- del camino . 389.1
Cappelletto di bottiglia 188.7
Cappello 313.8, 378.1 406.2 505.6, 522.10
- avvitato . . . 524.4
- di guardia . . 28.5
- inchiavardato 524.4
Cappuccio di gomma 198.2
Capsula . 202.4, 235.3 247.5
- di combustione 248.9
- - piombo . . 199.7
- - platino . . 195.2
- - - per incenerazione 195.4
Cápsula . 202.4, 261.6
- de aluminio para pesadas 240.1
- - asbesto . . 201.2
- - combustión 248.9
- - evaporación 247.5
- - filtración . 245.6
- - platino . . 195.2
- - - para incineraciones 195.4
- - plomo . . . 199.7
- para baño de arena 248.4
Capsule . 202.4, 261.6
- à filtrer . . . 245.6
- d'amiante . . 201.2
- d'évaporation 247.5
- de combustion 248.9
- - pesée en aluminium 240.1
- en platine . . 195.2
- - - pour incinérations 195.4
- - plomb . . . 199.7
- pour bain de sable 248.4
Capsulé . . . . 261.6
Captación de agua 140.7
- - - subterránea 141.1
Captage d'eau souterraine 141.1
- d'une source 141.2
- de l'eau . . . 140.7
Capuchon de flacon 188.7
Cara de fusión 47.8
Caractère du minerai 65.6
Característica del mineral 65.6
Carattere agglutinante 103.1
Caratteristica del minerale 65.6
Carbide . . . 215.11
- carbon . . . 215.10
- of iron . . . 283.6
Carbon 181.4, 214.9
-, amorphus . . 215.8
- bisulphide . . 212.4
- borer . . . . 235.5
- brick 117.10, 306.8
- electrode . . 566.7
- -, suspended . 566.8
- holder . . . . 235.4
- monoxide . . 375.3
- - contents . . 360.4
- saw . . . . . 235.6
-, solid . . . . . 418.7
- steel . . . . . 16.8
- -, low . . . . 11.6
- -, medium and high 11.5
Carbon fossile . 69.1
Carbon aglutinante 99.3
- bruto . . . . 100.7
- comprimido 343.11
- de abedul pulverizado 419.3
- - cuerno . . 419.5
- - cuero . . . 419.4
- - fragua 99.10, 107.6
- - hueso . . 419.12
- - llama corta 99.5
- - - larga . . 99.1
- - madera de coniferas 418.10
- - piedra . . . 98.7
- - tamaño de almendra 101.2
- en grandes pedazos 100.9
- - pedazos de tamaño medio 101.1
- - polvo . . . 101.6
- fino . . . . . 101.4
- fósil . . . . . 98.7
- -galleta . . . 101.1
- granulado . . 101.4
- incandescente 405.7
- lavado . . . . 102.1
- machacado grueso 100.9
- menudo . . . 101.3
- para cok . . 100.2
- tal como sale de la mina 100.7
- vegetal 4.1, 98.2.3
- - de hojas . . 418.9
Carbonado . . 60.4
Carbonaia . . . 98.4
Carbonatado . 68.6
Carbonate of ammonium 206.8
- - barium . 220.10
- - iron . . . . 68.4
- - lime . . . . 220.2
- - magnesia . 220.6
- - manganese 69.7
- - potassium . 205.8
- - sodium . . 205.9
Carbonate d'ammoniaque 206.8
- de baryum 220.10
- - chaux . . . 220.2
- - fer . . . . . 68.4
- - magnésie . 220.6
- - manganèse 69.7
- - potasse . . 205.8
- - soude . . . 205.9
Carbonaté . . . 60.4
Carbonato . . . 68.9
- ammonico . . 206.8
- di bario . . 220.10
- - calce . . . . 60.5
- - calcio . . . 220.2
- - ferro . . . . 68.4
- - magnesio . 220.6
- - manganese 69.7
- - potassa . . 205.8
- - soda . . . . 205.9
- - zinco . . . 71.8
- potassico . . 205.8
- sodico . . . . 205.9
Carbonato amónico 206.8
- de bario . . 220.10
- - cal . . . . . 220.2
- - cinc . . . . 71.8
- - hierro . . . 68.4
- - magnesia . 220.6
- - manganeso 69.7
- potásico . . . 205.8
- sódico . . . . 205.9
Carbone . 214.9. 16.8
- amorphe . . . 215.8
- de cémentation 215.10
- - trempe . . . 215.9
- solide . . . . 418.7
Carbone . . . . 566.7
- a corta fiamma 99.5
- - cubi . . . . 101.1
- - fiamma lunga 99.1
- agglutinante 99.3
- - a fiamma lunga 99.8
- bituminoso . 99.3
- compresso . 343.11
- d'ossa . . . 418.12
- da coke . . . 100.2
- - fucina . . . 99.10
- - gas . . . . 100.1
- di betulla in polvere 419.3
- - cementazione 215.10
- - corno . . . 419.5
- - cuoio . . . 419.4
- - fucina . . . 107.6
- - legna . . 4.4 98.2, 418.9.10, 430.1
- - storta . . . 117.11
- fossile . . . . 98.7
- - minuto . . 101.5
- grasso a fiamma lunga 99.7
- - propriamente detto 99.2
Carbone grezzo di miniera 100.7
-, grossezza del 100.8
- in pezzetti . . 101.4
- - pezzi . . . 100.9
- - - grossi come una noce 101.2
- - polvere . . 101.6
- incandescente 405.7
- lavato . . . . 102.1
- magro . . . . 99.6
- preparato . . 102.1
- sabbioso a fiamma lunga 99.9
- semigrasso . 99.4
Carbonella . . 101.3
Carbonera . . . 98.4
Carbonic acid 60.4, 215.13
- - hardening . 545.4
- oxide . . . . 375.3
Carbonico . . . 81.8
Carbónico . . . 81.8
Carboniera . . 100.5
Carbonifero . . 114.6
Carbonilla . . . 155.7
Carbonio . . . 214.9
- amorfo . . . 215.8
- di ricottura . 215.7
- - tempera . . 215.9
- solido . . . . 418.7
Carbonioso . . 69.1
Carbonique . . 81.8
Carbonisation 102.6, 105.8, 348.5.6
Carbonisé . . . 337.2
Carbonised . . 337.2
Carboniser . . 427.7
Carbonising period 106.1
- zone . . . . . 347.3
Carbonizado . 337.2
Carbonizar . . 427.5
Carbonize, to . 427.7
Carbonizzare . 427.7
Carbonizzato . 337.2
Carbono . 16.8, 214.9
- amorfo . . . 215.8
- de cementación 215.10
- - recocido . . 215.7
- - temple . . . 215.9
- sólido . . . . 418.7
Carborundo . . 15.5
Carborundum 15.5, 344.1
Carborúndum . 344.1
Carboy . . . . 175.5
- filling apparatus 175.7
- filter . . . . . 175.6
- tipper . . . . 176.1
Carburación 347.3, 348.5
- por el carbono sólido 418.7
Carburant . . . 398.7
Carburante . . 398.7
Carburation 347.3, 348.5
- par le carbone solide 418.7
Carburazione . 348.5
- col carbonio solido 418.7
Carbure de fer 215.11
- - silicium 15.5, 344.1

Carburisation . 348.5
- by means of solid carbon 418.7
- material . . . 398.7
- zone . . . . . 347.3
Carburo di ferro 215.11
- - silicio 15.5, 344.1
Carburo de hierro 215.11
- de silicio 15.5, 344.1
Care of the furnace lining 475.3
Carga . 105.1, 122.2, 240.12, 333.4.6, 373.10, 409.7, 560.3
- automática . 331.5
- caliente . . . 565.3
- completa . . 562.9
- continua . . . 161.7
- de aire . . . 509.1
- - cok solo . . 337.7
- - combustible 335.3
- - escorias . . 375.6
- - fundición . 473.9
- - los minerales 86.3
- - mineral 334.1, 335.2
- del convertidor 395.7
- - crisol . . . 385.1
-, disposición de - automática 308.9
-, - - - de la boca 208.8
-, echar la . . . 335.1
- especial . . 473.10
- fría . . . . . 565.2
- fundida . . . 565.3
-, instalación de - con grúa giratoria móvil de vía alta 127.7
- máxima 125.4, 241.1
- mecánica . . 157.1
- - del emparrillado 156.8
- parcial . . . . 562.7
- pequeña de fundición 374.1
- por cable aéreo 331.7
-, puerta de . . 161.8
- suplementaria 562.8
Cargadero . . . 86.1
Cargador, aparato - para minerales 123.1
- de minerales 332.9
Cargaison complète 562.9
- partielle . . . 562.7
- supplémentaire 562.8
Cargamento . . 333.4
Cargar . . 104.8, 335.1, 374.2, 409.9, 415.3
- á mano . . . 155.7
-, aparato de . 433.1
-, disposición para 406.1
- el emparrillado automáticamente 157.2
- - - mecánicamente 157.2
- las cajas . . . 417.5
-, máquina para (v. máquina)
Cargo, full . . 562.9
-, partial . . . . 562.7
Cargo, supplementary 562.8
Carica . 344.6, 373.10, 409.7
-, apparecchio di 406.1
- bianca . . . . 337.7
- calda per il forno 565.3
- dei minerali . 86.3
- di coke . . . 473.7
- - combustibile 335.3
- - ghisa 374.1, 395.9, 473.9
- - minerale . . 334.1, 335.2
- - un forno . 573.2
-, fare la . . . . 335.1
- fredda per il forno 565.2
- liquida per il forno 565.3
- meccanica del focolare 156.8
- per il forno . 565.1
- speciale . . 473.10
Caricamento . 122.2, 333.4, 560.3
- a ferrovia aerea 331.7
-, apparecchio di 308.8
- automatico . 308.9, 331.5
- compresso . . 335.7
- del convertitore 395.7
- delle scorie . 375.6
-, sistema di . . 308.8
Caricare . 104.8, 335.1, 374.2, 409.9
- a mano . . . 156.7
- il focolare meccanicamente 157.2
- - minerale . . 332.9
- le casse . . . 417.5
Caricato . . . . 565.1
Caricatore, apparecchio 433.1
- per minerali . 123.1
Caricatrice a gru 410.5
-, macchina . . 410.1
Carico . . . . 240.12
- completo . . 562.9
- d'aria compressa 509.1
- massimo . . . 241.1
- parziale . . . 562.7
- supplementare 562.8
Carmin . . . 212.10
Carmine paper 212.10
Carminio . . 212.10
Carneau à gaz vertical 408.6
- collecteur . . 164.5
- conduisant à la cheminée 372.2
- de chauffage 104.2
- - dérivation . 372.8
- - fumée . . . 85.8
- - la cheminée 372.7
- latéral . . . 417.3
- montant de gaz chauds 408.5
- transversal . 417.2
Carneol . . . . 238.1
Carpenter's gauge 40.4
Carpintería de modelos 422.1
Carrello di colata 476.1
- - gru per colata 476.8
- - - - fonderia 476.3
- mobile . . . . 126.6
- portastaffa . 454.4
Carrera, altura de la 502.7
Carretilla de carga 332.1
Carriage . 126.6, 392.3
- fittings . . . . 24.9
- frame . . . . 477.2
- spring . . . . 25.1
Carrier . . . . 478.5
Carril . . . 22.2, 24.6
- armado . . . 404.6
- de tranvía . . 22.8
- del puente de báscula 133.8
- para minas . 22.9
- - vía ancha . 22.6
- - - de tipo normal 22.6
- - - estrecha . 22.7
Carro aperto . 125.2
- chiuso . . . . 125.3
- da lingotti . 527.4
- di colata . . 477.1
- per il caricamento dei lingotti 529.3
- - secchioni da colata 477.3
- - stufa . . . . 463.3
- - trasporto di minerali 133.2
- trasbordatore 124.3
Carro . . . . . 561.5
- de la estufa . 463.3
- - - grúa . . . 126.6
- - - - para fundición 476.3
- - maniobra telescópico 392.3
- - máquina para retirar moldes 448.4
- para cargar lingotes 529.3
- - enhornar lingotes 529.3
- porta-crisol . 477.3
- - -moldes . . 454.4
Carrying capacity 125.4
Carta al carminio 212.10
- albuminata 212.12
- all'albumina 212.12
- - amido . . . 213.2
- - - ed ioduro di potassio 213.4
- - ioduro di potassio 213.3
- alla curcuma 212.9
- - fenolftaleina 212.13
- - sabbia . . . 203.4
- Congo . . . 212.11
- da filtro . . . 244.5
- di guttaperca 197.3
- - tornasole . 212.8
- ozonoscopica 213.1
- -pergamena . 201.7
Carta reagente 212.7
- reattiva . . . 212.7
- smerigliata . 275.8
- vetrata . . . 203.2
Carta de porte 560.4
Cartage . . . . 561.5
Carton d'asbeste 200.11
- en guttapercha 197.3
- indicateur du poids 184.4
Cartón de asbesto 200.11
- - gutapercha 197.3
Cartone d'amianto 200.11
- d'asbesto . 200.11
Casa de calderas 150.1
- - máquinas . 149.9
- - mezcla . . . 334.7
- - socorro . . 150.5
- para obreros 151.2
Casca del curtido 429.5
Cascarilla procedente de la laminación 35.6
Casco de fundición 464.8
Case . . . . . . 236.8
- hardening . . 417.9
Cased-in blower 471.7
Casing . . . . . 378.4
- shell . . . . 470.10
Casquillo . . . 136.4
- de cojinete . 496.1
Cassa del contrappeso 508.4
- - portiere . . 149.5
- - vento 394.7, 466.9
- della valvola 322.3
- di cementazione 416.7
- - fondo con manicotto 319.3
- - raffreddamento 296.7
- - regolazione 467.1
- per la cenere 164.1
- - raccogliere le polveri 316.7
Cassage des gueuses 463.4
Cassant . . . . 44.6
Casse-gueuses sur roues 465.1
- -pierres . . . 78.8
Casser . . . . 463.8.10
- en morceaux 77.1
Casserole . . . 193.6
- d'évaporation 247.4
Casseruola . . . 193.6
Cassetta . . . . 282.3
- che riceva l'acqua dal fondo 544.9
- d'acqua . . . 544.6
- - per raffreddamento 371.4
- del sopporto . 496.1
- della bilancia 236.8
- di caricamento 410.8
- - cementazione ossidante 415.2
- in materiale refrattario 414.7
- per la forma 121.7
- - - tempera . 416.8

Cassetta per pesi 239.2
- - rottami piccoli 411.2
Cassetto cilindrico 499.6
- d'ammissione del vapore 499.7
- di distribuzione 499.9
- resistente agli acidi 189.1
Casseur à gueuses hydraulique 465.2
- de gueuses . 464.9
- - - fixe . . 464.10
Cassin . . 364.2, 370.6
Cassure 44.9, 45.1.2, 47.3
- en sifflet . . 44.10
- par tension . 50.2
Cast . . . . . . 25.12
-, hollow . . . 369.7
- iron 6.1, 7.3.4, 312.4 475.1
- -, alloy . . . . 9.1
- -, charcoal hearth 7.6
- - crown . . . 294.5
- -, malleable . 12.6
- - muffle . . . 541.6
- -, refined . . 5.2
- - ring . . . . 294.9
- -, special . . . 9.1
- on . . . . . . 294.10
- steel . . . . . 322.7
- -, crucible . . 11.7
- -, hard . . . . 488.5
- -, soft . . . . 488.4
-, to - from two sides 482.3
-, - - over the lip by tipping 481.5
-, - - the iron . 481.4
-, - - through the plug hole 481.6
Castaña . . . 175.5.6
Castello d'acqua 145.7
Castina 111.2, 349.10 397.9
Castine . 111.2, 117.3 349.10, 397.9
Casting, -s 6.1, 31.9 486.9
-, acid proof -s . 7.2
- bed . . . . . 340.1
- box . . . . 439.13
- carriage 476.1, 477.1
-, cast iron -s . 7.4
-, centrifugal . 482.7
- crane . . . . 476.1
-, defective . . . 490.4
-, dry sand . . 487.5
-, fire proof -s . 7.1
-, flat -s . . . . 449.1
- hole . . . . . 494.2
-, hollow . . . . 487.2
- house . . . . 339.4
-s in chills . . . 447.1
- machine . . . 340.8
-, malleable -s 7.5, 12.6 416.2
- of the iron . 481.1
- pit . . . . . . 475.8
- -, semi-circular 475.9
- scrap . . . . 491.8
-, solid . . . . . 487.1
-, spoiled . . . . 489.1
- stress . . . . 488.8
-, structural . 487.10
-, tangential . . 482.6
Casting temperature 482.2
-, the - fails . 488.11
-, thin walled 486.11
- wheel . . . . 341.4
Catalan hearth 362.2
-, forge -e . . . 362.2
-, scorie -e . . . 112.7
Catalán, forja-a 362.2
-, horno . . . . 112.7
-, método . . . 362.1
Catalanian furnace slag 112.7
Catalano, metodo 362.1
Catch . . . . 136.3.5
-, detachable forged 136.6
- device . . . . 331.3
- member . . . 136.7
Catcher . . . 312.10
-'s side . . . . 531.4
Catching of the sparks 468.2
Catena . . . . . 311.6
- senza fine . . 340.9
Catetometro . . 181.1
Catetómetro . . 181.1
Cathetometer . 181.1
Cathétomètre . 181.1
Cathion . . . . 257.9
Catión . . . . 257.9
Catione . . . . 257.9
Catrame . . . . 95.9
-, ricco di . . . 405.6
Caucho . . . . 197.1
Caulino . . . . 46.6
Caustic potash 204.12 204.13
- - solution . . 205.2
- soda . . . . . 205.1
- - solution . . 205.3
Caustico . . . 204.12
Cáustico . . . 204.12
Caustique . . 204.12
Cavador de vapor 58.4
Cavalier . . . 239.7.8
Cavaliere . . 239.7.8
Cavalletto 125.8, 454.2
- di sopporto del convertitore 392.5
- per la trave elastica 496.8
- posteriore . 496.10
Cavallo, ferro da 28.10
Cavar . . . . . 438.8
Cave aux cendres 163.8
Caverna . . . . 2.8
Caverne . . . . 2.8
Caverneux . 484.2.4.7
Cavernoso . 484.2.4.7
Cavidad 386.8, 483.11 484.1
Cavità 35.8, 386.6, 484.1
Cavité . 386.8, 483.12 484.1
Cavity . . . . . 484.1
Cavo metallico 330.8 331.2
Cazuela . . . . 78.3
Cazzuola . . . 437.7
Cease, to - charging 354.10
Cebolla . . . . 342.5
Ceinture . . . . 392.6
- en fer plat . . 295.5
- intermédiaire 394.9
- porte-vent . . 324.4
Celeste . . . . 548.2
Cell . . . . . 265.8.9
Cellar . . . . . 163.8
Cello de acero 294.7
- - fundición . 294.9
- - hierro forjado 294.6
- - llanta . . . 295.5
Cellulaire . . . 46.7
Cellular . . . . 46.7
Cellulare . . . 46.7
Celosía de la viga 308.2
Celular . . . . 46.7
Cement . 319.5, 426.2
- copper . . . . 90.7
- steel . . 13.1, 416.3
Cément, placer dans le 415.10
Cementación 215.10 416.3
- oxidante . . . 414.4
Cementado . . 13.2
Cementar . . . 418.8
Cementation furnace 416.5
- -, English . . 416.6
- of malleable iron 414.4
- powder . . . 418.8
- process . . . 416.3
Cémentation . 13.1 416.3
- de fer malléable 414.4
- oxydante . . 415.6
Cementato . . . 13.1
Cementazione . 13.1 416.3
- ossidante 414.4, 415.2
Cémenté . . . . 13.1
Cémenter . . . 416.5
Cementing box 415.2 416.7
- carbon . . . 215.10
- material . . . 415.5
- powder . . . 418.8
- power . . . . 428.1
Cementita . . . 283.6
Cementite . . . 283.6
Cémentite . . . 283.6
Cemento armato 289.7
- calcare . . . 117.9
- di loppa . . . 359.6
Cemento calcáreo 107.9
-, colocar en el 415.10
- de escoria de alto horno 359.6
- para hierro . 319.5
Cendre . . . . 101.9
- de bois . . . 431.4
Cendrier 163.6, 164.1 368.4
- maçonné . . 540.3
Ceneraio 163.6, 368.4
Cenere . . . . . 101.9
- di carbone di legna 117.12
- - legno . . . 431.4
- umida . . . . 546.2
- volante . . . 164.4
Cenicero 163.6, 164.1 368.4
Ceniza . . . . . 101.9
- de carbón vegetal 117.12
-s de madera . 431.4
- húmeda . . . 546.2
-s vegetales . . 431.4
Centering, machine for (s. machine)
Centinato . . . 534.5
Central station, electric 165.5
Central . . . . 167.9
- de alumbrado 165.8
- - distribución 165.7
- - electricidad 165.5
- - fuerza motriz 166.1
- eléctrica . . . 165.5
Centrale . . . . 167.9
- d'éclairage . 165.8
- de distribution 165.7
- - force motrice 166.1
- électrique . . 165.5
Centrale elettrica 165.5
- per forza . . 166.1
- - luce . . . . 165.8
Centrare le staffe 454.7
Centreing frame 451.3, 454.7
- moulding machine 454.6
- ring . . . . . 451.3
Centrer les châssis 454.6
Centreux . . . 451.3
Centrifugal . . 79.4
- apparatus . . 176.3
Centrifuge . . . 79.4
Centrifugo . . 79.4
Centrífugo . . 143.7
Centro . . . . . 515.6
Ceñir con llantas de hierro 303.2
Cepillar . . . . 84.3
Cepillo 437.10, 490.10
- circular para limpiar fundición 491.3
- con barba . . 491.1
- de cáñamo . 553.9
- para aristas . 491.1
Ceppo . . . . . 498.2
Cera . . 424.12, 546.10
- da modelli . 424.5
Cerchiare in ferro 303.2
Cerchiatura . . 512.2
Cerchio . 231.2, 295.5
- d'acciaio . . . 294.7
- di ferro battuto 294.6
Cercle . . . . . 231.2
- de fer . . . . 303.2
- - fourneau de cuisine 455.1
- en acier . . . 294.7
- - fer forgé . 294.6
Cerco . . . . . 231.2
Cerino . . . . 459.5
Cernido . . . . 432.4
Cerniera . . . 131.4
Cerrado . . . . 103.7
Cerrar con sello 234.4

Certificado de análisis 227.4
Certificat d'analyse 226.9, 227.4
Certificate . . . 227.4
Certificato d'analisi 226.9, 227.4
Certified . . . . 178.6
Cerusa . . . . 551.10
Céruse . . . . 551.10
Cerveza ácida . 481.2
Cesoia da lamiera 533.9
- idraulica per blooms 538.5
Cessare le cariche 354.10
Cesser le chargement 354.10
Cessione d'ossigeno 375.4
Cesta de dos partes 129.2
- para secar . . 462.6
Cesto de cok . 336.7
Chain . . 187.9, 311.6
-, endless . . . 340.9
- grate stoker . 157.5
- railway . . 135.10
Chaine . 135.10, 311.6
- à godets . . . 139.9
- sans fin . . . 340.9
Chainon d'entraineur 136.7
Chair pass . . 517.11
Chaise . . . . . 521.7
Chaland . . . . 562.1
Chalcopyrite . 72.2
Chaleur . . . . 86.7
- accumulée . . 408.1
- critique . . 272.10
- d'incandescence 86.10
- d'ionisation . 264.1
- de combinaison 223.1
- - dissociation 262.6
- - fusion . . . 474.2
- - la fonte et du laitier 346.4
- - - réaction . 222.7
- - trempe . . . 543.6
- des gaz du gueulard 346.5
- latente . . . . 272.6
- rouge . . . . 86.11
Chalk . . 113.7, 117.3
Chalking the wire 537.3
Chalumeau . 234.6.8
-, ouvrir au . . 343.6
- oxhydrique . 251.7
Chamber . . . 85.6
- hearth . . . . 286.5
Chambre à air 502.1
- - - de la conduite d'aspiration 145.2
- - étincelles . 467.6
- - poussière . 409.2
- d'hydrogène sulfuré 177.1
- de chauffe 85.6, 319.2
- - filtration . 140.9
- - la prise d'eau 141.4
- - lavage . . . 177.6
- - récupération 407.7
Chambre de refroidissement 329.5
- - séchage . . 462.8
- latérale . . . 316.6
Chamois . . . 202.10
- leather . . 202.10
Chamot . . . 116.12
Chamota . . 116.12
Chamotte . . 116.12
Champ de la lunette 279.4
- - vision . . . 279.5
- du spectre rouge jaunâtre 401.5
-, intensité du . 92.11
- magnétique . 92.9
-, sur . . . . . 321.10
Champignon . 22.5
Change of sectional area 503.2
- - temperature, sudden 118.7
-, to . . . . . . 376.3
Changeability of phases 274.6
Changement de profil 522.8
- - section . . 503.2
- - sens du laminage 531.11
Changer de cannelure 535.3
Channel 21.1. 81.2, 85.7 423.7, 448.3, 471.8
-, circular . . . 312.5
-s for running lead 290.6
Chanvre 429.6, 444.5
Chapa . . . 25.4, 40.2
- bruta . . . . 27.5
- con borde doblado 26.6
- de acero . . . 25.11
- - - dulce . . 25.10
- - - fundido . 25.12
- - aluminio . 199.11
- - Babo . . 199.4
- - blindaje . . 293.9
- - caldera . . 26.8
- - colar la escoria 371.3
- - desecho . . 27.7
- - hierro 25.6, 287.2
- - - pudelado 25.9
- - hogar . . . 26.7
- - la timpa . . 202.4
- - platino . . 194.9
- delgada de hierro 25.7
- desoxidada . 553.1
- enderezada . 27.6
- estampada . 26.12
- estriada 26.11, 308.4
- fina . . . . . 26.1
- gruesa . . . . 26.3
- inclinada . . 316.5
- laminada . . 25.5
- libre de óxido 553.1
- martillada . . 25.8
- mate . . . . 552.11
- negra . . 26.2, 533.3
- ondulada 27.1, 308.4
- - y combada 27.2
- para buques 26.9
- - calderas . . 26.5
- - depósitos . 26.10
- - el cuerpo cilíndrico 26.8
Chapa para embutir 26.6
- perfilada . . 26.4
- perforada . . 27.4
- rayada . . . . 27.3
- rebordeada . 26.6
Chapeau 313.8, 406.2 521.2, 522.10
- boulonné . . 524.4
- en caoutchouc 198.2
Chapelle . . . . 298.8
Chapiteau d'entretoisement supérieur 506.6
Chaplet . . . . 461.7
-, double headed 461.8
Characteristics of the ore 65.6
Charakter des Erzes 65.6
Charbon . . . . 100.5
- à courte flamme 99.5
- - longue flamme 99.1
- brut . . . . . 100.7
- collant . . . . 99.3
- comprimé . 343.11
- d'os . . . . 419.12
- de bois 4.1, 98.2, 285.2
- - - de conifères 418.10
- - - feuillu . . 418.9
- - bouleau pulvérisé 419.3
- - corne . . . 419.5
- - cuir . . . . 419.4
- - forge 99.10, 107.6
- - terre . . . 98.7
- en morceaux 100.9
- fin . . . . . . 101.4
- gailleteux . . 101.2
- gras . . . . . 99.2
-, grosseur du . 100.8
- incandescent 405.7
- lavé . . . . . 102.1
- menu . . . . 101.3
- poussiéreux . 101.6
- préparé . . . 102.1
- pulvérisé . . 101.4
Charbonnage . 100.5
Charcoal 98.2, 418.9
-, animal . . 419.12
- ashes . . . 117.12
- blast furnace 285.2
- dust . . 98.3, 430.1
- heap . . . . . 98.4
- hearth cast iron 7.6
- - steel . . . . 10.4
- iron . . . . . 365.2
- pig iron . . . 4.1
- powder . . 430.1.4
Charge . 86.1, 134.7 240.12, 333.4.6, 373.10 409.7, 565.1
- bogie . . . . 410.4
- book . . . . . 349.4
- bridge . . . . 308.1
- coke . . . . . 473.7
-, cold . . . . . 565.2
-, dense . . . . 335.7
-, general -s . 563.6
-, hot . . . . . 565.3
- labourer . . . 332.9
- level . . . . 467.4
-, molten . . . . 565.3
Charge of coke without ore 337.7
- - fuel . . . . 335.3
- - hoist . . . 333.3
- - ore . . . . . 335.2
- - -s and fluxes 334.1
- - pig . . . . . 374.1
- - throat . . . 333.1
- pig iron . . . 395.9
- shovel . . . 409.10
-, special . . 473.10
-, to 104.8, 335.1, 337.10 374.2, 409.9, 415.3
-, - - the boxes 417.5
- wagon . . . 410.4
Charge 240.12, 333.4.6.7 409.7, 565.1
- chaude . . . 565.2
- d'un four . . 573.2
- de combustible 335.3
- - fonte 374.1, 473.9
- - minerai 334.1, 335.2
- du creuset . . 385.1
- électrique . . 264.7
- faible . . . . 374.1
- fausse . . . . 337.7
- froide . . . . 565.2
- liquide . . . 565.2
- maxima . . . 241.1
- spéciale . . 473.10
- utile . . 125.4, 134.7
Chargé . . . . 395.9
Chargement . . 105.1 333.4, 560.3
-, appareil de - de minerais 123.1
- automatique 129.2 308.9 331.5
- - de la grille 156.8
- continu . . . 161.7
- de concentration de l'électrolyte 259.4
- - scories . . . 375.6
- des minerais 86.3
-, dispositif de 406.1
-, disposition de - du gueulard 308.8
- du convertisseur 395.7
-, installation de - à grue pivotante et roulante supérieure 127.7
- mécanique de la grille 156.8
- par câble aérien 331.7
- serré . . . . . 335.7
Charger 104.8, 335.1, 409.9, 374.2
- à la main . . 156.7
- automatiquement la grille 157.2
- les boites . . 417.5
- - caisses . . . 417.5
- manuellement 156.7
- mécaniquement la grille 157.2
Chargeur à bascule 132.5
-, appareil . . . 433.1
- de minerai . 332.9
- descendant . 133.4
- mécanique . 410.1

Chargier-kran 410.5
-löffel . . . . . 411.3
-maschine . . . 410.1
-mulde . . . . 410.8
-schwengel . . 410.2
-vorrichtung . 410.1
-wagen, Block- 529.3
Charging 122.2, 331.7
- apparatus 329.8, 433.1
- bar . . . . . 410.6
- bin . . . . . . 311.8
- box . . . . . 410.8
- capacity . . 240.11
- carriage . . . 529.3
- cone . . . . . 84.2
- crane . . . 410.5.7
- device . 308.8, 410.1
- -, automatic 308.9 331.5
- door 161.8, 370.7 417.6
- end . . . . . 138.8
- floor . . . . . 388.6
- gallery foot plates 307.8
- hole . . . . . 105.1
- hopper 311.8, 406.1
- machine . . 410.1
-, mechanical 156.8
- of ores . . . . 86.3
- - slag . . . . 375.6
- peel . . . . . 411.3
- platform 388.4, 467.4
- side . . . . . 402.3
- spoon . . . . 411.3
- the converter 395.7
Chariot à laitier 338.5
- d'enfournement des lingots 529.3
- d'étuve . . . 463.3
- de chargement des lingots 529.3
- - coulée . . . 477.1
- - machine à mouler 454.4
- - pont de coulée 476.3
- enfourneur des lingots 529.3
- portepoche . 477.3
- porteur de la poche de coulée 477.3
- roulant de grue 126.6
- servant au démoulage 448.4
- transbordeur 124.3
- transporteur de la poche de coulée 477.3
Charnela . . . 131.4
Charnière . . . 131.4
Charpente du monte-charges 329.9
- en bois . . . 151.4
- - fer . . . . . 151.3
Charred . . . . 420.1
Chasis . . . . . 282.3
Chasse-pointes 504.6
Châssis . 282.3, 439.9
- à charnière . 440.8
- - pièces rapportés 440.9
- américain . . 440.6
- de grille . . . 368.2
Châssis de la machine à mouler les poulies 452.1
- - moulage . 439.13
- - truck . . . 477.2
- démontable 440.5
- du marteau 496.2
- en bois . . . 440.4
- inférieur . . 440.10
- intermédiaire 441.1
- pour colonnes 440.7
- supérieur 441.2, 442.6
Chatarra . . . . 29.5
Château d'eau 145.7
Chaudière 178.10, 26.5
- à bouilleurs . 154.2
- - circulation 153.3
- - contrecourant 153.1
- - étain . . . . 553.8
- - faible volume d'eau 152.7
- - foyer intérieur 154.5
- - - - avec bouilleurs transversaux 154.7
- - - - ondulé . 154.6
- - graisse . . . 553.3
- - grand volume d'eau 152.8
- - plusieurs bouilleurs 154.4
- - tubes d'eau 155.3
- - - de fumée 155.1
- - vapeur . . . 152.1
- - - à basse pression 152.6
- - - - haute pression 152.2
- - - - pression moyenne 152.5
- aquatubulaire 155.3
- auxiliaire . . 153.6
- autoclave . . 178.8
- combinée . . 153.8
- cylindrique multiple 154.3
- dans laquelle l'eau et les gaz chauds circulent dans le même sens 153.2
- de Galloway 154.7
- - réserve . . 153.5
- - secours . . 153.6
- demifixe . . . 155.2
- en service . . 153.4
- étagée . . . . 153.9
- formée d'un simple corps cylindrique 153.7
- horizontale . 152.3
-, installations de -s 151.5
-, - - -s à l'air libre 151.7
-, - - - découverte 151.7
-, - - -s sous toit 151.8
- mixte . . . . 153.8
- verticale . . 152.4
Chauffage 86.5, 104.2 367.9
- à feu nu . . 120.4
- de la tête du lingot 485.7
- des chaudières 360.3
Chauffage direct 463.2
- du goudron . 120.2
- indirect . . . 463.1
- par arc électrique 566.1
- - induction . 568.3
- - la vapeur . 120.3
- - le fond . . 328.6
- - résistance . 570.5
- préalable 346.9, 347.5
Chauffe . 85.6, 367.10
Chauffé . . . . 447.3
Chauffer . . . . 336.4
- au rouge . . 385.7
- la fonte . . . 374.3
- - poche . . . 479.8
Chaufferie . . . 370.6
Chauffeur . . . 164.3
Chauler le fil . 587.3
Chaux . . 117.1, 205.5 220.1
- sodée . . . . 205.7
Chaveta, unir con -s 442.10
Checker (s. chequer)
- plate . . . . . 27.3
- work of a regenerator 407.8
Checkered . . . 26.11
Cheese . . . . . 384.3
Chef de service 332.4
- du laboratoire 173.3
- -fondeur . . . 332.8
Chefchemiker . 173.4
Chemical . . . 68.5
Chemie des Eisens 213.5
- - Hochofenganges 345.5
Chemikalien . . 203.5
Chemiker . . . 173.4
-, vereidigter . 174.2
Chemin de fer 22.1
- - - vicinal . . 22.7
Cheminée . . . 149.3
- d'usine . . . 164.6
- de combustion 321.1
- - cubilot . . 467.5
- indépendante 165.4
Chemisch . . . 109.4
- gebunden . . 203.8
- rein . . . . . 204.2
Chemise de la cuve 305.6
- - revêtement 378.4
-, largeur de la 446.2
- nue . . . . . 287.3
- réfractaire . . 304.5
Chemist . . . . 174.1
-, certified . . . 173.6
-, diplomed . . 173.6
-, sworn . . . . 174.2
Chemistry of iron 213.5
- - the blast furnace process 345.5
Chenal . . . . 340.2
- d'écoulement 298.6
- de fusion . . 568.5
- - - annulaire 568.6
- en bois . . . 80.7
- latéral . . . . 340.3
Chequer (s. checker)
- brick heater . 320.5
- - stove . . . 320.5
- plate . . . . . 27.3
Chequered . . . 26.11
Cherry coal . . 99.7
- -, baking . . . 99.8
Chest . . . . . 499.8
Chestnut coal . 101.1
Cheval, fer à . 28.10
Chevalet . 125.8, 454.2
Cheville . . . . 424.4
Chevron . . . . 519.2
Chiarificazione dell'acqua 146.8
Chiaro . . . . . 108.2
Chiavarda della stecca 24.2
- di fondazione 291.3
Chiave . . . . 522.1
Chiavetta . . 301.10
-, chiudere con -e 442.10
Chicane en bois 80.6
Chief chemist . 173.4
- of laboratory 173.3
chill . . . . 6.6, 340.6
- casting . . . 487.7
- mould . . . . 446.6
-, preheated . . 447.3
-, warmed . . . 447.3
Chilowatt-ora . 572.7
Chimenea 149.3, 164.6 372.9
- aislada . . . 165.4
- de combustión 321.1
- del cubilote . 467.5
Chimica dell'alto forno 345.5
Chimicamente, combinato 203.8
- puro . . . . 204.2
Chimico aiuto 173.5
- arbitro . . . 174.1
- assistente . . 173.5
- capo . . . . . 173.4
- diplomato . . 173.6
- giurato . . . 174.2
-, studio - del ferro 213.5
Chimie du haut-fourneau 345.5
Chimique . . . 81.5
-, étude - du fer 213.5
Chimiquement combiné 203.8
- pur . . . . . 204.2
Chimiste arbitre 174.1
- assermenté . 174.2
- diplômé . . . 173.6
- en chef . . . 173.3
Chimney . 164.6, 165.1 372.9
- cooler . . . . 149.3
- draught . . . 164.7
- flue . . . . . 85.8
- hole . . . . . 417.4
- hood . . . . . 389.1
-, isolated . . . 165.4
- lid . . . . . . 173.1
- platform . . . 388.8
- stack . . . . 164.6
- ventilator . . 164.8
China clay . 116.13
- evaporating basin 194.4
Chio . . . . . . 364.4
Chiodato . . . 136.5
Chiodo per rotaie 24.6
Chip . . . . . . 35.7
-, cast iron . . 464.8
-, to - out . . . 34.4

Chisel . . . . . 504.7
-, pneumatic . . 402.2
- steel . . . . . 13.7
- temper . . . . 13.7
-, to - off . . . 36.1
Chispa . . . . 396.9
-s de estrella . 374.9
- - hierro . . . 397.1
Chisporrotear . 482.1
Chiudere, apparecchio per 301.7
- con chiavette 442.10
- la staffa con bolloni 442.9
- le aperture . 355.1
- - soffiature . 494.2
Chiuso . . 103.7, 439.5
Chiusura a baionetta 301.8
- - valvola . . 314.8
- americana . . 311.7
-, apparecchio di - della bocca 309.4
- del forno . . 307.2
- dell'organo in prova 55.1
- della porta . 163.5
-, doppia . . . . 313.3
- ermetica . . . 324.1
- idraulica . . 313.4 405.8
Chlor . . 211.5, 221.8
-alkalien . . . 361.11
-ammonium . 207.10
-antimon . . . 552.5
-barium . . . . 207.6
-calcium 207.8.9, 238.9
- -lösung . . . 329.6
- -röhre . . . . 232.3
- -, wasserfreies 207.9
- -zylinder . . 232.2
- entwicklungsflasche 221.9
- -kolben . . 221.10
-kalium . . . . 207.1
-kalk . . . . . 208.2
-kupfer . . . . 209.3
-magnesium . 208.4
-wasserstoffsäure 208.10
Chlorat, Kalium- 211.2
Chlorate de potasse 211.2
-, potassium . . 211.2
Chlore 211.5, 221.8.9.10
Chlorhydrique 208.10
Chlorid, Platin- 210.3
Chlorid, alkaline -s 361.11
-, ammonium 207.10
-, cupric . . . . 209.3
-, cuprous . . . 209.4
-, mercuric . . 209.7
-, mercurous . . 209.6
- of barium . . 207.6
- - calcium 207.8, 329.6
- - - free of water 207.9
- - iron . . . . 208.5
- - lime . . . . 208.2
- - magnesium 208.4
- - potassium . 207.1
-, platinic . . . 210.3
-, stannic . . 208.10
-, stannous . . . 208.9
Chlorine 211.5, 221.8
- developing apparatus 221.9
Chlorine develo- flask 221.10
Chlorure, -s alcalins 361.11
- cuivreux . . 209.4
- d'ammoniaque 207.10
- d'antimoine . 552.5
- d'étain . . . . 208.9
- de barium . . 207.6
- - calcium . . 207.8 208.2, 232.2, 329.6
- - - anhydre . 207.9
- - chaux . . . 208.2
- - cuivre . . . 209.4
- - fer . . . . . 208.5
- - magnésium 208.4
- - mercure . . 209.7
- - platine . . 210.3
- - potassium . 207.1
- - sodium . . 207.2
- stanneux . . 208.9
Choc . . . . 25.2. 41.7
Chock, -s . . . 521.7
- bearing levers 522.5
Choix de la force motrice 168.1
- des échantillons 33.1
Choking the blast furnace scaffolding 337.9
Chopped . . . . 429.3
Choque . . . . 41.7.8
Chorro de agua 545.1
- - aire . . . . 396.3
- - arena . . . 492.9
- - metal . . . 386.7
- - vapor . . . 158.2
- en abanico . 159.3
Chrom . . . . 218.1
-, Eisen- . . . . 15.6
-, Ferro- . . . . 15.6
-nickelstahl . . 16.12
-oxyd . . . . . 218.2
-sauer . . . . . 206.4
-säureanhydrid 204.7
-stahl . . . . . 17.1
Chromate de potasse 206.4
Chromate of potassium 206.4
Chromatic . . 279.13
Chromatique 279.13
Chromatisch . 279.13
Chrome . 16.12, 218.1
Chromé . . . . 17.1
Chromic acid . 204.7
Chromique . . 204.7
Chromium . . . 218.1
- -nickel-steel . 16.12
-, sesquioxide of 218.2
- steel . . . . . 17.1
Chromopyrometer 400.9
Chupón . . . . 453.7
Chute . . 181.8, 182.1
- grate . . . . 161.7
- launder . . . 80.7
Chute . . . . . 33.6
-s de fer . . . . 29.5
- de température 447.5
- des accrochages 353.7
- - charges . . 353.7
Cianuro de potasio y de titano 361.12
Cianuro di potassio 206.3, 361.10
- - - e di titanio 361.12
Cianuro potásico 206.3, 361.10
Ciclo chiuso . . 148.2
Ciel ouvert, à . 58.2
Cielo abierto, á 58.2
Cierre . . . . . 23.5
- de aire caliente 322.5
- - bayoneta . 301.8
- - ensayo . . . 55.1
- - la cuba . . 307.2
- - - puerta . . 163.5
- - prueba . . . 55.1
- del aparato calentador 322.1
- - tragante . . 309.4
- - -, sistema americano de 311.7
- doble . . . . 313.3
- hermético . . 324.1
- hidráulico . . 313.4
Cilindrare 35.10, 529.6
Cilindrico . . . 96.4
Cilíndrico . . . 96.4
Cilindro . 77.8, 512.5
- a canali . . . 514.4
- - compressione 121.3
- - gola . . . . 539.1
- - gradini . . 518.6
- - gran velocità 535.4
- - mandrino per tubi saldati 538.9
-, - più -i . . . 325.8
- ad aria . . . 328.3
- blooming . 513.11
- comandato . 513.3
- con scala . . 524.2
- curvato . . . 537.8
- del freno . . 311.3
- - vapore . . . 499.1
- della mazza battente 501.6
- - pompa d'aria 501.4
- di ghisa . . . 312.4
- - guarnizione 472.2
- - mezzo . . . 512.9
- - riempimento 311.8
- - zinco . . . 266.3
- eccentrico . . 538.2
-i equilibrati . 523.1
- essiccatore . 232.4
- finitore . . 513.10
- fisso . . . . . 498.5
- idraulico . . 393.5
- inferiore . . . 513.1
- - fisso . . . . 523.5
- libero . . . . 513.4
- per cloruro di calcio 232.2
- - lamiere . . 514.1
- principale . .. 453.6
- sbozzatore . . 513.9
- superiore . . 512.8
- - equilibrato 523.6
- - sospeso . . 523.6
Cilindro . 77.8, 453.6 512.5
-, á un . . . . . 325.7
-, á varios -s . 325.8
- acabador . 513.10
- arrastrado . 513.4
Cilindro, blooming 513.4
- calibrado . . 514.4
- combado . . 537.8
- compresor . . 121.3
- con canales . 514.4
- - mandril para tubos soldados 538.9
- conducido . . 513.3
- de cinc . . . 266.3
- - garganta . 539.1
- - gran velocidad 535.4
- - guarnición 472.2
- - hierro fundido 312.4
- - la bomba de aire 501.4
- - - maza . . 501.6
- - relleno . . . 311.8
- - vapor . . . 499.1
- - - fijo . . . . 498.5
- - viento . . . 328.3
- del freno . . 311.3
- equilibrado . 523.1
- escalonado . 518.6
- excéntrico . . 538.2
- graduado . . 524.2
- hidráulico para volcar el convertidor 393.5
- inferior . . . 513.1
- - fijo . . . . 523.5
- loco . . . . . 513.4
- medio . . . . 512.9
- para chapa . 514.1
- - cloruro de calcio 232.2
- - palastro . . 514.1
- - secar . . . . 232.4
- preparador . 513.9
- superior 512.8, 517.7
- - equilibrado 523.6
Ciment calcaire 117.9
- de laitier portland 359.6
Cimiento . . . 288.5
- de piedra . . 289.5
Cinc . . . 70.6, 218.11
-, libertado del 90.9
Cincel . . . . . 13.7
- de aire comprimido 402.2
Cincífero . . . 61.3
Cinder . . 112.4, 355.9
- charging . . 337.8
-s, moistened . 546.2
- notch . . . . 300.2
- pig iron . . . 6.8
-, rich finery . 366.1
Cinghia, comando a 509.4
- di trasporto per carbone 159.5
Cinglado . . . 377.2
Cinglador de palanca 377.4
- giratorio . . . 377.5
Cinglage . . . 377.2
Cinglar . . . . 377.1
Cingler . . . 377.1.4
Cingleur à levier 377.4
- rotatif . . . . 377.5
Cinta . . . . . 138.4
- colectora . . 138.8
- de magnesio 184.8
- - rascadores . 139.4
- distribuidora 138.9

Cinta inclinada de transporte 138.10
- métrica . . . 38.9
- para el transporte del carbón 159.5
- sin fin . . . . 340.9
- - - de transporte 188.5
Cintrage . . . . 43.6
Cintré . . . . . 27.2
Cintrer . . . . 43.8
Cintura . 295.5, 392.6
Ciocco . . . . . 337.6
Ciottolo, -i . . 64.9
Circolare . . . 312.5
Circolazione . . 144.1
- d'acqua . . . 297.1
- -, a . . . . . . 322.6
Circonférence 514.12
Circonferenza 514.12
Circuit fermé . 148.2
Circuito cerrado 148.2
Circulación . . 144.1
- del agua en un circuito cerrado 148.2
Circulaire . . . 312.7
Circular . 238.3, 312.7
Circulation . . 148.1
- boiler . . . . 153.3
- channel . . . 471.8
-, closed . . . . 148.2
- passage . . . 471.8
- pump . . . . 144.1
Circulation . . 144.1
- d'eau . . . . 297.1
- -, à . . . . . . 322.6
- en circuit fermé 148.2
Circulo . . . 514.12
Circumferential 580.9
Cire . . 424.12, 546.10
Cisaille à tôles 533.9
- hydraulique pour blooms 533.8
Cisaillement . . 84.2
Cisailler . . . . 533.6
Cisco de carbón vegetal 98.3
Ciseau . . . . . 34.4
Cizalla . . . . . 84.2
- para chapa . 533.9
Claie . . . . . . 230.5
- en bois . . . 317.1
Clair . . . . . . 108.2
Clamp for stand 198.6
- plate . . . . . 24.5
-, to . . . . . 442.10
-, - - the ingot 528.9
Clapet . . 301.3, 314.8
- d'entrée d'air 321.4
- d'explosion . 314.9
- de chargement 161.8
- - cheminée . 378.1
Claridad de la llama 374.8
Clarificación . 81.3
- del agua . . . 146.8
Clarification . . 146.9
- de l'eau . . . 146.8
- of water . . . 146.8
Clarifier . . . . 243.6
Claro . . . . . 108.2
Clarté de la flamme 374.8
Clase . . . . . . 34.11
Clase de construcción del alto horno 287.5
- - hierro . . . 17.11
-, - mineral . . 66.1
-, - molde . . . 438.2
- del alambre . 28.2
Classification of ore 65.4
- - minerals . . 66.1
Clave de la plaza del crisol 290.7
- del fondo del crisol 290.7
Clavecin, fil de 28.7
Clavette, relier avec des -s 442.10
Clavija . . . . 424.4
Clavo . . . . . 462.1
- abierto . . . 462.2
- de herradura 29.2
- - macho con patente 461.9
Clay 116.13, 276.9, 427.10
- band . . . . . 68.8
- brick . . . . 428.7
- crucible . . . 382.7
- containing iron 113.5
-, converted . . 116.8
- cutter . . . . 433.5
- disc . . . . . 249.7
- furnace . . . 249.6
-, gray . . . . . 116.3
-, green . . . . 428.3
- gun . . . . . 342.7
- ironstone . . 68.8
-, lean . . . . . 382.8
- mixer . . . . 433.5
- -, horizontal . 119.8
-, plastic . . . . 428.2
- plate . . . . . 439.6
- plug . . . . . 342.5
-, puddled . . . 303.6
-, pulverisor for washed . . 276.11
-, reddish . . . 116.4
-, rich in . . . 357.13
-, sedimentary 116.1
-, slaty . . . . . 116.5
-, soapy . . . . 428.4
-, tamped . . . 303.6
-, triturated . . 116.7
-, unctuous . 116.10
-, useless . . . . 116.9
-, washed 116.7, 276.10
- work . . . . 303.5
-, young . . . . 116.2
Clayey . . . . . 426.1
Clé de voûte de la sole 290.7
Clean . . . . . 494.1
-, to - the casting 489.5
Cleaner . . . . 315.9
Cleaning . . . 315.6
- door . . . . . 163.3
- hole . . 163.4, 321.8
- shop . . . . . 489.2
- the hearth . . 342.2
Cleanliness of surface 35.3
Cleanser . . . . 489.3
Cleansing drum 493.2
-, further . . . 493.8
- machine . . . 492.1
- material . . . 491.7
- mill, portable 493.3
- tool . . . . 490.9
Clearing . . . . 355.6
Clef . . . . . . 522.1
Cleveland blower with one connecting rod 326.6
-, forno di torrefazione di 84.1
-, four de grillage du 84.1
-, horno de calcinación de 84.1
-, machine soufflante de - à une bielle 326.6
-, máquina soplante con una biela sistema 326.6
- roasting furnace 84.1
-, soffieria di - ad una biella 326.6
Cleveländer Röstofen 84.1
Clevelandsches Gebläse 326.6
Climb, to - up the chimney 165.1
Clinker . . . . 337.4
- grate . . . . 162.2
-, to . . . . . . 349.5
Clinkering . . . 106.7
Clip . . . . . . 192.4
-, Mohr's . . . . 192.4
-, to . . . . . . 33.11
Cloche . . 78.7, 309.9
- de la pompe à air 178.3
-, en forme de 309.10
- - verre . . . 189.3
- Hutter . . . . 407.2
Clogging of the blast furnace scaffolding . 337.9
- up of the roasting furnace . 88.3
Cloison . 319.8, 407.10
Clorato di potassa 211.2
- potásico . . 211.2
Clorhidrico . . 208.10
Cloridrico . . 208.10
Cloro . . 211.5, 221.3.9
Cloruro, -i alcalini 361.11
- ammonico . 207.10
- d'antimonio . 552.5
- di bario . . . 207.6
- - calce . . . . 208.2
- - calcio 207.8, 232.4
- - - anidro . . 207.9
- - - secco . . 207.9
- - ferro . . . . 208.5
- - magnesia . 208.4
- - platino . . . 210.3
- - rame . . . . 209.3
- - sodio . 207.2, 545.7
- mercurico . . 209.7
- mercuroso . . 209.6
- potassico . . 207.1
- ramico . . . 209.3
- ramoso . . . 209.4
- stannico . . 208.10
- stannoso . . . 208.9
Cloruro, -s alcalinos 361.11
- amónico . . 207.10
- bárico . . . . 207.6
- cálcico . 207.8, 208.2
- - anhidro . . 207.9
Cloruro cúprico 209.3
- cuproso . . . 209.4
- de antimonio 552.5
- - calcio . . . 232.2
- - estaño . . 208.10
- - sodio . . . . 545.7
- estánnico . 208.10
- estannoso . . 208.9
- férrico . . . . 208.5
- magnésico . . 208.4
- mercúrico . . 209.7
- mercurioso . 209.6
- platínico . . . 210.3
- potásico . . . 207.1
- sódico . . . . 207.2
Clos . . . . . . 103.7
Close, to . . . . 308.5
-, - - the openings 355.1
Closing cover 297.5
- device . . . 313.10
- screw . . . . 323.4
- trap, hinged . 131.4
Cloth . . . . . 203.1
Clou à ferrer . 29.2
Clutch . . . . . 136.2
- for shunting railways 137.8
-, self-acting . . 527.2
-, sliding . . . . 519.9
-, to throw in . 520.6
-, - - out the . 520.7
Coagularse . . 354.1
Coal . . . . . . 98.6.7
-, best . . . . . 100.9
-, bituminous . 99.2
- chute . . . . 132.3
- coming from the mine 100.7
-, dressed . . . 102.1
- dust . . . . . 101.7
- -, fine . . . 430.10
- - furnace . . 155.7
- extraction . . 100.4
- firing . . . . 155.4
- grab . . . . . 129.2
- handling plant 159.4
- hopper . . . . 157.3
-, large . . . . . 100.9
-, long flaming . 99.1
- mine . . . . . 100.5
-, non-baking . 99.6
-, - -bituminous 99.6
-, powdered . . 430.2
-, pressed . . 343.11
-, rough . . . . 100.7
-, semi-bituminous 99.4
- shoot . . . . 132.3
-, short flaming 99.5
- slimes . . . . 101.8
-, small . . . . . 101.4
- stamping machine 105.5
- tar industry . 71.1
- tip, automatic 132.4
-, to - the quartz 115.8
-, washed . . . 102.1
- washing plant 102.2
- washings . . 101.8
Coaling door . 368.7
Coat, first . . 551.3.6
-, permanent . . 551.5
Coating . . . 429.10
Cob, to . . . . 63.2
Cobalt . . 188.6, 217.11
- glass . . . . . 235.9
- - bottle . . . 188.6
-, nitrate of . . 212.5

Cobalt oxide . 217.12
Cobalto . . . . 212.5 217.11
–, vidrio de . . 188.6
Cobble, -s . . . 101.1
Cobertera de vidrio 189.6
Cobre . . 72.2, 217.7
–, dar un baño de 552.7
- piritoso . . . 72.2
- precipitado de su disolución 90.7
Cobrizo . . . . 61.1
Cocción . . . . 118.8
- completa . . 118.9
Cocer . . . . . 95.2
Coche . . . . . 24.9
- descargador automático 128.2
Cochura . . . . 118.8
Cocido . . . 383.10
–, perfectamente 106.2
Cock . . . 188.9, 190.1
Coclea trasportatrice 130.7
Coda . . . . . . 497.2
Codliver oil . . 546.9
Codo . . . . . 320.3
Coefficient of dissociation 260.5
- - draft . . . . 516.9
- - reduction . 516.9
Coefficient . . . 43.7
- de pliage . . 43.7
- - réduction . 516.9
Coefficiente di riduzione 516.9
- - trazione . . 48.9
Coeficiente de la curvatura 43.7
- - - flexión . . 43.7
- - reducción . 516.9
- - tracción . . 48.9
Coesistere . . . 274.9
Coexister . . . 274.9
Cog down, to . 529.8
-s on pinion wheel 393.1
–, to . . . . . . 529.8
Coger con las tenazas 581.7
- la barra . . . 581.6
- lingotes . . . 526.3
Cogging mill . 510.2 511.4
- pass . . . . . 517.5
- roll . . . . 518.11
Coil . . . 270.4, 535.6
- of piping . . 319.6
Coin . . 301.10, 522.1
–, à -s arrondis 20.4
Cojinete . . . . 392.5
- de bolas . . . 300.8
- - rodillos . . 325.2
- del muñón . 521.7
Cok . . . . 4.3, 102.8
- cribado . . 107.11
- de alto horno 107.3
- - carbón de fragua 107.6
- - fundición . 107.4
- en pedazos . 107.9
–, horno de (v. horno)
- machacado . 107.12
- magro . . . . 107.5
- menudo . . 107.13
- para calentar 473.6
Cok para carga 473.7
- quebrantado 107.10
Coke . . . . . 102.7.8
- basket . . . . 336.7
- blast furnace 285.3
–, broken . . . 107.10
- cake . . . . . 106.6
–, crushed . . 107.12
- dross . . . 107.13
- fork . . . . . 473.8
–, large . . . . 107.9
–, lean . . . . . 107.5
- oven . . . . 103.4.9
- –, closed . . . 103.7
- - gas . . . . . 108.5
- –, half closed 103.5
- - with utilisation of byproducts 103.8
- pig iron . . . 4.3
- pusher . . . . 106.4
- pushing machine 106.4
–, sifted . . . 107.11
- storing place 130.4
Coke . . . . 4.3, 102.8
- concassé . . 107.12
- criblé . . . 107.11
- d'allumage . 473.6
- de charbon de forge 107.6
- - fonderie . . 107.4
- - fusion . . . 473.7
- - haut-fourneau 107.3
- des charges . 473.7
- en morceaux 107.9
–, four à (v. four)
- maigre . . . 107.5
- menu . . . 107.13
- moyen . . . 107.10
- sans minerai 337.7
- tamisé . . . 107.11
Coke . . . . 4.3. 102.8
- a pezzi . . 107.10
- d'alto forno . 107.3
- da fonderia . 107.4
- di carbone di fucina 107.6
–, forno a (v. forno)
- grosso . . . . 107.9
- magro . . . . 107.5
- minuto . . 107.12
- per l'accensione 473.6
- spezzato . . 107.12
- vagliato . . 107.11
Cokéfiant, pouvoir 102.9
Coking . 102.6, 105.8
- capacity . . . 102.9
- coal . . . . . 100.2
Col de cygne . 498.7
Cola . . 419.7. 497.1.2
Colada . 338.1, 395.8
- centrifuga . . 482.7
- de fundición 481.1
- - las escorias y de la fundición 299.5
- en arcilla . . 487.6
- - arena . . . 487.4
- - coquilla . . 487.7
- - molde . . . 487.8
- - - metálico . 487.7
- - tierra . . . 487.5
–, hacer la . . . 338.6
–, la – fracasa 488.11
Colada, la colada sale mal 488.11
- por el fondo 482.5
- tangencial . . 482.6
Colado . . . . 4.7
- en acero 4.7, 488.3
–, hormigón . . 290.1
Colar . . . . . 371.3
- de los dos lados 482.3
- - pie . . . . . 482.8
–, dispuesto para 443.1
- en moldes . . 481.4
- por el agujero de colada 481.6
Colare . . . . 338.3.6
- da due lati . 482.3
- dal tappo . . 481.6
- in piedi . . . 482.8
–, far – dal becco rovesciando 481.5
–, macchina per (v. macchina)
- nelle forme . 481.4
–, pronto per . 443.1
Colata . . 338.1, 443.3
- a forcella . . 443.9
- - forza centrifuga 482.7
- - sifone . . . 482.5
- anulare . . . 444.3
- conica . . . . 443.8
- della ghisa . 481.1
- - scoria . . . 474.6
- delle scorie e della ghisa 299.5
- di fianco . . 444.1
–, la – è mancata 488.11
- rotonda . . . 443.6
- tangenziale . 482.6
Colato, calcestruzzo 290.1
- in acciaio . . 488.3
- - argilla . . . 487.5
- - conchiglia . 487.7
- - sabbia . . . 487.4
Colby, forno . . 568.7
–, four . . . . . 568.7
–, horno de . . 568.7
–'s smelting furnace 568.7
-scher Ofen . . 568.7
Cold blast slide 322.4
- brittleness . . 48.1
- chisel . . . . 504.7
- saw . . . . . 498.4
- short . . . . . 48.1
- - iron . . . . 48.2
–, to – hammer 548.5
- working . . . 548.6
Colección de minerales 177.5
Colector . . . . 138.8
- de polvo . . . 316.7
Colla . . . . . . 419.7
Collant . . . . . 99.3
–, pouvoir . . . 103.1
Collar of the roll 514.8
Collaudatore . 30.2
Collaudo . . 30.1.2
Colle . . . . . . 419.7
Collecteur 138.8, 164.5
Collecting flue 164.5
- pipe, common 313.9
- tube . . . . . 271.1
Collection minéralogique 177.5
- of minerals . 177.5
Collector . . . 409.2
Coller . . . . . 423.4
Collet . . . . . 513.6
- du cylindre . 514.6
Collettore, tubo 271.1
Collier de suspension 476.8
Colliery . . . . 100.5
Collo . . . 390.1. 513.6
Collocamento dei masselli 465.6
- del crogiuolo 385.8
Colmena, horno de 103.6
Colocación de fondo 392.1
- - los machos 461.6
Colocar el modelo 438.11
- en el cemento 415.10
- la caja superior 442.6
- los crisoles . 383.8
- - ladrillos . . 407.9
Colofonia . . . 419.8
Colonna . 293.8, 326.3
–, a forma di -e 47.1
- d'acqua . . . 473.1
- d'ottone . . . 237.3
- della sagoma 455.5
- - sciablona . 455.5
- delle cariche 335.4
- di ferro . . . 294.1
- - ghisa . . . 84.4
Colonnare . . . 47.1
Colonne . 293.8, 326.3
- d'arrière . . 496.10
- d'eau . . . . 473.1
- de laiton . . 237.3
- des charges . 335.4
–, en -s . . . . . 47.1
- - fonte . . . . 84.4
Colonnetta del tappo 480.2
Colophane . . . 419.8
Color, dar . . . 547.4
- de alquitrán . 71.1
- del recocido . 547.5
- mineral . . . 551.4
Coloración de la llama 235.7
Coloration de la flamme 235.7
Colorato . . . . 400.9
Colorazione della fiamma 235.7
Colore di catrame 71.1
- - ricottura . . 547.5
- minerale . . . 551.4
Coloré . . . . . 400.9
Coloreado . . . 400.9
Colour . . . . . 547.5
Coloured . . . 400.9
Colouring of flames 235.7
Colpo della mazza 502.2
Coltello . . . . 237.7
- d'agata . . . 237.8
- di platino . . 195.9
- per tappi di sughero 196.5
Column . 84.4, 293.8 326.3
- balance . . 285.11
–, cast iron . . . 84.4
- of water . . . 473.1

Columna . 21.2, 293.8 326.3
- de agua . . . 478.1
- - fundición . 84.4
- - las cargas . 335.4
- - latón . . . . 287.3
- del batidor . 496.8
-, en forma de -s 47.1
- porta-cojinete 496.2
- posterior . . 496.10
Columnar . . . 47.1
Columnario . . 47.1
Comandato . . 513.3
Comando dell'inversione di marcia della mazza battente . . 499.3
- elettrico dell'argano 314.5
- orizzontale . 187.4
- verticale . . . 187.5
Combado . . . 27.2
Combinación . 223.1
- de los metaloides con el hierro 349.9
- química 226.1, 345.10
Combinado, químicamente 214.7
-, silice -a . . . 115.4
Combinaison . 223.1
- chimique . . 226.1 345.10
- des metalloides avec le fer 349.9
Combination . 223.1
- boiler . . . . 153.8
-, chemical . . 226.1.3 345.10
- of metalloids with iron 349.9
Combinato, silice -a 115.4
Combinazione . 223.1
- chimica 226.1, 345.10
- dei metalloidi col ferro 349.9
Combiné, chimiquement 214.7
-, silice . . . . . 115.4
Combined . . . 115.4
-, chemically . 203.8
Combining volume 226.7
- weight . . . . 226.6
Combustibile . 335.3
- carbonizzato 337.2
- che brucia con fiamma 336.8
- solido . . . . 349.1
Combustible constituent 360.2
Combustible . 333.5
- carbonisé . . 337.2
- flambant . . 336.8
- privé des matières volatiles 337.2
- solide . . . . 349.1
Combustible . . 335.3
- carbonizado . 337.2
- flameando . . 336.8
- sólido . . . . 349.1
Combustion . 248.6, 408.2
- boat . . 248.9, 258.1
-, complete 87.6, 248.8
- furnace . . . 249.2
- glass . . . . . 252.7
Combustion, perfect 248.8
- room . . . . 177.3
- shaft . . . . . 321.1
- tube . . 249.1, 252.8
Combustion . . 177.3 248.6
- complète 87.6, 248.8
- du carbone . 397.4
Combustión . . 177.3 248.6
- completa 87.6, 248.8
- del carbono . 397.4
Combustione 177.3, 248.6
- completa 87.6, 248.8
Comercial, en conformidad con las costumbres -es 30.4
-, hierro . . . . 17.9
Comignolo . . 164.6
Comisión . . . 559.3
Commande . . 518.9
-, arbre de . . 78.4
- de la quenouille, mécanisme de 480.5
- électrique . . 393.6
- - du treuil de chargement 314.5
- horizontale . 187.4
- hydraulique 509.6.7
- par câbles . . 170.4
- - courroie . . 170.5
- verticale . . . 187.5
Commandé . . 513.3
- mécaniquement 229.6
Commercial . . 204.1
-, suivant l'usage 30.4
Commerciale, ferro 17.9
Commission . . 559.3
Common balance 236.1
- salt . . . . . 207.2
Communication 86.2
Compact . . . . 59.3
Compacte . . . 3.8
Compacto . . . 3.8
Compartiment . 129.2
Compartimiento 131.1
Compas à pointes sèches 41.4
- - ressort . . . 462.1
- d'épaisseur 40.9, 41.2
- - micrométrique 41.1
- diviseur . . . 41.4
- écarté . . . 462.2
- maître de danse 41.3
- ouvert . . . . 462.2
- pour alésages 39.6
Compás . . . . 40.1
- de gruesos 40.9, 41.2
- - huecos . . . 41.3
- - puntas . . . 41.4
- micrométrico de gruesos con esfera 41.1
Compass . . . . 462.1
- spread open . 462.2
- with spread shanks 462.2
Compasso aperto 462.2
Compasso di spessore 40.9, 41.2
- divisore . . . 41.4
- micrometrico 41.1
- per fori . . . 41.3
Compatto . . . 3.8
Compensación de la presión 473.2
Compensado . 237.6
Compensador . 167.7
- de dilatación con prensaestopas 324.9
Compensateur à disque 324.8
- - presse-étoupes 324.9
Compensating hanging 237.6
- pipe . . . . . 324.7
Compensation . 237.6
- de la pression 473.2
Compensator . 324.8
Compensatore a premistoppa 324.9
Compensazione 167.7
- della pressione 473.2
Compensé . . . 237.6
Complicado, pieza hueca -a 487.3
Compliqué, moulage creux 487.3
Component . . 274.7
Componente . . 274.7
- d'una combinazione 226.2
- de una combinación 226.2
-i del gas . . . 267.5
Comportarsi, modo di - nel l'alto forno 97.1
Comporter, se, manière de - - dans le haut-fourneau 97.1
Composante . . 274.7
Composé chimique 226.1
- de peroxyde et oxyde de manganèse hydraté 69.8
- oxygéné . . . 214.8
- sulfuré . . . . 216.8
Composición . 356.5
- de la carga . 333.7
- del gas . . . 267.4
- molecular . . 225.3
- química . . . 225.9
Composition . . 356.5
-, chemical . . 225.9
-, molecula . . 225.3
- of the burden 333.7
- - - charge . 333.7
- - - gas . . . 267.4
Composition . . 356.5
- chimique . . 225.9
- de la charge 333.7
- du gaz . . . 267.4
Composizione . 356.5
- chimica . . . 225.9
- d'un liquido . 192.7
- del gas . . . 267.4
- della carica . 333.7
- molecolare . 225.3
Composto ossigenato 214.8
Composto solforato 216.8
Compound engine 327.2
-, oxygen . . . 214.8
- steam pump . 143.2
-, volatile -s . 250.7
Compound, pompe à vapeur 143.2
-, machine . . . 327.2
Compound, pompa - a vapore 143.2
- macchina . . 327.2
Compound, bomba de vapor 143.2
-, máquina . . . 327.2
Compra . 558.1, 563.1
Comprador . . 558.5
Compratore . . 558.5
Compresión . . 485.8 538.3
Compresor . . 121.1
Compressed . . 267.6
Compresseur . 121.5
Compression . 121.1 485.8
- cylinder . . . 121.3
- des briques . 120.5
Compressione . 121.1 485.8
- del liquido . 507.8
Compresso . . . 267.6
Compressore . 121.4 377.4
- rotativo . . . 377.5
Comprimé . . . 267.6
Comprimer . 425.4.6
- le moule . . 442.11
Comprimere . . 425.4
Comprimido . . 267.6
Comprimir . . 425.4
Compte, porter en 559.10
- -gouttes, entonnoir 188.2
- -, flacon - - breveté 185.5
Compteur . . . 134.6
- à gaz . . . . 271.8
- d'eau . . . . 146.4
Compuerta . . 322.2
Compuesto de fósforo 216.8
- oxigenado . . 214.8
- químico . . . 226.1
Comtois, foyer - couvert 363.10
Comunicación . 86.2
Comunicazione 86.2
Concassage . . 76.7
Concassé . . 107.12
Concasser . . 76.10
Concasseur 77.2, 465.7
- à calcaire . . 78.8
- - cylindres . 77.8
- - minerais . 78.8
Concave . 370.1, 504.2
Concavidad de la superficie 482.10
Concavo . 370.1, 504.2
Cóncavo . . . 370.1
Concentración 259.4
- de los iones . 263.8
- medida en gramos-equivalentes por $cm^3$ de una disolución 260.1
- por evaporación 246.7

Concentrado . 242.1
Concentrate, -s 75.1
Concentrated . 242.1
Concentration . 246.7
-, equivalent - of a solution . 260.1
- of ions . . . . 263.8
- - the ores . . 80.1
- polarisation . 264.5
Concentration . 259.4
- des ions . . . 263.8
- en grammes-équivalents d'une solution 260.1
- par évaporation 246.7
Concentrato . . 242.1
Concentrazione degli ioni 263.8
- equivalente d'una soluzione 260.1
Concentré . . . 75.1
Concentrer, appareil à 246.8
Concentrique . 506.5
Concesión . . 557.7.8
Concession . 557.7.8
Concessione . 557.7.8
Concha, en forma de 407.4
Conchiglia 6.6, 340.6 446.8.7
- riscaldata . . 447.3
Conchoidal . . 45.6
Concia . . . . 429.5
Concime . . . 399.8
Concio . . . . 306.7
Concrecionado 66.5
Concrecionarse 349.5
Concresciuto . 64.5
Concrete base . 289.6
-, ferro . . . . 289.7
-, heaped . . . 290.1
-, reinforced . . 289.7
-, stamped . . . 289.8
- steel . . . . 289.7
Concrétionné . 66.5
Concrétionner, se 349.5
Concurrent . . 153.2
Condensación 256.4.6
Condensador de aparato de destilación 255.3
Condensar . . . 256.5
Condensare . . 256.5
Condensation 256.4.6
- tube . . . . . 256.6
Condensatore . 255.3
Condensazione 255.6 256.4
- per evaporazione 246.7
Condense, to . 256.5
Condenser . . . 256.5
- coil . . . . . 255.6
Condenseur . . 255.7
- d'appareil distillatoire 255.3
Condensing funnel 246.5
Condición de entrega 559.4
-es - pago . . . 559.6
- suministro . . 559.4
Condition . . . 81.10
-, electrolytic . 258.6
Condition, hygrometric 267.8
- of core sand 427.4
- - payment . . 559.6
- - supply . . . 559.4
Condition, -s de livraison 559.4
-s - - paiement 559.6
Condizione, -i di consegna 559.4
-i - - pagamento 559.6
Condotta aspirante 144.7
- del processo di conversione 395.5
- premente . . 144.8
Condotto . . . 85.7
- d'aria calda 300.6
- d'uscita del gas 313.7
- dei gas caldi 104.3
- del fumo . . 85.8
- - vento . . . 324.2
- dell' acqua . 298.1
- delle fiamme 374.7
- principale del vento 324.3
Conducción de agua 144.6
- - la corriente eléctrica 171.3
- - - operación 395.5
- - las llamas . 374.7
- - los gases . . 314.7
- - porta-modelo 456.2
Conducido . . 513.3
Conductance . 261.1
- limite de l'électrolyte 260.9
Conductancia . 261.1
- limite del electrolito 260.9
Conducteur . . 127.8
-s du courant . 171.3
- - milieu . . . 167.7
- extérieur . . 167.6
- neutre . . . . 167.7
-, troisième . . 167.7
Conductibilidad calorífica 352.6
Conductibilité calorifique 352.6
Conduction of heat 352.6
- - the electric current 171.3
- - - gases . . 314.7
-, thermal . . . 352.6
Conductivity . 260.9
Conducto 85.7, 372.5
- á la chimenea 372.2
- ascendente de gases calientes 408.5
- de agua 144.6, 298.1
- - aire caliente 300.6
- - caldeo . . . 104.2
- - derivación . 372.8
- - escape de los gases calientes 104.3
- - gas vertical 408.6
- - humo 85.8, 417.4
- - impulsión mecánica 102.5
- - la plaza . . 104.1
- - - solera . . 104.1
- - - las llamas . 374.7
Conducto de llamas ascendente 372.3
- - - inclinado hacia abajo 372.4
- - llegada . . 298.3
- - ventilación 175.2
- - viento . . . 324.2
- del gas hacia el hogar 408.4
- - transportador 139.6
- lateral . . . . 417.3
-s sinuosos de los ladrillos del regenerador 407.8
- transportador oscilante 433.4
- transversal . 417.2
Conductor 127.8, 136.3 165.2
- compensador 167.7
- de gas . . . . 270.6
- exterior . . . 167.6
- neutro . . . . 167.7
Conduit . . . . 85.7
- d'admission de l'air comprimé 501.8
- d'aspiration . 501.7
- d'évacuation des gaz chauds 104.3
- de dérivation 372.8
- - fumée . . . 85.8
- - transporteur 139.6
- - - à racloirs 433.3
- oscillant . . . 433.4
Conduite d'aspiration 144.7, 145.2
- d'eau . . 144.6, 298.1
- de départ du gaz 313.7
- - gaz vers le four 408.4
- - l'opération 395.5
- - refoulement 144.8, 145.4
- - vent . . . . 324.2
- - - chaud . . 300.6
- - - principale 324.2
- des flammes . 374.7
- - gaz . . . . 314.7
- du laboratoire 173.2
- - procédé . . 395.5
Conduttanza limite dell'elettrolito 260.9
Conduttore . . 167.4
- esterno . . . 167.6
Conduttura . . 168.7
- aerea . . . . 171.4
- d'acqua . . . 144.6
- del gas 314.7, 406.3
- dell'acqua . . 298.1
- di corrente . 171.3
- sotterranea . 171.5
Conduzione di calore . . . 352.6
Cone 84.2, 309.9, 310.1
-, truncated . . 304.2
Cône . . . . 309.7.9
- de fermeture 310.5
- - glissement . 84.2
- tronqué . . . 304.2
Confección de los ladrillos . . 118.1
Confection des briques 118.1
Confezione dell'impasto 119.4
Congé . . . . . 423.7
- en cuir . . . 423.8
Congealed . . . 273.9
Congiunzione . 190.1
Conglomerado 63.6
Conglomérat . 63.6
Conglomerate . 63.6
Conglomerato . 63.6
Congo, carta . 212.11
-, papel . . . 212.11
- paper . . . 212.11
-, papier . . . 212.11
Coniare . . . . 505.1
Conical . 299.4, 422.4
Conico 186.6, 299.4 422.4
Cónico 186.2, 299.4 422.4
Conique 186.2, 299.4 422.4
Connect, to . . 520.6
Connecting bridge 86.2
- cock . . . . . 190.1
- line . . . . . 123.9
- rod 295.3, 326.5.6
- screw . . . . 295.3
Connection, blast 300.9
Cono . . . 304.2, 309.9
- aperto . . . . 309.6
- chiuso . . . . 309.5
- da filtro . . . 244.7
- di chiusura . 310.5
- - platino . . 195.6
- - scivolamento 84.2
Cono . . . . . 78.7
- central de desviación 84.2
- - - resbalamiento 84.2
- de cierre . . 310.5
- - válvula . . 508.7
- truncado . . 304.2
Conocimiento de carga 560.4
- - los yacimientos 56.1
Consegna . . . 559.4
Conservación de revestimiento del cubilote 475.3
Consistance sirupeuse 247.1
Consistence . . 247.1
Consistencia de jarabe 247.1
Consistenza sciropposa 247.1
Consola 127.1, 300.7
- de hierro 294.1, 307.9
- - la tolva . . 310.2
Console . 127.1, 300.7
- de la plaque antérieure 414.1
-s - - trémie . 310.2
- - support du tuyau d'eau de refroidissement 298.2
-s du gueulard 307.8
- en fer . . . . 294.1
- - fonte . . . 307.9
Consommation d'eau 140.5
- de carbone . 348.7

Consommation de chaleur 345.12
- - charbon . . 557.3
- - combustible 557.2
- - courant . . 572.6
- - force . . . . 557.4
- - limes . . . 491.6
- - vent . . . . 350.4
- maximum de force 168.4
- minimum d'énergie 168.6
- par tonne d'acier en kilowatt-heure 572.7
Constance de la température de la solution 262.5
Constancia de temperatura de la disolucion 262.5
Constancy of temperature of a solution 262.5
Constante d'affinité 260.5
- de dissociation 260.5
Constante de afinidad 260.5
- - disociación 260.5
Constituant . . 274.7
- d'un alliage 14.10
- d'une combinaison 226.2
- de la texture 277.2
-s du gaz . . . 267.5
Constitución . 356.5
- química . . . 225.10
Constituent . . 14.10
-, detrimental . 71.5
-, incidental . . 284.3
- of a chemical combination 226.2
- - the charge 348.4
-s - - gas . . . 267.5
-, secondary . . 71.6
-, weathered . . 427.9
Constitution . . 356.5
-, chemical . 225.10
- chimique . 225.10
Constituyente . 274.7
- de la estructura 277.2
Construcción . 28.8
- de hierro . . 151.3
- - ladrillos . . 303.4
- - madera . . 151.4
- - masa refractaria 303.5
- - - - apisonada 303.6
- del alto horno 287.4
- - horno . . . 403.2
Construction 28.8, 151.4, 287.4
- du four . . . 403.2
- - haut-fourneau 287.4
- en bois . . . 151.4
- - fer . . . . . 151.3
- - pisé réfractaire 303.5
- - - - damé . 303.6
- mécanique . 150.2
Consumo d'acqua 140.5
- d'aria . . . . 350.4
- d'energia . . 557.4
- delle lime . . 491.6
Consumo di calore 345.12
- - carbone 348.7, 557.3
- - chilowatt-ora per tonnellata d'acciaio 572.7
- - combustibile 557.2
- - corrente . . 572.6
- - forza . . . 557.4
- - vento . . . 350.4
-, luogo di . . . 169.5
- massimo di forza 168.4
- - simultaneo 168.5
- minimo . . . 168.6
- rapido . . . . 418.4
Consumo de agua 140.5
- - calor . . . 345.12
- - carbón . . 557.3
- - carbono . . 348.7
- - combustible 557.2
- - corriente . 572.6
- - fuerza . . . 557.4
- - limas . . . 491.6
- - los electrodos 567.3
- - viento . . . 350.4
- máximo de fuerza 168.4
- - y simultáneo de fuerza 168.5
- mínimo de energía 168.6
- por tonelada de acero en kilowatt-horas 572.7
Consumption 345.12
- of blast . . . 350.4
- - carbon . . . 348.7
- - coal . . . . 557.3
- - current . . 572.6
- - electrodes . 567.3
- - files . . . . 491.6
- - fuel . . . . 557.2
- - water . . . 140.5
- per ton of steel in kilowatt-hours 572.7
Contact . . . . 538.6
- étanche . . . 470.7
Contador . . . 134.6
- de agua . . . 146.4
- - gas . . . . 271.8
-, mecanismo . 134.6
Contagoccie, imbuto 188.2
Contatore . . . 134.6
- a gas . . . . 271.8
- d'acqua . . . 146.4
Contatto . . . . 470.7
Contenance . . 125.5
Contener el molde 442.11
Contenido de agua por cent. cúb. de aire 329.4
- - pedazos gruesos 64.9
- en silice . . . 357.1
Content, cubical -s 125.5
-, guaranteed -s 227.1
-s of fine ore . 65.1
-s - gas . . . . 103.2
-s - iron . . . . 64.7
-s - slate . . 101.10
Contenuto del crogiuolo . . . 385.1
Continous . . . 254.6
Contorno . . 514.11
- bianco . . . . 400.3
- del modello . 422.5
- rosso . . . . 424.7
Contorno del modelo 422.5
- - perfil . . 514.11
Contour du modèle 422.5
- - profil . . 514.11
Contra-carril . 23.6
- -presion 453.3, 523.10
- -puerta . . . 162.8
Contracción . 423.2 486.7, 514.8
Contract for the supply of ore 65.3
-, to . . . . . . 418.5
Contracter, se . 418.5 423.3
Contraction . . 423.2 486.7, 514.8
- of the steel 546.13
Contraerse . . 418.5 423.3
Contrapeso . . 310.8
- de agua . . . 330.4
- - la puerta 370.10
Contrappeso . 310.8 598.4
- della porta 370.10
Contrario . . . 532.
Contrat . . . . 559.9
- de livraison de minerai 65.3
Contrato . . . 559.9
- de entrega de minerales 65.3
Contratto . . . 559.9
- di fornitura di minerali 65.3
Contraviento . 364.8
Contrazione . . 486.7
Contre-poids . 310.8
- -porte . . . . 162.8
- -pression . . 523.10
- -rail . . . . . 23.6
Contrecourant 153.1
Contrefort . . . 293.3
Contremoule . 453.3
Contrepoids . . 523.4
- de la porte 370.10
Contrepression 507.6
Contrevent . . 364.8
Controlling the press 509.8
Contropressione 507.6, 523.10
Controrotaia . 23.6
Convección . . 260.8
Convection . . 260.8
- current . . . 260.8
Conversión . . 396.4
Conversione . . 395.5
Converted . . . 116.6
- steel . . . . . 13.1
Converter 387.5, 389.7
- bottom . . . 119.3
- - mould . . . 391.6
- nose . . . . 401.11
- process . . . 396.4
- shed . . . . . 388.1
- shop . . . . . 388.1
- stand . . . . 392.5
- waste . . . . 112.6
Convertidor . . 112.6 389.7
-, grande . . . 387.5
Convertidor pequeño 387.6.7
Converting 387.1, 417.9
- furnace . . . 416.5
- -, English . . 416.6
- in large converters 387.5
- - small converters 387.6
- process . . . 416.3
Convertisseur . 112.6 389.7
-, grand . . . . 387.5
-, petit . . . . 387.6.7
Convertitore . 112.6 389.7
- grande . . . 387.5
- piccolo . . 387.6.7
Convezione . . 260.8
Conveyance . . 138.6
Conveying . . 123.2
- belt . . . . . 138.5
- of charge . . 86.1
- trough . . . . 139.5
Conveyor . . . 138.4
- trough . . . . 102.5
Cool, to . . . 543.10
-, - keep the sample 275.6
Cooled . . . . . 296.3
Cooler . 149.3, 255.7
Cooling . . . . 162.5
- box . . . . . 296.7
- chamber . . . 329.5
- curve . . . . 272.8
- device . . . . 296.4
- down . . . . 486.3
- plant . . . . 148.4.7
- pond . . . . . 148.5
-, slow . . . . . 357.6
- surface . . . 486.4
- tower . 148.6, 149.2
- trough . . . . 371.4
- water . . . 297.10
- - pipe . . . . 298.2
- with water circulation 148.1
Copa de cristalización 243.10
- - porcelana . 194.3
- - - para medir 194.1
- - vidrio duro 187.7
- para cloruro de calcio 288.9
Copeau de forage 228.3
- - perçage . . 228.3
Copela . . . . . 285.3
Coperchio 309.8, 406.2 441.12, 442.6, 445.9
- della volta . 384.2
- di vetro . . . 189.6
Coperta del forno 569.2
Copertura 429.10. 492.5 551.10
- della loppa . 338.4
- di feltro . . . 470.8
Copia . . . . 282.10
Copiare . . . 282.10
Copo, en forma de -s 243.1
Coppa ogivale della bilancia 238.6
Coppella . . . 285.3
Copper . 90.4, 217.7
- pyrites . . . . 72.2

Copper turnings 190.8
- wire gauze . 199.2
Copperas, blue 90.6
-, green . . . . 69.3
-, white . . . . 90.10
Coppia di forze 51.1
Coprigiunto piatto 23.9
Coprire . 308.5, 339.5
- con sabbia . 483.6
- - tela . . . . 276.1
- le richieste dei minerali 558.3
Coquificación . 102.6 105.8
-, poder de . . 102.9
Coquilla . . 6.6, 340.6 446.6
- calentada . . 447.3
Coquille . . 6.6, 340.6 446.6
- chauffée . . . 447.3
Corazza . . . . 27.8
Corbeau . . . . 522.5
Corbeille à coke 336.7
Corchete . . . 342.3
Corcho . . . 196.2.3
Cord . . . . . 200.10
Corda da pianoforte 199.10
- di canapa . . 444.5
- - paglia intrecciata 444.6
Corde de piano 28.7
- en chanvre . 444.5
- - paille tressée 444.6
Cordon d'amiante 200.10
- d'asbeste . . 200.9
-, former un . . 524.9
Cordón de amianto 200.10
- - asbesto . 200.10
- del cilindro . 514.6
-, formar . . . . 524.9
Cordone . 369.2, 519.3
- d'amianto . 200.10
- d'asbesto . . 200.10
- del cilindro . 514.6
-, fare un . . . 524.9
Core . . . 89.3, 458.1
-, angular . . . 458.5
- barrel 459.10, 460.3
- box . . . . . 459.3
-, brittle . . . . 459.8
-, curved . . . . 461.4
- drying stove 463.4
- fork . . . . . 436.9
- frame . . . . 460.4
- groove . . . . 458.7
- iron . . . . . 458.8
- lathe . . . . 460.10
- mark . . . . 424.8
- maker . . . . 458.2
- moulding . . 458.1
- - machine . . 459.2
- nail . . . . . 461.9
- of the fracture 47.3
- recess . . . . 458.7
- sand . . . . . 427.4
- spindle . . . 459.9
- -, shaped . . . 460.1
- strickle . . . 461.3
- templet . . . 461.3
-, tubular . . . 458.6
Cork . . . 196.2, 197.6
- borer . . . . 196.7
- - sharpener . 196.8
- knife . . . . 196.5
- plate . . . . . 196.3
- pliers . . . . 196.8
- presser . . . . 196.4
Corleis, aparato de éter de 181.6
-, apparato per etere secondo 181.6
-, appareil à éther d'après 181.6
-, Äther-Extraktionsapparat nach 181.6
-' ether apparatus 181.6
Cornalina . . . 238.1
Cornaline . . . 238.1
Corne . . . . . 201.9
- de cerf calcinée 420.1
Corner 20.4, 36.10, 423.6
- pillar . . . . 293.6
Cornflower blue 548.1
Cornier . . . . 24.1
Corniera . . . . 24.1
Cornière . . . . 19.10
- à ailes égales 20.1
- - - inégales . 20.3
- - arêtes vives 20.5
- - bourrelet . 21.5
- - coins arrondis 20.4
Cornish multitubular boiler, semi-portable 155.2
Corno calcinato di cervo 420.1
Cornue . 117.11, 187.8 389.7
-, petite . . . . 387.7
Corona . 304.10 451.6
- della marada 294.3
- di ghisa 84.5, 294.5
- formata da ferri d'angolo inchiodati 295.4
Corona . . . . 451.6
- de escuadras remachadas 295.4
- - fundición . 84.5 294.5
- - mampostería 304.10
- - moldear . . 451.3
- - paja . . . . 202.2
- - pasar el modelo 451.3
- - soporte . . 294.2
Corpo cristallizzato nella miscela 274.1
- dello scivolone 130.6
- di rotazione . 445.5
Corps cristallisé dans le mélange 274.1
- cylindrique . 26.8
- - simple . . . 153.7
- étranger . . . 482.8
Correa . . . . . 138.4
-, movido por . 509.4
Corredera . . . 105.3
Corredizo . . . 126.6
Corrente alternata 568.10
- -, impianto a . 166.4
- continua, impianto a 166.3
- contraria . . 153.1
- d'aria ascendente 87.7
- - continua . . 328.9
- di convezione 260.8
- di gas . 360.9, 406.6
- - - ricco d'ossigeno 375.5
- - - trasparente 400.6
- - ghisa . . . 339.7
- - regime . . . 169.2
- elettrica . . . 93.3
- gassosa . . . 346.8
- monofase . . 572.1
- monofasica, impianto a 166.5
- polifasica, impianto a 166.6
- trifase . . . . 569.1
- trifasica, impianto a 166.7
Correr . . . . . 338.3
Corrida . . . . 57.5
Corriente . . . 169.3
- alterna . . 568.10
- -, instalación de 166.4
- continua de viento 328.9
- -, instalación de 166.3
- de aire . 87.4, 411.6
- - - ascendente 87.7
- - convección 260.8
- - fundición . 339.7
- - gas . . 346.8, 360.9 406.6
- - - rico en oxigeno 375.5
- - - transparente 400.6
- - régimen . . 169.2
- directa . . . 153.2
- eléctrica . . . 93.3
- invertida . . 153.1
Corrode, to . . 278.4
Corroding . . . 48.5
- proof . . . . 277.8
Corrosion . . 277.8.9
- rendant le fer cassant 48.5
Corrosión . . . 48.5
Corrosione . . 48.5
Corrosivo . . . 209.7
Corroyage . . . 414.8
Corroyé . . . . 9.4
Corroyer l'acier 10.9
Corrugated . . 27.1
Corsoio . . . . 30.2
Corta-frio . . . 504.7
Cortado . . . . 429.3
Cortar . . 504.8, 533.5
- á medida . . 533.7
- en caliente 533.10
Corte . . . . . 32.5
- por cizalla . 34.2
- transversal . 34.1
Cost of analysis 227.6
-s - fettling . . 573.1
- - power . . . 168.2
- - producing 562.13
Costs of relining the furnace 573.1
-s - repairs . . 573.1
- price . . . . . 563.1
-, prime . . . 562.13
Costa longitudinale 519.6
Costante d'affinità 260.5
- di dissociazione 260.5
Costanza di temperatura della soluzione 262.5
Coste de fabricación 562.13
- - producción 562.13
Costero . . . . 292.6
Costiera . . . . 292.6
Costière . . . . 292.6
Costituente . . 274.7
- della lega . . 14.10
- - struttura . . 277.2
- - tessitura . . 277.2
- secondario . 284.3
Costituzione . . 356.5
- chimica . . 225.10
Costra . . 486.6 489.8
- de arena . . 490.7
- - escorias . . 386.5
- - fundición dura de estructura blanca radiada 488.7
- - la fundición 486.8
- superficial . . 489.9
Costruzione al pestone 303.6
- d'alti forni . 287.4
- del forno . . 403.2
- in ferro . . . 151.3
- - legno . . . 151.4
- - mattoni . . 303.4
Costumbre comercial 30.4
Costura . . . . 538.5
Côte de l'aspiration 471.4
- - l'entrée . . 531.3
- - la sortie . . 531.4
- du refoulement 471.5
- longitudinale 519.6
Cotta . . . . . 379.9
Cottage . . . . 151.2
Cotto, perfettamente 106.2
Cottura . 106.1, 118.8
- oltrepassata . 118.9
Couch . . . . . 197.9
Couche . . . . 56.3
- d'oxyde . . . 552.6
- - du laminage 35.6
- de charbon incandescent 405.7
- - métal . . . 567.1
- - peinture . . 550.5
- - - de fond . 551.6
- - rouille . . . 550.2
- de scorie . . 566.9
- filtrante . . . 147.2
-, par -s . . . . 391.9
-, première . . . 551.3
Coude . . . . . 320.2
Coudé . . . . . 444.1
Coulé . . . . . 4.7

Coulé, béton . 290.1
- en acier . . . 488.3
Coulée . . 300.5, 338.1
- centrifuge . . 482.7
- de la fonte . 481.1
- - - - et du laitier 299.5
- en sable . . . 487.4
- - source . . . 482.5
-, la - ne réussit pas 488.11
-, prêt pour la . 443.1
- tangentielle . 482.6
Couler . 338.3.6, 385.3
- de deux côtés 482.3
- debout . . . . 482.8
- en moules . . 481.4
-, laisser - le laitier 338.2
- le métal . . . 481.5
-, machine à (v. machine)
- par la quenouille 481.6
Couleur de recuit 547.5
- minérale . . . 551.4
- retirée de goudron 71.1
Coulissant . . . 102.3
Coulisse . 39.2, 404.4
Couloir de déchargement 131.8
- incliné . . . . 132.2
Counter current boiler 153.1
- poise . . . . 310.8
- pressure . . . 507.6
- weight . . . 370.10
Counting mechanism 134.6
Coupe de cristallisation 243.10
- horizontale . 287.8
- verticale . . . 288.1
Coupelle . . . . 235.3
- de combustion 248.9
Couper . . . . . 504.8
- à dimension . 33.11 533.7
Couple . . . . . 51.1
- de forces . . 51.1
-, to . . . . . . . 519.8
Coupled, direct 170.6
Coupling 184.2, 519.7.10
- box . . . . 519.10
- spindle . . . 520.1
Coupole . . . . 321.7
Courant . . . . 169.3
- alternatif, installation à 166.4
- - monophasé, installation à 166.5
- - polyphasé, installation à 166.6
- - triphasé, installation à 166.7
- continu, installation à 166.3
- d'air ascendant 87.7
- - continu et régulier 328.9
- - montant . . 87.7
- d'eau . . . . 567.9
- -, à . . . . . . . 369.6
- de convection 260.8
- - gaz riche en oxygène 375.5
Courant de gaz transparent 400.6
- - régime . . . 169.2
- électrique . . 93.3
- gazeux 346.8, 360.9 406.6
Courbe . . . . 133.1
- de concentration 273.7
- - décomposition 265.1
- - refroidissement 272.8
- - solubilité . 273.7
- en ogive . . . 515.2
- surbaissée . . 515.1
Courber . . 42.8, 43.8
Couronne . . . 535.5
- à mouler centreuse 451.3
- de la marâtre 294.3
- - maçonnerie 304.10
- - paille . . . 202.2
- - support . . 294.2
- en fonte 84.5, 294.5
- rivetée en fers cornières 295.4
Courroie . . . . 138.4
Course du levier 310.11
- of brickwork 305.9
- - rays . . . . 281.3
Coussinet à billes 300.8
- de tourillon . 521.7
Couteau . 237.7, 238.2
- à liége . . . . 196.5
- en agate . . . 257.8
- - platine . . . 195.9
Couvercle 309.8, 528.1
- amovible . . 301.6
- de la voûte . 384.2
- du four . . . 569.2
- en verre . . . 189.6
- obturateur . . 297.5
Couvert . . . . 439.5
Couverture . 429.10 551.9
- de laitier . . 338.4
- en feutre . . 470.8
- vitreuse . . . 554.6
Couvrir . . . . 308.5
- d'une toiture 339.5
Cover . . 189.6, 309.8
-, bolted . . . . 524.4
-, removable . . 301.6
-, screwed-on . 524.4
-, to . . . . . . 308.5
-, - - with cloth 276.1
-, - - - lead . . 554.3
Covered . . . . 151.8
Covering . 83.8, 305.1
Cow dung . . . 429.1
- hair . . . . . 429.2
Cowper, apparecchio ad aria calda 320.8
-, appareil à air chaud de 320.8
-, calentador del aire sistema 320.8
-'s stove . . . . 320.8
-, Winderhitzer nach 320.8
Crab . . . 126.6, 476.3
Cracher . . . . 482.1
Crack . 36.3.4, 386.8 413.6, 549.1
-, free from -s . 36.2
Crack, longitudinal 36.5
Cracked . . . . 108.4
Cracking . . 428.10
Craie phosphatée 113.7
Crampon . . . 24.6
Cran de la règle du cavalier 239.9
Crane . . 125.6, 125.7
- beam . . . . 476.6
- for the reheating furnace 527.7
- hook . . . . . 476.5
-, independent . 126.1
-, isolated . . . 126.1
- ladle . . 478.8, 479.1
- link . . . . . 476.8
- magnet . . . 129.6
-, overhead travelling 126.5
- pneumatic rammer 435.2
-, rotary . . . . 127.7
- with grab gear 128.1
- - special gripping device 528.2
Crank . . . . . 500.9
Crapaud . . . . 483.5
Crassier . . . . 356.3
Crayon bleu . . 191.1
- en couleur . 191.1
- gras . . . . . 191.1
Cremagliera . . 323.6
Crémaillère . . 393.2
- avec pignon moteur 323.6
Cremallera . . 393.2
- con piñón . . 323.6
Crepaccio . . . 36.3
- alla superficie 36.6
- longitudinale 36.5
-, senza -i . . . 36.2
- trasversale . 36.4
Crépelé . . . . 47.4
Crépine d'aspiration 140.8
Creta fosfatada 113.7
- fosforosa . . 113.7
Creuser . . . . 438.8
Creuset . 11.7, 291.6 296.1, 382.2, 468.8
- cuit . . . . 383.10
- de fusion . . 252.4
- - Gooch . . . 246.3
- en argile . . 382.7
- - graphite . . 382.5
- - platine . . . 195.1
- - porcelaine . 193.7
- - terre réfractaire 382.7
- libre . . . . . 290.9
- ovale . . . . 286.7
- pour le dosage au chalumeau 234.7
- séché . . . . 383.10
Creux . . 35.9, 394.6
Crevasse . 36.3, 413.5 549.1
Crevassé . . . . 108.4
Criadero . . . . 56.5
- dislocado . . 57.4
- en capas . . . 57.1
- - masa . . . . 57.2
- irregular . . 57.4
- sedimentario 57.3
Criba . . 161.1, 230.5
- de aspiración 140.8
- - filtración . 245.4
- - vaivén . . 230.10
Cribado . . . 107.11
Cribadura 65.2, 229.10
-, disposición de 230.2
- seca . . . . . 230.1
Criblage . . . . 63.5
Crible . . . . . 230.5
Criblé . . . . 107.11
Crica . . . . . . 483.7
- de laminación 35.8
Crine . . . . . . 491.1
Crique . . . . . 386.8
- à la surface . 36.6
- longitudinale 36.5
-, sans -s . . . . 36.2
- transversale . 36.4
Crisol 11.7, 291.6, 296.1 382.2, 468.8
- cocido . . . 383.10
- de arcilla refractaria 382.7
- - Gooch . . . 246.3
- - grafito . . . 382.5
- - platino . . 195.1
- - plombagina 382.5
- - porcellana . 193.7
- - tierra refractaria 382.7
- ovalado . . . 286.7
- para el ensayo con el soplete 234.7
- - fusión . . . 252.4
- seco . . . . 383.10
Cristal de fusión 252.7
- en forma de abeto 214.4
- en forme de sapin 214.4
Cristalino 46.4, 64.8 242.13
Cristalización . 243.9
Cristalizado . . 214.2
- en la mezcla 274.1
Cristallin 46.4, 64.3 242.13
Cristalline . . 379.6
Cristallino 46.4. 64.3 242.13
Cristallisation . 243.9 357.7
Cristallisé . . . 214.2
- dans le mélange 274.1
Cristallizzato nella miscela 274.1
Cristallizzatore 243.9
Cristallizzazione 243.9, 357.7
Cristallo . . . 214.8
- aghiforme . . 214.4
Critical heat . 272.10
- point . . . . 272.9
Critico, punto . 272.9
Critico, calor 272.10
-, punto . . . . 272.9
Critique, chaleur 272.10
-, point . . . . 272.9
Crivello 161.1, 230.5
Croce . . . . . 21.9
Crocetta . . . . 525.1
Crochet . 24.4, 342.3 371.6, 441.6
- de mouleur . 436.8

Crochet de suspension 476.8
- - - de la grue 476.5
- magnétique . 129.5
Crochetage . . 525.2
-, installation de 525.1
Crocodile press 377.4
Crogiuolo 11.7, 291.6 295.6, 296.1, 382.2.9, 468.8
- anteriore . . 466.5 468.9
- bloccato . . . 387.3
- d'argilla . . . 382.7
- di fusione . 252.4.5 569.3
- - grafite . . . 382.5
- - piombaggine 382.5
- - platino . . 195.1
- - porcellana 193.7
- essiccato . . 383.10
-, frammenti di 284.7
-, fuso al . . . . 11.7
- ovale . . . . 286.7
Croix . . . . . 21.9
Cromatico . 279.13
Cromático . . 279.13
Cromato potásico 206.4
Cromato potassico 206.4
Cromico . . . . 204.7
Crómico . . . . 204.7
Cromo 15.6, 17.1, 218.1
- - niquel . . . . 16.12
- pirómetro . . 400.9
Crooked 288.8, 584.5
Crop end . . . 83.6
Cross back . . 316.9
- baffle . . . . 316.9
- bar . . . . 520.10
- beam . . . . 121.4
- crack . . . . 86.4
- flue . . . . . 417.2
- head . . . . . 505.6
- iron . . . . . 21.9
- piece . . . . 320.4
- section . 84.1, 503.2
- sleeper . . . . 23.3
- tube . . . . . 154.7
Crosta . . 486.6, 489.8
- d'ossido sul pezzo laminato 85.6
- della ghisa . 486.8
- di sabbia . . 490.7
- - scorie . . . 386.5
- dura a sezione bianca raggiante 488.7
- superficiale . 489.9
Croûte . 486.6, 489.8
- d'oxyde de fer 414.6
- de la fonte . 486.8
- - laminage . 85.8
- - sable . . . . 490.7
- - scorie . . . 386.5
- dure à texture blanche rayonnante 488.7
- superficielle . 489.9
Crown . . . . . 294.5
-, concave . . . 404.2
-, convex . . . 404.3
- plate . . . . . 404.1
Cru . . . . . 1.1, 365.5
Crucible 193.7, 252.4 296.1
Crucible belly . 382.3
- cast steel . . 11.7
- charge . . . . 385.1
- contents . . . 385.1
- drying apparatus 283.3
-, finished . . 383.10
- furnace . . . 384.4
- -, electric . . 570.6
- -, multiple . . 384.7
- -, single . . . 384.6
-, Gooch's . . . 246.3
- material . . . 381.5
- -, old . . . . . 382.1
- melting furnace 384.1
- press . . . . . 383.2
-, ready dried 383.10
- stand . . . . 384.3
- steel . . . . . 11.7
- - process . . 381.1
- - works . . . 381.2
- tongs . . . . 252.5
- triangle . . . 252.6
- works . . . . 381.4
Crudo . . . . . 1.1
Crumbling of the ore 89.4
Crumpled . . . 47.6
Crush, to 76.10, 463.8
Crushed . . . 107.12
Crusher . 78.7, 432.1
Crushing . . . 76.7
-, fine . . . . . 76.9
- machine . . . 77.2
- mill . . . . . 77.8
- - with vertical runners 78.1
- of the pigs . . 468.6
- plant . . . . . 76.6
- plate . . . . . 229.8
Crust 386.5, 486.6, 489.8
-, hard white - with radiated structure 488.7
Cruz . . . . . . 21.9
Crystal . . . . 379.7
-, arborescent -s 214.4
-, mixed . . . . 274.1
Crystalline 46.4, 242.13
Crystallisation vessel 243.9
Crystallised . . 214.2
Crystallising basin 243.10
- pan . . . . 243.10
Cuadrangular . 517.2
Cuadro de distribución 171.2
Cuarto de aseo 150.6
- - lavar . . . 150.6
Cuarzo . . . . 72.6
- en pedazos . 115.6
- finamente pulverizado 95.8
Cuarzoso . . . 115.7
Cuba 78.3, 80.9, 303.8
- accesible . . 305.5
- con blindaje 305.2
- de agua . . . 330.5
- - cilindros . . 554.1
- - lavado . . 558.10
- - porcelana . 193.5
- libre . . . . . 305.3
- llena de agua 318.3
- neumática . . 268.8
- no aislada . . 305.4
- para lejivar . 90.1
- - mercurio . 200.5
Cuba sin macizo 305.3
Cube . . . . . . 125.5
- shape . . . . . 96.3
Cubeta . . . . 231.1
- alimentada por el fondo 544.9
- de agua . . . 371.4
- - colada . . . 443.4
Cubetadraga automática 129.1
Cúbico . . . . . 96.3
Cubierta . 79.5, 551.9
- de escoria . . 338.4
- - fieltro . . . 470.8
- del horno . . 569.2
- protectora . . 492.5
Cubierto . . . 363.10
Cubilete . . . . 187.6
Cubilot . 473.4, 467.5
- à aspiration . 469.2
- - dolomie . . 119.1
- - rigole . . . 468.6
- de fonderie . 466.6
- Ireland . . . 468.5
- Krigar . . . . 469.1
-, petit . . . . . 469.6
Cubilote . . . 473.3.4
- de aspiración 469.2
- - canal . . . 468.6
- - fundición . 466.6
- Ireland . . . 468.5
- Krigar . . . . 469.1
- para dolomita 119.1
- pequeño . . . 469.6
Cubilotto 467.5, 473.4
- ad aspirazione 469.2
- con avancrogiuolo 468.6
- per ghisa . . 466.6
-, piccolo . . . 469.6
Cubique . . . . 96.3
Cubo . . . . . 101.1
Cubrir con una tela 276.1
- la armadura del macho 460.7
- - necesidad de mineral 558.3
Cubrirse de orín 550.1
Cucchiaio . . . 202.9
- di caricamento 411.3
- - corno . . . 201.9
- - platino . . . 195.7
- - scavo . . . 129.1
Cuchara . . . . 202.9
- automática . 128.7 129.1
- de carga . . . 411.3
- - colada . . . 477.5
- - platino . . 195.7
Cuchillo . . . . 238.2
- de ágata . . . 237.8
- - balanza . . 237.7
- - platino . . 195.9
- para corcho . 196.5
Cuello . . . . . 390.1
Cuenta-gotas, embudo 188.2
- -, frasco . . . 185.5
-, meter en . 559.10
Cuerda de cáñamo 444.5
- - paja trenzada 444.6
- de piano 28.7, 199.10
Cuerdecilla . . 459.6
Cuerno . . . . 419.5
- de ciervo calcinado 420.1
Cuero . . . . . 325.4
- embutido . . 507.1
- para limpiar 202.10
Cuerpo cilíndrico 26.8
- cristalizado en la mezcla 274.1
- extraño . . . 432.8
- flexible del clavo 462.1
Cueva para las cenizas 163.8
Cuffia d'aspirazione 140.8
- di guardia . 23.5
Cuidado . . . 556.10
Cuiller . . 129.1, 202.9 411.1
- à déchargement automatique 128.2
- - mitraille . . 411.2
- - scraps . . . 411.2
- automatique . 128.7
- de chargement 410.8
- - coulée . . . 477.5
Cuillère . . . . 202.9
- en platine . . 195.7
Cuir . . . . . . 419.4
- embouti . . 507.1.2
- - double . . . 507.3
Cuire . . . . . 119.2.3
Cuisson . . . . 118.8
- à fond . . . . 118.9
- du coke . . . 106.7
Cuit . . . . . . 116.8
-, parfaitement 106.2
Cuivre . . 90.6, 217.7
- cémenté . . . 90.7
- dissous précipité 90.7
- pyriteux . . . 72.2
Cuivrer . . . . 552.7
Cuivreux . . . 61.1
Cuivrique . . . 217.8
Culbutant . . . 403.1
Culbuteur 131.5, 331.6 525.7
- à wagons . . 132.6
- basculant . . 133.2
Culée . . . . . 293.3
Culm . . . 101.5.6.7
Cuneo . . . . . 21.8
Cuña . . 21.8, 301.10
Cuocere . . . . 119.3
Cuoio . . . . . 325.4
Cup . . . 310.1, 507.2
- leather packing 507.1
Cupboard . . . 175.2
Cupel . . . . . 235.3
Cupola . 321.7, 390.1 466.6
- furnace . . 473.3.4
-, rapid . . . . 468.6
-, small . . . . 469.6
- supporting frame 469.7
Cupric chloride 209.3
Cúprico . . . . 209.3
Cuprifère . . . 90.4
Cuprífero . . . 90.4
Cupriferous . . 61.1
Cuproso . . . . 209.4
Cuprous chloride 209.4
- oxide, granulated 209.2
Cúpula . . . . 321.7

Cura del rivestimento del forno 475.3
Curcuma 212.9
- paper 212.9
- papier 212.9
Current 169.2
-, alternating 166.4
-, continuous 166.3
-, electric 93.3
- metre 36.7
-, multiphase 166.6
- of gas 360.9
-, single phase 166.5
-, three phase 166.7
Curtido, casca del 429.5
Curva di concentrazione 273.7
- - decomposizione 265.1
- - raffreddamento 272.8
- - solubilità 273.7
- in ogiva 515.2
- ribassata 515.1
Curva 133.1
- de concentración 273.7
- - descomposición 265.1
- - enfriamiento 272.8
- - solubilidad 273.7
- peraltada 515.2
- rebajada 515.1
Curvar sobre un mandril 43.1
Curvare 42.8, 138.7
Curvato 537.8
Curvatura 43.6
- circolare 294.8
- della leva 480.3
Curvature 514.12
Curve, flat 515.1
- of decomposition 265.1
- - solubility 273.7
-, steep 515.2
Curved 27.2
Curvo 461.4
Cuscinetto 522.5
Cushioning 502.4
Cut 429.3
-, to 34.4, 533.6
-, - - off 504.8
Cutting hardness 543.3
Cuve 80.9, 83.7, 303.8
- à eau 330.5, 544.6
- - lessiver 90.1
- - mercure 200.5
- - tremper 416.8
- accessible 305.5
- avec enveloppe en tôle 305.2
- dégagée 305.3.4
- en porcelaine 193.5
- libre 305.3
- non isolée 305.1
- pneumatique 268.8
- pour la mesure de la conductance 261.3
Cuve remplie d'eau 318.3
Cuvette 78.3, 370.1, 443.5
- à broyer 229.4
Cyan-kalium 206.3, 361.10
-stickstofftitan 361.12
Cyanide of potassium 206.3
-, potassium 361.10
Cyanonitride, titanium 361.12
Cyanure de potasse et de titane 361.12
- - potassium 206.3, 361.10
Cycle 327.6
Cylinder 121.3
-, cast iron 312.4
-, fixed 498.5
- for ramming piston 453.6
- furnace 367.6
- with scale 524.2
Cylindre 77.8, 453.6
- à air 501.4
- - gorge 539.1
- - gradins 518.6
- - grande vitesse 535.4
-s - mandrin pour tubes soudés 538.9
-, - plusieurs -s 325.8
- - tôles 514.1
- - vapeur 499.1
Cylindre à vent 328.3
- avec échelle 524.2
- bombé 537.8
- calibré 514.4
- cannelé 514.4
- commandé 513.3
- de blooming 513.11
- - chargement 311.8
- - presse 121.3
- - zinc 266.3
- du frein 311.3
- - mouton 501.6
- ébaucheur 513.9
- en fonte 312.4
- entrainé 513.4
-s équilibrés 523.1
- étanche 472.2
- excentrique 538.2
- finisseur 513.10
- fixe 498.5
- hydraulique pour le renversement 393.5
- inférieur 513.1
- - fixe 523.5
- libre 513.4
- médian 512.9
- soufflant 328.3
- supérieur 512.8, 515.7
- - équilibré 523.6
- - suspendu 523.6
Cylindrical 96.4
-, mono- 325.7
-, poly- 325.8
Cylindrique 26.8

# D.

Dachwippe 525.2
Dackel 362.3
Dado 96.3
Dam plate 292.9
- stone 292.5
- -, false 292.8
Dama 292.5.9
-, falsa 292.8
-, pietra di 292.5
Damage 105.4, 434.9
- by sea 560.12
- - smoke 561.1
Damajuana 175.5
Damascato 13.4
Damasceno 13.4
Damascined 13.4
Damask 13.4
Damassé 13.4
Damaststahl 13.4
Damaszener Stahl 13.4
Dame 292.5.9
- -jeanne 175.5
Damé, béton 289.8
Damer 105.5, 439.1
-, machine à (v. machine)
Damigiana 175.5.6
Dämmbrett 437.2
Damm-grube 444.7
-stein, falscher 292.8.5
Damoir 434.5
- à air comprimé 434.8
Damoir à grue et air comprimé 435.2
- - main et à air comprimé 435.1
- en pointe 434.7
- plat 434.6
Damp, to 354.9
-, to - down 354.9, 415.9
Damper 297.9
Dampf-bad 248.2
-druckschmiedepresse 505.5
-, dunkle Dämpfe 400.8
-dynamo 170.7
-einlaßschieber 499.7
-entwässerer 179.3
-entwickler 178.10
-exhaustor 144.2
-gebläse 325.10
Dampfhammer 377.3, 498.4
-, doppeltwirkender 500.5
-, einfachwirkender 498.6
- mit C-förmigem Gestell 498.7
- - einseitigem Gestell 498.7
- - feststehendem Zylinder 498.5
- - Oberdampf 500.6
Dampfkessel 152.1, 360.3
-, Hochdruck- 152.2
-, liegender 152.3
-, Mitteldruck- 152.5
-, Niederdruck- 152.6
-, stehender 152.4
Dampf-kocherei 120.3, 120.3
-kochkessel 178.8
-kraftgebläse 325.10
-kran 127.2
- -, fahrbarer 127.4
- -, - - - zum Löschen der Schiffe 127.6
- -, feststehender 127.3
-lokomotive 124.6
-, mit - behandelt 95.7
Dampfpumpe 142.6, 509.5
-, freistehende 143.4
-, Verbund- 143.2
-, Wand- 143.3
-, Zwillings- 143.5
Dampf-sauger 144.2
-schaufelbetrieb 58.4
-stiefel 499.1
-strahl-gebläse 469.10
- -zerstäuber 158.2
-topf 178.6
-trichter 178.9
Dampf-überhitzer 179.2
-, Wasser- 360.5
-winde 314.3
-zylinder 499.1
Dämpfen 354.8.9
Dampfer, Erz- 562.6
Damping 354.8
- down 354.8
- - of the coke 106.9
Daniell, grifo de 252.1
-, robinet de 252.1
-, robinetto di 252.1
-'s safety cock 252.1
-scher Hahn 252.1
Danno arrecato dal fumo 561.1
Daño por el humo 561.1
Dañoso 71.5
Dar el tono 282.11
- - viento 396.2
Darby, -'s gas exit pipe 312.10
- Gasfang 312.10
-, presa di gas 312.10
-, prise de gaz 312.10
-, toma de gas 312.10
Dare l'aria 488.1
Darre, Trocken- 433.8
Darrkammer 462.8

Darta . . . . . . 490.2
Date . . . . . . . 34.12
- de livraison . 559.5
- of delivery . 559.5
Dato, -i esterni 35.2
Dauer der Erhitzung 543.7
-, Gärungs- . . 106.1
-magnet . . 92.4, 93.7
Daumen . . . . 496.5
-trommel . . . 496.4
Daylight . . . 280.11
Dayshift . . . . 556.6
Dead, -s . . . . 90.2
- roasting . . . 118.9
- spot . . . . . 277.8
Dearth of water 140.6
Débrayer . . . 520.7
Débris de creusets 382.1
Decant, to . . 243.5.8
Decantación 80.5, 243.7
Décantage . . . 80.5
Decantador . . 146.9
Decantar . . . 243.8
Decantare . . . 243.8
Decantatore . . 146.9
Decantazione 80.5, 81.3
- dell'acqua . . 146.8
Décanter . . 243.7.8
Décanteur 81.3, 146.9
Decanting . . . 80.5
-, apparatus for - emery 275.10
- bottle . . . . 243.6
- vessel . . . . 243.7
Décapage du fil 537.1
- rendant le fer cassant 48.5
Décapé . . . . 553.1
Décaper à l'acide 493.9
Decarburación total 397.5
Decarburar la fundición 363.6
Decarburare la ghisa 363.6
Décarburation 376.1
- complete . . 397.5
Decarburazione 376.1, 397.4
- completa . . 397.5
Décarburer la fonte 363.6
Decarburisation 376.1
-, complete . . 397.5
Decarburise, to 363.6
Decarburising period 397.4
Décèlement . . 224.5
Décharge . . . 369.8
Déchargement 123.4 127.6, 562.10
- automatique 128.2.3
- de la boite . 411.4
- des deux côtés de la voie 128.5
Déchargeur . . 132.1
- à bascule . . 132.5
- automatique 128.2
- mobile . . . . 139.8
- rapide . . . . 128.6
Déchet, -s 90.2, 355.11
- de coke . . 107.10
- - fer . . . . . 378.7
- ferrifère . . . 112.3
Deci-standard electrode 262.1
Décimètre, double 38.7
Decimetro, doppio 38.7
Decimetro, doble 38.7
Decinormal . . 262.1
Décinormal . . 262.1
Decinormale . 262.1
Deckel . . 301.6, 309.8
-abhebevorrichtung 528.1
-, abnehmbarer 301.6
-, aufgeschraubter 524.4
-, Verschluß- . . 297.5
Deckgläschen . 189.6
Deckung . . . 551.9
- des Erzbedarfes 558.3
Déclanchement 240.6
Déclic . . . . . 464.3
Decomponerse 223.3
Decomporre per elettrolisi 258.2
Decomporsi . . 223.3 347.12
Decompose, to 223.3 347.12, 359.1
Décomposé . 428.12
- à l'air . . . . 427.9
Decomposed . 428.12
Décomposer par électrolyse 258.2
- - voie électrique 258.2
-, se . . . . . . . 223.3
Decomposición del mineral . 89.4
- por acción atmosférica . . . 89.7
Decomposition 264.9 358.12
- of limestone 349.10
- - the hydrocarbons 105.9
- pressure . . . 265.4
- product . . . 348.1
- value . . . . 264.3
- voltage . . . 265.4
Décomposition 264.3, 358.12
- de la castine 349.10
- des hydrocarbures 105.9
- par les agents atmosphériques 89.7
Decomposizione 348.1 358.12
- degli idrocarburi 105.9
- del calcare . 349.10
Decomposto . . 427.9
Decoppered . . 90.5
Découper au ciseau 34.4, 36.1
Découvert . . . 363.9
-, à . . . . . . . 438.5
Découvrir . . . 438.8
Decrease of solubility 258.11
Decreasing the unctuosity of clay 116.11
Décrochage automatique 136.9
- du mineral . 88.4
Décrocher . . . 343.2
Décrocheur automatique 137.1
Décroissement de la solubilité 258.11
Décuivré . . . 90.5
Decuperated . . 90.5
Dedil de goma 198.3
Dedo prensor 528.2
Dédoublement des ions 263.2
Deducción á consecuencia de un exceso de ácido silícico, fósforo y azufre . . . 65.9
Deducir del análisis la potencia calorifica . . 109.5
Deduction for excessive percentage of silicic acid, phosphorus and sulphur . 65.9
Déduction pour excès en silice, phosphore et soufre 65.9
Defalco per tenore eccessivo in acido silicico, fosforo e solfo 65.9
Défaut . . . . . 490.2
- dans la formation des images 279.11
- de coulée . . 489.10
- - surface . . 489.11
-, exempt de . 490.1
- extérieur . . 35.5
- visible . . . . 35.5
Defect . . . . . 35.4
-, visible . . . . 35.5
Defective 35.4, 355.5
- condition of the hearth 353.9
Defecto . . 35.4, 490.2
- de colada . 489.10
- - la fundición 490.4
- en la formación de las imágenes 279.11
- exterior . . . 35.5
- superficial 489.11
- visible . . . . 35.5
Défectueux . . 35.4
Défectuosité de la fonte 490.4
Defectuoso . . 88.9
Déferrisation . 147.9
Deflection 32.9, 43.2, 240.7
-, minimum . . 43.3
Deformación angular 51.4
Déformation angulaire 51.4
Deformazione angolare 51.4
Defosforación 376.12
Defosforato . . . 5.3
Defosforazione 376.12 398.1
Defosforización 398.1
Défourné . . . 88.6
Défournement 87.9
- du four . . . 106.5
- - minerai . . 88.5
Défourneuse 106.4 529.5
Dégagé . . . . 308.1
Dégagement d'hydrogène 348.3
- d'oxygène . . 375.4
- de chaleur . 346.3
- - l'air . . . . 439.8
- - l'oxyde de carbone 375.3
- des gaz . . . 208.7
- - produits volatils 250.7
Dégager . . . . 343.2
- à l'arc électrique 344.2
- le modèle . . 435.6
- les boulons . 291.4
-, se . . . . . . 484.6
Dégarnissage . 355.6
Degré de carburation 348.6
- - dissociation 253.5
- - - d'une solution 259.3
- - dureté . . 53.10
- - qualité . . . 32.2
- - trempe . . 543.5
Degree of carbonisation 348.6
- - dissociation 253.5
- - - of a solution 259.3
- - hardness 53.10 543.5
- - quality . . 32.2
- - silication . 357.2
- - temper . . . 543.5
Dégrossisseur, train 510.12
Dehnung . . . 49.7
-, Bruch- . . . . 44.8
Dehnungszahl . 49.9
Dehnzahl . . . 49.9
Deironing . . . 147.9
Dekantieren . . 243.8
Dekantiergefäß 243.7
Délai de déchargement 562.11
Délayé . . . . 276.10
Délayer l'émeri, appareil à 275.10
Delgado . . . . 25.7
Délimitation de la levée 502.7
Delivery . 382.4, 559.5
- air chamber 145.4
- - vessel . . . 145.4
- conduit . . . 144.8
- of ore . . . . 123.3
- pipe . . . . . 145.3
- pipes . . . . 144.8
Demand for iron ore 558.3
-, maximum - for power 168.4
-, minimum . . 168.6
-, simultaneous maximum 168.5
Demanda de mineral, cubrir la 558.3
Demande maximum de force 168.4
- - et simultanée d'énergie 168.5
- minimum d'énergie 168.6
Démarrage . . 170.1
Demi-circulaire 475.9
- -clos . . . . . 108.5

Demi-fixe . . . 155.2
- -gras . . . . . 99.4
- -produit . . . 18.1
- -truité . . . . 2.4
Démolir la maçonnerie 355.7
Demolire la muratura 355.7
Démolition de noyeau 459.7
Démontable . . 440.5
469.8
Démoulage . . 121.9
448.4, 527.3
-, appareil de . 448.5
Démouler . . . 526.2
- le lingot hors des lingotières
526.4
- -s -s, appareil à 526.3
-, machine à (v. machine)
Démouleuse . 448.5.6
Denaturato . 548.10
Dénaturé . . 548.10
Dense . . 59.2, 335.7
-, peu . . . . . 484.8
Densidad . . . 180.1
- de gas . . . . 270.8
Densità . . . . 270.7
- d'un gas . . . 270.8
Densité . . . . 180.1
- d'un gaz . . . 270.8
Density . . . . 270.7
- of a gas . . . 270.8
Denso . . . . . 59.2
-, poco . . . . . 484.8
Dent . . 518.10, 504.1
- à chevron . . 519.2
- de pignon . . 519.1
Dentado . 46.3, 393.1
Dentato . . 46.3, 393.1
Dentatura interna 519.5
Dente . . . . . 455.6
- del pignone 519.1
Denté . . . . . 393.1
Dentelado . . 426.10
Dentelé . 46.3, 426.10
Dentellato . . 426.10
Deoxidising addition 398.10
Départ du gaz 313.7
Departamento de dolomita . . 118.2
- - moldeo . . 421.2
Dépense de charbon 557.3
- - force . . . . 557.4
-s pour la force motrice 168.2
Déphosphoration
5.3, 376.2
Dephosphorising period 398.1
Dephosphorized 5.3
Déplaçable . . 162.1
Déplacement d'air
472.8
- du cavalier 239.10
Déposer, laisser 243.5
Deposit . . 56.5, 147.7
-, dislocated . . 57.4
-, faulted . . . 57.4
- of flue dust 164.4
- - graphit . . 106.10
- - iron ores . 56.4
- - ores . . . . 56.1
-, sedimentary . 57.3
Depositare, lasciar
243.5
Deposition . . . 215.1
Deposito 64.9, 130.1
147.7, 215.1
- d'ossido di zinco
361.2
- degli acidi . 176.8
- di blocchi . . 130.7
- - cenere . . . 163.8
- - - volante . 164.4
- - coke . . . . 130.4
- - ferrami . 130.5.6
- - grafite . . 106.10
214.12
- - loppa . . . 356.3
- - minerali . . 130.3
- - scoria sul becco 401.11
- - travature metalliche 130.8
Depósito . 26.10, 80.9
130.1, 147.7, 215.1
- de agua 145.6, 544.6
- - - bajo presión
145.8
- - aire de la tubería de aspiración 145.2
- - - - - - - impulsión 145.4
- - clarificación 146.9
- - cok . . . . 129.4
- - escorias . . 409.3
- - grafito . . 106.10
214.12
- - los ácidos . 176.8
- - metales . . 130.5
- - minerales . 130.3
131.3
-s - óxido de cinc 361.2
- elevado de agua
145.8
- para mercurio 200.4
- - pavesas encendidas 164.4
Dépôt . . 129.4, 130.1
147.7, 215.1
- d'escarbilles . 164.4
- de coke . . . 130.4
- - graphite . 106.10
214.12
- - minerais . . 130.3
- - zinc . . . . 361.2
- des acides . . 176.8
Depth, bringing out the -s 282.7
- gauge . . . . 39.7
- of casting . . 439.2
- - hardening . 420.4
- - the hearth 369.11
Depuración del agua 146.5
Depurado . . . 5.3
Depurador . . 315.9
Depurare . . . 315.7
Depurato . . . 5.3
Depuratore . 315.10
Depurazione a secco del gas 315.8
- del gas . . . 315.6
- dell'acqua . . 146.5
Derb, -es Eisenerz 59.3
Derecho, -s de puerto 561.11
Derivación . . 372.8
Dérivation . . 372.8
Derivazione . . 372.8
Derramar basculando por el pico 481.5
Derribar la mampostería 355.7
Desacoplar . . 520.7
Desagregación 63.9
- de mampostería
336.6
Desagregado . 64.1
Desagregar por fusión 251.1
Desagregarse 347..2
359.1
Désagrégation . 63.9
81.6
- de la maçonnerie 336.6
Desagrégé . . . 64.1
Désagréger par fusion 251.1
-, se . . . . . 347.12
Desague . . . . 146.1
Desarrollar . . 277.3
Desarrollo de la estructura 277.1
Desazufrado . . 5.4
Desbastado . . 275.4
377.6
Desbastador . . 516.3
-, tren . . . . . 510.2
Desbastar . . . 529.8
Descanso . . . 524.6
Descarburación 376.1
Descarburar la fundición 363.6
Descarga . 81.2, 123.4
562.10
- á los dos lados de la vía 128.5
- automática . 128.3
- de la caja . . 411.4
- del horno . . 106.5
- - mineral . . 88.5
Descargado . . 88.6
Descargador automático 128.2
- móvil . . . . 139.8
- rápido . . . . 128.6
Descargamiento automático 128.4
Descargar . . . 106.4
Descend, to . . 335.9
Descendant . . 133.4
Descendente . . 146.1
Descender . . 335.9
Descendre . . . 335.9
-, la bascule descend 135.7
Descenso . . . 146.1
- de la carga . 335.8
- - - temperatura 352.4
- - las cargas . 336.1
- del cono . . . 309.7
Descente de la charge 335.8
- des charges . 336.1
- du cône . . . 309.7
Descobrado . . 90.5
Descomponer por electrolisis 258.2
Descomponerse
347.12
Descomposición 89.4.7
264.3, 265.1, 358.12
- de la castina 349.10
Descomposición de los hidrocarburos 105.9
Descompuesto 428.12
- al aire . . . . 427.9
Descubierto . . 363.9
-, al . . . . . . 438.5
-, dejar al - la estructura 277.4
Desdoblamiento de los iones 263.2
Desecación del aire, instalación de 329.1
- - viento . . 328.12
Desecador . 231.11.12
- por el vacío . 232.1
Desechar la muestra 34.7
- - prueba . . 34.7
Desecho, -s . . 27.9
355.11
-s de convertidor
112.6
- ferriferro . . 112.3
Desembarque 562.10.11
Desembragar . 520.7
Desenganche automático 136.9
-, mecanismo de - automático 137.1
Desengrasar la arcilla 382.3
Desfosforación 376.12
Desfosforización
398.1
Desgarrarse . . 49.2
Desgaste . . . . 32.6
- de la cadena 137.9
- - las limas . . 491.6
- rápido del horno
413.4
-, resistente al . 543.4
Deshojarse . . 431.6
Desiccator 231.12, 232.1
- disc . . . . . 194.2
-, dried in the 231.11
Design of rolls 514.3
-, to - the passes
514.7
Designación del mineral 65.4
Désignation du minerai 65.4
Designazione del minerale 65.4
Désintégrateur 79.4
Deslodado . . 63.1
Deslodamiento 80.2
Desmenuzar . 76.10
Desmontable . 469.8
Desmoronamiento del mineral 89.4
Desnaturalizado
548.10
Desoldadura . 483.11
Desolforato . . 5.4
Desossidato . . 553.1
Desoxidación . 398.6
- del alambre . 537.1
Desoxidado . . 553.1
Desoxidar por medio del ácido
493.9
Désoxydant . 398.10
Desoxydation . 398.6
Désoxydation . 398.6
Desperdicio . . 33.6
- de hierro 378.7, 413.1

Desplazamiento del jinete 239.10
Desprender el modelo 435.6
Desprendimiento de calor 346.3
- - gases . . . 483.5
- - oxigeno . . 375.4
- - polvo . . . 468.4
- del mineral . 88.4
Dessécher . . . 270.4
-, appareil à - les gaz 268.2
Dessiccateur 281.11.12
- par le vide . 282.1
Dessiccation de l'air 328.12
Dessin d'atelier 422.11
- de haut-fourneau 287.6
Destapar la piquera 338.9
Destilación . . 106.1
-, aparato de . 254.8 255.3
- con vapor de agua 254.2
- continua . . . 254.6
- del alquitrán, instalación para la . . . 120.1
- en el vacio . 254.3
- fraccionada . 187.4 254.4
- seca . . . . 253.11
Destilado . . . 202.6
-, perfectamente 106.2
Destilar . 253.10, 254.7
Destillat . . . . 254.1
Destillation, absatzweise 254.4
-, fraktionierte 254.4
-, stetige . . . . 254.6
-, Vakuum- . . 254.3
Destillation plant 120.1
Destillations-apparat 254.8
-aufsatz . . . . 255.2
-kolben . . . . 254.9
-röhre . . . . . 255.1
-vorlage . . . 255.3
Destillier-blase 255.5
-topf . . . . . . 255.4
Destillieren . . 254.7
Destilliert . . . 203.6
Destrucción del macho 459.7
Désulfuration . 82.4
Désulfuré . . . 5.4
Desulphurisation 82.4
Desulphurized . 5.4
Desunión de la mamposteria 336.6
Desviación . . 84.2
Detachable . . 136.6
Détacher . . . . 504.8
Deterioración del crisol 353.9
Deterioramento dello sdrucciolo del crogiuolo 353.9
Deterioration of the hearth 353.9
Détérioration de l'ouvrage 353.9
- du creuset . . 353.9
Determinación, aparato para la - del arsénico 218.7
-, - - - - del carbono en el hierro 181.4
-, - - - - del nitrógeno 221.7
- calorimétrica 224.1
- de la conductancia 261.1
- - - densidad 270.7
- - - dureza . . 53.9
- - - potencia calorifica 108.10
- - - solubilidad 258.9
- - un solo cuerpo 224.2
- del grueso por cribadura 65.2
- - tanto por ciento de carbono 215.12
Determinar, aparato para - el tanto por ciento de ácido carbónico 216.1
-, - - - el punto de fusión 250.5
- la potencia calorifica 109.3.4
- - - - por medio del calorimetro 109.6
Determinare, apparecchio per - il tenore di ferro e carbonio 181.4
-, - - - - - in acido carbonico 216.1
- il potere calorifico 109.3
- - - - col calorimetro 109.6
- - - - in base all'analisi 109.5
Determination, apparatus for - of arsenic 218.7
-, - - - - carbon in iron 181.4
-, - - the - of carbonic acid 216.1
-, - - - - - melting points 250.5
-, - - - - - nitrogen 221.7
-, chemical - of the calorific value 109.4
-, gravimetric . 223.9
- of calorific value 108.10
- - carbon . . 215.12
- - density . . 270.7
- - hardness . . 53.9
- - single substances 224.1
- - solubility . 258.9
- - the conductivity 261.1
-, volumetric . 223.10
Détermination, appareil pour la - du point de fusion 250.5
Détermination calorimétrique 224.1
- chimique de la puissance calorifique 109.4
- de la conductance 261.1
- - - densité . . 270.7
- - - dureté . . 53.9
- - - grosseur par criblage 65.2
- - - puissance calorifique 108.10
- - - solubilité 258.9
Determinazione 224.5
-, apparato per la - del contenuto d'arsenico 218.7
-, - - - - - punto di fusione 250.5
-, - - - - dell'azoto 221.7
- calorimetrica 224.1
- chimica del potere calorifico 109.4
- del tenore di carbonio 215.12
- della conduttanza 261.1
- - grossezza per vagliatura 65.2
- - potenza calorifica 108.10
- - solubilità . 258.9
- di un solo corpo 224.2
Determine, to - the calorific value 109.3
-, - - - - - by the calorimetric method 109.6
Déterminer, appareil à - le poids spécifique 271.6
- la puissance calorifique 109.3
- - - - par voie calorimétrique 109.6
Détonant . . . 343.8
Detonante . . . 343.8
Detrimental . . 71.5
Detrimento por el humo 561.1
Detrito . . . . . 57.3
-i dei crogiuoli 382.1
- di ferro . . . 112.3
Deul . . . . . . 362.3
Deutsch, -es Frischverfahren 366.3
Devanadera . . 585.6
Devanture de foyer 162.7
Develop, to . . 277.3 282.5
Developer . . 178.10
Developing apparatus 221.9
- bottle . . . . 268.7
- flask . . . . 221.10
Development . 282.6
- of the texture 277.1
Développement de la surface 282.6
Développement de la texture 277.1
- en profondeur 282.7
Développer . . 277.3 282.5
Déversement . 131.6
Déverser . . . . 341.9
Dévidoir . . . . 535.6
Devil's claw . . 464.3
Devis . . . . 562.12
Dezimalwage . 134.2
Dézingué . . . 90.9
Dezinormalelektrode 262.1
Diabas . . . . . 111.6
Diabasa . . . . 111.6
Diabase . . . . 111.6
Diabasi . . . . 111.6
Diaframma . . 281.6
- di terracotta . 266.1
Diagram of solidification 274.2
Diagrama de las proporciones 274.2
Diagramm, Erstarrungs- 274.2
Diagramma dei tenori 274.2
- delle proporzioni 274.2
Diagramme de solidification 274.2
Dial . . . . . . 240.5
Diamagnetic . . 91.7
Diamagnetico . 91.7
Diamagnético . 91.7
Diamagnétique 91.7
Diamagnetisch . 91.7
Diamant-mörser 229.2
-stahl . . . . . 18.8
Diamant mortar 229.2
Diamant . . . . 229.2
-, acier- . . . . 18.8
Diamante . . . 229.2
-, acciaio . . . . 18.8
-, acero- . . . . 18.8
Diameter of furnace 288.2
- - hearth . . . 295.7
- - wire . . . . 28.3
Diamètre de l'ouvrage 295.7
- du fil . . . . 28.3
- - fourneau . . 288.2
Diametro del crogiuolo 295.7
- - forno . . . 288.2
Diámetro de la obra 295.7
- del horno . . 288.2
- interior . . . 39.6
Diamond pass . 517.2
Diaphragm 266.1, 281.6
Diario de cargas 349.4
Diatomic . . . 225.1
Dibujo de alto horno 287.6
- - taller . . 422.11
Dicht . . . . . 59.2
-machen . . . . 485.8
-es Roheisen . . 3.8
Dichte-änderung 259.4
-bestimmung . 270.7
-, Gas- . . . . . 270.8
-, Sirup- . . . . 247.1
Dichtigkeitsmesser 180.1
-, Senkwagen- . 180.3

Dichtung . . . 485.8
Dichtungs-fläche 470.7
-fuge . . . . . . 471.6
-walze . . . . . 472.2
Dick-flüssig . . 419.9
-wandig . . . 537.10
Dickenabweichung 37.5
Die 14.1, 383.6, 504.5 536.2
Diente . . . . 518.10
- angular . . 519.2.4
- de engranaje 519.1
- en ángulo . . 519.2
Diferencia . . . 32.9
- admisible . . 32.10
- de los análisis 227.3
- en el grueso . 37.5
Difetto . . . . . 490.2
- di fusione . 489.10
- - ghisa . . . . 490.4
- esterno . . . 35.5
- superficiale 489.11
Difettoso . . . . 35.4
Difference in analysis 227.3
- - thickness . 37.5
Différence . . . 32.9
- d'épaisseur . 37.5
- dans les analyses 227.3
Differential-druckfläche 507.6
-fläche . . . . . 507.6
Differenza . . . 32.9
- ammessa . . . 32.10
- d'analisi . . . 227.3
- di spessore . 37.5
- tollerata . . . 32.10
Dig up, to . . . 438.8
Digesteur . . . 178.5
Digestor . . . . 178.5
- de Papin . . 178.5
Dilatación 49.7, 324.7
- de la mampostería 306.1
- - las ladrillos 306.1
Dilatamento . . 478.2
Dilatation . . . 49.7
- de la maçonnerie 306.1
- des briques . 306.1
Dilatazione 49.7, 306.2
- dei mattoni . 306.1
Dilué . . . . . 242.2
Diluido . . . . 242.2
Diluito . . . . 242.2
Diluted . . . . 242.2
Diluting agent 415.6
Dimension 37.1, 288.3
-s of the casting 423.1
Dimension . . . 288.3
- convenue . . 37.1
-s de la pièce de fonte 423.1
-s en magasin . 37.7
- finale . . . . 580.2
- primitive . . 530.1
-s sur parc . . 37.7
Dimensión . . . 288.3
- convenida . . 37.1
-es de la pieza de fundición 423.1
Dimensione . . 288.3
- convenuta . . 37.1
-i del pezzo di ghisa 423.1
- finale . . . . 580.2
Dimensione, - i in magazzino 37.7
- primitiva . . 530.1
-i sui piazzali . 37.7
Diminuer la production 556.1
Diminuire il rendimento 556.1
- la produzione 556.1
Diminution de la solubilité 258.11
Diminuzione della sezione 503.3
- - solubilità 258.11
- di polvere alla bocca del forno 97.2
Dinamo . 168.8, 169.6
- a gas . . . . 170.8
- - vapore . . . 170.7
Dinamo . 168.8, 169.6
- de gas . . . . 170.8
- - vapor . . . 170.7
- -eléctrico . . 169.6
Dinas brick . . 115.1
-, brique . . . . 115.1
-, ladrillo . . . 115.1
-, mattone . . . 115.1
-ziegel . . . . 115.1
Dioxide, manganese 217.4
Dip . . . . . . 57.6
-, to . . . . . . 316.3
Diplom-Chemiker 173.6
Diplomed . . . 173.6
Dipping, slow . 544.3
Dirección 57.5, 149.7
- alternativa 531.11
- axial . . . . . 472.3
- de la operación 394.5
- - los rayos . 281.3
Direct, to - the flames on to the hearth 411.7
Directeur des hauts-fourneaux 332.3
Direction, axial 472.3
-s for testing . 31.10
- of movement 93.6
- - rolling . . . 52.8
- - strike . . . 57.5
Direction 57.5, 149.7
- axiale . . . . 472.3
Director de altos hornos 332.3
Direktionsgebäude 149.7
Direttore dell' alto forno 332.3
Direzione . . . 149.7
- assiale . . . . 472.3
- dei raggi . . 281.3
- del gas . . . 408.7
- dell'aria . . 408.8
- rispetto alla rosa dei venti 57.5
Diriger les flammes vers la sole 411.7
Dirigere la fiamma sulla suola 411.7
Dirigir las llamas hacia la solera 411.7
Diritto di porto 561.11
Disaggregare per fusione 251.1
Disaggregato . 64.1
Disaggregazione 81.6
- all'aria . . . 63.9
Disc . . . 139.3, 519.3
-, cast iron . . 523.8
- compensator 324.8
- mill . . . . . 512.3
- piston . . . . 506.3
- valve . . . . 323.2
-, wooden . . 275.11
Discard head . 485.6
Discendente . . 372.4
Discendere . . 335.9
Discesa . . . . 353.5
- della carica . 335.8
- delle cariche 336.1
Discharge 81.2, 300.1
-, automatic . . 128.3
- from the converter 397.3
- pipe . . 132.1, 369.8
- towards both sides of the track 128.5
Discharger, adjustable 139.8
-, rapid . . . . 128.6
Discharging . . 121.9 123.4
- crane . . . . 127.5
- end . . . . . 138.9
- hole . . . . . 87.9
Disciogliere . . 241.4
Disco . . . . . 506.3
- -compensatore 324.5
- di contrappeso 508.5
- - flanella . . 276.8
- - ghisa . . . 523.8
- - legno . . 275.11
- - panno . . . 276.8
Disco . . . 506.3, 519.3
- -compensador de dilatación 324.8
- de flanela . . 276.8
- - hierro fundido 523.8
- - levas . . . . 496.9
- - madera . 275.11
- rascador . . . 139.3
Disconnect, to . 520.7
Disegno d'alto forno 287.6
- per officina 422.11
Diseminado . . 71.3
Disgregación . 81.6
Disgregazione della muratura 336.6
Dish . . . . . . 195.4
- for sand bath 248.4
- of porous porcelain 193.3
Dished . . . . . 261.6
Disinnestare il giunto 520.7
Disintegrate, to 76.1 347.12, 359.1
Disintegration . 76.7 81.6
Disintegrator . 79.4
Disintegratore . 79.4
Dislivello . . . 80.8
Dislocado . . . 57.4
Dislocated . . . 57.4
Dislocato . . . 57.4
Disloqué . . . . 574
Disminución de la solubilidad 258.11
- del polvo de los gases del alto horno 97.2
- - tiempo de la fusión 411.10
Disminuir la producción 556.1
Disociación . 253.4.5
- electrolítica . 258.4
Disociar . . . . 263.9
Disolución 90.7, 241.2
- ácida . . . . 262.8
- clara . . . . 241.10
-es correspondientes 262.7
- de índigo . . 211.8
- - jabón . . . 276.5
- - potasa cáustica 205.2
- - resina en trementina 551.8
- - sosa cáustica 205.3
- - vitriolo . . 552.8
- equimolecular 259.1
- equivalente . 259.2
- filtrada clara 244.3
-es isohídricas 262.7
- normal . . . 192.6
- turbia . . . 241.11
Disolvente . . . 241.6
Disolver . . . . 241.4
- con ácido . . 248.5
- - agua . . . . 248.5
Disossidazione 398.6
Displacable . . 536.4
Disposición de los convertidores 388.2
Disposition des convertisseurs 388.2
Disposizione dei convertitori 388.2
- - mattoni del riempimento 407.9
- parallela . . . 384.8
Disque . . 519.3, 324.8
- de fonte . . . 523.8
- en bois . . 275.11
- - flanelle . . 276.8
Dissectible . . . 469.8
Disseminated . 71.4
Dissemination . 71.3
Disseminato . . 71.3.4
Disséminé . . . 71.4.3
Dissociare . . . 263.9
Dissociate, to . 263.9
Dissociation . 253.4.5
-, electrolytic . 258.4
- limit . . . . . 253.7
- temperature . 253.6
- theory . . . . 260.4
Dissociation . 253.4.5
- électrolytique 258.4
Dissociazione 253.4.5
- elettrolitica . 258.4
Dissocier . . . 263.9
Dissolution . . 24.12
Dissolvant . . . 241.6
Dissolve, to 241.4, 248.5
Dissolving out 89.6
Dissoudre . . 24.4
Dissous . . . . 90.7

Dissoziation . . 253.4
Dissoziationsgleichgewicht 262.10
-grad . . . . . 253.5
-grenze . . . . 253.7
-konstante . . . 260.5
-rückgang . . . 263.1
-temperatur . . 253.6
-theorie . . . . 260.4
Dissoziieren . . 263.9
Dissulfurato . . 5.4
Distacco, apparecchio automatico di 187.1
- automatico . 186.9
- del minerale . 88.4
Distance between rolls 515.5
-, visual . . . . 279.5
Distance entre supports . . 50.1
- focale . . . . 279.3
Distancia focal 279.3
Distanza dei cilindri 515.5
- focale . . . . 279.3
- visiva . . . . 279.5
Distendimento 53.4
Distill, to 253.10, 254.7
Distillare . . . 254.7
- a secco . . 253.10
Distillate . . . 254.1
Distillating flask 254.9
- tube . . . . . 255.1
Distillation . . 254.1
- apparatus . . 254.8
-, continuous . 254.6
-, dry . . . . 253.11
- flask, fractional 187.3
- head . . . . . 255.2
- pot . . . . . 255.4
- receiver . . . 255.3
- tube, fractional 187.4
- vessel . . . . 255.4
Distillation . . 106.1
- à la vapeur d'eau 254.2
-, appareil de 254.8, 255.2
- continue . . . 254.6
- dans le vide . 254.3
- du goudron, installations pour la 120.1
- fractionnée . 254.4
- sèche . . . 253.11
Distillato . . . 203.6
Distillatoire . . 255.5
-, appareil . . . 255.3
Distillazione . . 254.1
-, apparato di . 254.8
-, apparecchio di 255.2
- con vapore acqueo 254.2
- continua . . . 254.6
- del catrame, impianto per la 120.1
- frazionata . . 187.3, 254.4
- nel vuoto . . 254.3
- secca . . . 253.11
Distillé . . 254.1, 203.6
- parfaitement 106.2
Distilled . . . . 203.6
Distiller . . . . 254.7
- à sec . . . . 253.10
- par voie sèche 253.10
Distribución á mano 165.7, 500.3
- automática . 500.4
- de fuerza . . 167.3
- - la colada . 339.6
- - - luz . . . . 171.7
- - - prensa . . 509.8
- - las aguas . 140.1
- - - materias de fusión 335.6
- del martillo . 499.3
- - viento . . . 324.6
- por el émbolo 499.4
- - grifos . . . 500.1
- - válvula . . 500.2
- - - corredera 499.6
Distribuido . . 140.3
Distribuidor . . 138.9, 499.9
- de minerales 308.10
- en forma de concha 407.4
Distributer . 308.10
Distributeur, -rice 138.9
- de minerai 308.10
Distributing station 165.7
- system . . . . 168.7
- tube . . . . . 270.2
Distribution . . 167.3
- of light . . . 171.7
- - the pig iron 339.6
- - - stock . . 335.6
- pipe . . . . . 324.4
Distribution . . 145.8
- à main . . . 500.3
- automatique . 500.4
- d'eau . . . . 140.1
- de force motrice 167.3
- - la fonte . . 339.6
- - - lumière . 171.7
- - - presse . . 509.8
- du marteau 499.3
- par piston . . 499.4
- - robinet . . 500.1
- - soupape . . 500.2
- - tiroir . . . 499.6
Distributore . . 138.9
- del materiale 308.10
Distribuzione . 165.7
- a cassetto cilindrico 499.6
- - mano . . . 500.3
- - robinetti . 500.1
- - stantuffo . 499.4
- - valvola . . 500.2
- automatica . 500.4
- del vento . . 324.6
- della carica . 335.6
- - ghisa . . . 339.6
- - luce . . . . 171.7
- - mazza battente 499.3
- - pressa . . . 509.8
- di forza . . . 167.3
Ditale di gomma 198.3
Dito di gomma 198.3
Divergence . . 32.9
Divided . . . . 239.7
-, finely . . . . 243.4
Divider, -s . . 41.4
Dividere in piccole palle 376.4
Dividido finamente 243.4
Divisé, finement 243.4
Diviseur . . . . 41.4
Division . . . . 240.5
- of the rule for the rider 239.9
- plane . . . . 424.3
Diviso, finamente 243.4
Divisor, aparato 455.4
Divisore . . . . 41.4
-, tubo . . . . . 270.9
Doblado . . . . 42.2
- en anillo . . 294.8
Doblar 42.8, 43.10, 533.2
- el hierro de remaches hasta formar un lazo 43.4
- sobre un mandril 43.1
Doble-refinado 11.3
Doccia . . 151.1, 545.2
Docht . . . . . 184.4
Dog headed spike 24.6, 464.3
- spike . . . . . 24.6
Doigt en caoutchouc 198.3
Dolce, acciaio colato 488.4
-, ferro . . . . . 10.2
-, ghisa . . . 6.4, 7.5
Dolomia . . . . 111.3
Dolomie . . . . 117.6
- crue . . . . . 117.5
Dolomit . . . . 111.3
-anlage . . . . 118.2
-brennofen . . 119.1
-halle . . . . . 118.2
-masse . . . . . 117.7
-mehl . . . . . 117.8
-mischer . . . . 119.5
-, Roh- . . . . . 117.5
-stein . . . . . 117.6
Dolomita 111.3, 117.6
- bruta . . . . 117.5
Dolomite . . . 111.3
- brick . . . . 117.6
- calcining kiln 119.1
- mass . . . . . 117.7
- mixer . . . . 119.5
- plant . . . . 118.2
- powder . . . 117.8
-, raw . . . . . 117.5
- shop . . . . . 118.2
Dolomite 111.3, 117.6
- cruda . . . . 117.5
Donner le vent 396.2
Door . . . . . . 161.3
- balance weight 370.10
- counter weight 370.10
- latch . . . . . 163.5
- of coke oven 104.5
- sill . . . 371.2, 404.5
Doppel-duowalzwerk 513.2
-formmaschine 450.3
-generator . . . 405.3
-muffelofen . . 541.3
-presse . . . . . 454.5
-pressung . . . 454.5
-puddelofen . . 367.2
-rohr . . . . . 319.7
-sitzventil . . . 407.3
-T-Eisen . . . . 20.9
-zweiwalzwerk 513.2
Doppel-zylinderpumpe 143.1
Doppeln . . . . 533.2
Doppelt-chromsauer 206.5
-kohlensauer 205.10
- wirkend 142.3, 328.1
Döpperstahl* . . 14.1
Doppio-duo . . 513.2
Dorn, birnenförmiger 539.2
-, um einen - biegen 43.1
-, Walz- . . . . 537.6
-walze für geschweißte Rohre 538.9
Dorso . . . . . 390.2
Dos . . . . . . 390.2
Dosage, appareil pour le - de l'acide carbonique 216.1
-, - - - - - l'azote 221.7
-, - - - - du carbone dans le fer 181.4
- au chalumeau 234.7
- d'un seul corps 224.2
- du carbone 215.12
Dosare . . . . . 334.7
Dose . . . . . . 202.3
Dosificación 192.9, 10
-, aparato de . 193.1
Dosificar . . . . 192.8
Dosis de un líquido 192.7
Double-duo . . 513.2
Double, to . . . 533.2
Doubler . . . . 533.2
Douche . . . . . 151.1
Doux, acier 11.6, 25.10
-, fer . . . . . . 10.2
Dovela . . . . 293.2
Dowlais mill . 513.2
Down comer . 315.4
- main . . . . . 146.1
Draft . . 516.9, 562.4
- of passes . . 516.8
Drafting . . . . 514.3
Draga . . 58.3, 129.2
Dragage . . . . 58.3
- à la pelle à vapeur 58.4
Drague à déchargement automatique 128.2
Dragueux . . . 128.1
Draht . . 27.10, 537.1
-, Aluminium- 199.12
-bürste mit Gurt 490.12
-dreieck . . . . 198.9
-, Eisen- . . . . 199.9
-eisen . . . . . 27.12
-, Gefäll- . . . . 261.4
-geflecht . . . . 318.2
-gewebe . . . . 199.1
-, Klavier- . . . 199.10
-netz, Asbest- . 201.3
-nummer . . . . 28.1
-, Platin- . . . . 194.7
-seil . . . . . . 331.2
- -bahn . . . . 135.9
-sorte . . . . . 28.2
-, Stahl- . . . . 27.11
-stärke . . . . . 28.3
-straße . . . . . 511.6

Draht-strecke . 511.6
-walzen . . . . 535.1
-ziehbank . . . 535.8
-ziehen . . . . 535.7
Drain, to - off liquid 246.2
Draining dish . 246.4
Drap . . . . . 276.1
Draught . 321.2, 382.4
-, forced . . . . 158.1
- regulation . . 417.1
Draw hole . . . 538.4
- plate . . . . . 536.2
-, to - back the nozzles 343.1
-, - - down the iron 503.4
-, - - from the furnace 360.7
-, - - the crucibles 386.4
Drawing . 53.4, 287.6
- down . . . . 503.3
-, fine . . . . . 536.8
- machine . . . 535.8
- - with pliers . 536.5
- - - spool . . 535.9
-, medium . . . 536.7
- off . . . . . 359.12
- - the ore . . 88.5
-, preliminary . 536.6
-, very fine . . 536.9
Dredge working 58.3
Dredging . . . 58.3
Dreh-achse . . 393.3
-bank, Kern- . 460.10
-beanspruchung 50.4
-bewegung . . 393.7
-festigkeit . . . 50.5
-flammofen . . 402.8
-kolbenpumpe . 143.6, 472.5
-kraft . . . . . 50.9
-kran . . 126.2, 476.4
- -, obenlaufender 127.7
-lade, Kern- . 460.10
-moment . . . 50.8
-puddeln . . . 379.1
-puddelofen . . 367.5
-schaufelbagger 129.1
-schieber . . . 297.9
-span, Kupfer- . 199.8
-spannung . . 50.6
-strom-anlage . 166.7
- -ofen . . . . 572.2
-tisch-formmaschine 449.3
- - mit Abhebe- und Durchzieh- vorrichtung 452.5
-ventil, Burger- sches 323.3
-versuch . . . . 50.7
-winkel . . . . 51.3
-zapfen . . . . 323.8
Drehbar . . . . 454.3
- aufgehängt . 393.8
Drehen, das Arbeitsstück . 503.9
- der Birne . . 392.4
-, sich . . . . . 80.10
Drehend, sich . 95.3
Drehung . . . . 50.3
-, entgegen- gesetzte 532.3
Drei-atomig . . 225.2
-eck, Draht- . . 198.9
-fuß . . . . . 198.8
Drei-mal- schmelzerei 366.3
-phasenofen, Röchling-Rodenhauerscher 569.1
-polanordnung 94.2
-walzenständer 522.3
-walzwerk . . 512.7
-weg-hahn . . 190.2
- -stück . . . 190.3
Dress, to . . . . 533.7
Dressed . . . . 102.1
- ore . . . . . . 75.1
Dressing . . . . 75.7
-, magnetic . . 91.2
-, mechanical . 431.9
- of the moulding sand 431.8
- - - ores . . . 80.1
- plant . . . . 74.1
- process . . . 74.2
-, wet . . . . . 79.7
Dresser 34.3, 40.7, 534.1
-, machine à (v. machine)
Dried . . . . . 95.11
Drift test . . . 51.9
Drill test . . . 228.2
-, to . . . . . . 228.5
-, - - from above 228.7
-, - - - the side 226.6
-, - - lengthways 228.8
Drille à bouchons 196.7
- - -, affûter les 196.8
Drilling, -s . . 228.3
- machine for iron and steel 228.4
- - - opening the tap hole 343.5
Dripping cooling plant 148.7
Drive, electric 328.2
-, horizontal . . 137.4
-, vertical . . . 137.5
Driver . . . . . 136.3
-'s stand . . . 127.8
Driving, electric - of the bell winch 314.5
- engine . . . . 168.3
- machine . . . 326.8
- off carbonic acid 81.8
- pulley . . . . 137.6
- shaft . . . . 518.9
Droit, -s de port 561.11
Drop by drop . 242.8
- hammer . . . 497.4
- of pressure . 350.6
- - temperature 352.4, 447.5
- - the top flame 468.1
- stamp, flexible belt 497.7
- - with Müller drive 498.3
-, to . . . . . . 335.9
- weight . . . . 464.2
Dropping . . . 374.5
- bottle, patent 185.5
- funnel . . . . 188.2
- of the charge 335.8
Dross . . . . . 107.13
Druck . . . 96.8, 258.7
Druck, atmosphärischer 267.9
-ausgleich . . 473.2
- des Kalibers 516.8
-, ferrostatischer 485.5
-fläche . . . . . 507.5
-flasche . . . . 186.4
-flüssigkeit . . 507.7
-, Flüssigkeits- . 54.7
-kanal . . . . . 501.8
-leitung . . . . 144.8
-messer . . . . 179.5
-, Ober- . . . . 515.7
-, osmotischer . 258.7
-probe, Wasser- 54.6
-pumpe . . . . 509.2
-, radialer . . . 530.8
-rohr . . . . . 145.3
-sammler . . . . 121.8
-schraube . . . 521.8
-seite . . . . . 471.5
-, Seiten- . . . . 515.8
-übersetzer . . 508.2
-ventil . . . . . 142.4
-, voller . . . . 338.7
Druckwasser- Akkumulator 508.3
-betrieb . . . . 509.7
-form-maschine 448.3
- -presse . . . . 453.5
-presse . . . . 450.3
-schmiedepresse 505.4
-speicher . . . 508.3
- - mit Luftbelastung 509.1
-steinpresse . . 120.6
Druck-werk . 504.10
-windkessel . . 145.4
Drücken . . . . 425.4
-, den Block aus der Kokille 526.4
Druggist's scales 236.1
Drum . . 317.8, 80.10
- apparatus . . 93.9
-, horizontal . . 341.1
Drummond, luce di 280.13
-, lumière de 280.13
-, luz . . . . . 280.13
Druse . . . . . 483.4
-, hollow . . . . 483.4
Dry sand . . . 427.8
-, to - on the spot 462.5
Drying . 231.8, 233.2, 462.6
- and roasting apparatus 233.7
- apparatus . . 268.2
- basket . . . . 462.6
- chamber . . . 462.8
- - carriage . . 463.3
- cylinder 232.4, 433.7
- drum . . . . 433.7
- house . . . . 433.8
- of moulds . . 462.4
- oven . . . . . 233.1
- plant . . . . . 329.1
- room . . . . . 383.7
- stand . . . . 233.6
- stove . . . . . 463.4
- -, transportable basket 462.7
- the blast . . 328.12
- - furnace . . 336.3
- tube . . . . . 232.5
Dryness . . . . 246.9
Dübel . . . . . 424.4
Ducha . . . . . 151.1
Duct . . . . . . 360.8
Ductil . . . . . 44.5
Dúctil . . . . . 44.5
Ductile . . . . . 44.5
Ductilidad . . . 425.3
Ductilité . . . . 425.3
Ductility . 44.4, 425.3
Duff, gasogeno 405.1
-, gasógeno . . 405.1
-, gazogène . . 405.1
- producer . . 405.1
-scher Generator 405.1
Dulce, acero 11.6, 25.10
-, - colado . . . 488.4
-, fundición . 6.4, 7.5
-, hierro . . . . 10.2
-, mineral . . . 68.6
Dull . . . . . . 277.6
Dump . . . . 356.3.4
Dumping grate 162.2
- place . . . . 356.4
Dung water . . 431.3
Düngemittel . . 399.8
Dünger, Kuh- . 429.1
-, Pferde- . . . 428.11
Dünn . . . . . 25.7
-flüssig . . . . 357.1
-gezogen . . . 28.5
-wandig . . . 486.11
Dúo . . . . . . 521.6
Duowalzwerk . 512.6
Duplex . . . . 143.1
Duplex pump . 143.1
Duplexpumpe . 143.1
Dur comme le verre 488.6
- et cassant . . 59.8
Durabilidad 32.4, 89.5
Durabilità . . . 413.2
Durability 32.4, 89.5
Durable . . . . 475.4
Duración . . . 413.2
- de la calcinación 86.6
- - - destilación 106.1
- - - oscilación 240.8
- del temple . . 543.7
Durata . . 89.5, 413.2
- d'accensione 86.6
- d'oscillazione 240.8
- del passaggio della carica 344.6
- della campagna d'un forno 413.3
- - colata . . . 342.8
- - tempera . . 543.7
- di cottura . . 106.1
Duration of heating 543.7
- - oscillation . 240.8
Durchbiegung 43.2
Durchbrennen 354.4, 413.7
Durchbruch . . 354.5
Durcheinandermischen 432.5
Durchführkessel 553.10
Durchgang . . 531.8
Durchgangsöffnung 320.7
Durchlässigkeit 359.9
- für Gase . . . 96.7
-, magnetische . 91.9
Durchlochen . 51.10

Durchmesser . 451.5
-, Ofen- . . . . 288.2
Durchrühren . 375.7
Durchschaufeln 438.9
Durchschlag . 504.6
Durchschnittgewicht 135,5, 334.11
-probe . . . . 227.11
Durchschnittlich 555.5
Durchsetzzeit . 344.6
Durchsichtigkeit 400.5
Durchstoßen, das Stichloch 338.9
Durchwachsen 64.5 484.5
Durchweichungsgrube 527.5
Durchzieh-boden 390.10
-formmaschine 450.5
-maschine . . . 450.5
- - zum Einformen von Riemenrollen 451.4
Durchzieh-platte 451.2
-vorrichtung . 452.5
Durchziehen von Modellteilen 450.4
Durchzug-formmaschine 450.5
-maschine . . . 450.5
-platte . . . . . 451.2
-ring . . 451.3, 456.4
Durcissement à l'air 359.10
Durée . . . . . 413.2
- d'oscillation . 240.3
- de la chauffe 543.7
- - - distillation 106.1
- - - fusion . 411.10
- - marche . . 86.6
- - passage de la charge 344.6
- du grillage . 86.6
Dureté . . 53.8,9, 89.5
- scléromètrique 53.11
Durevole . . . 475.4
Dureza . . . 53.8,9
- esclerométrica 53.4
Durezza . . 6.5, 53.8
- sclerometrica 53.11
Durmiente de emparrillado 368.2
Duro, acciaio colato 488.5
- come il vetro 488.6
Duro, acero colado 488.5
- como el vidrio 488.6
Düse . . . 301.2, 395.1
-, die -n zurückziehen 343.1
-, Oberwind- . 466.8
-, Streu- . . . . 317.5
Düsen-querschnitt 350.7
-reihe . . . . . 466.7
-stock . . . . . 300.9
Dust . . . . . . 29.6
- bin . . . . . 316.8
- bother . . . . 468.4
- box . . . . . 409.2
- catcher . . . 316.7
- chamber . . . 409.2
Dust coal . . . 101.6
- collector . . . 409.2
- from throat of furnace 316.1
- nuisance . . . 468.4
- pocket . . . . 316.8
Dusting brush 430.8
Duttile . . . . . 44.5
Duttilità . . . . 44.4
Dwelling . . . 151.2
Dynamo, Dampf- 170.7
-, Gas- . . . . . 170.8
-maschine . . . 169.6
-raum . . . . . 168.8
-, Turbo- . . . . 171.1
Dynamo . 169.8, 170.8
- -electric machine 169.6
- room . . . . 168.8
-, turbo- . . . . 171.1
Dynamo . 168.8, 169.6
- à gaz . . . . 170.8
- - vapeur . . . 170.7
- -électrique . . 169.6

# E.

Earth, alkaline -s 114.2
-, argillaceous . 276.9
-, fuller's . . . 116.10
-, washed argillaceous 276.10
-, yellow . . . . 66.9
Eau . . . . . . 140.1
- acidulée . . . 545.9
- ammoniacale 108.7 205.4
- boueuse des bocards 77.7
- brute . . . . 146.6
- chaude . . . 176.6
- -, appareil à . 176.5
- chimiquement combinée 203.8
- courante . . 544.8
- de baryte . . 205.6
- - cendres de bois 431.4
- - chaux 205.5, 341.3
- - graphite . . 430.9
- - refroidissement 297.10, 298.2
- distillée . . . 203.6
- épurée . . . . 146.7
- hygroscopique 203.7
- naturelle . . 146.6
- non épurée . 146.6
- oxygénée . . 211.3
- potassique . . 431.4
- réchauffée . 297.11
- régale . . . . 204.3
- souterraine . 141.1
-x-vannes acides 91.1
Ébarbage . . . 489.2
Ébarber . . . 489.4,5
Ébarbeur . . . 489.3
Ébauché 18.3, 377.6
Ébaucher . . . 529.8
Ébaucher la galette d'argile 461.1
Ébaucheur 513.9, 516.3
-, train 377.9, 510.2 524.2
Ebene der Windformen 298.7
Ebnen der Blechtafel 534.6
-, mit der Feile 275.3
Ebollizione . . 375.9
- violenta . . . 396.8
Ebonita . . . . 202.1
Ebonite . . . . 202.1
Ebonite support 202.1
Ébonite . . . . 202.1
Ebullición . . 242.10
- violenta . . . 396.8
Ébullition . . 242.10
Ebullizione . . 242.10
Écailleux . . . . 45.6
Écart . . . . . 32.9
- toléré . . . . 32.10
Écarté . . . . . 462.2
Écartement des cylindres 515.5
Eccentric . . . . 465.3
Eccentricità . . 518.5
Eccentrico . . . 465.3
Eccesso d'ossigeno 349.11
- di peso . . 559.11
- - precipitante 242.9
Echado . . . . . 57.6
Échange des analyses 227.8
Échantillon 31.4, 33.3
- obtenu par corrosion 277.8
-, préparation des -s 174.9
-, prise des -s . 174.8
Échappement . 499.5
- d'air . . . . . 508.6
Echar arena . 488.6
Echar fuera el lingote 526.4
Échelle . . 65.8, 240.5
- de dureté . . 180.8
- - qualité . . 32.2
Ecke . . . . . . 36.10
Eckpfeiler . . . 298.6
Éclairage 165.8, 280.4
-, dispositif d' . 280.7
-, installation d' 171.6
-, - - et de distribution d'énergie 166.2
-, - - - - - de force motrice 166.2
Éclairant . . . 280.9
Éclairé . . . . . 280.6
Éclat de fonte 464.8
Eclisa . . . . 23.8, 24.2
- plana . . . . 23.9
Éclisse . . 24.2, 517.10
- cornière . . . 24.1
- d'équerre . . 24.1
- plate . . . . . 23.9
Economía en los gastos de transporte 560.7
Economical . . 160.9
Economico . . 160.9
Económico . . . 160.9
Économie de frais de transport 560.7
- - transport . 560.7
Économique . . 160.9
Écossais, fonte -e 5.10
-, haut-fourneau 286.6
Écoulement . . 47.8
- d'eau . . . . 297.8
Écran . . 163.1, 281.6
Écrasement 53.7, 96.8
- à choc . . . . 53.5
Écraser . . . . 53.6
Écrille . . . . 140.10
Écroui . . . . 28.8
Écrouir . . . . 548.6
Ecuación . . . 345.6
- de una combinación 226.3
- electrolítica . 258.6
Écume . . . . 481.8
Écumeux . . 357.10
Écumoir . . . . 481.7
Edelstahl . . . . 11.2
Édifice moléculaire 225.3
Edificio . . . . 149.4
- de la administración 149.6
- - - dirección 149.7
- - los acumuladores 169.1
Edifizio . . . . 149.4
- degli uffici . 149.8
- dell'amministrazione 149.6
- della direzione 149.7
- delle caldaie 150.1
- - macchine . 149.9
Edge 36.8,9, 52.8, 237.7
- crack . . . . 36.4
- mill . . . . . 78.1
- of a hammer 504.3
- - the cylinder 312.6
-, sharp . . . . 423.6
-, turned . . . . 323.9
-, white . . . . 400.3
Edged . . . . . 426.9
Edgeways . . . 503.8
Edison, Scheider von 94.3
Edison apparatus 94.3
Edison, appareil d' 94.3
Edison, apparecchio di 94.3

Edison, aparato 94.3
Efectivo . . . . 507.9
Efecto calórico de la reacción 222.6
- calorífico . 108.11
- calorimétrico 108.11
-, de doble 142.8, 328.1
-, de simple . . 142.7 327.8
- del golpe . . 503.1
- gasificador . 349.2
- térmico de la reacción 222.6
Efectuación del ensayo 30.6
Effect . . . . . 82.2
- of stroke . . 503.1
-, useful . . . . 557.5
Effectif . . . . 507.9
Effekt, kalorimetrischer 108.11
Effervesce, to . 240.5
Efervescencia violenta 396.8
Effervescenza, produrre 241.5
Effet, à double 142.8 328.1
-, - simple 142.7, 327.8
- calorifique . 108.11
- - de la réaction 222.6
- de la percussion 503.1
- gazéifiant . . 349.2
- utile . . . . . 557.5
- - du courant 258.3
Effetto, a doppio 142.8, 328.1
-, - semplice . 142.7 327.8
- calorifico . 108.11
- - della reazione 222.6
- gaseificante . 349.2
- termico . . 108.11
- - della reazione 222.6
Effeuiller, s' . 431.6
Efficiency, electrolytic 258.3
-, manometric 472.10
-, thermal . . . 573.3
Effort de torsion subi par un corps 50.4
Effrité . . . . . 64.1
Effritement 63.9, 89.7
- du minerai . 89.4
Effriter, s' . . . 359.1
Egg shape . . . 96.6
- size . . . . . 231.5
- sleeker . . . . 437.4
Égoutter . . . . 246.4
Égouttoir . . . 246.4
Ehrhardt, Preßverfahren nach 538.3
Ehrhardt's pressing process 538.3
Ehrhardt, procédé - à la presse 538.3
Ehrhardt, processo - col mandrino 538.3
Ehrhardt, procedimiento de compresión sistema 538.3
Eichhorn, Aräo-Pyknometer nach 180.3
-, aréo-pyknomètre d' 180.8
Eichhorn, areopicnometro secondo 180.3
Eichhorn, areopicnómetro de 180.3
Eichhorn's hydrometer 180.3
Eigen-art des Erzes 65.6
-vergrößerung 279.7
Ei-form . . . . 96.6
-größe . . . . . 231.5
Einäschern des Filters 250.1
Einatomig . . 224.10
Einbaustück . 521.4
Einbetten . . 415.10
Einbrennen des Emails 554.7
Eindampfen . 246.8.9
Eindampfer . . 246.8
Eindrehen der Kaliber . . 515.3
Eindruckverfahren 54.4
Eindrückvorrichtung, Block- 529.4
Einfach . . . . 153.7
-kessel . . . . . 153.7
- wirkend 142.7, 327.8
Einfallen . . . 57.6
Einfassung, hohlgegossene 369.7
Einfluß, atmosphärischer 118.4
-rinne . . . . . 395.8
Einformen 421.5, 451.4
Einfrieren . . . 354.1
Einfüllen . . . 104.8
- der Erze . . . 86.3
Eingebaut . . . 286.5
Eingebrannt . 490.6
Eingeschlossen 358.4
Eingeschmolzen, heiß- 475.2
Eingeschnitten 515.4
Eingesetzt . . . 296.8
Eingesprengt . 71.4
Eingriff der Zähne 518.10
Einguß . . . . 443.2
-, angeschnittener 444.1
-, einfacher . . 443.6
-, - runder . . . 443.6
-, Gabel- . . . . 443.9
-kanal . . . . . 443.3
-kasten . . . . 443.4
-, Keil- . . . . . 443.8
- mit Vormulde 443.5
-modell . . . . 443.7
Einhängend . . 313.2
Einheit . . . . 558.4
Einheitspol . . 92.6
Einkauf . . . . 558.1
Einklopfen . 438.11
Einlage, Eisen- 458.8
Einlaßschieber, Dampf- 499.7
Einlauf . . . . 439.3
Einlegen der Kerne 461.6
Einmalig . . . 438.4
Einmalschmelzerei 365.8
Einmauern . . 306.3
Einölen . . . . 383.4
Einpacken . . 415.3
Einphasen-ofen 572.1
-stromanlage . 166.5
Einpudern, mit Kohlenstaub 430.4
Einreiben, mit Spiritus 447.2
Einriß . . . . . 36.3
Einrücken, die Kupplung 520.6
Einsatz . 373.10, 409.7
-, flüssiger . . . 565.3
-gewicht . . . . 409.8
-härtung . . . 417.9
- in das Wasserbad für Reagenzröhren 247.8
-, kalter . . . . 564.2
-material . . . 565.1
-menge, kleine 374.1
-, Porzellan- . . 194.2
-roheisen . . . 395.9
-schaufel . . 409.10
-stück . . . . . 371.2
-tür . . . . . . 370.7
-, warmer . . . 565.3
Einschmelz-glas 252.7
-röhre . . . . . 252.8
Einschmelzen . 385.9
- von Eisenschrot 565.8
Einschnürung, Kern- 458.7
Einschüttvorrichtung, selbsttätige 308.9
Einsetz-kran . 410.5
- -, Block- . . . 528.7
-maschine . . . 410.1
-wagen, Block- 529.3
Einsetzen 374.2, 409.9
- des Bodens . 392.1
- - Tiegels . . 38[illegible].8
Einsetzer . . . 253.1
Einspannen . . 528.9
- der Massel . 465.6
Einspannvorrichtung, Block- 528.8
Einspielen . . . 135.7
Einsprengung 71.3
Einspritzer, Petroleum- 158.7
Einstampfen . 105.4 439.1
Einsteigöffnung 467.2
Einstellung 281.8, 522.7
Eintauchen . . 316.3
-, langsames . . 544.3
Eintieglig . . . 384.6
Eintragöffnung 417.6
Eintritt-öffnung 406.4
-seite . . . . 531.3
Einwage . . . 238.11
Einwalzen . . 35.10
Einwerfen von Schlacke 375.6
Einwertig . . . 259.5
Einwirkung, chemische 222.4
-, Frost- . . . . 118.6
Einzel-Aushubtisch 452.6
-bestimmung . 224.2
Einzylindrig . 325.7
Eisen, [ . . . . 21.1
Eisen-abbrand 378.7
-, Abfall- . . . . 29.5
-abflußrinne . . 300.5
-abscheidung . 361.7
-abstich . . . . 299.5
-, Alt- . . . . . 29.4
-, altes . . . . . 29.4
-arm . . . . . . 113.4
-ausscheidung . 432.6
-bad . . . . . . 375.8
-bahn-fracht . . 561.4
- -material . . 22.1
- -wagenbau . 24.8
-ballen . . . . 376.6
-, Band- . . 19.8, 24.7
-band, umgelegtes 295.5
- -, mit -bändern umgeben 303.2
-, basisches 12.1, 399.1
-, Bau- . . . . . 28.8
-bau . . . . . . 151.3
-, Bessemer- . . 11.8
-beton . . . . . 289.7
Eisenblech . . 25.6
-, dünnes . . . 25.7
-, gehämmertes 25.8
-, geriffeltes . . 308.4
-mantel . . . . 287.2
-ring . . . . . 309.1
-, schwaches . . 25.7
-tafel . . . . . 295.1
Eisen, Block- . 11.4
-bor . . . . . . 16.6
-, Brand- . . . . 415.7
-, Breit- . . . . 21.7
-, brüchiges . . 44.6
-, chemisch reines 210.10, 213.11
-chlorid . . . . 208.5
-chrom . . . . 15.6
-, das-abfangen 481.2
-, - - strecken . 508.4
-, - - vergießen 481.4
-, - - vorwärmen 374.3
-, Doppel-T- . . 20.9
-, Draht- . . . . 27.12
-draht . . . . . 199.9
- -, dünngezogener 28.5
-einlage . . . . 458.8
-elektrode . . . 567.7
-, elektrolytisch hergestelltes 213.12
Eisenerz . . . . 58.6
-, arsenhaltiges 61.4
-, bleihaltiges . . 61.2
-, derbes . . . . 59.3
-, dichtes . . . 59.2
-, durchwachsenes 64.5
-, erdiges . . . 59.5
-, faseriges . . . 58.9
-, feuchtes . . . 60.2
-, frisches . . . 64.2
-grube . . . . . 57.8
-, hartes . . . . 59.7
-, kalkiges . . . 60.5
-, kohlensäurehaltiges 60.4
-, kristallinisches 64.3
-, kupferhaltiges 61.1
-lagerstätte . . 56.4
-, lockeres, toniges 59.6
-, Magnet- . . . 67.9
-, magnetisches 59.10

Eisenerz, manganhaltiges 70.5
-, mulmiges . . 59.4
-, nasses . . . . 60.2
-, nickelhaltiges 61.6
-, phosphorhaltiges 60.7
-, poriges . . . 59.9
-, pulverförmiges 58.9
-, rauhes . . . . 64.4
-, schwefelhaltiges 60.6
-, sprödes . . . 59.8
-, staubförmiges 58.8
-, tintanhaltiges 61.5
-, verwittertes . 64.1
-, wasserhaltiges 60.3
-, weiches . . . 59.1
-, zinkhaltiges . 61.3
Eisen, Fasson- . 19.9
-, faulbrüchiges 48.4
-, Fein- . . . . . 19.2
-, Feinkorn- . . 10.1
-, Fertig- . . . . 18.9
-, Flach- . . . . 19.7
-, Flachwulst- . 21.4
-, Flanschwulst- 21.6
-, Fluß- . . . . 11.4.6
-, flüssig entnommenes 401.8
-, Forellen- . . 2.3
-, Form- . . . . 19.9
-, Frisch- . . . . 361.8
-, Frischfeuer- . 365.2
-funken . . . . 397.1
-, Gärb- . . . . 9.4
-, garschmelziges 365.4
-, gediegenes 218.10
-gehalt . . . . 64.7
-, Gerb- . . . . 9.4
-, geschmeidiges 44.5
-gießerei . . . 475.7
-, Glanz- . . . . 1.3
-glanz . . . . . 66.7
-glimmer . . . 66.6
-, Grob- . . . . 19.1
-, Grobkorn- . 9.10
-, großluckiges 2.9
-, Guß- . . . . . 7.3
-guß . . . . . . 7.4
- -, dünnwandiger 486.11
-, H- . . . . . . 20.9
-, Haken- . . . 29.3
-, halbrundes . 19.6
-haltig . . . . . 112.3
-, Hämatit- . . 6.2
-, Handels- . . . 17.9
-, heißbrüchiges 48.3
-, heißeingeschmolzenes 475.2
-, Herdfrisch- . 10.3
-, heruntersickerndes 474.4
-, hitziges . . . 474.8
-, hochphosphorhaltiges 216.6
-, hochsiliciertes 1.3
-, Huf- . . . . . 28.10
-, Hufnagel- . . 29.2
-, Hufstab- . . 29.1
-hydroxyd . . 66.10
-, I- . . . . . . 20.9
-, kaltbrüchiges 48.2
-karbid . . . 215.11
-karbonat . . . 68.4
-, keilförmiges . 21.8
Eisen, Kern- 2.3, 458.8
-kies . . . . . 72.8
-, kleinluckiges 2.8
-klumpen . . . 361.6
-kohlenstoffbestimmer 181.4
-konstruktion . 151.3
-korn, eingeschlossenes 358.4
-körnchen . . 376.11
-kranz . . . . . 294.3
-, kristallisiertes 214.2
-lager . . . . . 180.5
-legierung . . . 14.9
-magnetisch . 91.8
-mangan . . . 15.2
- -titan . . . . 16.3
-, Mantel- . . . 293.9
-masse . . . . 374.6
-, Matt- . . . . 2.6
-, mattes . . . 474.11
-mennige . . 551.13
-, Merkantil- . 17.9
-, metallisches . 213.9
-, Meteor- . . . 214.1
-, minderwertiges 17.12
-, Misch- . . . . 473.11
-, Molybdaen- 15.10
-molybdaen . . 15.10
-nickel . . . . 15.7
-, Nickel- . . . . 15.7
-, Nickelfluß- . 418.5
Eisenoxyd . . . 66.3
-haltig . . . . . 370.4
-reich . . . . . 370.5
-, schwefelsaures 69.2
-sulfat . . . . . 69.2
- von der Teerfarbenerzeugung 71.1
Eisenoxydul . . 66.2
-ammoniumsulfat 208.6
-oxyd . . . . . 67.8
-, schwefelsaures 69.3
-sulfat . . . . . 69.3
Eisen-phosphat 399.6
-phosphor . . . 16.4
-, Phosphor- . . 16.4
-platte . . . . 291.2
-portlandzement 359.6
-, Puddel- (s. Puddeleisen)
-, Quadrant- . . 21.2
-, Quadrat- . . . 19.3
-, Qualitäts- . . 565.6
-querschnitt, -e für Eisenbahnwagenbau 24.8
-reich . . . . . 113.3
-, Reif- . . . . . 24.7
-, Rennfeuer- . 10.2
-, Roh- (s. Roheisen)
-rohr . . . . . 537.5
-, rotbrüchiges 48.3
-, Rund- . . . . 19.5
-sammelraum . 468.9
-sand, Magnet- 68.2
-sau . . . . . . 361.6
-, sauerstoffhaltiges 398.9
-, Säulen- . . . 21.2
-, saures . . 11.8, 397.6
-scheider . . . 432.7
-, schlackenreines 416.4
-, schmiedbares 9.3
Eisen-schrot . . 565.8
-schüssig . . . 113.5
-schwamm . . 347.11
-, schwammiges 376.8
-, Schwarz- . . 1.3
-, Schweiß- . 9.4, 9.8
-, Schweißschmiede- 9.8
-, sehniges . . . 9.9
-separator . . . 432.7
-, Silicium- . 1.2, 15.3
-sorte . . . . . 17.11
-spat, reifer . . 68.7
-, Spiegel- (s. Spiegeleisen)
-, sprödes . . . 44.7
-, Stab- . . . . . 18.10
-, Stahl- . . . . 8.4
-, Stangen- . . . 18.10
-stärke . . . 486.12
- -, falsche . . . 446.2
Eisenstein, Braun- 66.11
-, Kohlen- . . . 69.1
-, Rot- . . . . . 66.4
-, sandiger . . . 113.6
-, Schalen- . . . 67.2
-, Spat- . . . . 68.5
-, Ton- . . . . . 68.8
Eisen, Streich- 339.8
-strom . . . . . 339.7
-sulfid . . . . . 69.4
-, T- . . . . . . 20.8
-, teigig gewordenes 376.2
-, Thomas- . . . 12.1
-titan . . . . . 16.2
-träger . . . . 294.1
-, Treib- . . . . 2.6
-, Tümpel- . . . 292.3
-, U- . . . . . . 21.1
-, überhitztes . 474.9
-, übersättigtes 16.9
-, umgeschmolzenes 474.12
-vanadium . . 16.1
-, Vanadium- . 16.1
-verband . . . 151.3
-verschmelzung 14.9
-, Vierkant- . . 19.3
- vom Rohgang 2.5
-, Walz- . . . . 18.2
-wärme . . . . 346.4
-, Wasch- . . . 358.5
-, Weiß- (s. Weißeisen)
-werk . . . . . 151.3
-, Winkel- . . . 19.10
-, Winkelwulst- 21.5
-wolfram . . . 15.9
-, Wulst- . . . . 21.3
-, Z- . . . . . . 20.6
-zagel . . . . . 18.3
-, Zain- . . . . . 28.9
-zeug . . . . . 17.10
-, Zieh- . . . . . 536.2
-, Zusatz- . . . 473.12
Eisern . . . . . 23.1
Eiweißpapier 212.12
Eje . . . . . . 237.4
- acodado . . . 505.3
- de acero . . . 392.7
- - la pala . . . 470.6
- - piñon . . . 392.8
- - rotación . 323.8, 393.3
-, flexible . . . 492.8
Éjecteur placé dans le puits 142.5
Ejector . . . . 142.5
Élargir . . . . 58.2
Élargissement . 58.1.3
Elasticidad . . 49.9
- de torsión . . 51.5
Elasticità . . . 49.9
-, di torsione . 51.5
Élasticité . . . 49.9
- de torsion . . 51.5
Elasticity . . . 49.9
-, torsional . . 51.5
Elastico . . . . 496.7
Elastisch . . . 502.3
Elastizität, Torsions- 51.5
-, Verdrehungs- 51.5
Elastizitätsmodul 49.9
Elección de la fuerza motriz 168.1
- - muestras . 33.1
- - pruebas . . 33.1
Electric . . . . 124.7
- arc . . . . . . 344.2
- - furnace . . 565.9
- blast furnace, Harmet 571.6
- - -, Héroult . 571.5
- - -, Stassano's 571.3
- crucible furnace 570.6
- furnace . . . 564.1
- hearth furnace Groenwall, Lindblad and Stalhane 570.3
- motor . . . . 105.7
- production of pig iron 571.1
- smelting of iron 571.2
- steel . . 12.5, 564.2
- - castings . . 564.4
- - manufacture 564.1
- tool steel . . 564.3
Eléctricamente, producido 564.4
Electricidad . . 93.4
Électricité . . 93.4
Electricity . . . 93.4
Eléctrico . . . 12.5
Électrique . . . 12.5
Électro . . . . 93.2
- -aimant . . . 93.2
- -chimique . . 265.5
- -endosmose . 268.4
Electroacero . 564.2
- para herramientas 564.3
Electro-chemical 265.5
Electrode . . . 261.5
-, dished . . . . 261.6
- holder . . . . 567.4
-, lower . . . . 567.6
-, net shaped . . 261.7
-, passage . . . 567.8
Électrode . . . 567.2
- à capsule . . 261.6
- - manteau cylindrique 261.8
- capsulée . . . 261.6
- de la sole . . 567.6
- - précipitation 261.5
- décinormale . 262.1
- en charbon . 566.7
- en fer . . . . 567.7
- normale . . . 261.9

Électrode réticulaire 261.7
- rétiforme . . 261.7
- suspendue . . 566.8
Electrodo . . . 567.2
- de cápsula . . 261.6
- - carbón . . . 566.7
- - - suspendido 566.8
- - envuelta cilíndrica 261.8
- - fondo . . . 467.6
- - hierro . . . 467.7
- - la solera . . 567.6
- - precipitación 261.5
- decinormal . 262.1
- en forma de redecilla 261.7
- normal . . . 261.9
- retiforme . . 261.7
Electro-imán . 93.2
Electrolisis . 258.1.2
Electrolítico . 213.12
Electrolito 257.11, 259.4
- amfoterio . . 259.7
Electrolizar . . 258.2
Électrolyse . 258.1.2
- de l'eau . . 263.10
Electrolyse, to . 258.2
Électrolyser . . 258.2
Electrolysis . . 258.1
Electrolyte . 257.11 259.4
-, amphoteric . 259.7
Électrolyte 257.11, 259.4
- amphotère . . 259.7
Electrolytic . 213.12
Electrolytique 213.12
Electromagnet 93.2
Electromagnetic apparatus, Siemens 93.8
Electro-magnético, aparato - - de Siemens 93.8
Électromagnétique, appareil - de Siemens 93.8
Electromagnetism 93.1
Électromagnétisme 93.1
Electro-magnetismo 91.1
Electrometric . 257.5
Electrometrico 257.5
Électrométrique 257.5
Électropyromètre de Le Chatelier 352.1
Electroquimico 265.5
Electrostenolisis 263.6
Électrosténolyse 263.6
Electro-stenolysis 262.6
Electrotérmico 565.4
Électrothermique 465.4
Elektrisch . . . 93.3
Elektrizitätsquelle 93.4
-speicher . . . 266.5
-werk . . . . 165.5
Elektroanalyse 257.1
Elektrochemisch 265.5
Elektrode . . . 567.3
-, Boden- . . . . 567.6
-, Dezinormal- . 262.1
Elektrode, Eisen- 567.7
-, Kohlen- . . . . 566.7
-, Netz- . . . . . 261.7
-, Niederschlag- 261.5
-, Normal- . . . 261.9
-, Schalen- . . . 261.6
Elektroden-durchführung 567.8
-halter . . . . 567.4
-reglung . . . 567.2
Elektrolyse . . 258.1
Elektrolysieren 258.2
Elektrolyt 257.11 259.7
-, amphoterer . 259.7
Elektrolytisch . 258.3
- hergestellt . 213.12
Elektromagnet 93.2
Elektromagnetisch 93.8
Elektromagnetismus 93.1
Elektrometrisch 257.5
Eletroroheisenerzeugung 571.1
Elektrostahl . . 12.5 564.2
-erzeugung . . 564.1
-formguß . . . 564.4
Elektrostenolyse 263.6
Elektrothermisch 565.4 571.2
Elektrotiegelofen 570.6
Elektrowerkzeugstahl 564.3
Element . 213.6 265.8.9
Élément . 213.6 265.9
- combustible . 360.2
-s de la charge 348.4
- de pile . . . 265.8
- s décomposés à l'air 427.9
Elemento 213.6, 265.9
- argilloso . . . 79.9
- ausiliare . . . 71.6
-i decomposti . 427.9
-i dei gas . . . 267.5
-i della carica 348.4
- nocivo . . . . 71.5
- sabbioso . . . 79.9
Elemento 213.6, 265.8
- arcilloso . . . 79.9
- arenoso . . . 79.9
- combustible . 360.2
-s constitutivos del gas 267.5
- dañoso . . . . 71.5
-s de la carga 348.4
- descompuesto al aire 427.9
- nocivo . . . . 71.5
- secundario . 71.6
- volátil . . . . 81.7
Elephant boiler 154.2
Elettricità . . . 93.4
Elettrico . . . . 12.5
Elettrochimico 265.5
Elettrodo . . . 567.2
- a capsula . . 261.6
Elettrodo a mantello cilindrico 261.8
- decinormale . 262.1
- del fondo . . 567.6
- di carbone . 566.7
- - ferro . . . 567.7
- di precipitazione 261.5
- normale . . . 261.9
- reticolato . . 261.7
- sospeso . . . 566.8
Elettrolisi . . 258.1.2
Elettrolitico . 213.12
Elettrolito . . 257.11 259.4
- amfoterio . . 259.7
Elettrolizzare . 258.2
Elettromagnete 93.2
Elettromagnetico, apparecchio - di Siemens 93.8
Elettromagnetismo 93.1
Elettrometrico 257.5
Elettrostenolisi 263.6
Elettrotermico 565.4
Elevación 288.1, 502.7
- del agua . . . 141.9
- por espigas . 449.2
Elevado . . . . 145.8
Elevador 129.3, 525.1
- de balancín 525.2
- - cangilones 139.9
- - pozo . . . . 142.5
Elevar la barra 531.5
Élévateur . . . 129.3
- à godets . . . 139.9
Elevation . . . 288.1
Élévation . . . 288.1
- de l'eau . . . 141.9
Elevato . . . . 145.8
Elevator . . . . 129.3
-, Tiefbrunnen- 142.5
Elevator . 129.3, 139.9 329.8
- bucket . . . . 330.1
- cage . . . . . 330.1
-, deep well . . 142.5
-, double acting 330.3
- frame . . . . 329.9
-, single acting 330.2
Elevatore . . . 129.3
- a secchi . . . 139.9
- - tazze . . . . 139.9
- dei rampini . 525.2
- per pozzi . . 142.5
Elevazione d'acqua 141.9
Eliminación de los elementos arcillosos 79.9
- - - arenosos 79.9
- del azufre . . 82.4
- - fósforo . . 398.3
Eliminare la scoria 377.1
Elimination of argillaceous ingredients 79.9
- - phosphorus 398.3
- - sandy ingredients 79.9
Élimination des matières argileuses 79.9
- - - sableuses 79.9
- du phosphore 398.3
- - soufre . . . 82.4
Eliminazione . 82.5
- d'elementi argillosi 79.9
- - sabbiosi . . 79.9
- del fosforo . 398.3
- - solfo . . . . 82.4
- della scoria . 377.2
Elongate, to . . 530.5
Elongation 44.8, 530.6
Email . . . . 554.6.7
Émail . . . . 554.6.7
Émailler . . . . 554.5
-, four à (v. four)
Emaillieren . . 554.5
Emaillierofen . 554.8
Ematite . . 6.2, 66.8
- a superficie vetrosa 66.5
- bruna . . . . 66.9
- - a noduli . . 67.1
- rossa . . . . . 66.4
Embarcadère . 561.9
Embarque 560.3, 561.10
Embarquement 561.10
Embase . . . . 291.2
Embed, to . . 415.10
Embellissement de la surface 550.4
Embocadura oblonga 159.2
Emboîté . . . 515.10
Émbolo . 144.3, 311.4
-s colocados uno al lado de otro 506.4
-s - - detrás de otro 506.5
- de bomba . . 509.3
- - disco . . . . 506.3
- - la bomba de aire 501.5
- - presión . . 506.1
- del martillo . 499.2
-s gemelos . . . 506.5
- macho . . . . 506.2
- rotatorio . . . 472.5
Emboss, to - the hole 52.4
Embouchure de la tuyère 395.1
- oblongue . . 159.2
Embouti . . . . 23.2
Emboutir . . . 26.6
Embragar . . . 520.6
Embrague . . . 519.9
Embranchement 123.8
Embrayage mobile 519.9
Embrayer . . . 520.6
Embudo con tubo de vapor 178.9
- cuenta-gotas . 188.2
- de desagüe . 246.5
- - extracción . 179.8
- - filtración . 245.3
- - platino . . 195.6
- - porcelana . 193.4
- - seguridad . 248.1
- para agua caliente 176.6
- - filtros . . . 244.7
- separador . . 188.3
Embutido . . . 23.2
Embutir . . . . 26.6
Émeri . 202.11 203.1 275.9

Emery . 202.11, 275.9
- cloth . . . . . 203.1
- disc . . . . . 492.4
- paper . . . . 275.8
- wheel . . . . 492.4
Empalizada . . 464.7
Empalme . . . 123.9
Empaque de arandelas de cuero 506.6
- doble de cuero embutido 507.3
Empaquetado . 18.6 378.2
Empaquetadura 325.1
- de arandelas de cuero 506.6
- - cuero embutido 507.1
Empaquetar . . 415.3
Empaqueter . 415.3
Emparrillado . 156.8 159.7
- cilíndrico . . 157.6
- con irrigación 162.6
- corredizo . . 162.3
- de cadena . 157.5
- - criba . . . 161.1
- - escalones . 161.5
- - madera . . 317.1
- - pisos . . . . 161.6
- - una pieza . 160.4
- económico . . 160.9
- en escalones . 85.1
- fijo . . . . . 161.9
- horizontal . . 160.7
- inclinado . . 162.2
- largo . . . . 160.6
- móvil . . . . 162.1
- para carga continua 161.7
- - escorias . . 162.2
- sacudidor . . 157.7
- subdividido . 160.5
Empfindlich . 240.10
Empfindlichkeit 240.9
Empilage des briques 407.9
- - - du régénérateur 407.8
Empilar los ladrillos 407.9
Empleado . . . 427.3
- encargado de la recepción 30.2
Emploi du gaz 359.12
- répété des eaux 148.3
Emplomar . . . 554.3
Employé . . . . 427.3
Employer . . . 33.2
Empoise . . . 521.4.7
Empolvar los moldes 430.5
Empotrar . . . 306.3
Empreinte . . . 54.4
Emprisonné, gaz 484.7
Emptying of the oven 106.5
- the furnace . 88.7
Empuesa . . . 521.7
Empuje del viento 165.3
-, disposición de para lingotes 529.4
Enalbar . . . . 42.9
Enamel . . . 554.6.7
-, to . . . . . . 554.5
Enamelling furnace 554.8
Encalar el alambre 537.3
Encargado . . 332.7
Encender . . . 417.7
-, manera de . 337.11
-, volver á . . . 355.2
Encendido 86.4, 478.5
-, pavesa -a . . 164.4
Encerrado . . . 358.4
Encke's blower 471.3
Enckesches Gebläse 471.3
Encke, máquina soplante 471.3
Encke, soufflerie 471.3
Encke, ventilatore 471.3
Enclume inférieure 502.10
Encolar . . . . 428.4
Encorvar . 42.8, 46.8
End-form . . . 530.2
-kaliber . . . . 516.7
-leitfähigkeit des Elektrolyten 260.9
-los . . . . . . 340.9
-platte . . . . . 414.2
-querschnitt . . 530.4
-schlacke . . . 412.2
End 33.6, 403.5, 418.9
-, charging . . 188.5
-, discharging . 188.9
- plate . . . . . 414.2
Enderezado . . 27.6
- con el laminador 534.3
Enderezamiento de los palastros 534.6
Enderezar . . . 40.7
-, máquina de (v. máquina)
Endommagement par la fumée 561.1
Endosmose, elektrische 263.4
Endosmose électrique 263.4
Endosmosi elettrica 263.4
Endosmosis, electric 263.4
Endósmosis eléctrica 263.4
Endotermico . 223.2
Endotérmico . 223.2
Endothermic . 223.2
Endothermique 223.2
Endroit de pliage 42.3
- défectueux . . 35.4
Enduire . . . . 431.5
Enduit contre la rouille 550.3
Endulzamiento del agua 147.8
Energia . . . . 166.2
- di volume . . 257.2
Energía . . . . 167.2
- volumétrica . 257.2
Energie, Volumen- 257.2
Énergie . . . . 166.2
- hydraulique 167.8
- volumétrique 257.2
Energy . . . . 257.2
Enfermé . . . . 484.7
Enfoncement sous charge 141.7
Enfourner, machine à (v. machine)
Enfournement 528.7
- des lingots, dispositif d' 529.4
- du creuset . . 385.8
Enfourneur . . 529.3
Enfourneuse . 410.1
- de lingots . . 528.7
Enfriadero de chimenea 149.3
- - gradas . . . 148.6
- - torre . . . . 149.2
- por riego . . 148.7
Enfriamiento . 148.5 486.3
- á toda agua . 544.2
- brusco . . . . 544.2
- lento . . . . . 357.6
- por agua de los electrodos 567.9
- rápido . . . . 447.4
Enfriar 543.10, 544.5
- bruscamente el cuarzo 115.8
Enfriarse . . . 354.1
Enganche . . . 136.7
Engine . . . . 168.3
-, four cycle . . 327.6
- house . . . . 149.9
-, tandem . . . 327.1
-, two cycle . . 327.7
Engineer . . . 333.2
- in charge . . 332.5
- - charge of hoist 333.3
Englisch, -es Roheisen 5.9
-es System . . . 395.3
-er Zementierofen 416.6
English cementation furnace 416.6
- converting furnace 416.6
- pig iron . . . 5.9
- standard joist 20.10
- system . . . . 395.3
Englobé . . . . 358.4
Engorgement du creuset 337.3
- - four de grillage 88.3
- - haut-fourneau 337.9
Engrais . . . . 399.8
Engranaje . . . 14.4
- de los dientes 518.10
- - tornillo sin fin 341.10
Engrasador, aparato - de cable 137.7
Engrasar . . . 383.4
Engrenage 14.4, 518.8
Engrènement des dents 518.10
Enhornamiento del crisol 385.8
Enhornar . . . 410.7
- lingotes . . . 528.7
Enjugador . . 246.4
Enlace . . . . . 123.9
Enlargement . 521.3
Enlèvement des battitures 532.8
- - cendres . . 164.2
- - lingots . . . 527.3
- - oxydes . . . 532.8
-, dispositif d' . 529.5
- du fond . . . 392.2
- - loup . . . . 402.1
Enlever . . . . 486.1
- au ciseau . . 86.1
- les bavures de joint 489.6
- - châssis, appareil à 448.5
- - couvercles, dispositif pour 528.1
- - creusets . . 386.4
Enlistonado de madera 317.1
Enmasillar . . 494.4
Enmohecerse . 550.1
Enrejado de la viga 308.2
- de madera . . 317.1
Enrichissement des minerais 80.1
Enriquecimiento de los minerales 80.1
Enrollado . . . 199.3
Enrollamiento . 460.6 498.1
Enrollar . . . . 539.3
- alambre . . . 535.5
Enroulé . . . . 199.3
Enroulement . 460.6 498.1
Enrouler . . . 539.3
- en couronne 535.5
-, s' . . . . . . . 524.9
Enrouleur . . 535.10
Enrouleuse . . 535.6
Ensanchamiento 53.3
Ensanchar . . . 53.6
Ensanche . . . 84.2
Ensayador de petróleo 181.5
Ensayar . . . . 30.5
Ensayo . . 30.6, 31.1
- á la flexión sobre material entallado 44.2
- - - forja . . . 52.5
- al choque . . 42.1
- con el soplete 234.6.7
- - - -, aparatos para el 235.1
- - pieza separada 31.4
- de doblado . 42.2
- - - en caliente 42.5
- - - - frío . . 42.6
- - flexión . . . 42.2
- - - al choque 44.1
- - - de un cuerpo templado 42.7
- - forjado . . 52.5
- - horadamiento 228.2
- - la maleabilidad de un cuerpo 53.1

Ensayo de los materiales 41.6
- - penetración por hendidura 54.1
- - - - rayado . 54.1
- - perforación á punzón 51.9
- - rotura 44.3, 49.1
- - -, aparato para el 49.4
- - torsión 50.7, 51.6
- electroquímico 265.5
- en caliente . 31.7
- - frío . . . . 31.6
- metalográfico 177.4 272.3
- previo . . . . 31.2
Entaille . 518.1, 518.2
- du couteau . 238.2
Entaillé . . . . 44.2
Entallado . . . 44.2
Entalladura del brazo graduado 239.9
Entallecido . . 46.6
Enteisenung . . 147.9
Entfernen, die Gußnaht 439.6
Entfernung des Schwefels 82.4
- sandiger, toniger Bestandteile 79.9
Entfeuchter . 231.12
-, Absaug- . . . 232.1
-, im - getrocknet 231.11
Entgasen . . 253.10
Entgasung . 253.11
Entgasungserzeugnis 254.1
Entgegengesetzt 532.3
Enthärtung . . 147.8
Entkohlen . . 363.6
Entkohlung . . 376.1
-, vollständige 397.5
Entkohlungsperiode, Gasfrisch- 397.4
Entkupfert . . 90.5
Entkuppeln . . 520.7
Entladegefäß, Selbst- 128.2
Entlader, Schnell- 128.6
-, Selbst- . . . 128.2.4
Entladung nach beiden Seiten des Gleises 128.5
Entlastet . . . 523.6
Entlastung . . 523.3
Entleeren, den Herd 342.1
Entleerer, Selbst- 128.2
Entleerung des Kastens 411.4
- - Ofens 88.7, 106.5
-, Selbst- . . . 128.3
Entlüftungsventil 145.5, 508.6
Entmischung des Möllers 348.4
Entonnoir 310.1, 348.3
à eau chaude 176.6
- filtrer . . . 245.3
trop-plein . 246.5
Entonnoir comptegouttes 188.2
- d'extracteur . 179.8
- de coulée 443.2,.5
- - - à tuyau . 444.2
- - filtre . . . . 244.7
- - sûreté . . . 248.1
- en platine . . 195.6
- - porcelaine . 193.4
- pour filtrer à tuyau de vapeur 178.9
- séparateur . . 188.3
Entourer de cercles de fer 303.2
- de maçonnerie 306.3
Entphosphort . 5.3
Entphosphorungsperiode 398.1
Entrada 406.4, 439.3
- de aire 87.8, 542.4
- - gas . . . . 542.5
- - vapor por encima del émbolo 500.6
Entrega . . . . 65.3
Entraîné . . . . 412.4
Entraîneur . 136.3.7
- à manchon . 136.4
- en tôle d'acier rivetée 136.5
- forgé amovible 136.6
Entrare . . . . 316.3
Entrata 439.3, 531.3
- d'aria . . . 337.12
- del gas . . . 542.5
- dell'acqua . . 297.7
- - aria 321.3.4, 394.3 542.4
- della fiamma 368.6
Entrée . . 406.4, 439.3
- d'air . 321.3, 337.12 542.4
- de gaz . . . . 542.5
Entrepôt à fers 130.5
Entretenimiento 563.3
Entretien . . . . 563.3
Entretoise 320.4, 441.5
Entretoisement 505.6
Entry side . . . 531.3
Entschwefelt . 5.4
Entschwefelung 82.4
Entstaubung . 409.1
Entwässerer, Dampf- 179.3
Entweichen der Luft 439.8
- flüchtiger Bestandteile 250.7
Entweichend, -es Gas 484.6
Entwerfen . . . 514.7
Entwickeln 277.3,282.5
Entwickler, Dampf- 178.10
Entwicklung des Gefüges 277.1
-, Oberflächen- . 282.6
Entwicklungsapparat, Gas- 268.8
-flasche, Chlor- 221.9
- -, Gas- . . . . 268.7
-kaliber . . . . 516.6
-kolben, Chlor- 221.10
Entziehung . 359.12
Entziehungsöffnung 312.8
-rohr . . . . . 312.9
Entzinkt . . . . 90.9
Envelope . . . 431.7
Enveloppe . 26.8, 79.5 305.1
- d'extracteur . 179.7
- de gaz . . . . 431.7
- - protection . 492.5
- des étalages . 302.4
- en tôle . 83.8, 287.1 389.8
- - - de fer . . 287.2
- extérieure de la cuve 304.8
Enveloppé . . . 471.7
Envelopper la tige du noyeau 460.7
Envoltura . . . 460.6
- de aparato de extracción 179.7
- - palastro . . 389.8
- refractaria del tubo 480.8
Envolvente de gas 431.7
Envuelta . . . 261.8
- de chapa . . 83.8
Épais . . . . . 411.3
Épaisseur . 37.4, 57.7
- de fonte . . 486.12
- - la paroi . . 305.7
- - trempe . . 420.4
- du fil . . . . 28.3
- prescrite . . . 37.6
Epoca carbonifera 114.6
Éponge de fer 347.11
Épreuve . . . . 49.3
- au choc . . . 41.8
- des acides . . 189.1
- hydraulique 54.6 55.2
- négative . . . 282.4
- positive . . . 282.9
Éprouvette 33.3.8, 186.1
- conique . . . 186.2
- de métal liquide prélevée 401.8
- - - solidifié . 401.9
- - réserve . . 33.7
Épurateur . . . 315.9
Épuration à sec des gaz du gueulard 315.8
- de l'eau . . . 146.5
- des gaz . . . 315.6
- par voie humide 317.2
Epuratore Bian 318.1
- Theisen . . . 317.7
Epurazione ad acqua 317.2
Épuré . . . . . 5.3
-, non . . . . . 146.6
Épurer . . . . 315.7
Equalization of pressure 473.2
Equation . . 345.6.11
- of combination 226.3
- - electrolytic condition 258.6
Équation . . . 345.6
- d'état . . . 258.6
- d'une combinaison 226.3
Equazione . . . 345.6
- chimica . . . 226.3
- di stato . . . 258.6
Équerre . . . . 24.1
- à lisser . 437.6, 437.8
- pliante . . . 40.6
Equigranulare 75.4
Equilibrado . . 523.1
Équilibrage . . 523.3
- hydraulique . 524.1
- par contrepoids 523.4
Equilibrar . . . 523.2
Equilibrare . . 523.2
- con contrappesi 523.4
Equilibrato . . 523.1
Equilibratore idraulico 524.1
Equilibrazione 523.3
Équilibre . . . 345.7
- calorifique . . 346.1
- de dissociation 262.10
-, être en . . . 274.9
Équilibré . . . 523.1
Équilibrer . . . 523.2
Equilibrio . . . 345.7
- di dissociazione 262.10
-, stare in . . . 274.9
- termico . . . 346.1
Equilibrio 345.7, 523.3
- de disociación 262.10
-, estar en . . . 274.9
- por pesos . . 523.4
- - presión hidráulica 524.1
- térmico . . . 346.1
Equilibrium . . 345.7
- of dissociation 262.10
-, to be in . . . 274.9
Équimoléculaire 259.1
Equi-molecular 259.1
Equimolecular 259.1
Equimolecolare 259.1
Equivalent . . 257.6
-, chemically . 257.7
-, stoichiometric 345.8
Équivalent . . 257.7
- chimique . . 257.6
- stœchiométrique 345.8
Equivalente . . 257.7
-, peso . . . . . 257.6
- stechiometrico 345.8
Equivalente . . 257.7
- estequiométrico 345.8
- químico . . . 257.6
Erblasen, heiß 4.5
-, kalt . . . . . 4.6
-, mit heißem Wind 4.5
-, - kaltem Wind 4.6
Erbskohle . . . 101.3
Erde, alkalische -n 114.2
-, Porzellan- . . 116.13
Erdig . . . . . 59.5
Erfassen, das Walzstück 531.6
-, mit der Zange 531.7

Erfüllungsort . 559.7
Ergebnis, Prüfungs- 34.5
-, Versuchs- . . 34.5
Erhaben polieren 277.7
Erhärtung, Luft- 359.10
Erhitzen . . . . 86.5
Erhitzer, Wind- (s. Winderhitzer)
Erhitzt . . . . 328.11
Erhitzung . . . 543.7
- durch Induktion 568.3
-, Lichtbogen- . 566.1
-, Widerstands- 570.5
Erhöhung der Reduktionsfähigkeit 81.9
Erizado . . . . 47.4
Erlenmeyerkolben 186.6
Erlenmeyer glass flask 186.6
Erleuchtet, rot 399.11
Ermetico . . . 324.1
Ermitteln . . . 109.6
Erniedrigung, Temperatur- 352.4
Errore nell' immagine 279.11
Ersatz-kessel . 153.5
-stück . . . . . 33.7
Erschmelzung des Eisens auf elektrothermischem Wege 571.2
Erstarren 354.1, 486.2
Erstarrt . . . . 273.9
Erstarrungs-bild 274.2
-diagramm . . 274.2
Ersticken des Hochofens 337.9
Eruzione . . . 396.7
Erwärmt . . . 297.11
Erz . . . . . . 65.4
-art . . . . . . 66.1
-, aufbereitetes 75.1
-bedarf . . . . 558.3
-, Blau- . . . . 68.7
-, Bohn- . . . . 67.5
-, Braun- . . . . 68.7
-dampfer . . . 562.6
-förderung . . 58.5
-förderwagen 138.2
-frischverfahren 412.9
-gemenge . . . 76.3
-gemisch . . . 333.8
-, geröstetes . . 88.10
-, gezogenes . . 88.6
-gicht . . . . . 335.2
-glühfrischen . 415.1
-, Halden- . . . 62.10
-händler . . . . 559.1
-karren . . . . 332.1
-, Kieselzink- . 71.10
-, Klaub- . . . . 63.3
-ladevorrichtung 123.1
-lagerplatz . . 130.3
-, leicht reduzierbares 62.3
-, - schmelzbares 61.7
-lieferungsvertrag 65.3
-, Linsen- . . . 63.7
Erz, Mangan- . 69.5
-, manganhaltiges Silber- 70.7
-, - Zink- . . . 70.6
-, Nieren- . . . 63.8
-post . . . . . . 334.1
-preßstein . . . 95.10
-probe, bei 100 °C getrocknete 232.7
-puddeln . . . 380.2
-, Purpur- . . . 70.8
-quetsche . . . 78.8
-, Rasen- . . . . 67.4
-, Roh- (s. Roherz)
-satz . . . . . . 334.1
-, Scheid- . . . 63.1
-scheider nach Wetherill 94.4
-, schwer reduzierbares 62.5
-, - schmelzbares 62.1
-, See- . . . . . 67.4
-, selbstgehendes 62.2
-, selbstschmelziges 62.2
-stahl . . . . . 12.7
-staub . . . 76.4, 315.5
-stock . . . . . 57.2
-, Stück- . . . . 62.8
-, Sumpf- . . . 67.4
-tasche . . . . 131.3
-, Temper- . . . 415.4
-, trockenes . . 60.1
-, ungeröstetes . 88.11
-, unvollkommen geröstetes 89.1
-verlader . . . 332.9
-verteiler . . 308.10
-, Wad- . . . . 69.8
-wagen . . . . 138.2
-walzwerk . . . 77.8
-wäsche . . . . 80.6
-, Wiesen- . . . 67.4
-zerreiber . . . 229.9
-ziegel . . . . . 95.10
-zusatz . . . . 412.1
Erzeugnis, Röst- 82.7
Erzeugung, Gesamt- 555.1
Esame dell'andamento della conversione 399.9
- esterno . . . 35.1
Esaminare . . . 30.5
Escala . . . 38.6, 65.8
- de calidad . . 32.2
- - dureza . . . 180.8
- métrica plegable 38.8
Escaleriforme . 153.9
Escalón . . . . 85.1
Escalonado . 518.6.7
Escama . . . . 532.8
-s de óxido de hierro 414.5
Escamoso . . . 45.6
Escapar . . . . 484.6
Escape of air . 439.8
- - heat to upper part 348.2
Escape . . . . . 464.3
-, conducto de 104.3
- de aire . . . 508.6
- - gas . . . . 360.10
- - la tobera . 358.3
- - los productos volátiles 250.7
Escaping . . . 484.6
- of volatile compounds 250.7
Escarbille . . . 164.4
Escarpia . . . . 24.6
- de carril . . . 24.6
Escasez de agua 140.6
Escavador, grúa -a 128.1
Escavazione a vapore 58.4
Esclerométrico 53.11
Esclerómetro de bolas 54.5
- - rayado . . 54.3
Escoba . . . . 532.9
Escobilla 190.8, 490.10
- de alambre de acero con mango 490.11
- - - con asa de cuero 490.12
- doble de alambre 491.2
- para tubos . 190.9
Escocés, alto horno 286.6
-, fundición -a . 5.10
Escoria . . . . . 5.2
- ácida . . . . 356.6
- arrastrada . . 412.4
- básica . . . . 356.7
- Bessemer . . 397.7
-, conteniendo -s 484.10
- de afino . . . 375.1
- - alto horno 355.10
- - - - tratada al vapor 95.7
- - horno catalán 112.7
- - - de enalbar 112.9
- - - - refinar 112.8
- - marcha caliente 357.4
- - - fría . . . 357.5
- - - normal . 357.4
- - pudelaje . . 113.1 374.10
- dulce . . . . 366.7
- encerrada . . 377.8
- espesa . . . . 412.3
-, exento de -s 484.11
- filamentosa . 358.9
- final . . . . . 412.2
- flotante . . . 386.6
-, formando . . 349.8
- granulada . . 359.4
- interpuesta . 377.8
- pétrea . . . . 357.8
- petrosa . . . 357.8
- pobre en fósforo 399.4
- probre en hierro 113.4
-, que contiene -s 484.10
- rica . . . . . 366.7
- - en fósforo . 399.3
- - - hierro . . 113.3
-, sin -s . 416.4, 484.11
- Thomas 113.2, 399.2
Escorial . . . . 356.3
Escoriero . . . 299.6
Escorificación de fósforo 398.2
Escorificante . 349.8
Escorificar . . 349.7
Escorioso . . . . 6.3
Escoupe . . . . 434.4
Escuadra 19.10, 24.1
- con aristas vivas 20.5
- - bordón . . 21.5
- - esquinas redondeadas 20.4
- de alas desiguales 20.3
- - - iguales . . 20.1
- para repasar 437.6
- plegable . . . 40.6
Esercizio 174.7, 572.8
- del laboratorio 173.2
-, messa fuori . 355.3
Esfera . . . . . 41.1
Esférico . 96.5, 464.2
Esfuerzo de torsión 50.4
Eslabón de enganche 476.8
Eslique . . . . 75.1
Esmaltar . . . 554.5
-, horno de (v. horno)
Esmalte . . . 554.6.7
Esmanil . . . . 72.1
Esmeril 202.11, 275.8.9
Esmerilado . . 203.1
Esmerilar . . . 492.2
-, máquina de (v. máquina)
Esotermico . . 222.9
Espalda . 390.2, 403.4
Espático . . . . 68.5
Espato calizo . . 73.1
- fluor . . . . . 111.4
- pesado . . . 220.11
Espátula . 202.8, 437.3
- de cuchara para pulir 437.4
- - gancho . . 436.8
- - platino . . 195.8
Espèce de fil . 28.2
-s de minerais 66.1
-s de moules . 438.2
Especie . . . . 34.11
Espectral, análisis 400.10
Espectro . . . . 401.5
- continuo . . . 401.2
Espectroscopio 400.11 401.1
Especular . . . 66.7
-, fundición (v. fundición)
Espejado . . . 71.7
Espellere l'anidride carbonica 81.8
- le materie volatili 81.7
Esperimento . . 31.1
Espeso . . 412.3, 419.9
Espesor . . . . 57.7
- de fundición 486.12
-, de gran . . . 537.10
- - la pared . . 305.7
-, de poco . . 486.11
- del alambre . 28.3
- - temple . . . 420.4
- prescrito . . 37.6
Espetón . 339.2, 371.6
- de hierro . 338.10
Espiga . . . . . 449.2
- de levantar las cajas 448.6
- - rebote . . . 502.6

Espiga fundida en una pieza con el anillo 294.10
Espiral . . . . 502.5
Espíritu de vino 447.2, 546.5
Esplosione . . . 314.9
- di gas . . . . 353.8
Espolvorear con polvo de carbón 430.4
Esponente dell'atomo 226.5
Esponja de hierro 347.11, 362.3
Esponjoso . . . 376.8
Esporre alla luce 281.11
Esprit de vin 184.3 447.2, 546.5
Espuma . . . . 481.8
Espumadera . . 481.7
Espumoso . . 357.10
Esquina, con -s redondeadas 20.4
Esquisto . . . 101.10
- arcilloso . . . 112.1
Esquitoso . . 116.5
Essai . . . . 30.6, 31.1
- à chaud . . . 31.7
- - froid . . . . 31.6
- - la torsion . 50.7
-, appareil pour l'- du pétrole 181.5
- au chalumeau 234.6
- - -, appareils pour l'- 235.1
- - choc . . . . 42.1
- - - sur éprouvette 44.2
- d'écrasement à choc 53.5
- d'élargissement 53.1
- d'un corps à l'écrasement 53.5
- - - - l'élargissement 53.1
- - - - la forge 52.5
- - - au forgeage 52.5
- - - - poinçonnage 51.9
- - - - refoulement 53.5
- de dureté . . 54.5
- - flexion . . . 42.2
- - - après trempe 42.7
- - - au choc . 44.1
- - forage . . . 228.2
- - forgeage . . 52.5
- - pénétration par striage 54.1
- - perçage 51.9, 228.2
- - pliage . . . 42.2
- - - à chaud . 42.5
- - - - froid . . 42.6
- - - alternatif en sens inverse 43.9
- - - après trempe 42.7
- - poinçonnage 51.9
- - rupture 44.3, 49.1
- - -, appareil pour l' 49.4
- - torsion . . . 51.6
Essai électrochimique 265.5
- hydraulique . 54.6
- préliminaire . 31.2
- sclérométrique 54.1
- sur un échantillon 31.4
- - - morceau détaché 31.4
Essayer . . . . 30.5
Esse . . . 164.6, 372.9
Essence . . . . 124.8
Essenkanal . . 85.8
Essenza . . . . 124.8
Essiccamento . 231.8
-, apparato d' - e di calcinazione 233.7
- dell'aria, impianto per l' 329.1
- della muratura 336.3
Essiccato . . . 231.9
- all'aria . . 231.10
- nell' essiccatore 231.11
Essiccatoio 233.6, 268.2 383.7
- per crogiuoli 233.3
- trasportabile 462.7
Essiccatore 231.11.12
- a vuoto . . . 232.1
- di vapore . . 179.3
Essiccatura delle forme 462.4
Essiccazione 231.8 232.5
- dell'aria . . 328.12
Essigsauer . . . 206.6
Essigsäure . . . 204.4
Eßkohle . . . . 99.10
Eßkohlenkoks . 107.6
Essoreuse . . . 176.3
Establezimiento de estañado 552.12
Estaca de guia 442.8
Estacade de chargement 122.3
- - déchargement 131.6
- - déversement 131.6
Estación de alumbrado y distribución de fuerza 166.2
- - maniobra . 123.6
- - socorro . . 150.5
- - taller . . . 123.5
- primaria . . . 165.6
Estado de equilibrio 345.7
-, en - de ruina 355.5
Estampa . . . . 14.1
Estampado . . 26.12
Estampage . . 54.4
Estampar . . . 505.1
Estamper 503.6, 505.1
Estampiller . . 34.9
Estanco . . . . 470.9
Estánnico . . 208.10
Estannoso . . . 208.9
Estanque de clarificación 81.3
- - enfriamiento 148.5
Estante para colocar los crisoles 383.8
Estante para pipetas 191.8
Estañado . . 552.12
Estañar . . . . 552.9
Estaño . 208.10, 218.10
- plomífero . . 553.7
- puro . . . . 553.11
Estensione . . . 530.6
Estequiométrico 334.6
Estéril . . . . . 75.3
Estiércol . . . . 431.3
- de caballo . 428.11
- - - descompuesto 428.12
- - vaca . . . . 429.1
Estimate . . . 562.12
Estinzione del coke 106.9
Estirado . 53.4, 535.8
- del alambre . 535.1
- fino . . . . . 536.8
- inicial . . . . 536.6
- medio . . . . 536.7
- muy fino . . . 536.9
Estiramiento . 530.6
Estirar . . 27.12, 53.2.6 530.5
- al martillo la pieza de prueba hasta 1 1/2 veces su ancho primitivo 52.7
- el alambre . 535.7
- - hierro . . . 503.4
- - metal con la peña del martillo en sentido transversal del laminado 52.8
Estiria, fundición de 5.7
Estirio, horno de calcinación 84.7
Estopa . . . . . 306.2
Estracción . . . 57.9
Estrarre 241.7, 436.1
-, dispositivo per 529.5
- i lingotti dalle lingottiere 526.4
- il modello . . 435.8
Estratificado . 46.1
Estratto di liquirizia 278.3
Estrazione 57.9, 100.4
-, apparato d' . 179.6
- dei minerali . 58.5
- del fondo . . 392.2
- - modello su macchina a pettine 450.4
- della forma . 448.4
- - mezza staffa, dispositivo per l' 448.5
Estrechamiento 83.10
- del paso de los gases 337.9
Estrella . . . . 374.9
Estremità del forno 413.10
- della bilancia 410.3
Estría, anchura de la 54.2
- de la placa pulimentada 275.2
Estriado . . . . 26.11
Estribo . 293.3, 301.9
Estribo de suspensión 476.7
- - - del conducto de llegada 298.3
- del caldero . 479.2
- tensor . . . . 522.4
Estroncio . . . 221.1
Estropeado . . 548.9
Estropear el molde 436.3
Estructura . . . 277.1
- blanca radiada 488.7
- de las menas de hierro 58.6
- - los granos de arena 427.4
- - - minerales de hierro 58.6
- fina . . . . . 283.2
- molecular . . 225.3
- sólida . . . . 49.10
Estufa 233.1, 433.8, 463.3
-s de secar . . 383.7
- - - machos . 463.4
- para los fondos de convertidores 119.3
Établi à façonner les creusets 383.8
Étage . . . . . 161.6
Étagé . . . . . 153.9
Etagenrost . . 161.6
Étagère . . . . 383.8
- à pipettes . . 191.8
Étain . . 208.9, 218.10
- plombifère . 553.7
- pur . . . . 553.11
Étalage, -s . 302.2.3
-s dégagés . . 303.1
-s libres . . . . 303.1
Etalaje, -s . . . 302.2
-s libres . . . . 303.1
Étamage . . 552.12
Étamée . . . 552.10
Étamer . . . . 552.9
Étampe . 14.1, 502.8
Étanche . 470.9, 472.2
État d'équilibre 345.7
-, en mauvais . 355.5
-, équation d' . 258.6
Etch, to . . . . 278.4
Etching . . . . 277.9
- figures . . . . 278.1
- polishing . . 278.2
Éteindre . . . . 355.4
-, appareil pour - les étincelles 468.3
Éter . . . . . . 212.3
-, aparato de - de Corleis 181.6
-, - - - de Rothe 182.1
- sulfúrico . . 212.3
Etere, apparato per - secondo Corleis 181.6
-, - - - - Rothe 182.1
- solforico . . 212.3
Eterogeneo . . 147.7
Ether . . . . . 212.3
- apparatus, Corleis' 181.6
- -, Rothe's . . 182.1
Éther . . . . . . 212.3
-, appareil à - d'après Corleis 181.6
-, - - - - Rothe 182.1

Éther sulfurique 212.3
Etichetta . . . 185.3
Étincelle . . . 389.1
- de fer . . . . 397.1
-s étoilées . . . 374.9
Etiqueta . . . . 185.3
Étiquette . . . 185.3
Étirage . . 47.8, 58.4, 530.6
- dû au cylindre supérieur 515.7
Étiré . . . . . . 28.5
Étirer . . 27.12, 530.5
- l'éprouvette sous le marteau à 1½ fois sa largeur primitive 52.7
- le fer . . . . 503.4
- - fil . . . . . 535.7
- sous le marteau 52.0
Étoilé . . . . . 374.9
Étonner 447.4, 544.2
- le quartz . . 115.8
Étrier . . . . . 301.9
- de la poche . 479.2
- - serrage . . 522.4
- - suspension 476.7
- - - du tuyau d'arrivée 298.3
Étude chimique du fer 213.5
Étuve 233.1, 433.8, 462.8, 463.8
- à noyaux . . 463.4
- - sécher et griller 233.7
-s de séchage . 383.7
Eudiometer . . 268.3
Eudiomètre . . 268.3
Eudiometro . . 268.3
Eudiómetro . . 268.3
Eutectic . . . . 274.4
Eutectico . . . 274.4
Eútectico . . . 274.4
Eutectique . . 274.4
Eutektikum . . 274.4
Eutektisch . . 274.4
Evacuación . . 298.6
Évacuation . . 104.3
Evaporación . 246.7
-, aparato de . 246.8
- del agua . . . 347.6
Evaporar 194.4, 247.3, 256.2
- al seco . . . 246.9
Evaporare . . 247.3, 256.2
- a secco . . . 246.9
-, apparato per 246.8
Evaporate, to 247.3, 256.1.2
-, to - to dryness 246.9
Evaporating basin 194.4, 247.5
- flask . . . . . 247.6
- pan . . . . . 247.4
Evaporation . 246.7, 255.8
Évaporation . . 194.4
Evaporator . . 246.8
Evaporazione . 194.4
Evaporazione dell'acqua . . . 347.6
Évaporer 247.3, 256.2
- à siccité . . . 244.9
Évasement . . 478.2
Évent . . . . . 444.4
Évier . . . . . 175.4
Evolution of carbonic oxide 375.3
- - heat . . . . 346.3
- - oxygen . . 375.4
Evolved . . . . 484.6
Exactitud de las dimensiones convenidas 37.1
Exactitude of measurements agreed to 37.1
Exactitude des dimensions convenues 37.1
Examen de l'opération 399.9
- des matières 41.6
- extérieur . . 35.1
Examen con el espectroscopio 400.11
- de la operación 399.9
Examination . 30.6
- according to appearance 35.2
- in dissolved state 224.4
- - dry state . 224.3
-, metallographic 272.3
- of material . 41.6
-, qualitative . 223.8
-, quantitative 223.7
Examine, to . . 30.5
Examiner . . . 30.5
Excavation . . 58.4
Excéntrica, prensa 505.2
-, - de . . . . . 465.3
Excentrique . . 505.2
Excès . . . . . 65.9
- d'oxygène . 349.11
- de poids . . 559.11
- - réactif de précipitation 242.9
Exceso . . . . . 65.9
- de oxigeno 349.11
- - peso . . . 559.11
- - precipitante 242.9
Excess of oxygen 349.11
- - precipitant 242.9
- - weight . . 559.11
Exchanging analyses 227.8
Excoriáceo . . 47.5
Exfoliación . . 431.6
Exhaust port . 499.5
Exhausteur à vapeur 144.2
Exhaustor . . . 144.2
Exhaustor, Dampf- 144.2
Exit pipe . . 312.10
- side . . . . . 531.4
Exotérmico . . 222.9
Exothermal . . 222.9
Exothermique . 222.9
Expansion . . . 49.7
- of masonry . 306.1
Expelling of volatile matter 81.7
Expendio de calor 346.3
Expense . . . . 563.2
Expérience . . 31.1
Experiencia . . 31.1
Experiment . . 31.1, 34.5
-, preliminary . 31.2
Expérimentalement 345.2
Experimentally 345.2
Experimentalmente 345.2
Experimento . 31.1
Exploitation . 57.9, 556.3
- à ciel ouvert 58.2
- au jour . . . 58.2
- en profondeur 58.1
- souterraine . 58.1
Explosible . . . 348.8
Explosion . . . 353.8
-, Gas- . . . . . 353.8
Explosion . . . 314.9
- de gaz . . . . 353.8
Explosión . . . 314.9
- de gas . . . . 353.8
Explotación . . 57.9
- á cielo abierto 58.2
- con cavadores de vapor 58.4
- - dragas . . . 58.3
- subterránea . 58.1
Exponente de un átomo 226.5
Exponer á la luz 281.11
- al sol . . . 281.11
Exposant d'un atome 226.5
Expose, to - to the light 281.11
-, - - the structure 277.4
Exposed . . . . 290.9
Exposer à la lumière 281.11
Exposición de un cuerpo al choque 41.8
Exprimir la escoria 377.1.5
Expulsar la escoria 377.5
Expulser la scorie 377.1
Expulsion of water 347.6
Expulsion de l'acide carbonique 81.8
- - l'eau . . . . 347.6
- des matières volatiles 81.7
Expulsión de los elementos volátiles 81.7
- - - ladrillos . 121.9
Expulsión del ácido carbónico 81.8
- - agua . . . . 347.6
Exsiccator . . 231.12
Extinción . . . 355.5
- de la llama del tragante 468.1
- del cok . . . 106.9
Extinction de la flamme du gueulard 468.1
- du coke . . . 106.9
Extra-chaud, allure - -e 358.1
-doux . . . . . 11.6
Extracción 100.4, 177.8
-, aparato de 179.6.7
- de agua . . . 140.7
- - - subterránea 141.1
- - minerales . 58.5
- - las cenizas . 164.2
- directa del hierro de su mineral 362.1
Extract . . . . 278.3
-, to . . . . . . 241.7
Extracteur . . 179.7
Extraction . . . 100.4
- apparatus . . 179.6
- funnel . . . . 179.8
- thimble . . . 179.7
Extraction 57.9, 100.4
-, appareil d' . 179.6
- des cendres . 164.2
- - minerais . . 58.5
- directe du fer de son minerai 362.1
Extracto de regaliz 278.3
Extraer . . . . 241.7
-, disposición para 529.5
Extrahieren . . 241.7
Extraire . . . . 241.7
Extrait de réglisse 278.3
Extrakt, Süßholz- 278.3
Extraktionsapparat 179.6
- -, Äther- - - nach Corleis 181.6
- -, Äther- - - nach Rothe 182.1
-hülse . . . . . 179.7
-trichter . . . . 179.8
Extrémité de levier 410.3
- du four . . 413.10
Extremo de desperdicio 33.6
- - la lingotera 411.1
- - - palanca 410.3
- del horno . 413.10
- - molde . . . 411.1
- redondeado . 520.2
Exzenterpresse 465.3, 505.2
Exzentrisch . . 538.2
Eye . . . . . . 441.7
- piece . . . . 279.2

# F.

Faber du Faure, Gasfang nach 311.9
Faber du Faure, prise du gaz 311.9
Faber du Faure, toma de gas 311.9
Faber, presa di gas 311.9
Fabbrica . . . 34.10
Fabbricato per accumulatori 169.1
Fabbricazione . 412.7
- al crogiuolo . 381.1
- dei crogiuoli 381.3
- - -, impianto per la 381.4
- - mattoni . . 118.1
- - pacchetti . 378.2
- dell'acciaio al forno elettrico 564.1
- - - cementato 416.3
- - - con ghisa e rottami 413.1
- - - su suola . 402.3
- della ghisa malleabile 414.4
- di coke . . . 102.7
- - mattonelle . 94.7
- - -, impianto per la 94.6
- in grande . . 556.2
Fabbro . . . . 150.4
Fabric . . . . 200.9
Fábrica . . . . 34.10
- de acero al crisol 381.2
-s de acero de los sistemas Bessemer y Thomas 387.2
- - - Siemens-Martin 402.4
- - - sistema Bessemer 387.3
- - - - Thomas 387.4
Fabricación . . 332.5 556.3
- de aglomerados 94.5.7
- - -, instalación para la 94.6
- - crisoles, taller para la 381.4
- - los crisoles 381.3
- - hierro bruto en el horno eléctrico 571.1
- del acero al crisol 381.1
- - - - horno eléctrico 564.1
- - - -cementado 416.3
- - - en horno de reverbero 402.3
- en gran escala 556.2
Fabrication . . 174.8
-, appareil pour la - du chlore 221.9
- au creuset . . 381.2
- d'acier au four électrique 564.1
- - cémenté . . 416.3
Fabrication de l'acier au creuset 381.1
- - - sur sole . 402.3
- des creusets . 381.3
- - -, atelier pour la 381.4
- du coke . . . 102.7
Fabrikzeichen . 34.10
Fabrique . . . 34.10
Faccetta . . . 3.5
Faccia . . . . 454.5
- del martello . 504.3
Face . . . . . 502.9
- guard . . . 197.11
-, hardened - of armour plate 27.9
- plate . . . . . 457.3
-, to - with charcoal powder 430.4
Face . . . . . 104.4
- aciérée de la plaque de blindage 27.9
- arrière . . . . 403.4
- avant . . . . 403.3
- de devant . 424.11
- - tête . . . . 403.5
Faceta . . . . 3.5
Facette . . . . 3.5
Fachgestell . . 383.8
Facilidad de rotura por tensión 50.2
Facilità di frattura per tensione 50.2
Facilité de cassure par tension 50.2
Facing . . . . . 430.6
Façonnage 436.7, 452.4
Façonné . . . 19.9
Façonner les creusets 383.8
-, machine à (v. machine)
Faden, Schlacken- 358.10
Fagot . . . . . 378.3
Fagoting . . . 378.2
Fahne, Gummi- 197.9
Fahrbar . . . . 127.4
Fail, to . . . 488.11
Faire travailler à la traction 48.7
- un tour de fer 376.3
- une prise d'essai de gaz 269.1
Faisceau lumineux 281.4
Fall . . . . . . 80.8
- of scaffold . . 353.7
- - temperature 352.4 447.5
Fall-kugel . . . 464.2
-rohr . . 146.1, 315.4
-versuch . . . . 42.1
-werk . . . . . 464.1
Falla a cerniera 131.4
Fällen . . . . 242.7.11
Fällung . . . . 242.6
Fällungsmittel 242.9
Falsa camicia 304.7
- dama . . . . 292.8
Falsa escuadra . 40.6
Falsch . . 292.8, 446.2
False lining . . 304.7
Falta de agua . 140.6
- - peso . . . . 560.1
-, sin . . . . . 490.1
Fan . . . . . . 470.5
- blower . . . . 470.2
- cupola . . . . 469.2
- shaft . . . . . 470.6
- tailed burner 159.3
Fango del palmento 77.7
- di carbone . 101.8
Fango, -s del bocarte 77.7
- - carbón . . . 101.8
Fangoso . . . . 288.9
Farbstift . . . . 191.1
Färbung, Flammen- 235.7
Farfalla, valvola a 406.10
Farina . . . . . 419.2
- d'unghia di bue 420.2
- di frumento . 431.1
Farine . . . . 419.2
- de froment . 431.1
- de pieds de bœufs 420.2
Fascia . . . . . 441.1
Fasciame . . . 79.5
Fascina . . . . . 532.9
Fascio luminoso 281.4
Fase . . . . . 274.5.8
Faserig . . . . 58.9
-, gerad- . . . . 422.8
Faß, Säulen- . 293.7
Fassoneisen . . 19.9
Fassonierung . 436.7
Fassungs-raum 344.9
-rohr . . . . . . 141.3
Fat . . . . . . . 546.7
Fattura, peso stabilito per la 559.10
Faulbrüchig . . 48.4
Fault . . 279.11, 490.2
Faulted, deposit 57.4
Faultless . . . 490.1
Faustgröße . . 231.4
Faux, -sse charge 337.7
-, - chemise . . 304.7
-, - dame . . . 292.8
-, - équerre . . 40.6
Favilla, -e a stella 374.9
Fécula . . . . . 213.2
Feder, Buffer- . 25.2
-manometer . 350.11
-prellung . . . 502.4
-, Spiral- . . . . 25.2
-stahl . . . . . 14.3
-, Wagen- . . . 25.1
-zange . . . . . 202.7
Federnd . . . . 462.1
Fee . . . . . . . 227.7
Feed, automatic 525.6
- box . . . . . 443.4
Feeder . . . . . 340.3
Fehler, äußerer 35.5
Fehler-frei . . . 490.1
-grenze, Analysen- 227.2
-, oberflächlicher 489.11
-, sichtbarer . . 35.5
-stelle . . . . . 35.4
Fehlguß . . . . 489.1
Feil-hieb . . . 49.5
-span . . . . . 29.6
- -, Aluminium- 200.2
-staub . . . . . 29.6
Feile, Guß- . . 491.5
-, mit der - ebnen 275.3
Feilen-härteofen 541.4
-verbrauch . . 491.6
Fein-arbeit . . 366.5
-blech . . . . . 26.1
- -walzwerk . . 511.2
-eisen . . . . . 19.2
- -straße . . . . 511.5
-erzgehalt . . . 65.1
-korneisen . . . 10.1
-körnig . . . . 45.4
-periode . . . . 396.6
-puddeln . . . 380.1
-schlacke . . . 366.7
-schleifen . . . 275.5
-schraublehre . 39.4
-schraubzirkel 41.1
-sieb . . . . . . 230.7
-stellschraube . 39.4
-strecke . . . . 511.5
- verteilt . . . 243.4
-wage . . . . . 236.6
-zerkleinerung . 76.9
-zug . . . . . . 536.8
Feld, gelbrotes 401.5
-intensität . . 92.11
-, magnetisches 92.9
-stärke . . . . 92.11
Fels, Schiller- . 111.5
Felsig . . . . 288.10
Felt cover . . . 470.8
Feltro . . . . . 470.8
Fendere . . . . 354.3
Fendersi . . . . 385.3
Fenditura . . . 522.6
Fenolftaleina 212.13
Fenoltaleina . 212.13
Fenomeno di separazione 483.8
Fenómeno de licuación 483.8
-s generales en el alto horno 346.6
Fente 36.3, 85.9, 158.4 522.6
Fer . . . . . . 14.9
- à ajouter . 473.12
- - bandage . . 24.7
- - biseau 21.8, 371.7
- - boudin . . 21.3
- - cheval 28.10, 92.2
- - clous . . . . 518.3
- - colonnes . . 21.2
- - étirer . . . 27.12
- - grain fin . . 10.1
- - -s . . . . . 379.6
- - gros grain . 9.10
- - haute teneur en phosphore 216.6

Fer à l'état pâteux 376.2
- - plancher . . 20.7
- - rivets . . . 43.4
- - souder . . . 378.3
- - U . . . . . . 21.1
- acide . . . . 397.6
-, affinage du . 565.4
- affiné . 361.8, 365.2
- aigre . . . . 44.7
- anhydre . . . 66.4
- au bois . 10.3, 365.2
- basique . . . 399.1
- blanc . 552.10, 553.2
- brûlé . . . . 415.7
- brut . . . . . 18.3
- - de laminage 534.3
- carré . . . . 517.3
- cassant . . . 44.6
- - à chaud . . 48.3
- - - froid . . . 48.12
- chimiquement pur 213.11
- contenant de l'oxygène 398.9
- cornière . . . 295.4
- corroyé . . . 9.4
- cristallisé . . 214.2
- d'angle . . . 19.10
- de construction 28.8
- - cornière . . 19.10
- - finerie . . . 10.2
- - qualité . . 565.6
- - - inférieure 17.12
- - tympe . . . 292.3
- demi-rond . . 19.6
- double T . . . 20.9
- doux . . . . 10.2
- ductile . . . 44.5
- ébauché 377.6, 378.1
- écroui . . . . 28.5
- électrolytique 213.12
- en barreaux fins rainurés 28.9
- - barres . . . 18.10
- - - façonné . 19.9
- - croix . . . 21.9
- - double T . 20.9
- - lentilles . . 68.7
- - lingot . . . 11.4
- - Z . . . . . . 20.6
-, éponge de . 347.11
- étiré . . . . . 28.5
-, étirer le . . . 508.4
- exempt de scorie 416.4
- feuillard . . . 19.8
- fondu . . . . 11.6
- forgé . . 9.4, 294.6
-, gros -s . . . 19.1
- homogène . . 11.6
- hydraté . . 66.10.11
- laminé . . . . 18.2
- magnétique . 67.9
- malléable 9.3, 44.5, 414.4
- marchand . . 17.9
- méplat . . . . 19.7
- métallique . . 213.9
- météorique . 214.1
- micacé . . . . 66.6
-, mine de (v. mine)
-, mineral de (v. mineral)
-, minium de . 551.13
- natif . . . . 213.10
- nerveux 9.9, 379.2
Fer oligiste . . 66.6.7
- - concrétionné 66.5
- oolithique 68.7, 67.6
- oxydé . . . . 398.9
- - carbonaté . 68.6
- passé à la filière 28.5
-, petits -s 19.2, 511.5
-, phosphate de 399.6
- phosphoreux 16.4
- plat 19.7, 24.7, 295.5
- - à boudin . 21.4
- - rectangulaire 19.3
- poreux . . . 376.8
- pour clous à ferrer 29.2
- - crochets . . 29.3
- - ferrure de cheval 29.1
- - le mélange 473.11
- préparé par voie électrolytique 213.12
- profilé . . . . 19.9
-s -s pour wagons de chemin de fer 24.8
- puddlé . . . . 10.8
- rond . . . . . 19.5
- rouverin . . . 48.4
- soudable . . . 9.8
- soudant . . . 9.8
- soudé . . . 9.4, 25.9
- spathique . . 68.5
- - mûr . . . . 68.7
- spécial . . . . 565.6
- spéculaire . . 66.7
- spongieux . . 376.8
- sursaturé . . 16.9
- T . . . . . . 20.8
- - à bourrelet 21.6
- vierge . . . 213.10
-, vieux . . . . 29.4
- zorès . . . . 517.9
- ⊏ . . . . . . . 21.1
Fere . . . . . 394.10
Fermare il forno 338.8
Fermé . . . . . 309.5
Fermer . . . . 308.5
Fermeture . . . 310.5
- à baïonnette 301.8
- - clapet . . . 314.8
- d'épreuve . . 55.1
- d'essai . . . . 55.1
- de l'appareil à air chaud . 322.1
- - porte . . . 163.5
-, double . . . 313.3
- du gueulard 307.2, 309.4
- hermétique . 324.1
- hydraulique . 313.4
- imperméable au vent 324.1
-, système de - américain du gueulard . . 311.7
Fermo in terra 438.5.6
Ferno . . . . 394.10
Ferraccio . . . 29.4
Ferraille . . . . 29.4
Ferrame . . . . 130.5
Ferrer . . . . . 29.1
Ferreteria para coches 24.9
- - vagones . . 24.9
Ferreux . . . . 69.3
Ferric oxide . 66.3
- -, rich in . . . 370.5
- sulphate . . . 69.2
Ferricianuro potassico 208.8
Ferrico . . . . 66.3
Férrico . . . . 208.5
Ferrifère . . . 112.3
Ferrifero . . . 112.3
Ferrique . . . . 66.3
Ferrit . . . . . 283.5
Ferrita . . . . 283.5
Ferrite . . . . . 283.5
Ferro-bor . . . 16.6
-chrom . . . . 15.6
-legierung . . . 14.9
-mangan . 15.2, 398.8
- -silicium . . . 15.4
- -titan . . . . 16.3
-molybdaen . . 15.10
-nickel . . . . 15.7
-phosphor . . . 16.4
-silicium . 1.2, 15.3
-statisch . . . . 485.5
-titan . . . . . 16.2
-vanadium . . 16.1
-wolfram . . . 15.9
Ferro-boron . . 16.6
- chromium . . 15.6
- -concrete . . 289.7
-magnetic . . . 91.8
- -manganese . 15.2 398.8
- - titaniferous . 16.3
- -molybdenum 15.10
- -nickel . . . . 15.7
- -phosphorus . 16.4
- -silico-manganese 15.4
- -silicon . . 1.2, 15.3
- -titanium . . 16.2
- -tungsten . . 15.9
- -vanadium . . 16.1
Ferro-bore . . 16.6
- -chrôme . . . 15.6
- -cyanide de potasse 208.8
- -cyanure de potassium 208.7
- -manganèse . . 15.2 398.8
- - siliceux . . 15.4
- - titanifère . 16.3
- -magnétique 91.8
- -molybdène . 15.10
- -nickel . . . 15.7
- -phosphore . 16.4
- -silicium . . 1.2, 15.3
- -statique . . . 485.5
- -titane . . . . 16.2
-tungstène . . . 15.9
-vanadium . . 16.1
Ferro . . . . . 14.9
- a bordino . . 21.3
- - colonne . . 21.2
- - croce . . . . 21.9
- - cuneo . . . 21.8
- - doppio T . 20.9
- - grana fina . 10.1
- - - grossa . . 9.10
- - nastro . . . 19.8
- - T . . . . . 20.8
- - - a bordino 21.6
- - Z . . . . . 20.6
- acido . . . . 397.6
- ad angolo . . 19.10
- - U . . . . . 21.1
Ferro addizionale 473.12
- affinato 361.8, 365.2
- al carbone di legna 365.2
- - cromo . . . 15.6
- - fosforo . . 16.4
- - molibdeno 15.10
- - nickel . . . 15.7
- - titanio . . . 16.2
- - tunsteno . 15.9
- - vanadio . . 16.1
- angolare . . . 19.10
- basico . 12.1, 399.1
- battuto . . . 294.6
- boro . . . . . 16.6
- bruciato . . . 415.7
- cantonale . . 19.10
- chimicamente puro 213.11
-cianuro di potassa 208.7
- commerciale . 17.9
- con alto tenore in fosforo 216.6
- contenente ossigeno 398.9
- cristallizzato 214.2
- crudo . . . . . 1.1
- d'affinaggio al basso fuoco 10.3
- d'angolo . . . 295.4
- d'ematite . . . 6.2
- da aggiungere 473.12
- - cavallo 28.10, 29.1
- - chiodi . . . 48.4
- - costruzione 28.8
- - ganci . . . 29.3
- - pudellare . 378.3
- - ridurre in filo 27.12
- - uncini . . . 29.3
- del timpano . 292.3
- di cavallo . . 02.2
- - qualità . . 565.6
- - - inferiore . 17.12
- dolce . . . . 10.2
- duttile . . . 44.5
- elettrolitico 213.12
- fibroso . . 9.9, 379.2
- forgiato . . . 495.5
-, fosfato di . . 399.6
- fragile a caldo 48.3
- - - - ed a freddo 48.4
- - - freddo . 48.2
- fratturabile . 44.6
- friabile . . . 44.7
- fucinabile . . . 9.3
- fucinato . . . . 9.4
- fuso . . . . . 11.4.6
- idrato . . . . 66.11
- in barre . . . 18.10
- - - sagomate 19.9
- - grossi profili 19.1
- - lingotti . . 11.4
- - piccoli profili 19.2
- laminato . . 18.2
- malleabile 9.3, 44.5
- -manganese . . 15.2 398.8
- - al titanio . 16.3
-magnetico . . 91.8
- Martin . . . . . 8.4
- mercantile . . 17.9
- metallico . . 213.9

Ferro meteorico 214.1
- mezzo tondo . 19.6
-, minerale di (v. minerale)
-, miniera di (v. miniera)
-, minio di . . 551.13
- nativo . . . 218.10
- -nickel . . . . 15.7
- omogeneo . 11.4.6
- oolitico . 68.7, 67.6
- - minuto . . 67.3
- pastoso . . . 376.2
- per acciaio . 8.4
- - barre da siepi 28.9
- - - - steccati 28.9
- - la miscela 473.11
- - travi . . . . 20.7
- piatto 19.7, 24.7, 28.4
- - a bordino . 21.4
- - largo . . . 21.7
- - rettangolare 19.3
- poco buono . 17.12
- poroso . . . . 376.8
- profilato . . . 19.9
- pudellato . . 10.8
- saldato . 9.4.8, 25.9
- sbozzato . . . 377.6
- semitondo . . 19.6
- senza scorie . 416.4
-, separare il . . 147.9
- -silicio . . 1.2, 15.3
- - -manganese 15.4
- soprasaturato 16.9
- sottile . . . . 28.5
- spatico . . . . 68.5
- speculare . . 66.7
-, spugna di . 347.11
- spugnoso . . 376.8
-, stirare il . . . 503.4
- Thomas . . . 12.1
- tondo . . . . 19.5
- vergine . . 213.10
- zorès . . . . . 517.9
Ferro-boro . . 16.6
- -cianuro potásico 208.7.8, 546.3
-cromo . . . . 15.6
-fósforo . . . . 16.4
- -manganeso . 15.2 398.8
- -mangano-silicio 15.4
- - -titanio . . 16.3
-magnético . . 91.8
-molibdeno . . 15.10
- -níquel . . . . 15.7
- -silicio . . 1.2, 15.3
-titanio . . . . . 16.2
- -tungsteno . . 15.9
-vanadio . . . . 16.1
Ferrocarril . . 22.1
- de cadena . 135.10
- funicular . . 135.8
Ferroso-ferric-oxide 67.8
Ferroso . . . . 66.2
- -ammonico, solfato 208.6
Ferroso . . . . 69.3
- -amónico, sulfato 208.6
Ferrostatical . 485.5
Ferrostatico . . 485.5
Ferrostático . . 485.5
Ferrovecchio . 29.4
Ferrous ammonium sulphate 208.6
Ferrous oxide . 66.2
- sulphate . . . 69.5
- sulphide . . . . 69.4
Ferrovia . . . . 22.1
- aerea . . . 331.7.8
- funicolare . . 135.8
- - aerea . . . 135.9
- - di manovra 124.4
- normale . . . 22.6
- secondaria . . 22.7
Ferroviario . . 561.4
Fertig beschneiden 33.11
-eisen . . . . . 18.9
-kaliber . . . . 516.4
-straße . . . . 510.4
-strecke . . . . 510.4
-walze . . . . 513.10
- walzen . . . . 529.9
-walzwerk . . . 510.4
-ware . . . . . 18.9
-waschtrommel . 81.1
Ferrugineux . . 113.5
Ferruginoso . . 113.5
Ferruminatorio 234.8
Ferrure de cheval 29.1
-s - wagons . . 24.9
Fessura 35.8, 36.3, 85.9 158.4, 413.6
- alla superficie 36.6
- longitudinale 36.5
-, senza -e . . . 36.2
- trasversale . 36.4
Fest 37.8, 161.9, 273.10
-liegend . . . 312.2
-stauen . . . . 358.5
-stehend . . . 94.1
Festigkeit, absolute 49.6
-, Dreh- . . . . 50.5
-, Torsions- . . 50.5
-, Zug- . . . . . 48.8
Feststellung . . 238.7
Fetido . . . . . 431.3
Fett 379.4, 425.13, 546.7
-, halb . . . . . 99.4
-kessel . . . . 553.3
-kohle . . . . 99.2
-stift . . . . . 191.1
Fettling . . . . 573.1
- the furnace . 572.9
Feu . . . . . . 86.4
-, à l'épreuve du 407.5
-, - feu nu . . . 120.4
- au gueulard . 348.2
- - maximum d'intensité 417.8
- d'affinerie . . 112.8 363.8
- - moderne . . 364.1
- - suédois . . 364.1
- de forge . . . 100.1
- - trempe . . . 540.2
-, mettre hors . 415.9
-, mise en . . 337.11
- montant . . . 86.8
-, plein . . . . . 417.8
Feucht . . . . . 60.2
Feuchtigkeit, die - aufsaugen 118.5
-, Luft- . . . . . 267.8
Feuchtigkeitsgehalt 64.8
-messer . . . . 180.7
Feuer, aufsteigendes 86.6
-beständig . . 7.1
Feuer-beständigkeit 162.4, 383.11
-blech . . . . 26.7
-brücke . . . 368.5
-fest . . . . 117.13
-, Frisch- . . . . 363.8
-geschränk . . 162.7
-grube, au-gemauerte 540.3
-, Luppenfrisch- 362.2
-raum . . . 367.10
- -, den - - mit feuerfesten Steinen auskleiden 156.6
-, Renn- . . . . 362.2
-schirm . . . . 163.1
-tür . . . . . . 368.7
Feuerung . . . 367.9
-, Außen- . . . 156.3
-, Braunkohlen- 155.6
-, Gas- . . . . . 87.1
-, Holz- . . . . 155.5
-, Innen- . . . . 156.2
-, Kettenrost- . 157.5
-, Kohlen- . . . 155.4
-, -staub- . . . 155.7
-, mechanische 157.1
- mit Hochofengas 155.10
- - Petroleumrückständen 156.1
-, Müll- . . . . . 155.8
-, Petroleum- . 384.9
-, Rost- . . . . . 368.1
-, Schütt- . . . 157.4
-, Schüttelrost- 157.7
-, Teer- . . . . . 155.9
-, Unter- . . . . 156.5
-, Unterwind- . 158.1
-, Vor- . . . . . 156.4
-, Walzenrost- . 157.6
Feuerugsanlage 151.6
Feuillard . . . 19.5
Feuille d'aluminium 199.11
- de platine . . 194.9
Feuilleté . . . 45.7
Feutre . . . . . 470.8
Fiala di piombo 199.5
- per lo sviluppo del gas 268.7
Fiamma . . . . 235.7
-, a corta . . . 99.5
-, a fiamma lunga 99.1
- alla bocca del forno 360.6
-, brusciare con 336.8
- concentrata . 466.2
- d'accensione 360.11
- del gueulard 468.1
- - sodio . . . 235.8
- illuminante . 400.1
- ossidrica di gas tonante 251.7
- rossa . . . . 399.11
Fiancata d'acciaio della piastra da corazza 27.9
Fianco . . 20.2, 444.1
Fibra . . . . . 379.3
-, a - diritta . . 422.8
Fibra . . . 9.9, 379.3
-, de -s derechas 422.8
Fibre . . . . . 379.3
Fibre, à -s droites 422.8
Fibreux . . 46.2, 58.7
Fibroso . . . . . 9.9
Fibrous . . 46.2, 9.9
Ficelle . . . . . 459.6
Field intensity 92.11
-, magnetic . . 92.9
- of view . . . 279.4
-, yellowish red 401.5
Fieltro . . . . . 470.8
Figé . . . . . . 343.3
Figer, se . . . . 354.1
Figura, -e di corrosione 278.1
Figura, -s de corrosión 278.1
- - fusión . . . 47.8
Figure . . . . . 278.1
Figure d'écoulement 47.8
- d'étirage . . 47.8
-s de corrosion 278.1
Fijación 282.8, 301.7
- del lingote . 465.6
- por tornillos 295.2
Fijo . . . . . . 94.1
Fil . 27.10, 28.1, 459.6
- à plomb . . . 40.8
- d'acier 27.11, 490.11
- d'aluminium 199.12
- de clavecin . 28.7 199.10
- - cuivre . . . 199.2
- - fer . 198.9, 199.9 460.5
- - laitier . . 358.10
- - mesure . . 261.4
- - platine . . . 194.7
- du milieu . . 167.7
- en caoutchouc 197.8
- en cire . . . 459.5
- gradué . . . 261.4
- méplat . . . . 28.4
- neutre . . . 167.7
- pour cordes de piano 28.7
- profilé . . . . 28.6
-, troisième . . 167.7
Fila di tubi . . 319.6
-, ultima - del forno 308.6
Fila de toberas 466.7
- paralela . . . 384.8
Filamentoso . . 358.9
Filant . . . . . 356.6
Filante . . . . 356.6
File . . . . . 491.5.6
- dust . . . . . 29.6
- hardening furnace 541.4
Filet d'eau . . 545.1
- protecteur . . 136.1
Filetto . . . . 534.10
Filiera . . . . . 536.2
Filière . . 535.7, 536.2
-, passé à la . . 28.5
Filing, -s 29.6, 200.2
Fill, to - the mould 482.4
-, - - up 485.4, 494.4
-, - - - the casting holes 494.2
Fillaferscher Röstofen 85.3
Fillafer's roasting furnace 85.3
Fillafer, four de grillage de 85.3

Fillafer, forno di torrefazione di 85.3
Fillafer, horno de calcinación de 85.3
Filling 387.1, 488.6
- apparatus . . 175.7
- frame . . . . 453.2
- material . . . 358.7
Filo . . . . . . 32.5
Filo . . 27.12, 459.6
- a piombo . . 40.8
- d'acciaio 27.11, 490.11
- d'alluminio 199.12
- da pianoforte 199.10
- di compensazione 167.7
- - ferro 27.10, 28.2 199.9, 460.5
- - - piatto . . 28.4
- - - sottile . . 28.5
- - - stirato sottilmente 28.5
- - gomma . . 197.8
- - loppa . . 358.10
- - misura . . . 261.4
- - platino . . 194.7
- - rame . . . . 199.2
- metallico . . 198.9
- neutro . . . . 167.7
- per corde da pianoforte 28.7
- profilato . . . 28.6
Filon . . . . 56.3.5
Filón . . . . . 56.3.5
Filone . . . . 56.5
Filter . . 147.1, 244.1 250.1
-flasche . . . . 246.1
-gestell . . . . 244.9
-halter . . . . 244.8
-kammer . . . 140.9
-kegel . . . . . 244.7
-, Kies- . . . . . 147.3
-papier . . . . 244.5
-platte . . . . 245.2
-presse . . . . . 244.6
-pumpe . . . . 245.8
-röhre . . . . . 245.5
-schale . . . . 245.6
-schicht . . . . 147.2
-sieb . . . . . . 245.4
-stativ . . . . . 244.9
-stechheber . . 245.1
-trichter . . . . 245.3
Filter . 147.1.3, 244.4
- bed . . . . . 147.2
- cone . . . . . 244.7
- disc . . . . . 245.2
- paper . . . . 244.5
- press . . . . . 244.6
- pump . . . . 245.8
- ring . . . . . 244.8
-, to . . . . . . 244.1
-, - - by means of vacuum 246.2
Filterbar . . 243.12
Filtered, possible to be 243.12
Filtering flask 246.1
- pipette . . . . 245.1
- tube . . . . . 245.5
Filtern . . . . . 244.1
- im luftverdünnten Raum 246.2
Filterung . . 243.11
Filthy . . . . . 431.3
Filtrabile . . 243.12
Filtrable . . . 243.12
Filtración 243.11, 245.1
Filtrado . . . . 244.2
Filtrador . . . 177.2
Filtrant . . . . 147.2
Filtrante . . . 147.2
Filtrar . . . . 244.1.5
- por aspiración 246.2
Filtrare . 244.1, 245.5
- per aspirazione 246.2
Filtrat . . . . . 244.2
-, klares helles 244.3
Filtrate . . . . 244.2
-, clear . . . . . 244.3
Filtration . . 243.11
- disc . . . . . 245.6
Filtration 140.9, 243.11
Filtrato . . . . 244.2
Filtrazione . 243.11
- forzata . . . 246.1
Filtre . . 147.1, 244.4
- à gravier . . 147.3
- - lumière . . 281.5
- pour bonbonne 175.6
- -presse . . . . 244.6
Filtré . . . . . 244.2
Filtrer . . . . 244.1.5
- par aspiration 246.2
Filtro . 147.1, 244.4.6
- da damigiana 175.6
- di ghiaia . . 147.3
- luminoso . . 281.5
Filtro . 147.1, 244.4.6
- de gravilla . 147.3
- - luz . . . . . 281.5
- - piedras . . 147.3
- para castaña 175.6
-, porta- . . . . 244.8.9
Filz-streifen . . 470.8
-überzug . . . 470.8
Fin . . . . . . 534.10
-, acier . . . . . 11.2
-, charbon . . . 101.4
Finage . . . . . 5.2
Final . . . . . 412.2
Finale . . . . 412.2
Fine, -s 62.9, 65.1, 76.4 101.4
- ore . . . . . 65.1
-, to . . . . . 363.3
Fined . . . . . 365.2
Fineness of grinding 432.3
Finer . . . . . 363.7
Finerie . . . . 10.2
Finery, covered 363.10
- fire . . . . . . 363.8
- iron . . . . . 361.8
- process . . . 365.1
Finesse de mouture 432.3
- du broyage . 432.3
Finestra di scappamento 499.5
Finezza della macinatura 432.3
Finger, Gummi- 198.3
- kran . . . . . 528.2
Finger stall . . 198.3
Fining, gray iron 365.7
- process . . . 363.5
-, white iron . . 365.6
Finir . . . 529.9, 508.7
Finire . . . . . 529.9
Finish, to 33.11, 508.7
-, - - the core . 461.2
-, - - - moulds 437.1
Finished . 18.9, 27.6
Finishing . . . 412.2
- drum . . . . 81.1
- groove . . . . 516.4
- roll . . . . . 513.10
- rolls . . . . . 510.4
Finissage du noyau 461.2
Finisseur 516.4, 81.1
-, train . . . . . 510.4
Finito . . . . . 27.6
Finitore . . . 513.10
-, treno . . . . 510.4
Finne . . . . . 504.3
Fino, carbón . . 101.4
Finura del producto molido 432.3
Fioccoso . . . . 243.1
Fire . . . . . . . 86.8
- bar 160.8, 368.3, 446.8
- - bearer . . . 368.2
- bar, movable 157.7
- box plate . . 26.7
- brick . 116.12 156.6
- bridge . . . . 368.5
- chamber . . 367.10
- clay . . . . . 115.11
- - box . . . . 414.7
- -, burned . 116.12
- - crucible . . 382.7
- - muffle . . . 541.7
- - plug . . . 342.5
- place . . . . 367.10
- -, bricked . . 540.3
- proof . . . . 7.1
- rake . . . . . 367.5
- resistant, being 162.4
-, to . . . . . . 417.7
- tube . . . . . 155.1
- wood . . . . 337.6
Fireman . . . . 164.3
Firing 87.1, 367.9, 478.5
- of steam boilers 360.3
- plant . . . . 151.6
- the enamel . 554.7
Firnis . . . . . 551.1
-, Leinöl- . . . . 551.7
Firnissen . . . 551.2
Fisch-rechen . 149.10
-tran . . . . . . 546.9
Fish grid . . 140.10
- oil . . . . . . 546.9
- plate . . . 23.8, 24.1
- - bolt . . . . 24.2
- -, flat . . . . 23.9
- - pass . . . 517.10
Fisico . . . . . 273.2
Fisico . . . . . 81.5
Fissaggio . . . 282.8
Fisso . . . . . 94.1
Fissure . . 36.3, 418.6 428.10
- d'angle . . . 36.4
Fissure . . . . 108.4
Fist size . . . . 281.4
Fitting, airtight 324.1
-, iron -s of the chimney 373.2
Fitting, iron -s of the furnace 290.6, 373.3
- shop . . . . . 150.2
Fix . . . . . . 37.8
Fixage . . . . . 282.8
Fixation . . . . 301.7
- de l'émail au feu 554.7
Fixe . . . . . . 94.1
Fixed . . . . . 161.9
- oxygen . . . 214.7
Fixieren . . . . 282.8
Fixing . . . . . 282.8
- device . . . . 301.7
Flach . . . . . 515.1
-draht . . . . . 28.4
-eisen . . . . . 19.7
-geschweißt . . 538.7
-kaliber . . . . 517.3
-lasche . . . . . 23.9
-rost . . . . . . 160.7
-stampfer . . . 434.6
-wulsteisen . . 21.4
Fläche, Absonderungs- 45.8
-, Bruch- . . . . 45.2
-, ebene . . . . 438.7
-, gekrümmte . 322.8
-, wagerechte . 438.7
Flackern, unruhig 481.3
Flacon . . . . . 188.7
- à bouillir . . 187.5
- - dégagement des gaz 268.7
- - densité . . 180.1
- - échantillons 234.1
- - filtrer dans le vide 246.1
- - fond plat . 187.1
- - pipette . . . 192.1
- - pression . . 188.4
- - réactifs . . 185.2
- capillaire, petit 185.6
- comptegouttes breveté 185.5
- d'absorption . 269.2
- de cobalt . . 188.6
- - Kjeldahl . 187.7
- - niveau . . . 269.7
- - Woolff . . . 188.5
- en plomb . . 199.5
- - verre bleu . 188.6
- -laveur de gaz 268.1
- pour le dégagement des gaz 268.7
Flacone di Kjeldahl 187.2
Flake, to . . . 431.6
Flambage . . . 547.2
Flambant . . . 336.8
Flame . . . . . 235.7
- baffling . . . 374.7
- furnace . . . 540.5
- hole . . . . . 368.6
-, luminous . . . 400.1
-, narrow . . . . 466.2
Flameando . . 336.8
Flaming . . . . 336.8
Flamme . . . . 374.8
-, die -n auf den Herd lenken 411.7
-, Gicht- . . . . 360.6
-, Natrium- . . 235.8
-, selbstleuchtende 400.1
-, Stich- . . . . 466.2

Flamme, Zünd- 360.11
Flamme . . . . 235.7
-, à courte . . . 99.5
-, - longue . . . 99.1
- d'allumage 360.11
- de sodium . . 235.8
- du gueulard 360.6 468.1
- éclairante . . 400.1
- pointante . . 466.2
- rouge . . . 399.11
Flammèche . . 468.2
Flammen-färbung 235.7
-führung . . . 374.7
-loch . . . . . 368.6
Flammend . . 336.8
Flammig, kurz- 99.5
-, lang- . . . . . 99.1
Flammofen . 366.10 402.3
-, Ausglüh- . . 528.5
-, Dreh- . . . . 402.8
-, Gießerei- . . 465.9
-, Härte- . . . . 540.5
- mit gestrecktem Herde 466.1
-, Schmelz- . . 402.5
-stahl . . . . . 10.7
Flammrohrkessel 154.5
- mit Quersiederohren 154.7
Flanela . . . . 276.8
Flanella . . . . 276.8
Flanelle . . . . 276.8
Flanellscheibe . 276.8
Flange . . . 22.4, 84.5
-, cast iron . . 84.5
-, - -on . . . . . 319.4
Flanged . . . . 26.2
Flangiato . . . 26.6
Flannel disc . . 276.8
Flanschwulsteisen 21.6
Flap valve 301.3, 314.8
Flare, to . . . . 481.3
Flasche, Abklär- 243.6
-, Absaug- . . . . 246.1
-, Absorptions- 269.3
-, Blei- . . . . . 199.5
-, Druck- . . . . 188.4
-, Filter- . . . . 246.1
- für Gasentwicklung 268.7
-, Guttapercha- 197.4
-, Klär- . . . . 243.6
-, Kobalt- . . . 188.6
-, Koch- . . . . 187.5
-, Niveau- . . . 260.7
-, Pipetten- . . 192.1
-, Reagentien- . 185.2
-, Spritz- . . . . 186.3
-, Woolffsche . 188.5
Flaschen . . . 439.13
-kappe . . . . . 188.7
-schild . . . . . 185.3
Flask . . 180.1, 439.13
-, flat bottom . 187.1
- for developing gas 268.7
-, Kjeldahl . . . 187.2
-, round bottom 186.7
- stand . . . . 198.7
Flat . . . . . . 515.1
-, bulb -s . . . 21.3
Flatten, to . . . 53.2
Flattening out 53.3
Flaw 36.3, 386.8, 490.2 549.1
-, free from -s . 36.2
- in the casting 489.10
Fléau, à - court 238.4
-, - - long . . . 238.5
- circulaire . . 238.3
Flecha . . . . . 43.2
- minima . . . 48.3
Flèche . . 43.2, 125.7
- minima . . . 43.3
- mobile horizontale 410.6
Fleje . . . . 19.8, 24.7
Flessibile 42.4, 492.8
Flessione . 41.2, 43.2
- all'urto . . . 44.1
- minima . . . 43.3
Flete . . . . . . 561.8
Fleuri, acier . . 10.5
Flexible . 42.4, 492.8
Flexion . . . . 42.2
- après trempe 42.7
- au choc . . . 44.1
Flexión . . . . 42.2
- al choque . . 44.1
Fliegend, -er Fuchs 372.3
Fließend, -er Fuchs 342.4
-es Wasser . . 544.8
Fließfigur . . . 47.8
Floating . . . . 386.6
Flocking . . . 243.1
Floconneux . . 243.1
Flojo . . . . . 59.6
Floky . . . . . 243.1
Floor level . . 505.7
- of foundry . 475.7
Floß, blumiges 3.1
-, Hart- . . . . 3.3
-, luckiges . . . 2.7
-, Spiegel- . . . 3.3
Flotante . . . . 386.6
Flottant . . . . 386.6
Flour . . 419.2, 420.2
Flow of metal . 339.7
- - slag . . . . 300.3
-, to - off . . . 338.3
-, - - out . . . 385.4
Flower wire . . 28.7
Flöz . . . . . . 56.3
Flüchtig . . . . 81.7
Flüchtigkeit . . 250.8
Fluctuación de la intensidad de corriente 169.3
- - - tensión . 169.4
Fluctuation of current 169.3
- - voltage . . 169.4
Fluctuation de l'intensité du courant 169.3
- - la tension . 169.4
- du voltage . 169.4
Flue . . . 85.8, 372.2
-, ascending . . 372.3
- boiler . . . . 154.5
- - with cross tubes 154.7
- bridge . . . . 372.5
-, cross . . . . . 417.2
- dust . . . . . 164.4
- gas . . . . . 87.2
- - testing apparatus 268.4
-, inclined . . . 372.4
Flue, lateral . . 372.8
- roof . . . . . 372.5
-, side . . . . . 417.3
-, transverse . . 417.2
- tube . . . . . 154.6
Flugascheablagerung 164.4
Flügel . . . . . 470.5
-, Kolben- . . . 472.1
-welle . . . . . 470.6
Fluid . . . . 356.11
- metal . . . . 11.4
- pressure . . . 507.8
Fluide . . . . 356.11
-, très . . . . . 357.1
Fluidez, de gran 357.1
Fluido . . . . . 357.1
Flume . . . . . 81.2
Fluorammonium 207.4
Fluoride, ammonium 207.5
Fluoridrico . . 204.9
Fluorhídrico . 204.9
Fluorhydrique 204.9
Fluorina . . . . 111.4
Fluorine . . . . 111.4
Fluorure d'ammoniaque 207.4
Fluoruro ammonico 207.4
Fluoruro amónico 207.4
Fluor-spar . . . 111.4
Flur der Eisengießerei 475.7
Fluß-eisen 11.4.6, 402.3
- -blech . . . . 25.10
-fracht . . . . 561.7
-metall . . . . 11.4
-mittel . . . . . 111.1
-säure . . . . . 204.9
- -apparat . . . 222.2
- -bereitungsapparat 222.2
-schiff . . . . . 562.1
-spat . . . . . . 111.4
-stahl . . . . . 11.5
Flüßig . . . . 4.4
-, dünn- . . . . 357.1
- entnommenes Eisen 401.8
-, leicht- . . . 356.11
-, streng- . . 356.12
-, zäh- . . . . 356.10
Flüssigkeit . . 192.7
-, Ablösch- . . 544.7
-, Härte- . . . . 544.7
-, Kühl- . . . . 544.7
-, Titer- . . . . 192.5
Flüssigkeitsdruck 54.7, 507.8
Fluting . . . . 423.7
Flux . . . 111.1, 397.9
Foam, refining 215.6
Focal . . . . . 279.3
Focal length . 279.3
Focale . . . . 279.3
Focolare 26.7, 367.10 368.8
- a carbone . . 155.4
- - caricamento continuo 157.4
- - catrame . . 155.9
- - gas . . . . 87.1
Focolare a gas d'alti forni 155.10
- - griglia . . . 368.1
- - legna . . . 155.5
- - lignite . . . 155.6
- - petrolio . . 384.9
- - polvere di carbone 155.7
- - residui di petrolio 156.1
- - rivestimento di scorie 369.9
- - tirata inferiore 158.1
- anteriore . . 156.4
- con griglia a catena 157.5
- - - - cilindro 157.6
- - - - scosse . 157.7
- da spazzatura 155.8
- esterno . . . 156.3
- in muratura . 540.3
- inferiore . . . 156.5
- interno 154.5, 156.2
- meccanico . . 157.1
- ondulato . . 154.6
- semplice a griglia 336.5
Focussing . . . 281.8
Foggiatura . . 436.7
Foglia di gomma 197.5
Foglio di gomma 197.9
Fogonero . . . 164.3
Foliado . . . . 45.7
Foliated . . . . 45.7
Fonçage tubulaire 141.7
Foncé . . . . . 1.4
Fonctionnement 353.2
- continu . . . 344.7
- du haut-fourneau 332.2
- ininterrompu 344.7
- par cuiller automatique 128.7
- - pelle automatique 128.7
Fonctionner, la bascule fonctionne 135.7
Fond . . . . . 390.7
- à coulisse . . 105.2
- amovible . 390.8.9
- cylindrique perforé 290.10
- de bois gabarié 439.12
- - convertisseur 119.3
- - cornue . . . 391.6
- - la balance . 237.2
- du creuset . . 290.3 291.7
- en scorie . . 370.2
- - terre réfractaire perforée avec des baguettes 391.1
- plat . . . . . 187.1
- reposant sur poutrelles 290.9
Fondamento . 288.5
Fondant . . . 111.1
Fondation . . 288.5
- en briques . . 289.4
- - moellons . 289.5

Fondation sur pilotis 289.3
Fondazione . 288.5.7
- di mattonato 289.4
- in pietrame di cava 289.5
- su platea di palafitte 289.3
Fondente 111.1, 374.5 397.9
Fondere . . 6.4, 250.3 374.4
Fonderia . 6.1, 463.5
-, macchina per (v. macchina)
Fonderie 107.4, 463.5 475.6
Fondeur . . . 409.6
Fonditore . . . 409.6
Fondo . . 104.1, 440.10
- del convertitore 391.6
- - crogiuolo . 290.3
- dell'ugello . . 297.5
- di convertitore 119.3
- - legno con modello 439.12
- - - piano . 439.11
- forato . . . 391.1
- libero . . . . 290.9
- mobile 390.8, 529.1
- - a cerniera . 467.3
- piatto . . . . 187.1
- ricambiabile 390.9
- - cilindrico 390.10
- rotondo . . . 186.7
- scorrevole . . 105.3
Fondo . . 390.7, 551.6
- aislado del suelo 290.9
- cambiable . . 390.9 416.1
- cilíndrico perforado 390.10
- de arcilla refractaria perforado con varillas 391.1
- - convertidor 119.3
- - corredera . 105.3
- - la cuba . . 78.3
- del crisol . 290.3.7 291.7
- móvil . . . . 390.8
- plano . . . . 187.1
Fondre . 250.3, 348.6 409.7
Fondu . . . . . 11.5
-, non . . . . . 411.8
Fonte . . . . . 7.3.4
- à grandes cavernes 2.9
- - haute teneur en silicium 1.3
- - l'anthracite 4.2
- - l'état de fusion 4.4
- - petites cavernes 2.8
- - texture compacte 3.8
- anglaise . . 5.9
- au charbon de bois 4.1
- - coke . . . . 4.3
- - nickel . . . 9.2
- - vent chaud 4.5
- - - froid . . . 4.6
Fonte ayant subi un premier affinage 7.6
- basique . . . 8.2
- Bessemer . . 8.1
- blanche à facettes 3.5
- - - structure rayonnée 3.1
- - - texture franchement rayonnée 3.2
- - - vent froid 2.5
- - ordinaire . 2.6
- - poreuse . . 365.4
- brillante . . . 1.3
- brute . . . . 1.1
- caverneuse . 2.7
- - très froide . 2.9
- chargée . . . 395.9
- chaude . . . 474.8
- contenant des scories 6.3
- - du nickel . 9.2
- - plus de 1% de silicium et une quantité quelconque de phosphore 8.3
- coulée en sable 4.7
- crue . . . . . 1.1
-s d'acier électriques 564.4
- d'allure chaude 475.2
Fonte de déphosphoration 5.3
- - finage . . 5.1 7.8
- - Luxembourg 5.6
- - mazéage . . 5.2
- - moulage . . 6.1
- - - moyennement dure 6.5
- - - pour pièces allant au feu 7.1
- - - - - devant résister aux acides 7.2
- - - résistante . 6.8
- - première fusion 475.1
- - puddlage . 8.5
- - Siegen . . . 5.5
- - Styrie . . . 5.7
- - Suède . . . 5.8
- demi-truitée . 2.4
- désulfurée . . 5.4
- douce de moulage 6.4, 7.5
- écossaise . . . 5.10
- en gueuses . 1.1
- épurée . . 5.3, 366.6
- fabriquée à basse température 4.6
- - - haute température 4.5
- fondue à température élevée 475.2
- froide . . . 474.11
- grise . . . . . 1.5
- - claire . . . 2.1
- - foncée . . . 1.4
- - noire . . . 1.4
- - ordinaire . 1.5
- - riche en silicium 1.3
- -hématite . . 6.2
Fonte malléable 7.5 12.6, 415.4, 416.2
- Martin . . . . 8.4
- mazée 5.2, 7.6, 366.6
- métisse . . . 6.3
- miroitante . . 3.3
- - à texture grossière 3.6
- moulée . . . 7.4
- phosphoreuse 8.3
-, pièce de . . . 7.4
- pour acier . . 8.4
- - le procédé Bessemer 8.1
- - moulage en coquille 6.6
- provenant des lavoirs 358.5
- rapide . . . . 365.3
-, recevoir la . 481.2
- refondue . 474.12
- sans sable . . 5.1
- spéciale . . . 9.1
- - pour pièces de machines 6.7
- spiegel . . . . 3.3
- - à haute teneur en manganèse 3.7
- - - texture grossière 3.6
- - grise . . . . 3.4
- - pour puddlage 8.6
- suédoise . . . 5.8
- surchauffée . 474.9
- Thomas . . . 8.2
- très siliceuse 1.3
- trop chaude . 474.9
- truitée . . . . 2.2
- - blanche . . 2.3
-, venu de . . 294.10
Foot . . . . . . 22.4
- bellows . . . 251.4
-, cast iron . . 321.6
- plate . . . . . 307.6
- roller . . . . 137.2
Forage . . . . 228.2
Forare . . 51.10, 228.5
Foratappi . . 196.7.8
Forato . . . . . 27.4
Foratura . . 51.9, 52.2
Forca per coke 473.8
Force . . 50.8, 92.10
Force . . . . . 50.1
- centrifuge . . 482.7
- de torsion . . 50.9
- du damage . 484.9
- - marteau . . 503.1
- hydraulique 167.8
- majeure . . 560.13
- motrice . . . 166.1
Forcella . . . . 443.9
Forceps . . . . 202.7
Forchetta . . . 478.5
Förder-band . . 138.5
-gefäß . . . . . 330.1
-gerüst . . . . 329.9
-hund . . . . . 332.1
-kohle . . . . . 100.7
-kran, Block- . 526.6
-maschinist . . 333.3
-rinne . . 102.5, 139.5
-schale . . . . . 330.1
-schnecke . . . 139.7
-turm . . . . . 329.9
Förderer . . . 138.3
-, Gurt- . . . . 138.4
-, Sack- . . . . 139.1
-, Kratzer- . . . 139.2
Förderlich, -e Vergrößerung 279.9
Förderung . . 100.4
-, Band- . . . . 138.6
-, Erz- . . . . . 58.5
-, Luft- . . . . . 472.8
-, Wasser- . . . 141.9
Fore hearth . . 156.4 291.5, 364.2, 370.6
- - furnace . . 466.4
- plate . . 364.4, 369.3
Foreign body . 432.8
Forelleneisen . 2.3
Foreman . . . 332.7
Forer . . . . . 228.5
- dans le sens de la longueur 228.8
- en long . . . 228.8
-, machine à . . 228.4
- sur le côté . 228.6
Foret . . . . . 14.2
- à charbon . . 235.5
- pour trouer le trou de coulée 343.5
Forge . . 150.4, 540.2
- coal . . . . . 99.10
- - coke . . . . 107.6
- pig iron . . . 8.5
- shop . . . . . 495.1
- slag, refining 112.8
-, to . . . . . . 52.6
-, - - out to 1½ times the test width 52.7
-, - - with the edge of the hammer across the direction of rolling 52.8
Forge . . 52.5, 150.4
- catalane 112.7, 362.2
Forgé . . . . . 9.4
Forgeage . . . 52.5
Forger . . . . 136.6
Forger en matrices 503.6
-, presse à (v. presse)
Forgiare . . . . 503.5
-, pressa per (v. pressa)
- su stampo . . 503.6
Forgiatura . . 495.1
Forging press . 504.9
- -, hydraulic . 505.4
- -, steam power 505.5
- test . . . . . 52.5
Forja . . 52.5, 150.4
- catalana . . . 362.2
- cubierta . . 363.10
- de afino 363.8, 365.1
- - - sueco . . 364.1
- - soldar . . . 378.5
- del Franco-Condado 363.10
- descubierta . 363.9
Forjado . . . . 9.4
Forjar en estampa 503.6
-, prensa de (v. prensa)
Fork . . . . . . 436.9
Form . 297.1.4, 299.2.3 394.10
-, achteckige . . 290.5
-, allotrope . . 272.5
-, Arten der -en 438.2
-, ausgebauchte 504.2
-, basaltartige . 107.1
-, beständige . . 446.5
-blech . . . . . 26.4

Form, bleibende 446.5
-, die - abdrehen 445.7
-, - - füllen . . 482.4
-, - - nacharbeiten 436.4
-draht . . . . . 28.6
-eisen . . . . . 19.9
-, geschlossene 439.10
-, gießfertige . 443.1
-, gußeiserne . 340.6
-guß . . . . . . 487.8
- -, Elektrostahl- 564.4
-halle . . . . . 421.2
- -, zweischiffige 421.3
-kaliber . . . . 517.4
Formkasten . 439.13
-, amerikanischer 440.6
-, aufklappbarer 440.8
-, den - wenden 442.5
- der Riemenscheibenformmaschine 452.1
- für Säulen . . 440.7
-, geschnittener 440.9
-, hölzerner . . 440.4
-, zusammensetzbarer 440.5
Form, Kristall- 214.3
-, Kühl- . . . . 297.1
Formmaschine . 448.2
-, Drehtisch- . . 449.3
-, Druckwasser- 448.3
- für Doppelpressung 454.5
- - kleine Zahnräder 457.4
- - Rippenrohre 452.3
-, hydraulische 448.3
-, - - mit Wendeplatte 450.2
-, mit Wendeplatte u. Druckwasseraushebung 450.2
-, Räder- . . . . 455.2
-, Riemenscheiben- 451.4
-, Zahnräder- . 455.2
Form-masse . . 427.8
-material . . . 425.1
-, mehrmalige . 446.5
-, offene . . . . 438.6
-öffnung . . . . 298.8
-platte . . . . . 422.6
-presse . . . . . 453.1
- -, doppelte . . 454.5
- -, hydraulische 453.5
- - mit drehbarer Wendeplatte 454.3
-preßverfahren 94.7
-rahmen . . . . 121.7
-sand . . 425.10, 431.8
- -, fetter . . 425.13
- -, grüner . . 425.12
- -, magerer . 425.12
- -, stark tonhaltiger 426.1
-sattel . . . . . 364.7
-, schlanke kegelige 299.3
-, Stampf- . . . 105.7
-stoff . . . . . . 425.1
- -, anhaftender 490.5
-stößelführung 456.2
-teil, vorspringender 436.6
-, Verreißen der 436.3
-, vorgeschriebene 33.9
Form-wagen . 454.4
-, Walz- . . . . 514.9
-wand . . 297.3, 442.2
-, wassergekühlte 297.1
-, Wind- . . . . 298.9
-zacken . . . . 364.6
-, Ziegel- . . . . 96.2
-, zusammengestellte 446.1
Form . . . . . 105.7
-, allotropic . . 272.5
-, concave . . . 504.2
-, dished . . . . 504.2
-, prescribed . . 33.9
-, specified . . . 33.9
Forma . . 105.7, 121.7
- allotropica . 272.5
- basaltica . . 107.1
- cilindrica . . 96.4
- circolare . . 290.4
-, colare nelle -e 481.4
- concava 370.1, 504.2
- d'ottone . . . 383.3
- dei grani di sabbia 427.4
- del cristallo . 214.3
- - mattone . . 321.9
- di dado . . . 96.3
- - mattone . . 96.2
- - sabbia . . . 340.4
- ferma in terra 438.6
- fissa . . . . . 446.5
-, gettare nelle-e 481.4
- in staffa . . 439.10
- montata . . . 446.1
- ottagonale . . 290.5
- ovoidale . . . 96.6
- per il fondo del convertitore 391.6
- piazzata . . . 446.1
- prescritta . . 33.9
- pronta per colare 443.1
- sferica . . . . 96.5
Forma alotrópica 272.5
- basáltica . . 107.1
- cilíndrica . . 96.4
- circular . . . 290.4
- -, perder la . 423.5
- cóncava 370.1, 504.2
- cristalina . . 214.3
- cúbica . . . . 96.3
- de cono truncado 304.2
- - ladrillo . . 96.2
- - los granos de arena 417.4
- - molde . . . 370.1
- - racimo . . . 107.2
- - trébol . . . 520.4
- del ladrillo . 321.9
- - perfil . . . 516.6
- esférica . . . 96.5
- final . . . . . 530.2
- octagonal . . 290.5
- oval . . . . . 96.6
- prescrita . . . 33.9
- primitiva . . 530.1
Formación . . 56.2
- de burbujas . 375.9
- - conos . . . 348.3
- - escorias . . 396.6
- - hidrógeno . 348.9
- - las imágenes 279.11
- - óxido de carbono 375.3
Formaggio . . 384.3
Formando escoria 349.8
Formant du laitier 349.8
Formar las bolas 376.4.9
Formare . 421.5, 422.6
- a mano . . . 449.2
- in conchiglia 447.1
- le palle . . . 376.9
-, machina per (v. machina)
Formation . . . 56.2
-, grapelike . . 107.2
- of carbon monoxide 375.3
- - hydrogen . 348.9
- - pipes . . . . 348.3
Formation 56.2, 264.2
- d'entonnoir . 348.3
- de voûtes . . 353.5
- des images 279.11
- - scories . . . 396.6
Formato nella staffa 487.8
Formatore 421.4, 434.1
Formatrice . . 448.2
- idraulica . . 448.3
Formatura . 421.12
- a pettine degli ingranaggi 456.4
- - sagoma . . 444.8
- - settore degli ingranaggi 456.4
- chiusa . . . . 439.5
- con modelli . 438.3
- d'ingranaggi 455.3
- ferma in terra 438.5
- in sabbia . 425.11
- - staffe . . . 439.9
- perduta . . . 438.4
- senza modello 447.8
Formazione 56.2, 264.2
- a grappoli . . 107.2
- d'imbuto . . 348.3
- del coke . . . 105.8
- dell'ossido di carbonio 375.3
- delle scorie . 396.6
- di mattonelle 94.5
- - volta . . . . 353.5
Forme à huit pans 290.5
- allotropique 272.5
- basaltique . . 107.1
- circulaire . . 290.4
- concave 370.1, 504.2
- cristalline . . 214.3
- cubique . . . 96.3
- cylindrique . 96.4
- de brique 96.2, 321.9
- - cuvette . . 370.1
- - grappe . . . 107.2
- concave de la surface 482.10
- des grains de sable 427.4
- fixe . . . . . 446.5
- octogonale . 290.5
- ovoïde . . . . 96.6
- prescrite . . . 33.9
- sphérique . . 96.5
Formen . . . . 421.5
-buch . . . . 514.10
- der Zahnräder mit Durchzugringen 456.4
Formen, die - nachsehen 342.9
-, - - stäuben . 430.5
-, - Tiegel . . 382.9
- von Zahnrädern 455.3
Former . . . . 421.4
-gerätschaft . . 434.1
-schaufel . . . 434.2
-spaten . . . . 434.3
-stift . . . . . . 436.5
-werkzeug . . . 434.1
Former les loupes 376.9
Formerei . . 421.1.2
-, freie . . . . . 447.8
Forming puddle balls 376.9
Formula d'una combinazione 226.3
Fórmula quimica 226.3
Formung 94.5, 436.7
Fornace da fondere 465.8
Fornello a gas 184.9
- - petrolio . 184.10
- di terracotta 249.6
- essiccatore a vuoto 233.2
Fornitura . . . 65.3
Forno . . . . . 83.9
- a camino per la tempera 541.2
- - cementazione 416.5
- - - ossidante 415.8
- - coke . . . 103.4.9
- - - a ricupero 103.8
- - - chiuso . . 103.7
- - - del tipo dei forni da pane 103.5
- - corrente monofase 572.1
- - - trifase . . 572.2
- - crogiuoli . 384.1
- - doppia muffola 541.8
- - fondo mobile 529.1
- - gas per la tempera 541.1
- - manica per crogiuoli 384.4
- - muffola . . 541.5
- - - a gas . . 542.1
Forno a palla . 363.1
- - pudellaggio 366.9 367.1
- - -, doppio . . 367.2
- - - girevole . 367.4
- - - rotativo . 367.5
- - - sistema Springer 367.3
- - resistenza . 570.4
- - ricottura . . 541.3
- - riverbero 366.10 402.5, 465.9
- - - a suola lunga 466.1
- - - per la tempera 540.5
- - - rotante . 402.3
- - rotazione . 566.4
- - sistema Piat 384.5
- - suola mobile 416.1
- - tino di Siegerland 83.7

Forno a vento per crogiuoli 384.4
- ad alveare . . 103.6
- - arco voltaico 565.9
- - induzione . 568.2
- al riverbero . 10.7
-, alto (v. alto forno)
- anulare per torrefare il calcare 85.5
- cilindrico . . 367.6
- - per la tempera 541.2
- Colby . . . . 568.7
- con crogiuolo anteriore 466.4
- d'affinaggio . 112.8
- d'arroventamento 385.5
- da dolomite . 119.1
- - mattoni . . 119.2
- di cementazione 417.10
- - combustione 249.2
- - fusione . . 362.4
- - - a piatto girevole 367.7
- - ricottura . 95.2 528.5
- - rifusione . 389.2
- - riscaldamento 383.9, 527.7
Forno di riscaldo 364.2, 527.6
- - - a riverbero 528.3
- - - - suola mobile 528.6
- - Roessler . . 252.3
- - torrefazione 83.4 88.3
- - - a gas di Westman 85.2
- - - di Cleveland 84.1
- - - - Fillafer 85.3
- - - - Witkowitz 85.4
- - - in muratura 83.5
- - - stiriano . 84.7
- elettrico 267.2, 564.1
- - a crogiuolo 570.6
- - - muffola . 249.5
- - - suola di Groenwall, Lindblad e Stalhane 570.3
-, fermare il . . 338.8
- fisso . . . . . 402.7
- Frick . . . . 569.8
- fusorio 252.2, 465.8
- Gérard . . . 569.7
- Gin . . . . . 569.6
- Girod . . . . 567.5
- Hellberger . 570.7
- Héroult . . . 566.6
- Hiorth . . . . 568.8
-, impianto di -i 151.6
- in marcia alla temperatura massima 411.8
- inglese a cementazione 416.6
- Ireland . . . 468.5
- Ischewsky . . 570.2
- Keller . . . . 570.1
Forno Kjellin . 568.4
- Krigar . . . . 469.1
- meccanico a gas per la tempera 542.3
- Nathusius . . 568.1
- oscillante . . 403.1
- per cuocere i fondi dei convertitori 119.3
- - la tempera 540.1
- - più crogiuoli 384.7
- - riscaldare . 378.6
- - smaltare . . 554.8
- - temperare le lime 541.4
- - un sol crogiuolo 384.6
- Roechling-Rodenhauser 568.9
- - - a corrente alternata 568.10
- - - - - trifase 569.1
- rotante . . . 403.1
- rotativo 95.3, 566.4
- Siemens-Martin 402.6
- Stassano . . . 566.3
Foro . . . 39.8, 483.4
- conico . . . . 536.3
- del vento . . 394.5
- della tubiera 395.1
- di colata 300.4, 338.9 480.6
- - - bloccato . 343.4
- - spia . 163.2, 301.4
- - tiraggio . . 87.8
- - visita . . . 321.8
- per la loppa . 299.6
- - - scoria . . 299.6
- - lo scarico . 87.9
Forza . . . . . 51.1
- centrifuga . . 482.7
- della battuta 434.9
- di torsione . . 50.9
- idraulica . . 167.8
- maggiore . 560.13
- motrice . . . 168.1
Fosa . . . . . . 340.2
Fosfatado . . . 113.7
Fosfato calcico 399.5
- di ferro . . . 399.6
- sodico . . . . 206.9
- - ammoniacale 207.3
- - ammonico . 212.1
Fosfato cálcico 399.5
- de cal . . . . 399.5
- - hierro . . . 399.6
- - sosa amónico 207.3
- sódico . . . . 206.9
- - y de amoniaco hidratado 212.1
Fosforico . . . 216.5
Fosfórico . . . 216.5
Fosforido . . . 60.7
Fosforo . . 8.3, 216.4
-, povero di . . 399.4
-, ricco di . . . 399.3
Fósforo . . 8.3, 216.4
- -manganeso . 16.5
-, pobre en . . 399.4
-, rico en . . . 399.3
Fosforoso . . . 8.3
Fósil . . . . . . 98.7
Foso de colada 444.7 475.8
Foso de colada cubierto 439.5
- - - semicircular 475.9
- - fuego revestido 540.3
- - las lingoteras 388.5
Fossa di colata 475.8
- - - semicircolare 475.9
- per tubi . . . 444.7
Fosse de coulée 444.7 475.8
- - - demicirculaire 475.9
-, installation d'une 100.6
Fossé . . . . . 340.2
Fossile . . . . . 69.1
Fotografico . 281.10
-, apparato . . 282.1
Fotográfico . 281.10
-, aparato . . . 282.1
Foudre . . . . 374.4
Fouloir porte-segment 455.5
- - - mobile horizontalement et verticalement 456.1
Foundation . . 288.5 289.3
Foundry . . . 475.6.7
- coke . . . . . 107.4
- crane . . . . 476.2
- - with automatic tipping device 479.6
- cupola . . . . 466.6
- pig iron . . . 6.1
- - -, best . . . 6.7
- - -, chill . . . 6.6
- - - for acid proof castings 7.2
- - - - fire proof castings 7.1
- - -, medium hard 6.5
- - -, soft . . . 6.4
- - -, tough . . 6.8
- pit . . . . . . 444.7
- reverberatory furnace 465.9
Fountain . . . 141.6
Four . . . . . . 83.9
- à acier cémenté 417.10
- - arc électrique 565.9
- - avant-creuset 466.4
- - cémenter . 416.5
- - coke . . . 103.4.9
- - - à récupération des sous-produits 103.8
- - - clos . . . 103.7
- - - demi-clos 103.5
- - combustion 249.2
- - courant alternatif . . . . 572.2
- - - - de Roechling-Rodenhauser 568.10
- - - monophasé 572.1
- - - triphasé . 572.2
Four à courant triphasé de Roechling-Rodenhauser 569.1
- - creuset . . 384.1
- - - électrique 570.6
- - - transportable 384.5
- - cuire les briques 119.2
- - - - fonds de convertisseurs 119.3
- - cuve à recuire 541.3
- - - du Siegerland 83.7
- - - pour creusets 384.4
- - émailler . . 554.8
- - fusion . . . 252.2
- - griller de Witkowitz 85.4
- - induction . 568.2
- - loupes . . . 363.1
- - moufle au charbon 249.3
- - - au gaz . 249.4 542.1
- - - électrique 249.5
- - plomb . . . 540.4
- - plusieurs creusets 384.7
Four à puddler 367.1, 378.6
- - - double . . 367.2
- - - rotatif . . 367.5
- - - système Springer 367.3
- - - tournant . 367.4
- - réchauffer . 378.6
- - - à réverbère 528.3
- - - - sole mobile 528.6
- - - en sous-sol 527.6
- - recuire 95.2, 385.5 528.5
- - refondre . . 389.2
- - résistance . 570.4
- - réverbère . 10.7 366.10
- - - à longue sole 466.1
- - - - tremper 540.5
- - - de fonderie 465.9
- - ruche . . . 103.6
- - sécher dans le vide 233.2
- - - transportable 462.7
- - sole . . . . 402.5
- - - amovible 416.1
- - - tournante 367.7
- - souder . . . 378.5
- - soufflerie . 286.1
- - tremper . . 540.1
- - - les limes . 541.4
Four à un seul creuset 384.6
- anglais à cémenter 416.6
- annulaire à griller le calcaire 85.5
- Colby . . . . 568.7
- culbutant . . 403.1
- cylindrique . 367.6

Four d'affinerie 363.8
- de cémentation 415.8
- - fusion 362.4, 465.8
- - - à réverbère 402.5
- - grillage 83.4, 88.3
- - - au gaz de Westman 85.2
- - - de Fillafer 85.3
- - - du Cleveland 84.1
- - - en maçonnerie 83.5
- - - styrien . . 84.7
- - réchauffage à lingots . . . 527.5
- - Roessler . . 252.3
- - trempe à cuve 541.2
- - - au gaz . . 541.1
- - - mécanique au gaz 542.3
- électrique 267.2, 12.5
- - à creuset . 570.6
- - - sole de Groenwall, Lindblad et Stalhane 570.3
- en pleine température 411.8
- - terre réfractaire, petit . 249.6
Four fixe . . . 402.7
- Frick . . . . 569.8
- Gérard . . . 569.7
- Gin . . . . . 569.6
- Girod . . . . 567.5
- Hellberger . 570.7
- Héroult . . . 566.6
- Ischewsky . . 570.2
- Keller . . . . 570.1
- Kjellin . . . 568.4
- Nathusius . . 568.1
- oscillant . . 403.1
- Piat . . . . . 384.5
- réverbère rotatif 402.8
- Roechling-Rodenhauser . 568.9
- rotatif . . . . 95.3
- roulant . . . 529.1
- Siemens-Martin 402.6
- Stassano . . . 566.8
- tournant 95.3, 566.4
Fourche 443.9, 478.1
- à coke . . . . 473.8
- - poche de coulée 478.5
Fourneau . . . 97.2
- à gaz . . . . 184.9
- - moufles . . 541.5
- - - double . . 541.8
- - pétrole . . 184.10
- de cuisine . . 455.1
-, haut- (v. haut-fourneau)
Foyer . . . . . 26.7
- à alimentation continue 157.4
- - bois . . . . 155.5
- - charbon . . 155.4
- - gadoues . . 155.8
- - gaz de haut-fourneaux 155.10
- - goudron . . 155.9
- - grille . . . 368.1
Foyer à lignite 155.6
- - ordures ménagères 155.8
- - pétrole . . . 384.9
- - poussière . 155.7
- - réchauffer . 364.2
- - soufflage sous grille 158.1
- antérieur . . 156.4
- au gaz . . . . 87.1
- avec grille à chaine 157.5
- - - - rouleau 157.6
- - - - secousses 157.7
-, bas- (v. bas-foyer)
- comtois couvert 363.10
- d'affinerie . . 363.8
- de chauffage 569.3
- - travail . . . 569.4
- découvert . . 363.9
- extérieur . . 156.3
- inférieur . . . 156.5
-, installation de 151.8
- intérieur 156.2, 154.5
- - ondulé . . . 154.6
- maçonné . . 540.3
- mécanique . 157.1
- pour résidus de la distillation du pétrole 156.1
- simple à grille 336.5
Fracasar . . . 488.11
Fracción . . . 254.5
Fraccionado . 187.3
Fracht, Achsen- 561.5
-, Eisenbahn- . 561.4
-ersparnis . . . 560.7
-, Fluß- . . . . 561.7
-, Land- . . . . 561.3
-satz . . . . . . 560.6
-, See- . . . . . 561.8
-versicherung 560.11
Fraction . . . . 254.5
Fractional . . . 187.3
Fractionné . . 254.4
Fractionner . . 187.4
Fractura . . 1.3, 44.9
- en frío . . . . 48.1
Fracture . 44.9, 45.1
-, inclined . . 44.10
-, oblique . . 44.10
- of chain . . 137.10
- - roll . . . . 514.2
Fracture . . . . 44.9
Frágil . . . . . 59.8
Fragile . 48.2, 459.8 463.11
Fragilidad por corrosión 48.5
Fragilità per corrosione 48.5
Fragilité de tension 50.2
Fragment of a crucible for blow pipe testing 234.7
Fragmentación de la muestra 228.1
Fragmento, -s de crisoles 382.1
- - ladrillo . . 112.2
Fragua . . . . 99.10
-, á - baja . . . 102.4
- de templar . 540.2
Frais d'analyse 227.6
- d'exploitation 563.2
- de construction 563.5
- - garnissage . 573.1
- - transport . 560.7
- généraux . . 563.6
Fraisil de charbon de bois 98.3 117.12
- - coke . . . 107.13
- humide . . . 546.2
Fraktion . . . 254.5
Fraktioniert . . 254.4
Fraktions-kolben 187.3
-röhre . . . . . 187.4
Frame 121.7, 323.5, 454.2
-, hollow cast . 369.7
-, wooden . . . 440.4
-, wrought iron 440.3
Frammento, -i di crogiuolo per l'analisi al cannello 234.7
- di mattoni . 112.2
Franc à bord 560.10
Franco usine . 560.8
- wagon . . . . 560.9
Franco a bordo 560.10
- stabilimento . 560.8
- vagone . . . 560.9
Franco bordo 560.10
- taller . . . . 560.8
- vagón . . . . 560.9
Franco-Condado, forja del 363.10
Frantumare, impianto per 76.6
Frappe du marteau 502.8
- en fer . . . . 495.5
Frapper sur les tuyaux à l'aide du marteau pendant l'épreuve hydraulique 55.2
Frappeur . . . 463.9
Frasco capilar 185.6
- con pipeta . 192.1
- cuenta-gotas con patente 185.5
- - - patentado 185.5
- de absorción 269.3
- - clarificación 248.6
- - cocer . . . 187.5
- - filtrar en el vacío 246.1
- - generación de gas 268.7
- - gutapercha 197.4
- - Kjeldahl . . 187.2
- - lavado para gas 268.1
- - nivel . . . 269.7
- - plomo . . . 199.5
- - Woolff . . . 188.5
- para la producción de gas 268.7
- - reactivos . 185.2
Frasquito para pesadas 240.2
Frattura 10.5, 44.9, 45.2 549.1
- a freddo . . . 48.1
- obliqua . . . 44.10
- per tensione . 50.2
Fratturabile . . 44.6
Frazionato . . 187.3
Frazione . . . 254.5
Freccia d'incurvamento 48.2
Free standing 308.1
Freezing 354.1, 486.2
- machine . . . 329.7
- of tap hole . 343.4
- out the ore . 89.8
Fregare con spirito di vino 447.2
Frei an Bord 560.10
-e Formerei . . 447.8
-gelegt . . . . 290.9
- Hütte . . . . 560.8
-lage . . . . . . 50.1
-stehend . . . . 126.1
- Waggon . . . 560.9
Freight . . . . 560.7
Freiheit der Phasen 274.6
-, Riß- . . . . . 36.2
Frein . . . . . 311.3
- à sabot . . . 498.2
- hydraulique . 311.1
Fremdkörper . 432.8
French boiler . 154.2
Freno . . . . . 311.3
- a ceppi . . . 498.2
- idraulico . . 311.1
Freno . . . . . 311.3
- de mordazas 498.2
- - zapatas . . 498.2
- hidráulico . . 311.1
Frente . . . . 291.8
- abierto, de . . 286.2
- cerrado, de . 286.3
- del hogar . . 162.7
Fret . . 560.5, 561.8
Friabile . . . . 44.7
Friable . . . . 59.4
Fricción . . . . 347.2
- de tabla . . . 498.3
Frick, forno . . 569.8
Frick, four . . 569.8
Frick furnace . 569.8
Frick, horno de 569.8
Frickscher Ofen 569.8
Friction . 96.8, 347.2
- coupling . . . 520.5
-, electrolytic - of the ions 260.3
- hammer . . . 497.5
- roll . . . 497.6, 513.4
Friction . . . . 497.5
Frictional resistance, electrolytic 263.3
Frigorifero . . 329.7
Frigorífico . . 329.7
Frigorifique . . 329.7
Frisch, -es Eisenerz 64.2
-birne . . . . . 389.7
-eisen . . . . . 361.8
Frischfeuer . 363.8.10 364.1
-, bedecktes . 363.10
-betrieb . . . 365.1
-eisen . . . . 365.2
-, Luppen- . . . 362.2
-roheisen . . . 7.6
-schlacke . . . 112.8
Frischherd . . 363.8

Frisch-methode 363.5
-sand . . . . 431.10
-verfahren . . 363.5
- -, deutsches . 366.3
-vogel . . . 374.11
Frischen . . . . 363.6
- auf Flußeisen im Flammofen 402.3
- mit Luft . . . 387.1
-, Wallonen- . . 366.2
Frischer . . . . 363.7
Frischerciroheisen 7.6
Frist, Lösch- . 562.11
Frit, to, . . . 429.11
Fritar . . . . 429.11
Fritarse . . . 429.12
Frittage . . . . 349.8
Fritté . . . . . 96.1
Fritted, to be 429.12
Fritten, zusammen- 429.11
Fritter ensemble 429.11
- légèrement 429.12
-, se . . . . . . 349.5
Frizione . . . . 497.5
- a tavola . . . 498.3
Froid, préparation par le 89.8
Froissé . . . . 47.6
Fromage . . . 384.3
Froment . . . . 431.1
Front . . . . . 162.7
- face . . . . 424.11
- plate . 418.11, 414.1
- side . . . . . 104.4
- surface . . 424.11
Front . . . . . 104.4
Frontal . . . . 104.4
Frontale . . . . 104.4
Fronte del focolare 162.7
Frosch . . . . . 496.6
Frost . . . . . 118.6
Frosteinwirkung 48.6
Frotamiento . . 96.8
- electrolítico de los iones 260.3
Frotar con espíritu de vino 447.2
Frothy . . . . 357.10
Frottement 96.8, 347.2
- du tourillon 513.8
- électrolytique des ions 260.3
Frotter à l'esprit de vin 447.2
Frumento . . . 431.1
Fuchs . . . . . 372.2
-, ansteigender 372.3
-brücke . . . . 372.5
-decke . . . . . 372.6
-, fliegender . . 372.3
-, fließender . . 372.3
-, geneigter . . 372.4
-, Sammel- . . . 164.5
Fucina . . . . . 99.10
- per la tempera 540.2
Fucinabile . . . 9.3
Fucinare l'acciaio 10.9
Fucinato . . . . 9.4
Fucinazione . . 52.5
Fuego . . . . . 90.2
-, á - abierto . 120.4
-, - todo . . . . 417.8
Fuego ascendente 86.8
- de afino sueco 364.1
- - intensidad máxima 417.8
-, retirar el . . 415.9
Fuel . . . . . . 335.3
-, carbonised . 337.2
-, flaming . . . 336.8
-, solid . . . . . 340.1
Fuelle . . . . . 251.5
- de cuero . . 325.4
- - mano . . . 437.9
Fuerza . . . . 51.1
- aglutinante . 428.1
-s apareadas . 51.1
- de torsión . . 50.9
- del golpe . . 434.9
- hidráulica . . 167.5
- mayor . . . 560.13
- motriz . . . . 166.1
Fuga della tubiera 352.3
Fuga de gas . 360.10
- - la tobera . 353.3
Fuge . . . . . 305.11
-, Dichtungs- . 471.6
-, Rost- . . . . . 160.3
Führerstand . . 127.8
Führung, sichere 442.7
Führungs-leiste, angegossene 370.9
-pfahl . . . . . 442.8
Fuir . . . . . . 385.3
Fuite de gaz 360.10
- - la tuyère . 353.3
Fuliggine . . . 552.2
Fulminante . . 343.8
Füll-klappe . . 161.8
-koks . . . . . 473.6
-mittel . . . . . 147.6
-öffnung . . . . 105.1
-rumpf . . . . 131.2
-trichter . . . . 157.3
-vorrichtung . 406.1
-zylinder . . . 311.8
Füllen . . . . . 337.1
-, die Form . . 482.4
Fuller's earth 116.10
Fumant . . . 203.12
Fumante . . . 203.12
Fume cupboard 175.2
-, dark -s . . . 400.8
Fumée . . 85.7, 85.8
- brune . . . . 400.7
-s de couleur foncée . . . 400.8
Fumier d'étable 429.1
- de cheval . 428.11
- - - décomposé 428.12
- - vache . . . 429.1
Fuming nitric acid 203.12
Fumo . . . . . 85.8
- scuro . . . . 400.7
Funcionamiento continuo 344.7
- del alto horno 332.2
- - horno de pudelar 373.6
- por cuchara automática 128.7
Funcionar, la báscula funciona 135.7
Fundación . . 288.5
- de ladrillos . 289.4
- - piedra . . . 289.5
Fundación sobre pilotes 289.3
Fundament auf Pfahlrost . 289.3
- aus Bruchsteinen 289.5
- - Ziegelmauerwerk 289.4
Fundente . . . 111.1
- calizo . . . . 397.9
Fundición 1.1, 7.3.4 463.5, 475.6
- á la antracita 4.2
- al carbón vegetal 4.1
- - cok . . . . . 4.3
- - cubilote . . 473.3
- - níquel . . . . 9.2
- atruchada . . . 2.2
- - blanca . . . . 2.3
- básica . . . . . 8.2
- blanca muy radiada 3.2
- - ordinaria . . 2.6
- - porosa . . . 365.4
- - radiada . . . 3.1
- caliente . . . 474.8
- colada en moldes de arena 4.7
- - encima de la escoria 5.2
- con ampollas grandes 2.9
- - - pequeñas . 2.8
- - cierta proporción de fósforo 8.3
- - más de 1% silicio y cualquier cantidad de fósforo 8.3
- de electroacero hecha en moldes 564.4
- - Estiria . . . . 5.7
- - fractura glaseada 1.3
- - Luxemburgo 5.6
- - molde . . . . 7.4
- - primer afino . 7.6
- - - a fusión . 475.1
- - Siegen . . . 5.5
- - Suecia . . . . 5.8
- - sobrecalefacción 474.9
Fundición de textura compacta 3.8
- depurada . . . 5.3
- desazufrada . . 5.4
- destinada al procedimiento Bessemer 8.1
- - - - Thomas 8.2
- dulce para moldeo 7.5
- - - - de piezas de máquinas 6.4
- dura . . . . . 447.1
- en arcilla . . 487.6
- - arena . . . 487.4
- - coquilla . . 487.7
- - estado de fusión 4.4
- - molde . . . 487.8
- - molde metálico 487.7
- - tierra . . . 487.5
- escocesa . . . 5.10
- escoriosa . . . 6.3
- especial . . . 9.1
Fundición especial para moldeo de piezas de máquinas 6.7
- especular . . . 3.3
- - con facetas pequeñas 3.5
- - - gran proporción de manganeso 3.7
- - de textura gruesa 3.6
- - gris . . . . . 3.4
- - para pudelaje 3.6
- fabricada á alta temperatura 4.5
- - - baja temperatura 4.6
- fría . . . . 474.11
- fundida á temperatura elevada 475.2
- gris . . . . . . 1.5
- - clara . . . . . 2.1
- - muy siliciosa 1.3
- - negra . . . . 1.4
- - para moldeo . 7.4
- inglesa . . . . 5.9
- limpia de arena 5.1
- maleable 12.6, 415.4 416.2
- Martin . . . . . 8.4
- mate atruchada y cavernosa 2.7
Fundición mate de marcha fría 2.5
- para acero . . 8.4
- - cargar . . . 395.9
- - moldear en coquillas 6.6
- - moldeo . . . 6.1
- - - de piezas refractarias 7.1
- - piezas de máquinas 487.9
- - - que deben resistir á los ácidos 7.2
- - pudelaje . . . 8.5
- - tubería . . 488.1
- purificada . . 366.6
- que contiene níquel 9.2
- rápida . . . . 365.3
-, recibir la . . 481.2
- refundida . 474.12
- rica en silicio y manganeso 365.5
- semi-atruchada 2.4
- - -dura para moldeo 6.5
- -spiegel . . . . 3.3
- - con facetas pequeñas 3.5
- - - gran proporción de manganeso 3.7
- - de textura gruesa 3.6
- - gris . . . . . 3.4
- - para pudelaje 3.6
- tenaz para moldeo 6.8
Fundido . . . 11.5
- en la misma pieza 393.1
- - una pieza . 370.9
-, no . . . . . . 411.9
Fundidor 337.5, 409.6

Fundir . . 250.3, 341.4, 374.4
-, dificil á . . 356.12
-, máquina de (v. máquina)
Fundirse, empezar á 374.5
Fune . . . . . . 137.7
Fungo . . . . . 22.5
Funicolare . . 124.4
Funiculaire . . 124.4
Funicular . . . 124.4
Funke, sternbildende -n 374.9
Funken, Eisen- 397.1
-esse . . . . . . 389.1
-kammer . . . 467.6
-löschvorrichtung 468.3
-sprühen . . . 396.9
Funnel . . 164.6, 176.6, 179.8, 245.3, 310.1, 483.11
- chaped . . . 105.2
- formation . . 348.3
- holder . . . . 244.9
-, protective . . 248.1
- with perforated plate 245.4
Funzionamento 352.2
- a scavo automatico 128.7
- ad acqua compressa 509.7
- continuo . . 344.7
- del forno . . 354.6
- regolare senza urti 472.4
Fuochista . . . 164.3
Fuoco . . . . . 88.2
-, a - libero . . 120.4
-, a - scoperto 120.4
-, - tutto . . . . 417.8
-, al basso 10.3, 363.4
- - massimo d'intensità 417.8
-, andar al . . . . 7.1
- aperto . . . . 363.9
- ascendente . 86.8
-, basso . 112.7, 362.2
- d'affinaggio . 363.8
- - chiuso . . 363.10
- - Lancashire 364.1
-, messa a . . . 281.5
- per saldare . 378.5
-, resistente al . 187.5
Furche . . . . 504.4
-, Längs- . . . . 460.2
Furnace . 88.7, 155.7
-, alternating current 572.2
-, annular - for roasting limestone 85.5
-, blast (s. blast furnace)
- coal . . . . . 99.5
-, Colby . . . . 568.7
- construction 402.2
- dust . . . . . 97.2
-, electric . . . 267.2
- end . . . . 413.10
-, externally fired 156.3
-, fixed . . . . . 402.7
- for hardening 540.1
- - -, mechanical gas fired 542.3
- - making malleable iron 415.8
- - petroleum residue 156.1
-, forced draught 158.1
-, Frick . . . . 569.3
- front . . . . . 162.7
-, gas fired - for hardening 541.1
-, Gérard . . . 569.7
Furnace, Gin . 569.6
-, Girod . . . . 567.5
- hand . . . . . 332.8
- heating, continous 529.1
-, Hellberger . 570.7
-, Héroult . . . 566.6
-, Hiorth . . . . 568.8
- in front of the boiler 156.4
- - full heat . . 411.8
- installation . 151.6
-, internally fired 156.2
-, Ischewsky . . 570.2
-, Keller . . . . 570.1
-, Kjellin . . . 568.4
- lining . . 83.9, 475.3
-, refractory . . 566.5
- man . . 332.8, 409.6
-, Nathusius . . 568.1
- plate . . . . . 26.7
-, puddling (s. puddling furnace)
-, Piat . . . . . 384.5
- practice . . . 409.4
Furnace, reverberatory (s. reverberatory furnace)
-, roasting (s. roasting furnace)
-, Roechling-Rodenhauser 568.9
-, - - alternating current 568.10
-, - - three phase 569.1
-, Roessler's . . 252.3
-, rotary . . . . 566.4
-, single-phase . 572.1
- slag, catalanian 112.7
- -, reheating . 112.9
-, Stassano . . . 566.3
-, steel cementing 417.10
- transformer . 572.3
- under the boiler 156.5
- unit . . . . . 573.2
-, wind . . . . . 286.1
- with cylinder grate 157.6
- - movable fire bars 157.7
- - removable bottom 416.1
Fuse, to . . . . 250.3
Fusibile . . . . 252.7
-, difficilmente . 62.1
-, facilmente . . 61.7
Fusibilidad . . 250.4
Fusibilità . . . 250.4
Fusibilité . . . 250.4
Fusibility . . . 250.4
Fusible . . . . 61.7
-, difficilement 356.12, 62.1
-, facilement . . 61.7, 356.11
- par lui-même 62.2
-, très . . . . . 357.1
Fusible, dificilmente 62.1
-, fácilmente . . 61.7
-, muy . . . . 356.11
- por si mismo 62.2
Fusing . . . . . 250.2
Fusion of slags 357.3
- temperature . 474.2
Fusion 4.4, 250.2, 349.3, 385.9
- au cubilot . . 473.3
- de fonte et riblons 418.1
Fusion de l'émail au feu 554.7
- des riblons . 565.8
- du laitier . . 357.3
- électrothermique du fer 571.2
- en haut-fourneau 336.2
-, entré en . . . 374.5
- oxydante . . 363.2
-, première . . . 475.1
-, une seule . . 365.8
Fusión 4.4, 250.2, 385.9
-, abrir por . . 343.6
- al alto horno 336.2
- de granalla de hierro 565.8
- - la escoria . 357.3
- - - fundición y desperdicios de hierro 418.1
- del esmalte . 554.7
- - hierro por procedimiento electrotérmico 571.2
-, doble . . . . 366.2
- oxidante . . . 363.2
- pastosa . . . 376.2
-, primera . . . 475.1
-, segunda . . . 389.2
-, triple . . . . 366.3
-, una sola . . . 365.8
Fusione . . 4.4, 385.9
- al cubilotto . 473.3
- dei rottami . 565.8
- della loppa . 357.3
- dello smalto . 554.7
- elettrotermica del ferro 571.2
- nell'alto forno 336.2
- per ossidazione 363.2
-, prima . . . . 475.1
-, una sola . . . 365.8
Fuso . . . . 11.4,5,6,7
- insieme . . . 319.4
-, non . . . . . 411.9
Fusorio . . . . 252.2
Fuß der Schiene 22.4
-, gußeiserner . 321.6
-kasten mit Muffe 319.3
-platte . . . . . 291.2
-rolle . . . . . 137.2
Futter, feuerfestes 390.5
-, Herd- . . . . 412.5
-, Ofen- . . . . 83.9

# G.

Gabarié . . . 439.12
Gabarit . 36.11, 39.6, 40.3
Gabarra . . . . 562.5
Gabbia . 331.3, 520.9
- a cilindri equilibrati 523.1
- - due cilindri 521.6
- - pignoni . . 524.3
- - trio . . . . 522.3
- aperta . . . . 522.9
- chiusa ordinaria 521.5
Gabbia con cappello 522.9
- del montacariche 330.1
Gabbro . . . . 111.5
Gabel-einguß . 443.9
-, Koks- . . . . 473.8
-kranpfanne . . 479.1
-pfanne . . . . 478.1
-tragpfanne . . 478.1
Gabro . . . . . 111.5
Gadouc . . . . 155.8
Gafa, -s protectoras 198.1
Gage, -s . . . . 563.4
Gagger . . . . 441.6
Gailleteux . . . 101.2
Gailletin . . . . 101.1
Gaillette, -s . . 100.9
Gailletterie, -s . 101.2
Gaine . . 304.8, 305.1
- réfractaire . . 480.4
Galena . . . . 71.7
Galène . . . . . 71.7
Galenical . . . 61.2
Galenite . . . . 71.7
Galet conducteur 137.2
- de soutien . . 137.2
Galette d'argile 461.1
Galey, Windtrocknungsverfahren von 329.2
Galleggiante . 336.6
Gallertartig . . 115.5
Galleta menuda 101.2

Galloway, caldera de 154.7
Galloway, chaudière de 154.7
Galmei . . . . 71.9
Galvaniser . . 554.2
Galvanizar . . 554.2
Galvanizing . 554.2
Gambo . . 311.5, 461.8
- del sopporto per anima 462.1
- della rotaia . 22.3
Gambuto . . . 46.6
Gamin de laboratoire 174.4
Gancho . 24.4, 342.3, 441.6
- de fundidor . 337.5
- - suspensión . 476.5
- para moldes . 436.5
Gancio . 24.4, 337.5, 441.6, 464.3
- di sospensione 476.5.7
Gandinga . . . 75.1
Gang-art . . . 76.5
-artig . . . . . 56.5
- der Analyse . 222.3
- des Hochofens 344.4
-gestein . . . . 76.5
-, heißgarer . . 358.1
-, stoßfreier . . 472.4
Ganga . . . . . 76.5
Gangue . . . . 76.5
- deposit . . . 56.5
Gangue . . . . 76.5
Ganister . . . 114.8
Ganistro . . . . 114.8
Gant en amiante 201.4
- - caoutchouc 198.4
Gantry crane . 125.8
Ganzrost . . . 160.4
Gar-frischen . . 365.6
-frischentkohlungsperiode 397.4
-gang . . . . . 352.7
-schaum . . . 215.6
-schlacke . . . 357.4
-schlackenboden 370.2
-schmelzig . 365.3.4
-, vollständig . 106.2
- werden . . . 386.2
Garantia . . . . 30.3
Garantie . . . . 30.3
Garanzia . . . 30.3
Gärb-eisen . . . 9.4
-stahl . . . . . 11.1
Gärben . 10.9, 414.8
-, Stahl . . . . 10.9
Garçon de laboratoire 174.5
Garde . . . . . 524.8
-, plaque de . . 388.3
- -corps du gueulard 307.7
Gare d'usine . 123.5
- de manœuvre 123.6
- - triage . . . 123.6
Garen . . . . . 376.1
Garganta, cilindro de 539.1
Garnet . . 72.8, 239.5
Garnir la boite à feu de briques réfractaires 156.6
Garnissage . . 412.6
- de la sole . 369.10, 412.5
- - scories . . 374.11
- du four . . . 572.9
- en briques . 390.6
- réfractaire . 390.5
- - du four . 566.5
Garnitur . . . . 102.7
Garniture de piston en bagues de cuir 506.6
- en cuir embouti 507.1
Garrafón . . . 175.5
Gärungsdauer . 106.1
Gas . . . . . . 398.4
-ableitungsrohr 313.7
-analyse . . . . 267.3
-analytisch . . 267.3
-atmosphäre . . 87.3
-aufnahme . . 398.4
-ausbeute . . . 103.3
-behälter . . . 271.3
-bestandteil, -e 267.5
-blase . . . . . 484.2
-bürette . . . 269.4.5
-dichte . . . . 270.8
-druckmesser . 271.5
-durchlässigkeit 425.7
-dynamo . . . 170.8
-, eingeschlossenes 484.7
-, entweichendes 484.6
-entwicklung . 268.7
-entwicklungsapparat 268.6
- -flasche . . . 268.7
-erzeugung, ununterbrochene 405.5
-explosion . . . 353.8
Gasfang, belgischer 312.3
-, Darbys . . 312.10
-, Langenscher 313.6
- nach Faber du Faure 311.9
-, Parryscher . 310.4
-, ringförmiger 312.3
-, von Hoffs . . 312.1
Gas-feuerung . 87.1
-gebläse . . . . 327.5
-gehalt . . . . 103.2
-gemenge . . . 360.1
-, Gicht- . . . 359.11
-glühlicht . . . 281.1
-härteofen . . . 541.1
- -, mechanischer 542.3
-heizung . . . 249.4
-hülle . . . . . 431.7
-kanal, senkrechter 408.6
-, Knall- . . . . 343.8
-kocher . . . . 184.9
-kohle . . . . . 100.1
-, Koksofen- . . 108.5
-kühler, Bianscher 318.1
-leitung . . . . 406.3
- - nach dem Herde 408.4
-maschinengebläse 327.5
Gas-meßröhre . 269.4
- - nach Bunte 269.5
-muffelofen . . 542.1
-polarisation . 264.6
-probe . . . . . 269.1
- -, eine - - nehmen 269.1
-prüfer . . . . 268.3
-regler . . . . . 272.1
-reiniger . . . 315.9
-reinigung . . 315.6
-, Röst- . . . . . 87.2
-röstofen, Westmanscher 85.2
-sack . . . . . 271.2
-sammelröhre . 271.1
-spannung . . 350.8
-strom . 346.8, 360.9, 406.6
- -, durchsichtiger 400.6
- -, rot erleuchteter 399.11
- -, sauerstoffreicher 375.5
-, teerhaltiges . 405.6
-teilungsröhre . 270.9
-uhr . . . . . . 271.8
-ventil 323.1, 406.5
-, verdichtetes . 267.6
-verlust . . . 360.10
-volumeter . . 271.7
-wage . . . . . 271.6
-wascher . . . 317.4
-waschflasche . 268.1
-weg . . . 360.8, 408.7
-zuführung . . 542.5
-zuführungskapillare 270.6
-zusammensetzung 267.4
Gas . . . . . . 87.2
- analysis . . . 267.3
- analytical apparatus 267.10
- bag . . . . . 271.2
- balance . . . 271.6
- blowing engine 327.5
- burner . . . . 184.9
- burette . . . 269.4
- -, Bunte's . . 269.5
- catcher, Darby's 312.10
- cleaner . . . 315.9
- cleaning . . . 315.6
- coal . . 99.2, 100.1
- collecting tube 271.1
-, compressed . 267.6
- current 346.8, 406.6
- - rich in oxygen 375.5
- developing bottle 268.7
- driven generator 170.8
- duct . . . . . 360.8
- dynamo . . . 170.8
- envelope . . 431.7
-, escaping . . . 484.6
-, evolved . . . 484.6
- exit pipe, Darby's 312.10
- - -, Langen's 313.6
- - -, Parry's . 310.4
- - -, von Hoff's 312.1
- explosion . . 353.8
- firing . . . . 87.1
Gas flue to the hearth 408.4
- generating apparatus 268.6
- generation, continuous 405.5
- inlet . . . . . 542.5
- - capillary tube 270.6
- light, incandescent 281.1
- meter . . . . 271.8
- mixture . . . 360.1
-, occluded . . 484.7
- outlet pipe . 313.7
- - tube . . . . 311.9
- - -, circular . 312.3
- oxygen lamp 184.6
- passage . . . 360.8
- piping . . . . 406.3
- polarisation . 264.5
- port . . . . . 408.7
- pressure . . . 350.8
- purification . 315.6
- purifier . . . 315.9
-, regenerated . 408.3
- regulator . . 272.1
- reservoir . . 271.3
- stream, red 399.11
- -, transparent 400.6
-, tarry . . . . . 405.6
- tee piece . . 270.9
- valve . 323.1, 406.5
- vent . . . . . 444.4
- volumeter . . 271.7
- wash bottle . 268.1
- washer . . . 317.4
-, waste . . . 155.10
- yield . . . . 103.3
Gas . . . . . . 85.2
- acetilene . . . 418.3
- bruciato . . . 268.4
- caldo . 104.3, 408.3
- compresso . . 267.6
- d'alti forni 155.10
- d'olio . . . . 183.8
- del forno . 359.11
- di forno a coke 108.5
- - torrefazione 87.2
- fulminante . 343.8
- illuminante . 184.6, 418.2
- occluso . . . 484.7
- ossidrico . . 343.8
- ricco d'ossigeno 375.5
- - di catrame 405.6
- sviluppato . 484.6
- tonante . . . 251.7
Gas . . . . 87.1, 103.2
- acetileno . . 418.3
- aprisionado . 484.7
- -es calientes 104.3, 408.5
- comprimido . 267.6
- de aceite . . 183.8
- de alto horno 155.10, 359.11
- - calcinación 87.2
- - combustion 268.4
- - horno de cok 108.5
- del alumbrado 184.6, 418.2
- detonante . . 343.8
- encerrado . . 484.7
- explosible . . 343.8
- incandescente 281.1

Gas oxhídrico 251.7
343.8
- que escapa . 484.6
- recalentado . 408.3
- rico en alquitrán 405.6
- - - oxigeno . 375.5
Gasa de tela . 430.6
Gaseificante . . 349.2
Gaseificare . . 253.9
Gaseificazione . 253.8
405.4
- del combustibile solido 349.1
Gaseoso . . . . 87.3
Gaseous . . . . 87.3
Gasificación . . 253.8
405.4
- del combustible sólido 349.1
Gasificador . . 349.2
Gasificar . . . . 253.9
Gasification . . 253.8
405.4
- of the solid fuel 349.1
Gasify, to . . . 253.9
Gasifying action 349.2
Gasmeter . . . 271.4
Gasogeno 268.6, 404.7
- con griglia a gradini 404.9
- doppio . . . . 405.3
- Duff . . . . . 405.1
- Morgan . . . 405.2
- Siemens . . . 404.8
Gasógeno 268.6, 404.7
- con parrillas de escalones 404.9
- doble . . . . 405.3
- Duff . . . . . 405.1
- Morgan . . . 405.2
- Siemens . . . 404.8
Gasometer . . . 271.4
Gasometro . . . 271.4
Gasómetro . . . 271.4
Gassoso . . . . 346.8
Gastake, von Hoff 312.1
Gasto, -s de análisis 227.6
- de carbono . 348.7
-s - construcción 563.5
-s - explotación 563.3
-s - fuerza motriz 168.2
-s - transporte 560.7
-s del nuevo revestimiento 578.1
-s generales . . 563.6
-s - de taller . 563.2
Gate . . 443.3.6 439.3
-, basin and . . 443.2
-, circular . . . 444.2
-, conical . . . . 443.8
-, double branch 443.9
- pin . . . . . . 443.7
- runner, circular 444.3
-, simple . . . . 443.6
- with side channels 444.1
Gateau de laitier 356.1
Gato corredizo 126.6
Gattieren . . 333.10
Gattierung . . 333.9
Gattungsnummer 34.11
Gauche . . . . 534.4
Gauchissement de l'acier 546.13
Gaufré . . . . . 26.12
Gauge . . 38.10, 179.5
- board . . . 439.12
-, full . . . . 123.10
-, narrow . . 123.11
- of wire . . . 28.1
-, stock line . . 336.1
Gauze . . . . . 199.1
Gayley's method of blast dry-air 329.2
Gayley, procédé - pour le séchage de l'air 329.2
Gayley, processo d'essiccazione 329.2
Gayley, procedimiento para secar el aire sistema 329.2
Gaz . . . . . . 87.1
- acétylène . . 418.3
- ammoniaque 108.6
- brûlé . . 87.2, 268.4
- chauds . . . . 104.3
- comprimé . . 267.8
- d'éclairage . 184.6
418.2
- de four à coke 108.5
- - grillage . . 87.2
- - haut-fourneaux 155.10
- détonant . . 343.8
- du gueulard 315.8
359.11
- emprisonné . 484.7
- enfermé . . . 484.7
- incandescent 281.1
- inclus . . . . 484.7
- réchauffé . . 408.3
- riche en goudron 405.6
- - - oxygène . 375.5
- se dégageant 484.6
Gazebeutel, Leinwand 430.6
Gazéifiant . . . 349.2
Gazéification . 253.8
405.4
- du combustible solide 349.1
Gazéifier . . . . 253.9
Gazeux . . . . 87.3
Gazogène 268.6, 404.7
- avec grille à gradins 404.9
- double . . . 405.3
- Duff . . . . . 405.1
- Morgan . . . 405.2
- Siemens . . . 404.8
Gazomètre . . 271.4
Gazoso . . . . 87.3
Géant . . . . . 126.7
Gear 406.9, 518.8, 519.1
- bed, live roller 525.5
- of teeth . . . 518.10
-, raising and lowering 456.2
Gear, to put in 520.6
-, - throw out of 520.7
- wheel . . . 455.3.4
- - moulding machine 455.2
- - - - attaching to the wall . 457.2
- - - - mounted on a column 456.5
- - - -, small . 457.4
- - - - with table 457.1
- - - - with two face plates 457.3
-, worm . . . 341.10
Gearing . . . . 518.8
-, helical . . . . 519.2
-, hollow helical 519.5
- of teeth . . 518.10
Gebäude, Verwaltungs- 149.6
Gebräuchlichkeit, -en 149.4
Gebläse 251.3, 325.3
338.8, 469.9
-, Bibus- . . . . 472.5
-breuner . . . . 343.9
-, Dampfstrahl- 469.10
-, Enckesches . 471.3
-, Gummi- . . . 197.7
-, Knallgas- . . 251.7
-, Hochdruck- . 470.1
-, Hochdruckschrauben- 471.9
-, Kapsel- . . . 471.1
-lampe . . . . . 251.6
-, Lehmannsches 471.7
-, liegendes . . 326.7
-, Martin- . . . 472.7
- mit elektrischem Antrieb 328.2
-, Präzisions- . 471.2
-, Roots- . . . . 471.1
-, Sandstrahl- . 492.9
-, Schleuder- . 317.6
470.2
-, stehendes . . 326.2
-, Tret- . . . . . 251.4
-wind . . . . . 350.2
-zylinder . . . 328.3
Gebogen . . . . 294.8
Gebrannt . . . 116.8
Gebrauchstück 33.2
-, ungeteiltes . 31.5
Gebraucht . . . 427.3
Gebühr . . . . 227.·
-, Vermittlungs- 559.3
Gebunden (chemisch) 115.4
Gediegen . . 213.10
Gefährlich, -e Temperatur 543.8
Gefälldraht . . 261.4
Gefälle . . . . 80.8
Gefältelt . . . . 47.7
Gefärbt . . . . 400.9
Gefäß . . . . . 261.2
-, Abklär- . . . 243.7
-, Belastungs- . 508.4
-, Dekantier- . 243.7
-, Gieß- . . . . 477.4
-, Kristallierungs- 243.9
-, Leitfähigkeits- 261.3
-, Quecksilber- 200.3
Gefeint 5.2, 11.3, 366.6
Geflecht, Draht- 318.2
Geflochten . . . 444.6
Gefluder . . . . 81.2
Gefüge . . . . 277.1
-bestandteil . . 277.2
- -, Neben- . . . 284.1
-, das - bloßlegen 277.4
- des Eisenerzes 58.6
-, zähes . . . . 49.10
Gefurcht . . . 460.1
Gegendruck . 523.10
-fläche . . . . . 507.6
-platte . . . . . 453.3
- -, ausschwenkbare 453.4
Gegengewicht . 310.8
- der Tür . . . 370.10
Gegenplatte . 453.3
Gegenstromkessel 153.1
Gegossen . . . 488.3
Gehackt . . . . 429.3
Gehalt . . . . . 563.4
- an Bergen . 101.10
- - Schiefer . 101.10
-, Aschen- . . . 101.9
- einer Flüssigkeit 192.7
-, Eisen- . . . . 64.7
-, Feinerz- . . . 65.1
-, Gas- . . . . . 108.2
-, Kohlenoxyd- 360.4
-, Stück- . . . . 64.9
-, verbürgter . 227.1
Gehämmert . . 25.8
Gehänge 237.5, 441.6
-, Kran- . . . . 476.3
Gehärtet . . . . 548.7
Gehäuse, Schalt- 467.1
-wandung . . 470.10
Gekörnt . 209.2, 283.3
359.4
Gekrümmt . . . 322.8
Gekühlt . . . . 296.3
Gekuppelt, direkt 170.6
-, unmittelbar . 170.6
Geländer der Gichtbühne 307.7
Gélatineux 115.5, 243.2
Gelatinoso 115.5, 243.2
Gelatinous . . . 115.4
Gelbeisenerz . 67.7
Gelbrot, -es Feld 401.5
Gelée, action de la 118.6
Gelenk . . . . . 310.7
-, Kugel- . . . . 302.1
Gelichtert . . . 39.1
Gelo . . . . . . 89.8
Gelocht . . . . 27.4
Gelungen, gut . 88.8
Gemahlen . . . 428.7
-, fein . . . . . 95.8
Gemäß . . . . 334.9
Gemäuer . . . 83.6
-, Rauh- . . . . 304.9
Gemauert . . . 83.5
Gemeinsam walzen 533.1
Gemeinschaftlich 313.9
Gemello . . . . 143.5
Gemelo . . . . 143.5
Gemenge . . . 63.6

Gemenge, Erz- . 76.3
Gemisch, physikalisches 273.2
Genau . . . . . 37.3
Genauigkeit der vereinbarten Abmessungen 37.1
Gendarme . . 292.4.10
Geneigt . 315.3, 372.4
Generación de gas 268.7
Generador . . . 404.7
-, aparato - de cloro 221.9
-, - - - gas . . 268.6
- de vapor 152.1, 178.10
Generalunkosten 563.6
Generating apparatus 268.6
Generation . . 405.5
Générateur . . 404.7
- à circulation 153.3
- - contrecourant 153.1
- - faible volume d'eau 152.7
- - foyer intérieur 154.5
- - - - avec bouilleurs transversaux 154.7
- - - - ondulé . 154.6
- - grand volume d'eau 152.8
- - plusieurs bouilleurs 154.4
- - tubes d'eau 155.3
- - - de fumée 155.1
- - vapeur à basse pression 152.6
- - - - pression moyenne 152.5
- aquatubulaire 155.3
- de vapeur . . 152.1
- horizontal . . 152.3
- vertical . . . 152.4
Generator . . . 404.7
-, Doppel- . . . 405.3
-, Duffscher . . 405.1
-, Morganscher 405.2
-, Siemensscher 404.8
-, Treppenrost- 404.9
Generator . . 170.7.8
- room . . . . . 168.8
-, turbo- . . . . 171.1
Generatore . . 178.8
-, apparato - di acido fluoridrico 222.2
- di cloro . . . 221.9
- - gas, apparato 268.6
- - vapore . . 178.10
Génératrice à vapeur 170.7
Genere di costruzione d'alti forni 287.5
Genouillère . . 505.3
Genre de construction de hautfourneau 287.5
Geöffnet . . . . 309.6
Gepaßt . . . . 39.1
Gepreßt . 23.2, 343.11
Gepulvert . . . 419.3
Geputzt . . . . 27.6
Gerade richten 534.1
Geradfaserig . 422.8
Gérard, forno . 569.7
Gérard, four . . 569.7
Gérard furnace 569.7
Gérard, horno de 569.7
Gérardscher Ofen 569.7
Gerät, maßanalytisches 191.2
-, physikalisch-chemische -e 178.1
-, Platin- . . . . 194.5
-, Porzellan- . . 193.2
Geräteglas, Jenaer 185.4
Gerätschaft, Former- 434.1
Gerb-eisen . . . 9.4
-stahl . . . . . 11.1
Gerben . 10.9, 414.8
Gerberlohe . . 429.5
Gerçure . . . . 549.1
Gereinigt 146.7, 382.6
Geriffelt . . . . 308.4
Gering . . . . 400.4
-haltig . . . . . 15.1
Gerinne, Holz- 80.7
Geröll . . . . . 64.9
Geröstet . . . 88.10
-, unvollkommen 89.1
Gerüst, Walz- . 520.9
Gesamt-analyse 223.6
-erzeugung . . 555.1
-vergrößerung 279.8
Geschichtet 46.1, 57.1
Geschlämmt . 276.10
Geschliffen . . 276.4
Geschlossen . . 103.7
Geschmeidig . 44.5
Geschmeidigkeit 44.4
Geschmiedet . 136.6
Geschmolzen . 4.4
Geschnitten . . 440.9
Geschränk, Feuer- 162.7
Geschweißt, überlappt 538.7
Geschwindigkeit, Umfang- 530.9
Gesenk, im - schmieden 503.6
Gesichtsfeld . . 279.4
Gesintert . . . 96.1
Gespreizt . . . 462.2
Gesso . . . . . 220.3
Gestaltlos . . . 215.5
Gestänge, Pumpen- 144.5
Gestanzt . . . . 478.3
Gestehungspreis 562.13
Gestein, Gang- 76.5
-, Neben- . . . . 76.5
Gestell . . 198.5, 295.6
-, C-förmiges . 498.7
-, einseitiges . . 498.7
-höhe . . . . . 295.8
-mantel . . . . 294.4
-, ovales . . . . 286.7
-weite . . . . . 295.7
Gestört, -e Lagerstätte 57.4
Gestreckt . . . 466.1
Gestreift . . . . 27.3
Gestübbe . . . 342.6
Gesund, -es Holz 422.7
-e Stelle . . . . 484.9
Geteilt . . . . . 160.5
Getriebe . 323.6, 518.8
Getrocknet . . 95.11
-, im Entfeuchter 231.11
Gettare da due lati 482.3
- in forma . . 439.13
- nelle forme . 481.4
Gettata . . . . 131.6
Getto . . . . . 31.9
- d'acciaio . . 488.2
- - elettrico . . 564.4
- d'acqua . . . 545.1
- d'aria . . . . 396.3
- di ghisa . . . 339.7
- - metallo . . 386.7
- - sabbia . . . 492.9
- - vapore . . . 158.2
Gewachsen, -er Boden 288.8
Gewalt, höhere 560.13
Gewaschen . . 102.1
Gewebe, Asbest- 200.9
-, Draht- . . . . 199.1
Gewicht, -e . . 239.3
-analytisch . . 223.9
-ausgleich . . . 521.5
-ausgleichung 523.1.3
- - durch Gewichte 523.4
- - durch Wasserdruck 524.1
-, Brutto- . . . 134.8
-, Durchschnitt- 135.5 334.11
-, Einsatz- . . . 409.8
-kasten . . . . 239.2
-, Lade- . . . . 134.7
-, Leer- . . . . 135.1
-, Netto- . . . . 134.9
-, Normal- . . . 135.4
-, Rein- . . . . 134.9
-, Roh- . . . . . 134.8
-, Soll- . . . . . 135.4
-, Spann- . . . . 137.3
-tafel, Atom- . 224.7
-, Tara- . . . . 135.1
-, theoretisches 135.2
-, totes . . . . . 135.1
-verhältnis . . 334.5
-verlust 226.10, 560.2
-, zu verrechnendes 559.10
Gewindebohrstahl 14.2
Gewinnung . . 103.8 359.12
Gewinnungsart 57.9
Gewölbe-bildung 353.5
-deckel . . . . 384.2
-, nach abwärts gezogenes 404.2
-, - der Mitte zu ansteigendes 404.3
-platte . . . . . 404.1
-, Tümpel- . . . 292.1
Gewunden . . 487.3
Geyser . . . . . 176.5
Gezähe . . . . 371.5
Gezahnt . . . . 393.2
Gezogen . . . . 88.6
Ghiaia . . . . . 147.3
Ghisa . . . . 7.3.4
- a grandi caverne 2.9
- - piccole caverne 2.8
Ghisa a struttura compatta 3.8
- - tenore composto 3.8
- - vento caldo 4.5
- - - freddo . . 4.6
- acciaiosa . . 10.6
- affinata . . . 366.6
- al carbone di legna 4.1
- - coke . . . . 4.3
- - nickel . . . 9.2
- all'antracite . 4.2
- allo stato di fusione 4.4
- basica . . . . 8.2
- Bessemer . . 8.1
- bianca . . . . 365.6
- - a faccette . 3.5
- - - struttura radiale 3.1
- - - - raggiata 3.1
- - calda . . . 2.6
- - da fonderia 7.5
- - fredda . . . 2.5
- - porosa . . . 365.4
- brillante . . . 1.3
- buona per pezzi di macchine 6.7
- calda . . . . 474.8
- cavernosa . . 2.7
- colata in sabbia 4.7
- comune . . . 1.5
- con scorie . . 6.3
- contenente nickel 9.2
- - più dell' 1 % di silicio ed una quantità arbitraria di fosforo 8.3
- da affinaggio 7.6
- - costruzioni 487.10
- - fonderia . . 6.1
- - - di media durezza 6.5
- - pudellaggio 8.5
- - tubi . . . . 488.1
- defosforata . 5.3
- del Lussemburgo 5.6
- depurata . . 5.3
- desolforata . 5.4
- di prima fusione 475.1
- - primo affinaggio 7.6
- - Siegen . . . 5.5
- - Stiria . . . 5.7
- - Svezia . . . 5.8
- dissulfurata . 5.4
- dolce da fonderia 7.5
- - per fondere pezzi di macchine 6.4
- eccessivamente riscaldata 474.9
- fabbricata a bassa temperatura 4.6
- - ad alta temperatura 4.5
- fortemente radiale 3.2
- - raggiata . . 3.2
- fosforosa . . 8.3
- fredda . . 474.11
- fucinabile . . 12.6

Ghisa grigia 1.5, 365.7
- - da fonderia 7.4
- - siliciosa . . 1.3
- grigio-chiara 2.1
- - -nera . . . . 1.4
- inglese . . . . 5.9
- malleabile 12.6. 414.4
416.2
- nera . . . . . 1.3
- ottenuta con andamento caldo 475.2
- per fondere pezzi che devono resistere agli acidi 7.2
- - - - - vanno al fuoco 7.1
- - fusione in conchiglia 6.6
- - pezzi di macchine 487.9
- povera di silicio e manganese 365.3
-, prendere la . 481.2
- proveniente dai lavatoi 358.5
- - direttamente dagli alti forni 4.4
- raffinata . . 5.2
- resistente da fonderia 6.8
- ricca di silicio e manganese 365.5
- rifusa . . . 474.12
- scozzese . . 5.10
- semitrotata . 2.4
- senza sabbia 5.1
- speciale . . . 9.1
- specolare . . 3.3
- - con forte quantità di manganese 3.7
- - grigia . . . 3.4
- - grossolana . 3.6
- - per pudellaggio 8.6
- svedese . . . 5.8
- Thomas . . . 8.2
- trotata . . . . 2.2
- - bianca . . 2.3
Giacimento . . 64.9
- a filone . . . 56.5
- di minerali di ferro 56.4
- dislocato . . 57.4
- massiccio . . 57.2
- minerale . . . 56.1
- stratificato . . 57.1
Giallo-chiaro . 547.6
- -paglia . . . . 547.7
Gicht . . 307.1, 335.8
-anzeiger . . . 336.1
-arbeiter . . . 333.1
-aufzug . . . . 329.8
- - mit Seilscheibenantrieb 330.8
-beförderung . 86.1
-belag . . . . . 307.6
-, Brennstoff- . 335.3
-brücke . . . . 308.1
-bühne . . . . 307.5
-ebene . . . . . 307.4
-, Erz- . . . . . 335.2
-flamme . 360.6, 468.1
-gas . . . 315.7, 359.11
- -wärme . . . 346.5
-, geschlossene 309.5
-karren . . . . 332.1
Gicht-öffnung . 307.3
-satz, Roheisen- 473.9
-schwamm . . . 361.2
-seilbahn . . . 331.8
-staub . . . . . 316.1
- -verminderung 97.2
-temperatur . . 351.2
-verschluß . . . 309.4
- -, amerikanischer 311.7
- -, doppelter . 313.3
- -, geöffneter . 309.6
-zacken . . . . 364.8
Gichten . 333.4, 335.1
Gieß-bett . . . 340.1
-fertig . . . . . 448.1
-gefäß . . . . . 477.4
-grube . . . . . 475.8
- -, halbkreisförmige 475.9
-halle . . . . . 339.4
-kran . . . . . 476.2
- - mit selbsttätiger Kippvorrichtung 479.6
-laufkatze . . . 476.3
-löffel, Hand- . 477.5
-maschine . . . 340.8
-pfanne . 341.6, 477.8
- -, gestanzte . 478.3
-pfannenwagen 477.3
-rad . . . . . . 341.4
-temperatur . . 482.2
-wagen . 476.1, 477.1
Gießen, aufrecht 482.8
-, aus der Schnauze 481.5
- des Eisens . . 481.1
-, durch den Stopfen 481.6
-, von zwei Seiten 482.3
Gießerei . . . . 475.6
-eisen, zähes . 6.8
-flammofen . . 465.9
-koks . . . . . 107.4
-kupolofen . . 466.6
-kuppelofen . . 466.6
-roheisen . . . 6.1
- -, mittelhartes 6.5
- -, weiches . . 6.4
Gilchrist, Thomas- - -Verfahren 397.8
Gin, forno . . . 569.6
Gin, four . . . 569.6
Gin furnace . . 569.6
- steel furnace 569.6
Gin, horno de . 569.6
Ginofen . . . . 569.6
Giogo circolare 238.3
Giorno, scavo a 58.2
Gips . . . . . . 208.1
Girar . . . . . 393.8
- el lingote . . 529.2
Girare a vuoto 530.11
- il convertitore 392.4
- - lingotto . . 529.2
- - pezzo . . . 503.9
Giralingotti . . 525.7
Girasol, papel rojo de 212.10
Girato . . . . . 323.9
Giratorio . 95.3, 297.9
Girder . 20.7, 308.2
- pass . . . . . 517.6
- stores . . . . 130.8
Girella di base 137.2
Girevole . . . . 121.5
Girevole su carrello 478.6
Giro . . . . . . 51.8
- del convertidor 392.4
Girod, forno . . 567.5
-, four . . . . . 567.5
-, furnace . . . 567.5
-, horno de . . 567.5
Girodofen . . . 567.5
Gisement . . . 56.1.5
- de minerai de fer 56.4
- en amas . . . 57.2
- sédimentaire 57.3
- stratifié . . . 57.1
Git . . . . 439.3, 443.3
Gite de minerai de fer 56.4
- disloqué . . . 57.4
Gitter-artig . . 525.4
-, Gußeisen- . . 321.5
Giudizio dai dati esterni 35.2
Giunto . 293.4, 305.11
310.7, 519.7, 520.6
- a frizione . . 520.5
- - guarnizione 471.6
- - tenuta 405.8, 470.9
- d'imposta . . 293.3
- di dilatazione 324.8
- - - Lürmann 306.2
- idraulico . . 313.4
- per tubo flessibile 184.2
- sferico . . . 302.1
Giuoco . . 37.4, 520.3
- della ghisa . 483.1
- di modelli per formare una puleggia 451.7
Giurato, chimico 174.2
Glace du fond de la balance 237.2
Glaise . . 427.10, 428.8
Gland . . . . . 507.4
Glanz-eisen . . . 1.3
-, Eisen- . . . . 66.7
Glas-artig . . . 554.6
-, Batterie- . . . 265.7
-, Becher- . . . 187.6
-, Einschmelz- . 252.7
-fluß . . . . . 554.6
-, gefärbte Gläser 400.9
-gerät . . . . . 185.1
-glocke . . . . 189.3
-hahn . . . . . 190.5
-, Hart- . . . . 185.7
-, Jenaer Geräte- 185.4
-hart . . . . . 488.6
-härte . . . . . 543.1
-kasten . . . . 189.2
-, Kobalt- . . . 235.9
-kopf, roter . . 66.5
-papier . . . . 203.2
-, Patenttropf- . 185.5
-platte . . . . 189.4
- -, geschliffene 276.4
-, Probe- . . . 234.1
-, Prüf- . . . . 186.1
-pulver . . . . 203.3
-, Reagenz- . . 186.1
-röhre . . . . . 190.6
-stab . . . . . 190.7
-wanne . . . . 189.2
-, Webersches . 185.8
Gläschen, Deck- 189.6
Glaseado . . . . 1.3
-, quedar . . . 118.10
Glasig . . . . . 358.1
- werden . . 118.10
Glass . . . . . 185.9
- bell . . . . . 189.3
- box . . . . . 189.2
- bead tube . . 189.9
- cock . . . . . 190.5
-, coloured -es 400.9
- cover . . . . 189.6
-, Jena . . . . 185.4
- -flask, Erlenmeyer 186.6
- hard . . . . . 488.6
-, hard . . 185.7, 187.7
- hardness . . . 543.1
- paper . . . . 203.2
- plate . . . . . 189.4
- plate, cut . . 276.4
- -, uranium . 189.5
- powder . . . 203.3
- rod . . . . . 190.7
- tube . . . . . 190.6
- ware . . . . . 185.1
-, Weber's . . . 185.8
Glätten, die Gußformen 487.1
Glattwalze . . 514.1
Gleichgekörnt . 75.4
Gleichgewicht, Dissoziations- 262.10
-, im - stehen . 274.9
Gleichgewichtszustand 345.7
Gleichmäßig . 328.9
Gleichschwer . 75.5
Gleichstrom-anlage 166.3
-kessel . . . . . 153.2
Gleichwertig . 257.7
Gleichzeitig . . 168.5
Gleichung . . . 345.6
-, Verbindungs- 226.3
-, Zustands- . . 258.6
Gleis, Anschluß- 123.9
-hammer . . . 497.4
-, Haupt- . . . . 123.7
-, Neben- . . . . 123.8
-wage . . . . . 134.1
Gleiten, abwärts 335.9
Glimmer-brille 253.3
-, Eisen- . . . . 66.6
-platte . . . . . 301.5
Glissant . . . . 162.3
Glissement 51.4, 84.2
Glissoir . . . . 132.2
Globulillo, -s de hematites parda 67.1
Glocke . 309.9, 314.1
-, Glas- . . . . . 189.3
-, Luftpumpen- 178.3
- nach Hutter . 407.2
Glocken-förmig 309.10
-mühle . . . . 78.7
-winde . . . . 314.5
Glove . . . . . 198.4
Glow lamp . . 172.2
Glowing . . . . 250.6
Glue . . . . . . 419.7
-, to . . . . . . 423.4
Glüh-frischen . 414.4
-hitze . . . . . 86.10
-kolben . . . . 187.8
-lampe . . . . . 172.2

Glüh-mittel . . 415.5
-ofen 95.2, 385.5, 528.3
- -, Schacht- . . 541.3
-ring . . . . . 252.6
-schiffchen . . 253.1
-span . . 414.5, 532.8
- -schicht . . . 414.6
-topf . . . . . . 415.2
Glühen . 250.6, 374.3
-, aus- . . . . . 528.4
Glühend bleiben 486.5
Glut, Rot- . . 86.11
Gobelet . . . . 187.6
- en porcelaine 194.3
- - verre dur . 187.7
Goccia . . . . . 242.8
- segregata . 483.10
Godet . . . . . 139.9
- à fusion . . . 253.1
Goggles . . . . 198.1
Going . . . . . 532.4
Gola . . . . . . 539.1
Gold . . . . . . 219.9
Golpe . . 41.7, 434.9
Golpear . . . . 463.9
Goma 197.5.6.7.8.9, 546.4
Gomito . 301.1, 310.7 320.3, 505.3
Gomma 197.1, 546.4
Gondolé . . . . 534.7
Gooch, crisol de 246.3
Gooch, creuset de 246.3
Gooch's crucible 246.3
Gooch, imbuto di 246.3
Goochscher Tiegel 246.3
Gordo . . . . . 19.1
Gorge . . . . . 539.1
Gosse . . . . . 340.2
Gota á gota . . 242.8
- segregada . 483.10
Gotear . . . . . 474.4
Gotera segregada 483.10
Goudron . . 71.1, 95.9
-, riche en . . . 405.6
Gouge . . . . . 504.7
Goujon, assembler par -s 442.9
Goutte . . . . . 242.8
Gouttelette, -s de fonte 474.4
- séparée par liquation 483.10
Gouttière à secousse 102.5, 433.2
- de transporteur 139.5.6
- mobile à racloirs 433.3
- oscillante . . 433.4
- transporteuse 139.5
Governor . . . 328.5
Grab . . . . . . 129.2
-, automatic . . 129.1
- gear . . . . . 128.1
Graben . . . . 340.2
-, auf- . . . . . 438.8
Grad, Härte- . 543.5
Grada . . . . . 148.6
Grade . . . . . 32.2
-s of iron . . . 17.11
Gradierwerk . 148.6
Gradin, à -s . . 518.1
Gradin, grille à -s 85.1
Grading . 64.9, 100.8
- by sifting . . 65.2
Gradino, a -i . 518.7
-, griglia a -i . 85.1
Grado d'acidità 357.2
- di carburazione 348.6
- - dissociazione 253.5
- - - d'una soluzione 259.3
- - durezza . . 53.10
- - qualità . . 32.2
- - tempera . . 543.5
Grado de calidad 32.2
- - carburación 348.6
- - disociación 253.5
- - - de una disolución 259.3
- - dureza . . . 53.10
- - silicatación 357.2
- - temple . . . 543.5
Graduación 39.7, 281.8 522.7
- de la presión hidráulica 508.1
- del tiro . . . 417.1
Graduado 38.7, 269.6
Graduated 191.4, 269.6
Graduation . . 148.6
Graduato . . . 185.9
Gradué . . . . 185.9
Grafite . 103.10, 214.11
- lavata . . . . 382.6
-, povero di . . 215.5
- purificata . . 382.6
-, ricco di . . . 215.4
Grafitico . . . . 215.2
-, non . . . . . 215.3
Grafítico . . . 215.2
-, no . . . . . . 215.3
Grafito . 106.10, 214.11
- de retorta . . 107.4
- depositado antes de la solidificación 215.6
- lavado . . . . 382.6
-, pobre en . . 215.5
-, rico en . . . 215.4
Grain 63.5, 231.3, 369.7
-, hard . . . . 548.13
-, open - pig . 2.7
-, quartzy -s . 115.7
-, with -s of equal size 75.4
Grain . . 9.10, 379.7
-, à gros . . . . 45.5
- d'acier diamant 548.13
- - dur . . . 548.13
-s de fer . . . 376.11
- - - englobé . 358.4
-s - sable . . . 427.4
-, en -s . . . . 209.2
- fin . . . . . . 283.2
- -, à . . . . . . 45.4
-, grosseur de . 100.8
-, à - homogène 75.4
-s quartzeux . . 115.7
Grained, close . 2.8
-, coarse . . 9.10, 45.5
-, compact . . . 3.8
-, fine . 2.1, 10.1, 45.4
-, straight . . . 422.8
-, very open . . 2.9
Graissage, appareil de - du câble 187.7
Graisse . 546.7, 553.3
- de palmier . 553.4
Graisser . . . . 383.4
Gram molecular volume 225.8
- - weight . . . 225.7
- molecule . . . 225.5
Gramion . . . . 260.7
Gramión . . . . 260.7
Gramm-äquivalent 260.2
- -Molekül . . 225.5
- - -gewicht . . 225.7
- - -volumen . . 225.8
-ion . . . . . . 260.7
Gramme equivalent 260.2
- ion . . . . . . 260.7
- molecule . . . 260.6
Gramme-équivalent 260.1
- -ion . . . . . 260.7
- -molécule . 255.5.7 260.6
Grammo-equivalente 260.2
- -ione . . . . 260.7
- -molecola . . 260.6
Grammol . . . 260.6
Gramo-equivalente 260.1.2
- -molécula . . 260.6
Grana . . 9.10, 379.7
- d'acciaio duro 548.13
- di ghisa . . . 491.8
- fina, a . . . . 45.4
- grossa, a . . 45.5
Granalla de fundición 491.8
- - hierro . . . 565.8
Granat . . 72.8, 239.5
Granate . 72.8, 239.5
Granato . 72.8, 239.5
Grandeur de l'intensité 257.3
- - la capacité 257.4
Grandezza dell'intensità 257.3
- della capacità 257.4
Granello, -i di ferro 376.11
Granit . . . . . 111.7
Granite . . . . 111.7
Granito . . . . 111.7
Grano . . . . . 67.5
-i di sabbia . . 427.4
Grano . . 9.10, 379.7
-s cuarzosos . 115.7
-s de arena . . 427.4
-s - acribadura 63.5
-s - hematites parda 67.1
-s - hierro . . 376.11
-s - - encerrados 358.4
-, de - homogéneo 75.4
- del acero diamante 548.13
- - - duro . . 548.13
- fino . . . . . 283.2
- fino, de . . . 45.4
Grano grueso, á 45.5
- puntiagudo . 426.6
Granulación . . 359.2
Granulado 45.3, 101.4 283.3
-, finamente . . 45.4
-, toscamente . 45.5
Granular . 45.3, 359.3
Granulare 45.3, 359.3
- il quarzo . . 115.8
Granulate, to . 359.3
Granulated . . 209.2 359.4
Granulation . . 359.2
Granulato 209.2, 283.3
-, finamente . . 45.4
-, grossamente . 45.8
Granulazione . 359.2
Granulé . . 45.3, 359.4
-, finement . . . 45.4
-, grossièrement 45.5
Granuler . . . 359.3
Granulieren . . 359.3
Granulierung . 359.2
Granulo, -i di ferro trasportato 358.4
Grapa . . . 24.6, 392.9
- de sujeción . 24.5
Grapelike . . . 107.2
Graphit . . . 214.11
-ablagerung . 106.10
-arm . . . . . . 215.5
-ausscheidung 214.12
-, gereinigter . 382.6
-hitzemesser . . 351.7
-pyrometer . . 351.7
-reich . . . . . 215.4
-, Retorten- . 117.11
-staub . . . . . 430.3
-tiegel . . . . . 382.5
-, Vergaser- . 117.11
-wasser . . . . 430.9
Graphite 106.10, 117.11 215.7
- crucible . . . 382.5
-, poor in . . . 215.5
-, powdered . . 430.3
- pyrometer . . 350.7
-, refined . . . . 382.6
-, rich in . . . 215.4
-, washed . . . 382.6
- water . . . . 430.9
Graphite 106.10, 214.11 215.7
- de cornue . 117.11
- déposé avant la solidification 215.6
- lavé . . . . . 382.6
-, pauvre en . . 215.5
-, riche en . . . 215.4
Graphitic . . . 215.2
-, non- . . . . . 215.3
Graphitique . . 215.2
-, non . . . . . 215.3
Graphitisch . . 215.2
Grappe . . . . 107.2
Grappin 128.1.2, 129.1
Grappolo . . . 107.2
Gras . . . . . . 99.2
Grasa . . 546.7, 553.3
Graso . . 99.2, 116.10
Grasso 99.2, 428.9, 546.7
-, carbone . . . 99.7
Grat . . . 489.7, 534.10
-einguß . . . . 444.3

Grata circular para limpiar fundición 491.3
- doble de alambre 491.2
Grate 85.1, 159.7, 367.10
- area . . . . . 159.8
- -, total . . . 160.1
- -, useful . . . 160.2
- bar . . 160.3.8, 446.8
-, continuous charging 161.7
- cooling . . . 162.5
-, economical . 160.9
- firing . . . . 368.1
- -, simple . . . 336.5
-, fixed . . . . . 161.9
-, flat . . . . . 160.7
-, horizontal . . 160.7
- in one section 160.4
-, inclined . . . 161.2
-, long . . . . . 160.6
-, multistage . . 161.8
- opening . . . 160.3
-, sectional . . 160.5
-, stationary . . 161.9
-, stepped 161.5, 404.9
- with external water cooling 162.6
Graticcio . . . 383.8
- di legno . . . 317.1
Graticola 159.7, 384.3
Graticolato costruito in ferro 446.8
Grattare . . .. . 354.2
Gratter . . . . 354.2
Grattoir . . . . 78.6
- double en fil d'acier 491.2
Grau-guß . . . 7.4
-es Roheisen . 1.5
-spiegel . . . . 3.4
Graupe . . . . 63.5
Gravier . . . . 147.3
Gravilla . . . . 147.3
Gravimetric . . 223.9
Gravimetrico . 223.9
Gravimétrique 223.9
Gravimetrisch . 223.9
Gray, silvery . 1.3
Grease . . . . . 546.7
Greda . . . . . 429.7
Green wood charcoal 418.9
Greggio . . . . 9.7
- di laminazione 534.3
Greif-bagger . 129.1
-kran . . . . . 128.1
Greifen, selbsttätiges 527.2
Greifer . . . . 129.1
-betrieb . . . 128.7
-kübel . . . . . 129.2
Grélasson, -s . 101.1
Grélat, -s . . . 101.1
Grell, -es Roheisen 2.5
Grenaille à tarer 239.6
-s de criblage . 63.5
- - fonte . . . 491.8
Grenat . . . . 72.8
- de Bohème . 239.5
Grenu . . . . . 283.3
Grenz-leitfähigkeit des Elektrolyten 260.9
-wert . . . . . 32.8
Grenze, Dissoziations- 253.7
-, Zerfall- . . . 253.7
Gres . . . . 114.3.4
Grès . . . . . 114.3.5
- bigarré . . . 114.5
- houiller . . . 114.6
- rouge . . . . 114.3
Grezzo . . . . 10.6
Grid . . . . . 140.10
- bearer . . . 368.2
-, cast iron . . 321.5
Grieskohle . . 101.3
Grieta 36.3, 386.8, 413.6 428.10, 483.2.11, 549.11
- de laminación 35.8
- en la superficie 36.6
- longitudinal . 36.5
-, sin -s . . . . . 36.2
- transversal . 36.4
Griffe . . . . . 128.1
- à poche de coulée 478.5
- automatique . 129.1
- d'attaque . . 519.9
- de serrage . . 24.5
Grifo . . . 183.9, 500.1
- de Daniell . . 252.1
- - tres vías . . 190.2
- - unión . . . 190.1
- - vidrio . . . 190.5
- esférico . . . 191.5
- - de Boecker 301.11
- refractario . . 407.5
- regulador . . 192.3
Grigio di zinco 551.12
Griglia . . 159.7, 160.1
- a caricamento continuo 161.7
- - catena . . . 157.5
- - cilindro . . 157.6
- - crivello . . 161.1
-, a forma di . . 525.4
- - gradini 85.1, 161.5
- - piani . . . . 161.6
- - scorrimento 162.6
- - scosse . . . 157.7
- di ghisa . . . 321.5
- - più sbarre . 160.5
- economica . . 160.9
- fissa . . . . . 161.9
- in una sola sbarra 160.4
- inclinata . . . 161.2
- lunga . . . . 160.6
- mobile . . . . 162.1
- orizzontale . 160.7
- oscillante . . 162.3
- per pesci . 140.10
- - scorie . . . 162.2
Grillage . . . 82.7.8.9
- bien réussi . 88.8
- de sulfatation 82.5
- défectueux . 88.9
- des minerais de fer 81.4
- en meules . . 83.1
- - stalles . . . 83.3
- - tas . . . . . 83.1
-, faible . . . . 250.6
-, installation de 82.8
- oxydant . . . 82.1
- propre . . . 88.8
Grille . . 156.8, 159.7
- à chaine . . . 157.5
- - chargement continu 161.7
- - étages . . . 161.6
Grille à gradins 85.1, 161.5, 404.9
- - plusieurs panneaux 160.5
- - poisson . 140.10
- - rouleau . . 157.6
- - ruissellement 162.6
- - scories . . . 162.2
- - secousses . 157.7
- - un seul panneau 160.4
- coulissante . 162.3
- déplaçable . . 162.1
- économique . 160.9
- en fonte . . . 321.5
-, - forme de . 525.4
- - rails de fer 446.8
- fixe . . . . . 161.9
- glissante . . 162.3
- horizontale . 160.7
- inclinée . . . 161.1
- longue . . . . 160.6
- mobile . . . . 162.1
- non subdivisée 160.4
- qu'on peut mouvoir 162.1
- subdivisée . . 160.5
- -tamis . . . . 161.1
Grillé . . . . . 68.9
Griller . . . . . 82.6
Grind, to . . . . 492.2
-, - - finely . . 275.5
-, - - roughly . 275.4
Grinder . . . . 229.9
-, cast iron . . . 229.7
Grinding 275.2, 432.3
- bench . . . . 492.3
- board . . . . 276.3
-, coarse . . . . 76.8
- emery . . . . 275.9
-, fine . . . . . 76.9
- machine 77.2, 432.1
- -, overhead . 492.7
- material . . . 275.7
- path . . . . . 78.3
- plate, cast iron 229.6
- surface, clean 277.5
Grip, to - the ingot 528.9
-, - - the piece 531.6
Gripping action, automatic 128.7
- device . . . . 528.2
Gris de cinc . 551.12
Gris de zinc . 551.12
Grist . . . . . . 432.2
Grit . . . . . . 114.6
Grob . . . . . . 230.6
-blech . . . . . 26.3
-eisen . . . . . 19.1
- -straße . . . . 511.3
-kessel . . . . . 553.6
-korneisen . . . 9.10
-körnig . . . . 45.5
-schleifen . . . 275.4
-sieb . . . . . . 230.6
-spiegel . . . . 8.6
-strecke . . . . 511.3
-zerkleinerung 76.8
-zug . . . . . . 536.6
Groenwall, Lindblad and Stalhane, electric hearth furnace 570.3
- - - - shaft furnace 571.4
Groenwall, Lindblad et Stalhane, four électrique à sole de 570.3
- - - -, haut-fourneau électrique de 571.4
Groenwall, Lindblad e Stalhane, alto forno elettrico di 571.4
- - - -, forno elettrico a suola di 570.3
Groenwall, Lindblad y Stalhane, alto horno eléctrico 571.4
- - - -, horno eléctrico de solera de 570.3
Grönwall, Lindblad und Stalhane, elektrischer Herdofen von 570.3
- - - -, elektrischer Hochofen von 571.4
Groove . 35.9, 305.11 423.7, 504.4, 514.5 518.2
-, annular . . . 568.5
-, longitudinal . 460.2
Grooved . . . . 514.4
Groppo . . . . 402.1
Gros fers . . . 19.1
-, proportion de 64.9
- train . . . . . 511.3
Groß-bessemerei 387.5
-koks . . . . . 107.9
-luckig . . . . 2.9
-stückig . 100.9, 108.1
-wasserraumkessel 152.8
Grosse tôle . . 26.3
Grosseur . . . . 65.2
- d'œuf . . . . 231.5
- de noisette . 231.7
- - noix . . . . 231.6
- - poing . . . 231.4
- du charbon . 100.8
- - grain . . . 231.3
Grossezza . . . 65.2
- d'uovo . . . . 231.5
- del filo di ferro 28.3
- - grano . . . 231.3
- di nocciuola . 231.7
- - noce . . . . 231.6
- - pugno . . . 231.4
Grossissement . 279.6
- à la distance de la vue distincte propre 279.7
- obtenu par l'objectif 279.7
- total à la distance de la vue distincte 279.8
- utile . . . . . 279.9
Grossolano . . 3.6
Ground . . . . 288.6
-, over . . . . . 427.1
- water . . . 289.12
Group of atoms 224.9
- - lines . . . . 401.4
- - machines . 170.3

Groupe d'atomes 224.9
- de machines 170.3
- - raies . . . . 401.4
Gru . . . 125.6, 129.6
- a braccio . . 125.7
- - cavalletto . 125.8
- - magnete . . 129.5
- - mensola . . 127.1
- - ponte . . . 126.5
- - portico . . 126.3
- - tanaglia per lingotti 526.5
- - torre girevole 126.7
- - vapore . . . 127.2
- con scavatore automatico 128.1
- - tanaglia da presa 528.2
- da deposito . 129.4
- - fonderia con dispositivo di rotazione automatico 479.6
- - muro . . . 125.9
- di colata . . 476.1
- - trasbordo a cavalletto 127.5
- fissa a vapore 127.3
- girevole . . . 126.2
- - mobile . . . 127.7
- indipendente 126.1
- mobile a cavalletto 126.4
- - - vapore . . 127.4
- - - - per scarico di navi 127.6
- per caricare i lingotti 528.7
- - - le cassette 410.7
- - colata . . . 476.2
- - estrarre i lingotti dalle lingottiere 526.2
- - fonderia . . 476.2
- - il trasporto dei lingotti 526.6
- - infornare le cassette 410.7
- radiale . . . 476.4
- scorrevole pei forni di riscaldamento 527.7
Grúa . . . 125.6, 129.6
- aislada . . . . 126.1
- caballete de transbordo 127.5
- con tenazas . 526.5
- corredera . . 126.5
- de aguilón . 125.7
- - almacén . . 129.4
- - colada . . . 476.1
- - - con disposición automática de báscula 479.6
- - consola . . 127.1
- - dedos prensores 528.2
- - imán . . . . 129.5
- - pared . . . 125.9
- - pescante . . 125.7
- - puerta fundida en una pieza 370.9
- - vapor . . . 127.2
- - - fija . . . . 127.3
- - - móvil . . 127.4
Grúa de vapor móvil para descargar los buques 127.6
- - - rodante . 127.4
- -draga . . . . 128.1
- escavadora . 128.1
- fija de caballete 125.8
- giratoria . . 126.2
- - central . . 476.4
- - de torre . . 126.7
- - móvil de via alta 127.7
- independiente 126.1
- móvil . . . . 126.5
- mural . . . . 125.9
- para cargar . 410.5
- - - lingotes . 528.7
- - el transporte de los lingotes 526.6
- - enhornar lingotes 528.7
- - - los moldes 406.7
- - fundición 476.2.3
- - los hornos de recalentamiento 527.7
- - sacar los lingotes de los moldes 526.2
- -portal . . . . 126.3
Grube, Ausgleich- 527.5
-, Durchweichungs- 527.5
-, Eisenerz- . . 57.8
-, Gieß- . . . . 475.8
-, Steinkohlen- . 100.5
-, Wärme- . . . 527.5
Gruben-klein . 62.9
-schiene . . . . 22.9
Grue . . 125.6, 126.6
- à aimant porteur 129.5
- - console . . 127.1
- - crochet magnétique 129.5
- - démouler . 526.2
- - flèche . . . 125.7
- - grappin . . 128.1
- - griffe . . . 128.1
- - lingots pour pits 527.7
- - mâchoires . 128.1
- - portique . . 126.3
- - vapeur . . . 127.2
- avec pince à lingots 526.5
- - poinçon et pince d'accrochage 528.2
- chevalet de transbordement 127.5
- d'applique . . 125.9
- d'enfournement des lingots 528.7
- - - récipients 410.7
- de chargement 410.5
- - - des lingots 528.7
- - - - récipients 410.7
- - coulée . . . 476.2
- - - à bascule automatique 479.6
Grue de dépôt 129.4
- - magasin . . 129.4
- - transvasement 476.2
- dragueuse . . 128.1
- fixe à chevalet 125.8
- - - portique . 125.8
- - - vapeur . . 127.3
- isolée . . . . 126.1
- -mouton . . . 464.1
- murale . . . 125.9
- pivotante . . 126.2
- - centrale . . 476.4
- - et roulante supérieure 127.7
- - géante . . . 126.7
- roulante à vapeur 127.4
- - - - pour le déchargement des bateaux 127.6
Grueso . . . 87.5, 57.7
- del grano . . 100.8
Grumeau, -x d'hématite brune 67.1
Grund-lage . . 65.7
-mauer . . . . 288.5
-platte aus Spiegelglas 237.2
-riß . . . . . . 287.8
-stoff . . . . . 213.6
-wasser . . . . 289.1
- -gewinnung . 141.1
- -spiegel . . . 289.2
Grundierung . 551.6
Grünsteinschiefer 111.6
Grupo de máquinas 170.3
- - rayas . . . 401.4
Gruppe, Kessel- 154.1
-, Koksofen- . . 103.9
Gruppo di atomi 224.9
- - linee . . . . 401.4
- - macchine . 170.3
Grus-kohle . . 101.4
-, Kohlen- . . . 101.4
Gualcito . . . 47.6
Guante de asbesto 201.4
- - goma . . . 198.4
Guanto d'amianto 201.4
- di gomma . . 198.4
Guarantee . . . 30.3
Guaranteed . . 227.1
Guard . 197.11, 519.3 524.5.8
- plate . . . . . 388.3
- rail . . . . . 23.6
Guardare le tubiere 342.9
Guardia . 23.5, 492.5 524.8
- medica . . . 150.5
Guardia . . . . 556.9
Guarnición . . 325.1
- del bastidor . 521.4
Guarnitura . . 521.4
Guarnizione . . 325.1 343.3, 471.6
- a manicotto . 507.1
- ad angolo . . 507.1
- - U . . . . . 507.3
- di anelli di cuoio 506.6
Gueulard 86.1, 307.1.2
- fermé . . . . 309.5
- ouvert . . . . 309.6
Gueule du moule 443.3
Gueuse 1.1, 339.9, 463.7
- intermédiaire 340.3
Gueuset . 339.9, 340.1 463.7
Guía, -s 442.8, 524.8
- de porta-modelo 456.2
- del crisol . . 479.7
- segura . . . . 442.7
Guida . . 442.8, 524.7
- degli elettrodi 567.8
- del portasagoma 456.2
- in ghisa per porta 370.9
- per la secchia 479.7
- sicura . . . . 442.7
Guidage . . . 442.7.8
- de la poche . 479.7
- venu de fonte 370.9
Guide . . 479.7, 524.7
- bar, cast-on . 370.9
- pin . . . . . . 448.6
- roller . . . . 187.2
-, safe . . . . . 442.7
Guide . . . . . . 524.7
- du portesegment 456.2
Guidé, marteau 497.14
Guija . . . . . 72.6
Gummi . . . . 546.4
-ball . . . . . . 197.7
-faden . . . . . 197.8
-fahne . . . . . 197.9
-finger . . . . . 198.3
-gebläse . . . . 197.7
-handschuh . . 198.4
-, Hart- . . . . 202.1
-kappe . . . . . 198.2
-platte . . . . . 195.5
-schlauch . . 197.10
-stopfen . . . . 197.6
-stöpsel . . . . 197.6
Gurt . . . . . 490.12
-förderer . . . 188.4
-transporteur . 188.4
Gürtel . . . . . 295.5
Guß, aufsteigender 482.5
-block . . . . . 485.9
-, der - mißlingt 488.11
-, den - putzen 489.5
-, Eisen- . . . . 3.4
Gußeisen . . . 7.3
-, Bestmaschinen- 6.7
- erster Schmelzung 475.1
-gitter . . . . . 321.5
-kranz . . 84.5, 294.5
-, Qualitätsmaschinen- 6.7
-säule . . . . . 84.4
-scheibe . . . . 523.8
-, schmiedbares 12.6
-, Sonder- . . . 9.1
-, Spezial- . . . 9.1
-splitter . . . . 464.8
-, Temper- . . . 7.5
Guß-eisern . . . 321.6
-fehler . . . . 489.10

Guß, feuerbeständiger 7.1
-feile . . . . . 491.5
-form, die - -en besprengen 341.2
- -, die - -en glätten 437.1
- -, einmalige . 438.4
- -, verlorene . 438.4
-, Grau- . . . . 7.4
-haut . . . . . 486.8
-loch, die Gußlöcher verstopfen 494.2
-naht, die - - entfernen 489.6
Guß-narbe . . . 490.2
-putzbürste . 490.10
-, Roheisen- . . 7.4
-satz . . . . . . 31.9
-, säurebeständiger 7.2
-schaden . . . 490.4
-schale . . . . 340.6
-, schmiedbarer 12.6, 416.2
-schrot . . . . 491.8
-spannung . . . 488.8
-stahl . . . . . 11.7
- -blech . . . . 25.10
- -drahtbürste mit Handgriff 490.11
Guß-stück 423.1, 486.9
- -, volles . . . 487.1
-, Tangential- . 482.6
-, Temper- . 7.5, 12.6
-, Weich- . . . . 7.5
-, Zentrifugal- . 482.7
Gut, Aufbereitungs- 74.4
-, eisenoxydhaltiges 370.4
-, hältiges . . . 75.2
-, Röst- . . . . 82.6
-, unhältiges . . 75.3
-, verhüttbares 74.5
Gutapercha . . 197.2
Güte-stufe . . . 32.2
-vorschrift . . . 32.1
Guttaperca . . 197.2
Guttaperchaflasche 197.4
-gerät . . . . . 197.2
-papier . . . . 197.3
Guttapercha . . 197.2
Guttapercha bottle 197.4
- sheet . . . . . 197.3
- ware . . . . . 197.2
Gutter . . . . . 395.8
Gypse . . . . . 220.3
Gypsum . . . . 220.3

# H.

H-Eisen . . . . 20.9
H-iron . . . . . 20.9
Habitación para obreros 151.2
Habitation ouvrière 151.2
Haché . . . . . 429.3
Hachurer en noir 424.10
Hack, to . . . . 438.8
Hafen-geld . 561.11
-, Verschiffungs- 561.10
Haft-intensität der Ionen 264.7
-stärke der Ionen 264.7
Hahn . . . . . 183.9
-, Daniellscher . 252.1
-, Dreiweg- . . 190.2
-, feuerfester . . 407.5
-, Glas- . . . . . 190.5
-, Quetsch- . . . 192.4
-, Regulier- . . 192.3
-steuerung . . 500.1
-, Verbindungs- 190.1
-verschluß . 301.11
Hair . . . . . . 429.2
Haire . . . . . 364.5
Haken . . . . . 342.3
-eisen . . . . . 29.3
-nagel . . . . . 24.6
-platte . . . . . 24.4
Halb-fett . . . . 99.4
-geschlossen . 103.5
-kreisförmig . 475.9
-rund . . . . . 19.6
-weißes Roheisen 2.5
-zeug . . . . . 18.1
Halbiert, -es Roheisen 2.3
-, schwach . . . 2.4
-, stark . . . . 2.2
Halde, Schlacken- 356.3
Halde . . 62.10, 356.3
Haldenerz . . . 62.10
Half . . . . . . 424.2
- finished . . . 18.1
Hall . . . . . . 421.2
Halle, Dolomit- 118.2
-, Gieß- . . . . 339.4
Halle de coulée 339.4
- - mélange . . 334.7
- - moulage . . 421.2
Halle de moulage à double travée 421.3
- des convertisseurs 388.1
- - cornues . . 388.1
- - mélangeurs 389.3
Hals . . . . . . 390.1
Haltbar . . . . 475.4
Haltbarkeit 32.4, 89.5, 413.2
Haltepunkt, -e 272.9
Halter, Filter- . 244.8
-, Kohlen- . . . 235.4
Hältig . . . . . 75.2
Haltigkeit, Schneid- 32.5
Hämatit . . 6.2, 66.8
-eisen . . . . . 6.2
Hammer-anlage 495.1
-, atmosphärischer 501.2
-bahn . . . . . 502.9
-, Dampf . . . . 377.3
-, den - prellen 502.2
-finne, mit der - - quer zur Walzrichtung schmieden 52.8
-, Gleis- . . . . 497.4
-hütte . . . . . 495.1
-kolben . . . . 499.2
-kopf . . 495.5, 502.8
-, Kurbel- . . . 500.9
-, Luft- . . . . . 501.2
- Luftdruck . . 501.3
-, Modell- . . . 435.7
-, Parallel- . . . 497.4
-, pneumatischer 501.2
-, Preßluft- . . 491.4
-, Rahmen- . . . 497.4
-, Reibungs- . . 497.5
-schlag . . . . 112.5
-, Schwanz- . . 497.1
-steuerung . . 499.3
-, Transmissions- 501.1
-, Wickel- . . . 497.7
-, Wipp- . . . . 497.3
-, Zuschlag- . . 463.9
Hammer . . . . 52.8
-, belt driven . 501.1
-, compressed air 501.3
- cylinder . . . 501.6
Hammer face . 502.9
-, hydraulic . . 495.2
- mark . . . . 504.1
- operated by a crank 500.9
- piston . . . . 499.2
-, pneumatic . . 491.4
- scale . . 112.5, 414.5
- shop . . . . . 495.1
-, to . . . 52.6, 503.5
-, - cold . . . . 548.6
-, - let the - rebound 502.2
-, - hammer the bloom 377.1
-, - - - tube during the hydraulic test 55.2
- valve gear . . 499.3
Hammered . . . 25.8
Hammering test 53.1
Hämmern . . . 503.5
-, ab- . . . . . 55.2
Hand, mit der - beschicken 156.7
-arbeit . . . . 556.4
-blasebalg . . 437.9
-feger . . . . 437.10
-formmaschine für bauchige Gegenstände 452.4
- - mit drehbarer Modellplatte 450.1
- - - Stiftenabhebung 449.2
- - - Wendeplatte 450.1
-gießlöffel . . 477.5
-griff . . 441.8, 490.12
-kelle . . . . . 477.5
-kippvorrichtung 479.5
-preßluftstampfer 435.1
-puddeln . . . 373.9
-pumpe . . . . 142.1
-rad . . . . . . 523.9
-scheidung . . 75.10
-schuh, Asbest- 201.4
- -, Gummi- . . 198.4
-stampfer . . . 391.5
-steuerung . . 500.3
-wage . . . . . 236.2
-winde . . . . . 314.2
Hand bellows . 437.9
- brush . . . 437.10
Hand ladle . . 477.5
- moulding machine with pin lifting arrangement 449.2
- pneumatic rammer 435.1
- puddling . . 373.9
- pump . . . . 142.1
- rammer . . . 391.5
-rail pass . . . 517.9
- regulation . . 500.3
- scales . . . . 236.2
- tipping crane ladle 479.1
- - mechanism 479.5
- wheel . . . . 523.9
- winch . . . . 314.2
Handels-eisen . 17.9
-üblich . . . . 30.4
Handle . 193.6, 495.6
-, crooked . . . 238.8
- of peel . . . 410.3
-, riveted . . . 477.6
-, wooden . . . 477.7
Handling plant 159.4
- the converter 395.2
Hanf . . . . . . 429.6
-bürste . . . . 553.9
-seil . . . . . . 444.5
Hangar . . . . 441.6
Hänge-bahn, Seil- 135.11
-eisen des Zuflußrohres 298.3
Hängen der Gicht 353.5
Hängend . . . 318.7
Hanger, -s . . . 479.2
Hanging . . 237.5,6
- of the charge 353.5
Harbour due 561.11
Hardened . . . 27.9
Hardenite . . . 284.2
Hardening . 359.10
- agent . . . . 545.6
- by sprinkling 545.2
- capacity . . . 543.2
- carbon . . . . 215.9
-, difficult . . . 542.8
- heat . . . . . 543.6
- in rising wather 544.9
- - running water 544.8
- liquid . . . . 544.7

Hardening medium, semi-fluid 419.9
- method, special 542.9
-, negative . . 546.12
-, simple . . . . 542.7
- trough . . . . 416.8
Hardness . 53.8, 180.8
-, abrasive . . . 543.3
-, natural . . 542.10
-, passive . . . 543.4
-, sclerometric . 53.11
Harina . . . . 419.2
- de pezuña de buey 420.2
- - trigo . . . . 431.1
Harmet electric blastfurnace 571.6
Harmet, haut-fourneau syst. 571.6
Harmet, alto forno 571.6
Harmet, alto horno de 571.6
Harmetscher Hochofen 571.6
Hart . . . . . . 59.7
-floß . . . . . . 3.3
-glas . . . . . . 185.7
- -becher . . . 187.7
-gummi . . . . 202.1
- -gußform . . 447.1
- -kruste . . . 488.7
- -roheisen . . 6.6
-korn . . . . 548.13
-mangan . . . 70.4
-perlit . . . . . 284.4
Härte . . . . . 53.8
-, aktive . . . . 543.3
-flammofen . . 540.5
-flüssigkeit . . 544.7
-, Glas- . . . . . 543.1
-grad . . 53.10, 543.5
-hitze . . . . . 543.6
-messung . . . 53.9
-mittel . . . . . 545.6
- -, dickflüssiges 419.9
-, Natur- . . . 542.10
-ofen . . . . . 540.1
- -, Feilen- . . . 541.4
- -, Gas- . . . . 541.1
- -, Schacht- . . 541.2
-, passive . . . 543.4
-probe, Kugel- 54.4
-prüfer, Ritz- . 54.3
-pulver . . . . 418.8
-riß . . . . . . 549.1
-, Ritz- . . . . . 53.11
-schmiedefeuer 540.2
-skala . . . . . 180.8
-tiefe . . . . . 420.4
-trog . . . . . 416.8
-, Verschleiß- . 32.6
-vorgang . . . 542.6
Härten in fließendem Wasser 544.8
- - quellendem Wasser 544.9
Hartilit . . . . 284.1
Hartilita . . . . 284.1
Hartilite . . . . 284.1
Hartit . . . . . 284.2
Hartita . . . . 284.2
Hartite . . . . 284.2
Hartshorn, charred 420.1
Härtung einfache 542.7
-, Einsatz- . . . 417.9
-, negative . . 546.12
-, Oberflächen- . 417.9
-, schwierige . 542.8
Härtungs-biegeprobe 42.7
-fähigkeit . . . 543.2
-kohle . . . . . 215.9
-verfahren, besonderes 542.9
- -, Nickel- . . 418.4
Harz . . 546.11, 551.8
Haselnußgröße 231.7
Haspel, drehbare 535.10
Hatch, to . . 424.10
Haube 313.8, 321.7 390.1
Haufen . . . . 376.5
-, in - setzen . 376.4
-röstung . . . . 83.1
Haupt-chemiker 173.4
-druck . . . . 120.8
-gleis . . . . . 123.7
-laboratorium . 174.6
-nonne . . . . 453.6
-werk . . . . . 165.6
-windleitung . 324.3
Haus-halt, Wärme- 345.11
-, Maschinen- . 149.9
-, Pförtner- . . 149.5
Hausmannit . . 70.3
Hausmannita . 70.3
Hausmannite . 70.3
Haut . . . . . 486.8
-, Walz- . . . . 35.6
Häutchen . . . 483.2
Haut-fourneau 97.1, 288.4
- - à l'anthracite 285.4
- - - chemise nue 287.3
- - - creuset ovale 286.7
- - - enveloppe en tôle 287.1
- - - poitrine fermée 286.3
- - - - ouverte 286.2
- - au charbon de bois 285.2
- - - coke . . . 285.3
- - avec massif en maçonnerie 286.4
- - écossais . . 286.6
- - électrique de Groenwall, Lindblad et Stalhane 571.4
- - enveloppé . 286.5
- -, installation de -s -x 285.1
- -, phénomènes qui se produisent dans le 346.8
- - Stassano . . 571.3
- - syst. Harmet 571.6
- - - Héroult . 571.5
Hauteur . . . 531.10
- de chute . . . 464.5
- - l'ouvrage . 295.8
- - la levée . . 502.7
- - - pièce coulée 439.2
- des étalages . 302.5
Havarie . . . 560.12
Haz de luz . . 281.4
- luminosa . . 281.4
Hazelnut size . 231.7
Head 22.5, 255.2, 485.7 502.8, 505.6
-, ball shaped . 520.2
-, dead . . . . 485.8
-, discard . . . 485.6
-, lost . . . . . 485.6
- melter . . . . 332.6
- of ingot mould 411.1
- - laboratory . 173.3
- plate . 292.10, 496.9
-, wrought iron 495.5
Heap . . . . . 98.4
- roasting . . . 83.1
Heaped . . . . 290.1
Hearth . . 156.4, 295.6 368.8, 403.6, 569.4
-, accessible . . 403.7
-, annular . . . 568.5
- block . . . . 290.3
-, catalan . . . 362.2
-, closed . . . . 286.3
-, covered . . . 430.5
- for heating . 364.2
- hole . . . . . 291.8
- jacket . . . . 294.4
-, Lancashire . 364.1
- level . . . . . 291.7
- lining . . . 369.10
-, low . . . . . 363.8
- ring machine 455.1
- mould . . . . 438.6
- moulding . . 438.5
-, movable . . . 528.9
-, open . 286.2, 363.4.9
- opening . . . 291.8
-, oval . . . . . 286.7
- plate . . . . . 369.5
- steel, basic open 12.4
- -, acid open . 12.3
- -, charcoal . . 10.4
- -, open . . . . 12.2
- surface . . . 466.3
Heat . . . . . 86.7
- absorption . 346.2
-, accumulated 408.1
- accumulator . 320.9
- balance . . 345.11
- change due to reaction 222.6
- conduction . 352.6
- consumption 345.12
-, critical . . 272.10
- equation . . 345.11
-, escape of - to upper part 348.2
-, full . . . . . 417.8
-, in full . . . . 411.8
- - iron and slag 346.4
- interchange . 346.1
- losses . . . . 572.4
- of combination 228.1
- - combustion 408.2
- - dissociation 262.6
- - incandescence 86.10
- - ionisation . 264.1
- - reaction . . 222.7
-, red . . . . . . 86.11
- storage . . . 320.9
-, stored . . . . 408.1
Heat test . . . 31.7
-, to - the iron 374.3
-, - - - ladle . . 479.3
-, - - to red heat 385.7
Heater . . . . . 318.4
-, chequer brick 320.5
Heating . 364.2, 568.3
-, bottom . . . 385.6
- chamber 85.6, 319.2
- coke . . . . . 473.6
-, direct . . . . 463.2
- flue . . . . . 104.2
- furnace 95.2, 385.5
- hearth . . . . 569.3
-, indirect . . . 463.1
- iron . . . . . 77.6
- of the head . 485.7
-, preliminary . 347.5
- ring . . . . . 568.5
- stove . . . . . 95.2
- zone, preliminary 346.9
Heavy spar . 220.11
Hebe-kopf . . . 496.5
-tisch . . . . . 525.3
-vorrichtung, Stopfen- 480.5
Hebel . . . . 310.10
-, Stütz- . . . . 522.5
-werk . . . . . 310.9
Heben der Blöcke 527.3
Heber . . . . . 186.5
-, Meß- . . . . . 191.4
-, Stech- (s. Stechheber)
Hede . . . . . 429.6
Hefe, Bier- . . 419.1
Heftig, -es Kochen 396.8
Height . . . . 531.10
- of bosh . . . 302.5
- - hearth . . . 295.8
Heiß ablöschen 544.1
-brüchig . . . . 48.3
- eingeschmolzen 475.2
- erblasen . . . 4.5
-gar . . . . . . 358.1
-wassertrichter 176.6
-er Wind . . 328.11
-wind-leitung . 300.6
- -schieber . . 322.5
Heissen . . . . 374.1
Heiz-gas, vorgewärmtes 408.3
-kammer 85.6, 319.2
-kanal . . . . . 104.2
-ofen . . . . . 383.9
-raum . . . . 367.10
-wert . . . . 108.11
- -bestimmung, chemische 109.4
- - - des Kokses 108.10
- -, den - - aus der Analyse berechnen 109.5
- -, - - - bestimmen 109.3
- -, - - - durch einen Heizwertmesser ermitteln 106.6
- -, - - - kalorimetrisch ermitteln 109.6

Heiz-wert-messer 109.6, 110.1 180.6
- -, oberer . . . 109.1
- -, unterer . . 109.2
- -untersuchung 224.1
Heizen des Blockkopfes 485.7
Heizer . . . . . 164.3
Heizung, Boden- 385.6
-, Lichtbogen- . 566.1
-, mittelbare . . 463.1
-, unmittelbare 463.2
-, Widerstands- 570.5
Helada . . . . 89.8
Helical . . . . 519.2
Hélice transporteuse 139.7
Helicoidal . . . 471.9
Hélicoïdal . . . 471.9
Hellberger, forno 570.7
Hellberger, four 570.7
Hellberger furnace 570.7
Hellberger, horno de 570.7
Hellbergerscher Ofen 570.7
Hellblau . . . 548.12
Helligkeit der Flamme 374.8
Hellstrohgelb . 547.7
Helm . . . . . 495.6
Helve . . . . . 495.6
- hammer . . . 495.4
Helver . . . . . 495.4
Hematite . . . 66.8
-, brown . . . . 66.11
- iron . . . . . 6.2
- - ore . . . . . 66.5
- pig iron . . . 8.1
-, red . . . . . 66.4
Hématite . . . 66.8
- brune . . 66.11, 67.1
- rouge . . . . 66.4
- - mamelonnée 66.5
Hematites . 6.2, 66.8
- parda . . . . 66.11
- roja . . . . . 66.4
- - concrecionada 66.5
Hemd . . . . . 446.2
Hemp . . . . . 429.6
- brush . . . . 553.9
- rope . . . . . 444.5
Hendidura 54.1, 85.9 549.1
- oblonga . . . 159.2
Heraus-heben, das Modell 435.8
- -, die Tiegel . 386.4
-nehmen, die Tiegel 386.4
Herbeischaffen der Schmelzstoffe 333.5
Herd 291.6, 342.2, 363.9 403.6
-, Arbeits- 368.8, 569.4
-, beweglicher . 528.6
-, den - entleeren 342.1
-eisen . . . . . 369.5
-fläche . . . . . 466.3
-form . . . . . 438.6
-formerei . . . 438.5
Herd, Frisch- . 363.8
- -eisen . . . . 10.3
- -roheisen . . 7.6
- -stahl . . . . 10.4
-frischen . . . 363.4
-futter . 369.10, 412.5
-, gestreckter . 466.1
-gewölbe . . . 369.1
-ofen, elektrischer - - von Grönwall, Lindblad und Stalhane 570.3
-ringmaschine 455.1
-, Schmelz- 468.8, 569.3
-sohle . . . . . 291.7
-tiefe . . . . 369.11
-, verdeckter . 439.5
-, Vorwärme- . 364.2
-wand . . . . . 369.2
-wange . . . . 369.2
Hérissé . . . . 46.3
- d'aiguilles . . 47.2
Herkunft . . . 65.5
Hermético . . . 324.1
Hermétique . . 324.1
Héroult electric blast furnace 571.5
- furnace . . . 466.6
- shaft furnace 571.5
Héroult, four . 566.6
-, haut-fourneau syst. 571.5
Héroult, alto forno 571.5
-, forno . . . . 566.6
Héroult, alto horno de 571.5
-, horno sistema 566.6
Héroultscher Hochofen 571.5
- Ofen . . . . . 566.6
Herradura . . . 28.10
Herramienta, -s 13.5, 371.5
- de rebarbado 490.9
-s del moldeador 434.1
- para cortar . 543.3
Herrichten der Probe 33.8
Herstellung der Schliffe 274.10
- - Steine . . . 118.1
- des Teiges . . 119.4
Herstellungskosten 562.13
-platz, am - - trocknen 462.5
Herumlaufend 312.7
Herunter-sickernd 474.4
-walzen . . . . 535.2
Hervidor . . . 154.2
- sobrepuesto . 153.9
- transversal . 154.7
Hervir . . . . . 241.5
Hervor . . . 385.11
Hidrante . . . 146.3
Hidratación . . 203.8
Hidratado . . . 66.10
Hidráulico . . 54.6
Hidrocarburo . 105.9
Hidrófero . . 115.12
Hidrógeno 221.4, 348.9
- sulfurado 177.1, 204.8
Hidrolisis . . 263.10
Hidrosilicato de cinc 71.10
Hidrostático . 180.4
Hidroxil . . . . 262.3
Hierro . . 11.4, 397.1
- ácido . . . . 397.6
- afinado 361.8, 365.2
- al niquel . . 15.7
- amarillo . . . 67.7
- angular . . . 19.10
- anhidro . . . 66.3
- básico . . . . 399.1
- batido . . . . . 9.4
- bruto . . 1.1, 378.1
- bulb . . . . . 21.3
- carbonatado litoideo 69.1
- colado . . 7.3, 321.5
- comercial . . 17.9
- con alta proporción de fósforo 216.6
- - gran proporción de fósforo 216.6
- cristalizado . 214.2
- crudo . . . 1.1, 18.3
- cuadrado . . 517.3
- de calidad . . 565.6
- - - inferior . 17.12
- - clavos . . . 518.9
- - desecho . . 29.5
- - fundición . 389.5
- - grano fino . 10.1
- - - grueso . . 9.10
- - parrilla . . 160.8
- - pudelaje . . 10.8
- - remaches . 43.4
- - timpa . . . 292.3
- desbastado . 377.6
- doble T . . . 20.9
- dúctil . . . . 44.5
- dulce . . . . 10.2
- - soldado . . . 9.8
- duro y quebradizo 44.7
- eléctrico . . . 571.1
- electrolitico 213.12
- en barras . . 18.10
- - cruz . . . . 21.9
- - cuña . . . . 21.8
- - estado de fusión pastosa 376.2
- - varillas finas ranuradas 28.9
- - Z . . . . . . 20.6
- espático . . . 68.5
- - alterado . . 68.7
- especular . . 66.7
-, esponja de . 347.11
- esponjoso . . 376.8
-, estirar el . . . 503.4
- fibroso . . 9.9, 379.2
- fino . . . . . 19.2
- forjado . 9.4, 294.6
-, fosfato de . . 399.6
- fundido 11.6, 312.4
- gordo . . . . 19.1
- granulado . . 379.6
- -hematites . . 6.2
- hidratado . . 66.10
- laminado . . 18.2
- magnético . . 67.9
- maleable . 9.3, 12.6 44.5
- media caña . 19.6
-, mena de . . . 58.6
- metálico . . . 213.9
- meteórico . . 214.1
- micáceo . . . 66.6
-, mina de . . . 57.8
Hierro, mineral de (v. mineral)
-, minio de . . 551.13
- muy quebradizo 48.4
- nativo . . . 213.10
- oolítico . 63.7, 67.3
- oxidado . . . 398.9
-, óxido de 71.1, 398.9
- pantanoso . . 67.4
- para añadir 473.12
- - cargar . . . 395.9
- - clavos de herradura 29.2
- - construcciones 28.8
- - estirar . . . 27.12
- - ganchos . . 29.3
- - herraduras . 29.1
- - la mezcla 473.11
- - soldar . . . 378.3
- pardo . . . . 66.11
- - oolítico . . 67.6
- perfilado . . . 19.9
-s perfilados para vagones de ferrocarril 24.8
- pisolítico . . 67.5
- plano . . . . 517.3
- poroso . . . . 376.8
- procedente de la hematites 6.2
- - del lavado . 358.5
- pudelado . . 25.9
- que gotea . . 474.4
- quebradizo . 44.6
- - en caliente 48.3
- - - frio . . . 48.2
- quemado . . 415.7
- químicamente puro 218.11
- rectangular plano 19.3
- redondo . . . 19.5
- refinado á fragua baja 10.3
- simple T . . . 20.8
- sin escoria . 416.4
- sobresaturado 16.9
- soldado . . 9.4, 9.8
- T . . . . . . . 20.8
- - con bordón 21.6
- U . . . . . . . 21.1
- viejo . . . . . 29.4
- virgen . . . 213.10
- zorès . . . . 517.9
High pressure blower 470.1
- - spiral blower 471.9
Higrómetro . . 180.7
Higroscópico . 208.7
Hilada de ladrillos 305.9
Hilera . . 535.9, 536.2
-, pasado por la 28.5
Hilfs-chemiker 178.5
-kessel . . . . . 158.6
Hilo de asbesto 201.3
- - cera . . . . 459.5
- - escoria . 358.10
- - goma . . . 197.8
Hin- und Herbiegeprobe 43.9
-gang . . . . . 532.4
Hinged . . . . 131.4
Hinter-einanderliegend 506.5
-mauerung . . 304.8

Hintersäule . . 496.10
Hiorth, forno . 568.8
Hiorth, four . 568.8
Hiorth furnace 568.8
Hiorth, horno de 568.8
Hiorthscher Ofen 568.8
Hiposulfito sódico 210.6
Hirschhorn, gebranntes 420.1
Histéresis . . . 273.1
Hitze, Glüh- . . 86.10
-, Härte- . . . . 543.6
-, in voller - befindlich 411.8
-messer . 180.5, 351.5
- -, elektrischer 352.1
- -, optischer . 352.2
-, Schmelz- . . 474.2
Hitzig, -es Eisen 474.8
Hoch-behälter . 145.8
-druck . . . . . 120.8
- -dampfkessel 152.2
- -gebläse . . . 470.1
- - -, Kapsel- . 472.7
- -schraubengebläse 471.9
-feuerfest . . . 428.6
-haltig . . . . . 14.11
-kantig . . . 321.10
- - stellen . . . 508.8
-ofen . . . . . 97.1
- -abstich . . . 338.1
- -anlage . . . 285.1
- -, Anthrazit- . 285.4
- -arbeiter . . 332.8
- -bau . . . . . 287.4
- - -art . . . . 287.5
- -betrieb . . . 354.6
- -direktor . . 332.3
- -, elektrischer - - von Grönwall, Lindblad und Stalhane 571.4
- -, freistehender 287.3
- -gang . . . . 344.3
- -gas . . . . 155.10
- -, Harmetscher 571.6
- -, Heroultscher 571.5
- -, Holzkohlen- 285.2
- -koks . 107.3, 285.3
- - mit Blechmantel 287.1
- - - eingebautem Gestell 286.5
- - - geschlossener Brust 286.3
- - - offener Brust 286.2
- - - ovalem Gestell 286.7
- - - Rauhgemäuer 286.4
- -riß . . . . . 287.7
- -schlacke . 355.10
- - -, mit Dampf behandelte 95.7
- -schmelze . . 336.2
- -, schottischer 286.6
- -, Stassanoscher 571.3
- -werk . . . . 285.1
- -zeichnung . 287.6
-phosphorhaltig 216.8
Hoch-prozentig 14.11
-siliziert . . . . 1.3
-spannungsanlage 167.1
-strahlig, -es Roheisen 3.2
Höchst-bedarf an Kraft 168.4
- -, gleichzeitiger 241.1
-belastung . . . 241.1
-pressung . . . 472.9
Höckerartig . 488.5
Hoff, von -s Gasfang 312.1
Hoff, von -'s gas exit pipe 312.1
Hoff, prise de gaz von 312.1
Hoff, presa di gas von 312.1
Hoff, toma de gas von 312.1
Hogar . . 26.7, 367.10
- anterior . . . 156.4
- automático . 157.1
-, bajo . . . . . 363.4
- con emparrillado de cadena 157.5
- - emparrillado cilíndrico 157.6
- - - sacudidor 157.7
- - soplador por debajo del emparrillado 158.1
- de alimentación continua 157.4
- - carga mecánica 157.1
- - fusión . . . 569.3
- - gas . . . . 87.1
- - parrilla . . 368.1
- - petróleo . . 384.9
- - trabajo . . 569.4
- exterior . . . 156.3
- inferior . . . 156.5
- interior 154.5, 156.2
- - ondulado . . 154.6
- para alquitrán 155.9
- - basuras . . 155.8
- - carbón . . 155.4
- - carbonilla . 155.7
- - gas de altos hornos 155.10
- - leña . . . . 155.5
- - lignito . . . 155.6
- - residuos de petróleo 156.1
- revestido . . 540.3
- sencillo de parrilla 336.5
Höhenlage . . 531.10
Hohl . . . . . . 394.6
-gegossen . . . 369.7
-guß . . . . . . 487.2
-kehle . . . . . 423.7
-raum . . . . . 484.1
- -, gewundener 487.3
- -, verzettelter 487.3
Hoist . . 329.8, 464.6
- frame . . . . 329.9
-, inclined . . . 331.4
Hoja . . . . . . 493.5
- de ata 552.10, 553.2
Hoja de sierra 493.7
-, en forma de -s 45.7
Hold . . . . . . 562.2
Holder . . . . . 191.8
Holding device 528.8
Hole . . . . . . 163.4
-, conical . . . 536.3
- gauge . . . . 39.8
Höllenstein . . 210.1
Hollín . . . . . 552.2
Hollow . 35.9, 423.7.8
-, serpiginous . 487.3
Holm, Preß- . . 121.4
Holz . . . . . . 98.1
-aschenwasser . 431.4
-bau . . . . . . 151.4
-feuerung . . . 155.5
-gerinne . . . . 80.7
-, gesundes . . 422.7
-horde . . . . . 317.1
-kohle . . . . . 98.2
-kohlen-asche 117.12
- -hochofen . . 285.2
- -lösche . . . 98.3
- -meiler . . . 98.4
- -roheisen . 4.1, 7.6
- -staub . . . . 430.1
-konstruktion . 151.4
-scheibe . . . 275.11
-scheit . . . . . 337.6
-schraube . . . 436.2
-stiel . . . . . . 477.7
-verband . . . 151.4
-werk . . . . . . 151.4
-wollseil . . . . 460.8
Hölzern . . . . 440.4
Homogène . . . 11.5
-, non . . . . . 484.5
Homogéneo . . 11.5
-, no . . . . . . 484.5
Homogeneous, non 484.5
Honeycombed . 357.9 484.4
Hood 313.8, 321.7, 389.1
-, removable 522.9.10
Hoof flour . . . 420.2
- meal . . . . . 420.2
Hook . . 342.3, 476.5
- iron . . . . . 29.3
- plate . . . . . 24.4
Hoop 231.2, 294.7, 295.5
- iron . . . 19.8, 24.7
Hopper . 131.2, 310.1
- brackets . . . 310.2
Horadamiento 52.2 228.2
Horca . . . . . 478.1
Horde, Holz- . 317.1
Hormigón . . . 289.6
- armado . . . 289.7
- apisonado . . 289.8
- colado . . . . 290.1
Horn-blatt . . . 201.9
-blende . . . . 72.7
-kohle . . . . . 419.5
Horn charcoal 419.5
- sheet . . . . . 201.9
Hornablenda . 76.7
Hornaguera . . 98.7
Hornblende . . 72.7
Hornillo de arcilla 249.6
- - gas . . . . 184.9
- - petróleo . 184.10
Horno . . 88.9, 308.6
- á reverbero de larga placa 406.1
Horno á temperatura máxima 411.8
-, alto (v. alto horno)
- anular para calcinar la piedra caliza 85.5
- basculante . 403.1 567.5
- catalán . . . 112.7
- calentador con solera móvil 528.6
- cilíndrico . . 367.6
- con fondo cambiable 416.1
- - máquina soplante 286.1
- - solera cambiable 416.1
- - - para rodar los lingotes 529.1
- cubierto de afino 363.10
- de afino . . . 363.8
- - arco voltáico 565.9
- - calcinación 88.3 88.4
- - - de Cleveland 84.1
- - - estirio . . 84.7
- - - de Fillafer 85.3
- - - - gas de Westman 85.2
- - - - mampostería 83.5
- - - - Witkowitz 85.4
- - cementación 415.8, 416.5
- - cocer . . . 95.2
- - cok . 103.4, 104.5
- - - cerrado . 103.7
- - - con recuperación 103.8
- - - semicerrado 103.5
Horno de Colby 568.7
- - colmena . . 103.6
- - combustión 249.2
- - corriente alterna Roechling-Rodenhauser 568.10
- - - monofásico 572.1
- - - trifásico . 572.2
- - crisol delantero 466.4
- - cuba . . . . 83.7
- - - para crisoles 384.4
- - - - recocer 541.3
- - - - templar 541.2
- - doble mufla 541.8
- - enalbar . . 112.9
- - esmaltar . . 554.8
-s - foso . . . . 527.5
- - Frick . . . . 569.8
- - fusión 252.2, 362.4 465.8
- - - de reverbero 402.5
- - gas para templar 541.1
- - Gérard . . 569.7
- - Gin . . . . 569.6

Horno de Girod 567.5
- - Hellberger 570.7
- - Hiorth . . . 568.8
- - inducción . 568.2
- - Ischewsky . 570.2
- - Keller . . . 570.1
- - mufla . . . 541.5
- - - á gas . . 542.1
- - - al carbon 249.3
- - - alimentado por gas 542.1
- - - eléctrico . 249.5
- - - para gas . 249.4
- - Nathusius . 568.1
- - plomo . . . 540.4
- - pudelar 367.1 373.6
- - - rotatorio 367.5
- - - sistema Springer 367.3
- - recalentamiento 527.6.7
- - recalentar 364.2 370.6, 378.6
- - - de reverbero 528.3
- - recocer 95.2, 385.5 528.5
- - refinar . . . 112.8
- - resistencia . 570.4
- - reverbero 10.7 366.10
- - - para taller de fundición 465.9
- - - - templar 540.5
- - - rotatorio 401.8
- - Roechling-Rodenhauser 568.9
- - Roessler . . 252.3
- - secar en el vacio 233.2
- - segunda fusión 389.2
- - solera giratoria 367.7
- de un solo crisol 384.6
- - zamarras . 363.1
- descubierto . 363.9
- doble de pudelar 367.2
- eléctrico 12.5, 267.2 564.3
- - de crisol . . 570.6
- - - solera de Groenwall, Lindblad y Stalhane 570.3
- fijo . . . . . . 402.7
- giratorio . . . 95.3
- - de pudelar 367.4
- inglés de cementación 416.6
- mecánico de gas para templar 542.3
- oscilante . . 403.1
- para acero de cementación 417.10
- - cocer ladrillos 119.2
Horno para crisoles 384.1
- - hacer carbón vegetal 98.4
- - templar . . 540.1
- - - limas . . 541.4
- - varios crisoles 384.7
- rotatorio . . 566.4
- Siemens-Martin 402.6
- sistema Héroult, 566.6
- - Kjellin . . 568.4
- - Plat . . . . 384.5
- - Stassano . . 566.3
- transportable para crisoles 384.5
- trifásico de Roechling-Rodenhauser 569.1
Horquilla . . . 479.1
- para cok . . 473.8
- portacaldero 478.5
- portacuchara 478.5
Horse dung . 428.11
- -, decomposed 428.12
- -, rotten . . 428.12
Horseshoe . . . 28.10
- iron . . . . . 29.1
- magnet . . . 92.2
Hosenrohr . . . 320.1
Hot air main . 300.6
- blast valve . 322.5
- brittle iron . 48.3
- saw . . . . 533.10
Hotte . . . . . 175.2
- à étincelles . 389.1
- de la cheminée 389.1
Houille . 98.7, 430.2
- à coke . . . . 100.2
- - gaz . . . . 100.1
- crue . . . . . 100.7
- demi-grasse 99.4
- grasse . . . . 99.2
- maigre . . . 99.6
- - à longue flamme 99.7
- - collante . . 99.8
- - sableuse . . 99.9
- menue . . . . 101.5
- pour feu de forge 100.1
Houiller . . . . 69.1
Houillère . . . 100.5
Housing 520.8.9, 521.1
- accessories . 521.4
-, balanced -s . 523.1
- for two rolls 521.6
-, open topped . 522.9
-, ordinary . . 521.5
-, simple . . . . 521.5
-, three high . . 522.3
Hoyo . . . . . 35.9
- para las cenizas 163.7
Hub-begrenzung 502.7
-höhe . . . . . 464.5
Hub-stange . . 311.5
Hueco . . . . . 39.7
-s de los dientes 455.6
- entre las barras de emparrillado 160.3
Huevo, tamaño de 231.5
Huf-eisen . . . 28.10
- -magnet . . . 92.2
-nageleisen . . 29.2
-stabeisen . . . 29.1
Huile . . 233.4, 546.6
- de lin . . . . 551.7
- - poisson . . 546.9
- lourde . . . . 183.8
Huiler . . . . . 333.4
Hulla . . 98.7, 430.2
- blanda . . . . 99.3
- grasa . . . . 99.2
- menuda . . . 101.5
- para fragua . 100.1
- rica en gases 100.1
- seca . . . . . 99.6
- - aglutinante 99.8
- - arenosa . . 99.9
- - de llama larga 99.7
- semigrasa . . 99.4
Hullera . . . . 100.5
Hullero . . . . 114.6
Hülse, Auslaug- 179.7
-, feuerfeste . . 480.4
-, gebrannte . . 480.8
-, Muffen- . . 519.10
Humeante . . 203.12
Humedad . . . 64.8
- de aire . . . . 267.8
- del aire . . . 329.3
Húmedo . . . . 60.2
Humide . . . . 60.2
Humidité . . . 64.8
- de l'air 267.8, 329.3
Humidity of the air 267.8, 329.3
Humo . . . . . 430.8
- moreno . . . 400.7
- pardo . . . . 700.7
Humpy . . . . 483.5
Hund, Förder- 332.1
Hunderterwage 134.3
Hundimiento sobre carga 141.7
Hurdle . . . . 317.1
Hurgón . . . . 371.6
Hurtage . . . 561.11
Husillo . . . . 622.1
Hütte, Hammer- 495.1
-, Martinstahl- . 402.4
-, Puddel- . . . 366.9
Hüttenabfall 355.11
-bahnhof . . . 123.5
-männisch . . . 346.7
-sohle . . . . . 288.6
Hutter, Glocke nach 407.2
Hutter, cloche . 407.2
Hutter, campana 407.2
Hutter's bell . 407.2
Hybrid . . . . 259.8
Hybride . . . . 259.8
Hydrant . . . . 146.3
Hydraté . . . 115.12
Hydrate of potash 204.12
- de fer . . . 66.10
Hydrated silicate of aluminia 115.12
- water . . . . 208.8
Hydratwasser . 208.8
Hydraulic . . 54.6.7
Hydraulique . 54.6.7
Hydraulisch . . 54.6
Hydrocarbon . 105.9
Hydrocarbure . 105.9
Hydrochloric acid 203.10
Hydrofluoric acid 204.9
- -, apparatus for producing 222.2
Hydrogen 221.4, 348.9
- peroxide . . . 211.3
-, sulphuretted 204.8
Hydrogène . . 221.4 348.9
- sulfuré 177.1, 204.8 242.11
Hydrolyse . . 263.10
Hydrolysis . 263.10
Hydrometer . . 180.2
-, Eichhorn's . . 180.3
Hydropneumatique 509.1
Hydrosilicate de zinc 71.10
Hydrostatic . . 180.4
Hydrostatique 180.4
Hydrostatisch . 180.4
Hydroxide of iron 66.10
Hydroxyl . . . 262.3
- ion . . . . . 262.3
Hydroxyle, ion 262.3
Hydroxylion . 262.3
Hygrometer . . 180.7
Hygromètre . . 180.7
Hygrometric . 267.8
Hygroscopic . 203.7
Hygroscopique 203.7
Hygroskopisch 203.7
Hypochlorure d'étain 208.10
- de cuivre . . 209.3
- stannique . 208.10
Hyposulphite of sodium 210.6
Hyposulfite de soude 210.6
Hysterese . . . 273.1
Hysteresis . . . 273.1
Hystérésis . . . 273.1

# I.

I-Eisen . . . . . 20.9
I-iron . . . . . 20.9
Ida . . . . . . 532.4
Idrato . . . . . 66.11
Idraulico . . . 54.6
Idrico . . . . . 67.4
Idro-pneumatico 509.1
Idrocarburo . . 105.9
Idrogeno 221.4, 348.9
- solforato . . 177.1 204.8

Idrogeno solforato, apparato per l'177.2
Idrolisi . . . 263.10
Idrossido ferrico 66.10
- di ferro . . . 66.10
Idrossile, silicato di zinco 71.10
Idrostatico . . 180.4
Igniting . . . . 86.4
Ignition flame 360.11
Igrometro . . . 180.7
Igroscopico . . 203.7
Illuminante . 400.1, 418.2
Illuminated . . 280.6
Illuminating gas 418.2
Illumination . 280.4
- apparatus . . 280.7
Illuminato . . . 280.6
Illuminazione 171.8, 280.4
-, apparecchio d' 280.7
-, impianto d' . 171.6
Iluminación . . 280.4
Image . . . . 279.10
- fault . . . . 279.11
Image . . . . 279.11
- virtuelle . . 279.10
Imagen . . . 279.11
- virtual . . . 279.10
Imán . . . 14.8, 91.11
- de acero . . . 92.3
- - la grúa . . 129.6
- en forma de herradura 92.2
- fijo . . . . . . 94.1
- móvil . . . . 93.5
- permanente 92.4, 93.7
Imanación 82.3, 91.5
Imantación 82.3, 91.5
Imantado . . . 182.7
Imbarco . . . 561.10
Imboccatura oblunga 159.2
- rotonda . . . 159.1
Imbottito . . . 478.4
Imbuto 246.5, 348.3
- caricatore . . 157.3
- con tubo di vapore 178.9
- contagoccie . 188.2
- d'estrazione . 179.8
- di colata . . 443.5
- - Gooch . . . 246.3
- - porcellana . 193.4
- - scolo . . . . 246.5
- - sicurezza . 248.1
- filtrante . . . 245.3
- per acqua calda 176.6
Immagazzinato 408.1
Immagine . . 279.11
- virtuale . . 279.10
Immersione brusca nell' acqua 544.2
- lenta . . . . 544.3
- rapida nell' acqua 544.2
Immissione superiore del vapore 500.6
Impacchettare 415.3.10
Impact . . . . 41.7
- test . . . . . 42.1
Impastare . . . 119.9
- i crogiuoli . 382.9
Impasto . . . . 119.4
- del coke . . . 106.7
- siliceo . . . . 115.2
Impelación . . 471.5
Imperfecto . . 88.9
Imperméable . 324.1
Impianto per forgiatura 495.1
Impiegato per il collaudo 30.2
Impiego, secondo 431.12
Impilata dei mattoni di ricuperatore 407.8
Impinging . . . 280.5
Imprimere il modello 438.11
Imprégné . . . 60.2
Imprime-cartes 134.5
Imprimir, mecanismo para - los talones 134.5
Impurità 147.5, 340.5
- chimica . . . 147.4
Impureté, -s 147.5, 340.5
Impurity . . . 147.5
-, chemical . . 147.4
-ies . . . . . . 340.5
Impuro . . . . 146.6
Impulsión . . . 142.4
- eléctrica . . . 393.6
- - del torno para la campana 314.5
- hidráulica . . 509.6
- horizontal . . 137.4
- mecánica . . 102.5
- vertical . . . 137.5
Impureza, -s . 340.5
- química . . . 147.4
Inaffiare le forme 341.2
Incandescence . 86.10
Incandescencia 86.10
Incandescent . 281.1 405.7
Incandescente . 281.1 405.7
Incandescenza 86.10
Incassato . . . 296.8
Incastellatura a cavalletto 454.2
Incavo dell'anima 458.7
Incenerazione . 195.4
Incenerimento del filtro 250.1
Inchiavardato 524.4
Inchiodato . . 295.4
Incident . . . 280.5
Incidental . . 284.3
Incidente . . . 280.5
Incineración . 195.4
- del filtro . . 250.1
Incineration dish 195.4
Incinération . . 195.4
- du filtre . . . 250.1
Inclinación 57.6, 80.8
- del emparrillado 161.3
Inclinado . . . 331.4
- hacia abajo . 372.4
Inclinaison 57.6, 80.8 161.4
Inclinaison de la grille 161.3
Inclinare . . . 341.8
-, apparecchio per - le damigiane 176.1
Inclination 57.6, 161.4
- of grate . . . 161.3
Inclinato . . . 132.2
-, a piano . . . 331.4
Inclinazione . . 161.4
- della griglia . 161.3
- rispetto all' orizzonte 57.6
Incliné . . . . 132.2
- vers le bas . 372.4
Inclined . . 44.10, 61.2
Inclus . . . . . 484.7
Inclusione . . 377.8
Incollare . . . . 423.4
Inconvénient des poussières 468.4
Inconveniente causato dalle ceneri 468.4
- - - polveri . 468.4
Increase, to - the outpout 555.6
Increasing the reductibility 81.9
Increspato . . . 47.4
Incrustated . . 64.5
Incrustado . . 490.6
Incrustation . 429.10
Incrusté . . . . 490.6
Incudine . . . 502.10
Incurvamento . 43.2
Indaco . . . . . 211.8
Indépendant . 165.4
Independent . . 306.3
Independiente . 126.1
Index d'un atome 226.5
India, acero de la 13.3
India rubber cork 197.6
Indian steel . . 13.3
Indiano, acciaio 13.3
Indicación normal 32.7
Indicador del descenso de las cargas 336.1
Indicateur de la descente des charges 336.1
Indication . . . 224.5
- de l'année . . 34.12
- normale . . . 32.7
Indicatore della discesa delle cariche 336.1
Índice de un átomo 226.5
Indien, acier . 13.3
Indigo . . . . . 211.7
Índigo . . . . 211.8
Indigo solution 211.8
Indigolösung . 211.8
Indipendente . 126.1
Indisch, -er Stahl 13.3
Inducción . . . 170.2
Induction . . . 170.2
Induction furnace 568.2
Induction heating 568.3
- machine . . . 170.2
Induktion . . . 568.3
Induktions-maschine 170.2
-ofen . . . . . 568.2
Industria metallurgica 17.10
Industrie du fer 17.10
Induzione 170.2, 568.2.3
Inégalité de surface 490.3
Infirmerie de service 150.5
Inflamación . . 86.4 360.11
Influence, atmospheric 118.4
- of the frost . 118.6
- on solubility 258.10
Influence atmosphérique 118.4
- exercée sur la solubilité 258.10
Influencia atmosférica 118.4
- sobre la solubilidad 258.10
Influenza sulla solubilità 258.10
Infornare . . . 410.7
-, dispositivo per - i lingotti 529.4
Infornatore, macchina -rice 410.1
Infusibile 114.1, 187.7
Infusibilidad . 425.8
Infusibilità . . 425.8
Infusibilité . . 425.8
Infusibility . . 425.8
Infusible . . . 114.1
Ingate with side channels 444.1
Ingegnere di servizio 332.5
Ingeniero de la explotación 332.5
- - - fabricación 332.5
Ingénieur de l'exploitation 332.5
Inglés, fundición -a 5.9
-, horno - de cementación 416.6
-, perfil . . . . 20.10
-, sistema - para dos convertidores 395.3
Inglese, forno - a cementazione 416.6
-, ghisa . . . . 5.9
-, rosso . . . . . 276.2
-, sistema - con due convertitori 395.3
-, trave . . . . 20.10
Ingombrante 463.11
Ingorgo del forno di torrefazione 88.3
Ingot . . . . . 485.9
Ingot 18.4, 485.9, 526.4
- holding device 528.9

Ingot charging carriage 529.3
- - crane . . . 528.7
- conveyance . 526.1
- crane . . . 526.5.6
- dogs . . . . . 527.1
- iron . . . . . 11.6
- metal . 11.6, 402.3
- mould . 411.1, 446.7
- pushing device 529.4
- steel . . . . . 11.5
- stores . . . . 130.7
- stripper . . . 526.3
- stripping crane 526.2
- tongs . . . . 527.1
Ingranaggio . 14.4 393.1
- a vite perpetua 341.10
- - - senza fine 341.10
- dei denti . 518.10
Ingrandimento 279.6
- reale . . . . . 279.7
- totale . . . . 279.8
- utile . . . . . 279.9
Ingrassare . . 333.4
Ingrassatore per fune 137.7
Ingredient . . 79.9
Inlettore di petrolio 158.7
Iniezione d'aria finale 397.10
Injecteur à pétrole 158.7
- - vapeur . . 469.10
Injector . . . . 158.7
Inlet 87.8, 439.3, 443.3 531.3
- hole . . . . . 406.4
- pipe . . . . . 297.7
- valve . . . . 321.4
Innaffiamento . 298.4 317.5
- del carbone . 104.7
Innen-druck . . 258.8
-feuerung . . . 156.2
-temperatur . . 447.7
Innestare il giunto 520.6
Inoxydationsverfahren 552.3
Inquadratura . 323.5
Inserted . . . . 296.8
Inserting the pig 465.6
- the plug . . . 392.1
Inserto . . . . 296.8
Inserviente del laboratorio 174.5
Insolubile . . 241.9.12
- nell'acido . . 241.13
Insoluble 24.12, 241.9
- dans l'acide 241.13
Insoluble . . 241.9.12
- en el ácido 241.13
Inspección 88.1, 556.9
Inspect, to - the tuyeres 342.9
Inspecter les tuyères 342.9
Inspection hole 88.1, 301.4
- of the blow . 399.9
-, outer . . . . 35.1
Inspector . . . 30.2
Instalación de calderas cubierta 151.8
Installation . . 151.6
-, electric . . . 169.7
Instrument . . 38.5
Instrument de mesure 38.5
Instrumento de medición 38.5
- - medida . . 38.5
- - - eléctrico 266.7
Insurance . . 560.11
Intaccato . . . 44.2
Intacco . . . 518.1.2
Intagliato 47.5, 515.4
Intaglio . . . 518.1.2
Intake . . . . 337.12
Intensidad . . . 257.3
- de campo . . 92.11
- - corriente . 169.3
- - polo . . . . 92.5
- - retención de los iones 264.7
- - torsión . . 50.6
- - tracción . . 48.9
- luminosa . . 280.9
- polar . . . . 92.5
Intensità . . . . 257.3
- del campo . . 92.11
- di ritenuta degl'ioni 264.7
- luminosa . . 280.9
- polare . . . . 92.5
Intensität, Feld- 92.11
Intensité . . . . 257.3
- de champ . . 92.11
- - retenue des ions 264.7
- du courant . 169.3
- lumineuse . . 280.9
- polaire . . . . 92.5
Intensity . . . 92.11
- of retention of the ions 264.7
- - tensile stress 48.9
- - torsional stress 50.6
- value . . . . 257.3
Intercambiable 478.3
Interchange . . 346.1
Interchangeable 391.2
Intérieur du haut-fourneau 288.4
Interior of blast fournace 288.4
Interior del alto horno 288.4, 353.4
Intermédiaire . 394.9 559.2
Intermediario . 559.2
Intermedio . . 394.9
Interno dell'alto forno 288.4
Interposé . . . 377.8
Interpuesto . . 377.8
Interrompu . . 518.4
Interrotto . . . 518.4
Interrupción, -es de la marcha 353.2
- del pasaje de los gases 353.6
Interval . . . . 342.8
Intervalle entre barreaux de grille 160.3
Intervalle entre les coulées 342.8
Intervalo entre las barras del emparrillado 160.3
- - - coladas . 342.8
Intoppo . . . . 353.6
Intrecciare . . 460.9
Intrecciato . . 444.6
Introducción de aire abundante 87.5
- - modelo en la máquina de peine 450.4
- del viento . . 394.3
Introducir por laminación 35.10
Introduction d'air amplement suffisante 87.5
Introduire par laminage 35.10
Introdurre i lingotti, dispositivo per 529.4
Introduzione d'aria abbondante 87.5
Inumidire . . . 119.8
Inverniciare . . 551.2
Inversión 406.8, 449.5
Inversione . . . 406.8
-, apparecchio d' 406.9
- di marcia . . 532.2
Invertir, apparato de 406.9
Inviluppo 79.5, 286.5
- d'estrazione . 179.7
- di gas . . . . 431.7
- - lamiera . . 83.8
Involucro refrattario 480.8
Inyectado . . . 350.2
Inyector de petróleo 158.7
Iodate, potassium 211.11
Iode . . . . . 211.7.10
Iodine . . . . . 211.7
- solution . . 211.10
Iodio . . . . 211.7.10
Iodure de potassium 211.11, 213.3
Ioduro de potasio 213.3.4
Ioduro di potassio 211.11, 213.3
Ion . . . 257.8, 260.3
-, einwertiges . 259.5
-, mehrwertiges 259.6
-, Säure- . . . . 262.2
Ion . . . 257.8, 260.7
-, basic . . . . 262.4
-, hybrid . . . . 259.8
-, monovalent 259.5
-, multivalent . 259.6
Ion . . . . 257.8, 260.3
- acide . . . . 262.2
- basique . . . 262.4
- hybride . . . 259.8
- hydroxyle . . 262.3
- monovalent 259.5
- multivalent 259.6
- neutre . . . . 259.8
Ion oxhydrile . 262.3
- polyvalent . 259.6
Ión 257.8, 263.2, 264.8
- ácido . . . . 262.2
- básico . . . . 262.4
- hidroxil . . . . 262.3
- monovalente 259.5
- neutro . . . . 259.8
- polivalente . 259.6
Ione . . . . . . 257.8
- acido . . . . 262.2
- basico . . . . 262.4
- idrossile . . . 262.3
- monovalente 259.5
- neutro . . . . 259.8
- polivalente . 259.6
Ionen-bildungsgeschwindigkeit 264.2
-spaltung . . . 263.2
-verdichtung . 263.8
Ionisation . . . 264.1
Ionisationswärme 264.1
Ionización . . . 264.1
Ionizzazione . 264.1
Iposolfito di soda 210.6
Ireland, cubilot 468.5
Ireland, cubilote 468.5
Ireland, forno 468.5
Ireland furnace 468.5
Irelandscher Ofen 468.5
Iridio . . . . . 219.11
Iridium . . . . 219.11
Iron . . . . . . 181.4
-, added . . . 478.12
- alloy . . . . 14.9
-, angle . . . . 18.10
- ball . . . . . 376.6
-, band . . . . . 19.8
-, bar . . . 18.10, 28.9
- -, large - -s . 19.1
- -, small - -s . 19.2
-, basic . . . . . 399.1
- bath . . . . . 375.8
-, beating . . . 77.6
- blocks . . . . 361.6
-, bloomery . . 10.3
-, brittle . . . . 44.7
-, building 28.8, 151.3
-, burned . . . 48.4
-, burnt . 398.9, 415.7
- carbide . . 215.11
-, - of . . . . . 283.6
-, charcoal . . 365.2
-, cast (s. cast iron)
- cement . . . 319.5
-, chemically pure 213.11
-, chemistry of 213.5
-, chloride of . 208.5
-, coarse grained 9.10
-, cold short . . 48.2
-, commercial . 17.9
- containing oxygen 398.9
-, constructional 28.8
-, core . . . . . 458.8
-, corrugated . 27.1
- covering . . . 83.8
-, cristalline . . 379.6
-, cross . . . . . 21.9

Iron, crystallised 214.2
-, crystalline white 3.5
-, curved corrugated 27.2
-, ductil . . . . 44.5
-, electric refining of 565.4
- electrode . . 567.7
-, electrolytic 213.12
-, fibrous . 9.9, 379.2
-, fine grained . 10.1
-, fined . . . . . 365.2
-, finery . . . . 361.8
-, finished . . . 18.9
-, flat . . . . . 19.7
-, flat bulb . . . 21.4
- from washery 358.5
- grains . . . 376.11
- -, enclosed . . 358.4
-, gray spiegel . 3.4
-, H- . . . . . . 20.9
-, half-round . . 19.6
-, hematite . . . 6.2
-, high phosphorous 216.6
Iron, hook . . . 29.3
-, hollow . . . . 587.5
-, hoop 19.8, 24.7, 303.2
-, horseshoe . . 29.1
-, hot . . . . . . . 474.8
-, - brittle . . . 48.3
-, - smelted . . 475.2
-, I- . . . . . . . 20.9
-, ingot (s. ingot iron)
-, knobbled . . 10.3
- loss . . . . . 378.7
-, malleable . 7.5, 9.3 414.4
-, markedly spiegel looking 3.2
-, melting . . . 474.4
-, merchant . . 17.9
-, metallic . . . 213.9
-, meteoric . . . 214.1
-, mixed . . . 478.11
- muffle . . . . 541.6
-, nail - for horseshoes 29.2
-, oblong . . . . 19.3
- ochre . . . 551.13
- ore . . . . . . 415.4
- -, argillaceous 59.6
- -, arsenical . 61.4
- -, black . . . 69.6
Iron ore, botryoidal 67.2
- -, brittle . . . 59.8
- -, brown . . . 66.11
- -, calcareous . 60.5
- -, compact . . 59.3
- - containing carbonic acid 60.4
- - containing lead 61.2
- - - water . . 60.3
- -, crystalline . 64.3
- -, cupriferous 61.1
- -, dense . . . 59.2
- -, earthy . . . 59.5
- -, easily fusible 61.7
- -, fibrous . . . 58.6
- -, fine . . . . 58.8
- -, fresh . . . . 64.2
- -, friable . . . 59.4
- -, galenical . 61.2
- -, hard . . . . 59.7
- -, hematite . . 66.5
- -, incrustated 64.5
- -, loose . . . . 59.6
- -, magnetic . 59.10
- -, manganiferous 70.5
- -, micaceous . 66.6
Iron ore mine . 57.8
- -, moist . . . 60.2
- -, nickeliferous 61.6
- - nodules, brown 67.1
- -, oolitic . . . 67.3
- -, oolitic brown 67.6
- -, phosphatic 60.7
- -, porous . . . 59.9
- -, powdery . . 58.8
- -, raw . . . . 64.4
- -, refractory . 62.1
- -, sandy . . . 118.6
- -, small . . . 58.8
- -, soft . . . . 59.1
- -, sparry . . . 68.9
- -, specular . . 66.7
- -, sulphurous 60.6
- -, titaniferous 61.5
- -, water bearing 60.3
- -, weathered . 64.1
- -, wet . . . . 60.2
- -, yellow . . . 67.7
- -, zinciferous 61.3
- oxide . . . . 415.4
-, - of . . . . . 71.1
Iron particles 376.11
-, pasty . . . . 376.2
-, phosphate of 399.6
-, pig (s. pig iron)
-, pisolitic . . . 67.5
- plated shaft . 305.2
-, porous . . . . 376.8
- Portland cement 359.6
-, puddled . . . 10.8
-, pure . . . . 213.10
- pyrites . . . . 72.3
-, quadrant . . 21.2
- rake . . . . . 371.6
- receiver . . . 466.5
-, red short . . 48.3
-, refined 361.8, 365.2 565.6
-, remelted . . 474.12
-, rivet . . . . . 48.4
- rod . . . . 401.10
-, rolled . . . . 18.2
-, round . . . . 19.5
- runner . . . . 300.5
-, sand cast . . 4.7
- scale . . . . . 414.5
-, scrap . 29.4.5, 565.8
-, section . . . 19.9
- -s for building rolling stock 24.8
- separation . . 361.7
-, sheet (s. sheet iron)
- shell . . . . . 83.8
- shoe . . . . . 496.3
-, short . . . . . 44.6
- shot . . . . . 491.8
-, slag free . . 416.4
-, soft . . . 10.2, 44.5
- spar . . . . . 68.6
- spark . . . . 397.1
-, sparry . . . . 68.6
-, spathic . . . . 68.5
-, special . . . . 565.6
-, specular . . . 3.3
-, spongy 347.11, 376.8
-, square . . . . 19.3
-, stamped . . . 478.4
-stone, clay . . 68.8
- stores . . . . 180.5
-, strip . . . 19.8, 24.7
-, superheated . 474.9
-, supersaturated 16.9
-, T- . . . . . . 20.8
-, tapping 338.10, 339.2
-, thickly liquid 474.11
- tube . . . . . 587.5
Iron, U- . . . . . 21.1
-, ungraded . 17.12
- ware . . . . 17.10
- -, small . . . 23.7
-, waste . . 29.5, 378.7
-, wedge shaped 21.8
-, weld (s. weld iron)
- wire . . . . . 199.9
- -, thin drawn 23.5
-, wrought (s. wrought iron)
-, Z- . . . . . . . 20.6
Irradiazione del calore 572.5
- di calore . . 352.5
Irrigare . . . 148.8
Irrigazione . . 148.7
Irregular . . . 57.4
Irregularity, -ies of working 358.2
Irrigación . . . 162.6
Ischewsky, forno
-, four . . . . . 570.2
-furnace . . . . 570.2
-, horno de . . 570.2 570.2
-scher Ofen . . 570.2
Isohidria de las disoluciones ácidas 262.8
Isohidrico . . 262.7.9
Isohydric . . 262.7.9
Isohydry of acid solutions 262.8
Isohydrie der Säurelösungen 262.8
Isohydrie des solutions acides 262.8
Isohydrique . 262.7.9
Isohydrisch . 262.7.9
Isoidria delle soluzioni acide 262.8
Isoidrico . . 262.7.9
Isolato . . . . . 143.4
-, non . . . . . 305.4
Isolated . . . . 143.4
Isolé . . . . . . 126.1
-, non . . . . . 305.4
Isolement . . 313.10
Isteresi . . . . 278.1
Istrumento di misura elettrico 266.7

## J.

Jabón . . 276.5, 546.1
Jacket . . . . . 294.4
- sheet iron . . 26.8
Jahres-erzeugung 555.2
-zahl . . . . . 34.12
Jambage, à simple 498.7
Japan, to . . . 424.9
Jar . . . . . . . 189.3
Jarabe, consistencia de 247.1
Jauche . . . . 431.3
Jauge . . . . . 38.10
- à coulisse . . 39.2
Jauge à relever les alésages 39.6
- - vis . . . . . 39.3
- de profondeur 39.7
- du fil . . . . 28.1
- micrométrique 39.4.5
- pour les tôles 40.2
- - trous . . . 39.8
Jaugé . . . . . 191.6
Jaula . . . . . 79.5
Jaune-clair . . 547.6
- de paille . . . 547.7
Jaw . . . . 43.10, 79.2
Jefe de laboratorio 178.3
- - servicio . . 332.4
Jena glass . . . 185.4
Jena, verre de 185.4
Jena, vetro di - per apparati 185.4
Jena, vidrio de - para aparatos 185.4
Jenaer Geräteglas 185.4
Jet . . . . . . . . 140.8
Jet . . . . 443.3, 485.6
- d'air . . . . . 396.3
Jet d'eau . . . 545.1
- de coulée . . 443.7
- - - annulaire 444.3
- - - conique . 443.8
- - - coudé . . 444.1
- - - en fourche 443.9
- - - rond . . . 443.6
- - - simple . . 443.6
- - fonte . . . . 339.7
- - gaz rouge 399.11
- - métal . . . 336.7
- - sable . . . . 492.9
- - vapeur . . . 158.2
- en éventail . 159.3

Jetty . . . . . 131.6
Jeu . . . 37.4, 520.3
- de la bascule 135.6
- - modèles pour machines à mouler les poulies 451.7
Jeweller's red . 276.2
Jib crane . . . 125.7
Jig . . . . . . 139.6
Jinete . . . . 239.7.8
Jod . . . . . . 211.7
-kalium . . . 211.11
- -papier . . . 213.3
- -stärkepapier 213.4
Jodlösung . . 211.10
Joint 23.5, 302.1, 305.11 310.7
-, airtight . . . 324.1
-, tight . . . . . 470.9
Joint . . 305.11, 471.6
- de dilatation de Lürmann 306.2
- en cuir . . . 506.7
- étanche . . . 470.9
- hydraulique . 405.8
- sphérique . . 302.1
Joist, English standard 20.10
Jonction . . . 190.1
Jornada . . . . 556.6
Jour, exploitation au 58.2
Journal . . . . 496.2
- friction . . . 513.8
Juego . . . 37.4, 520.3
- de la báscula 135.6
- - modelos para poleas de transmisión 451.7
- - piezas de fundición 31.9
- entre los cilindros 515.5
-, por -s . . . . 31.8
Jumeau, -elle . 148.5
Jump, to . . . 58.6
Jumping . . . . 58.7
- up test . . . . 58.5
Junction . . . . 123.9
Juncture . . . 489.8
Junta . . . . 305.11
- de empaquetadura 471.6
- estanca . . . 470.9
- hidráulica . . 405.8
Jurado, químico oficial 174.2
Juwelierrot . . 276.2

# K.

Kai, Verlade- . 122.4
Kalcimeter . . 182.4
Kali-apparat . 181.3
-, Ätz- . . . . 204.12
-, - - in Stangen 204.13
-, chromsaures . 206.4
-, doppeltchromsaures 206.5
-, essigsaures . 206.6
-hydrat . . . 204.12
-, kohlensaures 205.8
-lauge . . . . . 205.2
-, saures schwefelsaures 206.2
-, schwefelsaures 205.11
-salpeter . . . . 419.6
Kaliber . 514.5, 515.3
-, Anfangs- . . . 516.5
-, Belageisen- . 517.9
-, Blind- . . . 516.10
-, blindes . . 516.10
-, Blockwalz- . 517.5
-, die - entwerfen 514.7
-, End- . . . . . 516.7
-, Entwicklungs- 516.6
-, Flach- . . . . 517.3
-, Form- . . . . 517.4
-, geschlossenes 515.10
-, Laschen- . . 517.10
-, Nagel- . . . . 518.3
-, offenes . . . . 515.9
-, Oval- . . . . 517.1
-, periodisches . 518.1
-, Schienen- . . 517.7
-, Schluß- . . . 516.7
-, Schwellen- . . 517.8
-, Spitzbogen- 516.11
-, Stauch- . . . 516.2
-, Streck- . . . 516.1
-, Träger- . . . 517.6
-, unterbrochenes 518.4
-, Unterschlagplatten- 517.11
-, Vierkant- . . 517.2
-walze . . . . 514.4
Kalibrieren der Walzen 514.3
Kalibriert . . . 39.1
Kalium . . . . 221.2
-acetat . . . . . 206.6
-bichromat . . 206.5
-chlorat . . . . 211.2
Kalium-chlorid 207.1
-chromat . . . 206.4
-cyanid . . . . 206.3
-eisen-cyanid . 208.8
- -cyanür . . . 208.7
-ferricyanat . . 208.8
-ferrocyanat . 207.7
-, Jod- . . . . 211.11
-karbonat . . . 205.8
-sulfat . . . . 205.11
Kalk . . . 117.1, 220.1
-beschickbühne 388.6
-, Chlor- . . . . 208.2
-, kohlensaurer 220.2
-licht . . . . 280.13
-milch . . . . 545.11
-, Natron- . . 205.7
-reich . . . . 357.12
-, schwefelsaurer 208.1, 220.3
-spat . . . . . . 73.1
-stein 85.5, 111.2, 117.3
-wasser . 205.5, 341.3 545.11
Kalken des Drahtes 537.3
Kalkig . . 60.5, 117.9
Kalorimeter . . 110.1 180.6
Kalorimetrisch 108.11 110.2
Kalt-biegeprobe 42.6
-bruch . . . . . 48.1
-brüchig . . . . 48.2
-guß . . . . . 489.1
-hämmern . . . 548.6
- legen . . . . 415.9
-probe . . . . 31.6
-sägemaschine 493.4
-schweiße . . . 386.8
-windschieber 322.4
Kältemaschine 329.7
Kamin . . 164.6, 519.1
-beschlag . . . 373.2
-bühne . . . . 388.8
-kühler . . . . 149.3
Kamm-walze . 519.4
-walzenständer 524.3
Kammer, Aufnahme- 472.6
-, Heiz- . . 85.6, 319.2
-, Seiten- . . . . 316.6
-, Sieb- . . . . . 140.9
-walze, hohle . 519.5
-, Wind- . . . . 502.1
Kanal . . . . . 85.7
-, Abhitze- . . . 104.3
Kanal, Ausström- 499.5
-, Einguß- . . . 448.3
-, Essen- . . . . 85.8
-, Heiz- . . . . . 104.2
-, Rauch- . . . . 85.8
-, ringförmiger 312.5
-, Sohlen- . . . 104.1
-, Umström- . . 471.8
-, Kanäle zur Bleigewinnung 290.6
Kante . . . . . 86.9
-, scharfe . . . 423.6
Kantenriß . . . 86.4
Kantig . . . . . 426.9
Kantvorrichtung 525.7
Kanzel . . . . . 395.6
Kanzleigebäude 149.8
Kaolin . . . . 116.13
Kapazität, Polarisations- 264.4
Kapazitätsgröße 257.4
Kapelle . . . . 235.3
Kapillare, Gaszuführungs- 270.6
Kapillarfläschchen 185.6
Kappe . 406.2, 522.10
-, Flaschen- . . 188.7
-, Gummi- . . . 198.2
-, Verschluß- . . 23.5
Kappenständer 522.9
Kapsel . . . . . 202.4
-, Brech- . . . . 522.2
-gebläse . . . . 471.1
-hochdruckgebläse 472.7
-werk . . . . . 471.7
Karbidkohle . 215.10
Karborund 15.5, 344.1
Karminpapier 212.10
Karneolstein . 238.1
Kartendruckvorrichtung 134.5
Käse . . . . . . 384.3
Kasserolle . . . 193.6
-, Abdampf- . . 247.4
Kassette, Schiebe- 282.3
Kasten . . . . . 411.4
-, Aschen- . . . 164.1
-formerei . . . 439.9
-gebläse . . . . 325.5
Kasten, Glas- . 189.2
-, Kühl- . . . . 296.7
-, säurefester . 189.1
-, Trocken- . . . 233.1
Kathetometer . 181.1
Kathion . . . . 257.9
Katze, Lauf- . . 126.6
Käufer . . . . . 558.5
Kautschukware 197.1
Kegel . . 309.7, 310.5
-, Abrutsch- . . 84.2
-, Filter- . . . . 244.7
-form . . . . . 304.2
- -, abgestumpfte 304.2
-förmig . . . . 299.4
-, Platin- . . . . 195.6
-, Ventil- . . . . 508.7
Kegelig . 299.3, 422.4
Kehrwalzwerk . 532.1
Keil . . . . . . 301.10
-einguß . . . . 448.9
-förmig . . . . 371.7
-stück . . . . . 293.2
Kelch . . . . . 186.2
-, Meß- . . . . . 185.9
-, Prüf- . . . . . 186.2
-, Reagenz- . . 186.2
Keller, Aschen- 163.8
Keller, forno . 570.1
Keller, four . . 570.1
Keller furnace 570.1
Keller, horno de 570.1
Kellerscher Ofen 570.1
Kennzeichen . 34.8
Keps . . . . . . 331.3
Kerb-biegeprobe 44.2
-schlagprobe . 44.2
Kern . . . 458.4, 461.2
-arbeiter . . . 458.2
-büchse . . . . 459.3
- des Bruchquerschnittes 47.3
-dreh-bank . 460.10
- -lade . . . . 460.10
-drücker . . . . 424.8
-einschnürung . 458.7
-eisen . . . 2.3, 458.8
- -richtmaschine 459.1
-formerei . . . 458.1
-formmaschine 459.2
-gabel . . . . . 436.9
-gerippe . . . . 460.4
-kasten . . . . 458.3
-luft . . . . . . 459.4

Kern-macher . 458.2
-macherei . . . 458.1
-marke . . . . 424.8
-nagel, Patent- 461.9
-, Röst- . . . . . 89.3
-sandbeschaffenheit 427.4
-schablone . . 461.3
-schacht . . . . 304.5
-spindel . . . . 459.9
- -, die - - umwickeln 460.7
- -, gefurchte . 460.1
- -, hohle . . 459.10
- -, profilierte . 460.1
- -, unrunde . . 460.1
-stück . . . . . 458.3
-stütze . . . . . 461.7
-trockenofen . 463.4
-, zerbrechlicher 459.8
Keroseneoil stove 184.10
- tester . . . . 181.5
Kessel-anlage . 151.5
- -, freistehende 151.7
- -, überdachte 151.8
-, Batterie- . . . 154.4
-, Betrieb- . . . 153.4
-blech . . . . . 26.5
-, Bouilleur- . . 154.2
-, Bürst- . . . . 553.8
-, Dampf- . . . 152.1
-, Dampfkoch- . 178.8
-, Druckwind- . 145.4
-, Durchführ- 553.10
-, Einfach- . . . 153.7
-, Ersatz- . . . . 153.5
-, Fett- . . . . . 553.3
-, Flammrohr - . 154.5
-, Gegenstrom- 153.1
-, Gleichstrom- 153.2
-, Grob- . . . . 553.6
-gruppe . . . . 154.1
-haus . . . . . 150.1
-, Hilfs- . . . . 153.6
-, Lokomobil- . 155.2
-, Rauchrohr- . 155.1
-, Saugwind- . . 145.2
-, Siederohr- . . 155.1
-, Staffel- . . . 153.9
-, Umlauf- . . . 153.3
-, Verbund- . . 153.8
-, Walz - . . . . 554.1
-, Wasch- . . . 553.8
-, Wasserröhren- 155.3
-, Weißblech- . 553.2
-, Wellrohr- . . 154.6
-, Wind- . . . . 394.4
-, Zinn- . . . . 553.6
Kessler, aparato 93.10
Kessler apparatus 93.10
Kessler, apparecchio 93.10
Kessler, appareil 93.10
Kesslerscher Apparat 93.10
Kette . . . . . 311.6
-, endlose . . . 340.9
Ketten-bahn . 135.10
-bruch . . . . 137.10
-rostfeuerung . 157.5
-verschleiß . . 137.9
Key . . . . . . 522.1
Kick . . . . . 482.10
Kidney ore 63.8, 67.2
Kies-abbrand . 70.8
-, Arsen- . . . . 72.4
-, Eisen- . . . . 72.3
-filter . . . . . 147.3
-, Kupfer- . . . 72.2
-, Magnet- . . . 68.3
Kiesel, Mangan- 70.4
-sauer . . . . 427.11
- säure-anhydrid . 216.3
- -, gallertartige 115.5
- -, gebundene 115.4
- -reich . . . . 115.3
-zinkerz . . . . 71.10
Kieselig 115.2, 357.11
Killing . . . . 385.12
Kiln . 83.4.5, 119.1.2
Kilowatt-heure 572.7
- -hora . . . . 572.7
- -hour . . . . 572.7
- -Stunde . . . 572.7
Kipp, aparato de 221.5
Kipp, apparato di 221.5
Kipp's apparatus 221.5
Kipp, appareil de 221.5
Kipp, -scher Apparat 221.5
Kipp-bühne . . 132.5
-ofen . . . . . 403.1
-vorrichtung . 331.6
- -, elektrische 393.6
- -, Hand- . . . 479.5
- -, selbsttätige 479.6
Kippen . . . . 341.8
-, die Pfanne . 479.4
-, durch - aus der Schnauze gießen 481.5
Kipper . . . . 131.5
-, Kurven- . . . 133.1
-, Plattform- . . 132.7
-, selbsttätiger Kohlen- 132.4
-, Wagen- . . . 132.6
kish . . . . . . 481.8
Kiste, die -n laden 417.5
Kitt, Rost- . . . 319.5
-, Stickstoffbestimmungs-apparat nach 221.7
Kjeldahl-kolben 187.2
Kjeldahl, flacon de 187.2
Kjeldahl, flacone di 187.2
Kjeldahl flask . 187.2
Kjeldahl, frasco de 187.2
Kjellin, forno . 568.4
Kjellin, four . . 568.4
Kjellin furnace 568.4
Kjellin, horno sistema 568.4
Kjellinscher Ofen 568.4
Klappe . . . . 301.3
-, Boden- . . . 467.3
-, Füll- . . . . . 161.8
-, Sicherheits- . 314.9
-, Verschluß- . 131.4
Klappenverschluß 314.8
Klar . . . . . . 241.10
Klär-behälter . 146.9
-flasche . . . . 243.6
-teich . . . . . 81.3
Klären . . . . . 243.5
Klärung des Wassers 146.8
Klassieren . . . 65.2
Klauben, aus- . 63.4
Klauberz . . . 63.3
Klaue, Ochsen-n 420.3
Klauenmehl . . 420.2
Klavierdraht . 28.7 199.10
Klebrig . . . . 428.9
Kleeblattform 520.4
Klein-bahnschiene 22.7
-bessemerbirne 387.7
-bessemerei . . 387.6
-eisenzeug . . . 23.7
-gefüge . . . . 283.2
-kupolofen . . 469.6
-kuppelofen . . 469.6
-luckig . . . . 2.8
-spiegelig, -es Weißeisen 3.5
-wasserraumkessel 152.7
-zackig . . . 426.10
Klemm-platte . 24.5
-vorrichtung . 136.2
- - für Verschiebebahnen 137.8
Klemme für Elemente 265.9
-, Ständer- . . . 198.6
Klumpen, Eisen- 361.6
Knabbelkoks 107.12
Knallgas . . . 343.8
-gebläse . . . . 251.7
Knead, to 119.9, 425.5
Kneten . 119.9, 425.5
Kniehebelpresse 505.3
Knife . . . . . 78.6
Knitterig . . . 47.6
Knob . . . . . 38.7
Knobbled . . . 10.3
Knocking, -s . 62.8
Knollen, Brauneisenstein- 67.1
Knot . . . . . . 422.9
Knüppel . . . 18.8
Kobalt . . . . 217.11
-flasche . . . . 188.6
-glas . . . . . . 235.9
-nitrat . . . . 212.5
-oxydul . . . 217.12
Koch-abschnitt 375.9
- -Eruptionsperiode 396.7
-flasche . . . . 187.5
-kessel, Dampf- 178.8
-periode . . . 375.9
-puddeln . . . 379.4
-salz . . . 207.2, 545.7
-zeit . . . . . . 375.9
Kochen, heftiges 396.8
Kocher, Gas- . 184.9
-, Petroleum- 184.10
Kocherei, Dampf- 120.3
- mit offenem Feuer 120.4
-, Teer- . . . . . 120.2
Kohle . . . . 104.6.7
-, aufbereitete . 102.1
-, Back- . . . . 99.3
-, Braun- . . . . 98.6
-, Erbs- . . . . 101.3
-, Eß- . . . . . 99.10
-, Fett- . . . . . 99.2
-, Förder- . . . 100.7
-, Gas- . . . . . 100.1
-, gepreßte . . 343.11
-, gewaschene . 102.1
-, Gries- . . . . 101.3
-, großstückige 100.9
-, Grus- . . . . 101.4
-, halbfette . . 99.4
-, Härtungs- . . 215.9
-, Holz- (s- Holzkohle)
-, Horn- . . . . 419.5
-, Karbid- . . . 215.10
-, Koks- . . . . 100.2
-, kurzflammige 99.5
-, langflammige 99.1
-, Laubholz- . . 418.9
-, Leder- . . . . 419.4
-, Mager- . . . . 99.6
-, Nuß- . . . . . 101.2
-, Perl- . . . . . 101.3
-, Roh- . . . . . 100.7
-, Schmiede- . . 100.1
-, Sinter- . . . . 99.7
-, sinternde Sand- 99.9
-, Staub- . . . . 101.6
-, Stein- . . . . 98.7
-, Stück- . . . . 100.9
-, Temper- . . . 215.7
-, Würfel- . . . 101.1
-, Zement- . . 215.10
Kohlen-beförderungsband 159.5
-bohrer . . . . 235.5
-eisenstein . . 69.1
-elektrode . . . 566.7
- -, hängende . 566.7
-feuerung . . . 155.4
-größe . . . . . 100.8
-grube, Stein- . 100.5
-grus . . . . . 101.4
-halter . . . . . 235.4
-heizung . . . 249.3
-kasten, zweiteiliger 129.2
-kipper, selbsttätiger 132.4
-klein, Stein- . 101.5
-lösche . . . . 546.2
- -, angefeuchtete 546.2
-oxydentwicklung 375.3
- -gehalt . . . 360.4
-sack . . . . . 303.7
-säge . . . . . 235.6
-sandstein . . . 113.6
-sauer . . . . . 200.2
-säure . . 81.8, 215.13
- -bestimmer . 216.1
- -haltig . . . . 60.4
- -härtung . . 545.4
-scheider . . . 102.3
-schicht, glühende 405.7
-schlamm . . . 101.8
-stampfmaschine 105.5
-staub . . . . . 101.7
- -feuerung . . 155.7

Kohlen-staub, mit - - einpudern 430.4
-stoff . . 214.9, 418.7
- -, amorpher . 215.8
- -art . . . . 214.10
- -ausscheidung 348.8
- -bestimmung 215.12
- -, gestaltloser 215.8
- -stahl . . . . 16.8
- -stein . . . . 306.8
- -verbrauch . 348.7
- -ziegel . . . 117.10
-sturzbahn . . 132.3
-verbrauch . . 557.3
-wäsche . . . . 102.2
-wasserstoff, -e 105.9
-zeche . . . . . 100.5
-zufuhr . . . . 159.4
- - durch Schnecke 159.6
Kohlung . . . . 348.5
- durch festen Kohlenstoff 418.7
Kohlungs-grad 348.6
-stoff . . . . . 398.7
-zone . . . . . 347.3
Kokille 340.6, 446.7 526.4
Kokillenform . 446.6
Koks . . . 102.8, 106.7
-ausdrückmaschine 106.4
-, Brech- . . . 107.12
-, Bruch . . . 107.10
-erzeugung . . 102.7
-, Eßkohlen- . . 107.6
-, Füll- . . . . . 473.6
-gabel . . . . . 473.8
-gicht, leere . . 337.7
-, Gießerei- . . 107.4
-, Groß- . . . . 107.9
-, Hochofen- . . 107.3
-hochofen . . . 285.3
-klein . . . . 107.13
-kohle . . . . . 100.2
-korb . . . . . 336.7
-, Knabbel- . 107.12
-kuchen . . . . 106.6
-lagerplatz . . 130.4
-, Mager- . . . . 107.5
-ofen . . . . . 103.4
- -batterie . . . 103.9
- - für Gewinnung der Nebenerzeugnisse 103.8
- -gas . . . . . 108.5
- -, geschlossener 108.7
- -gruppe . . . 103.9
- -, halbgeschlossener backofenförmiger 103.5
- -tür . . . . . 104.5
- ohne Erz . . 337.7
-roheisen . . . 4.3
-, Satz- . . . . . 473.7
-, Sieb- . . . . 107.11
Kolben . 311.4, 506.2
-, Abdampf- . . 247.6
-, Destillations- 254.9
-, Erlenmeyer- . 186.6
-flügel . . . . . 472.1
-, Fraktions- . . 187.3
-, Glüh- . . . . 187.8
-, Hammer- . . 499.2
-, hintereinanderliegende 506.5
-, Kjeldahl- . . 187.2
Kolben, Meß- 185.10
-, Mönchs- . . . 506.2
-, nebeneinanderliegende 506.4
-, Preß- . 121.2, 506.1
-, Pumpen- . . 509.3
-, Rund- . . . . 186.7
-, Scheiben- . . 506.3
-, Steh- . . . . . 187.1
-steuerung . . 499.4
-träger . . . . 198.7
Kollergang . . 78.1
Kolophonium . 419.8
Kompensationsaufhängung 237.6
Komponente . 274.7
Kondensation . 256.4
Kondensationsröhre 256.6
Kondensieren . 256.5
Konglomerat . 63.6
Kongopapier 212.11
Königs-wasser 204.3
-welle . . . . . 78.4
Konsolkran . . 127.1
Konstante, Affinitäts- 260.5
-, Dissoziations- 260.5
Konstitution, chemische 225.10
Konstruktion, Eisen- 151.3
Konus, Platin- 195.6
Konvektionsstrom 260.8
Konverter 389.7, 395.2
-auswurf . . . 112.6
-halle . . . . . 388.1
Konzentrationspolarisation 264.5
Konzentriert . 242.1
Konzession . . 557.7
Konzessionsbeschränkung 557.8
Kopf . . . 22.5, 403.5
-ende . . . . . 413.9
-, kugelförmiger 520.2
-platte . . 496.9, 505.6
-, schmiedeeisener 495.5
-, Ständer- . . . 521.2
-, verlorener . . 485.6
Kopieren . . 282.10
Korb . . . . . 79.5
-, Saug- . . . . 140.8
Kork . . . . . 196.2
-bohrer . . . . 196.7
- -schärfer . . 196.8
-messer . . . . 196.5
-platte . . . . . 196.2
-presse . . . . 196.3
-zange . . . . . 196.6
Korn . . . . . 379.7
-blau . . . . . 548.1
-größe . . 100.8, 231.3
-puddeln . . . 379.6
-, quarzige Körner 115.7
Körnen . . . . 359.3
Körnig . . . . 45.3
-, fein- . . . . . 45.4
-, grob- . . . . 45.5
Körnung 100.8, 359.2
Körper . . . . 224.2
Korrespondierend 262.7
Kosten-anschlag 562.12
-, Bau- . . . . . 563.5
Kosten der Kraft 168.2
-, Herstellungs- 562.13
-, Zustellungs- . 573.1
Kraft . . . . 168.2.4
-, Dreh- . . . . 50.9
-linie . . . . . 92.10
-sammler . . . 508.3
-spannung, magnetische 92.7
-station . . . . 166.1
-, Torsions- . . 50.9
-übertragung . 167.2
- -, unmittelbare 327.3
-übertragungswerk 166.2
-verbrauch . . 557.4
-verteilung . . 167.3
-werk . . 166.1 167.9
Kräftepaar . . 51.1
Krampstock . . 481.7
Kran . . . . . 125.6
-, Ausleger- . . 125.7
-balken . . . . 476.6
-, Beschick- . . 410.5
-, Beschickungs- 410.5
-, Block- . . . . 526.6
-, -abstreif . . . 562.2
-, -chargier- . . 528.7
-, -einsetz- . . . 528.7
-, -förder- . . . 526.6
-, -zangen- . . . 526.5
-, -zieh- . . . . 527.7
-, Bock- . . . . 125.8
-, Brücken- . . 126.4
-, Chargier- . . 410.5
-, Dampf- . . . 127.2
-, Dreh- . . . . 264.5
-, Einsetz- . . . 410.5
-, fahrbarer Dampf- 127.4.6
-, feststehender Dampf- 127.3
-, Finger- . . . 528.2
-, freistehender 126.1
-gehänge . . . 476.8
-, Gieß- . . . . 476.2
-, Greif- . . . . 128.1
-haken . . . . 476.5
-, Konsol- . . . 127.1
-, Lager- . . . . 129.4
-, Lauf- . . . . 126.5
-, Magnet- . . . 129.5
-magnet . . . . 129.6
-, Mulden-chargier- 410.7
-, -einsetz- . . . 410.7
-, obenlaufender Dreh- 127.7
-pfanne . . . . 478.4
-, Portal- . . . . 126.3
-preßluftstampfer 435.2
-, Stripper- . . 562.2
-, Tiefofen- . . 527.7
-, Tor- . . . . . 126.3
-, Turmdreh- . . 126.7
-, Überlade- . . 125.8
-, Verladebock- 127.5
-, Wand- . . . . 125.9
-, Zangen- . . . 526.5
Kranz . . . . . 295.4
-, aufgenieteter - aus Winkeleisen 295.4
-, Eisen- . . . . 294.3
-, Gußeisen- 84.5, 294.5
Kranz, Mauer- 304.10
-modell . . . . 451.6
-, Stroh- . . . . 202.2
-, Trag- . . . . 294.2
Kratzband . . 139.4
Kratze . . . . . 371.6
-, keilförmige . 371.7
Kratzen . . . . 354.2
-tür . . . . . . 370.8
-zug . . . . . . 536.9
Kratzer . . . . 139.3
-förderer . . . 139.2
-scheibe . . . . 139.3
-transporteur . 139.2
Kreide, Phosphat- 113.7
Kreis-bogen . 514.12
-form . . . . . 290.4
-förmig . . . . 238.3
-lauf, geschlossener 148.2
Kreiselwipper . 133.2
Kremp-blech . 26.6
-lasche . . . . 24.1
Kreuzeisen . . 21.9
Krigar, cubilot 469.1
-, cubilote . . . 469.1
-, forno . . . . 469.1
- furnace . . . 469.1
Krigarscher Ofen 469.1
Krispelig . . . 47.4
Kristall-form . 214.3
-, Misch- . . . . 274.1
-, Tannenbaum- 214.4
Kristallierschale 248.10
Kristallierungsgefäß 248.9
Kristallinisch . 46.4 64.3, 242.13
Kristallisiert . 214.2
Kritisch, -e Punkte 272.9
Krücke . . . . 337.5
Krumm . . . . 534.5
Krümmer-kern 461.4
-, Rohr- . . . . 320.3
Krümmling . . 320.3
Kruste . . 486.6, 489.8
-, Schlacken- . . 386.5
Kübel, Greifer- 129.2
Kuchen, Koks- 106.6
-, Schlacken- . . 356.1
Kugel-form . . 96.5
-förmig . . . . 520.2
-gelenk . . . . 302.1
-hahn-pipette . 191.5
- -stechheber . 191.5
-härte-probe . . 54.4
- -prüfer . . . 54.5
- -lager . . . . 300.8
-mühle . . . . 79.1
-röhre . . . . . 189.8
-, Schlacken- . . 397.2
Kuh-dünger . . 429.1
-haar . . . . . 429.2
Kühl-anlage, Wasser- 148.4
-bad . . . . . . 544.5
-flüssigkeit . . 544.7
-form . . . . . 297.1
-halten, die Probe 275.6
-kammer . . . 329.5
-kasten . . . . 296.7
-schlange . . . 255.6
-teich . . . . . 148.5
-trog . . . . . . 371.4

Kühl-turm . . . 149.2
-vorrichtung . 296.4
-wasser . . . 297.10
- -rohr . . . . 298.2
Kühler . . 255.7, 329.5
-, Kamin- . . . 149.3
-, Riesel- . . . . 148.7
Kühlung, Luft- 296.6
-, Rost- . . . . . 162.5
-, Rück- . . . . 148.1
-, Wasser- . . . 296.5
Künstlich . . . 68.1
Kupfer . . . . 217.7
-, Chlor- . . . . 209.3
-chlorid . . . . 209.3
-chlorür . . . . 209.4
Kupfer-drahtnetz 199.2
- -rolle . . . . 199.3
-drehspan . . . 199.8
-haltig . . . 61.1, 90.4
-kies . . . . . . 72.2
-oxyd . . . . . 217.8
- -, gekörntes . 209.2
-sulfat . . . . 90.6
-vitriol . . . . 90.6
-, Zement . . . 90.7
Kupolofen . . . 473.4
-, Gießerei- . . 466.6
-, Klein- . . . . 469.6
-, Saug- . . . . 469.2
-schmelzen . . 473.3
Kuppel . . . . 321.7
Kuppeln . . . . 519.8
Kuppelofen . . 473.4
-, Gießerei- . . 466.6
-, Klein- . . . . 469.6
-, Saug- . . . . 469.2
-schmelzen . . 473.3
Kupplung . . . 519.7
-, ausrücksbare 519.9
-, die - ausrücken 520.7
-, - - einrücken 520.6
-, - - lösen . . . 520.7
-, - - schließen 520.6
-, Reibungs- . . 520.5
Kupplung, Schlauch- 184.2
Kupplungs-muffe 519.10
-spindel . . . . 520.1
-zapfen . . . . 513.7
Kurbel . . . . . 288.8
-hammer . . . 500.9
-stange . . . . 326.5.6
Kurve . . . . . 515.1
-, flache . . . . 515.1
-, steile . . . . 515.2
Kurvenkipper . 133.1
Kurz-armig . . 238.4
-flammig . . . . 99.5

# L.

Label . . . . . 185.3
Laberinto de madera 80.7
Labirinto di legno 80.7
Labor hecha á mano 556.4
Laborant . . . 174.3
Laboratoire . . 178.2 368.8
- de fabrication 174.7
- principal . . 174.6
- public . . . . 178.1
Laboratorio . . 178.2 368.8
- d'esercizio . . 174.7
- principale . . 174.6
- pubblico . . 178.1
Laboratorio . . 178.2 368.8
- de servicio . 174.7
- principal . . 174.6
- público . . . 178.1
Laboratorium-betrieb 178.2
-diener . . . . 174.5
-junge . . . . . 174.4
-, öffentliches . 178.1
-tisch . . . . . 175.3
-vorstand . . . 178.3
Laboratory . . 178.2
- bench . . . . 175.3
- boy . . . . . 174.4
-, chief . . . . . 174.6
-, public . . . . 178.1
- servant . . . 174.5
- table, electro-chemical 265.5
- working . . . 178.2
Labour . . . . 556.3
-, manual . . . 556.3
Labourer . . . 332.9
Lac, minerai des -s 67.4
Laca . . . . . . 550.6
Lacca . . . . . 550.6
Lâchage de la scorie 474.6
Lâcher le laitier 338.2
Lacht . . . . . 375.1
Lack . . . . . . 550.6
-, Modell- . . . 424.5
Lackieren . . . 550.7
Lackmuspapier 212.8
-tinktur . . . . 211.9
Lacquer . . . 550.6
Lacquer, to . . 550.7
Lade-gewicht . 134.7
-mulde . . . . 410.8
-stelle . . . . . 561.9
-vorrichtung, Erz- 123.1
Laden . . . . 439.13
-, die Kisten . . 417.5
Ladle . 341.6, 477.4.8
- car . . . 477.3, 478.6
- carriage . . . 477.1
- carrier . . . . 478.5
-, fixed . . . . . 478.7
- for ring carrier 478.1
- guide . . . . 479.7
- handle . . . . 479.2
- hangers . . . 479.2
- on wheels . . 478.6
- pouring appliance 480.1
- sample . . . . 401.7
- support . . . 479.2
-, stamped iron 478.4
Lado de aspiración 471.4
- - entrada . . 531.3
- - impelación 471.5
- - la presión . 471.5
- - salida . . . 531.4
- frontal . . . . 104.4
Ladrillo . . . . 96.2
- ácido . . . . 306.6
- aluminoso molido 428.7
- básico . . . . 306.5
- de barro . . 429.7
- - carbono 117.10, 306.8
- - dolomita . 117.6
- - escoria . 358.8.11
- - greda . . . 429.7
- - los etalajes 302.7
- Dinas . . . . 115.1
- para cuba . 305.10
- puesto de canto 321.10
- refractario . 156.6 329.5
- secado al aire 429.8
Ladung, Teil- . 562.7
-, volle . . . . . 562.9
Lager, Block- . 130.7
-büchse . . . . 496.1
-, Eisen- . . . . 130.5
-größe . . . . . 87.7
-kran . . . . . 129.4
Lager, Kugel- . 300.8
-, Modell- . . . 422.2
-platz, Erz- . . 130.3
- -, Koks- . . . 130.4
-, Roheisen- . . 130.6
-stätte, Eisenerz- 56.4
- -, gangartige . 56.5
- -, geschichtete 57.1
- -, gestörte . . 57.4
- -, massige . . 57.2
- -, Trümmer- . 57.2
- -, verworfene 57.4
-stättenkunde . 56.1
-, Träger- . . . 130.8
-vorrichtung . 130.1
-, Zapfen- . . . 521.7
Lagerung . . . 56.2
-, dichte . . . . 335.7
-, stetige . . . . 521.5
-, veränderliche 523.1
Lago . . . . . . 67.4
Laine d'amiante 200.12
- de bois . . . 460.8
- - laitier . . . 358.9
Lait de chaux . 205.5 545.11
Laiteral . . . . 364.4
Laitier . . . . . 299.5
- acide . . . . 356.6
- basique . . . 356.7
- chaud . . . . 357.4
- court au crochet 356.7
- de haut-fourneau traité à la vapeur 95.7
- du haut-fourneau 355.10
- filant . . . . . 356.6
-, formant du . 349.8
- froid . . . . . 357.5
- granulé . . . 358.4
- pierreux . . . 357.8
Laiton . . . . . 237.3
Lama di sega . 493.7
Lambicco . . . 255.5
Lame . . 78.6, 493.5
- de scie . . . . 493.7
Lamellare . . . 45.7
Lamelle . . . . 45.8
Lamiera 25.4, 40.2, 295.1
- a prominenze 26.12
- d'acciaio 25.11, 136.5
- - fuso . . . . 25.12
- d'alluminio 199.11
Lamiera da caldaie 26.5
- - focolare . . 26.7
- - rivestimento 26.8
- del timpano . 292.4
- di ferro 25.6, 309.1
- - - omogeneo 25.10
- - - saldato . 25.9
- - platino . . . 194.9
- - rivestimento 293.9
- - sbarramento 371.3
- - scarto . . . 27.7
- finita . . . . . 27.6
- flangiata . . . 26.6
- forata . . . . 27.4
- greggia . . . 27.5
- grossa . . . . 26.3
- inclinata . . . 316.5
- laminata . . . 25.5
- martellata . . 25.8
- nera . . 26.2. 533.3
- ondulata 27.1, 308.4
- - a curva . . 27.2
- per navi . . . 26.9
- - serbatoi . . 26.10
- - trattenere le scorie 371.3
- profilata . . . 26.4
- protettrice . . 388.3
- rigata . . . . 27.3
- sagomata . . 26.4
- sottile 25.7, 26.1, 511.2
- striata . 26.11, 27.3
Lamina . . . . 45.8
Lámina . 45.8, 493.5
Laminación . . 35.6
- de tubos . . . 537.4
Laminado . 18.2, 53.4
Laminador 112.4, 534.3
- de chapas . . 510.5
- - planchas para blindaje 511.1
- para chapa fina 511.2
- para ruedas . 512.3
- rápido . . . . 511.7
-, tren . . 377.9, 510.1
Laminage . . . 35.6
- de tubes . . . 537.4
-, réduire les dimensions par 535.2
Laminar . . . 529.6.7
- á secciones menores 535.2
- hacia atrás . 532.6

Laminar juntamente 583.1
- múltiple . . . 583.1
- palastros . . 532.10
Laminare 529.6.7, 535.2
- indietro . . . 532.6
- insieme . . . 533.1
- le lamiere . 532.10
Laminated 45.6, 46.1
Laminato . . . 18.2
Laminatoio . . 112.4
- riversibile . . 532.1
Laminazione . 35.7
- dei tubi . . . 537.4
- del filo di ferro 535.1
Laminé . . . . 18.2
Laminer . . . 529.6.7
- en arrière . . 532.6
- ensemble . . 533.1
- les tôles . . 532.10
Laminilla . . . 45.8
Laminoir . . . 112.4
- à blindages . 511.1
- - roues . . . 512.3
- - tôles . . . . 510.5
- - - minces . . 511.2
- duo . . . . . 512.6
- réversible . . 532.1
Lamp . . . . . 172.1
- black . 430.7, 552.2
-, incandescent 172.2
- plate . . . . . 184.5
- standard . . 171.8
Lampada . . . 184.5
- a gas illuminante ed ad ossigeno 184.6
- - mercurio . 281.2
- - spirito . . . 184.3
- ad arco 172.1, 344.2
- al magnesio . 184.7
- - microscopio 278.8
- - saldatore . 235.2 251.6
Lampadina ad incandescenza 172.2
Lámpara . . . 184.5
- de alcohol . . 184.3
- - arco voltáico 172.1
- - gas del alumbrado y de oxígeno 184.6
- - incandescencia 172.2
- - magnesio . 184.7
- - mercurio . 281.2
- - soplete . . . 251.6
- incandescente 172.2
- para microscopio 278.8
- - soplete . . . 235.2
Lampe, Blase- . 251.6
-, Gebläse- . . . 251.6
-, Leuchtgassauerstoff- 184.6
-, Lötrohr- . . . 235.2
-, Magnesium- . 184.7
-, Quecksilber- . 281.2
-, Spiritus- . . . 184.3
Lampe . . . . . 184.5
- à arc . . . . 172.1
- - chalumeau 251.6
- - esprit de vin 184.3
- - gaz d'éclairage et à oxygène 184.6
Lampe à incandescence 172.2
- - mercure . . 281.2
- - soufflerie . 251.6
- au magnésium 184.7
- pour chalumeau 235.2
- - microscope 278.8
Lampenteller . 184.5
Lana d'amianto 200.12
- d'asbesto . . 200.12
- di legno . . . 460.8
- - loppa . . . 358.9
Lana de asbesto 200.12
- - escoria . . 358.9
- - madera . . 460.8
Lancashire Frischherd 364.1
-, fuoco d'affinaggio 364.1
- hearth . . . . 364.1
Lance à jet de sable 492.10
Land-fracht . . 561.3
-weg . . . . . . 561.2
Lang-armig . . 238.5
-lochbrenner . 159.2
-rost . . . . . . 160.6
Länge, genaue 37.3
-, vorgeschriebene 37.2
Langen's gas exit pipe 313.6
Langen, presa di gas 313.6
Langen, prise de gaz 313.6
Langen, toma de gas de 313.6
Langenscher Gasfang 313.6
Längenriß . . . 36.5
Längs-furche . 460.2
-rippe . . . . . 519.6
-riß . . . . . . 36.5
-schwelle . . . 23.4
Langsam . . . 357.6
Languette à sable 441.4
Lanterna 458.8, 459.1 460.3
- per anima . 459.10
- scannellata per anima 460.1
Lanterne 79.5, 171.8 460.3
- à noyau . . 459.10
Lanza del chorro de arena 492.10
Lanzette . . . . 437.3
Lap welded . . 538.7
Lappen, Trag- . 300.7
Lápiz azul . . 191.1
- de color . . . 191.1
Laque . . . . . 550.6
- à modèles . . 424.5
Laquer . . . . 550.7
Large-plat . . . 21.7
Larget . . . . . 18.7
Larguero . . . . 23.4
- de parrilla . 368.2
Lasche . . . . . 23.8
-, Flach- . . . . 23.9
-, Kremp- . . . 24.1
-, Stoß- . . . . . 23.8
Lasche, Winkel- 24.1
Laschen-bolzen 24.2
-kaliber . . . 517.10
Lash . . . . . 523.10
Lastra . . . . . 18.5
- di gomma . . 197.5
- - marmo . . 237.1
- - sughero . . 196.3
- - vetro . . . 189.4
- - - all'urano 189.5
- - - colorato . 400.9
- - - da specchi 237.2
- fotografica . 282.2
Lastrina di mica 301.5
Lata . . . . . 552.10
Latch . . . . . 163.6
Latent . . . . . 272.6
Latente . . . . 272.6
Latéral . . . . 316.6
Lateral . . . . 316.6
Laterale . . . . 316.6
Lathe . . . . . 383.1
Lato . . . . . . 20.2
-, a -i disuguali 20.3
-, - -i uguali . 20.1
- anteriore . 424.11
- aspirante . . 471.4
- d'uscita . . . 531.4
- del foro di colata 403.4
- dell'entrata . 531.3
- della carica . 403.3
- premente . . 471.5
Latón . . . . . 383.3
Latta bianca 552.10
- desossidata . 553.1
- matta . . . 552.11
- stagnata . . . 553.2
Latte di calce 545.11
Latticelike . . 525.4
Laubholzkohle 418.9
Lauch . . . . . 374.8
Lauf-bühne . . 308.3
-katze . . . . . 126.6
- -, Gieß- . . . 476.3
-kran . . . . . 126.5
-zapfen . . . . 513.6
Läufer . . . . . 78.2
Lauge-anlage . 89.9
-bottich . . . . 90.1
-, entkupferte . 90.5
-, entzinkte . . 90.9
-, Kali- . . . . . 205.2
-, kupferhaltige 90.4
-, Mutter- . . . 274.3
-, Natron- . . . 205.3
-rückstand . . 89.3
-, zinkhaltige . 90.8
Laugen, aus- . 89.6
Laugung . . . 89.6
Launder . 80.7, 81.2
Lavabo, -s . 150.6.7
-, installation de -s 150.7
Lavadero de carbón 102.2
- - minerales 80.6
Lavado . . . 80.2.3
- de los minerales 79.6
-, finamente . 276.10
-, instalación de 317.3
Lavador Bian . 318.1
- de gas . . . . 317.4
- Theisen . . . 317.7
Lavage . . . 80.2.3
Lavage des minerais 79.6
-, installation de 317.3
Lavaggio 80.2.3, 317.3
- a gas . . . . 317.4
- dei minerali . 79.6
- del carbone . 102.2
- di minerali . 80.6
Lavar . . 222.1, 246.6
-, cuarto de . . 150.6
-, aparato para - el esmeril 275.10
- la arcilla . . 433.6
Lavare . . . . . 246.6
- l'argilla . . . 433.6
-, apparecchio per - lo smeriglio 275.10
Lavato . . . . . 102.1
Lavatoio 150.6.7, 358.5
Lavatory . . 150.6.7
Lavatura dei minerali 79.6
Lavé . . . . . . 102.1
-, finement . . 276.10
Laver . . . . . 246.6
- l'argile . . . 433.6
Laverie . . . . 80.6
Laveur à gaz . 317.4
- Bian . . . . . 318.1
- Theisen . . . 317.7
Lavoir . . 150.5, 358.5
- à charbon . . 102.2
- - minerais . . 80.6
Lavorato, non . 19.4
Lavorazione . . 33.10
Lavoro . . . . 54.9
- a draga . . . 58.3
- - macchina . 556.5
- - mano . . . 556.4
- di fabbricazione 556.3
- - giorno . . . 556.6
- - notte . . . 556.7
- - otto ore . . 556.8
-i interni del forno 353.4
-, sistema di . . 409.4
Layer of coals, incandescent 405.7
- - metal . . . 567.1
- - oxide . . . 552.6
- - rust . . . . 550.2
- - slag . . . . 566.9
Layers, in . . . 391.9
Laying-in of cores 461.6
Lazo . . . . . . 434.5
Leaching plant 89.9
- vat . . . . . . 90.1
Lead . . . 61.2, 219.6
- acetate . . . 209.1
- basin . . . . 199.7
- bath . . . . . 548.5
- bottle . . . . 199.5
- dish . . . . . 199.7
-, oxide of . . . 219.7
-, peroxide of 210.10
- pipe . . . . . 199.6
- tempering bath 540.4
-, to cover with 554.3
-, white . . . 551.10
Leak, to . . . 385.3.4
Leaking of the tuyere 353.3
Lean . . . . . . 107.5

Leather . . . 202.10
- bellows . . . 325.4
- charcoal . . . 419.4
- cup . . . . . 507.2
- hollow . . . . 423.8
- packing . . . 506.6
- -, double U . 507.3
- ring . . . . . 506.7
Leave, to - molten steel quiescent 386.3
Le Chatelier, elektrisches Pyrometer von 352.1
Le Chatelier, électropyromètre de 352.1
Le Chatelier, pirometro elettrico di 352.1
Le Chatelier, pirómetro eléctrico de 352.1
Lechada de cal 545.11
Lecho, -s comprimidos 335.7
- de calcinación 83.2
- - colada . . . 340.1
- - fusión . . 334.2.3
Leck werden . 385.3
Lecken der Form 353.3
Lederhohlkehle 423.8
-kohle . . . . . 419.4
-, Putz- . . . 202.10
-ring . . . . . 506.7
- -liderung . . 506.6
-stulp . . . . . 507.2
Ledern . . . . . 325.4
Leer-gehen . 530.11
-gewicht . . . . 135.1
Leg . . . . . . 320.2
Lega . . . . . . 14.10
- a basso tenore 15.1
- ad alto tenore 14.11
- di ferro . . . 14.9
- - molibdeno e nickel 15.8
- metallica . . 351.4
Legeeisen . . . 369.5
Légèrement, fritter 429.12
Legge delle fasi 274.5
Legierung, Eisen- 14.9
-, Ferro- . . . . 14.9
-, hochprozentige 14.11
-, niedrigprozentige 15.1
Legierungskörper 14.10
Legna . . . . . 4.1
Legnaccio . . 453.2.3
Legno . . . 80.7, 98.1
- sano . . . . . 422.7
Lehm . . . . . 428.8
-guß . . . . . . 487.6
-kuchen, den - - herrichten 461.1
-platte . . . . . 439.6
-stein . . . . . 429.7
Lehmann, soplador 471.7
Lehmann, soufflerie 471.7
Lehmann's blower 471.7
Lehmannsches Gebläse 471.7
Lehmig . . . . 426.3
Lehrboden . 439.12
Lehre 36.11, 38.10, 40.3
-, Blech- . . . . 40.2
-, Feinschraub- 39.4
-, Loch- . . . . 39.8
-, Mikrometer . 39.5
-, Rachen- . . . 40.1
-, Schieb- . . . 39.2
-, Schraub- . . . 38.3
-, Schub- . . . . 39.2
-, Taster- . . . . 40.1
-, Tiefen- . . . . 39.7
Leichtflüssig . 356.11
Leichter . . . . 562.5
Leierziehbank . 535.9
Leim . . . . . . 419.7
Leimen, zusammen 423.4
Leinölfirnis . . 551.7
Leinwandgazebeutel 430.6
Leinen, Schmirgel- 203.1
Leistung, die - steigern 555.6
-, - - vermindern 556.1
-, durchschnittliche 555.5
-, stündliche - der Wasserversorgung 140.3
-, Tages- . . . . 555.4
Leistungsfähigkeit 555.3
- des Kraftwerkes 167.9
Leiter, Außen- 167.6
-, Mittel- . . . . 167.7
-, Null- . . . . . 167.7
Leitfähigkeit, End- - des Elektrolyten 260.9
Leitfähigkeits-bestimmung 261.1
-gefäß . . . . . 261.3
Leitung, Druck- 144.8
- des Prozesses 395.5
-, Saug- . . . . 144.7
-, Strom- . . 171.3.4.5
-, Wasser- . . . 144.6
Leitungsplan . 168.7
Lejia cincifera 90.8
- cuprifera . . 90.4
- descobrada . 90.5
- libertada del cinc 90.9
Lejiviación . . 89.6
-, instalación de 89.9
Lejivar . . . . 90.1
Length, exact . 37.3
-, focal . . . . . 279.3
- of stroke . . 502.7
-, prescribed . . 37.2
-, specified . . . 37.2
-ways . . . . . 228.8
Lenken, die Flamme auf den Herd 411.7
Lens . . . . . . 280.3
Lente 278.9, 279.4, 280.3
Lenticolare . . 280.3
Lenticular . . . 280.3
Lentille . . . . 63.7
Leña . . . 98.1, 155.5
Leño . . . . . . 337.6
Lessivage . 89.6, 90.3
-, installation de 89.9
Lessive cuprifère 90.4
- décuivrée . . 90.5
- dézinguée . . 90.9
- zincifère . . . 90.8
Lessiver . . . . 90.1
Letame di cavallo 428.11
- - - decomposto 428.12
- - vacca . . . 429.1
Letto di fusione 333.9.10, 334.2
- - torrefazione 83.2
Leucht-gas . . 418.2
- -sauerstofflampe 184.6
-kraft, geringe 400.4
Leva . . . . 310.10.11
- articolata . . 505.3
- di registro . . 522.5
- per la regolazione dei cuscinetti 522.5
-, sistema di -e 310.9
Leva . . . . 496.4.5.6
Levadizo . . . 452.6
Levadura de cerveza 419.1
Levantamiento de los lingotes 527.3
- del fondo . . 392.2
- hidráulico . . 450.2
Levantar . 375.2, 436.1
- el convertidor 396.1
- - modelo . . 435.8
- la barra . . . 531.5
- las cajas . . . 448.6
- - -, disposición de 448.5
- - tapas, disposición para 528.1
- los crisoles . 386.4
- y pasar el modelo, disposición de 452.5
- - romper . . 354.3
Levare . . . . 504.8
- dal deposito . 130.9
- i crogiuoli . . 386.4
- il portavento 343.1
- le battiture . 532.8
Levée . . . . . 502.7
-, hauteur de la 502.7
-, table tournante à 452.6
Level . . 182.6, 288.6
- of ground water 289.2
- plate . . . . . 290.8
- workings, deep 58.1
Levelling bottle 269.7
- rule . . . . . 40.7
Lever 310.10.11, 525.2.5
Leverage . . . 310.9
Levier . . . 310.10.11
- coudé . . . . 505.3
- de chargement 410.2
-, disposition de -s 310.9
Levigare 275.7, 276.6
- con attacco acido 278.2
- in rilievo . . 277.7
Levigare, motore per 276.7
Levigato . . . 274.10
Levigazione . . 276.3
Levure de bière 419.1
Lewis bolt . . 291.3
Ley de las fases 274.5
Liant . . . 95.5, 426.2
Libelle . . . . . 435.5
Liberazione . . 240.6
Libro de cargas 349.4
License . . . 557.7.8
Licht, auffallendes 280.5
-bogen . . . . 566.2
- -erhitzung . 566.1
- -heizung . . 566.1
- -, mittels elektrischen - -s öffnen 344.2
- -ofen . . . . 565.9
-bündel . . . . 281.4
-filter . . . . . 281.5
-grau . . . . . 2.1
-menge . . . 280.10
-quelle, äußere 280.8
-stärke . . . . 280.9
-verteilung . . 171.7
Licopodio . . 442.3
Licorice extract 278.3
Licuación . . . 488.8
Lid . . . . . . 378.1
- of blast box . 394.8
Liderung, doppelte 507.3
-, Lederring- . . 506.6
-, Stulpen- . . . 507.1
Lieferfrist . . . 559.5
Lieferungsbedingung 559.4
-vertrag, Erz- . 65.3
Liége . . . . . 196.3
Liegend . . . . 326.7
Lieu d'accomplissement 559.7
- de chargement 561.9
- - déversement 356.4
Lievito di birra 419.1
Life . . . . . . 413.2
- of blast furnace 344.8
- - furnace . . 413.3
Lift . . . . . . 329.8
-, double acting 330.3
- frame . . . . 329.9
- hammer . . . 495.4
-, hydraulic . . 330.6
-, inclined . . . 331.4
-, pneumatic . . 330.7
-, single acting 330.2
-, to - the crucibles 386.4
-, - - - piece . 531.5
- with rope drive 330.8
Lifter . . . . . 441.6
Lifting apparatus for the cover 528.1
- blocks . . . . 525.1
- carriage . . . 448.4
- device . 448.5, 480.5
- handle . . . . 486.1
- ingots . . . . 527.3
- rod . . . . . 310.6
- table . . . . . 525.3
- -, single . . . 452.6

Lifting type machine for flat castings 449.1
Liga 71.7, 95.5
Light 171.7
- bundle 281.4
- filter 281.5
-, impinging 280.5
Lighter 562.5
Lighting and power station 166.2
- installation 171.6
- power, low 400.4
- station 165.8
Lightning conductor 165.2
- rod 165.2
Ligne aérienne 171.4
- de force 92.10
- médiane des cannelures 515.6
- souterraine 171.5
Lignite 98.6
- fired furnace 155.6
Lignite 98.6, 155.6
Lignito 98.6, 155.6
Lima 49.5, 491.5
- fine 275.5
- grossa 275.4
Limadura, -s 29.6
-s de aluminio 220.2
Limaille 29.6, 215.6
- d'aluminium 200.2
Limatura 29.6
- d'alluminio 200.2
Lime 117.1, 205.7, 220.1
- bin 388.7
- brick 428.7
-, carbonate of 220.2
- charging floor 388.6
-, chloride of 208.2
- light 280.13
-, rich in 357.12
- water 205.5, 341.3, 545.11
Lime 49.5
- à fonte 491.5
Limesoda feldspar 111.5
Limestone 349.10
- flux 397.9
Limit 253.7
- of error of analysis 227.2
- value 32.8
Limitado 273.6
Limitato 273.6
Limite 32.8
- d'erreurs d'analyse 227.2
- de dissociation 253.7
Limite 32.8
- d'alzata 502.7
- d'errore nell'analisi 227.2
- di dissociazione 253.7
Limité 273.6
Limite de disociación 253.7
- - errores del análisis 227.2
- - la elevación 502.7
Limited 273.6
Limiting conductivity of the electrolyte 260.9
Limonita 67.4
Limonite 66.11, 67.4
- in grani 67.5
- pisolitica 67.5
Limpiar 202.10, 491.7, 492.1
- la pieza de fundición 489.5
Limpido 241.10
Limpieza 163.3, 493.2
- de las parrillas 337.4
- del alambre 537.1
- - crisol 342.2
- suplementaria 493.8
Limpio 277.5, 494.1
- de arena 5.1
Line 34.2
-, aerial 171.4
- of force 92.10
-, overhead 171.4
-, stock 335.5
-, to - the furnace with fire bricks 156.6
-, underground 171.5
Linea 401.4
- dei centri dei canali 515.6
- del manganese 401.6
- - sodio 401.3
- di forza 92.10
- - taglio' 34.2
Linea aérea 171.4
- de fuerza 92.10
- - la regla 239.9
- media de las canales 515.6
- subterránea 171.5
Lineal, Reiter- 239.7
Lingot 11.4, 18.4, 485.9
Lingote 130.7, 463.7
- de fundición 339.9
- - hierro 11.4
-, echar fuera el 526.4
Lingotera 446.7, 388.5
- de carga 410.8
- para metralla 411.2
Lingotière 340.6, 341.2, 446.7
Lingottiera 446.7, 526.2
Lingotto 11.4, 18.4, 485.9
-, estrarre i -i dalle lingottiere 526.4
Linie, Kraft- 92.10
-, Walz- 515.6
Liniengruppe 401.4
Lining 412.5, 83.9
-, false 304.7
- material for repairs 412.6
- of shaft 304.5
-, refractory 390.5
- the converter 390.6
Link 476.8
Linse, Augen- 279.2
Linseed oil varnish 551.7
Linsen-erz 63.7
-system 280.3
Linterna 460.3
- para machos 459.10
Lip 478.2
-, interchangeable 478.3
- of ladle 341.7
Liquated 483.10
Liquation 483.8
Liquazione 483.8
Liquid 246.2
- ammonia 108.7
-, thinly 357.1
Liquide 192.7
- d'arrêt 270.1
- de trempe 544.7
- -mère 274.3
- sous pression 507.7
Liquido 192.7, 356.11, 565.3
- d'assaggio 192.5
- di chiusura 270.1
- -madre 274.3
- per la tempera 544.7
- premente 507.7
- titolato 192.5.8
Liquido 192.7
- comprimido 567.7
- filtrado 244.2
- -madre 274.3
- para el análisis volumétrico 192.5
- - templar 544.7
- separador 270.1
Liquirizia 278.3
Liquor 274.3
Liquorice extract 278.3
Lisciare 437.2
- le forme 437.1
Lisciatore curvo 437.4
- rotondo 437.5
Liscivazione 89.6
Liscivia a zinco 90.8
- liberata dallo zinco 90.9
- privata del rame 90.5
- ramifera 90.4
Lisciviazione 90.1
-, impianto di 89.9
Lisser 437.2
- les moules 437.1
Lit 56.3
- de coulée 340.1
- - fusion 333.9.5.334.2
- - grillage 83.2
Litharge massicot 219.7
Litmus paper 212.8
- solution 211.9
Litoideo 69.1
Live roller gear bed 525.5
Livella 182.6
Livellare 40.7
Livello 269.7
- a bolla d'aria 435.5
- degli ugelli 298.7
- idrostatico 289.2
Livraison 65.3
Livre des charges 349.4
Lixiviación 89.6
Lixiviation 89.6
- plant 89.9
- residue 90.3
- vat 90.1
Load 125.4, 134.7, 240.12
-, maximum 241.1
Load, partial 562.7
-, torsional 50.9
Loading 122.2, 560.4
- device 123.1
- hopper 131.2
- plant 122.1
- - with rotary crane above 127.7
- ramp 122.3
- staiths 122.4
-, torsional 504
- wharf 122.3.4
Loam 428.8
- brick 429.7
- cake 461.1
- casting 487.6
-, converted 116.6
-, gray 116.3
-, young 116.2
Loamy 426.3
Lobo 343.3, 361.6, 402.1
- de escoria 401.11
Locale d'agglustaggio 533.5
- dei convertitori 388.1
- - mescolatori 389.3
- per dosare 334.7
- - le dinamo 168.8
- - mescolare 334.7
Loch, Abstich- 300.4
-, das - auftreiben 52.4
-, kegeliges 536.3
-lehre 39.8
-probe 51.9
-ring 504.5
-, Schau- 301.4
-stempel 52.1
- -stahl 13.9
-, Stich- 300.4
-taster 41.3
Lochen, aus- 52.3
Löcherig 484.4
Lochung 52.2
Lock 301.8
Locker 59.6
Lockern der Schrauben 291.4
-, das Modell 435.6
Lockerung des Steinverbandes 336.6
Locomobile 155.2
Locomotiva a vapore 124.6
- ad essenza 124.8
- elettrica 124.7
Locomotive 124.6
-, electric 124.7
- steam crane 127.4
- - - for unloading ships 127.6
Locomotive à essence 124.8
- - vapeur 124.6
- électrique 124.7
Locomotora de bencina 124.8
- - vapor 124.6
- eléctrica 124.7
Lode 56.3
Lodge 149.5
Löffel 202.9
-, Platin- 195.7
Loge de portier 149.5
Logement de la vanne 322.3
Lohe, Gerber- 429.5

Loi des phases 274.5
Lokomobilkessel 155.2
Lokomotive, Benzin- 124.8
-, Dampf- . . . . 124.6
-, elektrische . 124.7
Lomo transversal 316.9
Longarina . . 23.4
Longherina . . 23.4
Longitud exacta 37.3
- prescrita . . . 37.2
Longrine . . . 23.4
Longueur exacte 37.3
- prescrite . . 37.2
Loop . . . . 43.4.5
Looping mill . 511.6
Loose bottom . 390.8
Loosen, to - the pattern 435.6
Loosening, device for - and tightening the nuts 291.4
- of the brickwork 336.6
Lopin . . . . . 366.4
Loppa . . 299.6, 355.9
- acida . . . . 356.6
- basica . . . . 356.7
- calda . . . . 357.4
- dell'alto forno 355.10
-, fare la . . . . 338.2
- filante . . . . 356.6
- fredda . . . . 357.5
- granulata . . 359.4
- pietrosa . . . 357.8
- secca . . . . 356.7
Lordo . . . . . 184.8
Los-boden . . . 390.8
-brechen . . . 343.2
- - des Erzes . 88.4
-drücken der Mündungsbären 402.1
Lösche, Holzkohlen- 98.3
Löschen der Schiffe 127.6
- des Kokses . 106.9
Löschfrist . . 562.11
Löschung . . 562.10
Lösen . . . . . 241.4
-, die Kupplung 520.7
Löslich . . . . 241.8
-, un- . . . . . . 241.9
Löslichkeit 241.3, 278.4
-, beschränkte 278.6
-, vollkommene 278.5
Löslichkeits-beeinflussung 258.10
-bestimmung . 258.9
-fläche . . . . . 278.8
-kurve . . . . . 278.7
-verminderung 258.11
Loss . . . 90.2, 378.7
- due to dressing 75.7
- - - roasting . 89.2
- - - screening 75.7
- of gas . . . 360.10
- - heat . . . . 572.4
- - metal . . . 378.8
- - pressure . . 350.6
- - weight 226.10, 560.2
Lösung . . . . 259.3
-, äquimolekulare 259.1
-, äquivalente . 259.2
-, erstarrte . . . 278.9
-, feste . . . . 278.10
Lösung, gleichwertige 259.2
-, isohydrische -en 262.7
-, klare . . . . 241.10
-, korrespondierende -en 262.7
-, Normal- . . . 192.6
-, trübe . . . 242.11
-, Vitriol- . . . 552.8
- von Harz in Terpentin 551.8
Lösungs-druck, elektrolytischer 263.7
-mittel . . . . . 241.6
-tension, elektrische 263.7
Lot, Senk- . . . 40.8
Lötrohr . . . . 234.8
-lampe . . . . . 235.2
-probe . . . . . 234.6
-prüfgerätschaft 235.1
Loup 343.3, 361.6, 402.1
- de bec de cornue 401.11
Loupe 278.9, 362.3, 363.1 376.6, 379.9
- de puddlage 376.10
-, en forme de 376.7
Lowering . . . 522.8
- of bell . . . . 309.7
- - cone . . . . 309.7
- - temperature 352.4
- stage . . . . 133.4
Lubricator . . 137.7
Luce . . . . . . 165.8
- del giorno . 280.11
- di Drummond 280.13
- incidente . . 280.5
- solare . . . 280.12
Lucidato . . . 424.6
Lucignolo . . . 184.4
Luckig . . . . . 2.7
-es Floß . . . 365.4
-, groß- . . . . . 2.9
-, klein- . . . . . 2.8
Luft . . . 267.7, 439.8
-akkumulator 509.1
-bad . . . . . . 233.5
-belastung . . . 509.1
-bild . . . . . 279.10
-dicht . . . . . 324.1
-, die - ansaugen 470.4
-druck . . . . . 267.9
- -aufzug . . . 330.7
- -hammer . . 501.3
- -meißel . . . 402.2
-einström-klappe 321.4
- -öffnung . . . 321.3
-erhärtung . 359.10
-feuchtigkeit . 267.8 329.3
-förderung . . 472.8
-, Frischen mit 387.1
-hammer . . . 501.2
-härtung . . . 545.3
-hitzemesser . . 351.8
-kühlung . . . 296.6
-leere . . . . . 469.5
-leerenmesser . 178.7
-pumpe . . . . 178.2
-pumpen-glocke 178.3
- -kolben . . . 501.5
- -teller . . . . 178.4
- -zylinder . . 501.4
-pyrometer . . 351.8
Luft, Saug- . . 469.3
-sauger . . . . 183.3
-seilbahn . . 135.11
-spieß . . . . . 438.1
-spindel . . . . 460.3
-stein . . . . . 429.8
-strahl . . . . . 396.3
-strom . . . . . 411.6
- -, aufsteigender 87.7
-temperatur . . 256.2
-trocken 231.10, 422.10
-ventil . . . . . 406.7
-verdünnt . . . 246.2
-verdünnung . 469.4
-weg . . . . . . 408.8
-zuführung . . 542.4
- -, reichliche . 87.5
-zuführungsöffnung 87.8
-zug . . . . . . 87.4
-zutritt . . . 337.12
Lüfter, Schornstein- 164.8
Lugar de carga 561.9
- - fabricación 462.5
- - pago . . . . 559.7
- - vaciar la escoria 356.4
- - yacimiento de minerales de hierro 56.4
- obligatorio . 559.7
- para verter la escoria 356.4
Lumière . . . . 171.7
- d'admission de l'air comprimé 501.8
- d'aspiration . 501.7
- d'échappement 499.5
- de Drummond 280.13
- - grille . . . 100.3
- du jour . . 280.11
- - soleil . . 280.12
- incidente . . 280.5
Lumineux . . . 280.9
Luminosità della fiamma 374.8
Luminoso . . . 280.9
Luminous . . . 400.1
Lump . . . . . 362.3
Lump, -s . . . 101.1
- coal . . . . . 101.1
- of puddled steel 379.9
- ore . . . . . . 62.8
Lunette . . . . 279.4
- de Schmidt . 323.7
-s en mica . . 253.13
-s protectrices 198.1
Lungern . . . . 483.7
Lunghezza esatta 37.3
- precisa . . . 37.3
- prescritta . . 37.2
Lunker . . . 483.11
Luogo di carico 561.9
- - pagamento 559.7
Lupe . . . . . 278.9
Luppe . . . . . 362.3
Luppen-frischfeuer 362.2
-machen . . . . 376.9
-mühle . . . . 377.5
-quetsche . . . 377.4
-walzwerk . . . 377.9
Lürmann, caja de estopas de 306.2
-, tobera de escoria sistema 299.8
Lürmann, giunto di dilatazione 306.2
-, tubierina per la loppa 299.8
-, - - - scoria . 299.8
Lürmann, joint de dilatation de 306.2
-, presse-étoupes de 306.2
-, tuyère à laitier 299.8
Lürmann slag tuyere 299.8
-'s stuffing box 306.2
Lürmannsche Schlackenform 299.8
- Stopfbüchse . 306.2
Lussemburgo, ghisa del 5.6
Lustrare . . . . 276.6
Lustrino . . . . 215.6
Luter les ouvertures 355.1
Lutte . . . . . 388.7
Luxembourg, fonte de 5.6
Luxemburg pig iron 5.6
Luxemburger Roheisen 5.6
Luxemburgo, fundición de 5.6
Luz . . . . . . 171.7
- de calcio . 280.13
- Drummond 280.13
- exterior . . . 280.8
- incidente . . 280.5
- natural . . 280.11
- solar . . . . 280.12
Lycopode . . . 442.3
Lycopodium . . 442.3
Lye containing copper 90.4
- - zinc . . . . 90.8
-, decoppered . 90.5
-, decuperated . 90.5
- freed from zinc 90.9
Lykopodium . 442.3
Llama . . . . 399.10
- aguda . . . . 466.2
-, de - corta . . 99.5
- - inflamación 360.11
-, - llama larga 99.1
- - sodio . . . 235.8
- delgada . . . 466.2
- - tragante . . 360.6 468.1
- luminosa . . 400.1
- roja . . . . . 399.11
Llamear . . . 481.3
Llanta 19.7, 24.7, 295.5
- basta . . . . . 22.7
- bulb . . . . . 21.4
- con bordón . 21.4
- de hierro . . 303.2
Llave para girar el husillo 522.1
Llenar . . . . . 485.4
- el molde . . . 482.4
Lluvia de agua 545.2

# M.

Maca . . . . . 495.4
Macchia porporina 547.9
Macchina . . . 149.9
- a bilanciere . 326.1
- - colonna per formare ingranaggi 456.5
- - due piattaforme per formare ingranaggi 457.3
- - - tempi . . 327.7
- - getto di sabbia 492.9
- - pettine . . 450.4
- - - con piattaforma spostabile 452.5
- - quattro tempi 327.6
- - sagoma per formare ingranaggi 455.4
- - sciablona per formare ingranaggi 455.4
- - tandem . . 327.1
- - tavola per formare ingranaggi 457.1
- - telescopio per formare puleggie 452.2
Macchina accoppiata direttamente 170.6
- caricatrice . . 410.1
- - a vagone . 410.4
- compound . . 327.2
- d'avviamento 170.1
- d'induzione . 170.2
- da affilare . . 492.3
- - formare a cavalletto 454.1
- - - - mano con piattaforma rovesciabile 450.1
- - - - - - sollevamento a spina della staffa 449.2
- - - - pettine 450.5
- - - anelli per cucine 455.1
- - - - - stufe . 455.1
- - - con piattaforma girevole 449.3
- - - - - rovesciabile 449.4
- - - doppia . . 450.3
- - - ingranaggi a pettine 456.3
- - - - - settore 456.3
- - parete per formare 457.2
- - raddrizzare 534.2
- - spianare sospesa 492.7
- di comando . 168.3
- elettrica, impianto di -e -he 169.7
Macchina gemella 326.9
- frigorifera . . 329.7
- idraulica per formare a mano con piattaforma rovesciabile 450.2
- infornatrice . 410.1
- motrice . . . 326.8
- murale per formare 457.2
- non polarizzata 169.8
- per alzare il coperchio 528.1
- - colare . . . 340.8
- - comando a cinghia 170.5
- - - - fune . . 170.4
- - fabbricare le anime 459.2
- - fare il foro di colata 343.5
- - - la bocchetta 342.7
- - fonderia . 448.1
- - formare . . 448.2
- - - con estrazione della forma a carrello 448.4
- - - e per fonderia 448.1
- - - idraulica 448.3
Macchina per formare ingranaggi 455.2
- - - le pentole 452.4
- - - pezzi piatti 449.1
- - - piccoli ingranaggi 457.4
- - - puleggie 451.4
- - - - di grande diametro 451.5
- - - radiatori 452.3
- - intrecciare la paglia 460.9
- - la preparazione del fondo 391.3
- - - prova a rottura 49.4
- - pigiare elettrica 105.6
- - - il carbone 105.5
- - precisare la posizione delle staffe 454.6
- - raddrizzare le lanterne 459.1
- - sbavare . . 492.1
- - sfornare il coke 106.4
- - tritare . . . 77.2
- reversibile . . 169.9
Macchinista . . 127.8 333.2
- del montacariche 333.3
Machacado . . 100.9
Machacadora . 78.8
Machacar . . 76.10
Machero . . . 458.2
Machine . . . . 170.3
-, belt driven . 170.5
-, boring . . . . 228.4
- casting . . . 487.9
-, casting . . . 340.8
-, charging . . 410.1
-, cleansing . . 492.1
-, coal stamping 105.5
-, coke pushing 106.4
-, crushing . . . 77.2
-, direct coupled 170.6
-, drilling . . . 228.4
-, driving . . . 326.8
-, dynamo-electric 169.6
- for centering the core iron 459.1
- - moulding gear wheels by means of a tooth block 455.4
- - - large pulleys 451.5
- - testing tensile strength 49.4
-, freezing . . . 329.7
-, grinding 77.2, 432.1 492.7
-, hearth ring . 455.1
-, induction . . 170.2
-, mixing . . 432.10
-, moulding (s. moulding machine)
-, non-polarized 169.8
-, printing . . . 134.5
- puddling . . 378.9
-, ramming . . 391.3
-, reversible . . 169.9
-, rope driven . 170.4
-, starting . . . 170.1
-, stopping . . . 342.7
-, straightening 534.2
-, to . . . . . 33.11
-, weighing . 134.2.3
- work . . . . 556.5
Machine . . . . 149.9
- à accouplement direct 170.6
- - balancier . 326.1
- - boucher le trou de coulée 342.7
- - charger . . 410.1
- - commande par courroie 170.5
- - - - câbles . 170.4
- - couler . . . 340.8
- - damer le charbon 105.5
- - - les fonds 391.3
- - démouler . 448.4
- - - avec plaque à modèle renversable 449.4
- - - pour pièces plates 449.1
- - deux temps 327.7
- - dresser . . 534.2
- - enfourner . 410.1
- - façonner les moules 448.2
- - faire les tresses de paille 460.9
Machine à forer pour fer et acier 228.4
- - jet de sable 492.9
- - meuler . . 492.3
- - - suspendue 492.7
- - mouler . . 448.1.2 454.4
- - - à chevalet 454.1
- - - - double effet 450.3
- - - - la main avec plaque à modèle renversable 450.1
- - - - modèle rentrant 450.5
- - - - plateau-peigne 450.5
- - - avec plateau tournant 449.3
- - - et à démouler avec passage du modèle à travers la table tournante 452.5
- - - fixée à une paroi 457.2
Machine à mouler hydraulique 448.3
- - - les cercles de fourneau de cuisine 455.1
- - - - engrenages à colonne 456.5
- - - - - au moyen d'un fouloir porte-segment 455.4
- - - - - avec plateau-peigne 456.3
- - - - - - table 457.1
- - - - - - traversée 456.3
- - - - noyaux 459.2
- - - - petites roues dentées 457.4
- - - - poulies de grand diamètre 451.5
- - - - roues dentées 455.2
- - - - - - avec deux plateaux 457.3
- - - - tuyaux à ailettes 452.3
- - - murale . 457.2
- - - par pression 453.1
- - plateau-peigne tournant 452.5
- - quatre temps 327.6
- - redresser les tiges de noyau 459.1
- compound . . 327.2
- d'ébarbage . 492.1
- d'induction . 170.2
- de démarrage 170.1
- - nettoyage . 492.1

Machine dynamo-électrique 169.6
- électrique, installation de 169.7
- frigorifique . 329.7
- hydraulique à mouler avec plaque renversable à modèle 450.2
- jumelle . . . 326.9
- motrice . . . 326.8
- - de laminoir 512.4
- non polarisée 169.8
- pneumatique 183.1
- pour le façonnage des moules de pièces à forme ventrue 452.4
- - - moulage à la main à tige de démoulage 449.2
- - - - à la main à tige de soulèvement 449.2
- - - - à la main de pièces à forme rebondie 452.4
- - moulage des poulies 451.4
- réversible . . 169.9
- soufflante de Cleveland à une bielle 326.6
- - horizontale 326.7
- tandem . . . 327.1
- télescopique à mouler les poulies 452.2
Machiniste . . 333.2
- du monte-charges 333.3
Macho . . 383.6, 424.8
- acodado . . . 461.4
- cuadrado . . 458.5
- de fundición 459.2
- - roscar . . . 14.2
- frágil . . . . 459.8
- perdido . . . 461.5
Mâchoire . 40.1, 79.2 464.4
-s de cintrage . 43.10
- - pliage . . . 43.10
- du concasseur 465.7
Mächtigkeit . . 57.7
Macina . . . . 78.2
- a campana . 78.7
- - cilindri . . 77.9
- - - per minerali 77.8
-.- palle . . . . 79.1
- centrifuga . . 79.4
Macinare . . . 228.9
Macinato . . . 95.8
- troppo fino . . 427.1
Macinatoio . . 78.1
Macinatrice . . 77.2
Macinatura . 432.2.3
Macinazione . . 78.3
Macizo . . . . . 487.1
- de la cuba . 304.9
- de mampostería 286.4
-, sin . . . . . . 287.3
Maclage d'acier au four électrique 564.4
Maçon . . . . . 435.4
Maçonné . . . . 540.3
Maçonner . . . 306.3
Maçonnerie . . 83.5.6
- de la cuve . . 305.8
- des étalages . 302.3
- extérieure de la cuve 304.8
Maculato . . . 283.3
Madera . . 80.7, 98.1
- de coniferas 418.10
- sana . . . . . 422.7
Madrevite . . . 14.2
Madrier . . . . 464.7
Maestro de altos hornos 332.6
- -fundidor . . 332.6
Magasin . 37.7, 177.7
- à fers . . . . 130.5
- de modèles . 422.2
- des fontes . . 130.6
Magazzino 37.7, 177.7
- dei modelli . 422.2
- di ferrami . 130.5.6
- - massi . . . 130.7
- - travature metalliche 130.8
Mager-Kohle . 99.6
-koks . . . . . 107.5
- machen . . 116.11
Magerungsmittel 382.8
Maglia . . . . 230.4
- d'attacco . . 136.7
- fine . . . . . 230.7
- grossa . . . . 230.6
Maglio . . . . . 52.6
- a caduta libera 497.4
- - cinghia . . 497.7
- - frizione . . 497.5
- - manovella . 500.9
- - molle . . . 497.3
- - leva con molle 497.3
- - trasmissione 501.1
- - vapore 377.3, 498.4
- - - a cilindro fisso 498.5
- - - - doppio effetto 500.5
- - - - semplice effetto 498.6
- - - ad un sol montante 498.7
- - - con immissione superiore del vapore 500.6
- ad aria compressa 501.3
- atmosferico . 501.2
- da raddrizzare 534.9
- di frizione a tavola con comando sistema Müller 498.3
- pneumatico . 501.2
-, kohlensaure . 220.6
-, schwefelsaure 208.3
Magnesia . . . 220.5
-, carbonate of . 220.6
Magnesia 117.2, 208.3 220.5
Magnesia 117.2, 220.5
Magnésie 117.2, 208.3 220.5
- carbonatée . . 220.6
Magnesio 184.7, 220.4
Magnesit . . . 117.4
-masse . . . . 343.10
-stein . . . . . 569.5
Magnesita . . . 117.4
Magnesite 117.4, 220.6 343.10, 569.5
- brick . . . . 569.5
- mass . . . . 343.10
Magnésite 117.4, 343.10
Magnesium . . 220.4
-band . . . . . 184.8
-, Chlor- . . . . 208.4
-chlorid . . . . 208.4
-karbonat . . . 220.6
-lampe . . . . . 184.7
-sulfat . . . . . 208.3
Magnesium . . 220.4
-, chloride of . 208.4
- lamp . . . . . 184.7
- oxide . . . . 117.2
-, - of . . . . . 220.5
- ribbon . . . . 184.8
-, sulphate of . 208.3
Magnésium . . 184.7 220.4
Magnet . . . 91.11
-, bewegter . . 93.5
-, Dauer- . . 92.4, 93.7
-eisen-erz . . . 67.9
- -sand . . . . 68.2
-, Elektro- . . . 93.2
-, feststehender 94.1
-, Hufeisen- . . 92.2
-kies . . . . . . 68.3
-kran . . . . . 129.5
-, Kran- . . . . 129.6
-nadel . . . . . 182.7
-stahl . . . . . 14.8
-, Stahl- . . . . 92.3
-trommel . . . 93.9
Magnet . . 91.11, 92.2 129.6
- crane . . . . 129.5
-, movable . . 93.5
-, stationary . . 94.1
- steel . . . . . 14.8
Magnete . 16.8, 91.11
- a ferro di cavallo 92.2
- d'acciaio . . 92.3
- da gru . . . . 129.6
- fisso . . . . . 94.1
- mobile . . . . 93.5
- permanente . 92.4 93.7
Magnetic . . . 68.2
Magnetico 59.10, 91.4
Magnético . . . 91.4.9
Magnétique . . 59.10 91.4.10
Magnetisation . 82.3 91.5
Magnetisch 59.10, 91.4
-, dia- . . . . . 91.7
-, eisen- . . . . 91.8
-, nicht . . . . . 91.7
-, para- . . . . . 91.6
-, quer- . . . . . 91.7
Magnetisierung 82.3 91.5
Magnetism . . 91.3
Magnétisme . . 91.3
Magnetismo . . 91.3
Magnetismus . 91.3
-, Elektro- . . . 93.1
Magnetit . . . 67.9
-, künstlicher . 68.1
Magnetita . . . 67.9
Magnetita artificial 68.1
- en polvo . . 68.9
Magnetite . . . 67.9
-, artificial . . . 68.1
Magnetite . 67.9, 68.2
- artificiale . . 68.1
Magnétite . . . 67.9
- artificielle . . 68.1
Magnetización 82.3 90.5
Magnetizzazione 82.3 91.5
Magnetomotive 92.7
Magnétomoteur, -rice 92.7
Magnetomotor, -riz 92.7
Magneto-motore, - - -rice 92.7
Magnetomotorisch 92.7
Magnification, available 279.9
-, real . . . . . 279.7
-, total . . . . . 279.8
Magnifier . . . 278.9
Magnitud de la capacidad 257.4
- - - intensidad 257.3
Magro . . . . 425.12
-, carbone . . . 99.6
-, coke . . . . . 107.5
-, render . . 116.11
Magro . . . . . 428.3
-, cok . . . . . 107.5
Mahl-bahn . . . 78.3
-feinheit . . . . 432.3
-gut . . . . . . 432.2
Maigre . . . 425.12
-, coke . . . . . 107.5
-, houille . . . . 99.6
Maille . . . . . 230.4
Main . . . . . . 324.3
-, down . . . . 146.1
- flue . . . . . 372.7
-, hot air . . . . 300.6
-, outer -s . . . 167.6
- runner . . . . 340.2
- track . . . . 128.7
Main, à . . . . 314.2
Maintenance . 563.3
Maintenir l'échantillon froid 275.6
Maintien . . . 563.3
Maison ouvrière 151.2
Maitre de danse 41.3
- fondeur . . . 332.6
Make, to - the burden 334.4
-, total . . . . . 555.1
-, yearly . . . . 555.2
Malaxage . . . 432.9
Malaxer . . . . 425.5
Malaxeur . . 432.10
- à argile . . . 433.5
- - - horizontal 119.6
- - dolomie . . 119.5
Maleabilidad . 44.4
Maleable 415.4, 416.2
Malear . . . . . 52.6
Malla . . . . . 230.4
- ancha . . . . 230.6
Malleabile . . . 9.3
Malleabilità . . 44.4
Malléabilité . . 44.4
Malleability . . 44.4
Malleable . . . 7.5

Malléable . . . 7.5
Malleableising 414.4
Malta refrattaria 117.13
- silicea . . . . 115.2
Mamelonné . . 66.5
Mampostear . . 306.3
Mamposteria . 83.5
- de la cuba . . 305.8
Man hole 163.3, 321.8, 467.2
- in charge of hoist 333.3
- - - - throat . 331.1
Manager . . . . 332.3
-, general . . . 332.3
-'s office . . . . 149.7
-, under . . . . 332.4
Managing the process 395.5
Manantial . . . 141.2
- de electricidad 93.4
Mancato . . . 488.11
Mancha . . . . 10.5
- de púrpura . 547.9
Manche . . . 495.6.3
- courbe . . . . 437.4
- en bois . . . 477.7
- rivé . . . . . 477.6
Manchon . . . 136.4
- d'accouplement 519.10
- venu de fonte 319.4
Manco di peso 560.1
Mancanza d'acqua 140.6
Mandibula . . 79.2
Mando, árbol de 78.4
- mecánico . . 229.9
Mandrel . . . . 587.9
-, pear shaped . 539.2
- roll for welded tubes 538.9
Mandril . . . . 587.9
- en forma de pera 539.2
- piriforme . . 539.2
Mandrin . 43.1, 587.9
- piriforme . . 539.2
Mandrino 43.1, 587.9
- piriforme . . 539.2
Manera de colocar los ladrillos 407.9
- - empilar los ladrillos 407.9
- - encender 337.11
Maneral . . . . 478.5
Mangan . . . . 217.2
-, Eisen- . . . . 15.2
-erz, eigentliches 69.5
-, Ferro- . . . . 15.2
-haltig . . . . 70.5.6.7
- -, stark . . . . 3.7
-, Hart- . . . . 70.4
-kiesel . . . . . 70.4
-oxyd . . . . . 217.5
-oxydul . . . . 217.3
- -oxyd . . . . 217.6
-, Phosphor- . . 16.5
-spat . . . . . 69.7
-spektrum . . . 401.6
-stahl . . . . . 17.2
-superoxyd . . 217.4
Manganese 3.7, 217.2
- dioxide . . . 217.4
- ore, proper . 69.5
- oxide . . . . 217.3
- spar . . . . . 69.7
Manganese spectrum 401.6
- steel . . . . . 17.2
Manganese 3.7, 217.2
- al fosforo . . 16.5
Manganèse 3.7, 217.2
- hydraté . . . 69.8
Manganésé 70.5.6.7
Manganesifero 70.5
Manganesífero 70.5
Manganeso . . . 3.7
- hidratado . . 69.8
- negro . . . . 70.2
Manganeux . . 217.3
Manganic oxide 217.5
Manganico . . 69.6
Mangánico . . 70.3
Manganiferous 70.5
Manganique . . 69.6
Manganit . . . 70.1
Manganita . . . 70.1
- anhidra . . . 69.6
Manganite . . . 70.1
Mangano-phosphore 16.5
Manganoso . . 217.6
-, ácido - -mangánico 217.6
-, oxyde - -manganique 217.6
Manganous oxide 217.3
Mangelhaft . . 88.9
Mangel, Wasser- 140.6
Mango . . . . 490.11
- de bocarte . 77.5
- - madera . . 477.7
- remachado . 477.6
Manguera . . . 184.1
Manguito . . . 319.3
- de acoplamiento 519.10
- fundido en una pieza con el tubo 31.49
- - unión . . . 297.6
Manica . . . . 384.4
Manico . . . . 495.6
- di fusione . 294.10
- - legno . . . 477.7
- ribadito . . . 477.6
Manicotto . . . 319.3
- d'accoppiamento 519.10
- fuso insieme 319.4
- mobile . . . . 519.9
Maniobra . . . 123.6
- telescópico . 392.3
Manivela . . . 238.8
Manivelle 238.8, 500.9
- de serrage . . 523.9
Mannesmann, procédé . . 537.7
Mannesmann, procedimiento de laminación de 537.7
Mannesmann process 537.7
Mannesmann, processo 537.7
Mannesmann, Schrägwalzverfahren nach 537.7
Maniglia . . . . 441.8
Maniglia a vite per estrarre il modello 436.1
Mano, a . . . . 314.2
- di tinta . . . 550.5
- - -, prima . . 551.3
Mano, de . . . 314.2
- - mortero . . 229.5
- - pintura definitiva 551.5
- - - duradera 551.5
- - -, primera . 551.3
Manœuvre . . 123.6
- à télescope . 392.3
Manometer . . 178.7, 179.5, 271.5, 350.9
-, Feder- . . . 350.11
-, Quecksilber- . 350.9
Manomètre . . 179.5
- à mercure . . 350.9
- - tube élastique 350.11
- - vide . . . . 178.7
- métallique . 350.11
- pour les gaz . 271.5
Manometric . 472.10
Manometrico 472.10
Manométrico 472.10
Manométrique 472.10
Manometrisch 472.10
Manometro . . 179.5
- a mercurio . 350.9
- - tubo elastico 350.11
- metállico . 350.11
Manómetro . . 179.5
- de mercurio 350.9
- - tubo elástico 350.12
- metálico . . 350.11
Manovella 238.8, 500.9
- di serraggio . 523.9
Manovra . . . 123.6
- a telescopio, apparecchio di 392.3
- del convertitore 395.2
- - tappo, apparecchio di 480.5
Manque d'eau . 140.6
- de poids . . . 560.1
Manteau . . . . 261.8
- en tôle . . . 83.8
Mantel . . . . . 305.1
-blech . . . . . 26.8
-, Blech- . . . . 83.8
-eisen . . . . . 293.9
-elektrode . . . 261.8
-platte . . . . . 294.3
-, Rast- . . . . . 302.4
Mantello . 261.8, 305.1
- della sacca . 302.4
Manteo . . . . 57.6
Mantice di cuoio 328.4
Mantle bracket 294.3
- sheet iron . . 293.9
- - steel . . . . 293.9
Manufacture . 564.1
- of cement steel 416.3
- - crucibles . 381.3
- - ingot metal in the reverberatory furnace 402.3
- - steel in the electric furnace 564.1
Manure . . . . 399.8
Manutención . 563.3
Manutention . 560.3
Map of distributing system 168.7
Maquette . . . 366.4
Máquina . . . . 149.9
- acoplada directamente 170.6
- compound . . 327.2
- con transmisión por cable 170.4
- - - por correa 170.5
- de afilar . . . 492.3
- - - suspendida 492.7
- - apisonar de aire comprimido 484.8
- - - el carbón 105.5
- - - eléctrica . 105.6
- - - los fondos 391.3
- - arranque . 170.1
- - balancín . . 326.1
- - barrenar la piquera 343.5
- - cuatro tiempos 327.6
- - dos tiempos 327.7
- - enderezar . 534.2
- - - las armaduras 459.1
- - esmerilar . 492.3
- - fabricar los machos de fundición 459.2
- - fundir . . . 340.8
- - hacer machos de fundición 459.2
- - inducción . 170.2
- - moldear . . 448.2
- - - á mano con elevación por espigas 449.2
- - - à mano con placa de modelos reversible 450.1
- - - à mano para potes 452.4
- - - - presión 453.1
- - - anillos de cocinas 445.1
- - - con mesa giratoria 449.3
- - - - - - con disposición de levantar y pasar el modelo 452.5
- - - - placa de inversión 449.4
- - - - - reversible y levantamiento hidráulico 450.2
- - - de doble efecto 450.3
- - - - pasar el modelo de un lado á otro 450.5
- - - - peine . 450.5
- - - engranajes 455.2
- - - - con dos platos 457.5
- - - - de mesa 457.1
- - - - montada sobre una columna 456.5

Máquina de moldear engranajes por aparato divisor y plantilla 455.4
- - - hidráulica 448.3
- - - - con placa de inversión 450.2
- - - mural . . 457.2
- - - para engranajes pequeños 457.4
- - - poleas de transmisión 451.4
- - - - - - de grande diámetro 451.5
- - - ruedas de engranajes con peine 456.3
- - - sobre soporte de caballete 454.1
- - - tubos de aletas 452.3
- - moldeo . . 340.8
- - peine . . . 450.4
- - quebrantar lingotes 464.9
- - retirar moldes para objetos planos 449.1
- - taladrar para hierro y acero 228.4
- - trenzar la paja 460.9
- dinamo-eléctrica 169.6
- eléctrica, instalación de -s -s 169.7
- fija de quebrantar lingotes 464.10
- frigorífica . . 329.7
- gemela . . . 326.9
- motriz . 168.3, 326.8
- - de tren laminador 512.4
- no polarizada 169.8
- para cargar hornos 410.1
- - descargar el cok 106.4
- - limpiar . . 492.1
- - tapar la piquera 342.7
- reversible . . 169.9
- soplante 325.3, 350.2 350.10, 469.9
- - con una biela sistema Cleveland 326.6
- - de caja . . 325.5
- - - chorro de vapor 469.10
- - - cilindro . 327.6
- - - gas . . . 327.5
- - - precisión 471.2
- - - turbina . 327.4
- - - vapor . 325.10
- - eléctrica . . 328.2
- - Encke . . . 471.3
- - horizontal . 326.7
- - vertical . . 326.2
- tándem . . . 327.1
- telescópica de moldear poleas 452.2
Maquinista . . 333.1
Maquinista de montacargas 333.3
Marada . . . . 294.2.3
Marâtre . . . 294.2.3
Marble plate . . 237.1
Marbre . . . . 237.1
Marca . . . . . 34.1
- della pesata . 134.4
- di fabbrica . 34.10
Marca . . . . . 34.8
- de fábrica . . 34.12
Marcar . . . . 34.9
Marcare . . . . 34.9
Marcha . 353.2, 532.7
- caliente 352.7, 357.4
- - exagerada . 353.1
- de fusión . . 349.3
- - la combustión 248.7
- - - coquificación 105.8
- - - fusión . 385.10
- - - máquina soplante 350.10
- - - separación 74.3
- del alto horno 344.3.4
- - análisis . . 222.3
- fría . . 352.8, 357.5
- -, de . . . . . 2.5
- normal 352.7, 357.4
- regular . . 474.10
- sin choques . 472.4
- - golpes . . . 472.4
- suave . . . . 472.4
- variable del alto horno 344.5
Marchand, fer . 17.9
Marche . . . . 86.6
- de l'analyse . 222.3
- - la carbonisation 105.8
- - - combustion 248.7
- - - trempe . . 542.6
- des opérations de séparation 74.3
- douce . . . . 472.4
- du fourneau . 354.6
- - haut-fourneau 344.4, 332.2
- - lavage . . . 80.2
- - travail au four à puddler 373.6
-, en . . . . . . 557.1
- régulière . . 474.10
- sans chocs . . 472.4
Marcher à vide 580.11
Marcia . . . . . 355.4
- caldissima . . 352.1
- continua . . . 395.4
- dell'alto forno 332.2, 344.3.4
- - operazione di pudellaggio 373.6
- della soffieria 350.10
- - tempera . . 542.6
- di raffinazione 565.5
- fredda . . . . 352.8
-, messa in . . 337.11
-, mettere fuori di 415.9
- normale . . . 352.7
- regolare . . 474.10
- variabile dell'alto forno 344.5
Marco . . . . . 323.5
- colado hueco 369.7
- de parrilla . 368.2
Marco de prensa de precisión 454.7
- del agujero de trabajo 371.1
- refrescado . . 297.2
- superior . . . 453.2
Marécageux . . 288.9
Margosa . . . . 340.3
Maria, baño de 247.7
Mariposa, obturador de 406.10
-, válvula de . 406.10
Mark . . 34.8, 424.8
-, punch . . . . 41.5
-, to . . . . . . 34.9
Marking gauge 40.4
Marmite de Papin 178.5
Marmo . . . . . 237.1
Marmól . . . . 237.1
Marmorplatte . 237.1
Marque . . . . 34.8
- de fabrique . 34.10
Marsh ore . . . 67.4
Marshy . . . . 288.9
Marteau . . . . 52.6
- à air comprimé 501.3
- - dresser . . 534.9
- - friction . . 497.5
- - levier . . . 495.3
- - manche . . 495.3
- - manivelle . 500.9
- - planche avec commande Müller 498.3
- - queue . . . 497.1
- - soulèvement 495.4
- - transmission 501.1
- de frappeur . 468.9
- - mouleur . . 435.7
- guidé . . . . 497.4
- hydraulique . 495.2
- -pilon à simple effet 498.6
- - - - jambage 498.7
- - - vapeur 377.3 498.4
- - - - à double effet 500.5
- - - - avec admission sur le piston 500.6
- - avec cylindre fixe 498.5
- - - montant en col de cygne 498.7
- pneumatique 491.4 501.2
Martelé . . . . 25.8
Marteler . . . . 503.5
- à froid . . . . 548.6
- l'éprouvette a $1^1/_2$ fois sa largeur 52.7
- le métal avec la panne du marteau transversalement au sens de laminage 52.8
Martellare . . . 503.5
- a freddo . . . 548.6
Martellato . . . 25.8
Martello . . 52.8, 77.4 495.3
- ad altalena . 497.1
- frontale . . . 495.4
Martello idraulico 495.2
- pneumatico . 491.4
Martens microscope stand 281.9
Martens, Mikroskopgestell nach 281.9
Martens, sostegno da microscopio secondo 281.9
Martens, soporte de microscópio sistema 281.9
Martens, support de microscope d'après 281.9
Martensit . . . 284.2
Martensita . . 284.2
Martensite . . . 284.2
Martillado . . . 25.8
Martillar . . . 52.6
- los tubos durante la prueba hidráulica 55.2
Martillo . . . . 52.7
- de aire comprimido 501.3
- - caída libre 497.4
- - - por fricción de tabla con impulso sistema Müller 498.3
- - cola . . . . 497.1
- - correa . . . 497.7
- - golpear . . 468.9
- - moldeador 435.7
- - palanca . . 495.3
- - - horizontal 495.4
- - resortes á pedal 497.3
- - vapor . . . 498.4
- hidráulico . . 495.2
- neumático . . 491.4 501.2
- -pilón á vapor con entrada de vapor por encima del émbolo 500.6
- - - - de bastidor en forma de C 498.7
- - - - de bastidor sencillo 498.7
- - - - - doble efecto 500.5
- - con cilindro de vapor fijo 498.5
- - de simple efecto 498.6
- - - vapor . . 377.3
- rebotador . . 495.4
Martin-gebläse 472.7
-ofen, Siemens- 402.6
-roheisen . . . 8.4
-stahl . . . . . 12.2
- -hütte . . . . 402.4
- -Verfahren, vereinigtes Bessemer- und 412.8
Martin blower 472.7
- steel . . . . . 12.2
Martin, acier . 12.2
-, fonte . . . . . 8.4

Martin, procédés Bessemer et - combinés 412.8
-, soufflerie . . 472.7
Martin, acciaieria 402.4
-, acciaio . . . 12.2
-, ferro . . . . . 8.4
-, processo combinato Bessemer e 412.8
-, ventilatore ad alta pressione 472.7
Martin, acero . 12.2
-, fundición . . 8.4
-, procedimientos Bessemer y - combinados 412.8
-, ventilador de alta presión 472.7
Martinet à manivelle 500.9
- - queue . . . 497.1
- - ressort . . . 497.3
Martinete de caída 464.1
- - - libre . . . 497.4
- - fricción . . 497.5
- - resortes á pedal 497.3
- -disco de manivela 500.9
- mecánico movido por transmisión 501.1
Martinetto libero 497.5
- parallelo . . 497.4
Martino . . . . 464.2
Masa . . . . . . 57.2
- aglutinada . 106.8
- - de cok . . . 106.6
- de acero . . . 379.9
- - dolomita . 117.7
- - hierro . . . 374.6
- - magnesita 343.10
- no fundida . 411.9
- muy refractaria 428.6
- para moldear 427.8
- - recomponer el revestimiento 412.6
- refractaria . . 303.5
- - apisonada . 303.6
- silicea apisonada 115.2
Máscara . . . 197.11
Mascella . 60.1, 79.2
- automatica . 129.1
-e di piegatura 43.10
Maschensieb . . 230.4
Maschera . . 197.11
Maschine, Anlaß- 170.1
-, direkt gekuppelte 170.6
-, Dynamo- . . 169.6
- für Riemenbetrieb 170.5
- - Seilbetrieb 170.4
-, Induktions- . 170.2
-, Misch- . . . 432.10
- mit Abhebewagen 448.4
-, Polier- . . . 276.7
-, umkehrbare . 169.9
Maschine, unmittelbar gekuppelte 170.6
-, unpolarisierte 169.8
-, Zerkleinerungs- 77.2
-, Zerreiß- . . . 49.4
Maschinell . . . 431.9
Maschinen-anlage, elektrische 169.7
-arbeit . . . . . 556.5
-guß . . . . . 487.9
-haus . . . . . 149.9
-puddeln . . . 378.9
-satz . . . . . 170.3
-wärter . . . 333.2
Maschinist, Förder- 333.3
Masilla . . . . 494.3
Masillar . . . . 494.4
Maske . . . . 197.11
-, Schutz . . . 197.11
Masonry . . . 306.1
-, rough . . . . 304.9
Masque . . . . 197.11
Maß . . . . . . 38.4
-analytisch . . 191.2
-, Band- . . . . 38.9
-, festes . . . . 37.8
-, fixes . . . . . 37.8
-, Porzellan- . . 194.1
-, Schräg- . . . 40.6
-, Schrumpf- . . 514.8
-stab . . . . . . 38.6
- -, Anlege- . . 38.7
- -, Meter- . . . 38.8
-, Stich- . . . . 39.6
-, Streich- . . . 40.4
Mass . . . . . . 138.1
-, baked . . . . 106.8
-, caked . . . . 106.8
-, unmelted . . 411.9
Massa . . . . . 138.1
- agglutinata . 106.8
- d'acciaio . . . 465.4
- di ferro . . . 374.6
- - magnesite 343.10
- per arricchire la rivestitura 412.6
Masse . . . . . 427.8
-, Aufschüttungs- 358.7
-, Dolomit- . . 117.7
-guß . . . . . . 487.5
-, hochfeuerfeste 428.6
-pfropfen . . . 342.5
-, ungeschmolzene 411.9
-, zusammengebackene 106.8
-zustellung . . 303.5
Masse . . . . . 138.1
- à mouler . . 427.8
- agglutinée . . 106.8
- d'acier . . . . 379.9
- de fer . . . . 374.6
- - magnésite 343.10
- non fondue . 411.9
- pour boucher 342.6
- riche en oxyde de fer 370.4
- servant à réparer le garnissage 412.6
Massel . . 463.7, 465.5
-bett . . . . . 340.1
-brecher . . . 464.9
- -, fahrbarer . 465.1
Massel-brecher, hydraulischer 465.2
- -, standfester 464.10
-, Roheisen- . . 339.9
Massello . . 463.6.7
- d'acciaio . . 379.9
- ottagonale . . 377.7
Massellotta . . 485.6
Masselotte . . . 485.6
Massen-beförderung 138.1
-erzeugung . 556.12
Massiccio . . . 57.2
Massicot, litharge 219.7
Massif . . . . . 59.3
- de maçonnerie 83.6
- en maçonnerie 286.4, 304.9
Massig . . . . . 57.2
Masso . . . . . 130.7
Mast, Beleuchtungs- 171.8
Mastic . . 319.5, 494.3
- de fer . . . . 319.5
Mastice . . . . 494.3
- di ferro . . . 319.5
-, mettere del . 494.4
Mastiquer . . . 494.4
Mat . . . . . . 277.6
- de lanterne . 171.8
Mate . . . . . . 2.5
Materia agglomerante 426.2
-e caricate . . 565.1
-e di fusione . 333.5
- estranea . . . 432.8
- eterogenea da separare 147.7
- non fusa . . 411.9
- per levigare . 275.7
- - smagrire la pasta 382.8
- plastica . . . 425.2
- prima . . . . 118.3
-e prime . . . . 333.5
- refrattaria . . 407.5
- volatile . . . 81.7
Materia de fusión 333.5
- espesa para templar 419.9
- orgánica . . . 427.6
- para calcinar 82.6
- - desengrasar la arcilla 382.8
- - moldear . . 427.8
- - tostar . . . 82.6
- precipitada . 147.7
-, primeras -s . 118.3
- separada . . 147.7
Material, Einsatz- 564.1
-, Form- -ien . 425.1
Material . . . . 358.6
-, basic . . . . . 117.5
- containing ferric oxide 370.4
- for making plug 342.6
-, highly refractory 428.6
-, lean . . . . . 382.8
-, organic . . . 427.6
-, plastic . . . . 425.2
-, refractory . . 407.5
-, -s for crucibles 381.5
Material, to be smelted 333.5
Matérial, - aux 565.1
- aux de moulage 425.1
- aux de remblayage 358.7
- aux pour la confection des routes 358.6
- aux de construction 306.4
Material de relleno 358.7
- diseminado en la masa 71.3
-es mezclados al hierro 71.2
- para crisoles 381.5
- - la construcción de caminos 358.6
- - retardar la cementación oxidante 415.6
- - terraplenar 358.7
- plástico . . . 425.2
- que contiene óxido de hierro 370.4
- refractario . 414.7
Materiale . . . 38.5
- da costruzione 306.4
- - torrefare . 82.6
- di riempimento 304.6
-i - - . . . . . . 358.7
- per ferrovie . 22.1
- - formatura . 427.8
-i - la costruzione delle strade 358.6
-i - - formatura 425.1
- - sbavare . . 491.7
-, piccolo - d'armamento 23.7
- refrattario . . 414.7
- - per i crogiuoli 381.5
Matière . . . . 41.6
- à fondre 335.6, 409.7
- - griller . . . 82.6
- - polir . . . . 275.7
- - tremper épaisse 419.9
- agglomérante 95.5
- - argileuse . 95.6
- agglutinante 426.2
- amaigrissante 382.8
- animale . . 418.11
- argileuse . . 79.9
-s chargées . . 565.1
- de cémentation 415.5
- - remplissage 304.6
-s disséminées dans la masse 71.3
- figée . . . . . 343.3
- organique . . 427.6
- plastique . . 425.1
- pour boucher 342.6
- - creusets . . 381.5
-s - l'ébarbage 491.7
- - le nettoyage 491.7

Matière pour retarder la cémentation oxydante 415.6
- précipitée . . 147.7
- première 118.3, 333.5
- provenant d'animaux 418.11
- réfractaire . . 414.7
- sableuse . . . 79.9
- volatile . . . 81.7
Matita bleu . . 191.1
- colorata . . . 191.1
- grassa . . . . 191.1
Matraccio a fondo piatto 187.1
- - - rotondo . 186.7
- conico . . . . 186.6
- d'evaporazione 247.6
- per distillazione frazionata 187.3
- resistente al fuoco 187.5
- tarato . . . 185.10
Matras à évaporation . . . 247.6
Matraz . . . . 198.7
- de destilación 254.9
- - - fraccionada 187.3
- - evaporación 247.6
- - fondo plano 187.1
- - lavado . . . 186.3
- - vidrio . . . 186.6
- graduado . 185.10
- para la fabricación del cloro 221.10
- redondo . . . 186.7
Matrice . 383.5, 503.6
- à anneau . . 504.5
Matrice . . . . 383.5
- anulare . . . 504.5
Matricer 503.6, 505.1
Matrix . 383.5, 504.5
Matriz . . . . . 383.5
- de agujero . 504.5
Matt, -es Eisen 474.11
-e Stelle . . . . 277.6
Matt-eisen . . . . 2.6
-blech . . . . 552.11
Mattonato . . . 289.4
Mattone . . . . 96.2
- a coltello . 321.10
- - sezione trapezoidale . . 293.2
- acido . . . . 306.6
- alluminoso macinato 428.7
- basico . . . . 306.5
- crudo . . . . 429.7
- del tino . . 305.10
-i della sacca . 302.7
- di carbone 117.10 306.8
- - dolomite . . 117.6
- - loppa . . 358.8.11
- - magnesia . 569.5
- Dinas . . . . 115.1
- per ritto . . 321.10
- refrattario . . 156.6
- seccato all'aria 429.8
- silicioso . . . 306.6
Mattonella . . 94.5
- di minerale . 95.10
- secca . . . . . 95.11
- sgretolata . . 96.1
Mauer-kranz . 304.10
-sattel . . . . . 84.8
-sockel . . . . 290.2
-stärke . . . . 305.7
-werk . . . . . 306.1
Mauerung, Hinter- 304.8
-, Rast- . . . . . 302.3
Maul . . . . . . 464.4
Maximum load 241.1
Maza . . . . . 63.4
- de acero . . . 465.4
- esférica . . . 464.2
Mazalote . . . 485.6
Mazé . . . . . . 5.2
Mazéage . . . . . 5.2
Mazo . . . . . 391.4
- de bocarte . 77.4
Mazza . . 463.9, 499.2
- battente . . . 499.3
- in ferro forgiato 495.5
Mazzuolo da formatore 485.7
Measure 38.4.9, 334.9 486.10
-, fixed . . . . 37.8
-, to . . . . 38.1, 334.8
-, - - the temperature 352.3
-, - - - test piece 38.2
Measurement . 37.1 38.3
-, electrometric 257.5
- of hardness . 53.9
- - temperature 351.3
Measuring apparatus, electric 266.7
- flask . . . . 185.10
- glass . . . . . 185.9
- instrument . . 38.5
- point . . . . 41.5
- rule . . . . . 38.6
- tube, graduated 269.6
- vessel . . . . 194.1
- wire . . . . . 261.4
Mechanical . . 156.8
Meccanico . . . 81.5
Mecánico . . 378.10
Mécanique . . 157.1
Mecha . . . . . 184.4
Mechanisch . . 150.2
- beschicken . 157.2
- betrieben . . 229.9
Mèche . . . . . 184.4
Mechero . 153.3, 542.2
- Bunsen . . . 183.4
- circular con chorro en abanico 159.3
- con soplete . 343.9
- de bencina . 183.6
- - Bunsen de acetileno 183.5
- - embocadura oblonga 159.2
- - gas de aceite 183.8
- - - incandescente 281.1
- - - oxhidrico 251.7
- - hendidura oblonga 159.2
- - orificio circular 159.1
- - Teclu . . . 183.7
- -soplete . . . 251.6
Media caña . . 423.7
- - de cuero . 423.8
Médian . . . . 515.6
Medición . . . 38.3
Medida . 38.3.4, 191.4
- de capacidad 334.9
- - la contracción 423.2
- - - dureza . . 53.9
- - las temperaturas 351.3
- - porcelana . 194.1
- electrométrica 257.5
- fija . . . . . . 37.8
- para volumen 334.9
Medio para evitar la formación de grietas 428.10
- - - - - - hendiduras 428.10
- preservativo contra la oxidación 550.3
Medir . . . 38.1, 39.2
-, copa para . . 194.1
-, instrumento para - la presión de los gases 271.5
- la temperatura de un cuerpo por medio de su radiación 352.3
- las dimensiones de la muestra 38.2
Meergrün . . . 548.3
Meeting the demand for iron ore 558.3
Mehl . . . . . 419.2
-, Dolomit- . . . 117.8
-, Klauen- . . . 420.2
-, Steinkohlen- 430.10
-, Torf- . . . . . 429.4
-, Weizen- . . . 431.1
Mehr-fach . . . 154.3
-gehalt . . . . 65.9
-gewicht . . . 559.11
-leitersystem . 167.5
-phasenstromanlage 166.6
-teilig . . . . . 440.2
-tieglig . . . . 384.7
-wertig . . . . 259.6
-zylindrig . . . 325.8
Meiler, Holzkohlen- 98.4
Meißel, Abstreif- 524.8
-stahl . . . . . 13.7
Meißeln, weg- . 86.1
Mélange . 119.7, 432.9
- de dolomie . 117.7
- - minerais . 76.3 333.8
- eutectique . . 274.4
- gazeux . . . 360.1
- physique . . 273.2
Mélanger . . . 432.5
- à la pelle . . 438.9
Mélangeur 95.1, 389.3.5 432.10
- cylindrique . 389.6
- de fonte . . 389.5
Melt, to . 250.3, 374.4
-, - - away . . 343.6
Meltableness . 250.4
Melter . . . . . 332.6
Melting (s. a. smelting) 250.2, 349.3
Melting down . 385.9
- down process 418.1
- - -, triple . . 366.3
- furnace 362.4, 384.1
- in a cupola furnace 473.4
- iron . . . . . 474.4
- of scrap, preliminary 565.8
- - slags . . . 357.8
- period . . . 411.10
- point . . . . 250.5
- pot . . . . . 382.2
-, process of . . 349.3
- temperature . 474.2
- trough, annular 568.6
- tube . . . . . 252.9
- zone . . . . . 347.4
Member . . . . 136.7
Mena de hierro 58.6
- difícilmente reducible 62.5
Ménagement du revêtement du cubilot 475.3
Menge, chemisch gleichwertige -n 257.7
Mengen . . . . 333.9
-untersuchung 223.7
Mengung . . . 333.9
Menisco . . . 482.10
Menisco della ghisa 482.10
Meniskus . . 482.10
Ménisque . . 482.10
Menne method 343.7
Menne, procédé 343.7
Menne, procedimiento 343.7
Menne, processo 343.7
Menneverfahren 343.7
Mennige, Eisen- 551.13
Mensola . 127.1, 300.7
- di ferro . . . 307.9
- per il tubo dell'acqua di refrigerazione 298.2
Mensur . . . . 185.9
Menu . . . . . 65.1
- de la mine . 62.9
Menudo . . 101.2.3.4.5
Méplat . . . . . 19.7
Mercantile, ferro 17.9
Mercato, secondo l'uso del 30.4
Merchant . . . 559.1
- iron . . . . . 17.9
Mercure 200.4, 545.10
- métallique . . 209.8
Mercuric chloride 209.7
- oxyde . . . . 209.9
Mercurico . . . 209.7
mercúrico . . . 209.7
Mercurio 200.3, 545.10
- metallico . . 209.8
Mercurio 350.9, 545.10
-, depósito para 200.4
- metálico . . 209.8
Mercuroso . . . 209.6
Mercurous chloride 209.6

Mercury 209.5, 545.10
- box . . . . . 200.4
- lamp . . . . . 281.2
-, metallic . . . 209.8
- pressure gauge 350.9
- tongs . . . . 200.6
- trough . . . 200.5
- vessel . . . . 200.3
Merkantileisen 17.9
Merkmal . . . 34.8
- des Erzes . . 65.6
Merma de fuego 90.2
Mesa . . . . . . 457.1
- de laboratorio 175.3
- - soplado . . 251.2
- - trabajo para los ensayos electroquímicos 265.5
- giratoria 452.5, 493.1
- - levadiza . . 452.6
Mescolanza . . 119.7 432.9
- dei minerali . 333.8
- di dolomite . 117.7
- - minerali . . 76.3
- gassosa . . . 360.1
Mescolare 334.7, 425.5 432.5
- colla pala . . 438.9
Mescolatore . . 95.1 389.3.5
- cilindrico . . 389.6
- d'argilla . . . 433.5
- - orizzontale 119.6
- di dolomite . 119.5
Mescolatrice . 432.10
Mesh sieve . . . 230.4
Meshed, wide . 230.6
Meß-apparat . 266.7
- -, elektrischer 266.7
-band . . . . . 38.9
-heber . . . . . 191.4
-instrument . . 38.5
-kelch . . . . . 185.9
-kolben . . . 185.10
-pipette . . . . 191.4
-punkt . . . . . 41.5
-rohr . . . . . 269.6
-röhre . . . . . 192.2
- -, Gas- . . . . 269.4
-werkzeug . . . 38.5
Messa a fuoco . 281.8
- fuori esercizio 355.3
- in marcia . 337.11
Messen . . . . . 38.1
-, ab- . . . . . 334.8
-, aus- . . . . . 38.2
-, die Temperatur 352.3
Messer, Ampère- 266.9
-, Dichtigkeits- 180.1
-, Druck- . . . 179.5
-, Feuchtigkeits-180.7
-, Heizwert-110.1,180.6
-, Hitze- . . . . 180.5
-, Kork- . . . . 196.5
-, Luftleeren- . 178.7
-, Platin- . . . . 195.9
-, Schabe- . . . 78.6
-, Senkwagendichtheits- 180.3
-, Volt- . . . . . 266.8
-, Wasser- . . . 146.4
-, Wind- . . . . 182.2
Messingform . . 383.3
Messingsäule . 237.3
Messung . . . . 38.3
-, elektrometrische 257.5
-, Härte- . . . . 53.9
Mesurage . . . 38.3
Mesure . . . . 38.3.4.5
-, appareil de - électrique 266.7
- de la dureté . 53.9
- - porcelaine . 194.1
- des températures 351.3
- déterminée . 37.8
- du retrait . . 423.2
- électrométrique 257.5
-, fil de . . . . . 261.4
- pour volume 334.9
Mesurer . 38.1, 334.8
-, appareil à - la pression des gaz 271.5
- la température d'un corps par son rayonnement 352.3
- les dimensions de l'éprouvette 38.2
Mesureur . . . 269.6
Metà modello . 424.2
Metal . . 25.4, 213.8
- alloy . . . . 351.4
- bath . . . . . 567.1
-, Bell-Krupp . 5.3
- coming to nature 374.5
-, direct . . . . 4.4
-, dropping . . 374.5
-, fluid . . . . . 11.4
-, hot . . . . . . 4.4
-, ingot . . . . . 11.6
-, insufficient . 484.8
- pyrometer . . 351.6
- tube, flexible 200.7
-, washed . . . 5.3
Metal . . 130.5, 213.8
- Bell-Krupp . 5.3
- de la aleación 14.10
- forjado . . . . 9.4
- liquido . . 401.7.8
- negro . . . . . 72.1
- que empieza á fundirse 374.5
- soldado . . . 9.4
- solidificado . 401.9
Métal . . . 33.5, 213.8
- Bell-Krupp . 5.3
- entré en fusion 374.5
- forgé . . . . 9.4
- liquide . . . 401.7
- solidifié . . . 401.9
- soudé . . . . 9.4
Métalico . . . . 199.1
-, de sonido . . 108.3
Metall . . . . . 213.8
-, abschmelzendes 374.5
-bad . . . . . . 567.1
-, Bell-Krupp- . 5.3
-hitzemesser . 351.6
-kunde . . . . 272.2
-legierung . . . 351.4
-mikroskopie . 272.2
-, Platin- . . . . 194.6
-probe, erstarrte 401.9
-pyrometer . . 351.6
-salz . . . . . . 427.5
-schicht . . . . 567.1
Metall-schlauch 200.7
-spiegel . . . 482.10
-strahl . . . . . 386.7
-untersuchung 272.3
-verlust . . . . 378.8
-verschmelzung 351.4
Metallic . . . . 209.8
Metallico . . . 130.8
-, di suono . . 108.3
Métallique . . . 23.1
-, son . . . . . 108.3
Metallisch . . . 209.8
- klingend . . . 108.3
Metallo . 40.7, 213.8
- Bell-Krupp . 5.3
- fondente . . . 374.5
- fucinato . . . 9.4
- fuso . . . . . 11.4
- liquido . . . 401.7
- omogeneo . . 11.4
- saldato . . . 9.4
Metallografia . 272.2
- speciale del ferro 283.1
Metallografico . 177.4
Metallographic 272.3
Metallographie, spezielle - des Eisens 283.1
Métallographie 272.2
- spéciale du fer 283.1
Metallographical research 177.4
Métallographique 177.4
Metallographisch 177.4
Metallography 272.2
-, special . . . . 283.1
Metalloid 213.7, 349.9
Metalloide 213.7, 349.9
Métalloïde 213.7, 349.9
Metallurgical . 346.7
- room . . . . 177.4
Metallurgico . . 17.10
Métallurgique . 346.7
Metalografía . 272.2
- especial del hierro 283.1
Metalográfico . 177.4
Metaloide 213.7, 349.9
Metalurgico . . 346.7
Metamorfosato 116.6
Metamorfoseado 116.6
Métamorphosé 116.6
Metasilicate . . 356.9
Métasilicate . . 356.9
Metasilicato . . 356.9
Metasilikat . . 356.9
Meteoreisen . . 214.1
Meteoric . . . . 214.1
Meteorico . . . 214.1
Meteórico . . . 214.1
Météorique . . 214.1
Meter, laufendes 36.7
-maßstab . . . 38.8
Meter . . . . . 146.4
-, gas . . . . . 271.8
- scale . . . . . 38.6
Method . . 31.3, 412.7
-, acid . . . . . 396.5
-, briquetting . 94.7
Method, electrometallurgical 564.2
-, - -thermal . . 571.2
-, Menne . . . . 348.7
- of analysis . 223.4
- - calcination 82.9
- - roasting . . 82.9
- - working . . 57.8
-, stoichiometrical - of Mrazek 334.6
Methode, analytische 223.4
Méthode d'affinage 363.5
- d'analyse . . 223.4
- d'essai . . . . 31.3
- d'exploitation 57.9
- d'extraction . 57.9
- de grillage . 82.9
- - trempe spéciale 542.9
- stœchiométrique de Mrazek 334.6
- thermoélectrique 571.2
Methylated . . 546.5
Métis . . . . . 6.3
Metodo catalano 362.1
- d'affinaggio . 363.5
- d'analisi 31.3, 223.4
- d'estrazione . 57.9
- di preparazione al gelo 89.8
- speciale di tempera 542.9
- stechiometrico Mrazek 334.6
Método catalán 362.1
- de afino . . . 363.5
- - análisis . . 223.4
- - ensayo . . . 31.3
- - explotación 57.9
- - extracción . 57.9
- - fabricación 412.7
- - refundición 474.1
- - temple especial 542.9
- - trabajo . . 409.4
- estequiométrico de Mrazek 334.6
Metralla . . . . 29.5
Metre . . . . . 36.7
Mètre à ruban 38.9
- courant . . . 36.7
- pliant . . . . 38.8
Metrico . . . . 38.8
Métrico . . . . 38.8
Metro a nastro 38.9
- corrente . . . 36.7
Metro lineal . . 36.7
Mettere il forno fuori di marcia 415.9
Mettre hors feu 355.4
- le four hors feu 415.9
Meule . . . . . 78.1
- à charbon de bois 98.4
- - émeri . . . 492.4
-s de broyeur . 78.2
Meuler . . . . . 492.2
-, machine à (v. machine)
Mezcla . . . . 334.7
- de gases . . . 360.1
- - las cargas . 333.9

Mezcla de minerales 76.3, 333.8
- eútectica . . 274.4
- física . . . . 273.2
- para tapar la piquera 342.6
Mezclado . . . 71.2
Mezclador 95.1, 389.5 432.10
- cilíndrico . . 389.6
- de arcilla horizontal 119.6
- - dolomita . 119.5
- - hierro crudo 389.5
- - - de fundición 389.5
Mezclar 333.10, 425.5 432.5
- con la pala . 438.9
Mezzo per impedire la formazione di fessure 428.10
Mica . . . . . 253.3
Mica plate . . 301.5
- spectacles . . 253.3
Micaceo . . . . 66.6
Micáceo . . . . 66.6
Micaceous iron ore 66.6
Micrometer caliper 39.4
- calipers . . . 41.1
- screw gauge 39.4
Micrometrico . 39.5
Micrométrico, calibre 39.4
Micrométrique, jauge 39.4.5
Micrometro . . 39.4
Microscope . 278.5.6
- lamp . . . . . 278.8
- stand, Martens 281.9
Microscopical . 278.6
Microscopio . 278.5.6
Mikrometer-lehre 39.5
-schraube . . . 39.4
-zirkel . . . . . 41.1
Mikroskop . . . 278.5
-, durch das - prüfen 278.6
-gestell nach Martens 281.9
Mikroskopie, Metall- 272.2
Mikroskopierlampe 278.8
Mikroskopieren 278.6
Mill . . . . . . 510.2
- bars . . . . . 378.1
-, big . . . . . 511.3
- scale . . . . 414.5
-, small . . . . 511.5
-, three high . . 512.7
- train . . . . . 510.1
-, two high . . 512.6
Mild steel . 11.6, 12.1
Mina . . . 22.9, 100.7
- de carbón . . 100.5
- - hierro . . . 57.8
Mince . . . . . 25.7
- de la mine . 62.9
Minder-gewicht 560.1
-wertig . . . . 17.12
Mindestdurchbiegung 48.3
Mine station . 123.5
- workings, deep 58.1
Mine . . . . . . 22.8
- de charbon . 100.5
- - fer . . . . . 57.8
Minerai . . . . 58.5
-, besoin de . . 558.3
- brut . . . . . 62.7
- carbonaté grillé 68.9
- concentré . . 75.1
- cru . . . . . 62.7
- d'argent manganésé 70.7
- de fer . . . . 56.4
- - - à teneur d'acide carbonique 60.4
- - - aquifère . 60.3
- - - argileux . 68.8
- - - - non compact 59.6
- - - arsénieux 61.4
- - - bleu . . . 68.7
- - - brun . . 68.7
- - - brut . . . 64.4
- - - calcareux 60.5
- - - carbonaté 60.4
- - - compact . 59.3
- - - cristallin 64.3
- - - cuivreux 61.1
- - - dense . . 59.2
- - - désagrégé 64.1
- - - dur . . . 59.7
- - - - et cassant 59.8
- - - effrité . . 64.1
- - - en grains 67.5
- - - - rognons 67.2
- - - facilement réductible 62.3
- - - fibreux . 58.7
- - - frais . . . 64.2
- - - friable . . 59.4
- - - fusible par lui-même 62.2
- - - humide . 60.2
- - - imprégné d'eau 60.2
- - - jaune . . . 67.7
Minerai de fer magnétique 59.10
- - - manganésé 70.5
- - - massif . . 59.3
- - - nickelifère 61.6
- - - phosphoreux 60.7
- - - plombifère 61.2
- - - poreux . 59.9
- - - pulvérulent 58.8
- - - sablonneux 113.6
- - - sulfureux 60.6
- - - tendre . . 59.1
- - - terreux . 59.5
- - - titanifère 61.5
- - - veiné d'autres matières 64.5
- - - zincifère . 61.3
- - halde . . . 62.10
- - manganèse proprement dit 69.5
- - scheidage . 63.1
- - zinc manganésé 70.6
Minerai défourné 88.6
- des lacs . . . 67.4
- - prairies . . 67.4
- difficilement fusible 62.1
- - réductible . 62.5
- en grains . . 63.5
- - morceaux . 62.8
- - rognons . . 63.8
- facilement fusible 61.7
- grillé . . . . 88.10
- gros . . . . . 62.8
- houiller . . . 69.1
- imparfaitement grillé 89.1
- non grillé . . 88.11
- pour fonte malléable 415.4
- réfractaire . . 62.1
- riche . . . . . 63.1
- rugeux . . . 64.4
- sec . . . . . 60.1
- séché à 100° C 232.7
- trié . . . 63.1, 75.1
- - à la main . 63.3
- - au marteau 63.3
Mineral . . 66.1, 177.5
- colour . . . . 551.4
Mineral de hierro 56.4
- apartado . . 63.1
- - á mano . . 63.3
- bruto . . . . 62.7
- calcinado . . 88.10
- crudo . . . . 62.7
- de cinc manganesifero 70.6
- - hierro . . . 415.1
- - - acuoso . . 60.3
- - - amarillo . 67.7
- - - arcilloso . 68.8
- - - - flojo . . 59.6
- - - arenoso . 113.6
- - - arsenioso 61.4
- - - azul . . . 68.7
- - - blando . . 59.1
- - - bruto . . 64.4
- - - calcáreo . 60.5
- - - carbonado 60.4
- - - carbonatado calcinado 68.9
- - - cincifero . 61.3
- - - cobrizo . 61.1
- - - compacto 59.3
- - - con vetas de otros minerales 64.5
- - - cristalino 64.3
- - - denso . . 59.2
Mineral de hierro desagregado 64.1
- - - dificilmente fusible 62.1
- - - duro . . . 59.7
- - - en riñones 67.2
- - - fácilmente fusible 61.7
- - - fibroso . 58.7
- - - fosforido 60.7
- - - frágil . . 59.8
- - - fresco . . 64.2
- - - friable . 59.4
- - - fusible por si mismo 62.2
- - - húmedo . 60.2
- - - magnético 59.10
Mineral de hierro manganesífero 70.5
- - - niquelifero 61.6
- - - pardo . . 68.7
- - - plomizo . 61.2
- - - poroso . 59.9
- - - pulverulento 58.8
- - - que contiene ácido carbónico 60.4
- - - sulfuroso 60.6
- - - terroso . 59.5
- - - titanifero 61.5
- - manganeso 69.5
- - plata manganesifero . . . 70.7
- - vaciadero . 62.10
- descargado . 88.6
- deslodado . . 63.1
- dulce . . . . 68.6
- en granos . . 63.5
- - pedazos . . 62.8
- - riñones . . 63.8
- fácilmente reducible 62.3
- grueso . . . . 62.8
- imperfectamente calcinado 89.1
- menudo . . . 62.9
- no calcinado 88.11
- para fundición maleable 415.4
- partido con la maza 63.3
- secado á 100° de Celsius 232.7
- - - 100 centígrados 232.7
- seco . . . . . 60.1
- tostado . . . 88.10
Minerale . . . . 12.7
- a pezzi . . . 62.8
- autofusibile . 62.2
- carbonato torrefatto 68.9
- d'acciaio . . . 68.6
- d'argento manganesifero 70.7
- della scarica 62.10
- di ferro . . . 56.4
- - - argilloso . 59.6
- - - arsenioso 61.4
- - - bagnato . 60.2
- - - cavernoso 59.6
- - - compatto 59.3
- - - con alto tenore in acqua 60.3
- - - - rame . . 61.1
- - - - tenore in carbonato di calce 60.5
- - - con tenore in piombo 61.2
- - - - - - - zinco 61.3
- - - concresciuto 64.5
- - - contenente acido carbonico 60.4
- - - cristallino 64.3
- - - crudo . . 64.4
- - - d'origine idrica 67.4
- - - delle paludi e dei laghi . 67.4
- - - denso . . 59.2

Minerale di ferro disaggregato 64.1
- - - duro . . 59.7
- - - fibroso . . 58.7
- - - fosforoso 60.7
- - - fragile . . 59.8
- - - friabile . 59.4
- - - in arnioni 67.2
- - - magnetico 59.10
- - - manganesifero 70.5
- - - nickelifero 61.6
- - - polverulento 58.8
- - - poroso . . 59.9
- - - sabbioso 113.6
- - - scavato di fresco 64.2
- - - situato nei giacimenti di carbon fossile 69.1
- - - solforoso 60.6
- - - tenero . . 59.1
- - - terroso . 59.5
- - - titanifero 61.5
- - manganese propriamente detto 69.5
- - zinco manganesifero 70.6
- difficilmente fusibile 62.1
- - riducibile . 62.5
- disseminato in una massa 71.3
- essiccato a 100° C 232.7
- facilmente fusibile 61.7
- - riduttibile . 62.3
- greggio . . . 62.7
- imperfettamente torrefatto 89.1
- in pezzi piccoli 63.5
- minuto di detrito 62.9
- non torrefatto 88.11
- per ghisa malleabile 415.4
- preparato . . 75.1
- reniforme . . 63.8
- scaricato . . 88.6
- scelto . . . . 63.1
- secco . . . . 60.1
- spaccato . . . 63.3
- torrefatto . . 88.10
Mineralfarbe . 551.4
Mineraliensammlung 177.5
Mineralised . . 75.2
-, non . . . . . 75.3
Mineralizado . 75.2
Minéralogique 177.5
Minette . . . . 67.3
Miniera . . . . 22.9
- di carbone fossile 100.5
- - ferro . . . . 57.8
Mining, ore . . 58.5
Minio di ferro 551.13
Minio de hierro 551.13
Minium de fer 551.13
Minuto . . . . . 62.9
-, minerale . . . 65.1
Mirilla . . 163.2, 301.4
Miroitant . . . 3.3
Miroitement de la fonte 483.1
Miscela . 229.4, 432.9
- eutectica . . 274.4
- fisica . . . . . 273.2
Misch-apparat . 95.1
-eisen . . . . 478.11
-kristall . . . . 274.1
-maschine . . 432.10
-trichter . . . . 119.7
Mischen, durcheinander 432.5
Mischer . . . . 389.5
-bühne . . . . 389.4
-, Dolomit- . . . 119.5
-gebäude . . . 389.3
-haus . . . . . 389.3
Mischung, eutektische 274.4
Mise à feu . . . 86.4
- au point . . . 281.8
- en feu . . . 337.11
- - place de la gueuse 465.6
- - - des noyaux 461.8
- - - du fond . 392.1
- - stock . . . 130.2
- - suspension par agitation 80.4
- hors feu . . . 355.3
Mispickel . . . 72.4
Mißlingen, der Guß mißlingt 488.11
Misura . . . . 38.3.4.5
- del ritiro . . 423.2
- della durezza 53.9
-, filo di . . . . 261.4
- fissa . . . . . 37.8
- per volume . 334.9
Misurare . 38.1, 334.8
- la temperatura d'un corpo per mezzo della sua radiazione 352.3
- le dimensioni della provetta 38.2
Misuratore d'acqua 146.4
- di porcellana 194.1
- - pressione per gas 271.5
Misurazione . . 38.3 191.4
- elettrometrica 257.5
Mitad del modelo 424.2
Mitnehmer . . 136.3
-, angenieteter - aus Stahlblech 136.5
-, aufsteckbarer geschmiedeter 136.6
-, Büchsen- . . 136.4
-glied . . . . . 136.7
Mitraille . 29.5, 411.2
Mittelbar . . . 463.1
Mitteldruckdampfkessel 152.5
-, Füll- . . . . . 147.6
-hart . . . . . . 6.5
-kasten . . . . 441.1
-leiter . . . . . 167.7
-walze . . . . . 512.9
-wert der Versuchsergebnisse 34.6
Mittelzug . . . 536.7
Mix, to - together 432.5
Mixed . . . . . 274.1
Mixer 95.1, 119.5, 389.6
- platform . . . 389.4
Mixing . . . . 432.9
- apparatus . . 95.1
- cone . . . . . 119.7
- machine . . 432.10
- shed . . 334.7, 389.3
Mixture . . . . 119.4
-, eutectic . . . 274.4
- of ore . . . . 333.8
- - ores . 76.3, 333.8
- - - and fluxes 334.2
-, physical . . . 273.2
Mobile . . 139.8, 390.8 536.4
Mode d'empilage des briques 407.9
- d'exploitation 57.9
- d'extraction . 57.9
- de travail . . 409.4
Model . . 422.3, 424.12
Modelage . . . 422.1
Modelar los crisoles 382.9
Modèle . . . 422.2.3
- à couronne . 451.6
- annulaire . . 423.9
- de jet de coulée 443.7
- - segment de denture 455.6
- en cire . . . 424.12
- - deux parties 424.1
-, introduction et enlèvement du 450.4
- rentrant . . . 450.4
Modell . . . . . 422.3
-brett . . . . 439.11
-, das - herausheben 435.8
-, - - lockern . 435.6
-formerei . . . 438.3
-, geteiltes . . . 424.1
-hälfte . . . . . 424.2
-hammer . . . 435.7
-heber . . . . . 436.1
-lack . . . . . . 424.5
-lager . . . . . 422.2
-platte . . . . . 422.6
- -, drehbare . 449.5
-, ringförmiges 423.9
-sand . . . . 425.10
-satz, Riemenscheiben- 451.7
-tischlerei . . . 422.1
-träger . . . . 455.5
- -, allseitig beweglicher 456.1
-umriß . . . . . 422.5
-, Wachs- . . . 424.12
Modellista, sezione -i 422.1
Modello . . . 422.2.3
- anulare . . . 423.9
- del dente . . 455.6
- di cera . . 424.12
- - colata . . . 443.7
- - una corona 451.6
- in due pezzi 424.1
-, senza . . . . 447.8
Modelo . 40.3, 422.1.3
- anular . . . . 423.9
- de agujero de colada 443.7
Modelo de cera 424.12
- - dos mitades 424.1
- - huecos de los dientes 455.6
- - una corona 451.6
Moderar . . . . 474.3
Moderatore di gas 272.1
Modificare le fasi 274.6
Modificarse las fases 274.6
Modification, allotropic 272.5
- of the method 412.7
Modification des phases 274.6
Modo de calcinación 82.9
- - explotación 57.9
- - extracción . 57.9
Module d'élasticité 49.9
Modulo d'elasticità 49.9
Módulo de elasticidad 49.9
Modulus of elasticity 49.9
-, Young's . . . 49.9
Moellon . . . . 289.5
Moho . . . . . 550.2
Mohr's clip . . 192.4
Mohr, sale di . 208.6
Moisten, to 119.8, 481.5
Moistened . . . 546.2
Moisture . 64.8, 329.3
Moitié de modèle 424.2
Mojar . . . . . 119.8
Mola . . . . . . 78.2
- a smeriglio . 492.4
- trasportabile 493.3
Molde . . . 4.7, 121.7
- cerrado . . 439.10
-, colar en -s . 481.4
- de arena . . 340.4
- - carga . . . 410.8
- - fundición . 340.6
- - latón . . . . 383.3
- descubierto . 438.6
- dispuesto para colar 443.1
- fijo . . . . . 446.5
- metálico 446.6, 487.7
- - calentado . 447.3
- montado . . . 446.1
- para el apisonamiento 105.7
- - fondo de convertidor 391.6
- - fundición dura 447.1
- - metralla . . 411.2
- perdido . . . 438.4
Moldeado . . . 564.4
- de engranajes 455.3
- - las ruedas dentadas con sectores que atraviesan la mesa 456.4
Moldeador 421.4, 434.1
Moldear . 421.5, 425.10
- á mano . . . 449.2
-, fundición para (v. fundición)
-, máquina de (v. máquina)

Moldeo . 341.4, 421.1
- al descubierto 438.5
- con calibre . 444.8
- - modelos . . 438.3
- - terraja . . . 444.8
- en arena . 425.11
- - caja . . . . 439.9
- - la tierra . . 447.8
-, fundición para (v. fundición)
-, máquina de (v. máquina)
Molecola . . . 224.9
- biatomica . . 225.1
- -grammo . . 225.5.7
- monatomica 224.10
- triatomica . . 225.2
Molecolare . . 225.3
Molécula . . . 224.9
- biatómica . . 225.1
- -gramo . . 225.5.8
- monatómica 224.10
- triatómica . . 225.2
Moléculaire . . 225.3
Molecular 225.3, 258.5
Molecule 224.9, 260.6
-, diatomic . . . 225.1
-, monatomic 224.10
-, triatomic . . 225.2
Molécule . . . . 224.9
- biatomique . 225.1
- monatomique 224.10
- triatomique . 225.2
Molekül . . . . 224.9
-, einatomiges 224.10
-, dreiatomiges 225.2
-gewicht, Gramm- 225.7
-, Gramm . . . 225.5
-, zweiatomiges 225.1
Molekular . . . 225.3
-gewicht . . . 225.6
-volumen . . . 258.5
Molestia por desprendimiento de polvo 468.4
Molette du câble 331.1
Molibdato d'ammonio 210.8
Molibdato amónico 210.8
Molibdeno . . . 15.8
Molibdeno 17.4, 219.13
- -niquel . . . . 15.8
Molibdico . . . 210.7
Molido . . . . . 428.7
- demasiado fino 427.1
Molino centrifugal 79.4
- de bolas . . . 79.1
- - campanas . 78.7
- - cilindros . . 77.9
- - - para minerales 77.8
- - conos . . . 78.7
- - exprimir la escoria 377.5
- - expulsar la escoria 377.5
- - limpieza transportable 493.3
- - mezcla . . 432.10
- - tubo . . . . 79.3
- triturador . . 432.1
Molla . . . . . 14.3
- a spirale . . . 502.5
- da vagone . . 25.1
- del respingente 25.2
Möller . . . . . 334.2
- -ausbringen . 345.3
-, Berechnung des -s 334.3
-, Entmischung des -s 348.4
-haus . . . . . 334.7
Möllern . . . 333.10
Möllerung 333.9, 334.4
Molote . . . . . 121.7
Molten . . 401.8, 565.3
Moltiplicatore di pressione 508.2
Molybdaen . 219.13
-eisen . . . . . 15.10
-, Eisen- . . . . 15.10
-, Ferro- . . . . 15.10
-nickel . . . . 15.8
-sauer . . . . . 210.8
-säureanhydrid 210.7
-stahl . . . . . 17.4
Molybdate d'ammoniaque 210.8
Molybdate, ammonium 210.8
Molybdène 15.8, 219.13
Molybdenum 219.13
- steel . . . . . 17.4
Molybdic acid 210.7
Molybdique, acide 210.7
-, anhydrite . . 210.7
Moment, Dreh- 50.8
-, Torsions- . . 50.8
Moment of torsion 50.8
Moment de torsion 50.8
Momento di torsione 50.8
Momento de torsión 50.8
Monatomic . 224.10
Monatomico . 224.10
Monatómico . 224.10
Monatomique 224.10
Mönch . . 383.6, 453.7
-kolben . . . . 506.2
Monocilindrico 325.7
Mono-cylindrical 325.7
Monocylindrique 325.7
Monofase . . . 572.1
Monofasico . . 166.5
Monofásico . . 572.1
-, instalación -a 166.5
Monophasé, à courant 572.1
-, installation -e 166.5
Monovalent . . 259.7
Monovalente . 259.5
Montacargas 329.8.9
- con balanza de agua 330.4
- - contrapeso de agua 330.4
- de cable . . . 330.8
- - doble efecto 330.3
- - simple efecto 330.2
- hidráulico . . 330.6
- inclinado . . 331.4
Montacargas neumático 330.7
Montacariche 329.8.9
- a bilanciere d'acqua 330.4
- - cavo . . . . 330.8
- - doppio effetto 330.3
- - piano inclinato 331.4
- - semplice effetto 330.2
- idraulico . . 330.6
- pneumatico . 330.7
Montado . . . . 446.1
Montaggio del fondo 392.1
Montant . . . . 86.9
- de cage . . . 521.1
- du marteau . 496.2
- en col de cygne 498.7
Montante . . . 372.2
-, ad un sol . . 498.7
Montar el molde 442.1
Montare la forma 442.1
Montato . . . . 446.1
Monte-charges 329.8.9
- - à balance d'eau 330.4
- - - câble . . 330.8
- - - double effet 330.3
- - - simple effet 330.2
- - hydraulique 330.6
- - incliné . . . 331.4
- - pneumatique 330.7
Monté . . . . . 446.1
Monter dans la cheminée 165.1
- le moule . . . 442.1
Montone . . . . 464.1
Montón . . . . 83.1
Montre . . . . 189.7
Morceau . . . . 107.9
- détaché . . . 31.4
-, en gros -x . 108.1
- poreux . . . 107.7
Mordaza . . . . 498.2
- par coger lingotes 526.3
-s para doblar . 48.10
Mordente . . . 277.9
Mordere . . . . 278.4
Moreno con manchas de púrpura 547.9
Morgan, gasogeno 405.2
Morgan, gasógeno 405.2
Morgan, gazogène 405.2
Morgan producer 405.2
Morganscher Generator 405.2
Morro de la tobera 297.4
Mörser . . . . 228.10
-, Achat- . . . . 229.1
-, Diamant- . . 229.2
-, Stahl- . . . . 229.3
Morsetto . . . . 192.4
- per elementi 265.9
- - treppiede . 198.6
Mort-terrain . . 76.5
Mortaio . . . . 228.10
- d'acciaio . . . 229.3
- - diamante . 229.2
- d'agata . . . 229.1
- da miscela . 229.4
Mortar . 228.10, 229.3.4
-, refractory . 117.13
Mortero 228.10, 229.4.5
- de ágata . . . 229.1
- en acero . . . 229.3
- - diamante . 229.2
- refractario . 117.13
Mortier . 228.10, 229.4.5
- diamant . . . 229.2
- en acier . . . 229.3
- - agate . . . 229.1
- réfractaire . 117.13
Mörtel, feuerfester 117.13
Mortise, to . . 52.3
Moteur . . . . 168.3
- à polir . . . . 276.7
- électrique . . 328.2
Mother liquor . 274.3
Motion . . . . 393.7
Motor . . . . . 105.7
- for polishing 276.7
Motor . . 137.6, 168.3
-, árbol . . . . 518.9
- para pulimentar 276.7
Motore . . . . 326.8
- per levigare . 276.7
Motrice . 168.3, 512.4
Mottled, strongly 2.2
Moufle en fer . 541.6
- - fonte . . . . 541.6
- - platine . . . 195.3
- - terre réfractaire 541.7
-, four à (v. four)
-, fourneau à (v. fourneau)
Mouiller . . . . 119.8
Moulage 421.1.2, 486.9
- à découvert . 438.5
- - la main . . 449.2
- - - trousse . . 444.8
- au calibre . . 444.8
- - sable . . . 425.11
- avec modèles 438.3
- creux . . . . 487.2
- - compliqué . 487.3
- d'acier . . . . 488.2
- - dur . . . . 488.5
- de construction 487.10
- - tuyaux . . 488.1
- des engrenages avec modèle à segments traversant la table 456.4
- - roues dentées 455.3
- en acier doux 488.4
- - argile . . . 487.6
- - châssis 439.9, 487.8
- - coquille 447.1, 487.7
- - fonte grise . 7.4
- - sable 425.11, 487.4
- - terre . 447.8, 487.5
-, fonte de (v. fonte)
- froid . . . . . 489.1
- par introduction et enlèvement du modèle . 450.4
- - modèle rentrant 450.4

Moulage pour pièces de machine 487.9
Mould . . . . 383.3.5
-, built-up . . . 446.1
- carriage . . . 454.4
-, cast iron . . 340.6
- casting . . . 487.8
-, chill . . . . 340.6
-, closed . . . 439.10
-, false . . . . 446.2
- frame . . . . 121.7
-, permanent . . 446.5
- ready for casting 443.1
-, temporary . . 438.4
-, to . . . . . . 421.5
-, - - the crucibles 382.9
- trolley . . . . 454.4
Moulder . . . . 421.4
-'s hammer . . 435.7
-'s peel . . . . 434.2
-'s spade . . . . 434.3
-'s tools . . . . 434.1
Mouldery . . . 438.3
Moulding 421.1, 438.5
- board . . . . 422.6
- box for pulley moulding machine 452.1
- flask for pulley moulding machine 452.1
-, free . . . . . 447.8
- hall . . . . . 421.2
- -, two span . . 421.3
- in boxes . . . 439.9
- machine . . . 448.2
- -, centreing . 454.6
- -, core . . . . 459.2
- - for ribbed pipes 452.3
- -, gear wheel 455.2
- -, - - - - attaching to the wall 457.2
- -, - - - - with table 457.1
- -, - - - - - two face plates 457.3
- -, hand - - for belled articles 452.4
- -, - - - with turnover pattern plate 450.1
- -, hydraulic . 448.3
- -, - - - with turnover table 450.2
- -, pulley 451.4, 452.1
- -, small gear wheel 457.4
- -, stripping plate 450.5
- -, - - gear wheel 456.3
- -, - - moulding machine with turning table 452.5
- -, telescopic - - for pulleys 452.2
- -, turnover type 449.4
- -, upright . . 454.1
- - with double ramming action 454.5
- - - lifting carriage 448.4
- - - rotary table 449.3
Moulding machine ramming two travelling pattern tables 450.3
- material . . . 425.1
- -, adhering . 490.5
- of gear wheels 455.3
- - - - with stripping plates 456.4
- press . . . . . 453.1
- -, hydraulic . 453.5
- - with rotatable turnover plate 454.3
- - - two travelling pattern tables 450.3
- sand . 425.10, 431.8
- -, adhering . . 490.5
Moule . . 121.7, 430.5
-s à gueusets . . 340.1
-, couler en -s . 481.4
- couvert . . . 439.5
- de pilonnage 105.7
- en fonte . . . 340.6
- - laiton . . . 383.3
- - sable . . . . 340.4
- fermé . . . 439.10
- monté . . . . 446.1
- ouvert . . . . 438.6
- perdu . . . . 438.4
- pour fond de cornue 391.6
- - moulage en coquille 447.1
- prêt pour la coulée 443.1
Moulé . . . . . 7.4
- en châssis . . 488.2
Mouler . . 421.5, 427.8
- à traversière 451.2
- les creusets . 382.9
-, machine à (v. machine)
Mouleur 421.4, 434.1
Moulin . . . . 432.1
- à cingler . . . 377.5
- - cylindres . 77.9
- de nettoyage transportable 493.3
Moulu . . . . . 95.8
- trop fin . . . 427.1
Mountain green 552.1
Mouth . . 382.4, 464.4
- piece . . . . 443.5
Mouton . 464.1, 497.4 501.6
- à courroie . . 497.7
- en forme de boule 464.2
Mouture . . . . 432.3
Mouvement . . 93.6
- de la bascule 135.6
- - rotation . . 393.7
- du levier . 310.11
Movement . . . 93.6
- of the lever 310.11
- - - rider . . 239.10
Mover, prime . 168.3
Móvil . . 189.8, 536.4
Movimento . . 93.6
- automatico . 525.6
- della leva . 310.11
- di rotazione . 393.7
Movimiento . . 93.6
- de la báscula 135.6
- - - palanca 310.11
- - rotación . . 393.7
- vertical . . . 183.4
Moyen, coke . 107.10
- d'éviter les fissures 428.10
Moyenne des résultats d'essai 34.6
Mozo de laboratorio 174.5
Mrazek, método estequiométrico de 334.6
Mrazek, metodo stechiometrico 334.6
Mrazek, méthode stœchiométrique de 334.6
Mrazek, stoichiometrical method of 334.6
Mrazeks stöchiometrisches Verfahren 334.6
Mucchio . . . . 83.1
Muchacho de laboratorio 174.4
Mucillagginoso 428.5
Mucilagineux . 428.5
Mucilaginoso . 428.5
Mucilaginous . 428.5
Muck bar 18.3, 378.1
Mud gun . . . 342.7
Muela . . . . . 78.1
- de esmeril . . 492.4
-s - triturador . 78.2
Muelle . . . . . 502.4
- de carga . . 122.4
- - coches . . . 25.1
- - tope . . . . 25.2
- - vagones . . 25.1
Muesca . . . 518.1.2
Muestra 33.3, 34.7, 227.10
- de escoria . 401.10
- - metal solidificado 401.9
- media . . . 227.11
-, preparación de las -s 174.9
- secada . . . . 231.9
-, toma de -s . . 174.8
Muffe . . . . . 319.3
-, angegossene 319.4
-, Kupplungs- 519.10
Muffel aus Eisen 541.6
- - Schamotte . 541.7
-, gußeiserne . 541.6
-ofen . . . . . 541.5
- -, Doppel- . . 541.8
- -, elektrischer 249.5
- - für Gasheizung 249.4
- - - Kohlenheizung 249.3
- -, Gas- . . . . 542.1
-, Platin- . . . . 195.3
Muffenhülse . 519.10
Muffle . . . . . 195.3
- furnace . . . 541.5
- -, double . . . 541.8
- -, electric . . 249.5
- - for coal . . 249.3
- - - gas . . . 249.4
- -, gas fired . 542.1
Muffola . . . . 249.5
- a carbone . . 249.3
- - gas . . . . 249.4
- di ferro . . . 541.6
- - ghisa . . . 541.6
- - platino . . 195.3
- - terra refrattaria 541.7
Muffola, forno a (v. forno)
Mufla de fundición 541.6
- - hierro . . . 541.6
- - platino . . 195.3
- - tierra refractaria 541.7
-, horno de (v. horno)
Mühle . . . . . 432.1
-, Glocken- . . 78.7
-, Kugel- . . . . 79.1
-, Luppen- . . 377.5
-, Rohr- . . . . 79.3
-, Schleuder- . . 79.4
-, Walzen- . . . 77.9
Mulde. Beschick- 410.8
-, mit Wasser gefüllte 318.3
Mulden-chargierkran 410.7
-einsetzkran . 410.7
-form . . . . . 370.1
-kopf . . . . . 411.1
-rolle . . . . . 188.7
Mulino a cilindri per minerali 77.8
- - tubo . . . . 79.3
Müller, comando sistema 498.3
Müller, commande 498.3
Müller drive . 498.3
Müller, impulso sistema 498.3
Müllerscher Antrieb 498.3
Müllfeuerung . 155.8
Mulmig, -es Eisenerz 59.4
Multiple stage boiler 153.9
Multiplicador de presión 508.2
Multiplicateur de pression 508.2
Multistage . . . 161.6
Multitubular . 155.2
Multivalent . . 259.6
Mundstück . . 301.2
Mündung der Birne 389.9
Mündungsbär 401.11 402.1
Muni de petites pointes 426.10
Münzstahl . . . 14.7
Muñequilla . . 441.9
Muñón . . . 513.6.8
- de acero . . . 392.7
- hueco . . . . 394.6
Mur . . . . . . 84.8
Mûr . . . . . . 68.7
Mural . . . . . 125.9
Murare . . . . 306.3
Muratura . . 83.5.6
- del tino . . . 305.8
- esterna della camicia 304.8
- massiccia . . 286.4
Muro . . . . . 84.8
Muso dell'ugello 297.4
Muschelschieber 407.4
Mushroom valve 407.4
Mutterlauge . . 274.3

# N.

Nacelle à fusion 253.1
- en platine . . 195.5
Nach-arbeiten, die Form 436.4
-blasen . . . 397.10
-füllen . 337.10, 485.4
-kochen . . . . 386.3
-lassen . . . . . 547.1
-laufen . . . . 543.9
-reinigung . . 493.8
-rennen . . . . 363.3
-sehen, die Formen 342.9
-weis . . . . . . 224.5
Nachtschicht . 556.7
Nadel-boden . . 391.1
-, die -n zurückziehen 391.8
-förmig . . . . 47.2
-holzkohle . . 418.10
-, Platin- . . . . 194.8
-, schwarze -n . 283.4
Nagelkaliber . 518.3
Nahtlos . . . . 538.5
Nail iron for horseshoes 29.2
- pass . . . . . 518.3
Nappe d'eau souterraine 289.1
- de ruissellement 149.1
- souterraine . 289.2
Narbe, Guß- . . 490.2
Narbig . . . . . 47.5
Narrowing . . . 83.10
Naß . . . . . . 60.2
-er Weg . . . . 224.4
-reinigung . . . 317.2
Nässe . . . . . 64.8
Nässen der Kohle 104.7
Nastro . . . . . 19.8
- a raschiatori 139.4
- di magnesio . 184.8
- - materiale . 33.5
- - prova . . . 33.4
- inclinato . . 138.10
- trasportatore 138.5
Nathusius, forno 568.1
Nathusius, four 568.1
Nathusius furnace 568.1
Nathusius, horno de 568.1
Nathusiusscher Ofen 568.1
Natif, fer . . 218.10
Nativo, ferro 218.10
-, hierro . . . 218.10
Natrium . . . . 221.3
-ammoniumphosphat 207.3
-arsenit . . . . 210.9
-bikarbonat . 205.10
-chlorid . . . . 207.2
-flamme . . . . 235.8
-hyposulfit . . . 210.6
-karbonat . . . 205.9
-linie . . . . . 401.3
-phosphat . . . 206.9
-presse . . . . . 182.5
Natrium-sulfat 205.12
-sulfit . . . . . 210.5
-superoxyd . . 211.1
-zange . . . . . 202.6
Natron, arsenigsaures 210.9
-, Ätz- . . . . . 205.1
-, borsaures . 211.14
-, doppeltkohlensaures 205.10
-hydrat . . . . 205.1
-kalk . . . . . 205.7
-, kohlensaures 205.9
-lauge . . . . . 205.3
-, phosphorsaures 206.9
-, schwefelsaures 205.12
-, schwefligsaures 210.5
Natur-härte . 542.10
-wasser . . . . 146.6
Natura . . . . . 32.3
Natural, acero . 10.6
Naturale, acciaio 9.7
Naturaleza . . 32.3
Nature . . . . . 32.3
Nave . . . 26.9, 421.3
Navecilla de aluminio para pesadas 240.1
- - fusión . . . 253.1
- - platino . . . 195.5
Navicella . . . 202.4
- d'alluminio per pesare 240.1
- di fusione . . 253.1
- - platino . . 195.5
Navire . . . . . 26.9
Neat's foot flour 420.2
- - meal . . . . 420.2
Neben-bestandteil 71.6
-einander liegend 506.4
-erzeugnis 103.8, 361.1
-se des Hochofens 355.8
-se, zufällige . 361.1
-gefügebestandteil 284.3
-gestein . . . . 76.5
-gleis . . . . . 123.8
-kanal . . . . . 340.3
Necesidad de mineral 558.3
Neck . . . . . . 513.6
Needle, black -s 283.4
- bottom . . . 391.1
-, magnetic . . 182.7
- shaped . . . . 47.2
Négatif . . . . 282.4
Negativ . 282.4, 546.12
Negativa . . . 282.4
Negative . . . 282.4
Négociant en minerais 559.1
Negociante en minerales 559.1
Negoziante in minerali 559.1
Negro animal 419.12
- de humo . 430.7.8
Neigungswinkel 161.4
Nerf . . . . 9.9, 379.3
Nero animale 419.12
Nerofumo . . 430.7.8
Nervatura . . . 379.3
- incassata . . 296.8
Nerveux . . 9.9, 46.2
Nervio . . . 9.9, 22.3
- inserto . . . . 296.8
- longitudinal . 519.6
- -reforzador de las paredes de los tubos 319.9
Nervoso . . . . 46.2
Nervudo . . . . 46.2
Nervure rapportée 296.8
Nessler, réactif de 211.4
Nessler, reactivo de 211.4
Nessler's reagent 211.4
Nessler, reattivo di 211.4
Neßlersches Reagens 211.4
Net . . . . . . 136.1
- shaped . 46.8, 261.7
Net . . . . . . . 494.1
-, puissance calorifique -te . 109.2
Neto, poder calorífico 109.2
-, potencia calorífica -a . 109.2
Netteté de la surface 35.3
Nettogewicht . 134.9
Nettoyage . . . 163.5
- des grilles . . 337.4
- du creuset . . 342.2
- supplémentaire 493.8
Nettoyé . . . . 27.6
Nettoyer . . . 490.10
- les moulages 489.5
Netz-elektrode 261.7
-förmig . . . . 46.8
-, Kupferdraht- 199.2
-rolle, Kupferdraht- 199.3
-, Schutz- . . . 136.1
-vorrichtung 432.11
Neubildungsgeschwindigkeit der Ionen 264.8
Neumático . . . 178.3
Neutral . 167.7, 242.4
Neutralise, to . 242.5
Neutraliser . . 242.5
Neutralisieren . 242.5
Neutralizar . . 242.5
Neutralizzare . 242.5
Neutre . . . . . 242.4
Neutro . . . . . 242.4
Nez de la tuyère 297.4
Nicht-graphitisch 215.3
-metall . . . . 213.7
Nickel . . . . . 217.9
-eisen . . . . . 15.7
-, Eisen- . . . . 15.7
-, Ferro- . . . . 15.7
-flußeisen . . . 418.5
-haltig . . . 9.2, 61.6
-härtungsverfahren 418.4
-, Molybdaen- . 15.8
-oxydul . . . 217.10
-stahl . . . . . 16.11
-zusatz . . . . 418.6
Nickel . . . 9.2, 217.9
- hardening method 418.4
- -molybdenum 15.8
- oxide . . . 217.10
- steel . . 16.11, 418.5
Nickel . . . 9.2, 217.9
Nickelare . . . 554.4
Nickeler . . . . 554.4
Nickelifère . . 61.6
Nickelifero . . 61.6
Nickeliferous . 61.6
Nickelio . . . . 217.9
Nickelplate, to 554.4
Niederblasen 355.3.4
-druck . . . . . 120.7
- -dampfkessel 152.6
-gehen der Gicht 335.8
-hängend . . . 309.3
-schlag . 147.7, 242.12
- -elektrode . . 261.5
- -mittel . . . . 147.6
-schlagen der Gichtflamme 468.1
-schmelzen . . 374.4
-spannungsanlage 166.8
Niedrigprozentig 15.1
Nierenerz . . . 63.8
Nieteisen, das - zu einer Schleife biegen 43.4
Night shift . . 556.7
Nippers . . . . 464.3
Niquel . . . 217.9.10
Niquelar . . . . 554.4
Niquelifero . . 61.6
Nitidez de la superficie 35.3
Nitrat, Kobalt- 212.5
-, Silber- . . . . 210.1
Nitrate, basic - of mercury 209.5
- of cobalt . . 212.5
- - palladium . 210.4
- - potash . . . 419.6
-, potassium . . 419.6
-, silver . . . . 210.1
Nitrate d'argent 210.1
- de cobalt . . 212.5
- - mercure basique 209.5
- - palladium . 210.4
- - potasse . . 419.6

Nitrato d'argento 210.1
- di cobalto . . 212.5
- - mercurio basico 209.5
- - palladio . . 210.4
- - potassa . . 419.6
Nitrato argéntico 210.1
- de cobalto . . 212.5
- - paladio . . 210.4
- - plata . . . . 210.1
- mercúrico básico 209.5
- potásico . . . 419.6
Nitre . . . . . . 419.6
Nitric acid . 203.11 203.12
Nitrico . . . 203.11
Nítrico . . . 203.11
Nitrique . . . 203.11
Nitro . . . . . 419.6
Nitrocianuro de titano 361.12
Nitrogen 221.6, 221.7
Nitrogeno . . . 221.6
Nitrógeno . . 221.6.7
Nitrometer . . 181.2
Nitromètre . . 181.2
Nitrometro . . 181.2
Nitrómetro . . 181.2
Niveau . . . . 439.4
-flasche . . . . 269.7
Niveau . . . . 269.7
- à bulle d'air 435.5
- d'eau . . . . 182.6
- de chargement 467.4
- à coulée . . . 388.5
Niveau à la nappe souterraine 289.1
- - maçon . . . 435.4
- des tuyères à vent 298.7
- du gueulard 307.4
Nivel . . . . . 269.7
- de agua 182.6, 435.5
- - - subterránea 289.2
- - albañil . . . 435.4
- - burbuja de aire 435.5
- - carga . . . 467.4
- - las toberas de aire 298.7
- del suelo de la fábrica 288.6
Nocciolo della frattura 47.3
Nocciuola, grossezza di 231.7
Noce, grossezza di 231.6
Nocivo . . . . 71.5
Nodo . . 43.4.5, 422.9
-, fare un . . . 585.5
Nodular . . . . 63.8
Nodule . . . . 67.1
Nodule, -s d'hématite brune 67.1
Nodulo . . . . 67.1
Nœud . . . . . 422.9
Noir de fumée 430.7
Noisette, -s . . 101.2
-, grosseur de . 231.7
Noix, grosseur de 231.6
Nolo . . . . . . 561.8
Nolo ferroviario 561.4
Non-baking . . 99.6
- -bituminous . 99.6
- -graphitic . . 215.3
- -polarized . . 169.8
Nonne . . . . . 388.5
-, Haupt- . . . 458.6
Nordpol . . . . 91.2
Noria . . . . . 139.9
Normal-angabe 82.7
-elektrode . . . 261.9
-gewicht . . . . 135.4
-lösung . . . . 192.6
-tabelle . . . . 55.3
Norme . . . . 82.7
North pole . . 91.12
Norton, pozo de 141.6
Norton, puits tubulaire de 141.6
Notch . . 49.5, 299.6
-, cinder . . . . 300.2
Notched . . 44.2, 46.3 426.10
Notch, -es of the rule for the rider 289.9
Noyau . . 424.8, 458.4
- carré . . . . 458.5
- coudé . . . . 461.4
- de grillage . 89.3
- - tuyau . . . 458.6
- - la cassure . 47.3
- fragile . . . 459.8
- perdu . . . . 461.5
Noyauteur . . . 458.2
Nozzle . . 297.4, 301.2 343.1, 480.6, 492.10 542.2
- box . . . . . 480.7
Nozzle brick sleeve 480.8
- section . . . . 350.7
Nucleo di torrefazione 89.3
Núcleo . . . . . 459.9
- de calcinación 89.3
- - la sección transversal de rotura 47.3
Nudo . . . . . 422.9
Nuez, tamaño de 231.6
Nuisance . . . 468.4
Nuisible . . . . 71.5
Nullleiter . . . 167.7
Number, atomic 226.5
- of kind . . . 34.11
- - sort . . . . 34.11
- - year . . . . 34.12
Numéro d'ordre 34.11
- de fil . . . . 28.1
- - la série . . 34.11
Numero d'ordine 34.11
- del filo . . . . 28.1
Número de clase 34.11
- - especie . . . 34.11
- del alambre . 28.1
- - año . . . . 34.12
Nummer, Draht- 28.1
-, Gattungs- . . 34.11
Nußkohle . . . 101.2
Nut, -s . . 101.2, 291.4
- coal . . . . . 101.2
Nutsche . . . . 246.1
Nutzleistung . 557.5

# O.

Obenlaufend . 127.7
Ober-dampf . . 500.7
-druck . . . . . 515.7
-feuer . . . . . 348.2
-fläche, kantige 426.9
- -, polierte . . 424.6
- -, rundgeriebene 427.2
- -, wellige . . 534.7
-flächenentwicklung 282.6
- -härtung . . 417.9
- -kruste . . . 489.9
- -rauheit . . . 426.8
- -reinheit . . . 35.3
- -riß . . . . . 36.6
- -verschönerung 550.4
-flächlich, -er Fehler 489.11
-gestell . . . . 296.2
-irdisch . . . . 171.4
-kante . . . . . 308.7
-kasten . . . . 441.2
- -, den - - aufsetzen 442.6
-walze . . . . . 512.8
- -, entlastete . 523.6
-winddüse . . . 466.8
Obiettivo . . . 279.1
Object, illuminated 280.6
- of separation 76.1
Objectif . . . 279.1.7
Objective . . . 279.1
Objekt, beleuchtetes 280.6
-tisch . . . . . 281.7
-träger . . . . . 278.7
Objektiv . . . . 279.1
Objet éclairé . 280.6
Objetivo . . . 279.1
Objeto alumbrado 280.6
- del apartado 76.1
Oblicuo . 44.10, 534.4
Oblique . 44.10, 534.4
Obliquo . . . . 44.10
Oblong . 19.3, 159.2
Oblongo . . . . 159.2
Oblungo . . . . 159.2
Obra . . . . . . 295.7
- del crisol . . 295.6
Obrero . . . . 151.2
- de alto horno 332.8
- - plataforma 333.1
- machero . . . 458.2
Observación . 278.10
- exterior . . . 35.1
Observar con el microscopio 278.6
Observation . 278.10
Observer au microscope 278.7
Obstrucción . . 353.6
- de horno de calcinación 88.3
- - la piquera . 343.4
- del crisol . . 337.3
Obstruction . . 343.3
Obstruction du trou de coulée 343.4
Obtención de hierro bruto en el horno eléctrico 571.1
Obturación con arena 418.1
Obturador de mariposa 406.10
Obturateur, -rice 23.5
- à charniere . 131.4
Obturation au sable 418.1
Occhiale, -i di mica 253.3
-i di protezione 198.1
Occhio d'attacco 476.8
Occluded . . . 484.7
Occlusion . . . 484.8
Occluso . . . . 484.7
Ochre . . . . . 66.9
-, iron . . . . 551.13
Ochsenklaue . 420.3
Ocker . . . . . 66.9
Ocra di ferro . 67.7
Ocre . . . . . . 66.9
Octagonal 290.5, 377.7
Octogonal . . . 290.5
Octogone . . . 377.7
Oculaire . . . . 279.2
Ocular . . . . . 279.2
Oculare . . . . 279.2
Oeil de la tuyère 299.2
Oeuf, grosseur d' 231.5
Öfchen, Ton- . 249.6
Ofen . . . . . . 403.2
-abdeckung . . 569.2
-, aus dem - saugen 360.7
-, Bienenkorb- 103.6
-, Blas- . . . . . 286.1

Ofen, Blase- . . 286.1
-, Blau- . . . . 256.1
-blei . . . . . . 361.4
-, Blei- . . . . . 540.4
-, Colbyscher . 568.7
-, Doppelpuddel- 367.2
-, Drehpuddel 367.5
-, Drehstrom- . 572.2
-durchmesser . 288.2
-einheit . . . . 578.2
-, Einphasen- . 572.1
-, eintiegliger . 384.6
-, elektrischer . 267.2
-, - Herd- . . . 570.3
-, - Muffel- . . . 249.5
-, Elektrotiegel- 570.6
-, Emaillier- . . 554.8
-ende . . . . 413.10
-, feststehender 402.7
-, Flamm- . . 366.10
-, Frickscher . . 569.8
-futter . . 83.9, 475.3
-gang, gleichmäßiger 474.10
- -, wechselnder 344.5
-, Gérardscher . 569.7
-, Gin- . . . . . 569.6
-, Girod- . . . . 567.5
-, Glüh- . 95.2, 528.3
-, Härte- . . . . 540.1
-, Hellbergerscher 570.7
-, Héroultscher 566.6
-, Hiorthscher . 568.8
-, Hoch- (s. Hochofen)
-, in voller Hitze befindlicher 411.8
-, Induktions- . 568.2
-inneres . 288.4, 358.4
-, Irelandscher 468.5
-, Ischewskyscher 570.2
-, Kellerscher . 570.1
-, Kjellinscher . 568.4
-, Kleinkuppel- 469.6
-, Koks- (s. Koksofen) 103.4
-, Krigarscher . 469.1
-, Lichtbogen- . 565.9
-mauerwerk, das - abbrechen 355.7
-, mehrtiegliger 384.7
- mit auswechselbarem Boden 416.1
-, Muffel- . . . . 541.5
-, - - für Gasheizung 249.4
-, - - - Kohlenheizung 249.3
-, Nathusiusscher 568.1
-, Puddel- . . . 367.1
-rand . . . . . 308.6
-reise . . 344.8, 413.3
-, Röchling-Rodenhauserscher 568.9
-, - - Dreiphasen- 569.1
-, - - Wechselstrom- 568.10
-, Roll- . . . . . 529.1
-, Rößlerscher . 252.3
-, rotierend angeordneter 566.4
-, Saugkupol- . 469.2
-schacht . . . . 303.8
-, Schmelz- 252.2, 362.4

Ofen, sich drehender 95.3
-sohle . . . . . 291.7
-, Spur- . . . . 468.6
-, Stassanoscher 566.3
-, Stück- . . . . 363.1
-, Teller- . . . . 367.7
-, Tief- . . . . . 527.6
-umformer . . 572.3
-, Verbrennungs- 249.2
-, Wärme- . . . 528.3
-, Wende- . . . 367.4
-, Widerstands- 570.4
-, Zementstahl- 419.10
-, Zylinder- . . 367.6
Offen . . . . . 125.2
-e Brust . . . . 286.2
-er Herd . . . 363.9
-es Feuer . . . 120.4
-es Kaliber . . 515.9
Office, -s . . 149.6.7
- buildings . . 149.5
Officina . . . 422.11
- dei fabbri . . 150.4
- delle riparazioni 150.3
- di sbavatura 489.2
- meccanica . . 150.2
- per le anime 458.1
- - preparare la dolomite 118.2
Öffnen, das Stichloch- 338.9
-, mittels elektrischen Lichtbogens 344.2
-, sich selbsttätig 315.1
Öffnung, Brust- 291.8
-, die -en verstreichen 355.1
-, Einsteig- . . . 467.2
-, Luftzuführungs- 87.8
-, Schau- . . . . 163.2
-, Zieh- . . . . . 87.9
Oficina, -s . . . 149.8
Oggetto . . . . 281.7
- illuminato . . 280.6
Ogiva, in . . . 515.2
Ogivale . . . 516.11
Ogive . . . . 516.11
-, en . . . . . . 515.2
Ohr . . . . . . 441.7
Oil . . . . 383.4, 546.6
- bath . . 233.4, 548.4
- fired furnace 384.9
- gas burner . 183.8
- hardening . . 545.5
-, linseed - varnish 551.7
-, to . . . . . . 383.4
Ojival . . . . 516.11
Ojo de la tobera 299.2
Okular . . . . . 279.2
Öl . . . . . . . 546.6
-bad . . . . . . 548.4
- - -Trockenschrank 233.4
-gasbrenner . . 183.8
-härtung . . . 545.5
Oliare . . . . . 383.4
Oligiste . . . 66.5.6
Oligisto . . . . 66.7
- micaceo . . . 66.6
Olio . . . 233.4, 546.6

Olio di lino . . 551.7
- - pesce . . . 546.9
Olive . . . . . 539.2
Oltrepassato . . 118.9
Omogeneo . . . 11.4
-, non . . . . . 484.5
Ondulado . . . 27.1
Ondulato . . . 27.1
Ondulé . . . . 27.2
Oolitic . . . . . 63.7
Oolitico . . . . 63.7
Oolítico . . . . 67.3
Oolithique . . . 63.7
Oolithisch . . . 67.6
Open hearth furnace 402.6
- - -, tilting . . 403.1
- - pig iron . . 8.4
- - steel . . . . 12.2
- - -, acid . . . 12.3
- - -, basic . . . 12.4
- - - works . . 402.4
-, to open automatically 315.1
-, - - the tap hole by means of electric arc 344.2
Opening . 160.3, 514.5
- of the tuyere 299.2
- out the hole . 52.4
Operación . . . 395.5
-es preparatorias 74.2
Operaio . . . . 151.2
- addetto a caricare il minerale 332.9
- - all'affinaggio 363.7
- dell'alto forno 332.8
- di piattaforma 333.1
- pudellatore . 378.8
Operar una reacción 222.5
Operating valve 499.9
Operation, in . 557.1
-, out of . . . 556.11
Opération . . . 395.5
- au convertisseur 395.2
- métallurgique 346.7
-s préparatoires 74.2
Operazione continua 395.4
- metallurgica 346.7
Oprimir el molde 442.11
Optical . . . . 352.2
Óptico . . . . . 352.2
Optique . . . . 352.2
Optisch . . . . 352.2
Or . . . . . . . 219.9
Ordine . . . . . 34.11
- d'ugelli . . . 466.7
Ordon . . . . . 496.8
Ordure ménagère 155.8
Ore . . . . . . 131.3
-s and fluxes . 334.1
-, bean . . . . . 67.5
- body . . . . . 57.2
-, bog . . . . . 67.4
- briquette . . 95.10
-, brown . . . . 68.7

Ore, calcined . 88.10
- charge . . . . 335.2
- deposit, solid 57.2
- -, stratified . . 57.1
-, difficultly reducible 62.5
- distributer . 308.10
-, drawn . . . . 88.6
-, dressed . . . 75.1
- dried at 100° C 232.7
-, dry . . . . . 60.1
- dust . . 76.4, 315.5
-, easily reducible 62.3
- grinder, mechanically driven 229.9
- house . . . . 334.7
-, incompletely roasted 89.1
-, iron (s. iron ore)
- loading device 123.1
-, marsh . . . . 67.4
-, meadow . . . 67.4
- merchant . . 559.1
- mining . . . 58.5
-, nodular . . . 63.8
-, oolitic . . . . 63.7
- process 12.7, 412.9
-, proper manganese 69.5
- puddling . . 380.2
-, purple . . . . 70.8
- raising . . . . 58.5
-, raw . . . . . 88.11
-, roasted . . . 88.10
-, screened . . . 63.1
-, self-fluxing . 62.2
-, - -fusible . . 62.2
- separator, Wetherill's 94.4
- steamer . . . 502.6
- stockwork . . 57.2
- storing place 130.3
- to be calcined 82.6
- - - roasted . 82.6
-, unroasted . . 88.11
- wagon . . . . 138.2
- washery . . . 80.6
- washing . . . 79.6
-, waste heap . 62.10
Ore-process 12.7, 412.9
Orecchio . . . 441.7
Orecchione . . 301.9
Oreille . . . . . 441.7
Oreja . . . . . 441.7
Organic . . . . 427.6
Organico . . . 427.6
Orgánico . . . 427.6
Organique . . . 427.6
Organisch . . . 427.6
Orgauo . . . . 55.1
Orifice circulaire 159.1
- d'admission du vent 394.5
- d'amenée d'air 87.8
- d'entrée . . . 406.4
- - d'air . . . . 321.3
- d'étirage . . . 538.4
- de chargement 105.1
- - coulée 439.3, 480.1 480.6
- - départ du gaz 312.8
- de la tuyère . 395.1
- - nettoyage . 163.4 321.8

Orifice de sortie des gaz 439.7
- - tisonage . . 87.10
- - tréfilage . . 538.4
- du canal de fumée 417.4
Orificio circular 159.1
- de inspección 88.1
- - la escoria . 229.7
Origen . . . . . 65.5
Origin . . . . . 65.5
Orín . . . . . . 550.1
Orizzonte . . . 57.6
Orlo . . . . . . 36.8
- del crogiuolo 382.4
- girato . . . . 323.9
Ornamentación de la superficie 550.4
Ornamentation of the surface 550.4
Orneblenda . . 72.7
Oro . . . . . . 219.9
Orologio . . . . 189.7
Orsatapparat . 268.4 269.8
Orthosilicate . 356.8
Orthosilikat . . 356.8
Ortosilicato . . 356.8
Oscilación . . 240.7.8
Oscilante . . . 408.1
Oscillant . . . . 408.1
Oscillante 162.3, 398.8
Oscillating trough 433.4
Oscillation . 240.7.8
Oscillazione . 240.7.8
- della basculla 135.6
- - bilancia . . 135.6
Osmio . . . . 219.10
Osmium . . . 219.10
Osmondit . . . 284.6
Osmondita . . 284.6
Osmondite . . . 284.6
Osmotic . . . . 258.7
Osmotico . . . 258.7
Osmótico . . . 258.7
Osmotique . . 258.7
Osmotisch . . . 258.7
Ossalico . . . . 204.5
Osservare al microscopio 278.6
Osservazione 278.10
Ossidante . . . 82.1
Ossidare . . . 250.10
Ossidato . . . 484.12
- all'aria . . . 68.7
Ossidazione . . 350.1 363.2
Ossido . . . . . 85.6
- d'alluminio . 220.7
- di bario . . . 220.9
- - calcio . . . 220.1
- - carbonio . 360.4
- - cromo . . . 218.2
- - ferro . . . . 414.5
- - -, alto tenore in 370.5
- - - della fabbricazione dei colori di catrame 71.1
- - magnesio . 220.5
- - manganese 217.3
- - mercurio . 209.9
- - nickel . . 217.10
Ossido di piombo 219.7
- - rame . . . . 217.8
- - - granulato 209.2
- - zinco 218.12, 361.2
- ferrico . . . . 66.3
- ferroso . . . 66.2
- manganico . 69.6 70.3, 217.5.6
- manganoso . 217.6
Ossidrico . . . 251.7
Ossigenato . . 211.3
Ossigeno 184.6, 214.5
- atmosferico . 214.6
- combinato chimicamente 214.7
-, dare l' . . . . 343.6
-, ricco d' . . . 375.5
Ostruzione del passaggio del gas 337.9
Ottagonale . . 290.5
Ottico . . . . . 352.2
Ottone . . . . 237.3
Otturato . . . . 537.8
Otturazione con sabbia 418.1
Outfit . . . . . 235.1
Outil, -s . 13.5, 371.5
- à affûter les drilles à bouchons 196.8
- coupant . . . 543.3
- d'ébarbage . 490.9
Outlet . . . . . 312.8
- pipe . 297.8, 313.7
- tube . 311.9, 312.3.9
Outline of pattern 422.5
Output . 555.6, 557.5
-, daily . . . . . 555.4
-, large . . . . 556.2
- of water supply per hour 140.3
-, total . . . . . 555.1
-, yearly . . . . 555.2
Ouvert . . . . 309.6
Ouverture . . . 355.1
- d'arrivée d'air 87.8
- d'échappement 499.5
- de défournement 87.8
- - la calotte . 389.9
- - - poitrine . 291.8
- - nettoyage . 163.4
- du gueulard . 307.2
Ouvrage 295.6.7, 296.2
- fait à la main 556.4
Ouvrier . . . . 151.2
- au gueulard 333.1
- de haut-fourneau 332.8
- noyauteur . . 458.2
Ouvrir . . . . . 354.3
- au chalumeau 343.6
- - moyen de l'arc voltaïque 344.2
-, s'- automatiquement 315.1
Oval . . . . . . 286.7
Ovalkaliber . . 517.1
Oval . . . 96.6, 517.1
Ovalado . . . . 517.1
Ovalarse . . . . 423.5
Ovale . . . . . 517.1
-, farsi . . . . . 423.5
Ovaliser, s' . . 423.5
Ovalizzarsi . . 423.5
Oven . . . . . 103.4
Overflow level . 439.4
- pipe . . . . . 146.2
Overground . . 427.1
Overhead line . 171.4
- traveller . . . 126.5
Overheated . 548.11
Overheating of the iron 474.7
Overland . . . 561.2
- transport . . 561.3
Overmeasure 486.10
Ovoidale . . . 96.6
Ovoïde . . . . 96.6
Owner, ship . 561.12
Ox hoofs . . . 420.3
Oxalic acid . . 204.5
Oxálico . . . . 204.5
Oxalique . . . 204.5
Oxalsäure . . . 204.5
Oxhídrico . . . 343.8
Oxhydrile . . . 262.3
Oxhydrique . . 251.7
Oxidación . . . 82.1 350.1
Oxidado . . . 398.9 484.12
Oxidante . . . 82.2
Oxidar . . . . 250.10
Oxidarse . . . 550.1
Oxidation . . . 350.1
- process . . . 552.3
Oxide, cobalt 217.12
-, ferric . . . . 66.3
-, ferrous . . . 66.2
-, granulated cuprous 209.2
-, manganese . 217.3
-, manganic . . 217.5
-, manganous . 217.3
-, mercuric . . 209.9
-, nickel . . . 217.10
- of barium . . 220.9
- - calcium . . 220.1
- - copper . . . 217.8
- - iron from the coal tar industry 71.1
- - lead . . . . 219.7
- - magnesium 220.5
- scale . . . . . 414.6
- of zinc . . 218.12
Oxidise, to . 250.10
Oxidising action 82.2
- addition . . 250.11
- calcination . 82.1
- effect . . . . 82.2
- roasting . . . 82.1
- smelting . . . 363.2
Oxidized . . 484.12
Óxido . . . . . 550.2
- crómico . . . 218.2
- cúprico . . . 217.8
- de bario . . . 220.9
- - calcio . . . 220.1
- - carbono . . 360.4 375.3
- - cinc . 218.12, 361.2
Óxido de cobre en granos 209.2
- - hierro . . . 370.4 398.9
- - - carbonatado 68.6
- - - producido en la fabricación de los colores de alquitrán 71.1
- - -, rico en . 370.5
- - magnesio . 220.5
- - molibdeno 210.7
- - plomo . . . 219.7
-, libre de . . . 553.1
- mangánico . 70.3
- manganoso-mangánico 217.6
- mercúrico . . 209.9
- pulga . . . 210.10
Oxigenado . . 211.3
Oxígeno 184.6, 214.5
- de la atmósfera 214.6
- químicamente combinado 214.7
Oxyd, Eisen- . 66.3
-frei . . . . . . 553.1
-häutchen . . . 483.2
-schicht . . . . 552.6
Oxydant . . . . 82.1.2
Oxydation . . 350.1 552.3
Oxydationswirkung 82.2
Oxyde, -s 112.5, 532.8
- cuivrique . . 217.8
- d'aluminium 220.7
- de calcium . 220.1
- - carbone . . 360.4
- - cuivre . . . 217.8
- - - en grains 209.3
- - fer . . . . . 370.4
- - - anhydre . 66.4
- - - hydraté . 66.11
- - - provenant de la fabrication des couleurs retirées du goudron 71.1
- - -, riche en . 370.5
- - magnésium 220.5
- - mercure . . 209.9
- - plomb . . . 219.7
- - zinc . . . . 218.2
- ferreux . . . 66.2
- ferrique . . . 66.3
- manganeux . 217.3
- manganique 69.6 70.3
- manganoso-manganique 217.6
- plombique . . 219.7
- puce . . . . 210.10
- salin . . . . . 217.6
Oxydé . . 68.6, 484.12
-, non . . . . . 553.1
Oxyder . . . 250.10
Oxydieren . . 250.10
Oxydierend . . 82.1
Oxydiert . . 484.12
Oxydul, Eisen- 66.2
-oxyd, Eisen- . 67.8
-, schwefelsaures Eisen- 69.3
Oxygen 214.5, 349.11

Oxygen, atmospheric 214.6
-, chemically combined 214.7
- compound . . 214.8
-, fixed . . . . . 214.7
Oxygen, rich in 375.5
Oxygène 184.6, 214.5
- atmosphérique 214.6
- chimiquement combiné 214.7
Oxygène de l'atmosphère 214.6
Oxygéné . . . . 211.3
Oxyhydrogen blow pipe 251.7
- gas . . . . . 348.8
Ozone . . . . . 213.1
Ozone paper . 213.1
Ozono . . . . . 213.1
Ozonoscopico . 213.1
Ozonpapier . . 213.1

# P.

Paar, Kräfte- . 51.1
Pacchetto . 18.6, 378.2
- di ferro da pudellare 378.3
Pack, to . . . . 415.3
Packing . 325.1, 418.1
- drum . . . . 472.2
- joint . . . . . 471.6
- material . . . 304.6
- surface . . . 470.7
Packung . . . 325.1
Pagamento . . 589.6
Paglia . . 202.2, 429.9
- tritata . . . . 429.3
Pago . . . . . 559.6
Palement . . . 559.6
Paille . . . . . 202.2
-s d'oxyde de fer 414.5
- de laminage . 35.7
- hachée . . . . 429.3
paint, to - black 424.9
Painting . . . . 550.5
Pair of tongs . 372.1
Paja . . . 202.2, 429.9
- cortada . . . 429.3
Paket, Schweiß- 378.3
Paketieren . . 378.2
Pala . . . 484.4, 488.9
- d'arresto . . 340.7
- da formatore 484.2
- del ventilatore 470.3
- di chiusura . 340.7
- - ritegno . . 339.8
- per caricare 409.10
Pala 484.4, 488.9, 470.5
- automática para cargar 129.2
- de alisar . . . 487.7
- - defensa . . 340.7
- - retención . 339.8
- del moldeador 484.2
- para cargar 409.10
Paladio . 201.5, 219.2
Palafitta . . . . 289.3
Palanca 310.10.11, 495.6
- de apoyo . . 522.5
- - carga . . . 410.2
- - cuña . . . . 371.7
- - punta . . . 371.8
-, disposición de -s 310.9
Palanquilla plana 21.7
Palastro . 25.4, 389.8, 533.3
- de hierro . . 25.6
Palco di gettata 131.6.7
Pale blue . . . 548.2
- yellow . . . . 547.6
Paleta . . . . . 470.3
- de fundidor . 337.5
Palier . . . . . 392.5
Palier à rouleaux 325.2
- d'arrêt de la cage 331.3
Palissade en madriers 464.7
Palizzata . . . 464.7
Palla . . . 79.1, 366.4
-, a forma di . . 376.7
- d'acciaio . . . 379.9
- della berta . 464.2
- di ferro 362.3, 376.6
-e - pudellaggio 376.10
- - scoria . . . 397.2
-, dividere in piccole -e 376.4
-, piccola . . . 376.5
Palladio . 201.5, 219.12
Palladium . . 219.12
-asbest . . . . . 201.5
-oxydulnitrat . 210.4
Palladium . . 219.12
- asbestos . . . 201.5
-, nitrate of . . 210.4
Palladium . . . 201.5, 219.2
Pallino di piombo per tarare 239.6
Palm oil . . . . 553.4
Palmfett . . . . 553.4
Palma, aceite de 553.4
Palmento . . 77.3.7
Palmer . . . 39.3.4
Palmier, graisse de 553.4
Palmitina . . . 553.4
Palmola . . . 496.4.5
Palo per illuminazione 171.8
Palude . . . . . 67.4
Palustre . . . . 288.9
Pan . . . . . . 164.1
Pan, à huit -s . 290.5
Pane . . . . . . 504.3
Pane di coke . 106.6
- - ghisa . . . 339.9
Panier à sécher 462.6
Paniere da coke 336.7
Panne . . . . . 502.9
- du marteau . 52.8, 504.3
Panneau . . . . 160.4
Panno . . . . . 276.8
Pantalla . 163.1, 281.6
Pantanoso . . . 67.4
Pantómetro . . 40.6
Panzer-platte . 27.8
-plattenwalzwerk 511.1
-strecke . . . . 511.1
Papel Congo 212.11
- de albumen 212.12
Papel de curcuma 212.9
- - esmeril . . 275.8
- - fécula . . . 213.2
- - - de ioduro de potasio 213.4
- - fenoltaleina 212.13
- - filtrar . . . 244.5
- - ioduro de potasio 213.3
- - ozono . . . 213.1
- - tornasol . . 212.8
- - vidrio . . . 203.2
- esmerilado . 203.4
- pergamino . 201.7
- reactivo . . . 212.7
- rojo de girasol 212.10
Paper . . . . 200.11
Papier, Asbest- 200.11
-, Filter- . . . . 244.5
-, Glas- . . . . . 203.2
-, Guttapercha- 197.3
-, Pergament- . 201.7
-, Sand- . . . . 203.4
Papier à l'albumine 212.12
- - amidon . . 213.2
- - l'émeri . . . 275.8
- - filtrer . . . 244.5
- - l'iodure de potassium 213.3
- - la phénolphtaléine 212.13
- - ozone . . . 213.1
- - réactif . . . 212.7
- - sable . . . . 203.4
- albuminé . 212.12
- carmin . . . 212.10
- Congo . . . 212.11
- d'amiante . 200.11
- d'amidon à iodure de potassium 213.4
- de curcuma . 212.9
- - tournesol . 212.8
- - verre . . . 203.2
- filtrant . . . . 244.5
- parcheminé . 201.7
Papillon, valve à 406.10
Papin, digestor de 178.5
Papin, marmite de 178.5
Papin, pentola di 178.5
Papinscher Topf 178.5
Paquet . . . . 378.2
- de fer à souder 378.3
Paquetage . . . 378.2
Paquete . . . . 18.6
- de hierro para soldar 378.3
Paquete para laminar 18.8
Par de fuerzas 51.1
Parachever le moule 436.4
Paracolpi . . . 25.3
Parada de la colada 342.8
- - - máquina soplante 338.8
- del alto horno 354.6.7
-, disposición de - de la plataforma 331.3
- momentánea 354.8
Parafulmine . 165.2
Parafuoco . . . 163.1
Parallelhammer 497.4
-reihe . . . . . 384.8
-reißer . . . . . 40.5
-reißstock . . . 40.5
Paramagnetic . 91.6
Paramagnetico 91.6
Paramagnético 91.6
Paramagnétique 91.6
Paramagnetisch 91.6
Paramento del hogar 162.7
Parar momentáneamente la marcha 354.9
Pararrayos . . 165.2
Parascintille . 467.6
Paratonnerre . 165.2
Paraurti . . . . 25.3
Parc . . . . . . 37.7
- à lingots . . 130.7
- - poutrelles . 130.8
- - wagons . . 125.1
Parchemin . . 201.8
Parcheminé . . 201.7
Parchment paper 201.7
- pipe . . . . . 201.8
Parco di carri 125.1
Parcours de l'air 408.8
- du gaz . . . 408.7
Pardo . . . . . 547.8
Pared de la caja 125.9, 470.10
-es de la plataforma 307.7
- - - tobera . . 297.3
- - los etalajes 302.3
- - separación fija 441.3
- del molde . . 442.2
- - tubo . . . . 319.9
- intermedia . 319.8
- lateral del horno 369.2
- separadora . 316.4
Parer . . . . . 503.7
Parete . . . . . 305.7

Parete del tino 305.6
- dell'ugello . . 297.3
- della cassa . 470.10
- - forma . . . 442.2
- - sacca . . . 302.3
- di separazione 407.10
- distinta . . . 316.4
- laterale . . . 369.2
- - vuota . . . 369.7
- separata . . . 316.4
- spessa, a . . 537.10
- trasversale . . 316.9
Paris red . . . 276.2
Park, Wagen- . 125.1
Paroi . . . . . 305.7
- de l'enveloppe 470.10
- - la tuyère . 297.3
- - laiteral . . 364.4
- - séparation fixe 441.3
-s des étalages 302.3
- du moule . . 442.2
-s - tube . . . 319.9
- épaisse, à . 537.10
- latérale du four 369.2
- mince . . . 486.11
-s réfractaires . 304.5
- transversale . 316.9
Parque de vagones 125.1
Parrilla . 160.8, 368.2
- de escalones . 404.9
-, en forma de . 525.4
- formada con carriles 446.8
Parry gas exit pipe 310.4
Parry, presa di gas 310.4
Parry, prise de gaz 310.4
Parry, toma de gas 310.4
Parryscher Gasfang 310.4
Part, cooled -s of the blast furnace 296.3
-, consisting of several -s 440.2
-, - - two -s . . 440.2
-, defect . . . . 35.4
-, grooved . . . 515.4
-, lower . . . . 304.1
-, movable . . 440.10
-, proportional 239.1
-, removable -s 390.4
-, sound . . . 484.9
-, undercut . . 515.4
-, upper . . . . 303.9
Part déterminée 239.1
- égale . . . . . 239.1
Parte aliquota 239.1
- combustibile 360.2
-i costitutive del gas 267.5
- dello spettro giallo-rossastro 401.5
-i di ricambio 390.4
- - volume . . 345.9
- frontale . . . 104.4
- inferiore . . 304.1
- intaccata . . 515.4
- intagliata . . 515.4
-i raffreddate dell'alto forno 296.3
Parte sana . . 484.9
- sporgente di formatura 436.6
- spugnosa . . 484.8
- superiore . . 303.9
Parte accesoria de la estructura 284.3
- alícuota . . . 239.1
- alomada . . . 518.5
- de volumen . 345.9
-, en dos -s . . 440.1
-, - varias -s . . 440.2
- entallada . . 515.4
- hueca del cilindro 515.4
- inferior . . . 304.1
- - de la obra . 296.1
- poco densa . 484.8
- refrigerada del alto horno 296.3
- saliente del modelo 436.6
- sana . . . . . 484.9
-s separables . 390.4
- suelta . . . . 484.8
- superior . . . 303.9
- - de la obra . 296.2
Particella, -e di ferro 376.11
-e in sospensione 263.5
Particle . . . 376.11
-, suspended -s 263.5
Partícula, -s de hierro 376.11
-s en suspensión 263.5
Particule, -s de fer 376.11
-s en suspension 263.5
Partido con la maza 63.3
Partie accessoire de la texture 284.3
- aliquote . . . 239.1
-s amovibles . 390.4
- convexe . . . 390.3
- - du creuset 382.3
- creuse du cylindre 515.4
- de modèle en relief 436.6
-, en deux -s . 440.1
-, - plusieurs -s 440.2
- étroite . . . . 382.4
- inférieure . . 304.1
- - de l'ouvrage 296.1
- mate . . . . 277.6
- peu dense . . 484.8
- refroidie du haut-fourneau 296.3
- saine . . . . . 484.9
- supérieure . . 303.9
- - de l'ouvrage 296.2
Partir con la maza y apartar 63.4
Partition . . 407.10
Pas . . . . . . 51.8
Pasada . . . . . 531.8
Pasador, unir con -es 442.9
Pasaje de los gases 353.6
Pasar . . . . 451.2.3
Paso . . . . . . 320.7
- de la carga . 344.6
- - - llama . . 368.6
Paso de los electrodos 567.8
- - - gases . . 337.8
- inferior . . . 124.2
- por debajo . 124.2
- superior . . . 124.1
Pass . . 514.5.7, 531.8
-, blind . . . 516.10
-, closed . . . 515.10
-, diamond . . . 517.2
-, false . . . . 516.10
-, first . . . . . 516.5
-, last . . . . . 516.7
-, middle . . . . 516.6
-, open . . . . . 515.9
-, oval . . . . . 517.1
-, periodical . . 518.1
-, splayed circular 516.11
-, straight . . . 516.1
-, to alter the . 535.3
-, up-set . . . . 516.2
Passage . 360.8, 567.8
- opening . . . 320.7
Passage . 320.7, 531.8
- au-dessus . . 124.1
- de l'électrode 567.8
- - la charge . 344.6
- - - flamme . . 368.6
- du modèle à travers la table tournante 452.5
- sous la voie . 124.2
- supérieur . . 124.1
Passaggio 320.7, 531.8 553.10
- del gas . . . 337.9
- della carica . 344.6
- superiore . . 124.1
Passe . . . . . 531.8
Passer à la filière 535.7
Passerella . . . 308.1
Passiv, -e Härte 543.4
Passoire . . . . 246.4
Pasta . . . . . 382.8
- grassa . . . . 428.9
Pasta . . . . . 119.4
- adherente . . 428.9
Paste, loamy . 428.9
Pastoso . . . . 376.2
Pasty . . . . . 376.2
Pâte . . . . . . 119.4
- grasse collante 428.9
- très réfractaire 428.6
Patent-kernnagel 461.9
-tropfglas . . . 185.5
Patent core nail 461.8
- dropping bottle 185.5
Patentado . . . 185.6
Patente . . . . 461.9
Paternoster elevator 139.9
Paternosterwerk 139.9
Pâteux . . . . 376.2
Path . . . . . . 78.3
Patin . . . . . 22.4
Patín . . . . . 22.4
Pattern 36.11, 422.3.6
- blacking . . . 424.5
- half . . . . . 424.2
Pattern holder with horizontal and vertical movement 456.1
- maker . . . . 458.2
- mouldery . . 438.3
- plate raising and lowering gear 456.2
- -, turnover . . 450.1
-, ring shaped . 423.9
-, sectional . . 424.1
- shop . . . . . 422.1
- store . . . . . 422.2
- tables, travelling 450.3
- varnish . . . 424.5
Pattino . . . . 22.4
Pause, Abstich- 342.8
Pavesa encendida 164.4
Pavimento della piattaforma di caricamento 307.6
Pavimento de la plataforma del tragante 307.6
Payment . . 559.6.7
Pea coal . . . . 101.3
Pear shaped . . 539.2
Pearlash . . . 117.12
- solution . . . 431.4
Pearlite . . . . 283.7
-, hard . . . . . 284.4
Pearly . . . . . 283.3
Peat . . . . . . 98.5
-, powdered . . 429.4
Peau de chamois 202.10
- - crapaud . . 483.5
Pepple filter . . 147.3
Pece greca . . 419.8
Pecho abierto, à 286.2
- cerado, à . . 286.3
Pedal . . . . . 497.3
Pédale . . . . . 251.4
Pedale . . . . . 251.4
Pedazo . . . . 100.9
-, en grandes -s 108.1
- poroso . . . . 107.7
Peel 409.10, 410.3, 434.4
-, balanced . . 410.2
Peep hole 88.1, 163.2 301.4
Pegar . . . . . 423.4
Pegging rammer 434.7
Peindre en noir 424.9
Peine 450.4.5, 456.3
Peinture . . . . 550.5
- définitive . . 551.5
- légère . . . . 551.3
Pèlerin, „au pas de -“ (processo) 538.1
Película de óxido 483.2
Peligotröhre . 232.6
Peligot tube . 232.6
Peligot, tube de 232.6
Peligot, tubo de 232.6
Peligot, tubo di 232.6
Pelle . . . 434.4, 438.9
- à vapeur . . 58.4
- automatique 128.7 129.1.2
- de barrage . 340.7
- - chargement 409.10, 411.3

Pelle de mouleur 434.2
- - retenue 339.8
Pelle per pulire 202.10
Pelleton 411.3
Pellicle of oxygen 483.2
Pellicola d'ossido 483.2
Pellicule d'oxyde 483.2
Pelo di vacca 429.2
Pelo de vaca 429.2
Pencil, blue 191.1
- for marking glass 191.1
Pendage 57.6
Pendente 309.3
Pendiente 57.6
Penetración por hendidura 54.1
- - rayado 54.1
Pénétration par striage 54.1
Penetrazione per striatura 54.1
Penna del martello 52.8
Pennello da nerofumo 430.8
Pente 80.8
Pentola 452.4
- d'evaporazione 247.4
- di distillazione 255.4
- - Papin 178.5
Pentolaio 383.1
Peña del martillo 504.3, 52.8
Pera d'innaffiamento 317.5
- di gomma 197.7
Pera de goma 197.7
-, en forma de 539.2
Peraltado 515.2
Perçage 51.9
Percée 354.5
Percentage 14.11
- of ashes 101.9
- - moisture 64.3
Percer 51.10, 228.5, 338.6, 343.2, 413.7
- dans le sens de la longueur 228.8
- en long 228.8
- le trou de coulée 338.9
- par-dessus 228.7
- sur le côté 228.6
Perceuse pour fer et acier 228.4
Perçoir 504.5
Percussion 503.1
Perder la forma circular 423.5
Pérdida de calor 572.4
- - gas 360.10
- - metal 378.8
- - peso 226.10, 560.2
- - presión 350.6
- en la preparación 75.7
- por calcinación 89.2
Perdigón, -es para tarar 239.6
Perdita 90.2
Perdita di calore 572.4
- - ferro 378.7
- - peso 560.2
- - pressione 350.6
- - gas 360.10
- - metallo 378.8
- in peso 226.10
- per torrefazione 89.2
- - trattamento 75.7
Peregrino, „á paso de -" (procedimiento) 538.1
Perfecto, calcinación -a 88.8
Perfil 514.10
- de alto horno 287.7
- inglés 20.10
- laminado 514.9
Perfilado 19.9, 436.7
Perforación 51.9
Perforado 27.4
- con varillas 391.1
Perforar 51.10
- por fusión 354.4
Perforare a fuoco 354.4
Perforated 27.4
Perforation 52.2
Perforatrice per ferro ed acciaio 228.4
Perforé 27.4
- avec des baguettes 391.1
Pergamena 201.8
Pergament-papier 201.7
-schlauch 201.8
Pergamino 201.7
Period 86.6, 106.1
- of unloading 562.11
- - working charge 344.6
Période d'affinage 396.6
- de bouillonnement 375.9
- - - et de projections 396.7
- - déphosphoration 398.1
- - formation des scories 396.6
- - la combustion du carbone 397.4
Periodical 518.1
Periodisch 518.1
Periodo d'ebollizione 375.9
- d'eruzione e lizione 396.7
- di decarburazione 397.4
- - defosforazione 398.1
- - formazione delle scorie 396.6
Periodo de afino 396.6
- - combustión de carbono 397.4
- - defosforización 398.1
- - ebullición 375.9
- - - y de proyecciones 396.7
Periodo de formación de escorias 396.6
- - - - burbujas 375.9
- - paso de la carga 344.6
Périphérique 312.7
Perished 548.10
Perl-kohle 101.3
-röhre 189.9
Perla 189.9
Perle 189.9
Perlit 283.7
Perlita 283.7
Perlite 283.7
- dure 284.4
Permanent 93.7, 551.5
- magnet 92.4
Permanente 92.4
Permeabilidad 359.7
- á los gases 96.7, 425.7.9
- magnética 91.9
Permeabilità 359.9
- ai gas 96.7, 425.7
- magnetica 91.9
Permeabilität 91.9
Perméabilité 359.9
- au gaz 96.7, 425.7
- magnétique 91.9
Permeability 359.9
- for gas 425.7
-, magnetic 91.9
- to gases 96.7
Perno con ingranaggio 392.8
- d'acciaio 392.7
- del vento 394.6
- vuoto 394.6
Perno de anclaje 291.3
Perossido di ferro 67.8
- - manganese 217.4
- - piombo 210.10
- - sodio 211.1
Peroxide, hydrogen 211.3
- of lead 210.10
- - sodium 211.1
Peróxido de hierro 67.5
- - - anhidro 66.3
- - - hidratado 66.10
- - manganeso 217.4
- - plomo 210.10
- - y óxido de manganeso hidratado 69.8
Peroxyde de fer 67.8
- - - hydraté 66.10
- - manganèse 70.2, 217.4
- - plomb 210.10
- et oxyde de manganèse hydraté 69.8
Persanerstahl 14.7
Persulfato de hierro 69.2
Perte au feu 90.2
- - grillage 89.2
- - triage 75.7
- de chaleur 572.4
Perte de gaz 360.10
- - poids 560.2
- - pression 350.6
-s des électrodes 567.3
- en métal 378.8
- - poids 226.10
Perturbación, -es de la marcha 353.2
Perturbation dans le fonctionnement 353.2
Perturbazione di funzionamento 352.2
Pesa 239.2.3
Pesada 235.10, 238.11, 240.1
Pesafiltro 240.2
Pesage 133.5, 235.10
Pesar 238.10, 334.10
Pesare 238.10, 240.1, 334.10
Pesata 134.4, 235.10, 238.11
Pescaggio 562.4
Pescante 125.7
Pesée, -s 176.7, 235.10, 238.11
Peser 238.10, 334.10
Peso 226.10, 239.3, 442.11
- atomico 224.7, 225.4
- della carica 409.8
- di combinazione 226.6
-, - eguale 75.5
- equivalente chimico 257.6
- in molecole-grammi 225.7
- lordo 134.8
- medio 135.5, 334.11
- molecolare 225.6
- netto 134.9
- normale 135.4
- stabilito per la fattura 559.10
- tenditore 137.3
- teorico 135.2
Peso 134.4, 235.10
- atómico 224.7, 225.4
- bruto 134.8
-, de igual 75.5
- - la carga 409.8
-, determinación de los -s 223.9
- en molécula-gramos 225.7
- equivalente químico 257.6
- medio 135.5, 334.11
- molecular 225.6
- neto 134.9
- normal 135.4
- para contener el molde 442.11
- - meter en cuenta 559.10
- - oprimir el molde 442.4
- que se ha de calcular 559.10
- relativo de un cuerpo en su más simple combinación 226.6
- tensor 137.3
- teórico 135.2
- total 134.8

Pestello . 229.5, 383.6
Pestle . . . . . 229.5
Pestone . . . . 303.6
Petit, -s fers . . 19.2
- train . . . . . 511.5
Pétreo . . . . . 357.8
Pétrir . . . . . 119.9
Petrol locomotive 124.8
Pétrole . . . . 156.1
Petróleo . . . . 156.1
Petroleum-einspritzer 158.7
-feuerung . . . 384.9
-kocher . . . 184.10
-prober . . . . 181.5
-rückstand . . 156.1
Petroleum injector 158.7
- residue . . . 156.1
- stove . . . 184.10
- tester . . . . 181.5
Petrolio . . . . 156.1
Petroso . . . . 357.8
Pettine . 450.4, 451.2
Petto . . . . . 291.8
- aperto . . . . 286.2
- chiuso . . . . 286.3
Pezuña, -s de buey 420.8
Pezzo . . . . . 7.1
- colato . . . . 439.2
- - fermo in terra 487.6
- - in argilla . 487.5
- - - conchiglia 487.7
- - - sabbia . . 487.4
- da laminare . 531.2
- di ghisa . . . 423.1
- - - sottile . 486.11
- - legno . . . 337.6
- - macchina . 487.9
-i - macchine . 6.4
- - prova . . . 33.3
- - ricambio . 371.2 390.4
- - riserva . . . 33.7
- - schiuma . . 107.7
- formato nella staffa 487.8
- fuso . . . . . 486.9
-, il - è scarto 488.11
-, in due -i . . 440.1
-, - -i grossi . . 108.1
-, - più -i . . . 440.2
- interno . . . 31.5
- laminato . . 35.6
- levigato 274.11, 275.2
- massiccio . . 487.1
- piatto . . . . 449.1
- pronto . . . . 33.2
- riportato . . 440.9
- sbavato . . . 489.4
- scarto . . . . 489.1
- separato . . . 31.4
- vuoto . . . . 487.2
Pfahlrost . . . 289.3
Pfanne . . . . 238.2
-, die - anwärmen 479.3
-, - - kippen . . 479.4
-, fahrbare . . . 478.6
-, Gabel- . . . . 478.1
-, Stand- . . . . 478.7
-, Verdunst- . . 188.1
Pfannen-ausguß341.7
-bügel . . . . . 479.2
-führung . . . 479.7
Pfannen-rand . 477.9
-wagen . . . . 477.3
Pfeiler, Eck- . 293.6
-, Stein- . . . . 84.3
Pferde-dünger 428.11
-mist, verrotteter 428.12
Pförtnerhaus . 149.5
Pfosten, Wasser- 146.3
Pfropfen, Masse- 342.5
Phase . . . . 274.6.8
- rule . . . . . 274.5
Phase . . . . 274.8.5
Phasenregel . . 274.5
Phenolphtalein-papier 212.13
Phenolphtalein paper 212.13
Phénolphtaléine 212.13
Phenomena, general - in the blast furnace 346.6
Phénomène de liquation 483.8
- - ségrégation 483.8
-s qui se produisent dans le haut-fourneau 346.6
Phosphat, Calcium- 399.5
-, Eisen- . . . . 399.6
-kreide . . . . 113.7
Phosphate, ammonium-sodium 207.3
- chalk . . . . 113.7
- of calcium . 399.5
- - iron . . . . 399.6
- - sodium . . 206.9
-, sodium ammonium 212.1
Phosphate de chaux 399.5
- - fer . . . . . 399.6
- - soude . . . 206.9
- - - ammoniacal 207.3
- - - et d'ammoniaque hydraté 212.1
Phosphaté . . . 113.7
Phosphatic . . 60.7
Phosphor 216.4, 398.2
-abscheidung 376.12 398.3
-arm . . . . . . 399.4
-eisen . . . . . 16.4
-, Eisen- . . . . 16.4
-, Ferro- . . . . 16.4
-gehalt . . . . 8.3
-haltig . . . . . 60.7
-mangan . . . 16.5
-reich . . . . . 399.3
-roheisen . . . 8.3
-salz . . . . . . 212.1
-sauer . . . . . 206.9
-säure-anhydrid 216.5
- -, lösliche . . 399.7
Phosphor-manganese 16.5
Phosphore 8.3, 216.4
-, pauvre en . . 399.4
-, riche en . . . 399.3
Phosphoreux . 8.3
Phosphoric . . 8.3
- acid, soluble 399.7
- anhydride . . 216.5
Phosphorique . 216.5
Phosphorite . . 73.2
Phosphorus 65.9, 216.4
-, high . . . . . 216.6
-, poor in . . . 399.4
-, rich in . . . . 399.3
Photographic apparatus 282.1
- plate . . . . . 282.2
Photographique 281.10
-, appareil . . . 282.1
Photographisch 281.10
Photography, technical 281.10
Physical . . . . 68.5
Physico-chemical apparatus 178.1
Physikalisch . 81.5
Physique . . . 81.5
Piallare . . . . 34.3
Pialletto per lisciare 437.2
Piano wire 28.7, 199.10
Piano . . . . . 161.6
- a scosse . . . 433.2
- caricatore a bilico 132.5
- d'acciaio . . . 238.2
- dei camini . 388.8
- - mescolatori 389.4
- della bocca . 307.4
- - fonderia . . 475.7
- - mazza battente 502.9
- delle condutture 168.7
- di carica . . 388.4
- - - per l'addizione del fondente 388.6
- - caricamento 467.4
- - colata . . . 388.5
- - lavoro . . . 293.5
- - levigazione 276.3
- - macinazione 78.3
- - rovesciamento 131.7
- - separazione 424.3
- inclinato . . . 132.2
- ineguale . . . 490.3
Piano, cuerda de 28.7
Pianoforte, corda da 28.7
Pianta . . . . . 287.8
Piastra . . 18.5, 384.3 517.11
- anteriore . . 369.3
- d'amianto . . 201.1
- d'appoggio . 465.5
- d'asbesto . . . 201.1
- d'estremità . 414.2
- da corazza . 27.8.9
- di base . . . 291.2
- - fondazione in ferro 291.2
- - gomma . . 197.9
- - guardia . . 292.9
- - protezione . 162.8
- - riscaldamento 176.4
- - terracotta . 249.7
- - triturazione 229.8
- - - di ghisa . 229.6
Piastra di vetro arrotato 276.4
- - zinco per elementi 266.2
- filtrante . . . 245.2
- frontale 292.10, 413.11
- intermedia . 505.7
Piastrina a gancio 24.4
- - rampone . . 24.5
- d'appoggio per la base 24.3
- d'attacco . . 24.5
- di ritegno . . 24.4
Piat, forno a sistema 384.5
Piat, four . . . 384.5
Piat furnace . 384.5
Piat, horno sistema 384.5
Piatofen . . . . 384.5
Piatta . . . . . 562.5
Piattaforma . . 307.7
- a bilico . . . 132.7
- di caricamento 307.5.6
- girevole . . . 449.3
- mobile . . . . 133.4
- rovesciabile . 449.4
- spostabile . 452.5.6
Piattello della lampada 184.5
- di bilancia per cloruro di calcio 238.9
- - ebonite . . 202.1
- ogivale della bilancia 238.6
Piatto . . . . . 18.7
- della pompa pneumatica 178.4
- di porcellana porosa 193.3
- girevole 367.7, 493.1
Piazzale . . . . 37.7
Piazzare il coperchio 442.6
- per piano . . 503.8
Piazzato . . . . 446.1
Piazzatura delle anime 461.6
Picadura . . . 49.5
Picar . . . . . . 338.9
Picchetto di guida 442.8
Piccolo treno . 511.5
Pick, to . . . . 63.4
Picking ore . . 63.3
Pickle . . . . 493.10
-, to . . . . . . . 493.9
Pickled . . . 552.11
Pickling acid . 537.2
- the wire . . 537.1
Picnometer . . 180.1
Picnometro . . 180.1
Picnómetro . . 180.1
Pico . . . . . . 481.5
- de caldero . . 478.2
- desmontable . 478.3
- intercambiable 478.3
Pie . . . . 22.4, 251.4
- del árbol de la terraja 445.3
-s de Rey . . . 39.2
Piece . . . . . 49.3
-, consisting of two -s 440.1
-, detached . . 81.4
-, eye . . . . . 279.2

Piece for use . . 33.2
- - -, undivided 31.5
-, in large -s . . 108.1
-, porous . . . . 107.7
-, „T" . . . . . 190.3
- to be cleaned 489.4
- - - rolled . . 531.2
Pièce . . . . . . 7.1
- à ébarber . . 489.4
- - employer . 33.2
- - forme rebondie 452.4
- - - ventrue . 452.4
- - laminer . . 531.2
- - lisser ronde 437.5
-s allant au feu 7.1
- coulée . . . 439.2
- d'essai . . . . 33.3.8
- de fonte . 7.4, 31.9 486.9
- - - à parois minces 486.11
- - - creuse . . 487.2
- - - massive . 487.1
- - - pleine . . 487.1
- - garniture de la cage 521.4
- - machine . . 487.9
-s - -s . . . . . . 6.7
- - réserve . . 33.7
-s en caoutchouc 197.1
-s en gutta-percha 197.2
- manquée . . 489.1
-, petites -s en fer 23.7
- plate . . . . . 449.1
- rapportée . . 371.2 440.9
- utilisable . . 33.2
- - entière . . . 31.5
Pied à coulisse 39.2
-s de bœuf . . 420.3
- - l'arbre à calibre 445.3
- - - de trous-e 445.3
- - profondeur 39.7
Piede . . . 22.4, 445.3
- del martello . 77.6
- della colonna 293.7
- di ghisa . . . 321.6
Piedra . . . . . 84.3
- arenisca 114.3, 306.7
- - abbigarada 114.5
- - bigarrada . 114.5
- - de la formación hullera 114.6
- caliza . 85.5, 111.2
- de cal . . . . 117.3
- infernal . . . 210.1
- magnesita . . 569.5
- pómez, semejante á 357.9
- pudding . . . 114.7
Piegare 42.8, 43.8, 533.2
- a nodo il ferro da chiodi 43.4
- la fiamma del gueulard 468.1
- sopra un mandrino 43.1
Piegatura . . . 41.2
- a caldo . . 42.5.6
- - freddo . . 42.6
- dopo la tempera 42.7
Pieghevole . . 42.4
Pieno, di troppo 146.2
Piercer . . . . 504.6
Pierre . . . . . 290.2
- calcaire . . . 117.3
- de taille . . . 306.7
- faisant vis-à-vis à la dame 292.7
- infernale . . 210.1
Pierreux . . . . 357.8
Pietra . . . . . 84.3
- arenaria . . . 114.3
- - dell'epoca carbonifera 114.6
- - in blocchi . 114.4
- - screziata . . 114.5
- di dama . . . 292.5
- - dietro . . . 292.7
- da taglio . . 306.7
Pietrame di cava 289.5
Pietroso . . . . 357.8
Pieu de guidage 442.8
Pieza . . . . . 7.2
- colada . . . . 439.2
- de consolidación 320.4
- - ensayo . . . 33.3.8
- - fundición . 7.4 31.9, 486.9
- - - de poco espesor 486.11
- - - hueca . . 487.2
- - - maciza . . 487.1
- - - para construcciones 487.10
- - máquina . . 487.9
-s de máquinas 6.4.7
- - prueba . . 52.7
- - recambio . 371.2
- - repuesto . . 33.7
- defectuosa . . 489.1
- hueca complicada 487.3
- movible . . . 440.9
- para laminar 531.2
- - rebarbar . . 489.4
-s refractarias . 7.1
- separada . . 31.4
- útil no dividida 31.5
- utilizable . . 33.2
Pig . . 339.9, 463.6.7
-, basic . . . . 8.2
- bed . . . . . 340.1
- breaker . . 464.1.9
- -, hydraulic . 465.2
- -, portable . . 465.1
- -, stable . . 464.10
-, high silicon . 365.5
- iron 1.1, 339.6.9, 475.1
- -, anthracite . 4.2
- - bath . . . 395.10
- -, Bessemer . 8.1
- -, charcoal . 4.1
- -, charge . . 395.9
- - charge . . 473.9
- -, cinder . . . 6.3
- -, close grained 2.8
- -, coarsely crystalline 3.6
- -, coke . . . . 4.3
- -, cold blast . 4.6
- -, compact grained 3,8
- - containing nickel 0.2
Pig iron, dark gray 1.4
- -, dephosphorized 5.3
- -, desulphurized 5.4
- -, English . . 5.9
- -, fine grained 2.1
- - for castings 6.1
- - - malleable castings 7.5
- - - puddling 8.5
- - - refining . 7.6
- -, forge . . . . 8.5
- -, foundry (s. foundry pig iron).
- -, gray . . . . 1.5
- -, hematite . . 8.1
- -, high silicon 1.3
- -, highly radiated 3.2
- -, hot blast . 4.5
- -, hightly mottled 2.4
- -, Luxemburg 5.6
- -, malleable 7.5, 12.6
- - mixer . . . 389.5
- - -, cylindrical 389.6
- -, mottled white 2.3
- -, open hearth 8.4
- -, platy . . . . 3.5
- -, phosphoric 8.3
- -, porous . . . 2.7
- -, refined . . . 366.6
- - rich in silicon 1.3
- -, sandless . . 5.1
- -, Scotch . . 5.10
- -, Siegerland 5.5
- -, specularforge 8.6
- -, Swedish . . 5.8
- - stores . . . 130.6
- -, Styrian . . 5.7
- -, strongly mottled 2.2
- -, very open grained 2.9
- - wagon . . . 341.5
- -, white . . . . 2.6
- -, - cold blast 2.5
- -, - spiegel looking 3.1
- lead . . . . . 361.4
-, low silicon . 365.3
-, open grain . . 2.7
-, - white . . . 365.4
-, sand cast . . . 4.7
Pigging back . 398.7
Pigiamento . . 105.4
Pigiare . 105.5, 425.3
Pigiata . . . . 308.5
Pignon . . . . 14.4
- à chevrons . 519.4
- creux . . . . 519.5
- denté . . . . 519.4
- moteur . . . 323.6
Pignone . 518.8, 519.1
- a spina di pesce 519.4
Pila . . . . . . 265.8
- termoelettrica 266.6
Pila . . . . . 265.8.9
- para templar 416.8
- termo-eléctrica 266.6
Pilar angular . 293.6
- de hierro fundido 321.6
Pilar de ladrillo 286.5
- - mamposteria 290.2
- - piedra . . . 84.3
Pilastro . . . . 293.6
- della sagoma 455.5
- - sciablona . 455.5
- di pietra . . . 84.3
Pile . . . . . . 378.3
- foundation . 289.3
- up, to . . . . 376.4
Pile . . . . . . 265.8
- thermoélectrique 266.6
Piletta . . . . . 434.5
- a punta . . . 434.7
- piatta . . . . 434.6
- pneumatica a mano 435.1
- - servita da gru 435.2
Pilgerschrittverfahren 538.1
Pilier d'angle . 293.6
- de cœur . . . 293.6
- en brique . . 84.3
- - fonte . . . 321.6
Piling . . 378.2, 464.7
- and welding of weld steel . 10.9
Pillar . . . . . 84.3
Pilon . . . 383.6, 391.4
- à main . . . 391.5
- de bocard . . 77.4
- - mortier . . 229.5
- en acier . . . 465.4
Pilone . . . . . 383.6
Pilonnage . . . 105.4
Pilonneuse . . 105.5
- électrique . . 105.6
Pilote . . . . . 289.3
Pilotis . . . . . 289.3
Pin 194.8, 424.4, 436.5
-, cast-on . . . 294.10
- lifting arrangement 449.2
Pince . . 192.4, 526.5
- à charbon . . 235.4
- - creuset . . 252.5
- - liége . . . 196.6
- - mercure . . 200.6
- - noyau . . . 436.9
- - sodium . . 202.6
- - tréfiler . . . 536.1
- d'accrochage 528.2
- d'élément . . 265.9
- de support . 198.5
Pinceau à noir de fumée 430.8
Pincel para negro de humo 430.8
Pincers . . . . 536.1
Pincette . . . . 202.7
Pincher . . . . 527.1
Pine charcoal 418.10
Pinion . . 323.6, 518.8 519.4
- steel . . . . . 14.4
- trunnion . . 392.8
- wheel . . . . 393.1
Pinsel, Schwärze- 430.8
Pintar . . . . . 431.5
- de negro . . 424.9
Pintura . . . . 550.5
Pinza . . 198.6, 464.4 536.1.5
- per crogiuolo di fusione 252.5

Pinza, -s 192.4, 202.7
- para carbón 235.4
- - los machos 436.9
-s para soportes 198.6
Pinzetta . . . . 202.7
- per anima . . 436.9
- - sodio . . . 202.6
- - tenere il mercurio 200.6
Pinzette . . . . 202.7
Piñón . . . . . 323.6
- de dientes angulares 519.4
- - engranaje . 14.4
- hueco . . . . 519.5
Piombaggine . 382.5
Piombare . . . 554.3
Piombifero . . 553.7
Piombino . . . 40.8
Piombo . 40.8, 219.6
- del forno . . 361.4
-, raccogliere il 290.6
Pipe . . 144.7, 297.7 483.11
- clay . . . . . 428.2
-, double . . . . 319.7
-, fixed . . . . . 312.2
-, horizontal . . 315.2
-, inclined . . . 315.3
- junction . . . 295.6
-, ribbed . . . . 452.3
-, suspended . . 318.7
-, vertical . . 315.4.8
Pipeta . . . . 191.3.8
- con grifo esférico 191.5
- de absorción 270.3
- - filtración . 245.1
- - medida . . 191.4
- - pesadas . . 240.4
- graduada . . 191.6
- - automática 191.7
Pipetta . 191.3, 192.1
- a robinetto sferico 191.5
- d'assorbimento 270.3
- di misurazione 191.4
- filtrante . . . 245.1
- per pesare . . 240.4
- tarata . . . 191.4.6
- - automatica . 191.7
Pipette . . . . 191.3
-, Absorptions- . 270.3
-, Kugelhahn- . 191.5
-, Meß- . . . . . 191.4
-, selbsttätige Voll- 191.7
-, Stech- . . . . 191.3
-, Voll- . . . . . 191.6
Pipetten-flasche 192.1
-ständer . . . . 191.8
Pipette . . 191.3, 240.4
-, automatic plain 191.7
- bottle . . . . 192.1
-, graduated . . 191.4
- holder . . . . 191.8
-, plain . . . . . 191.6
- stand . . . . 191.8
-, weighing . . 191.5
Pipette . 186.4, 191.3.8
- à filtrer . . . 245.1
- avec robinet à boule 191.5
Pipette d'absorption 270.3
- graduée . . . 191.4
- jaugée . . . . 191.6
- - automatique 191.7
- pour pesées . 240.4
Piping . . 298.1, 483.7
Piquera . 300.4, 338.9
Piriforme . . . 539.2
Pirita arsenical 72.4
- calcinada . . 70.8
- cobriza . . . 72.2
- de cobre . . 72.2
- - hierro . 69.4, 72.3
- magnética . . 68.3
Pirite . . . . . 70.8
- arsenicale . . 72.4
- di ferro . 69.4, 72.3
- magnetica . . 68.3
- ramosa . . . 72.2
Piritoso . . . . 72.2
Pirogálico . . 211.13
Pirogallico . 211.13
Pirolusita . . . 70.2
Pirolusite . . . 70.2
Pirometria . . . 351.3
Pirometro 180.5, 351.5
- a grafite . . . 351.7
- ad aria . . . . 351.8
- elettrico di Le Chatelier 352.1
- metallico . . 351.6
- ottico . . . . 352.2
Pirómetro 180.5, 351.5
- de aire . . . 351.8
- - grafito . . . 351.7
- eléctrico de Le Chatelier 352.1
- metálico . . . 351.6
- óptico . . . . 352.2
Piropo . . . . . 239.5
Pisé réfractaire 303.5
- - damé . . . 303.6
- siliceux . . . 115.2
Pissette . . . . 186.3
Piso . . . . . . 161.6
- de la fundición 475.7
- - las chimeneas 388.8
Pisolitic . . . . 67.5
Pisolitico . . . 67.5
Pisolítico . . . 67.5
Pisón . . 391.4, 434.5
- cónico . . . . 434.7
-plano . . . . 434.6
Piston . . 311.4, 470.5
- blade . . . . 472.1
-, solid . . . . . 506.3
- valve gear . 499.4
- vane . . . . . 472.1
Piston . 174.3, 311.4.5
- à disque . . . 506.3
- - plaque . . . 506.3
-s concentriques 506.5
- de compression 506.1
- - pompe . . . 509.3
- du marteau . 499.2
-s en tandem . 506.5
- hydraulique . 506.2
- inférieur . . . 121.6
-s parallèles . . 506.4
- plongeur 121.2, 144.3 453.7, 506.2
Piston pneumatique 501.5
- rotatif . . . . 472.5
Pistón compresor 121.2
- inferior . . . 121.6
Pit . . . . . . . 163.6
- coal . . . . . 98.7
Pit, -s . . . . . 527.7
-s chauffés . . 527.5
-s ordinaires . 527.5
Pits . . . . . . 527.5
Pivot . . 323.8, 441.9
Pivotant . . . . 126.2
Placa . . 364.3, 466.1
Placa anterior 413.11 414.1
- de apoyo . . 465.5
- - arcilla . . . 439.6
- - asbesto . 201.1
- - asiento 24.3, 517.11
- - base . . . . 291.2
- - cabeza . . . 496.9
- - calentamiento 176.4
- - chapa de hierro 295.1
- - cierre . . . 23.5
- - - del fondo 390.7
- - cinc para pilas 266.2
- - contrapresión 453.3
- - - de báscula 453.4
- - corcho . . . 196.3
- - extremo . . 414.2
- - filtración . 245.2
- - frente . . 413.11
- - goma . . 197.5.9
- - guía . . . . 524.7
- - hierro . . . 291.2
- - - para enderezar 534.8
- - hogar . . . 369.5
- - inversión . 449.5 450.2
- - - giratoria 454.3
- - la bóveda . 404.1
- - - solera . . 369.4
- - mármol . . 237.1
- - mesa . . . . 451.1
- - mica . . . . 301.5
- - modelos . . 422.6
- - - reversible 449.5
- - pasar . . . 451.2
- - rasquete . . 446.4
- - revestimiento 373.4
- - soporte . . 469.7
- - - circular . 294.3
- - tobera . . . 364.6
- - trituración 229.8
- - - de fundición 229.6
- - vidrio . . . 189.4
- - - de uranio 189.5
- - - pulimentado 276.4
- del compresor 121.5
- delantera . . 369.3
- fotográfica . 282.2
- frontal . . . 292.10
- inferior de cristal de la balanza 287.2
Placa intermedia de arriostramiento 505.7
- lateral . . . . 364.4
- posterior . . 364.5
- pulimentada 274.10.11
- refractaria . 249.7
- reversible . . 450.2
Placca . . . . . 524.5
- anteriore . . 369.3
- d'argilla . . . 439.6
- d'estremità . 414.2
- da formare . 422.6
- - raddrizzare 534.8
- del focolare . 369.5
- - rustico . . . 364.5
- della suola . 369.4
- di fondo 364.3, 390.7
- - - della cassa del vento 394.8
- - rivestimento 373.4
- frontale 413.11, 414.1
- girevole . . . 121.5
- in faccia all'ugello 364.8
- laterale di lavoro 364.4
- modello rovesciabile 449.5
- per l'ugello . 364.6
- - sagomare . 446.4
- posteriore . . 364.5
Place of loading 561.9
- - payment . . 559.7
-, to - edgeways 503.8
Place, mise en 465.6
Placer dans le cément 415.10
- de champ . . 503.8
- le châssis supérieur 442.6
Placing the crucible 385.8
Plaited . . . . 444.6
Plan . . . . . . 287.8
Plan d'appui . 238.2
- de haut-fourneau 287.6
- - la canalisation électrique 168.7
- - réseau . . . 168.7
- en projection horizontale 287.8
- incliné . . . . 132.2
Plancha de blindaje 27.8.9
- - dama . . . 292.9
- - hierro . . . 25.6
- para blindaje 511.1
- protectora . . 388.3
Planche . . . . 498.3
- à calibrer . . 445.6
- - modèles . 439.11
- - trousser . . 445.6
- de damage . 439.11
- - fond . . . . 422.6
Plancher . . . 20.7
- de la plate-forme du gueulard 307.6
Plancheta de repasar 437.2
Planchette à lisser 437.2
- - polir . . . . 276.3
Plane . . . . . 238.2

Plane, horizontal 438.7
- of throat . . 307.4
-, to . . . . . . 34.3
-, - - by filing 275.3
Plancar . . . . 34.3
Planer . . . . . 503.7
- les tôles . . . 534.6
Planicie de carga 307.4
Plano de apoyo del cuchillo 238.2
- - dientes angulares 519.4
- - la canalización eléctrica 168.7
- - tragante . . 307.4
- inclinado . . 132.2
- - para verter el carbón 132.3
- para verter . 131.8
Planscheibe . . 457.3
Plant . . . . . 118.2
-, alternating current 166.4
- boiler . . . . 153.4
-, continuous, current 166.3
-, electric . . . 169.7
-, high tension 167.1
-, low tension . 166.8
-, multiphase current 166.6
-, single phase current 166.5
-, three phase current 166.7
Planta . . . . . 287.8
Plantilla . 36.11, 40.3 455.4
-, porta . . 455.5, 456.1
Plaque 25.4, 506.3
- à filtrer . . . 245.2
- - modèle renversable 440.5
- - mouler à traversière 451.2
- - traverser . 451.2
- - triturer . . 229.8
- antérieure . . 414.1
- d'amiante . . 201.1
- d'appui 24.3, 465.5
- d'argile . . . 439.6
- d'avant . . . 369.3
- d'élément en zinc 266.2
- de blindage 27.8.9
- - bout . . . . 414.2
- - calibre amovible 446.4
- - charge . . . 508.5
- - chauffage . 176.4
- - chio . . . . 364.4
- - contrevent 364.8
- - dame . . . 292.9
- - devant . . 418.11
- - fermeture du fond 390.7
- - fond . . . . 364.3
- - - de la boite à vent 394.8
- - garde 388.3, 524.7
- - la sole . . . 369.4
- - laiteral . . 364.4
- - marbre . . 237.1
- - pression à bascule 453.4
- - revêtement 373.4
- - rustine . . . 364.5
Plaque de support 469.7
- - tête . . . . 496.9
- - trituration en fonte 229.6
- - trousse amovible 446.4
- - verre coloré 400.9
- - voûte . . . 404.1
- du foyer . . . 369.5
- en caoutchouc 197.5
- - fer . . . . . 291.2
- - liége . . . . 196.3
- - mica . . . . 301.5
- - terre réfractaire 249.7
- - tôle de fer . 295.1
- - verre . . . 189.4
- - - d'urane . 189.5
- - - poli . . . 276.4
- frontale . . 292.10
- intermédiaire d'entretoisement 505.7
- obturatrice . 23.5
- photographique 282.2
- renversable . 454.3
- supportant la pression 453.3
Plaquette en caoutchouc 197.9
- polie . 274.11, 275.2
Plastic . . . . . 425.2
Plasticidad . . 425.3
Plasticità . . . 425.3
Plasticité . . . 425.3
Plasticity . . . 425.3
Plastico . 425.2, 428.2
Plástico . . . . 425.2
Plastique . . . 425.2
Plata . . . 70.7, 219.8
- metálica . . 210.2
Plataforma . . 132.7 293.5
- basculante . 132.5
- de carga 307.5, 388.4
- - las chimeneas 388.8
- - los mezcladores 389.4
- - maniobra . 395.6
- - movimiento vertical 134.4
- - revista . . . 308.3
- - visita . . . 308.3
- del andamio . 131.7
- - montacargas 330.1
- - tragante . 307.5.6
- para la adición de cal 388.6
- - - - - piedra caliza 388.6
- que baya y sube 133.4
Plate . . . 18.5, 514.1
-, boiler . . . . 26.5
-, checker . . . 27.3
-, chequered . . 26.11
-, fire box . . . 26.7
-, flanged . . . 26.6
-, furnace . . . 26.7
- glass base . . 287.2
-, hot . . . . . 176.4
-, inclined . . . 316.5
-, iron . . . . . 291.2
- mill . . . . . 510.5
Plate of porous porcelain 193.3
-, perforated . . 27.4
-, photographic 282.2
-, punched . . . 27.4
- rolling . . 532.10
-, rotatable turnover 454.3
-, shell . . . . . 26.8
-, ship . . . . . 26.9
-, stripping . . 450.5
-, thin . . . . . 26.1
-, to - with copper 552.7
- with patterns 422.6
-, wrought iron 25.9
Plate-forme . . 293.5
- - à bascule . 132.7
- - de chargement 388.4
- - - déversement 131.7
- - - manœuvre 395.6
- - - visite . . 308.3
- - des cheminées 388.8
- - - mélangeurs 389.4
- - du gueulard 307.5.6
- - pour l'addition de chaux 388.6
Platea di palafitte 289.3
- in calcestruzzo 289.6
Plateado . . . . 108.2
Plateau . . . . 457.3
- de balance . 238.6
- - compresseur 121.5
- - pompe à air 178.4
- des meules . 78.3
- -peigne . . . 450.5
- - tournant . . 452.5
- tournant 121.5, 449.3 493.1
Platform 124.3, 388.4
- brackets . . . 307.8
- of weigh bridge 133.7
Platillo de balanza 238.6
- - ebonita . . 202.1
- - goma endurecida 202.1
Platin-blech . . 194.9
-chlorid . . . . 210.3
-draht . . . . . 194.7
-gerät . . . . . 194.5
-kegel . . . . . 195.6
-konus . . . . . 195.6
-löffel . . . . . 195.7
-messer . . . . 195.9
-metall . . . . 194.6
-muffel . . . . 195.3
-nadel . . . . . 194.8
-schale . . . . 195.2
-schiffchen . . 195.5
-spatel . . . . . 195.8
-tiegel . . . . . 195.1
-veraschungsschale 195.4
Platine . . 18.7 194.5.6
Platinic chloride 210.3
Platinico . . . 210.3
Platino . . . 194.5.6
Platinum . . . 194.6
- basin . . . . 195.2
- boat . . . . . 195.5
- cone . . . . . 195.6
- crucible . . . 195.1
- incineration dish 195.9
- knife . . . . 195.9
- muffle . . . . 195.3
- pin . . . . . . 194.8
- sheet . . . . . 194.9
- spatula . . . 195.8
- spoon . . . . 195.7
- ware . . . . . 194.5
- wire . . . . . 194.7
Plato . . . . . 323.2
- de la bomba neumática 178.4
- - - lámpara . 184.5
- - porcelana porosa 193.3
Plâtre . . . . . 220.3
Platte . . . . . 18.5
-, Abfang- . . . 469.7
-, Abstreif- . . . 524.7
- Form- . . . . 422.6
-, Gegendruck- 453.3
-, photographische 282.2
-, Preß- . . . . 121.5
-, Ton- . . . . . 249.7
Plattformkipper 132.7
Platy . . . . . 3.5
Play . . . 37.4, 520.3
- of the weighing machine 135.6
-, surface . . . 483.1
Plaza . . . . . 104.1
- del crisol . . 291.7 290.7
Plazo de descarga 562.11
- - desembarque 562.11
- - entrega . . 559.5
Plegable . . 38.8, 42.4
Plegado . . . . 47.7
Pletina . . . . 18.7
Pliable . . . . 42.4
Pliage . . . . . 42.2
- à chaud . . . 42.5
- - froid . . . . 42.6
- alternatif . . 43.9
- après trempe 42.7
Pliant . . . 38.8, 42.4
Plier 42.8, 43.8, 433.2
- autour d'un mandrin 43.1
- en boucle le fer à rivets 43.4
Pliers . . 196.6, 252.5
Plissé . . . . . 47.7
Plomada . . . . 40.8
Plomb . . 40.8, 219.6
- à tarer . . . . 239.6
- de fourneau . 361.4
-, recueillir le . 290.6
Plombagina . . 382.5
Plomber . . . . 554.3
Plombifère . . 61.2
Plomifero . . . 553.7
Plomizo . . . . 61.2
Plomo . . 199.5, 219.6
-, dar baño de . 554.3

Plomo de horno 361.4
-, recoger el . . 290.6
Plongement . . 57.6
Plonger . . . . 316.3
- lentement . . 544.3
Plongeur . . . 121.2
Plug . . . 55.1, 445.9
- hole . . . . . 481.6
- pin . . . . . 391.8
- ramming machine 391.3
-, removable . . 390.9
-, - cylindrical 390.10
-, to plug the tap hole 342.4
Plumb bob . . 40.8
- line . . . . . 435.4
- rule . . . . . 435.4
Plúmbico . . . 209.1
Plunge, to - in water 544.2
Plunger . . . . 121.2
-, hydraulic . . 506.2
- pump . . . . 144.3
-, triplicate -s . 506.4
Plungerpumpe 144.3
Pneumatic . . 268.8
Pneumatico . . 178.2
Pneumatique . 183.1
Pneumatisch . 501.2
Pobre, aleación 15.1
Poch-eisen . . . 77.6
-schuh . . . . 77.6
-stempel . . . 77.4
-trübe . . . . . 77.7
-werk . . . . . 77.3
Poche . . . . . 341.7
- à cendres . . 163.7
- - fourche . . 478.1
- - main . . . . 477.5
- - scories . . . 409.3
- de coulée . . 341.6 477.3.4.8
- - dépôt des cendres 163.7
- - grue . . . . 478.8
- - - à fourche 479.1
- en tôle emboutie 478.7
- fixe . . . . . 478.7
- roulante . . . 478.6
Pocket . . . . . 163.7
Poder . . . . . 57.7
- aglutinante . 428.1
- calorífico bruto 109.1
- - neto . . . . 109.2
- de aglutinarse 103.1
- - atracción magnética 91.10
- - coquificación 102.9
- - resistencia á la presión y al frotamiento 96.8
- luminoso . . 280.9
- - débil . . . . 400.4
Poggiastorte di paglia 202.2
Poids . . 134.4, 239.3
- à calculer . 559.10
- - porter en compte 559.10
- atomique 224.7, 225.4
- brut . . . . . 134.8
- de la charge 409.8
- égal, de . . . 75.5
Poids en grammes-molécules 225.7
- équivalent chimique 257.6
- maximum . 240.11
- moléculaire . 225.6
- mort . . . . 135.1
- moyen 135.5, 334.11
- net . . . . . . 134.9
- normal . . . 135.4
- pour comprimer le moule 442.11
- relatif d'un corps dans sa combinaison la plus simple 226.6
- spécifique . . 271.6
- tendeur . . . 137.3
- théorique . . 135.2
Poignée . . . . 441.8
- pour enlever le modèle 436.1
Poil de vache . 429.2
Poinçon 13.9, 52.1, 371.8 504.6
- pour trous d'air 438.1
Poinçonnage 51.9, 52.2
Poinçonner 34.9, 51.10 52.3
Poing, grosseur de 231.4
Point . . . . . 339.1
-, critical . . . 272.9
-, defect . . . . 35.4
-, hardened . . 339.1
- of decomposition 264.9
Point critique . 272.9
- d'accouplement 136.8
- d'accrochage 136.8
- d'où l'on prend la mesure 41.5
- de décomposition 264.9
- - fusion . . . 250.5
Pointant . . . . 466.2
Pointe à noyau brevetée 461.9
- aciérée . . . 339.1
- de mouleur . 436.5
-, petite . . . 426.10
- sèche . . . . 41.4
Pointeau de soupape 508.7
Pointed . . . . 426.10
Poire en caoutchouc 197.7
- - - pour gaz . 271.2
Poitrine . . . . 291.8
- fermée . . . . 286.3
- ouverte . . . 286.2
Poker . . . . . 88.2
Pol-anordnung, Drei- 94.2
-, Einheits- . . . 92.6
-, Nord- . . . . 91.12
-stärke . . . . 92.5
-, Süd- . . . . . 92.1
Polaire . . . . 92.5
Polar . . . . . 92.5
Polare . . . . . 92.5
Polarisation . . 264.5
Polarisation, Gas- 264.6
-, Konzentrations- 264.5
-, Verdichtungs- 264.5
Polarisation capacity 264.4
Polarisation . . 264.4
- d'un gaz . . . 264.6
- de concentration 264.5
Polarisationskapazität 264.4
Polarisé, non . 169.8
Polarización . 264.4
- de concentración 264.5
- - un gas . . . 264.6
Polarizado, no 169.8
Polarized, non 169.8
Polarizzato, non 169.8
Polarizzazione 264.4
- d'un gas . . . 264.6
- di concentrazione 264.5
Pole . . . . . . 92.12
Pôle ayant une unité d'intensité 92.6
-, disposition à trois -s 94.2
- -nord . . . . 91.12
- -sud . . . . . 92.1
Polea de enrollamiento 498.1
- - transmisión 451.4
- motriz . . . . 137.6
Poli, plaquette -e 274.11
-, surface -e . 274.10
Police man . . 197.9
Polier-knopf . . 437.5
-maschine . . . 276.7
-rot . . . . . . 276.2
- -S . . . . . . 437.4
-schaufel . . . 437.7
Polieren . . . . 276.6
-, erhaben . . . 277.7
Poliert . . . . . 424.6
Polifasico . . . 166.6
Polifásico, instalación -a . 166.6
Polimorfo . . . 272.7
Polir 275.7, 276.6, 552.13
- à la lime . . 275.3
- en relief . . . 277.7
- les moules . . 437.1
-, moteur à . . 276.7
- par attaque à l'acide 278.2
Polish, to 276.6, 552.13
Polished . . . . 424.6
Polishing . . . 277.7
- slicker . . . . 487.8
Polissage fin . 245.5
- grossier . . . 275.4
- préparatoire . 275.4
Polissoir rond . 437.5
Polivalente . . 259.6
Polizza di carico 560.4
Polmone di gas 271.2
Polo nord . . . 91.12
- sud . . . . . 92.1
- unitario . . . 92.6
Polo . . . . . . 92.5
- norte . . . . 91.12
- sur . . . . . 92.1
- unitario . . . 92.6
Poltern . . . . 587.2
Polvere . . . . 97.2
- d'alluminio . 200.1
Polvere del gas 316.1
- di carbon fossile 430.2.10
- - carbone . . 101.7 155.7
- - - di legna . 430.1
- - cementazione 418.8
- - concia . . . 429.5
- - dolomite . . 117.8
- - grafite . . . 430.3
- - licopodio . 442.3
- - minerale . . 76.4
- - torba . . . 429.4
- - vetro . . . 203.3
- - zinco . . . 361.3
-, in . . . . . . 419.3
-, ridursi in . . 359.1
Polverizzarsi . 359.1
Polverizzatore 432.1
- a fessura . . 158.4
- - getto di vapore 158.2
- - tubo . . . . 158.3
- ad ugelli . . 158.5
- centrifugo . 158.6
- per argilla lavata 276.11
Polverulento . 58.8
Polvo . . . . . 68.2
- de aluminio 200.1
- - carbón 101.7, 430.4
- - - vegetal . 430.1
- - cinc . . . . 361.3
- - dolomita . . 117.8
- - gas de alto horno 316.1
- - grafito . . . 430.3
- - hulla . . . . 430.2
- - - fino . . 430.10
- - licopodio . 442.3
- - los gases . . 97.2
- - mineral 76.4, 315.5
- - turba . . . 429.4
- - vidrio . . . 203.3
- para cementar 418.8
Poly-cylindrical 325.8
Polymorph . . 272.7
Polymorphe . 272.5
Polymorphous 272.7
Polyphasé, installation -e 166.6
Polyvalent . . 259.6
Pompa . . . . . 144.5
- a comando idraulico 509.6
- - compressione 121.1
- - doppio effetto 142.8
- - mano . . . 142.1
- - semplice effetto 142.7
- - stantuffo tuffante 144.3
- - trasmissione 509.4
- - vapore 142.6, 509.5
- - - gemella . 143.5
- - - isolata . . 143.4
- aspirante . . 245.7
- centrifuga . . 148.7
- compound a vapore 143.2
- con comando a cinghia 509.4
- d'aria . . . . 501.4
- da muro a vapore 143.3

Pompa di circolazione 144.1
- duplex . . . . 148.1
- filtrante . . . 245.8
- idraulica . . 509.6
-, impianto di -e 141.10
- per pozzi . . 144.4
- pneumatica 178.2.3
- premente . . 509.2
- rotativa . . . 148.6
- Worthington 148.1
Pompage . . . 485.2
Pompare . . 485.1.3
Pompe . . . . 144.5
- à air . . . . 178.2.3
- - circulation 144.1
- - commande hydraulique 509.6
- - compression 121.1
- - double effet 142.8
- - filtrer . . . 245.8
- - main . . . . 142.1
- - piston plongeur 144.3
- - simple effet 142.7
- - vapeur 142.6, 509.5
- - - compound 148.2
- - - isolée . . 148.4
- - - jumelle . 148.5
- - - murale . . 148.3
- - - verticale avec bâti 148.4
- - vide . . . . 245.7
- centrifuge . . 148.7
- commandé par courroie 509.4
- de compression 509.12
- - puits . . . . 144.4
- duplex . . . . 148.1
-, installation de -s 141.10
- rotative . . . 148.6
- Worthington 148.1
Pomper . . . . 485.1
Pond . . . . . 148.5
Poner de canto 503.8
Pont . . . 124.1, 133.7
- basculant . . 133.3
- -bascule . . . 133.6
- dechargement 308.1
- - communication 86.2
- - coulée . . . 476.3
- -grue . . . . 126.4
- -roulant . . . 126.5
- - á démouler 526.2
- - de chargement 410.5
- - magnétique 129.5
- - pour le transport des lingots 526.6
Ponte 124.1, 126.5, 133.7
- a bilico . . . 133.3
- del canale . . 372.5
- di comunicazione 86.2
Pontone . . . . 562.1
Poquette . . . 483.3
Porcelain . . . 193.3
- beaker . . . . 194.3
- crucible . . . 193.7
- evaporating basin 194.4
- funnel . . . . 193.4
- measuring vessel 194.1
Porcelain ring 193.9
- trough . . . . 193.5
- tube . . . . . 193.8
- ware . . . . . 193.2
Porcelaine . . 116.13
Porcelana . . 116.13
Porcellana . . 116.13
Poreux . . 59.9, 107.8, 357.9
Porfidico . . . 358.2
Porfirico . . . . 358.2
Porge, -s . . . 364.6
Porig . . . . . 59.9
Porigkeit 96.9, 359.8
Porosidad 96.9, 359.8
Porosità . 96.9, 359.8
Porosität . . . 96.9
Porosité . 96.9, 359.8
Porosity . 96.9, 359.8
Poroso . . 59.9, 107.8, 357.9, 484.4
Porous . . 2.7, 357.9
Porphyrartig . 358.2
Porphyrique . 358.2
Porphyritic . . 358.2
Porporino . . 547.10
Porra . . . . . 534.9
Port . . . 407.8, 561.11
- d'embarquement 561.10
Porta . . . . . 163.5
- a corsoio . . 236.9
- - coulisse . . 404.4
- d'accesso 406.4, 467.2
- del focolare 368.7
- - forno a coke 104.5
- di caricamento 161.8, 370.7, 417.6
- - lavoro . . . 370.8
- - pulizia . . . 163.3
- - visita . . . 406.4
Porta-caldero . 478.5
- -calibre . . . 445.1
- -cojinete . . . 496.2
- -crisol . . . . 477.3
- -cuchara . . . 478.5
- -electrodo . . 567.4
- -filtro . . 244.8, 244.9
- -modelo 455.5, 456.2
- - móvil en todos sentidos 456.1
- -objeto, -s 278.7, 281.7
- -plantilla 455.5, 456.1
- - móvil en todos sentidos 456.1
- -retorta . . . 188.1
- -viento 300.9, 301.1
Portable . . . . 469.3
Portacarbone . 235.4
Portada . . . . 462.3
- de macho . . 424.8
Portafiltro . . . 244.8
Portal crane . 126.3
Portalkran . . 126.3
Portamodello 439.12, 451.3
- su macchina a pettine 451.1
Portante . . . 478.15
Portaoggetti . 278.7, 281.7
Portapipette . . 191.8
Portaprovini per bagno d'acqua 247.8
Portarse, modo de - en el alto horno 97.1
Portasagoma . 456.2
- mobile universale 456.1
Portastaffa . . 454.4
Portastorte . 201.10
Portata . 49.11, 240.12, 462.3
- del martello . 503.1
- di nodo . . . 424.8
- - vista . . . . 279.5
- massima 125.4, 241.1
- oraria dell'impianto d'acqua 140.3
Portátil . . . . 465.1
Portatile . . . . 465.1
Portatubi . . . 253.2
Portavento 300.9, 343.1
Porte . . . . . 163.5
- à brasser . . 370.7
- -calibre . . . 445.2
- coulissante . 404.4
- de chargement 370.7, 417.6
- - fond à charnières 467.3
- - four à coke 104.5
- - nettoyage . 163.3
- - râblage . . 370.8
- - tisonnage . 87.10
- du foyer . . . 368.7
- -glissière . . . 236.9
- -objet . 278.7, 281.7
- -segment . . . 456.2
- -vent . . 300.9, 301.1
Porte . . . . . 560.4
Portée . . 49.11, 462.3
- de noyau . . 424.8
Portepoche . . 477.3
Portería . . . . 149.5
Porter's lodge . 149.5
Porticina . . . 301.6
Portico . . . . 126.3
Portier . . . . 149.5
Portiere . . . . 149.5
Portion, defective 35.4
-, liquated . . 483.10
- of the texture 277.2
-, segregated . 483.10
-, starved - of cast with insufficient metal 484.8
Portique . 125.8, 126.3
Portland cement, iron 359.6
- -, slag . . . . 359.6
Portland, ciment de laitier 359.6
Porto . . . . 561.11
- d'imbarco . 561.10
Porzellan-abdampfschale 194.4
-becher . . . . 194.3
-einsatz . . . . 194.2
-erde . . . . . 116.13
-gerät . . . . . 193.2
-maß . . . . . . 194.1
-, poriges . . . 193.3
-ring . . . . . 193.9
-röhre . . . . . 193.8
-tiegel . . . . . 193.7
-trichter . . . . 193.4
-wanne . . . . 193.5
Posa del crogiuolo 385.8
Posibilidad de modificarse las fases 274.6
Posición á 90° . 407.6
- horizontal . . 394.2
- libre . . . . . 50.1
- variable . . . 523.1
- vertical . . . 394.1
Positif . . . . . 282.9
Position, horizontal 394.2
-, vertical . . . 394.1
Position à 90° . 407.6
- horizontale . 394.2
- verticale . . . 394.1
Positiv . . . . 282.9
Positiva . . . . 282.9
Positive . . . . 282.9
Positivo . . . . 282.9
Posizione a 90° 407.6
- libera . . . . 50.1
- orizzontale . 394.2
- verticale . . . 394.1
Possibilità di modificare le fasi 274.6
Possibilité de modification des phases 274.6
Post . . . . . . 146.3
Poste de conducteur 127.8
- - huit heures 556.8
- - jour . . . . 556.8
- - nuit . . . . 556.7
Poste de alumbrado 171.8
Postizo . . . . 186.6
Posto del macchinista 127.8
- in alto . . . . 145.8
Pot . . . . . . 255.4
- furnace . . . 384.1
- steel process . 381.1
Pot de cémentation 415.2
- pour la distillation 255.4
Potasa . . . . . 206.2
- cáustica 204.12, 205.2
- - en barritas 204.13
Potash . . . . . 546.3
- bulb . . . . . 181.3
-, caustic . . . 204.12
-, hydrate of . 204.12
-, nitrate of . . 419.6
Potásico . . . . 181.3
Potasio . 221.2, 361.12
Potassa . . . . 205.8
-, apparato per 181.3
- caustica 204.12, 205.2
- - in bacchette 204.13
- - - cannelli 204.13
Potasse . . . . 205.8
-, appareil à . . 181.3
- caustique . 204.12, 205.2
- - en bâtonnets 204.13
Potassico . . . 205.8
Potassio . 206.3, 221.2
Potassique . . . 431.4
Potassium 206.3, 221.2
-, acetate of . . 206.6
-, bichromate of 206.5
-, bisulphate of 206.2
-, carbonate of 205.8
- chlorate . . . 211.2
-, chloride of . 207.1
-, chromate of 206.4
- cyanide . . 361.10

Potassium, cyanide of 206.3
- ferricyanide . 208.8
- ferrocyanide 208.7
- iodate . . . 211.11
- iodide and starch paper 213.4
- - paper . . . 213.3
- nitrate . . . . 419.6
-, sulphate of 205.11
Pote . . . . . . 452.4
- de cementación 415.2
Potencia . . . . 57.7
- calorífica . 108.10
- - bruta . . . 109.1
- - neta . . . . 109.2
- de la central 167.9
Potencial de descomposición 265.3
Potential, Zersetzungs- 265.3
Potential, magnetomotive 92.7
- of decomposition 265.3
Potentiel de décomposition 265.3
Potenza . . . . 57.7
- agglomerante 428.1
- calorifica . 108.10
- della tempera 420.4
Potenziale di decomposizione 265.3
Potenzialità della centrale 167.9
Potere calorifico 109.3
- - massimo . . 109.1
- - minimo . . 109.2
- - superiore . 109.1
- d'attrazione magnetica 91.10
- illuminante debole 400.4
- luminoso . . 280.9
Potier . . . . . 383.1
Pottasche . . . 205.8
Potter's lathe . 383.1
-'s wheel . . . . 383.1
Poudingue . . 114.7
Poudre à cémenter 418.8
- d'aluminium 200.1
- de dolomie . 117.8
- - houille . . 430.10
- - lycopode . 442.3
- - tourbe . . . 429.4
- - verre . . . 203.2
Poulie . . . . . 451.4
- d'enroulement 498.1
- de commande 137.6
- motrice . . . 137.6
Poupée de rabat 496.8
Pour, to - out 341.9
Pouring appliance 480.1
- head . . . . . 443.3
- - with sunk basin 443.5
- level . . . . . 388.5
- side . . . . . 403.4
Pourpre . . . 547.10
Poussée du vent 165.3
Poussier de charbon 430.4
- - - de bois . 430.1
- - graphite . . 430.3
Poussier de houille 430.2
Poussière . . . 155.7
- de charbon . 101.7
- - minerai . . 76.4
- des gaz . . . 97.2
- du gueulard 316.1
-, tomber en . 347.12
Poussiéreux . . 101.6
Poussoir . . . . 529.4
Poutre . . . . . 308.2
- en acier . . . 403.8
Poutrelle 20.7.9, 130.8
- anglaise . . . 20.10
- cintrée . . . . 294.8
Pouvoir agglutinant 428.1
- cokéfiant . . 102.9
- collant . . . . 103.1
- d'attraction magnétique 91.10
- éclairant . . . 280.9
- - faible . . . 400.4
Powder dry . . 247.2
Powdered . . . 429.4
Powdery . . . 58.8
Power . . . . . 168.4
- consumption 557.4
- distribution . 167.3
-, low lighting 400.4
-, motive . . . . 168.1
- of the light . 280.9
- station . . . . 166.1
- transmission . 167.3
Pozo . . . . 141.4.5
- artesiano . . 141.8
- de hundimiento sobre carga 141.7
- - Norton . . 141.6
-, instalación de un 100.6
- tubular . . . 141.6
Pozzetto di sfioro 439.4
- per la cenere 163.7
Pozzo . . . . 141.4.7
- artesiano . . 141.8
- di combustione 321.1
-, impianto di . 100.6
141.5
- ordinario . . 527.5
- tubolare . . . 141.6
Practice . . . . 409.4
Prägwerk . . . 505.1
Prairie . . . . 67.4
Präzisionsgebläse 471.2
-wage . . . . . 236.6
Préalable . . . 347.5
Precetto, -i per la qualità 32.1
Precio de compra 563.1
- - fabricación 562.13
- - producción 562.13
- - transporte . 560.5
- unitario para el hierro y el manganeso 558.4
Precipitación . 147.6 242.6
- de las impurezas 147.5
Precipitado . . 147.7 242.12
- de su disolución 90.7
Precipitant . . 147.6
Précipitant . . 147.6
Precipitante . . 147.6 242.9
Precipitar . . . 242.7
- con hidrógeno sulfurado 242.11
- en ebullición 242.10
Precipitare . . 242.7
- all'ebullizione 242.10
- coll'idrogeno solforato 242.11
Precipitate . . 147.7 242.12
-, to . . . . . . 242.7
-, - - by means of sulphuretted hydrogen 242.11
-, - - in boiling heat 242.10
Precipitating agent 147.6
Precipitation . 242.6
- electrode . . 261.5
- of impurities 147.5
Précipitation . 147.6 242.6
- des impuretés 147.5
Precipitato . . 147.7 242.12
Precipitazione 242.6 261.5
- delle impurità 147.5
Précipité 90.7, 147.7 242.12
Précipiter . . . 242.7
- en ébullition 242.10
- par l'hydrogène sulfuré 242.11
Precisare la posizione delle staffe 454.6
Precision balance 236.6
- blower . . . . 471.2
Précision . . . 236.6
Precisión . . . 89.5
Precisione . . 236.6
- delle dimensioni convenute 87.1
Preheated . . . 447.3
Préhension automatique 527.2
Preis, Ankauf- . 563.1
- der Einheit Eisen und Mangan 558.4
-, Gestehungs- 562.13
Préliminaire . 31.2
Preliminare . . 31.2
Preliminary . . 31.2
Prell-bolzen . . 502.6
-klotz . . . . . 496.7
Prellen, den Hammer 502.2
Prellung . . . . 496.7
-, Feder- . . . . 502.4
Premente . . . 142.4
Premistoppa . 324.9
Prendere colla tanaglia 531.7
- il campione . 339.3
- la barra . . . 531.6
- - ghisa . . . 481.2
- un campione del gas 269.1
- - provino del gas 269.1
Prendre un échantillon de gaz 269.1
Prensa . 202.5, 504.10
- de crisoles . . 383.2
- - eje acodado 505.3
- - escoria . . . 359.7
- - estampar . 505.1
- - excéntrica . 465.3
- - filtro . . . . 244.6
- - forjar . . . 504.9
- - - de presión de vapor 505.5
- - moldear . . 458.1
- - - con placa de inversión giratoria 454.3
- - - de doble efecto 454.5
- - - doble . . 454.5
- - - hidráulica 458.5
- - precisión 454.6.7
- -estopas . . . 324.9
- excéntrica . . 505.2
- hidráulica de forjar 505.4
- - de ladrillos 120.6
- para corchos 196.4
- - doblar . . . 48.8
- - encorvar . . 48.8
- - filtrar . . . 244.6
- - sodio . . . 182.5
Prensado de los ladrillos 120.5
Prensaestopas . 507.4
Prensar . . . . 425.6
Prensión automática 527.2
Preparación . . 74.4
- de la arena de fundición 481.8
- - - pasta . . 119.4
- - las piezas de ensayo 33.8
- - - placas pulimentadas 274.10
- - los minerales por la helada 89.3
- del lecho de fusión 334.4
- física y química 81.5
- húmeda . . . 79.7
-, instalación de 74.1
- magnética . . 91.2
- mecánica . . 431.9
Preparador . . 513.9
-, tren . . . . . 510.3
Preparar, aparato para - el hidrógeno sulfurado 177.2
- la torta de arcilla 461.1
Preparare il letto di fusione 333.10
Préparateur, train 510.3
Preparation of proof 33.8
- - test piece . 33.8
- - the mixture 119.4
- - - stones . . 118.1
-, physical and chemical 81.5
- room . . . . 174.9
Préparation . . 80.11
-, appareil pour la - de l'hydrogène sulfuré 177.2

Préparation de la pâte 119.4
- des éprouvettes 33.8
- - minerais par le froid 89.8
- - paquets 378.2
- - pièces d'essai 33.8
- - surfaces polies 274.10
- du lit de fusion 334.4
- - sable de fonderie 481.8
- humide 79.7
-, installation de 74.1
- magnétique 91.2
- mécanique 481.9
- physique et chimique 81.5
Preparato 75.1, 102.1
Préparatoire 74.2
Preparatore 174.3
-, treno 510.3
Preparatorio 74.2
Preparazione 346.9
- al gelo 89.8
- dei pacchetti 378.2
- del fondo 391.3
- - letto di fusione 334.4
- della prova 33.8
- delle superfici levigate 274.10
-, impianto di 74.1
- magnetica 91.2
- meccanica 481.9
- - della sabbia 481.8
- - e chimica 81.5
- per via umida 79.7
Prepare, to - the loam cake 461.1
Préparé 102.1
Préparer le lit de fusion 333.10
Preparing the slides 274.10
Presa 141.3, 528.2
- all'aria 359.10
- automatica 527.2
- d'acqua 140.7
- - sotterranea 141.1
- d'una sorgente 141.2
- del campione 30.6
- - - di scoria 401.10
- - gas 359.12
- di campione 227.9
- - gas 312.9
- - - anulare 312.3
- - - belga 312.3
- - - Darby 312.10
- - - Faber 311.9
- - - Hoff 312.1
- - - Langen 313.6
- - - Parry 310.4
- - metallo liquido per la prova 401.7
- - provetta 401.7
-, dispositivo da - per lingotti 528.8
Prescripción, -es de calidad 32.1
Prescriptions, -s de qualité 32.1
Prescrizione, -i di prova 31.10
-i per la qualità 32.1
Preservativo contro la ruggine 550.3
President, blast furnace 332.3
Presión 96.8
-, à plena 338.7
-, alta 120.8
- atmosférica 267.9
-, baja 120.7
-, bajo 145.8
-, de alta 152.2
-, - baja 152.6
- - ensayo 54.8
- - las canales 516.8
- - los cilindros 530.7
- - - etalajes 303.3
-, - media 152.5
- del aire 267.9
- - gas 350.8
- - liquido 507.8
- - viento 165.3, 328.8 350.5
- efectiva 507.9
- ferrostática 485.5
- final 120.8
- hidráulica 54.7 314.4, 508.1
- interior 258.8
- lateral 515.8
- máxima 472.9
- normal de trabajo 54.9
- osmótica 258.7
- preliminar 120.8
- preparatoria 120.8
- radial 530.8
- vertical del cilindro superior 515.7
Preß-flüssigkeit 507.7
-formmaschine 453.1
-holm 121.4
-kolben 121.2, 506.1
-luft-hammer 491.4
- -stampfmaschine 434.8
- -stampfer, Hand- 435.1
- - -, Kran- 435.2
-platte 121.5
-pumpe 121.1
-stein, Erz- 95.10
- -, gesinterter 96.1
- -, getrockneter 95.11
- verfahren nach Ehrhardt 538.3
-zylinder 121.3
Press 182.5, 504.10
- cross beam 121.4
-, eccentric 505.2
- plate 121.5
- plunger 121.2, 506.1
-, to 425.6
-, - - the pattern home 438.11
Pressa 202.5, 504.10
- a leva a gomito 505.3
- - - articolata 505.3
- - vapore per forgiare 505.5
- ad eccentrico 505.2
- da filtro 244.6
- - formare 453.1
Pressa da formare con piattaforma spostabile 454.3
- - - due faccie 454.5
- - loppa 359.7
- - piegare 43.8
- idraulica da formare 453.5
- - - mattoni 120.6
- - per forgiare 505.4
- per coniare 505.1
- - crogiuoli 383.2
-e - forgiare 504.9
- - stampare 505.1
- - tappi di sughero 196.4
Pressare 425.6
Pressato 23.2
Pressatura dei mattoni 120.5
Presse 202.5, 504.10
-, Biege- 43.8
-, Exzenter- 465.3 505.2
-, Filter- 244.6
-, Kniehebel- 505.3
-, Kork- 196.3
-, Natrium- 182.5
-, Schlacken- 359.7
-, Schmiede- 504.9
Presse 121.3, 202.5 504.10
- à bille pour l'essai de dureté 54.5
- - bouchons 196.4
- - briques hydrauliques 120.6
- - centrer les châssis 454.6
- - cingler 377.4
- - cintrer 43.8
- - courber 43.8
- - creusets 383.2
- - estamper 505.1
- - excentrique 465.3, 505.2
- - filtrer 244.6
- - forger 504.9
- - - à vapeur 505.5
- - - hydraulique 505.4
- - genouillère 505.3
- - laitier 359.7
- - levier coudé 505.3
- - matricer 505.1
- - mouler 453.1
- - - à double effet 454.5
- - - avec plaque renversable 454.3
- - plier 43.8
- - sodium 182.5
- de précision 454.6
- -étoupes 324.9, 507.4
- - - de Lürmann 306.2
- hydraulique à mouler 453.5
Pressed 343.11
Pressen 425.6
- der Ziegel 120.5
Presser 196.4, 425.6
- plate 453.3
- plate with throw over motion 453.4
Pressing of the bricks 120.5
- process, Ehrhardt's 538.3
Pression 54.4
-, à basse 152.6
-, - haute 152.2
-, - pression moyenne 152.5
-, - pleine 338.7
- atmosphérique 267.9
-, basse 120.7
- d'eau 508.1
- d'épreuve 54.8
- de l'air 267.8
- - laminage 530.7
- des étalages 303.3
- du gaz 350.8
- - liquide 507.8
- - vent 165.3, 328.8 350.5
- effective 507.9
- ferrostatique 485.5
- finale 120.8
-, haute 120.8
- hydraulique 54.7 314.4
- intérieure 258.8
- latérale 515.8
- maxima 472.9
- normale de travail 54.9
- osmotique 258.7
- préliminaire 120.7
- radiale 530.8
-, sous 148.8
-, supportant la 453.3
Pressione 54.4, 507.9
-, a bassa 152.6
-, - media 152.5
-, - tutta 338.7
-, ad alta 152.2
-, alta 120.8
- atmosferica 267.9
- d'acqua 508.1
- del gas 350.8
- - vento 165.3, 328.8 350.5
- dell'aria 267.9, 350.5
- di laminazione 530.7
- - lavoro 54.9
- - prova 54.8
- ferrostatica 485.5
- finale 120.8
- idraulica 54.7, 314.4
- iniziale 120.7
- interna 258.8
- laterale 515.8
- massima 472.9
- osmotica 258.7
- radiale 530.8
- sulla sacca 303.2
- verticale 515.7
Pressung des Windes 350.5
-, Höchst- 472.9
Pressure 165.3
- above the atmospheric 507.9
-, atmospheric 267.9
- bottle 188.4
-, ferrostatical 485.5
- fluid 507.7
- gauge 179.5, 350.9
-, high 120.8
-, highest 472.9

Pressure, hydraulic 54.7
-, internal . . . 258.8
-, lateral . . . . 515.8
-, low . . 120.7, 152.6
-, maximum . . 472.9
-, medium . . . 152.5
- of top roll . . 515.7
- - the rolls . . 530.7
- on the bosh . 303.3
-, osmotic . . . 258.7
- passage . . . 501.8
- port . . . . . 501.8
-, preliminary . 120.7
- pump . 121.1, 509.2
-, radial . . . . 530.8
- side . . . . . 471.5
- transmittor . 508.2
- valve . . . . 142.4
Presupuesto . 562.12
Presura . . . . 296.2
Prevention of cracking 428.10
Preventivo . 562.12
Previo . . . . . 31.2
Prezzo d'acquisto 563.1
- di produzione 562.13
- unitario per ferro e manganese 558.4
Price . . . . . 563.1
- of the unit of iron and manganese 558.4
Prick, to - the molten metal 485.1
Pricker . 438.1, 485.3
Primärstation . 165.6
Primitif . . . . 530.1
Primitivo . . . 530.1
Prise à l'air . 359.10
- d'eau . . . . 141.3
- d'échantillon 227.9
- - de la scorie avec une baguette de fer 401.10
- d'essai 30.6, 227.9.10 228.1
- - à la coulée 339.3
- - de métal liquide 401.7
- - séchée . . . 231.9
- de gaz . . . . 312.9
- - - annulaire 312.3
- - - belge . . 312.3
- - - Darby . 312.10
- - - Faber du Faure 311.9
- - - Langen . 313.6
- - - Parry . . 310.4
- - - von Hoff 312.1
- - mesures . . 38.3
- du gaz . . . 359.12
Print . . . . . 424.8
-, to . . . . . 282.10
Printing machine 134.5
Prix d'achat . . 563.1
- de l'unit de fer et de manganèse 558.4
- - revient . 562.13
- - - de la force motrice 168.2
Probar . . . . . 30.5
Probe . . 30.6, 33.3.8
Probe, Abschreckbiege 42.7
-, Ausbreite- . . 53.1
-, Biege- . . . . 42.2
-, Brech- . . . . 44.3
-, Bruch- . . . . 44.3
-, die - ausmessen 38.2
-, - - kühlhalten 275.6
-, - - verwerfen 34.7
-druck . . . . . 54.8
-, getrocknete . 231.9
-glas . . . . . . 234.1
-gut . . . . . 227.10
-, Härtungsbiege- 42.7
-, Hin- und Herbiege- 42.9
-, Kaltbiege- . . 42.6
-, Kerb-biege- . 44.2
-, - schlag- . . . 44.2
-, Kugelhärte- . 54.4
-, Loch- . . . . 51.9
- mit einem abgetrennten Stück 31.4
-nahme . 174.8, 227.9
-schachtel . . . 234.2
-, Schlag- . 42.1 53.5
-, -biege- . . . 44.1
-, Schmiede- . . 52.5
-stab . . . . . . 49.3
-, Stauch- . . . . 53.5
-stoff . . . . . 227.10
-streifen . . . . 33.4
-stück . . . . . 33.3
-, Verdreh- . . . 51.8
-, Verwinde- . . 51.6
-, Warmbiege- . 42.5
-, Wasserdruck- 55.2 54.6
-, Zerreiß- . . . 49.1
Proben-auswahl 33.1
-breite, auf $1^1/_2$ - - ausschmieden 52.7
-verschluß . . . 55.1
Prober, Petroleum- 181.5
Probeta . 49.3, 186.1 192.2, 234.1
- cónica . . . . 186.2
- de gas . . . . 269.4
- - - de Bunte 269.5
- - metal liquido 401.8
- graduada . . 269.6
Probierstange . 386.1
Procédé . . . . 395.5
- à deux soulèvements 366.3
- - la presse Ehrhardt 538.3
- - un soulèvement 366.2
- - une seule fusion 365.8
- acide . . . . 396.5
- allemand . . 366.3
- au convertisseur 396.4
- - minerai . . 412.9
- basique . . . 397.8
- Bessemer 8.1, 396.5
-s - et Martin combinés 412.8
- Brinell . . . . 54.4
- d'affinage . 363.5 565.5
Procédé d'analyse 31.3
- d'empreinte par pression 54.4
- d'estampage par pression 54.4
- d'oxydation . 552.3
- de briquettage 94.7
- - grillage . . 82.9
- - lavage . . 80.1.2
- - puddlage . 373.7
- - refonte . . 474.1
- - trempe au nickel 418.4
- dit „au pas de pèlerin" 538.1
- électrique . . 571.1
- Gayley pour le séchage de l'air 329.2
- Mannesmann 537.7
- Menne . . . . 343.7
- par fusion de fonte et riblons 413.1
- Thomas-Gilchrist 397.8
- wallon . . . . 366.2
Procedencia . . 65.5
Procedimento di torrefazione 82.9
Procedimiento 411.5
- ácido . . . . 396.5
- alemán . . . 366.3
- básico . . . . 397.8
- Bessemer . . 396.5
-s - y Martin combinados 412.8
- con minerales 127
- de afino . . . 366.5
- - - del mineral 412.9
- - compresión sistema Ehrhardt 538.3
- - conversión 396.4
- - doble fusión 366.2
- - ensayo . . . 31.3
- - la calcinación 82.9
- - laminación „á paso de peregrino" 538.1
- - - de Mannesmann 537.7
- - oxidación . 552.3
- - pudelaje . . 373.7
- - refinación . 565.5
- - templar al níquel 418.4
- - triple fusión 366.3
- - una sola fusión 365.8
- del estampado 54.4
- Menne . . . . 343.7
- para secar el aire sistema Gayley 329.2
- por fusión de la fundición y desperdicios de hierro 413.1
- Thomas-Gilchrist 397.8
- valón . . . . 366.2
Procedure of analysis 222.3
Proceso de deslodamiento 80.2
- - la combustión 248.7
- - - fabricación de aglomerados 94.7
- - - separación 74.3
- - lavado . . . 80.2
- - refinación . 565.5
- del temple . . 542.6
- metalurgico . 346.7
Process . . . . 363.5
-, basic . . . . . 397.8
-, blast furnace 344.3
-, combined Bessemer and open hearth 412.8
-, direct . . . . 412.9
-, dressing . . . 74.2
-, metallurgical 346.7
- of coking . . 105.8
- - combustion 248.7
- - hardening . 542.6
- - refining . . 565.5
- - separation . 74.3
- - smelting . 385.10
-, Walloon . . . 366.2
-, washing . . . 80.2
Processo . . . . 411.5
- acido . . . . 396.5
- ad una sola rifusione 366.2
- basico . . . . 397.8
- Bessemer . . 396.5
- combinato Bessemer e Martin 412.8
- con doppia rifusione 366.3
- - una sola fusione 365.8
- d'affinaggio 363.5 365.1, 366.5, 565.5
- d'essiccazione Gayley 329.2
- d'ossidazione 552.3
- del „au pas de pèlerin" 538.1
- di combustione 248.7
- - conversione 395.5, 396.4
- - formazione del coke 105.8
- - lavaggio . 80.2
- - rifusione . 474.1
- - separazione 74.3
- - stampo a pressione 54.4
- - tempera al nickel 418.4
- diretto . . . 362.1
- Ehrhardt col mandrino . 538.3
- Mannesmann 537.7
- Menne . . . 343.7
- per la fabbricazione di mattonelle 94.7
- preparatorio 74.2
- tedesco . . . 366.3
- Thomas . . . 397.8
- vallone . . . 366.2
Processus de la combustion 248.7
Procuring of water 140.7

Procuring water from a subterranean source 141.1
Prodotto animale 418.11
- del trattamento 74.4
-i dell'industria metallurgica 17.10
- della decomposizione 348.1
- di distillazione 254.1
- - torrefazione 82.7
- filtrato 244.2
- finito 18.9
- incompleto 18.1
- molto refrattario 428.6
- non finito 18.1
- per alto forno 74.5
-i secondari dell'alto forno 355.8
-i - occasionali 361.1
- sterile 75.3
- utile 75.2
- volatile 250.7
Producción 555.3
- anual 555.2
-, aparato para la - de ácido fluorhídrico 222.2
- continua de gas 405.5
- de cok 102.7
- - gas 268.7
- - hierro eléctrico 571.1
- diaria 555.4
- media 555.5
- total 555.1
Producer 404.7.8
-, double 405.3
-, stepped grate 404.9
Producing 562.13
-, apparatus for hydrofluoric acid 222.2
Product, calcined 82.7
-, half-finished 18.1
-, mineralised 75.2
-, non-mineralised 75.3
- of decomposition 348.1
- - distillate 254.1
- - distillation 254.1
- - dressing 74.4
- - roasting 82.7
- ready for smelting 74.5
-, semi-manufactured 18.1
Production, direct - of wrought iron 362.1
-, electric - of pig iron 571.1
-, gross 556.2
- of coke 102.7
-, total 555.1
Production 555.3
- annuelle 555.2
-, appareil pour la - de l'acide fluorhydrique 222.2
-, - - - - des gaz 268.6
Production de fer par le procédé électrique 571.1
- - gaz continue 405.5
-, grande 556.2
- journalière 555.4
- moyenne 555.5
- quotidienne 555.4
- totale 555.1
Productiveness 555.3
Producto, -s acabados 18.9
- accesorio del alto horno 355.8
- - no constante 361.1
- - ocasional 361.1
-, animal 418.11
-s bastos 18.1
- de calcinación 82.7
- - descomposición 348.1
- - destilación 254.1
- - la preparación 74.4
-s - - siderurgia 17.10
- estéril 75.3
- mineralizado 75.2
- molido 432.3
-s para ferrocarriles 22.1
- pulverizado 432.2
- utilizable para la fusión 74.5
- volátil 250.7
Produit accessoire du haut-fourneau 355.8
- - non constant 361.1
- broyé 432.2
- de distillation 254.1
-s - l'industrie du fer 17.10
- - la décomposition 348.1
- du grillage 82.7
- - triage 74.4
- filtré 244.2
- fini 18.9
-s pour chemins de fer 22.1
- riche en métal 75.2
- stérile 75.3
- utilisable pour la fusion 74.5
- volatil 250.7
Produrre effervescenza 241.5
Produttività 555.3
Produzione 555.6
- annuale 555.2
- continua di gas 405.5
- di ghisa al forno elettrico 571.1
- - - elettrica 571.1
- giornaliera 555.4
- media 555.5
- totale 555.1
Profil 514.9
-album 514.10
-begrenzung 514.11
-e für Eisenbahnwagenbau 24.8
Profil de haut-fourneau 287.6
Profil de laminage 514.9
Profilato 19.9
-i per costruzione di vagoni 24.8
Profile album 514.10
Profilé 19.9, 24.8
Profiled 26.4
Profiliert 460.1
Profilo 19.2, 40.3, 514.9
- ad intagli 518.1
- con intacchi 518.1
- d'un alto forno 287.7
- per ricalcare 516.2
Profondeur 39.7
- de la sole du four 369.11
Profondità 39.7
Profundidad 39.7
- de la solera del horno 369.11
Progress of melting 349.3
- - smelting 385.10
Proiezione 397.3
-i del convertitore 112.6
- di scintille 396.9
Projection, -s 396.7 397.3
- d'étincelles 396.9
-s du convertisseur 112.6
- horizontale 287.8
Projection, provided with -s 26.12
Prominenza, a -e 26.12
- del suolo 290.7
- - terreno 290.7
Proof 277.8
Proporción 274.2
- de óxido de carbono 360.4
- - pedazos gruesos 64.9
- en peso 334.5
Proportion by weight 334.5
- of lump ore 64.9
Proportion de gros 64.9
- - menu 65.1
- - roches 101.10
- en poids 334.5
Proportional 239.1
Proporzione 274.2
- di minerale in pezzi nel deposito 64.9
- - - - - - giacimento 64.9
- - - minuto nel deposito 65.1
- - - - - giacimento 65.1
- in peso 334.5
Propre 494.1
-, grillage 88.8
Proprietà della tempera 543.2
Protección 136.1
Protecteur, -rice 186.1, 198.1
Protecting cap 492.5
- cover 492.5
- plate 162.8
Protecting shield 162.8
Protective 248.1
Protector, -a 136.1 388.3
Protettore, -rice 388.3
Protezione 136.1
Protossido di cobalto 217.12
Protóxido de cobalto 217.12
- - hierro 66.2
- - manganeso 217.3
- - niquel 217.10
Protoxyde de baryte 220.9
- - cobalt 217.12
- - fer 66.2
- - manganèse 217.3
- - nickel 217.10
Protractor 40.6
Prova 31.1.3, 224.5
- a caldo 31.7
- - freddo 31.6
- - rottura 49.4
- alla frattura 44.3
- - trapanatura 228.2
- del materiale 41.6
- di allargamento 53.1
- - appiattimento 53.5
- - flessione 41.2
- - - all'urto 44.1
- - - su campione intaccato 44.2
- - foratura 51.9, 228.2
- - frattura 49.1
- - fucinazione 52.5
- - penetrazione per striatura 54.1
- - piegatura 41.2
- - - a caldo 42.5
- - - - freddo 42.6
- - - dopo la tempera 42.7
- - - ripetuta in sensi opposti 43.9
- - punzonatura 51.9
- - schiacciamento 53.5
- - torsione 51.6
- idraulica 54.6, 55.2
- per urto 42.1
- preliminare 31.2
- sclerometrica 54.1
- sopra un pezzo separato 31.4
Provare 30.5
Provenance 65.5
Provenienza 65.5
Provetta 38.2, 186.1
- liquida presa per la prova 401.8
- solidificata 401.9
Provino 186.1, 269.1
Provisión 559.3
Provisto de puntas pequeñas 426.10
Provvigione 559.3
Provvista d'acqua 140.1
Proyección, -es 396.7 397.3
- de chispas 396.9
- horizontal 287.8
Prozeß 395.5

Prueba . . . . 33.1
- de aplastar . 53.5
- - la colada . 339.3
- - metal solidificado 401.9
- - recalcar . . 53.5
- hidráulica 54.6, 55.2
- negativa . . . 282.4
- obtenida por ataque 277.8
- por doblado . 43.9
- positiva . . . 282.9
Prüf-gerätschaft, Lötrohr- 235.1
-glas . . . . . . 186.1
-kelch . . . . . 186.2
Prüfen . . . . . 30.5
Prüfer, Gas- . . 268.3
-, Kugelhärte- . 54.5
-, Ritzhärte- . . 54.3
Prüfung . . . . 30.6
- auf nassem Wege 224.4
- - trockenem Wege 224.3
- hydraulische . 54.6
-, Stoff- . . . . 41.6
Prüfungs-art . 31.3
-ergebnis . . . 34.5
-verfahren . . . 31.3
-vorschrift . . 31.10
Prussiate of potash, yellow 546.3
- - potassium, red 208.8
- - -, yellow . . 208.7 546.3
Prussiate jaune de potasse 546.3
Prussiato giallo di potassa 546.3
Prusiato amarillo de potasa 546.3
- - potásico . . 546.3
Psilomelan . . 69.6
Psilomelane . . 69.6
Psilomelano . . 69.6
Puddel-eisen . 10.8
-hütte . . . . . 366.9
-luppe . . . 376.10
-ofen . . 367.1, 373.6
- -, Dopqel- . . 367.2
- -, Dreh- . . . 367.5
- -, Springerscher 367.3
- -, wendbarer 367.4
-roheisen . . . 8.5
-schlacke 113.1, 374.10
-spiegel . . . . 8.6
-stahl . . . . . 10.8
-verfahren . . . 373.7
Pudellaggio . . 366.9 373.7
- a grana . . . 379.6
- - mano . . . 373.9
- d'acciaio . . . 379.8
- di ferro fibroso 379.2
- - minerale . . 380.2
-, forno a (v. forno)
-, ghisa da . . . 8.5
-, - per . . . . . 8.6
- grasso . . . . 379.4
- magro . . . . 379.5
- meccanico . . 378.9
- rotativo . . . 379.1
Pudellare 366.8, 378.3
-, apparecchio meccanico per 378.10
Pudellato . . . 10.8
Pudellatore, operaio 373.8
Pudellatura . . 113.1
Puddeln . . . 366.8
- auf Korn . . 379.6
-, fettes . . . . 379.4
Pudding, piedra 114.7
Pudding stone 114.7
Puddinga . . . 114.7
Puddingstein . 114.7
Puddlage . 8.5 366.9
- à la machine 378.9
- - - main . . . 373.9
- d'acier . . . . 379.8
- de fer nerveux 379.2
- - minerai . . 380.2
- en fer à grains 379.6
- - scories . . . 379.4
- gras . . . . . 379.4
- mécanique . . 378.9
-, procédé de . 373.7
- rotatif . . . . 379.1
- sec . . . . . . 379.5
Puddle ball . 376.6.10
- bar . . . . . 18.3
-, to . . . 366.8, 375.7
Puddlé . . . . 10.8
Puddled . . . . 10.8
Puddler . . . . 373.8
-, mechanischer 378.10
Puddler . . . . 373.3
-, mechanical 378.10
Puddler . 366.8, 375.7
-, four à (v. four)
Puddleur . . . 373.8
- mécanique 378.10
Puddling . . . . 8.5
- bar . . . . . 371.8
- door . . . . . 370.8
-, dry . . . . . 379.5
- for cristalline iron 379.6
- furnace . . . 367.1
- -, double . . . 367.2
- -, revolving . 367.5
- -, rotary . . . 367.4
- -, Springer's . 367.3
- - with revolving hearth 367.7
-, mechanical . 378.9
- of fibrous iron 379.2
- - steel . . . . 379.8
- process . . . 373.7
-, refining . . . 380.1
-, revolving . . 379.1
- tools . . . . 371.5
- works . . . . 366.9
Pudelado . . . 25.9
Pudelador . . . 373.8
Pudelaje . . . . 8.5
- á mano . . . 373.9
- - máquina . 378.9
-, acero de (v. acero)
- caliente . . . 379.4
- de acero . . . 379.8
- - hierro fibroso 379.2
- - - granulado 379.6
- - mineral . . 380.2
- giratorio . . 379.1
-, hierro de (v. hierro)
- mecánico . 378.10
Pudelaje, procedimiento de 373.7
- seco . . . . . 379.5
Pudelar . 366.8, 375.7
-, horno de (v. horno)
Pudinga . . . . 68.6
Puente 124.1, 133.7.8 368.5
- -báscula . . . 133.6
- de báscula . 133.3
- - carga . . . 308.1
- - comunicación 86.2
- del conducto 372.5
- giratorio de torre 126.7
- -grúa corredera 126.4
Puerta . . . . . 163.5
- corrediza . . 236.9
- de amasar . . 370.8
- - carga 161.8, 370.7 417.6
- - corredera . 404.4
- - fondo de bisagra 467.3
- - limpieza . . 163.3
- - trabajo . . 370.8
- del hogar . . 368.7
- - horno de cok 104.5
Puerto . . . . 561.11
- de embarque 561.10
Puesto del conductor 127.8
Puffer . . . . . 25.3
-, elastischer . . 502.3
-, federnder . . 502.3
Pug mill . . . 78.1
-, to . . . . . . 119.9
Pugno, grossezza di 231.4
Puissance . . . 57.7
- calorifique 108.10 109.3
- - brute . . . 109.1
- - maxima . . 109.1
- - minima . . 109.2
- - nette . . . . 109.2
- de la centrale 167.9
- - production 555.3
Puits 141.5, 142.5, 527.5
- à enfoncement sous charge 141.7
- artésien . . . 141.8
- de combustion 321.1
- - la prise d'eau 141.4
-, installation d'un 100.6
- tubulaire américain 141.6
- - de Norton . 141.6
Puleggia . . . 451.4
- di comando . 137.6
Pulimentado . 275.1
Pulimentar . . 275.7 276.6 552.13
- con la lima . 275.3
- en relieve . . 277.7
-, motor para . 276.7
- por ataque de ácidos 278.2
Pulimento . . . 277.5
- acabado . . . 275.5
- fino . . . . . 275.5
- preparatorio . 275.4
Pulir 437.4, 492.2, 552.13
Pulire 202.10, 552.13
- con acido . . 493.9
Pulire il pezzo 489.5
- le forme . . . 437.1
Pulito . . . . . 494.1
Pulitura del crogiuolo 342.2
- - filo . . . . 537.1
- della superficie 550.4
- supplementare 493.8
Pulizia . . . . 163.3
- delle griglie . 337.4
Pull . . . . . . 48.6
- through of pattern 450.4
Pulley . . 137.6, 331.1
- moulding machine 451.4
- pattern . . . 451.7
Pulp . . . . . . 77.7
Pulsometer . . 142.2
Pulsometro . . 142.2
Pulsómetro . . 142.2
Pulver, Aluminium- 200.1
-förmig . . . . 58.8
-, Glas- . . . . . 203.3
-trocken . . . . 247.2
-, Zementier- . 418.8
Pulvérisateur à fente 158.4
- - jet de vapeur 158.2
- - tubes concentriques 158.3
- - tuyère . . . 158.5
- centrifuge . . 158.6
- d'argile délayée 276.11
- - finement lavée 276.11
- -injecteur . . 158.3
Pulvérisation . 317.5
Pulvérisé . . . 101.4
Pulverised . . 95.8
Pulverisor for washed argillaceous earth 276.11
- - - clay . . 276.11
Pulverizado . . 95.8
Pulverizador centrífugo 158.6
- de chorro de vapor 158.2
- - hendiduras 158.4
- - toberas . . 158.5
- para arcilla finamente lavada 276.11
- tubular . . . 158.3
Pulvérulent . . 58.8
Pulverulento . 58.5
Pumice stone like 357.9
Pump . . . . . 121.1
-, belt driven . 509.4
-, centrifugal . 143.7
-, double acting 142.8
-, duplex . . . . 143.1
-, hydraulic . . 509.6
- piston . . . . 509.3
- plunger . . . 509.3
-, rotary . . . . 143.6
-, single acting 142.7
-, Worthington 143.1
Pumpanlage . 141.10

Pumpe, Dampf- 142.6, 509.5
-, doppelt wirkende 142.8
-, Doppelzylinder- 143.1
-, Drehkolben- 143.6 472.5
-, Druck- . . . . 509.2
-, Duplex- . . . 143.1
-, einfach wirkende 142.7
-, Filter- . . . . 245.8
-, freistehende Dampf- 143.4
-, Hand- . . . . 142.2
-, Luft- . . . . 178.2
-, Plunger- . . . 144.3
-, Preß- . . . . 121.1
-, Riemen- . . . 509.4
-, Rotations- . . 143.6
-, Saug- . . . . 245.7
-, Schacht- . . . 144.4
-, Schleuder- . . 143.7
-, Tauchkolben- 144.3
-, Umlauf- . . . 144.1
-, Verbunddampf- 143.2
-, Wanddampf- 143.3
-, Wasserdruck- 509.6
-, Worthington- 143.1
-, Zentrifugal- . 143.7
-, Zirkulations- 144.1
-, Zwillingsdampf- 143.5
Pumpen . . . . 485.1
-gestänge . . . 144.5
-kolben . . . . 509.3
-steiger . . . . 485.2
-stock . . . . . 485.3
Pumping plant 141.10
- station . . . 141.10
Punch . . 13.9, 52.1 383.6, 504.6
Punch mark . . 41.5
-, to . . . 50.10, 52.5
Punched . . . . 27.4
Punta . . . . . 436.5
- d'acciaio . . . 339.1
Punta . . . . . 41.4
- acerada . . . 339.1
- pequeña . . 426.10
Punto critico . 272.9
- d'agganciamento 136.8
- di decomposizione 264.9
- - flessione . . 42.3
- - fusione . . 250.5
- - piegatura . 42.3
- - riferimento 41.5
- difettoso . . . 35.4
Punto crítico . 272.9
- de descomposición 264.9
- - enganche . 136.8
- - flexión . . . 42.3
- - fusión . . . 250.5
- donde se toma la medida 41.5
Punzón . 13.9, 52.1 383.6, 504.6
Punzonar 34.9, 52.3
Punzonare 34.9, 51.10 52.3
Punzonatrice . 13.9
Punzonatura . 51.9
Punzone 52.1, 504.6
Puño, tamaño de 231.4
Purchase . . . 558.1
Purchaser . . . 558.5
Purezza della superficie 35.3
Purga, agua de 91.1
Purificación de los gases 315.6
- húmeda . . . 317.2
- seca del gas de alto horno 315.8
Purificado . . . 366.6
Purificar . . . 315.7
Purification . . 146.5
-, dry - of the waste gases 315.7
-, wet . . . . . 317.2
Purificato . . . 382.6
Purified . . . . 146.7
Purifier . . . . 315.9
Purify, to . . . 315.7
Purin . . . . . 431.3
Puro . . . . . 213.11
Purple . . . . 547.10
- ore . . . 70.8, 216.10
- spot . . . . . 547.9
Purpur-erz . . . 70.8
-fleck . . . . . 547.9
Purpúreo . . 547.10
Purpurino . . 547.10
Purpurn . . . 547.10
Push conveyor 139.1
Pusher . . . . 106.4
Pushing device 529.4
- machine, coke 106.4
- trough . . . . 433.3
Pustule . . . . 483.3
Put-on, to - - the upper box 442.6
-, to - in gear . 520.6
-, - - under tensile stress 48.7
Putting in blast again 355.2
Putz-häkchen . 436.3
-leder . . . . 202.10
-maschine . . . 492.1
-mittel . . . . . 491.7
-mühle, tragbare 493.3
-öffnung . . . . 163.4
-scheuertrommel 493.2
-stück . . . . . 489.4
-werkzeug . . 490.9
Putzen . . . . 489.5
Putzer . . . . . 489.3
Putzerei . . . . 489.2
Pyknometer . . 180.1
Pyknomètre . . 180.1
Pyrit . . . . . . 72.3
Pyrite arsenicale 72.4
- cuivreuse . . 72.2
- de fer . . 69.4, 72.3
- grillée . . . . 70.8
- magnétique . 68.3
Pyrites, arsenical 72.4
-, calcined . . . 70.8
-, magnetic . . . 68.3
Pyriteux . . . . 72.2
Pyrogallic acid 211.13
Pyrogallique . 211.13
Pyrogallussäure 211.13
Pyrolusit . . . 70.2
Pyrolusite . . . 70.2
Pyrometer 180.5, 351.5
-, elektrisches - von Le Chatelier 352.1
-, Metall- . . . 351.6
-, optisches . . 352.3
Pyrometer 180.5, 351.5
-, optical . . . . 352.2
-, thermo-electric (Le Chatelier) 352.1
Pyromètre 180.5, 351.5
- à air . . . . . 351.8
- - graphite . . 351.7
- électrique de Le Chatelier 352.1
- métallique . . 351.6
- optique . . . 352.2
Pyrometric . . 351.3
Pyrométrie . . 351.3
Pyrop . . . . . 239.5
Pyrope . . . . 239.5

# Qu.

Quadersandstein 114.4, 306.7
Quadrangolare 517.2
Quadrangulaire 517.2
Quadranteisen . 21.2
Quadrant iron . 21.2
Quadrateisen . 19.3
Quadratisch . . 304.4
Quadro . . . . 414.3
- di distribuzione 171.2
- raffreddato . 297.2
Quai de chargement 122.4
Qualità . . . . 32.1.3
- del filo di ferro 28.2
- di ferro . . . 17.11
- inferiore . . . 17.12
Qualitativ . . . 223.8
Qualitative . . 223.8
Qualitäts-eisen 565.6
-maschinenguß-eisen 6.7
-stahl . . . . . 565.7
Qualité . . . . 32.1.3
- d'un fer cassant à froid 48.1
Quality . . . . 32.2.3
-ies of iron . . 17.11
- of wire . . . . 28.2
Quantità chimicamente equivalenti 257.7
- d'acqua . . . 140.2
- d'aria . 328.7, 472.8
- di luce . . . 280.10
Quantitativ . . 223.7
Quantitative . . 223.7
Quantité, -s chimiquement équivalentes 257.7
- d'eau . . . . 140.2
- - nécessaire . 140.4
- - par heure de la distribution d'eau 140.3
- de lumière . 280.10
- - vent . . . . 328.7
Quantity, chemically equivalent -ies 257.7
- of light . . . 280.10
- - water . . . 140.2
- weighed for analysis 238.11
Quartering the sample 228.1
Quartieren des Probegutes 228.1
Quartz . . 72.6, 115.9
- in lumps . . . 115.6
-, pulverised . . 95.8
- ware . . . . . 201.6
Quartz . . 72.6, 115.8
- en morceaux 115.6
- finement broyé 95.8
- - moulu . . . 95.8
Quartzeux . . . 115.7
Quartzose . . . 426.7
Quartzy . . . . 115.7
Quarz . . . . . 72.6
Quarz, den - abschrecken 115.8
-, fein gemahlener 95.8
-gerät . . . . . 201.6
-sand . . . . . 426.7
-, Stück- . . . . 115.6
Quarzig . . . . 115.7
Quarzo . 72.6, 115.7.8
- finamente macinato 95.8
-, pezzo di . . . 115.6
Quarzoso . . . 426.7
Quebradizo . . 48.3
Quebrantado 107.10
Quebrantador . 465.7
- de lingotes montado sobre ruedas 465.1
- - - portátil . 465.1
- hidráulico de lingotes 465.2
Quebrantadora 77.2 78.8, 79.2

Quebrantamiento 77.1
- de los lingotes 463.6
Quebrantar 76.10, 228.9 463.10
Quecksilber . 545.10
-büchse . . . . 200.4
-chlorid . . . . 209.7
-chlorür . . . . 209.6
-gefäß . . . . . 200.3
-lampe . . . . . 281.2
-manometer . . 350.9
-, metallisches . 209.8
-oxyd . . . . . 209.9
-oxydulnitrat . 209.5
-wanne . . . . 200.5
-zange . . . . . 200.6
Quedar rojo . . 486.5
Quelle, Elektrizitäts- 93.4
Quellend . . . . 544.9
Quellfassung . 141.2
Quemado 417.5, 548.12
Quemador . . . 542.2
- Bunsen . . . 183.4
- de Teclu . . . 183.7
Quench, to - hot 544.1
-, - - in water 543.11
Quenching . . 447.4
- apparatus . . 468.3
- bath . . . . . 544.5
- of the coke . 106.9
Quenouille . 480.2.5
Quer-haupt 505.6, 326.4
-laufend . . . . 316.9
-magnetisch . . 91.7
-riß . . . . . . 36.4
Querschnitt . . 34.1
-, Bruch- . . . . 47.3
-, Düsen- . . . . 350.7
-, quadratischer 304.4
-, runder . . . . 304.3
-veränderung . 503.2
-verringerung . 503.3
Quer-schwelle . 23.3
-siederohr . . . 154.7
-stab . . . . . 520.10
-steg . . . . . . 320.4
-zug . . . . . . 417.2
Quetschhahn . 192.4
Quetsche, Erz- . 78.8
-, Luppen- . . . 377.4
Queue . . . . 497.1.2
- de rat pour fontes 491.3
Quick silver . 545.10
Quiescent . . . 386.3
Quiet, to . . . . 486.1
Química del alto horno 345.5
- - hierro . . . 213.5
Químicamente combinado 203.8
- puro . 204.2, 213.11
Químico . . . . 81.5
- árbitro . . . . 174.1
- -jefe . . . . . 173.4
- oficial [jurado] 174.2
- titulado . . . 173.6
Quita y pon, de 301.6
Quitar con el cincel 36.1
- las rebarbas des junta 489.6

# R.

Rabat . . . . 496.7.8
Rabattu . . . . 26.6
Rabbit stand . 496.8
Rabble . . 88.2, 371.6
-, pointed . . . 371.8
-, to . . . . . . 375.7
-, wedge shaped 371.7
Râblage . . . . 370.8
Râble . . 337.5, 371.6
Raboter . . . . 84.3
Raccolta delle scintille 468.2
- di minerali . 177.5
Raccord de tuyau 184.2, 297.6
Raccordement . 123.9
Raccordo . . . 423.7
-, binario di . . 123.9
- in cuoio . . . 423.8
Rachenlehre . . 40.1
Racimo . . . . 107.2
Rack . . . 383.8, 393.2
- with pinion . 323.6
Raclette . . . . 139.2
Racloir . . . 139.2.3
Rad, Hand- . . 523.9
-lenker . . . . 23.6
Raddoppiare . 533.2
Raddrizzare . . 459.1
- il convertitore 396.1
- le lamiere . . 534.6
-, macchina da (v. macchina)
Raddrizzatura delle rotaie 534.1
Räder-form-maschine 455.2
-walzwerk . . . 512.3
Radiación . . . 352.3
- de calor 352.5, 572.5
Radiado . . 3.1, 46.5
Radial . . . . . 530.8
Radiale . . 3.1, 46.5
Radiated . . . 46.5
-, highly . . . . 3.2
Radiation . . 352.3.5
- of heat 352.5, 572.5
-, pyrometer . 352.2
-, thermal . . . 352.5
Radiation calorifique 352.5
Radiatore . . . 452.3
Radiazione . . 352.3
- di calore . . 352.5
Radio de curvatura 43.6
- - flexión . . . 43.6
Radiolated . . 46.5
Radius . . . . . 43.6
Raffinage . . . 414.8
Raffinaggio . . 414.8
Raffination des Eisens auf elektrothermischem Wege 565.4
Raffinations-verfahren 565.5
-vorgang . . . 565.5
Raffinato . . . 5.2
Raffinazione . . 565.5
Raffiné . . . . 11.3
Raffiniert . . . 11.3
Raffreddamento 255.6, 486.3
- ad acqua . . 296.5
- - - degli elettrodi 567.9
- - aria . . . . 296.6
- della griglia 162.5
-, dispositivo di 296.4
- improvviso . 447.4
- lento . . . . . 357.6
-, sistema di . . 296.4
Raffreddare . 543.10
- il forno . . . 415.9
Raffreddato . . 296.3
- con acqua . . 369.6
Ragazzo del laboratorio 174.4
Raggiante . . . 488.7
Raggiato . 3.1, 46.5
Raggio . . . . 281.3
- di curvatura . 43.6
- - piegatura . 43.6
Rahmen . 323.5, 414.3
-, Aufsatz- . . . 453.2
-, Form- . . . . 121.7
-, gekühlter . . 297.2
-hammer . . . 497.4
-, schmiede-eiserner 440.3
Rai, ayant des -s 46.6
Raie . . . . . . 401.4
- bleue . . . . 400.2
- de sodium . . 401.3
- du manganèse 401.6
Rail . . . 22.2.8, 404.6
-, bulb -s . . . 21.3.6
- for light railway 22.7
- - mines . . . 22.9
- - trunk lines 22.6
-, guard . . . . 23.6
-, heavy . . . . 22.6
-, light . . . . 22.7
- pass . . . . . 517.7
- spike . . . . . 24.6
Rail . . . 22.2, 517.7
- armé . . . . . 404.6
- de fer . . . . 446.8
- - grande voie 22.6
- - tramway . . 22.8
- - voie normale 22.6
- du pont à bascule 133.8
- pour chemin de fer vicinal 22.7
- - mines . . . 22.9
- - voie étroite 22.7
Railway . . . 135.9.10
-, aerial . . . . 331.8
- freight . . . . 561.4
-, full gauge . 123.10
-, light . . . . . 22.7
- material . . . 22.1
-, narrow gauge 123.11
Rainure . . . . 504.4
- de tuyau . . 458.7
- longitudinale 460.2
Rainuré . . . . 27.3
Raise, to - the converter 396.1
Raised . . . . . 394.1
Raising . . . . 522.8
- of water . . . 141.9
-, ore . . . . . . 58.5
Rajado . . . . 108.4
Rake . . . 342.3, 337.5
Ralentir . . . . 474.3
Rallentare . . . 474.3
Ram, hydraulic 506.2
-, to . . . . . . 425.4
Rama . . . . . 320.2
Ramare . . . . 552.7
Ramasseur . . 78.5
Rame . . . 61.1, 217.7
- di cementazione 90.7
-, privato del . 90.5
Ramico . . . . 209.3
Ramifero . . . 90.4
Ramificación . 324.5
Ramificato . . . 324.5
Rammer 391.4.5, 434.5
-, flat . . . . . . 434.6
-, pneumatic . . 434.8
Ramming action, double 454.5
- machine . . . 391.3
- piston . . . . 453.7
Ramoso . . . . 72.2
Rampa di caricamento 122.3
Rampa de carga 122.3
Rampant . . 372.2.5
- ascendant . . 372.3
- incliné vers le bas 372.4
Rampe, Verlade- 122.3
Rampe de chargement 122.3
Rampino 342.3, 525.1
Rampone . . . 24.5
Rand . . . . . 36.8
- des Zylinders 312.6
- der Walze . . 514.6
Range, open . . 151.7
Rangée de tubes 319.6
- - tuyères . . 466.7
- parallèle . . . 384.8
Rangier-bahnhof 123.6
-seilbahn . . . 124.4
-spill . . . . . . 124.5
-winde . . . . 124.5
Ranura . . . . 504.4
- de macho . . 458.7
- longitudinal . 460.2

Ranurado . . . 28.9
Rap, to . . . . 435.6
Rapid . . . . . 468.6
Rapide . . . . 236.3
-, acier . . . . . 18.6
Rapido . . . . 236.3
Rápido . . . . 236.3
-, acero . . . . 18.6
Rapporté . . . 295.8
Rarefacción del aire 469.4
Rarefaction . . 469.3
Raréfaction de l'air 469.4
Rarefazione . . 469.4
Rascador . . . 139.2
-, aparato . . . 78.5
-, disco . . . . . 139.3
Rascar . . . . . 354.2
Raschiare . . . 354.2
-, apparecchio per 78.5
Raschiatoio . . 78.6 139.2, 371.6
- conico . . . . 371.7
Raschiatore . 139.3.4
Rasenerz . . . . 67.4
Raspador . . . 78.6
Rasqueta . . . 78.6
Rasquete . . 446.3.,4
Rast-druck . . 303.3
-form . . . . . 302.6
-höhe . . . . . 302.5
-mantel . . . . 302.4
-mauerung . . 302.3
-stein . . . . . 302.7
-winkel . . . . 302.8
Rauch-abzug-öffnung 417.4
-beschädigung 561.1
-, brauner . . . 400.7
-fang . . . . . 389.1
-gasuntersuchungs-apparat 268.4
-kanal . . . . . 85.8
-rohrkessel . . 155.1
Rauchend . . 203.12
Rauh . . . . . 64.4
-gemäuer 286.4, 304.9
-waschtrommel 80.11
Rauheit, Oberflächen- 426.8
Rauhigkeit . . 490.8
Raum für die Probenahme 174.8
- - metallographische Untersuchungen 177.4
-inhalt . . . . . 125.5
-, luftverdünnter 246.2
-teil . . . . . . 345.9
-, Wasch- . . . 150.6
Ravalement . . 483.7
Raw . . . . 9.7, 62.7
- material . . . 118.3
- ore . . . . . . 62.7
Ray . . . . . . 281.3
Raya . . . . . 401.4
- azul . . . . . 400.2
- de manganeso 401.6
- - sodio . . . 401.3
Rayado . . . . 27.3
Rayar en negro 424.10
Rayo . . . . . 281.3
-, con -s . . . . 46.5
Rayon . . . . . 281.3
- de cintrage . 43.6
- - pliage . . . 43.6
Rayonnant 46.5, 488.7
Rayonné . . . 3.1
Rayonnement . 352.3
- calorifique . . 352.5
- de la chaleur 572.5
Rayure, largeur de la 54.2
Reacción . . . 222.6
-es de la combustión 248.7
- endotérmica . 223.2
- exotérmica . 222.9
-, operar una . 222.5
- química . . . 222.4
Reaccionar . . 222.5
React, to . . . 222.5
Réactif, -s 185.2, 203.5
- de Nessler . . 211.4
- - précipitation 242.9
Reaction . . . . 222.6
-, chemical . . 222.4
-, endothermic 223.2
-, exothermal . 222.9
Réaction . . . 186.2
- chimique . . 222.4
-s de la combustion 248.7
- endothermique 223.2
- exothermique 222.9
Reactivo, -s 203.5, 212.7
- de Nessler . . 211.4
Reagens, Nesslersches 211.4
Reagent . . . . 203.5
- bottle . . . . 185.2
-, Nessler's . . . 211.4
Reagente . . . 185.2
- precipitante . 147.6
Reagentien . . 203.5
-flasche . . . . 185.2
Reagenz-glas . 186.1
-kelch . . . . . 186.2
-papier . . . . 212.7
-röhre . . . . . 247.8
Rear . . . . . 496.10
Reagieren . . . 222.5
Réagir . . . . . 222.5
Reagire . . . . 222.5
Reaktion . . . 222.6
-, chemische . . 222.4
-, wärmegebende 222.9
-, wärmeverzehrende 223.2
Reaktions-temperatur 222.8
-wärme . . . . 222.7
Reattivo . 203.5, 212.7
- di Nessler . . 211.4
Reazione . . . 222.6
- chimica . . . 222.4
- endotermica . 223.2
- esotermica . . 222.9
Rebaba . . . 534.10
Rebajado . . . 404.2
Rebarba de junta 489.6
Rebarbado . . 489.2
Rebarbador . . 489.3
Rebarbar . . . 489.4
Rebondi . . . . 452.4
Rebondir, laisser - le mouton 502.2
Rebord du cylindre 312.6
- - fourneau . 308.6
Reborde para contener la arena 441.4
Reborde torneado 323.9
Rebordeado . . 26.6
Rebosadero . . 439.4
Rebotador 495.4, 496.7
Rebotar el martillo 502.2
Rebote . . . . 502.6
- por muelles . 502.4
Rebound, to let the hammer 502.2
Rebut . . 27.7, 489.1
Recalcar . . . . 53.5
Recalentado . . 408.3
Recalentador . 179.1
- de vapor . . 179.2
Recalentamiento 527.6
-, horno de (v. horno)
Recalentar . . 370.6
-, horno de (v. horno)
Recambio . . . 371.2
Recarburación 398.5
Recarburation 398.5
Recarburisation 398.5
Receiver 255.3, 466.5 468.9, 472.6
Récent . . . . . 116.2
Recente . . . . 116.2
Recepción . . . 30.12
- del almacén . 130.9
Réception 30.1, 559.8
Recess . . 423.7, 458.7
Recevoir la fonte 481.2
Réchaud à gaz 184.9
- - pétrole . . 184.10
Réchauffage . . 112.9
Réchauffé . . 297.11
Réchauffer . . 364.2
-, four à (v. four)
Rechen, Fisch- 140.10
Rechnungsmäßig 135.3
Recherche . . . 81.1
-, appareil pour la - de l'arsenic 218.7
-s au spectroscope 400.11
- métallographique 177.4, 272.3
Recibir la fundición 481.2
Reciente . . . . 116.2
Récipient . . . 261.2
- à chlorure de calcium 238.9
- - mercure . . 200.3
- de chargement 410.8
- en verre pour piles 265.7
- pour la mesure de la conductance 261.3
Recipiente . . 261.2
- d'acqua 316.2, 330.5
- d'assorbimento 269.3
- del contrappeso 508.4
- di cristallizzazione 243.9
- - decantazione 243.7
Recipiente per la misura della conduttanza 261.3
Recipiente 102.4, 261.2
- de agua . . . 316.2
- - aire . . . . 472.6
- - carga . . . 508.4
- - decantación 243.7
- - gas . . . . 271.3
- - tolva . . . . 131.1
- para la medida de la conductancia 261.3
- - mercurio . 200.3
- - solución potásica 181.3
Recocer . . 95.2, 528.4 547.1
- el acero . . . 543.9
- - - por medio de la combustión de grasa sobre la pieza 547.2
-, horno de (v. horno)
Recocido . . . 547.3
-, carbono de . 215.7
Recoil . . . . . 496.7
- spindle . . . 502.6
Recomponer el revestimiento 412.6
Recortar 33.11, 533.6
- con el cincel 34.4
Recorte, . . . . 33.6
Recoupe, -s de creusets 382.1
Recouvrement 538.7
Recouvrir . . 415.10
- de drap . . . 276.1
Recueillir les étincelles 468.2
- - flammèches 468.2
Recuire 92.2, 528.4, 547.1
-, four à (v. four)
-, - - cuve à . . 541.3
- l'acier par le flambage 547.2
Recuit . . . . . 547.3
Recul de la dissociation 263.1
Reculer les buses 343.1
Recuperación . 103.8
Recuperador de calor 407.7
- - Whitwell . 320.6
Récupérateur . 407.7
- de chaleur . 320.9
- Whitwell . . 320.6
Récupération . 407.7
- des sousproduits 103.8
Red heat 86.11, 385.7
- hot . . . . . 486.5
-, jeweller's . . 276.2
-, Paris . . . . 276.2
- short iron . . 48.3
Red de protección 136.1
- protectora . . 136.1
Redacción de los resultados del análisis 226.8
Rédaction des résultats de l'analyse 226.8

Redecilla, en forma de 46.8, 261.7
Redondeado . . 520.2
- por frotamiento 427.2
Redondo . . . 186.7
Redresser . . . 459.1
Reducción 347.1, 382.4 398.6
- de la muestra 228.1
- - - sección . 503.3
- - - - de las canales 516.8
- directa . . . 347.7
- indirecta . . 347.8
Reduce, to, 250.9 347.9, 535.2
-, - - the output 556.1
Reducibilidad . 81.9
- difícil . . . . 62.6
- fácil . . . . . 62.4
Reducible, Difficultly 62.5
-, easily . . . . 62.3
Reducible, difícilmente 62.5
-, fácilmente . . 62.3
Reducir 250.9, 347.9
Réducteur, -rice 398.10
Réductibilité . 81.9
- difficile . . . 62.6
- facile . . . . 62.4
Reductibility . 81.9
Réductible, difficilement 62.6
-, facilement . 62.3
Reduction 398.6, 516.9
-, difficult . . . 62.6
-, direct . . . . 347.7
-, easy . . . . . 62.4
-, indirect . . . 347.8
- of cross section 503.3
- - furnace dust 97.2
- - passes . . . 516.8
- temperature 347.10
- zone . . . . . 347.1
Réduction . . . 347.1
- de fer par la méthode thermoélectrique 571.2
- - la durée de la fusion 411.10
- - - poussière au fourneau 97.2
- - - prise d'essai 228.1
- - - teneur en poussière des gaz du gueulard 97.2
- - section . . 503.3
- - - des cannelures 516.8
- directe . . . 347.7
- indirecte . . 347.8
Reductor, de efecto 398.10
Réduire 250.9, 347.9
- la production 556.1
- les dimensions par laminage 535.2
Reduktion . . . 398.6
-, direkte . . . 347.7
Reduktion, indirekte 347.8
Reduktionsfähigkeit 81.9
-temperatur . 347.10
-zone . . . . . 347.1
Reduzierbar, leicht 62.3
-, schwer . . . 62.5
Reduzierbarkeit, leichte 62.4
-, schwere . . . 62.6
Reduzieren 250.9 347.9
Réemploi . . 431.12
Refilare . . . . 533.6
Refinación . . . 565.5
- del hierro por procedimiento electrotérmico 565.4
Refinado . 10.3, 414.8
-, doble- . . . . 11.3
Refinar . . . . 112.8
Refine, to . . . 363.3
Refined . . 5.2, 11.2
-, double . . . . 11.3
- iron . . . . . 565.6
-, the steel becomes 386.2
Refiner . . . . 363.7
Refining 7.6, 363.5 366.5, 386.9, 414.8
- foam . . . . . 215.6
- forge slag . . 112.8
- in the open hearth 363.4
- of iron, electric 565.4
- process . . . 565.5
-, single . . . . 365.8
- with iron ore 415.1
Refondre . . . 389.2
Refondu . . . 474.12
Refonte . . . . 474.1
- des riblons . 565.8
Réformation des ions 264.8
Reforzador, nervio 319.9
Refoulement . 53.5.7
Refouler . . . . 53.6
Refouleux . . . 516.2
Réfractaire 62.1, 356.12
Refractario . 115.11 565.5
Refractoriness 162.4 306.9, 383.11
Refractory 62.1, 356.12
-, highly . . . . 428.6
Refrattario . 115.11 356.12
Refrescado . . 297.2
- por agua 297.1, 322.6
Refrescar la prueba 275.6
Refrigeración . 148.1 255.6
- del emparrillado 162.5
-, instalación de - del agua 148.4
- por agua . . 296.5
- - aire . . . . 296.6
Refrigerado . . 296.3
- por agua 297.1, 369.6
Refrigerador . 255.7
Réfrigérant . . 255.7
- à cheminée . 149.3
Réfrigérant, appareil 296.4
-, - - à ruissellement 148.7
-, installation d'appareils -s pour les eaux 148.4
Refrigerante . 329.5
- a camino . . 149.3
- - corrente . . 148.7
- ad irrigazione 148.7
Refrigerante, aparato 296.4
-, caja . . . . . 296.7
Refrigeration surface 486.4
Réfrigération . 149.2
- du foyer . . . 162.5
Refrigeratore . 255.7
Refrigerazione 148.1.5
-, impianto di - a gradini 148.6
-, - - - dell'acqua 148.4
Refroidi . . . 297.12
Refroidir 415.9, 543.10
Refroidissement 148.1.5, 486.3
- des électrodes par courant d'eau 567.9
- lent . . . . . 357.6
- par l'air . . . 296.6
- - l'eau . . . . 296.5
- soudain . . . 447.4
Refroidisseur 255.6.7
-, appareil - à ruissellement 148.7
Refuerzo . . . 521.3
Refundición . . 474.1
Refundido . . 474.12
Refus de réception 559.8
Refusal of acceptation 559.8
Refuse destructor furnace 155.8
Refuser l'échantillon 34.7
Regaliz . . . . 278.3
Regar . . . . . 148.8
Regard 88.1, 163.2, 301.4
Regelung des Luftstromes 411.6
Regeneración . 264.8
- del acero quemado 549.2
Regenerador 407.7.8
Regenerated . 408.3
Régénérateur 407.7.8
Regeneration velocity of the ions 264.8
Régénération . 264.8
- de l'acier altéré 549.2
Regenerator . 407.7.8
Régime . . . . 169.2
Regime . . . . 169.2
Régimen . . . 169.2.5
Register pin . . 442.8
Registrare . . . 522.4
Registrazione . 522.7
Registre . . . . 322.2
- à air froid . . 322.4
- tournant . . 297.9
Registro . . . . 522.5
- delle cariche 349.4
- girevole . . . 297.9
Registro giratorio 297.9
Regla . . 239.9, 435.3
- con jinete . . 239.7
- de metal para enderezar 40.7
- graduada . . 38.7
Réglage . 192.3, 522.7
- de l'air . . . 411.6
- - la pression d'eau 508.1
- des électrodes 567.2
- du tirage . . 417.1
Reglamento de ensayo 31.10
Règle . . . . . 435.3
- à dresser . . 40.7
- divisée . . . 38.6.7
- du cavalier 239.7.9
Règlement d'essai 31.10
Regler . . . . . 328.5
-, Gas- . . . . . 272.1
Réglisse . . . . 278.3
Reglung, Wasserdruck- 508.1
Regolamento di prova 31.10
Regolatore del tiraggio 417.1
- di gas . . . 272.1
- - pressione . 328.5
Regolazione . . 192.3
- degli elettrodi 567.2
- dell'aria . . . 411.6
- della pressione d'acqua 508.1
Regolo . . . . 38.6
- del cavaliere 239.7.9
- di metallo per livellare 40.7
Regreso . . . . 471.8
Reguera . . . . 340.2
- de agua . . . 313.5
- - descarga . 81.2
- - evacuación 298.6
- - la escoria . 300.3
- lateral . . . . 340.3
Regulación de la corriente de aire 411.6
- - los electrodos 567.2
Regulador 192.3, 328.5
- de gas . . . . 272.1
Régulateur . . 328.5
- de gaz . . . . 272.1
Regulating cock 192.3
- slide valve . 499.9
Regulation . . 417.1 522.7
-, automatic . . 500.4
- box . . . . . 467.1
- by stop cock 500.1
- of the air current 411.6
- - water pressure 508.1
-, self- . . . . . 500.4
Regulator 272.1, 328.5
Regulierhahn . 192.3
Rehacer la dosificación 192.10
Reheat, to . . . 547.1

Reheating 86.5, 541.3
- furnace 527.6.7, 528.3
- - slag . . . . 112.9
- - with movable hearth 528.9
- oven . . . . . 383.9
Rehusar la muestra 34.7
- la prueba . . 34.7
Reib-hammer, Stangen- 498.3
-schale . . . . 229.4
Reibeplatte . . 229.6
-, gußeiserne . 229.6
Reiben, blank 552.13
Reiber . . . . . 229.5
-, gußeiserner . 229.7
Reibung . . . . 347.2
-, elektrolytische - der Ionen . 260.3
-, Zapfen- . . . 513.8
Reibungs-hammer 497.5
-kupplung . . 520.5
-rolle . . . . 497.6
-widerstand, elektrolytischer 263.3
Reichlich . . . 87.5
Reifeisen . . . 24.7
Reif, -er Eisenspat 68.7
-, Stahl- . . . . 294.7
-er Tiegel . . 383.10
Reifen . . . . . 231.2
-walzwerk . . 512.2
Reinforced . . 289.7
Reingewicht . 134.9
Reinheit, Oberflächen- 35.3
Reinigen . . . 315.6
Reiniger, Gas- 316.1
Reinigung des Herdes 342.2
-, Nach- . . . . 403.8
-, Wasser- . . . 146.5
Reinigungs-öffnung 321.8
-tür . . . . . . 163.3
Reise, Ofen- . . 344.8
Reisigbündel . 532.9
Reißstock, Parallel- 40.5
Reißer, Parallel- 40.5
Reitel . . . . . 496.7
-säule . . . . . 496.3
Reiter . . . . . 239.8
-lineal . . . . 239.7.9
-verschiebung 239.10
Reject, to - the test 34.7
Rejeter l'échantillon 34.7
Rejilla de hierro colado 321.5
- - hilos de asbesto 201.3
- para peces . 140.10
Relatif, poids . 226.6
-, volume . . . 226.7
Relativo, peso . 226.6
-, volumen . . . 226.7
Release . . . . 240.6
Relever le convertisseur 396.1
Releveur . . . 525.2
Relief . . . . . 277.7
-, en . . . . . . 436.6
Relief polishing 277.7
- valve . . . . 145.5
Reliefpolieren . 277.7
Relier avec des clavettes 442.10
Relieve . . . . . 277.7
Relining the furnace 572.9, 573.1
Rellenar 104.8, 337.10
Relleno 132.1, 337.1, 358.7
-, aparato para el - de las castañas 175.7
Reloj . . . . . 189.7
Remachado . . 136.5
Remache . . . 43.4
Remain, to - red hot 486.5
Remblayage . . 358.7
Remelting furnace 389.2
- process . . . 474.1
Remontée de la fonte 482.9
Removable . . 301.6
Removal of ashes 164.2
- - clinker . . 337.4
- - the plug . . 392.2
Remove, to - the burr 489.6
-, - - - seam . 489.6
Remover 375.7, 376.3
Removing of the scale 532.8
- the dust . . . 409.1
- - pickling acid 537.2
Remplir 104.8, 337.10, 485.4
- le moule . . . 482.4
Remplissage . . 337.1
-, appareil pour le - des bonbonnes 175.7
- des murs . . 304.7
Rendement 75.6, 557.5
- des minerais 345.3
- électrolytique 258.3
- en gaz . . . . 103.3
- manométrique 472.10
- thermique . . 573.3
Render magro 116.11
Rendimento . . 75.6, 555.6.7
- dei minerali . 345.3
- elettrolitico . 258.3
- in gas . . . . 103.3
- manometrico 472.10
- termico . . . 573.3
Rendimiento . 75.6, 557.5
- de la mezcla 345.3
- electrolítico . 258.3
- en gas . . . . 103.3
- manométrico 472.10
- térmico . . . 573.3
Renflement . . 293.1, 518.5
Renforcement . 521.3
- des parois du tube 319.9
Rengel . . . . 339.2
Reniforme . . . 63.8
Rennfeuer . . . 362.2
-eisen . . . . . 10.2
-schlacke . . . 112.7
Rennen . . . . 362.1
Renversable . . 449.5
Renversement 393.5, 406.8, 532.2
-, appareil de 393.4, 406.9
-, - - - à commande électrique 393.6
- automatique 479.6
- de marche, dispositif de 532.7
-, dispositif de 331.6
- du convertisseur 392.4
- - laminage 531.11
Renverser . . . 341.8
Repair . . 412.6, 573.1
-, in want of . 475.5
-, out of . . . . 355.5
- shop . . . . . 150.3
-, thorough . . 413.8
-, to - the mould 436.4
Repairing the lining 572.9
Reparación . . 150.3
- general . . . 413.8
-, necesitado de 475.5
Réparation . . 150.3
- à fond . . . . 413.8
-, demandant une 475.5
- fondamentale 413.8
-, nécessitant une 475.5
Réparer le garnissage 412.6
- - moule . . . 436.4
Repartición de las materias de fusión 335.6
Repartidor . . 270.9
Répartition des matières à fondre 335.6
- du vent . . . 324.6
Repasar 437.2, 581.9
- los moldes . . 437.1
Repasser . . . . 581.9
Repos . . . . . 385.12
Reposar, dejar 243.5, 356.3, 486.1
Reposer, laisser 386.3
-, - se . . . . . 486.1
Reposo . . . 385.12
Reprendre avec de l'acide 248.5
- - - l'eau . . . 248.5
Reprise du magasin 130.9
Repudiation . . 559.8
Repuesto . . . 33.7
Repulsa de recepción 550.8
Required . . . 140.4
Resbalamiento 84.2
Réseau . . . . . 168.7
-, en . . . . . . 46.8
Reserve piece . 33.7
Réserve . . . . 33.7
Reservoir 131.3, 145.6
-, elevated . . . 145.8
Réservoir 26.10, 80.9, 102.4, 131.3
- à air . . . . 502.1
- - gaz . . . . 271.3
- - mercure . . 200.4
- collecteur . . 472.6
- d'air de la conduite de refoulement 145.4
Réservoir d'eau 145.6, 316.1
- - sous pression 145.8
- de clarification 146.9
- - distribution 145.8
- surélevé . . . 145.8
Résidu . . . . 216.10
-s de la distillation du pétrole 156.1
- - lessivage . 90.3
- - pyrites grillées 70.8
- insoluble . 241.12
- - dans l'acide 241.13
Residue . 90.2.3, 156.1
-, undissolved 241.12
- unsoluble in acid 241.13
Residuo . . . 216.10
-i di lavaggio . 90.3
-i - petrolio . . 156.1
-i - piriti dopo la torrefazione 70.8
- insolubile . 241.12
- - nell'acido 241.13
Residuo . . . 216.10
-s de lejiviación 90.3
-s - petróleo . 156.1
-s - piritas calcinadas 70.8
- insoluble . 241.12
- - en el ácido 241.13
Resin 410.8, 546.11, 551.8
Resina . . 546.11, 551.8
Résine . . 546.11, 551.8
Resistance . . . 82.5
- against fire . 162.4
- capacity of the vessel 261.2
-, electric . . . 267.1
-, electrolytic frictional 263.3
- furnace . . . 570.4
- heating . . . 570.5
-, magnetic . . 92.8
- to pressure and friction . . 96.8
- - shock . . . 41.9
- - tensile stress 48.8
- - wear . . . 82.6
Résistance . 82.4, 89.5, 261.2, 306.9
- à l'action du feu 162.4
- - l'écrasement et au frottement 96.8
- - l'usure . . . 82.6
- - la torsion . 50.5
- - - traction . 48.8
- absolue . . . 49.6
- au choc . . . 41.9
- - feu . . . . 383.11
- - striage . . . 53.11
- de frottement électrolytique 263.3
- du taillant . . 32.5
- - tranchant . 32.5
- électrique . . 267.1
- magnétique . 92.8
Resistant . . . 385.2
Résistant . 6.8, 385.2
Resistencia 82.4, 96.8, 306.9
- á la torsión . 50.5

Resistencia á la tracción 48.8
- absoluta . . . 49.6
- al choque . . 41.9
- - desgaste . . 32.6
- - fuego 162.4, 383.11
- de frotamiento electrolitica 263.3
- del corte . . 32.5
- - filo . . . . . 32.5
- eléctrica . . 267.1
- magnética . . 92.8
Resistente . 6.8, 385.1 385.2
Resistenza 32.4, 261.2 306.9
- al fuoco 162.4, 383.11
- - taglio 32.5, 543.3
- all'urto . . . 41.9
- alla pressione e triturazione 96.8
- - torsione . . 50.5
- - trazione . . 48.8
- allo sfregamento 32.6, 543.4
- assoluta . . . 49.6
- d'attrito elettrolitica 263.3
- elettrica . . . 267.1
- magnetica . . 92.8
Resorte . . . . 14.3
- espiral . . . 502.5
Resoufflage . . 355.2
Respingente . . 25.2.3
- elastico . . . 502.3
Respiradero . . 439.7
Respiro . 439.7, 444.4
Ressort . . . . 14.3
- de choc . . . 25.2
- - tampon . . 25.2
- - wagon . . . 25.1
- en spirale . . 502.5
Restandardize 192.10
Restare rosso . 486.5
Restarting . . . 355.2
Rester rouge . 486.5
Restoration of spoilt steel 549.2
Restricción de concesión 557.8
Restriction of license 557.8
Restriction de concession 557.8
Restringimento 83.10
Restrizione di concessione 557.8
Result of analysis 226.9
- - experiment 34.5
- - test . . . . 34.5
Resultado de ensayo 34.6
- del análisis . 226.9
- - ensayo . . . 34.5
Résultat d'essai 34.6
- de l'essai . . 34.5
- moyen d'essai 227.11
Retardar la cementación oxidante 415.6
Retarder la cémentation oxydante 415.6
Retassement 483.7.11
Retassure . . 483.11
Rete . . . . . . 199.3
-, a forma di . 46.8
Rete di Babo . 199.4
- - filo metallico ed asbesto 201.3
- - protezione . 186.1
- in filo di rame 199.2
- metallica . . 199.1
Retención . . . 264.7
- de las chispas 468.2
Retenue . . . . 264.7
Retention . . . 264.7
Reticolare . . . 46.8
Reticolato . . . 261.7
- di protezione 136.1
Réticulaire 46.8, 261.7
Reticular . . . 46.8
Reticulated . . 46.8
Rétiforme . . . 261.7
Retiforme . . . 261.7
Retirar el fuego del horno 415.9
- las boquillas 343.1
- - busas . . . 343.1
- - varillas . . 391.8
-, máquina de (v. máquina)
- moldes . . . 448.4
Retirer le modèle 435.8
- les baguettes 391.8
- - creusets . . 386.4
Retitrer . . . 192.10
Retorno, canal de 471.8
Retort . . . . . 187.8
- graphite . . 117.11
- stand . . . . 188.1
Retorta . 117.11, 187.8
- de destilación 255.4.5
Retorte . . . . 187.8
Retorten-graphit 117.11
-halter . . . . . 188.1
Retour . . . . . 582.5
-, canal de . . . 471.8
Retourner . . . 376.3
- la pièce . . . 503.9
- le châssis . . 442.5
- - lingot . . . 529.2
Retrait . 423.2, 486.7 514.8
-, avoir du . . . 423.3
Rétrécissement 83.10 382.4
Retroceso de la disociación 263.1
Rétrogradation de la dissociation 263.1
Retrogradazione della dissociazione 263.1
Retrogression of dissociation 263.1
Return pass . . 532.6
-, to . . . . . . 531.9
Returning . . . 532.5
Réussi, grillage bien 88.8
Réussir, ne pas 488.11
Reveal, to - the structure 277.4
Revelación . . 224.5
- de la superficie 282.6
- - las capas inferiores 282.7
Revelamiento de la estructura 277.1
Revelar . . . . 282.5
Revenir, faire - l'acier 543.9
Reverberación de la fundición 483.1
Reverberatory furnace 10.7, 366.10 402.5
- -, revolving . 402.8
- - with long hearth 466.1
Réverbère . . . 10.7
-, four à (v. four)
Reverbero . . 10.7
-, horno de (v. horno)
Reversal . . . 532.2
Reverse . . . . 532.3
Reversibile . . 169.9
Reversible . . . 169.9
Réversible . . . 169.9
Reversierwalzwerk 532.1
Reversing . . . 406.8
- arrangement 406.9
- gear . . 406.9, 532.7
- rolling mill . 532.1
- the rolls . . 531.11
Revestido 305.1, 540.9
Revestimiento . 305.1 373.4, 429.10
- de acero de la plancha de blindaje 27.9
- - chapa . . . 287.1
- - - de hierro 287.2
- - la camisa de la cuba 304.8
- - - solera . . 412.5
- - ladrillos . . 390.6
- - los etalajes 302.4
- - solera . . 369.10
- del horno . . 83.9
- intermedio . 304.7
-, nuevo - del horno con material refractario 572.9
- refractario del horno 566.5
Revestir el hogar con ladrillos refractarios 156.6
Revêtement . . 373.4
- du four . . . 83.9
- réfractaire du four 566.5
Revêtir la boite à feu de briques réfractaires 156.6
Revisar las toberas 342.9
Revolución . . 445.8
Révolution . . 445.8
Revolvedor . . 88.2
Revolving . . 80.10
- furnace . . . 95.3
- hearth . . . . 367.7
Rheder . . . 561.12
Rhodanammonium 206.1
Rhodonit . . . 70.4
Rhodonite 69.7, 70.4
Riavolo, -i di ferro 371.5
Rib, inserted . 296.8
-, longitudinal . 519.6
Ribadito . . . . 477.6
Ribaltabile . . 453.4
Ribassato . . . 404.2
Ribbon . . . . 184.8
Riblon . . 29.5, 413.1
Ribollimento 385.11
Ribollire . . . . 386.3
Ribordo di cuoio 507.2
Ricalcare . . . 516.2
Ricambiabile . 390.9 391.2
Ricambio . . . 371.2
Ricarburazione 398.5
Ricco di ferro . 113.3
Ricerca metallografica 272.3
Ricevitore intermedio 472.6
Rich in iron . 113.3
- - silicic acid 114.3
Riche en oxyde de fer 370.5
-, minerai . . . 63.1
Richiesta di minerale 558.3
Richt-maschine 584.2
- -, Kerneisen- . 459.1
-platte, eiserne 584.8
-scheit . . . . . 435.3
-schiene . . . . 40.7
Richtehalle . . 583.5
Richten, gerade 584.1
Richtung, achsiale 472.3
-, Bewegungs- . 93.6
-, gleich bleibende 531.1
Rico, aleación -a 14.11
- en gases . . . 100.1
- - óxido de hierro 370.5
Ricoprimento del forno 569.2
Ricoprire con polvere di carbone 430.4
Ricotto . . . . 548.8
Ricottura . . . 95.2
-, carbonio di . 215.7
-, forno di (v. forno)
Ricuocere 528.4, 547.1
- l'acciaio alla fiamma 547.2
Ricuperatore 407.7.8
- di calore . . 320.9
- Whitwell . . 320.6
Ricupero . . . 103.8
-i dei crogiuoli 382.1
Rider . . . . . 239.7.8
Riducente . . . 398.7
Riducibile, difficilmente 62.5
Riducibilità . . 81.9
- difficile . . . 62.6
- facile . . . . 62.4
Ridurre . 250.9, 347.9
Ridursi in polvere 359.1
Riduttibile, facilmente 62.3
Riduzione 347.1, 398.6
- del campione 228.1
- - tempo di fusione 411.10

Riduzione di sezione dei canali 516.8
- diretta . . . . 347.7
- in coke . . . 106.3
- indiretta . . . 347.8
Riego . . 148.7, 298.4
- de carbón . . 104.7
Riemen-betrieb 170.5
-pumpe . . . . 509.4
-rolle . . . . . 451.4
-rollenformmaschine 451.4
-scheibenformmaschine 451.4
- - - für große Durchmesser 451.5
- -modellsatz . 451.7
Riempimento . 304.6 337.1
Riempire 337.10, 485.4
-, apparato per - le damigiane 175.7
- la forma . . . 482.4
Riesel-fläche . . 149.1
-kühler . . . . 148.7
-rost . . . . . . 162.6
-werk . . . . . 148.6
Rifacimento . . 578.1
- del forno . . 572.9
Riferimento . . 41.5
Riffelblech . . 26.11
Riffeled . . . . 26.11
Rifinire . . . . 503.7
Rifinitura dell'anima 461.2
Rifiutare la prova 34.7
Rifiuto d'accettazione 559.8
Rifornitore . . 145.6
Rifusione . . . 389.2
-, doppia . . . . 366.3
-, una sola . . . 366.2
Rifuso . . . . 474.12
Riga . . . . . . 435.3
Rigato . . . . . 27.3
Rigeneratore . 407.7
Rigenerazione degl'ioni 264.8
- dell'acciaio alterato 549.2
Rigola . . . 80.7, 340.2
Rigole . . . . . 468.6
- à chaux . . . 388.7
- - eau . . . . 313.5
-s - laitier . 300.1.3
- d'écoulement 81.2 298.6
- de chargement 395.8
- - coulée 300.5, 468.7
- transporteuse 102.5
Rilievo . . . . 277.7
Rim . 36.8, 84.5, 294.2
-, cast iron . . 84.5
-, circular . . . 312.7
- of furnace . . 308.6
- - ladle . . . . 477.9
- pattern . . . 451.6
-, upper . . . . 308.7
Rimasuglio . . 33.6
Rimescolare . . 375.7
Rimestamento . 80.4
Rimozione del deposito 402.1
- - groppo . . 402.1
Rinçage . . . . 553.8
Rindstalg 419.11, 553.5
Rinforzo . . . . 521.3
- dei tramezzi 319.9
Ring . . . . . . 294.8
-, Belastungs- . 508.5
- der Walze . . 514.6
-einguß . . . . 444.3
-förmig . . . . 312.3
-, gußeiserner . 294.9
-, Leder- . . . . 506.7
-, niederhängender 309.3
-liderung, Leder- 506.6
-ofen zum Brennen des Kalksteins 85.5
-, Porzellan- . . 193.9
-, Schmiedeeisen- 294.6
-, Wasserbad- . 247.9
-, zu einem - aufwickeln 535.5
-, zum - gebogen 294.8
Ring . . . . . . 193.9
- carrier . . . . 478.1
-, middle . . . 394.9
- shaped . . . . 423.9
-, suspended . . 309.3
- weight . . . . 508.5
Ringard . . 88.2, 339.2
- en fer . . . 338.10
- pointu . . . . 371.8
Ringhiera della piattaforma 307.7
Rinne, Abfluß- 298.6
-, Einfluß- . . . 395.8
-, Förder- 102.5, 139.5
-, parallele -n . 340.3
-, Schmelz- . . . 568.5
-, schwingende 433.4
-, Sturz- . . . . 131.8
-, Wasser- . . . 313.5
Rinnentrog . . 139.6
Rinvenire, far - l'acciaio 543.9
Riñón . . . . . 67.2
-, mineral en -es 63.8
Riparare . . . . 437.6
- la formatura 436.4
- le forme . . . 437.1
Riparatura, bisognoso di 475.5
Riparazione . . 150.3
- radicale . . . 413.8
Ripassare 503.7, 531.9
Riposare, lasciar 486.1
Rippe . . . . . 296.8
-, eingesetzte . 296.8
-, Längs- . . . . 519.6
Rippenrohr . . 452.3
-formmaschine 452.3
Riprendere con acido 248.5
- - acqua . . . . 248.5
Riscaldamento 85.6 86.5, 367.9
- a fuoco libero 120.4
- - - scoperto . 120.4
- - resistenza . 570.5
- ad arco voltaico 566.1
- del catrame . 120.2
- - - a vapore 120.3
- - fondo . . . 385.6
- - getto . . . . 485.7
- delle caldaie 360.3
- diretto . . . . 463.2
Riscaldamento eccessivo della ghisa 474.7
- indiretto . . . 463.1
- per induzione 568.3
- preliminare . 347.5
Riscaldare . . . 378.6
- al calor rosso 385.7
- la ghisa . . . 374.3
Riscaldato . . . 447.3
Riscaldo . . . . 364.2
-, forno di (v. forno)
Riser . . . . . . 444.4
Riserva . . . . 33.7
Rising air current 87.7
- fire . . . . . 86.8
- of the iron in the mould 482.9
Risoffiamento . 355.2
Risparmio in spese di trasporto 560.7
Riß . . . . . . . 36.3
-freiheit . . . . 36.2
-, Hochofen- . . 287.7
Rissebildung, Verhüten der 428.10
Rissig . . . . . 108.4
Risucchio . . 483.11
Risultato della prova 34.5
- medio . . . . 34.6
Ritagliare . . . 33.11
Ritaglio . . . . 33.6
Ritardare l'affinaggio ossidante 415.6
Ritegno . . . . 24.4
Ritenuta 264.7, 563.3
Ritirare, dispositivo per 529.5
- gli aghi . . . 391.8
Ritirarsi . 418.5, 423.3
Ritiro . . 423.2, 483.7 514.8
Ritornare . . 385.12
Ritorno . . . . 582.5
-, canale di . . 471.8
Ritorto . . . . 534.4
Ritto del sopporto 496.2.3
-, per . . . . . 321.10
Ritz-härte . . . 53.11
- -prüfer . . . 54.3
- versuch . . . 54.1
Riuscito, torrefazione ben -a 88.8
Rivé . . . . . . . 477.6
Rivelare . . . . 277.3
- la struttura . 277.4
River boat . . 562.1
- transport . . 561.7
Riverbero . . . 10.7
-, forno a (v. forno)
Riversibile . . 532.1
Rivestimento . 26.8 79.5
- d'acciaio della piastra da corazza 27.9
- del forno . . 572.9
- della suola 369.10 412.5
- di lamiera . . 389.8
- - mattoni . . 390.6
- - scorie 369.9, 374.11
- interno del forno 33.9
Rivestimento refrattario 304.5, 390.5
- - del forno . 566.5
Rivestire il focolare con mattoni refrattari 156.6
Rivestito . . . . 286.5
Rivestitura . . 412.6
- della suola . 412.5
Rivet . . . . . . 43.4
Rivet iron . . . 43.4
Riveté . . . . . 136.5
Riveted . . . . 136.5
Road material . 358.6
Roast, to . . . . 82.6
Roasted . . . . 88.10
Roasting . . . . 82.1
- bed . . . . . 83.2
- core . . . . . 89.3
-, defective . . 88.9
- furnace 83.4.5, 88.3
- -, Cleveland . 84.1
- -, Fillafer's . . 85.3
- -, Styrian . . 84.7
- -, Westman's gas fired 85.2
- -, Witkowitz . 85.4
- gas . . . . . 87.2
- in heaps . . . 88.1
- of iron ores . 81.4
-, period of . . 86.6
- plant . . . . . 82.8
-, proper . . . . 88.8
- temperature . 86.9
-, weak . . . . . 250.6
Roberval, balance de 236.1
Roberval, balanza 236.1
Robinet . 183.3, 500.1
- à boule . . . 191.5
- - l'épreuve du feu 407.5
- - trois voies . 190.2
- de Daniell . . 252.1
- - jonction . . 190.1
- - réglage . . 192.3
- en verre . . . 190.5
- sphérique de Boecker 301.11
Robinete refractario 407.5
Robinetto 183.9, 500.1
- a regolazione 192.3
- - tre vie . . . 190.2
- di congiunzione 190.1
- - Daniell . . 252.1
- - vetro . . . 190.5
- sferico . . . . 191.5
Roca . . . . . 288.10
Rocchetto . . 14.4
Roccioso . . . 288.10
Roche . . . . 101.10
Rocheux . . . 288.10
Röchling-Rodenhauserscher Dreiphasenofen 569.1
- - Ofen . . . . 568.9
- - Wechselstromofen 568.10
Rociar . . . . . 148.8
-, aparato de . 432.11
- los moldes . . 341.2
Rocking trough 433.4
Rocky . . . . 288.10
Rod . . . 18.10, 165.2

Rod mill . . . 511.6
-, wire . . . . 27.12
Rodante . . . . 127.4
Rodar el lingote 529.2
- los lingotes . 529.1
Rodillo . . . . 325.2
- conductor . . 137.2
-s conductores 525.5
- de apoyo . . 137.2
- para encorvar la cinta 138.7
Rodonita . . . 70.4
Rodonite . . . 70.4
Roechling-Rodenhauser alternating current furnace 568.10
- - furnace . . 568.9
- - three phase furnace 569.1
Roechling-Rodenhauser, forno 568.9
Roechling-Rodenhauser, four 568.9
- -, - à courant alternatif de 568.10
- -, - - - triphasé de 569.1
Roechling-Rodenhauser, horno de 568.9
- -, - - corriente alterna 568.10
- -, - trifásico de 569.1
Roessler, forno di 252.3
Roessler, four de 252.3
Roessler's furnace 252.3
Roessler, horno de 252.3
Rogner . . . . 533.6
Rognon . . . . 67.2
-, minerai en -s 63.8
Roh-barren 18.3, 377.6
-blech . . . . . 27.5
-dolomit . . . . 117.5
Roheisen . . . . 1.1
-, Anthrazit- . . 4.2
-bad . . . . . 395.10
-, Bessemer- . . 8.1
-, dichtes . . . . 3.8
-, dunkelgraues 1.4
-, Einsatz- . . . 395.9
-, englisches . . 5.9
-, entphosphortes 5.3
-, entschwefeltes 5.4
-erzeugung, Elektro- 571.1
-, flüssiges . . . 4.4
-, Frischfeuer- . 7.6
-, Frischerei- . . 7.6
- für den Temperguß 7.5
- - feuerbeständigen Guß 7.1
- - säurebeständigen Guß 7.2
-, gefeintes 5.2, 366.6
-, gemeines weißes 2.6
-, geschmolzenes 4.4
-, gewöhnliches graues 1.5
-, - weißes . . . 2.6
-gichtsatz . . . 473.9
Roheisen, Gießerei- 6.1
-, graues . . . . 1.5
-, grelles . . . . 2.5
-guß . . . . . . 7.4
-, halbiertes . . 2.3
-, halbweißes . 2.5
-, Hartguß- . . 6.6
-, heiß erblasenes 4.5
-, Herdfrisch- . 7.6
-, hochstrahliges 3.2
-, Holzkohlen 4.1, 7.6
-, in Sandformen gegossenes 4.7
-, kalt erblasenes 4.6
-, Koks- . . . . 4.3
-lager . . . . . 130.6
-, lichtgraues . 2.1
-, Luxemburger 5.6
-, Martin- . . . 8.4
-massel . . . . 339.9
-mischer . . . . 389.5
- -, walzenförmiger 389.6
-, mit heißem Wind erblasenes 4.5
-, - kaltem Wind erblasenes 4.6
- - mehr als 1% Silicium und beliebigem Phosphorgehalt 8.3
-, mittelhartes Gießerei- 6.5
-, nickelhaltiges 9.2
-, Phosphor- . . 8.3
-, Puddel- . . . 8.5
-, sandfreies . . 5.1
-, schlackenhaltiges 6.3
-, schottisches 5.10
-, schwach halbiertes 2.4
-, schwedisches 5.8
-, Siegerländer 5.5
-, siliciumreiches graues 1.3
-, Stahl- . . . . 8.4
-, stark halbiertes 2.2
-, steierisches . 5.7
-, Thomas- . . . 8.2
-, tiefgraues . . 1.4
-wagen . . . . 341.5
-, weiches Gießerei- 6.4
-, weißstrahliges 3.1
Roh-erz . . . . 62.7
-frischen . . . 365.7
-gang . . . 2.5, 352.8
-gewicht . . . 134.8
-kohle . . . . . 100.7
-material . . . 118.3
-schiene . . . . 378.1
-schlacke . . . 357.5
-schmelzig . . 365.5
-stahl . . . . . . 9.7
-stoff . . . . . 118.3
-wasser . . . . 146.6
-zaggel . . . . 18.3
Rohr, Absauge- 312.9 492.6
-ansatz . . . . 297.6
-brunnen . . . 141.6
-, dickwandiges 587.10
-, Druck- . . . . 145.3
-, einhängendes 318.2
Rohr, Eisen- . . 537.5
-, Fall- . . . . . 146.1
-, Fassungs- . . 141.3
-, festliegendes 312.2
-, flachgeschweißtes 538.7
-, geneigtes . . 315.3
-, geschweißtes 538.9
-, gezogenes . . 537.6
-, Hosen- . . . . 320.1
-kern . . . . . 458.6
-krümmer . . . 320.3
-leitung . . . . 298.1
-, Meß- . . . . . 269.6
- mit Scheidewänden 316.4
-mühle . . . . 79.3
-, nahtloses . . 538.5
-, Saug- . . . . 145.1
-, schraubenlinig geschweißtes 538.8
-, Schütt- . . . 132.1
-, senkrechtes . 315.4
-, Siphon- . . . 320.1
- spiralgeschweißtes 538.8
-, Strahl- . . . 492.10
-strang . . . . 319.6
-, stumpfgeschweißtes 538.6
-trichter . . . . 444.2
-, überlappt geschweißtes 538.7
-, wagerechtes 315.2
-zerstäuber . . 158.3
-, zweischenkliges 320.1
Röhrchen, Wiege- 240.3
Röhre, Absorptions- 270.5
-, Blei- . . . . . 199.6
-, Destillations- 255.1
-, die - während der Wasserdruckprobe abhämmern 55.2
-, Fraktions- . . 187.4
-, Glas- . . . . . 190.6
-, hängende . . 318.7
-, Kugel- . . . . 189.8
-, Meß- . . . . . 192.2
-, Perl- . . . . . 189.9
-, Porzellan- . . 193.8
-, Sicherheits- 189.10
-, Spritz- . . . . 186.4
-, Verbrennungs- 249.1
-, Verteilungs . 270.2
Röhren-guß . . 488.1
-strang . . . . 319.6
-träger . . . . 253.2
-walzen . . . . 537.4
-wischer . . . . 190.9
Rojo, al . . . . 385.7
- de joyeros . . 276.2
- - pulimentar 276.2
-, quedar . . . 486.5
Roll-bahn, Zuführungs- 525.5
-faß . . . . . . 493.2
-ofen . . . . . 529.1
Roll . . . 377.9, 512.5
-, conical . . . 537.8
-, direct coupled 513.3
- drafting . . . 514.3
-, eccentric . . 538.2
-, grooved 514.4, 539.1
Roll, high speed 535.4
-, intermediate -s 510.3
- mandrel . . . 537.9
-, middle . . . 512.9
- of copper wire gauze 199.3
- on, to . . . . 539.3
- opening . . . 514.5
- pot . . . . . 554.1
-, stepped . . . 518.6
-, to 529.6.7, 529.8, 535.2
-, - - for finishing 529.9
-, - - in . . . . 35.10
-, - - on return pass 532.6
-, - - together . 533.1
- turning . . . 515.3
- vat . . . . . . 554.1
Rolle, Fuß- . . 137.2
-, Mulden- . . . 138.7
-, Reibungs- . . 497.6
Rolled . . . . 18.2
-, rough . . . . 534.3
Rollen-lager . . 325.2
-tisch . . . . . 525.3
-, zusammen- . 539.3
Roller . . . . . 137.2
- bearing . . . 325.2
- mill . . . . . 77.9
-'s side . . . . 531.3
- table . . . . . 524.5
Rolling . . . . 35.6
- mill . . . . . 510.5
- - engine . . . 512.4
- -, high speed 511.7
- - scale . . . . 414.5
- -, small section 511.5
- -, twin . . . . 512.6
- -, universal . 512.1
- stock . . 24.8, 125.1
Rollo, -s de alambre, hacer 535.5
Romper . 343.2, 463.8
- y arrancar . 354.3
Rompere . . 463.8.10
Romperse por tracción 49.2
Rompersi per trazione 49.2
Rompipietre a mascelle 78.8
Rompre, se - par traction 49.2
Rondelle de support de ballon 201.10
Ronger par le feu 354.4
Roof, concave . 404.2
-, convex . . . 404.3
- of furnace . . 569.2
- - the furnace 369.1
-, to . . . . . . 339.5
Room . . . . . 168.8
- for metallographical researches 177.4
- - sampling . 174.8
Root's blower . 471.1
Roots Gebläse . 471.1
Root, soufflerie 471.1
-, ventilateur de 471.1
Root, ventilatore 471.1
Root, ventilador 471.1

Rope 331.2
- drive 330.8
- driven machine 170.4
- lubricator 137.7
- pulley 331.2
- railway 135.9
- -, overhead 135.11
Ropeway, aerial 135.11
Rosa dei venti 57.7
-, frattura a 10.5
Rose, acier à la 10.5
Rose steel 10.5
Rosenstahl 10.5
Rosin 546.11
Rößlerscher Ofen 252.3
Rosso inglese 276.2
- per levigare 276.2
-, restare 486.5
Rost 159.7, 302.2, 303.1
-beschickung, mechanische 156.8
-, beweglicher 162.1
-, den - mechanisch beschicken 157.2
-, fester 161.9
-feuerung 368.1
- -, einfache 336.5
-, Flach- 160.7
-fläche 159.8
- -, gesamte 160.1
- -, wirksame 160.2
-, freistehender 303.9
-fuge 160.3
-, Ganz- 160.4
-, geteilter 160.5
-kitt 319.5
-kühlung 162.5
-, Lang- 160.6
-neigung 161.3
-, Riesel- 162.6
-schicht 550.2
-, Schiebe- 162.3
-, Schlacken- 162.2
-schlagen 387.4
-, Schütt- 161.7
-schutzmittel 550.3
-schwelle 308.2
-, Sieb- 161.1
-spalt 160.3
-, Spar- 160.9
-spat 68.9
-stab 160.8, 368.3
-, Staffel- 161.6
-träger 368.2
-, Treppen- 85.1, 161.5
Röst-anlage 82.8
-apparat 233.7
-bett 83.2
-erzeugnis 82.7
-gas 87.2
-gut 82.6
-kern 89.3
Röstofen 83.4, 88.3
-, Cleveländer 84.1
-, Fillaferscher 85.3
-, gemauerter 83.5
-, steirischer 84.7
-, Westmanscher Gas- 85.2
-, Witkowitzer 85.4
Röst-temperatur 86.9
-verfahren 82.9
-verlust 89.2
Rosten 550.1
Rösten der Eisenerze 81.4
-, schwaches 250.6
Röstung, gut gelungene 88.8
-, Haufen- 83.1
-, mangelhafte 88.9
-, oxydierende 82.1
-, schwefelige 82.5
-, Stadel- 83.3
-, sulfatisierende 82.5
Rotabile, su -i 561.5
Rotación 393.3
- contraria 532.3
- de los cilindros 530.10
- en la misma dirección 531.1
Rotaia 22.2.3
- armata 404.6
- da tramway 22.8
- per ferrovia normale 22.6
- - - secondaria 22.7
- - miniera 22.9
Rotante 402.8
Rotary 133.2
Rotatif 80.10
Rotating apparatus 393.4
- cylinder 393.5
- motion 393.7
- position 393.8
Rotation 393.3
- in the same direction 531.1
- of rolls 530.10
-, reverse 532.3
Rotation 393.3
-, appareil de 393.4
- dans le même sens 531.1
- des cylindres 530.10
- en sens inverse 532.3
Rotations-körper 445.8
-pumpe 143.6
Rotativo 80.10, 95.3
Rotatorio 143.6
Rotazione 393.3
-, apparecchio di - a comando elettrico 393.6
-, - per la 393.4
- automatica 479.6
- dei cilindri 530.10
- nello stesso senso 531.1
Rot-brüchig 48.3
-eisenstein 66.4
-glut 86.11
- -, in - - brennen 385.7
Rothe, aparato de éter de 182.1
Rothe, apparato per etere secondo 182.1
Rothe, appareil à éther d'après 182.1
Rothe, Äther-Extraktionsapparat nach 182.1
Rothe's ether apparatus 182.1
Rotolo di rete in filo di rame 199.3
Rottame 355.11, 411.2
-i di ferro 29.5
Rotten 428.12
Rottura 44.8.9, 354.5
- del cilindro 514.2
- dell'anima 459.7
- della catena 137.10
- obliqua 44.10
Rótulo 185.3
Rotura 44.8.9, 354.5
- de la cadena 137.10
- del cilindro 514.2
- oblicua 44.10
- por tensión 50.2
Roue 512.8
- à potier 388.1
- de coulée 341.4
- dentée 455.2
-, sur -s 465.1
Rouge 86.11
- à polir 276.2
-, au 385.7
-, rester 486.5
Rough 47.5, 100.7, 304.9
- rolled 534.3
Roughing mill 510.2 511.4
- rolls 377.9
- train 377.9
Roughness 426.8 490.3.8
Rouille 550.2
Roulant 127.3
Rouleau 325.2
-x d'amenée 525.5
- de friction 497.6
- pour courber la bande 138.7
Round, -s 18.10
- ground 427.2
-, to - off 423.5
Roussier 63.8
Route 358.6
Rouverin 48.4
Rovesciabile 449.4
Rovesciamento 131.7
- della cassetta 411.4
-, meccanismo di 331.6
Rovesciare 481.5
- la caldaia 479.4
Rovesciatore 131.5
- di carri 132.6
- girevole 133.2
Row of tuyeres 366.7
-, parallel 384.8
Rozamiento del muñón 513.8
Rub, to - over with oil 383.4
-, - - with alcohol 447.2
-, - - - spirits 447.2
Ruban 88.9
- à racloirs 139.4
- de transport incliné 138.10
Rubber 546.4
- ball 197.7
- bung 197.6
- cap 197.9, 198.2
- coupling 184.2
- finger stall 198.3
- glove 198.4
- plate 197.5
- stopper 197.6
- strip 197.8
- tubing 184.1, 197.10
Rubber union 184.2
Ruche 103.6
Rücken 390.2
-, querlaufender 316.9
Rückgang 532.5
-, Dissoziations- 263.1
Rück-kohlung 398.5
-kühlung 148.1
-seite 403.4
-stand 241.13
- -, in Säure unlöslicher 241.13
- -, Lauge- 90.3
- -, unlöslicher 241.12
-stein 292.7
-titrieren 192.10
Rudesse de la surface 426.8
Rueda 512.9
- de alfarero 383.1
- - engranaje 456.3
- - fricción 497.6
- - fundir 341.4
- - moldeo 341.4
- dentada 456.4
-, montado sobre -s 465.1, 478.6
Rugeux 64.4
Ruggine 550.2
Rugosidad 490.8
Rugosité 490.8
Rugoso 47.7
Ruhigwerden 385.12
Rühr-haken 371.6
-stab 190.7
-vorrichtung 176.2
-werk 176.2
Rühren 375.7
Ruisseler 148.8
Ruissellement 148.7
Rule 38.6, 435.3
-, divided - for the rider 239.7
-s for testing 31.10
Rullo 325.2, 535.10
- conduttore 525.5
- d'avvolgimento 498.1
- di frizione 497.6
-i per curvare il nastro 138.7
Rumbo 57.5
Rumpf, Füll- 131.2
-, Sammel- 131.1
Run of mine 100.7
-, to - idle 530.11
-, - - light 530.11
-, - - off 338.3
-, - - out 385.4
Rund 304.3
-eisen 19.5
-gerieben 427.2
-kantig 20.4
-knopf 437.5
-kolben 186.7
-körper 445.8
-lochbrenner 159.1
-strahlbrenner 159.3
Runner 78.2, 300.5
-, conical 443.8
-, main 340.2
- pin 443.7
-, vertical -s 78.1
- with side channels 444.1

Ruota . . . . . 512.3
- del pentolaio 388.1
- dentata . . . 393.1
- per colare . . 341.4
Ruptura . . . . 354.5
Rupture . . . . 44.3
Rupture de chaine 137.10
- - cylindre . . 514.2
Ruß . . . . . . 552.5
Rüssel der Form 297.4
Rust . . . . . . 550.2
- protection agent 550.3
-, to . . . . . . 550.1
Rustico . . . . 292.7
Rustina . 292.7, 364.5
Rustine . . . . 292.7 364.5
Rüstung . . . . 291.1
Rutsche . . . . 132.2
Ruvidezza . . . 483.3
Ruvido . . . . 426.9

# S.

S, Polier- . . . 487.4
Sabbia . . . . . 4.7
- a spigoli vivi 426.6
- argillosa . . . 426.1
- bruciata . . . 490.6
-, coprire con 483.6
- da formare aderente 490.5
- di fonderia 425.10
- - loppa . . . 359.5
- - magnetite . 68.2
- - mare . . . . 212.6
- fresca . . . . 426.5
- già usata . . 427.3
- grassa . . . 425.13
- magra . . . 425.12
- nuova 426.4, 431.10
- quarzosa . . 426.7
- secca . . . . 442.4
-, togliere la . . 493.2
- vecchia . . 431.11
Sabbioso . . . 79.9
Sable . . . . . 4.7
- à arêtes vives 426.6
- - saupoudrer 442.4
- de fonderie 425.10 431.8
- - laitier . . . 359.5
- - mer . . . . 212.6
- - moulage . 425.10
- - - adhérent 490.5
- déjà employé 427.3
- frais . . . . . 426.4
- gras . . . . 425.13
- incrusté . . . 490.6
- magnétique . 68.2
- maigre . . 425.12
- neuf . . 426.5, 431.10
- quartzeux . . 426.7
- sec . . . . . 442.4
- très argileux 426.1
- vert . . . . 425.12
- vieux . . . 431.11
Sableux . . . . 79.9
Sablonneux . . 113.6
Sabot . . 291.2, 498.2
- de bocard . . 77.6
- - la came . . 496.6
Sac . . . . . . 139.1
- à poussière . 316.8 409.2
- en caoutchouc pour gaz 271.2
Sacar, disposición para 529.5
- el mineral . . 88.5
- los crisoles . 386.4
Sacca . . . . 302.2.3
- di gas . . . . 271.2
- libera . . . . 303.1
Sacco . . . . . 139.1
da polvere . 316.8
Sack, Aschen- . 168.7
-förderer . . . 139.1
-, Kohlen- . . . 303.7
-, Staub- . . . . 316.8
Sacktransporteur 139.1
Sack conveyor 139.1
Saco . . . . . . 139.1
- de polvo . . . 316.5
- para gas . . . 271.2
Sacudida . . . 433.2
Saddle . . . . . 84.8
Safety catch . . 331.3
- cock, Daniell's 252.1
- device . . . . 314.9
- funnel . . . 189.10
- net . . . . . . 186.1
- rod . . . . . 311.2
- stake . . . . 442.7
- valve . . . . 314.9
Säge, Blatt- . . 493.5
-blatt . . . . . 493.7
-bogen . . . . 493.6
-, Kohlen- . . . 235.6
-maschine, Kalt- 493.4
Saggio . . 31.1, 174.8
- di torsione . 50.7
- - trazione . . 49.1
Sagoma . . 40.3, 444.8 446.3
- per anima . . 461.3
Sagomare . . . 446.4
- la forma . . . 445.7
Sagomato . . . 19.9
Saigern . . . . 488.9
Saigerungs-erscheinung 483.8
Sain . . . . . . 490.1
Saisir avec la tenaille 531.7
- la barre . . . 531.6
- les lingots, dispositif pour 528.8
Saisissement dans l'eau 544.2
Sal ammoniac 207.10 545.8
Sal, -es alcalinas 361.9
- amoníaco . . 545.8
- común . . . 545.7
- marina . . . 545.7
- metálica . . 427.5
Sala d'analisi . 175.1
- dei campioni 174.8
- - saggi . . . 174.8
- delle bilancie 176.7
- di lavoro . . 175.1
- per la preparazione dei campioni 174.9
- - le analisi metallografiche 177.4
- - - combustioni 177.3
Sala de combustión 177.3
- - las balanzas 176.7
- - - dinamos . 168.8
- - los convertidores 388.1
Sala de los mezcladores 389.3
- - preparación de las muestras 174.9
- - trabajo . . 175.1
- para ensayos metalográficos 177.4
- - la toma de muestras 174.8
Salaire . . . . 563.4
Salario . . . . 563.4
Salary . . . . . 563.4
Saldabile . . . . 9.5
Saldare . . . 378.4.5
- insieme . . 429.13
Saldato . . . . . 9.4
- a bacio . . . 538.6
- - spirale . . 538.8
- ad unghia . 538.7
Saldatore . . . 235.2
Saldatura . . . 538.5
Sale . . . . . . 558.2
-i alcalini . . . 361.9
- ammoniaco . 545.8
- comune . . . 207.2
- da cucina . . 207.2
- di Mohr . . . 208.6
- metallico . . 427.5
Salida . . . . . 439.7
- de la escoria 474.6
- - los gases . . 444.4
- del agua . . . 297.8
- - aire . . . . 439.8
- - gas . . . . 313.7
Saliente . . . . 436.6
Salin . . . . . . 217.6
Salir mal . . 488.11
Salire nel camino 165.1
Salirse . . . . 385.3
Salitre . . . . . 419.6
Salle d'analyse 175.1
- de combustion 177.3
- - pesée . . . 176.7
- - préparation des échantillons 174.9
- - travail . . . 175.1
- des balances 176.7
- - dynamos . 168.8
- - prises d'échantillon 174.8
- - recherches métallographiques 177.4
Salmiak . 207.10, 545.8
Salnitro . . . . 419.6
Salpeter, Kali- . 419.6
-sauer . . . . . 210.1
-säure . . . . 203.11
- -, rauchende 203.12
Salpetre . . . . 419.6
Salpêtre . . . . 419.6
Salt . . . . . . 361.9
-, common 207.2, 545.7
-, metallic . . . 427.5
Saltarregla . . 40.6
Salz, alkalische -e 361.9
-, Bitter- . . . . 208.3
-, gelbes Blutlaugen- 208.7
-, Koch- . . . . 207.2
-, Phosphor- . . 212.1
-, rotes Blutlaugen- 208.8
-säure . . . . 203.10
Sammel-fuchs . 164.5
-herd . . . . . 466.5
-raum, Eisen- . 468.9
-rohr . . . . . 313.9
- -, gemeinschaftliches 313.9
-röhre, Gas- . . 271.1
-rumpf . . . . 131.1
-trichter . . . 131.2
-trumm . . . . 138.8
Sammler . . . . 266.5
-, Druck- . . . . 121.8
-gebäude . . . 169.1
Sammlung, Stein- 177.5
Sample . . . 227.11
- bottle . . . . 234.1
- box . . . . . 234.2
-, dried . . . . 231.9
- of gas, to take a 269.1
- - slag taken with an iron rod 401.10
-, solidified . . 401.9
-, to - the gas . 269.1
Sampling 174.8, 227.9
- material . . 227.10
Sand . . . . . . 483.6
-, Alt- . . . . 431.11
-bad . . . . . . 248.3
- -schale . . . . 248.4
-, eingebrannter 490.6
-form . . . 4.7, 340.4
-formerei . . 425.11
-frei . . . . . . 5.1
-, Frisch- . . . 431.10
-, frischer . . . 426.5
-, gebrauchter . 427.3 431.12
-guß . . . . . . 487.4
-haken . . . . . 441.6
-kern, verlorener 461.5
-kohle, sinternde 99.9
-kruste . . . . 490.7
-leiste . . . . . 441.4
-, Magneteisen- 68.2
-papier . . . . 203.4
-, reiner . . . . 426.5
-, scharfer . . . 426.6

Sand, Schlacken- 359.5
-, See- 212.6
-stein 114.3
- -, Bunt- 114.5
- -, Kohlen- 114.6
- -, Quader- 114.4, 306.7
-strahlgebläse 492.9
-, ungebrauchter 426.4
-verdichtung 418.1
Sand 212.6
- bath 248.3.4
- blast apparatus 492.9
-, burnt 490.6
- cast iron 4.7
- - pig 4.7
- casting 487.4
-, clayey 426.1
-, clean fresh 426.5
- coal, sintering 99.9
- core, lost 461.5
-, dry 427.8, 442.4
- edge 441.4
-, fat 425.13
-, filling 483.6
-, fresh 431.10
-, green 425.12
-, magnetic 68.2
- mould 340.4
- -, open 438.6
- moulding 425.11
-, old 431.11
- paper 202.4
- packing 418.1
-, quartzose 426.7
-, sharp 426.6
- skin 490.7
-, unused 426.4
-, used 427.3, 431.11
Sandig 79.9
Sandless 5.1
Sandstone 114.3, 300.7
- in blocks 114.4
-, variegated 114.5
Sandy 79.9, 113.6
Sangrar 338.6
- la escoria 338.2
Sangria 300.4, 338.1
Sano 490.1
Sapin, en forme de 214.4
Sapone 276.5, 546.1
Sardoine 238.1
Sattel, Form- 364.7
-, Mauer- 84.8
Saturo 91.1
Satz, Guß- 81.9
-koks 473.7
-, Maschinen- 170.3
-weise 31.8
Sau 361.6
-, Eisen- 361.6
Sauber 494.1
Sauer 11.8
Sauerstoff 214.5
-abgabe 375.4
-, atmosphärischer 214.6
-aufnehmend 398.10
-, chemisch gebundener 214.7
-haltig 398.9
-reich 375.5
-überschuß 349.11
-verbindung 214.8
Saugkanal 501.7
Saug-korb 149.8
-kupolofen 469.2
-kuppelofen 469.2
-leitung 144.7
-luft 469.8
-pumpe 245.7
-rohr 145.1
-ventil 142.8
-windkessel 145.2
Saugeseite 471.4
Saugen 360.7, 488.7
-, aus dem Ofen 360.7
Sauger, Dampf- 144.2
-, Luft- 182.3
Säule 293.8, 326.3, 456.5
-, Gußeisen- 84.4
-, Hinter- 496.10
-, Messing- 237.3
-, Reitel- 496.8
Säulen-eisen 21.2
-förmig 47.1
-fuß 293.7
-wage 235.11
-zahnräderformmaschine 456.5
Saumspiegel 8.4
-, weißer 400.3
Saumon de coke 106.6
Saupoudrer 442.4
- avec du sable 483.6
- de poussier de charbon 430.4
- les moules 430.5
Säure 203.9
-, arsenige 218.6
-bad 493.10
-beständig 7.2
-, chemisch reine Schwefel- 204.2
-, Chlorwasserstoff- 203.10
-, Essig- 204.4
-fest 189.1
-, Fluß- 204.9
-, gewöhnliche käufliche Schwefel- 204.1
-haltig 91.1
-, in - unlöslicher Rückstand 241.13
-ion 262.2
-, konzentrierte 242.1
-lösung 262.8
-, mit - aufnehmen 248.5
-, - - beizen 493.9
-, Oxal- 204.5
-, Pyrogallus- 211.13
-, rauchende Salpeter- 203.12
-, Salpeter- 203.11
-, Salz- 203.10
-, schweflige 216.9
-, starke 242.1
-, verdünnte 242.2
-, Wein- 204.6
Säurenraum 176.8
Sauterelle 40.6
Sauvage, acier 10.6
Saving of freight 560.7
Savon 276.5, 546.1
Saw 235.6
- blade 493.7
- bow 493.6
-, cold 493.4
- frame 493.6
Saw, hot 533.10
- web 493.7
Sbarra 160.3
- della griglia 368.3
- di ferro 338.10
- - griglia 160.8
Sbarramento 371.3
Sbavare 489.5, 490.9
Sbavato 489.4
Sbavatore 489.3
Sbavatura 489.2
Sbocco d'acqua 146.3
Sbozzare 529.8
- la torta di argilla 461.1
Sbozzato 377.6
Sbozzatore 513.9
-, treno- 377.9, 510.2
Scabro 483.5
Scabrosità della superficie 426.8
Scacciare i prodotti volatili 250.7
Scaffold 144.5, 343.3, 353.6.7
Scaffolding of the charge 353.5
- - - roasting furnace 88.3
Scaglia 112.5, 431.6
-e d'ossido di ferro 414.5
-e dei laminatoi 112.4
- di laminazione 35.7
Scala 65.8, 240.5, 524.2
- delle durezze 180.8
- di qualità 32.2
- metrica 38.8
Scaldare 336.4
Scaldato 297.11
Scale, -s 35.8, 38.6.7.8, 55.3, 65.8, 112.4.5, 236.1, 414.5
- of hardness 180.8
-, to 431.6
Scalpellare 36.1
Scalpello 13.7, 489.7, 504.7
- ad aria compressa 402.2
Scaly 45.6
Scambio d'analisi 227.8
Scampanare il modello 435.6
Scanalatura, lunghezza della 54.2
Scannellato 460.1
Scannellatura 460.2, 504.4
Scappamento 499.5
Scarica 62.10
Scaricamento 562.10.11
- automatico 128.3
Scaricato 88.6
Scaricatore 480.1
- a bilico automatico pel carbone 132.4
- automatico 128.2
- rapido 128.6
- spostabile 139.8
Scarico 81.2, 121.9, 128.4, 356.4
- automatico 128.4
Scarico bilaterale rispetto al binario 128.5
- del forno 106.5
- - minerale 88.5
- della loppa 300.3
- - scoria 300.3
Scarred 47.5
Scartamento dei cilindri 515.5
- normale 123.10
- ridotto 123.11
Scarto 27.7
Scatola 202.3
- da anime 459.3
- del sopporto 496.1
- di sicurezza 522.2
- per anime 458.3
- - asciugare 462.6
- - campioni 234.2
Scatolina 202.3
Scavare 438.8
Scavato di fresco 64.2
Scavatore 129.2
- automatico 128.1
Scavo 129.1
- a giorno 58.2
- - vapore 58.4
- automatico 128.7
- sotterraneo 58.1
Scegliere 63.2, 75.9
Scelta 75.8
- dei campioni 33.1
- della forza motrice 168.1
Scelto, minerale 63.1
Schabe-messer 78.6
-vorrichtung 78.5
Schablone 36.11, 40.3
Schablonenformerei 444.8
-halter 445.4, 455.5
- -, allseitig beweglicher 456.1
-spindel 445.1
Schablonier-maschine, Zahnräder 455.4
Schacht 303.8
-anlage 100.6
-aufsatz 467.5
-ausmauerung 305.8
-, freigelegter 305.4
-, freistehender 305.3
-glühofen 541.3
-härteofen 541.2
-, Kern- 304.5
- mit Mantel 305.2
-, Ofen- 303.8
- -, Siegerländer 83.7
-pumpe 144.4
-stein 305.10
-wandung 305.6
-, zugänglicher 305.5
-, Zwischen- 304.7
Schachtel, Probe- 234.2
Schadhaftwerden des Gestelles 353.9
Schädlich 71.5
Schaff-haken 342.3
-platte 369.3
Schaft 77.5
Schälchen, Verbrennungs- 248.9
Schale 446.7
-, Abdampf- 247.5
-, Achat- 229.1

Schale, angewärmte 447.3
-, Blei- . . . . . 190.7
-, Kristallier- . 248.10
-, Platin- . . . . 195.2
-, Platinveraschungs- 195.4
-, Reib- . . . . 229.4
-, Sandbad- . . 248.4
-, Sieb- . . . . . 231.1
Schalen-eisenstein 67.2
-elektrode . . . 261.6
-form . . . . . 446.6
-guß . . . . . . 487.7
Schalt-brett . . 171.2
-gehäuse . . . 467.1
Schamotte 116.12 541.7
-stein, gemahlener 428.7
Scharf . . . . . 426.6
-kantig . . . . 20.5
Schärfen, Korkbohrer- 196.8
Schaufel . . . . 470.3
-, Abstich- . . . 340.7
-, Einsatz- . . 409.10
-, Former- . . . 434.2
Schaufeln, durch- 438.9
Schaukelofen . 403.1
Schauloch . . . 301.4
Schaum . . . . 481.8
Schaumig 107.8, 357.10
Schaumstück . 107.7
Schauöffnung 88.1 163.2, 301.4
Scheggia di ghisa 464.8
Scheibe . . . . 519.3
-, Flanell- . . . 276.8
-, Gußeisen- . . 523.8
-, Kratzer- . . . 139.3
-, Trieb- . . . . 187.6
Scheiben-ausgleicher 324.8
-kolben . . . . 506.3
-ziehbank . . . 535.9
Scheidage 63.1, 75.10
Scheiderz . . . 63.1
Scheide-trichter 188.3
-- und Schüttelvorrichtung 183.2
-vorrichtung . 75.11
- - mit Dauermagnet 93.7
-wand . 319.8, 407.10
- -, Rohr mit -wänden 316.4
-zweck . . . . 76.1
Scheiden . 63.2, 75.9
Scheider, Eisen- 432.7
-, Erz- . . . . . 94.4
-, Kohlen- . . . 102.3
- von Edison . 94.3
Scheidung . . . 75.8
-, Hand- . . . . 75.10
-, nasse . . . . 79.8
-, trockne . . . 76.2
Scheit, Holz- . 337.6
-recht . . . . . 290.8
Scheitel des Bodens 290.7
Schenkel . 20.2, 320.2
-, federnder . . 462.1
-, gespreizter . 462.2
Scherben, Ansiede- 234.7
Scherben, Tiegel- 382.1
Scherenschnitt . 34.2
Scheuertrommel, Putz- 493.2
Schiacciamento 53.5.7
Schiacciare . . 53.6
Schicht . . . . 45.8
-, Filter- . . . . 147.2
-, Metall- . . . 567.1
-, Oxyd- . . . . 552.8
-, Rost- . . . . 550.2
-, Schlacken- . 566.9
-, Stein- . . . . 305.9
-, Tag- . . . . . 556.6
-weise . . . . . 391.9
Schieblehre . . 39.2
Schiebe-bühne 124.3
-kassette . . . . 282.3
-rost . . . . . 162.3
-tür . . . 236.9, 404.4
Schieber-boden 105.3
-, Dreh- . . . . 297.9
-steuerung . . 499.6
-ventil . . . . . 322.2
Schiebung . . . 51.4
Schieds-analyse 227.5
-chemiker . . . 174.1
Schief, -er Bruch- 44.10
Schiefer . . . 101.10
-, Grünstein- . . 111.6
-, Ton- . . . . . 112.1
Schiefrig . . . 116.5
Schiene . . . 22.2
-, armierte . . . 404.6
-, bewehrte . . 404.6
-, Gruben- . . . 22.9
-, Kleinbahn- . 22.7
-, Richt- . . . . 40.7
-, Vollbahn- . . 22.6
-, Wäge- . . . . 133.8
Schienen-kaliber 517.7
-nagel . . . . . 24.6
-rost . . . . . 446.5
Schiff . . . . . 127.3
-, Fluß- . . . . 562.1
Schiffchen, Glüh- 253.1
-, Platin- . . . . 195.5
Schiffs-aiche . . 562.3
-blech . . . . . 26.9
-raum . . . . . 562.2
Schild, Flaschen- 185.8
Schillerfels . . 111.5
Schippe . . . . 434.4
Schirbel . . . . 366.4
Schirm, Feuer- 163.1
Schist . . . . . 112.1
Schiste . . . 101.10
- argileux . . . 112.1
Schisteux . . . 116.5
Schisto . . . 101.10
- argilloso . . 112.1
Schistoso . . . 116.5
Schiuma 107.7, 481.8
Schiumaiuola . 481.7
Schiumoso 107.8, 357.10
Schlacke 250.12, 366.1
-, basische . . . 356.7
-, Bessemer- . . 397.7
-, eingeschlossene 377.8
-, eisen-arme . 113.4
-, -reiche . . . . 113.3
-, Fein- . . . . . 366.7
-, Frischfeuer- . 112.8
Schlacke, gekörnte 359.4
-, Hochofen- . 355.10
-, kurze . . . . 356.7
-, lange . . . . 356.6
-, mitgerissene 412.4
-, phosphor-arme 399.4
-, -reiche . . . 399.3
-, Puddel- . . . 113.1
-, Rennfeuer- . 112.7
-, saure . . . . 356.6
-, Schweißofen- 112.9
-, schwimmende 386.6
-, steife . . . . 412.3
-, steinige . . . 357.8
-, Thomas 113.2, 399.2
Schlacken-abfluß 300.1
-ansatz . . . 374.11
-bad . . . . . . 370.3
-bildend . . . . 349.8
-bildungsperiode 396.6
-blech . . . . . 371.3
-block . . . . . 356.2
-decke . . . . . 338.4
-faden . . . . 358.10
-fang . . . . . 409.3
-form . . . . . 299.7
-frei . . . . . 484.11
-halde . . . . . 356.3
-haltig . . 6.3, 484.10
-herd . . . . . 369.9
-kammer . . . . 409.3
-kruste . . . . 386.5
-kuchen . . . . 356.1
-kugel . . . . . 397.2
-loch . . . . . 299.6
-presse . . . . 359.7
-puddeln . . . 379.4
-rein . . . . . 416.4
-rost . . . . . 162.2
-sand . . . . . 359.5
-schicht . . . . 566.9
-spur . . . . . 300.2
-stein . . . . . 358.8
-trift . . . . . . 300.3
- und Eisenabstich 299.5
-verschmelzung 357.3
-wagen . . . . 338.5
-wärme . . . . 346.4
-wolle . . . . . 358.9
-ziegel . . . . 358.11
-zusatz . . . . 337.8
Schlag . . . . . 41.7
-beanspruchung 41.8
-biegeprobe . . 44.1
-festigkeit . . . 41.8.9
-probe . . . 42.1, 53.5
- -, Kerb- . . . . 44.2
-stärke . . . . 434.9
-versuch . . . . 42.1
-werkzeug . . . 534.9
-wirkung . . . 503.1
Schlamm, -s . . 101.8
Schlamm, Kohlen- 101.8
Schlämmapparat, Schmirgel- 275.10
Schlämmen . . 80.5
-, Ab- . . . . . 80.5
-, den Ton . . . 433.6
Schlange, Absorptions- 270.4
Schlank . . . . 299.3
Schlauch . . . 184.1
-, Gummi- . . 197.10
Schlauch-kupplung 184.2
-, Metall- . . . . 200.7
-, Pergament- . 201.7
Schleif-brett . . 276.3
-fläche, reine . 277.5
-maschine, hängende 492.7
-mittel . . . . 275.7
-riß . . . . . . 275.2
-schmirgel . . . 275.9
-stuhl . . . . . 492.3
Schleife . . . . 43.4.5
Schleifen . . . 492.2
-, Grob- . . . . 275.4
Schleimig 243.2, 428.5
Schlepp-walze . 513.4
-zangenziehbank 536.5
Schleuder . . . 176.3
-gebläse . 317.6, 470.2
-mühle . . . . 79.4
-pumpe . . . . 143.7
-zerstäuber . . 158.6
Schlich . . . . 75.1
Schlichten . . . 503.7
Schliech . . . . 75.1
Schlieg . . . . 75.1
Schließen, die Kupplung 520.6
Schliff . . . . 274.10
-fläche . . . . . 275.1
-stück . . . . 274.1
Schlitz 85.9, 468.7, 522.6
-zerstäuber . . 158.4
Schloß . . . . . 462.3
Schlot . . . . . 164.6
Schluß-kaliber 516.7
-pfropfen . . . 445.9
Schlüssel . . . 522.1
-, aufgesteckter 522.1
Schmal, -e Bahn 504.3
-spurbahn . . 123.11
Schmelz . . . . 554.6
Schmelzbar, leicht 61.7
-, schwer . . . . 62.1
Schmelzbarkeit 250.4
Schmelz-buch . 349.4
-flammofen . . 402.5
-gang . . . . . 349.3
-herd . . 468.8, 569.3
-hitze . . . . . 474.2
-meister . . . . 332.6
-ofen 252.2, 362.4, 465.8
-punktbestimmungsapparat 250.5
-reise . . . . . 413.3
-rinne . . . . . 568.5
- -, ringförmige 568.6
-röhrchen . . . 252.9
-stoff . . . 333.5, 409.7
-tiegel . . . . . 252.4
- -zange . . . . 252.5
-verlauf . . . 385.10
-zeit . . . . . 411.10
-zone . . . . . 347.9
Schmelzen . . 250.2.3 363.2
-, oxydierendes 363.2
Schmelzer . . . 409.6
Schmelzerei . . 463.5
Schmelzig, roh- 365.5
Schmelzung, erste 475.1
Schmidt, lunette de 323.7
Schmidt's spectacle valve 323.7

Schmidt, valvola 323.7
Schmidt, válvula-luneta sistema 323.7
Schmidtsche Brille 323.7
Schmiedbar 9.3, 12.6 416.2
Schmiede . . . 150.4
-eisenring . . . 204.6
-eisern . . . . . 440.3
-feuer, Härte- . 540.4
-kohle . . . . . 100.1
-presse . . . . . 504.9
- -, Dampfdruck- 505.5
- -, Druckwasser- 505.4
- -, hydraulische 505.4
-probe . . . . . 52.5
Schmieden . . 503.6
-, aus- . . . . . 52.8
-, im Gesenk . . 503.6
-, mit der Hammerfinne quer zur Walzrichtung 52.8
Schmiege . . . 40.8
Schmieren, Seil 137.7
Schmirgel . . 202.11
-leinen . . . . 203.1
-papier . . . . 275.8
-scheibe . . . . 492.4
-schlämmapparat 275.10
Schnauze 478.2, 481.5
-, aus der - gießen 481.5
-, auswechselbare 478.3
Schnecke . . . 159.6
-, Förder- . . . 139.7
Schneckengetriebe 341.10
Schneid-haltigkeit 82.5
-härte . . . . . 543.3
Schneide . . . 237.7
-, Achat- . . . . 237.8
Schneiden, zurecht- 533.7
Schnell-drehstahl 13.6
-entlader . . . 128.6
-laufend . . . . 535.4
-wage . . . . . 236.3
-walzwerk . . . 511.7
Schnitt, Scheren- 34.2
Schnur, Asbest- 200.10
Schonung des Ofenfutters 475.3
Schöpfprobe . 401.7
Schore . . . . . 441.5
Schornstein . . 164.6
-, den - befahren 165.1
-, freistehender 165.4
-lüfter . . . . . 164.8
-ventilator . . 164.8
-zug . . . . . . 164.7
Schottisch, -er Hochofen 286.6
-es Roheisen . 5.10
Schraffieren, schwarz 424.10
Schräg-aufzug 331.4
-maß . . . . . 40.6
-rost . . . . . 161.2
Schräg stehend 316.5
-walzverfahren nach Mannesmann 537.7
Schrank, Trocken- 233.1
Schraublehre . 39.3
Schraube . . . 291.4
-, Anker- . . . . 291.3
-, Druck- . . . . 521.5
-, Feinstell- . . 39.4
-, Holz- . . . . 436.2
-, Mikrometer- . 39.4
Schrauben-gebläse, Hochdruck- 471.9
-linig . . . . . 538.8
-, zusammen- . 442.9
Schrei . . . . . 379.9
Schrot . . . . . 29.5
-, Ausgleich- . 139.6
-meißel . . . . 504.7
-mulde . . . . 411.2
-, Tarier- . . . . 239.6
Schrubber, doppelter - aus Draht 491.2
Schrumpfmaß . 514.8
Schub-förderrinne 433.3
-lehre . . . . . 39.2
-rinne . . . . . 433.3
Schuh . . . . . 496.3
Schuppig . . . 45.6
Schür-öffnung . 87.10
-stange . . . . 88.2
Schütt-beton . 290.1
-feuerung . . . 157.4
-rohr . . . . . 132.1
-rost . . . . . 161.7
-rumpf . . . . 131.2
Schüttel-rinne . 433.2
-rostfeuerung . 157.7
-sieb . . . . . 230.10
-vorrichtung . 183.2
Schutz-blech . 388.3
-brille . . . . . 198.1
-haube . . . . 492.5
-maske . . . 197.11
-mittel, Rost- . 550.3
-netz . . . . . 136.1
-platte . . . . 162.3
-trichter . . . 248.1
Schütze . . . . 340.7
Schwach . . . 25.7
-halbiertes Roheisen 2.4
Schwal . . . . 366.1
-arbeit . . . . . 365.8
-boden . . . . 370.2
Schwamm, Eisen- 347.11
-, Gicht- . . . . 361.2
Schwammig . . 376.8
Schwankung, Strom- 169.3
Schwanz . . . 497.2
-hammer . . . 497.1
Schwarz-blech 26.2 533.3
-eisen . . . . . . 1.3
- schraffieren 424.10
- streichen . . 424.9
- strichen . . 424.10
Schwärze . . . 430.7
-pinsel . . . . . 430.8
Schwedisch, -es modernes Frischfeuer 364.1
-es Roheisen . 5.8
Schwefel . 82.4, 216.7
-ammonium . . 207.5
-antimon . . . 218.9
-äther . . . . . 212.3
-haltig . . . . . 60.6
-kies . . . . . . 69.4
-kohlenstoff . . 212.4
-sauer . . . . 692.3
-säure-anhydrid 217.1
- -, chemisch reine 204.3
- -, freie - - in Abbränden 216.10
- -, gewöhnliche käufliche 204.1
-trioxyd . . . . 217.1
-verbindung . 216.8
-wasserstoff . . 204.5
- -apparat . . . 177.2
- -, mit - - füllen 242.11
- -raum . . . . 177.1
Schweflig . . . 82.5
-e Säure . . . . 216.9
-sauer . . . . . 210.5
Schweiß-bar . . 9.5
-eisen . . . . . 9.4.8
- -blech . . . . 25.9
-feuer . . . . . 378.5
-metall . . . . 9.4
-ofen . . . . . 378.6
- -schlacke . . 112.9
-paket . . . . . 378.3
-schmiedeeisen 9.5
-stahl . . . . . 9.8
Schweißen, zusammen- 378.4
Schwelle, eiserne 23.1
-, gepreßte . . . 23.2
-, Längs- . . . . 23.4
-, Quer- . . . . 23.3
-, Rost- . . . . . 368.2
Schwellenkaliber 517.8
Schwengel, Beschick- 410.2
-kopf . . . . . 410.3
Schwer . . . . 62.6
-spat . . . . . 220.11
Schwimmend, -e Schlacke 386.6
Schwindmaß . 423.2
Schwinden . . 423.3
Schwindung . . 486.7
Schwing-hebelmaschine 326.1
-rinne . . . . . 433.4
-sieb . . . . . 230.10
Schwingend . . 433.4
Schwingungsdauer 240.8
Sciablona . . . 455.4
Sciacquare . . 246.6
Scie . . . . . . 493.6
- à charbon . . 235.6
- - chaud . . 533.10
- - froid . . . . 493.4
- - lame . . . . 493.5
- alternative . 493.5
Scintilla . . . . 396.9
- di ferro . . . 397.1
Scintillare . . . 482.1
Sciogliere . . . 241.4
Sciropposo . . 247.1
Sciupare la formatura 486.3
Scivolamento . 84.2
Scivolone 132.2, 139.5.6
Sclerometer . . 54.3
Scléromètre . . 54.3
Sclerometric . 53.11
Sclerometrico 53.11 54.1
Sclérométrique 53.11
Sclerometro a punta 54.3
- - sfera . . . . 54.5
Scolo . . . . . 246.5
Scomposizione dei minerali 89.4
Scontrino della pesata 134.4
Scoop . . . . . 202.4
Scopa . . . . . 532.9
Scopo della separazione 76.1
Scoria 6.3, 355.9, 366.1, 481.8
- Bessemer . . 397.7
-, contenente delle -e 484.10
- d'alto forno trattata al vapore 95.7
- d'inclusione . 377.8
- di basso fuoco 112.7
- - forno d'affinaggio 112.8
- - pudellaggio 374.10
- - pudellatura 113.1
- - ricottura . 112.9
-, esente da -e 484.11
- finale . . . . 412.2
- galleggiante . 386.6
- povera di ferro 113.4
- - - fosforo . 399.4
- ricca di ferro 113.3
- - - fosforo . 399.3
- - - ossidi . . 366.7
- secca . . . . 412.3
-, senza -e . . . 416.4
- Thomas 113.2, 399.2
- trascinata dalla colata 412.4
Scorie . . . 6.3, 366.1
- Bessemer . . 397.7
- catalane . . . 112.7
-, contenant des -s 484.10
- d'affinerie . . 375.2
- de bas-foyer . 112.7
- - feu d'affinerie 112.8
- - forge catalane 112.7
- - puddlage 113.1, 374.10
- - réchauffage 112.9
- douce . . . . 366.7
- entrainée . . 412.4
- épaisse . . . . 411.3
-, exempt de . . 416.4 484.11
- finale . . . . 411.2
- flottante . . . 386.6
- interposée . . 377.8
- pâteuse . . . 411.3
- pauvre en fer 113.4
- - - phosphore 399.4
- riche . . . . . 366.7
- - en fer . . . 113.3
- - - phosphore 339.3
- surnageante . 386.6
- Thomas 113.2, 399.2
Scorifiant . . . 349.8

Scorificante . . 349.8
Scorificare . . . 349.7
Scorification du phosphore 398.2
Scorificazione del fosforo 398.2
Scorifier 234.7, 349.7
Scorrevole . . . 105.3
Scorrimento . . 162.6
Scorritoio . . . 326.4
Scossa . . . . . 102.5
Scotch blast furnace 286.6
- cleaner . . . 436.8
- pig iron . . . 5.10
- trowel . . . . 437.7
Scour, to . . 552.13
Scozzese, alto forno 286.6
-, ghisa . . . . . 5.10
Scrap . . 27.7, 491.8
- - box . . . . 411.2
- iron . . . . . 29.4.5
Scrap, -s . . . 411.2
Scraper . . . . 78.5
- disc . . . . . 139.3
- knife . . . . . 78.6
- plate . . . . . 139.3
Scraping . . . . 354.2
- belt . . . . . 139.4
- device . . . . 78.5
- of the slag on the converter nose 402.1
Scratch . . . . 54.2
- hardness . . . 53.11
- test . . . . . 54.1
Screen . . . . . 388.3
-, to . . . . 63.2, 75.9
Screened . . . 63.1
Screening . . . 75.7
- device . . . . 75.11
Screpolarsi della muratura 336.6
Screpolato . . . 108.4
Screziato . . . 114.5
Screw . . . . . 295.3
- caliper . . . . 39.3
- conveyor . . 139.7 159.6
- gauge . . . . 39.3.4
- key . . . . . 522.1
- taps . . . . . 14.2
- together, to . 442.9
Screwed on . . 524.4
Screwing down 522.8
- together . . . 295.2
- up . . . . . . 522.8
Scribing block . 40.5
Scrubber . . . 317.4
-, double - of wire 491.2
Scrubbing pot 553.8
- vat . . . . . . 553.8
Sdoppiamento degli ioni 263.2
Sdrucciolo del crogiuolo 353.9
Sea freight . . 561.8
- green . . . . 548.3
- sand . . . . . 212.6
- shipment . . 56.1
Seal . . . 234.3, 313.4
-, to . . . . . . 234.4
Sealing liquid . 270.1
Seam . . . 56.3, 489.6.7
Seamless . . . . 538.5
Seat, double . . 407.3
Sebo 419.11, 546.8, 553.5
Sec . . . . . . . 60.1
-, à . . . . . . . 76.2
- comme la poudre 247.2
Secadero . . 231.11.12 333.7
- de crisoles . . 233.3
- transportable 462.7
Secado . . 95.11, 231.8
- al aire 231.10, 422.10 429.8
- de los moldes 462.4
- en el desecador 231.11
- - - secadero 231.11
Secar . . . 230.4, 336.3
-, aparato para - los gases 268.2
-, - - - y calcinar 233.7
- en el lugar de fabricación 462.5
- la arcilla . 116.11
Seccato all'aria 429.8
Secchia . . . . 479.7
- in due pezzi 129.2
Secchio . . . . 139.9
Secchione da colata 477.3
Sección circular 304.3
- cuadriforme . 304.4
- de la boquilla 350.7
- - - tobera . . 350.7
- del espectro rojo-amarillenta 401.5
- en cuadrante 21.2
- final . . . . . 530.4
- inicial . . . . 530.3
Secco . . 60.1, 412.3
-, a . . . . . . . 76.2
- come la polvere 247.2
Séchage . 231.8, 232.4 336.3
-, appareil de . 232.5
- des moules . 462.4
- installation de - de l'air 329.1
Séché . . . . . 95.11
- à l'air 231.10, 422.10
- dans le dessicateur 231.11
- - - séchoir . 231.11
Sécher . . . . . 233.7
- sur place . . 462.5
Sécheur . . . . 433.7
Séchoir . . 231.11.12
- à creusets . . 233.3
Seco . . . 60.1, 425.12
-, á . . . . . . . 246.9
-, - via -a . . . 76.2
- como el polvo 247.2
-, hulla -a . . 99.6.7
Secousse . . . . 102.5
Section . . . . 34.1
-, circular . . . 304.3
-, earliest . . . 530.3
-, final . . . . . 530.4
-, first . . . . . 530.3
- iron . . . . . 19.9
-, iron -s . . . . 24.8
- of pass . . . 514.9
-s - boshes . . 302.6
-, square . . . . 304.4
- wire, small . 28.6
Section . . . . 34.1
- carrée . . . . 304.4
- circulaire . . 304.3
- de la buse . . 350.7
- - rupture . . 45.2
- finale . . . . 530.4
- initiale . . . 530.3
- obtenue par cisaillement 34.2
Sectional . . . 424.1
- area . . . . . 503.2
Sécurité d'exploitation 557.6
- de service . . 557.6
Sede, a doppia 407.3
- piana . . . . 323.2
Sedia . . . . . 521.7
Sediment . . . 147.7
Sédimentaire . 57.3
Sedimentär . . 116.1
Sedimentare . . 116.1
Sedimentario . 57.3
Sedimentary . 57.3 116.1
Sedimento . . . 147.7
Sedimento di detriti 57.3
See-erz . . . . 67.4
-fracht . . . . 561.8
-sand . . . . . 212.6
Sega . . . . . . 493.6
- a caldo . . 533.10
- - freddo . . . 493.4
- alternativa . 493.5
- per carbone . 235.6
Segment de denture 455.6
- -fouloir . . . 455.5
Segnare, la bilancia segna 135.7
Segno lasciato dalla lima 49.5
Sego 419.11, 546.8, 553.5
Segregación . . 357.7
- de hierro . . 361.7
Segregado . . 483.10
Segregate, to . 483.9
Segregated . 483.10
Segregation . . 483.8
- of graphite 214.12
Ségrégation . . 483.8
- de fer . . . . 361.7
- - graphite . 214.12
Segregato . . 483.10
Segregazione di ferro 361.7
Seguridad de servicio 557.6
-, tubo de . . 189.10
-, válvula de . 314.9
-, varilla de . . 311.2
Seguro de transporte 560.11
Sehne . . . . . 379.3
-puddeln . . . 379.2
Sehnig . . . 9.9, 46.2
Sehweite . . . 279.5
Seife . . . . . 546.1
Seifenlösung . 276.5
Seigern . . . . 483.9
Seigerungserscheinung 483.8
Seilbahn . . . . 135.8
-begichtung . . 331.7
-, Draht- . . . . 135.9
-, Luft- . . . . 135.11
-, Rangier- . . . 124.4
-, Verschiebe- . 124.4
Seil-betrieb . . 170.4
-hängebahn . 135.11
-scheibe . . . . 331.1
-scheibenantrieb 330.8
-schmierer . . . 137.7
-trommel . . . 331.1
Seiten-druck . 515.8
-kammer . . . 316.8
-stein . . . . . 292.6
-zug . . . . . . 417.3
Seize, to - with tongs 531.7
Sel, -s alcalins 361.9
- ammoniac . . 545.8
- commun . . 207.2
- marin . . . . 545.7
- métallique . . 427.5
Selbst-entladegefäß 128.2
-entladend . . 128.4
-entlader . . 128.2.4
-entleerer . . . 128.2
-entleerung . . 128.3
-gehend . . . . 62.2
-greifer . . . . 129.1
- -betrieb . . . 128.7
-leuchtend . . 400.1
-schmelzig . . 62.2
-steuerung . . 500.4
-tätig . . . . . 136.9
- -, sich - - öffnen 315.1
Selection of motive power 168.1
- - test pieces . 33.1
Self-acting . . . 527.2
- -discharger . 128.2
- -discharging wagon 128.4
- -feeding furnace 157.4
- - grate . . . 161.7
- -fusible . . . 62.2
- -fluxing . . . 62.2
- -regulation . 500.4
Sella di muro . 84.8
Sellar . . . . . 234.4
Selle . . . 24.3, 517.11
- à crochet . . 24.4
- de mur . . . 84.8
Seller . . . . . 558.6
Sello . . . . . 234.3.4
Semelle . . . . 496.3
Semi-bituminous 99.4
- -fluid . . . . 419.9
- -manufactured 18.1
- -portable . . 155.2
Semiatruchado . 2.4
Semicerrado . 103.5
Semicircolare . 475.9
Semicircular . 475.9
Semifijo . . . . 155.2
Semigraso . . . 99.4
Semigrasso . . 99.4
Semiproducto . 18.1
Semitrotato . . . 2.4
Senk-blei . . . 40.8
-brunnen . . . 141.7
-bühne . . . . 133.4
-lot . . . . . . 40.8
-recht . . . . . 394.1
-wage . . . . . 180.2
-wagendichtheitsmesser 180.3
Senkung des Kegels 309.7
- - Metallspiegels 482.10

Sens du mouvement 93.6
- inverse, en . 532.3
Sensibile . . 240.10
Sensibilidad . . 240.9
Sensibilità . . . 240.9
Sensibilité . . . 240.9
Sensibility, magnetic 91.10
Sensible . . . 240.10
Sensitive . . 240.10
Sensitiveness . 240.9
Senso . . . . 531.11
- del movimento 93.6
Sentanilla . . 40.6
Sentido del movimiento 93.6
Separable . . . 390.4
Separación 74.3, 75.8
- á mano . . . 75.10
- de carbono . 348.8
- - la fundición 474.5
- - las escamas 532.8
- - los elementos de la carga 348.4
- - polvo de mineral 315.5
- del hierro . . 147.9 432.6
- - polvo . . . 409.1
- electrolítica . 265.2
- húmeda . . . 79.8
- por vía seca . 76.2
Separado . . . 147.7
Separador 188.3, 270.1
- centrifugo . . 176.3
- con agitador 183.2
- - imán permanente 93.7
- de agua . . . 179.3
- - minerales Wetherill 94.4
- magnético . . 532.7
Separar . . . . 75.9
Separare . . 63.2, 75.9 147.7
- il ferro . . . 147.9
Separarse . . . 483.9
Separarsi . . . 483.9
Separate, to . . 75.9
Séparateur . . 188.3
- à aimant permanent 93.7
- avec agitateur 183.2
- d'eau . . . . 179.3
- de minerais de Wetherill 94.4
- magnétique . 432.7
Separating and shaking apparatus 183.2
- funnel . . . . 188.3
- plant . . . . 102.3
- wall . . . . . 319.8
Separation 74.3, 75.8 357.7, 361.7
- by hand . . . 75.10
-, dry . . . . . 76.2
-, electrolytic . 265.2
-, humpy . . . . 483.5
-, magnetic . . 91.2
- of carbon . . 348.8
- - graphite . 214.12
- - iron . . . . 432.6
- - phosphorus 376.12
Separation of the constituents of the charge 348.4
- - - iron . . . 474.5
- - - ore dust . 315.5
-, wet . . . . . 79.8
Séparation 74.3, 367.7
- à sec . . . . . 76.2
- de carbone . 348.8
- - la fonte . . 474.5
- des éléments de la charge 348.4
- - poussières . 315.5 409.1
- électrolytique 265.2
Separator, Eisen- 432.7
Separator, magnetic 432.7
- with permanent magnet 93.7
Separatore . . 270.9
- centrifugo . . 176.3
- con magnete permanente 93.7
- di minerali secondo Wetherill 94.4
-, dispositivo . . 75.11
- ed agitatore, apparecchio 183.2
- magnetico . . 432.7
-, -rice . . . . . 188.3
Separazione 74.3, 75.8
- a mano . . . 75.10
- - secco . . . 76.2
- degli elementi della carica 348.4
- del ferro . . 432.6
- della ghisa . 474.5
- delle polveri 315.5 409.1
- di carbone . 348.8
- - ferro . . . . 361.7
- elettrolitica . 265.2
-, impianto di . 102.3
- umida . . . . 79.8
Séparer, se . . 483.9
Serrated . . . . 46.3
Serbatoio 26.10, 80.9 102.4
- d'acqua . . . 145.6
- d'aria . . . . 394.4
- di decantazione 146.9
- - gas . . . . 271.3
- - minerali . . 131.3
- elevato . . . 145.8
- per mercurio 200.4
- posto in alto 145.8
Serie di getti . 31.9
- - stacci . . . 230.8
-, per . . . . . . 31.8
Serie de tamices 230.8
- - tubos . . . 319.6
-, por -s . . . . 31.8
Série . . . . . . 34.11
- de pièces de fonte 31.9
- - tamis . . . 230.8
-, par . . . . . 31.8
Series, in . . . 31.8
Serpentin à dessécher 270.4
- pour l'absorption 270.4
- refroidisseur 255.6
Serpentin de refrigeración 255.6
- para la absorción 270.4
- - secar . . . 270.4
Serpentino d'assorbimento 270.4
- di condensazione 255.6
- - raffreddamento 255.6
Serpiginous . . 487.3
Serrage . . . . 24.5
-, appareil de . 136.2
-, - - - pour voies de manœuvre 137.8
- des cannelures 516.8
Serraggio . . . 523.9
Serraviti . . . 291.4
Serré . . . . . 335.7
Serre-fil . . . . 265.9
Serrer et dégager les boulons, appareil pour 291.4
Servant, laboratory 174.5
Service pipe . 146.1
Service 332.4, 556.10
- du four . . . 409.5
-, en . . . . . . 557.1
-, hors . . . . 556.11
Servicio . . . . 174.7
- de convertidor 395.2
- del horno . . 409.5
- - laboratorio 173.2
-, en . . . . . . 557.1
-, fuera de . . 556.11
Servizio . 332.5, 556.10
- del forno . . 409.5
-, fuori . . . . 556.11
-, in . . . . . . 557.1
Servo-monteur de renversement 532.7
Servo del laboratorio 174.5
- -motore . . . 532.7
Sesquiossido di ferro 66.4, 67.8
- - - idrato . . 66.11
- - manganese 217.5
Sesquioxide of chromium 218.2
Sesquióxido de hierro 67.8
- - - anhidro . 66.3
- - manganeso 217.5
Sesquioxyde de chrome 218.2
- - fer . . . 66.3, 67.8
- - manganèse 217.5
Set, by -s . . . 31.8
- of castings . 39.9
- - machines . 170.3
- - pulley patterns 451.7
- - sieves . . . 230.8
Setaccio . . . . 230.3
Setting . . . . 486.2
- -in the crucible 385.8
Settling tank . 81.3 146.9
Settore . . . . 456.3
Setz-boden . . 467.4
-wage . . . . . 435.4
Setzen, in Haufen 376.4
Seuil de porte 404.5
- du trou de travail 371.1
Sevo . . 419.11, 546.8 553.5
Sezione . . 34.1, 516.8
- bianca radiante 488.7
- circolare . . . 304.3
- dell'ugello . . 350.7
-i della sacca . 302.6
- di contropressione 507.6
- - pressione . 507.5
- finale . . . . 530.4
- iniziale . . . 530.3
- modellisti . . 422.1
- quadrata . . 304.4
- trapezoidale 293.2
- verticale . . . 288.1
Sfera . . . 54.5, 300.8
Sferico . . . . 96.5
Sferosiderite argillosa 68.8
- carboniosa . 69.1
Sfioratore . . . 146.2
Sfioro . . . . . 439.4
Sfogliarsi . . . 431.6
Sfondare bruciando 413.7
Sformare . . . 435.8
Sfornamento . 106.5
Sfornare . . . . 106.4
Sfregamento . 32.6
- del collo . . . 513.8
Sfregiato . . . 47.5
Sgocciolamento 246.4
- della ghisa . 474.4
Sgocciolatore brevettato 185.5
Sgretolato . . . 96.1
Sguarnitura . . 355.6
Shade, to . . 282.11
Shaft 77.5, 303.8, 304.5 470.6, 495.6
-, accessible . . 305.5
- brick . . . 305.10
- crucible furnace 384.4
-, flexible . . . 492.8
-, free . . . . . 305.4
- furnace for hardening 541.2
- - - reheating 541.3
- -, Grönwall, Lindblad and Stalhane 571.4
- -, Héroult . . 571.5
- -, Siegerland 88.7
- -, Stassano . . 571.3
- hammer . . . 495.3
-, independent . 306.3
- installation . 100.6
- lining . . . . 305.8
- plant . . . . 100.6
- pump . . . . 144.4
- top . . . . . 467.5
-, vertical . . . 78.4
- wall . . . . . 305.6
-, well . . . . . 141.2
Shaking apparatus 183.2
- grate . . 157.7, 162.1
- sieve . . . . 230.10
- trough . 139.6, 433.2
Shank . . . . . 462.1
-, spread -s . . 462.2
Shape . . . . . 96.2
-, basaltlike . . 107.1

Shape, circular 290.4
–, concave - of tne hearth 370.1
–, cylindrical . 96.4
–, specified . . . 33.9
–, final . . . . . 530.2
–, first . . . . . 530.1
–, octagonal . . 290.5
- of brick . . . 321.9
- - pass . . . 514.11
–, prescribed . . 33.9
Shaped . . . . 460.1
Shaping . . . . 436.7
- groove . . . . 516.3
- pass . . . . . 517.4
Sharpener . . . 196.8
Shear, hydraulic 533.8
- steel . . . . . . 13.2
–, to . . . . . . 533.6
Shearing line . 34.2
- machine . . . 533.9
- –, hydraulic . 533.8
- resistance . . 32.5
Shed . . . . . . 334.7
Sheet . . . . . 194.9
- billets . . . . 18.7
–, black . . . . 533.3
- gauge . . . . 40.2
- iron . . 25.6, 292.4
- –, black . . . 26.2
- –, corrugated 308.4
- –, finished . . 27.6
- –, hammered . 25.8
- - ring . . . . 309.1
- –, jacket . . . 26.8
- - plate . . . . 295.1
- –, profiled . . 26.4
- - provided with projections 26.12
- –, raw . . . . 27.5
- –, riffeled . . 26.11
- - scraps . . . 27.7
- - shell . . . 287.1.2
- –, tank . . . . 26.10
- –, thick . . . . 26.3
- –, thin . . . . 25.7
- –, unfinished . 27.5
- metal . . . . 25.4
- - free from oxides 553.1
- –, rolled . . . 25.5
–, pickled . . 552.11
- roll . . . . . 514.1
- rolling . . . 532.10
- - mill . . . . 510.5
- - –, thin . . . 511.2
- shearing machine 533.9
- steel . . . . . 292.4
- - plate . . . . 295.1
Shelf stand . . 383.8
Shell . . . . . . 83.8
- electrode, cylindrical 261.8
- of bosh . . . 302.4
- plate . . . . . 26.8
Shield . . . . . 162.8
Shift . . . . . . 556.6
–, eight hours . 556.8
Shingle, to . . 377.1
Shingling . . . 377.2
Ship owner . 561.12
- plate . . . . . 26.9
Shipment 560.3, 561.8
Shipping . . . 560.4
- insurance . 560.11
- port . . . . 561.10
Shock . . 41.7.9, 472.7
- bending test . 44.1
- crushing test 53.5
- stress . . . . 41.8
- test . . . . . 42.1
- - on notched bar 44.2
Shoe . . . . . . 77.6
- brake . . . . 498.2
–, cam . . . . . 496.6
–, iron . . . . . 496.3
Shoot . 131.8, 132.2.3
Shop . . . . . . 118.2
- drawing . . 422.11
Short iron . . . 44.6
Shortening of the melting period 411.10
Shot . . . 239.6, 491.8
Shoulder . . . 390.2
Shovel . . 434.4, 340.7
Shower bath . 151.1
Shrink, to 413.5, 423.3
Shrinkage 423.2, 514.8
- of the steel 546.13
Shunting cable railway 124.4
- drum . . . . 124.5
- railway . . . 137.8
- station . . . . 123.6
- track . . . . 123.8
Shut down . 556.11
- - of the furnace 354.7
Shutting off the blast 338.8
Siccité, à . . . 246.9
Sicher . . . . . 442.7
Sicherheit, Betriebs- 557.6
Sicherheits-klappe 314.9
-röhre . . . . 189.10
-stange . . . . 311.2
-vorrichtung . 314.9
Sichtbar . . . 35.6
- machen . . . 277.3
Sichtungsanlage 102.3
Sicurezza, barra di 311.2
- di servizio . 557.6
–, tubo di . . 189.10
Side . . . . . . 403.3
- chamber . . . 316.6
- channel . . . 444.1
- flue . . . 372.8, 417.3
- leg . . . . . . 320.2
- stone . . . . 292.6
- wall . . . . . 369.2
Siderita . . . . 68.5
Siderite . . . . 68.5
- calcinata . . 68.9
- ossidata all'aria 68.7
Siderosa . . . . 68.4
Sidérose . . . . 68.4
Siderurgia . . . 17.10
Siding . . . . . 123.8
Sieb . . . . . . 230.3
–, feines . . . . 230.7
–, Filter- . . . . 245.4
–, grobes . . . 230.6
-kammer . . . 140.9
-koks . . . . 107.11
–, Maschen- . . 230.4
-rost . . . . . 161.1
-satz . . . . . . 230.8
Sieb-schale . . 231.1
–, Schüttel- . 230.10
–, Schwing- . 230.10
-vorrichtung . 230.2
- –, mechanische 230.9
–, Wurf- . . . . 230.5
Sieben . . . . 438.10
Siebung . . . 229.10
Siede-blech, Babosches 199.4
-hitze . . . . 242.10
-rohrkessel . . 155.1
Sieder . . . . . 154.2
Siège, à double 407.3
- de coulée . 480.1.6
- horizontal . . 323.2
Siegel . . . . . 234.3
Siegen, fonte de 5.5
Siegen, fundición de 5.5
–, ghisa di . . . . 5.5
Siegerland, forno a tino di 83.7
Siegerland, four à cuve du 83.7
Siegerland pig iron 5.5
- shaft furnace 83.7
Siegerländer Roheisen 5.5
- Schachtofen . 83.7
Siemens, aparato electromagnético de 93.8
Siemens, apparecchio elettromagnetico di 93.8
Siemens, appareil électromagnétique de 93.8
Siemens' butterfly valve 407.1
- electromagnetic apparatus 93.8
Siemens, elektromagnetischer Apparat von 93.8
–, gasogeno . . 404.8
–, gasógeno . . 404.8
–, gazogène . . 404.8
Siemens-Martin, acciaio 12.3.4
- -Martin, acéro 12.3.4
- -Martin, acier 12.3.4
- –, aciérie . . 402.4
- –, fábrica de acero 402.4
- –, forno . . 402.6
- –, four . . . 402.6
- –, horno . . 402.6
- -Martin-ofen . 402.6
- -stahl, basischer 12.4
- - - –, saurer . 12.3
- -Martin steel works 402.4
- producer . . 404.8
–, valve à papillon de 407.1
–, valvola a farfalla 407.1
–, válvula de mariposa sistema 407.1
-sche Wechselklappe 407.1
-scher Generator 404.8
Sierra . . . . . 493.6
- alternativa . 493.5
- de hojas . . . 493.5
- - láminas . . 493.5
- en frio . . . . 493.4
- para carbón . 235.6
- - cortar en caliente 533.10
Sieve . . . 230.3.4.5
–, fine . . . . . 230.7
- grate . . . . 161.1
–, to . . . . . 438.10
–, wide meshed 230.6
Sieving . . . . 432.4
Sifflet . . . . . 44.10
Sifón . . . . . 186.5
Sifone . . 186.5, 482.5
Sift, to . . . . 438.10
Sifted . . . . 107.11
Sifting . . 65.2, 229.10
- device . . . . 230.2
–, dry . . . . . 230.1
Sigillare . . . . 234.4
Sigillo . . . . . 234.3
Sight hole . . . 163.2
Sign . . . . . . 34.8
Silber . . . . . 219.8
-erz, manganhaltiges 70.7
-haltig . . . . . 361.5
-hell . . . . . . 108.2
–, metallisches . 210.2
-nitrat . . . . . 210.1
-oxyd, salpetersaures 210.1
-stahl . . . . . 17.8
Silica brick . . 306.6
Silicatación . . 357.2
Silicate of aluminium 427.11
- - aluminia, hydrated 115.12
–, zinc . . . . 361.13
Silicate d'alumine 427.11
- - hydraté . 115.12
- de manganèse 70.4
- - zinc . . . 361.13
Silication . . . 357.2
Silicato d'alluminio 427.11
- di zinco . . 361.13
- - zinco idrossilo 71.10
- idrato di allumina 115.12
Silicato de alúmina 427.11
- - cinc . . . 361.13
- - manganeso 70.4
Silice . . 65.9, 216.3
- combinée . . 115.4
- gélatineuse . 115.5
–, riche en . . . 115.3
Silice combinata 115.4
- gelatinosa . . 115.5
–, ricco in . . . 115.3
Silice . . . . . 356.2
- aluminosa hidrófera 115.12
- combinada . 115.4
- gelatinosa . . 115.5
–, rico en . . . 115.3
Siliceux . . 1.3, 357.11
Siliceo . . . . 115.2
Silíceo . . 115.2, 357.11
Siliceous 71.10, 115.2 357.11

Silicic acid 65.9, 216.3
- -, combined . 115.4
- -, gelatinous . 115.5
- -, rich in . . 115.3
Silicico . . . . 216.3
Silícico . . . . 216.3
Silicid of carbon 15.5
Silicio 8.3, 216.2, 344.1
Silicioso . 1.3, 357.11
Silicique . . . . 216.3
Silicium . . . . 216.2
-eisen . . . 1.2, 15.3
-, Ferromangan- 15.4
-karbid . 15.5, 344.1
-reich . . . . . 1.3
-stahl . . . . . 16.10
Silícium . . 1.3, 216.2
Silicon . . . . . 1.3
- steel . . . . . 16.10
Silicospiegel . 15.4
Silico-spiegel . 15.4
Silikat, Tonerde- 427.11
Silizierungsgrad 357.2
Sill . . . . . . . 371.1
Silla . . . 24.3, 517.11
- de gancho . . 24.4
- - muro . . . 84.8
Sillar de piedra arenisca 306.7
Silver . . . . . 219.8
-, metallic . . . 210.2
- nitrate . . . . 210.1
- ore, manganiferous 70.7
-, quick . . . 545.10
- steel . . . . . 17.8
Silvery . . . . 108.2
- gray . . . . . 1.3
Simbolo chimico 226.4
Símbolo químico 226.4
Simultané . . . 168.5
Simultaneo . . 168.5
Simultáneo . . 168.5
Single-phase furnace 572.1
Sink . . . . . . . 175.4
Sinter-kohle . . 99.7
- -, backende . 99.8
-, Walz- . . . . 85.8
-, Walzen- . . . 112.4
Sinter, to . . . 349.5
Sintered . . . . 96.1
Sintering . . . 349.6
- coal . . . . . 99.7
Sintern . . . . 349.5
Sinternd . . . . 99.9
Sinterung . . . 349.6
Sinuoso, conductos -s 407.8
Siphonrohr . . 320.1
Sirupdichte . . 247.1
Sirupeux . . . 247.1
Sistema a due conduttori 167.4
- - più conduttori 167.5
- di fabbricazione col minerale 412.9
- - - dell'acciaio con ghisa e rottami 413.1
Sistema di lavoro 409.4
- - lenti . . . . 280.3
- - prova . . . 31.3
-i differenti di fabbricazione 412.7
- inglese con due convertitori 395.3
- lenticolare . . 280.3
Sistema bifilar 167.4
- de dos conductores 167.4
- - muchos conductores 167.5
- inglés para dos convertidores 395.3
- lenticular . . 280.3
Sitio de un defecto 35.4
Siviera 341.6.7, 477.4.8
- a portante . . 478.1
- fissa . . . . . 478.7
- girevole su carrello 478.6
- per gru . . . 478.8
- - - con portante 479.1
Size 37.7, 100.8, 231.4
-, equal . . . . 75.4
- of coal . . . 100.8
- - grain . . . 231.3
Sizing by sifting 65.2
Skala . . . . . 65.8
-, Härte- . . . . 180.8
Skimmer 339.8, 481.7
Skin . . . 486.8, 490.7
- due to rolling 35.6
-, hard white - with radiated structure 488.7
Skip . . . . . . 332.1
Skrubber . . . 317.4
Skum . . . . . 481.8
Slab . . . . . . 366.4
- bloom . . . . 18.6
Slack . . . . . 101.4
- coal . . . . . 101.4
Slag 112.7, 355.9, 366.1
-, acid . . . . . 356.6
- adhering to the converter nose 401.11
- ball . . . . . 397.2
-, basic 113.3, 356.7, 399.2
- bath . . . . . 370.3
- bed . . . . . 370.2
-, blast furnace 95.7
- block . . . . 356.2
- bottom . . . 370.2
- brick . . . 358.8.11
- cake . . . . . 356.1
- chamber . . . 409.3
- cement . . . 359.6
-, containing 484.10
- cover . . . . 338.4
- crust . . . . . 386.5
-, enclosed . . . 377.8
- discharge . . 300.1
-, finishing . . . 412.2
-, floating . . . 386.6
- forming . . . 348.8
- - period . . . 396.6
- free . . . . . 416.4
-, - from -s . 484.11
-, granulated . 359.4
- hearth . . . . 369.9
Slag hole . . . 299.6
-, included . . . 377.8
- notch . . . . 299.6
- plate . . . . . 371.3
- pocket . . . . 409.3
-, poor . . . . . 357.5
- - in iron . . 113.4
- - - phosphorus 399.4
- Portland cement 359.6
- press . . . . . 359.7
- puddling . . 379.4
-, raw . . . . . 357.5
-, rich . . . . . 357.4
-, - fining . . . 366.7
- - in iron . . 113.3
- - - phosphorus 399.3
- sand . . . . . 359.5
-, stiff . . . . . 412.3
- stone . . . . 358.6
-, stony . . . . 357.8
- taken away . 412.4
-, Thomas . . . 113.2
- thread . . . 358.10
-, to . . . . . . 349.7
-, to - out . . . 388.2
-, tuyere . . . . 299.7
- - Lürmann . 299.8
- wagon . . . . 388.5
- washing process 365.8
- wool . . . . . 358.9
Slagging . . . 299.5
- of the phosphorus 398.2
Slaker, round . 487.5
Slate . . . . . 101.10
-, argillaceous . 112.1
Slaty . . . . . . 116.5
Slecker, round 487.5
Sledge hammer 463.9
Sleeker . . . . 487.4
-, round . . . . 487.5
Sleeper . . . . 23.3
-, iron . . . . . 23.1
-, longitudinal . 23.4
- pass . . . . . 517.8
-, pressed . . . 23.2
Sleeve . . . . . 480.4
- rod . . . . . 480.2
Slicker, round 487.5
Slide 274.11, 275.1, 278.7
-, cold blast . . 322.4
- valve 322.2, 479.7.9
- -, cast steel . 322.7
- - gear . . . . 499.6
Sliding bottom 105.3
- box . . . . . 282.3
- clutch . . . . 519.9
- door . . 236.9, 404.4
- grate . . . . 162.3
Slime, -s 77.7, 90.3, 101.8
Slimy . . . . . 243.2
Slip, angular . 51.4
- of scaffold . . 358.7
Slot . 85.9, 468.7, 522.6
- atomiser . . . 158.4
-, circular . . . 159.1
-, long . . . . . 159.2
- sprayer . . . 158.4
Slow down, to 474.3
Slung in a rotating position 393.8
Smagrire la pasta 382.8
Small, -s . . . 62.9
Smaltáre . . . . 554.5
-, forno per (v. forno)
Smalto . . . . 554.6.7
Smelt, to 333.5, 874.4
Smelting . 74.5, 336.2
Smelting, s. a. melting
-, electric - of iron 571.2
-, fine . . . . . 366.5
-, furnace 252.2, 362.4 465.8
- -, Colby's . . 568.7
- hearth . 468.8, 569.3
- house . . . . 463.5
- of iron by electrothermal method 571.2
- - scrap iron . 565.8
Smerigliato . . 203.1
Smeriglio 202.11, 203.1 275.7.9
Smettere le cariche 354.10
Sminuzzare . . 77.1
Smistamento . 123.6
Smith's coal . . 100.1
Smithsonita . . 71.8
Smithsonite . . 71.8
Smithy . . . . . 150.4
Smoke . . . . . 561.1
- black . . . . 430.7
-, brown . . . . 400.7
- stack . . . . . 164.6
- tube . . . . . 155.1
Smontabile 440.5, 469.8
Smooth . . . . 472.4
-, to . . . . . . 492.2
-, - - the moulds 487.1
Smoother . . 487.2.8
Snap flask . . . 440.8
Soaking pit . . 527.5
- - crane . . . 527.7
- -, heated . . . 527.5
Soap . . . . . . 546.1
- solution . . . 276.5
Soapy . . . . . 428.4
Sobrecalefacción 474.9
- de la fundición 474.7
Sobreespesor . 486.10
Sobresaturado . 16.9
Sockel, Mauer- . 290.2
-, Stein- . . . . 290.2
Socket . . . . . 445.3
-, spindle and . 445.1
- wrench . . . 522.1
Socle en maçonnerie 290.2
- - pierre . . . 290.2
Socorro, casa de 150.5
-, estacion de . 150.5
Soda . . . . . . 205.9
Soda, caustic . 205.1
- lime . . . . . 205.7
Soda . . . . . . 205.9
- caustica . . 205.1.3
Sodato . . . . . 205.7
Sodé . . . . . . 205.7
Sodico . . . . . 205.9
Sódico . . . . . 205.7
Sodio . . 182.5, 221.3
Sodium . 182.5, 221.3

Sodium . . . . 221.3
- ammonium phosphate 212.1
- arsenite . . . 210.9
- bicarbonate 205.10
- borate . . . 211.14
-, carbonate of 205.9
- chloride . . . 545.7
- flame . . . . 235.8
-, hyposulphite of 210.6
- line . . . . . 401.3
-, peroxide of . 211.1
-, phosphate of 206.9
- pliers . . . . 202.6
- press . . . . . 182.5
-, sulphate of . 205.12
- sulphite . . . 210.5
Soffiamento a tutta pressione 338.7
Soffiante a gas 327.5
- elettrica . . . 328.2
Soffiare . . . . 396.2
Soffiato . . . . 350.2
Soffiatura 483.11, 484.2 494.2
Soffieria 251.2.3, 325.3
- a cassa . . . 325.5
- - cilindro . . 325.6
- - gas . . . . 327.5
- - vapore . 325.10
- di Cleveland ad una biella 326.6
- elettrica . . . 328.2
- idraulica . . . 225.9
- orizzontale . 326.7
- verticale . . . 326.2
Soffietto . 251.5, 325.3
- a mano . . . 487.9
- - pedale . . . 251.4
Soft . . . . . . 44.5
- iron . . . . . 10.2
- steel . . . . . 11.6
Softening . . . 147.8
Soglia della porta 404.5
- per l'utensile di lavoro 371.1
Sohlplatte . . . 369.4
Sohle, Aufgebe- 388.4
-, Herd- . . . . 291.7
-, Hütten- . . . 288.6
-, Ofen- . . . . . 291.7
-, zugängliche . 403.7
Sohlenkanal . . 104.1
Soil . . . . . . 288.8
-, marshy . . . 288.9
-, natural . . . 288.8
-, rocky . . . 288.10
Sol de l'usine . 288.6
- - la fonderie 475.7
- marécageux . 288.9
- naturel . . . 288.8
- peu sûr . . . 288.7
- rocheux . . 288.10
Solapa . . . . 538.7
Soldable . . . . . 9.5
Soldado . . . . . 9.4
- á solapa . . . 538.7
- - tope . . . . 538.6
- en espiral . . 538.8
Soldadura . . . 538.3
Soldar . 378.4.5, 429.13
- el acero . . . 10.9
Sole plate . . . 291.2
Sole . . . 12.4, 403.6
- à courant d'eau 369.6
- - réchauffer . 370.6
Sole accessible 403.7
- amovible . . 416.1
- du creuset . . 291.7
- - four . . . 369.11
- en scories . . 369.9
- mobile . . . . 528.6
- tournante . . 367.7
Solera 104.1, 364.3, 403.6
- accesible . . 403.7
- cambiable . . 416.1
- de escorias . 370.2
- - fusión . . . 569.3
- - trabajo . . 569.4
- del horno . 369.11
- giratoria . . 367.7
- movil . . . . 528.6
- para escorias 369.9
- refrigerada por agua 369.6
Solfato acido di potassa 206.2
- d'ammonio . 108.8
- di bario . . 220.11
- - calcio 208.1, 220.3
- - magnesia . 208.3
- - potassa . 205.11
- - rame . . . . 90.6
- - soda . . . 205.12
- - zinco . . . 90.10
- ferrico . . . . 69.2
- ferroso . . . 69.3
- - -ammonico 208.6
- potassico . 205.11
- sodico . . . 205.12
Solfidrico . . . 204.8
Solfito di soda 210.5
Solfo . . . 65.9, 216.7
Solfocianuro ammonico 206.1
Solforato . . . 204.8
Solforico . . . 204.1
Solforoso . . . 60.6
Solfuro ammonico 207.5
- d'antimonio . 218.9
- di carbonio . 212.4
- - piombo . . 71.7
- - zinco . . . 72.1
Solid . . . . . 475.4
Solide . . . . . 385.2
Solidez . . . . 413.2
Solidificación . 215.6 486.2
- al aire . . . 359.10
Solidificado . . 401.9
Solidification . 215.6 274.2, 354.1, 486.2
Solidificato . . 401.9
Solidificazione 486.2
- all'aria . . 359.10
Solidifié . . . . 273.9
Solidified . . . 273.9
Solidifier, se . . 354.1
Solidité . . . . 413.2
Solido . . 273.9, 385.2
Sólido . . 49.10, 385.2
Sollecitare un corpo per trazione 48.7
Sollecitazione alla torsione 50.4
- d'un corpo per urto 41.8
Sollevamento a spina 449.2
- dei lingotti . 527.3
Sollevare . . . 375.2
Sollgewicht . . 135.4
Solliciter par traction 48.7
Solubile . 241.8, 399.7
Solubilidad . . 241.3 258.9, 273.4
- completa . . 273.5
- limitada . . . 273.6
Solubilità 241.3, 258.9 273.4.8
- completa . . 273.5
- limitata . . . 273.6
Solubilité 241.3, 258.9 273.4
- complète . . 273.5
- limitée . . . . 273.6
Solubility 241.3, 258.10
-, limited . . . 273.6
-, perfect . . . 273.5
Soluble . 241.8, 399.7
-, rendre - par fusion 251.1
Soluble . 241.8, 399.7
-, hacer - por fusión 251.1
Solución de cloruro de calcio 329.6
- potásica . . . 181.3
- sólida . . . . 273.9
- - cristalizada 273.10
Solution . . . . 192.5
-, caustic potash 205.2
-, - soda . . . . 205.3
-, clear . . . . 241.10
-, congealed . . 273.9
-, equi-molecular 259.1
-, equivalent . . 259.2
-, isohydric -s . 262.7
- of chloride of calcium 329.6
- - resins in turpentine 551.8
- - sulphate of copper 552.8
- pressure, electrolytic 263.7
-, solid . . . . 273.10
-, solidified . . 273.9
-, turbid . . . 241.11
Solution . . . . 259.4
- acide . . . . 262.8
- claire . . . 241.10
-s correspondantes 262.7
- cristallisée . 273.10
- d'indigo . . . 211.7
- de chlorure de calcium 329.6
- - potasse caustique 205.2
- - résine dans la térébenthine 551.8
- - savon . . . 276.5
- - soude caustique 205.3
- - vitriol . . . 552.8
- équimoléculaire 259.1
- équivalente . 259.2
- filtrée claire . 244.3
-s isohydriques 262.7
- normale . . . 192.6
- solidifiée . . . 273.9
- titrée . . . . 192.5
- trouble . . 241.12
Soluzione 241.2, 259.3
- acida . . . . 262.8
- chiara . . . 241.10
-i corrispondenti 262.7
- cristallizzata 237.10
- d'indaco . . . 211.8
- di cloruro di calcio 329.6
- - potassa caustica 205.2
- - resina in trementina 551.8
- - sapone . . . 276.5
- - soda caustica 205.3
- - vetriolo . . 552.8
- equimolecolare 259.1
- equivalente . 259.2
- filtrata chiara 244.3
- - limpida . . 244.3
-i isoidriche . . 262.7
- limpida . . 241.10
- normale . . . 192.6
- solida . . . . 273.9
- torbida . . 241.11
Solvente . . . . 241.6
Sombrerete . . 313.8 406.2
- de botella . . 188.7
Someter á la tracción 48.7
Sommet de voûte de la sole 290.7
Sommier de grille 368.2
- - presse . . . 121.4
Sommità del compressore 121.4
Son métallique, rendant un 108.3
Soucoupe en ébonite 202.1
Sonder-gußeisen 9.1
-satz . . . . . 473.10
-stahl . . . . . 16.7
Sonido metálico, de 108.3
Sonnenlicht . 280.12
Soplado . . . . 251.2
- posterior . 397.10
Soplador Bibus 472.5
- de chorro de arena 492.9
- hidráulico . . 325.9
- Lehmann . . 471.7
- por debajo del emparrillado 158.1
Sopladura . . . 494.2
Soplante, máquina (v. máquina)
Soplar . . . . . 396.2
- de nuevo . 397.10
-, el - á plena presión 338.7
Soplete . 234.6.8, 251.3
- de pie . . . . 251.4
Soplo á plena presión 338.7
Soporte . . . 198.5.6
- de caballete . 454.1
- - desecador . 233.6
- - la placa anterior 414.1
- - - plataforma del tragante 307.8
- - - terraja . . 445.4
- - - tolva . . 310.2.3

Soporte de los cojinetes del convertidor 392.5
- - macho . . 461.7.8
- - matraz . . 198.7
- - microscópio sistema Martens 281.9
- - porcelana . 194.2
- - rodillos . . 325.2
- del filtro . . 244.9
- - marco . . . 414.3
- - tubo de agua de refrigeración 298.2
- para crisoles 252.6
- - el baño de María 247.8
- - tubo . . . . 253.2
Sopporto 198.5, 392.5.9 445.4
- a rulli . . . . 325.2
- con due gambi 462.2
- - un gambo e due lamiere 461.8
- degli elettrodi 567.4
- del filtro . . 244.9
- - quadro . . 414.3
- - rampino . . 525.1
- dell'anima con una lamiera 461.7
- della crocetta 525.1
- - piattaforma di caricamento 307.8
- - tramoggia 310.2
- di laminatoio 520.8 521.1
- - porcellana 194.2
- per anime brevettato 461.9
- - essiccatoio 233.6
- - il tubo dell'acqua di refrigerazione 298.2
- - storta . . . 198.7
Soprasaturato . 16.9
Sorbit . . 283.8, 284.5
Sorbita . . . . 283.8
Sorbite . 283.8, 284.5
Sorgente . . . 141.2
- d'elettricità . 93.4
- di luce esterna 280.8
Sorte de fer . . 17.11
Sortie . . . . . 439.7
Sorvegliante . 332.7
Sorveglianza . 556.9
Sosa . . . . . . 207.3
- cáustica . . 205.1.3
Sospendere momentaneamente l'andamento 354.9
Sospensione . 237.5 310.6
- a compensazione 237.6
-, in . . . . . . 263.5
Sospeso . . . . 309.3
Sosta momentanea 354.8
- nel funzionamento del forno 354.6
Sostanza animale 418.11
- densa per tempera 419.9
Sostanza ferrosa 370.4
- neutra . . . . 242.4
- organica . . 427.6
- per la cementazione 415.5
- - ritardare l'affinaggio ossidante 415.6
- - temperare . 545.6
Sostegno . . . 469.7
- da microscopio secondo Martens 281.9
- degli elettrodi 567.4
- del filtro . . 244.9
- della placca frontale 414.1
- - tramoggia 310.2.3
- per essiccatoio 233.6
- - la storta . . 188.1
Sotterraneo . . 58.1
Sottile . . . . . 25.7
Sottopassaggio 124.2
Sottovia . . . . 124.2
Soubassement en béton 289.6
Soucoupe en caoutchouc durci 202.1
Soudable . . . 9.5.6
Soudant . . . . . 9.8
Soude . . . . . 205.9
- caustique . 205.1.3
Soudé . . . . . . 9.4
- en spirale . . 538.8
- par contact . 538.6
- - recouvrement 538.7
Souder . . . 378.4.5
- ensemble . . 429.3
Soudure . . . . 538.5
Soufflage . . . 251.2
- à pleine pression 338.7
- sous grille . . 158.1
Soufflant . . . 328.3
-, machine -e (v. machine)
Soufflante à gaz 327.5
Souffler . . . . 396.2
Soufflerie . . 251.3.6 325.3, 469.9
- à caisse . . . 325.5
- - cylindres . 325.6
- - gaz . . . . 327.5
- - haute pression à coquilles 472.7
- - pédale . . . 251.4
- - piston rotatif 472.5
- - vapeur . . 325.10
- avec moteur électrique 328.2
- Bibus . . . . 472.5
- de précision . 471.2
- Encke . . . . 471.3
- hélicoïdale . 471.9
- - à haute pression 471.9
- hydraulique . 325.9
- Lehmann . . 471.7
- Martin . . . . 472.7
- Root . . . . . 471.1
- rotative 327.4, 472.5
- verticale . . . 326.2
Soufflet à main 487.9
- de forge . . . 251.5
- en cuir . . . 325.4
Souffleur à vapeur 469.10
Souffleux . . . 484.3
Soufflure 13.1, 386.8 484.2
Soufre . . 65.9, 216.7
Souillure par des substances chimiques 147.4
Soulèvement . 449.2
-, procédé à deux -s 366.3
-, - - un . . . . 366.2
Soulever . . . . 375.2
- la barre . . . 531.5
- les châssis . . 448.6
Sounding, metallic 108.3
Soupape 328.4, 500.2
- à air . . . . . 145.5
- - double siège 407.3
- d'aspiration . 142.3
- d'échappement d'air 508.6
- de refoulement 142.4
Source . . . . . 141.1
- of electricity 93.4
- - light, exterior 280.8
Source . . . . . 141.2
- d'électricité . 93.4
- de lumière extérieure 280.8
-, en . . . . . . . 482.5
Sous-sol . . . . 527.6
Soute . . . . . 181.1
- aux cendres . 168.8
Souterrain . . . 58.1
South pole . . 92.1
Soutien . . . . 187.2
Sovrariscaldato 548.11
Sow . . . 340.3, 361.6
Spaccare . . . 354.3
- il minerale in pezzi 63.4
Spaccato . . . 63.3
- verticale . . . 288.1
Space cavity . 484.1
Spachtelfarbe . 494.3
Spachteln . . . 494.4
Spade . . . . . 434.3
Spaddle . . . . 494.3
Spalt, Rost- . . 160.3
Spalten . . . . 263.9
Spaltung . . . 258.4
-, elektrolytische 258.4
-, Ionen- . . . . 263.2
Span . . . . . . 49.11
Span, Bohr- . . 228.3
Spann-bügel . 522.4
-gewicht . . . 187.3
-sprödigkeit . . 50.2
Spannung, Betriebs- 572.8
-, Biege- . . . . 488.9
-, Dreh- . . . . 50.6
-, Gas- . . . . . 350.8
-, Guß- . . . . . 488.8
-, innere . . . 488.10
-, magnetomotorische 92.7
-, Torsions- . . 50.6
Spannung, Verbrauchs- 169.5
-, Zersetzungs- . 265.4
-, Zug- . . . . . 48.9
Spannungs-größe 257.3
-schwankung . 169.4
-verlust . . . . 350.6
Spar . . . . . . 68.6
Spar, -s . . . . 144.5
-, heavy . . . 220.11
Spare boiler . . 158.5
- piece . . . . 83.7
Spark . . . . . 468.2
- chamber . . . 467.6
- quenching apparatus 468.3
-, star like -s . 374.9
Sparking . . . 396.9
Sparrost . . . . 160.9
Sparry . . . . . 68.6
Spat-eisenstein 68.5
-, Fluß- . . . . 111.4
-, Kalk- . . . . 73.1
-, Mangan- . . . 69.7
-, reifer Eisen- . 68.7
-, Rost- . . . . . 68.9
-, Schwer- . . 220.11
-, Zink- . . . . 71.8
Spatel . . . . . 202.8
-, Platin- . . . . 195.8
Spaten, Former- 434.3
Spath calcaire . 73.1
- fluor . . . . . 111.4
- pesaut . . . 220.11
Spathic . . . . 68.5
Spathique . . . 68.5
Spatico . . . . 68.5
Spato calcare . 73.1
- fluore . . . . 111.4
- manganico . 69.7
Spatola . 202.8, 437.3
- di corno . . . 201.9
- - platino . . 195.8
Spatula . . . . 202.8
Spatule . 202.8, 437.3
- à manche courbe 437.4
- en platine . . 195.8
Spazzatura . . 155.8
Spazzola . . . 190.8
- a barba . . . 491.1
- - mano . . 437.10
- - - in filo d'acciaio 490.11
- circolare . . . 491.3
- di canapa . . 553.9
- doppia in filo d'acciaio 491.2
- in filo di ferro a striglia 490.12
- per sbavare . 490.10
- - tubi . . . . 190.9
Spazzolatura . 553.8
Specie del filo di ferro 28.2
- di formatura 438.2
- - minerali . . 66.1
Specific gravity flask 180.1
Specification . 32.7
- of quality . . 32.1
Spécification normale 32.7
Specificazione normale 32.7
Specolare, ghisa (v. ghisa)
Spectacles . . . 258.3

Spectral, analyse -e 400.10
Spectre . . . . 401.5
- continu . . . 401.2
Spectroscope . 400.11 401.1
Spectroscopical 400.10
Spectrum . . . 401.6
-, uninterrupted 401.2
Spéculaire . . . 66.7
Specular . . . . 66.7
- forge pig iron 8.6
- iron . . . . . 8.3
Speculare . . . . 66.7
Speicher, Druckwasser- 508.3
-, Elektrizitäts- 266.5
Spektral-analyse 400.10
-analytisch . . 400.11
Spektroskop . . 401.1
Spektrum, Mangan- 401.6
-, ununterbrochenes 401.2
Spengere . . 355.3.4
-, apparecchio per - le scintille 468.3
Spengimento del forno 354.7
Spennellare . . 431.5
Sperimentalmente 345.2
Sperrflüssigkeit 270.1
Sperrig . . . . 463.11
Spesa d'analisi 227.6
-, -e d'sercizio . 563.2
- di costruzione 563.5
-e - rifacimento 578.1
-e - rivestimento 578.1
-e - trasporto . 560.7
-e generali . . 563.6
- per la forza motrice 168.2
Spessore . . . . 87.5
- del filo di ferro 28.3
- della parete . 305.7
- - tempera . . 420.4
- di ghisa . . 486.12
- prescritto . . 37.6
Spettanza . . . 227.7
Spettrale, analisi 400.10
Spettro . . . . 401.5
- continuo . . . 401.2
Spettroscopio 400.11 401.1
Spezial-gußeisen 9.1
-stahl . . . . . 16.7
Spezzamasselli 464.9 465.7
- ad eccentrico 465.3
- fisso . . . . 464.10
- idraulico . . 465.2
- portatile . . . 465.1
Spezzare . . . . 463.8
Spezzarottami . 464.1
Spezzato . . . 107.12
Spezzatura del masselli 463.6
Sphen . . . . . 72.5
Sphérique . . . 96.5
Spia . . . 88.1, 163.2
Spianare colla lima 275.3
- le lamiere . . 584.6
Spianatura colla lima grossa 275.4
- - - fine . . . 275.5
Spiegel . . . . . 8.3
-eisen . . . . . . 8.3
- -, stark manganhaltiges 8.7
-floß . . . . . . . 8.3
-glas . . . . . . 237.2
-, Grau- . . . . . 8.4
-, Grob- . . . . . 8.6
-, Puddel- . . . . 8.6
-, Saum- . . . . . 8.4
-, Silico- . . . . 15.4
Spiegel . . . . . 8.3
- containing a large amount of manganese 8.7
-, high manganese 8.7
- iron, gray . . . 8.4
- looking, white 8.1
- -, markedly . . 8.2
Spiegel, fonte (v. fonte)
Spiegel, fundición (v. fundición)
Spiel des Eisens 483.1
- - Gebläses . 350.10
- der Wage . . 185.6
-raum . . . 87.4, 520.3
Spieß, eiserner 338.10
-probe der Schlacke 401.10
Spigolo . . . . 86.9
- superiore . . 308.7
- vivo . . 423.6, 426.6
Spike . . . . . 24.6
Spiky . . . . . 46.6
Spill, Rangier- . 124.5
Spilla . . . . . 436.5
Spillo per dare l'aria 438.1
Spina . . 424.4, 449.2
- di estrazione 448.6
- - pesce . . 519.2.4
Spindel . . . . 445.1
-fuß . . . . . . 445.3
-, Kern- . . . . 459.9
-, Kupplungs- . 520.1
-, Luft- . . . . 460.3
-, Schablonen- . 445.1
-stock . . . . . 445.2
Spindle . 445.2, 459.9
- and socket . 445.1
- box . . . . . 524.3
- housings . . 524.3
Spinning machine, straw rope 460.9
Spinnmaschine, Strohseil- 460.9
Spinta . . . . . 433.3
Spiral-feder . . 25.2
-geschweißt . . 538.8
Spiral blower . 471.9
- spring . . . 502.5
- welded . . . 538.8
Spirale . . 471.9, 502.5
Spirit . . . . . 447.2
- lamp . . . . . 184.3
- level . . 182.6, 435.5
-, methylated . 546.5
Spirito . . . . . 184.3
- di vino 447.2, 546.5
Spiritus . . . . 546.5
-lampe . . . . . 184.3
-, mit - einreiben 447.2
Spit, to . . . . 482.1
Spitz . . . . . 371.8
-balg, lederner 325.4
-bogenkaliber 516.11
-stampfer . . . 434.7
-zirkel . . . . . 41.4
Spitze, verstahlte 339.1
Splay, to . . . 423.5
Splayed . . . 516.11
Splice bar, angle 24.1
Splinter . . . . 85.7
-, cast iron . . 464.8
Split shank . . 462.1
Splitter, Gußeisen- 464.8
-, Walz- . . . . 85.7
Splitting up of ions 263.2
Spoiled . . . . 489.1
Spoilt . . . . . 548.9
Spola . . . . . 535.6
Spolverizzare . 430.6
- le forme . . . 430.5
Spongieux 107.8, 376.8
Spongy 347.11, 376.8
Spool . . . . . 535.6
Spoon . . 195.7, 202.9
- tool . . . . . . 487.4
Sporgente . . . 436.6
Sporto della staffa 441.4
Spostabile 139.8, 536.4
Spostamento del cavaliere 239.10
Spot, dead . . 277.6
-, dull . . . . . 277.6
Spratzen . . . . 482.1
Spray nozzle . 317.5
Sprayer . . . . 158.2
-, centrifugal . 158.6
- nozzle atomiser 158.5
-, tubular . . . 158.3
Spraying . . . 298.5
Spread open . 462.2
Spreading, wide 463.11
Spring . . . . . 25.2
- beam . . . . 496.7
- compass . . . 462.1
- cushioning . 502.4
- pressure gauge 350.11
- steel . . . . . 14.3
Springer, forno a pudellaggio sistema 367.3
Springer, four à puddler sistème 367.3
Springer, horno de pudelar sistema 367.3
Springer's puddling furnace 367.3
Springerscher Puddelofen 367.3
Sprinkle, to - the moulds 341.2
Sprinkling . . . 545.2
- apparatus . 482.11
Spritz-flasche . 186.3
-härtung . . . 545.2
-röhre . . . . . 186.4
Spröde . . . . 44.7
Sprödigkeit, Spann- 50.2
Sprue . . . . . 443.5
Sprung . . . . 413.6
Spruzzamento . 298.5
Spruzzare . . . 482.1
Spruzzetta . . 186.3.4
Spugna d'aspirazione 140.3
- di ferro . . 347.11
Spugnoso 357.9, 376.8
Spül-junge . . 174.4
-raum . . . . . 177.6
Spule . . . . . 535.6
Spumoso . . 357.10
Spur . . . . . . 468.7
-ofen . . . . . . 468.6
-, Schlacken- . 300.2
Spurt, to . . . 482.1
Squadra falsa . 40.6
- per lisciare 487.6.8
- - riparare . 487.6.8
Squamoso . . . 45.6
Square . . . . 19.3
- corner smoother 487.8
Squeezer . . . 377.4
-, rotary . . . . 377.5
Stab-eisen . . . 18.10
-, Rost . . . . . 160.8
-, unbearbeiteter 19.4
Stabilimento . 288.6
- di forni a pudellaggio 366.9
- - stagnatura 552.12
-, franco . . . . 560.8
Stabilità . . . . 89.5
Stable . . . . 464.10
Staccare . . . . 375.2
Staccarsi a scaglie 431.6
Stacciare . . 488.10
Stacciatura . . 432.4
- meccanica . . 230.9
Staccio . . . 230.3.8
- a maglie . . . 230.4
- - - fini . . . . 230.7
- - - grosse . . 230.8
- - scosse . . 230.10
- filtrante . . . 245.4
- fine . . . . . 230.7
- grossolano . 230.6
Stack . . 303.8, 372.9
Stadelröstung . 88.3
Staffa . . . . . 439.9
- americana . . 440.6
- con pezzi riportati 440.9
- da aprirsi lateralmente 440.8
- - colonne . . 440.7
- di ferro . . . 440.3
- - legno . . . 440.4
- per formare in conchiglia 447.1
- - gettare in forma 439.13
- - siviera . . . 479.2
- smontabile . 440.5
- speciale per puleggie 452.1
Staffel-kessel . 158.9
-rost . . . . . . 161.6
-walze . . . . . 518.6
Stage . . . . . 181.7
- boiler, multiple 158.9
- for the slide 281.7

Staging, -s round furnace 808.3
Stagnare . . . 552.9
Stagnata . . 552.10
Stagnatura . . 552.12
Stagno . 218.10, 553.6
- piombifero . 553.7
- puro . . . . 553.11
Stahl . . . . . 546.13
-, abgestandener 548.10
-, angelassener 548.8
-, Anker- . . . . 14.5
-, aus - gegossen 488.3
-, basischer Siemens-Martin- 12.4
-, Bessemer- . . 11.8
-, Blasen- . . . 13.1
-, blasiger . . . 484.3
-blech . . 25.11, 136.5
-, Bohr- . . . . 17.7
-, Chrom- . . . . 17.1
-, Chromnickel- 16.12
-, Damast- . . . 13.4
-, Damaszener . 13.4
-, der - wird gar 336.2
-deul . . . . . 379.9
-, Diamant- . . 13.8
-, doppelt gefeinter 11.3
-, - raffinierter 11.3
-, Döpper- . . . 14.1
-draht . . . . . 27.11
-, Edel- . . . . . 11.2
-eisen . . . . . 8.4
-, Elektro- (s. Elektrostahl).
-, Erz- . . . . . 12.7
-erzeugung, elektrische 564.1
-, Feder- . . . . 14.3
-, Flammofen- . 10.7
-, Fluß- . . . . 11.5
-formguß . . . 488.2
-, Gärb- . . . . 11.1
- gärben . . . . 10.9
-, gehärteter . . 548.7
-, Gerb- . . . . 11.1
-, Gewindebohr- 14.2
-, Guß- . . . . 11.7
-guß, harter . . 488.5
- -schieber . . 322.7
- -, weicher . . 488.4
- -zapfen . . . 392.7
Stahl, Herdfrisch- 10.4
-, indischer . . 18.3
-, Kohlenstoff- . 16.8
-, Lochstempel- 13.9
-, Magnet- . . . 14.8
-magnet . . . . 92.3
-, Mangan- . . 17.2
-, Martin- . . . 12.2
-, Meißel- . . . 13.7
-, Molybdaen- . 17.4
-mörser . . . . 229.3
-, Münz- . . . . 14.7
-nadel . . . . . 391.7
-, Nickel- . . . 16.11
-, Persaner- . . 14.7
-, Puddel- . . . 10.8
-puddeln . . . 379.8
-, Qualitäts- . . 565.7
-reif . . . . . . 294.7
-, Roh- . . . . . 9.7
- roheisen . . . 8.4
-, Rosen- . . . . 10.5
Stahl, saurer Siemens-Martin 12.3
-, Schnelldreh- . 13.6
-, Schweiß- . . 9.6
-seite der Panzerplatte 27.9
-, Silber- . . . . 17.8
-, Silicium- . . . 16.10
-, Sonder- . . . 16.7
-, Spezial- . . . 16.7
-stein . . . . . 68.6
-stößel . . . . . 465.4
-, Thomas- . . . 12.1
-, Tiegel- . . . 11.7
-, -guß . . . . 11.7
-, Titan- . . . . 17.5
-träger . . . . 403.8
-, Trieb- . . . . 14.4
-, überhitzter 548.11
-, Uchatius- . . 12.7
-, Vanadin- . . 17.6
-, verbrannter 548.12
-, verdorbener . 548.9 549.2
-, Waffen- . . . 14.6
-werk, Bessemer- 387.3
- -, Thomas- . 387.4
-, Werkzeug- . 13.5
-, wilder . . . . 10.6
-, Wolfram- . . 17.3
-, Wootz- . . . 13.3
-, Zement- . . . 13.1
-, -gärb- . . . . 13.2
Stalth . . . . . 122.4
Stake . . . . . 436.5
Stall roasting . 83.3
Stalle . . . . . 83.3
Stamp 84.8, 52.1, 77.4 121.6, 383.6, 497.7
- mill . . . . . 77.3
-, to . . . . 84.9, 489.1
Stampa . . . . 340.1
Stampare 282.10, 505.1
Stampato . . . 478.4
Stamped . . . . 289.8
Stamper . . . . 391.4
Stampf-beton . 289.8
-form . . . . . 105.7
-maschine mit elektrischem Antriebe 105.6
- -, Kohlen- . . 105.5
- -, Preßluft- . . 434.8
-masse . . . . . 303.6
- -, kieselige . . 115.2
Stampfen, ein- 105.4 439.1
Stampfer . 391.4, 434.5
-, Flach- . . . . 434.6
-, Spitz- . . . . 434.7
Stamping . . . 105.4
- board . . . 439.11
- form . . . . . 105.7
- machine, coal 105.5
- - driven by electric motor 105.6
- mass, siliceous 115.2
- press . . . . . 505.1
Stampo 14.1, 77.4, 105.7
Stanchion, iron 294.1
-, steel . . . . . 294.1
Stand-fest . . 464.10
-pfanne . . . . 478.7
-rohr . . . . . . 315.8
Stand 127.8, 198.5, 384.3 520.8, 521.1
- -by boiler . . 153.5
Stand, rear . 496.10
Standard . 171.8, 454.2
- electrode . . 261.9
- scale . . . . . 55.3
- solution . . 192.5.6
- specification . 82.7
- strength of a solution 192.7
-, titration . . . 192.7
- weight . . . . 135.4
-, with single . 498.7
Ständer . 198.5, 298.8 326.3
-, Birnen- . . . 392.6
-, Dreiwalzen- . 522.3
-, Kammwalzen- 524.3
-, Kappen- . . . 522.9
-klemme . . . . 198.6
-kopf . . . . . 521.2
-, Pipetten- . . 191.8
-, Walzen- 520.8, 521.1
-, Zweiwalzen- . 521.6
Stanga . . . . . 339.2
- a punta . . . 371.8
- di ferro . . 338.10
Stange . . . . 204.13
-, bewegliche . 410.6
-, gezahnte . . . 393.2
-, Schür- . . . . 88.2
-, Trag- . . . . 523.7
Stangen-eisen . 18.10
-reibhammer mit Müllerschem Antrieb 498.3
Stanneux . . . 208.9
Stannic chloride 208.10
Stannico . . . 208.10
Stannique . . 208.10
Stannoso . . . 208.9
Stannous chloride 208.9
Stantuffo . 311.4, 453.7 472.1
- a disco . . . 506.3
- - piatto . . . 506.3
- della mazza . 499.2
- della pompa . 509.3
- - - d'aria . . 501.5
- di pressione . 121.2
- inferiore . . . 121.6
-i paralleli . . . 506.4
- premente . . 506.1
-i sovrapposti a tandem 506.5
- tuffante 144.3, 506.2
Stapeln . . . . 130.2
Staple . . . . . 441.7
Star like . . . . 374.9
Starch . . . . 211.12
- paper . . . . 213.2
Stare in equilibrio 274.9
Starkhalbiert, -es Roheisen 2.2
Stärke . . . . 211.12
-, Draht- . . . . 28.3
-papier . . . . 213.2
-, vorgeschriebene 87.6
-, Wand- . . . . 305.7
Starr, -e Form 446.5
Starting . . . 337.11
- machine . . . 170.1
Stassano, alto forno 571.3
Stassano, alto horno de 571.3
Stassano, -'s electric blast furnace 571.3
-, forno . . . . 566.3
Stassano, four . 566.3
Stassano furnace 566.3
- shaft furnace 571.3
-, haut-fourneau * ≠ 571.3
Stassano, horno sistema 566.3
Stassanoscher Hochofen 571.3
- Ofen . . . . . 566.3
State, crystalline 214.3
-, in dissolved . 224.4
-, - dry . . . . 224.3
- of equilibrium 345.7
- - smelting . 385.10
Station, Kraft- 166.1
-, Primär- . . . 165.6
Station . . . . 165.7
-, primary . . . 165.6
Station de secours 150.5
- primaire . . . 165.6
Stationary . . . 94.1
Stativ . . . . . 198.5
-, Filter- . . . . 244.9
Stato d'equilibrio 345.7
-, equazione di 258.6
-, in cattivo . . 355.5
Staub-belästigung 468.4
-, Erz- . . . . . 76.4
-fang . . 316.7, 409.2
-fänger . . . . 316.7
-förmig . . . . 58.8
-, Gicht- . . . . 316.1
-kammer . . . 409.2
-kohle . . . . . 101.6
-, Kohlen- . . . 101.7
-sack . . . . . 316.8
-, Zink- . . . . 361.3
Stäuben, die Formen 480.5
Stauch-kaliber 516.2
-probe . . . . . 58.5
Stauchen . . . 58.6
-, zusammen- . 58.6
Stauchung . . 58.7
Stay, -s . . . . 414.3
- plate . . . . . 24.3
Stazione di distribuzione 165.7
- - manovra . . 123.6
- - smistamento 123.6
- metallurgica 123.5
- per luce e trasporto d'energia 166.2
- primaria . . . 165.6
Steam . . . . . 360.5
- admitted above the piston 500.7
- - below the piston 500.8
- bath . . . . . 248.2
- boiler . . . . 152.1
- blower . . . 325.10
- boiler, high pressure 152.2
- -, horizontal . 152.3
- -, low pressure 152.6

Steam boiler, medium pressure 152.5
- -, vertical 152.4
- boiling 120.3
- chest 499.8
- crane 127.2
- -, fixed 127.3
- -, locomotive 127.4
- coal 99.5
- cylinder 499.1
- developer 178.10
- distillation 254.2
- driven generator 170.7
- dynamo 170.7
- exhaustor 144.2
- funnel 178.9
- hammer 377.3
- - admitting steam above the piston 500.6
- -, double acting 500.5
- -, overhanging type 498.7
- -, single acting 498.6
- - with fixed cylinder 498.5
- - - single standard 498.7
- jet atomiser 158.2
- - blower 469.10
- - sprayer 158.2
- locomotive 124.6
- pot 178.6
- power forging press 505.5
- pump 142.6, 509.5
- -, isolated 143.4
- -, twin 143.5
- shovel excavation 58.4
- superheater 179.2
- trap 179.3
- winch 314.3
Steamer 562.6
Steamer à minerais 562.6
Stecca 28.8, 24.2
- a corniera 24.1
- piatta 23.9
Steccato 28.9
Stechheber 191.3
-, Filter- 245.1
-, Kugelhahn- 191.5
-, Voll- 191.6
-, Wiege- 240.4
Stechiometrico 334.6
Stechpipette 191.3
Steel 289.7
-, acid 11.8, 397.6
-, alloy 16.7
-, anchor 14.5
-, annealed 548.8
-, basic 12.1
- beam 403.8
- bearer 403.8
-, Bessemer 11.8
-, best tool 13.8
-, blister 13.1, 484.3
-, boron 17.7
-, Brescian 14.7
-, burnt 548.11.12
-, carbon (s. carbon steel)
- cast 488.3
- casting 488.2
Steel castings, electric 564.4
-, cement 13.1
- cementing furnace 417.10
-, chisel 13.7
-, chromium 17.1
-, - -nickel 16.12
-, converted 13.1
-, crucible (s. crucible steel)
-, damask 13.4
-, direct - from the ore process 12.7
-, double refined 11.8
-, - shear 13.2
-, electric (s. electric steel)
-, extra hard 13.8
- face of armour plate 27.9
- for dies and stamps 14.1
- - punches 13.9
- - screw taps 14.2
- furnace, Gin 569.6
-, half hard and hard 11.5
-, hardened 548.7
-, hearth (s. hearth steel)
-, high speed tool 13.6
- hoop 204.7
-, indian 13.3
-, ingot (s. ingot steel)
-, magnet 14.8, 92.3
-, manganese 17.2
Steel, Martin 12.2
-, mild 11.6, 12.1
-, molten 386.3
-, molybdenum 17.4
- mortar 229.3
-, nickel 16.11, 418.5
- nose of breaker 465.4
- of a reverbatory furnace 10.7
-, overheated 548.11
-, perished 548.10
-, pinion 14.4
- plate 25.11
- -, cast 25.12
- - catch, riveted 136.5
- -, mild 25.10
- plug pin 391.7
- point 339.1
-, pot 381.1
- produced by electrometallurgical methods 564.2
-, puddled 10.8, 379.9
-, raw 9.7
-, refined 11.2
-, rose 10.5
-, shear 13.2
- shell 389.8
-, silicon 16.10
-, silver 17.8
-, small arm 14.6
-, soft 11.6
-, special 16.7, 565.7
-, spoilt 548.9, 549.2
-, spring 14.3
-, tempered 548.8
-, the - becomes refined 386.2
Steel, titanium 17.5
-, tool 13.5
-, tungsten 17.3
-, vanadium 17.6
-, weldable 9.6
-, weld (s. weld steel)
-, wild 10.6
- wire 27.11
- works 402.4
- -, basic 387.4
- -, Bessemer 387.3
-, wrought 11.1
Steep 515.2
Steg 22.3, 441.5
Steh-anker 373.5
-kolben 187.1
Steierisch, -es Roheisen 5.7
-er Röstofen 84.7
Steif, -e Schlacke 412.3
Steig-band 138.10
-kanal 408.5
-rohr 145.3
Steiger 444.4
-öffnung 444.4
Steigern, die Leistung 555.6
Steil 515.2
-aufzug 330.8
Stein 118.1
-ausdehnung 306.1
-, basischer 306.5
-, Boden- 290.3
-brecher 78.8
-brennofen 119.2
-, feuerfester 156.6
-form 321.9
-kohle 98.7
Steinkohlengrube 100.5
-klein 101.5
-mehl 430.10
-staub 430.2
Stein, Kohlenstoff- 306.3
-pfeiler 84.3
-presse, Druckwasser- 120.6
-, Pudding- 114.7
-ring 309.2
-sammlung 177.5
-, Sand- 114.3
-, saurer 306.6
-schicht 305.9
-, Schlacken- 358.8
-sockel 290.2
-, Stahl- 68.6
-, Tümpel- 292.2
-verband 336.6
-zustellung 303.4
Steinern 320.5
Steinig 357.8
Stella 374.9
Stell-ring 445.5
-winkel 40.6
Stelle, eingeschnittene 515.4
-, lockere 484.8
-, matte 277.6
-, unganze 386.8
Stellen, hochkantig 503.8
Stellung, 90°- 407.6
-, liegende 394.2
-, senkrechte 394.1
Stelo ammortizzatore 502.6
Stelo della rotaia 22.3
Stempel 77.4
-, Loch- 52.1
-, Poch- 77.4
-schaft 77.5
-, Unter- 121.6
Stempeln 34.9
Stendere 530.5
Stendimento 516.1
Stengelig 46.6
Sténolyse électrique 263.6
Stenolysis, electro- 263.6
Step grate 85.1
- shaped 518.7
Stepped 161.5
- grate producer 404.9
Sterco di cavallo 428.11
- - - decomposto 428.12
- - vacca 429.1
Sterile 75.3
Stérile 75.3
Sternbildend 374.9
Stetig 254.6, 521.5
Steuer-kasten 499.8
-schieber 499.9
Steuern der Presse 509.8
Steuerung durch Kolben 499.4
-, Hammer- 499.3
-, Schieber- 499.6
Stich 300.4, 531.8
-flamme 466.2
Stichloch 300.4
-, das - durchstoßen 338.9
-, - - öffnen 338.9
-, - - verschließen 342.1
-, Öffnen des -es 343.5
-, Verstopfung des -es 343.4
-stopfmaschine 342.7
Stichmaß 39.6
Stichel 437.3
Stick caustic potash 204.13
Sticking of the blast furnace 337.9
Stickstoff 221.6
-bestimmungsapparat nach Kjeldahl 221.7
Stiel 495.6
-, angenieteter 477.6
-hammer 495.3
Stiff 412.3
Stiffening of the tube walls 319.9
Stift 424.4
Stiftenabhebung 449.2
Still 255.5
Stillstand des Hochofenbetriebes 354.6
Stink cupboard 175.2
Stipendio 563.4
Stir, to - in the water 544.1
-, - - vertically 485.4
- up, to 375.7

Stiramento 53.4, 516.1
- finissimo . . . 536.9
- fino . . . . . 536.8
- iniziale . . . 536.6
- medio . . . . 536.7
Stirare al maglio 52.6
- il campione sotto il maglio ad 1 volta e 1/2 la sua larghezza 52.7
- - ferro . . . . 503.4
Stirato . . . . . 47.8
- sottilmente . 28.5
Stiria, ghisa di . 5.7
Stiriano, forno di torrefazione 84.7
Stirn-fläche . . 424.11
-platte . . . . 292.10
-seite . . 104.4, 403.5
Stirrer . . . . . 176.2
Stirring . . . . 80.4
- device . . . . 176.2
- hole . . . . . 87.10
- rod . . . . . 485.3
Stirrup . . . . 301.9
Stiva . . . . . 562.2
Stöchiometrisch 334.6
Stock . . . . . 130.2
Stock, Düsen- . 300.9
Stock . . . . . 335.6
- column . . . 335.4
- crane . . . . 129.4
- line . . . . . 335.5
- - gauge . . . 336.1
- room . . . . 177.7
- size . . . . . 87.7
-work, ore . . 57.2
Stœchiométrique 334.6
Stoff, bildsamer 425.2
-, organischer . 427.6
-prüfung . . . 41.6
-streifen . . . . 33.5
-, tierischer . 418.11
Stoichiometrical 334.6
Stoke, to - automatically 157.2
-, - - by hand . 156.7
-, - - mechanically 157.2
Stoker . 157.5, 164.3
-, mechanical . 157.1
Stoking, mechanical 156.8
Stone . . . . . 114.7
-, blue . . . . . 90.6
- breaker . . . 78.8
- pillar . . . . 84.3
- ring . . . . . 309.2
- wall . . . . . 290.2
- work . . . . . 303.4
Stop . . . . . . 136.3
- cock . . 191.5, 500.1
-, to - up the tap hole 342.4
Stopfbüchsbrille 507.4
-büchse, Lürmannsche 306.2
-büchsenausgleicher 324.9
-maschine, Stichloch- 342.7
Stopfen . . . . 480.4
-, durch den - gießen 481.6
Stopfen, Gummi- 197.6
-hebevorrichtung 480.5
Stoppage of the blast furnace 354.6
Stopper . . . . 188.7
-, double . . . . 313.3
- head . . . . 480.3
- lifting device 480.5
- of throat . . 307.2
- plug . . . . . 480.3
- rod . . . . . 480.2
Stopping down of the furnace 354.7
- machine . . . 342.7
- the blast . . . 338.8
- up of tap hole 343.4
Stöpsel, Gummi- 197.6
Storage . 320.9, 422.2
- battery 121.8, 266.5
Store . . 130.1.5, 177.7
-, taking from the -s 130.9
- tank . . . . . 102.4
-, to . . . . . . 130.2
Stored . . . . . 408.1
Storing place . 130.3
- reservoir for ore 131.3
Störöffnung . 87.10
Storta . . 117.11, 187.8
- di distillazione 254.9, 255.5
- - misura . . 185.10
- generatrice di cloro 221.10
- verticale . . . 187.1
Störung, Betriebs- 353.2
Stoßfrei . . . . 472.4
Stoßlasche . . 23.8
Stößel . . . . . 455.5
-, Stahl- . . . . 465.4
Stößer . . . . . 229.5
Stoupat . . . . 300.4
Stove . . . . . 95.2
-, chequer brick 320.5
-, Cowper's. . . 320.8
-, Whitwell . . 320.6
Stracottura . . 118.9
Strada . . . . . 358.6
Strahl-härtung 545.1
-rohr . . . . 492.10
Strahlengang . 281.3
Strahlig . . . . 46.5
Strahlung . . . 352.5
-, aus der - messen 352.3
-, Wärme- . . . 572.5
Straighten, to . 534.1
-, - - the sheets 534.6
Straightening hammer 534.9
- machine . . . 534.2
- plate . . . . . 534.8
- shop . . . . . 533.5
Strain figures . 47.8
Strainer, mechanical 230.3.9
Straining chamber 140.9
- dish . . . . . 231.1
Strang, Röhren- 319.6
Strap . . 301.9, 490.12
Straße, Walz- . 510.1
Straßenbahnschiene 22.8
Stratificato 461, 57.1
Stratifié . . 46.1, 57.1
Stratified . . . 57.1
Strato, a -i . . 391.9
- d'amianto . . 201.1
- d'asbesto . . 201.1
- d'ossido . . . 552.6
- - di ferro . . 414.6
- - sul pezzo laminato 35.6
- di carbone incandescente 405.7
- - mattoni . . 305.9
- - metallo . . 567.1
- - ruggine . . 550.2
- - scorie . . . 566.9
- filtrante . . . 147.2
Stratum . . . . 57.1
Straw . . . . . 429.9
-, chopped . . . 429.3
-, cut . . . . . . 429.2
- ring . . . . . 202.2
- rope, plaited 444.6
- - spinning machine 460.9
- yellow . . . . 547.7
Streak . . . . . 64.6
Stream . . . . 399.11
- hardening . . 545.1
- of metal 339.7, 386.7
Strecke, Walz- . 510.1
Strecken. . . . 530.5
-, das Eisen . . 503.4
Streckkaliber . 516.1
Streckung 53.4, 530.6
Streich-eisen . 339.8
-maß . . . . . 40.4
Streichen . . . 57.5
-, schwarz . . . 424.9
Streifen, blauer 400
-, Probe- . . . . 33.4
-, Stoff- . . . . 33.5
Strengflüssig. 356.12
Strength . . . . 306.9
- of blow 503.1, 434.9
- - pole . . . . 92.5
-, tensile . . 48.8, 49.4
-, torsional . . 50.4
-, ultimate tensile 49.6
- under shock . 41.9
Stress . . 48.6, 488.8
-, internal . . 488.10
-, tensile . . 48.7.8.9
-, tortional . . . 50.4
Stretching . . . 53.4
Streu-düse . . . 317.5
-düsenzerstäuber 158.5
-sand . . . . . 442.4
Stria, lunghezza della 54.2
Striage . . . . 53.11
Striato . . . . . 26.11
Striatura . . . 54.1
- del pezzo levigato 275.2
Strich . . . . . 64.6
-breite . . . . . 54.2
Strichen, schwarz 424.10
Strickle . . . . 461.3
- bench board 446.4
- board . 445.6, 461.3
-, to . . . . . . . 445.7
-, - - the core . 461.2
Strickling board 446.3
Strie de la plaquette polie 275.2
-, largeur de la 54.2
Strié . . . . . . 26.11
Striglia . . . 490.12
Strike . . . . . 57.5
String . . . . . 459.6
Stringitubi a morsetto 192.4
Strip . . . . . . 33.4
- iron . . . 19.8, 24.7
- mill . . . . . 512.2
- of material . 33.6
-, to - the ingots 526.4
-, - - the mould 486.3
Stripe, blue . . 400.2
Strippen . . . . 526.4
Stripper . . . . 526.3
-kran . . . . . 526.2
-werk . . . . . 526.3
Stripping crane 526.2
- plate . . 451.2, 524.7
- - gear wheel moulding machine 456.3
- - moulding machine 450.5
- - - - with turning table 452.5
Striscia bleu . 400.2
- di materiale . 33.5
- - prova . . . 33.4
- turchina . . . 400.2
Stroh . . . . . 429.9
-, gehacktes . . 429.3
-kranz . . . . . 202.2
-seil, geflochtenes 444.6
- -spinnmaschine 460.9
Stroke . . . . . 503.1
-, height of . . 464.5
-, length of 464.5, 502.7
Strom-ausbeute 258.3
-, elektrischer . 93.3
-, Gas- . . . . . 360.9
-, Konvektions- 260.8
-leitung . . . . 171.3
- -, oberirdische 171.4
- -, unterirdische 161.5
-schwankung . 169.3
-verbrauch . . 572.6
Strombatura per l'ugello 298.8
Strontium . . . 221.1
Stronzio . . . . 221.1
Stropicciare con spirito di vino 447.2
Structural casting 487.10
Structure of iron ore 58.6
-, to expose the 277.4
-, - reveal the . 277.4
-, tough . . . . 49.10
Structure . . . 8.1
- des grains de sable 427.4
- - minerais de fer 58.6
- moléculaire . 225.3

Structure résistante 49.10
Stuffing . . . . 325.1
- box compensator 324.9
- - gland . . . 507.4
- -, Lürman's . 306.2
Struktur des Eisenerzes 58.6
-, zähe . . . . . 49.10
Strumento, -i di guttaperca 197.2
- - misura . . . 88.5
Struttura . . . 8.1
- dei grani di sabbia 427.4
- del minerale di ferro 58.6
- fine . . . . . 283.2
- molecolare . 225.3
- resistente . . 49.10
- tenace . . . . 49.10
Stück . . . . . 362.3
-erz . . . . . . 62.8
-gehalt . . . . 64.9
-größe . . . . . 65.2
-kohle . . . . . 100.9
-quarz . . . . . 115.6
-ofen . . . . . 363.1
Stückig, groß- . 100.9
Studio chimico del ferro 218.5
Stufa 433.8, 462.8, 463.3
- d'essiccazione 233.1, 433.7
- per anime . . 463.4
Stufenwalze . . 518.6
Stulpliderung . 507.1
Stumpfgeschweißt 538.6
Stündlich . . . 140.3
Sturz-bahn, Kohlen- 132.3
-bühne . . . . 131.7
-gerüst . . . . 131.6
-rinne . . . . . 131.8
Stürzen der Gicht 353.7
Stütz-hebel . . 522.5
-weite . . . . . 49.11
Stütze des Rahmens 414.3
-, Kern- . . . . 461.7
Stutzen, Auslaß- 480.7
Styrian pig iron 5.7
- roasting furnace 84.7
Styrie, fonte de 5.7
Styrien, four de grillage 84.9
Subdividido . . 160.5
Subdivisé . . . 160.7
-, non . . . . . 160.4
Subir por la chimenea 165.1
Sublimación . . 256.7
-, aparato de . 256.9
Sublimado corrosivo 209.7
Sublimar . . . 256.8
Sublimare . . . 256.8
Sublimate, to . 256.8
Sublimation . . 256.7
Sublimationsapparat 256.9
Sublimation . . 256.7
- apparatus . . 256.9
Sublimation . . 256.7
-, appareil de . 256.9
Sublimato corrosivo 209.7
Sublimazione . 256.7
-, apparato di . 256.9
Sublimer . . . 257.8
Sublimieren . . 256.8
Substance, single -s 224.2
-, animal . . . 418.11
-, neutral . . . 242.4
-, organic . . . 427.6
Substance à tremper 545.6
- neutre . . . . 242.4
- nuisible . . . 71.5
- riche en oxyde de fer 370.4
- secondaire . . 71.6
Substancia aglutinante 426.2
- neutra . . . . 242.4
- para pulimentar 275.7
- - templar . . 545.6
Substanz, neutrale 242.4
Subterranean . 141.1
Subterráneo . . 58.1
Succhiarola . . 140.8
Succhiello per carbone 235.5
Suck-in, to - - the air 470.4
-, to - off liquid 246.2
Suction air . . 469.3
- - chamber . . 145.2
- - vessel . . . 145.2
- basket . . . . 140.8
- conduit . . . 144.7
- cupola . . . . 469.2
- passage . . . 501.7
- pipe 144.7, 145.1, 492.6
- port . . . . . 501.7
- pump . . . . 245.7
- side . . . . . 471.4
- valve . . . . 142.3
Suddivisione del regolo del cavaliere 289.9
Südpol . . . . . 92.1
Suecia, fundición de 5.8
Sueco, forja de afino 364.1
Suède, fonte de 5.8
Suèdois, feu d'affinerie 364.1
-, fonte -e . . . 5.8
Sueldo . . . . . 563.4
Suelo de la fábrica 288.6
- - - fundición 475.7
- - roca . . . 288.10
- fangoso . . . 288.9
- natural . . . 288.8
Suelta . . . . . 240.6
Suelto . . . . . 484.8
Suffisant . . . . 87.5
Sughero . . . . 196.2
Sule . . . . . . 552.2
Sulf 419.11, 546.8, 553.5
Sujeción . . . . 24.5
Sujetar el lingote 528.9
- - -, disposición para 528.8
Sulfat, Eisenoxyd- 69.2
Sulfat, Kupfer- 90.6
-, Zink- . . . . 90.10
Sulfatación . . 82.5
Sulfatation . . 82.5
Sulfate acide de potasse 206.2
- d'ammoniaque 108.8
- de baryte . 220.11
- - chaux 208.1, 220.3
- - cuivre . . . 90.6
- - fer ammoniacal 208.6
- - magnésie . 208.3
- - potasse . . 205.11
- - soude . . 205.12
- - zinc . . . . 90.10
- ferreux . . . 69.3
- ferrique . . . 69.2
Sulfatisierend . 82.5
Sulfato ácido de potasa 206.2
- cálcico . . . . 208.1
- de amoníaco 108.8
- - bario . . 220.11
- - cal . . . . . 220.3
- - cinc . . . . 90.10
- - cobre . . . 90.6
- ferroso . . . 69.3
- - -amónico . 208.6
- magnésico . . 208.3
- potásico . . 205.11
- sódico . . . 205.12
Sulfid, Eisen- . 69.4
-, Natrium- . . 210.5
Sulfite de soude 210.5
Sulfito sódico . 210.5
Sulfocianuro amónico 206.1
Sulfocyanure d'ammonium 206.1
Sulfurado . . . 204.8
Sulfure d'ammoniaque 207.5
- d'antimoine . 218.9
- de fer . . . . 69.4
- - plomb . . . 71.7
Sulfuré . . 72.1, 204.5
Sulfureux . . . 60.6
Sulfúrico . . . 204.3
Sulfurique . . 204.12
Sulfuro amónico 207.5
- de antimonio 218.9
- - carbono . . 212.4
- - hierro . . . 69.4
Sulfuroso . . . 60.6
Sulphate, ferric 69.2
-, ferrous . . . 69.3
- of barium . 220.11
- - calcium . . 208.1 220.3
- - copper 90.6, 552.8
- - magnesium 208.3
- - potassium 205.11
- - sodium . . 205.12
- - zinc . . . . 90.10
Sulphatising calcination 82.5
- roasting . . . 82.5
Sulphide, ammonium 207.5
-, ferrous . . . 69.4
- of antimony . 218.9
Sulphite, sodium 210.5
Sulphocyanide of ammonium 206.1
Sulphur . . 65.9, 216.7
- compound . . 216.8
Sulphuretted hydrogen 204.8
- -, apparatus for producing 177.2
- - chamber . . 177.1
Sulphuric acid chemically pure 204.2
- -, commercial 204.1
- -, free - - in purple ore 216.10
- anhydride . . 217.1
Sulphurous . . 60.6
- acid . . . . . 216.9
Sumergir . . . 316.3
- lentamente . 544.3
Suministro . . 559.4
Sumpf-erz . . . 67.4
-ofen . . . . . 466.4
Sumpfig . . . . 288.9
Sunk well . . . 141.7
Sunlight . . . 280.12
Suola 104.1, 291.7, 403.6
- accessibile . . 403.7
- di fusione . . 569.3
- - lavoro . . . 569.4
- - scorie . . . 370.2
- mobile . . . . 416.1
- raffreddata con acqua 369.6
Suolo . . . . . 290.7
- della fonderia 475.7
- dello stabilimento 288.6
-, di - metallico 108.3
Superficie . . . 85.3
- ad angoli vivi 426.9
- appannata . . 277.6
- arrotondata . 427.2
- curva . . . . 322.8
- d'irrigazione 149.1
- del focolare . 466.3
- della carica . 335.5
- - griglia . . . 159.8
- - suola . . . 466.3
- di contatto . 470.7
- - contropressione 507.6
- - pressione . 507.5
- - raffreddamento 486.4
- - rottura . . 45.2
- - solubilità . 278.8
- ineguale . . . 490.8
- levigata 270.10, 275.1
- - propria . . 277.5
- lucidata . . . 424.6
- ondulata . . . 584.7
- orizzontale . 438.7
- piana . . . . 438.7
- ruvida . . . . 426.9
- scabra . . . . 483.5
- totale della griglia 160.1
- utile della griglia 160.2
Superficie . . . 85.3
- combada . . 322.8
- de ángulos agudos 426.9
- - contrapresión 507.6
- - empaquetatura 470.7
- - emparrillado 159.8

Superficie de enfriamiento 486.4
- - la carga . . 335.5
- - - estampa . 502.9
- - - placa . . 466.3
- - - rotura . . 45.2
- - presión . . 507.5
- - pulimento limpia 277.5
- - revolución . 445.8
- - riego . . . . 149.1
- - separación . 424.3
- - solubilidad 273.8
- del mazo . . 502.9
- horizontal . . 488.7
- ondulada . . 534.7
- plana . . . . 488.7
- pulimentada . 275.1 424.6
- redondeada por frotamiento 427.2
- total del emparrillado 160.1
- útil del emparrillado 160.2
Superheater . . 179.1
Superoxid, Blei- 210.10
Supersaturated 16.9
Supervision . . 556.9
Supply . . 140.1, 559.4
- of air, ample 87.5
- - coal by means of a screw conveyor 159.6
- - ore . . . . . 65.3
Supplying the coal 104.6
Support . 202.1, 392.5
- for water supply pipe 298.3
- of the funnel 310.3
Support . . 50.1, 198.5 524.6
- à introduire dans le bain-marie 247.8
- d'électrode . 567.4
- de ballon . . 198.7 201.10
- - cornue . . . 188.1
- - filtre . . . 244.8.9
- - la plate-forme du gueulard 307.8
- - - trémie . 310.2.3
- - - trousse . . 445.4
- - microscope d'après Martens 281.9
- - noyau . . 461.7.8
- - séchoir . . 233.6

Support de tube 258.2
-s des barreaux de la grille 368.2
- - paliers du convertisseur 392.5
- du balancier 528.7
- - cadre . . . 414.3
- - massif . . . 294.3
- en porcelaine 194.2
Supporting brackets 392.9
- girders . . . 308.2
- ring . . . . 201.10
Sur . . . . . . 431.2
Surbaissé . . . 404.2
Surchauffe de la fonte 474.7
Surchauffé . . 474.9
Surchauffeur . 179.1
- à vapeur . . 179.2
Surcuisson . . 118.9
Surélevé . . . . 145.8
Surépaisseur . 486.10
Sûreté, dispositif de 314.9
-, tige de . . . 311.2
-, tube de . . 189.10
Surface . . . . 85.3
- converting . 417.9
-, corrugated . 534.7
- crack . . . . 86.6
- crust . . . . . 489.9
-, curved . . . . 322.8
- defect . . . 489.11
- development 282.6
-, edged . . . . 426.9
- gauge . . . . 40.5
- of fracture . 45.2
- - slide . . . . 275.1
- - solubility . 273.8
- play of iron . 488.1
-, polished . . . 424.6
- roughness . . 426.8
-, round ground 427.2
- temperature . 447.6
Surface . . . . 85.3
- active de la grille 160.2
- anguleuse . . 426.9
- arrondie par frottement 427.2
- bombée . . . 322.8
- de contact étanche 470.7
- - contrepression 507.6
- - grille . . . 159.8
- - - totale . . 160.1
- - la cassure . 45.2
- - - charge . . 335.5
- - - sole . . . 466.3

Surface de pression 507.5
- - refroidissement 486.3
- - révolution 445.8
- - séparation . 424.3
- - solubilité . 273.8
- des vides de la grille 160.2
- gondolée . . 534.7
- horizontale . 488.7
- plane . . . . 488.7
- polie . 274.10, 275.1 424.6
- - propre . . . 277.5
- totale de la grille 160.1
- utile de la grille 160.2
Surnageant . . 386.6
Surplus . . . 486.10
Surpoids . . . 559.11
Surriscaldatore 179.1
- di vapore . . 179.2
Surround, to - with iron hoops 303.2
Sursaturé . . . 16.9
Sursoufflage . 397.10
Surveillance 556.9.10
Surveillant . . 332.7
Suspended 263.5, 309.9
- in a rotating position 393.8
Suspender las cargas 354.10
Suspendido . . 309.3
- en disposición de girar 393.8
- para girar . . 393.8
Suspendiert . . 263.5
Suspendre le chargement 354.10
- momentanément la marche 354.9
Suspendu . . . 309.3
- pour pouvoir basculer 393.8
Suspension . . 237.5
- hook . . . . . 476.7
Suspension 80.4, 237.5
- à compensation 237.6
- compensée . . 237.6
-, en . . . . . . 263.5
Suspensión . . 237.5 310.6
- compensada . 237.6
- de las cargas 353.5
-, en . . . . . . 263.5

Süßholzextrakt 278.3
Svedese, ghisa . 5.8
Svezia, ghisa di 5.8
Sviluppare 277.3, 282.5
Sviluppato . . 484.6
Sviluppo d'idrogeno 348.9
- del calore . . 346.3
- - gas . . . . . 268.7
- della struttura 277.1
- - superficie . 282.6
- - tessitura . . 277.1
- in profondità 282.7
Swab . . . . . 430.8
Swage, to . . . 503.6
Swedish bloomery fire 364.1
- pig iron . . . 5.8
Sweep . . . . . 445.4
- templet . . . 445.6
-, to - the mould 445.7
Swing crane . 126.2
Swinging sieve 230.10
Switchboard . 171.2
Switching . . . 406.8
- arrangement 406.9
Swivel damper 297.9
Sworn chemist 174.2
Symbol, chemisches 226.4
Symbol, chemical 226.4
Symbole chimique 226.4
Syphon . . . . 186.5
- pipe . . . . . 320.1
Syrup consistence 247.1
System, englisches 395.3
-, Linsen- . . . 280.3
System, English 395.3
-, multiple wire 167.5
- of lenses . . . 280.3
- - working . . 57.8
-, two wire . . 167.4
Système à deux conducteurs 167.4
- - - fils . . . . 167.4
- - plusieurs conducteurs 167.5
- - - fils . . . . 167.5
- anglais par deux convertisseurs 395.3
- bilifaire . . . 167.4
- de lentilles . 280.3

## T.

T-bearer, circular -s 294.8
T-Eisen . . . . 20.8
- iron . . . . . 20.8
- -, double . . . 20.9
T-piece . . . . 190.3
T-Träger . . . . 20.8
- -, zum Ring gebogener 294.8
T, tubo en . . . 190.3
T-vigueta . . . 294.8

Tabella dei pesi atomici 224.7
- normale . . . 55.3
Tabelle, Normal- 55.3
Tabique 319.8, 407.10
Tabla de fondo con modelo 439.12
- - los pesos atómicos 224.7
- - modelo . 439.11
- del cilindro . 513.9

Tabla normal . 55.3
Table . . 251.2, 451.1
- of atomic weights 224.7
-, rotary . . . . 449.3
-, turnover . . . 450.2
-, - top . . . . 449.5
Table . . . . . 457.1
- de laboratoire 175.3
- - laminoir . . 524.5

Table de soufflage 251.2
- - support des modèles 451.1
- - travail pour les essais électrochimiques 265.5
- du cylindre . 513.5
- normale . . . 55.8
- tournante . . 452.5 493.1

Table tournante à levée 452.6
Tableau de distribution 171.2
- des poids atomiques 224.7
Tablero de laminador 524.5
- de rodillos . 525.3
Tablette en corne 201.9
Tablier à rouleaux 525.3
- de laminoir . 524.5
Tablilla de asta 201.9
- - pulimentar 276.3
Taches pourpres 547.9
Tafel, Eisenblech- 295.1
-wage . . . . . 236.1
Taffrail round platform 307.7
Tagebau . . . 58.2
Tages-leistung . 555.4
-licht . . . . 280.11
Tagliar via . . 84.4
Tagliare . . . . 504.8
- a misura . . 533.7
Taglio . . . . . 82.5
Tagliuolo . . . 504.7
Tagschicht . . 556.6
Tail . . . . . . 497.2
- hammer . . . 497.1
Tailling, -s . . . 75.3
Taillant . . . . 82.5
Tajadera . . . 504.7
Take hold, to -
- of the piece 531.6
-, to - out the crucibles 386.4
Taking from the stores 130.9
- over . . . . . 30.1
Taladrado . . . 228.3
Taladrar . . . . 228.5
- á lo largo . . 228.8
- desde arriba 228.7
- en sentido longitudinal 228.8
-, máquina de . 228.4
- por el costado 228.6
- - el lado . . . 228.6
Taladro para carbón 235.5
Talg, Rinder- 419.11
Taller . . . . . 123.5
- de construcción mecánica 150.2
- - cortar . . . 533.5
- - estañado . 552.12
- - forja . . . . 495.1
- - fundición . 465.9
- - los convertidores 388.1
- - machos . . 458.1
- - moldeo . . 421.2
- - - de dos naves 421.3
- - pudelaje . . 366.9
- - rebarbado . 489.2
- - reparación 150.3
-, franco . . . . 560.8
Tallow . 419.11, 546.8 553.5
- pot . . . . . 553.3
Talón . . . . . 134.5
- del peso . . . 134.4
Tamaño . . . . 101.1
- corriente de almacén 87.7
- de almendra 101.2
- - avellana . . 231.7
- - huevo . . . 231.5
- - nuez . . . . 231.6
- - puño . . . . 231.4
- del carbón . 100.8
- - grano . . . 231.3
Tambor . . . . 317.8
-, aparato de . 93.9
- de cable . . . 331.1
- - enrollamiento 498.1
- - fricción . . 497.6
- - guarnición 472.2
- horizontal . . 341.1
- lavador de acabado 81.1
- - preparatorio 80.11
- - rotativo . . 80.10
- para la limpieza 493.2
- - secar . . . . 433.7
Tambour . . . 317.8
-, appareil à . . 93.9
- de nettoyage 493.2
- du câble . . . 331.1
- enrouleur . . 535.9
- étanche . . . 472.2
- horizontal . . 341.1
- laveur rotatif 80.10
- sécheur . . . 433.7
Tamburo 317.8, 470.5
-, apparecchio a 93.9
- d'avvolgimento 498.1
- del cavo . . . 331.1
- di guarnizione 472.2
- orizzontale . 341.1
- per finire il lavaggio 81.1
- - lavaggio . . 80.10
- - primo lavaggio 80.11
- - togliere la sabbia 493.2
Tamigio . . . . 230.3
Tamis . . . . 230.3.8
- à filtrer . . . 245.4
- - mailles . . . 230.4
- - secousses. 230.10
- cuvette . . . 231.1
- fin . . . . . . 230.7
- grossier . . . 230.6
Tamisage . . 229.10
- à sec . . . . . 230.1
-, dispositif de . 230.2
- mécanique, appareil de 230.9
Tamisé . . . 107.11
Tamiser . . . 438.10
Tamiz . . . . 230.3.8
- de cubeta . . 231.1
- - filtración . 245.4
- - mallas . . . 230.4
- - - anchas . . 230.6
- - vaivén . . 230.10
- fino . . . . . 230.7
Tamizado mecánico, aparato para el 230.9
Tamizar . . . 438.10
Tamped . . . . 303.6
Tamper . . . . 434.5
Tampon . 25.2, 480.3
Tampon d'argile réfractaire 342.5
- de choc . . . 25.3
Tan . . . . . . 429.5
- bark . . . . . 429.5
Tanaglia 372.1, 526.5
- da lingotti . 526.3
- - presa . . . 528.2
- per lingotti . 527.1
Tanda de día . 556.6
- - noche . . . 556.7
Tandem engine 327.1
-, macchina a . 327.1
-, machine . . . 327.1
- maschine . . 327.1
- pistons . . . . 506.5
Tándem, máquina 327.1
Tando de ocho horas de trabajo 556.8
Tangencial . . 482.6
Tangential . . 482.6
-guß . . . . . . 482.6
Tangentiel . . . 482.6
Tangenziale . . 482.6
Tank . . 81.3, 145.6
-, high level . . 145.8
- sheet iron . . 26.10
Tannenbaumkristall 214.4
Tanto por ciento de agua 64.8
- - - - carbono 215.12
- - - - cenizas 101.9
- - - - esquisto 101.10
- - - - gas . . 103.2
- - - - hierro . 64.7
- - - - humedad 64.8
- - - - minerales finos 65.1
- - - - pedazos gruesos 64.9
- - - garantizado 227.1
Tap . . . . . . 183.9
- cinder . 112.9, 113.1 357.4, 374.10
- hole 300.4, 342.4
- - stopping machine 342.7
-, to . . . . . . 338.6.9
-, - - off the slag 338.2
-, - - the hearth 342.1
-, - - the iron . 481.2
Tapa . . . 309.8, 528.1
- de cierre . . 297.5
- de la caja de viento 394.8
- - - chimenea 378.1
- - quita y pon 301.6
- del prensaestopas 507.4
Tapadera de la bóveda 384.2
Tapar . 308.5, 342.6.7
- la colada . . 342.4
- - piquera . . 342.4
- las aberturas 355.1
- - sopladuras . 494.2
Tape measure . 38.9
Taper . . . . . 518.5
Tapering . . . 295.4
- pass . . . . . 518.4
Tapón . . 196.2, 445.9 480.3.5
Tapón de arcilla 342.5
- de goma . . 197.5
Tappare . . . . 342.6
- il forno . . . 342.4
- le aperture . 355.1
Tappet . . . . . 496.5
- drum . . . . . 496.4
Tapping bar . 338.10
- interval . . . 342.8
- iron . 338.10, 339.2
- of blast furnace 338.1
- - the slag . . 474.6
- sample . . . 339.3
- shovel . . . . 340.7
- side . . . . . 403.4
Tappo . . 342.5, 480.2
- della valvola . 508.7
- di gomma . . 197.6
- - sughero . 196.2.4
Taque à dresser en fonte 534.8
- de fond . . . 364.3
- - varme . . . 364.6
Tar . . . . . . 95.9
- boiling plant 120.2
- destillation plant 120.1
- furnace . . . 155.8
Tara . . . . . . 135.1
-gewicht . . . . 135.1
Tarar . . . . . 239.4
Tarare . . . . . 239.4
Tarato . . . . 185.10
Tare . . . . . . 135.1
- shot . . . . . 239.6
-, to . . . . . . 239.4
Tarer . . . . 239.4.6
Tarieren . . . . 239.4
Tarierschrot . . 239.6
Tarif de transport 560.5
- exceptionnel 560.6
- spécial . . . . 560.6
Tarifa de transporte 560.5
- excepcional . 560.6
Tariff . . . . . 560.5
-, special . . . . 560.6
Tariffa di trasporto 560.5
- eccezionale . 560.6
Tarjea . . . . . 388.7
Tarry . . . . . 405.6
Tartaric . . . 419.10
- acid . . . . . 204.6
Tartarico . . . 204.6
Tartárico . . . 419.10
Tártrico . . . 419.10
Tartrique . . . 204.6
Tary . . . . . . 405.6
Tas . . . . 83.1, 376.5
Tasa . . . . . . 227.7
Tasche, Erz- . . 131.3
-, Vorrat- . . . 131.1
Tassa . . . . . 227.7
Tassage . . . . 105.4
Tasser . . . . . 376.4
Taster, Außen- . 41.2
-, Innen- . . . . 41.3
-lehre . . . . . 40.1
-, Loch- . . . . 41.3
-zirkel . . . . . 40.9
Tauchkolbenpumpe 144.3
Taucherkolbenpumpe 144.3
Tavola . . . . . 457.1

Tavola a rulli . 525.3
- del cilindro . 513.5
- per oggetti . . 281.7
Tavolo . . . . . 236.1
- con soffieria . 251.2
- da lavoro . . 175.3
- di lavoro elettrochimico 265.5
Tavolozzo . . 439.11
- portamodello 439.12
Taxe . . . . . 227.7
Taza de porcelana 194.3
Tazza . . . . . 139.9
Tear, to . . . . 49.2
Techar . . . . . 339.5
Technik, photographische 281.10
Technique photographique, la 281.10
Teclu, becco di 183.7
Teclubrenner . 183.7
Teclu, brûleur de 183.7
Teclu burner . 183.7
Teclu, mechero de 183.7
-, quemador de 183.7
Tecnica fotografica, la 281.10
Técnica fotográfica, la 28.10
Tedesco, processo 366.3
Tee piece, gas 270.9
Teeming nozzle 480.6
Teer . . . . . . 95.9
-destillationsanlage 120.1
-farbenerzeugung 71.1
-feuerung . . . 155.9
-haltig . . . . . 405.6
-kocherei . . . 120.2
Teeth . . . . 518.10
Teich, Klär- . . 81.3
-, Kühl- . . . . 148.5
Teig . . . . . . 119.4
Teigig . . . . . 376.2
Teil . . . . . . 367.8
-, glatter erhabener 390.2
-ladung . . . . 562.7
-, oberer . . . . 303.9
-, trennbare -e 390.4
-, unterer . . . 304.1
Teilchen, suspendierte 263.5
Teilung . 240.5, 524.2
- des Reiterlineals 239.9
Teilungsröhre, Gas- 270.9
Teinter . . . 282.11
Teinture d'iode 211.10
- de tournesol 211.9
Tela . . . . . . 276.1
- a smeriglio . 203.1
- metallica . . 318.2
- smerigliata . 203.1
Tela . . . 276.1, 430.6
- de alambre de cobre 199.2
- - - - - enrollada 199.3
- - asbesto . . 200.9
- esmerilada . . 203.1
- metálica 199.1, 318.2
Telaio . . . . . 477.2
- della sega . . 493.6
- per centrare le staffe 454.7
- provvisorio a legnaccio 453.2
Telescope carriage 392.3
Télescope . . . 392.3
Telescopic . . 452.2
Telescopio . . . 392.3
Telescópico . . 392.3 452.2
Télescopique . 452.2
Teleskop-riemenscheibenformmaschine 452.2
-wagen . . . . 392.3
Teller aus porigem Porzellan 193.3
-, Lampen- . . 184.5
-, Luftpumpen- 178.4
-ofen . . . . . 367.7
-ventil . . . . 323.2
Temper . . . . 373.1
-erz . . . . . . 415.4
-guß . . . 7.5, 12.6
- -eisen . . . . 7.5
- -, Roheisen für den 7.5
-kohle . . . . . 215.7
-ofen . . . . . 415.8
Temper . . . . 548.5
-, chisel . . . . 13.7
- colour . . . . 547.5
-, to . . . . . . 547.1
-, - - the steel . 543.9
Tempera . . . . 42.7
- al getto d'acqua 545.1
- - nickel . . . 418.4
- all'acido carbonico 545.4
- - aria . . . . 545.3
- - olio . . . . 545.5
- alla doccia . 545.2
- della superficie 417.9
- di ricottura . 547.3
- difficile . . . 542.8
- entro cassetta che riceve l'acqua dal fondo 544.9
- fallita . . . 546.12
-, forno per la (v. forno)
- naturale . . 542.10
- negativa . . 546.12
- nell'acqua corrente 544.8
- perfetta . . . 543.1
- pericolosa . . 543.8
- semplice . . . 542.7
Temperare . . 545.6
- al calor rosso nell'acqua 544.1
- nell'acqua . 543.11
Temperato . . 548.7
Temperatur, Anlauf- 547.4
-, Außen- . . . 447.6
-, die - eines Körpers aus seiner Strahlung messen 352.3
-, Dissoziations- 253.6
-erniedrigung . 352.4
-, gefährliche . 543.8
Temperaturgefälle 447.5
-, Gicht- . . . . 351.2
-, Gieß- . . . . 482.2
- im Hochofen 351.1
-, Innen- . . . . 447.7
-konstanz der Lösung 262.5
-messung . . . 351.3
-, Röst- . . . . . 86.9
-, Verkokungs- 106.3
-wechsel, plötzlicher 118.7
Temperatura . 118.7
-, a bassa . . . 4.6
-, ad alta . . . . 4.5.6
- alla bocca del forno 348.2, 351.2
-, - - massima . 411.8
- della reazione 222.8
- di dissociazione 253.6
- - fusione 474.2, 482.2
- - ricottura . 547.4
- - riduzione 347.10
- - - in coke . 106.3
- - torrefazione 86.9
- esterna . . . 447.6
- interna . . . 447.7
-, misurare la . 352.3
- nell'alto forno 351.1
Temperatura, á baja 4.6
-, á alta . . 4.5, 544.1
-, - temperatura máxima 411.8
- de calcinación 86.9
- colada . . . 482.2
- - coquificación 106.3
- - dar color . 547.4
- - disociación 253.6
- - fusión . . . 348.2
- - la reacción 222.8
- - recocido . . 547.4
- - reducción 347.10
- - temple . . . 548.6
- elevada . . . 475.2
- en el alto horno 351.1
- - - bragante 351.2
- exterior . . . 447.6
- interior . . . 447.7
-, medir la . . . 352.3
- peligrosa . . 543.8
Temperature . 86.9
-, dangerous . . 543.8
- in the blast furnace 351.1
-, internal . . . 447.7
- of coking . . 106.3
- - incandescence 86.10
- - reaction . . 222.8
-, to measure the - of a body by means of its radiation 352.3
Température . 118.7
-, à basse . . . 4.6
-, - haute . . . 4.5
- au gueulard . 351.2
- dangéreuse . 543.8
- dans le haut-fourneau 351.1
- de carbonisation 106.3
Température de coulée 482.2
- - dissociation 253.6
- - grillage . . 86.9
- - la réaction . 222.8
- - réduction 347.10
- - trempe . . 548.6
- du recuit . . 547.4
- élevée . . . . 475.2
-, en pleine . . 411.8
- extérieure . . 447.6
- intérieure . . 447.7
-, mesurer la . 352.3
Tempered . . . 548.8
Tempering . . 357.6
- bath . . . . . 540.4
- flame furnace 540.5
- forge . . . . 540.2
- furnace . . . 540.1
- hardness . . . 547.3
- temperature . 547.4
Temperit . . . 284.5
Temperita . . . 284.5
Tempérite . . . 284.5
Tempern . . . 357.6
Templado . . . 42.7
Templar . . . . 416.8
- á alta temperatura en el agua 544.1
- al níquel . . 418.4
- en el agua . 543.11
-, horno para (v. horno)
Template . 86.11, 39.6 40.3, 445.4
Temple . . . . 543.2
- á chorro de agua 545.1
- - lluvia de agua 545.2
- al aceite . . . 545.5
- - ácido carbónico 545.4
- - aire . . . . 545.3
- de herramienta para cortar 543.3
- - recocido . . 547.3
- - superficie . 417.9
- difícil . . . . 542.8
- duro . . . . . 543.3
- en agua corriente 544.8
- en una cubeta alimentada por el fondo 544.9
- natural . . 542.10
- negativo . . 246.12
- perfecto . . . 543.1
- resistente al desgaste 548.4
- sencillo . . . 542.7
Templet . 86.11, 445.6
- moulding . . 444.8
Tempo, a due -i 327.7
-, - quattro -i 327.6
- di fusione . 411.10
Temporary . . 438.4
Temps, à deux 327.7
-, - quatre . . . 327.6
Tenace . . . . . 49.10
Tenacidad . . . 49.8
Tenacità . . . . 49.8
Ténacité . . . . 49.8
Tenacity . . . . 49.8
Tenaglia per tappi di sughero 196.6

Tenaille . . . . 372.1
- à déclic . . . 464.3
- à lingots . . 527.1
Tenaz . . . . . . 6.8
Tenaza, -s . . . 372.1
-s con escape . 464.3
-s de estirado . 536.1
-s para corcho 196.6
-s - crisoles . 252.5
-s - lingotes 527.1
-s - sodio . . . 202.6
-s - tener bajo mercurio 200.6
Tendance des ions à conserver la charge électrique 264.7
- - - - retenir la charge électrique 264.7
Tender . . . . 562.12
Tendeur, poids 187.3
Tenditore . . . 291.4
-, peso . . . . . 187.3
Tendre . . . . 59.1
Tenedor . . . . 301.9
Tenere fresco il campione 275.6
Tenero . . . . . 59.1
Teneur . . . . . 1.3
- d'un liquide . 192.7
- en cendres . 101.9
- - chiste . . 101.10
- - eau par cm³ d'air 329.4
- - fer . . . . . 64.7
- - fines . . . . 65.1
- - gaz . . . . 108.2
- - humidité . 64.8
- - oxyde de carbone 360.4
- - silice . . . 357.2
- garantie . . . 227.1
Tenon . . 424.4, 441.9
- venu de fonte 294.10
Tenone . . . . 441.9
Tenore . . . . . 8.8
-, alto - in ossido di ferro 370.5
- di carbonio 215.12
- garantito . . 227.1
- in acqua 60.3, 329.4
- - cenere . . . 101.9
- - ferro . . . . 64.7
- - gas . . . . 108.2
- - ossido di carbonio 360.4
- - schisto . . 101.10
- - umiditá . . 64.8
Tensible . . . . 49.1
Tensile . . . 48.7.8.9
Tension . . . . 48.6.9
- brittleness . . 50.2
-, high . . . . . 167.1
-, low . . . . . 166.8
-, magnetomotive 92.7
- screw . . . . 522.4
- weight . . . . 187.3
Tension . . . . 50.2
- de coulée . . 488.8
- - décomposition 265.4
- - pliage . . . 488.9
- - régime . . 169.5
- - torsion . . 50.6
- - traction . . 48.9
Tension électrolytique de la solution 263.7
-, installation à basse 166.8
-, - - haute . . 167.1
- interne . . 488.10
- magnétomotrice 92.7
Tensión . . . . 50.2
- de colada . . 488.8
- - descomposición 265.4
- - régimen . . 169.5
- electrolítica de la disolución 263.7
- de flexión . . 488.9
-, instalación de alta 167.1
-, - - baja . . . 166.8
- interna . . 488.10
- magnetomotriz 92.7
Tensione . 48.9, 50.2
- al luogo di consumo 169.5
- di colata . . 488.8
- - decomposizione 265.4
- - flessione . . 488.9
- - torsione . . 50.6
- elettrolitica della soluzione 263.7
-, impianto a bassa 166.8
-, - ad alta . . 167.1
- interna . . 488.10
- magneto-motrice 92.7
Tensor . . . . . 522.4
-, peso . . . . . 187.3
Tenuta . . . . 405.8
Teoria della dissociazione 260.4
- sui giacimenti minerali 56.1
Teoría de la disociación 260.4
Térébenthine . 551.8
Termico . . . 108.11
Térmico . . . 222.6
Terminación del macho 461.2
Terminador, tren 510.4
Terminal for cells 265.9
Terminar 503.7, 529.9
Termine di consegna 559.5
- - scaricamento 562.11
Termoelettrico 266.6
Termo-eléctrico 266.6
Terpentin . . . 551.8
Terra . . . . . 428.8
- a spigoli vivi 426.6
-e alcaline . . . 114.2
- argillosa . . . 426.1
- da porcellana 116.13
- di fonderia 425.10
- fresca . . . . 426.5
- grassa . . . 425.13
- magra . . . 425.12
- nuova . . . . 426.4
- per tappare . 342.6
Terra refrattaria 116.12, 541.7
Terracotta 116.8, 249.6
Terrain peu sûr 288.7
Terraja . 444.8, 446.3
- de brazo . . 445.6
- - macho . . . 461.3
Terrajar el molde 445.7
Terraplenar . . 358.7
Terrassenartig 518.7
Terrazza . . . 308.3
Terre à porcelaine 116.13
-s alcalines . . 114.2
- cuite . . . . . 116.6
-, en . . . . . . 447.8
- glaise . 428.8, 429.7
- réfractaire . 249.6
Terreno . . . . 290.7
- di fondazione poco sicuro 288.7
- naturale . . . 288.5
- palustre . . . 288.9
- roccioso . . 288.10
Terreno poco seguro 288.7
Terreux . . . . 59.5
Terril . . . . . 356.3
Terroso . . . . 59.5
Tessitura . . . 277.1
- fine . . . . . 283.2
Tessuto metallico 199.1
- d'amianto . . 200.9
- d'asbesto . . 200.9
Test 31.1, 224.5, 228.2
- bar . . . . . 49.3
- by bending in opposite directions 48.9
-, calorimetric . 224.1
-, cold . . . . . 31.6
- glass . . . . . 186.2
-, hot . . . . . . 31.7
-, hydraulic . . 54.6
- paper . . . . 212.7
- piece 33.3, 38.2, 49.3 386.1
- - supported at both ends 50.1
- plug . . . . . 55.1
-, preliminary . 31.2
- pressure . . . 54.8
- result . . . . 34.6
- rod . . . 49.3, 386.1
- sample . . . 401.7
- -, molten . . . 401.8
-, spectroscopical 400.11
- strip . . . . . 33.4
-, tensible . . . 49.1
-, to . . . . . . 30.5
- tube . . . . . 186.1
- - holder for water baths 247.8
- with detached piece 31.4
Testa . . 22.5, 403.5
- arrotondata . 520.2
- del forno . . 413.9
- - martello . . 502.8
- della cassetta 411.1
- - gabbia . . 521.2
- in ferro forgiato 495.5
Testata del cavalletto 496.9
Tester . . 174.3, 181.5
Testing . 30.6, 234.7
- apparatus . . 268.4
- conditions . . 31.10
- machine . . . 54.5
- method . . . 31.3
-, microscopical 278.6
Tête . . . . . . 22.5
- de cuiller . . 411.1
- - la cage . . 521.2
- - levier . . . 410.3
- - marteau . . 502.8
- du four . . . 413.9
- - lingot . . . 485.7
- en fer forgé . 495.5
- perdue . . . . 485.6
Tetroxide, trimanganic 217.6
Tettoia, doppia - per formatura 421.3
- per formatura 421.2
Teufelsklaue . 464.3
Textura . . . . 3.6
Texture . . . . 277.1
-, fine . . . . . 283.2
Texture . . . . 3.2
- blanche rayonnante 488.7
- fine . . . . . 283.2
Theisen, epuratore 317.7
Theisen, lavador 317.7
Theisen, laveur 317.7
Theisenscher Wascher 317.7
Theisen's washer 317.7
Theoretisch . . 135.2
Théorie de la dissociation 260.4
- des gisements 56.1
Theory . . . . 260.4
- of deposit of ores 56.1
Thermal . . . . 352.5
Thermique . . 573.3
Thermisch . . . 573.3
Thermocouple . 352.1
Thermo-electric pyrometer (Le Chatelier) 352.1
Thermoélectrique 266.6
Thermopile . . 266.6
Thermosäule . 266.6
Thickness . . . 57.7
- of false mould 446.2
- - wall . . . . 305.7
Thimble . . . . 179.7
Thin drawn . . 28.5
Thistle funnel 189.10
Thomas-anlage, Bessemer- und 387.2
-eisen . . . . . 12.1
- -Gilchrist-Verfahren 397.8
-roheisen . . . 8.2
-schlacke 118.2, 399.2
-stahl . . . . . 12.1
- -werk . . . . 387.4
Thomas-Gilchrist process 397.8
- slag . . 118.2, 399.2

Thomas works, Bessemer steel and 387.2
Thomas, acier . 12.1
-, aciérie . . . . 387.4
-, fonte . . . . . 8.2
- -Gilchrist, procédé 397.8
-, scorie . 113.2, 399.2
Thomas, acciaieria 387.4
-, acciaio . . . . 12.1
-, ferro . . . . . 12.1
-, ghisa . . . . 8.2
-, processo . . . 397.8
-, scoria . 113.2, 399.2
Thomas, acero . 12.1
-, escoria 113.2, 399.2
-, fábrica de acero sistema 387.4
- -Gilchrist, procedimiento 397.8
-, procedimiento 8.2
Thorough . . . 418.5
Thread . . . 358.10
-, waxed . . . . 459.5
Three-pole construction 94.2
- way cock . . 190.2
Throat . . . . 307.12
-, closed . . . . 309.5
- flame . . . . . 360.6
- of furnace . . 316.1
- - the converter 389.9
-, opened . . . 309.6
- opening . . . 307.3
- platform . . . 307.5
- stopper . . . 309.4
- -, American . 311.7
- temperature . 351.2
- over motion . 453.4
-, to - in clutch 520.6
-, - - out of gear 520.7
-, - - - the clutch 520.7
Ticket . . . . . 134.4
- printing machine 134.5
Tie . 23.1, 326.4, 441.5
- rail . . . . . 404.6
- rod . . . . . 373.5
Tief-bau . . . . 58.1
-brunnenelevator 142.5
-gang . . . . . 502.4
-grau . . . . . 1.4
-ofen . . . . . 527.6
- -kran . . . . 527.7
Tiefen-entwicklung 282.7
-lehre . . . . . 39.7
Tiegel . . 382.2, 385.8
-bauch . . . . . 382.3
-, die - formen 382.9
-, - - herausheben 386.4
-, - - herausnehmen 386.4
-fabrik . . . . 381.4
-, fertig getrockneter 383.10
-, Goochscher . 246.3
-gußstahl . . . 11.7
-herstellung . . 381.3
-inhalt . . . . . 385.1
-masse . . . . . 381.5
-ofen, Elektro- 570.6
Tiegel, Platin- . 195.1
-, Porzellan- . . 193.7
-presse . . . . . 383.2
-schachtofen . 384.4
-scherben- . . . 382.1
-, Schmelz- . . . 252.4
-schmelzofen . 384.1
-stahl . . . . . 11.7
- -darstellung . 381.1
- -hütte . . . . 381.2
-trockner . . . 233.3
Tiempo, de cuatro -s 327.6
-, - dos -s . . . 327.7
- - la fusión . 411.10
Tierisch, -er Stoff 418.11
Tierra, -s alcalinas 114.2
-, en la . . . . 447.3
- porcelana . 116.13
- refractaria . . 541.7
Tige, à . . . . . 46.6
- - soulever les châssis 448.6
- d'amortisseur 502.6
- de bocard . . 77.5
- - bouchon . . 480.2
- - butée . . . 502.6
- - démoulage 449.2
- - démouleuse 448.6
- - noyau . . . 458.8
-s - pompe . . 144.5
- - soulèvement 449.2
- - sûreté . . . 311.2
- - suspension . 310.6
- du piston . . 311.5
Tightening, device for - the nuts 291.4
Tijera hidraulica para tochos 533.8
Tilt hammer . 495.4
-, to - the converter 396.1
Tilter . . . . . 525.7
Tilting . . . . . 408.1
- apparatus, electric 393.6
- wagon . . . . 132.6
Timbrascontrino 134.5
Timón . . . . . 523.9
Timpa . . . . 292.12
Timpano . . 292.12
Tin . . . . . 218.10
- containing lead 553.7
-, pure . . . . 553.11
-, to . . . . . . 552.9
Tingere . 431.5, 550.7
- in nero . . . 424.9
Tinglado de colada 339.4
Tinktur, Lackmus- 211.9
Tinning pot, second 553.10
- tank . . . . . 553.6
- vat . . . . 553.2.6
Tino . . . 53.7, 303.8
- a camicia libera 305.3
- accessibile . . 305.5
- blindato . . . 305.2
- di lisciviazione 90.1
- libero . . . . 305.3
Tino non isolato 305.4
Tinozza piena d'acqua 318.3
Tinplate . . . 552.10
- works . . . 552.12
Tinta . . . . 550.5.6
Tintura d'iodio 211.9
- di base . . . 551.6
- - tornasole . 211.9
- stabile . . . . 551.5
Tintura de tornasol 211.9
- - yodo . . . 211.10
Tip . . . . . . . 132.4
-, to . . . . . . . 341.3
-, to - the ladle 479.4
Tipper . . . . . 176.1
-, rotary . . . . 133.2
Tipping . . . . 481.5
- bridge . . . . 133.3
- device 131.1.5, 331.6
- jetty . . . . . 131.6
- mechanism . 479.5
- platform . . . 132.7
- stage 131.7, 132.5
- staiths . . . . 131.6
- the box . . . 411.4
- - converter . 392.4
- wagon . . . . 132.6
Tira de ensayo 33.4
- - material . . 33.5
Tirage 87.4, 321.2, 417.1
- de cheminée . 164.7
Tiraggio 87.4.8, 321.2
- del camino . 164.7
Tirant . 373.5, 520.10
- d'air . . . . . 87.4
- d'eau . . . . 562.4
Tirante . 320.4, 373.5 520.10
- sospeso del tubo d'entrata 298.3
Tirar una prueba 282.10
Tirare a secco 246.9
- una copia . 282.10
Tirata inferiore 158.1
Tire mill . . . 512.2
Tirer une épreuve 282.10
Tiro . . . . . . 321.2
- de la chimenea 164.7
Tiroir . . . . . 499.6
- à coquille . . 407.4
- d'admission . 499.7
Tisch, Blase- . 251.2
-, drehbarer . . 498.1
-, Hebe- . . . . 525.3
-platte . . . . . 451.1
-, Rollen- . . . 525.3
-, Walz- . . . . 524.5
-zahnräderformmaschine 457.1
Tischlerei, Modell- 422.1
Tisonnage . . . 87.10
Tissu d'asbeste 200.9
- metallique . . 199.1
Titan . . . . . 219.3
-dioxyd . . . . 219.4
-, Eisen- . . . . 16.2
-, -mangan- . . 16.3
-, Ferro- . . . . 16.2
-, -mangan- . . 16.3
-haltig . . . . . 61.5
-säureanhydrid 219.4
Titanstahl . . . 17.5
Titane . . 17.5, 219.3
Titanic acid anhydride 219.4
Titanico . . . . 219.4
Titánico . . . . 219.4
Titanifère . . . 16.3
Titanifero . . . 61.5
Titanífero . . . 61.5
Titaniferous . . 16.3
Titanio . . 16.2, 17.5 219.3
Titanique . . . 219.4
Titanit . . . . 72.5
Titanita . . . . 72.5
Titanite . . . . 72.5
Titanium . . . 219.3
- cyanonitride 361.12
- steel . . . . . 17.5
Titano . . . . . 219.3
Titer einer Flüssigkeit 192.7
-flüssigkeit . . 192.5
Titolare . . . . 192.8
Titolato . . . . 192.5
Titolo d'un liquido 192.7
Titrage . . . . 192.9
-, appareil de . 193.1
Titrate, to . . . 192.8
Titration . . . 192.9
- apparatus . . 193.1
-, back . . . . 192.10
- solution . . . 192.5
- standard . . . 192.7
Titre d'un liquide 192.7
Titré . . . . . . 192.5
Titrer . . . . . 192.8
- à nouveau . 192.10
Titrierapparat . 193.1
Titrieren . . 192.8.9
-, Rück- . . . 192.10
Titrimetrisch 223.10
Tobera . 158.5, 394.10
- cónica . . . . 299.3
- de aire . . . 298.7
- - bronce . . . 299.1
- - escoria sistema Lürmann 299.8
- - la escoria . 299.7
- - los etalajes 302.6
- - viento superior 466.8
- del orificio de la escoria 299.7
- refrescada por agua 297.1
- refrigerado por agua 297.1
- -regadera . . 317.5
Tocho . . . 18.4, 533.8
- laminado . . 378.1
Toggle lever press 505.3
Togliere dal magazzino 130.9
- la sbavatura 489.6
Toile . . . . . . 430.6
- d'amiante . . 201.3
- d'émeri . . . 203.1
- en fil de cuivre 199.2
- - - - - enroulée 199.3
- métallique . 199.1 318.2

Toiture . . . . 389.5
Tôle . . . . 25.4, 40.2
- à bord rabattu 26.6
- - - tombé . . 26.6
- - emboutir . 26.6
- - réservoirs . 26.10
- brute . . . . 27.5
- d'acier . 25.11, 186.5
- d'écoulement de la scorie 371.3
- d'enveloppe . 26.8 293.9
- de Babo . . . 199.4
- - chaudière . 26.5
- - corps cylindrique 26.8
- - fer . . . . . 287.2
- - foyer . . . 26.7
- - la tympe . 292.4
- - navires . . 26.9
- - rebut . . . 27.7
- décapée . . . 558.1
- en acier doux 25.10
- - - fondu . . 25.12
- - fer . . . . 25.6
- - - soudé . . 25.9
- étamée . . 552.10
- fine . . . 25.7, 26.1
- gaufrée . . . 26.12
-, grosse . . . . 26.3
- inclinée . . . 316.5
- laminée . . . 25.5
- martelée . . . 25.8
- mate . . . 552.11
- mince 25.7, 26.1, 511.2
- nettoyée . . . 27.6
- noire . 26.2, 533.3
- non oxydée . 558.1
- ondulée 27.1, 308.4
- - cintrée . . . 27.2
- perforée . . . 27.4
- profilée . . . 26.4
- protectrice . 388.3
- rainurée . . . 27.3
- striée . 26.11, 308.4
Tolerance . . . 32.9
-, permissable . 32.10
Tolérance 32.10, 37.4 486.10
Tolerancia 32.10, 37.4 486.10
- en el grueso . 37.5
Toléré . . . . . 32.10
Tolleranza . . 37.4
Tollerato . . . 32.10
Tolva . . . . 310.1.3
- de carga . . . 131.2
- - - del carbón 157.3
- - mezcla . . . 119.7
Toma de agua 297.7
- - - de manantial 141.2
- - gas . 312.8, 359.12
- - - anular . . 312.3
- - - belga . . 312.3
- - - Darby . 312.10
- - - Faber du Faure 311.9
- - - Langen . 313.6
- - - Parry . . 310.4
- - - von Hoff 312.1
- - los gases . . 314.7
- - metal líquido 401.7
- - una muestra 227.9
- - - - de escoria con una varilla de hierro 401.10
Tomar una muestra del gas 269.1
Tomber en poussière 347.12, 359.1
Ton . . . . . 427.10
-, bildsamer . . 428.2
-, den-schlämmen 433.6
-, eisenschüssiger 113.5
-eisenstein . . . 68.8
-erde . . . 220.7, 276.9
- -, geschlämmte 276.10
- -, kieselsaure 427.11
- -reich . . . 357.13
- -silikat . . . 427.11
- - -, wasserhaltiges 115.12
-, fetter . . . . 428.4
-, feuerfester . 115.11
-, gebrannter . 116.8
-, grauer . . . . 116.3
-haltig, stark . 426.1
-, junger . . . . 116.2
-kiste . . . . . 414.7
-, magerer . . . 428.3
-mischer, wagerechter 119.6
-öfchen . . . . 249.6
-platte . . . . . 249.7
-, rötlicher . . . 116.4
-schiefer . . . . 112.1
-, schiefriger . 116.5
-schneider . . . 433.5
-, sedimentärer 116.1
-tiegel . . . . . 382.7
-, unbrauchbarer 116.9
-zelle . . . . . 266.1
-, zerriebener . 116.7
Ton of steel, per 572.7
Tone, to . . . 282.11
Tonel de agua . 330.5
Tonelada de acero, por 572.7
Tonelaje 134.7, 562.3
Tonen . . . . 282.11
Tongs 200.6, 372.1, 464.3
Tonig . . . . . 59.6
Tonnage . 134.7, 562.3
Tonne d'acier, par 572.7
Tonnellaggio . 134.7 562.3
Tonnellata d'acciaio, per 572.7
Tono, dar el . 282.11
Tool, puddling -s 371.5
- steel . . . . . 13.5
- -, best . . . . 13.8
- -, electric . . 564.3
- -, high speed 13.6
Tooth . . . . 518.10
- block . . . 455.4.6
- - holder . . . 455.5
-, cast . . . . . 519.1
-, helical . . . . 519.2
Toothed . . . 426.10
Top . . . . . . . 467.5
- blowing tuyere 466.8
- casting . . . . 482.8
-, closed . . . . 309.5
- flame . . . . 468.1
- of crucible . 296.2
Top of hearth . 296.2
- - housing . . 521.2
- - the base . . 290.7
-, opened . . . . 309.6
- plate . . . . . 496.9
- print . . . . . 424.8
-, removable . 522.9.10
- roll . . . 512.8, 515.7
- -, balanced . . 523.6
Tope . . . 25.3, 238.7
- de la leva . . 496.6
- elástico . . . 502.3
Topf, Dampf- . 178.6
-, Destillier- . . 255.4
-, Papinscher . 178.5
Töpferscheibe . 383.1
Topping out of the slag 299.5
Torba . . 98.5, 429.4
Torbido . . . 241.11
Torcedura . . . 51.8
- del acero . . 546.13
Torcer . . . . . 51.7
Torcere . . . . 51.7
Torchio per sodio 182.5
Torcido . . . . 534.5
Torcimento dell'acciaio 546.13
Torcimiento del acero 546.13
Tordre . . . . 51.7
Tordu . . . . . 535.5
Torf . . . . . . 98.5
-mehl . . . . . 429.4
Torkran . . . . 126.3
Tornasol, papel de 212.8
-, tintura de . . 211.9
Tornasole, carta di 212.8
-, tintura di . . 211.9
Torneado . . . 323.8
Tornillo . . . . 39.3
- de cierre . . 323.4
- - eclisa . . . 24.2
- - presión . . 521.8
- - unión . . . 295.3
-, fijado por -s 524.4
- para madera 436.2
- sin fin . . . . 159.6
- transportador 139.7
-, unir con -s . 442.9
Tornio . . . . . 13.6
- da anime . 460.10
Tornitura dei cilindri 515.3
- di rame . . . 199.8
Torno . . . . . 464.6
- de alfarero . 383.1
- - mano . . . 314.2
- - vapor . . . 314.3
- para la campana 314.1.5
- - machos . 460.10
Torre di refrigerazione 149.2
- girevole . . . 126.7
Torre . . . . . 126.7
- de agua . . . 145.7
Torrefare . . . 82.6
Torrefatto . . . 68.9
Torrefazione . 70.8
- all'aria . . . 83.3
- ben riuscita . 88.8
- dei minerali di ferro 81.4
Torrefazione difettosa 88.9
-, impianto di . 82.8
- in mucchi . . 83.1
- ossidante . . 82.1
- per eliminazione del solfo 82.5
Torsion . 50.3.4, 51.2.3
- angle . . . . 51.3
- test . . . . . 50.7
- - in which the torsion is measured by the angle of twist 51.6
Torsión . . 50.3, 51.2
Torsione . 50.3.4, 51.2
Torsional . . 50.4.5
Torsions-beanspruchung 50.4
-elastizität . . 51.5
-festigkeit . . . 50.5
-kraft . . . . . 50.9
-moment . . . 50.8
-spannung . . 50.6
-versuch . . . . 50.7
Torta di argilla 461.1
Torta . . . . . 384.3
- de arcilla . . 461.1
- - escoria. . . 356.1
Tostado . . . 88.10
-, ser . . . . . 429.12
Tostar . . . . 429.11
Tostión, instalación de 82.8
Tot-brennen . . 118.9
-gemahlen . . . 427.1
-es Gewicht . 135.1
Tough . . . . . 6.8
Tour . . . . 13.6, 51.8
- à noyaux . 460.10
- - potier . . . 383.1
- de fer . . . . 376.3
- - réfrigération 149.2
Tourbe . . 98.5, 429.4
Tourillon 513.6, 392.6
- à pignon . . 392.8
- creux . . . . 394.6
- en acier . . . 392.7
Tournage des cylindres 515.3
Tournant . . . 95.3
Tourné . . . . 323.9
Tourner le lingot 529.2
Tournesol, papier de 212.8
-, teinture de . . 211.9
Tourniquet . . 496.4
Tournure de cuivre 199.8
Tourte . . . . . 384.3
Toutvenant . . 100.7
Tower . . . . . 149.2
- crane, rotary 126.7
Trabajo . . . . 38.10
- á la forja de afino 365.1
- continuo . . 395.4
- de afino . . . 366.5
- - fabricación 556.3
- en convertidores pequeños 387.6
- - el interior del alto horno 358.4

Trabajo en grandes convertidores 387.5
- hecho con máquina 556.5
-, método de . . 409.4
Tracciaparallele 40.5
Tracciare i profili 514.7
Tracciato dei canali 514.3
- per blooming 517.5
- - ferri zorès 517.9
- - ferro da chiodi 518.3
- - piastre . . 517.11
- - rotaie . . . 517.7
- - stecche . 517.10
- - traverse . . 517.8
- - travi . . . . 517.6
Tracciatore . . 40.5
- a mano . . . 40.4
Tracción . . 48.6, 48.9
Tracé des cannelures 514.3
Tracer les cannelures 514.7
Track . . . . . 123.7
Traction . . . . 48.6.7
- unitaire . . . 48.9
Trade, customary in 30.4
- mark . . . . 34.10
Trafila . . . . 535.7.8
Tragante . . 307.1.3
- abierto . . . 309.6
- cerrado . . . 309.5
Trag-bar . . . 493.3
-fähigkeit . . . 125.4
-gabel . . . . 478.5
-kraft . . . . 240.11
-kranz . . . . . 294.2
-lappen . . . . 300.7
-pfanne, Gabel- 478.1
-pratze . . . . 392.9
-stange . . . . 523.7
-stück, eisernes 307.9
Träger . . 20.7, 294.8
- des Gichtbelages 307.8
- - Kühlwasserrohres 298.2
- - Trichters . 310.2
- der Vorderplatte 414.1
-, Eisen- . . . . 294.1
-, englischer . . 20.10
-kaliber . . . . 517.6
-, Kolben- . . . 198.7
-lager . . . . . 180.8
-netz . . . . . 308.2
-, Objekt- . . . 278.7
-, Röhren- . . . 253.2
-, Rost- . . . . . 368.2
-, T- . . . . . 20.8
Traguardo . . 88.1
Train . . . . . 377.9
-, intermediate 510.3
- of rolls . . . 510.1
- oil . . . . . 546.9
Train à bandages 512.2
- - fil . . . . . 511.6
- - larges plats 512.1
- - petits fers . 511.5
- - tôles . . . . 510.5
- - - minces . . 511.2
- - verges . . . 511.6
- de laminoir . 510.1
Train dégrossisseur 510.2
- duo . . . . . 512.6
- -ébaucheur 377.9 510.2
- finisseur . . . 510.4
-, gros . . . . . 511.3
- moyen . . . . 510.3
-, petit . . . . . 511.5
- préparateur . 510.3
- rapide . . . . 511.7
- réversible . . 532.1
- trio . . . . . 512.7
- universel . . 512.1
Trait . . . . . . 64.6
- de lime . . . 49.5
Traitement . . 411.5 563.4
Trajet des gaz 360.8
- - rayons . . . 281.2
Tramezzo . . 319.8.9
Tramoggia 105.2, 310.1
- -collettore . . 131.1
- di caricamento 131.2
- - mescolanza 119.7
- separatrice . 188.3
Tramway rail . 22.8
Tran, Fisch- . . 546.9
Tranchant . . 32.5
Tranche . . . . 504.7
Transbordador 124.3
Transbordement 127.5, 560.3
Transbordeur . 124.3
Transbordo . . 127.5
Transformador del horno 572.3
Transformateur du four 572.3
Transformer, furnace 572.3
Transmisión . . 501.1
- de aire . . . 472.8
- - la corriente eléctrica 171.3
- directa de fuerza 327.3
- por cable . . 170.4
- - correa . . . 170.5
Transmission . 167.2
-, direct - of power 327.3
Transmission . 501.1
- par vis sans fin 341.10
Transmissionskammer 501.1
Transmittor . . 508.2
Transparence . 400.5
Transparencia . 400.5
Transparency . 400.5
Transparent . . 400.6
Transparente . 400.6
Transport-band 138.5
-, Block- . . . . 526.1
Transport . . . 123.2 561.3.7
- band . . . . . 138.5
- insurance . 560.11
- of charge . . 86.1
- - large masses 138.1
Transport . . . 123.2
- au gueulard . 86.1
- d'énergie . . 167.2
- des cendres . 164.2
- - lingots . . . 526.1
Transport des matières premières 333.5
- en masse . . 138.1
- fluvial . . . . 561.7
- funiculaire . 135.8
- maritime . . 561.8
- par bande . . 138.6
- - camion . . 561.5
- - chemin de fer 561.4
- - ruban . . . 138.6
- - terre . . . . 561.3
- - voiture . 561.3.5
- sur bande . . 138.6
Transportable . 462.7
Transportador 138.3
- con rascadores 139.2
- de cinta . . . 138.4
- - correa . . . 138.4
- - sacos . . . 139.1
- vibrante . . . 433.2
Transporte . . 123.2
- al cargadero . 86.1
- de energía . 167.2
- - fuerza . . . 167.2
- - las materias de fusión 333.5
- - los carbones á los hornos 104.6
- - - lingotes . 526.1
- del carbón á la caldera 159.4
- - carbón por tornillo sin fin 159.6
- en carro . . . 561.5
- - masa . . . . 138.1
- fluvial . . . . 561.7
- por cinta . . 138.6
- - ferrocarril . 561.4
- - tierra . . . 561.3
Transporter . . 138.3
Transporteur . 138.3
-, Band- . . . . 138.4
-, Gurt- . . . . 138.4
-, Kratzer- . . . 139.2
Transporteur 138.3.5
- à bande . . . 138.4
- - - sans fin . 159.5
- - chaîne . . 135.10
- - courroie . . 138.4
- - raclettes . . 139.2
- - racloirs . . 139.2
- aérien à câble 135.11
- - - - métallique 135.9
- funiculaire . 135.9
- pour sacs . . 139.1
-, rigole -se . . 102.5
Transporting installation 122.1
Transvasement 476.2
Transverse . . 417.2
Tranvía . . . . 22.8
Trap . . . . . . 131.4
Trapa de bisagras 131.4
- - charnela . . 131.4
Trapanare . . . 228.5
- di fianco . . . 228.6
- - sopra . . . 228.7
- per lungo . . 228.8
Trapanatura . . 228.2
Trapano per ferro ed acciaio 228.4
Trappe . . . . 131.4
Trasbordatore . 124.3
Trasbordo 127.5, 560.3
-, impianto per - a gru girevole mobile 127.7
Trascinato . . . 412.4
Trasformare in gas 253.10
Trasformarsi, facilità di - in coke 102.9
Trasformatore della corrente per il forno 572.3
Trasformazione in coke 102.6
Traslado de aire 472.8
Trasmissione . 501.1
- diretta . . . 327.3
Trasparente . . 400.6
Trasparenza . . 400.5
Trasportabile . 462.7
Trasportatore 138.3.5
- a catena . . 135.10
- - cinghia . . 138.4
- - nastro . . . 138.4
- - raschiatoio 139.2
- - scosse . . . 102.5
- aereo . . . 135.11
- di sacchi a nastro 139.1
-, coclea - rice 139.7
Trasporto 123.2, 138.2
- a nastro . . . 138.6
- alla bocca . . 86.1
- dei lingotti . 526.1
- del carbone . 104.6
- della cenere . 164.2
- delle materie di fusione 333.5
- - - prime . . 333.5
- di carbone a coclea 159.6
- - - alla caldaia 159.4
- - forza . . . 167.2
- fluviale . . . 561.7
- in massa . . . 138.1
- per terra . . 561.3
- su rotabili . . 561.5
Trasudamento della ghisa 482.9
Tratamiento . . 411.5
Tratschtrommel 81.1
Trattamento 74.4, 75.7
- magnetico . . 91.2
Tratteggiare in nero 424.10
Trattenere . . . 371.3
Tratto . . . . . 64.6
- di nastro collettore 138.8
- - - distributore 138.9
Traubenartig . 107.2
Travail 33.10, 54.9
- à l'intérieur du haut-fourneau 353.4
- - la machine 556.5
- - - main . . 556.4
- au bas-foyer . 365.1
- - grand convertisseur 387.5
- continu . . . 395.4
- d'affinage . . 366.5
- d'un corps à la torsion 50.4

Travail de la loupe 365.7
- en petits convertisseurs 387.6
-, mode de . . . 409.4
Travaillé, non . 19.4
Travatura . . . 130.8
Trave . . 20.7, 308.2
- a curvatura circolare 294.8
d'acciaio . . . 403.8
- di collegamento 320.4
- elastica . . 496.7.8
- inglese . . . 20.10
Travée, à double 421.3
Traveller, overhead 126.5
Travelling ladle 478.6
- platform . . . 124.3
Traversa 23.3, 441.3.5 505.6, 517.8, 524.6
- di ferro . . . 23.1
- pressata . . . 23.2
- superiore ribaltabile 453.4
Traversamento degli elettrodi 567.8
Traverse . . . . 441.5
Traverse 23.3, 326.4, 517.8
- de grue . . . 476.6
- emboutie . . 23.2
- en fer . . . . 23.1
- métallique . . 23.1
Traversé 456.3, 485.5
Traverser . . . 451.2
Travesía . . . 522.10
- fijada por tornillos 524.4
- postiza . . . 522.9
Travesta superior 505.6
Traviesa 23.3, 441.5
- de hierro . . 23.1
- embutida . . 23.2
Trayecto de los gases 360.8
Trazado de las canales 514.3
Trazar las canales 514.7
Trazione . . . 48.8.7
Trazo . . . . . 64.6
- de lima . . . 49.5
Treatment . . . 33.10
Trébol 513.7, 520.4
Treccia in lana di legno 460.8
Tréfilage 535.1, 538.4
- fin . . . . . . 536.8
- finisseur . . . 536.8
- grossier . . . 536.7
- initial . . . . 536.7
- moyen . . . . 536.7
- très fin . . . . 536.9
Tréfiler . 535.7, 536.1
Tréfilerie . . . 535.8
Trèfle . . 518.7, 520.4
Trefolo . 518.7, 520.4
Treibeisen . . . 2.6
Treiben des Eisens 482.9
Treillis de poutre 308.2
Trementina . . 551.8
Trementina . . 551.8
Trémie . 105.2, 131.1 310.1
- à charbon . . 157.3
- de chargement 131.2, 157.3
- - mélange . . 119.7
Trempe . . . . 42.7
- à l'acide carbonique 545.4
- - l'air . . . . 545.3
- - l'huile . . . 545.5
- active . . . . 543.3
- au nickel . . 418.4
- dans l'eau courante 544.8
- - une auge alimentée par le fond 544.9
- d'outil coupant 543.3
- de recuit . . 547.3
- - surface . . 417.9
- difficile . . . 542.8
- dure . . . . . 543.1
-, four de (v. four)
- naturelle . . 542.10
- négative . . 546.12
- par arrosage 545.2
- - filet d'eau . 545.1
- - jet d'eau . . 545.1
- parfaite . . . 543.1
- passive . . . 543.4
- résistant à l'usure 543.4
- simple . . . . 542.7
Trempé . . . . 548.7
Tremper . . . . 416.8
- dans l'eau . 543.11
-, four à (v. four)
- très chaud dans l'eau 544.1
Tren . . . . . . 514.3
- acabador . . 510.4
- blooming . . 511.4
- de alambre . 511.6
- - chapas . . . 510.5
- desbastador . 510.2
- doble dúo . . 513.2
- dúo . . . . . 512.6
- laminador . . 510.1 512.4
- - de tochos . 377.9
- mediano . . 511.3
- para aros . . 512.2
- - bandajes . . 512.2
- - chapa fina . 511.2
- pequeño . . . 511.5
- preparador . 510.3
- rápido . . . . 511.7
- reversible . . 532.1
- terminador . 510.4
- trío . . . . . 512.7
- universal . . 512.1
Trench . . . . . 395.8
Trennbar . . . 390.4
Trennung . . . 265.2
-, elektrolytische 265.2
Trennungs-ebene 424.3
-vorgang . . . 74.3
Treno a corazze 511.1
- - duo . . . . 512.6
- - fili . . . . . 511.6
- - lamiere . . 510.5
- - - sottili . . 511.2
- - larghi piatti 512.1
- - trio . . . . 512.7
Treno a verghe 511.6
- blooming . . 511.4
- dellaminatoio 510.1
- finitore . . . 510.4
- grosso . . . . 511.3
- per cerchiature 512.2
- - ruote . . . 512.3
-, piccolo . . . 511.5
- preparatore . 510.3
- rapido . . . . 511.7
- riversibile . . 532.1
- sbozzatore . . 377.9 510.2
- universale . . 512.1
Trenzado . . . 444.6
Trenzar . . . . 460.9
Trépied . . . . 198.8
Treppenartig . 518.7
Treppenrost . . 85.1 161.5
-generator . . . 404.9
Treppiede . 198.5.6.8
Tresse de paille 460.9
- en laine de bois 460.8
Tressé . . . . . 444.6
Tretgebläse . . 251.4
Treuil . . . . . 464.6
- à main . . . 314.2
- - vapeur . . 314.3
- de chargement 314.5
- - manœuvre du cône 314.1
Triage 74.4, 75.8, 102.3 229.10
- à la main . . 75.10
- - sec . . . . . 76.2
- du fer . . . . 432.6
-, installation de 74.1 75.11, 102.3
- par voie humide 79.8
- sec . . . . . . 76.2
Triangle . . . . 198.9
Triangle en fil de fer 198.9
Triangolo di filo metallico 198.9
- per sostenere i crogiuoli 252.6
Triángulo de alambre 198.9
- para crisoles 252.6
Triatomic . . . 225.2
Triatomico . . 225.2
Triatómico . . 225.2
Triatomique . . 225.2
Trichloride, antimony 552.5
Trichter . . . . 310.1
-, Ablauf- . . . 246.5
-, Auslaug- . . 179.8
-bildung . . . 348.8
-, Dampf- . . . 178.9
-, Extraktions- . 179.8
-förmig . . . . 105.2
-, Füll- . . . . . 157.3
-, Misch- . . . . 119.7
-, Porzellan- . . 193.4
-, Sammel- . . . 131.2
-, Scheide- . . . 188.3
-, Schutz- . . . 248.1
-, Tropf- . . . . 188.2
Trickling cooling plant 148.7
Trié . . . . . . 63.1
Triebscheibe . 187.6
-stahl . . . . . . 14.4
Trier . . . 63.2, 75.9
- à la main . . 63.4
- au marteau . 63.4
Trieur à aimant permanent 93.7
- de minerais de Wetherill 94.4
Trifase . . . . 569.1
Trifasico . . . 166.7
Trifásico . . . 572.2
-, instalación -a 166.7
Trift, Schlacken- 300.3
Trigo . . . . . . 431.1
Trimanganic tetroxide 217.6
Trio . . . 512.7, 522.3
Trío . . . . . . . 522.3
Triowalzwerk . 512.7
Triphasé, à courant 569.1, 572.2
-, installation -e 166.7
Triplicate . . . 506.4
Tripod . . . . . 198.8
Trípode . . . . 198.8
Tripolaire, disposition 94.2
Tripolar, disposición 94.2
Tripolare, costruzione 94.2
Tritare . 76.10. 77.2
Tritato . . . . 429.3
Trituración . . 76.7
- fina . . . . . 76.9
- grosera . . . 76.8
-, instalación de 76.6
Triturado . . . 116.7
Triturador . . 78.2
- de fundición 229.7
- - minerales de mando mecánico 229.9
- - muelas . . . 78.1
-, molino . . . 482.1
Trituradora . . 77.2
Triturar . 76.10, 228.9
Triturare 76.10, 228.9
Triturate, to 228.9 251.1
Triturated . . . 116.7
Triturateur de minerai commandé mécaniquement 229.9
- en fonte . . 229.7
Trituration . . 229.6
Triturato . . . 116.7
Trituratore di ghisa 229.7
- - minerali a comando meccanico 229.9
Triturazione . 76.7 96.8
- fina . . . . . 76.9
- grossa . . . . 76.8
- sottile . . . . 76.9
Trituré . . . . 116.7
Triturer 228.9, 229.8 425.5
Trocken . . . . 60.1
-anlage . . . . 329.1
-apparat 233.7, 268.2
-darre . . . . . 433.8

Trocken-gestell 283.6
-kammer 462.8
- -wagen 463.3
-kasten 283.1
-korb 462.6
Trockenofen, Absaug- 283.2
-, fahrbarer 462.7
-, Kern- 463.4
Trocken-puddeln 379.5
-, Pulver- 247.2
-raum 383.7
-reinigung der Gichtgase 315.7
-röhre 282.5
-schrank 283.1
- -, Ölbad- 283.4
-siebung 230.1
-trommel 433.7
-turm 232.2
-er Weg 224.3
-zylinder 232.4
Trockne, zur - eindampfen 246.9
Trocknen 462.5
- der Formen 462.4
Trockner, Tiegel- 283.3
Trocknung 231.8
Trog 80.9
-, Rinnen- 139.6
Trolley 454.4, 527.4
Trommel 317.8
-apparat 93.9
-, Daumen- 496.4
-, Magnet- 93.9
-, Putzscheuer- 493.2
-, Rauhwasch- 80.11
-, Tratsch- 81.1
-, Trocken- 433.7
-, Vorwasch- 80.11
-, wagerechte 341.1
-, Wasch- 80.10
Trommel, appareil à 93.9
- de nettoyage 493.2
- - préparation 80.11
- -finisseur 81.1
Trommel preparatorio 80.11
Tronco di cono 304.2
Tronqué 304.2
Troostit 284.4
Troostita 284.4
Troostite 284.4
Trop-plein 146.2, 439.4
Tropf-glas, Patent- 185.5
-trichter 188.2
Tropfen, ausgeseigerter 483.10
-weise 242.8
Trotato 2.2
Trou 39.8, 483.4
- à laitier 299.6
- conique 586.3
- d'air 438.1
- d'homme 321.8, 467.2
- de coulée 300.4 338.9, 468.7
- - laitier 299.7
- - travail 371.1
Trouble 241.11
Trouer 343.5
Trough 80.9, 139.5 298.6
- charging crane 410.7
Trough filled with water 318.3
- plate pass 517.9
-, pneumatic 262.8
- roller 138.7
Trousse 455.5, 444.8
- à noyau 461.3
- amovible 446.3
Trousser 445.6
- le moule 445.7
Trowel 487.3.7
Trübe 241.11
Truciolo di rame 199.8
- - trapanatura 228.3
Truck 392.3
- balance 134.1
-, closed 125.3
-, free on -s 560.9
-, open 125.2
-, rectangular funnelshaped 105.2
Truck 477.2
- de manœuvre à télescope 392.4
Truck de maniobra telescópico 392.3
Truelle à lisser 487.7
Truité 2.2
Trumm, Sammel- 138.8
-, Verteilungs- 138.9
Trümmerlagerstätte 57.3
Truncado 304.2
Truncated 304.2
Trunk line 22.6
Trunnion 392.7.8
-, hollow 394.6
- ring 392.6
Trusquin 40.4.5
Tubazione del gas 406.3
Tube 252.8
- brush 190.9
-, butt welded 538.6
- casting 488.1
-, central 313.1
-, drawn 537.6
- for wash bottle 186.4
-, lap welded 538.7
- mill 79.3
-, Peligot 282.6
- rolling 537.4, 538.1
-, seamless 538.5
-, spiral welded 538.8
- support 253.2
-, suspended 313.2
-, thick walled 537.10
- wall 319.9
-, welded 538.9
- with baffle plates 316.4
Tube 190.9
- à boules 189.8
- - chlorure de calcium 282.2
- - combustion 249.1
- - dessécher 270.5
- - deux branches 320.1
- - filtrer 245.5
- - fractionner 187.4
- - fusion 252.8
- - -, petit 252.9
- - perles 189.9
Tube à potasse 181.3
- - trois branches 190.3
- -broyeur 79.3
- collecteur de gaz 271.1
- concentrique, à -s -s 158.3
- d'absorption 270.4
- d'eau 155.3
- de condensation 256.6
- - distillation 255.1
- - distribution 270.2
- - fumée 155.1
- - Peligot 232.6
- - pesée 240.3
- - séchage 232.4
- - séparation des gaz 270.9
- - sûreté 189.10
- - trop-plein 146.2
- double 319.7
- élastique 350.11
- en fer 537.5
- - porcelaine 193.8
- - trompette 320.1
- - U d'un appareil de séchage 232.5
- - - pour chlorure de calcium 282.3
- - verre 190.6
- étiré 537.6
- gradué 269.6
- métallique flexible 200.7
- réfractaire 480.4.8
- sans soudure 538.5
- soudé 538.9
- - en spirale 538.8
- - par contact 538.6
- - - recouvrement 538.7
Tubería 488.1
- de agua 144.6
- - aspiración 144.7 145.2
- - gas 406.3
- - impulsión 144.8 145.4
- - presión 144.8
- - viento 324.2
- principal de viento 324.3
Tubetto di fusione 252.9
- - vetro 190.6
- per pesare 240.3
Tubiera 298.9, 342.9 394.10
- conica 299.3
- di bronzo 299.1
- raffreddata a circolazione d'acqua 297.1
Tubierina per la loppa 299.7
- - - - Lürmann 299.8
- - - scoria 299.7
- - - - Lürmann 299.8
Tubing 197.10, 298.1
-, rubber 184.1
Tubito de fusión 252.9
Tubo 55.2, 343.9, 480.7
Tubo a bulbo 189.8
- - due braccia 320.1
- - getto 492.10
- - pareti distinte 316.4
- - - separate 316.4
- - - spesse 537.10
- - tre vie 190.3
- ad U 320.1
- aspirante 145.1
- capillare d'ammissione del gas 270.6
- centrale 313.1
- collettore 313.9
- - di gas 271.1
- -compensatore 324.7
- con perle 189.9
- d'acqua 155.3
- d'allungamento 190.4
- d'aspirazione 492.6
- d'assorbimento 270.5
- d'entrata 298.3
- - dell'acqua 297.7
- d'essicazione 282.5
- d'uscita dell'acqua 297.8
- dello sfioratore 146.2
- di combustione 249.1
- - condensazione 256.6
- - distillazione 255.1
- - distribuzione 270.2
- - ferro 537.5
- - fumo 155.1
- - fusione 252.8
- - gettata 132.1
- - giunzione 297.6
- - gomma 197.10
- - Peligot 232.6
- - pergamena 201.8
- - piombo 199.6
- - porcellana 193.8
- - presa 161.3
- - scarico 146.1, 369.8
- - sicurezza 189.10
- - troppo pieno 146.2
- - vapore 178.9
- - vetro 190.6
- -distributore 324.4
- divisore per gas 270.9
-, doppio 319.7
-, - - per apparecchio di distillazione 255.2
- elastico 350.11
- fisso 312.2
- flessibile 184.1.2
- - metallico 200.7
- graduato 269.6
- inclinato 315.3
- orizzontale 315.2
- per cloruro di calcio 282.3
- - distillazione frazionata 187.4
- - filtrare 245.5
- premente 145.3
- ramificato 324.5
- refrattario 480.4.8
- saldato 538.9
- - a bacio 538.6
- - - spirale 538.8

Tubo ad unghia 538.7
- senza saldatura 538.5
- sospeso . 313.2, 318.7
- stirato . . . . 537.6
- verticale . 315.4.9
Tubo . . . . . . 480.8
- accesorio de destilación 255.2
- capilar conductor de gas 270.6
- central . . . 313.1
- circular . . . 324.4
- -colector común 313.9
- - de gas . . . 271.1
- -compensador 324.7
- con paredes separadores 316.4
- -conductor del gas 313.7
- de agua . . . 155.3
- - alargamiento 190.4
- - aleta . . . . 452.3
- - ascensión . 141.3
- - aspiración . 145.1 492.6
- - bolas . . . . 189.8
- - colada . . . 480.7
- - combustión 249.1
- - condensación 256.6
- - desagüe . . 146.2
- - descarga de agua 369.8
- - descenso . . 146.1
- - destilación . 255.1
- - dilatación . 324.7
- - distribución 270.2 324.4
- - dos brazos . 320.1
- - - ramas . . 320.1
- - ensayos . . 186.1
- - filtración . 245.5
- - fusión . . . 252.8
- - goma . . . . 197.10
- - gran espesor 537.10
- - hierro . . . 537.5
- - humo . . . 155.1
- - impulsión . 145.3
- - Peligot . . 232.6
- - pergamino . 201.8
- - perlas . . . 189.9
- - pesadas . . 240.3
- - plomo . . . 199.6
- - porcelana . 193.8
- - ramificación 324.5
- - relleno . . 132.1
- - salida del agua 297.8
- - - - gas . . 313.7
- - seguridad 189.10
- - toma de agua 297.7
- - - - gas . . 312.9
Tubo de vapor 178.9
- - vidrio . . . 190.6
- del porta-viento 301.1
- descendente . 146.1
- doble . . . . 319.7
- elástico . . . 350.11
- en T . . . . 190.3
- - U para cloruro de calcio 232.3
- - - - secar . 232.5
- estirado . . . 537.6
- fijo . . . . . 312.2
- flexible . . . 184.1
- - metálico . . 200.7
- graduado . 185.9 269.6
- horizontal . . 315.2
- inclinado . . 315.3
- para destilación fraccionada 187.4
- - la absorción 270.5
- - secar . . . 270.5
- refractario . 480.4
- repartidor de gas 270.9
- sin costura . 538.5
- - soldadura . 538.5
- soldado . . . 538.9
- - á solapa . . 538.7
- - - tope . . . 538.6
- - en espiral . 538.8
- suspendido 313.2 318.7
- vertical . . . 315.4
- - de bajada . 315.8
Tubolare . . . 141.6
Tubulaire . . . 141.6
Tubular . 141.6, 158.3
Tubulure de coulée 480.7
- du porte-vent 301.1
- fixe . . . . . 312.2
- venue de fonte 319.4
Tuch, mit - überziehen 276.1
Tuffante . . . . 144.3
Tülle . . . . . 478.1
Tümpel . . . . 292.2
-blech . . . . 292.4
-eisen . . . . . 292.3
-gewölbe . . . 292.1
-stein . . . . . 292.2
Tungsten . . . 218.3
- steel . . . . . 17.3
Tungstène 17.3, 218.3
Tungsteno . . . 218.3
Tunnel sous la voie 124.2
Tunsteno . . . 15.9
Tup . . . . . . 464.2
Tür, Feuer- . . 368.7
-, Koksofen- . . 104.5
-schwelle . . . 404.5
Türverschluß . 163.5
Turacciolo di sughero 196.2
Turba . . . . . 98.5
Turbid . . . . 241.11
Turbina . . . . 327.4
Turbio . . . . 241.11
Turbo-dynamo 171.1
-gebläse . . . . 327.4
Turbo blower . 327.4
- dynamo . . . 171.1
- generator . . 171.1
Turbo-compresseur 327.4
-dynamo . . . 171.1
-génératrice . . 171.1
Turbo-dinamo . 171.1
- -soffiante . . 327.4
Turm-drehkran 126.7
-, Kühl- . . . . 149.2
-, Wasser- . . . 145.7
Turn . . . . . . 51.8
- over, to . . . 488.9
- -, to - - the ingot 529.2
- -, to - - the piece 503.9
-, - - the box . 442.5
- - top table . 449.5
- - type moulding machine 449.4
Turned . . . . 323.9
Turning . . . . 515.3
- crane . . . . 476.4
- force . . . . . 50.9
- moment . . . 50.8
- motion . . . 393.7
- table . . . . 452.5
Turnings . . . 199.8
Turntable . . . 493.1
Turpentine . . 551.8
Tuyau . . . . . 55.2
- à ailettes . . 452.3
- - chicanes . . 316.4
- - compensation 324.7
- - noyau . . . 459.3
- - paroi épaisse 537.10
- branché . . . 324.5
- central . . . . 313.1
- collecteur général 313.9
- d'arrivée . . 298.3
- - d'eau . . . 297.7
- d'ascension d'eau 141.3
- d'aspiration 145.1, 492.6
- d'écoulement d'eau 297.8
- de décharge . 369.8
- - déchargeur 132.1
- - distribution 146.1
- - la prise d'eau 141.3
Tuyau de prise de gaz 312.9
- - refoulement 145.3
- - vapeur . . . 178.9
- descendant . 146.1
- distributeur . 324.4
- en caoutchouc 197.10
- - parchemin . 201.8
- - plomb . . . 199.6
- flexible . . . 184.1
- horizontal . . 315.2
- incliné . . . . 315.3
- suspendu . . 318.1
- vertical . . . 315.4
- - de descente 315.9
- - suspendu . 318.7
Tuyauterie de gaz 406.3
Tuyere . 298.9, 299.1 394.10
-, cooled . . . . 297.1
-, conical . . . 299.4
- hole . . . . . 395.1
- level . . . . . 298.7
- nozzle . . . . 295.4
- opening . . . 298.8
- plate . . . . . 364.6
- saddle . . . . 364.7
- wall . . . . . 297.3
Tuyère . . . . 158.5
- à laitier . . . 299.7
- - - Lürmann 299.8
- - vent . . . 298.7.9
- conique . . . 299.3
- de pulvérisation 317.5
- - secours . . 302.6
- des étalages . 302.6
- du trou de laitier 299.7
- en bronze . . 299.1
- refroidie par circulation d'eau 297.1
- supérieure . . 466.8
Twin engine . 326.9
- steam pump . 143.5
Twist . . . . . 50.3
-, to . . . . . . 51.7
Twisted . . . . 534.4
Twisting ingots 527.3
- moment . . . 50.8
Twyer (s. Tuyere)
Tymp . . . . . 292.3
- arch . . . . . 292.1
- plate . . . . . 292.3
- sheet iron . . 292.4
- - steel . . . . 292.4
- stone . . . . . 292.2
Tympe . . . . 292.1.2
Tymplon . . . 292.3
Type of construction of blast furnace 287.5

# U.

U-Eisen . . . . 21.1
U, guarnizione ad 507.8
U-iron . . . . . 21.1
- -pipe . . . . . 320.1
U, tube en . . . 232.3
U, tubo ad . . . 320.1
U, tubo en . . 232.3
Überdachen . . 339.5
Überdruck . . 507.9
Überführung . 124.1
Überhebvorrichtung 525.1
Überhitzer . . 179.1
Überhitzer, Dampf- 179.2
Überhitzt . . . 474.9
Überhitzung des Eisens 474.7

Überladekran . 125.8
Überlappt geschweißt 538.7
Überlauf . . . 489.4
-rohr . . . . . 146.2
Übermaß . . 486.10
Übersättigt . . 16.9
Überschuß des Fällungsmittels 242.9
-, Sauerstoff- . 349.11
Übertragung, Kraft- 167.2
Überziehen, mit Tuch 276.1
Überzug . . . 429.10
-, Filz- . . . . . 470.8
-, glasartiger . 554.6
Uchatius, acier 12.7
Uchatiusstahl . 12.7
Ufficio . . . . . 149.8
Ugello 158.5, 298.9 301.2
- di bronzo . . 299.1
- superiore . . 466.8
Uhr, Gas- . . . 271.8
-glas . . . . . . 189.7
Umbiegen . . . 533.2
Umbral de la puerta 404.5
Umfanggeschwindigkeit 530.9
Umformer, Ofen- 572.3
Umgeben . . . 303.2
Umgehungskanal 372.8
Umgelegt . . . 295.5
Umgeschmolzen 474.12
Umgewandelt, -er Ton 116.6
Umherführen, im Wasser 544.4
Umhüllung . . 305.1
Umidità . . . . 64.8
- dell' aria . . 267.8 329.3
Umido . . . . 79.7.8
Umkehr der Bewegung 532.2
Umkehrbar . . 169.9
Umkehrung . . 406.8
Umkleidungsplatte 373.4
Umlauf-kessel . 153.3
-pumpe . . . . 144.1
Umlegen . . . 295.5
Umränderung, rote 424.7
Umriß, Modell- 422.5
Umschaltung . 406.8
Umschmelz-ofen 389.2
-verfahren . . 474.1
Umsetzen . . . 376.3
Umstecken . . 535.3
Umsteuerungsvorrichtung 532.7
Umsteuervorrichtung 406.9
Umströmkanal 471.8
Umwandlungspunkt, -e 272.9
-wärme . . . 272.10
Umwickeln, die Kernspindel 460.7
Umwicklung . 460.6
Umzechig . . . 395.3
Unbearbeitet . 19.4
Unbrauchbar . 116.9
Uncinetto . . . 436.8
Uncino . . . . 29.3
Uncoupling, automatic 136.9
- device, automatic 137.1
Unctuous . . 116.10
Unctuosity of clay 116.11
Underbridge . 124.2
Undercut . . . 515.4
Underface, to - the mould 430.5
Underground . 171.5
Underside . . . 390.2
Underweight . 560.1
Undissolved . 241.12
Unebenheit . . 490.3
Unevenness . . 490.3
Unfallwache . . 150.5
Unfest . . . . . 37.9
Unfinished . . . 27.5
Unfix . . . . . 37.9
Unfixed . . . . 37.9
Unganz . . . . 386.8
Ungebraucht . 426.4
Ungeröstet . 88.11
Ungeschmolzen 411.9
Ungeteilt . . . 31.5
Unghia . . . . 538.7
-e di bue . . . 420.3
Ungleichschenklig 20.3
Unhältig . . . . 75.3
Unidad de horno 573.2
Uniform . . . . 328.9
Uninterrupted . 401.2
Union . . . . . 184.2
Unión . . . . . 123.9
- de tubo 184.2, 297.6
Unir con chavetas 442.10
- - pasadores . 442.9
- - tornillos . . 442.9
Unit . . . . . 573.2
- of iron and manganese 558.4
- - pole . . . . 92.6
Unità di forno 573.2
Unitaire . . . . 48.9
Unitario . . . . 92.6
Unité d'intensité 92.6
- de four . . . 573.2
- - longueur . 44.8
Universalwalzwerk 512.1
Unkosten, allgemeine 563.6
-, Betriebs- . . . 563.2
Unloading . . . 123.4 562.10.11
Unlöslich . . 241.9.12
Unmelted . . . 411.9
Unmittelbar . 327.3
Unpolarisiert . 169.8
Unreinigkeit . 340.5
Unreliable . . . 288.7
Unroasted . . . 88.11
Unruhig flackern 481.3
Unrund . . . . 460.1
- werden . . . 423.5
Unschlitt . . . 546.8
Unschmelzbar . 114.1
-keit . . . . . . 425.8
Unsoluble . . 241.13
Untar . . . . . 481.5
Unterbau . . . 288.5
Unterbrechung 254.5
Unterbrochen . 518.4
Unterdampf . . 500.8
Unterfeuerung 156.5
Unterführung . 124.2
Untergestell . . 296.1
Unterhaltung . 563.3
Unterirdisch . 171.5
Unterkasten . 440.10
Unterlag-platte 24.3
-plattenkaliber 517.11
-ring . . . . 201.10
Unterlage, Beton- 289.6
Untersatz . . . 384.3
- aus Hartgummi 202.1
Unterstempel . 121.6
Unterstützung des Trichters 310.3
Untersuchen . 30.5
Untersuchung . 267.8
-, gasanalytische 267.3
-, metallographische 177.4, 272.8
-, qualitative . 223.8
-, quantitative . 223.7
-, spektralanalytische 400.11
Untersuchungsapparat, Rauchgas- 268.4
Unterwalze . . 513.1
-, festliegende . 523.5
Unterwindfeuerung 158.1
Ununterbrochen 344.7
Unwrought . . 19.4
Unzuverlässig . 288.7
Uovo, grossezza d' 231.5
Up-edge, to . . 503.8
Upset, to . . . 53.6
Upsetting test . 53.5
Upright . . . . 394.1
Uptake 372.3, 408.5.6
Urane . . . . . 189.5
Uranglasplatte 189.5
Uranio . . . . 189.5
Uranium glass plate 189.5
Urano . . . . . 189.5
Urto . . . . . . 41.7.8
Usage commercial 30.4
Usato . . . . . 427.3
Usciolo di scolo 298.6
- per la loppa 300.2
- - - scoria . . 300.2
Uscita . . . . . 312.8
- del gas . . . 313.7
- dell'acqua . . 297.8
- - aria . . . . 439.8
Use, repeated 431.12
-, - - of water . 148.3
Usine . . 123.5, 288.6
-, franco à l' . . 560.8
Uso del mercato 30.4
- ripetuto dell'acqua 148.3
Uso repetido . 431.12
- del agua . . 148.3
Ustensile, -s de mouleur 434.1
-s en quartz . 201.6
Usura degli elettrodi 567.3
- della catena 137.9
Usure . . . . . 32.6
- de la chaine 137.9
- des électrodes 567.3
- rapide du four 418.4
-, résistant à l' 543.4
Utensile . . 13.5, 371.5
- di lavoro . . 371.1
-i di quarzo . . 201.6
Utensilio, -s de cuarzo 201.6
-s - gutapercha 197.2
Útil para afilar las barrenas para corchos 196.8
Utile . . . . . . 75.2
Utilisable . . . 33.2
Utilisation . . . 103.8
- of heat . . . 86.7
- - slag . . . . 358.3
Utilisation de la chaleur 86.7
- du laitier . . 358.3
Utilizable . . . 33.2
Utilización de la escoria 358.3
- del calor . . 86.7
Utilizzazione del calore 86.7
- della loppa . 358.3

# V.

Vaciadero . . . 62.10
Vaciado . . . . 355.6
- del horno . . 88.7
Vaciar . . . . 341.9
Vaciar el crisol 342.1
- la escoria . . 356.4
Vaciarse . . . 385.4
Vacilar . . . . 481.3
Vacillare . . . 481.3
Vaciller . . . . 481.3
Vacío . . . . . 469.5
Vacío, aparato para hacer el 183.1
-, en . . . . . 530.11
-, - el . . . . . 233.2

Vacio, por el . 232.1
Vacuometro . . 178.7
Vacuómetro . . 178.7
Vacuum . 246.2, 469.5
- apparatus . . 188.1
- desiccator . . 232.1
- distillation . 254.3
- drying oven . 233.2
- manometer . 178.7
-, partial . . . 469.4
Vacuummètre . 178.7
Vagliare . . 438.10
-, apparecchio per 230.2
-, dispositivo per 230.2
Vagliato . . . 107.11
Vagliatura 65.2, 229.10
- a secco . . . 230.1
Vagón . . . . . 24.8
- abierto . . . 125.2
- cerrado . . . 125.3
- de carga . . . 410.1
-, franco . . . . 560.9
- para descargamiento automático 128.4
- - el transporte de los lingotes 340.5
- - escoria . . 338.5
- tolva rectangular 105.2
Vagonaggio . . 561.5
Vagone . . . . 24.8
- a scarico automatico 128.4
- da minerale . 332.1
-, franco . . . . 560.9
- per loppa . . 338.5
- - minerali . . 562.6
- - trasportare la ghisa 341.5
- tramoggia rettangolare 105.2
Vagoneta . . . 477.2
- de colada 476.1, 477.1
- para lingotes 527.4
- - minerales . 138.2
Vaivén, criba de 230.10
-, tamiz de . . 230.10
Vakuum-apparat 183.1
-destillation . . 254.3
-meter . . . . . 178.7
Valeur de décomposition 264.3
- - l'intensité . 257.3
- limite . . . . 32.8
Vallone, processo 366.2
Valón, procedimiento 366.2
Valor de descomposición 264.3
- limite . . . . 32.8
- medio de los resultados de ensayo 34.6
Valore di decomposizione 264.3
- limite . . . . 32.8
Valutazione della densità 270.7
Valve . 32.8, 328.4
-, Boecker's . 301.11
- box . . . . . 322.3
Valve, Burger's rotary 323.3
- cone . . . . . 508.7
-, double seat . 407.3
- gear. . . . . 499.3
-, hot blast . . 322.5
- of refractory material 407.5
- - the air heater 322.1
- regulation . . 500.2
-, Schmidt's spectacle 323.7
-, watercooled . 322.6
Valve . . . . . 328.4
- à air . . . . . 406.7
- - circulation d'eau 322.6
- - gaz . . . . 406.5
- - papillon . 406.10
- - - de Siemens 407.1
- d'admission . 499.9
- rotative de Burger 323.3
Valvola 301.3, 318.10 314.8, 328.4
- a campana . 322.2
- - circolazione d'acqua 322.6
- - conchiglia . 407.4
- - doppia sede 407.3
- - gas . 323.1, 406.5
- - farfalla . 406.10
- - - Siemens . 407.1
- - sede piana . 323.2
- ad aria . . . 406.7
- - - calda . . 322.5
- - - fredda . . 322.4
- aspirante . . 142.3
- d'esplosione . 314.9
- di Boecker 301.11
- - chiusura . . 373.1
- - - del ricuperatore 322.1
- - scappamento dell'aria 508.6
- in acciaio fuso 322.7
- - materia refrattaria 407.5
- per l'aria . . 145.5
- - l'entrata dell'aria 321.4
- premente . . 142.4
- rotativa Burger 323.3
- Schmidt . . . 323.7
Válvula . 322.3, 338.4
- corredera . . 499.6
- - de admisión 499.7
- de acero fundido 322.7
- - aire . . . . 406.7
- - - frío . . . 322.4
- - aspiración . 141.3
- - bisagra . . 314.8
- - - de explosión 314.9
- - - - seguridad 314.9
- - charnela . . 301.3
- - cierre . . 318.10
- - compuerta . 322.2
- - corredera . 322.2
- - doble asiento 407.3
- - entrada de aire 321.4
Válvula de escape de aire 508.6
- - gas . . 323.1, 406.5
- - impulsión . 142.4
- - mariposa 406.10
- - - sistema Siemens 407.1
- - plato . . . . 323.2
- - presión . . 142.4
- en forma de concha 407.4
- giratoria de Burger 323.3
- luneta sistema Schmidt 323.7
- refrescada por agua 322.6
Vanadin . . . 219.5
-stahl . . . . . 17.6
Vanadio . . 16.1, 17.6 219.5
Vanadium 17.6, 219.5
-eisen . . . . . 16.1
-, Eisen- . . . . 16.1
-, Ferro- . . . . 16.1
Vanadium . . 219.5
- steel . . . . . 17.6
Vane . . . 470.3, 471.1
Vanga da formatore 434.3
Vanne . . . . 322.2.3
- à air chaud . 332.5
- - - froid . . . 322.4
- - gaz . . . : 323.1
- - siège horizontal 323.2
- d'isolement 318.10
- en acier coulé 322.7
Vano . . . . . 49.11
- tra sbarre . . 160.3
Vapeur . . . . 120.3
-, à . . . . . . . 314.3
- - minerais . . 562.6
- admise au-dessus du piston 500.7
- - au-dessous du piston 500.8
- d'eau . . . . 254.2
-s de couleur foncée 400.8
Vapor . . . . . 120.3
-, de . . . . . . 314.3
- - agua 254.2, 360.5
-es obscuros . . 400.8
- para minerales 562.6
- que entra por debajo del émbolo 500.8
- - - - encima del émbolo 500.7
Vapore . . . . 58.4
-, a . . . . . . 314.3
- acqueo . . . 254.2
- d'acqua . . . 360.5
- immesso inferiormente 500.8
- - superiormente 500.7
-i scuri . . . . 400.8
Vaporisation . 255.8
Vaporización . 255.8
Vaporizar . . . 256.1
Vaporizzare . 256.1
Vaporizzazione 255.8
Variazione della sezione 508.2
Variazione di concentrazione dell'elettrolito: 259.4
- - spessore . . 87.5
- nella corrente 169.3
- - tensione . . 169.4
Vaporiser . . . 256.1
Variación de concentración del electrolito 259.4
Variante, -s du procédé 412.7
Variation of cross section 508.2
Variation brusque de température 118.7
- de concentration de l'électrolyte 259.4
- - la soufflerie 350.10
Variedad amarilla 115.10
- de carbono 214.10
-es - los métodos de fabricación 412.7
Variegated . . 114.5
Varietà di carbonio 214.10
- gialla . . . 115.10
Variété de carbone 214.10
- jaune . . . 115.10
Variety of carbon 214.10
-, yellow . . . 115.10
Varilla . . . . 28.9
- de acero . . . 391.7
- - agujerear . 455.3
- - cinc . . . . 266.4
- - ensayo . . . 49.3
- - hierro . . 401.10
- - - del alma . 455.8
- - seguridad . 311.2
- - suspensión . 310.6
- - tapon . . . 480.2
- - -, mecanismo de 480.5
- - vidrio . . . 190.7
Varme . . . . . 364.6
Varnish . 424.5, 551.1
-, to . . . . . . 551.2
Vasca . . . . . 448.5
- di mercurio . 200.5
- - porcellana . 193.5
- pneumatica . 268.8
Vase à cristallisation 243.9
- - décanter . . 243.7
- - égoutter . . 246.4
- d'evaporation 247.4
- - en porcelaine 194.4
- gradué . . . 185.9
- poreux . . . . 266.1
- pour la distillation 255.4
Vasija de platino 195.2
- - plomo . . . 199.7
Vaso di vetro per batterie 265.7
- per campione 234.1
- - mercurio . 200.3
Vaso de cristalización 243.9

Vaso de medir las densidades 180.1
- - porcelana para evaporar 194.4
- - vidrio de batería 265.7
- poroso . . . . 266.1
Vástago, -s de la bomba 144.5
- del émbolo . 311.5
Vat . . . 80.9, 552.2
Vegetal . . . . 98.2
Veilchenfarben 547.1
Vein . . . . . . 56.3
Veine . . . . 56.3.5
Veiné d'autres matières 64.5
Velocidad de formación de los iones 264.2
- - regeneración de los iones 264.8
- tangencial . . 530.9
Velocità di formazione degl'ioni 264.2
- - rigenerazione degl'ioni 264.8
- tangenziale . 530.9
Velocity, circumferential 530.9
- of formation of ions 264.2
Vena . . . . . 56.3
Vendedor . . . 558.6
Vendeur . . . . 558.6
Vendita . . . . 558.2
Venditore . . . 558.6
Vendor . . . . 558.6
Vent 165.3, 439.7, 444.4
-, au - chaud . 4.5
-, - - froid . . . 4.6
- chaud 328.11, 300.6
- de la soufflerie 350.2
-, donner le . . 396.2
- froid . . . . 328.10
- -, à . . . . . . 2.5
Venta . . . . . 558.2
Vente . . . . . 558.2
Ventil . . . . . 328.4
-, Doppelsitz- . 407.3
-, Druck- . . . . 142.4
-, Entlüftungs- . 145.5 508.6
-, Gas- . . 323.1, 406.5
-gehäuse . . . . 322.3
-kegel . . . . . 508.7
-, Luft- . . . . . 406.7
-, Saug- . . . . 142.3
-, Schieber- . . 322.2
-stange . . . . 480.2
-steuerung . . 500.2
-, Teller- . . . . 323.2
-, wassergekühltes 322.6
Ventilación . . 175.2
Ventilador blindado 471.7
- centrífugo . . 371.6 470.2
- de alta presión 470.1
- - - - Martin . 472.7
- - chimenea . 164.8
- - envoltura . 471.7
- helicoidal de alta presión 471.9
Ventilador Root 471.1
Ventilateur . . 470.5
- à haute pression 470.1
- blindé . . . . 471.7
- centrifuge . 317.6, 470.2
- de cheminée 164.8
- - Root . . . . 471.1
- enveloppé . . 471.7
Ventilation . . 175.2
Ventilator 164.8, 317.6
Ventilatore . . 469.9 470.3
- a getto di vapore 469.10
- - spirale ad alta pressione 471.9
- ad alta pressione 470.2
- - - - Martin . 472.7
- blindato . . . 471.7
- centrifugo . 317.6, 470.2
- del camino . 164.8
- di precisione 471.2
- Encke . . . . 471.3
- Root . . . . . 471.1
- rotativo . . . 472.5
Venting channel 485.2
Vento . . . . . 57.5
-, a - caldo . . 4.5
-, - - freddo . . 4.6
- caldo . . . 328.11
- freddo . . . 328.10
- soffiato . . . 350.2
Ventosa . . . . 145.5
Ventouse à air 145.5
Ventre 84.6, 298.1, 303.7, 390.3
- du creuset . . 382.3
Ventre 84.6, 298.1, 303.7, 390.3
- del crogiuolo 382.3
Ventru . . . . 452.4
Veränderlich . 523.1
Veränderungsmöglichkeit der Phasen 274.6
Veraschungsschale, Platin- 195.4
Verbale sui resultati dell'analisi 226.8
Verband, Eisen- 151.3
Verbindung, chemische 226.1
- der Metalloide mit dem Eisen 349.9
-, Schwefel- . . 216.8
Verbindungsbrücke 86.2
-gewicht . . . 226.6
-gleichung . . 226.3
-hahn . . . . . 190.1
-schraube . . . 295.3
-volumen . . . 226.7
-wärme . . . . 223.1
Verbleien . . . 554.3
Verbrannt, -er Stahl 548.12
Verbrauch, Kohlen- 557.3
- pro Tonne Stahl in Kilowatt-Stunden 572.7
-sspannung . . 169.5
-, Strom- . . . . 572.6
Verbrauch, Wasser- 140.5
-, Wind- . . . . 350.4
Verbrennung . 248.6
-, vollkommene 248.8
-, vollständige . 87.6
Verbrennungs-luft 408.2
-ofen . . . . . 249.2
-raum . . . . . 177.3
-röhre . . . . . 249.1
-schacht . . . . 321.1
-schälchen . . . 248.9
-vorgang . . . 248.6
Verbund-dampfpumpe 143.2
-kessel . . . . 153.8
-maschine . . . 327.2
Verdampfen . . 256.1
- bei Lufttemperatur 256.2
-, trocken . . 253.10
Verdampfung . 255.8
-, trockne . . 253.11
Verdampfungsprodukt 254.1
Verde di monte 552.1
- -mare . . . . 548.3
Verde de montaña 552.1
- mar . . . . . 548.3
Verdeckt . . . 439.5
Verdichten . . 256.5
Verdichtet . . . 267.6
Verdichtung . 256.4
-, Ionen- . . . . 263.8
-, Sand- . . . . 418.1
Verdichtungspolarisation 264.5
Verdickung . 518.5, 521.3
Verdorben, -er Stahl 548.9
Verdrehen 50.4, 51.7
Verdrehprobe . 51.6
Verdrehung . . 51.2
Verdrehungselastizität 51.5
Verdünnt . . . 242.2
Verdünnungsmittel 415.6
Verdunsten . . 256.2
Verdunstpfanne 183.1
Veredelung . . 386.9
Veredelungsverfahren 565.5
Vereidigt . . . 174.2
Vereinbart . . . 37.1
Verengung . . 33.10
Verfahren, basisches 397.8
-, Birnen- . . . 396.4
-, Eindruck- . . 54.4
-, Preß- - nach Ehrhardt 538.3
-, Raffinations- . 565.5
-, Röst- . . . . . 82.9
-, saures basisches 396.5
-, Umschmelz- . 474.1
-, Veredelungs- 565.5
-, vorbereitendes 74.2
Verflüchtigen . 256.5
-, sich . . . . . 256.3
Verflüchtigung 256.4
Verfrachtung . 123.2
Verga . . . . . 511.6
Vergasen . . . 253.9
Vergasend . . . 349.8
Vergasergraphit 117.11
Vergasung 253.8, 405.4
- des festen Brennstoffes 349.1
- mit Wasserdampf 254.2
Verge . . . . . 511.6
Vergießen, das Eisen 481.4
Vergrößerung . 279.6
-, förderliche . 279.9
Vergütung . . . 559.3
Verhalten im Hochofen 97.1
Verhüten der Rissebildung 429.10
Verhüttbar . . 74.5
Verificatore di petrolio 181.5
Verjüngung . . 382.4
Verkauf . . . . 558.2
Verkäufer . . . 558.6
Verkohlen . . . 427.7
Verkohlt . . . . 337.2
Verkoken . . 105.8
Verkokung . . 102.6
Verkokungsfähigkeit 102.9
-temperatur . 106.3
Verkupfern . . 552.7
Verkürzung der Schmelzzeit 411.10
Verlade-anlage mit obenlaufendem Drehkran 127.7
-bockkran . . . 127.5
-dokument . . 560.4
-kai . . . . . . 122.4
-rampe . . . . 122.3
-schein . . . . 560.4
-vorrichtung . 122.1
Verladung 122.2, 560.3
Verlangsamen . 474.3
Verlauf des Hochofenganges 344.3
Verloren, -e Gußform 438.4
-er Kopf . . . . 485.6
-er Sandkern . 461.5
Verlust, Aufbereitungs- 75.7
-, Gas- . . . . 360.10
-, Gewicht- . . . 560.2
-, Röst- . . . . . 89.2
-, Spannungs- . 350.6
Vermindern, die Leistung . . 556.1
Verminderung, Gichtstaub- 97.2
-, Löslichkeits- 258.11
Vermischung . 432.9
Vermittler . . . 559.2
Vermittlungsgebühr 559.3
Vernice . . . . 551.1
- all'olio di lino 551.7
Vernickeln . . 554.4
Vernier caliper 89.5
Vernir . . . . . 551.2
Vernis . . . . . 551.1
- à l'huile de lin 551.7
Verre . . . . . 186.6
- à clarifier . . 243.6
- - fusion . . . 252.7
- - réactions . 186.2
-, appareil en . 185.1
- bleu . . . . . 188.6
- d'urane . . . 189.5

Verre de cobalt 235.9
- - Jena . . . . 185.4
- de montre . . 189.7
- - pesée . . . . 240.2
- - Weber . . . 185.8
- dur . . . 185.7, 187.7
- poli . . . . . 276.4
- pulvérisé . . 203.3
Verreißen der Form 436.3
Verrottet . . 428.12
Verruga . . . . 483.3
Versare . 243.8, 841.9
-, apparecchio per - a mano 479.5
Verschiebbar . 536.4
Verschiebe-bahn 137.8
-bahnhof . . . 123.6
-seilbahn . . . 124.4
-winde . . . . 124.5
Verschiebung, Reiter- 239.10
Verschiffungshafen 561.10
Verschlacken . 349.7
Verschlackung des Phosphors 398.2
Verschleiß-härte 32.6
-, Ketten- . . . 137.9
Verschließen, das Stichloch 342.4
Verschluß, Bajonett- 301.8
-deckel . . . . 297.5
- des Winderhitzers 322.1
-, Gicht- . . . . 309.4
-kappe . . . . . 23.5
-kegel . . . . 310.5
-klappe . . . . 131.4
-, Klappen- . . 314.8
-, Proben- . . . 55.1
-schraube . . . 323.4
-, Tür- . . . . . 163.5
Verschmelzung, Eisen- 14.9
-, geringhaltige 15.1
-, hochhaltige . 14.11
-, Metall- . . . . 351.4
-, Schlacken- . 357.3
Verschmelzungskörper 14.10
Verschmieren . 494.4
Verschraubung 295.2
Verser . . . . . 243.8
-, dispositif pour - à la main 479.5
- la poche . . . 479.4
Versetzung . . 353.6
Versicherung, Fracht- 560.11
Versiegeln . . 234.4
Verspannen . 442.10
Versplinten . . 442.9
Verstahlt . . . 339.1
Verstärkung . 521.3
Versteifung der Rohrwände 319.9
Verstellbar . . 139.8
Verstellung . . 522.8
Verstopfen, die Gußlöcher 494.2
Verstopfung des Gestells 387.3
- des Röstofens 88.3
- - Stichloches 343.4
Verstreichen . 355.1
Versuch . . . . 31.1
-, Dreh- . . . . 50.7
-, Fall- . . . . . 42.1
-, Ritz- . . . . . 54.1
-, Schlag- . . . 42.1
-, Torsions- . . 50.7
Versuchs-ergebnis 84.5.6
-mäßig . . . . 345.2
-stab . . . . . 49.3
-stück . . . . . 33.3
-wage . . . . . 236.7
Vert de montagne 552.1
- mer . . . . . 548.3
Vertedero . . . 131.6
- de las aguas 175.4
Vertedor, apparato 331.6
- inclinado . . 132.2
Verteiler, Erz- 308.10
Verteilt, fein . 243.4
Verteilung des Roheisens 339.6
- der Schmelzstoffe 335.6
-, Kraft- . . . . 167.3
-, Licht- . . . . 171.7
Verteilungs-rohr 324.4
-röhre . . . . . 270.2
-trumm . . . . 138.9
-werk . . . . . 165.7
-zentrale . . . 165.7
Verter . . 131.6, 243.8
-, disposición para - á mano 479.5
- la escoria . . 356.4
Vertiefung 35.9, 518.2
Vertrag . . . . 559.9
-, Erzlieferungs- 65.3
Verunreinigung 147.4.5
-, chemische . . 147.4
Verwaltungsgebäude 149.6
Verwandtschaft, chemische 225.11
Verwaschung . 80.3
Verwerfen, die Probe 84.7
Verwertung der Schlacke 358.3
Verwinden . . . 51.7
Verwindeprobe 51.6
Verwittern . . 89.7
Verwittert . . . 64.1
Verwitterung . 63.9, 89.7
Verwitterungsbestandteil 427.9
Verworfen, -e Lagerstätte 57.4
Verzettelt, -er Hohlraum 487.3
Verziehen des Stahls 546.13
Verzinken . . . 554.2
Verzinnen . . . 552.9
Verzinnungsanstalt 552.12
Vessel . . . . . 194.1
- for measuring conductivity 261.3
Veta . . . . 56.3, 64.5
Vetrato . . . . 203.2
Vetrificarsi . 118.10
Vetrina della bilancia 236.8
Vetriolo . . . . 552.8
Vetro . . . . . 189.2
- al cobalto . . 235.9
- all'urano . . 189.5
-, apparato di . 185.1
- arrotato . . . 276.4
- da orologio . 189.7
- - specchi . . 237.2
- di Jena per apparati 185.4
- - Weber . . . 185.8
- duro . . . . . 185.7
- fusibile . . . 252.7
- infusibile . . 187.7
Vetroso . . 66.5, 358.1
Via, a tre -e 190.2.3
- di terra . . . 561.2
- elettrotermica 565.4
- per acqua . . 561.6
- secca . . . . 224.3
- umida . . . . 224.4
Vía aérea de cable 135.11
- - - - metálico 135.9
- ancha . . . . 22.6
- auxiliar . . . 123.8
- de empalme . 123.9
- - enlace . . . 123.9
- - maniobra . 137.8
- - tipo normal 22.6
-, - tres -s . . . 190.2
- - unión . . . 123.9
- estrecha 22.7, 123.11
- fluvial . . . . 561.6
- funicular de maniobra 124.4
- húmeda . . . 224.4
- marítima . . 561.6
- normal . . . 123.10
- por agua . . . 561.6
- principal . . 123.7
- seca . . . . . 224.3
- terrestre . . . 561.2
Viaduct . . . . 124.1
Vibrante . . . 433.2
Vidange du four 88.7
Vide . . . 178.7, 469.5
-, à . . . . . . . 245.7
-, appareil à faire le 183.1
-, dans le . . . 246.1
- de grille . . . 160.3
- - la grille . . 160.2
-, par le . . . . 232.1
Vider le creuset 342.1
-, se . . . . . . 385.4
Vidrio . . . . . 186.6
-, aparato de . 185.1
-s coloreados . 400.9
- de cobalto . . 188.6, 235.9
- - Jena para aparatos 185.4
- - reloj . . . . 189.7
- - uranio . . . 189.5
- - Weber . . . 185.8
- duro . . 185.7, 187.7
- pulimentado 276.4
Vidrioso . . . . 358.1
Viento . . . . . 165.3
- caliente . . 328.11
-, dar el . . . . 396.2
Viento de la máquina soplante 350.2
- frio . . . . 328.10
- inyectado . . 350.2
Vientre . 298.1, 303.7, 390.3
- del crisol . . 382.3
Vierkant-eisen 19.3
-kaliber . . . . 517.2
Vier-seitig . . . 105.2
-taktmaschine . 327.6
Vieux fer . . . 29.4
View . . . . . . 279.4
Vif-argent . . 545.10
Viga . . . . . . 130.8
Vigilancia . . . 556.9
Vigueta . . . . 20.7
- de acero . . 403.8
- - perfil inglés 20.10
- doble T . . . 20.9
- T doblada en anillo 294.8
Violado . . . 547.11
Violent . . . . 396.8
Violento . . . 396.8
Violet . . . . 547.11
Violetto . . . 547.11
Virar . . . . . 282.11
Virare . . . . 282.11
Virer . . . . . 282.11
Virgin sand . . 426.4
Virtuale . . . 279.10
Viruta, -s de cobre 199.8
- - laminación 35.7
- - taladrado . 208.3
Vis . . . . . . . 39.3
- à bois . . . . 436.2
-, assembler par 442.9
- de serrage . . 521.8
- sans fin . . . 159.6
- transporteuse 139.7
Viscoso . 356.10, 428.5
Viscous . . . 356.10
Visibile, rendere 277.3
Visible, hacer . 277.3
-, to make . . . 277.3
Vision . . . . . 279.5
Visión . . . . . 279.5
Visita . . . . . 321.8
-, porta di . . . 406.4
Visiter la cheminée 165.1
Visivo . . . . . 279.4
Visqueux 356.10, 428.5
Vista . . . 35.2, 279.5
Visual distance 279.5
Vite . . . . . . 39.3
- a legno . . . 436.2
- di collegamento 295.3
- - pressione 445.5, 521.8
- per registrare i cilindri 522.4
- perpetua . . 341.10
- senza fine . 341.10
Vitesse de formation des ions 364.2
- - réformation des ions 264.8
- - régénération des ions 264.8
- tangentielle . 530.9
Vitreo . . . . . 358.1

Vitreo . . . . . 358.1
Vitreous . . . . 358.1
–, to become . 118.10
Vitreux . 358.1, 554.6
Vitrificarse . 118.10
Vitrifier, se . 118.10
Vitriol, Kupfer- 90.6
-lösung . . . . 552.8
–, Zink- . . . . 90.10
Vitriol . . 90.6, 552.8
–, blue . . . . . 90.6
–, green . . . . 69.3
–, white . . . . 90.10
Vitriolo . . . . 552.8
- azul . . . . . 90.6
- blanco . . . . 90.10
- verde . . . . . 69.3
Vivianite . . . 68.7
Voie, à trois –s 190.2
- auxiliaire . . 123.8
- d'eau . . . . 561.6
- de manœuvre 137.8
- - raccordement 123.9
- - terre . . . . 561.2
- électrique . . 258.2
- étroite . 123.11, 22.7
- funiculaire de manœuvre 124.4
–, grande . . . . 22.6
- humide . . . 224.4
- normale 123.10, 22.6
- principale . . 123.7
- sèche . . . . 224.3
- surélevée pour déchargement de charbon 132.3
Voiturage . . . 561.5
Voiture . . . . 561.3
Volant . . . . . 523.9
Volante . . . . 523.9
Volatil . . . . . 81.7
Volátil . . . . 81.7
Volatile . 81.7, 250.7
- matter . . . . 81.7
Volatilidad . . 250.8
Volatilise, to . 256.3
Volatiliser, se . 256.3
Volatilità . . . 250.8
Volatilité . . . 250.8
Volatility . . . 250.8
Volatilizarse . 256.3
Volatilizzarsi . 256.3
Volcador 131.5, 525.7
–, aparato . . . 331.6
- de vagones . 132.6
- giratorio . . 133.2
Volcar . . . . . 341.8
–, aparato para - de impulsión eléctrica 393.6
Volcar, aparato para - el convertidor 393.4
- el caldero . . 479.4
Volée . . . . . 476.6
Voll-bahn . . 123.10
- -schiene . . . 22.6
-drehen des Kernes 461.2
-er Druck . . . 338.7
-feuer . . . . . 417.8
-guß . . . . . . 487.1
-pipette . . . . 191.6
- –, selbsttätige 191.7
-spurig . . . 123.10
-stechheber . . 191.6
Volta . . 353.1, 404.1
- convessa . . . 404.3
- del canale . . 372.6
- - focolare . . 369.1
- - forno . . . 569.2
- - timpano . . 292.1
- - piatta . . . 290.8
- ribassata . . 404.2
Voltage . . . 169.4.5
- de régime 169.5, 572.8
Voltaggio di esercizio 572.8
- - regime . . . 572.8
Voltaje de régimen 572.8
Voltameter . . 266.8
Voltamètre . . 266.6
Voltametro . . 266.8
Voltámetro . . 266.8
Voltmesser . . 266.8
Volume . 225.8, 345.9
–, aspirated . . 328.6
- energy . . . . 257.2
–, molecular . . 258.5
Volume . 125.5, 334.9
- d'air aspiré . 328.6
- - nécessaire . 350.4
- d'eau, à faible 152.7
- –, - grand . . 152.8
- d'un gramme-molécule 225.8
- du fourneau . 344.9
- moléculaire . 258.5
- partiel . . . . 345.9
- relatif d'un gaz dans sa combinaison la plus simple 226.7
Volume . . . . 257.2
- d'acqua, a gran 152.8
- –, - piccolo . 152.7
- d'una molecolagrammo 225.8
- del forno . . 344.9
- di aspirazione 328.6
- - combinazione 226.7
- molecolare . 258.5
Volumen-energie 257.2
–, Gramm-Molekül- 225.8
–, Molekular- . . 258.5
–, Verbindungs- 226.7
Volumen 125.5, 334.9
- aspirado . . . 328.6
- de agua, de gran 152.8
- - –, - pequeño 152.7
- - una moléculagramos 225.8
- molecular . . 258.5
- relativo de un gas en su más simple combinación 226.7
Volumeter . . . 271.7
–, Gas- . . . . . 271.7
Volumètre à gaz 271.7
Volumetric . . 223.10
- apparatus . . 191.2
Volumetrico . 193.1
Volumétrico . 223.10
Volumétrique . 191.2
Volumetro per gas 271.7
Volúmetro para gas 271.7
Volumineux . . 243.3
Voluminös . . 243.3
Voluminoso . . 243.3, 463.4
Voluminous . . 243.3
Volute spring . 502.5
Volver á encender 355.2
Von Hoff gastake 312.1
Vorbereitung, physikalische und chemische 81.5
Vorbereitungsraum 174.9
-zone . . . . . 346.9
Vorder-platte 413.11, 414.1
-seite . . . . . 403.3
Vordruck . . . 120.7
Vorfeuerung . 156.4
Vorform . . . . 530.1
Vorgang . . . . 399.9
–, allgemeine Vorgänge im Hochofen 346.6
- beim Verkoken 105.8
–, hüttenmännischer 346.7
–, Trennungs- . 74.3
Vorgeschrieben 33.9
Vorgewärmt . . 408.3
Vorglühherd . 370.6
Vorherd . . . . 291.5
Vorkaliber . . 516.3
Vorlage, Destillations- 255.3
Vormulde . . . 443.5
Vornahme der Probe 30.6
Vorrat-behälter 102.4, 131.3
-raum . . . . . 177.7
-tasche . . . . 131.1
Vorrichtung zum Lockern und Anziehen der Schrauben 291.4
Vorschrift, Güte- 32.1
–, Prüfungs- . . 31.10
Vorschub, selbsttätiger 525.6
Vorspringend . 436.6
Vorstoß . . . . 190.4
Vorstraße . . . 510.2
Vorstrecke . . 510.2
Vorübergehend, -er Anstrich 551.3
Vorversuch . . 31.2
Vorwalze . . . 518.9
Vorwalzen . . 529.8
Vorwalzwerk . 510.2
Vorwärme-herd 364.2
-zone . . . . . 346.9
Vorwärmen, das Eisen 374.3
Vorwärmung . 347.5
Vorwaschtrommel 80.11
Voussoir . . . . 293.2
Voûte . . 353.5, 369.1
- bombée au milieu 404.3
- convexe . . . 404.3
- de la sole . . 290.7
- - - tympe . . 292.1
- du four . . . 569.2
- - rampant . . 372.6
- en briques . 163.1
- plate . . . . . 290.8
- surbaissée . . 404.2
Vuelta . . 51.8, 532.5
–, dar - á la caja 442.5
–, - - - - pieza 508.9
Vuotare . . . . 341.8
- il crogiuolo . 342.1
Vuotarsi . . . . 385.4
Vuotatura del forno 88.7
Vuoto . . 394.6, 469.5
–, a . . . . . . . 232.1
–, apparato per fare il 183.1
–, nel . . . . . . 254.3
- sagomato . . 487.3

## W.

Wache, Unfall- 150.5
Wachs . . . 546.10
-faden . . . . . 459.5
-modell . . . 424.12
Wachsen des Mauerwerks 306.1
Wad . . . . . 69.8
Waderz . . . . 69.8
Waffenstahl . . 14.6
Wage . . . . . 135.6
–, Brücken- . . 133.6
–, Dezimal- . . . 134.2
–, die - spielt ein 135.7
-einsatz für Chlorcalcium 238.9
Wage, Fein- . . 236.6
–, Gas- . . . . . 271.6
–, Gleis- . . . . 134.1
–, Hand- . . . . 236.2
–, Hunderter- . 134.3
–, hydrostatische 180.4
-kasten . . . . 236.8
Wage, Präzisions- 236.6
–, Säulen- . . 235.11
–, Schnell- . . . 236.3
–, selbsttätige . 236.4
–, Senk- . . . . 180.2
–, Tafel- . . . . 236.1
–, Versuchs- . . 236.7

Wage, Waggon- 184.1
-, Wasser- . . . 182.6
-, Zehner- . . . 184.2
-, Zentesimal- . 184.3
Wäge-karte . . 184.4
-schiene . . . . 183.8
-schiffchen aus Aluminium 240.1
-vorrichtung . 183.5
-zimmer . . . . 176.7
Wagen, Ausschub- 392.3
-beschlag . . . 24.9
-, Block- . . . . 527.4
-, -chargier- . . 529.3
-, -einsetz- . . . 529.3
-, Bodeneinsetz- 392.3
-, Erz- . . . . . 138.2
-, -förder- . . . 138.2
-feder . . . . . 25.1
-, geschlossener 125.3
-gestell . . . . 477.2
-kipper . . . . 132.6
-, offener . . . . 125.1
-park . . . . . 125.1
-, Roheisen- . . 341.5
-, Schlacken- . 338.5
-, selbstentladender 128.4
-, Teleskop- . . 392.3
-, vierseitiger, trichterförmiger 105.2
Wägen . . . 238.10
-, ab- . . . . . 334.10
Wagerecht . . 119.6
Wages . . . . 563.4
Waggon (s. wagon)
Waggonwage . 184.1
Wagon balance 184.1
-, closed . . . . 125.3
-, open . . . . 125.2
-, self-discharging 128.4
- tipping device 133.1
Wagon . . . . 24.8
- à déchargement automatique 128.4
- de chargement 410.4
- fermé . . . . 125.8
-, franco . . . . 560.9
- ouvert . . . . 125.2
- pour le transport de la fonte 341.5
- trémie rectangulaire 105.2
Wagonnet à lingots 527.4
- - minerais . . 138.2
- de coulée . . 476.1
Wagschale . . 238.6
Wägung . . . 235.10
Wahl der Betriebskraft 168.1
Wall . . . . . 290.2
- crane . . . . 125.9
-, fixed division 441.3
-, - partition . 441.3
- of box . . . . 442.2
- rim . . . . 304.10
- saddle . . . . 84.8
- steam pump . 143.3
- thickness of the casting 486.10
Wall-platte . . 292.9
-stein . . . . . 292.5
Walled, thick 587.10
Walled, thin . 486.11
Wallen . . . 385.11
Wallnußgröße 231.6
Wallon, procédé 366.2
Wallonenfrischen 366.2
Walloon process 366.2
Walnut size . . 231.6
Walz-blech . . 25.5
-dorn . . . . . 537.9
-eisen . . . . . 18.2
-form . . . . . 514.9
-gerade . . . . 534.3
-gerüst . . . . 520.9
-haut . . . . . 35.6
-kessel . . . . . 554.1
-linie . . . . . 515.6
-richtung . . . 52.8
-sinter . . . . . 35.8
-splitter . . . . 35.7
-straße . . . . . 510.1
-strecke . . . . 510.1
-stück . . . . . 531.2
- -, das - - anheben 531.5
- -, - - - erfassen 531.6
-tisch . . . . . 524.5
-werk, Bandagen- 512.2
- -, Block- . . . 511.4
- -, Doppelzwei- 513.2
- -, Erz- . . . . 77.8
- -, Feinblech- . 511.2
- -, Kehr- . . . 532.1
- -, Luppen- . . 377.9
- -, Panzerplatten- 511.1
- -, Räder- . . . 512.3
- -, Reifen- . . . 512.2
- -, Schnell- . . 511.7
- -, Universal- . 512.1
- -, Vor- . . . . 510.2
Walze . . . . . 512.5
-, angetriebene 513.3
-, ausgekehlte . 539.1
-, ballige . . . . 537.8
-, Blech- . . . . 514.1
-, Block- . . . 513.11
-, Dichtungs- . 472.2
-, exzentrische 538.2
-, Fertig- . . . 513.10
-, Glatt- . . . . 514.1
-, Kaliber- . . . 514.4
-, Kamm- . . . 519.4
-, Schlepp- . . . 513.4
-, schnellaufende 535.4
Walzen . . . 529.6.7
-abstand . . . . 515.5
-bart . . . . . 534.10
-bewegung . 530.10
-, Blech . . . 532.10
-bruch . . . . . 514.2
-bund . . . . . 513.5
-druck . . . . . 530.7
-, fertig . . . . 529.9
-form . . . . . 96.4
-förmig . . . . 389.6
-, gemeinsam . 533.1
-, herunter- . . 535.2
-kessel . . . . . 153.7
- -, einfacher . 153.7
- -, mehrfacher 154.3
- - mit Sieder 154.2
-mühle . . . . 77.9
-, Röhren- . . . 537.4
-rostfeuerung . 157.6
Walzen-sinter . 112.4
-ständer 520.8, 521.1
- - für Gewichtsausgleichung 523.1
- - stetige Lagerung 521.5
- - - veränderliche Lagerung 523.1
- -, Kamm- . . 524.3
- - ohne Gewichtausgleich 521.5
-zugmaschine . 512.4
-, zurück- . . . 532.6
Wälzen, den Block 529.2
Wand-dampfpumpe 143.3
-, Form- . . . . 297.3
-formmaschine 457.2
-kran . . . . . 125.9
-stärke . . . . . 305.7
-stärkenkernstütze 461.8
Wände . . . . 62.8
Wanderzapfen 392.8
Wandung, Schacht- 305.6
Wange . . . . 369.2
Wanne . . . . 268.8
-, Glas- . . . . . 189.2
-, pneumatische 268.8
-, Porzellan- . . 193.5
-, Quecksilber- . 200.5
Wanze . . . . . 483.3
Ware . . . . . 185.1
-, iron . . . . . 17.10
Warm, to . . . 336.4
Warm-biegeprobe 42.5
-probe . . . . . 31.7
-säge . . . . 533.10
Warma . . . . 364.6
Wärme . . . . 272.6
-, aufgespeicherte 408.1
-ausgabe . . . 346.3
-ausgleichung . 346.1
-ausnutzung . 86.7
-bilanz . . . 345.11
-einnahme . . 346.2
-gebend . . . . 222.9
-, gebundene . 272.6
-grube . . . . . 527.5
-haushalt . . 345.11
-, Ionisations- . 264.1
-leitung . . . . 352.6
-meßbombe . . 110.2
-ofen . . . . . 528.3
-platte . . . . . 176.4
-speicher 320.9, 407.7.8
-strahlung 352.5, 572.5
-tönung der Reaktion 222.6
-, Umwandlungs- 272.10
-verbrauch . 345.12
-verlust . . . . 572.4
-verzehrend . . 223.2
-, Zerfall- . . . 262.6
Warmed . . . . 447.3
Wärmofen mit beweglichem Herd 528.6
Warp, to . . . 524.9
Warped . . . . 534.4
Wartung . . 556.10
Warzenblech . 26.12
Wasch-eisen . . 358.5
-flasche, Brom- 222.1
- -, Gas- . . . . 268.1
-kessel . . . . . 558.8
-raum . . . . . 150.6
-trommel, Fertig- 81.1
- -, sich drehende 80.10
-verfahren . . 80.2
-vorrichtung . 150.7 317.3
Wäsche . . . . 80.6
-, Erz- . . . . . 80.6
-, Kohlen- . . . 102.2
Waschen der Erze 79.6
Wascher, Gas- . 317.4
-, Theisenscher 317.7
Wash bottle . 186.3.4
-, to - out . . 246.6
-, - - the clay . 433.5
Washed . . . . 116.7
- metal . . . . . 5.3
Washer . . . 317.3.4
-, Bian's . . . . 318.1
-, Theisen's . . 317.7
Washery . . . 80.6
Washing . . . 80.3
- device . . . . 317.3
- drum, preliminary 80.11
- -, revolving . 80.10
- of the ores . 79.6
- plant, coal . 102.2
- pot . . . . . 553.8
- process . . . 80.2
- -, slag . . . . 305.8
- room . . . . 177.6
- vat . . . . . . 553.8
Wasser . . . . 148.3
-abflußrohr . . 297.7
-abschluß . . . 313.4
-, angesäuertes 545.9
-bad . . . . . 247.7.8
- -ring . . . . 247.9
-, Baryt- . . . . 205.6
-bedarf . . . . 140.4
-behälter 145.6, 316.2
-, chemisch gebundenes 203.8
-dampf . 254.2, 360.5
-, destilliertes . 203.6
-dicht . . . . . 405.8
Wasserdruck . 314.4 524.1
-aufzug . . . . 330.6
-bremse . . . . 311.1
-probe . . . 54.6, 55.2
-pumpe . . . . 509.6
-reglung . . . . 508.1
Wasser, erwärmtes 297.11
-, fließendes . . 544.8
-förderung . . 141.9
-frei . . . . . . 207.9
-gefäß . . . . . 330.5
-gehalt in 1 ccm Luft 329.4
-gekühlt . . . . 297.1
-, gereinigtes . 146.7
-gewinnung . . 140.7
- -, Grund- . . 141.1
-, Grund- . . . . 289.1
-haltig . . . . . 60.3
-hammer . . . 495.2
-, Holzaschen- 431.4
-, Hydrat- . . . 203.8

Wasser, hygroskopisches 203.7
-, im - umherführen 544.4
-, Kalk- . . . . 205.5
-kasten . 871.4, 544.6
-, Königs- . . . 204.3
-kraft . . . . . 167.8
- -gebläse . . . 325.9
-, Kühl- . . . 297.10
- -anlage . . . 148.4
-kühlung . . . 296.5
- - der Elektroden 567.9
-leitung . . . . 144.6
-mangel . . . . 140.6
-menge . . . . 140.2
-messer . . . . 146.4
-, mit - aufnehmen 248.5
-, Natur- . . . . 146.6
-pfosten . . . . 146.3
-, quellendes . . 544.9
-raumkessel, Klein- 152.7
-reinigung . . 146.5
-rinne . . . . . 318.5
-, Roh- . . . . . 146.6
-röhrenkessel . 155.3
-säule . . . . . 478.1
-spiegel, Grund- 289.2
-stoff . . . . . . 221.4
- -bildung . . . 348.9
- -superoxyd . 211.3
-tonnenaufzug 330.4
-turm . . . . . 145.7
-verbrauch . . 140.5
-verschluß . . 318.4
-versorgung . 140.1.3
-wage . . 182.6, 485.5
-wärmer . . . . 176.5
-weg . . . . . . 561.6
-zuflußrohr . . 297.8
Wässerig . . . 205.4
Waste . . 90.2, 355.11 878.7
- containing iron 112.3
- end . . . . . 33.6
- gas furnace 155.10
- - heat . . . . 346.5
- gases . . . . 815.7
- heat flue . . . 104.3
- heap ore . . . 62.10
- water containing acid 91.1
Watch glass . . 189.7
Water . . . . . 91.1
-, acidulated . . 545.9
-, ammonia . . 205.4
- apparatus, warm 176.5
- balanced lift 330.4
- bath . 178.6, 247.7.8
- - ring . . . . 247.9
- bearing . . . 60.3
- chemically combined 203.8
- circulation . 148.1
- column . . . 478.1
- conduit . . . 144.6
- contents per cm³ of air 329.4
- cooled . 322.6, 369.6
- cooling . . . 296.5
- -, external . 162.6
- - of the electrodes 567.9
Water cooling plant 148.4
- discharge pipe 369.8
-, distilled . . . 20.63
-, filthy . . . . 431.3
- funnel, hot . 176.6
-, hydrated . . 203.8
-, hygroscopic . 203.7
- inlet pipe . . 297.7
- jacketed frame 297.2
- jacketing of the electrodes 567.9
- level . . 182.6, 485.5
- meter . . . . 146.4
-, natural . . . 146.6
- outlet pipe . 297.8
- post . . . . . 146.3
- power . . . . 167.8
- pressure 314.4, 508.1
- purification . 146.5
-, purified . . . 146.7
- seal . . 318.4, 405.8
- space, large . 152.8
- -, small . . . 152.7
- supply . . . 140.1.3
- - pipe . . . . 298.3
- tank . . 316.2, 330.5 871.4, 544.6
- tower . . . . 145.7
- trough . . . 313.5
- tube . . . . . 155.3
- - boiler . . . 155.3
-, warmed . . 297.11
- way . . . . . 561.6
Wavy . . . . . 45.7
Wax . . . . . 546.10
- model . . . 424.12
Waxed . . . . 459.5
Wear . . . . . 32.6
- and tear of the furnace, quick 413.4
- hardness . . . 548.4
- of chain . . . 187.9
Weathered . . 64.1
Weathering 63.9, 89.7
Web 20.2, 22.3, 493.7
Weber's glass . 185.8
Weber, verre de 185.8
Weber, vetro di 185.8
Weber, vidrio de 185.8
Webersches Glas 185.8
Wechselklappe 406.10
-, Siemenssche . 407.1
Wechselstromanlage 166.4
-ofen, Röchling-Rodenhauserscher 568.10
Wechselnd, -er Ofengang 344.5
Wedge . . . . 301.10
- inlet . . . . . 443.8
- piece . . . . . 298.2
- shaped . . . . 21.8
Weg, Land- . . 561.2
Wegebaustoff . 358.6
Wegmeißeln . 36.1
Weich . . . . . 59.1
-guß . . . . . 7.5
Weigh bridge 133.6.7
- - rail . . . . 133.8
-, to . . 238.10, 334.10
Weighing . . 235.10
- appliances . . 133.5
- boat . . . . . 240.1
Weighing bottle 240.2
- machine . . . 135.6
- -, centesimal . 134.3
- -, decimal . . 134.2
- -, the - - is in equilibrium 135.7
- - ticket . . . 134.4
- pipette . . . . 240.4
- - with stopcocks 191.5
- tube . . . . . 240.3
Weight . 135.4, 239.3 442.11
-, atomic 224.7, 225.4
- case . . . . . 508.4
- equivalent, chemical 257.6
-, gross . . . . 134.8
-, molecular . . . 225.6
-, net . . . . . . 134.9
- of charge . . 409.8
-, - equal . . . 75.5
- ring . . . . . 508.5
-, theoretical . 135.2
- to be taken into account 559.10
-s case . . . . 239.2
Weinsäure 204.6, 419.10
Weißblech . . 552.10
-kessel . . . . . 553.2
Weiß-eisen . . 2.6
- -, kleinspiegeliges 3.5
- -, strahliges . 3.1
-es Roheisen . 2.6
-strahl . . . . . 3.1
Weißstrahlig, -e Hartgußkruste 488.7
-es Roheisen . 3.1
Weizenmehl . . 431.1
Weld iron . . . 9.8
- steel . . . . . 9.6
- -, piling and welding of 10.9
-, to . . . 378.4, 429.13
Weldable . . . 9.5.6
Welded . . . . . 538.6
Welding fire . 378.5
- furnace . . . 378.6
Well . . . . . . 141.5
-, artesian . . . 141.8
- chamber . . . 141.4
- shaft . . . . . 141.2
- tube . . . . . 141.3
Wellblech 27.1, 308.4
-, bogenförmiges 27.2
Wellrohrkessel 154.6
Welle, Antrieb- 518.9
-, biegsame . . 492.8
-, Königs- . . . 78.4
Wellen . . . 385.11
Wellig . . . . . 534.7
Wendbar . . . 367.4
Wende-ofen . . 367.4
-platte . . . . 449.4.5
- -, drehbare . 454.3
-platten-abhebeformmaschine 449.4
- -maschine mit Druckwasserpresse 450.2
-vorrichtung . 393.4
-zylinder . . . 393.5
Wenden, das Arbeitsstück 503.9
-, den Block . . 529.2
Wenden, den Formkasten 442.5
Werfen des Stahls 546.13
Werk, Eisen- . 151.3
Werkstatt, Ausbesserungs- 150.3
-zeichnung . 422.11
Werkstätte, mechanische 150.2
Werkzeug, Former- 434.1
-, Meß- . . . . . 38.5
-, Putz- . . . . . 490.9
-, Schlag- . . . 534.9
-stahl . . . . . 13.5
- -, Elektro- . . 564.3
Westman, forno di torrefazione a gas di 85.2
Westman, four de grillage au gaz de 85.2
Westman, horno de calcinación de gas de 85.2
Westman's gas fired roasting furnace 85.2
Westmanscher Gasröstofen 85.2
Wet . . . . . . 317.2
-, to - the moulds 341.2
Wetherill, Erzscheider nach 94.4
Wetherill's ore separator 94.4
Wetherill, separador de minerales de 94.4
Wetherill séparateur de minerais de 94.4
Wetherill, separatore di minerali secondo 94.4
-, trieur de minerais de 94.4
Wetting the coal 104.7
Wheat flour . . 431.1
Wheel . . . . . 341.4
- barrow . . . 332.1
- rolling mill . 512.3
White lead . . 551.10
Whitwell, apparecchio ad aria calda 320.6
-, appareil à air chaud 320.6
-, calentador del aire 320.6
-, recuperador de 320.6
-, récupérateur 320.6
-, ricuperatore . 320.6
- stove . . . . 320.6
Whitwellscher Winderhitzer 320.6
Wick . . . . . 184.4
Wickel-feder . 502.5
-hammer . . . 497.7
-rolle . . . . . 498.1
-trommel . . . 498.1
Widening . . . 84.6
Widerlager 298.3, 465.5
Widerstand . . 267.1
-, elektrischer . 267.1

Widerstand-erhitzung 570.5
-fähig . . . . . 885.2
Widerstandfähigkeit 806.9
- gegen Druck und Zerreibung 96.8
Widerstand-heizung 570.5
-kapazität des Gefäßes 261.2
-, magnetischer 92.8
-ofen . . . . . . 570.4
Width . . . . . 57.7
- of scratch . . 54.2
-, specified . . . 87.6
Wieder-anblasen 855.2
-verwendung des gebrauchten Sandes 431.12
Wiege . . . . . 183.3
-gläschen . . . 240.2
-röhrchen . . . 240.3
-stechheber . . 240.4
Wiegen . . . 285.10
Wiesenerz . . . 67.4
Wild steel . . . 10.6
Wilderstahl . . 10.6
Winch . . 464.6, 814.1
Wind . . . . . 850.2
-berechnung . . 850.3
-dicht . . . . . 824.1
-druck . . . . . 165.3
Winderhitzer . 818.4 822.1
-, eiserner . . . 818.5
-, liegender . . 818.6
- mit hängenden Röhren 818.7
- nach Cowper 820.8
-, stehender . . 819.1
-, steinerner . . 820.5
-, Whitwellscher 820.6
Wind, erhitzter 828.11
-form . . . . 298.7.9
-frischen . . . . 887.1
-, heißer . . . 828.11
-, kalter . . . 828.10
-kammer . . . 502.1
-kasten . 894.7, 466.9
- -deckel . . . 894.8
-kessel . . . . . 894.4
- -, Saug- . . . 145.2
-klappe . . . . 821.4
-kranz . . 801.1, 824.4
-leitung . . . . 824.2
- -, Heiß- . . . 800.8
-loch . . . . . 894.5
-menge . . . . 828.7
-messer . . . . 182.2
-öffnung . . . . 895.1
-pfeife . . . . . 439.7
-pressung 828.8, 850.5
-schieber, Kalt- 822.5
-schief . . . . . 534.4
-spannung . . . 828.8
-stock . . . . . 800.9
-strom, gleichmäßiger 828.9
-trocknung . 828.12
Wind-trocknungsverfahren von Gayley 829.2
-verbrauch . . 850.4
-verteilung . . 824.6
-zacken . . . . 864.8
-zuführung . . 894.3
-zylinder . . . 828.3
Wind box . . . 466.9
- furnace . . . 286.1
- pressure . . . 165.3
-, to - a coil . . 535.5
-, - - the core barrel 460.7
Winde, Bau- . . 464.6
-, Dampf- . . . 814.3
- für die Glocke 814.1
-, Glocken- . . . 814.5
-, Hand- . . . . 814.2
-, Rangier- . . . 124.5
-, Verschiebe- . 124.5
Winding . . . . 460.6
- drum . 881.2, 498.1
Windung . . . 51.8
Winkel, Dreh- . 51.3
Winkeleisen . . 19.10 295.4
-, gleichschenkliges 20.1
-, rundkantiges 20.4
-, scharfkantiges 20.5
-, ungleichschenkliges 20.3
Winkel-knopf . 437.6
-lasche . . . . 24.1
-, Stell- . . . . . 40.6
-veränderung . 51.4
-wulsteisen . . 21.5
-zahn . . . . . 519.2
Wipp-brücke . 183.3
-hammer . . . 497.3
Wippe . . . . . 525.2
-, Dach- . . . . 525.2
Wipple hammer 497.3
Wipper, Kreisel- 183.2
Wire . . 27.10.11, 194.7
- brush; cast steel - - with handle 490.11
- - with strap 490.12
- drawing . . . 535.7
- - machine . . 535.8
-, flat . . . . . . 28.4
- gauze . 199.1, 818.2
- mill . . . . . 511.6
-, multiple - system 167.5
- net . . . . . . 201.3
-, neutral . . . 167.7
- pliers . . . . 536.1
- rod . . . . . . 27.12
- rolling . . . . 535.1
- rope . . . . . 881.2
-, third . . . . 167.7
- triangle . . . 198.9
-, two - system 167.4
Wirksam . . . 160.2
Wirkung, Oxydations- 82.2
-, vergasende . 849.2
Wirkungsgrad, elektrolytischer 258.3
-, manometrischer 472.10
-, thermischer . 573.3
Wischer, Röhren- 190.9
Wismut . . . . 219.1
Withdraw, to - the pattern 435.8
-, - - the plug pin 891.8
Withdrawing device 529.5
Witkowitz, forno di torrefazione di 85.4
Witkowitz, four à griller de 85.4
Witkowitz, horno de calcinación de 85.4
Witkowitz roasting furnace 85.4
Witkowitzer Röstofen 85.4
Wobbler 513.7, 520.4
Wohnung, Arbeiter- 151.2
Wolfram . . . 218.3
-, Eisen- . . . . 15.9
-, Ferro- . . . . 15.9
-stahl . . . . . 17.3
Wolle, Asbest- 200.12
-, Schlacken- . 858.9
Wood . . . . . 98.1
- ash liquor . . 431.4
- bundle . . . . 532.9
- construction 151.4
- fired furnace 155.5
- hurdle . . . . 817.1
- wool rope . . 460.8
- screw . . . . 436.2
-, sound . . . . 422.7
- trough . . . . 80.7
Wooden . . . 275.11
Wool . . . . 200.10
Woolff, bottiglia di 188.5
Woolff, flacon de 188.5
Woolff, frasco de 188.5
Woolff's bottle 188.5
Woolffsche Flasche 188.5
Wootz . . . . . 13.3
Wootz, acciaio 13.3
Wootz, acero . 13.3
Wootz, acier . 13.3
Wootzstahl . . 13.3
Work . 303.4.5, 366.9
-, free at -s . . 560.8
-, in . . . . . . 557.1
-, machine . . . 556.5
-, manual . . . 556.4
-, out of . . . 556.11
Working . . . 173.2
- boiler . . . . 153.4
-, cold . . 852.8, 548.6
-, continuous . 844.7
- current . . . 169.2
- down . . . . 411.5
-, endothermic . 353.1
- expenses . . . 563.2
-, fine . . . . . 366.5
- hearth . . . . 569.4
-, hydraulic . . 509.7
- inside the blast furnace 853.4
-, irregular . . 852.8
-, - - of blast furnace 844.5
- (mining) 57.9, 58.1.2.3
-, normal . . . 852.7
- of the blast furnace 822.2, 844.4
- - - puddling furnace 373.6
-, open -s . . . 58.2
- platform . . 293.5 395.6
- pressure . . . 54.9
-, regular - of the furnace 474.10
- room . . . . 175.1
-, safe . . . . . 557.6
- sill . . . . . . 371.1
-, smooth . . . 472.4
- too hot . . . 353.1
- voltage . . . 572.8
- without shocks 472.4
Works drawing 422.11
- laboratory . 174.7
- labour . . . . 556.3
- manager . . 332.4
Workmen's cottage 151.2
- dwelling . . . 151.2
Workshop, mechanical 150.2
Worm gear . 341.10
Worthington, bomba 143.1
Worthington, pompa 143.1
Worthington, pompe 143.1
Worthington pump 143.1
Worthington-pumpe 143.1
Wrackguß . . . 489.1
Wrench, socket 522.1
Wrinkled . . . 47.7
Wrought . . . . 9.4
- iron . 9.4, 25.8, 862.1
- - box . . . . 440.3
- - head . . . . 495.5
- - plate . . . . 25.9
- - ring . . . . 294.6
Wulsteisen . . 21.8
Würfelform . . 96.3
-kohle . . . . . 101.1
-werk der Wärmespeicher 407.8
Wurfsieb . . . 280.5

# Y.

Yacimiento . . 56.1
- de minerales de hierro 56.4
Yeast . . . . . 419.1
Yellowish red . 401.5
Yeso . . . . . . 220.3
Yield 75.6, 108.3, 557.5
Yodo . . . . . 211.7
Yoduro potásico 211.11
Young's modulus 49.9
Yunque . . . 502.10

# Z.

Z-Eisen . . . . 20.6
Z-iron . . . . . 20.6
Zacken . . . . 364.3
-, Arbeits- . . . 364.4
-, Aschen- . . . 364.5
-, Form- . . . . 364.6
-, Gicht- . . . . 364.8
-, Wind- . . . . 364.8
Zackig . . . . . 46.3
Zagel, Eisen- . 18.3
-, Roh- . . . . . 18.3
Zäh . . . . . . . 6.8
-flüssig . . . 356.10
Zähigkeit . . . 49.8
Zählwerk . . . 134.6
Zahlungsbedingung 559.6
Zahn . . . . 518.10
-, aufgegossener 519.1
-kranz, angegossener 393.1
-lückenmodell 455.6
-rad . . . 455.3, 456.4
-räder-durchzugformmaschine 456.3
- -formmaschine 455.2
- - - auf einer Säule 456.5
- - - mit zwei Planscheiben 457.3
- -schabloniermaschine 455.4
-stange . 323.6, 393.2
- - mit Getriebe 323.6
-, Winkel- . . . 519.2
Zaineisen . . . 28.9
Zamarra . 362.3, 366.4
Zängarbeit . . 377.2
Zange . . . . . 372.1
-, Block- . . . . 527.1
-, Feder- . . . . 202.7
-, Kork- . . . . 196.6
-, mit der - erfassen 531.7
-, Natrium- . . 202.6
-, Quecksilber- . 200.6
-, Schmelztiegel- 252.5
-, Zieh- . . . . . 536.1
Zängen . . . . 377.1
Zangenkran . . 526.5
Zapata . . 496.3, 498.2
- de bocarte . 77.6
Zapfen . . . . . 441.9
-, angegossener 294.10
-, Birnen- . . . 392.7
-, hohler . . . . 394.6
-, Kupplungs- . 513.7
-lager . . . . . 521.7
-, Lauf- . . . . 513.6
-reibung . . . . 513.8
Zaun, Bohlen- . 464.7
Zeche, Kohlen- 100.5
Zehnerwage . 134.2
Zeichen, chemisches 226.4
-, Fabrik- . . . 34.10
Zeichnung, Hochofen- 287.6
Zeichnung, Werkstatt- 422.11
Zelle, Ton- . . 266.1
Zellig . . . . . 46.7
Zement, Eisenportland- 359.6
-gärbstahl . . 13.2
-kohle . . . . 215.10
-kupfer . . . . 90.7
-stahl . . . . . 13.1
- -darstellung . 416.3
- -ofen . . . 417.10
-taster . . . . 41.3
Zementier-kiste 416.7
-ofen . . . . . 416.5
- -, englischer . 416.6
-pulver . . . . 418.8
Zementieren . . 416.3
Zementit . . . 283.6
Zentesimalwage 134.3
Zentralrohr . . 313.1
Zentrale, Beleuchtungs- 165.8
-, elektrische . . 165.5
-, Verteilungs- . 165.7
Zentriermaschine 454.6
Zentrifugal-guß 482.7
-pumpe . . . . 143.7
-zerstäuber . . 158.6
Zentrifuge . . . 176.3
Zeppa . . . . 301.10
Zerbrechlich . 459.8
Zerfall . . . . . 253.4
-grad einer Lösung 259.3
-grenze . . . . 253.7
-wärme . . . . 262.6
Zerfallen 263.9, 347.12 359.1
- des Erzes . . 89.4
Zerkleinern . . 76.10
Zerkleinerung . 76.7
- der Masseln . 463.6
-, Fein- . . . . . 76.9
-, Grob- . . . . 76.8
Zerkleinerungsanlage 76.6
-maschine . . . 77.2
-platte . . . . . 229.8
Zerlegbar . . . 469.8
Zerreiben . . . 228.9
Zerreibung . . 96.8
Zerreiß-festigkeit 48.8
-maschine . . . 49.4
-probe . . . . . 49.1
Zerreißen . . . 49.2
Zerrieben . . . 116.7
Zerschlagen . . 463.8
Zersetzen, sich 223.3
Zersetzung . 358.12
- des Kalksteins 349.10
- der Koklenwasserstoffe 105.9
Zersetzungs-kurve 265.1
-potential . . . 265.3
-produkt . . . 348.1
-punkt . . . . . 264.9
-spannung . . . 265.4
-wert . . . . . 264.3
Zerstäuber, Dampfstrahl- 158.2
- für geschlämmte Tonerde 276.11
-, Rohr- . . . . 158.3
-, Schleuder- . . 158.6
-, Schlitz- . . . 158.4
-, Streudrüsen- 158.5
-, Zentrifugal- 158.6
Zerstückelung . 77.1
Zertrümmerung des Kerns 459.7
Ziegel . . . . . 407.9
-, Dinas- . . . . 115.1
-, Erz- . . . . . 95.10
-form . . . . . 96.2
-, hochkantig stehender 321.10
-, Kohlenstoff- 117.10
-mauerwerk . . 289.4
-, Schlacken- . 358.11
-steinbrocken 112.2
Ziegelung . . . 94.5
Zieh-eisen . . . 536.2
-loch . . . . . 538.4
-öffnung . . . . 87.9
-platte . . . . . 446.4
-schablone . . 446.3
-zange . . . . . 536.1
Ziehen des Erzes 88.5
-, Draht . . . . 535.7
Zinc . . . . . 218.11
- cylinder . . . 266.3
- deposit . . . 361.2
- dust . . . . . 361.3
- gray . . . . . 551.12
- ore, manganiferous 70.6
- ore, siliceous 71.10
-, oxyde of . . 218.12
- plate for cells 266.2
- rod . . . . . 266.4
- silicate . . . 361.13
- white . . . . 551.11
Zinc . . . 70.6, 218.11
- carbonaté . . 71.8
- sulfuré . . . . 72.1
Zincare . . . . 554.2
Zincblende . . 72.1
Zincifère . . . 61.3
Zinciferous . . 61.3
Zinco . . 61.3, 218.11
-, liberato dallo 90.9
Zinguer . . . . 554.2
Zink . . . . . 218.11
-blende . . . . 72.1
-erz, Kiesel- . . 71.10
- -, manganhaltiges 70.6
-grau . . . . 551.12
-haltig . . . 61.3, 90.8
-oxyd . . . . 218.12
-platte für Elemente 266.2
-silikat . . . 361.13
-spat . . . . . 71.8
-stab . . . . . 266.4
-staub . . . . . 361.3
-sulfat . . . . . 90.10
-vitriol . . . . 90.10
-weiß . . . . 551.11
-zylinder . . . 266.3
Zinkisch . . . . 361.2
Zinn . . . . . 218.10
-, bleihaltiges . 553.7
-chlorid . . . 208.10
-chlorür . . . . 208.9
-kessel . . . . . 558.6
-, reines . . . 553.11
Zirkel . . . . . 41.4
-, Feinschraub- 41.1
-gußputzbürste 491.3
-, Mikrometer- 41.1
-, Spitz- . . . . 41.4
-, Taster- . . . . 40.9
Zirkulationspumpe 144.1
Zócalo de mamposteria 290.2
Zoccolo della palmola 496.6
- in muratura 290.2
Zolfo . . . . . 216.7
Zona di carburazione 347.3
- - fusione . . 347.4
- - preparazione 346.9
- - riduzione . 347.1
- - riscaldamento 346.9
Zona calentadora previa 346.9
- de carburación 347.3
- - caldeo previo 346.9
- - fusión . . . 347.4
- - reducción . 347.1
Zona mate . . 277.6
Zone, Vorwärme- 346.9
Zone . . . . . 346.9
Zone de carburation 347.3
- - chauffage préalable 346.9
- - fusion . . . 347.4
- - réduction . 347.1
Zorès . . . . . 517.9
Zucker, Blei- . 209.1
Zuflußrohr . . 298.3
-, Wasser- . . . 297.8
Zuführungsrollbahn 525.5
Zug . . . 48.6, 321.2
-, auf - beanspruchen 48.7
-, Fein- . . . . . 536.8
-festigkeit . . . 48.8
-, Grob- . . . . 536.6
-, Kratzen- . . . 536.9
-, Luft- . . . . . 87.4
-, Mittel- . . . . 536.7
-reglung . . . . 417.1
-, Schornstein- . 164.7
-spannung . . 48.9
-stange . 310.6, 373.5
Zugänglich . . 305.5
Zulässig . . . . 32.10
Zündflamme . 360.11
Zunder . . . . 112.5
Zurechtschneiden 533.7
Zurichtungshalle 533.5

Zurück-gehen . 531.9
-walzen . . . . 532.6
-ziehen, die Düsen 348.1
- -, - Nadeln . 391.8
Zusammen-bauen der Form 442.1
-brennen . . 429.11
-fritten . . . 429.11
-gebacken . . . 106.8
-gestellt . . . . 446.1
-leimen . . . . 423.4
-rollen . . . . . 539.3
-schmelzverfahren 413.1
-schrauben . . 442.9
-schweißen . . 378.4
-setzbar . . . . 440.5
-setzung . . . . 356.5
- -, chemische . 225.9
- - der Beschikkung 333.7
-, Gas- . . . . 267.4
Zusammensetzung, molekulare 225.3
-stauchen . . . 53.6
-stellung der Analyse 226.8
-ziehen, sich . . 413.5
423.3
Zusatz-eisen . 473.12
-, oxydierender 250.11
-, Schlacken- . 337.8
-, tropfenweiser 242.8
- von Ferromangan 398.8
Zuschlag-hammer 463.9
-kalkstein . . . 397.9
-, sauerstoffaufnehmender 398.10
Zusetzen von Erzen 250.12
- - Schlacken 251.12
Zustandsgleichung 258.6
Zustellung des Ofens 572.9
-, Masse- . . . 303.5
-, Stein- . . . . 303.4
Zustellungskosten 573.1
Zutat . . . . . 425.9
Zwei-atomig . . 225.1
-leitersystem . 167.4
-malschmelzerei 366.2
-schenkelig . . 320.1
-schiffig . . . . 421.3
-taktmaschine . 327.7
-teilig . . . . . 440.1
-walzwerk . . . 512.6
-walzenständer 521.6
Zwillingsdampfmaschine 326.9
- -pumpe . . . 143.5
Zwillingsdampfmaschine 326.9
Zwischen-boden 505.7
-ring . . . . . . 394.9
-schacht . . . . 304.7
-straße . . . . . 510.3
-strecke . . . . 510.3
-walzwerk . . . 510.3
-wand . . . . 407.10
- -, feste . . . . 441.3
Zwitterion . . . 259.8
Zylinder, Brems- 311.3
-, feststehender 498.5
-, Füll- . . . . . 311.8
-gebläse . . . . 325.6
-, gußeiserner . 312.4
-, Luftpumpen- 501.4
- mit Teilung . 524.2
-ofen . . . . . 367.6
-, Preß- . . . . 121.3
-, Wende- . . . 393.5
Zylindrisch . . 261.8

# АЛФАВИТНЫЙ УКАЗАТЕЛЪ
## для русскаго языка*)

## А.

Абсорпціонная пипетка 270.3
- стклянка . 269.3
-ный аппаратъ 269.2
Аварія . . . 560.12
Автоклавъ . . 179.4
Автоматическій 182.4
Автоматически открываться 815.1
Агатовая опорная призма 237.8
Аггломерація 95.4
Аггрегатъ машинный 170.3
Аддитивный . 278.2
Азбестовый шнуръ 200.10
Азбестъ . . . 200.8
- палладированный 201.5
Азотистосинеродистый титанъ 861.12
Азотная кислота 203.11
Азотнокаліевая соль 419.6
Азотнокобальтовая соль 212.5
Азотнортутная соль закиси 209.5
Азотносеребряная соль 210.1
Азотометръ . 268.5
Азотъ . . . . 221.6
Аккумуляторное помѣщеніе 169.1
Аккумуляторъ 121.8, 266.4
- воздушный 509.1
- гидравлическій съ воздушнымъ резервуаромъ 509.1
- напорной воды 508.3
Аллонжъ . . 190.4
Аллотропическая форма 272.5
Аллотропія . 272.4
Алмазная сталь 13.8
- ступка . . . 229.2
Альбомъ профилей 514.10
Альбуминовая бумага 212.2
Алькоголь . . 212.2
Алюминіевая лодочка для отвѣшиванія 240.1
-вый порошокъ 200.1
Алюминій . . 219.2
- листовой . 199.11
Американскій колошниковый затворъ 811.7
Аммiакъ 103.6, 204.11
Аммiачная вода 108.7
Аммоній молибденокислый 210.8
- роданистый 206.1
- сѣрнистый . 207.5
- сѣрнокислый 108.8
- углекислый 206.8
- уксуснокислый 206.7
- фтористый . 207.4
- хлористый 207.10
Аморфный углеродъ 215.8
Амперметръ . 266.9
Амфиболъ . . 72.7
Анализаторъ для дыма 268.4
Анализъ вѣсовой 223.9
- газа . . . . 267.3
- качественный 223.8
- количественный 223.7
- рѣшающій . 227.5
Анализъ спектральный 400.10
- сухимъ путемъ 224.3
- элементарный 248.6
Аналитическіе вѣсы 236.5
-скій методъ . 223.4
-ское изслѣдованіе газа 267.3
Ангидридъ сѣрный 217.1
- титановый . 219.4
- фосфорный 216.5
Англійскій способъ бессемерованія 395.3
- чугунъ . . 5.9
Анемометръ . 182.2
Аніонъ . . 257.10
Анкерный болтъ 291.3
Антимоній . . 218.8
Антрацитовый 4.2
Антрацитъ . 100.3
Апатитъ . . . 78.2
Апланатичный 279.12
Апохроматическій 280.1
Аппаратъ абсорпціонный 269.2
- для бромированія 221.11
- - газоваго анализа 267.10
- - извлеченія эфиромъ при анализѣ системы Корлейсъ 181.6
- - образованія хлора 221.9
- - опредѣленія точки плавленія 250.5
- - - углекислоты 216.1
Аппаратъ для отмучиванія наждака 275.10
- - полученія плавиковой кислоты 222.2
- - производства газа 268.6
- Киппа . . . 221.5
- освѣтительный 280.7
- перегонный 254.8
- пескоструйный 492.9
- поглощающій 269.2
- Тейссена . 317.7
- титровальный 193.1
- фотографическій 282.1
Ареометръ . 180.2
Арео-пикнометръ системы Эйхгорна 180.3
Арка плоская 290.8
Арматоръ . 561.12
Арматура . . 404.6
- желѣзная сердечника 458.8
- печи . . . . 378.3
- рельсовая . 404.6
Арретиръ . . 288.7
Артезіанскій колодецъ 141.8
Аспираторъ . 182.3
Ассистентъ . 178.5
Атмосфера газовая 87.3
Атмосферный кислородъ 214.6
Атомная цифра 226.5
-ный вѣсъ . 325.4
Атомъ . . . . 224.8
Аустенитъ . . 284.1
Ахроматическій 280.1

*) Алфавитный указатель для нѣмецкаго, англійскаго, французскаго, итальянскаго и испанскаго языковъ см. стр. 574.

# Б.

Баба стальная 465.4
- шаровидная 464.2
Бадья . . . . 311.8
Базальтообразный 107.1
Баканъ . . . 550.6
Баклушка . . 443.7
Бакъ напорный, высоко поставленный 145.8
- съ водою . 544.6
Балансиръ . 310.10
- крана . . . 476.6
Балансъ тепловой 345.11
Балда . . . . 463.9
Балка . . . . 20.7
- англійская . 20.10
- желѣзная . 294.1
-, несущая переднюю доску 414.1
- опорная . . 524.6
- сводовая . . 404.1
- стальная . . 403.8
Балки для поддержанія колошниковаго пола 307.8
Баллонъ . . 175.4
Бандажное желѣзо 24.7
-ный станъ . 512.2
Банка освѣтлительная 243.6
Баня водяная 247.7
- воздушная . 233.5
- масляная . 233.4
- паровая . . 248.2
- песчаная . 248.3
Барабанный приборъ 93.9
Барабанъ . . 317.8
- вращающійся 493.2
- - переносный 493.3
- - промывной 80.10
- горизонтальный 341.1
- для окончательной промывки 81.1
- - предварительной промывки 80.11
- - чистки отливокъ 493.2
- дробильный 79.4
- наматывающій 498.1
Барабанъ отдѣлочный 493.2
- переносный отдѣлочный 493.3
- съ насаженными кулаками 496.4
- - - лодыжками 496.4
Баржа . . . . 562.1
Баритовая вода 205.6
Баритъ . . 220.11
Барій . . . . 220.8
- хлористый . 207.6
Бассейнъ для охлажденія воды 148.5
- отсадочный 81.3
- отстойный . 146.9
Батарейный котелъ 154.4
- сосудъ . . . 265.7
Батарея . . . 265.6
- коксовальныхъ печей 103.9
- котловъ . . 154.1
- термоэлектрическая 266.6
Башмакъ . . 77.6
- деревянный кулака 496.6
- - лодыжки . 496.6
- - пальца . . 496.6
- стойки . . . 444.3
Башня водоемная 145.7
- водонапорная 145.7
- запасная для руды 131.3
- охлаждающая 149.2, 149.3
Безвоздушное пространство 469.5
Бездѣйствіе 555.11
Безконечный 340.9
Безменъ . . . 236.3
Безопасность дѣйствія 557.6
Безупречный 490.1
Беккера клапанъ вращающійся 301.11
Белля-Круппа металлъ 5.3
Бензиновая горѣлка 188.6
Бензиновозъ . 124.8
Бензиновый локомотивъ 124.8
Бензолъ . . . 108.9
Бертолетова соль 211.2
Бессемерованіе 396.4
- большое . . 387.5
- малое . . . 387.6
Бессемерованія англійскій способъ 395.3
Бессемеровская мастерская 387.3
Бессемеровскій заводъ 387.3
- процессъ . 396.5
- чугунъ . . 8.1
Бетонная подстилка 289.6
Бетонъ неутрамбованный 290.1
- сыпучій . . 290.1
- утрамбованный 289.8
Бибуса вентиляторъ 472.5
Билетъ автоматическихъ вѣсовъ 134.4
Бимсовое желѣзо 21.3
Бичовка . . . 459.6
Біана газоохладитель 318.1
- промыватель 318.1
Блауофенъ . 286.1
Блескъ желѣзный 66.7
- свинцовый . 71.7
Блуминъ . . 511.4
Блѣдножелтый цвѣтъ 547.6
Бобковая руда 67.5
Боекъ . 502.3, 504.3
- кованый желѣзный 495.5
Бокалъ, употребляемый для демонстрированія реакцій 186.2
Боковое давленіе 515.8
Бокситъ бѣлый 115.9
Болванка 18.4, 485.9
- для прокатки листового желѣза 18.6
Болванка квадратная 18.8
- плоская . . 18.7
- сырая . . . 18.3
Болванъ . . 383.6
Болотистый . 288.9
Болотная руда 167.4
Болтовое соединеніе 293.2
Болтъ анкерный 291.3
- отбойный . 502.6
- соединительный 295.3
- стыковый . 142.9
- фундаментный 291.3
Бомба калориметрическая 110.2
Бористая сталь 17.7
Борнонатріевая соль 211.14
Боровокъ . . 372.2
- восходящій 372.3
- понурый . . 372.4
Боровъ собирательный 164.5
Бородавкообразное выдѣленіе 483.5
Борозда . . . 340.2
Бороздка продольная 460.2
Борозды параллельныя 340.3
Бочка валка 513.5
- вращающаяся 493.2
- - переносная 493.3
Брикетированіе 94.5
Брикетный заводъ 94.6
Брикетъ . . 343.11
- высушенный 95.11
- спекшійся . 96.1
Бромъ . . . . 211.6
Броневая плита 27.3
Бронепрокатный станъ 511.1
Бронзовая фурма 299.1
Брусковое желѣзо 18.10
Брусокъ, предназначенный для испытанія 49.3

Брусъ восьмигранный 377.7
- необработанный 19.4
- опорный . . 524.6
- темпельный 292.3
Бугель для подвѣски ковша 479.2
Будка сторожевая 149.5
Булатъ . . . 18.4
- индійскій . 18.3
Бумага азбестовая 200.11
- альбуминовая 212.2
Бумага гуттаперчевая 197.3
- іодъ-каліевая 213.3
- - -крахмальная 213.4
- карминовая 212.10
- крахмальная 213.2
- куркумовая 212.9
- лакмусовая 212.8
- наждачная . 275.8
- озоновая . 213.1
- пергаментная 201.7
- песчаная . 203.4
- реактивная 212.7
- фенолфталеиновая 212.13
Бумага фильтровальная 244.5
Бунзеновская горѣлка 183.4
- - для ацетилена 183.5
Бунте газовая бюретка 269.5
Бура . . . . 211.14
Бургерса вращающійся клапанъ 323.3
Буртикъ валка 514.6
Бурый . . . 547.8
Бурый съ пурпуровыми пятнами 547.9
Бусъ . . . . 62.9
Бутыль свинцовая 199.5
Буферная рессора 25.2
Буферъ . . . 25.3
- эластичный 502.3
Бѣгуны въ рудной мельницѣ 78.2
Бѣлила свинцовыя 551.10
- цинковыя 551.11
Бюгель . . . 301.9
Бюретка . . . 192.2
- газовая . . 269.4
- - Бунте . . 269.5

## В.

Вагонетка, автоматически разгружающаяся 128.4
- для перевозки руды 138.2
- четырехсторонняя воронкообразная 105.2
Вагонная рессора 25.1
-ные вѣсы . 134.1
-ный опрокидыватель 132.6
- паркъ . . . 125.1
Вагончикъ быстроразгружающійся подвѣсный 128.6
- для перевозки руды 138.2
- саморазгружающійся подвѣсный 128.2
- четырехугольный воронкообразной формы 105.2
Вагонъ для откатки шлаковъ 338.5
- для уборки чугуна 341.5
- - - шлаковъ 338.5
- закрытый . 125.3
- открытый . 125.2
- саморазгрузочный 128.4
- съ литейнымъ ковшемъ 477.1
Вагранка . . 478.4
Вагранка Айэрленда 468.5
- Кригара . . 4691
- литейная . 466.6
- малая . . . 469.6
- со всасываніемъ воздуха 469.2
- съ передовымъ горномъ 468.6
Вадъ . . . . 89.8
Вакуумметръ 178.7
Ваккуумъ-аппаратъ 183.1
- -сушильня . 232.2
- -эксикаторъ 232.1
Валки . . . . 512.5
- для прокатки листовъ 532.10
- - - проволоки 535.1
Валокъ, быстро бѣгающій 535.4
- верхній . . 512.8
- - уравновѣшенный 523.6
- желобчатый 539.1
- листовой . . 514.1
- неподвижный нижній 523.5
- нижній . . 513.1
- - безъ подъема 523.5
- обжимной 518.11
- отдѣлочный 518.10
- подготовительный 518.9
-, получающій движеніе 518.3
- средній . . 512.9
- ступенчатый 518.6
Валокъ съ измѣняющейся окружной скоростью въ зависимости отъ діаметра 537.8
- холостой . . 518.4
- черновой . 518.9
- шестеренный 519.4
- - пустотный 519.5
- эксцентричный 538.2
Валъ гибкій . 492.8
- главный вертикальный 78.4
- калиброванный 514.4
- поршня . . 470.6
- приводный . 518.9
Вальцовая мельница 77.9
- рудодробилка 77.8
Ванадіевая сталь 17.6
Ванадіевое желѣзо 16.1
Ванадій . . . 219.5
Ванна для охлажденія 544.5
- кислотная 498.10
- масляная . 548.4
- металлическая 375.8
- ртутная . . 200.5
- свинцовая . 548.5
- фарфоровая 193.5
- чугуна 375.8, 395.10
- шлаковая . 370.3
Вантузъ . . . 145.5
Ватерпасъ . . 435.5
Вбивать . . 433.11
Ввальцевать 35.10
Вдавить при прокаткѣ 35.10
Вдавливанія способъ 54.4
Вдвиганіе слитковъ 529.4
Веденіе доменной печи 382.2
- процесса . . 395.5
Величина емкости 257.4
- загиба . . . 48.7
- зеренъ . . . 231.3
- кусковъ угля 100.8
- напряженія 257.3
- предѣльная 32.8
- разложенія 264.4
Величиною съ грецкій орѣхъ 231.6
- - кулакъ . 231.4
- - орѣшекъ . 231.7
- - яйцо . . . 231.5
Венииса . . . 72.8
Вентиляторъ Бибуса 472.5
- винтовой высокаго давленія 471.9
- дымовой трубы 164.8
- коробчатый 471.7
- - высокаго давленія 472.7
- Лемана . . 471.7
- Мартина . . 472.7
- прецизіонный 471.2
- Рута . . . . 471.1

Вентиляторъ съ вращающимся поршнемъ 471.1
- - вращающимися поршнями 472.5
- центробѣжный 317.6, 470.2
- Эмке . . . . 471.3
Вертикальный 394.1
Вертушка дымовой трубы 164.8
Верхъ станины 521.2
Вестмана обжигательная газовая печь 85.2
Ветхій . . . . 355.5
Вещества животныя 418.11
- обжигаемыя 82.6
Вещество . . 274.7
- вяжущее . 426.2
- для чистки 491.7
- - шлифовки 275.7
- независимое 274.7
- нейтральное 242.4
- обуглероживающее 398.7
- окисляющее 415.5
- органическое 427.6
- осаждающее 147.6
- связующее . 95.5 426.2
- - глинистое 95.5
-, уменьшающее пластичность глины 382.8
Взбалчиваніе 80.4
Взвѣшеніе . 235.10
Взвѣшиваніе 235.10
Взвѣшивать 238.10
Взрывъ газа 353.8
Взятіе пробы 227.9
- - на уменьшеніе 228.1
Взять пробу газа 209.1
- газовую пробу 269.1
Вивіанитъ . . 68.7
Видоизмѣненія процесса 412.7
Видъ пламени 399.10
- шлака . . . 375.1
Вилка . . . . 436.9
Вилообразный литникъ 443.9
Вилы для переноски 478.5
- - сортировки кокса 473.8
Винная кислота 419.10
Винтовая лерка 39.3
Винтовой вентиляторъ высокаго давленія 471.9
- калибръ . . 39.3
- прессъ . . 504.10
- транспортеръ 139.7
Винтъ для дерева 436.2
- зажимной . 323.4
- микрометрическій 39.4
- нажимной . 521.8
- транспортный 139.7
Вирировать 282.11
Висмутъ . . . 219.1
Висячій . . . 566.8
Витвелля воздухонагрѣватель 320.6
Витериля рудоотдѣлитель 94.4
Витковицкая обжигательная печь 85.4
Витокъ . . . 51.8
Вкладышъ . 371.2
- для цапфы 521.7
Включеніе . . 71.3
Включенный 484.7
Вкрапленный 71.4
Вкраплина . 71.3
Влажность воздуха 267.8, 329.3
Вліяніе атмосферное 118.4
- мороза . . . 118.6
- на растворимость 258.10
Вмѣстимость 344.9
Внезапный . 118.7
Вода аммiачная 108.7
- баритовая . 205.6
- гигроскопическая 203.7
- гидратная . 203.8
- грунтовая . 141.1
- дестилированная 203.6
- известковая 205.5 341.3, 545.11
- натуральная 146.6
- неочищенная 146.6
- охлаждающая 297.10
- очищенная 146.7
- подкисленная 545.9
- подогрѣтая 297.11
- подпочвенная 289.1
Вода почвенная 141.1
- химически связанная 203.8
Водить въ водѣ 544.4
Водка царская 204.3
Водная окись желѣза 66.11
-ный силикатъ глинозема 115.12
Вододѣйствующая воздуходувная машина 325.10
Водоемъ . . . 145.6
- общій . . . 316.2
Водозабирная труба 141.3
Водомѣръ . . 146.4
Водонапорная башня 145.7
- труба . . . 485.2
-ный насосъ 509.6
- каналъ . . 485.2
Водообращеніе замкнутое 148.2
Водоотводная труба 297.7, 369.8
Водоочищеніе 146.5
Водопроводная труба 297.8
Водопроводъ 144.6
Водородъ . . 221.4
- сѣрнистый . 204.8
Водоснабженіе 140.1
Водостолбовой подъемникъ 330.6
Водотрубный котелъ 155.3
Водяная баня 247.7
- проба . . . 54.6
- сила . . . . 167.8
Водяное охлажденіе 296.5
Водяной затворъ 313.4
- паръ . . . . 360.5
- столбъ . . . 473.1
Водяные вѣсы 182.6, 330.4
Возгонка . . 256.7
Возгонять . . 256.8
Воздуходувка 469.9
- вертикальная 326.2
- вододѣйствующая 325.10
- высокаго давленія 470.1
- горизонтальная съ однимъ шатуномъ 326.7
Воздуходувка кливлендская съ однимъ шатуномъ 326.6
- паровая . . 325.10
- пароструйная 469.10
-, приводимая въ движеніе газовымъ двигателемъ 327.5
-, - - - отъ электрическаго двигателя 328.2
-, - - - турбиной 327.4
- съ балансиромъ 326.1
- цилиндрическая 325.6
Воздуходувки 325.3
Воздуходувная машина см. воздуходувка
Воздуходувный мѣхъ 251.5
- цилиндръ . 325.3
Воздухонагрѣватель 318.4
- Витвелля . 320.6
- каменный . 320.5
- Коупера . . 320.8
- съ вертикальными трубами 319.1
- - висячими трубами 318.7
- - лежачими трубами 318.6
- - чугунными трубами 318.5
Воздухонепроницаемый 324.1
Воздухоподводящій рукавъ 301.1
Воздухопроводъ 324.2
- главный . . 324.3
Воздухъ . . . 287.7
- всасываемый 469.3
- въ сердечникѣ 459.4
- - стержнѣ . 459.4
- - шишкѣ . 459.4
- для сгоранія 408.2
Воздушная баня 235.5
- камера . . . 502.1
- коробка . 394.4.7
- линія . . . 171.4
- проводка . . 171.4
- тяга . . . . 87.4
Воздушное охлажденіе 296.6

Воздушной сушки 422.10
Воздушно-сухое 422.10
Воздушносухой 231.10
Воздушный каналъ 408.8
- клапанъ 145.5 406.7, 508.6
- колпакъ всасыванія 145.2
- - нагнетанія 145.5
- насосъ 178.2
- пирометръ 351.8
Вознагражденіе 227.7
Возстановимая трудно руда 62.5
Возстановимость легкая 62.4
- трудная 62.6
Возстановимый легко 62.3
Возстановленіе испорченной стали 549.2
- косвенное 347.8
- непосредственное 347.7
- непрямое 347.8
- прямое 347.7
Возстановляемость легкая 62.4
- трудная 62.6
Возстановлять 250.9, 347.9
Войлочная обшивка 470.8
Волнистый 534.7
Волокнистый 58.7
Волокно 379.3
-, съ прямыми волокнами 422.8
Волосъ коровій 429.2
Волоченіе окончательное 536.8
- предварительное 536.6
- проволоки 535.7
- промежуточное 536.7
Волочильная плита 446.4
-ный станокъ 535.8 536.5
- шаблонъ 446.3
Волюметръ газовой 271.7
Вольтаметръ 266.8
Вольфрамистая сталь 17.3
Вольфрамъ 218.3
Воронить 552.4
Воронка 310.1, 246.5
- для горячаго фильтрованія 178.9
- - горячей воды 176.6
- - загрузки 131.2
- - засыпки извести 388.7
- угля 157.3
- дѣлительная 188.3
- капельная 188.2
- мѣшалки 119.7
- Парри 310.4
- предохранительная 248.1
- трубчатая 444.2
- фарфоровая 193.4
- фильтровальная 245.3
- экстракціонная 179.8
Воронкообразный 105.2
Воротъ для колокола 314.1
- паровой 314.3
- ручной 314.2
- сложный 464.6
Вортингтона паровой насосъ 143.1
Восковая модель 424.12
-вой фитиль 459.5
Воскъ 546.10
Восьмигранный 377.7
Восьмиугольный 290.5
Впитывать влагу 118.5
Впускной жолобъ 395.8
Вращеніе въ противоположную сторону 532.3
Вращаться при холостомъ ходѣ 530.11
Вращающійся 95.3 535.10
Вращеніе конвертера 392.4
- реторты 392.4
Вредный 71.5
Вредъ, приносимый пылью 468.4
-, причиняемый дымомъ 561.1
Временный 551.3
Всасываемый воздухъ 469.3
Всасыванія сторона 471.4
Всасывающая сѣтка 140.8
- труба 145.1
Всасывающій клапанъ 142.3
- насосъ 245.7
- трубопроводъ 144.7
Вскипать 241.5
Вставка 253.1
- для водяной бани 247.8
- днища 392.1
- фарфоровая 194.2
Вставленный 296.8
Вставное кольцо для водяной бани 247.9
Втулка муфты 519.10
- нажимная сальника 507.4
- огнеупорная 480.4
- - обожженная 480.8
- шишечная 459.3
Вульфова стклянка 188.4
Вутца сталь 18.3
Выборъ движущей силы 108.1
- образцовъ 33.1
- рабочей силы 108.1
Выбрасываніе искръ 306.9
Выбросы 397.3
- металла изъ конвертера 112.6
- - - реторты 112.6
Вывѣтриваніе 63.9 89.7
Вывѣтрѣлый 59.4 64.1
Выгребаніе руды 88.5
Выгребная руда 88.6
-ное отверстіе 87.9
Выгрузка 121.9, 123.4
- пути съ обѣихъ сторонъ 128.5
Выдавить слитокъ изъ изложницы 526.4
Выдача 100.4
Выдвижная дверка 236.9
-ное дно 105.3
Выдувка 355.3
Выдуть 355.4
Выдѣленіе 357.7
- бородавкообразное 483.5
- графита 214.12
- желѣза 432.6
Выдѣленіе кислорода 375.4
- комковатое 483.5
- летучихъ веществъ 81.7
- - соединеній 250.7
- примѣсей 147.5
- соединеній желѣза 147.9
- сѣры 82.4
- углекислоты 81.8
- углерода 348.8
- - окончательное 397.5
- фосфора 376.12 398.3
Выдѣлить газъ 253.10
Выдѣлять сплавы 483.9
Выемка 121.9, 504.4
Выкатать 529.7
Выкладка печи 83.9
Выкачать 485.1
Выковать 52.6
Выкопать 438.8
Выкружка 423.7
- кожаная 423.8
Выламывать 343.2
Вылить 341.9
Вымораживаніе рудъ 89.8
Выниманіе слитковъ 529.5
Вынимать 343.2
Вынуть модель 435.8
- стержни 391.8
Выпаривательная колба 247.6
- кострюля 247.4
- чашка 247.5
Выпаривать 247.3
Выпарить досуха 246.9
Выправить листы 534.6
Выправленный въ валкахъ 534.3
Выпрямить 534.1
Выпуклый 504.2
Выпускное окно 388.5
- отверстіе 300.4
- - забить 342.4
Выпускной каналъ 499.5
- патрубокъ 480.7
Выпускъ забить 342.4
- изъ доменной печи 338.1
- сдѣлать 338.9
- шлаковъ и чугуна 299.5

Выпускъ шлаковый 300.13
Выпустить . 338.6
Выравниваніе давленія 473.2
Выравнивать 503.7
Вырастаніе желѣза 482.9
Вырубить зубиломъ 84.4
Высасывать изъ печи 360.7
Выскребать . 354.2
Высосать . . 485.1
- воздухъ . . 470.4
Высота горна 295.8
- заплечиковъ 302.5
- подъема . . 464.5
- расположенія 531.10
- хода . . . . 502.7
Выстругать . 34.3
Выступъ на валкѣ 534.10
- формы . . . 436.6
Высушенный 95.11 383.10
- въ эксикаторѣ 231.11
Высушить . . 336.3
Выталкиватель 529.5
Вытеканіе воздуха 439.8
Вытекать . . 385.4
Вытягиваніе . 530.6
- частей модели 450.4
Вытягивать . 530.5
Вытяжная плита 451.2
-ное кольцо . 451.3
-ной шкафъ . 175.2
Выходъ . . . 75.6
- чугуна изъ шихты 345.3
Вычетъ въ цѣнѣ за большее содержаніе кремнекислоты, фосфора и сѣры 65.9
Вычисленіе количества дутья 350.3
Выщелачиваніе 89.6
Выщелочить водою 248.5
Вѣдомость грузовая 560.4
Вѣса одинаковаго 75.5
- равнаго . . 75.5
Вѣсовая . . . 176.7
-вое отношеніе 334.5
-вой анализъ 223.9
Вѣсъ атомный 225.4
- брутто . . . 134.8
- граммъ-молекулы 225.7
- молекулярный 225.6
- недостающій 560.1
- нетто . . . 134.9
- нормальный 135.4
-, принимаемый въ расчетъ 559.10
- садки . . . 409.8
- соединенія . 226.6
- средній . . 135.5 334.11
- тара . . . . 135.1
- теоретическій 135.2
- химически эквивалентный 257.6
Вѣсы . . . . 132.5
- автоматическіе 236.4
- аналитическіе 236.5
- водяные 182.6, 330.4
- газовые . . 271.6
- гидростатическіе 180.4
- десятичные 134.2
- мостовые . 132.6
- приходятъ въ равновѣсіе 135.7
- пробирные . 236.7
- ручные . . 236.2
- сотенные . 134.3
- столовые . 236.1
- съ коромысломъ 235.11
- - помостомъ 132.6
- - чашками 235.11
- точные . . 236.6
Вяжущая способность 428.1
Вязальная проволока 460.5
Вязкій . . 6.8, 49.10 356.10
Вязкость . . 49.8

## Г.

Габбро . . . 111.5
Гавань для погрузки 561.10
Газеификація 405.4
- твердаго горючаго 349.1
Газовая атмосфера 87.3
- закалочная печь 541.1
- кухня . . . 184.9
- муфельная печь 542.1
- смѣсь . . . 350.1
- топка . . . 87.1
Газовики . . 404.7
Газовикъ двойной 405.3
- Диффа . . . 405.1
- Моргана . . 405.2
- Сименса . . 404.8
- со ступенчатой топкой 404.9
Газовыдѣленіе 258.11
Газовый каналъ 408.7
- - вертикальный 408.6
- кипятильникъ 184.9
Газовый клапанъ 313.10, 323.1 406.5
- пузырь . . 484.2
- уголь . . . 100.1
Газодинамо . 170.8
Газокалильный свѣтъ 281.1
Газометръ . . 271.4
Газообразные продукты обжига 87.2
Газообразованіе 258.8, 349.2
- непрерывное 405.5
- постоянное 405.5
Газоотводная труба 312.9, 313.7, 467.5
- - общая . 318.9
- - центральная 313.1
Газоотводъ 312.8 314.7
Газоохладитель Біана 318.1
Газоочиститель 315.9
Газоподводная капилярная трубка 270.6
Газопроводъ . 406.3
Газопромыватель 317.4
Газопроницаемость 425.7
Газораздѣлительная трубка 270.9
Газособирательная трубка 271.1
Газособиратель 271.3
Газоуловитель кольцевой 312.3
- Лангена . . 313.6
- Парри . . . 310.4
- Фабра-дю-Фора 311.9
- фонъ-Гофа . 312.1
Газъ включенный 484.7
- гремучій . . 343.8
- коксовальныхъ печей 108.5
- колошниковый 359.11
- образовать . 253.9
- подогрѣтый горючій 408.3
- свѣтильный 418.2
- сжатый . . 267.6
- смолистый . 405.6
-, содержащій смолу 405.6
Газъ улетучивающійся 484.5
- этиленовый 418.3
Галмей . . . 71.9
- кремнекислый 71.10
Ганистеръ . . 114.8
Гарантія . . 30.3
Гарденитъ . . 284.2
Гаусманитъ . 70.3
Гашеніе кокса 106.9
Геликоидальная косая прокатка по Маннесману 537.7
Гельбергера печь 570.7
Гематитъ 6.2, 66.8
Генераторъ двойной 405.3
- Диффа . . . 405.1
- Моргана . 405.2
- Сименса . . 404.8
- со ступенчатой топкой 404.9
Генераторы . 404.7
Геру печь для полученія чугуна 571.5
Гіорта печь . 568.5
Гибкій . 42.4, 492.3

Гигрометръ . 180.7
Гигроскопическая вода 208.7
Гидравлическій 465.2, 533.8
- аккумуляторъ 508.8
- ковочный прессъ 505.4
- молотъ . . 495.2
- подъемникъ 380.6
- прессъ для кирпичей 120.6
- тормазъ . . 811.1
- цилиндръ . 393.5
Гидравлическое испытаніе 54.6
Гидрантъ . . 146.3
Гидратная вода 203.8
Гидратъ окиси желѣза 66.10
- - калія . 204.12
- - натрія . . 205.1
Гидрокислый іонъ 262.3
Гидролизъ . 263.10
Гидропневматическій аккумуляторъ 509.1
Гидростатическіе вѣсы 180.4
Гильза экстракціонная 179.7
Гипсъ . 208.1, 220.3
Гиря . . . . 464.2
Гистерезисъ . 278.1
Гейлея способъ сушки воздуха 329.2
Гладилка полировальная S-образная 487.4
- съ рукояткой 487.2
- фасонная 487.3.8
Глазъ фурмы 298.8 299.2
Глина . 427.10, 428.8
- желѣзистая 113.5
- жирная 116.10, 428.4
- красноватая 116.4
- метаморфированная 116.6
- молодая . . 116.2
- негодная . . 116.9
- обожженная 116.8
- огнеупорная 115.11
- осажденная 116.2
- отмученная 116.2
- пластичная 428.2
- растертая . 116.7
- сланцеватая 116.5
- сѣрая . . . 116.3
- тощая . . . 428.3
- фарфоровая 116.13
Глинистая примѣсь 426.3
Глинистый . 59.6
- желѣзнякъ 68.8
- - желтый . 63.7
- сланецъ . . 112.1
Глиноземистый 357.13
Глиноземъ . 220.7 276.9
- отмученный 276.10
Глиномялка . 438.5
Глиняная отливка 487.6
- пластинка . 249.7
- плита . . . 439.6
Глиняный кирпичъ 429.7
- пористый сосудъ 266.1
- тигель . . . 382.7
- фильтръ . . 175.6
Глубина ванны 369.11
- закалки . . 420.4
- отливки . . 439.2
Глыба шлака 356.2
Глядѣлка 88.1, 298.4
Гнуть . . . . 42.8
Годъ . . . . 84.12
Голова красная стеклянная 66.5
Головка 22.5, 403.5 522.10
- коромысла . 410.3
- лотка . . . 411.1
- молота . . . 502.5
- печи . . . . 413.9
- станины . . 521.2
- шарообразная 520.2
Головчатое желѣзо 21.3
Голубой . . 547.11
Гончарный станокъ 383.1
Горизонтальный 394.2
Горизонтъ воздушныхъ фурмъ 298.7
- засыпи . . 307.4
Горло конвертера 389.9
- реторты . . 389.9
Горнъ . 291.6, 295.6
- кричный закрытый 363.10
- - открытый 363.9
- - современный 364.1
- кузнечный для закалки 540.2
- нижній . . 291.5
- опорожнить 342.1
- передній . . 291.5
Горнъ передовой 468.9
- сварочный . 378.5
- сыродутный 362.2
- тигельный . 384.4
- электрическій Гронваля, Линдблада и Стальгана
Горшокъ для прокаливанія 415.2
Горѣлка 183.3, 542.2
- бензиновая 183.6
- бунзеновская 183.4
- - для ацетилена 183.5
- для масляпаго газа 183.8
- разрѣзная . 159.2
- системы Теклю 183.7
- съ дутьемъ 343.9
- - метловиднымъ пламенемъ 159.1
Горѣлое желѣзо 415.7
Горѣніе . . . 118.8
- полное 87.6, 248.8
Горѣнія время 86.6
Горючее, дающее пламя 336.8
- обугленное 337.2
Горючій . . . 360.2
- матеріалъ обугленный 337.2
Горячій . 4.5, 328.10 474.8, 475.2
Готовый къ анализу 234.5
Гофъ, фонъ-Гофа газоуловитель 312.1
Градирня 148.6, 149.2
Градуированная измѣрительная трубка 269.6
- пипетка . . 191.4
Граммолекула 225.5 260.6
Граммъ-іонъ . 260.7
- -эквивалентъ 260.2
Гранатъ 72.8, 239.5
Гранитъ . . . 111.7
Гранулированный 359.4
Гранулировать 359.3
Грануляція . 359.2
Гратъ . . . . 489.7
Графита не содержащій 215.3
Графитистый сильно 215.4
Графитный пирометръ 351.7
Графитовая пыль 430.3
-вый тигель 382.5
Графитъ . . 214.11
- отмученный 430.9
- ретортный 117.11
- содержащій 215.2
- очищенный 382.6
Гремучій газъ 348.8
Гроздеобразное образованіе 107.2
Громоздкій . 463.11
Громоотводъ 165.2
Грохотъ . . . 230.5
- съ крупными отверстіями 230.6
- - мелкими отверстіями 230.7
Грохоченіе 229.10
- сухое . . . 230.1
Грохоченный коксъ 107.11
Грузовая вѣдомость 560.4
-вой резервуаръ 508.4
Грузчикъ руды 332.9
Грузъ натяжной 187.3
- полезный . 134.7
- придавливающій 442.11
Грунтовая вода 289.1
Грунтовка . . 551.6
Грунтъ болотистый 288.9
- ненадежный строительный 288.7
- прочный . . 288.8
- скалистый 288.10
Группа линій 401.4
Грушевидный 539.2
Грязь угольная 101.8
Губка . . . . 107.7
Губчатое желѣзо 347.11, 361.8
Губчатый 107.8, 376.8
- металлъ . 347.11
Губы сгибающаго пресса 48.10
Гусаръ . . . 239.8
Густой . . 474.11
Гуттаперчевая бумага 197.3
- стклянка . 197.4
-выя принадлежности 197.2
Гуна тигель 246.3
Гюттера колоколъ 407.2

# Д.

Давать брызги 482.1
- усадку . . . 423.3
Давленіе атмосферное 267.9
- боковое . . 515.8
- валковъ . . 530.7
- внутреннее 258.8
- воды . . . . 314.4
- воздуха . . 267.9
- -, вдуваемаго въ печь 328.8
- высокое . . 120.8
- вѣтра . . . 165.3
- дутья . . . 350.5
- жидкости . 54.7 507.8
- кладки заплечиковъ 303.3
- наивысшее 472.9
- низкое . . . 120.7
- нормальное 515.7
- осмотическое 258.7
- пробное . . 54.8
- рабочее 54.9, 507.9
- радіальное . 530.8
- ферростатическое 485.5
Давить . . . 425.4
Даніэля кранъ 252.1
Данныя анализа 226.9
Дать течь . . 385.3
Дверка . . . 131.4
- выдвижная 236.9
Дверца топочная загрузочной камеры 161.8
Дверцы коксовальной печи 104.5
- люка для чистки 163.3
Двигатель . . 168.3 326.8
- двухтактный 327.7
- четырехтактный 327.6
Движеніе балансира 310.11
- валковъ . 530.10
- вращательное 393.7
Дворницкая . 149.5
Дворъ доменный 340.1
- литейный . 340.1
Двукремнеземикъ 356.9
Двуокись марганца 217.4
- свинца . . 210.10
Двупроводная система 167.4
Двусварочный 13.2
Двутавровое желѣзо 20.9
Двууглекислый натръ 205.10
Двуугленатріевая соль 205.10
Двухатомная молекула 225.1
Двухколѣнная труба 320.1
Двухколѣнчатая труба 320.1
Двухопорный клапанъ 407.3
Двухромовокаліевая соль 206.5
Двухромовокислый калій 206.5
Деготь . . . 95.9
Дезинтеграторъ центробѣжный 79.4
Декантировать 243.8
Депрессія воздуха 469.4
Дерби труба 312.10
Дерево . . . 98.1
- здоровое . . 422.7
Деревянный . 440.4
Державка шаблона 445.4
Держатель шаблона 455.5
Держать на парахъ 354.8
Дерновая руда 67.4
Дестилированная вода 203.6
Дестиллятъ . 254.1
Десятичные вѣсы 134.2
Дефосфоризація 398.3
Дефосфорированный 5.3
- чугунъ . . 5.3
Динамо . . . 169.6
Динамомашина 169.6
Динамомашинное отдѣленіе 168.8
Динасъ кирпичъ 115.1
Директоръ доменнаго завода 332.3
Дирекція . . 149.7
Дисковая щетка для чистки отливокъ 491.3
Дисковый волочильный станокъ 535.9
- компенсаторъ 324.8
- поршень . . 506.3
Дискъ . . . . 519.3
- глиняный приготовить 461.1
- деревянный 275.11
- опорный для тягового каната 187.2
- съ насаженными пальцами 496.4
- чугунный . 523.5
Джверса колодецъ 527.6
Диссоціаціи постоянная 260.5
Диссоціація . 258.5
- электролитическая 258.4
Диссоціировать 263.9
Диффа генераторъ 405.1
Діабазъ . . . 111.6
Діаграмма застыванія 274.2
Діамагнитный 91.7
Діаметръ горна 295.7
- печи . . . . 288.2
Діафрагма . . 281.6
Длина предписанная 37.2
- согласно предписанію 37.2
- точная . . . 37.3
Длиннопламенный 99.1
Длинноплечій 238.5
Днище . . . 390.7
- откидное . . 467.3
- отъемное . 390.8
- - коническое 390.9
- промежуточное 505.7
- съ соплами 390.10 391.1
Дно бѣгунной чаши 78.3
- выдвижное 105.3
Доброкачественность 32.2
Добываніе воды 140.8
- газа . . . 359.12
- грунтовой воды 141.1
- необходимой руды 558.3
Добыча необходимой руды 558.3
- газа . . . . 103.3
- на рудникахъ 100.4
Добычи система 57.9
Доводить . . 363.3
Договоръ письменный на поставку руды 65.3
Доказательство 224.5
Докатать . . 529.9
Доломитовая масса 117.7
- мука . . . . 117.8
Доломитовый заводъ 118.2
- кирпичъ . . 117.6
- порошокъ . 117.8
Доломитообжигательная печь 119.1
Доломитъ . . 111.3
- сырой . . . 117.5
Доменная печь см. печь доменная
- плавка . . . 336.2
Доменное производство 332.2
Доменные шлаки, обработанные паромъ 95.7
Доменный дворъ 340.1
- заводъ . . . 285.1
- мастеръ . . 332.6
- процессъ . 344.3
- рабочій . . 332.8
- сокъ . . . 355.10
- шлакъ . . 355.10
Домна со свободностоящей махтой 287.3
- Стассано . . 571.3
Домница . . 363.1
Дополнить . 337.10

Доппель-дуо-станъ 513.2
Дорога канатная 135.9
- -, ведущая на колошникъ 331.8
- - воздушная 135.11
- канатно-проволочная 135.11
- проволочно-канатная 135.9
- сортировочная канатная 124.4
- узкоколейная 123.11
- цѣпная . 135.10
- ширококолейная 123.10
Доска желѣзная правильная 534.8
- задняя 364.5, 414.2
- модельная вращающаяся 449.5
- направляющая 524.7
- передняя . 364.4 413.11
- подмодельная 489.11
- полировальная 276.3
- пріемная . . 524.5
- противофурменная 364.8
- распредѣлительная 171.2
- соковая 292.9, 364.4
- хвостовая . 364.5
Доска фурменная 364.6
Доски, ограничивающія рабочее пространство 364.3
Доставка . . 100.4
- къ колошнику 86.1
- плавильныхъ матеріаловъ 333.5
- рудъ на дневную поверхность 58.5
- угля . . . . 159.4
Доступный . 403.7
Доступъ воздуха 337.12
Досыпать . 337.10
Дощечка калиберная для измѣренія толщины листовъ 40.2
- полировальная 339.8, 437.7
Драгированіе 58.3
Древесноугольная доменная печь 285.2
- куча . . . 98.4
- пыль . 98.3, 430.1
Древесно-угольный 4.1
Древесный уголь 98.2
- - мелкій . . 98.3
Дробилка . . 78.8
- гидравлическая для свинокъ 465.2
Дробилка для свинокъ 464.9
- - штыковъ . 464.9
- неподвижная для свинокъ 464.10
- - - - штыковъ 464.10
- подвижная для свинокъ 465.1
- трубчатая . 79.3
Дробильная мельница съ бѣгунами 78.1
- установка . 76.6
- ный барабанъ 79.4
Дробить 76.10, 359.3 463.7
Дробленіе 76.7, 359.2
- крупное . . 76.8
- мелкое . . 76.9
- чугунныхъ свинокъ 463.6
- - штыковъ . 463.6
Дробленый . 359.4
Дробь для тарированія 289.6
-, служащая для чистки отливокъ 491.8
Дрова . . . . 337.6
Дрожжи пивныя 419.1
Друза . . . . 482.4
Друммондовъ свѣтъ . . 280.13
Дубильная корка 429.5
Дуга круга . 514.12
Дуговая лампа 172.1
Дуо-станъ . . 512.6
- - двойной . 513.2
Дутье 351.3, 350.2, 396.3
- горячее . 328.11
- гремучимъ газомъ 251.7
- ножнымъ мѣхомъ 251.4
- подъ полнымъ давленіемъ 338.7
- полное . . . 338.7
- равномѣрное 328.9
- холодное . 328.10
Духовая фурма 298.9
Духомѣръ пружинный 350.11
- ртутный . . 350.9
Душъ . . . . 151.1
Душь . . . . 181.1
Дымовая труба 164.6, 372.9
Дымовой каналъ 85.8, 417.4
Дымоходъ . . 104.2
Дымъ бурый 400.7
Дыромѣръ . 89.8
Дѣйствіе напорной водой 509.7
- непрерывное 344.7
- окисляющее 82.2
- полезное тока 258.3
Дѣйствія двойного 328.1
- простого . . 327.8
Дѣлительная воронка 188.3

## Е.

Елочный кристаллъ 214.4
Емкость . . . 125.5
- полиризаціи 264.4
Емкость полиризаціонная 264.4

## Ж.

Жалованіе .. 503.4
Жаръ калильный 86.10
- плавильный 474.2
Жгутъ плетеный соломенный 444.6
Желвакообразный бурый желѣзнякъ 67.1
Желвакъ . . 504.1
Желобчатый 539.1
- лотокъ . . 139.6
Желѣза сортъ 17.11
Желѣзистая настыль 361.8
Желѣзистый 113.5
Желѣзная балка 294.1
- конструкція 151.3
- одежда . . 83.8
- оковка . . . 24.9
- охра . . . 551.13
Желѣзная руда см. руда желѣзная
- слюдка . . 66.6
- труба . . . 537.5
Желѣзное кольцо подъ шахтой 294.3
Желѣзный . 23.1
Желѣзный блескъ 66.7
- кожухъ . . 83.8
- колчеданъ . 69.4
- кронштейнъ 307.9
- листъ . 25.6, 295.1
- обручъ . . 295.5
- рудникъ . . 57.8
- складъ . . . 130.5
Желѣзнякъ бурый 66.11
- - желвакообразный 67.1
- глинистый . 68.8
- желтый глинистый 68.7
Желѣзнякъ красный 66.4
- магнитный . 67.9
- оолитоваго строенія 67.3
- оолитовый бурый 67.6
- песчанистый 113.6
- скорлуповатый 67.2
- углистый . 69.1
- шпатоватый 68.5
Желѣзо бандажное 24.7
- бессемеровское 11.8

Желѣзо бимсовое 21.3
- бористое . . 16.6
- бракованное 27.7
- брусковое . 18.10
- ванадіевое . 16.1
- волнистое . 27.1
- - съ глубокими волнами 27.2
- головчатое . 21.3
- горѣлое . . 415.7
- губчатое . 347.11, 361.3, 376.3
- двутавровое 20.9
- для выдѣлки крюковъ 29.3
- - - подковныхъ гвоздей 29.2
- - кожуха . 293.9
- - проволоки 27.12
- жилистое . 9.9
- заклепочное согнуть въ петлю 48.4
- зетовое . . 20.6
- Z-образное . 20.6
- квадрантное 21.2
- квадратное . 19.3
- кислаго процесса 397.6
- клиновое . 21.8
- ковкое . 9.1, 44.5
- - литое . . 11.6
- колосниковое 21.8
- корытное . 21.1
- красноломкое 48.3
- кремнистое 15.3
- крестообразнаго сѣченія 21.9
- кристаллическое 214.2
- кричное 10.3, 365.2
- круглое . . 19.5
- крупнозернистое 9.10
- крупносортное 19.1
- листовое корабельное 26.9
- - котельное 26.5
- - литое . . 25.10
- - полосатое 27.3
- - прокованное 25.8
- - сварочное 25.9
- - толстое . 26.3
- - тонкое 25.7, 26.1
- ломкое . . . 44.6
- -ломъ . . . 29.5

Желѣзо лучшаго качества 565.6
- марганцовокремнистое 15.4
- матовое . 552.11
- мелкозернистое 10.1
- мелкосортное 19.2
- металлическое 213.9
- метеорное . 214.1
- молибденистое 15.10
- мягкое . . . 44.5
- недоброкачественное 17.12
- неотдѣланное листовое 27.5
- никкелистое 15.7
- обручное . 19.8
- основного процесса 399.1
- отдѣланное листовое 27.6
- отмытое . . 358.5
- очищенное . 366.6
- пересыщенное 16.9
- плоскобимсовое 21.4
- полосовое 18.10, 19.7
- полукотельное 26.3
- полукруглое 19.6
-, полученное сыродутнымъ способомъ 10.2
-, - химическимъ путемъ 213.12
- продажное 17.9
- продырявленное листовое 27.4
- прокатное . 18.2
- пудлинговое 10.8
- резервуарное 26.10
- рифленое . 26.11
- - листовое . 308.4
- самородное 213.10
- сварочное 9.4,8
-, свободное отъ шлаковъ 416.4
- старое ржавое 29.4
- строительное 28.8
- съ содержаніемъ кислорода 398.9
- сыродутное 10.2
- тавро-бимсовое 21.6

Желѣзо тавровое 20.8
- теплоломкое 48.3
- титанистое . 16.2
- томасовское 12.1
- тѣстообразное 376.2
- угло-бимсовое 21.5
- угловое . . 19.10
- - съ полками неодинаковой величины 20.3
- - - - одинаковой величины 20.1
- U-образное . 21.1
-, употребляемое для построекъ 28.8
- фасонное . 19.9
- ферровольфрамистое 15.9
- фосфористое 16.4
-, химически чистое 213.11
- хладноломкое 48.2
- хлорное . . 208.5
- хромистое . 15.8
- хрупкое . . 44.7
- хрупколомкое 48.4
- четырехгранное 19.3
- шахматное 26.11
- швеллерное 21.1
- шинное . . 19.8
- широкое полосовое 21.7
Желѣзистосинеродистый калій 208.7
Желѣзобетонъ 289.7
Желѣзосинеродистый калій 208.8
Желѣзосодержащіе отбросы 112.3
Жерара печь 569.7
Жеребейка . 461.7
- двойная . . 461.8
- патентованная въ видѣ штифта со шляпкой 461.9
Жеребокъ . . 461.7
- двойной . . 461.8
- патентованный въ видѣ штифта со шляпкой 461.9

Жесткій . . . 412.9
Жесть алюминіевая 199.11
- бѣлая . . 552.10
- матовая . 552.11
- не покрытая окислами 553.1
- платиновая 194.9
- черная . . . 26.2
Жидкій . . . 357.1
Жидкость для затвора 270.1
- закалочная 544.7
- - густая . . 419.9
- напорная . 507.7
Жижа навозная 481.3
Жилистый 9.9, 46.2
Жилка . . . 379.3
Жильный . . 56.5
Жина печь . 569.6
Жирный . 116.10
- уголь . . . 99.2
Жиръ . . . . 546.7
- животный 419.11
- пальмовый . 553.4
- рыбій . . . 546.9
Жмакъ . . . 376.6
Жолоба параллельные 340.3
Жолобъ . . . 340.2
- впускной . 395.8
- деревянный 80.7
- для подачи угля, движущійся толчками 102.5
- - чугуна . . 300.5
- качающійся 483.4
- наклонный, по которому скатывается грузъ 131.8
-, наполненный водой 313.5. 318.3
- отводной . . 298.6
- подвижной со скребками 483.3
- - съ лопатками 483.3
- со встряской 483.2
- спускной . 132.2
- съ водою . 313.5
- транспортерный 139.5
Жомъ для крицъ 377.4, 377.5
Жукъ . . . . 361.6
Журналъ плавильный 349.4

# З.

Забить выпускъ 342.4
- отверстіе выпускное 342.4
- отверстія . . 355.1
Заборъ досчатый 464.7
Забрасывать топливо отъ руки 156.7
Забутка . . . 304.8
Заваливать . 335.1
Завалка горячая 565.3
- холодная . 565.2
- шлаковъ . . 375.6
Зависаніе колоши 358.5
Заводскіе отбросы 355.11
-скій инженеръ 332.5
- процессъ . 346.7
Заводъ бессемеровскій 337.3
- брикетный . 94.6
- доломитовый 118.2
- доменный . 285.1
- сталеплавильный 381.2
- томасовскій 337.4
- чугуноплавильный 285.1
Завѣдующій лабораторіей 173.3
- производствомъ 332.4
Загиба величина 43.7
- мѣсто . . . 42.3
Загибъ концовъ поперечинъ 23.5
Заглушить доменную печь 354.9
Загнуть на оправѣ 43.1
Заготовка . . 18.8
Загроможденіе 353.8
- горна . . . 337.3
Загружать колосниковую рѣшетку механическимъ путемъ 157.2
- топку отъ руки 156.7
Загрузить . . 104.8
Загрузка 122.2, 333.6 560.3
- автоматическая 308.9
- конвертера 395.7
Загрузка механическая колосниковой рѣшетки 156.8
- руды . . . 86.3
Загрузочная воронка 131.2
- набережная 122.4
- платформа . 122.3
Загрузочное устройство съ ходячимъ по немъ краномъ 127.7
Загрузочный ковшъ 157.3
- цилиндръ . 311.8
Загрязненіе воды отъ химически растворенныхъ въ ней элементовъ 147.4
- химическое 147.4
Задвижка вращающаяся 297.9
- запорная . 322.2
- изъ литой стали 322.7
-, регулирующая поступленіе ненагрѣтаго воздуха 322.4
-, - притокъ нагрѣтаго воздужа 322.5
Заднебойный молотъ 497.1
Задувка . . 337.11
- новая . . . 355.2
Задѣлка утрамбованной массой 303.6
Зажиганіе . 86.4
Зажимной винтъ 323.4
- приборъ . . 136.2
- - для сортировочныхъ путей 137.8
Зажимъ для резиновыхъ трубокъ 192.4
- - штатива . 198.6
- - элементовъ 265.9
Зазоръ между колосниками 160.3
Зазубрины мелкія 426.10
Закаленный . 548.7
Закаливаться способность 543.2
Закалить . 543.11
- при высокой температурѣ 544.1
Закалка . . . 6.6
- воздушная . 545.3
- въ бьющей ключомъ водѣ 544.9
- - водяныхъ брызгахъ 545.2
- - маслѣ . . 545.5
- - проточной водѣ 544.8
- - углекислотѣ 545.4
- крѣпкая . . 543.1
- отрицательная 546.2
- подъ струей воды 545.1
- простая . . 542.7
- сильная . . 543.1
- сложная . . 542.8
Закалки процессъ 542.6
Закалочная жидкость 544.7
- - густая . . 419.9
- трещина . . 549.1
Закалочное средство 545.6
Закалочный лотокъ 416.8
Закалъ крѣпкій 543.1
Закисная азотнокислая ртуть 209.5
Закись желѣза 66.2
- кобальта . 217.12
- марганца . 217.3
- никкеля . 217.10
- -окись желѣза магнитная 67.8
- - марганца . 217.6
- сѣрнокислая желѣза 69.3
Заключенный 377.8
Закрасить черной краской 424.9
Закрытый . . 489.5
Закрѣпить . 442.10
Закрѣпленіе . 282.8
Закрѣплять слитокъ 528.9
Закупка . . . 558.1
Замазать отверстія 355.1
Замазка желѣзная 319.5
- чугунная . 319.5
Замедлить . . 474.3
Замкнутый . 148.2
Замокъ . . . 462.3
- захватывающій 136.3
Замуровать . 306.3
Замша для чистки 202.10
Запальное пламя 360.11
Запечатать . 234.4
Заплечики . . 302.2
- свободные . 303.1
Заполненіе . 337.1
Заполнить . . 104.8
- форму . . . 482.4
Запорная задвижка 322.2
Запоръ трубы 55.1
Заростн . . . 484.5
Зарубка для гусара 239.9
Заслонка . . 404.4
- дымовой трубы 373.1
- рабочаго окна 370.4
Засореніе обжигательной печи 88.3
Застаиваніе колоши 358.5
Застываніе . 354.1 486.2
Застывшій . . 273.9 401.9
Засыпать . . 335.1
- колосниковую рѣшетку механическимъ путемъ 157.2
Засыпка . . . 333.6
- колоши . . 333.4
- - посредствомъ канатной дороги 331.7
- механическая колосниковой рѣшетки 156.8
- руды . . . 86.3
Засыпное отверстіе 105.1
- устройство . 406.1
Засыпь, плотно лежащая 335.7
Засыпщикъ . 333.1
Засѣчка рычага для рейтера 239.9
- - - ѣздока . 239.9

Затвердѣваніе на воздухѣ 359.10
Затворъ американскій колошниковый 311.7
- водяной 313.4, 405.8
- воздухонагрѣвателя 322.1
- воздухонепроницаемый 324.1
- дверецъ . . 163.5
- двойной . . 311.7, 313.3
- клапанный 314.8
- колошниковый 309.4
- Люрмана . 306.2
- плотный . . 470.9
- при помощи клапановъ 314.8
- трубы . . . 55.1
- шаровой Беккера 301.11
- шахты . . . 307.2
- штыковой . 301.8
Затрамбовать 439.1
Затрата силы 557.4
Затычка выпускного отверстія 343.4
Заусенцы . . 489.7
Зафрахтовка . 560.3
Захватить клещами 531.7
- прокатываемый кусокъ металла 531.6
Захватъ для каната 136.3
- концовъ поперечинъ 23.5
- наставной кованый 136.6
- - со втулкой 136.4
Заштриховать черной краской 424.10
Защемляющаяся пластинка 24.5
Звено захватывающее 136.7
Звукъ металлическій дающій 108.3
Звѣздообразный 374.9
Зданіе водоемное 145.6
-, въ которомъ помѣщаются миксера 389.3
- конвертеровъ 388.1
- правленія . 149.6
- дирекціи . . 149.7
- конторы . . 149.8
- машинное . 149.9
- котельное . 150.1
Зейгирующая капля 483.10
Зейгировать . 483.9
Зеленый . . . 548.3
Зелень мѣдная 552.1
Землечерпаніе паровое 58.4
Землистый . 59.5
Земли щелочныя 114.2
Земля жирная формовочная 425.13
Зеркальный . 8.3
Зерна кварца 115.7
- чугуна включенныя 358.4
Зерненіе . . . 359.2
Зернистый 45.3, 283.3
- бѣлый чугунъ 2.6
Зернить . . . 359.3
Зерно . . . . 379.7
- на поверхности пережженной стали 548.13
Зернышки кварцевыя 115.7
Зернышко желѣза 376.11
Зигенскій чугунъ 5.5
Змѣевикъ для поглощенія 270.4
- холодильника 255.6
Знакъ . . . . 424.8
Значеніе среднее результатовъ испытанія 34.6
Зола древеснаго угля 117.12
- смоченная угольная 516.3
Золотниковая коробка 499.8
-вое распредѣленіе 499.6
Золотникъ . 499.2
- коробчатый 407.4
- - плоскій . . 407.4
- паровпускной 499.7
Золото . . . . 219.8
Зольникъ 163.6, 164.1, 368.4
Зубецъ угольчатый 519.2
- шевронный 519.2
Зубило пневматическое 402.2
- прорубное . 504.7
Зубчатая рейка 393.2
- - съ шестерней 323.6
Зубчатый . . 46.3
- ободъ, отлитый за одно съ . . . 393.1
Зубъ листовой шестерни 519.1
Зумпфъ . . . 466.5
Зѣвъ . . . . 464.4
- дробилки . 465.7

## И.

Игла платиновая 194.8
Иглообразный 47.2
Иглы черныя 283.4
Игольчатый . 47.2
Игра вѣсовъ 135.6
- отливки . . 483.1
Ижевскаго печь 570.2
Избытокъ кислорода 349.11
- осадителя . 242.9
- осадочнаго средства 242.9
Изверженіе искръ 396.9
- конвертера . 397.3
- реторты . . 397.3
Известковая вода 205.5, 341.3
Известковое молоко 341.3, 515.11
Исвестковый 60.5, 357.12
Исвестковый растворъ 117.9
- шпатъ . . . 73.1
- флюсъ . . . 397.9
Известняки, содержащіе фосфоръ 113.7
Известнякъ . 111.2, 117.3
- плотный . . 111.2
Известь 117.1, 220.1
- патристая . 205.7
- сѣрнокислая 208.1
- углекислая 220.2
- фосфорнокислая 73.2
- хлорная . . 208.2
Извилистая пустота 487.3
Извлечь . . . 241.7
Изгарь . . . 112.5
- желѣзная . 414.5
Изготовленіе кирпичей 118.1
- шлифовъ . 274.10
Издѣлія желѣзныя 17.10
Изложница . 446.7
- для закаленной отливки 447.1
- - отбѣленной отливки 447.1
- - твердой отливки 447.1
- нагрѣтая . 447.3
- подогрѣтая 447.3
- чугунная . 349.6
Излома видъ 45.1
Изломъ . 44.9, 45.2
- косой . . . 44.10
Излученіе тепла 352.5
Измельчать . 76.10
- тонко . . . 427.1
Измельченіе . 76.7
Измельченіе крупное 76.8
- мелкое . . . 76.9
Измолоть до пыли 427.1
Измѣненіе концентраціи электролита 259.4
- поперечнаго сѣченія 503.2
Измѣненія возможность 274.6
Измѣреніе 38.3, 238.3
- температуры 351.3
- электрометрическое 257.5
Измѣритель касательный съ указателемъ 41.1
Измѣрительная колба 185.10
-ный приборъ 38.5

Измѣрить температуру тѣла на основаніи его лучеиспускательной способности 352.3
Изнашиваніе быстрое печи 413.4
- подпилковъ 491.6
- цѣпи . . . 187.9
Изображеніе мнимое 279.10
Изогидричность кислотныхъ растворовъ 262.8
Изогидричный 262.9
Изогнутый . 322.8
Изслѣдованіе аналитическое газа 267.3
- калориметрическое 224.1
- качественное 223.5
- количественное 223.8
- металлографическое 272.3
- при помощи спектральнаго анализа 400.11
Изъянъ . . . 34.5
- на поверхности 489.11
- наружный . 35.5
- отливки . 489.10
Индукціонная машина 170.2
Инжекторъ 469.10
- керосиновый 158.7
Инструкція для испытанія 31.10
Инструментальная электросталь 564.3
Инструментальный 13.5
Инструментъ для измѣренія толщины протянутой проволоки 536.2
-, служащій для чистки отливокъ 490.9
- ударный . . 534.9
Инструменты 371.5
- формовщиковъ 434.1
Интенсивность магнитнаго поля 92.11
- полюса . . 92.5
Иридій . . 219.11
Искаженіе изображенія 279.11
Искривленный 534.4
Искротушитель 468.3
Искроулавливающая камера 467.6
Искры желѣза 397.1
- звѣздообразныя 374.9
Испареніе . . 255.8
- воды . . . . 347.6
Испарить . . 256.1
Испариться . 256.2
Использованіе неоднократное воды 148.3
- тепла . . . 86.7
- шлака . . . 358.3
Испорченный 548.9
Испытаніе . . 30.8
- гидравлическое 54.6
- матеріаловъ 41.6
- на изгибъ . 42.2
- - - врубленнаго образца 44.2
- - - въ нагрѣтомъ видѣ 42.5
Испытаніе на изгибъ попремѣнно въ одну и другую сторону 43.9
- - - послѣ предварительнаго быстраго охлажденія 42.7
- - - посредствомъ ударовъ 44.1
- - изломъ . . 44.3
- - ковкость . 52.5
- - крученіе . 50.7
- - пробивку дыръ 51.9
- - разрывъ 44.3, 49.1
- - раскатку . 53.1
- - расковку . 53.5
- - сгибаніе . 42.2
- - скручиваніе 50.7, 51.6
- посредствомъ протравы 277.8
Испытать . . 30.7
Источникъ наружный свѣта 280.8
- электричества 93.4

# I.

Іодистый калій 211.11
Іодъ . . . . . 211.7
- -каліевая бумага 213.3
Іодъ-крахмальная бумага 213.4
Іонъ . . . . . 257.8
- гидроксильный 262.3
Іонъ кислотный 262.2
- многовалентный 259.6
Іонъ одновалентный 259.5
- основной . . 262.4
- промежуточный 259.8

# K.

Кайма бѣлая 400.3
Каламинъ . 71.10
Каленіе красное 86.11
Кали-аппаратъ 181.3
- ѣдкое . . 204.12
- - въ формѣ палочекъ 204.13
Калиберная дощечка для измѣренія толщины листовъ 40.2
Калибрированный 39.1
Калиброванный валъ 514.4
Калибровка валковъ 514.3
Калибръ 36.11, 38.10, 514.5
- винтовой . . 39.3
- для измѣренія глубины 39.7
- - - круглыхъ отверстій 39.3
- - - толщины листовъ 40.2
- микрометрическій 39.5
- періодическій 518.1
- постоянный 40.1
- раздвижной 39.2
Калибры начертить 514.7
Калильная лампа 172.2
Калильная печь 95.2, 385.5, 528,.5, 540.1
- - подземная 527.6
Калильный жаръ 86.10
Каліевая селитра 419.6
Калій . . . . 221.2
- двухромовокислый 206.5
- желѣзистосинеродистый 208.7
- желѣзосинеродистый 208.8
- іодистый . 211.11
- кислый сѣрнокислый 206.2
- сѣрнокислый 205.11
Калій углекислый 205.8
- уксуснокислый 206.6
- хлористый 207,.1
- хлорноватокислый 211.2
- хромовокислый 206.4
- ціанистый 206.3, 361.10
Калійный щелокъ 205.3
Каломель . . 209.6
Калориметрическая бомба 110.1
-скій эффектъ 108.11
-ское изслѣдованіе 224.1

Калориметръ 110.1, 180.6
Калорическое дѣйствіе 108.11
Кальциметръ 182.4
Кальцій безводный хлористый 207.9
- хлористый . 207.8
Каменноугольная копь 100.5
- мелочь . . 101.5
- мука . . . 430.10
- пыль 430.2, 101.7
Каменный . . 320.5
Камень боковой 292.6
- задній . . . 292.7
- порожный 292.5, 292.8
- тесаный . . 306.7
- шлаковый . 358.8
Камера боковая 316.6
- воздушная 466.9, 502.1
- для фильтрованія 140.9
- запасная . . 102.4
- искроулавливающая 467.6
- нагрѣвательная 85.6, 319.2
- сушильная . 462.8
- съ сѣткой . 140.9
- холодильная 329.5
- шлаковая . 409.3
Камневидный 357.8
Кампанія печи 344.8, 413.3
Канализація воздушная 171.4
- подземная . 171.5
Каналъ 85.7, 321.2
- боковой . . 417.3
- водонапорный 485.2
- воздушный 408.8
- всасыванія 501.7
- въ поду печи 104.1
- выпускной . 499.5
- газовый . . 408.7
- газопроводный вертикальный 408.6
- для газа . . 360.8
- - отвода отходящихъ газовъ 104.3
- - циркуляціи 471.8
- дымовой 85.8, 417.4
- кольцевой . 312.5
- литниковый 443.3
- нагнетанія . 501.8
Каналъ обводный 372.8
- пароотводный 372.7
-, поднимающійся кверху 408.5
- подовый . . 104.1
- поперечный 417.2
-, приводящій газъ въ печь 408.4
- топочный . 104.2
Каналы для собиранія свинца 290.6
Канатная дорога 135.9
Канатно-проволочная дорога 135.11
Канатъ изъ древесной шерсти 460.8
- - плетеной соломы 444.6
- пеньковый . 444.5
- проволочный 331.2
Канифоль . . 419.8
Кантовать слитокъ 529.2
Каолинъ . 116.13
Капель . . . 235.3
Капельная воронка 188.2
- патентованная стклянка . 185.5
Капиллярная газоподводная трубка 270.6
- стклянoчка 185.6
Капля вейгированная 483.10
Капсюля . . 202.4
Карандашъ синій 191.1
- цвѣтной . . 191.1
Карбидъ желѣза 215.11
- кремнія 15.5, 344.1
Карборундъ . 15.5 344.1
Каретка формовочная 454.4
Карманъ для золы 163.7
Карминовая бумага 212.10
Касательный измѣритель съ указателемъ 41.1
Кассета . . . 282.3
Катанный листъ 25.5
Катать . . . 529.7
Катетометръ . 181.1
Катіонъ . . . 257.9
Катки, придающіе лентѣ форму лотка 138.7
Катушка . . 535.6
Каучуковый товаръ 197.1
Качества формовой земли для приготовленія шишекъ 427.4
Качественный 223.8
Качество . . 32.3
Кашица клейкая 428.9
Квартира рабочая 151.2
Кварцевой . 115.7
Кварцевый сосудъ 201.6
- песокъ . . . 426.7
Кварцъ . . . 72.6
- въ кускахъ 115.6
-, измельченный въ порошокъ 95.8
Келлера печь 570.1
Керосинка . 184.10
Керосиновая грѣлка 184.10
-вый инжекторъ 158.7
Кесслера приборъ 93.10
Киппа аппаратъ 221.5
Кипѣніе ванны 379.4
- и выдѣленіе газовыхъ пузырей 385.11
- сильное . . 396.8
Кипятильникъ газовый 184.9
Кипяченіе въ открытой печи 120.4
Кирпичи заплечиковъ 302.7
Кирпичная кладка 303.4, 304.10
-ный ломъ . 112.2
- фундаментъ 289.4
Кирпичъ воздушной сушки 429.8
- глиняный . 429.7
- динасъ . . 115.1
- для дѣла шахты 305.10
- доломитовый 117.6
- кислый . . 306.6
- кремнистый 115.1
- магнезитовый 569.5
Кирпичъ необжигаемый 429.8
- основной . . 306.5
-, поставленный на ребро 321.10
- углеродистый 117.10, 306.8
- шахты . . 305.10
- шлаковый . 358.11
Кислородное соединеніе 214.8
Кислородъ . 214.5
- атмосферный 214.6
- воздуха . . 214.6
-, химически связанный 214.7
Кислота . . . 203.9
- азотная . 203.11
- винная 204.6, 419.10
- дымящая азотная 203.12
- концентрированная 242.1
- кремніевая . 216.3
- молибденовая 210.7
- мышьяковая 218.5
- ортомышьяковая 218.5
- плавиковая 204.9
- разбавленная 242.2
- соляная . 203.10
- сѣрная обыкновенная, продажная, неочищенная 204.1
- - свободная въ остаткахъ отъ отжига колчедановъ 216.10
- - химически чистая 204.2
- сѣрнистая . 216.9
- уксусная . 204.4
- фосфорная растворимая 399.7
- фтористоводородистая 204.9
- хлористоводородистая 203.10
- хромовая . . 204.7
- щавелевая . 204.5
Кислотная ванна 493.10
Кислотность . 357.2
Кислотопостоянная отливка 7.2
Кислотоупорный ящикъ 189.1
Кистеобразный двусторонній скребокъ изъ проволоки 491.2

Кисть для нанесенія чернилъ 480.8
Кишка резиновая 197.10
Кіянка для расколачиванія модели 435.7
Кладка . . . 83.6
- внутренняя шахты 804.5
- каменная . 803.4
- кирпичная 803.4
- - конвертера 880.6
- наружная шахты 804.9
- промежуточная шахты 804.7
- шахты . . . 805.8
Клапанная коробка 822.3
-ное распредѣленіе 500.2
-ный затворъ 814.8
Клапанъ 801.3, 813.10 828.4
- бабочкой . 406.10
- - системы Сименса 407.1
- Бургерса вращающійся 823.3
- воздушный 145.5 406.7, 503.6
- вращающійся Беккера 801.11
- всасывающій 142.3
- газовый . 813.10 823.1, 406.5
- двухопорный 407.3
- для выпуска воздуха 508.6
- нагнетательный 142.4
- огнеупорный въ видѣ крана 407.5
-, охлаждаемый водой 822.6
- перекидной 406.10
- - Сименса . 407.1
- предохранительный 814.9
-, регулирующій впускъ воздуха 821.4
- съ водянымъ охлажденіемъ 322.6
- тарелкообразный 323.2
Клей . . . . 419.7
Клейкая кашица 428.9
Клеймо фабричное 84.10
Клещи . . . 872.1
- для протяжки 586.1
- - слитковъ . 527.1
Кливелендская обжигательная печь 84.1
Кливлендскіе мѣха съ однимъ шатуномъ 826.6
Клиновидный 871.7
Клиновое желѣзо 21.8
Клинообразный 871.7
- литникъ . . 443.8
Клинъ . . . 293.2
Клопъ желѣзный 482.3
Клѣтка . . . 330.1
Клѣть . . . . 520.9
Клюка . . . 871.6
- клиновидная 871.7
Ключъ для поворота нажимнаго винта 522.1
- - установки нажимнаго винта 522.1
Клюшка 871.6, 481.7
- клинообразная 871.7
Кобальтовое стекло 285.9
Кобальтъ . 217.11
Кованый желѣзный боекъ 495.5
Ковать . . . 503.5
- въ штампахъ 503.6
- лицомъ молота поперечно къ направленію прокатки 52.8
Ковкій 9.3, 12.6, 416.2
Ковкое желѣзо 44.5
Ковкость . . 44.4
Ковочные пресса 504.9
Ковриги шлака 356.1
Ковшъ . 80.9, 341.6
- для переноски на вилахъ 478.1
- загрузочный 157.3
- захватывающій 129.2
Ковшъ изъ листового желѣза 389.8
- литейный . 477.4 477.8
- - штампованный 478.4
- на телѣжкѣ 478.6
- неподвижный 478.7
- передвижной 478.6
-, подвѣшиваемый къ крану 478.8
- съ цапфами, подвѣшиваемый къ крану 479.1
- ухватный . 478.1
Коеффиціентъ 516.9
- термическій полезнаго дѣйствія 578.3
Кожа обугленная 419.4
Кожаный . . 825.4
Кожухъ заплечиковъ 802.4
- горна . . . 294.4
- желѣзный . 88.8 298.9
- изъ листового желѣза 287.2
- предохранительный 492.5
- шахты . . . 804.9
Ковелъ . . . 861.6
- шлаковый 401.11
Кóзлы . . . 454.2
Койка быстроразгружающаяся подвѣсная 128.6
- саморазгружающаяся подвѣсная 128.2
Кокильная отливка 487.7
Коксовальная печь см. печь коксовальная
Коксованіе . 102.6
Коксованія періодъ 106.1
- процессъ . 105.8
Коксовая мелочь 107.13
-вые отбросы 107.12
Коксовый . . 4.3
- пирогъ . . 106.6
- складъ . . . 130.4
- уголь . . . 100.2
Коксовыталкиватель 106.4
Коксъ . . . . 102.8
-, вполнѣ спѣлый 106.2
- въ колошѣ 478.7
- - обломкахъ 107.10
- грохоченный 107.11
- для доменныхъ печей 107.3
- - литейныхъ мастерскихъ 107.4
- - растопки . 478.6
- - садки . . 478.7
- изъ кузнечнаго угля 107.6
- крупный . . 107.9
- литейный . 107.4
- мелкій . . 107.13
- отборный . 107.9
- тощій . . . 107.5
Колба выпаривательная 247.6
- для кипяченія 187.5
- - образованія хлора 221.10
- - фракціонированія 187.3
- измѣрительная 185.10
- круглодонная 186.7
- Кьельдаля . 187.2
- перегонная 254.9
- плоскодонная 187.1
- стеклянная 186.6
Колебаніе напряженія 169.4
- силы тока . 169.3
Колебанія продолжительность 240.8
Колебаться . 481.3
Колесо для разливки 841.5
- литейное . . 341.4
-, приводимое въ движеніе отъ руки 523.9
- съ насаженными пальцами 495.4
Количества химически эквивалентныя 257.7
Количественный 223.7
Количество всасываемаго воздуха 328.6
- дутья . . . 328.7
- потребное воды 140.4
- свѣта . . . 280.10

Количество тепла, уносимое газами 346.5
Коллекція минераловъ 177.5
Колобокъ желѣза 376.6
Колода . . . 369.5
- съ водою для охлажденія инструментовъ 371.4
Колодезь . . 141.5
Колодецъ . . 141.5
- абессинскій 141.6
- артезіанскій 141.8
- Джверса . . 527.6
- нагрѣвательный 527.6
- нортоновскій 141.6
- опускной . 141.7
- трубчатый . 141.6
Колодцы выравнивающіе 527.5
Колоколообразный 309.10
Колоколъ . . 309.9
- воздушнаго насоса 178.2
- Гюттера . . 407.2
Колокольчатая мельница 78.7
Колонкообразный 47.1
Колонна 293.8, 326.3
- латунная . 287.3
- чугунная . 84.4
Колосники ступенчатые 85.1
Колосниковая обыкновенная топка 336.6
- рама . . . . 368.2
- рѣшетка . . 159.7
- рѣшетка см. рѣшетка колосниковая
- топка . . . 368.1
Колосниковое желѣзо 21.8
Колосникъ 160.8, 368.3
Колоша горючаго 335.3
- рудная . . 335.2
- спеціальная 478.10
- холостая . . 337.7
- чугуна . . . 478.9
Колошниковая канатная дорога 331.8
- крышка . . 309.8
- площадка . 307.5
- пыль . . . 316.1
Колошниковая телѣжка 332.1
Колошниковое отверстіе 307.3
- пламя . . . 360.6
Колошниковые подъемники 329.8
Колошниковый американскій затворъ 311.7
- газъ . . . 359.11
- затворъ . . 309.4
- мостъ . 86.2, 308.1
- подъемникъ съ канатной передачей 330.8
Колошникъ . 307.1
- закрытый . 309.5
- открытый . 309.6
Колпакъ всасыванія воздушный 145.2
- нагнетанія воздушный 145.5
- стеклянный 189.3
- стклянки . 188.7
Колпачокъ резиновый 198.2
Колчеданъ желѣзный 69.4
- магнитный . 68.3
- мышьяковый 72.4
- мѣдный . . 72.2
- сѣрный 69.4, 72.3
Колышекъ направляющій 442.8
Кольби печь 568.7
Кольцевая печь для обжига известняковъ 85.5
- труба . . . 467.1
-вой газоуловитель 312.3
- каналъ . . 312.5
- литникъ . . 444.3
Кольцеобразная модель 423.9
Кольцо . . . 231.2
- вставное для водяной бани 247.9
- вытяжное . 451.3
- грузовое . . 508.5
- для подкладыванія 201.10
- желѣзное . 294.6
- - подъ шахтой 294.3
- изъ листового желѣза 309.1
- - тавроваго желѣза 294.8
- кирпичной кладки 309.2
- кожаное . . 506.7
Кольцо манжетное уплотняющее 507.1
-, поддерживающее шахту 294.2
- плавильное 568.5
- плоское желѣзное 309.1
- приклепанное изъ углового желѣза 295.4
- промежуточное 394.9
- соломенное 202.2
- стягивающее изъ желѣза 294.6
- установочное 445.5
- фарфоровое 193.9
- чугунное . 84.5 294.5.9
- штативное для прокаливанія 252.6
Колѣно . . 320.2.3
- восходщее газопроводнаго канала 408.5
- наклонное газопроводнаго канала 408.7
Колѣнчатый прессъ 505.3
Комбинированный способъ Бессемера и Мартенса 412.8
Комковатое выдѣленіе 482.5
Коммиссіонныя 559.3
Комната для взвѣшиванія 176.7
- - взятія пробъ 174.8
- - металлографическихъ изслѣдованій 177.4
- - мытья посуды 177.6
- - подговительныхъ работъ 174.9
- - работъ съ кислотами 176.8
- - - - сѣроводородомъ 177.1
- - сожженія 177.3
- - элементарнаго анализа 177.3
Компенсаторъ дисковый 324.8
Компенсаторъ сальниковый 324.9
Компенсаціонная подвѣска 237.6
- труба . . . 324.7
Компенсація тепла 346.1
Комплектъ машинъ 170.2
Компонента . 274.7
Компрессорный молотъ 501.3
Конвекціонный токъ 260.8
Конвертеръ . 389.7
Конгломератъ 63.6
Конго-бумага 212.11
Конденсаціонная трубка 256.6
Конденсація . 256.4
Конденсировать 256.5
Конецъ . . . 403.5
- насталенный 339.1
- распредѣлительный 138.9
- собирательный 138.8
- соединительный валка 513.7
Коническій . 299.4 536.3
Консистенція сиропа 247.1
Консоль . . . 300.7
Консольный кранъ 127.1
Конструкція деревянная 151.4
- желѣзная . 151.3
- съ тремя полюсами 94.2
- трехполюсная 94.2
Контора . . . 149.8
Контрактъ на поставку руды 65.3
Контръ-рельсъ 23.6
- форсъ . . . 293.3
Контуръ профиля 514.11
Конусообразный 299.4, 309.10
Конусъ . . . 310.5
- клапана . . 508.7
- платиновый 195.6
- придать . . 422.4
- фильтровальный 244.7
Концентраціонная поляризація 264.5

Концентрація іоновъ 263.8
- эквивалентная раствора 260.1
Концентрированный 242.1
Концессія . . 557.7
Копировать 282.10
Копежъ для чугуна 468.9
Коперъ . . . 464.1
Копыта бычачьи 420.3
Копь каменноугольная 100.5
Кора . . . . 486.8
- бѣлолучистая закаленной отливки 488.7
- - отбѣленной отливки 488.7
- - твердой отливки 488.7
Корвина для сушки 462.6
- съ коксомъ 336.7
Корка . 486.6, 489.8
- дубильная . 429.5
- поверхностная 489.9
- песку . . . 490.7
Коробка . . . 202.3
- воздушная 394.4.7
- для храненія образцовъ 234.2
- золотниковая 499.8
- клапанная . 322.3
- охладительная 296.7
- предохранительная 522.2
Коробленіе стали 546.13
Коробчатый вентиляторъ 471.7
- золотникъ . 407.4
Коромысло 310.10
- для посадки 410.2
- круглое . . 238.3
- садочной машины 410.2
Короткопламенный 99.5
Короткоплечій 238.4
Корпусный листъ 26.3
Корытное желѣзо 21.1
Косвенный . 347.3
Костеръ . . . 98.4
Кострюля . . 193.6
- выпарительная 247.4
Костыль рельсовый 24.6
Костяной уголь 419.12
Котелъ батарейный 154.4
- водотрубный 155.3
- вспомогательный 153.6
- Галовея . . 154.7
- для выпариванія 178.8
- - луженія . 553.6
- - повторнаго погруженія листовъ въ олово 553.10
- - покрытія оловомъ 553.6
- запасной . . 153.5
- комбинированный 153.8
- - цилиндрическій 154.3
- локомобильный 155.2
- одиночный 153.7
- папиновъ . 178.5
- паровой 152.1, 178.6
- - вертикальный 152.4
- - высокаго давленія 152.2.3
- - горизонтальный 152.3
- - низкаго давленія 152.6
- - средняго давленія 152.5
- рабочій . . 153.4
- сложный . 153.8
- - цилиндрическій 154.3
-, служащій для очистки 553.8
- составной . 153.8
- - цилиндрическій 154.3
- съ большимъ объемомъ воды 152.8
- - дымогарными трубками 155.1
- - жаровой волнистой трубой 154.6
- - кипятильникомъ 154.2
- - малымъ объемомъ воды 152.7
- - параллельнымъ теченіемъ 153.2
Котелъ съ пламенными трубами 154.5
- - поперечными кипятильными трубками 154.7
- - принудительной циркуляціей воды 153.3
- - противотокомъ 153.1
- трубчатый . 155.1
- французскій 154.2
- этажный . . 153.9
Котельная . . 150.1
- установка крытая 151.8
- -, стоящая подъ открытымъ небомъ 151.7
Коупера воздухонагрѣватель 320.8
Кочегарка . . 150.1
Кочегаръ . . 164.3
- механическій 156.8, 157.1
Кошка . . . 126.6
Край . . . . 36.8
- литейнаго ковша 477.9
- острый . . 423.6
- печи . . . . 308.6
- цилиндра . 312.6
Крановой магнитъ 129.6
Кранъ . . . . 183.9
- Даніэля . . 252.1
- для вынимания слитковъ изъ изложницъ 526.2
- - загрузки слитковъ 528.7
- - литейнаго ковша 476.1
- - - - съ автоматическимъ опрокидывателемъ 479.6
- - нагрѣвательныхъ колодцевъ 527.7
- - переноски слитковъ 526.6
- - подземныхъ калильныхъ печей 527.7
- - посадки шихты 410.5
- - садки слитковъ 528.7
- - складовъ . 129.4
Кранъ консольный 127.1
- магазинный 129.4
- мостовой . . 126.4
- - подвижной 126.5
- на козлахъ 125.8
- - кронштейнахъ 127.1
- паровой . . 127.2
- - неподвижный 127.3
- подвижной . 127.4
- - - для разгрузки судовъ 127.6
- перегрузочный 125.8
- - на козлахъ 127.5
- поворотный 126.2 476.4
- - башенный 125.7
- - на подвижныхъ козлахъ 126.3
- регулировочный 192.3
- свободностоящій 126.1
- соединительный 190.1
- со стрѣлкой 125.7
- - схватами . 528.2
- - - для слитковъ 526.5
- стеклянный 190.5
- стѣнной поворотный 125.9
- съ захватами 528.2
- - клещами для слитковъ 526.5
- - лотками для посадки 410.7
- - магнитомъ 129.5
- - самосхватомъ 128.1
- трехходовый 190.2
Краны . . . 125.6
Краска минеральная 551.4
- цинковая сѣрая 551.12
Красноломкое желѣзо 48.3
Крахмалъ . 211.12
Крахмальная бумага 213.2
Кремнеземомъ богатый 115.3
Кремнеземъ студенистый 115.5
Кремнекислота 216.3
- связанная . 115.4

Кремнекислотой богатый 115.3
Кремнекислый галмей 71.10
- марганецъ . 70.4
Кремнисто-зеркальный 15.4
Кремнистый . 1.3, 15.3, 115.2, 357.11
- кирпичъ . . 115.1
Кремній . . . 216.2
Крестовина насоса 121.4
Крешеръ . . 139.3
Кривая круга 514.12
- крутая . . . 515.2
- охлажденія 272.8
- плоская . . 515.1
- разложенія 265.1
- растворимости 273.7
Кривой . . . 534.5
Кривошипный молотъ 500.9
Кристаллизаторъ 243.10
Кристаллизаціонный сосудъ 243.9
Кристаллическій 46.4, 64.3, 214.2, 242.13
Кристаллъ елочный 214.4
Критическая температура 272.9
Крица . 362.3, 376.6
- пудлинговая 376.10
- стальная . . 379.9
Крицы кусокъ 366.4
Кричное желѣзо 365.2
- производство 365.1
Кричные шлаки 112.8
Кричное желѣзо 10.3
Кричный горнъ см. горнъ кричный
- мастеръ . . 363.7
- способъ выдѣлки желѣза 363.5
Кровавикъ . 66.5
Крокусъ . . 276.2
Кромка . . . 36.9
- верхняя . . 308.7
Кронциркуль для измѣренія внутреннихъ размѣровъ 41.3
- -толщиномѣръ 40.9, 41.2
Кронштейнъ . 300.7
- воронки . . 310.2
- желѣзный . 307.9
Круглодонная колба 186.7
Круглый . . 448.6
Кругообразная форма 290.4
Кругъ наждачный 492.4
-, покрытый фланелью 276.8
Крупнозеркальный 3.6
Крупнозернистый 9.10, 45.5
Крупносортное желѣзо 19.1
Крупности одинаковой 75.4
- равной . . . 75.4
Крутая кривая 515.2
Крутящій моментъ 50.3
Крученіе . . 50.3
Крыло . . . 470.3
- поршневое . 472.1
Крыть лакомъ 551.2
Крышечный катающійся подъемъ 525.2
Крышка 181.4, 297.5, 309.8, 406.2, 522.10
- воздушной коробки 394.8
- колошниковая 309.8
- люка для чистки 163.3
- навинченная 524.4
- снимающаяся 301.6
Крѣпкій . . . 484.9
Крѣпость . . 89.5
Крюкъ крана 476.5
Крючковатая подкладка 24.4
Крючокъ 337.5, 342.3
- для выниманія модели 436.1
- - вытаскиванія модели 436.1
- - образованія отдушинъ 438.1
- - удаленія песка 441.6
- - чистки . . 436.3
Кубиковый . 96.3
Кубъ перегонный 255.4, 255.5
Кувалда . . . 463.9
Кузнечная проба 52.5
Кузнечный горнъ для закалки 540.2
- уголь . . . 99.10
Кузница . . 150.4
Кузовъ вагона 477.2
Кулакъ . . . 496.5
Кулачникъ . 101.1
Купоросъ бѣлый 90.10
- мѣдный . . 90.6
- синій . . . 90.6
- цинковый . 90.10
Куркумовая бумага 212.9
Кусковая руда 62.8
-вый уголь . 100.9
Кусокъ металла прокатываемый 531.2
- цѣльный, предназначенный къ употребленію 31.5
Кухня газовая 184.9
- керосиновая 184.10
Куча . . . . 376.5
- древесноугольная 98.4
- шлаковъ . . 356.3
Кучи образовать 376.4
Кьельдаля колба 187.2

## Л.

Лаборантъ . 173.5, 174.3
Лабораторная работа 173.2
-ный сторожъ 174.5
Лабораторія главная 174.6
- заводская . 174.7
- общественная 173.1
Лазъ . 321.8, 467.2
Лакировать . 550.7, 551.2
Лакмусовая бумага 212.8
Лакъ . . . . 551.1
- модельный 424.5
Лампа для кислорода и свѣтильнаго газа 184.6
- - микроскопныхъ работъ 278.8
- - паяльной трубки 235.2
- дуговая . . 172.1
- калильная . 172.2
- магніевая . 184.7
- паяльная съ дутьемъ 251.6
- ртутная . . 282.2
- спиртовая . 184.3
Лампочка накаливанія 172.2
Лангена газоуловитель 313.6
Лапа . . . . 392.9
Ларь деревянный 80.7
Латунная колонна 237.3
- форма . . . 383.3
Лебедка . . . 464.6
- вращающаяся 535.10
- для колокола 314.1
- паровая . . 314.3
- ручная . . 314.2
- сортировочная 124.5
Легкоплавкій 61.7, 356.11
Лежень продольный 23.4
Лемана вентиляторъ 471.7
Лента безконечная 340.9
-, движущаяся наклонно 138.10
- желѣзная обхватывающая 295.5
- магніевая . 184.8
- пильная . . 493.7
- со скребками 139.4

Лента транспортная 138.5
- - для угля . 159.5
Ленточная пила 493.5
-ный транспортеръ 138.4
Ленъ . . . . 429.6
Лерка . . . . 38.10
- винтовая . 39.3
- микрометрическая 39.5
Летка . . . . 300.4
Летучесть . . 250.8
Ле-Шателье электрическій пирометръ 352.1
Лещадь 290.3, 291.7
- обнаженная 290.9
-, покатая на двѣ стороны 84.8
Лигнитъ . . 98.6
Ликоподій . . 442.3
Лимонитъ . . 66.11
Линейка вывѣрочная 160.7
- масштабная 38.5
- провѣрочная 40.7
Линія воздушная 171.4
- натрія . . . 401.3
- подземная . 171.5
- силовая . . 92.10
- средняя валковъ 515.6
Листовая литая сталь 25.12
- сталь . . . 25.11
Листовое желѣзо 25.6
- - корабельное 26.9
- - котельное 26.5
- - литое . . 25.10
- - рифленое . 308.4
- - тонкое 25.7, 26.1
Листовой валокъ 514.1
- металлъ . . 25.4
Листопрокатные валки 582.10
-ный станъ . 510.5
Листъ . . . . 45.8
- для днища . 26.6
- - корпусовъ 26.8
- - огневой коробки 26.7
- желѣзный . 25.6 295.1
- - косо установленный 316.5
- защитный . 388.8
- катанный . 25.5
- корпусный . 26.8
- пильный . . 493.7
-, свободный отъ окисловъ 553.1
Литая никкелевая сталь 418.5
Литейная . . 475.6
- вагранка . . 466.6
- отражательная печь 465.9
- пламенная печь 465.9
- яма . . 444.7, 475.8
Литейное колесо 341.4
Литейный . . 6.1
- дворъ . . . 340.1
- ковшъ 477.4, 477.8
- коксъ . . . 107.4
- сарай . . . 339.4
Литниковый каналъ 443.3
- ящикъ . . . 443.4
Литникъ 439.3, 443.2
- вилообразный 443.9
- клинообразный 443.8
- кольцевой . 444.3
Литникъ надрѣзанный 444.1
- простой круглый 443.6
- съ зумпфомъ 443.5
Литой зубъ шестерни 519.1
Литый . . . 11.5
Лить съ двухъ сторонъ 482.3
- черезъ спускное отверстіе 481.6
Литье желѣза 481.1
- машинное . 487.9
- стальное мягкое 488.4
- - твердое . 488.5
- - фасонное 487.10
- строительное 487.10
- формовочное электростали 564.4
- чугунное . 7.4
Лихтеръ . . . 562.5
Лобовая поверхность 424.11
- плита . . 292.10
Лодочка алюминіевая для отвѣшиванія 240.1
- платиновая 195.5
Лодыжка . . 496.5
Ложечка платиновая 195.7
Ложка . 202.9, 477.5
Локомобильный котелъ 155.2
Локомотивъ бензиновый 124.8
Ломать 354.3, 463.10
Ломкое желѣзо 44.6
Ломкость протравленнаго желѣза 48.5
Ломкій стержень 459.8
Ломокъ . . . 371.8
Ломъ . . . . 371.8
- желѣзный 338.10
- - длинный . 339.2
- кирпичный 112.2
- шуровой . . 88.2
Лопата 340.7, 434.4 470.3
- для посадки 409.10
Лопатка . . . 434.4
- формовочная 434.3
- формовщика 434.2
Лопаточка . 202.8
Лотокъ для посадки 410.8
- - - желѣзной мелочи 411.2
- желобчатый 139.6
- закалочный 416.8
-, наполненный водой 318.3
- податочный 139.5
Лощинка . . 339.8
Луговая руда 67.4
Лупа . . . . 272.9
Лучистый 3.1, 46.5
Лучокъ пилы 493.6
Люксембургскій чугунъ 5.6
Люкъ для чистки 321.3
- колодца . . 141.4
- смотровой . 163.2
Люлька 138.3, 330.1
- вращающаяся 133.2
Люрмана затворъ 306.2
- шлаковая фурма 299.8
Ляписъ . . . 210.1

## M.

Магазинный кранъ 129.4
Магистраль 123.10
Магнезитовая масса 343.10
-вый кирпичъ 569.5
Магнезитъ . . 117.4
Магнезія 117.2, 220.5
- углекислая 220.6
Магнетитъ . . 67.9
- искусственный 68.1
Магнитизмъ . 91.3
Магнитная закись-окись желѣза 67.8
Магнитная масса полюса 92.5
- стрѣлка . . 132.7
-ное обогащеніе 91.2
Магнитный 59.10, 91.4.9, 92.8
- желѣзнякъ 67.9
- колчеданъ . 68.3
- песокъ . . 68.2
- полюсъ, равный единицѣ 92.6
Магнитодвижущее напряженіе 92.7
Магнитъ . . . 91.11
Магнитъ крана 129.6
- неподвижный 94.1
- подвижной 93.5
- подковообразный 92.1
- постоянный 92.4
- стальной . . 92.3
Магніевая лампа 184.7
- лента . . . 184.8
Магній . . . 220.4
- сѣрнокислый 208.3
- хлористый . 208.4
Малка . . . . 40.6
Малозеркальный 3.5
Мальчикъ при лабораторіи 174.4
Манганитъ . 70.1
Манжета кожаная 507.2
Манометрическое полезное дѣйствіе 472.10
Манометръ . 179.5
- пружинный 350.11
- ртутный . . 350.9
Марганецъ . 217.2

Марганецъ кремнекислый 70.4
- фосфористый 16.5
Марганцовая руда собственно 69.5
- сталь . . . 17.2
Марганцовистая желѣзная руда 70.5
Марганцово-кремнистый 15.4
Марганцовый шпатъ 69.7
Мартеновская мастерская печь . . 402.4.6
Мартеновскій чугунъ 8.4, 12.2
Мартенситъ . 284.2
Мартина вентиляторъ 472.7
Маска . . . . 197.11
Масло . . . . 546.6
Масляная ванна 548.4
Масса . . . . 427.8
- доломитовая 117.7
- кремнистая для сбивки 115.2
- магнезитовая 348.10
- магнитная полюса 92.5
- нерасплавленная 411.9
- огнеупорная высокаго качества 428.6
-, подлежащая измалыванію 432.2
- скоксовавшаяся 106.6
-, служащая для починки пода печи 412.6
- спекшаяся . 106.8
- тигельная . 381.5
- тощая . . . 382.8
- формовая . 427.8
- чугуна . . 374.6
Массикотъ . . 219.7
Мастерская для бессемерованія 387.8
- - обработки доломита 118.2
- - производства бѣлой жести 552.12
- - томасированія 387.4
- мартеновская 402.4
Мастерская механическая 150.2
- модельная . 422.1
- модельно-столярная 422.1
- молотобойная 495.1
- молотовая . 495.1
- отдѣлочная 583.5
- пудлинговая 366.9
- ремонтная . 150.3
- тигельная . 381.4
Мастеръ кричный 363.7
Масштабная линейка 38.7
Масштабъ . . 38.6
- въ метрахъ 38.8
- усадочный . 423.2
Материкъ . . 288.8
Матеріалъ въ состояніи текучести 47.8
- горючій обугленный 337.2
- для забутки 304.6
- - загрузки . 565.1
- - насыпей . 358.7
- - пробы . 227.10
- - устройства дорогъ 358.6
- желѣзнодорожный 22.1
- плавильный 409.7
- пластичный 425.2
- садочный . 565.1
-, содержащій окись желѣза 370.4
- строительный 306.4
- сырой . . . 118.3
- флюсующій 111.1
- формовочный пристывшій 490.5
Матеріалы формовые 425.1
Матовое желѣзо 552.11
- мѣсто . . . 277.6
Маточный растворъ 274.3
Матрица . . . 504.5
- для изготовленія тиглей 383.5
Маховичекъ . 523.9
Мачта фонарная 171.3
Машина воздуходувная см. воздуходувка
Машина гидравлическая для разламыванія штыковъ 465.2
- для выгрузки кокса 106.4
- - выдавливанія кокса 106.4
- - забивки выпускного отверстія 342.7
- - измельченія 77.2
- - испытанія на разрывъ 49.4
- - канатной передачи 170.4
- - посадки шихты 410.1
- - привода ремнемъ 170.5
- - пробиванія выпускного отверстія 343.5
- - пуска въ ходъ 170.1
- - разламыванія штыковъ 464.9
- - разливки . 340.8
- - размола . 432.1
- - сбивки днища 391.3
- - свиванія соломенныхъ жгутовъ 460.9
- - смѣшиванія 432.10
- - точной установки модельной доски 454.6
- - утрамбовки угля 105.5
- - формовки см. машина формовочная
- - чистки . . 492.1
- индукціонная 170.2
- -компаундъ паровая 327.2
- неподвижная для разламыванія штыковъ 464.10
- неполяризованная 169.8
- обратимая . 169.9
- паровая сдвоенная 326.9
- передвижная для разламыванія штыковъ 465.1
Машина пневматическая 268.8
- правильная 584.2
- прокатная . 512.4
- разгрузочная 529.5
- реверсивная 169.9
-, соединенная непосредственно 170.6
- съ послѣдовательнымъ расширеніемъ 327.2
- - рамой въ видѣ козелъ 454.1
- - электрическимъ приводомъ для утрамбовки угля 105.6
- -тандемъ-паровая 327.3
- формовочная 448.2
- - вытяжная 450.5
- - - для ременныхъ шкивовъ 451.4
- - - - шестеренъ 456.3
- - гидравлическая 448.3
- - - со съемной опокой и съ поворотной доской 450.2
- - для зубчатыхъ колесъ 455.2
- - - ременныхъ шкивовъ большого діаметра 451.5
- - - шестеренъ 457.4
- - - конфорокъ 455.1
- - - ребристыхъ трубъ 452.3
- - на колоннѣ для зубчатыхъ колесъ 456.5
- - настѣнная 457.2
- - ручная для выпуклыхъ предметовъ 452.4
- - - съ поворотной модельной доской 450.1
- - - - подъемомъ опоки при помощи штифтовъ 449.2

Машина формовочная сдвоенная 450.3
- - со столомъ для зубчатыхъ колесъ 457.1
- - - съемной опокой 448.4
- - - - - для формованія плоскихъ предметовъ 449.1
- - - - - и съ поворотной доской 449.4
- - со съемнымъ и съ вытяжнымъ приспособленіями 452.5
- - съ двумя планшайбами для шестеренъ 457.3
- - - поворотнымъ столомъ 449.3
- - телескопическая для ременныхъ шкивовъ 452.2
- холодильная 329.7
- черпательная съ поворотными черпаками 129.1
Машинистъ . 333.2
- при подъемѣ 333.3
Машинный аггрегатъ 170.3
Мгновенный . 447.4
Мелкозубренный 426.10
Мелкозернистый 45.4
Мелкосортное желѣзо 19.2
Мелкость размола 432.3
Мелочь каменноугольная 101.5
- коксовая . 107.13
- рудная . . 62.9
- угольная . 101.4
Мельница . . 432.1
- вальцовая . 77.9
- для крицъ . 377.5
- дробильная съ бѣгунами 78.1
- колокольчатая 78.7
- рудная съ бѣгунами 78.1
- шаровая . . 79.1
Мензурка . . 185.9
- фарфоровая 194.1
Менискъ . 482.10
Менне способъ 343.7
Мерейный . . 47.4
Металлическая ванна 375.8, 395.10
- платина . . 194.6
- соль . . . . 427.5
Металлическій 209.8, 213.9
- пирометръ . 351.6
- сплавъ . . 351.4
Металлографія 272.2
- спеціальная желѣза 283.1
Металлографическое изслѣдованіе 272.3
Металлоидъ . 213.7
Металломикроскопія 272.2
Металлоподъемникъ 444.4
Металлопріемникъ 291.6, 296.1
Металлособиратель 466.5
Металлургическій процессъ 346.7
Металлъ . . . 213.8
- Белля-Круппа 5.3
- губчатый . 347.11
- листовой . . 25.4
- платиновый 194.6
-, расплавляющійся по каплямъ 374.5
- сварочный . 9.4
Метаморфированный 116.6
Метасиликатъ 356.9
Метеорный . 214.1
Методъ анализа 223.4
- испытанія . 81.3
Метръ погонный 36.7
Механизмъ автоматическихъ вѣсовъ 134.5
- для выдавливанія слитковъ изъ изложницъ 526.3
- - выжиманія слитковъ изъ изложницъ 526.3
- рычажный . 310.9
- счетный . . 134.6
Механическій 230.9 378.10
Микрометрическая лерка 39.5
Микрометрическій винтъ 39.4
- калибръ . . 39.5
- толщиномѣръ 41.1
Микроскопическое строеніе 283.2
Микроскопный штативъ системы Мартенса 281.9
Микроскопъ . 278.5
- простой . . 278.9
Миксеръ . . 389.5
- цилиндрическій 389.6
Мильбарсъ . 378.1
Минеральная краска 551.4
Многовалентный іонъ 259.6
Многопроводная система 167.5
Многотигельный 384.7
Многофазная установка 166.6
Многоцилиндровый 325.8
Модель . . . 422.3
- восковая . 424.12
- кольцеобразная 423.9
- литника . . 443.7
- обода . . . 451.6
- разрѣзная . 424.1
- разъемная . 424.1
Модельная плита 422.6
- поворотная доска 449.5
Модуль упругости 49.9
Мокрый . 60.2, 79.8
Молекула . . 224.9
- двухатомная 225.1
- одноатомная 224.10
- трехатомная 225.2
Молекулярный вѣсъ 225.6
- объемъ . . 258.5
- составъ . . 225.3
Молибденистая сталь 17.4
Молибденистый никкель 15.8
Молибденовая кислота 210.7
Молибденовоаммоніевая соль 210.3
Молибденовокислый аммоній 210.8
Молибденъ 219.13
Молоко известковое 341.3 545.11
Молотобоина 112.5
Молотобойная мастерская 495.1
Молотобойня 495.1
Молотовая мастерская 495.1
Молотовище . 495.6
Молотокъ для расколачиванія модели 485.7
Молоточекъ пневматическій 491.4
Молотъ гидравлическій 495.2
- качающійся 497.3
- компрессорный 501.3
- кривошипный 500.9
- паровой 377.3, 489.4 493.4
- - дѣйствія двойного 500.5
- - - простого 498.6
- - съ верхнимъ паромъ 500.4
- - съ неподвижнымъ цилиндромъ 498.5
- - - односторонней станиной 498.7
- - - С-образной станиной 489.7
- пестовой . . 497.4
- приводный . 501.1
- рычажный . 495.3
- съ наматывающимъ барабаномъ 497.7
- - пневматическимъ буферомъ 501.2
- - прямымъ ударомъ 494.4
- тренія . . . 497.5
- фрикціонный 497.5
- - съ доской съ приводомъ Мюллера 498.3
- хвостовой . 497.1
Моль . 225.5, 260.6
Моментъ крученія 50.8
Мора соль . . 208.6
Моргана генераторъ 405.2

Морянка . . 13.1
Мостикъ качающійся 133.3
Мостки . . . 308.3
Мостовой кранъ 126.4
- - подвижной 126.5
Мостовые вѣсы 132.6
Мостъ колошниковый 86.2 308.1
Моторъ двухтактный 327.7
- полировальный 276.7
- четырехтактный 327.6
Мощность мѣсторожденія 57.5
- центральной станціи 167.9
Мразека стехіометрическій способъ 334.6
Мука . . . . 419.2
- доломитовая 117.8
- каменноугольная 430.10
- пшеничная 431.1
- роговая . . 420.2
- торфяная . 429.4
Мультипликаторъ 508.2
Мутный . . 241.11
Муть толчейная 77.7
Муфельная печь 249.3, 541.5
Муфель платиновый 195.3
- чугунный . 541.6
- шамотовый . 541.7
Муфта прилитая 319.4
- раздвижная 519.9
- соединительная 519.10
- сцѣпленія . 520.5
- тренія . . . 520.5
- фрикціонная 520.5
Муфты . . . 519.7
Мыло . . . . 546.1
Мышьяковая кислота 218.5
Мышьяковистокислый натрій 210.9
Мышьяковистонатріевая соль 210.9
Мышьяковистый 61.4
Мышьяковый колчеданъ 72.4
Мышьякъ . . 218.4
Мѣдистый . . 61.1
Мѣдная зелень 552.1
Мѣдный колчеданъ 72.2
Мѣдный купоросъ 90.6
- растворъ . 90.4
Мѣдь . . . . 217.7
- сѣрнокислая 90.6
- хлористая . 209.4
- хлорная . . 209.3
- цементная . 90.7
Мѣра . . . . 38.4
- объемная . 334.9
Мѣрить . . . 38.1
Мѣрникъ колоши 336.1
Мѣсить . . . 119.9
Мѣсто врѣзанное 515.4
- исполненія обязательствъ 559.7
- крѣпкое . . 484.9
- погрузки . . 561.9
- рыхлое . . 484.8
- цѣлое . . . 484.9
Мѣсторожденіе желѣзной руды 56.4
- жильное . . 56.5
- обломочное 57.3
- пластовое . 57.1
- разсыпное . 57.3
- сплошное . 57.2
- съ нарушеннымъ строеніемъ 57.4
Мѣсторожденія полезныхъ ископаемыхъ 56.1
Мѣтка . . . . 424.8
Мѣха вертикальные 326.2
- кливлендскіе съ однимъ шатуномъ 326.6
- лежачіе . . 326.7
- цилиндрическіе 325.6
- ящичные . 325.5
Мѣхъ воздуходувный 251.5
- кожаный клинообразный 325.4
- - клинчатый 325.4
- ручной . . 437.9
Мѣшалка . . 176.2
- горизонтальная для доломита 119.6
- для доломита 119.5
Мѣшокъ для газа 270.2
- полотняный, служащій для припыливанія 430.6
Мѣшочекъ холщовый для припудриванія древесноугольной пылью 430.6
Мягкій . . 44.5, 59.1
Мясить . . . 425.5
Мятый . . . 47.6

## Н.

Набережная загрузочная 122.4
- погрузочная 122.4
Набивка . . . 325.1
- двойная . . 507.3
- манжетная . 507.1
Наблюденіе 278.10
Набойка 303.5, 342.6
Наборъ для анализа съ паяльной трубкой 235.1
- моделей для формовки ременныхъ шкивовъ 451.7
- пробочныхъ сверлъ 196.7
- рѣшетъ . . 230.8
- ситъ . . . . 230.8
Наварить . 429.13
Навинченная крышка 524.4
Навозъ конскій 428.11
- коровій . . 429.1
Навозъ сгнившій конскій 428.12
Навѣска . . 238.11
Нагнетанія сторона 471.5
Нагнетательная труба 145.3
Нагнетательный клапанъ 142.4
- насосъ 121.1, 509.2
- трубопроводъ 144.8
Нагрузка . 240.12
- дополнительная 562.8
- максимальная 241.1
- на скручиваніе 50.4
- отъ скручиванія 50.4
- полная . . . 562.9
- по частямъ 562.7
Нагрѣваніе . 86.5
- верхней части болванки 485.7
Нагрѣваніе вольтовой дугой 566.1
- предварительное 347.5
- путемъ индукціи 568.3
Нагрѣвательная камера 85.6 319.2
- печь . 383.9, 528.3
- - съ подвижнымъ подомъ 528.6
- пластина . 176.4
-ный колодецъ 527.6
Нагрѣвать чугунъ 374.3
Нагрѣваться до температуры краснаго каленія 385.7
Нагрѣвъ посредствомъ сопротивленія 570.5
Нагрѣтый . 297.11 328.11, 447.3
Надворъ . . . 556.9
Надламывать 375.2
Надрѣзанный 444.1
Надставка на шахту 467.5
Надстройка печи 403.2
Надфурменная часть горна 296.1
Наждакъ . 202.11
- для шлифованія 275.9
Наждачная бумага 275.8
-ное полотно 203.1
-ный кругъ . 492.4
Нажимная втулка сальника 507.4
-ной винтъ . 521.3
- стаканъ . . 522.2
Названіе руды 65.4
Накатываніе крицъ 376.9

Накидка для измѣренія толщины протянутой проволоки 536.2
Накладка . . 23.8
- плоская . . 23.9
- угловая . . 24.1
Накладная . 560.4
Наклоненіе отъ руки 479.5
Наклонить ковшъ 479.4
Наклонная труба 315.3
- - для грузки въ насыпку 132.1
-ный желобъ 131.8
- подъемникъ 331.4
Наклонъ заплечиковъ 302.8
- колосниковой рѣшетки 161.3
Наковальня 502.10
Накопленный 408.1
Наличникъ молота 502.9
Намагниченіе 82.3 91.5
Намагничиваніе 82.3, 91.5
Наматываться 524.9
Наматывающій роликъ 498.1
Наносить . . 431.5
Напилокъ для чистки отливокъ 491.5
Напильникъ для чистки отливокъ 491.5
Наполненіе . 337.1
Наполнить ящики 417.5
Напорная жидкость 507.7
-ный резервуаръ, высоко поставленный 145.8
Направить пламя къ поду 411.7
Направленіе движенія 93.6
- неизмѣнное 531.1
- оси . . . . 472.3
- перемѣнное 531.11
- пламени . . 374.7
- постоянное 531.1
Направляющая точная 449.7
-щія ковша . 479.7
- шаблонодержателя 456.2
Напряженіе внутреннее 488.10
- въ отливкѣ 488.8
- магнитнаго поля 92.11
- магнитодвижущее 92.7
- на мѣстѣ потребленія 169.5
- отъ изгиба 488.9
- - крученія . 50.6
- - растяженія 48.9
- - скручиванія 50.6
- при изгибѣ 488.9
- разложенія 265.4
Напыльникъ 388.3 389.1
Наростъ шлаковый 374.11, 386.5
- - у горла реторты 401.11
Насадить . . 374.2
Насадка 313.8, 373.10
- предохранительная на перегонную колбу 255.2
- регенератора 407.8
- тиглей . . . 355.8
Насосная установка 141.10
Насосъ водонапорный 509.6
- воздушный 178.2
- всасывающій 245.7
- двойного дѣйствія 142.8
- для фильтрованія 245.8
- дуплексъ . 143.1
- нагнетательный 121.1, 509.2
Насосъ паровой 142.6, 509.5
- - Вортингтона 143.1
- - компаундъ 143.2
- - свободностоящій 143.4
- - сдвоенный 142.5
- приводный 509.4
- простого дѣйствія 142.7
- ротаціонный 142.6
- ручной . . 142.1
- со скальчатыми поршнями 144.3
- стѣнной паровой 143.3
- съ ныряющими поршнями 144.3
Насосъ, устанавливаемый въ колодцѣ 144.4
- центробѣжный 143.7
- циркуляціонный 144.1
Наставной . . 136.6
- захватъ со втулкой 136.4
Насталенный конецъ 339.1
Настойка лакмуса 211.9
Настыль 343.3, 353.6
- желѣзистая 361.8
- оплавить при помощи вольтовой дуги 344.2
- цинковая . 361.2
- шлаковая . 386.5
Насыпаніе песку 488.6
Натереть спиртомъ 447.2
Натристая известь 205.7
Натріевый прессъ 182.5
Натрій . . . 221.3
- мышьяковистокислый 210.9
- сѣрнистокислый 210.5
- сѣрнокислый 205.12
- фосфорнокислый 206.9
- хлористый . 207.2
Натровый щелокъ 205.3
Натръ двууглекислый 205.10
- углекислый 205.9
- ѣдкій . . . 205.1
Натузіуса печь 568.1
Натяжной грузъ 187.3
Находиться въ равновѣсіи 274.9
Начальникъ доменнаго цеха 332.3
Начальный ручей 516.5
Начертить калибры 514.7
Нашатырь . 207.10 545.8
Негативъ . . 282.4
Негодный . . 116.9
Недоброкачественный 548.9
Недожженный 89.1
Недостатокъ воды 140.6
Незакрѣпленное положеніе 50.1
Нейтрализовать 242.5
Нейтральный 242.4
Необжигаемый кирпичъ 429.8
Необожженный 88.11
Неоднократный 148.3
Неопредѣленный 37.9
Неплавкій . . 114.1
- уголь . . . 99.6
Неплавкость . 425.8
Неподвижный 94.1 127.3, 402.7, 441.3
Неполадка въ горну 358.9
Неполяризованная машина 169.8
Непосредственное возстановленіе 347.7
Непрерывное дѣйствіе 344.7
Непрерывный 395.4 401.2, 405.5
Непрямой . . 347.8
Неравнобокій 20.3
Нерасплавленный 411.9
Нерастворимый 241.9.12
Неспекающійся уголь 99.6
Несслеровъ реактивъ 211.4
Неточный . . 37.9
Нефтяное отопленіе 384.9
Никкелевая сталь 16.11
Никкелистое желѣзо 15.7
Никкель . . . 217.9
- молибденистый 15.8
Нитрометръ . 181.2
Нить восковая 459.5
- резиновая . 197.8
- шлаковая 358.10
Ножикъ платиновый 195.9
- пробочный . 196.5
Ножка стойки 444.3
- пружинящая 462.1
Ножки растопыренныя 462.2
Ножницы гидравлическія для слитковъ 533.8

Ножницы для рѣзки листовъ 533.9
Ножъ . . . . 504.7
- для нарѣзанія пробокъ 196.5
Ножъ скребной 78.6
Ноздреватый 2.7, 365.4, 484.4
Номеръ сортовый 34.11
Нормы . . . 32.7
Норія . . . . 139.9
Носокъ ковша 478.2
- смѣняемый 478.3
Носъ . . . . 389.9
- ковша 341.7, 478.2
Носъ смѣняемый 478.3
Нутромѣръ . 41.3
- остроконечный 39.6
Ныряло 453.7, 506.2

# О.

Обводный каналъ 372.8
Обдѣлка полная сердечника 461.2
- - стержня . 461.2
- - шишки . . 461.2
Обезсѣренный 5.4
Обезуглероживаніе 376.1
- полное . . . 397.5
Обезуглероживать чугунъ 363.6
Обжечь до спеканія 118.9
Обжигаемыя вещества 82.6
Обжиганіе въ кучахъ 83.1
- - стойлахъ . 83.3
- желѣзныхъ рудъ 81.4
- окислительное 82.1
- окисляющее 82.1
- съ цѣлью образованія сѣрнокислыхъ солей 82.5
Обжигательная печь 83.4
- - съ наружной кладкой 83.5
- установка . 82.8
Обжигать . . 547.2
Обжигъ . . . 82.9
- неудачный . 88.9
- слабый . . 250.6
- удачный . . 88.8
- эмали . . . 554.7
Обжимать . . 377.1
Обжимка . . 377.2
Обжимной валокъ 513.11
Обжимочный станъ 510.2
Обзоливаніе фильтра 250.1
Облицевать топочное пространство огнеупорными кирпичами 156.6
Обломочное мѣсторожденіе 57.3
Обманка роговая 72.7
- цинковая . 72.1
Обмотать патронъ 460.7
- фонарь . . 460.7
Обмотка . . . 460.6
Обмуровать . 306.3
Обмуровка . 305.1
Обмывка рудъ 79.6
Обмѣнъ анализами 227.8
Обмѣрить образецъ 38.2
Обмѣръ . . . 38.3
Обнаженная лещадь 290.9
Обнаружить . 277.3
- структуру . 277.4
Обогатить руду 63.2
Обогащать . 63.2
Обогащеніе магнитное 91.2
- рудъ . . . . 80.1
Обогащенный 102.1
Ободъ зубчатый, отлитый съ . . . 393.1
- стальной . . 294.7
Обожженный 88.10, 116.10, 480.8
- желѣзный шпатъ 68.9
Обозначеніе . 34.8
Оболочка газовая 431.7
Оборудованіе складовъ 130.1
- шахты . . . 100.6
Обрабатывать молотами въ холодную 548.6
Обработка . . 33.10
- мокрымъ путемъ 79.7
- предварительная химическая 251.1
- рудъ въ сыродутныхъ горнахъ 362.1
Образецъ . . 33.3
Образованіе водорода 348.9
- воронки . . 348.3
Образованіе кокса 102.7
- котла въ печи 88.3
- крицъ . . . 376.9
- окиси углерода 375.3
- трещинъ въ модели 436.3
- усадочныхъ раковинъ 483.7
- щелей въ кладкѣ 336.6
Обратимая машина 169.9
Обратный ручей 516.6
Обручное желѣзо 19.8
Обручъ желѣзный 295.5
Обрѣзать . . 533.6
- какъ слѣдуетъ 533.7
- правильно . 533.7
- соразмѣрно 33.11
Обслуживаніе 409.5
Обставная плита 373.4
Обстукивать молоткомъ трубу во время водяной пробы 55.2
Обточенный . 323.9
Обточка калибровъ 515.3
Обугленное горючее 337.2
- топливо . . 337.2
-ный горючій матеріалъ 337.2
Обуглероживаніе 348.5, 398.5
- твердымъ углеродомъ 418.7
Обуглероживающій матеріалъ 398.7
Обуглить . . 427.7
Обхватить желѣзными связями 303.2
Обшивка дымовой трубы 373.2
Объективъ . 279.1
Объемистый . 243.3
Объемная мѣра 334.9
- энергія . . 257.2
-ное опредѣленіе 223.10
Объемъ . . . 344.9
- граммъ-молекулы 225.8
- молекулярный 258.5
- соединенія . 226.7
Обязательство 30.3
Овальный ручей 517.1
Огнепостоянство 383.11
Огнестойкій . 385.2
Огнеупорность 162.4, 383.11
Огнеупорный 115.11, 117.13, 390.5, 407.5, 480.4
Огонь полный 417.8
Огражденіе колошника 307.7
Ограниченіе условій концессіи 557.8
Одежда горна 294.4
- желѣзная . 83.8
- кирпичная 304.10
Одноатомная молекула 224.10
Одновалентный іонъ 259.5
Однокремнеземикъ 356.8
Односварочный 13.2
Однотигельный 384.6
Однофазная установка 166.5
Одноцилиндровый 325.7
Оживальный ручей 516.11
Озерная руда 67.4
Озоновая бумага 213.1
Окалина 112.5, 414.5
- изъ подъ валковъ 112.4
Окисленіе . . 350.1
- примѣсей желѣза 366.5

Окисленный 484.12
Окислитель . 415.5
Окислительная плавка 363.2
- примѣсь . 250.11
Окислительный 82.1
- процессъ . 552.8
Окислы желѣза 414.5
Окислять . 250.10
Окисляющій . 82.3
Окись азотнокислая серебра 210.1
- барія . . . 220.9
- безводная желѣза 66.4
- водная желѣза 66.11
- желѣза . . 66.3
- -, получаемая при производствѣ гудронныхъ красокъ 71.1
- зерненая мѣди 209.2
- кальція . . 220.1
- магнія . . . 220.5
- марганца . 217.5
- мѣди . . . 217.8
- ртути . . . 209.9
- свинца . . . 219.7
- сѣрнокислая желѣза 69.2
- хрома . . . 218.2
- цинка . . 218.12
Окладъ . . . 563.4
Окно . . . . 85.9
- для перемѣшиванія клюшкой 370.8
- проходное . 320.7
Оковка желѣзная 24.9
Оконечность печи 413.10
Окончательный ручей 516.7
Окошко пламенное 368.6
Окраска . . . 550.5
- временная . 551.3
- постоянная 551.5
Окрашиваніе пламени 235.7
Окрашивать 282.11
Окуляръ . . 279.2
Олифа . . . . 551.7
Олифить . . 551.2
Олово . . . 218.10
- хлористое . 208.9
- хлорное . 203.10
- чистое . . 553.11
Оолитовая желѣзная руда 63.7
Оолитовый . 67.6
Опасный . . 543.8
Опиливать напилкомъ на плоскость 275.3
Опилки . . . . 29.6
- алюминіевыя 200.2
Оплавить . . 343.6
- настыль при помощи вольтовой дуги 344.2
Опока . . . 439.13
- американская 439.6
- верхняя . . 441.2
- деревянная 440.4
- для колоннъ 439.7
- машины для формовки ременныхъ шкивовъ 452.1
- нижняя . 440.10
- откидная . 440.3
- разборная . 440.9
- составная . 440.5
- средняя . . 441.1
- фальшивая 439.12
Опора . . . . 465.5
- водопровода 298.2
- на каткахъ 325.2
- - роликахъ 325.2
- рамы . . . 414.3
- стойки для конвертера 392.5
- - - реторты 392.5
Опоражниваніе автоматическое 128.3
- лотка . . . 411.4
- печи . . . . 88.7
- ящика . . . 411.4
Опорная балка 524.6
- призма . . . 287.7
Опорный брусъ 524.6
- рычагъ 522.5, 523.7
- шкивъ для тягового каната 137.2
Опорожнить горнъ 342.1
Оправка для прокатки трубъ 537.9
Опредѣленіе величины кусковъ грохоченіемъ 65.2
- количества дутья 350.3
- объемное 223.10
Опредѣленіе отдѣльныхъ тѣлъ 224.2
- плотности газа 270.7
- проводимости 261.1
- растворимости 258.9
- электропроводности 261.1
Опредѣлить размѣры образца 33.2
- теплотворную способность 109.3
Опрокидыватели 131.5
Опрокидыватель 331.6
- вагонный . 132.6
- платформенный 132.7
- съ криволинейнымъ подъемомъ 133.1
- электрическій 393.6
Опрокидывать 341.8
-, опрокидывая, лить черезъ носъ ковша 481.5
Оптическій пирометръ 352.2
Опусканіе колошъ 335.8
- шихты . . . 335.8
Опускаться . 335.9
Опускной колодецъ 141.7
Опытные данные, на основаніи опытныхъ данныхъ 345.2
Опытъ . . . 31.1
- предварительный 31.2
Органическое вещество 427.8
Орлецъ . . . 70.4
Оросительный охладитель 148.7
Орошать . . 148.8
Орошеніе . . 298.4
Орса приборъ 269.8
Ортомышьяковая кислота 218.5
Ортосиликатъ 356.8
Орѣшникъ 63.5, 101.2
- мелкій . . . 101.3
Осадить . . . 53.6
Осадка . 53.7, 562.4
Осадокъ 147.7, 242.12
Осадочное средство 147.6
Осаждать 53.6, 242.6
- при температурѣ кипѣнія 242.10
- сѣроводородомъ 242.11
Осажденіе . . 242.6
- примѣсей . 147.5
- увлекаемой тягою золы 164.4
Осажденный 116.1
Осаживаніе . 53.7
Освинцовать . 554.3
Освобожденіе кислорода 375.4
Освѣтитель . 280.7
Освѣтительная центральная станція 165.8
- и силовая станція 166.2
Освѣтлительная банка 243.6
Освѣтлить . . 243.5
Освѣщать . 281.11
Освѣщеніе . 280.4
Освѣщенный 280.6
Осколокъ плены 85.7
- чугунный . 464.8
Ослабленіе связи между камнями 336.6
Осмій . . . 219.10
Осмондитъ . 284.6
Осмотическое давленіе 258.7
Осмотръ наружный 35.1
Осмотрѣть дымовую трубу внутри 165.1
- формы . . 342.9
Основаніе 65.7, 204.10, 242.3, 288.5
- изъ зеркальнаго стекла 237.2
- колоннъ . . 293.7
- станины . . 496.3
- стоекъ . . 293.7
- шлифа . . . 275.2
Основной . . 306.5
Остановить доменную печь 354.9
Остановка доменной печи 354.6.7
- дутья . . . 338.8
Остатки вывѣтрившихся горныхъ породъ 427.9
- отъ выщелачиванія 90.3
- - обжиганія 90.2

Остатки получающіеся при добываніи сѣрной кислоты изъ сѣрнихъ колчедановъ 70.8
Остатокъ нерастворимый 241.12
- - въ кислотѣ 241.13
Остаться раскаленнымъ 486.5
Остроконечный нутромѣръ 39.6
Острый край 423.6
Ось . . . . . 237.4
- вращенія . 393.3
Осѣданіе засыпи 354.5
Отбирать руду 63.2
- - отъ пустой породы 63.4
Отбой . . . . 496.7
- дать молоту 502.2
- пружинный 502.4
Отбойный болтъ 502.6
Отборный уголь 100.9
Отбросъ . . . 33.6
Отбросы заводскіе 355.11
- желѣзосодержащіе 112.3
- коксовые . 107.12
Отбѣленный 5.2
Отвалъ . . . 356.4
Отведеніе газа 359.12
Отверстіе входное 406.4, 467.2
- выгребное . 87.9
- выпускное 300.4 388.5, 480.1.6
- - забить . . 342.4
- - пробить . 338.9
- груди . . . 291.8
- для впуска воздуха 321.3
- - вывода дыма 417.4
- - наблюденія 88.1 298.4
- - подвода воздуха 87.8
- - пропуска трубы 538.4
- - прохода дутья 394.5
- - разбивки настылей и спекшихся массъ руды 87.10
- - стока чугуна 468.7
- - чистки . . 163.4
Отверстіе засыпное 105.1
- коническое . 586.3
- колошниковое 307.3
- отводное . 312.3
- рабочее . . 417.6
- смотровое . 88.1
- соковое . . 300.2
- спускное для воды 81.2
- фурменное . 395.1
- шлаковое . 299.6
Отводной жолобъ 298.6
Отводъ . . . 324.5
- газовъ . . . 314.7
Отвѣсить . 334.10
Отвѣсъ . 40.8, 435.4
Отвѣтвительная труба 324.5
Отгонка газа 258.11
Отдача электролитическая 258.3
Отдушина . 439.7
Отдѣлать отливку 489.5
Отдѣленіе желѣза 361.7
- мокрое . . . 79.8
- рудной пыли 315.5
- сухое . . . 76.2
- чугуна . . 474.5
- электролитическое 265.2
- электромашинное 168.8
Отдѣлитель желѣза 432.7
Отдѣлка 493.8, 533.4
Отдѣлочная . 489.2
- мастерская 533.5
Отдѣлочный барабанъ 493.2
- валокъ 513.10
- переносный барабанъ 493.3
- станокъ . . 492.1
- станъ . . . 510.4
Отдѣлять руду отъ пустой породы 63.4
Отжигательная печь 415.8
Отжигать . . 528.4
Отжигъ . . . 357.6
Отказаться отъ испытанія 34.7
Отказъ въ пріемѣ 559.8
Откатъ . . . 100.9
Отклоненіе 32.9, 240.7
- допустимое 32.10
- толщины . 37.5
Открываться автоматически 315.1
Открытый ручей 515.9
Отливка . . 486.9
- восходящей струей 482.5
- въ глинѣ . 487.6
- - изложницахъ 487.7
- - массу . . 487.5
- - пескѣ . . 487.4
- глиняная . 487.6
- желѣза . . 481.1
- кокильная . 487.7
- машинная . 487.9
- не удается 488.11
-, обжигаемая для придаванія ей ковкости 7.5
- по касательной 482.6
- полая . . . 487.2
- полная . . 487.1
- пустотѣлая 487.2
- стальная мягкая 488.4
- - твердая . 488.5
- тангенціальная 482.6
- тонкостѣнная чугунная 486.11
- трубъ . . . 488.1
- фасонная стальная 488.2
- формовочная 487.8
- холодная . 489.1
- центробѣжная 482.7
- цѣльная . . 487.1
- чугунная . 7.4
Отливки сгладить 489.6
- снять . . . 489.6
Отлитая партія 31.9
-тый изъ стали 488.3
Отлить вертикально 482.8
Отличный отъ нормальнаго 37.9
Отложеніе . . 215.1
- графита . 108.10
Отмученный 116.1
- глиноземъ 276.10
- графитъ . . 430.9
Отмучиваніе . 80.5
Отмучивать глину 433.6
Отмѣрить . . 334.8
Отмѣтить . . 34.9
Отмѣтка . . . 34.8
Отмѣчать . . 34.9
Отношеніе вѣсовое 334.5
Отобрать руду 63.2
Отодвинуть назадъ сопло 343.1
Отопленіе колошниковымъ газомъ 155.10
- косвенное . 463.1
- не непосредственное 463.1
- непосредственное 463.2
- нефтью . . 384.9
- нефтяными остатками 156.1
- паровыхъ котловъ 360.3
- съ пода . . 385.6
Отпускаться . 543.9
Отпускъ . . . 547.1
- и натягиваніе болтовъ 291.4
Отпущенный 548.8
Отражательная печь 10.7, 366.10
- - вращающаяся 402.8
- - съ вытянутымъ подомъ 466.1
-ный листъ . 163.1
Отрицательный 546.12
Отрубить . . 504.8
Отрываніе шлаковаго нароста 402.1
Отрѣзокъ трубки 184.1
Отсадочный бассейнъ 81.3
Отсасывающая труба 492.6
Отсасывать . 246.2
Отслаиваніе . 431.6
Отстойный сосудъ 146.9
Отстояться . 386.3
- дать . 243.5, 486.1
Отсѣсть дать 243.5
Оттянуть молоткомъ до полуторной длины 52.7
Отцѣпка автоматическая 136.9
Отъемное днище 390.8
- - коническое 390.9
Охладитель съ ороженіемъ 148.7
Охладительная коробка 296.7
-ное устройство 296.4
Охладить . 543.10
- быстро кварцъ 115.8

Охлаждаемый 297.2
Охлаждать 543.10
Охлажденіе 486.3
- быстрое 544.2
- водою 296.5
- водяное электродовъ 567.8
- воздухомъ 296.6
- колосниковой рѣшетки 162.5
- мгновенное 447.4
- медленное 357.6
Охлажденіе обратное искусственное 148.1
Охра 66.9
- желѣзная 551.13
Оцинковать 554.2
Очертаніе красное 424.7
- модели 422.5
Очистка 355.7
- воды 146.5
- газа 315.6
Очистка мокрая 317.2
- колошниковой рѣшетки 337.4
- сухая колошниковыхъ газовъ 315.7
Очищать 315.6
Очищеніе повторнымъ пудлингованіемъ 380.1
Очищенія процессъ 366.5
Очищенный 146.7, 366.6, 382.6
Очки предохранительные 198.1
- слюдяные 253.3
- Шмидта 323.7
Очко для наблюденія 88.1
- фурмы 299.2
Ошлакованіе 250.12
- фосфора 398.2
Ошлаковать 340.7

## П.

Паденіе 57.6
- температуры 447.5
Пазъ 504.4
Пакетъ 378.3
Палецъ 496.5
- резиновый 198.3
Палладизированный асбестъ 201.5
Палладій 219.12
Палочка стеклянная для помѣшиванія 190.7
- цинковая 266.4
Пальмера толщиномѣръ 39.4
Пальмеръ 39.4
Пальмовый жиръ 553.4
Панталонная труба 320.1
Папиновъ котелъ 178.5
- сосудъ 178.5
Пара силъ 51.1
Параллельный 384.8
Парамагнитный 91.6
Паркъ вагонный 125.1
Паровозъ 124.6
Паровой котелъ см. котелъ паровой
- молотъ см. молотъ паровой
- насосъ см. насосъ паровой
Паровпускной золотникъ 499.7
Пародинамо 170.7
Парообразователь 178.10
Пароотводный каналъ 372.7
Парораспредѣленіе золотниковое 499.6
- молота 499.3
- поршневое 499.4
Пароструйный распылитель 158.2
Паросушитель 179.3
Пароходъ для перевозки руды 562.6
Партія литого продукта 81.9
Паръ верхній надъ поршнемъ 500.6
- водяной 360.5
- нижній подъ поршнемъ 500.8
Пары темные 400.8
Пассъ 138.4
Патронъ 459.9
- полый 459.10
- съ отдушинами 460.3
- фасонный 460.1
Патрубокъ 297.6
- выпускной 480.7
- фурменный 300.9, 301.1
Паяльная лампа съ дутьемъ 251.6
- трубка 234.8
-ный столъ 251.2
Пемзовидный 357.9
Пеньковый канатъ 444.5
Перевозка 123.2
- слитковъ 526.1
Переворачивать 376.3
Перевѣсъ 559.11
Перегонка въ разрѣженномъ пространствѣ 254.3
Перегонка непрерывная 254.6
- сухая 253.11
- съ водянымъ паромъ 254.2
- фракціонированная 254.4
- частичная 254.4
Перегонная колба 254.9
- трубка 255.1
-ный аппаратъ 254.8
- кубъ 255.4
Перегонять 254.7
Перегородка 319.3
- неподвижная 441.3
Перегрузочный кранъ 125.8
- - на козлахъ 127.5
Перегрѣватель 179.1
- пара 179.2
Перегрѣвъ чугуна 474.7
Перегрѣтый 474.9, 548.11
Передаточникъ 138.3
Передача силы 167.2
- - непосредственная 327.3
- - прямая 327.3
- червячная 341.10
Передвиженіе пробки 480.5
- ѣздока 239.10
Передвижной 139.8, 478.6, 536.4
Передувка 397.10
Передѣлочный 7.6
Передѣлъ на поду отражательной печи 402.3
Передѣлъ чугуна въ ковкое желѣзо 414.4
- - - кричномъ горну 363.4
Передѣлываемый легко 365.3
- трудно 365.5
Передѣлывать чугунъ 363.6
Пережженный 548.12
Пережечь 118.9
Пережимъ 83.10
Перекатная печь 529.1
Перекатывать слитокъ 529.2
Перекидное устройство 406.9
-ной клапанъ 406.10
Перекидываніе 406.8
Перекись водорода 211.3
- натрія 211.1
Перекопать 438.9
Перекошенный 534.4
Перекрытіе печи 569.2
Перекрыть 339.5
Перемѣна 406.8
- внезапная температуры 118.7
- движенія 532.2
- рѣзкая температуры 118.7
- хода 532.7
Перемѣнить 535.3
Перемѣнный 391.2
- ходъ доменной печи 344.5
Перемѣшиваніе въ-ручную 373.10
Перемѣшивать 375.7

Перемѣщеніе лентою 138.6
- массовыхъ грузовъ 138.1
Переносный . 493.3
Переплавка двукратная 366.2
- однократная 365.8
Переплавки процессъ 474.1
Переплавленный 474.12
Переработка 411.5
Переспѣлый 353.1
Пересыщенный 16.9
Перетомленный 548.10
Переугливаніе 102.6
Переугливаться способность 102.9
Перехватываніе источника 141.2
Переходъ закругленный 423.7
Періодъ кипѣнія 375.9, 396.7
- окончательнаго выдѣленія углерода 397.4
- полнаго выдѣленія фосфора 398.1
- - обезуглероживанія 397.4
- шлакообразованія 396.6
Перлитъ . . 283.7
Перчатка азбестовая 201.4
- резиновая . 198.4
Пескоструйная труба 492.10
-ный аппаратъ 492.9
Песокъ . . . 4.7
-, бывшій въ употребленіи 427.3, 431.11
- жирный формовочный 425.13
- изъ остроугольныхъ песчинокъ 426.6
- кварцевый . 426.7
- магнитный . 68.2
- морской . . 212.6
-, не бывшій въ употребленіи 426.4
- пригорѣвшій 490.8
- свѣжій . 431.10
- сухой . . . 442.4
Песокъ формовочный 425.10
- - съ сильной примѣсью глины 426.1
- - тощій . . 425.12
- чистый свѣжій 426.5
- шлаковый . 359.5
Песочная форма 310.4
Пестовой молотъ 497.4
Пестъ . 77.4, 229.5, 383.6, 391.4
- для ручной сбивки 391.5
Песчаникъ . 114.3
- желѣзистый 113.6
- пестрый . . 114.5
- плитообразный 114.4
- углистый . 115.6
Песчанистый 113.6
Петля . . . . 43.5
Печать . . . 234.3
Печь англійская для цементаціи 416.6
- волчья . . . 286.1
- вращающаяся 95.3
- - пламенная 402.8
- газовая закалочная 541.1
- - калильная механическая 542.3
- - - съ механической подачей 542.3
- - обжигательная Вестмана 85.2
- Гельбергера 570.7
- Гіорта . . . 568.8
- глиняная малая 249.6
- для закалки напилковъ 541.4
- - нѣсколькихъ тиглей 384.7
- - обжига доломита 119.1
- - обжиганія днищъ конверторовъ 119.3
- - - кирпичей 119.2
- - одного тигля 384.6
- - переплавки 389.2
Печь для плавки тигельной стали 384.1
- - полученія цементной стали 417.10
- - - чугуна Гармэ 571.6
- - - - Геру . 571.5
- - сожженія 240.2
- - цементаціи 416.5
- - элементарнаго анализа 249.2
- доломитообжигательная 119.1
- доменная антрацитовая 285.4
- - коксовая . 285.3
- -, работающая на антрацитѣ 285.4
- -, - - древеснымъ углѣ 285.2
- -, - - коксѣ . 285.3
- - свободностоящая 287.3
- - Стассано . 571.3
- - съ выложеннымъ горномъ 286.5
- - - желѣзнымъ кожухомъ 287.1
- - - закрытой грудью 286.3
- - - кирпичнымъ кожухомъ 286.4
- - - овальнымъ металлопріемникомъ 286.7
- - - - нижнимъ горномъ 286.7
- - - открытой грудью 286.2
- - шотландская 286.6
- - электрическая Гронваля, Линдблада и Стальгана 571.4
- единичная . 573.2
- Жерара . . 569.7
- Жина . . . 569.6
- Жиро . . . 567.5
- закалочная для напильниковъ 541.4
- - шахтная . 541.2
- зигенская шахтная 83.7
- Ижевскаго . 570.2
- калильная . 95.2, 385.5, 528.5, 540.1
Печь калильная шахтная 541.3
- качающаяся 403.1
- Келлера . . 570.1
- кливелендская обжигательная 84.1
- коксовальная 103.4
- - закрытая . 103.7
- - полузакрытая 103.5
- - съ улавливаніемъ побочныхъ продуктовъ 103.8
- коксовая . . 103.4
- Кольби . . 568.7
- кольцевая для обжига известняковъ 85.6
- литейная пламенная 465.9
- мартеновская 402.6
- многотигельная 384.7
- муфельная . 541.5
- - газовая . . 542.1
- - двойная . . 541.8
- - для газа . 249.4
- - - угля . . 249.3
- - электрическая 249.5
- нагрѣвательная 383.9, 528.3
- - съ подвижнымъ подомъ 528.6
- нагрѣтая совершенно 411.8
- наклоняющаяся 403.1
- Натузіуса . 568.1
- неподвижная 402.7
- обжигательная 83.4
- - Витковицкая 85.4
- - съ наружной кладкой 83.5
- - Филлафера 85.3
- - штирійская 84.7
- однотигельная 384.6
- отжигательная 415.8
- отражательная 366.10
- - съ вытянутымъ подомъ 466.1
- перекатная 529.1
- Піа . . . . 384.5

Печь плавильная 252.2, 389.2 465.8
- - отражательная 402.5
- пламенная 366.10
- - закалочная 540.5
- - съ вытянутымъ подомъ 466.1
- подземная калильная 527.6
- пудлинговая 367.1
- - вращающаяся 367.5
- - двойная . 367.2
- - поворачивающаяся 367.4
- - Шпрингера 367.3
- Ресслера . . 252.3
- Рехлингъ-Роденгаузера 568.9
- - перемѣннаго тока 568.10
- - трехфазнаго тока 569.1
- сварочная . 378.6
- свинцовая . 540.4
- системы Сименсъ-Мартена 402.6
- сталетомильная 416.5, 417.10
- - англійская 416.6
- сушильная для сердечниковъ 463.4
- - - стержней 463.4
- - - шишекъ 463.4
- - переносная 462.7
- съ вольтовой дугой 565.9
- - зумпфомъ 406.4
- - металлособирателемъ 466.4
- - перемѣннымъ подомъ 416.1
- сыродутная 286.1
- - шахтная 363.1
- тарелочная 367.7
- тигельная электрическая 570.6
- ульевая для коксованія 103.6
- ульевидная 103.6
- Фрика . . . 569.8
- цилиндрическая 367.6

Печь электрическая 267.2
- эмальировочная 554.8
Пиво выдохшееся 431.2
Пика . . . . 88.2
Пикнометръ . 180.1
Пила для рѣзки металла въ горячемъ состояніи 533.10
- - холодной распиловки 493.4
- - угля . . . 235.6
- ленточная . 493.5
Пильная лента 493.7
-ный листъ . 493.7
Пинцетъ . . 202.7
Пипетка . . . 191.3
- абсорпціонная 270.3
- автоматическая на полное пусканіе 191.7
- для отвѣшиванія 240.4
- - поглощенія 270.3
- измѣрительная 191.4
- на полное выпусканіе 191.6
- съ одной мѣткой 191.6
- - шарикомъ между кранами 191.5
- фильтровальная 245.1
Пиритъ . 69.4, 72.3
Пирогаллолъ 211.13
Пирогъ коксовый 106.6
Пиролюзитъ . 70.2
Пирометръ 180.5, 351.5
- воздушный 351.8
- графитный . 351.7
- металлическій 351.6
- оптическій . 352.2
- электрическій Ле-Шателье 352.1
Пиропъ . . . 239.5
Пирротинъ . 63.3
Піа печь . 394.5
Плавающій . 386.6
Плавень . . 111.1

Плавиковая кислота 204.9
-вый шпатъ . 111.4
Плавикъ . . 111.4
Плавиленная трубка 252.9
Плавильная печь 252.2, 362.4, 389.2, 465.8
-ное кольцо . 568.5
Плавильный жаръ 474.2
- журналъ . 349.4
- матеріалъ . 409.7
- подъ . . . . 569.3
- тигель . . . 252.4
Плавильня . 463.5
Плавильщикъ 409.6
Плавить 250.3, 374.4
Плавка въ вагранкахъ 473.3
- доменная . 336.2
- древесноугольная 7.6
- окислительная 363.2
Плавкость . . 250.4
Плавленіе . . 250.1 395.9
- желѣзной ломи 565.3
- чугуна электротермическимъ путемъ 571.2
Плавный . . 472.4
Пламенный ходъ 368.6
Пламя восходящее 86.3
- запальное 360.11
- колошниковое 360.6
- натрія . . . 235.8
- острое . . . 466.2
- полное . . . 417.3
- самосвѣтящееся 400.1
Планка защемляющаяся 24.5
- прилитая направляющая 370.9
Планъ . . . 287.8
- канализаціи 168.7
- сѣти . . . . 168.7
Пластина азбестовая 201.1
- нагрѣвательная 176.4
- подставки . 238.2
- полированная стеклянная 276.4
- пробковая . 196.3
- резиновая . 197.5
- фильтровальная 245.2

Пластина фотографическая 282.2
Пластинка глиняная 249.7
- для закрѣпленія на ней стеклышка съ изслѣдуемымъ объектомъ 278.7
- защемляющаяся 24.5
- изъ урановаго стекла 189.5
- роговая . . 201.9
- слюдяная . 301.5
- стеклянная 189.4
- цинковая . 266.2
Пластинчатый 45.7
Пластичность 425.3
Пластичный матеріалъ 425.2
Пластовой . . 57.1
Пластъ . . . 56.3
Плата за перевозку на телѣгахъ 561.5
- - - по желѣзнымъ дорогамъ 561.4
- - - сухопутную 561.3
- коммиссіонная 559.3
- провозная . 560.5
Платина металлическая 194.6
- хлорная . . 210.3
- четыреххлористая 210.3
Платиновая жесть 194.9
- игла . . . . 194.8
- лодочка . . 195.5
- ложечка . . 195.7
- посуда . . . 194.5
- проволока . 194.7
- чашка . . . 195.2
- - для обзоливанія 195.4
Платиновый конусъ 195.6
- металлъ . . 194.6
- муфель . . 195.3
- ножикъ . . 195.9
- сосудъ для обзоливанія 195.4
- тигель . . . 195.1
- шпатель . . 195.8
Платформа для завалки 388.4
- - обслуживанія миксеровъ 389.4
- загрузочная 122.3
- мостовая . . 132.6

Платформа на уровнѣ колошниковаго отверстія 467.4
- опрокидывающаяся 132.5
- опускающаяся 133.4
- пріемная, на которую выкидываются грузы 131.7
Платформенный опрокидыватель 132.7
Плауновое сѣмя 442.3
Плена . . 35.6, 346.8
Пленка . . . 486.8
Плетеный . . 444.6
Плита арматуры 373.4
- броневая . 27.8
- вытяжная . 451.2
- глиняная 489.6
- для измельченія 229.8
- - прямолинейнаго движенія 446.4
- защитная . 162.8
- лицевая . 292.10
- модельная . 422.6
- мраморная . 227.1
- обставная . 373.4
- опорная . . 469.7
- основная . . 291.2
- отражательная 163.1
- передняя . . 369.3
- подовая . . 369.4
- прессовальная 121.5
- прижимная 453.3
- - откидная 453.4
- чугунная для растиранія 229.6
- -, облегающая темпель 292.4
Плитнякъ . . . 100.9
Плитообразный песчаникъ 114.4
Плиты, ограничивающія рабочее пространство 364.3
Плоская кривая 515.1
-кій ручей 516.10 517.3
Плоскобимсовое желѣзо 21.4
Плоскодонная колба 187.1
Плоскость горизонтальная 438.7
Плоскость наклонная 132.2
- отслоенія . 45.8
- разъема . . 424.3
Плотность газа 270.8
Плотный 59.2, 470.9
Плошка . . . 184.5
Площадка для забрасыванія извести 388.6
- - маневрированія 395.6
- - машиниста 127.8
- - обслуживанія миксеровъ 389.4
- колошниковая 307.5
- погрузочная 122.3 388.4
- рабочая . . 293.5
- у колосника 86.2
- - напыльниковъ 388.8
Площадь колосниковой рѣшетки 159.8
- пода . . . . 466.3
- полная колосниковой рѣшетки 160.1
- растворимости 273.8
Плунжеръ . 121.2, 506.2
Пневматическая машина 268.8
- трамбовка . 434.8
-скій подъемникъ 330.7
- молоточекъ 491.4
-ское зубило 402.2
Побѣжалый 484.12
Поваренная соль 207.2, 545.7
Повернуть ковшъ 479.4
- обрабатываемый предметъ 503.9
- опоку . . . . 442.5
Поверхность волнистая 534.7
- давленія . . 507.5
- засыпи . . 335.5
- излома . . . 45.2
- изогнутая . 322.8
- лещади . . 290.7
- лобовая . 424.11
-, округленная треніемъ 427.2
- орошаемая 149.1
- охлажденія 486.4
Поверхность полированная 424.6
- противодавленія 507.6
- торцовая . 424.11
- угловатая . 426.9
- уплотняющая 470.7
- чистая шлифа 277.5
- шлифа . . . 275.1
Поворачиваніе отъ руки 479.5
Поворачивать слитокъ 529.2
- кранъ . . . 126.2
- - башенный 126.7
- - на подвижныхъ козлахъ 126.3
- столъ . . . 493.1
Поглотительная пипетка 270.3
Поглощающій аппаратъ 269.2
Поглощеніе газовъ 398.4
Погонный метръ 36.7
Погруженіе медленное 544.3
Погрузить . 316.3
Погрузочная площадка 122.3 388.4
Податочный лотокъ 139.5
Подать назадъ 531.9
Подача автоматическая 331.5
- воды . . . . 141.9
- воздуха . . 472.8
- лентою . . 138.6
- угля . . . 159.4
- - посредствомъ безконечнаго винта 159.6
Подвалъ для золы 163.8
Подвергнуть газъ сухой перегонкѣ 253.10
- крученію . . 50.4
- растяженію 48.7
- скручиванію 50.4
- удару . . . 41.8
Подвиганіе самодѣйствующее 525.6
Подвижной . 93.5, 127.4
Подвижный 410.8 465.1
Подводъ воздуха 542.4
- - вполнѣ достаточный 87.5
- газа . . . . 542.5
- горячаго дутья 300.7
- дутья . . 394.3
Подвозъ руды 123.3
- угля . . . 104.6
Подвѣска . . 237.5
- компенсаціонная 237.6
- къ крану . 476.8
Подвѣсная скоба для водопроводной трубы 298.3
-ный хомутъ 476.7
- шлифовальный станокъ 492.7
Подвѣшенъ такъ, чтобы можно было вращать 393.8
Подготовить прокаткой 529.8
Подготовка машинная 431.9
- мокрымъ путемъ 79.7
- физическая и химическая 81.5
- формовочнаго песка 431.8
Поддержка шаблона 455.5
Поддоменникъ 330.4
Поддонъ прессы 121.6
Поддувало . 163.6
Подземная капильная печь 527.6
- канализація 171.5
- проводка . 171.5
- разработка мѣсторожденія 58.1
Подкатывать желѣзо 503.4
Подкисленный 545.9
Подкладка . 24.3
- изъ роговой резины 202.1
- - твердой резины 202.1
- крючковатая 24.4
- съ ребордою 24.4
Подкова . . 28.10
Подковообразный магнитъ 92.4
Подмодельная доска 489.11

Поднятіе слитковъ 527.3
Поднять конвертеръ 396.1
- реторту . . 396.1
Подовая плита 369.4
-вый каналъ 104.1
- электродъ . 567.6
Подогрѣватель 364.2, 370.6
- дутья . . . 318.4
Подогрѣвъ . 347.5
Подогрѣтый . 408.3
Подогрѣть . 336.4
- ковшъ . . . 479.3
Подошва рельса 22.4
Подпилокъ для чистки отливокъ 491.5
Подпора . . . 293.3
Подпорка воронки 316.3
Подпочвенная вода 289.1
Подправить форму 486.4
Подпрудокъ . 62.9
Подставка воздушнаго насоса 178.4
- для колбы . 198.7
- - трубокъ . 253.2
- подъ тигли изъ огнеупорной массы 384.3
- стойки . . . 445.3
- чугунная . 321.6
Подстилка бетонная 289.6
- кучи . . . . 83.2
Подсчетъ анализа 224.6
Подсыпательный песокъ 442.4
Подсѣвокъ . 62.9
Подушка . 521.4
Подчистка . 493.8
Подшипникъ 496.1
- шариковый 300.8
Подъ . . 368.8, 403.6
- вагранки . . 468.8
- горна . . . 291
- доступный . 403.7
-, охлаждаемый водой 369.6
- печи . . . . 412.5
- - въ видѣ конуса 84.2
- плавильный 589.3
-, покрытый спѣлыми шлаками 370.2
- рабочій . . 569.4
- шлаковый печи 369.9
Подъемная сила 125.4, 240.11
Подъемники колошниковые 329.8
Подъемникъ водостолбовой 330.6
- гидравлическій 330.6
- двойного дѣйствія 330.3
- колошниковый съ канатной передачей 330.8
- наклонный 331.4
- пневматическій 330.7
- простого дѣйствія 330.2
Подъемный сводъ 384.2
Подъемъ . . 100.4
- воды . . . 141.9
- катающійся крышечный 525.2
Позитивъ . . 282.9
Поковки . . . 23.7
Покой пріемный 150.5
Покровное стеклышко 186.6
Покровъ . 429.10
Покрывать лакомъ 551.2
- формы припыломъ 430.5
Покрытіе . . 551.9
- слоемъ песка 418.1
Покрыть . . 308.5
- крышею . . 330.5
- мѣдью . . . 552.7
- оловомъ . . 552.9
- свинцомъ . 554.3
- сукномъ . . 276.1
- угольной пылью 430.4
- цинкомъ . . 554.2
- эмалью . . 554.5
Покупатель . 558.5
Покупка . 558.1
Поле зрѣнія . 279.4
- магнитное . 92.9
Полиморфный 272.7
Полировальная доска 276.3
- дощечка . . 487.7
-ный красный порошокъ 276.2
- моторъ . . 276.7
Полированная поверхность 424.6
- стеклянная пластина 276.4
Полировать . 276.6
- въ рельефъ 277.7
Полировка травящая 278.2
Полка уголка 20.2
Полки . . . . 383.8
Полный . . . 562.9
Половина модели 424.2
Положеніе вертикальное 394.1
- горизонтальное 394.2
- незакрѣпленное 50.1
Полозокъ . . 437.4
Поломка валковъ 514.2
Полоса войлока 470.8
- матеріала . 33.5
- пробная . . 33.4
- синяя . . . 400.2
Полосатый . 27.3
Полосовое желѣзо 18.10, 19.7
- - съ зубчатой поверхностью 28.9
- - широкое . 21.7
Полотно наждачное 203.1
- пилы . . . 493.7
Полудить . . 552.9
Полужирный 99.4
Полузеркальный 8.6
Полукотельное желѣзо 26.3
Полупродуктъ 18.1
Полученіе . . 75.6
- газа . . . 359.12
- цементной стали 416.3
- чугуна электрическимъ путемъ 571.1
Полъ завода 288.6
- колошниковой площадки 307.6
- литейной . 475.7
- на уровнѣ колошниковаго отверстія 467.4
Полый 369.7, 394.6, 459.10
Пользованіе неоднократное водой 148.3
Полѣно . . . 337.6
Полюсъ магнитный, равный единицѣ 92.6
- сѣверный . 91.12
- южный . . 92.1
Поляризаціонная емкость 264.4
Поляризація газа 264.6
- концентраціи 264.5
- концентраціонная 264.3
Помостъ . . 86.2
- вѣсовой . . 133.7
- - вагонный 134.1
- для перегрузки сбрасываніемъ 131.6
Помощникъ главнаго химика 173.5
- химика, не получившій высшаго образованія 174.3
Помѣщеніе аккумуляторное 169.1
- для динамомашинъ 168.8
- - рабочихъ 151.2
- котельное . 150.1
- машинное . 149.9
- миксеровъ . 389.3
- рабочее . . 175.1
- ретортъ . . 388.1
Пониженіе температуры 352.4
Понурый 372.4, 404.2
Поперечина 23.3, 328.4, 505.6, 520.16
- для прикрѣпленія шаблона 445.4
- желѣзная . 23.1
- штампованная 23.2
Пополнить . 485.4
Пористость . 96.9 359.8
Пористый . . 59.9
- глиняный сосудъ 266.1
Порогъ 292.5, 404.5
- большой . . 368.5
- задній . . . 372.5
- ложный . . 292.8
- малый . . . 372.5
- рабочій . . 371.1
- шлаковый . 371.3
Порода пустая 75.3, 76.5
Порожный камень 292.5
Порокъ . . . 35.4
- на поверхности 489.11
- наружный . 35.5
- отливки . . 489.10
Порошкообразная желѣзная руда 58.8

Порошокъ алюминіевый 200.1
- для цементаціи 418.8
- доломитовый 117.8
- каменноугольный мелкій 430.10
- красный полировальный 276.2
- стеклянный 203.3
- торфяной мелкій 429.4
- цементующій 418.8
- шлифовальный 275.7
Порча горна . 353.9
- отъ дыма . 561.1
- при отливкѣ 490.4
Поршень . . 311.4
- воздушнаго насоса 501.5
- вращающійся 470.5
- дисковый . 506.3
- компрессора 501.5
- молота . . . 499.2
- насоса . . . 509.3
- -ныряло . . 121.1
- плоскій . . 506.3
- пресса . . . 506.1
- -скалка . . 453.7
Поршневое крыло 472.1
- парораспредѣленіе 499.4
Поршни, послѣдовательно сопряженные 506.5
-, рядомъ лежащіе 506.4
-, совмѣстно сопряженные 506.4
Портландскій желѣзистый цементъ 359.6
Порфировидный 358.2
Посадить . . 374.2 409.9
- верхнюю опоку 442.6
Поспѣваніе товара 376.1
Посредникъ . 559.2
Поставить ребромъ 503.8
Постоянный 551.5
Постоянство температуры раствора 262.5
Постройка печи 403.2
Постройки . 149.4
Посуда кварцевая 201.6
Посуда платиновая 194.5
- стеклянная 185.1
- фарфоровая 193.2
Посыпаніе пескомъ 483.6
Поташъ . . . 205.8
Потенціалъ разложенія 265.3
Потеря въ вѣсѣ 226.10, 560.2
- - упругости 350.6
- газа . . . 360.10
- металла . . 378.8
- при обжиганіи 89.2
- - обогащеніи 75.7
- тепла . . . 572.4
Потокъ газа 406.6
- -, богатый кислородомъ 375.5
- -, освѣщеннаго краснымъ цвѣтомъ 399.11
Потребленіе наибольшее силы 168.4
- тока одновременное наибольшее 168.5
Почвенная форма 438.6
- формовка . 438.5
Почковидная руда 63.8
Пошлины портовыя 561.11
Поясъ возстановленія 347.1
- конвертера 392.6
- обугливанія 347.3
- плавленія . 347.4
- подготовительный 346.9
- реторты . . 392.6
Правило . . . 435.3
- фазъ . . . . 274.5
Правильный станокъ 534.2
- - для стержневыхъ сердечниковъ 459.1
Править . . . 534.1
Превращать въ газъ 253.9, 256.1
Превращеніе въ газъ 405.4
Предметъ освѣщенный 280.6
- очищаемый 489.4
-, предназначенный для очистки 489.4
Предотвращеніе образованія рванинъ 428.10
- - трещинъ 428.10
Предохраненіе поверхности 550.4
Предохранительная коробка 522.2
- плита . . . 162.8
- сѣтка . . . 186.1
- трубка . . 189.10
- тяга . . . . 311.2
Предохранительное приспособленіе 314.9
-ный клапанъ 314.9
- кожухъ . . 492.5
Предѣлъ диссоціаціи 253.7
- отклоненія . 87.4
- погрѣшности анализа 227.2
Предѣльное значеніе 32.8
Прекратить завалку колошъ 354.10
- засыпку колошъ 354.10
Пресса ковочные 504.9
Прессовальная плита 121.5
Прессованіе кирпичей 120.5
- по способу Эргардта 538.3
Прессованный уголь 348.11
Прессъ 202.5, 504.10
- винтовой . 504.10
- гидравлическій для кирпичей 120.6
- - ковальный 505.4
- для загиба . 43.8
- - загибанія 43.8
- колѣнчатый 505.3
- натріевый . 182.5
- паровой ковальный 505.5
- пробочный . 196.4
- сгибающій . 43.8
- тигельный . 383.2
- формовочный 453.1
- - двойной . 454.5
- - гидравлическій 453.5
- - съ поворотной и опрокидывающейся модельной доской 454.3
Прессъ шлаковый 359.7
- штамповочный 505.1
- эксцентриковый 465.3, 505.2
Прецизіонный вентиляторъ 471.2
Прибавленіе никкеля 418.6
- по каплѣ . 242.8
- руды 250.12, 412.1
Прибойникъ . 487.2
Приборъ барабанный 93.9
- для возгонки 256.9
- - выпариванія 246.8
- - высушиванія 268.2
- - газоваго анализа 267.10
- - заполненія баллона 175.7
- - извлеченія эфиромъ при анализѣ системы Рота 182.1
- - измѣренія давленія газовъ 271.5
- - - объема газа 271.7
- - изслѣдованія топочныхъ газовъ 268.4
- - испытанія керосина 181.5
- - насыпанія бромомъ 221.11
- - образованія хлора 221.9
- - объемнаго анализа 193.1
- - опредѣленія азота 221.7
- - - содержанія мышьяка 218.7
- - - - углерода въ желѣзѣ 181.4
- - - точки плавленія 250.5
- - опрокидыванія баллона 175.7
- - отдѣленія желѣза 432.7
- - - и встряхиванія 183.2
- - полученія сѣроводорода 177.1
- - - теплой воды 176.5

Приборъ для полученія фтористоводородной кислоты 222.2
- - преобразованія давленія 503.2
- - смазки каната 137.7
- - смѣшиванія 95.1
- - сушенія и обжиганія 233.7
- - экстрагированія 179.6
- зажимной . 136.2
- - для сортировочныхъ путей 137.8
- измѣрительный 38.5
- Кесслера . 93.10
- Орса . . . . 269.5
- подающій . 433.1
- самодѣйствующій расцѣпляющій 137.1
- смачивающій 432.11
- сушильный 268.1
- Эдисона . . 94.3
- электрическій измѣрительный 266.7
- электромагнитный Сименса 93.8
Приборы второстепенные 314.6
- для объемнаго анализа 191.2
Прибыль . . 485.6
Приведеніе въ состояніе покоя 385.12
Привести муфту въ сцѣпленіе 520.6
- - къ расцѣпленію 520.7
Приводный валъ 518.9
- молотъ . . 501.1
- насосъ . . . 509.4
- шкивъ . . . 137.6
Приводъ . . 518.8
- вертикальный 137.5
- горизонтальный 137.4
- электрическій 314.5
Пригорѣвшій песокъ 490.6
Пригорѣть . 429.12
Приготовленіе образца 33.3
Приготовленіе огнеупорной массы 119.4
- пакетовъ . 374.2
- тиглей . . . 331.3
Приданіе стѣнкамъ трубъ жесткости 319.9
- формы . . . 436.7
Придатокъ . 486.10
Придать конусъ 422.4
Прижимная плита 458.3
Призма агатовая опорная 237.8
- опорная . . 237.7
Приклепанный 295.4, 477.6
Прилитая муфта 319.4
Прилитый . 294.10 370.9
Примѣненіе вторичное 431.12
- повторное 431.12
- шлака . . . 358.3
Примѣси . . 340.5
Примѣсь 71.2, 425.9 432.8
- глинистая . 426.3
- окислительная 250.11
- окисляющая 250.11
- поглощающая кислородъ 398.10
Принадлежности гуттаперчевыя 197.2
Принимать вытекающее желѣзо 481.2
- некруглую форму 423.5
Принятіе со склада 130.9
Приподнять прокатываемый кусокъ металла 531.5
Припылъ . 429.10
Присадка ферромангана 398.8
- чугуна . . 473.12
- шлаковъ . . 337.8
Присоединеніе трубки къ водопроводному крану 184.2
Приспособленіе для автоматической засыпки 308.9
- - грохоченія 230.2
Приспособленіе для загрузки и доставки 122.1
- - - руды . . 123.1
- - закрѣпленія слитковъ 528.8
- - засыпки колошъ 308.8
- - опрокидыванія 331.6
- - отпуска и натягиванія болтовъ 291.4
- - перемѣшиванія 176.2
- - поворота . 393.4
- - подпиранія клѣтки 331.3
- - подъема крышки 528.1
- - приподниманія 525.1
- - просѣиванія 230.2
- - расцѣпленія клещей 464.3
- - сниманія опоки 448.5
- - укрѣпленія 301.7
- механическое для просѣиванія 230.9
- передвижное разгрузочное 139.8
- предохранительное 314.9
Пристывшій формовочный матеріалъ 490.5
Притокъ воздуха 337.12, 542.4
- газа . . . . 542.5
Притягательная способность магнита 91.10
Приходъ тепла 340.2
Пріемка . . . 30.1
Пріемная доска 524.5
- платформа, на которую выкидываются грузы 181.7
Пріемникъ . 472.6
- для перегонки 255.3
Пріемщикъ . 30.2
Пріостановка доменной печи 337.9
Проба . . . . 339.3
Проба, взятая изъ выпущеннаго металла 339.3
- водой . . . 54.6
- высушенная 231.9
- гибомъ . . 42.2
- горячая . . 31.6
- жидкаго металла 401.8
- загибомъ . 42.2
- застывшая металла 401.9
- зачерпываніемъ 401.7
- кузнечная . 52.5
- надъ отрѣзаннымъ образцомъ 31.4
- на изгибъ въ нагрѣтомъ состояніи 42.6
- - - послѣ предварительной закалки 42.7
- нанесеніемъ царапинъ 54.1
- на пробивку дыръ 51.9
- - разрывъ . 49.1
- - ударъ . . 42.1
-, полученная сверленіемъ 228.2
- при помощи паяльной трубки 234.6
- склерометрическая 54.1
- средняя . 227.11
- сухимъ путемъ 224.3
- травленіемъ 277.8
- ударная . . 42.1
- холодная . 31.6
- шлаковъ клюшкой 401.10
- - ломомъ . 401.10
Пробивать дыры 51.10, 52.3
Пробивка дыръ 52.2
Пробирка 186.1, 234.1
Пробить выпускное отверстіе 338.9
- дыры . 51.10, 52.3
Пробка 196.2, 445.9 480.3
- изъ огнеупорной массы 342.5
- резиновая . 197.6
Пробойникъ . 504.6
Пробочный ножикъ 196.5
- прессъ . . . 196.4

Провариваніе на открытомъ огнѣ 120.4
- посредствомъ пара 120.3
- смолы . . . 120.2
Проведеніе обыкновенной дороги подъ путепроводомъ желѣзной дороги 124.2
- - - по путепроводу надъ желѣзною дорогою 124.1
- электрода . 567.8
Проводимость предѣльная электролита 260.9
Проводка надземная 171.4
- подземная . 171.5
- электрическаго тока 171.2
Проводки . . 524.8
Проводъ внѣшній 167.6
- нейтральный 167.7
- нулевой . . 167.7
- средній . . 167.7
- уравнительный 167.7
Провозная плата 560.5
Проволока . 27.11
- алюминіевая 199.12
- вязальная . 460.5
- желѣзная . 199.9
- - тонкотянутая 28.5
- измѣрительная 261.4
- платиновая 194.7
- плоская . . 28.4
- стальная . 27.11
- фасонная . 28.6
- фортепіанная 28.7, 199.10
Проволоки номеръ 28.1
- сортъ . . . 28.2
Проволочная сѣтка 199.1, 318.2
- ткань . 199.1, 318.2
- щетка см. щетка проволочная
Проволочно-канатная дорога 135.9
- ный канатъ 331.3
- станъ . . . 511.6
- треугольникъ 198.9
Прогибъ . . 43.2
- минимальный 43.3
- наименьшій 43.3
Прогораніе . 354.4
Прогорѣть . 413.7
Продавецъ . 558.6
- руды . . . 559.1
Продажа . . 558.2
Продолжительность коксованія 106.1
- нагрѣва . . 543.7
- непрерывной работы печи 413.3
- пребыванія въ печи 344.6
Продольный лежень 23.4
Продувать . . 396.2
Продувка въ конвертерахъ 387.1
Продувки процессъ 396.4
Продуктъ готовый 18.9
- - для металлургичекой обработки 74.5
- обжиганія . 82.7
- обработки . 74.4
- перегонки . 254.1
- - частичный 254.5
- подготовки 74.4
- разложенія 348.1
- рудоносный 75.2
- сухой перегонки 254.1
- съ содержаніемъ металловъ 75.2
Продукты газообразные обжига 87.2
- горѣнія . . 87.2
- побочные доменной плавки 355.8
- - случайные 361.1
Продуха . . . 439.7
Продырявленный 27.4
Прозрачность 400.5
Прозрачный 241.10 244.3, 400.6
Производительность водоснабженія въ часъ 140.3
- общая . . . 555.1
- полезная . . 557.5
- средняя . . 555.5
- суточная . . 555.4
- уменьшить . 556.1
- усилить . . 555.6
Производить внутренній осмотръ дымовой трубы 165.1
- травящую полировку 278.2
Производство годовое 555.2
- годичное . . 555.2
- кокса . . . 102.7
- кричное . . 365.1
- массовое . . 556.2
- полное . . . 555.1
- среднее . . 555.5
- суточное . . 555.4
- тигельной стали 381.1
- томленой стали 416.3
- увеличить . 555.6
- уменьшить . 556.1
- чугуна электрическимъ путемъ 571.1
Происхожденіе 65.5
Прокатать . . 535.2
- предварительно 529.8
Прокатить въ обратную сторону 532.6
- окончательно 529.9
- черезъ ручей 530.5
Прокатка 53.4, 529.6
- косая геликоидальная по Маннесману 537.7
- сварныхъ трубъ на сердечникѣ 538.9
- трубъ . . . 537.4
- - на оправкѣ 538.1
Прокатная машина 512.4
-ное желѣзо . 18.2
- ный станъ . 510.1
Прокатываемый кусокъ металла 531.2
Прокатывать 529.7
- совмѣстно . 533.1
Прокладка . 325.1
- кожаная кольцевая 506.6
Прокованное листовое желѣзо 25.8
Пролетъ . . 49.11
Проливать желѣзо 481.3
Промежутокъ времени между двумя выпусками 342.8
Промывалка 186.3
Промывальная фабрика 80.6
Промыватель 317.3
- Біана . . . 318.1
Промывка . . 80.2
- рудъ . . . 79.6
Промывная стклянка 268.1
- - для брома 222.1
-ной вращающійся барабанъ 80.10
Промытый . 102.1
Промыть . . 246.6
Проницаемость 359.9
- для газовъ 96.1
- магнитная . 91.9
Пропускной ручей 516.1
Пропустить въ обратную сторону 532.6
Проростать . 484.5
Прорости . . 484.5
Прорубное зубило 504.7
Просвѣтъ между колосниками 160.3
Простираніе . 57.5 64.6
Пространство безвоздушное 469.5
- рабочее печи 288.4
- свободное . 520.3
- топочное . 367.10
Просѣваніе . 432.4
Просѣвать . 438.10
Просѣвъ . . 432.4
Просѣиваніе 229.10
- сухое . . . 230.1
Противовѣсъ 310.8
- дверецъ . 370.10
Противодавленіе 523.10
Противофурменная доска 364.8
Протягиваніе начисто 536.9
Проушина . . 441.7
Профили желѣза для вагоностроенія 24.3
Профиль валка 514.9
- доменной печи 287.7
Проходъ . . 531.8

Процессъ брикетированія 94.7
- горѣнія . . 248.7
- заводскій . 346.7
- кислый основной 396.5
- металлургическій 346.7
- окислительный 552.3
- очищенія . 366.5
- подготовительный 74.2
- промывки . 80.2
- пудлингованія 373.7
- раздѣленія 74.3
- рудный . . 412.9
- сплавленія . 413.1
Процессы общіе въ доменной печи 346.6
Процѣживаніе воды 146.8
Прочность 32.4, 306.9 413.2
- абсолютная 49.6
- на крученіе 50.5
- - разрывъ . 48.8
- - растяженіе 48.8
- - ударъ . . 41.9
- по отношенію къ изнашиванію 32.6
Прочный . . 475.4
Проявить . . 277.3 282.5
- строеніе . . 277.4
Проявленіе сильно освѣщенныхъ мѣстъ 282.6
- строенія . . 277.1
Пружина наматывающая 502.5
Пружинный духомѣръ 350.11
- манометръ 350.11
- отбой . . . 502.4
Пружинящій 462.1
Прутки желѣзные для выдѣлки мелкосортныхъ издѣлій 28.9
Прутковое желѣзо для выдѣлки подковъ 29.1
Прутъ для изслѣдованія хода плавки 386.1
Прямолинейный 290.8
Прямослойное 422.8
Псиломеланъ 69.6
Пуансонъ . . 52.1
Пуговка круглая 437.5
- угловая . 437.6
- фасонная . 437.8
Пуддельбарсъ 377.6
Пуддингъ . . 114.7
Пудлингеръ механическій 378.10
Пудлингованіе во вращающихся печахъ 379.1
- въ печахъ съ вращающимся подомъ 379.1
- въ-ручную . 373.9
- механическое 378.9
- на зернистое желѣзо 379.6
- - сталь . . 379.8
- при посредствѣ руды 380.2
- сухое . . . 379.5
Пудлинговать 366.8
Пудлинговая крица 376.10
- мастерская 366.9
- печь см. печь пудлинговая
Пудлинговые шлаки 113.1, 374.10
Пудлинговый 8.5 чугунъ 10.8
Пудлинговщикъ 373.8
Пузырчатая сталь 484.3
Пузырь . . . 484.2
- газовый . . 484.2
Пульверизаторъ для отмученнаго глинозема 276.11
Пульзометръ 142.2
Пунсонъ . . 52.1
Пурпуровый 547.10
Пусковая машина 170.1
Пустота 469.5, 483.4 484.1
- извилистая 487.3
Пустотный шестеренный валокъ 519.5
Пустотѣлый 369.7 394.6
Путь водный 561.6
- главный . . 123.7
- запасный . 123.8
- примыкающій 123.9
- сухой . . . 561.2
Пучекъ свѣтовыхъ лучей 281.4
- сухихъ вѣтвей 532.9
- хвои . . . . 532.8
Пылесобиратель 316.8
Пылеуловитель 316.7, 409.2
Пыль графитовая 430.3
- древесноугольная 98.3, 430.1
- каменноугольная 101.7, 430.2
- колошниковая 316.1
- рудная . . . 76.4
- цинковая . 361.3
Пѣна . . . . 481.8
Пѣнистый . 357.10
Пята рельса 22.4

## Р. [illegible]

Работа въ производствѣ 556.3
- лабораторная 173.2
- машинная . 556.5
- непрерывная 395.4
- полезная . 557.5
- ручная . . 556.4
- съ двукратнымъ расплавленіемъ 366.2
- - однократнымъ расплавленіемъ 365.8
Работы внутри печи 353.4
Рабочій на колошникѣ печи 333.1
- столъ въ лабораторіи 175.3
Рабочій токъ 169.2
- у доменной печи 332.8
Равнобокій . 20.1
Равновѣсіе диссоціаціонное 262.10
Равномѣрный 328.9, 474.10
Радіальный . 530.8
Радіусъ загиба 43.6
Разбавленный 242.2
Разбивка на куски 77.1
- руды . . . 88.4
Разбирать . . 75.9
- руду отъ пустой породы 63.4
Разбить . . . 463.8
Разборка ручная 75.10
Разборка сухая 76.2
Разборки цѣль 76.1
Разборная опока 440.9
Разбрызгиватель пароструйный 158.2
- съ плоскими щелями 158.4
- центробѣжный 158.6
Разгрузка . 123.4 562.10
- автоматическая 128.3
- печи . . . . 106.5
- пути съ обѣихъ сторонъ 128.5
Разгрузочная машина 529.5
Разгрузочное передвижное приспособленіе 139.8
Раздвижная муфта 519.9
-ной калибръ 39.2
Разжижающее средство 415.6
Разламывать 354.3
Разложеніе 358.12
- известняка 349.10
- углеводородовъ 105.9
- шихты . . . 348.4
Разложиться 359.1
Размѣръ . . 288.3
- нормальный 37.8
- опредѣленный 37.8
- увеличенный 486.10

Размѣры, имѣющіеся на складѣ 37.7
- отливки . . 423.1
Разница въ анализахъ 227.3
Разновидность желтая 115.10
- углерода 214.10
Разновѣски . 239.3
Разновѣсъ 239.2.3
Разобщеніе . 240.6
Разогрѣть 336.4, 417.7
Разорвать . . 49.2
Разработка открытая 58.2
- подземная мѣсторожденія 58.1
- разносомъ . 58.2
Разрушеніе сердечника 459.7
- стержня . . 459.7
- шишки . . 459.7
Разрушить кладку стѣнъ шахты 355.7
Разрывать . . 49.2
Разрывъ цѣпи 187.10
Разрыхлѣніе 81.6
Разрѣженіе воздуха 469.4
Разрѣзный . 440.9
Разрѣзъ вертикальный 288.1
-, сдѣланный ножницами 84.2
Разсмотрѣть подъ микроскопомъ 278.6
Разстояніе между валками 515.5
- фокусное . 279.3
- яснаго зрѣнія 279.5
Разстройство хода плавки 353.2
Разсыпаться 359.1
Разсыпное мѣсторожденіе 57.3
Разъемный . 469.8
Раковина 35.3, 175.4
- усадочная 483.11
Рама . . . . 323.5
- для наполненія опоки пескомъ 453.2
- - точной установки модельной плиты 454.7
- колосниковая 368.2
- охлаждаемая 297.2
- полая . . . 369.7
- топочная . 162.7
Рама топочныхъ дверецъ 368.7
- центрирующая 454.7
- чугунная . 440.3
Рамка стержневая 460.4
Раскатать . . 58.2
Раскатывать 58.2
Раскисленіе . 398.6
Расковка . . 58.7
Раскопать . . 438.8
Распадаться . 359.1
Распаденіе 253.4, 347.12
- руды . . . 89.4
- шихты на составныя части 348.4
Распаръ . . . 303.7
Расплавить . 374.4
Расплавляемыя по частямъ количества чугуна 374.1
Расположеніе конвертеровъ 388.2
- ретортъ . . 388.2
Распредѣленіе воздуха 324.6
- доменнаго чугуна 339.6
- клапанное . 500.2
- кранами . . 500.1
- плавильныхъ матеріаловъ 335.6
- свѣта . . . 171.7
- силы . . . 167.3
Распредѣленный мелко 243.4
Распредѣлительный конецъ 133.9
Распылитель пароструйный 158.2
- центробѣжный 158.6
- съ плоскими щелями 158.4
Распыляющее сопло 317.5
Раствореніе . 241.2
Растворимость 241.3, 273.4
- ограниченная 273.6
- полная . . 273.5
- совершенная 273.5
Растворимый 399.7 241.3
Растворитель 241.6
Растворить . 241.4 248.5
Растворъ водный амміака 205.4
- древесной золы 431.4
- застывшій . 273.9
- известковый 117.9
- индиго . . . 211.8
- іода . . . 211.10
- кислый послѣ выдѣленія металловъ 91.1
- купороса . 552.8
- маточный . 274.3
- мутный . 241.11
- мыла . . . 276.5
- мѣдный . . 90.4
- нормальный 192.6
- огнеупорный 117.13
- послѣ выдѣленія мѣди 90.5
- - - цинка . . 90.9
- прозрачный 241.10
- смолы въ скипидарѣ 551.8
- твердый . 273.10
- титровальный . . 192.5
- хлористаго кальція 329.6
- цинковый . 90.8
- эквивалентный 259.2
- эквимолекулярный 259.1
Растворы изогидричные 262.7
Растертый . 116.7
Растирать . . 223.9
Растопка . . 473.5
Растопыренныя ножки 462.2
Растяженіе 48.6, 49.7
Расходъ воды 140.5
- воздуха . . 350.4
- горючаго . 557.2
- дутья . . . 350.4
- напильниковъ 491.6
- силы . . . 557.4
- тепла 345.12, 346.3
- тока на тонну стали въ киловаттъ-часахъ 572.7
- топлива . . 557.2
- углерода . . 348.7
- угля . . . . 557.3
Расходы общіе 563.6
- по постройкѣ 563.5
- - эксплоатаціи 563.2
Расцѣпить муфту 520.7
Расцѣпленіе самодѣйствующее 136.9
Расцѣпляющій самодѣйствующій приборъ 137.1
Расчетъ шихты 334.3, 345.1
- шлаковъ . . 345.4
Расшатать модель 435.6
Расширеніе . 84.6
- кладки . . 306.1
Расширить отверстіе 52.4
Расщепленіе іоновъ 263.2
Раффинированіе 414.3
- желѣза электротермическимъ путемъ 565.4
- посредствомъ руды 415.1
- стали посредствомъ прокатки и сварки 10.9
Раффинированная сталь 11.1
Раффинировочный процессъ 565.5
Рванина . . . 36.3
Реагенты . . 203.5
Реагировать . 222.5
Реактивная стклянка 185.2
- бумага . . . 212.7
Реактивъ несслеровъ 211.4
Реактивы . . 203.5
Реакція съ выдѣленіемъ тепла 222.9
- - поглощеніемъ тепла 223.2
- химическая 222.4
- экзотермическая 222.9
- эндотермическая 223.2
Ребро для удержанія формовочнаго песка 441.4
- поперечное для удержанія формовочнаго песка 441.5
- продольное 519.6
Ребровой ручей 516.2

Реверсивная машина 169.9
-ный прокатный станъ 532.1
Регенераторъ 407.7, 320.9
Регулированіе водяного напора 508.1
- притока воздуха 411.6
- тяги . . . . 417.1
- электродовъ 567.2
Регулировочный кранъ 192.3
Регуляторъ . 328.5
- давленія газа 272.1
- притока газа 272.1
Резервуарное желѣзо 26.10
Резервуаръ грузовой 508.4
- для газа . . 271.3
- запасной . . 102.4
- напорный, высоко поставленный 145.8
- общій съ водою 316.2
- отстойный . 146.9
Резина . . . 546.4
Резиновая кишка 197.10
- нить . . . . 197.8
- перчатка . 198.4
- пластина . 197.5
- пробка . . . 197.6
- трубка . . 197.10
- этикетка . . 197.9
Резиновый колпачокъ 198.2
- палецъ . . 198.3
- шаръ . . . 197.7
Результатъ испытанія 34.5
Рейка зубчатая 393.2
- - съ шестерней 323.6
Рейтеръ . . . 239.8
Рельсовый костыль 24.6
Рельсъ . . . 22.1
- вѣсового помоста 133.8
- городскихъ дорогъ 22.8
- направляющій 23.6
- рудничныхъ дорогъ 22.9
- трамвайный 22.8
- узкоколейныхъ дорогъ 22.7
Рельсъ ширококолейныхъ дорогъ 22.6
Рельсы, расположенные въ видѣ колосниковъ 446.8
Ремонта требующій 475.5
Ремонтъ капитальный 413.8
- огнеупорной футеровки 572.9
Реостатъ . . . 267.1
Ресмусъ . . . 40.5
- раздвижной 40.4
Ресслера печь 262.3
Рессора буферная 25.2
- вагонная . . 25.1
- спиральная 25.2
Реторта 187.8, 389.7
- для малаго бессемерованія 387.7
Ретортный графитъ 117.11
Рехлингъ-Роденгаузера печь 568.9
- - - перемѣннаго тока 568.10
- - - трехфазнаго тока 569.1
Ржавѣть . . . 550.1
Рифленое желѣзо 26.11
Ровнять . . . 503.7
Роговая обманка 72.7
Рогъ жженый оленій 420.1
- обугленный 419.5
Роданистый аммоній 206.1
Роликовая опора 325.2
Роликъ нижній 137.2
- опорный для тягового каната 137.2
- фрикціонный 497.6
Ролленгангъ 525.5
Рольгангъ . . 525.5
- подводящій 525.5
Ротаціонный насосъ 142.6
Ртутная лампа 281.2
-ный духомѣръ 350.9
- манометръ . 350.9
Ртуть . . . 545.10
Ртуть закисная азотнокислая 209.5
- металлическая 209.9
- хлористая . 209.6
- хлорная . . 209.7
Рубашка . . 446.2
Рубецъ на поверхности отливки 490.2
Рубцеватый . 47.5
Руда бобковая 67.5
- болотная . . 67.4
- въ видѣ почекъ 63.8
- выгребная . 88.6
-, высушенная при 100⁰ 232.7
- дерновая . . 67.4
- для отжига 415.4
- желѣзная бурая 68.7
- - волокнистая 58.7
- - вывѣтрѣлая 59.3, 64.1
- - желтая . . 67.7
- - землистая 59.5
- - известковая 60.5
- - кристаллическая 64.3
- -, куски которой проникнуты другимъ минераломъ 64.5
- - магнитная 59.10
- - марганцовистая 70.5
- - мокрая . . 60.2
- - мягкая . . 59.1
- - оолитовая 63.7
- - плотная . 59.2
- - пористая . 59.9
- - рыхлая глинистая 59.6
- - свѣжая . 64.2
- - синяя . . 68.7
- - сливная . 59.3
- -, содержащая воду 60.3
- -, - марганецъ 70.5
- -, - мышьякъ 61.4
- -, - мѣдь . . 61.1
- -, - никкель 61.6
- -, - свинецъ 61.2
- -, - сѣру . . 60.6
- -, - титаній . 61.5
- -, - углекислоту 60.4
- -, - фосфоръ 60.7
- -, - цинкъ . 62.3
- - сплошная 59.3
Руда желѣзная съ содержаніемъ воды 60.3
- - сырая . . 64.4
- - сѣрнистая 60.6
- - твердая . 59.7
- - углекислотная 60.4
- - фосфористая 60.7
- - хрупкая . 59.8
- изъ отваловъ 62.10
- кусковая . . 62.8
-, легко возстановляемая 62.3
- легкоплавкая 61.7
- луговая . . 67.4
- марганцовая собственно 69.5
- необожженная 62.7, 88.11
-, - вполнѣ . . 89.1
- обогащенная 63.1
- - въ мелкомъ состояніи 75.1
- обожженная 88.10
- озерная . . 67.4
- отобранная 63.1
- порошкообразная желѣзная 58.8
- почковидная 63.8
-, пронизывающая куски пустой породы 64.5
- пурпуровая 70.8
- ручной разборки 63.3
- самоплавкая 62.2
- серебряная, содержащая марганецъ 70.7
- стальная . . 68.6
- сортированная 63.1
- сухая . . . 60.1
- сырая . . . 62.7
- тугоплавкая 62.1
- цинковая, содержащая марганецъ 70.6
Рудная колоша 335.2
- мелочь . . 62.9
- мельница съ бѣгунами 78.1
- пыль . . . 76.4
- смѣсь . . . 76.3
- сыпь . . . 334.1
Рудникъ желѣзный 57.8
- съ шахтой . 100.6
Рудный процессъ 412.9

Рудный складъ 180.3
- штокъ . . . 57.2
Рудодробилка 78.8
- вальцовая . 77.8
Рудоносный продуктъ 75.2
Рудоотдѣлитель Витериля 94.4
Рудоотдѣлительное приспособленіе съ постояннымъ магнитомъ 93.7
Рудоразборка 75.8
Рудоразборное устройство 75.11
Рудораспредѣлитель 308.10
Рукавъ воздухоподводящій 300.9, 301.1
- для спуска . 132.2
Рукоятка . . 234.8
Рулетка . . 38.9
Рутавентиляторъ 471.1
Ручей, вытянутый въ вертикальномъ направленіи 516.2
- для балокъ 517.6
Ручей для желѣза Зореса 517.9
- - накладокъ 517.10
- - подкладокъ 517.11
- - прокатки желѣза для гвоздей 518.3
- - пропуска трубы 538.4
- - рельсовъ . 517.7
- - шпалъ . . 517.5
- закрытый 515.10
- начальный 516.5
- обжимнаго стана 517.5
- обратный . 516.6
- овальный . 517.1
- оживальный 516.11
- окончательный 516.7
- открытый . 515.9
- плоскій 516.10, 517.3
- подготовительный 516.3
- пропускной 516.1
- ребровой . . 516.2
- черновой . 516.3
- четырехгранный 517.2
- чистовой . . 516.4
Ручей съ неравномѣрнымъ вырѣзомъ 518.4
- - углубленіями 518.1
- фасонный . 517.4
Ручка деревянная 477.7
- приклепанная 477.6
Рыло фурмы 297.4
Рыхлый 59.6, 484.8
Рычагъ для гусара 239.7
- - рейтера . 239.7
- - ѣздока . . 239.7
- опорный 522.5, 523.7
Рычажный молотъ 495.3
- - съ ножнымъ приводомъ 497.3
- механизмъ . 310.9
Рѣзакъ . . . 504.7
Рѣшетка изъ теса 317.1
- колосниковая горизонтальная 160.7
- - для шлаковъ 162.2
- - наклонная 161.2
- колосниковая неподвижная 161.9
Рѣшетка колосниковая, охлаждаемая водой 162.6
- - подвижная 162.1
- - продольная 160.6
- - простая . 160.4
- - ситообразная 161.1
- - скользящая 162.3
- - составная . 160.5
- - ступенчатая 85.1, 161.5
- - съ водянымъ охлажденіемъ 162.6
- - - непрерывной загрузкой 161.7
- - - - засыпкой 161.7
- - цѣльная . 160.4
- - экономическая 160.9
- - этажная . 161.6
- чугунная . 321.5
Рѣшеткообразный 525.4
Рѣшето . 230.3.4.6.7
Рядовой уголь 100.7
Рядъ параллельный 384.8
- трубъ . . . 319.6
- фурмъ . . . 466.7

# С.

Садка . 378.10, 409.7
- жидкая . . 565.3
- чугуна . . . 305.9
Садочная машина 410.1
-ный матеріалъ 565.1
Сажа . . . . 552.2
Сало . . . . 546.8
- бычачье . . 558.5
Сальниковая крышка 507.4
- вый компенсаторъ 324.9
Самодѣйствующій 132.4
Самозахватъ . 128.7
Самокатъ подводящій 525.5
Самоплавкій . 62.2
Саморазгрузочный вагонъ 128.4
Саморазгрузъ 128.2
Самородный 213.10
Самосвѣтящійся 400.1
Сарай литейный 339.4
Сахаръ свинцовый 209.1
Сбавка въ цѣнѣ за большее содержаніе кремнекислоты, фосфора и сѣры 65.9
Сборка опоки 442.1
Сваливаніе . 130.2
Свалки мѣсто 356.4
Свариваемый 9.5
Сваривать . . 378.4
Сварочная сталь 11.1
Сварочный металлъ 9.4
- горнъ . . . 378.5
Сверлильный станокъ для желѣза и стали 228.4
Сверлить . . 228.5
- въ продольномъ направленіи 228.8
- сбоку . . . 228.6
Сверлить сверху 228.7
Сверло для проверчиванія въ пробкахъ отверстій 196.7
- - угля . . . 235.5
- пробочное . 196.7
Свернуть кольцо 535.5
Свидѣтельство объ анализѣ 227.4
Свинецъ . . 219.6
-, получаемый изъ кладки печей 361.4
-, содержащій олово 558.7
- уксуснокислый 209.1
Свинка 18.3.5, 339.9 463.7
Свинцовая ванна 548.5
Свинцово-плавильная печь 540.4
Свинцовый блескъ 71.7
-выя бѣлила 551.10
Свинчакъ . . 71.7
Свищъ . 386.8, 422.9
Свободное пространство 520.3
Свободностоящій 126.1, 143.4
Сводовая балка 404.1
Сводъ . . . . 321.7
- боровка . . 372.6
-, выпуклый къ серединѣ 404.3
-, изогнутый внизъ 404.2
- куполомъ . 404.3
- надъ подомъ 369.1
- подъемный 384.2
- понурый . . 404.2
- темпеля . . 292.1
Свойства руды 65.6
- формовой земли для приготовленія шишекъ 427.4

Свѣжій . . . 64.2
Свѣтильный газъ 418.2
Свѣтильня восковая 459.5
Свѣтлосиній . 548.2
Свѣтлосоломенный цвѣтъ 547.7
Свѣтофильтръ 281.5
Свѣтъ газокалильный 281.1
- дневной . 280.11
- друммондовъ 280.13
- падающій . 280.5
- солнечный 280.12
Связанный . 115.4
Связующее вещество 95.5
Связываніе мелкихъ частицъ 95.4
- мелкой руды въ куски разнообразной формы 94.5
Сгибаемый . 42.4
Сгибать . . . 42.8
Сгладить отливки 489.6
Сглаживать . 503.7
- литейныя формы 487.1
Сгораніе совершенное 87.6, 248.8
Сгущать . . . 256.5
Сдвигъ при крученіи 51.4
Сегрегація . 483.8
Селитра каліевая 419.6
Сердечниковая трубка 459.3
- часть . . . 458.5
Сердечникъ . 383.6 458.4
- грушевидный 589.2
- для прокатки трубъ 587.9
- ломкій . . . 459.8
- потерянный 461.5
- трубы . . . 458.6
- - съ отводомъ 461.4
- шишечный . 458.8
Сердоликъ . 288.1
Сердцевина обжигаемой массы 89.3
Серебристая сталь 17.8
Серебристый 108.1
Серебро . . . 219.8
- металлическое 210.2
- содержащій 361.5
Серебряная руда, содержащая марганецъ 70.7
Серьга . . . 301.9
Сдвоить . . . 583.2
Сдѣлать выпускъ 33⁹.9
Сжатый газъ 267.6
Сжимать . . 425.6
Сидеритъ . . 68.3
Сила воды . 167.8
- крученія . . 50.9
- непреодолимая 560.13
- подъемная . 125.4 240.11
- рабочая тока 169.2
- свѣта . . . 280.9
- - незначительная 400.4
- стихійная 560.13
- удара . . . 484.9
- удерживающая іоновъ 264.7
Силикатъ водный глинозема 115.12
- глинозема 427.11
- цинка . . 361.13
Силико-шпигель 15.4
Силовая . . . 166.1
- линія . . . 92.10
Силособиратель 508.3
Символъ химическій 226.4
Сименса генераторъ 404.8
- перекидной клапанъ 407.1
- электромагнитный приборъ 93.8
Сименсъ-мартеновская сталь 12.3
Синькали . . 208.7
- красное . . 208.8
Система балокъ 308.2
- двупроводная 167.4
- колосниковыхъ балокъ 368.2
- линзъ . . . 280.3
- многопроводная 167.5
- трубъ . . . 319.6
Сито . . . . 230.3.4
- крупное . . 230.6
- мелкое . . . 230.7
- подвижное 230.10
- сотрясающееся 230.10
- фильтровальное 245.4
Ситообразная колосниковая рѣшетка 161.1
Сифонная труба 320.1
Сифонъ . . . 186.5
Скала . . 65.8, 240.5
- твердости . 53.10 180.8
Скалистый . 288.10
Скатать . . . 539.3
Скатъ . . . . 80.8
Скважность . 96.9
Скелетъ шишечный 460.4
Складкообразный 47.7
Складочная яма 181.1
Складчатый . 47.7
Складъ . . . 177.7
- балокъ . . 180.8
- болванокъ . 180.7
- желѣза . . 180.5
- кокса . . . 180.4
- моделей . . 422.2
- рудный . . 180.3
- чугуна . . 180.6
Складываніе 180.2
Склеить . . . 423.4
Склерометрическая проба 54.1
- твердость . 53.11
Склерометръ 54.3
- шаровой . . 54.5
Скоба . . . . 392.9
- для удаленія песка 441.6
- подвѣсная . 476.7
- - для водопроводной трубы 298.3
- - - ковша . 479.2
Скольженіе при крученіи 51.4
Скорлуповатый желѣзнякъ 67.2
Скорость новообразованія іоновъ 264.8
- образованія іоновъ 264.2
- окружная . 530.9
Скосъ . . . . 293.4
Скребки . . . 78.5
Скребной ножъ 78.6
Скребокъ 78.6, 139.3
- изъ проволоки двусторонній кистеобразный 491.2
Скрубберъ . 317.4
Скрутить . . 51.7
Скручиваніе . 50.3 51.2
Скручивать . 51.7
Скручивающее усиліе 50.9
-ющій моментъ 50.8
Скрытая теплота 272.6.10
Скрѣпить болтами 442.9
- чеками . . 442.9
Скрѣпленіе болтовое 295.3
Слагаемое . . 274.7
Слагающая соединенія 226.2
Сланецъ глинистый 112.1
Сланцеватый 116.5
Сливать . . . 243.8
Сливная труба 146.2
Сливной . . . 59.3
Сливистый . 248.2
Слизкій . . . 428.5
Слитокъ . . . 485.9
- закрѣплять 528.9
Слоистый . . 46.1
Слой верхній шлака въ печахъ съ открытой грудью 338.4
- кладки . . 305.9
- металла . . 567.1
- окалины на поверхности желѣза 414.6
- окиси 483.2, 552.6
- окисловъ . 414.6
- раскаленнаго угля 405.7
- ржавчины . 550.2
- фильтрующій 147.2
- шлака . . . 566.9
Слоями . . . 391.9
Слюдка желѣзистая 66.6
- желѣзная . 66.6
Слюдяная пластинка 301.5
-ные очки . . 253.3
Смазать масломъ 383.4
Смачиваніе угля 104.7
Смачивать . . 119.8
Смола 95.9, 546.11
Смолистый . 405.6
Смотритель . 332.7
Смотровое отверстіе 163.2
Смоченный . 546.2
Смочить . . . 119.8
Смывка . . . 80.3
Смѣна восьмичасовая 556.8
- денная . . . 556.6

Смѣна дневная 556.6
- ночная . . 556.7
Смѣняемый . 478.3
Смѣняемыя части 390.4
Смѣсь газовая 360.1
- рудная . . . 76.3
- рудъ . . . . 338.8
- физическая 278.2
- эвтектическая 274.4
Смѣта . . . 562.12
Смѣшать . . 432.5
Смѣшенiе . . 432.9
- рудъ и флюсовъ въ желательномъ соотношенiи 333.9 334.4
Смягченiе воды 147.8
Сносъ . . . . 80.3
Снять отливки 489.6
Собирательный конецъ 138.8
Совокъ для посадки 411.3
Согнуть 42.8, 533.2
- заклепочное желѣзо въ петлю 43.4
Сода . . . . . 205.9
Содержанiе . 563.3
- влаги . . . 64.8
- воды въ одномъ кубическомъ метрѣ воздуха 329.4
- газа . . . . 103.2
- гарантированное 227.1
- желѣза . . 64.7
- золы . . . . 101.9
- кусковой руды 64.9
- мелкой руды 65.1
- окиси углерода 360.4
- пустыхъ породъ 101.10
- сланцовъ 101.10
Содержимое тигля 385.1
Соединенiе кислородное 214.8
- металлоидовъ съ желѣзомъ 349.9
- сѣрнистое . 216.8
- химическое 226.1, 345.10
Соединительный конецъ валка 513.7
Соединять . . 519.8
Сожженiе . . 248.6
Сожигательная 177.3
Соковая доска 292.9, 364.4
-вое очко . . 300.2
Соколъ . . . 88.2
Сокращенiе продолжительности плавленiя 411.10
Сокъ . . . . 355.9
- доменный 355.10
Соли щелочныя 361.9
Солома . . . 429.9
- рубленная . 429.3
Соломокрутка 460.9
Соль азотнокалiевая 419.6
- азотнокобальтовая 212.5
- азотнортутная закиси 209.5
- азотносеребряная 210.1
- бертолетова 211.2
- борнонатрiевая 211.14
- горькая . . 208.3
- двуугленатрiевая 205.10
- двухромовокалiевая 206.5
- желтая . . 208.7
- кислая сѣрнокалiевая 206.2
- - угленатрiевая 205.10
- красная кровяная 208.8
- металлическая 427.5
- молибденовоаммонiевая 210.8
- Мора . . . 208.6
- мышьяковистонатрiевая 210.9
- окиси желѣза 69.2
- поваренная 207.2, 545.7
- сѣрнистонатрiевая 210.5
- сѣрнобарiевая 220.11
- сѣрножелѣзистоаммонiевая 208.6
- сѣрнокалiевая 205.11
- сѣрнокальцiевая 208.1, 220.3
Соль сѣрномагнiевая 208.3
- сѣрномѣдная 90.6
- сѣрнонатрiевая 205.12
- сѣрноцинковая 90.10
- углеаммонiевая 206.8
- углебарiевая 220.10
- углежелѣзистая 68.8
- углеизвестковая 111.2
- углекалiевая 205.8
- углекальцiевая 220.2
- углемагнiевая 220.6
- угленатрiевая 205.9
- уксусноаммонiевая 206.7
- уксуснобарiевая 207.7
- уксуснокалiевая 206.6
- уксусносвинцовая 209.1
- фосфорноаммонiйнонатрiевая 207.3 212.1
- фосфорножелѣзистая 399.6
- фосфорнокальцiевая 399.5
- фосфорнонатрiевая 206.9
- хлорноватокалiевая 211.2
- хромовая желтая 206.4
- - красная . 206.5
- хромовокалiевая 206.4
Соляная кислота 203.10
Сооруженiе для колошниковаго подъемника 329.9
Сопло . 301.2, 395.1
- отодвинуть назадъ 343.1
- распыляющее 317.5
Сопоставленiе данныхъ анализа 226.8
Сопротивленiе емкости сосуда 261.2
- магнитное . 92.8
- разрыву . . 48.8
Сопротивленiе растяженiю 48.8
- сжатiю и раздавливанiю 96.8
- скручиванiю 50.5
- удару . . . 41.9
- электрическое 267.1
- электролитическаго тренiя 263.3
Сорбитъ 284.5, 284.3
Сорта руды . 66.1
Сортировочная канатная дорога 124.4
- лебедка . . 124.5
- станцiя . . 123.6
Сортовый номеръ 34.11
Составленiе шихты 333.7, 333.9 334.4
Составлять шихту 333.10
Составляющая соединенiя 226.2
Составной . . 440.5 446.1
-ныя части газа 267.5
Составъ . . . 356.5
- газа . . . . 267.4
- молекулярный 225.3
- химическiй 225.9
Состоянiе въ доменной печи 97.1
- - домнѣ . . 97.1
- равновѣсiя 345.7
Состоящiй изъ двухъ частей 440.1
- - нѣсколькихъ частей 440.2
Сосудъ батарейный 265.7
-, въ которомъ производится шлакованiе со свинцомъ 234.7
- глиняный пористый 266.2
- для бѣлой жести 553.2
- - декантированiя 243.7
- - кипяченiя 187.5
- - опредѣленiя проводимости 261.3
- - - электропроводности 261.3

Сосудъ для повторнаго погруженія листовъ въ олово 553.10
- - прокаливанія 415.2
- - промывки 553.8
- - ртути 200.3, 200.4
- - сливанія жидкости съ осадка 243.7
- - хлористаго кальція 238.9
- изъ листового желѣза 389.8
- - синяго кобальтоваго стекла 188.6
- кварцевый . 201.6
- кристаллизаціонный 243.9
- отстойный . 146.9
- папиновъ . 178.5
- съ вальцами 554.1
- - водою . . 330.5
- - жиромъ . 553.3
Сотенные вѣсы 134.3
Сохраненіе футеровки печи 475.3
Сохранять пробу холодною 275.6
- рѣжущія свойства 32.5
Сочлененіе сферическое 302.1
Спекаемость . 103.1
Спеканіе . . 349.6
- кокса . . . 106.7
Спекать . . . 349.6
Спекаться . 429.11
- способность 103.1
Спекающійся уголь 99.3
Спектра желто-красная часть 401.5
Спектральный анализъ 400.10
Спектроскопъ 401.1
Спектръ марганца 401.6
- непрерывный 401.2
- сплошной . 401.2
Спекшійся . . 96.1
Спинка реторты 390.2
Спиральная рессора 25.2
Спиртовая лампа 184.3
Спиртъ . 212.2, 546.5
Сплавленіе . 250.2
Сплавленіе шлака 357.3
Сплавлять . . 250.3
Сплавъ металлическій 351.4
Сплавы выдѣлять 483.9
Сплошной 57.2, 59.3
Способность притягательная магнита 19.10
- связывать . 428.1
Способъ закалки никкелевой стали 418.4
- испытанія . 81.3
- Менне . . . 343.7
- раффинированія 565.5
- сушки воздуха Гейлея 329.2
Спросъ наибольшій на электрическую энергію 168.4
- - одновременный на электрическую энергію 168.5
- наименьшій на . . . 168.6
Спрыскиваніе 298.5
Спрыснуть чугунныя формы 341.2
Спусканіе конуса 309.7
Спускать шлакъ 338.2
Спускъ . . . . 132.2
- конуса . . . 309.7
- шлаковъ . . 474.6
Спѣлый ходъ 352.7
- - переработки 365.6
- шлакъ . . . 366.7
Спѣль . . . . 215.6
Средство для предохраненія отъ ржавчины 550.3
- закалочное 545.6
- разжижающее 415.6
Сродства химическаго константа 260.5
Сродство химическое 225.11
Срокъ доставки 559.5
- разгрузки 562.11
Срубить зубиломъ 86.1
Ставъ . . . . 520.9
Стаканчикъ для отвѣшиванія 240.2
Стаканъ батарейный 265.7
- Вебера . . . 185.8
- изъ закаленнаго стекла 187.7
- нажимной . 522.2
-, употребляемый при химическихъ работахъ 187.6
- фарфоровый 194.3
Сталеплавильный заводъ 381.2
Сталетомильная печь . 416.5 417.10
-ный ящикъ 416.7
Сталь алмазная 18.8
- бессемеровская 11.8
- бористая . . 17.7
- быстрорѣжущая 18.6
- ванадіевая . 17.6
- вольфрамистая 17.3
- Вутца . . . 13.3
- дамасская . 13.4
- дважды раффинированная 11.3
- двойной раффинировки 11.3
- двусварочная 13.2
- дикая . . . 10.6
- для быстрой обработки металловъ 18.6
- - зубилъ . . 18.7
- - прессовыхъ штемпелей 18.9
- - пуансоновъ 18.9
- - штампъ 15.1
- закаленная 548.7
- инструментальная 18.5
- испорченная 548.9
- кремнистая 16.10
- кричная самая твердая, обнаруживающая темныя пятна при изломѣ 10.5
- литая . . . 11.5
- - листовая 25.12
- лучшаго качества 11.2, 565.7
- марганцовая 17.2
- мартеновская 10.7, 12.2
Сталь молибденистая 17.4
- никкелевая 16.11
- - литая . . 418.5
- односварочная 13.2
- отпущенная 548.8
- перегрѣтая 438.11
- пережженная 548.12
- перетомленная 548.10
-, полученная изъ чугуна при помощи окисленія рудой 12.7
-, - на поду отражательной печи 10.7
- поспѣла . . 386.2
- пудлинговая 10.8
- пузырчатая 484.3
- раффинированная, полученная посредствомъ прокатки и сварки 11.1
- сварочная 9.6, 11.1
- серебристая 17.8
- сименсъ-мартеновская, полученная кислымъ способомъ 12.3
- - -, - основнымъ способомъ 12.4
- спеціальная 16.7
- сырая . . . 9.7
- тигельная . 11.7
- - литая . . 11.7
- титанистая . 17.5
- томасовская 12.1
- углеродистая 16.8
- Ухатіуса . . 12.7
- хромистая . 17.1
- хромоникелевая 16.12
- цементная . 13.1
Стальная проволока 27.11
- руда . . . . 68.6
- сторона броневой плиты 27.9
- ступка . . . 229.3
Стальной магнитъ 92.3
- ободъ . . . 294.7
- стержень . 391.7
Станина безъ уравновѣшенія валковъ 521.5
- для дуо . . 521.6
- - тріо . . . 522.3

Станина задняя 496.10
- молота . . 496.2
- передняя . 496.9
- прокатнаго стана 521.1
- съ отъемной головкой 522.9
- - - крышкой 522.9
- - уравновѣшенными валками 523.1
- шестеренная 524.3
Станины доменной печи 291.1
- поддерживающія 496.8
- покатныхъ становъ 520.8
Становиться некруглымъ 423.5
- стекловиднымъ 118.10
Станокъ волочильный 535.8, 536.5
- - дисковый 535.9
- гончарный . 383.1
- для выточки сердечниковъ 460.10
- - - стержней 460.10
- - - шишекъ 460.10
- - измельченія 77.2
- - точной установки модельной плиты 454.6
- отдѣлочный 492.1
- подвѣсный шлифовальный 492.7
- правильный 534.2
- - для шишечныхъ сердечниковъ 459.1
- сверлильный для желѣза и стали 228.4
- съ рамой въ видѣ козелъ 454.1
- формовочный для стержней 459.2
- шлифовальный 492.3
Станція для освѣщенія 166.2
- - передачи силы 166.2
- металлургическаго завода 123.5
- насосная . 141.10
- первичная . 165.6
- распредѣлительная центральная 165.7
Станція силовая центральная 166.1
- сортировочная 123.6
- центральная освѣтительная 165.8
- электрическая 165.5
Станъ бандажный 512.2
- бѣгающій . 511.7
- въ два валка 512.6
- - три валка 512.7
- двойной . . 513.2
- для обжима слитковъ 511.4
- - прокатки броневыхъ плитъ 511.1
- - - колесъ . 512.3
- - - колецъ . 512.2
- - - кровельнаго желѣза 511.2
- - - обжатыхъ крицъ 377.9
- - - тонкаго листового желѣза 511.2
- крупный мелкосортный 511.7
- листопрокатный 510.5, 532.10
- мелкій среднесортный 511.7
- мелкосортный 511.5
- отдѣлочный 510.4
- подготовительный 510.2
- проволочный 511.6
- прокатный . 510.1
- промежуточный 510.3
- реверсивный прокатный 532.1
- универсальный 512.1
- черновой . 511.3
Стассано домна 571.3
Стекать . . . 333.3
Стекла окрашенныя 400.9
Стекло для впаиванія платины въ обыкновенное стекло 252.7
- закаленное 185.7
- Іенское для приборовъ 185.4
- кобальтовое 235.9
Стекловидный 358.1
Стекловиднымъ становиться 118.10
Стеклышко покровное 189.6
- часовое . . 189.7
Стеклянная колба 186.6
- палочка для помѣшиванія 190.7
- пластинка . 189.4
- посуда . . 185.1
- трубка . . 190.6
Стеклянный колпакъ 189.3
- кранъ . . . 190.5
- ящикъ . . . 189.2
Степень диссоціаціи 253.5
- раствора . . 259.3
- обжатія . . 514.8
- обуглероживанія 348.6
- окремнѣнія 357.2
- отпуска . 547.3
- твердости . 543.5
Стержень . . 458.4
- ломкій . . 459.3
- песта . . . . 77.5
- подвижный 410.6
- потерянный 461.5
-, предназначенный для испытанія 49.3
- рельса . . . 22.3
- стальной . . 391.7
- стойки . . . 445.2
- трубы . . . 458.6
- - съ отводомъ 461.4
Стержневой сердечникъ 458.3
- шаблонъ . . 461.3
Стержнеобразный 46.6
Стержни вынуть 391.3
Стехіометрическій способъ Мразека 334.6
- эквивалентъ 345.8
Стклянка абсорпціонная 269.3
- вульфова . 188.5
- гуттаперчевая 197.4
- для добыванія газа 268.7
- - нагрѣванія подъ увеличеннымъ давленіемъ 188.4
- - отсасыванія 246.1
- - отстаиванія 248.6
Стклянка для поглощенія 270.5
- - поддержанія уровня 269.7
- патентованная капельная 185.5
- промывная 268.1
- - для брома 222.1
- реактивная 185.2
- съ пипеткою 192.1
Стклянoчка капилярная 185.6
Стоимость анализа 227.6
- построекъ . 563.5
- производства 562.13
- ремонта огнеупорной футеровки 578.1
- силы . . . . 168.2
- содержанія 563.3
- сооруженій 563.5
- эксплоатаціи 563.2
Стойка . 293.3, 326.3 445.1
- задняя . . 496.10
- передняя . 496.9
Стойки доменной печи 291.1
- поддерживающія 496.8
Столбчатый . 1071
Столбъ водяной 473.1
- каменный . 84.3
- термоэлектрическій 266.6
- фонарный . 171.3
- шихты . . . 335.4
Столикъ предметный 281.7
Столъ . . . . 450.1
- отдѣльный . 452.6
- паяльный . 251.2
- поворотный 493.1
- рабочій въ лабораторіи 175.3
- - - электрохимической лабораторіи 265.5
- распредѣлительный 395.6
- съ роликами 525.3
Сторона входа 531.3
- выпуска . . 403.4
- выхода . . 531.4
- задняя . . . 403.4
- лобовая передняя 104.4
- передняя . 403.3
- рабочая . . 403.3
- стальная броневой плиты 27.9
Сторожка . . 149.5

Сторожъ лабораторный 174.5
Страхованіе клади 556.11
Строеніе микроскопическое 283.2
- химическое 225.10
Строенія второстепенная часть 284.3
Строительное литье 487.10
-ный матеріалъ 306.4
Стронцій . . 221.1
Стружка, полученная при сверленіи 228.3
Стружки мѣдныя 199.8
Структура вязкая 49.10
- желѣзной руды 58.6
- тягучая . . 49.10
Структуры составная часть 277.2
Струя воздуха 396.3
- газа прозрачная 400.6
- металла . . 386.7
- чугуна . . 339.7
Стрѣлка магнитная 182.7
Студенистый 115.5
Ступенчатый 518.7
- валокъ . . 518.6
Ступка 228.10, 229.4
- агатовая . . 229.1
- алмазная . 229.2
- стальная . . 229.3
Стыковый болтъ 24.2
Стыкъ шаровой 302.1
Стылый чугунъ 2.5
Стѣнка боковая печи 369.2
- опоки . . . 442.2
- поперечная 316.9
- промежуточная 407.10
Стѣнки кожуха 470.10
- заплечиковъ 302.3
Стѣнки фурмы 297.3
- шахты . . . 305.6
Стѣнкой поворотный кранъ 125.9
Стѣны шахты 305.6
Стягиваться . 413.5
Судно грузовое 562.5
Судохозяинъ 561.12
Сужденіе о процессѣ 399.9
- по наружному виду 35.2
Суженіе 83.10, 382.4
Сулема . . . 209.7
Сурьма . . . 218.8
- сѣрнистая . 218.9
- хлористая . 552.5
Сухой . . 60.1, 76.2
-, какъ порохъ 247.2
- совершенно 247.2
- уголь . . . 99.9
Сучковатый . 47.5
Сушеніе . . . 231.3
- воздуха . 328.12
Сушилка 329.1, 433.8
Сушило . . . 462.8
Сушильная трубка 232.5
Сушильникъ для тиглей 233.3
Сушильный барабанъ 433.7
- шкафъ . . . 232.2
- цилиндръ . 232.4
Сушильня . . 329.1 383.7, 433.8, 462.8
Сушить . . . 336.3
- на мѣстѣ изготовленія 462.5
Сушка . . . . 231.3
- воздуха . 328.12
- формъ . . . 462.4
Сфалеритъ . 72.1
Сферическая часть шлема 390.3
-ское сочлененіе 302.1
Схватить клещами 531.7
- прокатываемый кусокъ металла 531.6
Схваты для слитковъ 527.1
Схватываніе автоматическое 527.2
Сцѣпить . . . 519.8
- муфту . . . 520.6
Сцѣпки мѣсто 136.8
Сцѣпленіе зубцовъ 518.10
Съемный . . 391.2
Сыпучій бетонъ 290.1
Сыпь рудная 334.1
Сыродутная печь 286.1
- шахтная печь 363.1
-ные шлаки . 112.7
-ный горнъ . 362.2
Сырой . . 9.7, 64.4
Сѣверный полюсъ 91.12
Сѣдло фурмы 364.7
Сѣмя плауновое 442.4
Сѣмячко . . 101.3
Сѣра . . 5.4, 216.7
Сѣрная кислота, свободная въ остаткахъ отъ отжига колчедановъ 216.10
- - химически чистая 204.2
Сѣрнистая сурьма 218.9
-тое соединеніе 216.8
Сѣрнистокислый натрій 210.5
Сѣрнистый . 60.6 216.9
- аммоній . . 207.5
- водородъ . 204.8
- углеродъ . 212.4
Сѣрнобаріевая соль 220.11
Сѣрножелѣзистоаммоніевая соль 208.6
Сѣрнокаліевая соль 205.11
- - кислая . . 206.2
Сѣрнокальціевая соль 204.1, 220.8
Сѣрнокислая закись желѣза 69.3
Сѣрнокислая известь 208.1
- мѣдь . . . 90.6
- окись желѣза 69.2
Сѣрнокислый аммоній 108.8
- калій . . 205.11
- - кислый . 206.2
- магній . . . 208.3
- натрій . . 205.12
- цинкъ . . . 90.10
Сѣрномагніевая соль 208.3
Сѣрномѣдная соль 90.6
Сѣрнонатріевая соль 205.12
Сѣрноцинковая соль 90.10
Сѣрный ангидридъ 217.1
- колчеданъ 69.4, 72.3
- эфиръ . . . 212.3
Сѣроводородная 177.1
Сѣроводородъ 204.8
Сѣтка азбестовая 201.3
- Бабо . . . . 199.4
- всасывающая 140.8
- въ трубку свернутая 199.3
- для задержанія рыбы 140.10
- изъ мѣдной проволоки 199.23
- предохранительная 136.1
- проволочная 199.1, 318.2
- -, выложенная азбестомъ 201.3
Сѣткообразный 46.8
Сѣченіе живое рѣшетки 160.2
- круглое поперечное 304.3
- начальное . 530.3
- окончательное 530.4
- поперечное 34.1
- сопла . . . 350.7
- четырехгранное поперечное 304.4

## T.

Таблица атомныхъ вѣсовъ 224.7
- нормальная 55.3
Тавро-бимсовое желѣзо 21.6
Тавровыя балки, согнутыя въ кольцо 294.3
-вое желѣзо . 20.8
Тангенціальная отливка 482.6
Тарелка изъ пористаго фарфора 193.3
Тарелочная печь 367.7
-ный клапанъ 323.2
Тарировать . 239.4
Тарифъ спеціальный 560.6
Твердости опредѣленіе 53.9
- стекла . . . 488.6

Твердость . . 53.8
- активная . 543.3
- естественная 542.10
- пассивная . 543.4
- природная 542.10
- склерометрическая 53.11
Твердый 59.7, 273.10
Тейссена аппаратъ 317.7
Телескопическая формовочная машина для ременныхъ шкивовъ 452.2
Телѣжка для загрузки слитковъ 529.3
- - литейнаго ковша 476.3
- - посадки шихты 410.4
- - садки слитковъ 529.3
- - слитковъ 527.4
- - сушильной камеры 463.3
- - установки днища 392.3
- колошниковая 332.1
- подвижная 126.6
- съ литейнымъ ковшемъ 477.3
- формовочная 454.4
Темпель . . . 292.2
Темпельная доска 292.4
-ный брусъ . 292.3
Температура внутренняя 447.7
- внѣшняя . . 447.6
- возстановленія 347.10
- въ доменной печи 351.1
- диссоціаціи 253.6
- закалки . . 543.6
- коксованія . 106.3
- колошника 351.2
- критическая 272.9
- литья . . . 482.2
- обжига . . 86.9
- опасная . . 543.8
- отпуска . . 547.4
- плавленія въ областяхъ печи, гдѣ имѣется еще значительное количество невозстановленныхъ рудъ 348.2
- превращенія 272.9
Температура реакціи 222.8
Теорія диссоціаціи 260.4
Тепло накопленное 408.1
Тепловой балансъ 345.11
- эффектъ . 108.11
- - химической реакціи 222.6
Тепломкое желѣзо 48.3
Теплопроводность 352.6
Теплопроизводительности вычисленіе по даннымъ анализа 109.5
- опредѣленіе калориметрическимъ путемъ 109.6
Теплопроизводительность полная 109.1
- рабочая . . 109.2
Теплота диссоціаціи 262.6
-, заключенная въ колошниковыхъ газахъ 346.5
-, заключающаяся въ чугунѣ и шлакахъ 346.4
- іонизаціи . 264.1
- реакціи . . 222.7
- скрытая 272.6.10
- соединенія . 223.1
-, уносимая чугуномъ и шлакомъ 346.4
Теплотворной способности опредѣленіе 108.10
- - - химическимъ путемъ 109.4
Тереза . . . 132.6
Тереть до блестящей поверхности 552.13
- до-чиста . 552.13
Терка съ механическимъ приводомъ 229.9
- чугунная . 229.7
Термическій . 573.3
Термоэлектрическая батарея 266.6
-скій столбъ . 266.6
Тесаный камень 306.7
Техника фотографіи 281.10
Теченіе газа 360.9
Течь въ фурмѣ 358.3
Тигель . . . . 382.2
- глиняный . 382.7
- графитовый 382.5
- Гуча . . . . 246.3
- изъ глины . 382.7
- - графита . 382.5
- плавильный 252.4
- платиновый 195.1
- фарфоровый 193.7
Тигельная масса 381.5
- мастерская 381.4
- электрическая печь 570.6
Тигельный горнъ 384.4
- прессъ . . . 383.2
Тигли вынуть 386.4
- высушенные готовые 383.10
- формовать . 382.9
Тигля широкая часть 382.3
Типъ доменной печи 287.5
Титанистая желѣзная руда 61.5
- сталь . . . 17.5
-стое желѣзо 16.2
Титанитъ . . 72.5
Титановый ангидридъ 219.4
Титанъ . . . 219.3
- азотистосинеродистый 361.12
Титровальный аппаратъ 193.1
- растворъ . . 192.5
Титрованіе . 192.9
- обратное . 192.10
Титровать . . 192.8
Титръ жидкости 192.7
Ткань асбестовая 200.9
- проволочная 199.1, 318.2
Товаръ каучуковый 197.1
Токъ воздуха, подымающійся кверху 87.7
- - равномѣрный 328.9
- газа . . . . 360.9
- газовъ . . . 346.5
- конвекціонный 260.8
- рабочій . . 169.2
- электрическій 93.3
Толчейная муть 77.7
-ный шламъ . 77.7
Толчея . . . 77.3
Толщина желѣзныхъ стѣнокъ 486.12
- предписанная 37.6
- проволоки . 28.3
-, согласно предписанію 37.6
- стѣнъ . . . 305.7
Толщиномѣръ микрометрическій 41.1
- Пальмера . 39.4
Томаса и Гильхриста способъ 397.3
Томасовская фабрика 387.4
-скіе шлаки . 113.2
Томасовскій заводъ 387.4
- чугунъ . . 8.2
- шлакъ . . . 399.2
-ское желѣзо 12.1
Томлянка . . 13.1
Тонкостѣнная чугунная отливка 486.11
Тонкотянутая желѣзная проволока 28.5
Тоннажъ . . 562.3
Топка . . . . 367.9
- внутренняя 156.2
- внѣшняя . 158.7
- газовая . . 87.1
- газомъ доменныхъ печей 155.10
- для бураго угля 155.6
- - дровъ . . 155.5
- - лигнита . 155.6
- - мусора . . 155.8
- - смолы . . 155.9
- - угля . . . 155.4
- - угольной пыли 155.7
- колосниковая 368.1
- мазутомъ . 156.1
- механическая 157.1
- наружняя . 156.3
- нижняя . . 156.5
- нефтяная . 384.9
- обыкновенная съ колошниковой рѣшеткой 336.5
- передняя . 156.4
- передъ котломъ 156.4

Топка подъ котломъ 156.5
- съ автоматической загрузкой 157.1
- съ дутьемъ подъ рѣшетку 158.1
- - качающимися колосниками 157.7
- - колосниковой рѣшеткой 368.1
- - непрерывной верхней засыпкой 157.4
- - нижнимъ дутьемъ 158.1
- - роликовыми колосниками 157.6
- - цѣпной колосниковой рѣшеткой 157.5
Топливо обугленное 337.2
- пламенное . 336.8
Топочная дверца загрузочной камеры 161.8
- рама . . . . 162.7
-ное пространство 367.10
-ный ходъ . . 104.2
- каналъ . . 104.2
Тормазной цилиндръ 311.3
Тормазъ гидравлическій 311.1
- съ колодкой 498.2
Торфъ . . . . 98.5
Торцовая поверхность 424.11
Точилка для пробочныхъ сверлъ 196.8
Точка измѣренія 41.5
- исходная при измѣреніи 41.5
- разложенія 264.9
Точность условленныхъ размѣровъ 87.1
Точный . . . 449.7
Тощій коксъ 107.5
- уголь . . . 99.6
Травеллеръ . 126.3
Траверса . . 505.6
Травить . . . 278.4
- кислотою . 498.9
Травленіе . . 277.9
- проволоки . 587.1
Трамбовка . 391.4 484.5
-, дѣйствующая сжатымъ воздухомъ 484.8
Трамбовка, дѣйствующая сжатымъ воздухомъ и подвѣшиваемая къ крану 485.2
- заостренная 484.7
- плоская . . 484.6
- пневматическая для подвѣшиванія къ крану 485.2
- ручная . . . 391.5
-, дѣйствующая сжатымъ воздухомъ 485.1
- - пневматическая 485.1
Транспортеръ 188.3
- винтовой . . 189.7
- для мѣшковъ 189.1
- ленточный . 188.4
- со скребками 189.2
Транспортная лента 188.5
- - для угля . 159.5
Транспортъ . 123.2
- слитковъ . . 526.1
Треніе . . . . 347.2
- въ цапфахъ 513.8
- электролитическое іоновъ 260.3
Треножникъ 198.8
Треугольникъ проволочный 198.9
Трефъ . . . 513.7
Трехатомная молекула 225.2
Трехполюсная конструкція 94.2
Трехфазная установка 166.6
Трехходовый кранъ 190.2
Трещина 36.3, 413.6
- закалочная 549.1
- на поверхности 36.6
- поверхностная 36.6
-, полученная при закалкѣ 549.1
- поперечная 36.4
- продольная 36.5
- у кромки 36.4
Тріо-станъ . . 512.7
Троститъ . . 284.4
Труба безъ швовъ 538.5
- вертикальная 315.4.8
- водозабирная 141.3
Труба водонапорная 485.2
- водоотводная 297.7, 369.8
- всасывающая 145.1
- газоотводная 312.9, 313.7
- - общая . . 313.9
- - центральная 313.1
- главная воздухопроводная 324.3
- горизонтальная 315.2
- двойная . . 319.7
- двухколѣнная 320.1
- Дерби . . 312.10
- дымовая . . 164.6 372.9
- - свободностоящая 165.4
- желѣзная . 537.5
- колошниковая 467.5
- нагнетательная 145.3
- наклонная . 315.3
- - для грузки въ насыпку 132.1
- отвѣтвительная 324.5
- отсасывающая 492.6
- панталонная 320.1
- пескоструйная 492.10
-, подающая воду 297.8
- подвѣшенная 313.2
- распредѣлительная 324.4, 467.1
-, сваренная въ накладку 538.7
-, - - притыкъ 538.6
-, - спирально 538.8
- сифонная . 320.1
- сливная . . 146.2
- спускная . 146.1
- съ перегородками 326.4
- тянутая . . 537.6
-, укрѣпленная неподвижно 312.2
- уравнительная 324.7
Трубка . . . 184.1
- газоподводная капилярная 270.6
- газораздѣлительная 270.9
- газособирательная 270.1
Трубка градуированная измѣрительная 269.6
- для запаиванія 252.8
- - отвѣшиванія 240.3
- - сожженія 249.1
- - фракціонированія 187.4
- конденсаціонная 256.6
- металлическая 200.7
- паяльная . 234.3
- Пелиго . . 232.6
- пергаментная 201.3
- перегонная 255.1
- плавиленная 252.9
- поглотительная 270.5
- предохранительная 189.10
- промывалки 186.3
- распредѣлительная 270.2
- резиновая 197.10
- свинцовая . 199.6
- сердечниковая 459.3
- стеклянная 190.6
- сушильная . 232.5
- съ раздутіемъ, наполненнымъ стеклянными бусами 189.9
- - хлористымъ кальціемъ 232.3
- - шарообразными раздутіями 189.8
- Т-образная . 190.3
- фарфоровая 193.8
Трубопроводъ 298.1
- всасывающій 144.7
- для горячаго воздуха 300.6
- нагнетательный 144.8
- напорный . 144.8
Трубочка фильтровальная 245.5
Трубчатая воронка 444.2
- дробилка . . 79.3
-тый колодецъ 141.6
- котелъ . . . 155.1
Трудноплавкій 350.12
Трюмъ . . . 562.2
Тугоплавкій . 62.1
Турбогенераторъ 171.1
Турбодинамо 171.1

Тусклый . . 277.6
Тѣло вращенія 445.8
-, кристаллизованное въ смѣси 274.1
- постороннее 482.8
Тѣстообразный 876.2
Тяга . . 175.2, 873.5
- воздушная . 87.4
- дымовой трубы 164.7
- запасная . . 811.2
Тяга подвѣсная конуса 810.6
- предохранительная 811.2
- стопорнаго аппарата 480.2
Тягучесть 44.4, 49.8
Тягучій . . . 49.10
Тяжъ . . . . 873.5
Тянутая труба 537.6
Тянуть желѣзо 503.4

# У.

Уборка . . . 855.6
Убыль въ вѣсѣ 226.10
Увеличеніе . 279.6
- возстановительной способности 81.9
- истинное микроскопа 279.8
- - объектива 279.7
- потребное . 279.9
Угаръ . . . . 878.7
- электродовъ 567.3
Углеаммоніевая соль 206.8
Углебаріевая соль 220.10
Углевысыпатель автоматическій 132.4
Угледержатель 235.4
Углежелѣзистая соль 68.4
Углеизвестковая соль 111.2
Углекаліевая соль 205.8
Углекальціевая соль 220.2
Углекислая известь 220.2
- магнезія . . 220.6
Углекислота 215.18
Углекислый аммоній 206.8
- калій . . . 205.8
- натръ . . . 205.9
Углемагніевая соль 220.6
Углемойка . 102.2
Угленатріевая кислая соль 205.10
- соль . . . . 205.9
Углеопрокидыватель самодѣйствующій 132.4
Углерода опредѣленіе 215.12
Углеродистый 16.8
- кирпичъ . 117.10 306.8
Углеродъ . . 214.9
Углеродъ аморфный 215.8
- закала . . . 215.9
- карбида . 215.10
- отжига . . 215.7
- сѣрнистый . 212.4
Углистый желѣзнякъ 69.1
- песчаникъ . 115.6
Угло-бимсовое желѣзо 21.5
Угловатая поверхность 426.9
Угловая накладка 24.1
-вое желѣзо 19.10
-вой устой . . 293.6
Угломѣръ . . 40.6
Углубленіе . 35.9 518.2, 56.14
- горна, выложенное кирпичемъ 540.3
Уголокъ . . 19.10
- неравнобокій 20.3
- равнобокій . 20.1
- съ закругленными кромками 20.4
- - острыми кромками 20.5
Уголъ . . . . 30.10
- заплечиковъ 30.18
- крученія . . 51.3
- наклона . . 161.4
Уголь березовый, измельченный въ порошокъ 419.3
- бурый . . . 98.6
- величиною въ орѣхъ 101.2
- въ кускахъ 100.9
- - - величиною въ кулакъ 101.1
- газовый . . 99.1
- длиннопламенный 99.1
- - спекающійся 99.7
- древесный . 98.2
- - мелкій . . 98.3
- жирный 99.2, 99.3
- изъ лиственнаго лѣса 418.9
Уголь изъ хвойнаго лѣса 418.10
- каменный . 98.7
- коксовый . 100.2
- короткопламенный 99.5
- костяной . 419.12
- крупный . . 100.9
- кузнечный . 99.10
- кусковый . 100.9
- мелкій каменный 101.5
- неплавкій . 99.6
- неспекающійся 99.6
- обогащенный 102.1
- отборный . 100.9
- полужирный 99.4
-, полученный изъ кожи 419.4
-, - - рога . . 419.5
- прессованный 843.11
- промытый . 102.1
- рядовой . 100.7
- самый мелкій 101.6
- смолистый . 99.3
- спекающійся 99.3
- сухой . . . 99.9
- - спекающійся 99.8
- съ короткимъ пламенемъ 99.5
- тощій . . . 99.6
Угольная грязь 101.8
- мелочь . . 101.4
Угольникъ . 19.10
- неравнобокій 20.3
- равнобокій . 20.1
- съ закругленными кромками 20.4
- - острыми кромками 20.5
Угольный шламъ 101.8
- электродъ висячій 566.8
- ящикъ о двухъ частяхъ 129.2
Угольчатый зубецъ 519.2
Удаленіе днища 892.2
- золы . . . . 164.2
- окалины . . 532.6
- песчаныхъ и глинистыхъ частей 79.9
- рудной копоти 409.1
- - пыли . . 409.1
- сѣры . . . 82.4
Ударное дѣйствіе 503.1
-ный инструментъ 534.9
Ударъ . . 41.7, 42.1
Ударять молоткомъ по трубѣ во время гидравлическаго испытанія . 55.2
Удлиненіе при разрывѣ 44.3
Удобреніе . . 399.8
Узкоколейная дорога 123.11
Указатель колоши 333.1
Укладка кирпичей 407.9
Уклонъ . . . 80.3
Укрѣпленіе штыка 465.6
Уксусная кислота 204.4
Уксусноаммоніевая соль 206.7
Уксуснобаріевая соль 207.7
Уксуснокаліевая соль 206.6
Уксуснокислый аммоній 206.7
- калій . . . 206.6
- свинецъ . . 209.1
Уксусносвинцовая соль 209.1
Улавливаніе искръ 468.2
Улавливать вытекающее желѣзо 481.2

Улетучивающійся газъ 484.6
Улетучиться . 256.3
Уложить . . 415.3
Улучшеніе . 336.9
Ульевидная печь 103.6
Уменьшеніе колошниковой пыли 97.2
- поперечнаго сѣченія 508.3
- растворимости 258.11
- ручьевъ . . 516.8
Умывальникъ 150.7
Умывальня . 150.6
Уничтоженіе колошниковаго пламени 468.1
- контракта . 559.0
Упаковать . . 415.3
Уплотненіе . 418.1, 485.8
- двойное . . 507.3
- манжетное . 507.1
Уплотненный швъ 471.6
Уплотняющій цилиндръ 472.2
Употребленіе 83.2
Управленіе . 149.6
- автоматическое 500.4
- отъ руки . 500.3
- прессомъ . 509.8
- притокомъ воздуха 411.6
Упругостъ газовъ 350.8
- дутія . 328.8, 350.5
- при крученіи 51.5
- скручиванія 51.5
Упругость электролитическая растворенія 263.7
Уравненіе . . 345.6
- соединенія . 226.3
- состоянія . 258.6
Уравновѣсить 523.2
Уравновѣшенный верхній валокъ 523.6
Уравновѣшиваніе 523.3
- посредствомъ противовѣса 523.4
- - грузовъ . 523.4
- при помощи гидравлическаго давленія 524.1
Уровень . . . 489.4
- водяной . . 435.5
- грунтовой воды 289.2
- заводского пола 288.0
- подпочвенной воды 289.2
Усадка . . . 486.7
Усадочная раковина 483.11
-ный масштабъ 423.2
Усиліе крутящее 50.9
- при ударѣ . 41.8
Условія платежа 550.6
- поставки . . 559.4
- техническія 82.1
Усреднить . . 242.5
Установка . . 522.7
- высокаго напряженія 167.1
Установка для выщелачиванія 89.9
- - провариванія смолы 120.1
- днища . . . 392.1
- дробильная 76.6
- обжигательная 82.8
- котельная подъ навѣсомъ 151.8
- -, стоящая подъ открытымъ небомъ 151.7
- многофазнаго тока 166.6
- насосная . 141.10
- на фокусъ . 281.8
- неправильная 522.8
- низкаго напряженія 166.8
- однофазнаго тока 166.5
- перемѣннаго тока 166.4
- постояннаго тока 166.3
- сердечниковъ 461.5
- стержней . 461.6
- трехфазнаго тока 166.7
- шишекъ . . 461.6
- электрическихъ машинъ 169.7
Установки котельныя 151.5
Устой угловой 293.6
Устраненіе колошниковаго пламени 468.1
Устройство воздуходувное 469.9
Устройство для кантованія 525.7
- - обжига . 82.8
- - отгона летучихъ веществъ изъ смолы 120.1
- - охлажденія воды 148.4
- - питанія генератора 406.1
- - поворачиванія 525.7
- - подъема крышки 528.1
- - толченія . 77.3
- доменныхъ печей 237.4
- загрузочное съ ходячимъ по немъ краномъ 127.7
- засыпное . 308.8
- освѣщенія . 171.6
- охладительное 296.4
- перекидное 406.9
- топки . . . 151.6
- шахты . . . 100.6
Утилизація тепла 86.7
Утолщеніе . 293.1 518.5, 521.3
Утрамбованный бетонъ 289.8
Утрамбовка . 105.4
Уханіе колоши 353.7
Ухатіуса сталь 12.7
Ухватный ковшъ 478.1
Ухватъ . . . 478.5
Уходъ . . . 556.10
Ушко . . . . 441.7

## Ф.

Фабра-дю-Фора газоуловитель 311.9
Фабрика для обработки рудъ 74.1
- - покрытія желѣза оловомъ 532.12
- - промывки угля 102.2
- обогатительная 102.3
- промывальная 80.6
Фаза . . . . 274.8
Фарфоровая ванна 193.5
Фарфоровая ванночка 193.5
- воронка . . 193.4
- вставка . . 194.2
- мензурка . 194.1
- посуда . . . 193.2
- трубка . . . 193.3
- чашечка для выпариванія 194.4
Фарфоровое кольцо 193.9
Фарфоровый стаканъ 194.3
- тигель . . . 193.7
Фасонированіе 436.7
Фасонная гладилка 437.3.8
Фасонная проволока 23.6
- стальная отливка 488.2
Фасонное желѣзо 19.8
- - листовое . 26.4
- стальное литье 488.2
Фасонный . . 460.1
- ручей . . . 517.4
Фенолфталеиновая бумага 212.13
Ферритъ . . 233.5
Ферроборъ . 16.6
Феррованадій 16.1
Ферровольфрамистый 15.9
Ферровольфрамъ 15.9
Ферромагнитный 91.3
Ферромангантитанъ 16.3
Ферромангаиъ 15.2
Ферромолибденъ 15.10
Феррониккель 15.7
Ферросилицій 1.2 15.3
Ферростатическое давленіе 485.5
Ферротитанъ 16.2
Феррофосфоръ 16.4
Феррохромъ . 15.6

Физико-химическіе приборы и аппараты 178.1
Фиксированіе 282.8
Филлафера обжигательная печь 85.3
Фильтратъ . 244.2
- прозрачный свѣтлый 244.3
Фильтрація 243.11
Фильтровальная бумага 244.5
- воронка . . 245.3
- пипетка . . 245.1
- пластина . . 245.2
- трубочка . . 245.5
Фильтровальное сито 245.4
Фильтровальный конусъ 244.7
- штативъ . . 244.9
Фильтровать 244.1
- въ разрѣженномъ пространствѣ 246.2
Фильтродержатель 244.8
Фильтрпрессъ 244.6
Фильтрующій слой 147.2
Фильтрующійся 243.12
Фильтръ 147.1, 244.4
- глиняный . 175.6
- съ гравіемъ 147.3
Фитиль . . . 184.4
- восковой . . 459.5
Фланецъ . . 312.7
- обточенный 323.9
Флюгерка . . 164.8
Флюсующій матеріалъ 111.1
Флюсъ . . . 111.1
- известковый 397.9
Фокусное разстояніе 279.3
Фонарный столбъ 171.8
Фонарь . . . 459.9
- патронный . 460.1
- полый . . 459.10
- съ отдушинами 460.3
Форма . . . . 121.7
- аллотропическая 272.5
- восьмиугольная 290.5
- выпуклая . 504.2
-, готовая къ отливкѣ 443.1
- для болванокъ 446.7
Форма для днища реторты 391.6
- - утрамбовки 105.7
- закрытая . 439.10
- изложницы 446.6
- изъ желтой мѣди 383.3
- кирпича . . 96.2
- кирпичей . 321.9
- кристалловъ 214.3
- круга . . . 290.4
- куба . . . . 96.3
-, могущая служить лишь одинъ разъ 438.4
- окончательная 530.2
- открытая . 438.6
- первоначальная 530.1
- песочная . 438.6
340.4
- постоянная 446.5
- почвенная . 438.6
- - закрытая . 439.5
- предварительная 530.1
- сборная . . 446.1
-, согласно предписанію 33.9
- соединительныхъ трефъ 520.4
- усѣченнаго конуса 304.2
- цилиндрическая 96.4
- чашеобразная 370.1
- чугунная . 340.6
- шара . . . 96.5
- яйца . . . . 96.6
Формація . . 56.2
Формовая масса 427.8
Формованіе кирпичей подъ прессомъ 120.5
Формовать . 421.5
Формовка . . 421.1
425.11
- въ опокахъ 439.9
- - открытую 438.5
- - почвѣ . . 438.5
- зубчатыхъ колесъ 455.3
- - - по шаблону 455.4
- - - при помощи вытяжныхъ колецъ 456.4
- по моделямъ 438.3
- почвенная . 438.5
Формовка по шаблону 444.8
- свободная . 447.8
- сердечниковъ 458.1
- стержней . 458.1
- шестеренъ . 455.3
- шишекъ . . 458.1
Формовочная 421.2
- жирная земля 425.13
- лопатка . . 434.3
- машина см. машина формовочная
- отливка . . 487.8
-, раздѣленная рядомъ колоннъ на двѣ части 421.3
- шпилька . . 436.5
Формовочное литье электростали 564.4
Формовочный песокъ 425.10
- - жирный 425.13
- - тощій . . 425.12
- - съ сильной примѣсью глины 426.1
- прессъ см. прессъ формовочный
- пристывшій матеріалъ 490.5
- станокъ для шишекъ 459.2
Формовыя чернила 430.7
Формовщикъ 421.4
Формы осмотрѣть 342.9
- чугунныя сприснуть 341.2
Форсунка пароструйная 158.2
- плоская тарелчатая 159.3
- съ длинными прорѣзами 159.2
- - круглымъ выходомъ 158.3
- - концентрическими щелями 158.3
- - метловиднымъ пламенемъ 159.1
- - пламенемъ въ видѣ вѣера 159.3
- - плоскими щелями 158.4
- - соплами . 158.5
Форсунка центробѣжная 158.6
Фортепіанная проволока 28.7
Форштосъ . . 190.4
Фосфатъ желѣза 399.6
Фосфористый 16.4
60.7
Фосфорная кислота растворимая 399.7
- соль . . . . 212.1
Фосфорно-аммонійно-натріевая соль 207.3
Фосфорножелѣзистая соль 399.6
Фосфорнокальціевая соль 399.5
Фосфорнокислая известь 73.2
Фосфорнокислый натрій 206.9
Фосфорнатріевая соль 206.9
Фосфорный ангидридъ 216.5
Фосфоръ . . 216.4
Фотографическій 282.1
Фракціонированная перегонка 254.4
Фракція . . . 254.5
Франко бортъ парохода 560.10
- вагонъ . . . 560.9
- заводъ . . . 560.8
Фрахтъ морской 561.8
- рѣчной . . 561.7
Фрика печь . 569.8
Фрикціонная муфта 520.5
-ный молотъ 497.5
- роликъ . . 497.6
Фришеваніе въ пламенной печи 402.3
402.3
Фтористый аммоній 207.4
Фундаментъ изъ бутовой кладки 289.5
- - кирпичной кладки 289.4
- на ростверкѣ и на сваяхъ 289.3
Фурма воздушная 298.9
- изъ фосфористой бронзы 299.1

Фурма, имѣющая видъ остраго усѣченнаго конуса 299.3
-, охлаждаемая водой 297.1
- шлаковая . 299.7
- - Люрмана . 299.8
Фурменная доска 364.6
-ное отверстіе 395.1
- сѣдло . . . 364.7
-ный глазъ . 298.8
299.2
- патрубокъ . 300.9
301.1
Фурмы . . 394.10
- верхнія . . 466.8
- въ заплечикахъ 302.6
- для верхняго дутья 466.8
Футеровка внутренней шахты 304.8
- огнеупорная печи 566.5
- - реторты . 390.5
- печи . . . . 83.9
- пода печи 369.10

## Х.

Хвостъ . . . 497.2
Химикъ главный 173.4
-, имѣющій аттестатъ объ окончаніи высшаго учебнаго заведенія 173.6
- -консультантъ 174.1
- присяжный 174.2
- -экспертъ . 174.1
Химическая реакція 222.4
Химически связанный 214.7
- чистый . 213.11
- эквивалентный вѣсъ 257.6
- эквивалентныя количества 257.7
Химическій . 147.4
- знакъ . . . 226.4
- символъ . . 226.4
- составъ . . 225.9
Химическія свойства желѣза 213.5
Химическое соединеніе 226.1, 345.10
- сродство . 225.11
- строеніе . 225.10
Химія доменнаго процесса 345.5
Хладноломкое желѣзо 48.2
Хладноломкость 48.1
Хлопьевидный 243.1
Хлористая мѣдь 209.4
- ртуть . . . 209.6
- сурьма . . . 552.5
Хлористоводородистая кислота 203.10
Хлористое олово 208.9
Хлористый аммоній 207.10
- барій . . . 207.6
- калій . . . 207.1
- кальцій . . . 207.8
- - безводный 207.9
- магній . . . 208.4
- натрій . . . 207.2
Хлористыя щелочи 361.11
Хлорная известь 208.2
- мѣдь . . . . 209.3
- платина . . 210.3
- ртуть . . . 209.7
Хлорновато-каліевая соль 211.2
Хлорновато-кислый калій 211.2
Хлорное желѣзо 208.5
- олово . . 208.10
Хлоръ . 211.5, 221.8
Ходъ анализа 222.3
- безъ толчковъ 472.4
- доменной печи 344.4
- дутья . . 350.10
- дымовой . . 85.3
- задній . . . 532.5
- лучей . . . 281.3
- обратный диссоціаціи 263.1
- передній . . 532.4
- перемѣнный доменной печи 344.5
- переработки спѣлый 365.6
- - сырой . . 365.7
- переспѣлый 353.1
- печи равномѣрный 474.10
- плавки 349.3, 385.10
- плавный . . 472.4
- пламенный 368.6
- пудлинговой печи 373.6
- спѣлый . . 352.7
- сырой . . . 352.8
- топочный . 104.2
Ходячій . . . 127.4
Холодильная машина 329.7
Холодильникъ 255.7, 329.5
Холодильный приборъ 329.5
Холодный . 328.10
Холостая колоша 337.7
-стой валокъ 513.4
Хомутъ . . . 522.4
- подвѣсный 476.7
Хроматическій 279.13
Хромистая сталь 17.1
-стое желѣзо 15.6
Хромовая кислота 204.7
Хромовокаліевая соль 206.4
Хромовокислый калій 206.4
Хромоникелевая сталь 16.12
Хромопирометръ 400.9
Хромпикъ . . 206.5
Хромъ . . . . 218.1
Хрупкій . . . 59.8
Хрупколомкій 48.4
Хрупкость вслѣдствіе внутреннихъ напряженій 50.2

## Ц.

Цапфа валка 513.6
-, вокругъ которой происходитъ вращеніе 323.8
- конвертера . 392.7
- полая . . . 394.6
- прилитая . 294.10
- реторты . . 392.7
- стальная . . 392.7
- съ надѣтой шестерней 392.8
Царапина напильникомъ 49.5
Царапинъ отсутствіе 36.2
Царапины ширина 54.2
Царская водка 204.3
Цвѣта васильковаго 548.1
- морской воды 548.3
- незабудокъ 547.11
Цвѣтъ блѣдножелтый 547.6
Цвѣтъ свѣтлосоломенный 547.7
- отпуска . . 547.5
Цементація поверхностная 417.9
Цементная мѣдь 90.7
- сталь . . . 18.1
Цементованіе поверхностное 417.9
Цементующій порошокъ 418.3
Цементитъ . 283.6
Цементъ желѣзистый портландскій 359.6
Центрирующая рама 454.7
Центрифуга . 176.3
Центробѣжная отливка 482.7
Центробѣжный вентиляторъ 317.6, 470.2
- дезинтеграторъ 79.4

Центробѣжный насосъ 148.7
- распылитель 158.6
Цилиндрическій 96.4
Цилиндръ воздуходувный 328.3
- воздушнаго насоса 501.4
- гидравлическій 393.5
- для вращенія ретортъ 393.5
- - хлористаго кальція 232.2
- загрузочный 311.8
- компрессора 501.4
- насоса . . . 121.3
- паровой . . 499.1
Цилиндръ подвѣшенный 309.3
- пресса . . . 453.6
-, служащій бабой молота 501.6
- со скалой . 524.2
- - шкалой . 524.2
- сушильный 282.4 483.7
- тормазной . 311.3
- уплотняющій 472.2
- цинковый . 266.3
- чугунный . 312.4
Цинковая настыль 361.2
- обманка . . 72.1
- пыль . . . 361.3
Цинковая руда, содержащая марганецъ 70.6
- сѣрая краска 551.12
Цинковый купоросъ 90.10
- растворъ . 90.8
- цилиндръ . 266.3
- шпатъ . . . 71.8
Цинковыя бѣлила 551.11
Цинкъ . . . 218.11
- сѣрнокислый 90.10
Циркуль остроконечный дѣлительный 41.4
Циркуляціонный насосъ 144.1
Циркуляція полная 148.1
Цифра атомная 226.5
Ціанистый калій 206.3, 361.10
Ціэйзенъ . . 536.2
Цоколь изъ каменной кладки 290.2
Цѣльный . . 487.1
Цѣна единицы желѣза и марганца 558.4
- покупная . 568.1
Цѣпкость іоновъ 264.7
Цѣпная дорога 135.10
Цѣпь . . . . 311.6
- безконечная 340.9

## Ч.

Чанъ для выщелачиванія 90.1
Части смѣняемыя 390.4
- составныя газа 267.5
Частички въ механически взвѣшенномъ состояніи 268.5
Часть верхняя 303.9
- вредная составная 71.5
- запасная . . 371.2
- нижняя . . 304.1
- нѣкоторая . 239.1
- по объему . 345.9
- составная горючая 360.2
- шишечная . 458.5
Часы газовые 271.8
Чашеобразная форма 370.1
Чашечка для сожженія 248.9
- фарфоровая для выпариванія 194.4
Чашка азбестовая 201.2
- выпаривательная 247.5
- вѣсовъ . . 238.6
- для песчаной бани 248.4
- - просѣиванія 231.1
- - стеканія . 246.4
- - титрованія 245.6
- платиновая . 195.2
- - для обзоливанія 195.4
Чашка свинцовая 199.7
Чека . . . 301.10
Чеканочный прессъ 505.1
Чекмарь . . . 437.2
Червячная передача 341.10
Черепки тиглей 382.1
Чернила формовочныя 430.7
Черновой валокъ 513.9
- ручей . . . 516.3
Черпакъ . . 477.5
Черпаніе . . 58.3
Черпательная машина съ поворотными ковшами 129.1
Чертежъ доменной печи 287.6
- рабочій . 422.11
Чертилка . . 40.5
Четырехгранный ручей 517.2
Четыреххлористая платина 210.3
Чешуйчатый 45.6
Чистильщикъ 489.3
Чистить во вращающемся барабанѣ 587.2
- отливку . . 489.5
- проволоку во вращающемся барабанѣ при участіи постороннихъ твердыхъ предметовъ 587.3
Чистка горна 342.2
Чистовой ручей 516.4
Чистота поверхности 35.3
Чистый 494.1, 553.11
Чувствительность 240.9
Чувствительный 240.10
Чугунная колонна 84.4
- отливка . . 7.4
- плита . . . 2912
- -, облегающая темпель 292.4
- рѣшетка . . 321.5
Чугунникъ 364.2, 370.6
Чугунное кольцо 84.5, 294.50
- литье . . . 7.4
Чугуноплавильный заводъ 285.1
Чугунный 229.6, 321.6, 440.3
- дискъ . . . 523.8
- муфель . . 541.6
- складъ . . 130.6
- цилиндръ . 312.4
Чугунъ . . 1.1, 7.3
- англійскій . . 5.9
- антрацитовый 4.2
- бессемеровскій 8.1
-, богатый кремніемъ 1.3
-, - фосфоромъ 216.6
- бѣлый . . . 2.6
- - зернистый 2.6
- - лучистый 3.1
Чугунъ, бѣлый обыкновенный 2.6
- - передѣльный 2.6
- - сырого хода 2.5
-, выплавленный на антрацитѣ 4.2
-, - - коксѣ . 4.3
- горячаго хода 4.5
- горячій . . 474.8
-, горячо расплавленный 475.2
- густой . . 474.11
- для кислотопостоянныхъ отливокъ 7.2
- - литья съ закалкой 6.6
- - насадки . 395.9
- - огнестойкихъ отливокъ 7.1
- древесно-угольной плавки 4.1
- древесно-угольный 4.1
- - - для передѣлки въ горнахъ 7.6
- зеркальный 3.3
- -, богатый содержаніемъ марганца 3.7
- зигенскій . 5.5
- изъ краснаго желѣзняка 6.2
- ковкій 12.6, 416.2
- коксовый . 4.3
- кремнисто-зеркальный 15.4
- крупно-ноздреватый 2.9

Чугунъ крупнозеркальный 8.6
- литейный . 6.1
- - средней твердости 6.5
- лучшаго качества для машиннаго литья 6.7
- - - - машиныхъ отливокъ 6.7
- люксембургскій 5.6
- маловеркальный 8.5
- мартеновскій 8.4
- мелко-ноздреватый 2.8
- мягкій литейный для машиннаго литья 6.4
- - - - машинныхъ отливокъ 6.4
- ноздреватый 2.7
- - скоропередѣлывающійся 865.4
- обезсѣренный 5.4
Чугунъ освобожденный отъ сѣры 5.4
-,- - фосфора 5.3
- отбѣленный 5.2
-,отлитый въ песокъ 4.7
- первой плавки 475.1
- перегрѣтый 474.9
- передѣлочный древесно-угольной плавки 7.6
- переплавленный 474.12
- пересыщенный 16.9
- плотнаго строенія 8.8
- половинчатый 2.3
- полузеркальный 8.6
-,полученный при горячемъ ходѣ печи 4.5
-,- - холодномъ ходѣ печи 4.6
Чугунъ предназначенный для передѣла въ сталь 8.4
- пудлинговый 8.5
- - высшаго сорта 8.6
-,расплавленный въ доменной печи 4.4
- расплавляющійся и стекающій внизъ 474.4
-,свободный отъ песка 5.1
- свѣтлосѣрый 2.1
- серебристый 1.3
- сильно кремнистый 1.3
- - лучистый 3.2
- - половинчатый 2.2
- слабо половинчатый 2.4
-,содержащій никкель 9.2
Чугунъ, содержащій одинъ процентъ кремнія и любое количество фосфора 8.3
-,- примѣсь шлаковъ 6.3
- спеціальный 9.1
- стылый . . 2.5
- съ каймой . 3.4
- - однопроцентнымъ содержаніемъ кремнія и любымъ содержаніемъ фосфора 8.3
- сѣрый . . 1.5, 7.4
- - кремнистый 1.3
- темносѣрый 1.4
- томасовскій 8.2
- третной сѣрый 2.4
- трехчетвертной 2.2
- холоднаго хода 4.6
- холодный . 2.5
- шотландскій 5.10
- штирійскій 5.7
Чушка . . . 18.5

## Ш.

Шаблонная формовка 444.8
Шаблонодержатель 455.5
- свободно передвигающійся во всѣ стороны 456.1
Шаблонъ 36.11, 40.3
- впадинъ зубчатаго колеса 455.6
- для прямолинейнаго движенія 446.3
- - формовки спицъ 445.6
- сердечниковый 461.3
- шишечный . 461.3
Шамотовый муфель 541.7
Шамотъ . . 116.12
- размельченный 428.7
Шариковый подшипникъ 300.8
Шарикъ шлаковый 397.2
Шарниръ . . 310.7
Шаровидный 96.5
Шаровой затворъ Беккера 301.11
- склерометръ 54.5
Шарообразный 96.5, 376.7
Шаръ резиновый 197.7
Шатунъ . . . 326.5
Шахматное желѣзо 26.11
Шахта . . . 303.8
- внуренняя доменной печи 305.8
-, гдѣ происходитъ сгораніе 321.1
- доменной печи 303.8
- доступная . 305.5
- свободностоящая 305.3
- съ кожухомъ 305.2
- - раскрытой обмуровкой 305.4
Шахтная закалочная печь 541.2
- зигенская печь 83.7
Шахтная калильная печь 541.3
Шведскій чугунъ 5.3
Швеллерное желѣзо 21.1
Шевронный зубецъ 519.2
Шейка валка 513.6
- рельса . . . 22.3
- сердечника 458.7
- стержня . . 458.7
- шишки . . 458.7
Шерберъ . . 234.7
Шероховатость 490.3, 490.8
- поверхности 426.8
Шерсть азбестовая 200.12
- шлаковая . 358.9
Шестеренная станина 524.3
-ный валокъ 519.4
- - пустотный 519.5
Шестоватый . 46.6
Шило для образованія отдушинъ 438.1
Шинное желѣзо 19.8
Шипъ 424.4, 441.9
Ширококолейная дорога 123.10
Шихта . . . 334.2
- чугуна . . 473.11
Шихтарникъ 334.7
Шихтованіе . 333.9, 334.4
Шихтовать 333.10
Шишельникъ 458.2
Шишечная втулка 459.3
- часть . . . 458.5
-ный каркасъ 460.4
- ящикъ . . 458.3
Шишка . . . 458.4
- ломкая . . 459.8
- потерянная 461.5
- трубы . . . 458.6
- - съ отводомъ 461.4
Шкала 65.8, 240.5
- твердости . 53.10, 180.3
Шкапикъ вѣсовъ 236.8
Шкафъ вытяжной 175.2
- сушильный 233.1
Шкивъ для канатной передачи 331.1

Шкивъ опорный для тягового каната 137.2
- приводный . 137.6
Шкурка . . 203.4
- стеклянная 203.2
Шлаки бессемеровскіе 397.7
-, богатые содержаніемъ желѣза 113.3
-, бѣдные содержаніемъ желѣза 113.4
- доменные, обработанные паромъ 95.7
- кричные . . 112.8
- пудлинговые 113.1, 374.10
- сварочныхъ печей 112.9
- содержащій 484.10
- сыродутные 112.7
- томасовскіе 113.2
Шлаковая ванна 370.3
- камера . . . 409.3
- куча . . . . 356.3
- настыль . . 336.5
- нить . . . 358.10
- фурма . . . 299.7
- шерсть . . . 358.9
Шлаковикъ . 409.3
Шлаковое отверстіе 299.6
Шлаковый выпускъ 300.1.3
- камень . . . 358.8
- кирпичъ . 358.11
- козелъ . . 401.11
- наростъ . 374.11 386.5
- - у горла реторты 401.11
- несокъ . . . 359.5
- подъ печи . 369.9
- порогъ . . . 371.3
Шлаковый прессъ 359.7
- слой . . . . 566.9
- шарикъ . . 397.2
Шлакообразовательный 349.8
Шлакъ 355.9, 366.1
- богатый . . 366.7
- - фосфоромъ 399.3
-, бѣдный фосфоромъ 399.4
- въ видѣ крупныхъ глыбъ 356.2
- гранулированный 359.4
- доменный 355.10
- дробленый . 359.4
- жесткій . . 412.3
- заключенный 377.8
- камневидный 357.8
- кислый тянущійся 356.6
- основной короткій 356.7
- плавающій . 386.6
-, полученный въ концѣ операціи 412.2
- спускать . . 338.2
- спѣлый 357.4, 366.7
- сырой . . . 357.5
- томасовскій 399.2
-, увлеченный жидкимъ металломъ 412.4
Шламъ толчейный 77.7
- угольный . 101.8
Шлема сферическая часть 390.3
Шлемъ . . 390.1
Шлифовальный подвѣсный станокъ 492.7
- порошокъ . 275.7
- станокъ . . 492.3
Шлифованіе окончательное 275.5
- предварительное 275.4
Шлифовать . 492.2
Шлифовка грубая 275.4
- тонкая . . . 275.5
Шлифъ . . 274.11
Шлихъ . . . 75.1
Шмидта очки 323.7
Шнекъ . . . 139.7
Шнуръ азбестовый 200.10
Шовъ уплотненный 471.6
Шотландскій чугунъ 5.10
Шпаклевка . 494.3
Шпаклевать 494.4
Шпала . . . 23.3
- желѣзная . 23.1
- штампованная 23.2
Шпатель 202.8, 436.8
- платиновый 195.8
Шпатоватый желѣзнякъ 68.5
Шпатъ известковый 73.1
- марганцовый 69.7
- обожженный желѣзный 68.9
- плавиковый 111.4
- тяжелый . 220.11
- цинковый . 71.8
Шпигель . . 3.3
Шпилька для образованія отдушинъ 438.1
- формовочная 436.5
Шпиндель соединительный 520.1
Шпрингера печь пудлинговая 367.3
Шпуръ для стока чугуна 468.7
Штампованный 23.2, 478.4
Штамповать . 503.6
Штамповочный прессъ 505.1
Штанга насоса 485.3
Штангенциркуль 39.2
Штанги насоса 144.5
Штативное кольцо для прокаливанія 252.6
Штативъ . . 198.5
- для высушиванія 233.6
- - пипетокъ 191.8
- - ретортъ . 188.1
- микроскопный системы Мартенса 281.9
- фильтровальный 244.9
Штемпель . . 52.1
Штирійская обжигательная печь 84.7
-скій чугунъ 5.7
Штифтъ . . 424.4
- приподнимающій 448.6
Штокъ конуса 310.6
- поршня . . 311.5
- рудный . . 57.2
Штыбъ . . . 101.6
Штыки бѣлые чугуна 11.4
Штыковой затворъ 301.8
Штыкъ 183.5, 468.7
Шубригель . 39.2
Шуровой ломъ 88.2
Шурупъ . . 436.2

## Щ.

Щавелевая кислота 204.5
Щека дробилки 79.2
Щелокъ калійный 205.2
- натровый . 205.3
Щелочи хлористыя 361.11
Щелочныя соли 361.9
Щелочный . 114.2
Щель . 85.9, 305.11 522.6
Щель между колосниками 160.3
Щетка . . . 190.8
- дисковая для чистки отливокъ 491.3
- для прочистки трубокъ 190.9
- - чистки отливокъ 490.10
- изъ пеньки 553.9
- -кисть двусторонняя проволочная 491.2
Щетка круглой формы для чистки литья 491.3
- проволочная въ видѣ двусторонней кисти 491.2
- - съ бородкой 491.1
- - - поясомъ 490.12
- ручная . . 437.10
Щетка стальная проволочная съ ручкою для чистки отливокъ 490.11
Щипцы для натрія 202.6
- - плавильнаго тигля 252.5
- - собиранія ртути 200.6
- пробочные . 196.6
Щипчики . . 202.7

## Ѣ.

Ѣдкій натръ 205.1
Ѣдкое кали . 204.12
Ѣдкое кали въ формѣ палочекъ 204.13
Ѣздокъ . . . 239.3

## Э.

Эвдіометръ . 268.3
Эвтектика . . 274.4
Эвтектическая смѣсь 274.4
Эдисона приборъ 94.3
Эжекторъ . . 142.5
Эквивалентная концентрація раствора 260.1
Эквивалентный 257.6
- растворъ . . 259.2
Эквивалентъ стехіометрическій 345.3
Эквимолекулярный растворъ 258.1
Экзотермическая реакція 222.9
Экономія въ провозной платѣ 560.7
Экранъ . . . 163.1
Эксгаусторъ паровой 141.2
Эксикаторъ 231.12
Эксплоатаціонные расходы 563.2
Экстрагировать 241.7
Экстрактъ лакричнаго корня 289.3
- солодкаго корня 278.3
Экстракціонная воронка 179.8
- гильза . . . 179.7
- ный аппаратъ 179.6
Эксцентриковый прессъ 465.3, 505.2
Эксцентричный 538.2
Элеваторъ . . 129.3
- для глубокихъ колодцевъ 142.5
Электрическій 393.6
Электроанализъ 257.1
Электровозъ . 124.7
Электрододержатель 567.4
Электродъ въ видѣ сѣтки 261.7
- - - чашки . 261.6
- децинормальный 262.1
- для осадка . 261.5
- нормальный 261.9
- подовый . . 567.6
- сѣтчатый . 261.7
Электродъ угольный висячій 566.8
- цилиндрическій 261.8
Электролизовать 258.2
Электролизъ 258.1
- аналитическій 257.1
Электролитическая отдача 258.3
-ское отдѣленіе 265.2
- треніе іоновъ 260.3
Электролитъ 257.11
- промежуточый 259.7
Электромагнетизмъ 93.1
Электромагнитъ 93.2
Электрометрическое измѣреніе 257.5
Электросталь 12.5
- инструментальная 564.3
Электростенолизъ 263.6
Элементарный анализъ 248.6
Элементъ 218.6, 265.8
Эластичный . 502.3
Эмалировать . 554.5
Эмаль . . . . 554.6
Эмальировочная печь 554.8
Эмке вентиляторъ 471.3
Эндосмосъ электрическій 263.4
Эндотермическая реакція 223.2
Энергія объемная 257.2
Этажерка для пипетокъ 191.8
Этикетка . . 185.3
- резиновал . 197.9
Этикетъ . . . 185.3
Этиленовый газъ 418.3
Эфиръ . . . . 212.3
- сѣрный . . 212.3
Эффектъ калориметрическій 108.11
- тепловой химической реакціи 222.6

## Я.

Явленіе зейгированія 483.8
- ликваціи . 483.8
Ядро пожога . 89.3
- поперечнаго сѣченія 47.3
Яйцевидный . 96.6
Яма литейная 444.7, 475.8
- - полукруглая 475.9
- складочная 181.1
Яркость пламени 374.8
Ярлыкъ . . . 185.3
Ярлычекъ . 185.3
Ярусная колосниковая рѣшетка 161.6
Ячеистый . . 46.7
Ящикъ быстроразгружающійся подвѣсный 128.6
Ящикъ для бѣлой жести 553.2
- - цементаціи 416.7
- изъ огнеупорной массы 414.7
- кислотоупорный 189.1
- литниковый 443.4
- основной съ муфтой 819.3
- отстойный . 146.9
Ящикъ саморазгружающійся подвѣсный 128.2
- стеклянный 189.2
- съ жиромъ 553.3
- угольный о двухъ частяхъ 129.2
- шишечный 458.3
Ящичные мѣха 325.5

R. Oldenbourg, München.